Der Bau des Dieselmotors

Von

Ing. **Kamillo Körner**
o. ö. Professor an der Deutschen Technischen Hochschule
in Prag

Zweite
wesentlich vermehrte und verbesserte Auflage

Mit 744 Abbildungen im Text
und auf 8 Tafeln

Berlin
Verlag von Julius Springer
1927

ISBN-13: 978-3-642-89974-4 e-ISBN-13: 978-3-642-91831-5
DOI: 10.1007/978-3-642-91831-5

Softcover reprint of the hardcover 2nd edition 1927

Verzeichnis der Abkürzungen.

AEG = Allgemeine Elektrizitäts-Gesellschaft, Berlin.
At = Aktiebolaget Atlas Diesel, Stockholm.
Be = Bethlehem Shipbuilding Corporation Ltd., Bethlehem, Pa.
Bl-V. = Blohm und Voß, Schiffswerft und Maschinenfabrik, Hamburg.
Br-D. = Maschinenbau A. G. vorm. Breitfeld Daněk & Cie., Prag-Karolinenthal.
Bu = Burgerhouts Machinefabriek u. Scheepswerf, Rotterdam.
B. u. W = Burmeister und Wains Maskin- og Skibsbyggeri, Kopenhagen.
Bz = Motorenwerke Mannheim A. G. vorm. Benz & Cie., Mannheim.
Ca = Usines Carels Frères, Société anonyme, Gent.
Ca-L = Cammell Laird & Co. Ltd., Birkenhead.
Da = Daimler - Motoren - Gesellschaft, Stuttgart-Untertürkheim.
DAC = Deutsche Automobil-Construktionsgesellschaft m. b. H., Charlottenburg.
Di = Dinglersche Maschinenfabrik A. G., Zweibrücken (Pfalz).
Do = William Doxford & Sons Ltd., Sunderland.
DW = Deutsche Werke Kiel A. G., Kiel.
Dz = Motorenfabrik Deutz A. G., Köln-Deutz.
Ess = Maschinenfabrik Eßlingen, Eßlingen.
Fa = The Falk Corporation, Milwaukee, Wis.
Fai = The Fairfield Shipbuilding & Engineering Co. Ltd., Govan, Glasgow.
Fi = Fiat, Stabilimento Grande Motori, Torino.
Fr = Maschinenfabrik J. Frerichs & Co., A. G. Einswarden (Oldenburg).
Gu = Güldner-Motoren-Gesellschaft m. b. H., Aschaffenburg.
Gz = Grazer Waggon- und Maschinenfabriks-A. G. vorm. J. Weitzer, Graz.
Ju = Junkers-Motorenbau-Gesellschaft m. b. H., Dessau.
Kr = Friedrich Krupp A. G., Kiel (Germaniawerft) und Essen.
Kt = Gebr. Körting A.-G., Körtingsdorf bei Hannover.
Lb = Leobersdorfer Maschinenfabriks-A. G., Leobersdorf bei Wien.
LHL = Linke-Hofmann-Lauchhammer A.-G., Breslau.
Lo = The Lombard Governor Company, Ashland, Mass.
Lz = Lietzenmeyersche Gleichdruckmotoren G. m. b. H., München.
MAN = Maschinenfabrik Augsburg-Nürnberg A. G., Augsburg.
Mi = Mirrlees Bickerton & Day, Hazel Grove, Stockport.
Ne = Neptune Works, Newcastle-on-Tyne.
No = Svenska Aktiebolaget Nobel Diesel, Nynäshamn.
No-Br = North British Diesel Engine Works, Ltd., Whiteinch, Glasgow.
Nordberg = Nordberg Manufacturing Company, Milwaukee, Wis.
Sa = Société des Moteurs Sabathé, Saint Étienne (Loire).
Schl-Ni = Schlick-Nicholson, Maschinen-, Waggon- und Schiffsbau A. G., Budapest.
Schn = Schneider & Cie., Le Creusot.
Si = Maschinen- und Waggonbau-Fabriks-A. G. in Simmering.
Sk = Aktiengesellschaft vorm. Skodawerke, Pilsen.
St = Scotts Shipbuilding & Engineering Co., Ltd., Greenock.
Sv = Nya Aktiebolaget Svenska Maskinverken, Södertälje.
Sz = Gebrüder Sulzer Aktiengesellschaft, Winterthur.
To = Franco Tosi, Società Anonima, Legnano.
Vi = Vickers Limited, Barrow-in-Furness.
Vu = Vulkan-Werke, Hamburg.
We = A.-G. Weser, Bremen.
Wi = Schweizerische Lokomotiv- und Maschinenfabrik, Winterthur.
Wo = Worthington Pump and Machinery Corporation, New York, N. Y.
Wsp = Nederlandsche Fabriek Werkspoor, Amsterdam.
WUMAG = Waggon- und Maschinenbau Aktiengesellschaft Görlitz, Görlitz.

Die Bezeichnung der Maschinengröße erfolgt in der Weise, daß der Zähler des Bruches die Bohrung des Arbeitszylinders, der Nenner den Kolbenhub, die vorherstehende Zahl die Anzahl der Arbeitszylinder, die nachherstehende die Umlaufzahl in der Minute angibt. In gleicher Weise werden auch die Druckluft- und Spülpumpen bezeichnet.

Druckfehlerberichtigung.

S. 59, Abb. 54, zu Lb, $6 \cdot \frac{285}{340} \cdot 400$.
S. 86, Abb. 84, im Querschnitt 330 ⌀ statt 325 ⌀.
S. 112, Abb. 125, in der Figur 330 ⌀ statt 325 ⌀.
S. 121, Abb. 138, in der Beschriftung Lb statt b.
S. 189, unten, $w = 215 \cdot \varphi \cdot \sqrt{p \cdot v} = 215 \cdot \varphi \cdot \sqrt{\frac{C \cdot G^{\varkappa+1}}{V^{\varkappa+1}}}$ statt $w = 215 \cdot \varphi \cdot \sqrt{\frac{p}{v}} = 215 \cdot \xi \cdot \sqrt{\frac{C \cdot G^{\varkappa+1}}{V^{\varkappa+1}}}$
S. 269, unten, unter der Wurzel g statt G.
S. 270, Zeile 2, $\frac{60 \cdot 30 \cdot n}{9 \cdot n}$ statt $\frac{60 \cdot 30 \cdot n}{90 \cdot n}$.
S. 271, Abb. 399, $y = \eta_v \alpha$ statt $y = \eta_\alpha \alpha$.
S. 467, letzte Zeile, 615 statt 613.
S. 492, Zeile 1, $\varkappa = 1{,}4$ statt $\varkappa = 4{,}1$.
S. 493, Abb. 695, $V' = \frac{dV}{d\alpha}$ statt $V' = \frac{dV}{dt}$.

Vorwort zur zweiten Auflage.

Die ganz außerordentliche Entwicklung der Dieselmaschine im letzten Jahrzehnt hat sehr bald eine neueren Ausführungen gerecht werdende Umarbeitung des Buches erfordert; da außerdem der ursprüngliche Plan eines zweiten Bandes fallen gelassen werden mußte, war es nötig, eine allgemeine, kurzgefaßte theoretische Einleitung hinzuzufügen, die allerdings keineswegs Anspruch auf Vollständigkeit machen darf und nur als Vorbereitung für die Konstruktion aufzufassen ist. Sonst sind gelegentlich mehr theoretische Betrachtungen an den betreffenden Stellen eingefügt worden, die einen der Kritik sehr unterworfenen Teil der Arbeit bilden, weil ihnen vielfach recht rohe und durch Versuche nicht vollständig belegte Annahmen zugrunde gelegt werden mußten, um die stellenweise sonst zu verwickelten Rechnungen zu ermöglichen. Der Verfasser hat dies mit der Begründung für zulässig angesehen, daß diese Betrachtungen vorläufig nur eine überschlägige Beurteilung der maßgebende Größen, ihrer gegenseitigen Wertigkeit und ihres Einflusses anstreben und ferner Anregungen zu wissenschaftlichen Messungen geben sollen, wo solche bisher nicht vorliegen. Während die technische Arbeit niemals vor physikalisch noch nicht ganz durchforschten Gebieten Halt macht und gerade dort ihre wichtigsten Erfolge und ihren größten Reiz findet, muß die gedankliche Durchdringung gelegentlich auch den Mut zu etwas unsicheren Schritten finden in der Hoffnung, die Richtung annähernd zu treffen und weitere Fortschritte der Praxis anzuregen.

Die außerordentlich zahlreichen Abbildungen, die ja vielfach als ein Teil der technischen Sprache aufzufassen sind, haben die Fertigstellung des Buches in ungewohnter Weise verzögert, so daß während der Drucklegung viele Neuerungen bekannt geworden sind, die nicht mehr berücksichtigt werden konnten. Immerhin dürfte es durch das außerordentliche Entgegenkommen der deutschen und ausländischen Firmen, denen hier der verbindlichste Dank ausgesprochen werden soll, möglich geworden sein, einen bis nahe an die Gegenwart heranreichenden Überblick über die wesentlichen baulichen Einzelheiten des Dieselmotors und deren Entwicklung zu geben. Endlich gebührt mein Dank meinen Assistenten Herren Dr.-Ing. Paul Kohn, Ing. Gustav Müller, Ing. Anton Grohmann und Ing. Willigis Leitenberger, die mich in treuer Mitarbeit unterstützt haben. Ebenso danke ich der Verlagsbuchhandlung Julius Springer für das Entgegenkommen, das ich bei der Herstellung des Buches jederzeit gefunden habe.

Prag, im Januar 1927.

Professor **K. Körner.**

Inhaltsverzeichnis.

Einleitung.

Einleitung.

I. Wärmevorgänge.

Es ist im allgemeinen beabsichtigt, die Vorgänge, die irgendeinen Bauteil betreffen und seine Bemessung und Formgebung beeinflussen, gelegentlich der Besprechung des betreffenden Bauteiles zu erörtern, so daß die beim Entwurf maßgebenden Gedanken im Zusammenhang gefunden werden. Dies führt jedoch insbesondere bei den Wärmevorgängen zu Wiederholungen oder umständlichen Hinweisen, da hierbei gewöhnlich mehrere Bauteile in Frage kommen; diese Vorgänge sollen demnach gesondert behandelt werden, indem wir die einzelnen Arbeitsperioden verfolgen[1]).

1. Ansaugehub. Wir denken uns eine Viertaktmaschine gewöhnlicher, einfachwirkender Bauart im Beharrungszustand bei gleichbleibender Belastung (Anlassen und Regelung sollen später behandelt werden) und beginnen mit dem Ende des Ausschubes der verbrannten Gase (Abb. 1). Im äußeren Totpunkt des Kolbens sei ihr Rauminhalt entsprechend der Größe des Verdichtungsraumes des Zylinders V_o, ihr Druck p_0, ihre Temperatur und Gaskonstante T_r und R_r. Man denke sich V_0 durch Füllung des Verdichtungsraumes mit Öl, p_0 durch ein Weichfederdiagramm gemessen, T_0 durch ein Thermometer im Auspuffrohr allerdings nur näherungsweise und endlich R_r durch Feststellung der chemischen Zusammensetzung der im geeigneten Augenblick durch ein gesteuertes Ventil entnommenen und rasch abgekühlten Abgase bestimmt. Dann kann man das im Zylinder verbleibende Gasgewicht berechnen mit: $G_r = \frac{V_0 p_0}{R_r T_0}$.

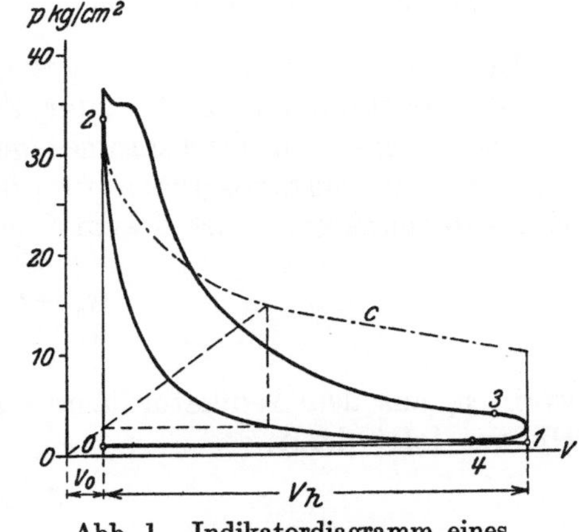

Abb. 1. Indikatordiagramm eines Dieselzylinders.

Im Totpunkt ist gewöhnlich das Einlaßventil schon offen, das Auslaßventil noch nicht geschlossen. Die Bewegungsenergie des Abgasstromes wirkt wohl kaum merklich noch nach dem Totpunkt, weil bei dem kleinen Verdichtungsraum der Dieselmaschine der Druck im Zylinder durch die Raumvergrößerung rasch abnimmt. Immerhin soll sie genügen, das Ausströmen von Abgas durch das Einlaßventil und etwaiges Rückströmen von Abgas in den Zylinder zu verhindern und den Enddruck p_0 möglichst nahe an den Saugdruck zu bringen, weshalb im Totpunkt das Auslaßventil noch genügende Öffnung aufweisen, während nach Ausdehnung auf den Ansaugedruck p_s das Einlaßventil schon reichlich geöffnet haben soll. Wenn demnach angenommen werden kann, daß nach dem Totpunkt weder Verbrennungsgas ausströmt, noch Rücksaugen aus der Auspuffleitung stattfindet, so dehnt sich die Gasmenge G_r auf den Druck p_s aus, der vom Außendruck und von der dann herrschenden Kolbengeschwindigkeit und damit

[1]) Vgl. A. Stodola: Die Kreisprozesse der Gasmaschine, Z. V. d. I. 1898, ferner auch Zwerger: Forschungsheft d. V. d. I. Nr. 216.

von den Strömungswiderständen in der Leitung und im Ventil abhängt. Etwaige Schwingungserscheinungen in der kurzen Ansaugeleitung und im Zylinder kommen bei Dieselmaschinen wenig zur Geltung, bei Schnelläufern zeigt sich allerdings wegen der Kolbenverzögerung am Ende der Ansaugezeit eine geringe Druckerhöhung im Indikatordiagramm, der eine noch etwas größere am Kolben selbst entspricht, weshalb auch die Ansaugeventile erst nach dem inneren Kolbentotpunkt geschlossen werden (Abb. 2, Weichfederdiagramm).

Nach Erreichung des Ansaugedruckes p_s strömt frische Luft von außen in den Zylinder. Die Ausdehnung von p_0 auf p_s erfolgt möglicherweise bei anfänglicher Wärmeabgabe an die Wände des Verbrennungsraumes, die allerdings während des ganzen vorhergehenden Kolbenhubes mit den Auspuffgasen in Berührung und vorher durch den dort mit großer Geschwindigkeit ausströmenden freien Auspuff stark erwärmt wurden und jedenfalls auch während des Ausschubes den heißesten Teil des Zylinderraumes bildeten. Wenn also auch während dieser Zeit Wärme an den Zylinder übergeht, ist es nicht sicher, ob dieser Zustand bis zum Totpunkt und darüber hinaus bestehen bleibt. Jedenfalls beginnt bald nachher eine Wärmeaufnahme durch den Gasinhalt, die mit dem Temperaturunterschied zwischen Wand und Gemisch und auch mit wachsender Geschwindigkeit der Strömung größer und gegen Hubende wieder kleiner wird.

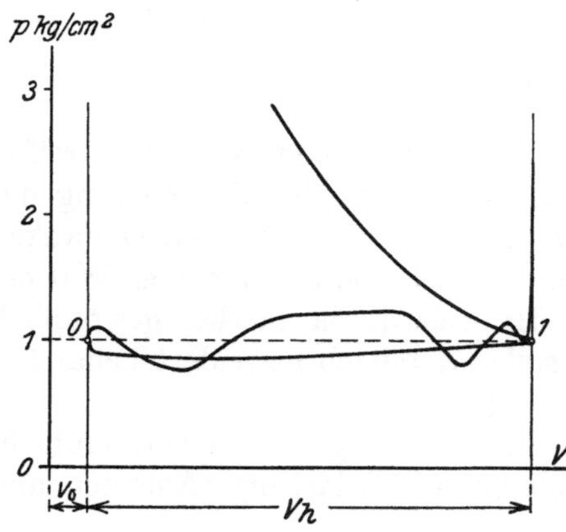

Abb. 2. Weichfederdiagramm.

Denken wir uns nun die angesaugte Luftmenge G_l kg mit der Temperatur T_a und der Gaskonstanten R_l z. B. unter Zuhilfenahme einer geeichten Düse mit Zwischenschaltung eines Ausgleichsraumes gemessen[1]), und bezeichnet man mit $p_1 T_1 R_g$ und $V_0 + V_h$ die Zustandsgrößen für das Abgasluftgemisch bei Erreichung des inneren Kolbentotpunktes, so ist dessen Gewicht:

$$G_g = G_r + G_l = \frac{V_0 + V_h}{R_g T_1} \cdot p_1 ,$$

worin p_1 aus dem Indikatordiagramm und $R_g = \dfrac{G_r R_r + G_l R_l}{G_r + G_l}$ zu bestimmen sind. Hieraus folgt dann:

$$T_1 = \frac{V_0 + V_h}{G_r R_r + G_l R_l} \cdot p_1 .$$

Sind ferner c_r, c_l und c_g die mittleren spezifischen Wärmen bei gleichbleibendem Druck für Abgas, Luft und Gemisch bei den zugehörigen Temperaturen in ° C, so gilt für die Wärmeinhalte die Gleichung:

$$G_l c_l t_a + G_r c_r t_0 + Q_s + A \int\limits_0 V dp = G_g c_g t_1 = (G_l + G_r) c_g t_1 ,$$

worin Q_s die während des Saughubes von der Wand an den Inhalt abgegebene Wärmemenge bedeutet.

Hierin ist ferner: $c_g = \dfrac{G_r c_r' + G_l c_l'}{G_r + G_l}$, c_r' und c_l' für die Temperatur T_1 genommen.

Man kann hieraus Q_s berechnen.

Führt man statt der Gewichte G die Molzahlen $M = \dfrac{G}{m}$ und die absoluten spezifischen Wärmen $C = mc$ mit m als scheinbaren Molekulargewichten ein, so ergibt sich, wenn man ferner die absolute Gaskonstante $\mathfrak{R} = mR = 848$ nennt:

---

[1]) Vgl. Neumann: Untersuchungen an der Dieselmaschine, Forschungsheft Nr. 245 des V. d. I.

$$T_1 = \frac{V_0 + V_h}{M_r + M_l} \cdot \frac{p_1}{\mathfrak{R}}$$

und:

$$M_l C_l t_a + M_r C_r t_0 + Q_s + A\int_0^1 V dp = M_g C_g t_1,$$

worin:

$$M_g = M_r + M_l, \qquad C_g = \frac{M_r C_r' + M_l C_l'}{M_r + M_l},$$

also:

$$Q_s + A\int_0^1 V dp = M_l(C_l' t_1 - C_l t_a) + M_r(C_r' t_1 - C_r t_0).$$

Man kann für gleichbleibende C auch T_1 berechnen, wenn Q_s bekannt ist. Es wird:

$$T_1 = \frac{M_r C_r T_0 + M_l C_l T_a + Q_s + A\int_0^1 V dp}{M_l C_l + M_r C_r} = \frac{V_0 + V_h}{M_l + M_r} \cdot \frac{p_1}{\mathfrak{R}}$$

oder durch Elimination von M_l:

$$M_l = \frac{M_r C_r (T_0 - T_1) + Q_s + A\int_0^1 V dp}{C_l (T_1 - T_a)} = \frac{V_0 + V_h}{\mathfrak{R}\, T_1} \cdot p_1 - M_r,$$

$$\mathfrak{R} M_r (C_l - C_r) T_1^2 + \left[\mathfrak{R}\left(M_r C_r T_0 - M_r C_l T_a + Q_s + A\int_0^1 V dp\right) - (V_0 + V_h)\, p_1 C_l\right] T_1 + (V_0 + V_h)\, p_1 C_l T_a = 0$$

oder mit:

$$M_r = \frac{V_0 p_0}{\mathfrak{R}\, T_0},$$

endlich:

$$(C_l - C_r) T_1^2 + \left[C_r T_0 - C_l T_a - \frac{V_0 + V_h}{V_0} \cdot \frac{p_1}{p_0} \cdot C_l T_0 + \frac{\mathfrak{R}\, T_0}{V_0 p_0}\left(Q_s + A\int_0^1 V dp\right)\right] T_1 + \frac{V_0 + V_h}{V_0} \cdot \frac{p_1}{p_0}\, C_l T_a T_0 = 0.$$

Da im inneren Totpunkt das Einlaßventil noch geöffnet ist, kann der Druck im Zylinder durch die Massenwirkung der einströmenden Luft sogar noch etwas über das durch die beginnende Verdichtung erzielte Maß steigen, also die Ladung sogar noch etwas vergrößert werden. Keinesfalls soll Luft wieder durch das Einlaßventil zurückströmen, man kann demnach annehmen, daß die Verdichtung im Totpunkt mit der dort vorhandenen Luftmenge, die im wesentlichen die Lademenge bestimmt, beginnt.

Aus obigen Gleichungen kann man auch umgekehrt G_l oder M_l berechnen und damit beurteilen, was man zur möglichsten Vergrößerung dieser Werte beitragen kann.

Es ergibt sich:

$$M_l C_l t_a + M_r C_r t_0 + Q_s + A\int_0^1 V dp = (M_r C_r' + M_l C_l')\, t_1.$$

Setzt man $C = C'$, so wird:

$$M_r C_r (t_0 - t_1) + Q_s + A\int_0^1 V dp = M_l C_l (t_1 - t_a)$$

oder:

$$M_r C_r (T_0 - T_1) + Q_s + A\int_0^1 V dp = M_l C_l (T_1 - T_a).$$

Durch Einsetzen des Wertes von T_1 ergibt sich:

$$M_r C_r T_0 - M_r C_r \frac{V_0 + V_h}{M_r + M_l} \cdot \frac{p_1}{\mathfrak{R}} + Q_s + A\int_0^1 V dp = M_l C_l \frac{V_0 + V_h}{M_r + M_l} \cdot \frac{p_1}{\mathfrak{R}} - M_l C_l T_a,$$

woraus mit:

$$M_r = \frac{V_0 p_0}{\Re T_0}$$

folgt:

$$M_l^2 + \frac{M_l}{C_l T_a}\left[\frac{V_0 p_0}{\Re T_0}(C_l T_a + C_r T_0) + Q_s + A\int_0^1 V dp - (V_0 + V_h)\frac{p_1 C_l}{\Re}\right]$$

$$+ \frac{V_0 p_0}{\Re T_0 T_a C_l}\left[\frac{V_0 p_0 C_r}{\Re} + Q_s + A\int_0^1 V dp - (V_0 + V_h)\frac{p_1 C_r}{\Re}\right] = 0 .$$

Hiernach wird die Beurteilung recht verwickelt, läßt sich aber doch angenähert finden, wenn man bedenkt, daß es sich darum handelt, das Teilvolumen der Luft im Gemisch und das spezifische Gewicht desselben recht groß zu bekommen. Dies wird erreicht, wenn der Saugdruck p_s recht frühzeitig eintritt und wenn bei Beginn der Verdichtung der Druck p_1 groß und die Temperatur T_1 klein werden. Bei gegebenem Verdichtungsraum sollen demnach auch p_0 und T_0 klein und ebenso Q_s und $\int_0^1 V dp$ klein sein. Die Form der Ansaugelinie ist also nicht gleichgültig, das etwaige Ansteigen des Ansaugedruckes gegen den Totpunkt hin wird durch die Vergrößerung von $\int_0^1 V dp$ an Wert vermindert. Der Ansaugedruck soll demnach über den ganzen Hub möglichst hoch sein, was nur durch kleine Leitungswiderstände und große Ansaugeöffnungen erzielt werden kann. Die Gleichung für M_l ergibt den Einfluß von T_a und p_a, letzterer äußert sich in etwa gleicher Änderung von p_0 und p_1 im selben Sinn.

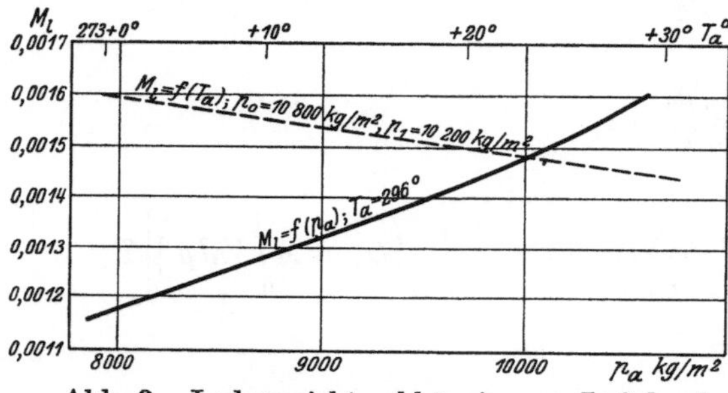

Abb. 3. Ladegewicht, abhängig von Luftdruck und Temperatur.

In Abb. 3 sind die Einflüsse dargestellt. Jedoch ist die angesaugte Luftmenge nicht unmittelbar ein Bild der möglichen Maschinenleistung, weil auch die Einblaseluft als Verbrennungsluft mitwirkt und weil bei höheren Ansaugetemperaturen auch die Endtemperaturen der Verdichtung wachsen und dann der Luftüberschuß für die Verbrennung kleiner werden kann. In Abb. 3 ist noch die gleichbleibende Einblaseluftmenge zuzufügen, um den Verlauf der ganzen verfügbaren Verbrennungsluft zu ersehen.

Endlich ist auch der Einfluß der Luftfeuchtigkeit zu berücksichtigen. Da die Temperatur der angesaugten Luft steigt, so wird der darin befindliche Wasserdampf weiter überhitzt, der Feuchtigkeitsgrad x nimmt daher ab, während das Verhältnis zwischen Dampfdruck und Gesamtdruck $\frac{p_d}{p}$ gleichbleibt. Nimmt man angenähert für den Dampf eine der Zustandsgleichungen der Gase analoge Beziehung an, so bleibt demnach auch R_d gleich. Die Gaskonstante der feuchten Luft ist etwas größer als die der trockenen Luft, da jene spezifisch etwas leichter ist. Ihr scheinbares Molekulargewicht ist:

$$m_f = 28{,}95 - 10{,}93\frac{p_d}{p},$$

daher:

$$\Re_f = \frac{848}{28{,}95 - 10{,}93\frac{p_d}{p}}.$$

Die Werte der Sättigungsdrücke p_s und damit bei gegebener relativer Feuchtigkeit x auch $p_d = x \cdot p_s$, können Tafeln entnommen werden[1]). Da endlich C_d beträchtlich größer als C_l ist, so wächst auch C_f für feuchte Luft etwas gegen C_l.

$$C_f = \frac{M_d C_d + M_l C_l}{M_d + M_l}.$$

Ist z. B. bei 15° C für den Sättigungszustand $p_s = 173$ kg/m², also bei $x = 0{,}85$: $p_d \backsim 145$ kg/m², so ist wegen $pV = M_f \mathfrak{R} T$ und $p_d V = M_d \mathfrak{R} T$,

$$\frac{p_d}{p} = \frac{M_d}{M_f} = \frac{M_d}{M_d + M_l}$$

und daher:

$$C_f = C_d \frac{p_d}{p} + C_l \left(1 - \frac{p_d}{p}\right) = 8{,}6 \cdot 0{,}0145 + 6{,}95 \cdot 0{,}9855 \backsim 6{,}975\,.$$

Vernachlässigt man diese Änderung von C, so bleibt nur

$$M_l = M_f - M_d = M_f \left(1 - x \frac{p_s}{p}\right),$$

d. h., die angesaugte Luftmenge nimmt z. B. bei 15 °C für 10 vH positiver Änderung der relativen Feuchtigkeit um rd. 1,7 vT ab, bei 25° C schon um rd. 3,2 vT usw. Nebelige Ansaugeluft hat weiter den Nachteil, daß wegen der bei der Verdichtung aufzuwendenden Verdampfungswärme die Endtemperatur sinkt.

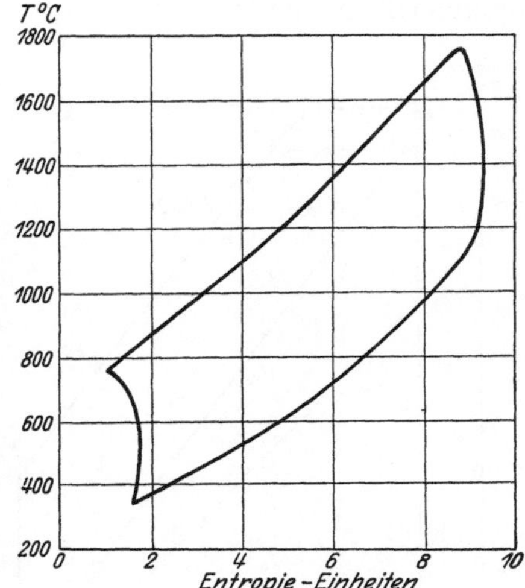

Abb. 4. Entropiediagramm.

2. Verdichtungshub. Dem früher Gesagten nach kann damit gerechnet werden, daß bei Beginn der Verdichtung der Raum $V_0 + V_h$ mit einem Gemisch von Luft und Gasresten vom Druck p_1 und der Temperatur T_1 erfüllt ist. Da wohl anfangs vom Gasinhalt noch Wärme von den Wänden her aufgenommen, später aber an die Wände abgegeben wird, ist die Verdichtungslinie keine Adiabate, sondern steigt anfangs über diese und verläuft gegen das Ende flacher, worauf auch noch etwaige Undichtheiten verstärkenden Einfluß ausüben. Die Linien des gewöhnlichen Indikators sind hier wegen der großen Beschleunigungen des Schreibzeuges nicht sehr genau[2]). Sieht man von den Fehlern ab, so erhält man eine Verdichtungslinie nach Abb. 1, in der auch die sog. Charakteristik c eingetragen ist. Abb. 4 zeigt das aus dem Indikatordiagramm übertragene Entropiediagramm. Abb. 5 gibt das logarithmische $p - V$-Bild, in dem die Vorgänge unmittelbar beurteilt werden können.

Die Temperaturen $T = \frac{pV}{M_g \mathfrak{R}}$ an einer beliebigen Stelle und die Endtemperatur $T_2 = \frac{p_2 V_0}{M_g \mathfrak{R}}$ können hier unmittelbar abgelesen werden[3]).

Der Wärmeübergang von den Wänden an das Gemisch ergibt sich aus der Gleichung $Q = M_g C_g (T - T_1) - A \int_1 V dp$ und für das Hubende:

$$Q_c = M_g C_g (T_2 - T_1) - A \int_1^2 V dp = C_g \frac{V_0 p_2 - (V_0 + V_h) p_1}{\mathfrak{R}} - A \int_1^2 V dp\,.$$

[1]) Z. B. Hinz: Thermodynamische Grundlagen der Kompressoren, Berlin: Julius Springer, 1914 oder Hütte I, 25. Aufl.

[2]) Man kann die Linien genauer erhalten, wenn man bei ganz gleichmäßigem Gang der Maschine bei jedem Arbeitsspiel nur einen Diagrammstreifen von geringer Höhe aufnimmt. Ein derartiger Indikator wurde nach meinen Angaben im Jahre 1912 von Maihak in Hamburg geliefert.

[3]) Körner: Anwendung des logarithmischen Druck-Volumen-Bildes für Wärmevorgänge. Z. angew. Math. Mech. 1921, S. 189.

Ferner ist:

$$dQ = M_g C_g dT - A V dp = \frac{C_g' V dp + C_g p dV}{\mathfrak{R}},$$

wenn $C_g' = C_g - A\mathfrak{R}$ die absolute spezifische Wärme bei gleichbleibendem Volumen ist, und mit

$$dT = \frac{V dp + p dV}{M_g \mathfrak{R}}$$

ergibt sich endlich:

$$\frac{dQ}{dV} = \frac{1}{\mathfrak{R}}\left(C_g' V \frac{dp}{dV} + C_g p\right).$$

Ist die augenblickliche Kolbengeschwindigkeit u, so wird $\frac{dV}{dt} = -Fu$ mit F als Zylinderfläche und:

$$\frac{dQ}{dt} = -\frac{Fu}{\mathfrak{R}}\left(C_g' V \frac{dp}{dV} + C_g p\right).$$

Ist $ü$ der Übergangsbeiwert zwischen Gasgemisch und Wand, wird ferner mit T_w der augenblickliche Mittelwert der Temperatur an der inneren Begrenzungsfläche O des Verdichtungsraumes bezeichnet, so ist auch:

$$\frac{dQ}{dt} = -\frac{Fu}{\mathfrak{R}}\left(C_g' V \frac{dp}{dV} + C_g p\right) = ü\, O\,(T_w - T).$$

Da bei zylindrischem Verdichtungsraum die Oberfläche $O \sim 2F + D\pi \frac{V}{F}$ in jeder Kolbenstellung bestimmbar und u bekannt ist, kann man mit Hilfe des Diagrammes berechnen:

$$T_w = \frac{1}{\mathfrak{R}}\left[\frac{dV}{dt} \cdot \frac{C_g' V \frac{dp}{dV} + C_g \cdot p}{\left(2F + D\pi \frac{V}{F}\right) ü} + \frac{pV}{M_g}\right].$$

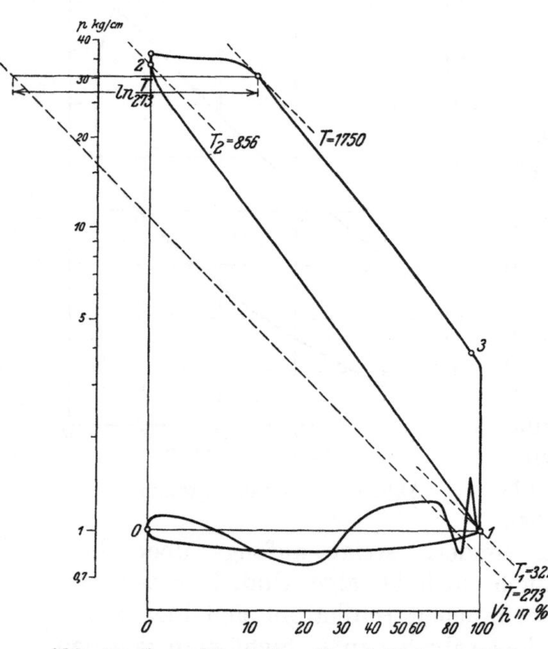

Abb. 5. Logarithmisches Druck-Volumenbild.

Hierin ist nach Nusselt[1]) etwa zu setzen:

$$ü = 0{,}362 \frac{T^4 - T_w^4}{10^8 (T - T_w)} + 0{,}99 \sqrt[3]{p^2 T}\,(1 + 1{,}24\,w)$$

(p in at, w = mittlere Kolbengeschwindigkeit in m/sk).

Eichelberg[2]) erhält höhere Werte nach der Gleichung von Latzko[3]) für turbulente Strömung in Rohren:

$$ü = 0{,}0348\, v C_p \left(\frac{\nu}{vd}\right)^{\frac{1}{4}} \text{WE/m}^2\text{sk} \quad \text{oder} \quad \sim 125\, v C_p \left(\frac{\nu}{vd}\right)^{\frac{1}{4}} \text{WE/m}^2\text{st},$$

worin C_p die für die Volumeneinheit genommene spezifische Wärme bei gleichbleibendem Druck, ν die Zähigkeitszahl, v die mittlere Strömungsgeschwindigkeit und d den Rohrdurchmesser bedeuten.

Hier ist statt der Strömungsgeschwindigkeit eine entsprechende Wirbelungsgeschwindigkeit zu setzen, die dort bei Zweitakt 40 m/sk angenommen wurde, während der Verdichtung bei Viertaktmaschinen aber sicher viel kleiner angenommen werden darf (hier

[1]) Nusselt: Forschungsarbeiten d. V. d. I., Heft 264.

[2]) Eichelberg: Forschungsarbeiten d. V. d. I., Heft 263.

[3]) Z. ang. Math. Mech. Bd. 1, Heft 4.

20 m). Diese Berechnung ist wegen der Ungenauigkeit der Bestimmung von $\frac{dp}{dV}$ unverläßlich, sie kann aber durch den Vergleich der Verdichtungslinie mit der aus den geschätzten Werten von $\frac{dp}{dV}$ durch zeichnerische Integration erhaltenen kontrolliert werden.

Berechnet man so den Verlauf des momentanen Flächenmittelwertes der Innenwandtemperatur, so zeigt sich, daß die Differenzen gegen die augenblicklichen Gastemperaturen gering sind, was auf die Erhöhung des Wärmeüberganges mit dem Druck zurückzuführen ist. Auch die abgeleiteten Wärmemengen für die Zeiteinheit und Flächeneinheit sind so festzustellen. Allerdings ist es, wie erwähnt, sehr ungenau, die gewöhnlichen Indikatordiagramme zu verwenden. Die ganze vom Beginn der Verdichtung bis zu einem beliebigen Zeitpunkt bei vollkommener Dichtheit des Kolbens an die Wände abgegebene Wärmemenge kann übrigens leicht aus dem Druckunterschied $\varDelta p$ zwischen Verdichtungslinie und Adiabate bei gleichbleibendem Volumen V gefunden werden. Es ist $Q = M_g\left[\frac{C_g'}{\mathfrak{R}}\cdot V\varDelta p - A\int \varDelta p\, dV\right]$.

3. Verbrennung und Ausdehnung. Etwas vor dem äußeren Totpunkt des Kolbens wird das Einspritzventil geöffnet und Brennöl, durch hochgespannte Luft oder auch in anderer Weise in kleine Teilchen zerstäubt, in den Verbrennungsraum eingespritzt. Da die durch die Luftverdichtung dort entstandene Temperatur höher ist als die Siede- und die Entzündungstemperatur des Brennstoffes, so wird an allen Oberflächen desselben Verdampfung und wegen der durch den raschen Eintritt der Tröpfchen entstandenen Wirbelung auch an allen Berührungstellen zwischen Luft und Öl genügende Sauerstoffzufuhr erfolgen, um die Verbrennung einzuleiten. Ist gegebenenfalls die Verdampfungstemperatur höher als die Entzündungstemperatur, so erfolgt die Verbrennung ohne vorherige Verdampfung.

Die Ölteilchen muß man sich als volle Tropfen vorstellen, da die Bildung lufterfüllter Bläschen bei der Natur des Brennstoffes unwahrscheinlich ist. Der Verlauf der Einspritzung ist je nach ihrer Art und dem Bau der Einspritzdüse natürlich verschieden; man kann etwa annehmen, daß bei offenen Düsen und beim verdichterlosen Motor der Brennstoff fast plötzlich, bei geschlossenen Düsen mit Drucklufteinspritzung mehr allmählich in den Verbrennungsraum eintritt.

Man sieht, daß der Vorgang sehr verwickelt ist. Die bei einem Arbeitshub eingespritzte Ölmenge wird durch den Regler zugemessen, die Menge an Einspritzluft hingegen hängt vom Öffnungsquerschnitt des Einspritzventiles und der Düse und vom Überdruck gegen das im Verbrennungsraum befindliche Gasgemisch ab, aber auch vom augenblicklichen Mischungsverhältnis, d. i. von der einzuspritzenden Ölmenge. Nimmt man als Näherung an, daß dieses Mischungsverhältnis während der Einspritzzeit linear bis auf Null abnimmt und daß schon in dem engsten Austrittsquerschnitt die Geschwindigkeit w des Brennstoffes und der Luft gleich groß ist[1]), so ergibt sich die Energiegleichung:

$$\frac{w^2}{2g} = \frac{p' - p}{\gamma}x + (1 - x)\int_{p'}^{p} v\,dp\,,$$

worin x die Teilmenge an Öl, γ sein spezifisches Gewicht, v das spezifische Volumen der Einspritzluft und $(p' - p)$ den Überdruck bezeichnen. Es sei z. B. der Einspritzdruck 72 at, der bei Normallast während der Einspritzung etwa gleichbleibende Innendruck 36 at, so ist rd.:

$$\int_{p'}^{p} v\,dp = 5760\,\text{mkg}\,,$$

[1]) Diese Annahmen sind natürlich nur willkürliche Näherungen; wahrscheinlich nimmt x anfangs rascher ab als gegen Ende des Einblasens, und die Geschwindigkeit der Luft ist in der Düse größer als die des Brennstoffes.

und es wird:

$$w = \varphi \sqrt{2g\frac{p'-p}{\gamma}x + (1-x)\int_{p'}^{p} v\,dp} = 2{,}661\sqrt{5760 - 5360\,x}\,,$$

worin $\varphi \sim 0{,}6$ angenommen wurde. Soll die Einblasezeit z_1 nach $40°$ Kurbelwinkel beendet sein, so ist hiernach: $x = 1 - \frac{z}{z_1}$ und damit: $w = 26{,}61\sqrt{4 + 53{,}6\frac{z}{z_1}}$, (Abb. 6).

Der engste Öffnungsquerschnitt F nimmt anfangs bei Anhub des Einblaseventils zu, gelangt dann gegebenenfalls an die gleichbleibende Düsenöffnung und nimmt bei Schluß des Ventils wieder auf Null ab (Abb. 6). Dementsprechend ist die augenblicklich für eine Sekunde eingeblasene Ölmenge $G_b = (Fw - G_l v)\,\gamma$ oder $G_b = \dfrac{Fw\gamma}{1 + \dfrac{1-x}{x}v\gamma}$ kg/sk und die Luftmenge $G_l = G_b\,\dfrac{1-x}{x}$, worin $\gamma \sim 900$ kg/m³ einzusetzen ist, während sich bei adiabatischer Ausdehnung $v \sim 0{,}021$ ergibt. Man findet so auch die bis zu einem gegebenen Zeitpunkt im ganzen eingespritzte Ölmenge $\int G_b\,dt$ (Abb. 6).

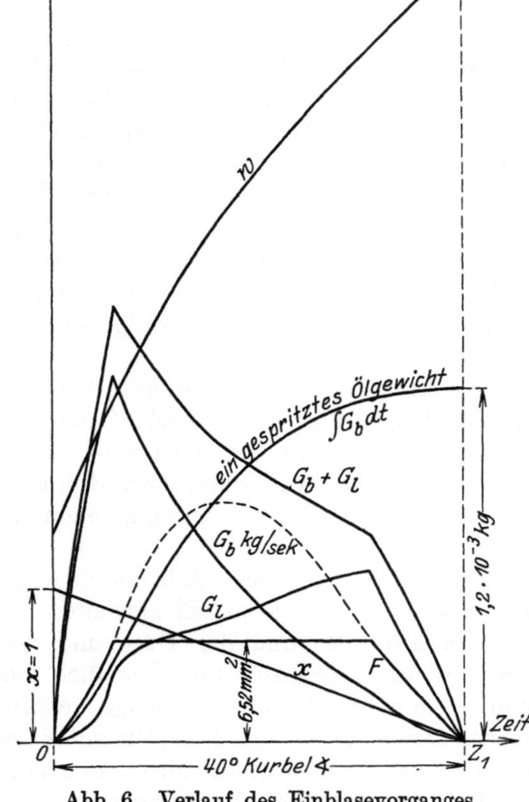

Abb. 6. Verlauf des Einblasevorganges. Maschine $\frac{290}{430}\cdot 260$.

Maßstäbe für

w: 1 cm = 19,85 m/sk,
F: „ = 4,971 mm²,
G_b: „ = 0,025 kg/sk,
G_l: 1 cm = 0,025 kg/sk,
$\int G_b\,dt$: 1 cm = $2{,}6 \cdot 10^{-4}$ kg.

Auf die Einspritzung des Einzelteilchens folgt an seiner Oberfläche die Verdampfung, Mischung des Dampfes mit der umgebenden Luft durch Diffusion und durch die rasche Bewegung der Tropfen und endlich die Verbrennung. Da alle diese Vorgänge an verschiedenen Stellen gleichzeitig stattfinden, wird nicht die ganze durch die Verbrennung frei werdende Wärme allein zur Temperaturerhöhung verwendet, da ja die teilweise Erwärmung der Tropfen und die Verdampfung Wärme verbrauchen und etwaige chemische Vorgänge und der Wärmeaustausch mit den Wänden ebenfalls mitwirken. Man kann demnach nur eine angenäherte Vorstellung erlangen, indem man die aus einem Indikatordiagramm entnommene Temperatur zur Rechnung verwendet, die man übrigens zuletzt mit der vergleichen kann, die der Erwärmung des verdichteten Gemisches und der Einspritzluft bei dem gegebenen Heizwert des verbrannten Öles jeweils entspricht (Abb. 7).

Ein Tropfen vom Halbmesser ϱ_1 und der Temperatur T_e soll in die verdichtete Luft von der Temperatur T_c eingespritzt werden, die größer ist als die Siede- und Entzündungstemperatur des Brennstoffes, d. h. seines schwerst verdampfenden und entzündlichen Teils bei dem betreffenden Verdichtungsdruck. Anfangs erfolgt Wärmemitteilung von der Luft an die Flüssigkeit, bis an der Oberfläche die Verflüchtigungstemperatur T_s erreicht ist. Für das Innere des Tropfens gilt dann

$$\frac{\partial T}{\partial z} = \frac{\lambda}{c\gamma}\left(\frac{\partial^2 T}{\partial \varrho^2} + \frac{2}{\varrho}\frac{\partial T}{\partial \varrho}\right)$$

mit λ als Wärmeleitzahl, c als spezifische Wärme und γ als spezifisches Gewicht des Brennstoffes. Als Randbedingungen kommen in Betracht für $z = 0$ an allen Stellen $T = T_e$; ferner wegen der Ableitung der an der Oberfläche zuströmenden Wärmemenge

$$\lambda_1(\Theta - T_1) = -\lambda \frac{\partial T}{\partial \varrho},$$

worin λ_1 die Wärmeübergangszahl von Luft und flüssigem Brennstoff, Θ die Temperatur der umgebenden Luft und T_1 jene der Oberfläche selbst bedeuten. Hat endlich T_1 die

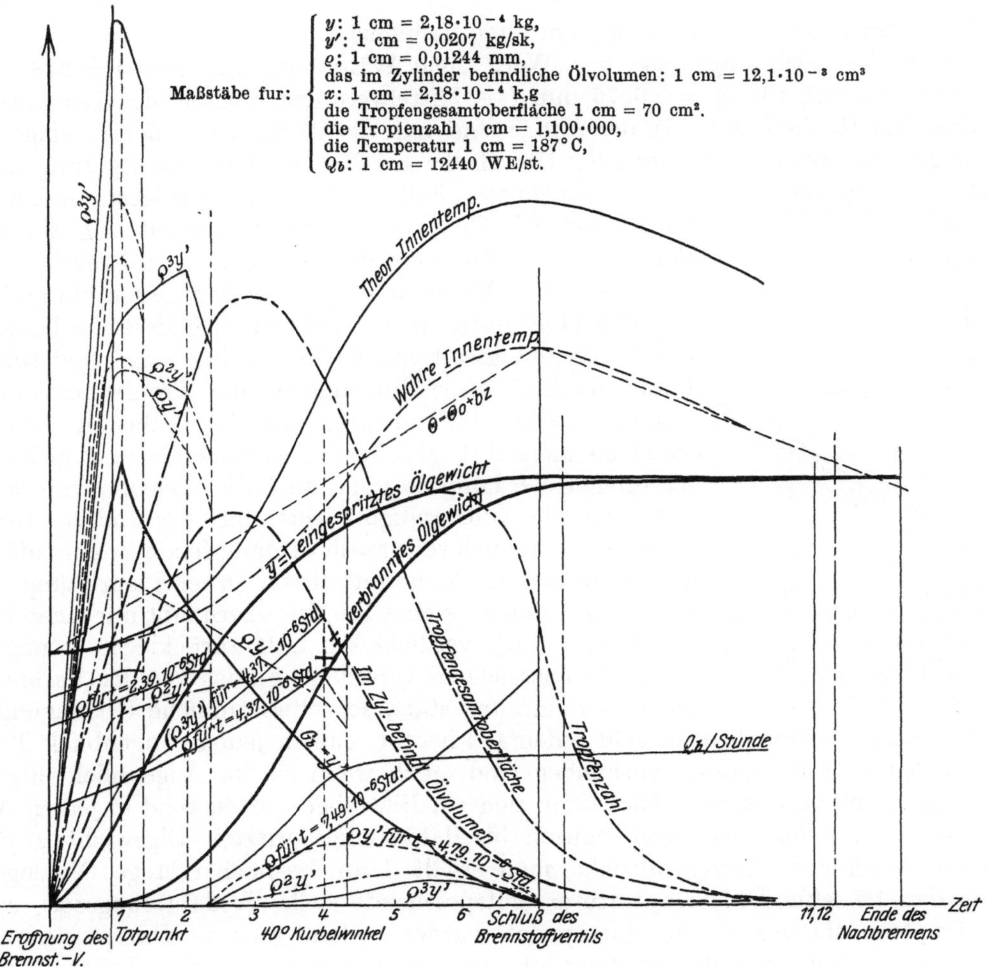

Abb. 7. Verlauf des Verbrennungsvorganges.

Größe T_s erreicht, so entsteht vollkommene Verdampfung, bei der $T_1 = T_s$ bleibt, aber ϱ abnimmt und an der Tropfenoberfläche nur mehr die Wärmemenge

$$\lambda_2(\Theta - T_s) - \gamma(r + q)\frac{d\varrho}{dz} = -\lambda \frac{\partial T}{\partial \varrho}$$

zugeführt wird (r = Verdampfungswärme, q = Flüssigkeitswärme, λ_2 = Übergangsbeiwert). Vernachlässigt man die Wärmeleitung ins Innere des Tropfens, so ist die von außen an den Tropfen abgegebene Wärmemenge für die Einheit der Oberfläche:

$$-\gamma(r + q)\,d\varrho = \lambda_2(\Theta - T_s)\,dz,$$

also:

$$\frac{d\varrho}{dz} = -\frac{\lambda_2(\Theta - T_s)}{\gamma(r + q)} \quad \text{und} \quad \varrho = \varrho_1 - \frac{\lambda_2}{\gamma}\int \frac{\Theta - T_s}{r + q} \cdot dz.$$

Nimmt man an, $(r + q)$ wäre bei dem nahe gleichen Druck gleichbleibend, und Θ verändere sich nach beifolgender Abb. 7 längs zweier Geraden, wachse z. B. von 600° C bis 1350° C in 0,02563 sk und nehme dann im Verhältnis 0,6 davon ab, so ergibt sich z. B. $\Theta = \Theta_0 + bz = 600 + 10{,}5 \cdot 10^7 \cdot z$ gültig bis zum Abschluß des Brennstoffventils in z_a und dann $\Theta = 1350 - 6{,}3 \cdot 10^7 (z - z_a)$ (z in Stunden).

Damit wird:

$$\varrho = \varrho_1 - \frac{\lambda_2}{\gamma (r + q)} \left[(\Theta_0 + b z_e - T_s)(z - z_e) + \frac{b}{2} (z - z_e)^2 \right]$$

als Halbmesser des zur Zeit z_e eingespritzten Tropfens.

Für λ_2 ist schätzungsweise der Wert 2000 WE/m²-st, für $r + q = 238$ WE/kg eingesetzt worden, für $\varrho_1 = 0{,}0375$ mm (als Mittelwert der Angabe des Laboratoriums der Danziger Hochschule[1]). In der Abb. 8 sind nun die Werte von ϱ derart eingetragen, daß wegen der ersten Erwärmung der Oberfläche auf T_s eine kleine Verzögerung auftritt.

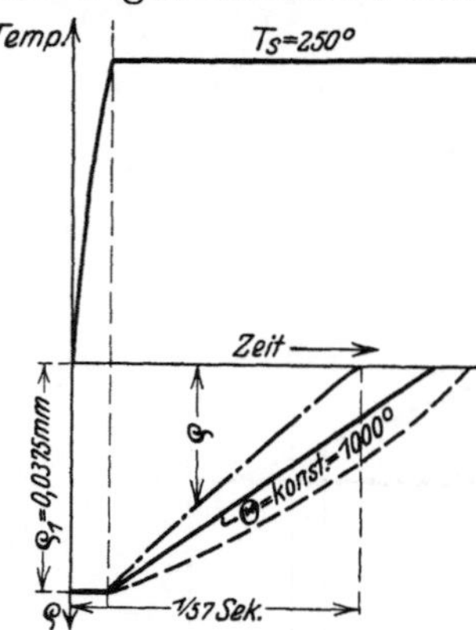

Abb. 8. Tropfengrößen während der Verbrennung.
– – – – Verlauf des ϱ für den ersten eingespritzten Tropfen.
–·–·– Verlauf des ϱ für den letzten eingespritzten Tropfen.

In dem berechneten Fall ergab sich für das letzte in den Zylinder gelangte Ölteilchen eine Verbrennungszeit von $^1/_{57}$ sk. Je kleiner die Tropfen ursprünglich sind, desto rascher erfolgt die vollständige Verbrennung, wobei dann auch ein geringerer Luftüberschuß nötig wird[1]). Jedoch darf diese Verdampfungs- und Verbrennungszeit nicht allzu gering sein, weil sonst die durch die Eintrittsgeschwindigkeit der Tropfen erzielte Verteilung derselben im Luftraum und damit die an jeder Stelle desselben möglichst gleichzeitig beginnende und gleichmäßig verlaufende Verdampfung und auch die Mischung mit der Luft und damit die vollständige Verbrennung verhindert wird. Daher eignen sich auch sehr rasch verdampfende Brennstoffe nicht zur Einspritzung. Bei unmittelbarer Druckeinspritzung kommt noch hinzu, daß zu kleine Tropfen überhaupt nur einen kleinen Weg in der stark verdichteten Luft zurücklegen können und sich nicht ausreichend verteilen. Findet vor der Verbrennung keine Verdampfung statt, so gelten ähnliche Überlegungen.

Aus diesen Betrachtungen geht jedenfalls hervor, daß in jedem Augenblick Teilchen verschiedenen Durchmessers vorhanden sind, auch wenn sie im Augenblick ihrer Einspritzung gleich groß waren. Man kann sich ein Bild über den Zustand in jedem Augenblick machen, indem man vom ganzen bis dahin eingespritzten Ölgewicht y_z die inzwischen verdampfte Menge abzieht, man erhält dann die noch flüssige Ölmenge. Ist z_d die den betreffenden Temperaturen entsprechende volle Verdampfungszeit, so sind alle Tropfen, die vor $z - z_d$ eingespritzt wurden, schon ganz in Dampf verwandelt, während von den nach diesem Zeitpunkt in den Zylinder gelangten Teilchen nur die

Menge $\int\limits_{z-z_d} \left[1 - \left(\frac{\varrho}{\varrho_1}\right)^3\right] \frac{dy}{dz} \cdot dz$ in Dampfform übergegangen ist.

Verdampft ist demnach die Menge:

$$y_{z-z_d} + \int\limits_{z-z_d}^{z} \left[1 - \left(\frac{\varrho}{\varrho_1}\right)^3\right] \frac{dy}{dz} \cdot dz = y_{z-z_d} + \int\limits_{z-z_d}^{z} dy - \int\limits_{z-z_d}^{z} \left(\frac{\varrho}{\varrho_1}\right)^3 y' \, dz = y_z - \int\limits_{z-z_d}^{z} \left(\frac{\varrho}{\varrho_1}\right)^3 y' \, dz$$

und das noch flüssige Ölvolumen ist:

$$\frac{1}{\gamma} \int\limits_{z-z_d}^{z} \left(\frac{\varrho}{\varrho_1}\right)^3 y' \, dz \,.$$

---

[1]) Wartenberg: Z. V. d. I. 1924, S. 153.

Die zur Zeit z im Zylinder noch vorhandene Tropfenzahl ergibt sich zu:

$$n = \frac{3}{4\pi\gamma}\cdot\frac{1}{\varrho_1^3}\int\limits_{z-z_d}^{z} y'\,dz\,, \qquad \text{da} \qquad y'\,dz = \frac{4\pi\varrho_1^3\gamma}{3}\cdot dn\,.$$

Das mittlere Tropfengewicht ist:

$$\left(\frac{4\pi\gamma\int\limits_{z-z_d}^{z}\varrho^3 y'\,dz}{3\,(y_z - y_{zd})}\right)$$

und die ganze Tropfenoberfläche:

$$4\int\limits_{z-z_d}^{z}\varrho^2\pi\,dn = \frac{3}{\gamma\varrho_1^3}\int\limits_{z-z_d}^{z} y'\varrho^2\,dz\,.$$

Wenn man selbst die Tropfen als absolut schwarze Körper ansieht, so ergibt sich doch, daß ihre Strahlung an die Wände nur einen geringen Teil der gesamten Wärmeabgabe ausmacht. In Abb. 7 ist der Verlauf des verdampften und verbrannten Ölgewichtes, des noch vorhandenen flüssigen Öles, der Tropfenzahl und der gesamten Öloberfläche verzeichnet. Die Verschiebung zwischen verdampftem und verbranntem Brennstoff ist nicht berücksichtigt. In Abb. 7 sind endlich die dem jeweils verbrannten Öl entsprechende und die wahre Innentemperatur zusammengestellt[1]).

Die vom Öldampf umgebenen Tropfen bewegen sich im Verbrennungsraum mit rasch abnehmender Geschwindigkeit, besonders wenn keine Druckluft verwendet wird. Diese Geschwindigkeit bewirkt neben der Expansion der im Zylinder rasch erwärmten Einspritzluft die Verteilung im Raum und die fortwährende Berührung mit Sauerstoff, da die sich bildenden Verbrennungsgase von der Tropfenoberfläche entfernt werden. Die Verbrennung findet demnach hier an allen Stellen nahezu gleichzeitig statt, so daß es im wesentlichen auf die Verbrennungsgeschwindigkeit, d. i. die in der Zeiteinheit verbrannte Menge ankommt, während die Fortschreitgeschwindigkeit der Zündung des Öldampfes an Bedeutung zurücktritt.

Die Verbrennungsgeschwindigkeit an den Oberflächen der die Tropfen umgebenden Dampfhüllen dürfte dem Druck etwa proportional sein[2]), und hier, wo dieser während der Verbrennung nahezu gleichbleibt, nur mit der Temperatur wachsen. Offenbar folgt die Verbrennung hier ganz anderen Gesetzen als die eines schon vorher gebildeten Gemisches, für das die Reaktionsgeschwindigkeit nach dem Massenwirkungsgesetz Geltung hat.

Schon durch die beschriebene mechanische Verschiedenheit läßt sich der Verbrennungsvorgang schwer verfolgen, noch mehr dadurch, daß die einzelnen Dämpfe entsprechend ihren verschiedenen Zündtemperaturen nicht gleichzeitig mit der Verbrennung einsetzen. Wenn z. B. von dem zuerst entzündeten Dampf nur geringe Mengen gebildet und im Raum verteilt sind, genügt möglicherweise die durch seine Verbrennung entstandene Temperatur nicht zur Zündung der übrigen Dämpfe.

Je nach der Zusammensetzung des Brennstoffes verdampft er vor der Verbrennung bei der im Verbrennungsraum herrschenden Temperatur in sehr verschiedener Weise, die leichter entzündlichen Abspaltungsteile erzeugen erst durch ihre Verbrennung die für die übrigen notwendigen Temperaturen. Es ist deshalb heute kaum möglich, auch nur annäherungsweise ein Bild des Verbrennungsverlaufes zu gewinnen, vielleicht kann man nur schließen, daß anfangs wegen der erhöhten Temperatur die Verbrennungsgeschwindigkeit zunimmt, während sie gegen Ende der Einspritzung wegen der verminderten Sauerstoffkonzentration wieder abnimmt.

[1]) Vgl. E. B. Wolff, Temperaturmetingen in een Dieselmotor, Amsterdam.

[2]) Mache: Mitt. über Gegenstände des Artillerie- und Geniewesens 1916.

Wie Neumann[1]) gezeigt hat, kann man die Linie der verbrannten Ölmenge in der Zeit dadurch prüfen, daß man durch ein gesteuertes Ventil aus dem Zylinder zu den verschiedenen Hubzeiten Gas entnimmt, dieses rasch abkühlt und seine Zusammensetzung feststellt, während jene des Brennstoffes bekannt ist. Ist der Verlauf der verbrannten Menge durch die Linie der Verhältniszahl ξ zur ganzen eingespritzten Menge M_b (Abb. 7) bestimmt, $\xi = \frac{x}{M_b}$ indem zwischen Verdampfung und Verbrennung ein gleichbleibender Zeitzwischenraum angenommen wird, so ist in dem System bis zur Zeit z die Wärmemenge $\xi M_b H$ mit H als unterem Heizwert des flüssigen Brennstoffes entwickelt worden. Im Totpunkt war der Wärmeinhalt für gleichbleibenden Druck nach früherer Bezeichnung $M_g C_g t_2$, auf $0°$ C bezogen, wozu noch die Wärmeinhalte der Einspritzluft $M_e C_e t_e$ und des bis dahin eingespritzten Brennstoffes $\eta M_b C_b t_b$ kommen. Der noch flüssig gebliebene Teil $(\eta - \xi) M_b$ des Brennstoffes habe sich auf t_b' erwärmt, während in der Zeit z die Wärmemenge $-Q_b$ an die Wände abgegeben wurde. Dann gilt die Gleichung:

$$\xi M_b H + Q_b = (M_g + M_e + \xi M_b) C t + (\eta - \xi) M_b C_b t_b'$$
$$- (M_g C_g t_2 + M_e C_e t_e + \eta M_b C_b t_b) - A \int_2^z V dp\,,$$

wenn vom Wärmeinhalt des die Tropfen etwa umgebenden Öldampfes abgesehen und auch die etwaige Änderung der Molekülzahl zwischen flüssigem Brennstoff und Verbrennungsgasen nicht berücksichtigt wird. C und t bedeuten die absolute spezifische Wärme bei gleichbleibendem Druck und die augenblickliche Temperatur des Gasgemisches im Zylinder zur Zeit z. Wären ξ und η durch Rechnung oder Versuch bekannt, und kann man ferner t_b' schätzen, so kann mit Hilfe des Indikatordiagrammes auch Q_b und damit $\ddot{u}$ berechnet werden.

Die pyrogene Zersetzung der Brennstoffdämpfe vor der Verbrennung bei Freiwerden von Wärme drüfte wegen der geringen zur Verfügung stehenden Zeit keinen bedeutenden Einfluß ausüben[2]), hingegen ist dies an den kälteren Zylinderwänden der Fall, wo sich Brenn- und Schmieröl unter Rußbildung zersetzen. Etwaige Rußbildung im Innern des Verbrennungsraumes ist durch ungenügende Sauerstoffzuführung zu erklären; solange die Raumtemperatur im Zylinder noch niedrig ist, darf also nicht örtlich durch zu große Zündölmenge eine sauerstoffarme Zone entstehen, sonst wird der sich dort bildende Ruß nicht mehr vollständig verbrannnt.

Nach Abschluß des Einspritzventils bleibt die im Zylinder vorhandene Gemischmenge unverändert, während der Rauminhalt zunimmt, also eine Entspannung eintritt. Das Gemisch besteht aus noch flüssigen Ölteilchen, etwa Öldämpfen, Verbrennungsgasen und Luft, die Verbrennung ist noch nicht beendet. Die gesamte Menge ist:

$$G = G_r + G_l + G_e + G_b$$

und als bekannt anzunehmen, man kann bei gegebener Zusammensetzung von G_b auch den theoretischen Luftbedarf und den Luftüberschuß bestimmen und damit die physikalischen Eigenschaften von G_r finden, wenn vollständige Verbrennung am Ende der Ausdehnung angenommen werden kann. Dann ist:

$$p_3 V_3 = G R T_3$$

für das Ende der Expansion, woraus T_3 gefunden wird. Die zugehörige Adiabate ist gegeben durch:

$$\frac{p}{p_3} = \left(\frac{V_3}{V}\right)^{\varkappa}.$$

[1]) Forschungsheft 245 des V. d. I.

[2]) Vgl. Wartenberg: Z. V. d. I. 1924, S. 153; ferner Aufhäuser: Z. V. d. I. 1924, S. 420.

Aus dem Unterschied der wirklichen Ausdehnungslinie von dieser Adiabate kann man bei vollkommener Dichtheit gewisse Schlüsse auf die wirkliche Gemischzusammensetzung in jedem Augenblick ziehen. Die der Wärmeübertragung an die Zylinderwände entsprechende Linie müßte unter der Voraussetzung, daß während der Entspannung keine Verbrennung mehr erfolgt, höher liegen als die Adiabate durch den Expansionsendpunkt, Abb. 9, während die wirkliche Entspannungslinie tiefer liegt. Wenn man im Punkte A dieser Linie das dort noch vorhandene Öl verbrennen würde, ohne das Volumen zu verändern, würde man den Punkt A' erreichen. Die entwickelte Wärmemenge ist nahe:

$$(1-\xi)G_b H_v = G c_v t' - (G_r + G_l + G_e + \xi G_b)\, c_v t\,,$$

worin H_v den Heizwert für die Gewichtseinheit bei gleichbleibendem Volumen und c_v den Mittelwert der spezifischen Wärme zwischen den beiden Endzuständen bedeuten. Ist die der Adiabate entsprechende Temperatur t'' und bezeichnet man mit $-Q_{ex}$ die zwischen A und 3 an die Wand abzugebende Wärmemenge, ist dieser Wert auch gleich:

$$G c_v t'' - Q_{ex} - (G_r + G_l + G_e + \xi G_b)\, c_v t\,, \qquad \text{also} \qquad Q_{ex} = G c_v (t'' - t')\,.$$

Darin ist:

$$t'' = T'' - 273 = \frac{p_3 V_3^{\varkappa}}{G R V^{\varkappa - 1}} - 273\,,$$

und

$$t\ = T\ - 273 = \frac{pV}{GR} - 273\,.$$

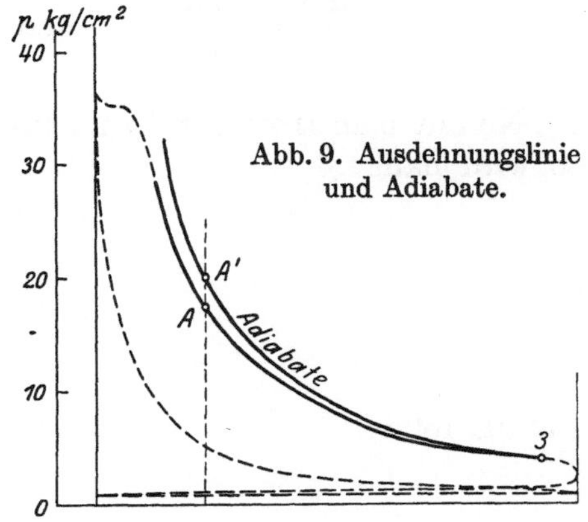

Abb. 9. Ausdehnungslinie und Adiabate.

Übrigens gilt natürlich auch die auf S. 12 gefundene Gleichung:

$$\xi M_b H + Q_b = (M_g + M_e + \xi M_b) C t + (1-\xi) M_b C_b t_b' - (M_g C_g t_2 + M_e C_e t_e + M_b C_b t_b) - A \int_2^z V dp\,.$$

Für vollständige Verbrennung im Punkte 3 wird:

$$M_b H + Q_3 = (M_g + M_e + M_b) C t_3 - (M_g C_g t_2 + M_e C_e t_e + M_b C_b t_b) - A \int_2^3 V dp\,.$$

4. Vorauspuff und Ausschub. Bei Viertaktmaschinen wird das Auslaßventil meist 10—15 vH (vgl. S. 230) des Kolbenhubes vor dem inneren Kolbentotpunkt geöffnet, bei Vollbelastung ist der Ausdehnungsenddruck etwa 4—5 at abs. Da angenommen werden kann, daß im Auspuffrohr nahe der Außendruck herrscht, wird beim Vorauspuff, der bei Berücksichtigung des jeweils im Zylinder herrschenden Druckes von der Kolbenbewegung unabhängig ist und nur vom Druckunterschied vor und hinter dem Auslaßventil beeinflußt wird, die Schallgeschwindigkeit erreicht, bleibt also bis zur Abnahme des Innendruckes auf rd. 1,7 at nahezu gleich, um dann erst entsprechend der Gleichung $\frac{w^2}{2g} = -\int_{p_i}^{p_a} v\,dp$ abzunehmen (vgl. Abb. 263). Nimmt man v als Abhängige von p je nach Wärmeabfuhr und Reibungswärme an, etwa als Polytrope, so kann man die abströmende Menge und die Temperaturen bestimmen. Dabei werden allerdings noch die Beschleunigungsenergien in der nicht stetigen Gasströmung im Zylinder und im Auspuffrohr vernachlässigt. Die genauere Berechnung ist verwickelt, weil man hier die Gasgeschwindigkeiten nicht mehr gegen die Schallgeschwindigkeit vernachlässigen kann[1]).

[1]) Vgl. Voissel: Forschungsarbeiten des V. d. I., Heft 106. Für eine genauere Berechnung könnte als Unterlage dienen: Riemann - Weber: Differentialgleichungen II. Bd. S. 499; ferner Becker: Stoßwelle und Detonation. Z. f. Phys. 1922, S. 321. Stodola hat festgestellt, daß die unendlich kleinen Stöße, die in ihrer Folge den Bewegungsvorgang ergeben, wegen des Umstandes, daß die Entropieänderung unendlich klein höherer Ordnung ist, als umkehrbar angesehen werden können. Durch die rascher werdende Fortpflanzung der Verdichtungsstöße kann jedoch eine endliche Druckdifferenz eintreten, vgl. Becker.

Für die unstetige Bewegung im Auspuffrohr gelten als Bewegungsgleichung:

$$\frac{\partial w}{\partial t} + w \frac{\partial w}{\partial x} = -\frac{1}{\mu} \cdot \frac{\partial p}{\partial x}$$

und als Stetigkeitsbedingung:

$$\frac{\partial \mu}{\partial t} + \frac{\partial}{\partial x}(\mu w) = \theta$$

oder auch:

$$\frac{\partial \mu}{\partial t} + w \frac{\partial \mu}{\partial x} = -\mu \frac{\partial w}{\partial x},$$

mit w als Geschwindigkeit und μ als Dichte. Bei polytropischer Ausdehnung ist ferner:

$$p = \frac{p_0}{\mu_0^{\varkappa}} \cdot \mu^{\varkappa},$$

also:

$$\frac{dp}{p_0} = \varkappa \frac{d\mu}{\mu_0} \qquad \text{und damit:} \qquad \frac{\partial p}{\partial t} + w \frac{\partial p}{\partial x} = -\varkappa p_0 \frac{\partial w}{\partial x}.$$

Nimmt man trotz der Ungenauigkeit an, w sei klein gegen die Schallgeschwindigkeit, so wird nahe:

$$\frac{\partial w}{\partial t} = -\frac{1}{\mu_0} \cdot \frac{\partial p}{\partial x}$$

und:

$$\frac{\partial w}{\partial x} = -\frac{1}{\varkappa p_0} \cdot \frac{\partial p}{\partial t},$$

woraus folgt:

$$\frac{\partial^2 w}{\partial t^2} = \frac{\varkappa p_0}{\mu_0} \cdot \frac{\partial^2 w}{\partial x^2}$$

und:

$$\frac{\partial^2 p}{\partial t^2} = \frac{\varkappa p_0}{\mu_0} \cdot \frac{\partial^2 p}{\partial x^2}.$$

Setzt man $\frac{\varkappa p_0}{\mu_0} = a^2$, oder die Schallgeschwindigkeit hier angenähert gleichbleibend $a = \sqrt{\varkappa \frac{p_0}{\mu_0}}$, so wird die bekannte allgemeine Lösung dieser Gleichungen:

$$w = f(x + at) + g(x - at)$$
$$p - p_0 = f_1(x + at) + g_1(x - at),$$

worin f und g noch unbestimmte Funktionen bedeuten. Solange im Auspuffventil Schallgeschwindigkeit herrscht, wird jedenfalls nur die in der x-Richtung laufende Welle in Betracht kommen, also:

$$w = g(x - at) \quad \text{und} \quad p - p_0 = g_1(x - at).$$

Da nach obigen Gleichungen:

$$\frac{\partial w}{\partial t} = -a g'(x - at) = -\frac{1}{\mu_0} \cdot \frac{\partial p}{\partial x} = -\frac{1}{\mu_0} g_1'(x - at),$$

so ist:

$$g_1'(x - at) = a \mu_0 g'(x - at)$$

oder

$$g_1 = a \mu_0 g + C,$$

und da für $x = 0$, $t = 0$ der Wert $p = p_0$ sein soll, so ist:

$$g_1 = a \mu_0 g = g \sqrt{\varkappa \mu_0 p_0}.$$

Demnach haben Geschwindigkeits- und Druckwelle die gleiche Gestalt, nur in verschiedenem Maßstab. Denkt man sich nun als Annäherung in einem nahe an dem jeweils engsten Querschnitt im Auslaßventil liegenden, vollen und gleichbleibenden Rohrquerschnitt f_0 noch in jedem Augenblick die gleiche sekundliche Gasmenge G_s durchströmen, wie im Ventil selbst, und den dazwischenliegenden Vorgang auch noch polytropisch, so wird dort:

$$f_0 w \mu = G_s = f_0 (p - p_0) \frac{\mu_0}{p_0^{\frac{1}{\varkappa}}} \cdot p^{\frac{1}{\varkappa}}$$

oder:

$$p - p_0 = \Delta p \sim \frac{G_s}{f_0 \mu_0}$$

und da G_s angenähert berechnet werden kann (S. 190), so kann man auch Δp als Abhängige von der Zeit finden. Für die in Abb. 263 gewählten Verhältnisse ergibt sich für Δp die Abb. 10 für einen Rohrquerschnitt $f_0 = 1{,}27\, f_{max}$. Eine Welle von dieser Form pflanzt sich also längs des Auspuffrohres, allerdings mit Form- und Größenänderungen, fort, wird etwa an der Mündung als negative Druckwelle teilweise reflektiert und gelangt an die nun offene Auspufföffnung des Zylinders, bringt also dort eine allerdings geringe Druckverminderung und dann durch erneute Reflexion wieder eine Druckerhöhung im Zylinder hervor. Das erklärt etwa die Druckschwankungen im Indikatordiagramm während der Auspuffzeit (Abb. 2).

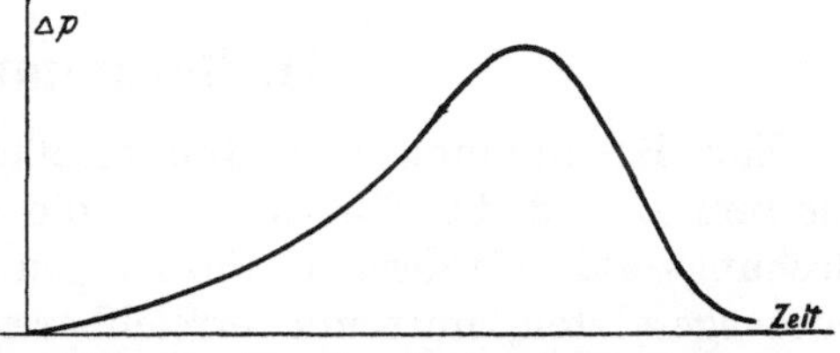

Abb. 10. Druckwelle im Auspuffrohr.

Während des Vorauspuffes, wo der Gasinhalt des Zylinders rasch entspannt wird und seine Temperatur entsprechend abnimmt, wird zuerst noch Wärme an die Zylinderwände abgegeben, und zwar wegen der dort großen Geschwindigkeiten hauptsächlich an die Oberfläche des Auslaßventils und seiner Umgebung, dann aber wird von den Wänden schon Wärme an den Gasinhalt übergehen. Im ganzen wird der Vorauspuff nicht gar zu weit von einer adiabatischen Zustandsänderung abweichen. Die gesamte an das Gas im Zylinder übergegangene Wärmemenge könnte man aus dem Anfangs- und Endzustand finden, wenn der genaue Diagrammverlauf als bekannt angenommen wird. Dann wäre:

$$Q_4 = (M_g + M_e + M_b) C t_3 - M_4 C t_4 - (M_g + M_e + M_b - M_4) t_v - A \int_3^4 V dp .$$

worin Q_4 die vom Gasinhalt im Zylinder aufgenommene und also noch von den Zylinderwänden selbst (ohne Rohrleitungen hinter dem Auspuffventil) abgegebene Wärme bedeutet, ferner t_v die mittlere Temperatur der Abgase im Ventilspalt während des Vorauspuffes. Genau lassen sich weder t_4 noch M_4 bestimmen, ein gewisses Urteil über Q_4 läßt sich nur aus dem Vergleich des wirklichen Druckverlaufes im Diagramm mit dem adiabatischen Vorgang (Abb. 263) schöpfen. Bleibt der Druck oberhalb der dort bestimmten Drucklinie, so wird Wärme vom Gas im Zylinder aufgenommen, der Ausgleich mit dem Außendruck verzögert sich.

Wegen der anfänglichen Beschleunigung des Gases kann allerdings trotzdem anfangs ein Wärmeübergang an die Wand statthaben.

Kennt man die mittlere Temperatur t_5 hinter dem Auspuffventil, so kann man die ausgetauschte Wärmemenge zwischen Punkt 3 und 0 durch die Gleichung finden:

$$Q_4 + Q_5 = (M_g + M_e + M_b) C t_3 - M_0 C t_0 - (M_g + M_e + M_b - M_0) C t_5 - A \int_3^5 V dp .$$

Der Auspuff- und Spülvorgang bei Zweitaktmaschinen ist viel verwickelter (vgl. S. 491), hier ist auch eine Beurteilung der Wärmeübergänge aus dem Diagramm nicht mehr möglich.

Bezüglich des zeitlichen Verlaufes der Wärmeverhältnisse in den Zylinderwandungen sei auf die Forschungsarbeit Heft 263[1]), Eichelberg: Temperaturverlauf und Wärmespannungen in Verbrennungsmotoren, verwiesen, wo auch die Erwärmungsvorgänge beim Anlassen der kalten Maschine besprochen werden. Hier sei nur angedeutet, daß die Randbedingungen für die Differentialgleichung der Wärmemitteilung bei linearer Wärmeströmung

$$\frac{\partial \Theta}{\partial t} = \lambda \frac{\partial^2 \Theta}{\partial x^2},$$

worin Θ die Temperatur, t die Zeit, x die Tiefe des betrachteten Punktes in der Wand und λ die Wärmeleitzahl bedeuten, durch die Übergangsverhältnisse am inneren und äußeren Rand sowie durch den Temperaturverlauf im Zylinder gegeben sind. Zu beachten sind auch die Wärmeströmungen in axialer Richtung, die Stauungen an den Ecken der zylindrischen Ansätze für die Ventile und die Kolbenreibung, sowie auch der Wärmeübergang vom Kolbenumfang an die Zylinderbüchse durch die Ölzwischenlage hindurch (vgl. S. 43).

II. Bestimmung der Hauptgrößen.

Zur Bestimmung der Hauptgrößen eines Viertaktzylinders, nämlich des Durchmessers D und des Hubes H, ist die Angabe seiner Leistung N_e in PS_e und der Umdrehungszahl erforderlich. Sie hängen mit dem für die betreffende Bauart als bekannt vorausgesetzten, mittleren erreichbaren effektiven Druck p_e, auf einen Hub bezogen, durch die Gleichung zusammen:

$$N_e = \frac{V_h \cdot p_e \cdot n}{9000} = \frac{\pi D^2}{4} \cdot H \cdot \frac{p_e n}{9000} \sim \frac{D^2 \cdot H \cdot n \cdot p_e}{11465}.$$

Hierin ist D in Zentimetern, H in Metern ausgedrückt. Die Wahl des Hubverhältnisses $\frac{H}{D}$ bleibt freigestellt. Die Rücksicht auf günstige, nicht allzu flache Form des Verdichtungsraumes verlangt, daß dieses Verhältnis $m = \frac{100 H}{D}$ möglichst groß wird, jedoch ist es bei schnellaufenden Maschinen durch andere Rücksichten beschränkt. In die Gleichung für die Leistung kann man statt der Umdrehungszahl n die Kolbengeschwindigkeit

$$v = \frac{n \cdot H}{30} = \frac{D \cdot m \cdot n}{3000}$$

einführen und erhält:

$$N_e = \frac{D^2 \cdot v \cdot p_e}{382} \qquad \text{oder auch:} \qquad D = 19{,}5 \sqrt{\frac{N_e}{p_e \cdot v}}.$$

Im Betriebe kommen als Grenzen die Drücke auf die Lager in Betracht. Für den Kolbenzapfen sind neben den Gasdrücken die Beschleunigungskräfte und das Gewicht des Kolbens, für den Kurbelzapfen auch noch die Beschleunigungskräfte und das Gewicht der Schubstange einzubeziehen, während für die Wellenlager auch noch die Gewichte der Welle und die nicht ausgeglichenen Fliehkräfte der umlaufenden Teile, insbesondere der Kurbelarme, zu berücksichtigen sind, wobei vorläufig als Näherung angenommen wird, daß auf ein Mittellager die halben Drücke von 2 Nachbarzylindern entfallen (vgl. S. 144).

Aus der Ermittlung des Druckverlaufes auf die Zapfen (Abb. 171, 172) geht hervor, daß der Kurbelzapfendruck maßgebend ist, der etwas vor dem äußeren Kolbentotpunkt während der Verdichtung einen Mindestwert erreicht, der allerdings möglicherweise in den äußeren Hauptlagern einer Mehrzylindermaschine noch unterschritten werden kann. Da der Verlauf der Drücke auch bei recht verschiedenen Abmessungen und Drehzahlen

[1]) Forschungsarbeiten des V. d. I., VDI-Verlag, Berlin.

ziemlich gleich bleibt, so kann ihr Wert im oberen Totpunkt als Maßstab gewählt werden. Es soll also der Wert:

$$\frac{D^2\pi}{4}p_2 - \frac{1}{g}\left[G_1(1+\lambda) + G_2\left(1+\frac{l_2}{l}\cdot\lambda\right)\right]\frac{H}{2}\omega^2 > 0$$

werden, um an dieser Stelle einen Druckwechsel zu vermeiden, der starke Stöße bewirken würde (vgl. S. 153). Hierin bedeuten p_2 den Verdichtungsenddruck, G_1 das Gewicht des Kolbens und sonstiger, rein axial hin- und hergehender Teile, wie Kolbenstange und Kreuzkopf, G_2 das Gewicht der Schubstange, l deren Länge und l_2 den Abstand ihres Schwerpunktes von der Kurbelzapfenmitte, endlich ω die als gleichbleibend angenommene mittlere Winkelgeschwindigkeit der Kurbel und $\lambda = \frac{H}{2l}$ das Verhältnis von Kurbellänge zu Schubstangenlänge. Setzt man hierin

$$\omega = \frac{\pi n}{30} = \frac{\pi v}{H},$$

so ergibt sich:

$$\frac{D^2\pi}{4}p_2 - \frac{1}{g}\left[G_1(1+\lambda) + G_2\left(1+\frac{l_2}{l}\lambda\right)\right]\frac{\pi^2 v^2}{2H} > 0$$

der auch:

$$p_2 > \frac{1}{g}\left[G_1(1+\lambda) + G_2\left(1+\frac{l_2}{l}\lambda\right)\right]\frac{200\cdot\pi\cdot v^2}{D^3\cdot m}.$$

Bei nicht allzu verschiedenen Bauarten von größeren Schnelläufern kann man etwa setzen:

$$G_1 \backsim 0{,}00285\,D^3 = k_1 D^3$$
$$G_2 \backsim 0{,}00343\,D^3 = k_2 D^3$$
$$\frac{l_2}{l} \backsim 0{,}42\,.$$

Bei Langsamläufern ist etwa:

$$G_1 \backsim 0{,}00425\,D^3$$
$$G_2 \backsim 0{,}00512\,D^3$$
$$\frac{l_2}{l} \backsim 0{,}36\,.$$

Damit ergibt sich rd.:

$$\left[k_1(1+\lambda) + k_2\left(1+\frac{l_2}{l}\lambda\right)\right]\frac{v^2}{m} < 0{,}5\,.$$

Mit den angegebenen Zahlenwerten für Schnelläufer wird etwa $\frac{v^2}{m} < 68$, also z. B. für den gebräuchlichen Wert $m = 1 : v < 8$ m als Grenze.

Man erkennt, daß, je größer das Hubverhältnis wird, desto größer auch die Kolbengeschwindigkeit sein darf, ohne gefährliche Beschleunigungsdrücke im Kurbelzapfen hervorzubringen. Dabei wird dann auch der Kolbendurchmesser für gleiche Leistung kleiner. Da freilich die Werte G_1 und G_2 auch mit dem Hubverhältnis m etwas wachsen, vermindert sich der Einfluß dieses Verhältnisses.

Ersetzt man m durch

$$\frac{3000\,v}{D n} = \frac{3000\,v}{19{,}5\cdot n}\sqrt{\frac{p_e\cdot v}{N_e}},$$

so ergibt sich:

$$\left[k_1(1+\lambda) + k_2\left(1+\frac{l_2}{l}\lambda\right)\right] n\sqrt{\frac{N_e v}{p_e}} < 77\,.$$

Diese Beziehung ist für die Feststellung der höchsten Drehzahl anwendbar, wenn der mögliche Höchstwert der Kolbengeschwindigkeit durch die Unterbringung der Ventile im Zylinderdeckel beschränkt ist. Bei Viertaktmaschinen haben sie höchstens einen Querschnitt von $^1/_{10}$ der Zylinderfläche, und da man die mittlere Gasgeschwindigkeit, auf den Hubraum des Kolbens bezogen, von 60—70 m meist als Grenze betrachtet, (vgl. S. 190), findet man als höchste Kolbengeschwindigkeit etwa 6—7 m/sk. Mit Rücksicht auf sichere Zündung ist bei größeren Maschinen auch die Umdrehungszahl mit etwa 600 in der Minute beschränkt, bei kleineren Zylindern hat man aber bereits 1300 Umdr./Min. anstandslos erreicht (S. 391)[1]).

Die obenangegebenen Grenzwerte werden begreiflicherweise meist nur zu etwa 0,7 erreicht.

Bei langsam laufenden Viertaktmaschinen wird das Hubverhältnis meist zwischen 1,4 und 1,75 gewählt, bei schnell laufenden mit 1 bis 1,1. (Bei Zweitaktmaschinen geht man bis $m = 2$ und mehr.)

Sind η_v der volumetrische, η_w der wirtschaftliche Wirkungsgrad der Maschine, so ist für die stündliche Gewichtsmenge G_b kg an Brennstoff vom unteren Heizwert H_u:

$$N_e = \frac{\eta_w \cdot G_b \cdot H_u}{632} = \frac{D^2 \pi}{4} \cdot H \cdot \frac{p_e n}{9000} (D \text{ in cm}).$$

Nennt man ferner L die zur Verbrennung von 1 kg Brennstoff angesaugte Luftmenge in Kubikmetern, so ist das vom Kolben in einer Stunde anzusaugende Luftvolumen $G_b \cdot L$. Nun wird in je 2 Umdrehungen das Volumen $\eta_v \cdot \frac{D^2 \pi}{4} \cdot H$ angesaugt, also in einer Stunde

$$\eta_v \cdot \frac{D^2 \pi}{4} \cdot H \cdot \frac{60 \cdot n}{2} = 7{,}5\, \eta_v D^2 \cdot \pi \cdot H \cdot n = G_b L \cdot 10000,$$

oder auch:

$$p_e = \frac{427 \cdot \eta_v \cdot \eta_w \cdot H_u}{L}.$$

Ist die theoretisch erforderliche Luftmenge $L_0 = 14{,}3$ kg oder rd. 12 cbm, und braucht man wirklich an Ansaugeluft: $L = 1{,}5\, L_0 \backsim 18$ cbm, so ergibt sich z. B. für einen unteren Heizwert des Brennstoffes von $H_u = 10300$ WE.: $p_e = 24{,}4 \cdot \eta_v \cdot \eta_w$, und für $\eta_v \cdot \eta_w \backsim 0{,}28$ etwa: $p_e = 6{,}8$ kg/cm². Dabei ist der Luftüberschuß mit Rücksicht auf die Einblaseluft etwa 60 vH. Man ersieht hieraus die Wichtigkeit möglichst kleinen Luftüberschusses und großer Werte von $\eta_v \cdot \eta_w$.

Die gleichen Überlegungen gelten sinngemäß für Zweitaktmaschinen.

---

[1]) Inzwischen hat der Acro-Motor schon 1500 Umdr./Min. erreicht.

A. Viertaktmaschinen.

I. Die Zylinderbüchse.

Sind nach unseren Voraussetzungen Zylinderdurchmesser, Hub und Drehzahl der Maschine gegeben, so bedarf man zur Konstruktion der Zylinderbüchse nur noch der Länge des Kolbens, die natürlich bei Anwendung von Tauchkolben mit gleichzeitiger Bestimmung als Kreuzkopf viel größer ist als bei Scheibenkolben und besonderer Kreuzkopfführung. Tauchkolben treten in ihrer innersten Lage bis etwa ein Fünftel ihrer Länge aus der Büchse heraus, hie und da aber auch bis zu ein Drittel (Abb. 11, 12, 17, 18).

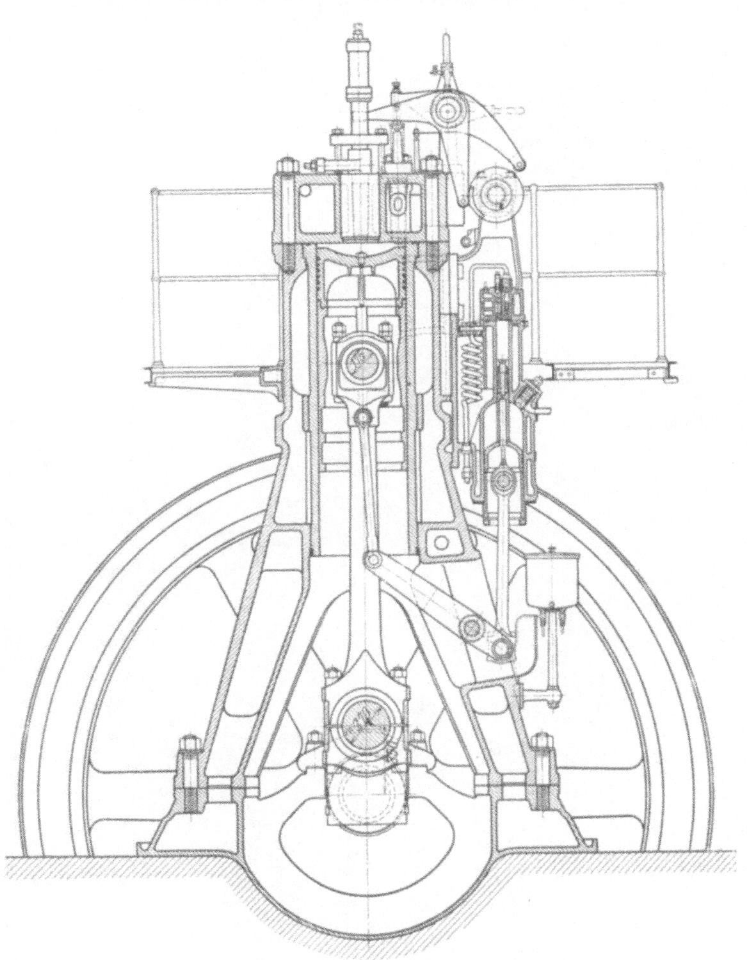

Abb. 11. LHL, Zusammenstellung, $1 \cdot \frac{480}{700} \cdot 170$.

In den meisten Fällen wird der Zylindereinsatz von einer glatten, gesonderten Büchse aus besonderem Material, dichtem und hartem Gußeisen, gebildet (Abb. 11, 12, 13, 17, 18). Auch Büchsen aus hartem Schmiedestahl sind mit Erfolg versucht worden[1]). Die Zylinderbüchse ist bis auf die Kolbenreibung von äußeren axialen Kräften fast vollständig entlastet, da die Gasdrücke auf die Deckel durch den Kühlmantel oder andere Teile übertragen werden. Die Zylinderbüchse wird manchmal mit einem Teil oder dem ganzen Kühlmantel (Abb. 118), dem Deckel (Abb. 15, 35) oder auch mit dem Kühlmantel und dem Zylinderdeckel aus einem Stück hergestellt (Abb. 14, 16). In letzterem Falle muß natürlich für das Ausnehmen des Kolbens nach innen vorgesorgt werden, wenn man zum Ausbau nicht den Zylinder selbst abnehmen will. Bei leichten Schiffsmaschinen hat man auch die Büchse einfach zylindrisch ausgeführt und mit Flansch an den oberen Gestellrahmen befestigt, während die äußere Wand des Kühlmantels aus Blech hergestellt und

[1]) Z. B. Beemann, Engineer 1924/I, S. 578.

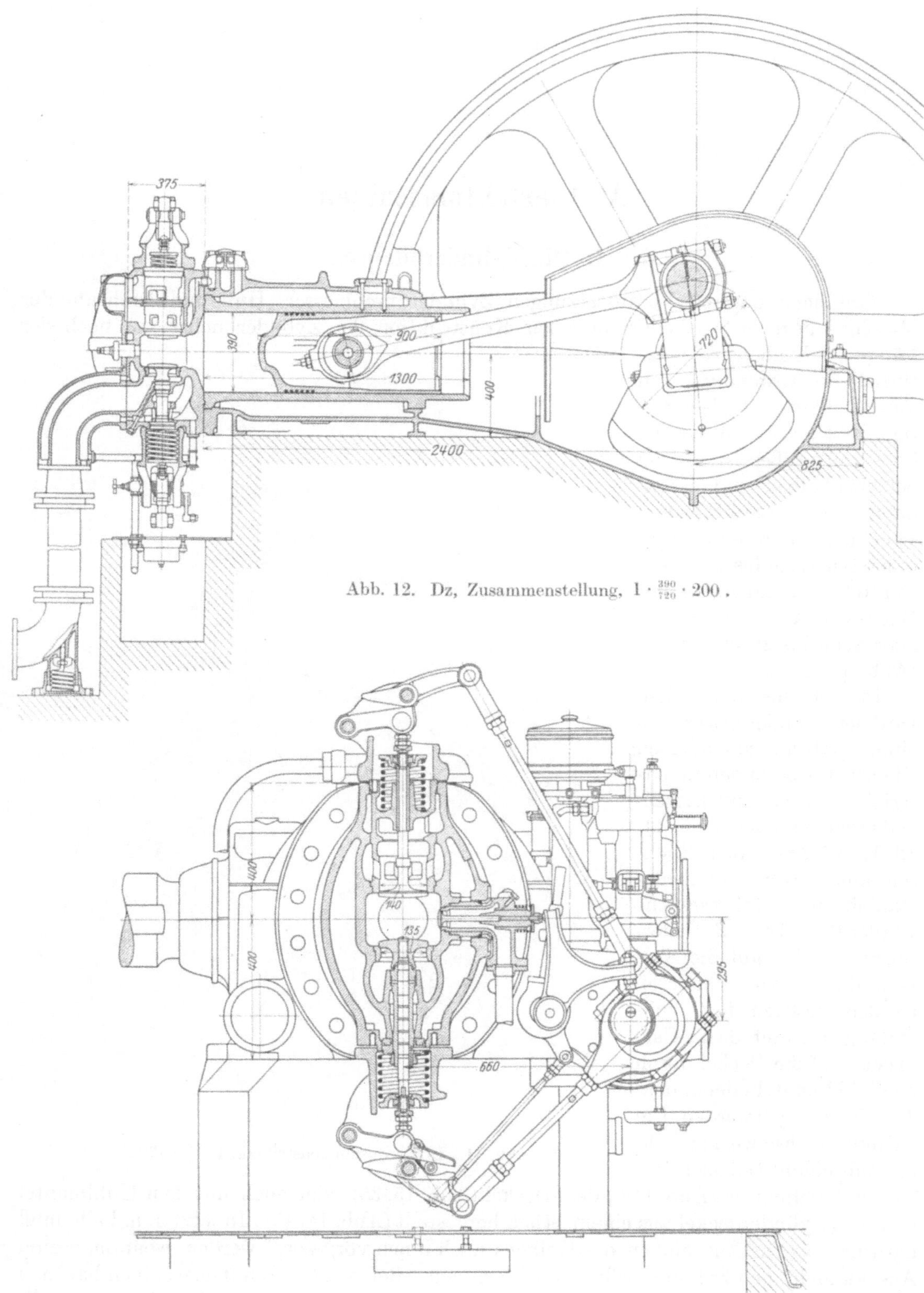

Abb. 12. Dz, Zusammenstellung, $1 \cdot \frac{390}{720} \cdot 200$.

Zu Abb. 12. Querschnitt des Verbrennungsraums und Steuerung.

an den Zylinderflanschen dicht befestigt oder auch als schwache gußeiserne Kappe ausgebildet ist. Bei kleinen liegenden Maschinen werden auch Büchse, Deckel, Kühlmantel und Rahmen (Abb. 115) oder auch mehrere Zylinder mit ihren Kühlmänteln aus einem Stück gegossen (Abb. 85).

Die vom Kühlmantel getrennte Anordnung der Büchse hat den großen Vorteil, daß für die Büchse ein besonders geeignetes Material verwendet werden kann, daß sie sich ihrer höheren Erwärmung entsprechend der Länge nach frei ausdehnen kann, daß die Reinigung des Kühlwasserraumes nach dem Guß und bei gründlichem Nachsehen der Maschine besser ausgeführt und daß die nicht der Wärmeübertragung dienenden Innenwände mit Rostschutzfarbe angestrichen werden können. Auch die Gefahr des Reißens der Außenwand des Kühlwasserraumes ist geringer, weil sie zwar hier die vollen Kolbenkräfte, aber keine schwer bestimmbaren Wärmespannungen aufzunehmen hat, hingegen erfordert diese Bauart besondere Vorkehrungen zur Abdichtung des Kühlwasserraumes. Sie bietet bei Schiffsmaschinen mit Rücksicht auf die Gewichtsersparnis die Möglichkeit der Verwendung von Stahlguß oder Bronze für die Mäntel und läßt die Auswechselbarkeit der Büchse bei Abnützungen ohne große Schwierigkeit des Ausbaues und ohne bedeutende Kosten zu. Hingegen hat das Zusammengießen der Teile den Vorzug billigerer Bearbeitung und der Vermeidung von Verbindungs- und Dichtungsstellen, bei Vereinigung der Büchse mit dem Deckel auch der besseren Kühlung des Verdichtungsraumes (vgl. S. 173). Hier wird jedoch die Bearbeitung der Bohrung schwieriger und auch die genaue Herstellung des Gußstückes unsicherer.

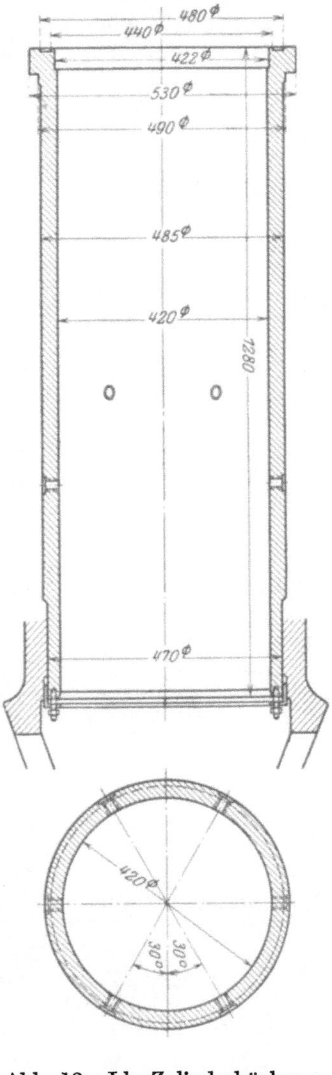

Bei Zylinderbüchsen aus einem Stück mit dem Kühlmantel müssen große Kern- und Reinigungsöffnungen angebracht werden, die so zu legen sind, daß möglichst alle Teile des Innenraumes zugänglich sind, die Außenwand ist womöglich in axialem Sinn etwas federnd zu gestalten.

Bei Seewasserkühlung ist auch die Anbringung, leichte Reinigung und Auswechselung von Zinkschutzplatten im Kühlwasserraum erforderlich. Bei Abnützungen müssen die Zylinder um etwa 2 mm im Durchmesser ausgedreht werden.

Abb. 13. Lb, Zylinderbüchse, $\frac{420}{600} \cdot 215$.

Die gesonderten Büchsen werden am äußeren Ende in den Kühlmantel eingesetzt und durch Dichtungsringe aus Kupfer in Ringnuten zwischen dem Zylinderraum und der Außenluft und aus Klingerit oder Hartpappe zwischen dem Kühlraum des Mantels und der Außenluft abgedichtet (Abb. 12, 13, 17). Wenn (wie in Abb. 18, 61) die Büchse mit dem Zylinderdeckel verschraubt ist, muß sie jedesmal mit diesem abgenommen werden. Die Abdichtungen können auch durch genaues Einschleifen der Dichtungsflächen aufeinander erzielt werden, was den Vorteil besseren Wärmeübergangs bietet. Eine unmittelbare Abdichtung zwischen Kühlmantel und Zylinderraum wie etwa bei Abb. 52 bewirkt bei Undichtwerden bedeutende Störungen, Undichtheiten müssen also unbedingt vermieden werden. Am sichersten ist

Zu Abb. 13. Untere Abdichtung des Kühlmantels.

es, beide Räume gegen die Außenluft abzudichten (Abb. 50), so daß keinesfalls Wasser in den Verdichtungsraum gelangen kann (vgl. auch Abb. 663).

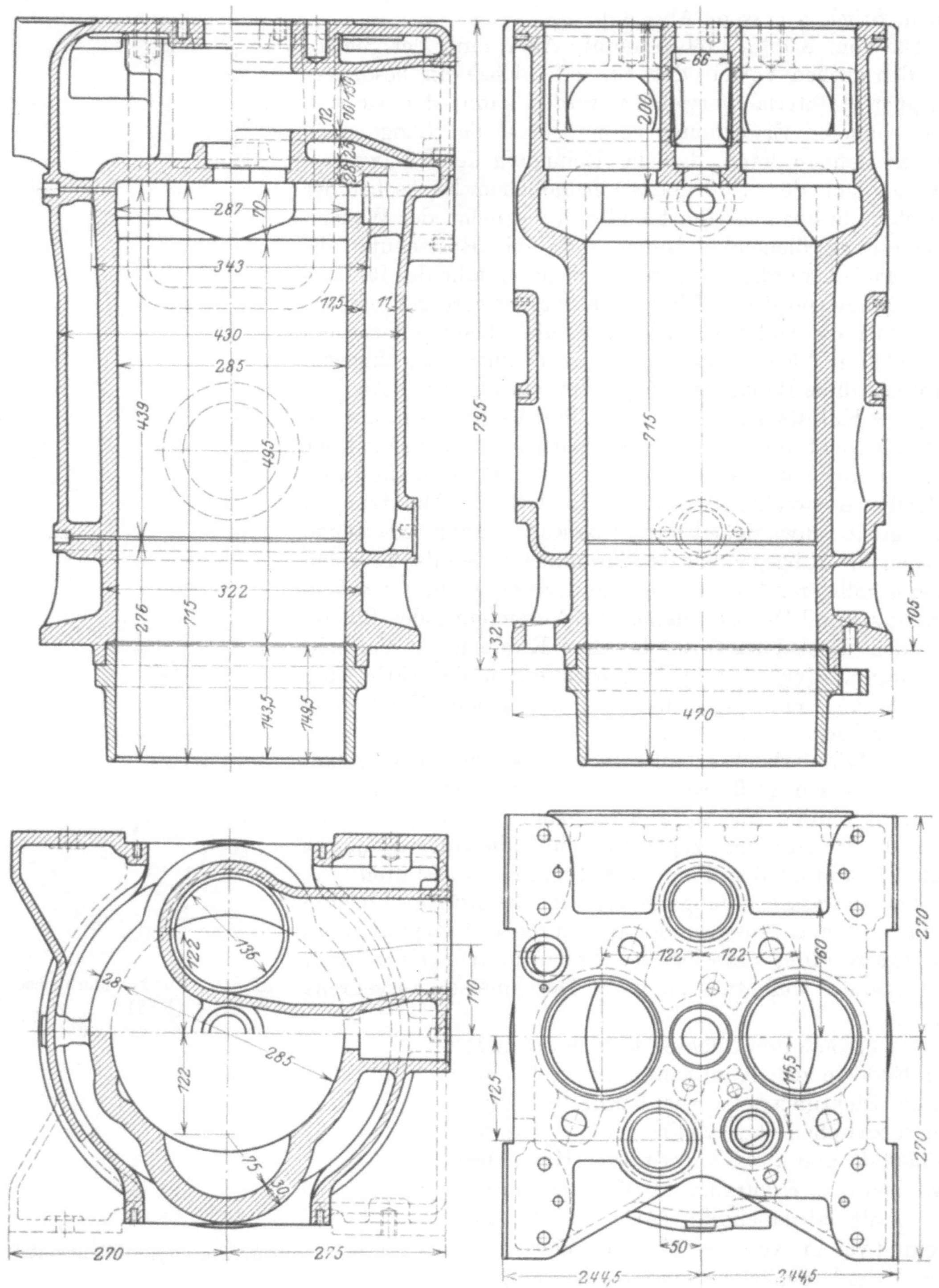

Abb. 14. Lb, Zylinder, $6 \cdot \frac{285}{340} \cdot 400$.

Am inneren Ende dienen zur Abdichtung oft ein oder zwei in dreieckige oder mehr rechteckige Nuten der Büchse eingelegte Gummiringe (Abb. 19, 31) oder ein besonders eingelegter Abschlußring, der außen und innen Gummiringe trägt (Abb. 20), oder am besten eine Art kurzer Stopfbüchse mit Gummiringen von etwa 10 mm Durchmesser (Abb. 21) oder Schnurpackung (Abb. 13). Es ist zu beachten, daß die Gummiringe nur ihre Form ändern können, aber nicht merklich komprimiert werden. Wenn die Zylinderbüchse weit vorragt, so erfolgt die Nachstellung wegen besserer Zugänglichkeit mittels aufgesetzter Flanschen und langer Schrauben (Abb. 17). Auch eine vom Zylinderrohr selbst gebildete Stopfbüchse (Abb. 22, 142, 143), die jedoch die freie Längsdehnung der Büchse er-

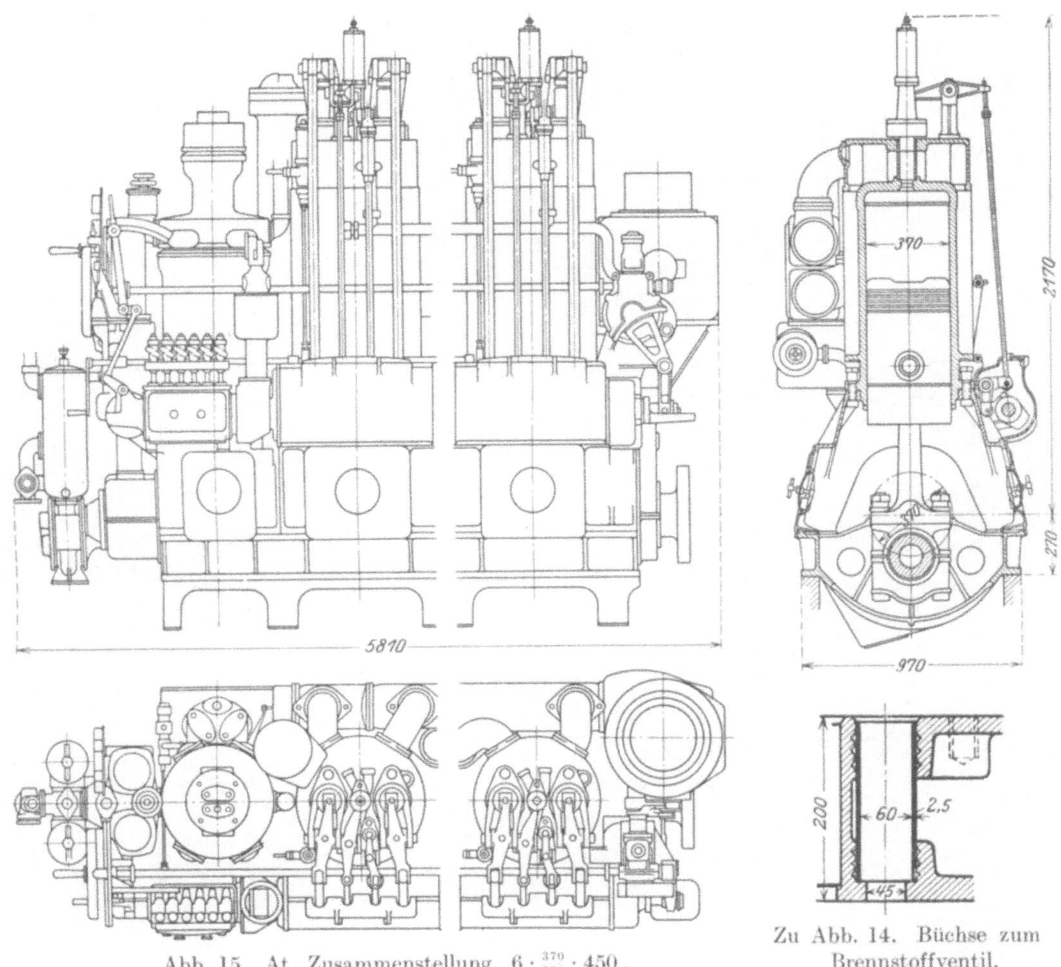

Abb. 15. At, Zusammenstellung, $6 \cdot \frac{370}{370} \cdot 450$.

Zu Abb. 14. Büchse zum Brennstoffventil.

schwert, sowie einfach verstemmte Weißmetallringe werden angewendet (Abb. 25). Bei sehr genauer Bearbeitung kann auch jegliche besondere Dichtung weggelassen werden (Abb. 48). Die Paßstelle wird auch vom Gummidichtungsring örtlich getrennt angeordnet (Abb. 32). Da beim Einziehen der Büchsen die Gummiringe leicht beschädigt werden, sind besonders bei Seewasserkühlung die von außen zugänglichen und nachziehbaren Stopfbüchsen vorzuziehen (Abb. 46). Auch Stemmringe werden leicht undicht. Sicher dichtend, aber schwerer und wegen der Kühlwirkung und Ausdehnbarkeit ungünstiger ist die Bauart mit hohlgegossenem Kühlmantel und gesonderter Büchse (Abb. 77).

Jedenfalls ist die ungestörte Ausdehnung des heißer werdenden Zylinders gegenüber dem Kühlmantel in achsialer Richtung zu ermöglichen, aber es soll auch dafür gesorgt werden, daß in der Nähe der Anpaßstellen bei Veränderung der Temperatur des Gestells soweit als tunlich nur kreissymmetrische Formänderungen eintreten können. In der

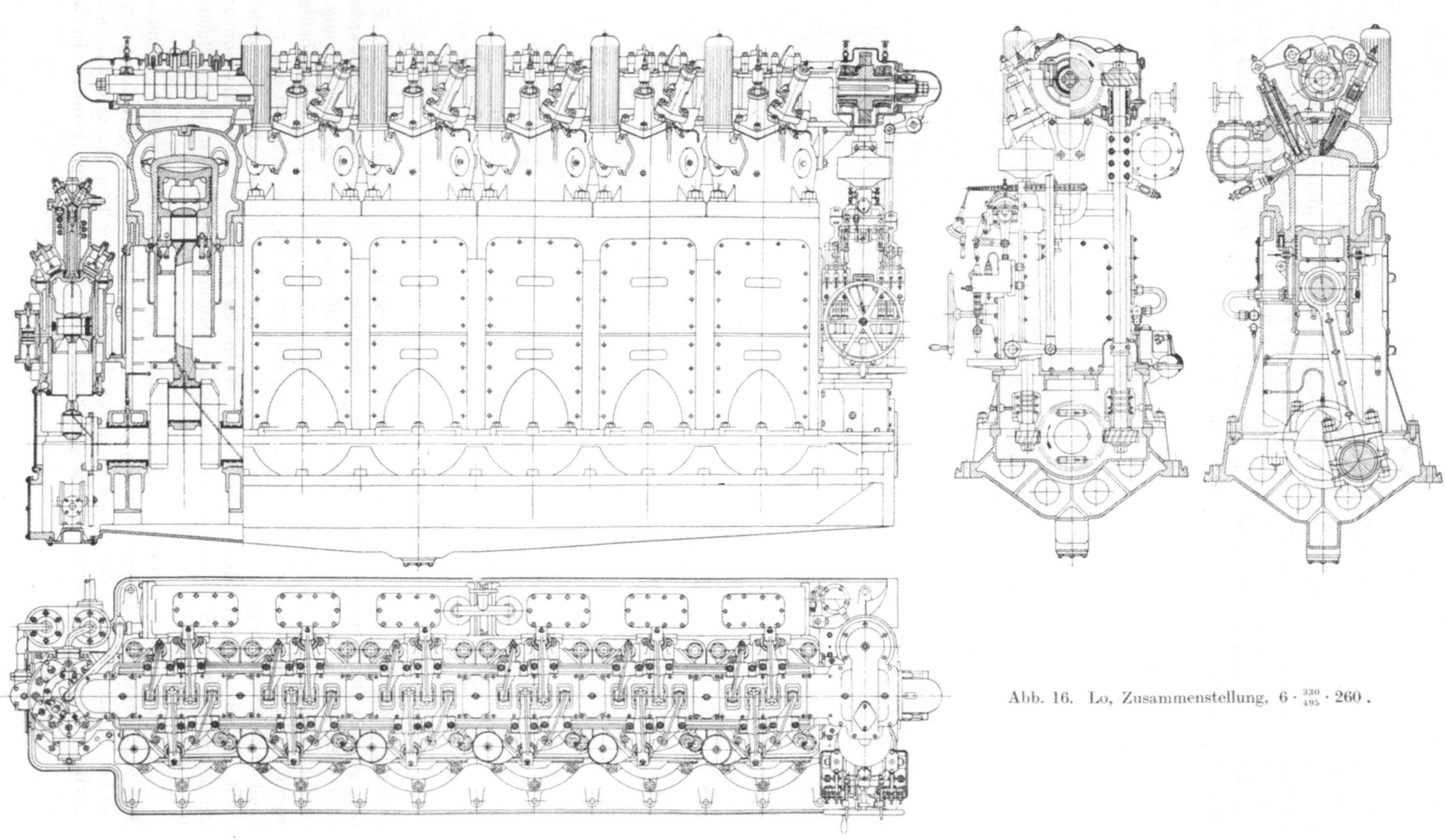

Abb. 16. Lo, Zusammenstellung, $6 \cdot \frac{330}{495} \cdot 260$.

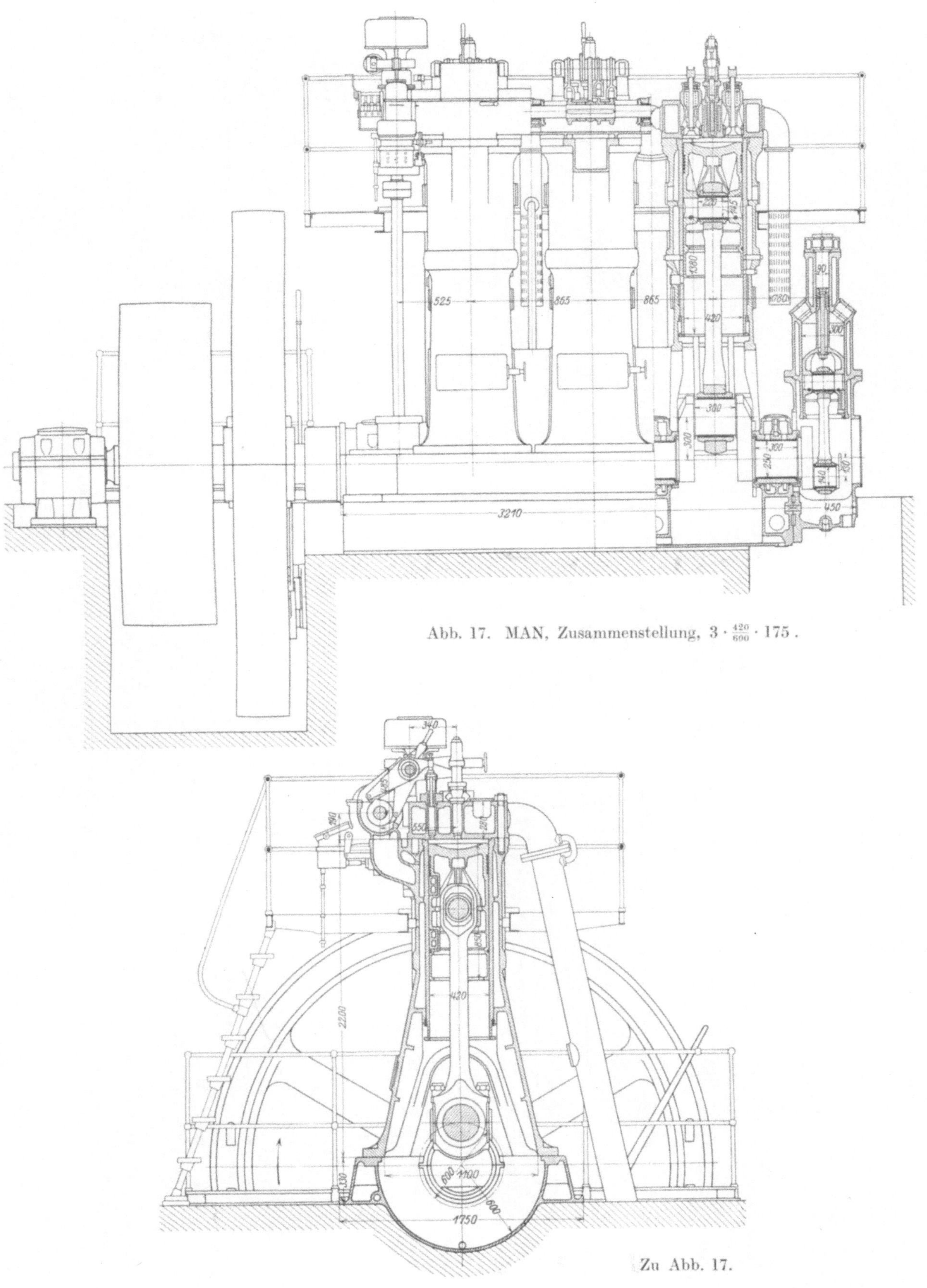

Abb. 17. MAN, Zusammenstellung, $3 \cdot \frac{420}{600} \cdot 175$.

Zu Abb. 17.

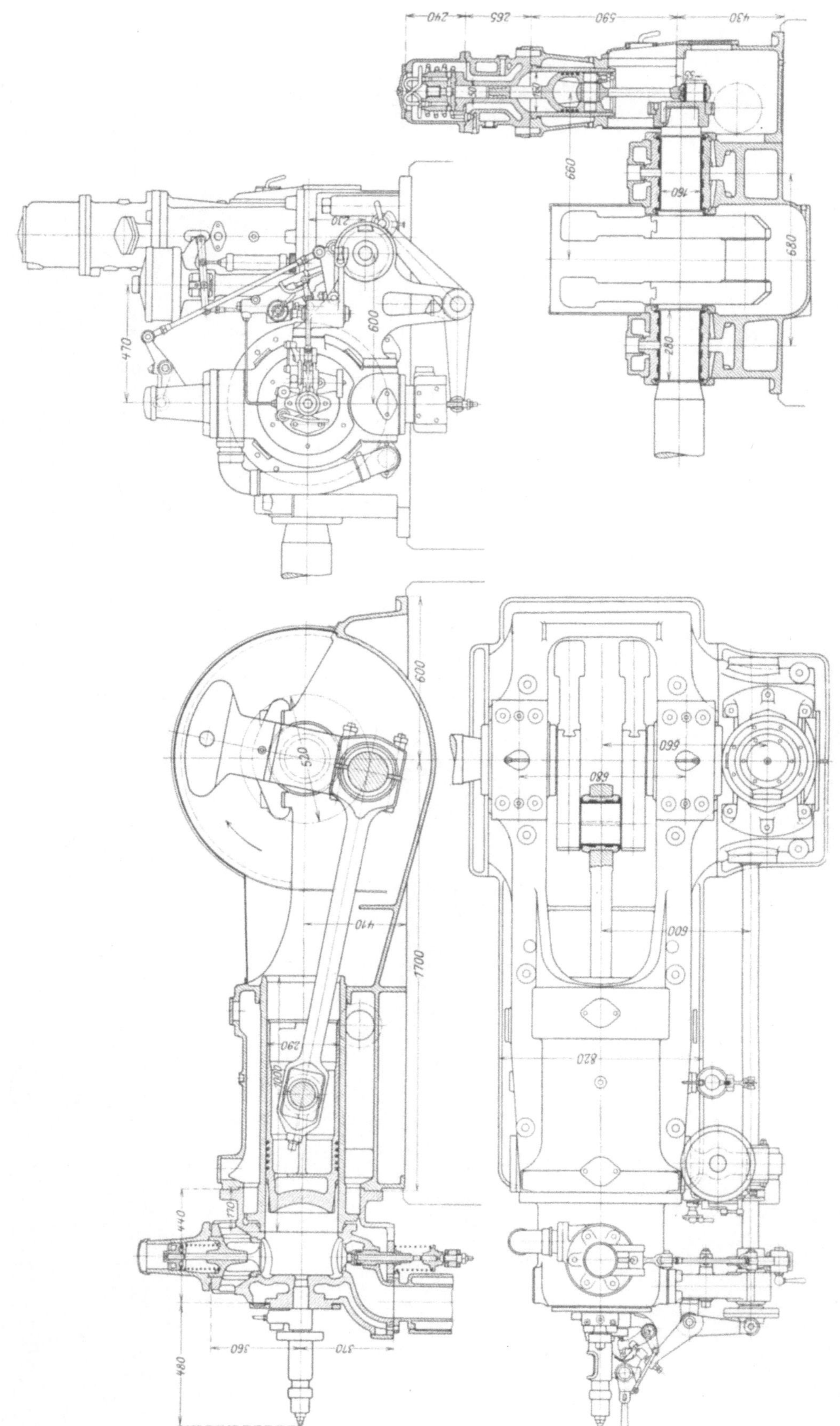

Abb. 18. Wi, Zusammenstellung, $1 \cdot \frac{290}{520} \cdot 250$.

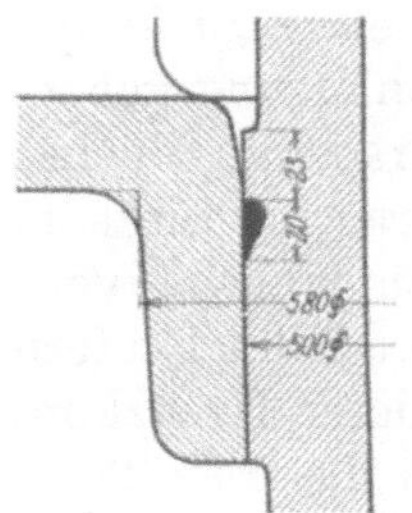

Abb. 19. Dz, Kühlwasserraum-Abdichtung, $3 \cdot \frac{440}{620} \cdot 187$.

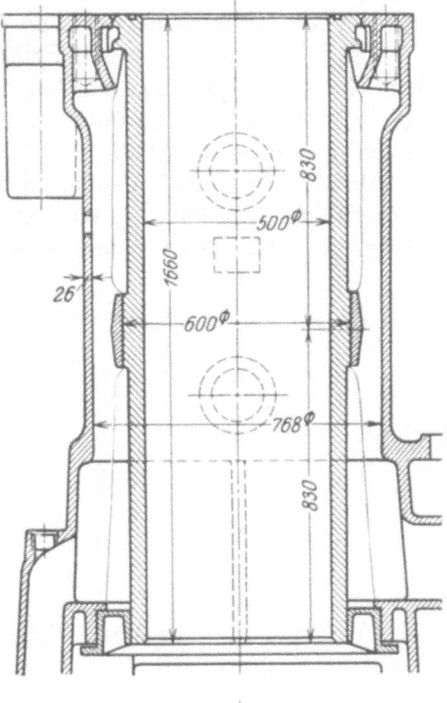

Nähe dieser Stellen sind also Rippen oder Anpässe womöglich zu vermeiden, da sonst auch die örtliche Verstärkung der Büchse nicht vollständig ausreicht.

Die äußere Flanschenverstärkung der Zylinderbüchse selbst darf keine zu große Materialanhäufung verursachen, daher wird manchmal dort eine Ausnehmung (Abb. 20, 25) oder es werden auch Bohrungen zur Kühlung dieses Teils angebracht, die gleichzeitig zur Überführung des Kühlwassers zum Zylinderdeckel dienen (Abb. 26). Hier und da findet man statt der Laufbüchsenverstärkung einen Flansch (Abb. 23), vereinzelt werden außen an der Zylinderbüchse Kühlrippen angebracht, die auch schraubenförmig angeordnet werden und zur Führung und Erhöhung der Geschwindigkeit des Kühlwassers dienen (Abb. 24).

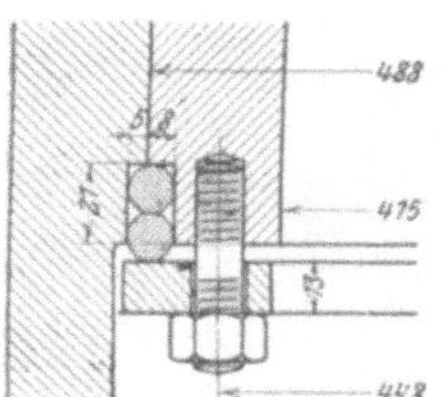

Abb. 21. LHL, Kühlwasserraum-Abdichtung, $\frac{415}{600} \cdot 175$.

Wenn Tauchkolben ohne gesonderte Kreuzkopfführung angewendet werden, bekommt der Zylinder infolge der Schrägstellungen und Beschleunigungen der Pleuelstange seitliche Drücke, wie der in Abb. 171 und 172 dargestellte Verlauf dieser Kräfte längs des Kolbenhubs zeigt. Um die hierdurch entstehenden, immerhin beträchtlichen Beanspruchungen der Zylinderbüchse ohne bedeutende Formänderungen aufzunehmen, ist die Büchse häufig noch in der Nähe der Mittellage des Kolbenzapfens von einem im Kühlmantel mit Längsrippen befestigten Ring gestützt worden (Abb. 20, 23, 25); auch zwei Tragringe wurden angewendet. Der außen gekühlte Ring kann jedoch zu Störungen Veranlassung geben, da er einen Druck auf die warm werdende Zylinderbüchse ausübt, der wegen der Tragrippen nicht einmal kreissymmetrisch ausfällt; das Rohr kann dadurch

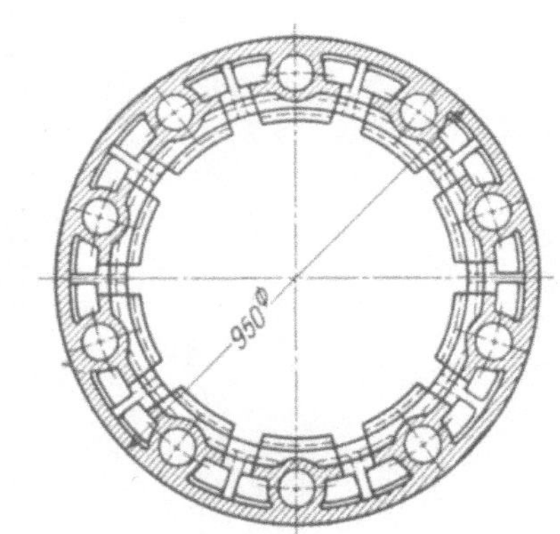

Abb. 20. WUMAG, Zylinder, $4 \cdot \frac{500}{820} \cdot 180$.

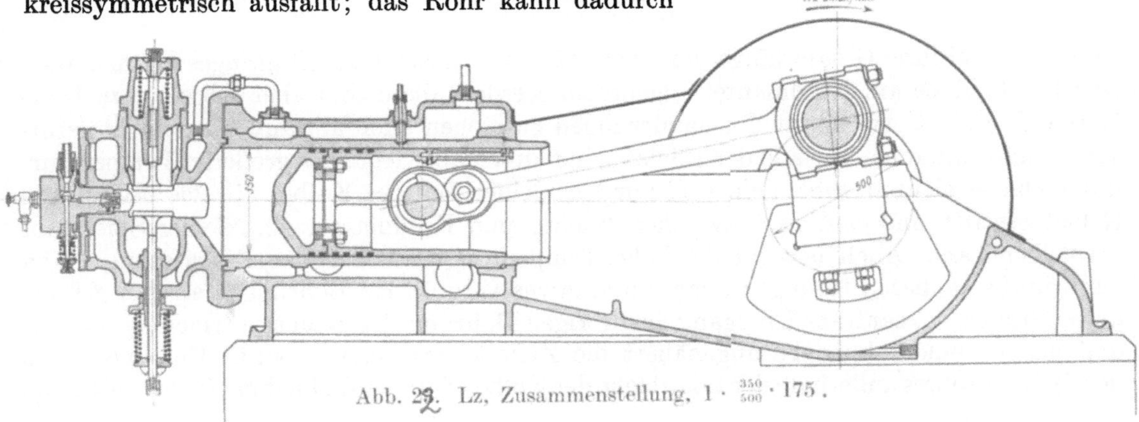

Abb. 22. Lz, Zusammenstellung, $1 \cdot \frac{350}{500} \cdot 175$.

die genaue Kreisform verlieren und an dieser Stelle ein Verreiben des etwa zu knapp passenden Kolbens hervorrufen oder wenigstens zu Undichtheiten Veranlassung geben.

Es ist also eine gewisse Erfahrung nötig, den Spielraum zwischen Tragring, Büchse und Kolbenkörper so zu wählen, daß kein Anstand eintritt und doch der Tragring wirksam bleibt. Das ist der Grund, warum in neuerer Zeit die meisten Firmen den Tragring vollständig weglassen (Abb. 29, 31, 48, 83), während dies bei kurzhubigen Schnelläufern (Abb. 27, 134) und liegenden Maschinen, sowie auch dort, wo ein besonderer Kreuzkopf vorgesehen ist (Abb. 28, 60, 62), bereits allgemein gebräuchlich ist. Um die freie Traglänge der Büchse zu vermindern, ragt sie oft über den Kühlraum nach der Welle zu bis

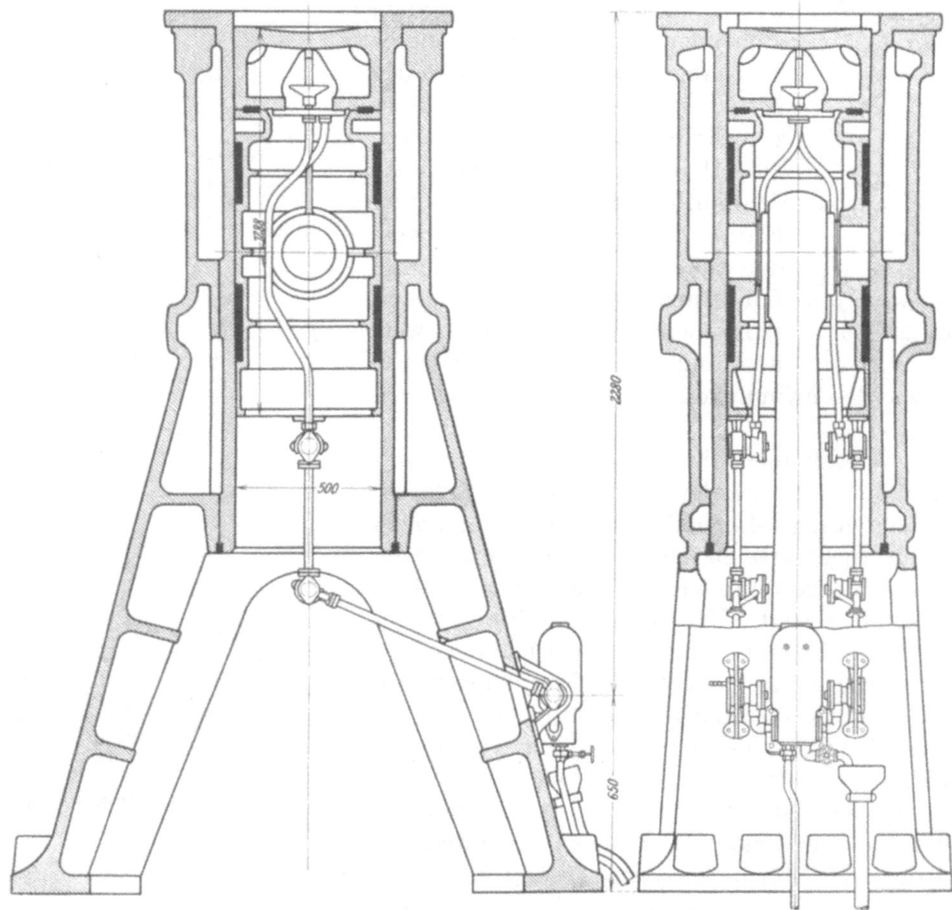

Abb. 23. Gz, Zylinder und Gestell, $4 \cdot \frac{500}{720} \cdot 140$.

zu ein Fünftel ihrer Gesamtlänge vor (Abb. 12, 29, 31). Statt des Tragringes können auch einzelne Angüsse am Kühlmantel angebracht werden, diese sind aber schwerer zu bearbeiten. Die oben erwähnten Formänderungen entstehen auch am äußeren und in geringerem Maße am inneren Ende der Büchse, sind außen aber trotz der größeren Temperaturunterschiede nicht so schädlich, weil nur ein kleiner Teil des Kolbens in das beeinflußte Gebiet eintritt und weil dort zwischen Büchse und Kühlmantel ein kleiner Spielraum verbleiben kann. Auch bewirkt die hohe Temperatur dort eher eine Erweiterung. Man kann übrigens diese Störungen auch durch etwas vergrößerte Bohrungen an den gefährdeten Stellen bei sanftem Übergang zur übrigen Bohrung der Büchse vermeiden, derart, daß bei normalem Betriebe angenähert die Zylinderform erzielt wird. Der obere Teil des Zylinderrohres außerhalb der Lauffläche der Kolbenringe wird ohnehin oft um 1 bis 2 mm weiter ausgedreht und geht dann mit sanftem Kegel in die eigentliche Bohrung über. Dabei ist darauf zu achten, daß bei etwa erforderlicher Verkleinerung des Verdichtungsraumes die Kolbenringe die zylindrische Bohrung nicht verlassen. Wo der Teil der Zylinderbüchse, der den Verdichtungsraum umschließt, besonders gekühlt wird, ist eine genau in den Mantel passende, örtliche, ringförmige Verstärkung erforderlich (Abb. 17).

An Anbohrungen der Zylinderbüchse sind nur die Schmierstellen für den Kolben

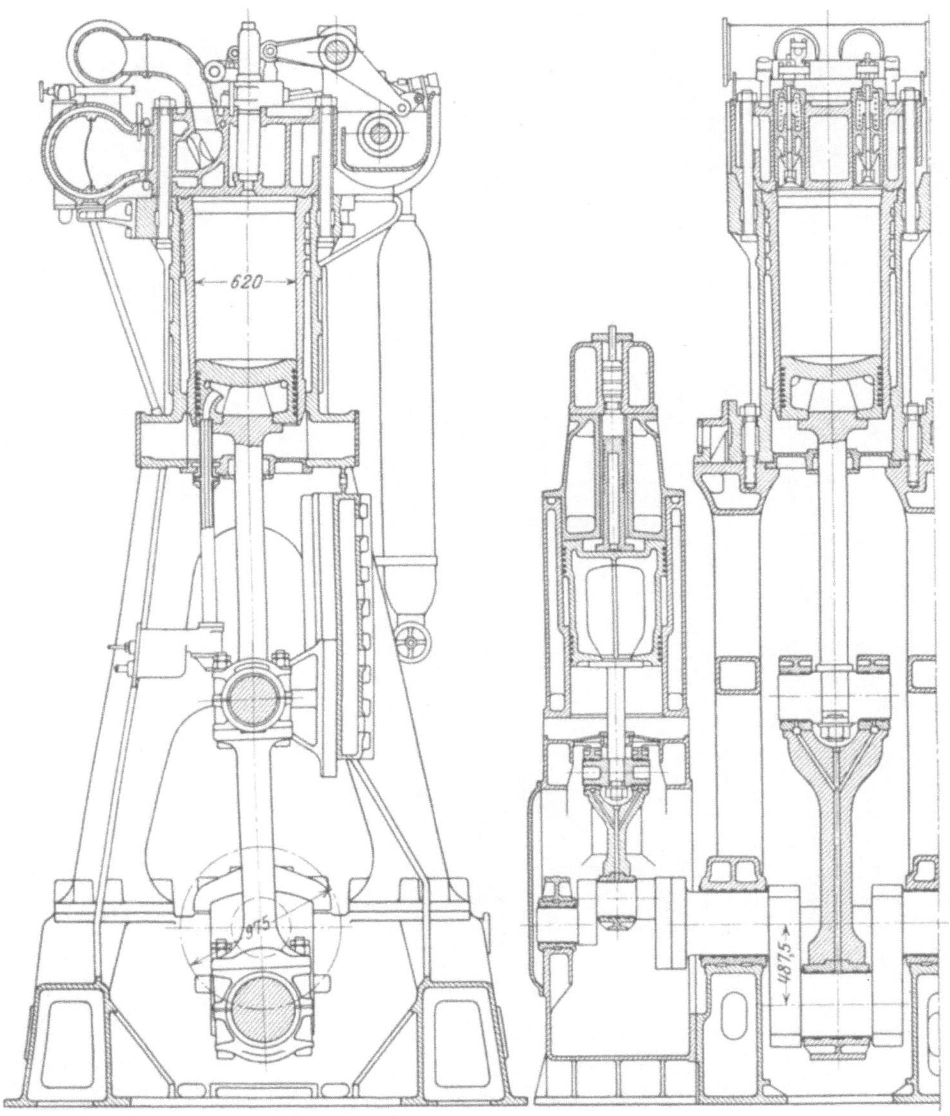

Abb. 24. To, Zusammenstellung, $6 \cdot \frac{620}{975} \cdot 125$. (Richardson, Westgarth & Co.)

und Kolbenzapfen, wenn solche vorhanden sind, und der Indikatoranschluß nötig, wenn dieser nicht im Deckel liegt. Die Schmierlöcher für die Zylinderschmierung sollen nahe an die meist beanspruchten Stellen gelegt werden, also mehr gegen die Ebene des Kolbendruckes hin, und nicht zu weit auseinander, da das Öl sich in tangentialer Richtung nicht weit ausbreitet. Bohrungen in dieser Richtung am Ende der Ölzuführungstutzen (Abb. 33) verbessern die Ölverteilung, ebenso auch Quernuten in der Büchsenbohrung (Abb. 32).

Im axialen Sinn werden die Schmierstellen für die Zylinder gewöhnlich etwa dort angebracht, wo der erste oder zweite Kolbenring bei innerster Kolbenstellung steht, damit die Öffnung möglichst lange vom Kolben gedeckt wird. Womöglich sind bei schnelllaufenden Maschinen, wo das von den Kurbeln abspritzende Öl zur Schmierung ausreicht, besondere Ölstutzen wegzulassen, da sie leicht undicht werden und auch die Dehnung der Büchse hindern. Diese Einsätze rosten leicht und sind dann schwer auszubringen.

Die Wandstärke der Zylinderbüchse kann wegen der stets nahezu gleichen größten Diagrammspannung einfach im Verhältnis zum Kolbendurchmesser angegeben werden.

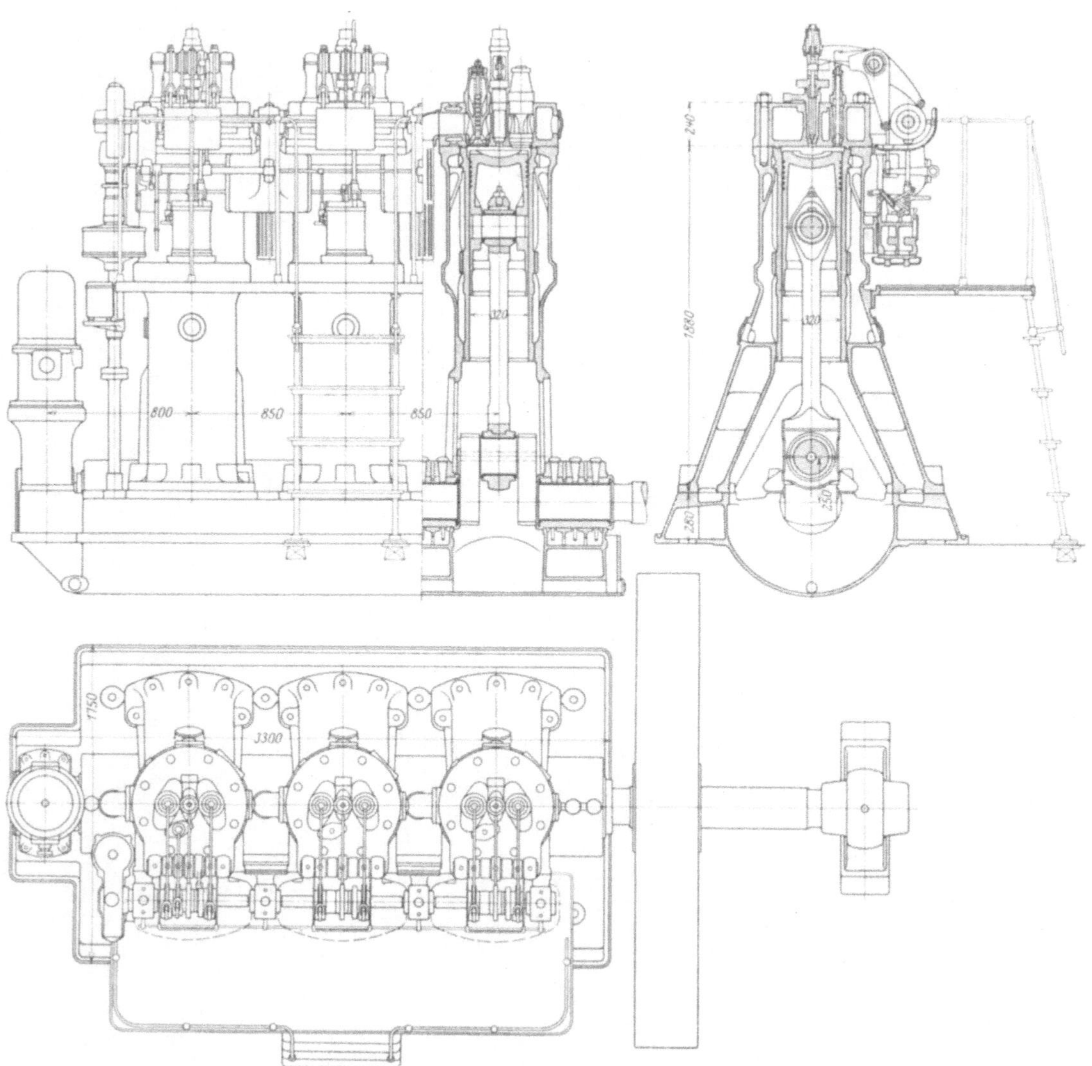

Abb. 25. Ess, Zusammenstellung, $3 \cdot \frac{320}{500} \cdot 250$.

Sie beträgt am äußeren Ende etwa ein Zehntel bis ein Fünfzehntel, im Mittel etwa ein Zwölftel des Zylinderdurchmessers, was bei 40 at Innendruck einer mittleren Zugbeanspruchung in tangentialer Richtung von rd. 200 bis 300 kg/cm² entspricht. Die Biegungsbeanspruchung durch den Kreuzkopfdruck auch bei Hinweglassung des Tragringes ist verhältnismäßig gering, es handelt sich mehr um unliebsame Formänderungen des Querschnitts als um die Festigkeit; immerhin wird die Wandstärke oft etwas höher gewählt, auch wegen der leichteren Handhabung bei der Bearbeitung des Rohres. Zu große Wandstärke bewirkt

Abb. 26. Flansch einer Zylinderbüchse.

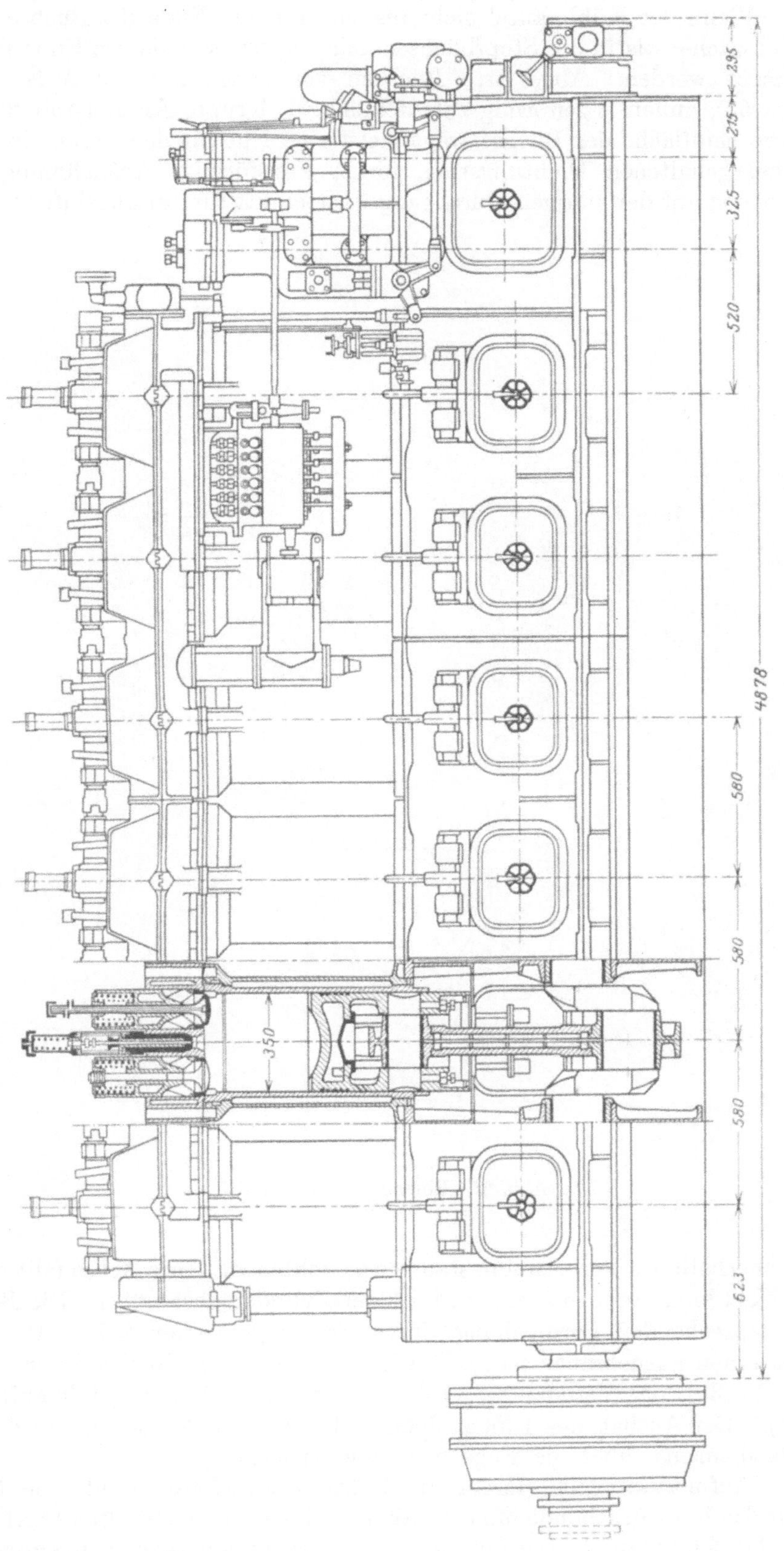

Abb. 27. Bz, Zusammenstellung, $6 \cdot \frac{350}{375} \cdot 540$.

jedoch ungünstigeren Wärmeübergang und geringe Widerstandsfähigkeit gegen Wärmespannungen. Wenn der Kühlmantel nicht bis zum inneren Ende der Büchse reicht und diese dort schwächer als in der Stopfbüchsendichtung ist, soll sie am Ende durch einen Wulst verstärkt werden. Abgesetzte Büchsen verwenden z. B. M. A. N. und AEG. (Abb. 17 und 62), außen kegelförmig zulaufende z. B. Krupp, AEG. (Abb. 28, 63).

Die äußere Endfläche der Büchse trägt meist eine Nut für den durch eine Feder am Zylinderdeckel gehaltenen Dichtungsring, ferner kreisförmige Ausnehmungen für die Ventile, bei denen auf den nötigen Durchgangsquerschnitt für Ansaugeluft und Abgas an

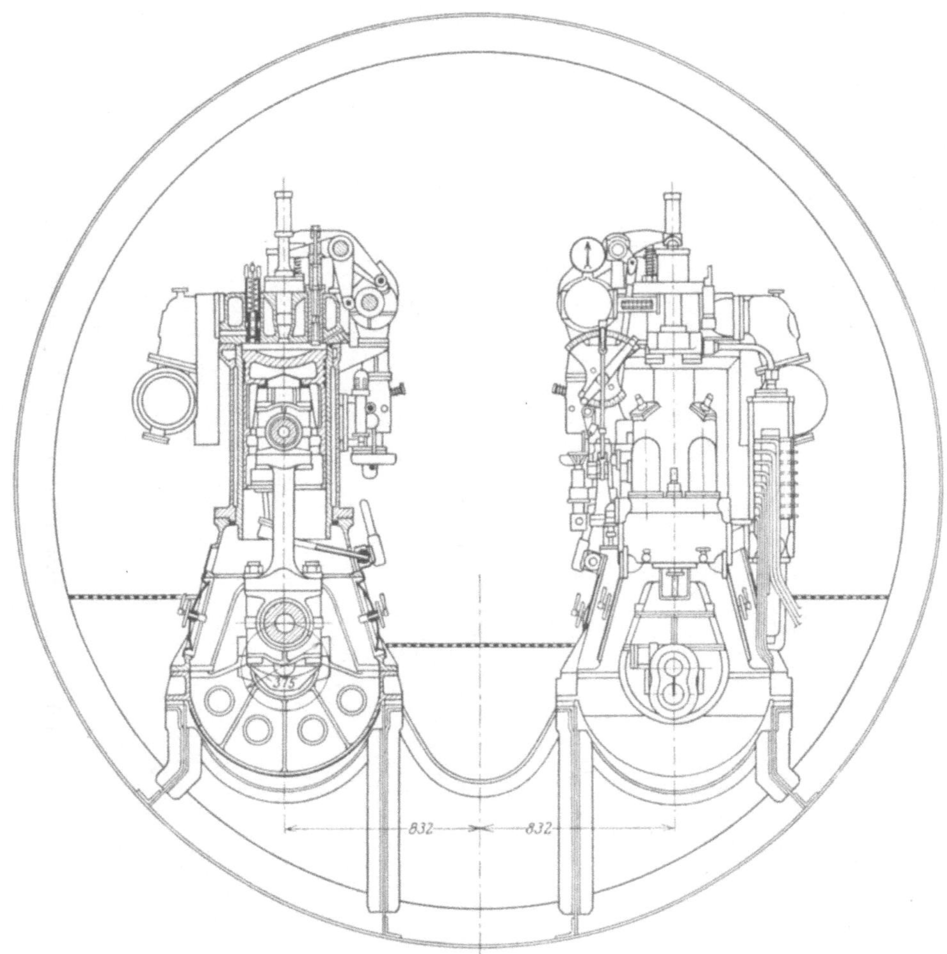

Zu Abb. 27. Einbau im Querschnitt.

jeder Stelle innerhalb des Verbrennungsraumes zu achten ist. Ihre Achse fällt daher nicht mit der der Ventile zusammen, sondern liegt der Zylinderachse näher. Die Bearbeitung kann bei entsprechender Formgebung durch Fräser geschehen (Abb. 34). Wenn der Kolben nach innen ausnehmbar sein soll, wird manchmal die Büchse ihrer Länge nach geteilt (Abb. 14, 35), das Verlängerungsrohr manchmal auch mit Kühlmantel versehen (Abb. 16, 61). Der Ausbau des Tauchkolbens geht aus Abb. 36 hervor. In diesem Falle laufen die Kolbenringe über die Fuge der Zylinderbohrung weg.

Besondere Aufmerksamkeit erfordert die Stärke des äußeren Bundes, sie hängt vom Hebelarm für das beanspruchende Moment ab und dieser von der Breite der Abdichtungsfläche gegen den Kühlmantel. Der auf die Deckelschrauben wirkende Innendruck genügt für diese Berechnung nicht, weil die Vorspannung derselben viel größer sein muß, um während des Arbeitsvorganges die Dichtheit zu bewirken. Schätzt man den auf die Dichtungsfläche entfallenden Höchstdruck doppelt so groß, so wird er rd.

$$\frac{D^2\pi}{4} \cdot 80\,\text{kg}\,.$$

Damit das Dichtungsmaterial, z. B. Hartpappe, nicht zerdrückt wird, darf der Flächendruck etwa $k = 500$ bis $1000\,\text{kg/cm}^2$ nicht überschreiten, bei der Dichtungsbreite b wird

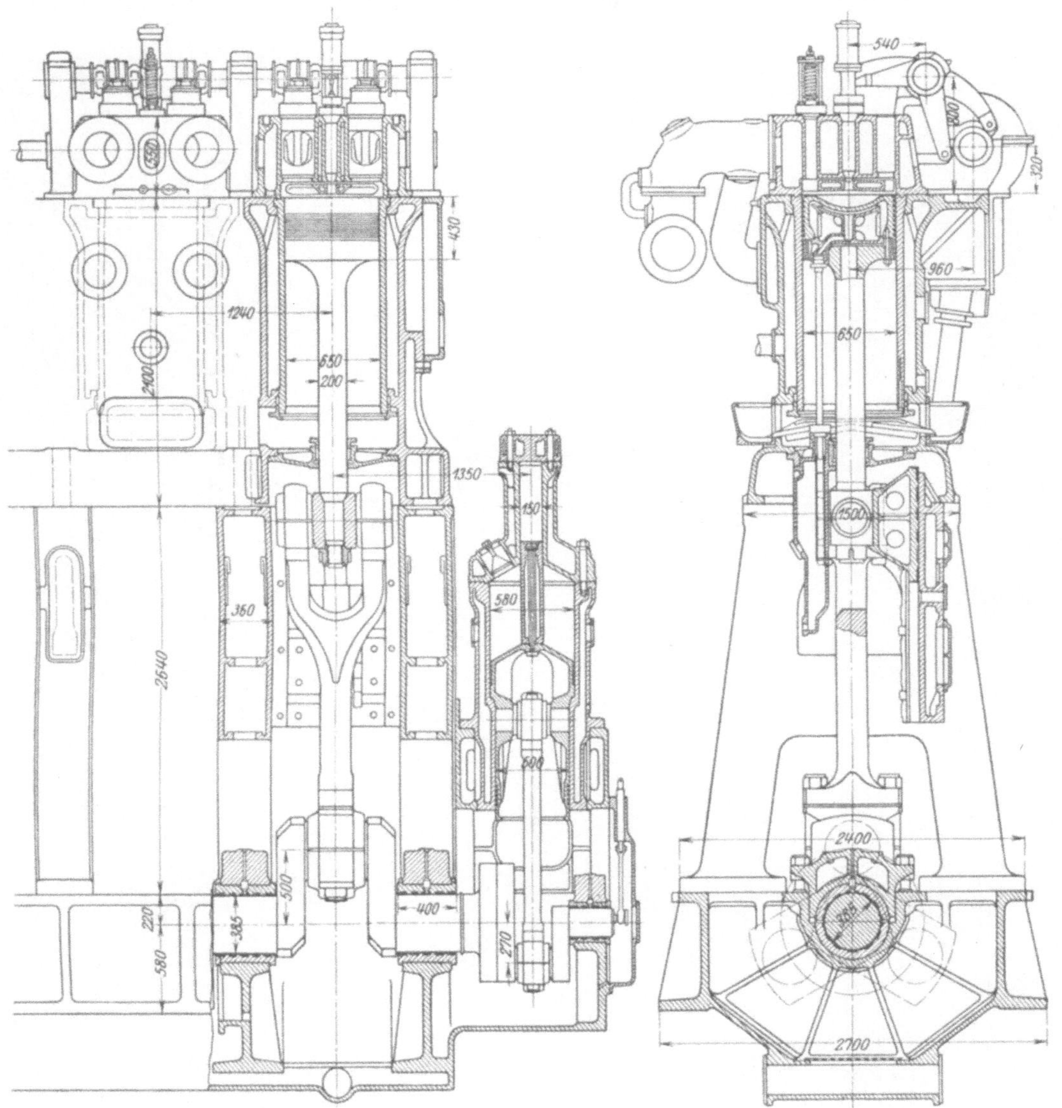

Abb. 28. Kr, Zusammenstellung, $6 \cdot \frac{650}{1000} \cdot 120$.

also bei Vernachlässigung der geringen Verschiedenheit der Durchmesser aufgenommen:

$$\frac{D^2\pi}{4} \cdot 80 = D\pi b \cdot k\,,$$

woraus folgt

$$\frac{b}{D} = \frac{1}{50} \text{ bis } \frac{1}{25}\,.$$

Der Bruch würde etwa unter dem Winkel α erfolgen (Abb. 37). Sieht man wegen der verhältnismäßigen Größe des Büchsendurchmessers von der Krümmung ab, so ist der

Biegungsarm $\frac{b}{2} + \frac{a}{2} \operatorname{tg} \alpha$, hingegen die Höhe des Biegungsquerschnittes $\frac{a}{\cos \alpha}$, demnach für die Umfangslänge 1:

$$\frac{P}{2}(b + a \operatorname{tg} \alpha) = \frac{1}{6} \frac{a^2}{\cos^2 \alpha} \cdot S$$

oder

$$S = \frac{3P}{a^2} \cdot \cos^2 \alpha \, (b + a \operatorname{tg} \alpha).$$

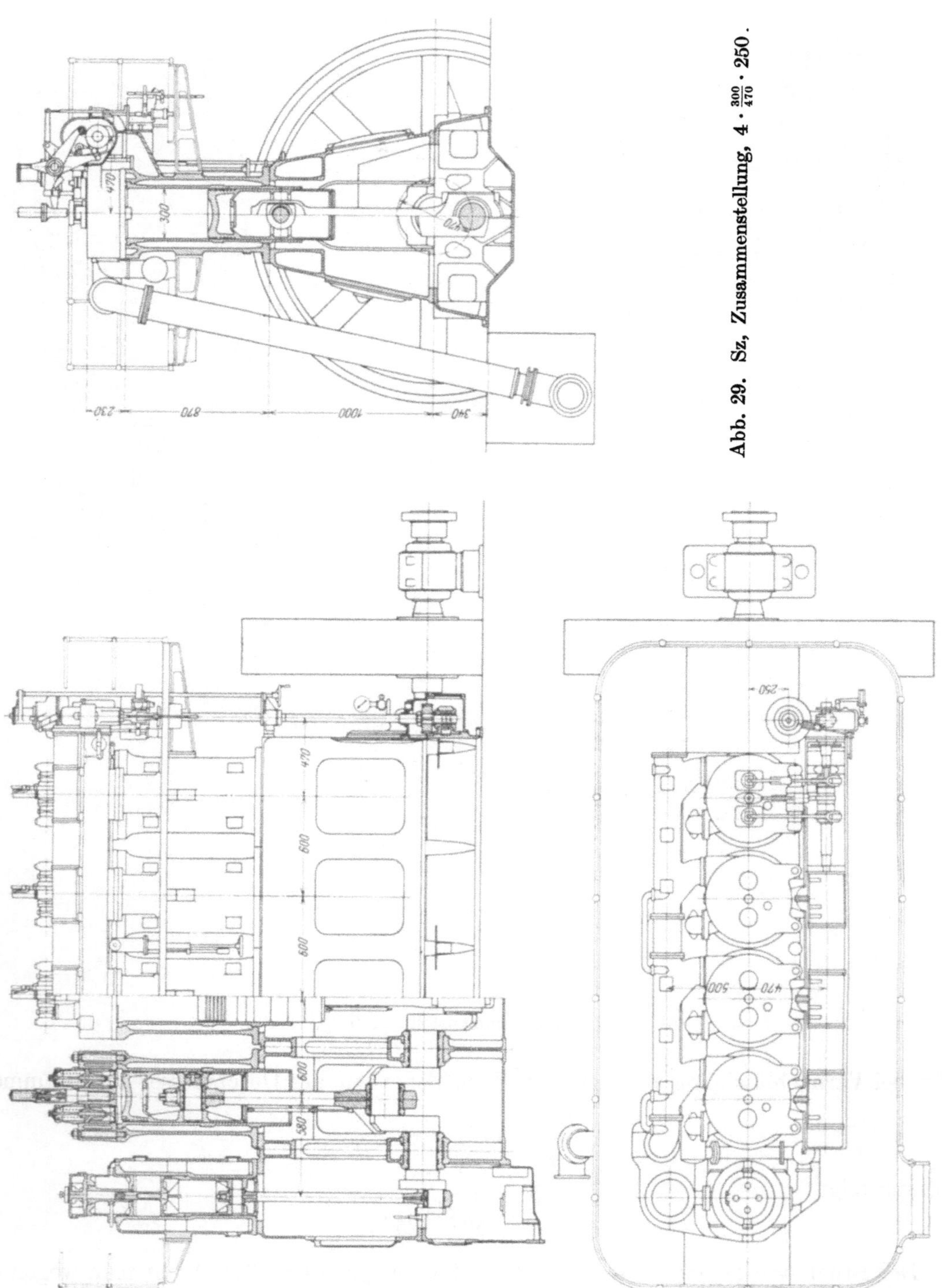

Abb. 29. Sz, Zusammenstellung, $4 \cdot \frac{300}{470} \cdot 250$.

Abb. 30. Sz, Zusammenstellung, $4 \cdot \frac{450}{700} \cdot 187$.

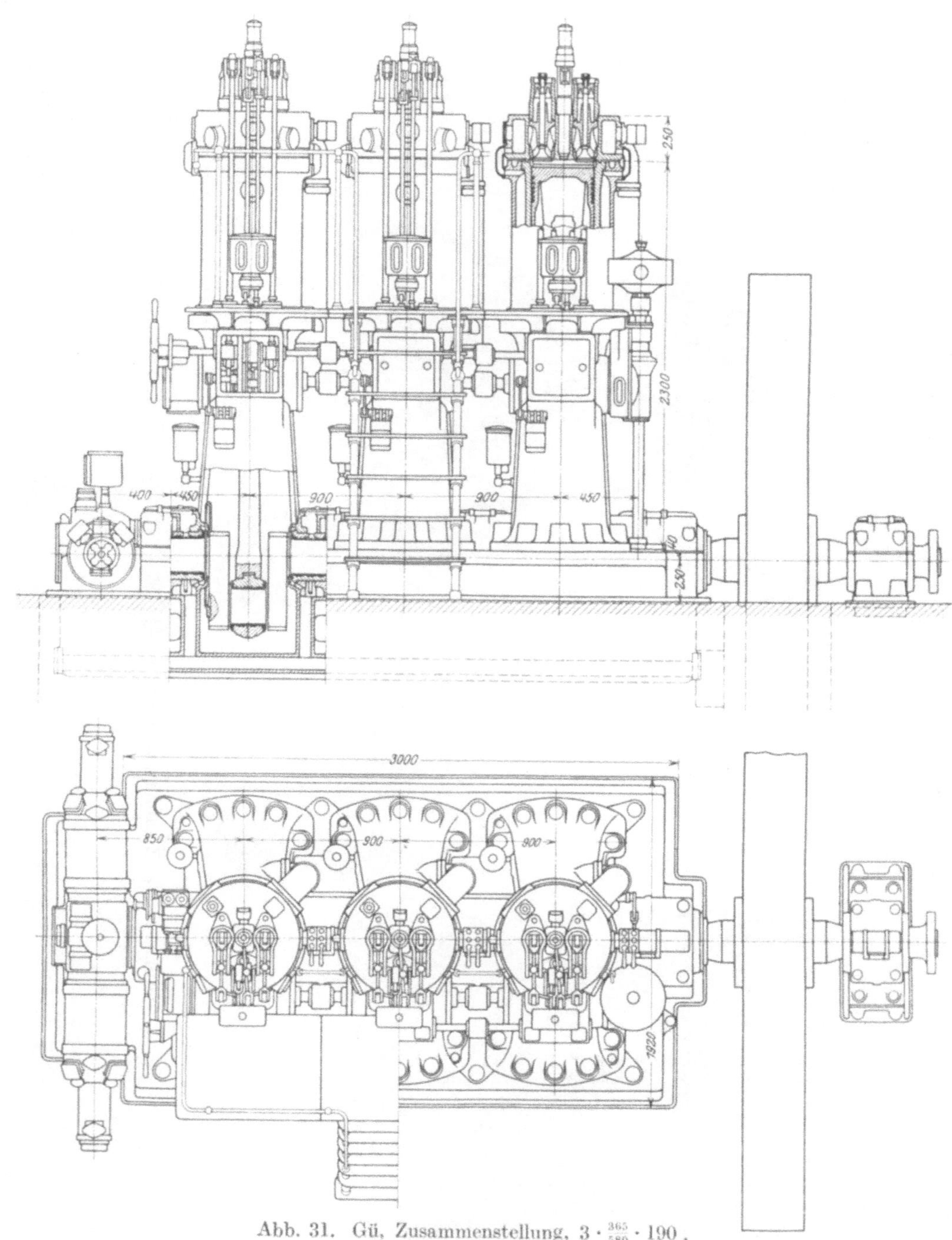

Abb. 31. Gü, Zusammenstellung, $3 \cdot \frac{365}{580} \cdot 190$.

Die Spannung wird ein Größtwert, wenn

$$\frac{dS}{d\alpha} = 0,$$

wenn also
$$a = 2 \cdot \sin \alpha_m \cos \alpha_m (b + a \operatorname{tg} \alpha_m),$$

oder
$$\operatorname{tg} 2\alpha_m = \frac{a}{b}.$$

Mit diesem Wert ergibt sich
$$S_m = \frac{3\,\mathrm{P}}{2\,a^2}\left(b + \sqrt{a^2 + b^2}\right).$$

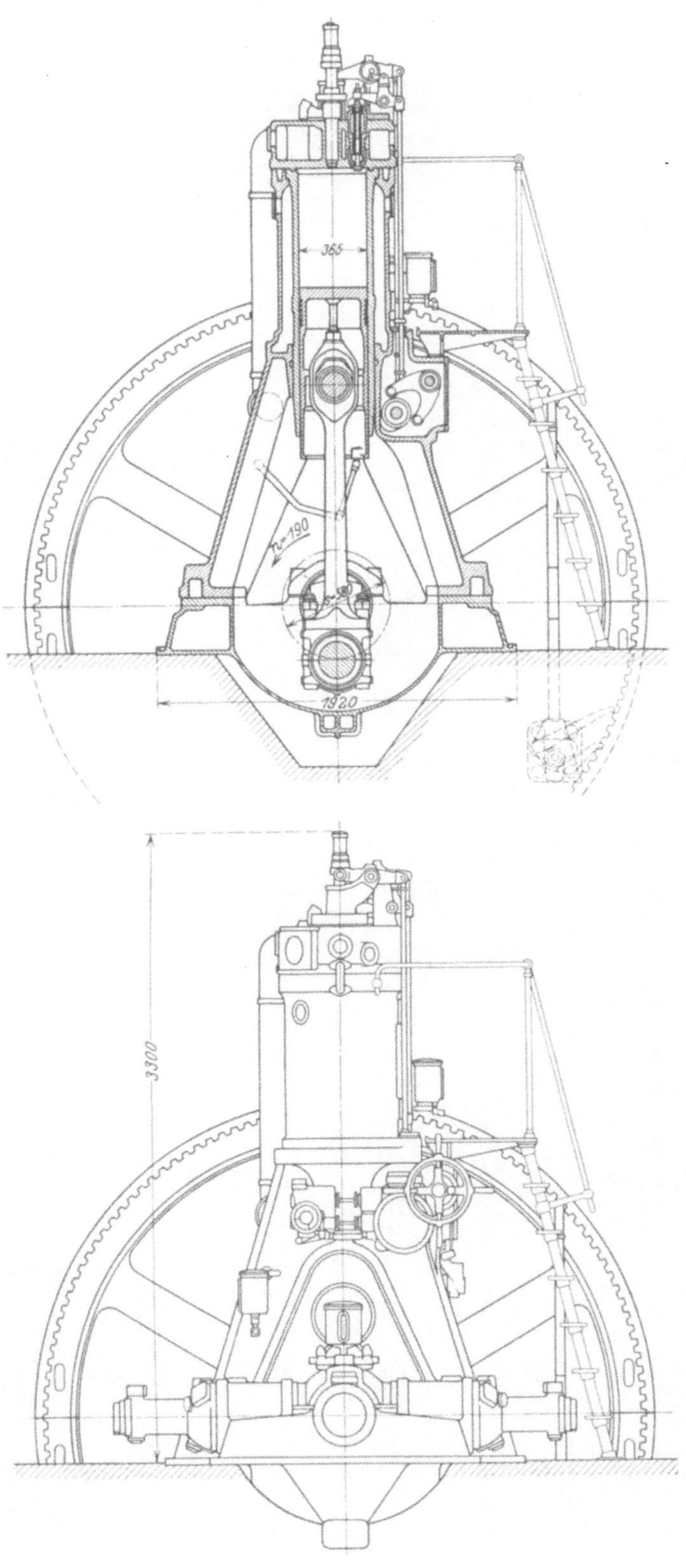

Zu Abb. 31. Querschnitt und Seitenansicht.

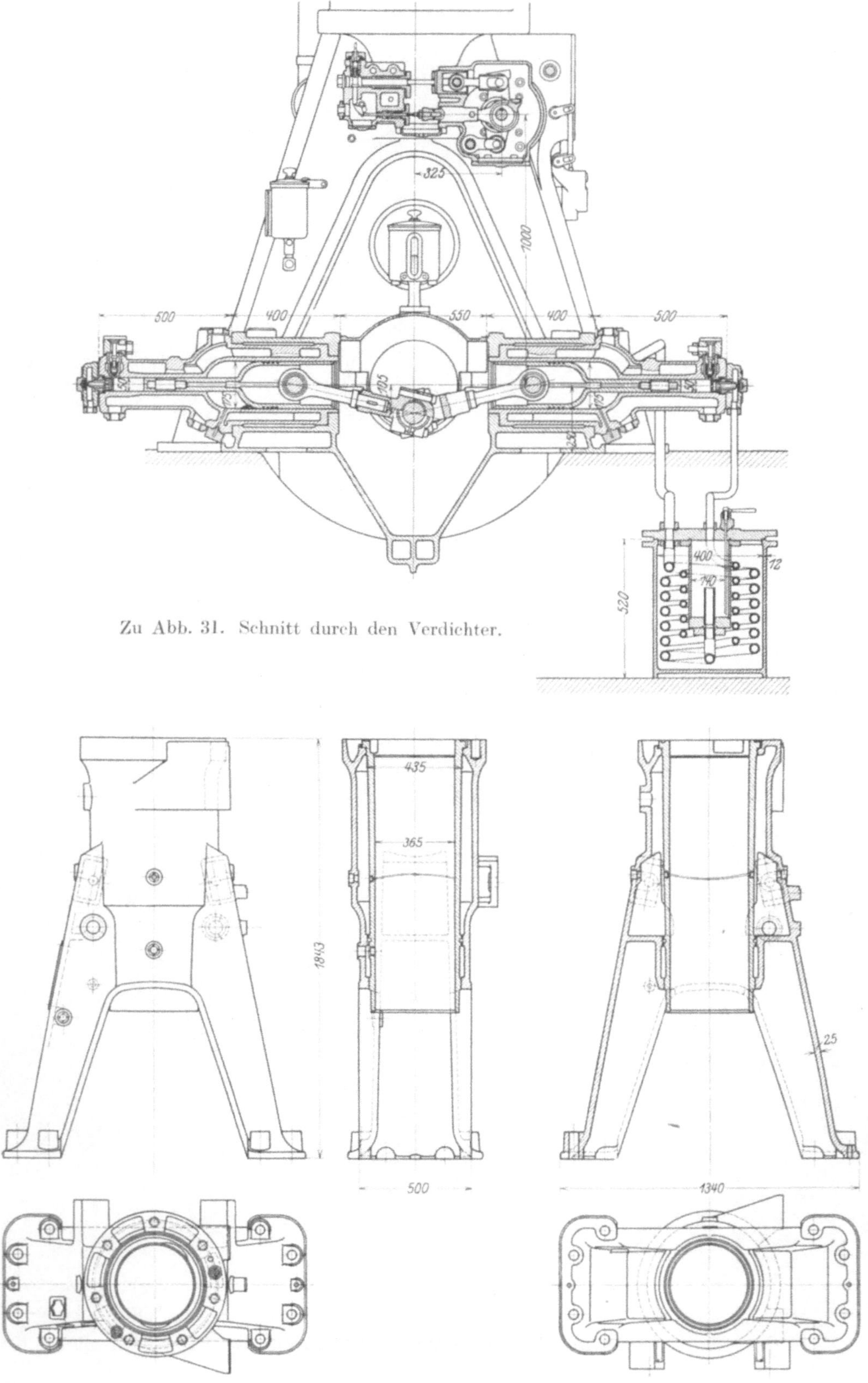

Zu Abb. 31. Schnitt durch den Verdichter.

Abb. 32. Gz, Gestell, $\frac{365}{500}$.

Läßt man $S_m = 300$ kg/cm² zu, so wird mit $P = (500$ bis $1000) \cdot b$

$$\frac{a}{b} = 3 \cdot 3 \text{ bis } 5 \cdot 9.$$

Ist z. B. $\frac{b}{D} = \frac{1}{25}$ oder $\frac{1}{50}$, so wird $\frac{a}{D} = \frac{1}{7,5}$ bis $\frac{1}{4,25}$ oder $\frac{a}{D} = \frac{1}{15}$ bis $\frac{1}{8,5}$.

Jedenfalls ist zu empfehlen, die einspringende Ecke nicht scharf, sondern mit einer Abrundung auszuführen. Diese Berechnung ist natürlich nur als Vergleichsrechnung aufzufassen, nicht aber etwa als Bestimmung der wahren Spannungsverhältnisse. Nicht berücksichtigt sind hierbei die Komponenten von P in der Bruchebene und senkrecht dazu, die Änderung des Umfangs an den verschiedenen Stellen und die ungleiche Dehnung des Gußeisens gegen Zug und Druck. Ist der Bund sehr hoch, so kann die Bruchfläche in der Bohrung enden, die Rechnung ist dann sinngemäß zu ändern. Die Lage der Eindrehung für den äußeren Dichtungsring wird möglichst nahe der inneren Bohrung gewählt, damit die Kräfte auf die Deckelschrauben nicht zu groß werden.

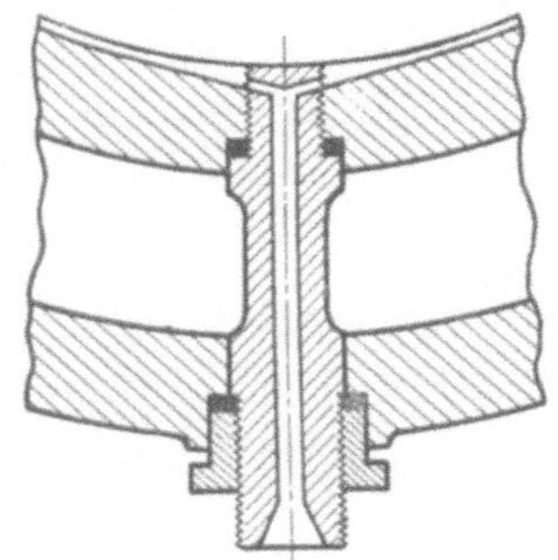

Abb. 33. Schmierung der Zylinderbüchse.

Im allgemeinen ist die Ausbildung der Zylinderbüchse bei liegenden Maschinen die gleiche wie bei stehenden (Abb. 12, 18). Bei doppeltwirkenden Zylindern wird die Büchse mit dem Kühlmantel zu einem Stück vereinigt, und die Ventilgehäuse werden unmittelbar angegossen. Abb. 38 zeigt einen solchen Zylinder mit seitlich angeordneten Ventilen, Abb. 39 mit zentrisch angeordneten Ventilen. Der Kolben wird hier von der auf Gleitschuhen laufenden Kolbenstange vollständig getragen, wodurch die Laufbüchse und auch die hier erforderlichen Stopfbüchsen ganz entlastet sind. Auch bei stehenden Maschinen hat man versucht, doppelt wirkende Zylinder für Viertaktmaschinen zu bauen (Abb. 572, 574).

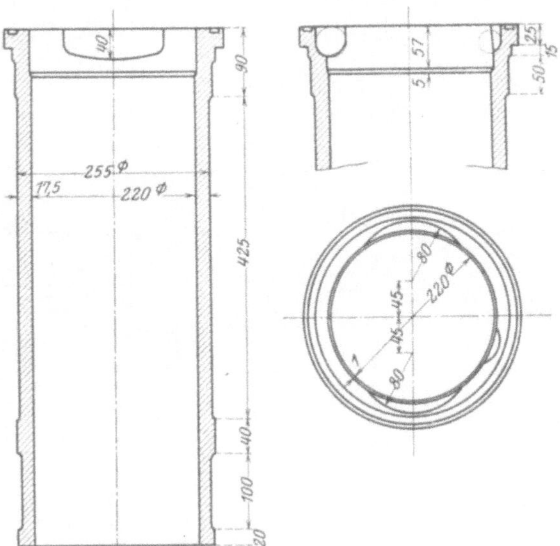

Abb. 34. Br-D., Zylinderbüchse, $2 \cdot \frac{220}{340} \cdot 375$.

Die Aufgabe der Zylinderbüchse ist nicht nur eine rein bauliche, durch Begrenzung des Arbeitsraumes, Führung des Kolbens und Kreuzkopfes, sondern auch eine thermische durch die nötige Abführung der Wärme von den Innenwänden. Für gleichbleibende Belastung und Drehzahl gibt die Abb. 40 eine Vorstellung des Temperaturfeldes in der Büchse eines Viertaktmotors. Hiernach können die Wärmespannungen berechnet werden, was auch bei Anlassen oder wechselnder Belastung möglich ist.

Die Wärmeabfuhr durch die Zylinderwand in radialem Sinn ist um so günstiger, je dünner die Wand ist, allerdings wird die Wärmeübergangszahl dadurch nicht stark beeinflußt, da der Wärmeübergang vom Gas zur Wand den größten Teil des Widerstandes ausmacht. Man braucht also die Festigkeitsbeanspruchung nicht zu sehr zu erhöhen.

Da die Temperaturunterschiede in den Wandungen innen und außen als Maßstab für die Wärmebeanspruchungen angesehen werden können, ist es erwünscht, wenigstens ein annäherndes Urteil hierüber zu erlangen. Denkt man sich zuerst den Mittelwert

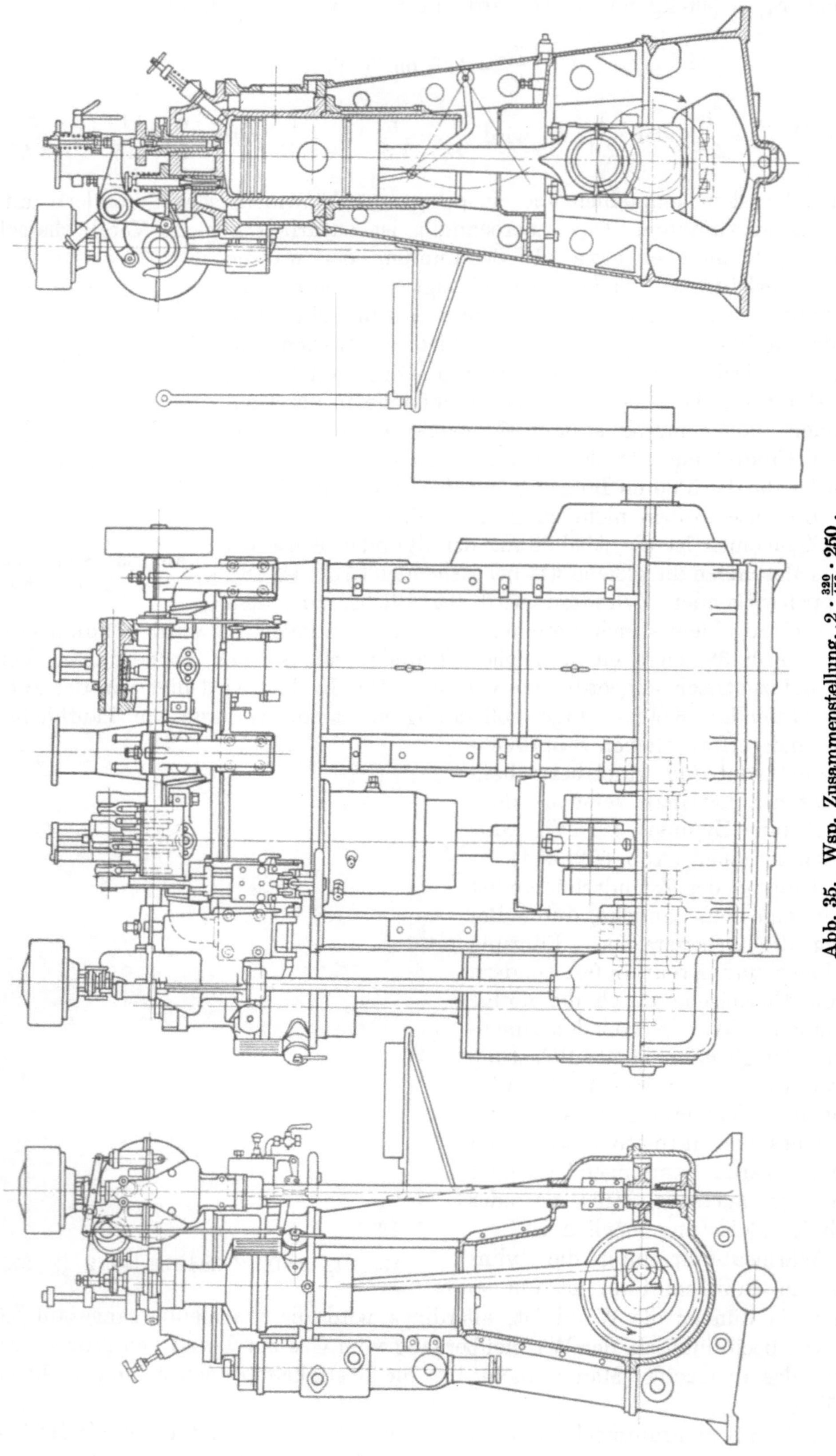

Abb. 35. Wsp, Zusammenstellung, $2 \cdot \frac{320}{450} \cdot 250$.

Abb. 36. Wsp, Ausbau des Kolbens.

der Gastemperaturen und der Drücke fortwährend erhalten, so hat man nach Abb. 41 die Differenz

$$t'_g - t_w = \Delta = a + \delta \operatorname{tg} \alpha + b,$$

ferner die stündlich durch die Flächeneinheit strömende Wärmemenge

$$Q = a \ddot{u} = 50 \operatorname{tg} \alpha = 1500\, b,$$

worin wieder nach Nusselt bei Vernachlässigung der Gasstrahlung

$$\ddot{u} = \sqrt[3]{p^2 T}\,(1 + 1{,}24\, w)$$

angenommen wurde. Damit wird

$$b = 0{,}033 \operatorname{tg} \alpha \quad \text{und} \quad a = \frac{50}{\ddot{u}} \operatorname{tg} \alpha$$

und der Temperaturunterschied

$$\delta \operatorname{tg} \alpha = \frac{\Delta \cdot \delta}{\delta + 0{,}033 + \frac{50}{\ddot{u}}}.$$

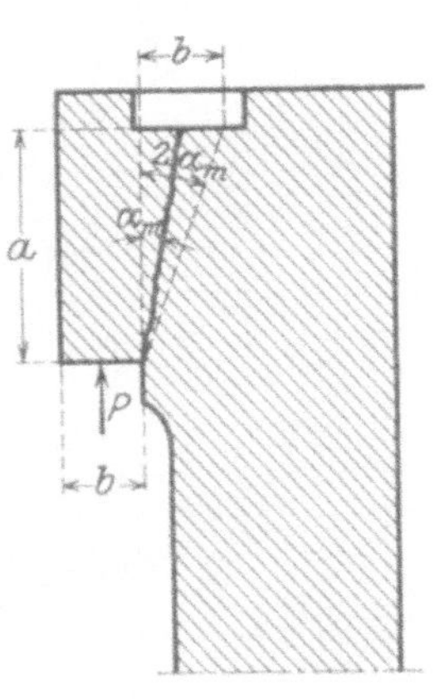

Abb. 37. Bund der Zylinderbüchse.

Die zeitlichen Mittelwerte von T, Δ und p können etwa linear von p_i, der mittleren indizierten Spannung angenommen werden, in einem Fall z. B. rd.:

$$T \sim 320 + 61\, p_i,$$
$$\Delta \sim 15 + 61\, p_i,$$
$$p \sim 3{,}9 + 0{,}25\, p_i.$$

Damit ergeben sich allerdings zu kleine Werte, weil der Wärmeübergang vom Gas zur Wand bei hohen Drücken und Temperaturen stark wächst und daher die Anwendung der Mittelwerte nicht mehr statthaft ist. Deshalb und wegen der Berücksichtigung der Gasstrahlung und Kolbenreibung kann man etwa 10° höhere Temperaturunterschiede annehmen, als die Rechnung ergibt[1]). Setzt man in die Gleichung die jeweiligen Werte von Δ und $\ddot{u}$ und bestimmt dann den Mittelwert, so erhält man genauere Ergebnisse.

Man muß dabei berücksichtigen, daß jeder Punkt der Zylinderwand nur zeitweise mit dem Gasinhalt in Berührung kommt und sonst von der äußeren Kolbenwand bedeckt ist. Daher ist der Mittelwert der Gastemperaturen über die ganze Zeit nur für den Verdichtungsraum maßgebend, für die übrigen Stellen der Wand sind die im Zeit-Temperaturdiagramm bis zum äußeren Kolbentotpunkt reichenden Flächen auszuschließen. Ist z die verhältnismäßige Zeit der Gasberührung, $(1 - z)$ die der Kolbenberührung, so ist mit leicht

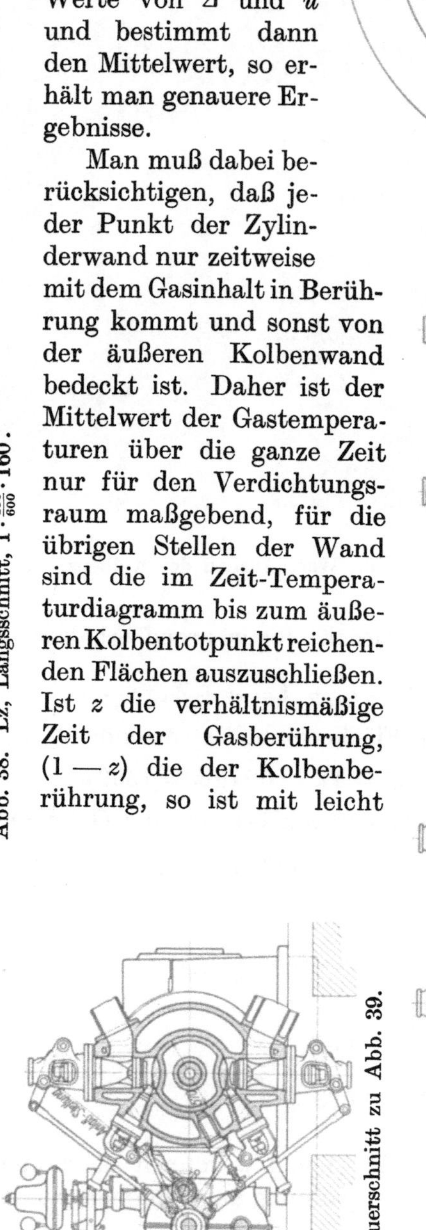

Abb. 38. Lz, Längsschnitt, $1 \cdot \frac{450}{600} \cdot 160$.

Querschnitt zu Abb. 39.

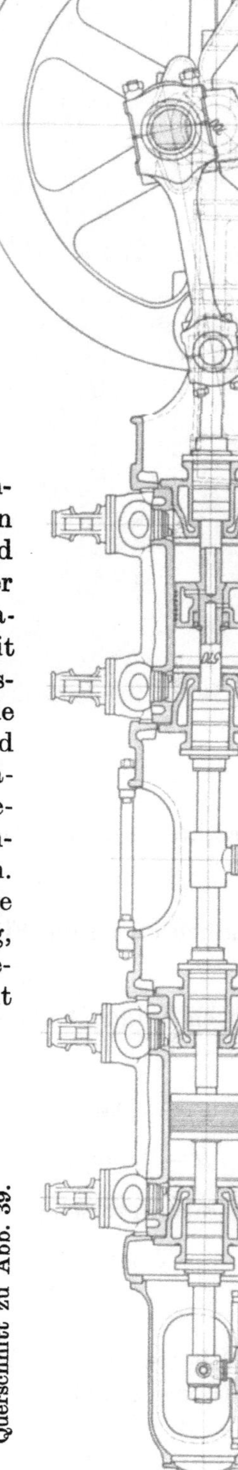

Abb. 39. MAN, Zusammenstellung, $2 \cdot \frac{570}{700} \cdot 160$.

[1]) Vgl. Riehm: Z. V. d. I. 1923, S. 764.

verständlichen Bezeichnungen der Wärmeübergang während der Gasberührung:

$$q_1 = \ddot{u}_g (t_g - t_w) z ,$$

während der Kolbenberührung:

$$q_2 = \ddot{u}_k (t_k - t_w)(1 - z) ,$$

zusammen also

$$Q = q_1 + q_2 = \ddot{u}_g \left[t_g z + \frac{\ddot{u}_k}{\ddot{u}_g} t_k (1 - z) - t_w \left(z + \frac{\ddot{u}_k}{\ddot{u}_g} (1 - z) \right) \right]$$

$$= \ddot{u}_g \left\{ t_g z + \left[t_w + \frac{\ddot{u}_k}{\ddot{u}_g} (t_k - t_w) \right] (1 - z) - t_w \right\} .$$

Die wirksame mittlere Temperatur ist damit:

$$t_g' = t_g z + \left[t_w + \frac{\ddot{u}_k}{\ddot{u}_g} (t_k - t_w) \right] (1 - z) ,$$

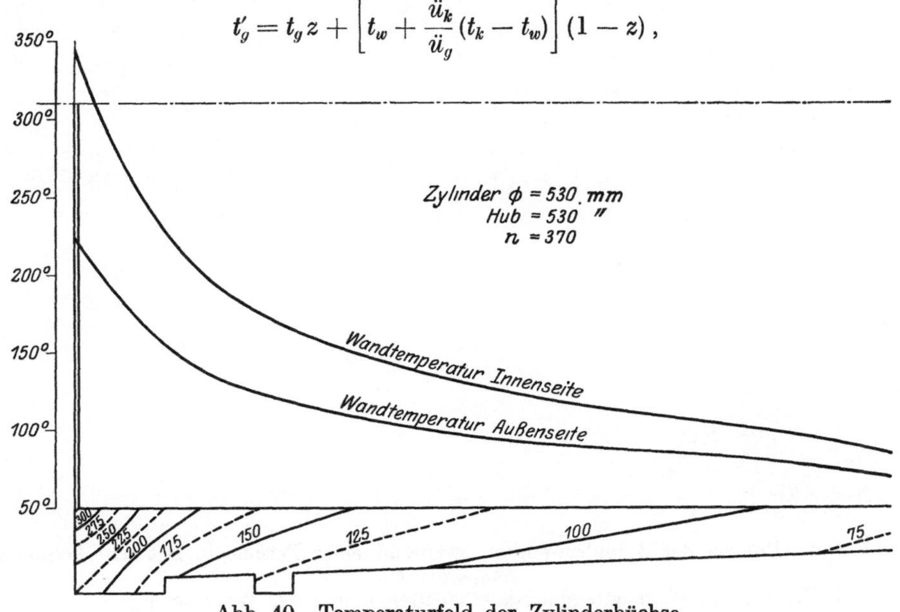

Abb. 40. Temperaturfeld der Zylinderbüchse.

worin der Ausdruck $t_w + \frac{\ddot{u}_k}{\ddot{u}_g} (t_k - t_w)$ als Näherung vorläufig gleichbleibend, z. B. 250° C, anzunehmen ist ($t_k = 250°$, $\ddot{u}_k = 200$). Außer dieser Wärmemenge Q ist noch ein Teil der Kolbenreibungswärme durch die Zylinderwand abzuführen. Nimmt man etwa den mittleren Flächendruck der Kolbenringe mit 2,5 at an, worin die durch Querkräfte auf die Kolbenführung entstehenden Drücke miteingeschlossen sein sollen, so ergibt sich in dem hier gewählten Beispiel einer schnellgehenden Maschine von 530 mm Bohrung, 530 mm Hub, 375 Umdr./Min.[1]) bei 6 Kolbenringen mit zusammen 10 cm Länge für 1 m Umfangslänge ein Druck von 2500 kg und bei einem mittleren Reibungsbeiwert von $\frac{1}{30}$ eine Reibungskraft von rd. 83 kg. Die mittlere Kolbengeschwindigkeit ist etwa 6,5 m/sk., woraus in 1 Std. eine Reibungsarbeit von rd. 83 × 23 500 ∾ 2 000 000 kgm folgt, entsprechend rd. 4600 WE und für 1 qm $\frac{4600}{0{,}53} \sim 8700$ WE oder nahe $K = 9000$ WE/m²st.

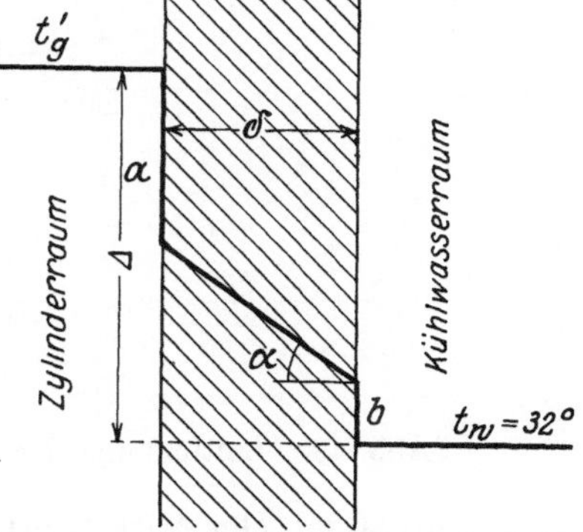

Abb. 41. Bezeichnungen für den Wärmeübergang.

Nach Abb. 41 ist demnach die stündliche an das

[1]) O. Alt, Die Probleme der Ölmaschine und ihre Entwicklung auf der Germaniawerft in Kiel, Jahrbuch der schiffbautechnischen Gesellschaft 1920.

Kühlwasser übergehende Wärmemenge: $a\,\ddot{u}_m + K = \lambda \operatorname{tg}\alpha = \ddot{u}_w b$, worin $\lambda \backsim 50$ WE und $\ddot{u}_w$ z. B. mit 1500 einzusetzen ist, letzterer Wert allerdings mit der Wassergeschwindigkeit und ebenso mit der Beschaffenheit der Oberfläche stark wechselnd.

Da außerdem

$$a + \delta \operatorname{tang}\alpha + b = \Delta = t_g' - t_w,$$

so ergibt sich:

$$a = \frac{\Delta - K\,(0{,}00067 + 0{,}02\,\delta)}{1 + \ddot{u}_m\,(0{,}00067 + 0{,}02\,\delta)}.$$

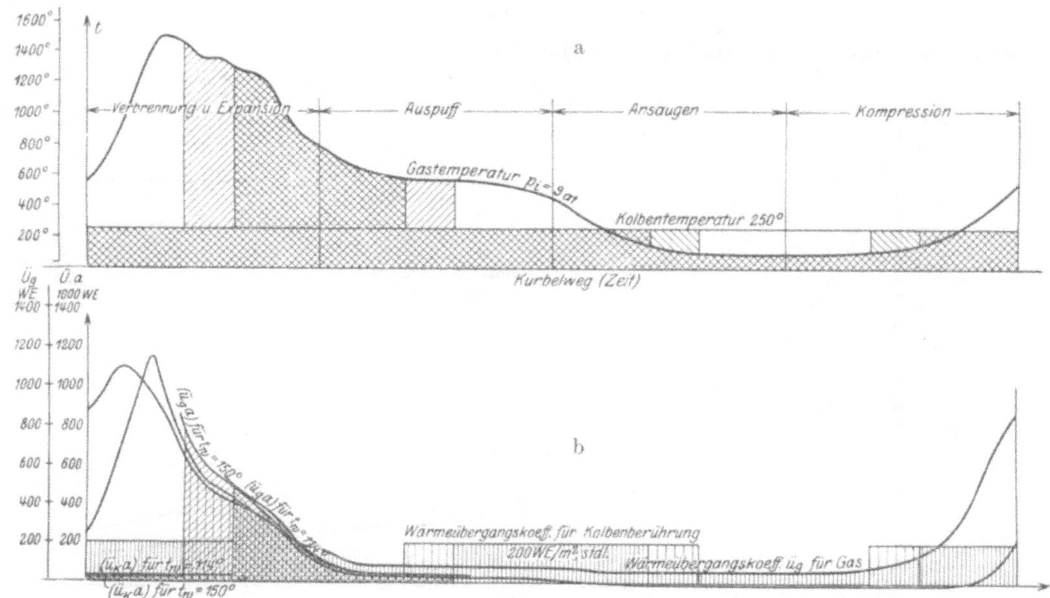

Abb. 42. a Für die Punkte der Zylinderwandung während einer Periode in Betracht kommende Innentemperaturen.
b Verlauf des Wärmeübergangskoeffizienten $\ddot{u}$ und der Wärmemenge $\ddot{u} \cdot a$.

Da bei den sehr wechselnden Gasdrücken und Temperaturen $\ddot{u}$ nach Nusselt[1]) sehr verschieden ist und gerade bei den großen Temperaturdifferenzen zwischen Gas und Wand groß ausfällt, muß man den zeitlichen Mittelwert $\ddot{u}_m$ zeichnerisch bestimmen, indem man ein Zeit-Temperatur-Diagramm und ein Zeit-Wärmeübergangsdiagramm (Abb. 42) verzeichnet, dann als näherungsweise gleichbleibend die mittlere Wandtemperatur und damit a an einem beliebigen Punkt schätzt und das Produkt $\ddot{u} \cdot a$ neuerdings über die Zeit als Abszisse aufträgt. Der Mittelwert durch a geteilt ergibt $\ddot{u}_m$ und mit obiger Gleichung a, das mit dem geschätzten Wert übereinstimmen muß. So ergeben sich in Abb. 43 die Linien für t_g, t_g', $\ddot{u}_m$ und die Wandtemperaturen an allen Stellen, die mit den Versuchs-

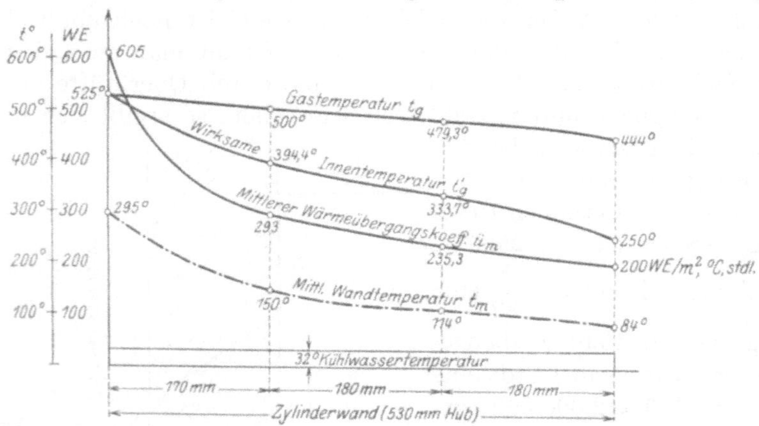

Abb. 43. Bestimmung der Zylinderwandtemperaturen.

[1]) Der Wärmeübergang in der Verbrennungskraftmaschine. Forschungsarbeiten des V. d. Ing. Heft 264.

werten genau übereinstimmen. Nötigenfalls wäre noch t_g' mit den gefundenen Werten zu verbessern.

Die Herstellung der Büchsen muß natürlich, was Material und Bearbeitung anbelangt, besonders sorgfältig sein. Manche Firmen erwärmen sie auf bestimmte Temperatur zum

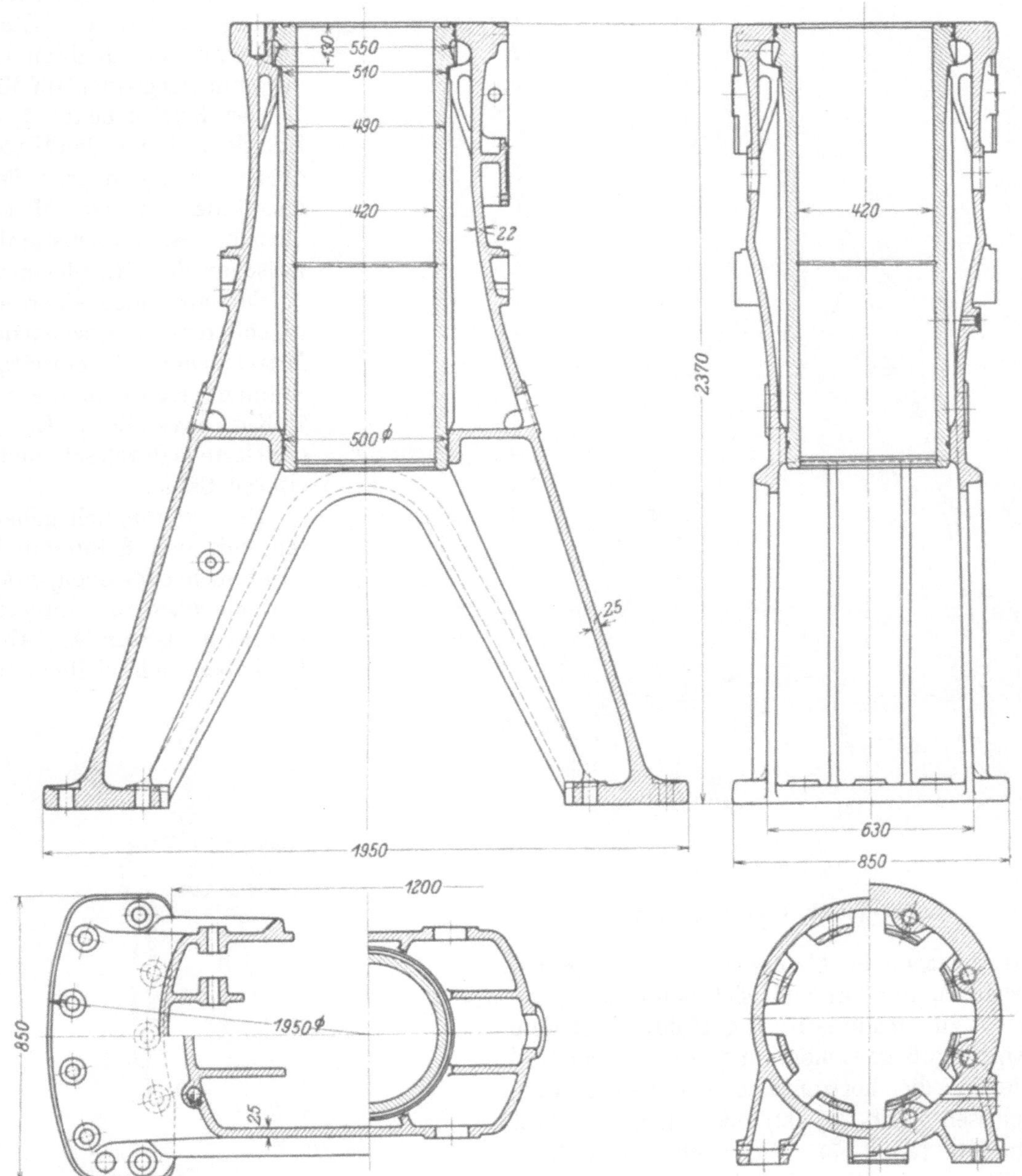

Abb. 44. Ess, Gestell, $\frac{420}{650} \cdot 185$.

Durchschleifen, so daß etwaige Wärmedehnungen und Formänderungen schon bei der Bearbeitung berücksichtigt werden und wenig Nacharbeit notwendig ist. Zur Ersparnis an Zeit und Umspannarbeit werden die Zylinderbüchsen manchmal gleichzeitig innen und außen abgedreht. Jedenfalls sind die fertigen Zylinder im äußeren Teil einem Wasserprobedruck von 100 bis 125 at zu unterwerfen mit Rücksicht auf die durch Frühzündungen entstehenden übermäßigen Drücke. Diese Probedrücke sind auch im Falle der Anordnung von Sicherheitsventilen anzuwenden.

II. Der Kühlmantel und das Gestell.

Das Gestell ist naturgemäß für die verschiedenen Ausführungs- und Bauformen sehr verschieden. Immerhin lassen sich die verwendeten Formen in Gruppen bringen. So werden für stehende Maschinen verwendet: 1. A-Ständer, mit dem Kühlmantel zusammengegossen, auf Mitte der Kurbelebene, 2. A-Ständer zwischen den Mittelebenen der Zylinder, 3. Säulenständer in den Mittelebenen, 4. Säulenständer zwischen den Mittelebenen, 5. Säulenständer einerseits in, andererseits zwischen den Mittelebenen, 6. einseitige Ständer mit Säulenstützung, 7. Kastengestelle, 8. Ersatz der Gestelle durch schmiedeeiserne Säulen.

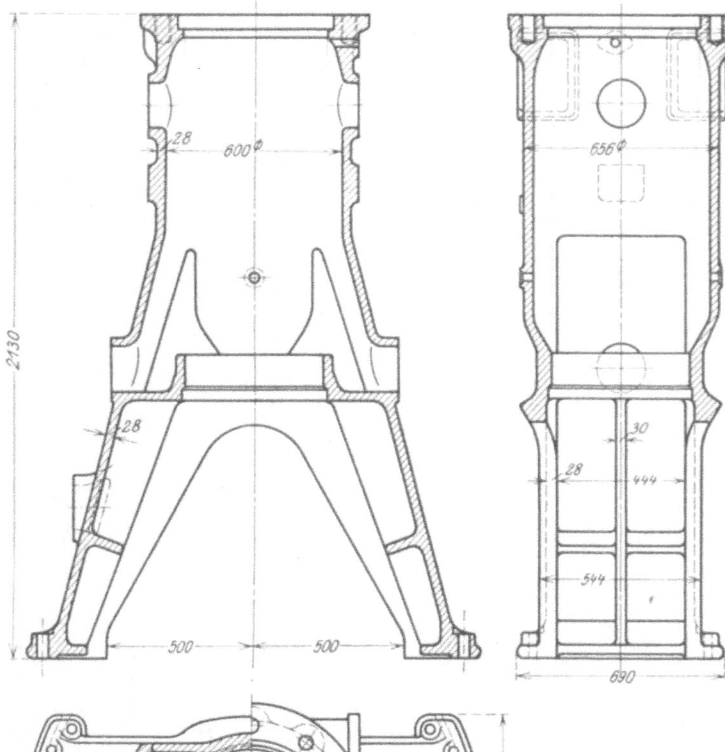

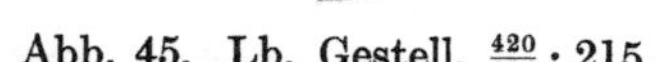
Abb. 45. Lb, Gestell, $\frac{420}{600} \cdot 215$.

Die ursprünglich gebauten, mit den Kühlmänteln zusammengegossenen, in den Kurbelebenen angeordneten einzelnen A-Ständer (Abb. 11) haben sich vielfach für Landmaschinen kleinerer Umdrehungszahl erhalten, nur hat man sich bemüht, ihr Gewicht zu vermindern. Der Hohlguß ist dem Rippenguß gewichen, und auch dabei sind vielfach die horizontalen Querrippen weggelassen (Abb. 31, 32) oder doch verkürzt worden (Abb. 17). Wo noch die seitliche Stützung der Zylinderbüchse (s. S. 27) beibehalten wird, gehen im Kühlmantel alle Innenrippen oder nur einzelne derselben der ganzen Länge des Kühlmantels entlang, oder sie sind auch nur an der Stelle des Mittelstegs angebracht, so daß die axialen Drücke ganz vom zylindrischen Teil aufgenommen werden müssen. Diese Anordnung ist wegen der früher erwähnten Wärmeausdehnung der Büchse günstig, da sie dagegen wenig Widerstand bietet. Sehr häufig werden die Längsrippen ganz weggelassen, wenn kein Mittel-

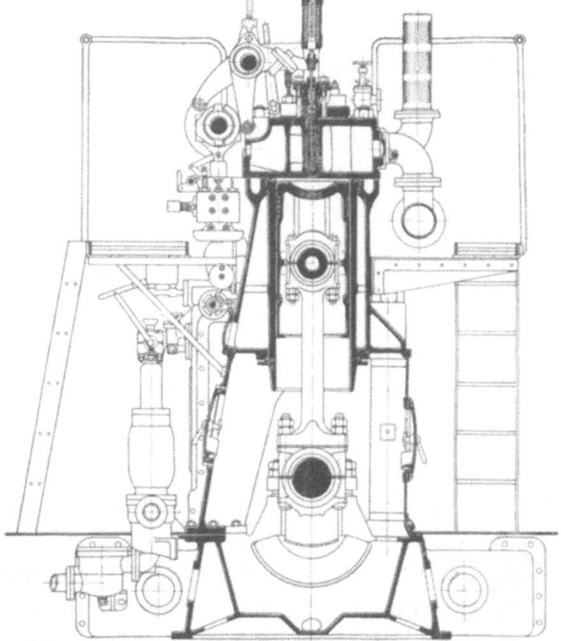
Abb. 46. DW, Querschnitt zu Abb. 462, $3 \cdot \frac{380}{400} \cdot 300$.

steg vorhanden ist (Abb. 27, 31). Sind sie vorhanden, so gehören sie in die Nähe der Deckelschrauben, um deren Zug unmittelbar aufzunehmen, sonst nützen sie wenig und erhöhen nur wie alle Rippen die Gefahr undichten Gusses und der Gußspannungen.

Bei ganz kleinen Ausführungen werden Ständer, Kühlmäntel und Grundplatten auch aus einem Gußstück hergestellt.

Die am Ständer anzubringenden Butzen für die Verbindungschrauben werden oft wegen glatteren Aussehens, einfacheren Gusses und der Möglichkeit, die Schrauben unabhängig vom Ausfall des Ständergusses anordnen zu können, durch starke Flanschen mit Einfräsungen für die Muttern ersetzt (Abb. 17, 44).

Die breiten, manchmal zur Gewichtsersparnis ausgenommenen Anpaßflächen werden durch nachträglich eingepaßte Stifte (Abb. 44, 57) oder dadurch auf den Grundplatten festgehalten, daß eine Anzahl von Verbindungschrauben als Paßschrauben ausgeführt wird. Der obere Flansch des Kühlmantels trägt die Deckelschrauben als Stifte entweder in angegossenen Pfeifen (Abb. 45, 57) oder in vollständig runder Verstärkung (Abb. 11, 17, 48). Zur Vermeidung von Materialanhäufung und zur vollkommeneren Kühlung der Zylinderflanschen sind manchmal Ausnehmungen vorgesehen (Abb. 29, 32, 46, 49, 378), oder die Tragflanschen sind nur an Rippen gehalten, oder die Verstärkung der Büchse sitzt überhaupt nur auf einzelnen Rippen (Abb. 20, 44, 64). In diesem Fall ist oben ein Gummiring als Dichtung für den Kühlmantel erforderlich. Wie bereits angegeben, erfordert es besondere Sorgfalt, den Kühlmantel oben offen in den des Deckels übergehen zu lassen (Abb. 52), weil dann die Abdichtung zwischen Zylinderraum und Kühlmantel unmittelbar stattfinden müßte und Undichtheiten großen Schaden verursachen würden. Man kann diese Gefahr vermeiden, wenn man zwischen Kühlmantel und Zylinder zwei ringförmige Dichtungen unterbringt und den dazwischenliegenden Raum durch Bohrungen mit der Außenluft verbindet. Etwaige Undichtheit des Kühlmantels zeigt sich dann durch Wasserabfluß aus diesen Rohren (Abb. 50, vgl. auch Abb. 663). Am besten dienen zu dieser Verbindung zwischen Kühlmantel und Deckel seitliche Krümmerrohre (Abb. 31, 49). Da diese in genügender Anzahl oft nicht Platz finden und auch nicht schön aussehen, werden auch außen mit Gummiringen abgedichtete Rohrstifte im Flansch (Abb. 26, 51, 65, 219, 226) verwendet oder nur Gummiringe in dreieckigen Nuten.

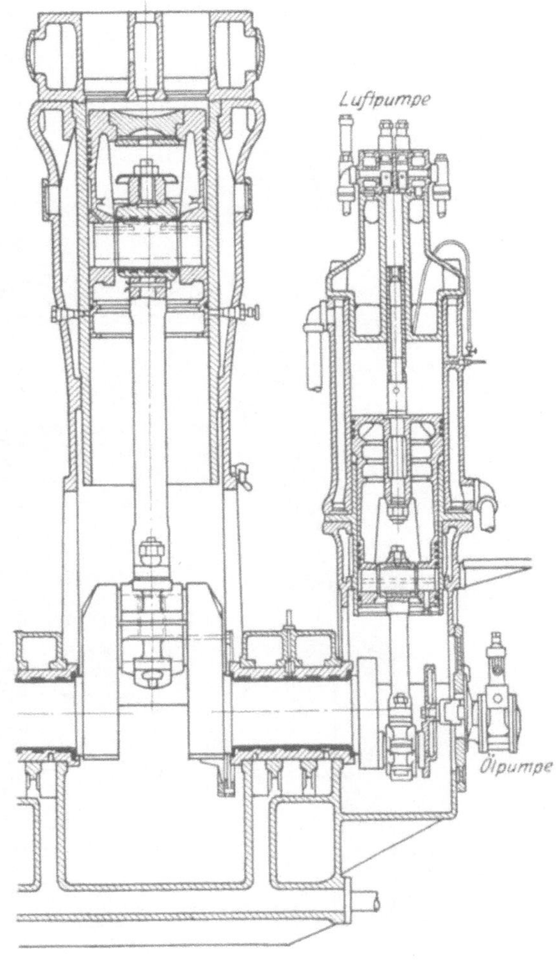

Abb. 47. Dz, Längsschnitt.

Jedenfalls sind Dampfsäcke im Kühlmantel zu vermeiden, insbesondere ist darauf zu achten, daß das Kühlwasser entweder aus allen zwischen den Schraubenbutzen entstehenden Räumen einzeln abgeleitet wird oder diese miteinander durch einen äußeren (Abb. 47) oder inneren (Abb. 44) Hohlring verbunden werden.

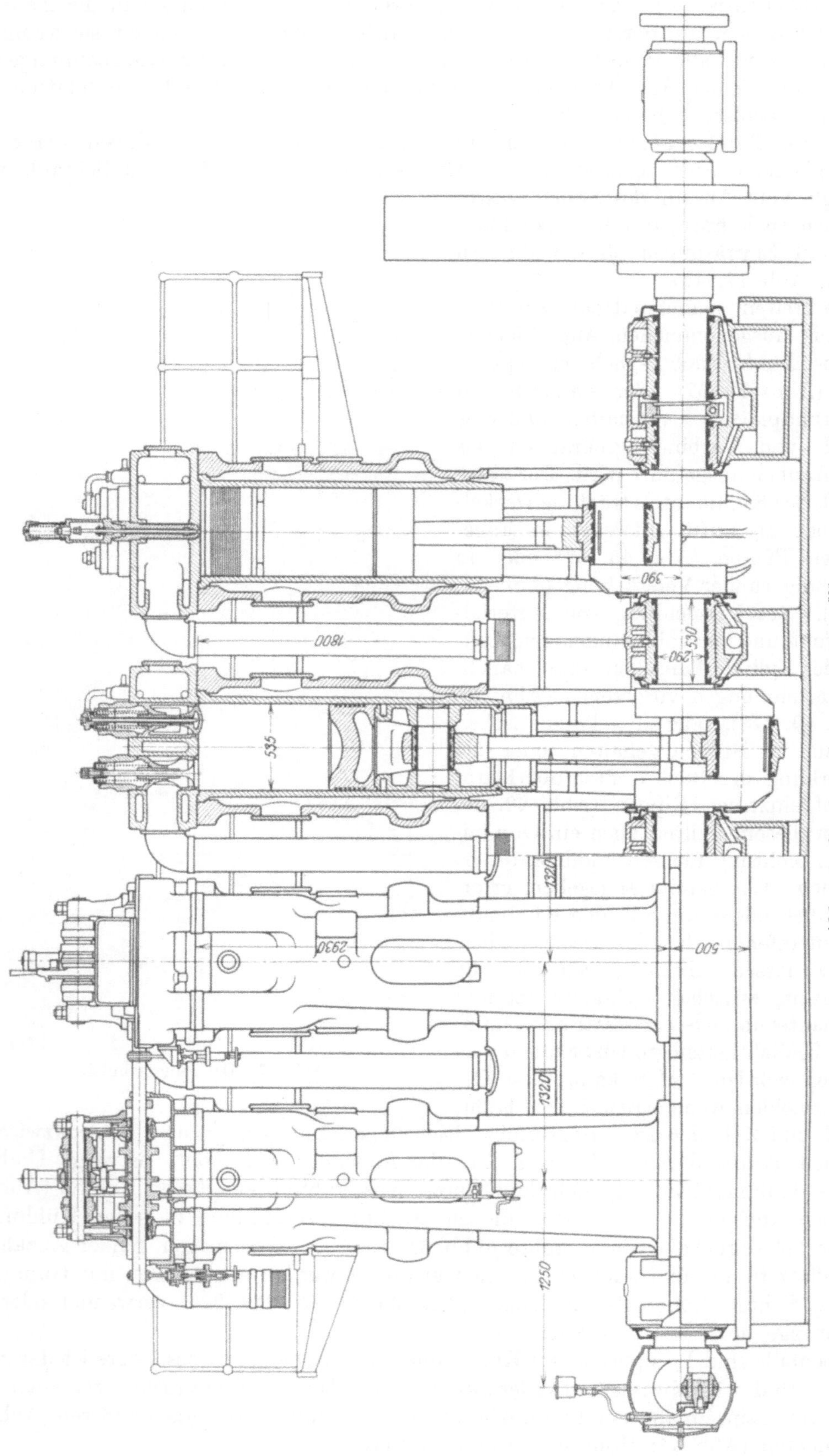

Abb. 48. Ca, Zusammenstellung, $4 \cdot \frac{535}{780} \cdot 167$.

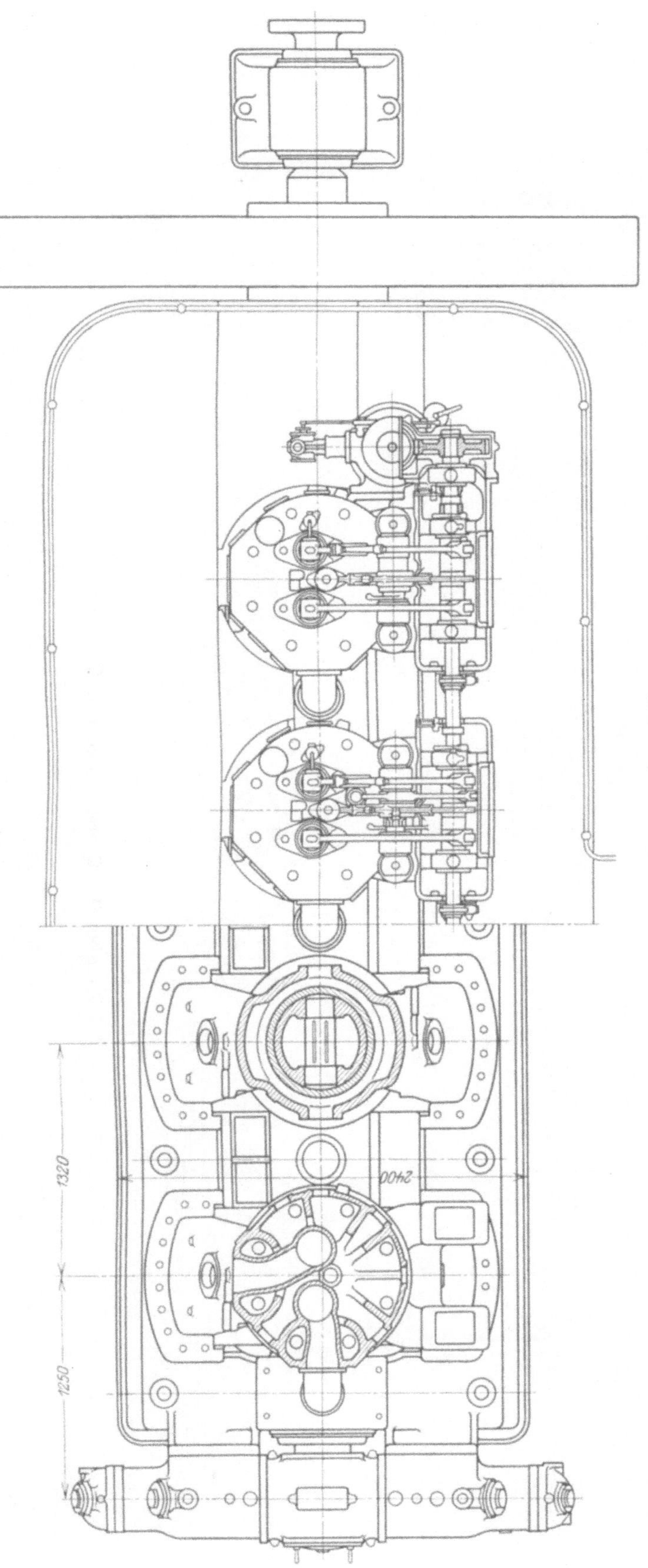

Zu Abb. 48. Grundriß.

Die Wasserzuführung soll am tiefsten Punkt liegen, damit sich kein Schlammsack bilden und auch die Entleerung des Kühlmantels durch das Zuleitungsrohr erfolgen kann. Sonst muß eine eigene Ablaßöffnung vorgesehen werden. Die obere Verstärkung des Kühlmantels hat auch die Aufgabe, die Arbeitsdrücke durch die Deckelschrauben gleichmäßig auf den Umfang zu verteilen, z. B. Abb. 31, 63).

Die ursprünglichen Ausführungen der A-Ständer zeigen an der Stelle, wo die Arme an den zylindrischen Kühlmantel anschließen, außen einen hohlen Wulst (Abb. 11, 25, 48). In neuerer Zeit vermeidet man des ruhigeren Aussehens wegen gern die hierdurch entstehenden Trennungslinien (Abb. 32, 44, 45, 47, 49, 57,) oder verkleinert wenigstens den Wulst soweit als möglich (Abb. 17, 51).

Um den Gasdruck vom Deckel möglichst unmittelbar auf die Grundplatten zu übertragen, werden auch die Ständerfüße außen geradlinig hinaufgezogen (Abb. 48, 49, 52, 53).

In den ursprünglichen Bauarten wurde der Verdichter vielfach an einer Ständerseite außen angebracht und mit doppelarmigem Hebel angetrieben (z. B. Abb. 52). Dann wird dieser Hebel unmittelbar in einem am Ständer angegossenen Lager drehbar befestigt und der Ständerfuß entsprechend ausgespart. Solche seit-

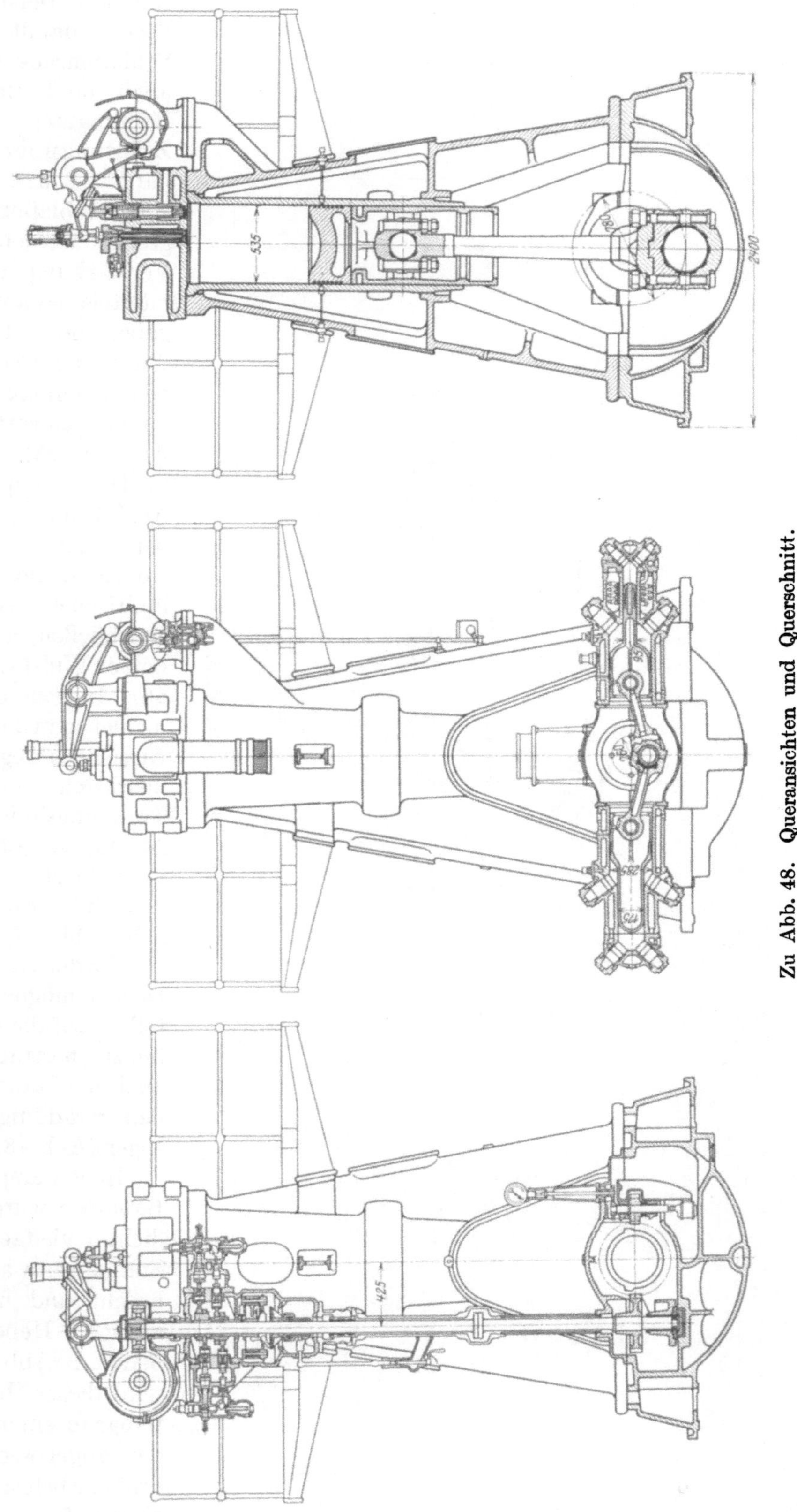

Zu Abb. 48. Queransichten und Querschnitt.

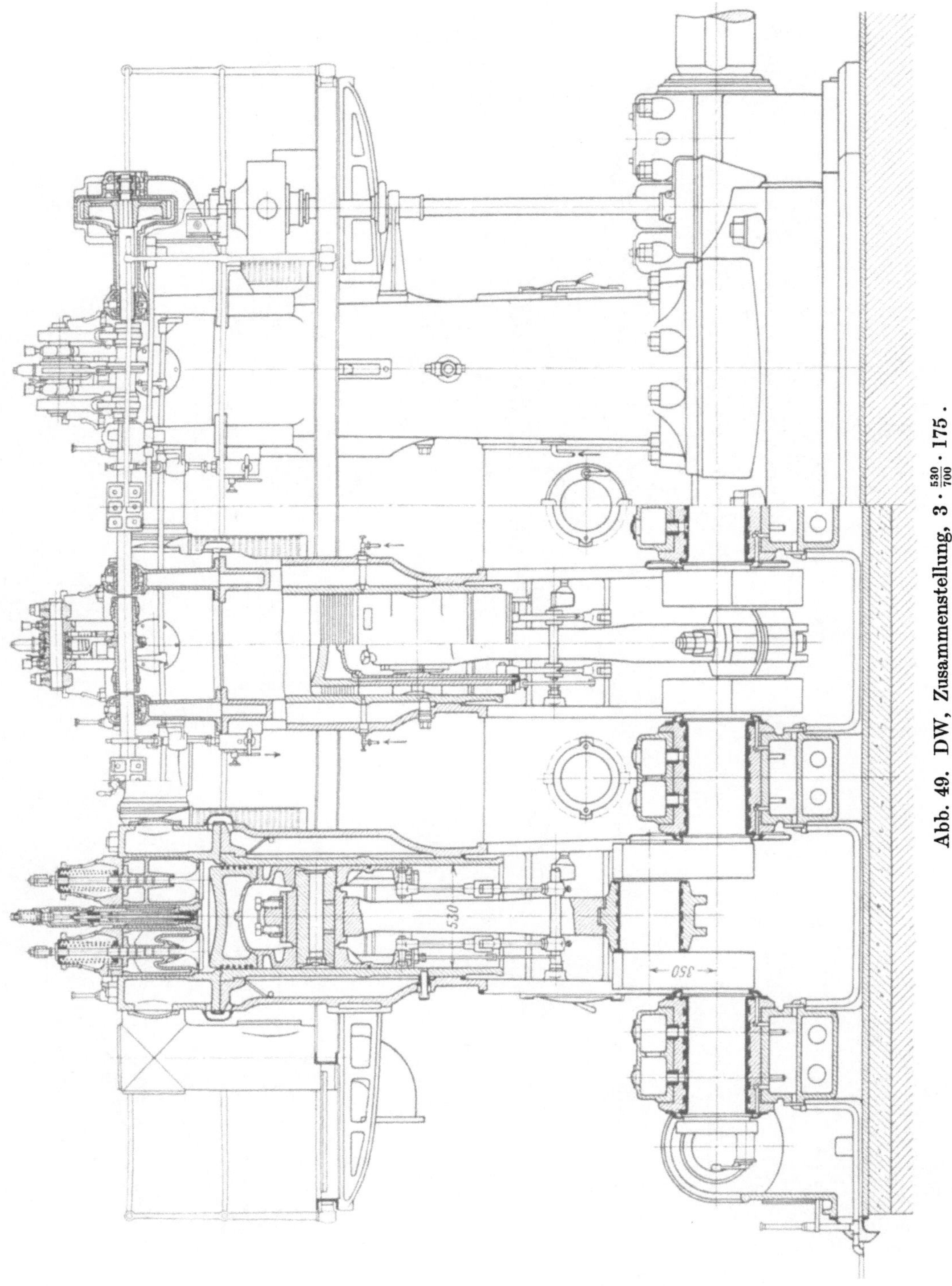

Abb. 49. DW, Zusammenstellung, $3 \cdot \frac{530}{700} \cdot 175$.

liche Öffnungen dienen manchmal auch zur Zugänglichkeit des Getriebes oder zur Unterbringung der Kolbenkühlung (Abb. 23) oder des Indikatorantriebes (Abb. 54). Für die Anbringung der Steuerwellenlager sind entsprechende Anpässe erforderlich, ihre verschiedenartige Ausbildung wird im Abschnitt über Steuerung besprochen. Die freien seitlichen Öffnungen der A-Ständer werden oft mit Blech oder Drahtnetzen verschalt, um abspritzendes Öl aufzufangen, dabei ist darauf zu achten, daß die eingeschlossene Luft nicht merkliche Druckänderungen erfährt.

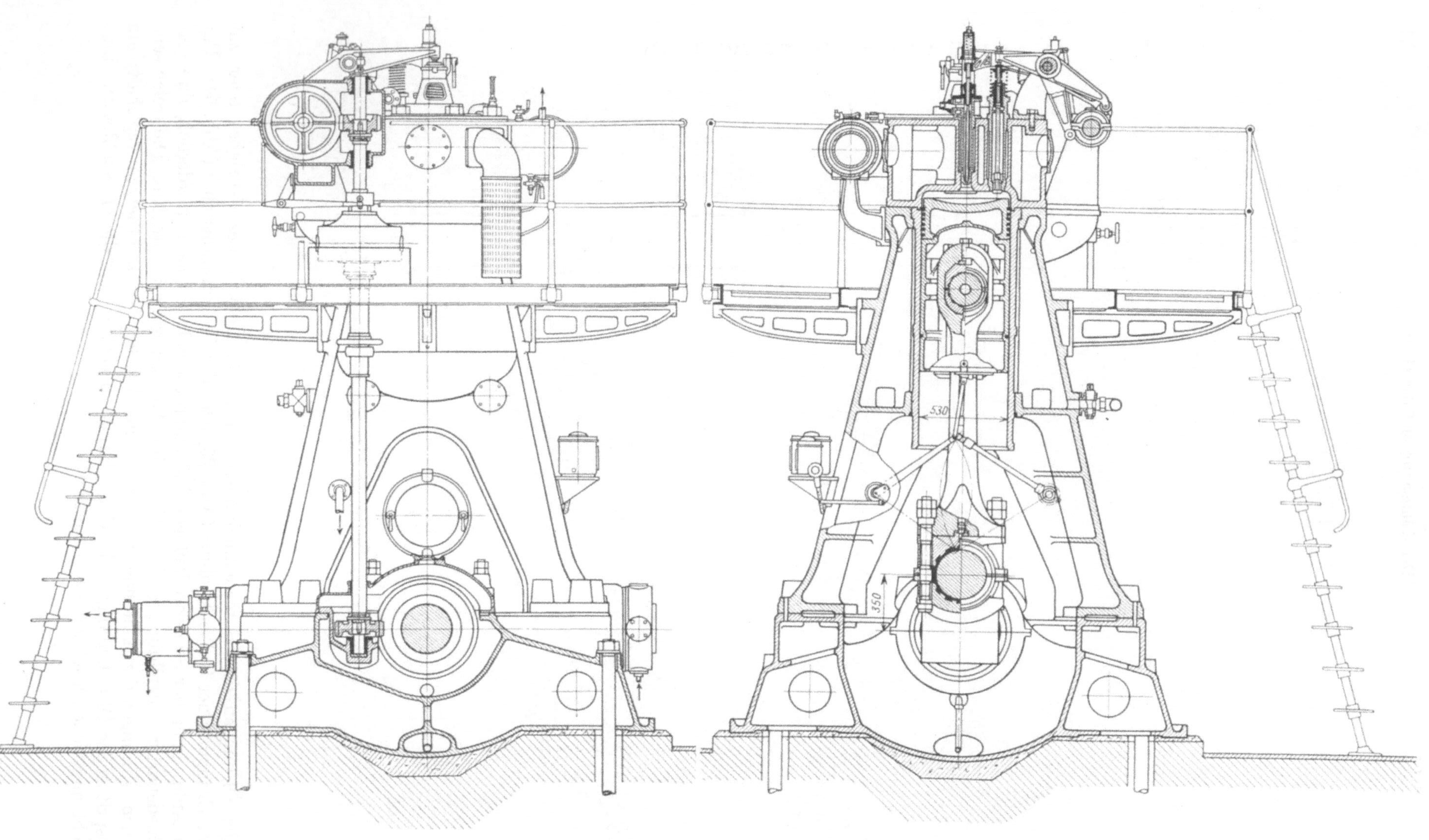

Zu Abb. 49. Queransicht und Querschnitt.

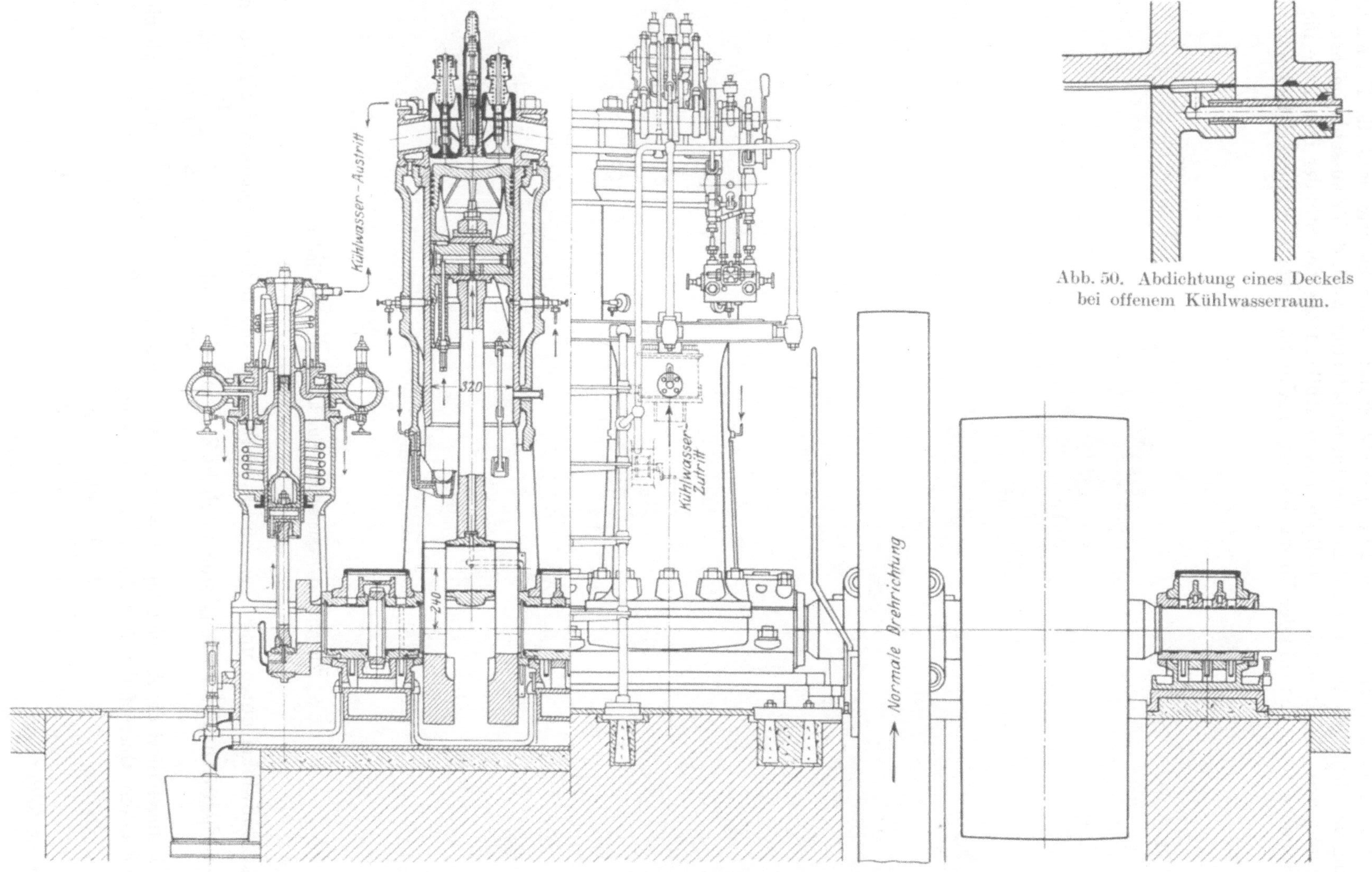

Abb. 50. Abdichtung eines Deckels bei offenem Kühlwasserraum.

Abb. 51. DW, Zusammenstellung, $2 \cdot \frac{325}{480} \cdot 215$.

Eine genaue Festigkeitsberechnung der A-Ständer ist schwierig, weil die Formänderung der Grundplatte, die auf dem Fundament befestigt wird, dafür ausschlaggebend ist. Nimmt man als Grenzfall an, daß die untere Auflagfläche der Ständer ihre Lage nicht verändert, so ist das Bild der Formänderung in Abb. 55 gegeben. In diesem Fall sind die

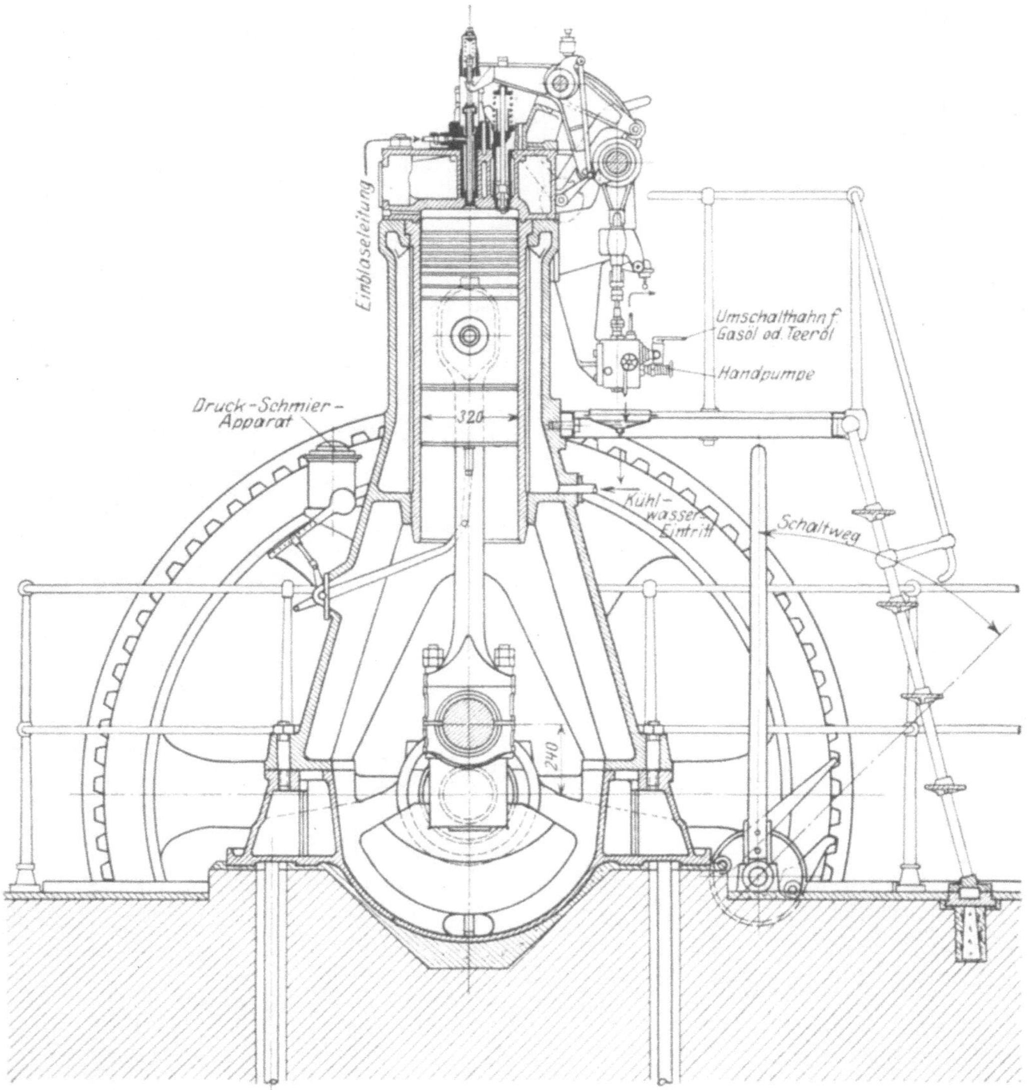

Zu Abb. 51. Querschnitt durch den Arbeitszylinder.

Anschlußwinkel unten und oben unveränderlich; ist der mittlere Querschnitt F, so ist die verhältnismäßige Verlängerung durch die Zugkraft $\frac{P}{\cos\alpha}$ gleich $\frac{\lambda}{l} = \frac{1}{E} \cdot \frac{P}{F\cos\alpha}$, demnach angenähert die Ausbiegung: $y = \lambda \operatorname{tg}\alpha$, also auch: $y = \frac{l}{E} \cdot \frac{P}{F} \cdot \frac{\sin\alpha}{\cos^2\alpha}$ und bei gleichbleibendem Querschnitt F auf der halben Länge:

$$\frac{y}{2} = \frac{l}{2E} \cdot \frac{P}{F} \cdot \frac{\sin\alpha}{\cos^2\alpha} = \frac{M}{3}\left(\frac{l^2}{4EJ} + \frac{3}{FG}\right),$$

woraus folgt:

$$M = \frac{6PJG}{FGl^2 + 12EJ} \cdot \frac{\sin\alpha}{\cos^2\alpha}.$$

Die Biegung tritt sehr in den Hintergrund, aber jedenfalls ist ersichtlich, daß am unteren Ende der Ständer die Zugfasern innen liegen und etwa mit $S = \frac{M}{W} + \frac{P}{F \cos \alpha}$ beansprucht werden, also gerade an der für Zug ungünstigsten Stelle, wo die Breite gering ist. Die teilweise Nachgiebigkeit der unteren Anpaßfläche würde die Biegungspannung

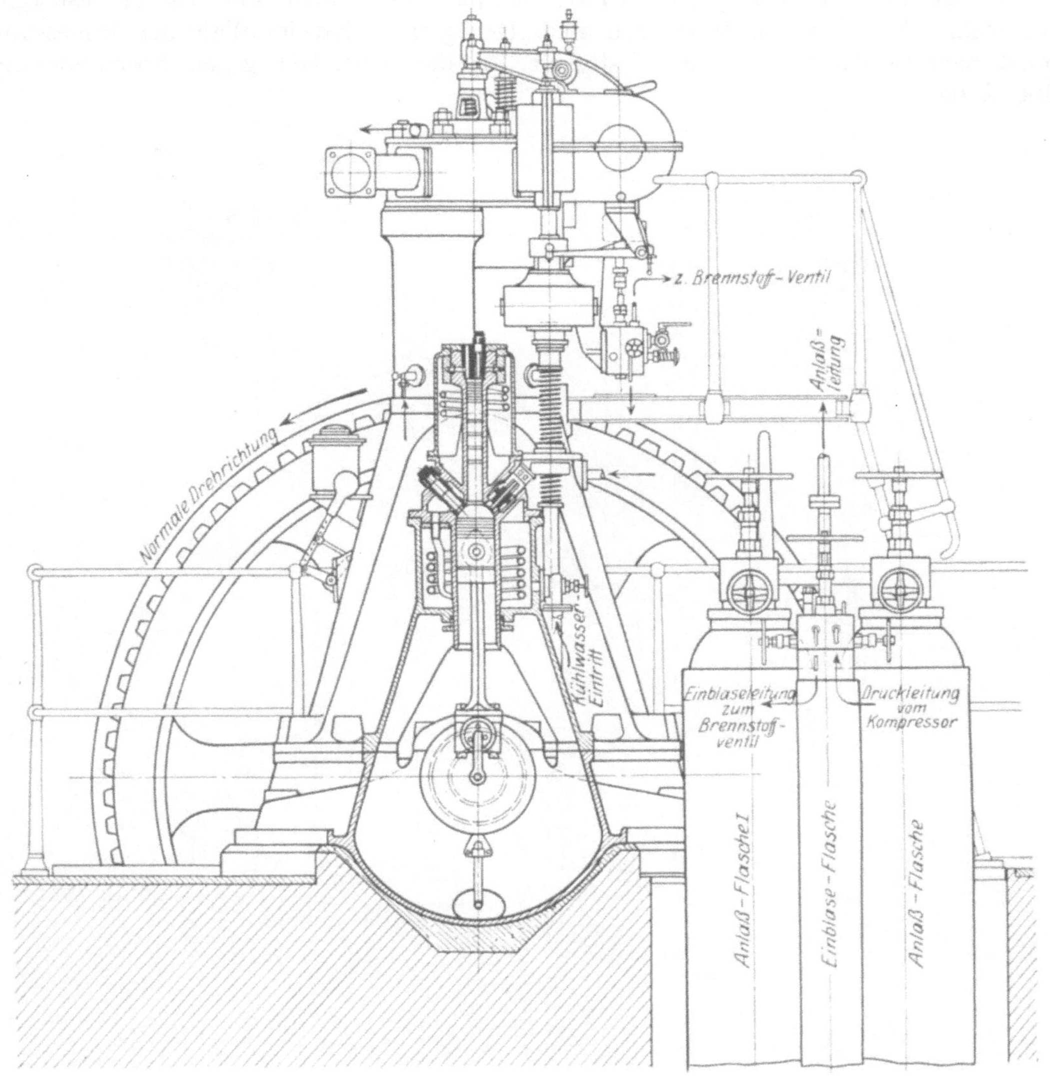

Zu Abb. 51. Querschnitt durch den Verdichter.

erhöhen. Rechnet man nach obiger einfacher Annahme, so kann S mit 125 kg/cm² gewählt werden. Hierfür wird noch vorausgesetzt, daß die Verbindungschrauben mit der Grundplatte so weit vorgespannt sind, daß sich die Anpaßflächen stets voll berühren. Diese kurzen Durch- oder auch Stiftschrauben sollen daher möglichst dehnbar sein (vgl. S. 143), damit ihre Beanspruchung nicht zu weit über die Vorspannung wächst, ferner soll die Auflagfläche radial breit sein, um die Lage zu sichern. Durchschrauben mit Bolzenstärke entsprechend dem Kerndurchmesser sind also vorzuziehen, besonders für die stärkst beanspruchten inneren Schrauben. Die auf sie entfallende Kraft ist $\frac{P}{n} + \frac{M x_m}{\Sigma x^2}$, wenn n die Anzahl der Schrauben, x ihre Entfernung von der zu schätzenden Drehachse parallel zur Wellenachse und x_m die größte dieser Entfernungen nach innen zu bedeuten (Abb. 56). Die zuzulassende Spannung im Kerndurchmesser der Schrauben ist dann 350 bis 450 kg/cm². Auch hier spielt das Biegungsmoment eine geringe Rolle, solange die Grundplatte als starr angesehen werden kann. Die stärkst beanspruchten innersten Schrauben werden bei Schiffsmaschinen manchmal auch aus besonders widerstandsfähigem Material hergestellt.

Der Quotient Kolbenkraft zu Kühlmantelquerschnitt wird rund 150 bis 190 kg/cm² ausgeführt, bei kleineren Maschinen auch 100 kg/cm². Bei der Wahl der Abmessungen spielt naturgemäß weniger die Festigkeit, als die Steifigkeit gegen Formänderungen eine Rolle.

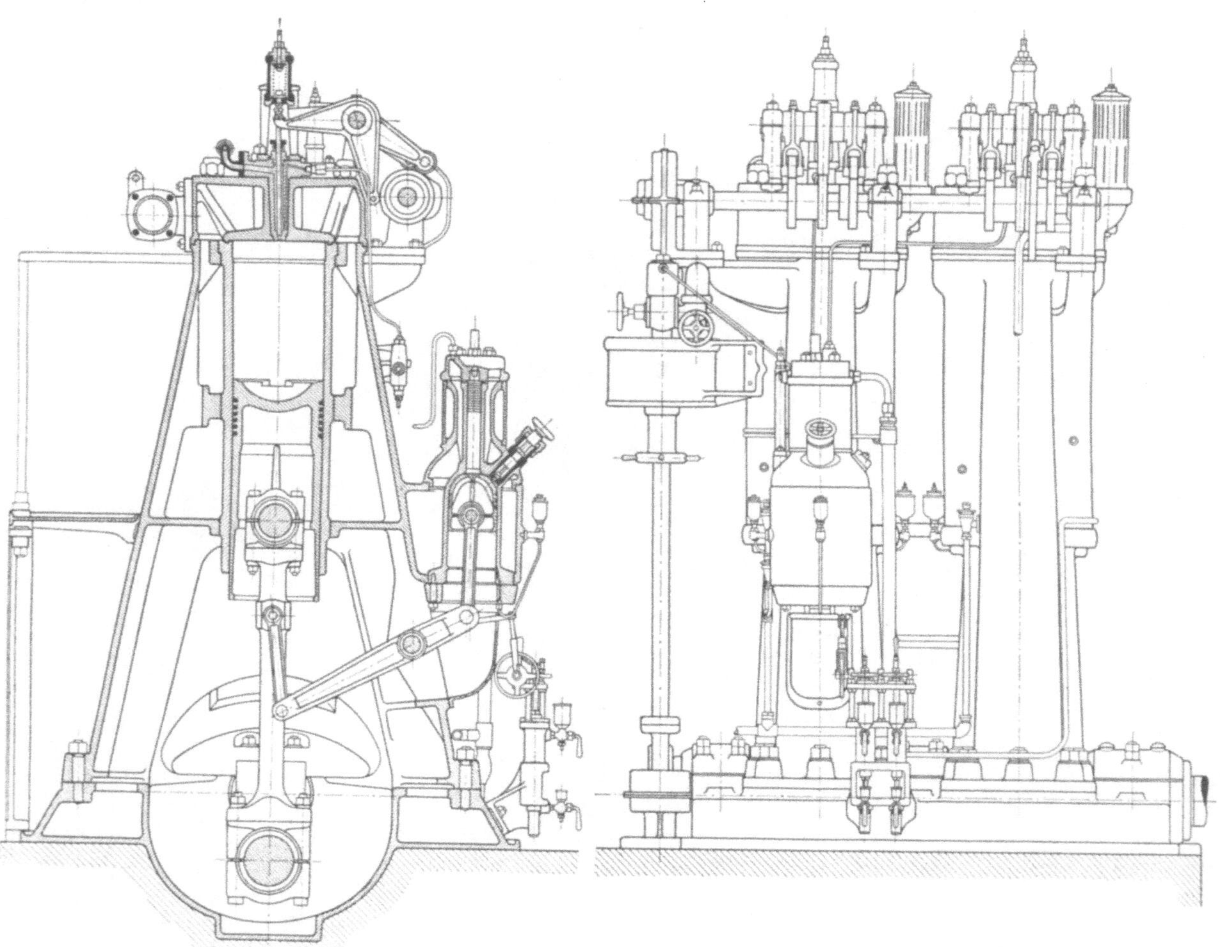

Abb. 52. At, Zusammenstellung.

Um an Herstellungskosten zu sparen und die Reihenherstellung zu erleichtern, werden oft alle Ständer vollständig gleich ausgeführt, so daß Rechts- und Linksmodelle, Anpässe an verschiedenen Stellen usw. vermieden sind.

Die eben beschriebene ursprüngliche Anordnung der A-Ständer hat den Nachteil, wegen der Unterbringung von Kurbel und Pleuelstangenkopf weit ausladen zu müssen, so daß immerhin merkliche, wenn auch meist mäßige Biegungsbeanspruchungen in den Armen auftreten und breite Grundplatten notwendig werden. Die innere Ausnehmung der Auflagfläche (Abb. 17, 32, 53) läßt dies zwar vermeiden, ist aber für die Beanspruchung der Verbindungschrauben nicht sehr günstig, da dann innen nur zwei Schrauben untergebracht werden können. Auch leidet bei den A-Ständern die Zugänglichkeit des Getriebes, während jene der Hauptlager günstig ist. Endlich waren die Ständer frei

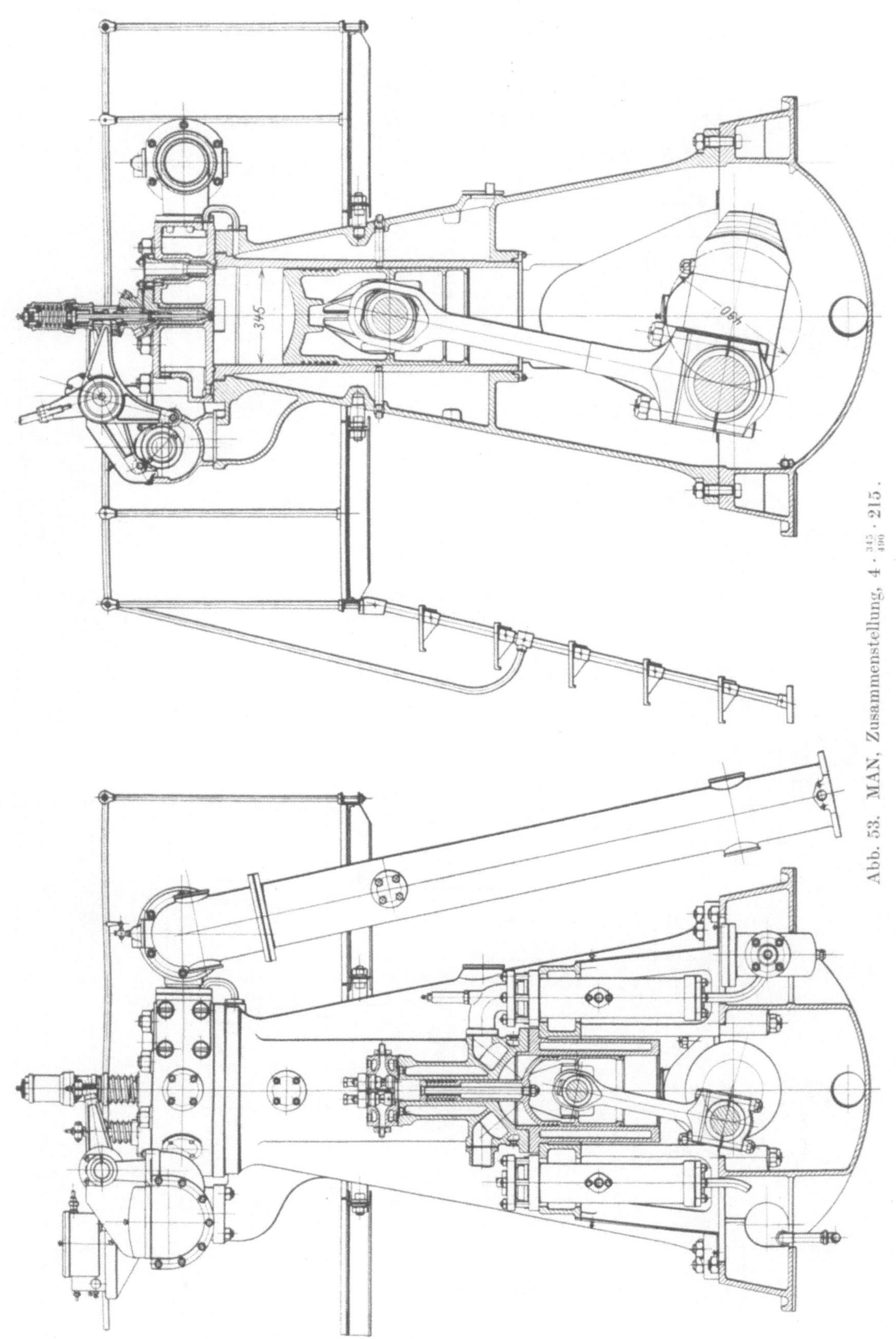

Abb. 53. MAN, Zusammenstellung, $4 \cdot \frac{345}{490} \cdot 215$.

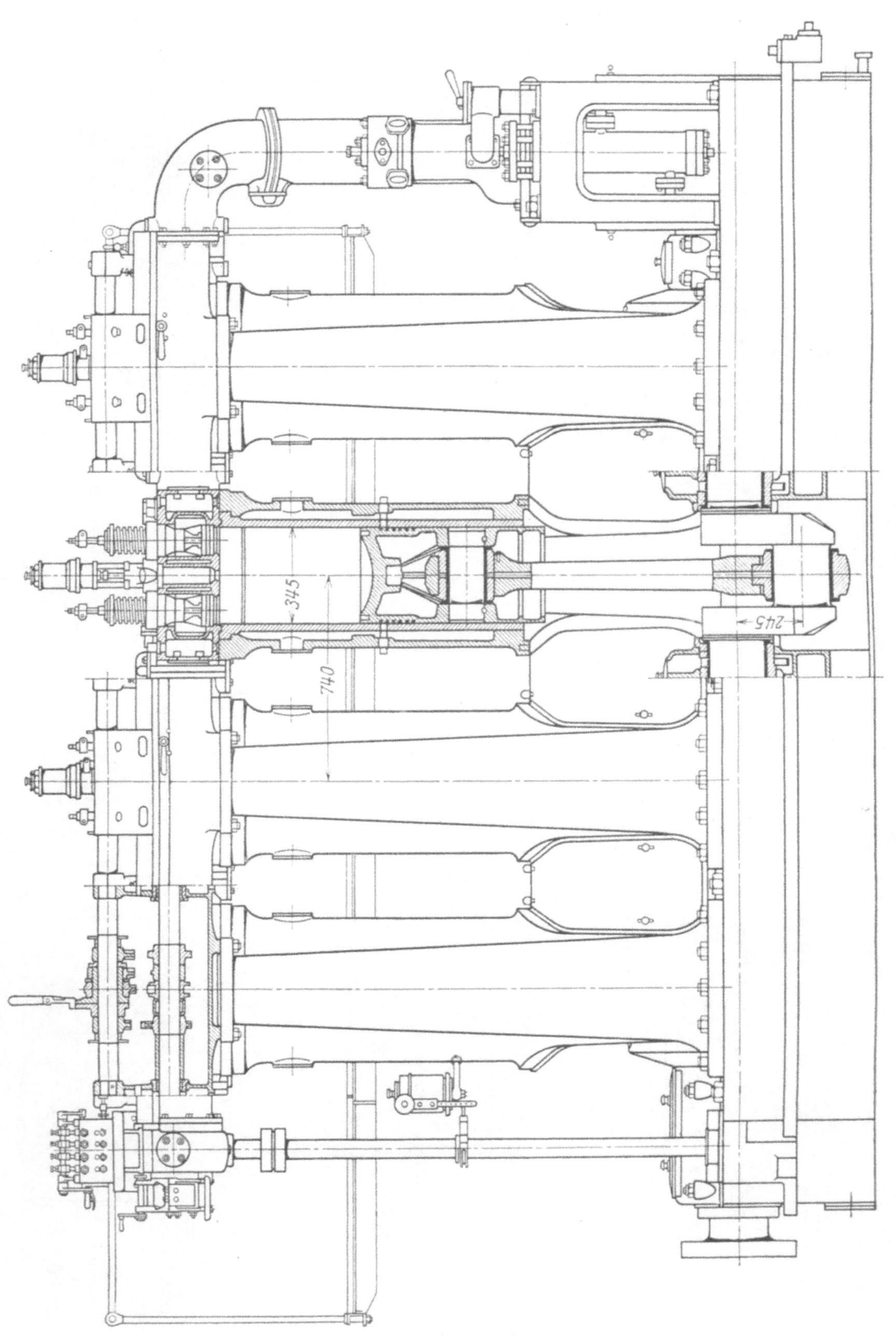

Zu Abb. 53. Längsansicht und Schnitt.

stehend, untereinander nicht verbunden, so daß sich zwar die einzelnen Gestelle frei dehnen konnten, dafür aber die durch die wechselnden Lagerkräfte auftretenden Biegungsmomente in der Längsrichtung bei mehreren Zylindern ganz von der Grundplatte und dem Fundament aufgenommen werden mußten (vgl. Abb. 108). Die Verbindung der Ständer kann allerdings durch konsolartige Ansätze mit Flanschen hergestellt werden (Abb. 32, 57). Abb. 58 zeigt A-Ständer mit Kreuzkopfführung, die ebenfalls miteinander verbunden und ganz abgeschlossen sind, also einen Übergang zu Kastengestellen bilden.

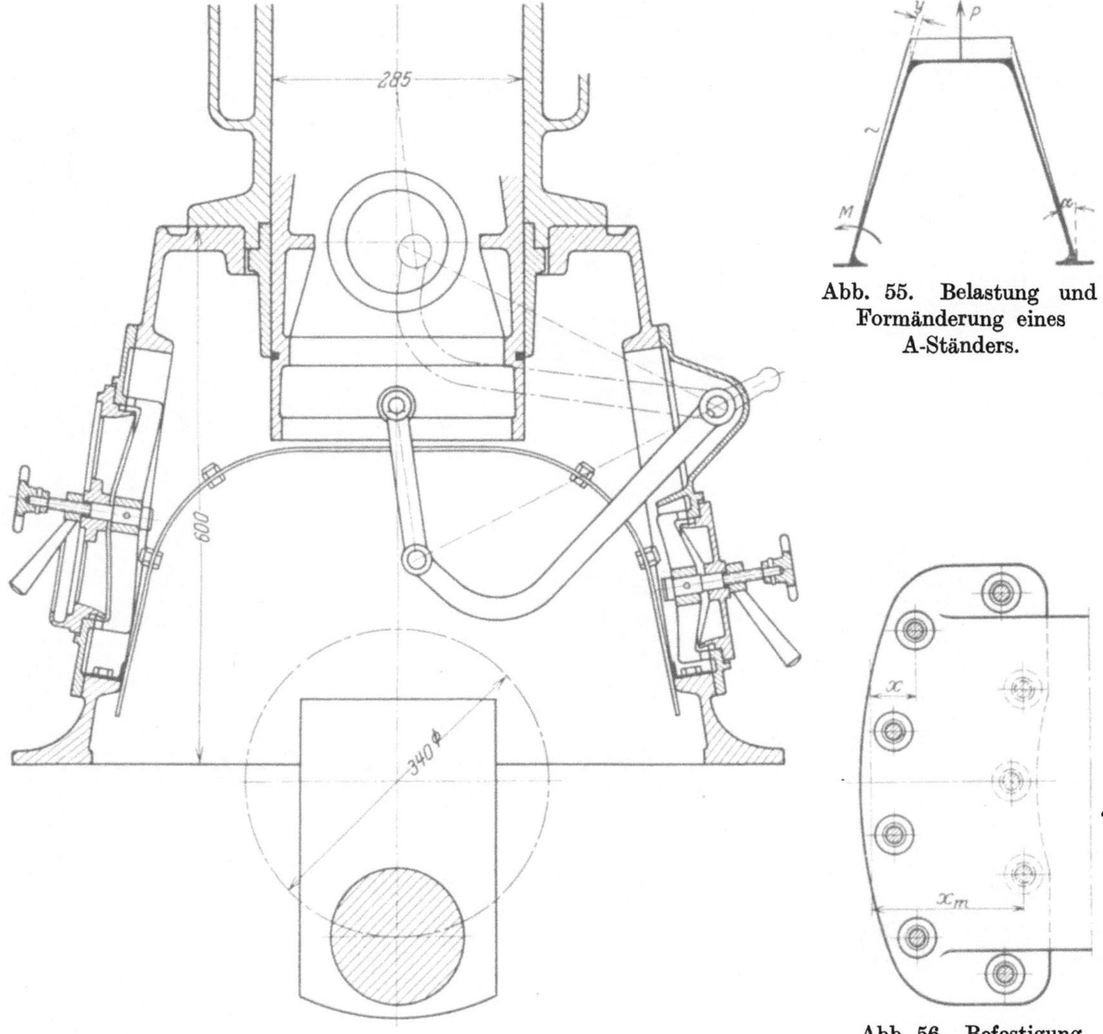

Abb. 55. Belastung und Formänderung eines A-Ständers.

Abb. 54. Verschlußdeckel am Kastengestell und Indikatorantrieb.

Abb. 56. Befestigung des Ständerfußes.

Bei den verhältnismäßig schwachen Schiffsfundamenten ist man bei Schiffsmaschinen bald zur Anordnung solcher A-Ständer oder gußeiserner Säulenständer gelangt, die oben der Länge nach miteinander unmittelbar, durch Zwischenbalken oder auch durch übergelegte Zylinderplatten verbunden sind.

Diese Ständer werden dann gewöhnlich zwischen den Zylindermitten aufgestellt, damit der Aufbau schmal wird (Abb. 24, 28, 62, 382). Um aber auch die Hauptlager frei zugänglich zu machen, werden die Säulen auch auf einer Seite in die Zylindermitte, auf der anderen in die Lagermitte verlegt (Abb. 59).

Die Kreuzkopfführungen sind an Ständern, die in der Zylindermitte liegen, unmittelbar (Abb. 60), bei den Ausführungen der Ständer in Lagermitte zwischen diesen angeschraubt (Abb. 61, 62, 63), wodurch eine gegenseitige Versteifung der Ständer erzielt wird. Alle zu einer Maschine gehörigen Ständersäulen sollen womöglich gemeinsam bearbeitet werden, um genau gleiche Länge zu bekommen. Die Längssteifigkeit wird auch durch Zusammengießen oder Zusammenschrauben mehrerer Zylindermäntel erzielt (Abb. 59, 61, 62, 65, 66, 382). Ihre Verbindung mit den Ständersäulen ist in gleicher Weise

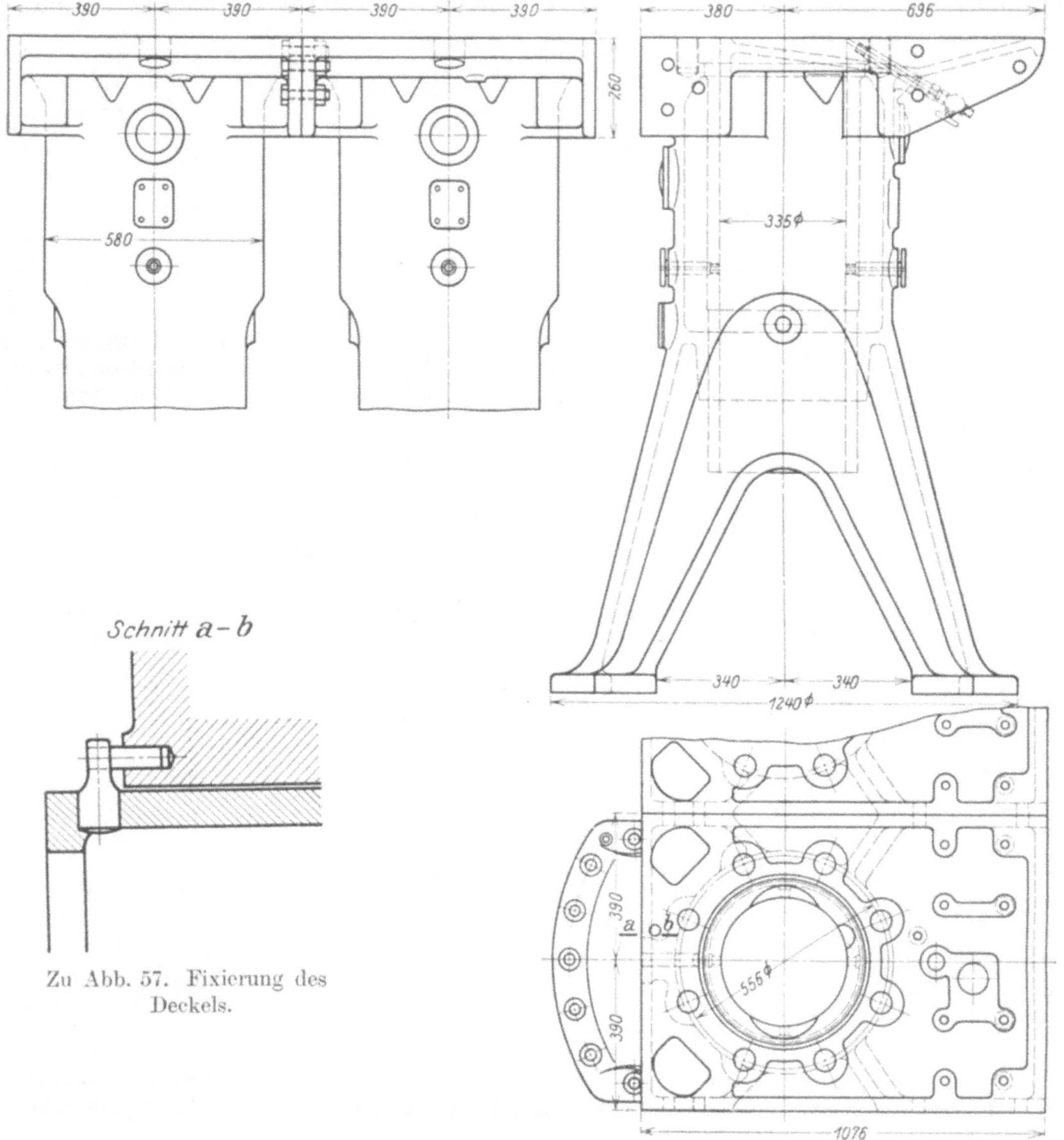

Zu Abb. 57. Fixierung des Deckels.

Abb. 57. Kr, Gestell, $2 \cdot \frac{335}{500}$.

zu behandeln wie die der Ständer mit den Grundplatten, wenn möglich, werden Durchschrauben verwandt (Abb. 461). Unter den Zylindern werden bei großen Maschinen mit Kreuzkopfführung auch abgetrennte Räume angeordnet, (Abb. 58, 59, 61, 62, 64, 65, 461), um sowohl Undichtheiten der Kühlmäntel und der Kolbenkühlung unschädlich zu machen, als auch um die Büchsen vor abspritzendem Öl zu schützen und sie zu kühlen, besonders wirksam, wenn die Verbrennungsluft durch diese Räume angesaugt wird (Abb. 62, 65, 546). Bei Abb. 58 wird die unter dem Kolben verdrängte Luft teilweise in die Ständersäulen gedrückt.

Die Säulen werden bei der Verbrennungsperiode durch die Zylinderdrücke auf Zug und Biegung beansprucht, wenn nicht besondere Entlastungsschrauben (Abb. 61, 64, 65) angeordnet sind, die die Zugkräfte unmittelbar vom Zylinder oder Deckel auf die Grundplatte übertragen, so daß die Ständer nur das Gewicht der Zylinder zu tragen haben und allein auf Druck beansprucht sind. Die Vorspannung dieser Schrauben wird durch die äußeren Kräfte nur wenig erhöht, ihre Belastung ist also viel gleichmäßiger als die

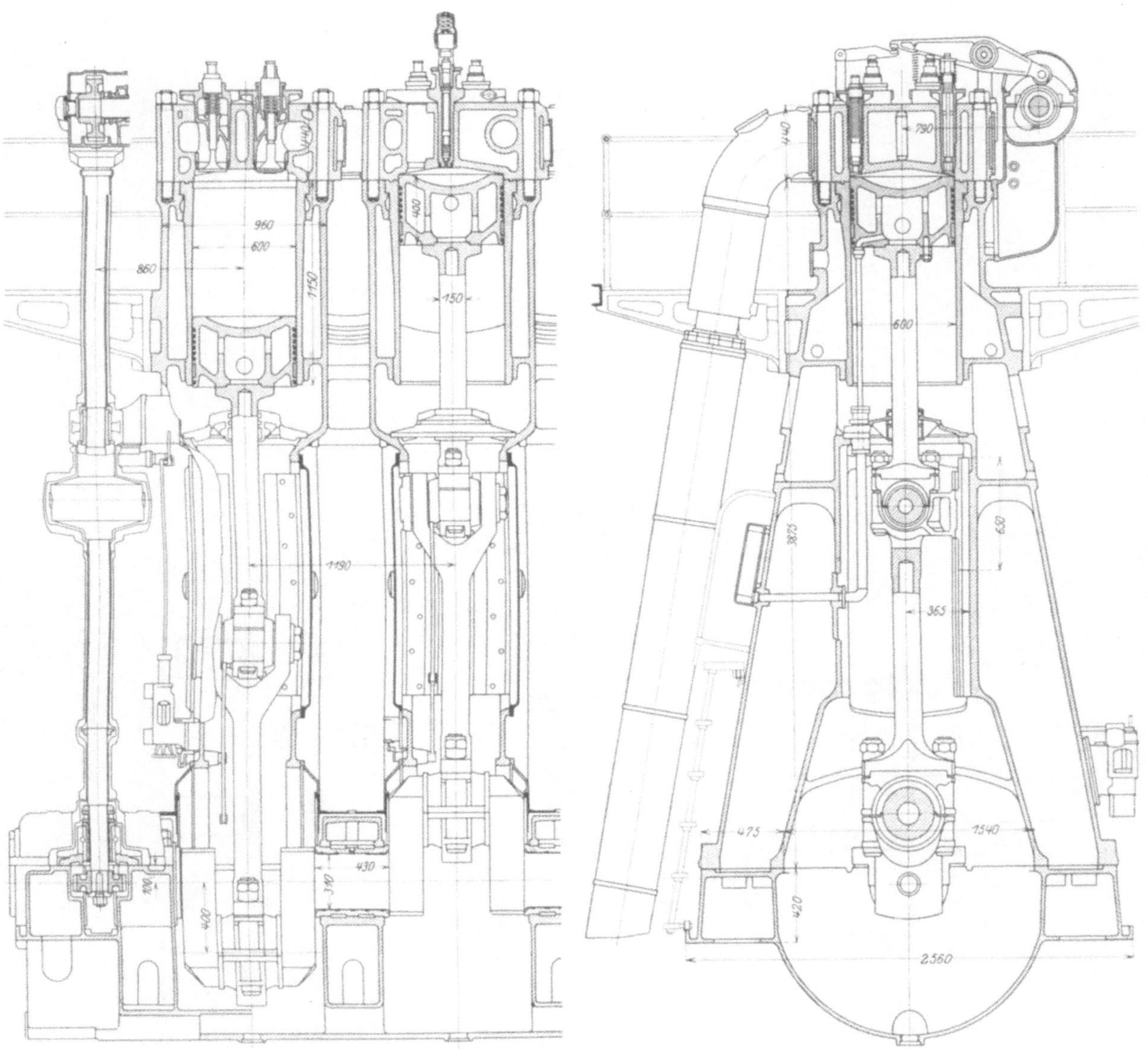

Abb. 58. Gz, Zusammenstellung, $4 \cdot \frac{600}{800} \cdot 187$.

freier Säulen, die zwischen Druck und einem Größtwert des Zuges wechselt. Die oft wiederholte Formänderungsarbeit ist bei solchen Stangen zwar an sich wegen der bedeutenden Dehnung absolut groß, aber im Verhältnis zum ganzen Volumen der Stange gering.

Der Ausbau der Welle kann bei allen ungeteilten, A-förmig angeordneten Ständern nur der Länge nach erfolgen, es muß also durch ausreichende Öffnungen dafür vorgesehen werden, auch wenn die Welle geteilt ist. Um an Länge des Raumes zu sparen, sind auch Ständer angewendet worden, die einerseits abnehmbare Säulen haben (Abb. 46, 67, 76),

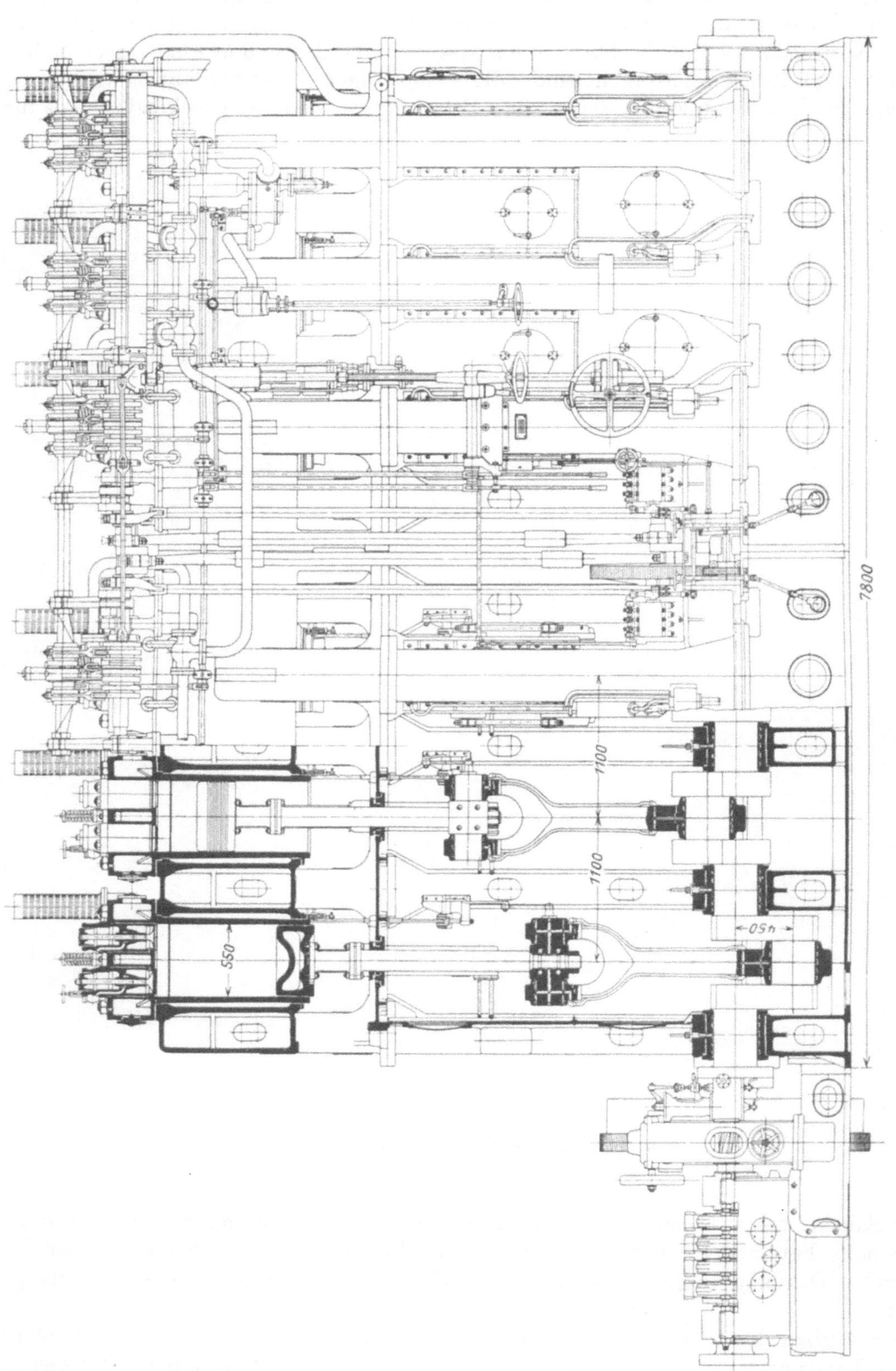

Abb. 59. DW, Zusammenstellung, $6 \cdot \frac{550}{900} \cdot 135$.

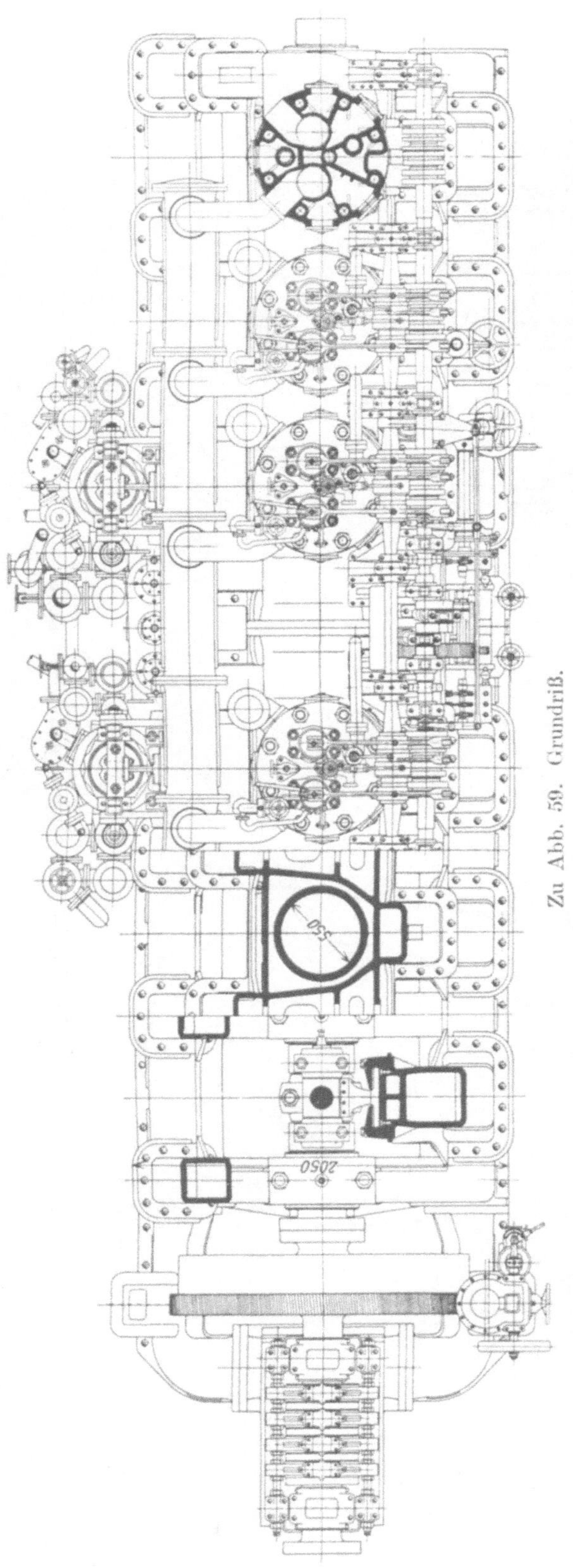

Zu Abb. 59. Grundriß.

und so leicht das Ausbauen der Welle und der Pleuelstangen ermöglichen. Auch zwei solche Stützsäulen für jeden Ständer werden angewendet, jedoch erfordert diese Ausführung für Mehrzylindermaschinen entweder zweimal soviel Säulen als Zylinder oder Modelländerungen an den Maschinenenden, wenn die Säulen zwischen den Zylindermitten angebracht werden sollen. Man kann auch die gußeisernen Säulenständer auf einer Seite unterbrechen und die Öffnungen durch Zwischenstücke ausfüllen (Abb. 68).

Wie bereits erwähnt, werden die Gestelle bei schneller laufenden Maschinen stets gegen abspritzendes Öl mit Verschalungen versehen. Bei Säulen und A-Ständern zwischen den Zylindermitten ist dies besonders notwendig und führt bei der Staffelanordnung der Ständer zu eigenen Verschalungskonstruktionen an den Maschinenenden (Abb. 59). Diese Blechverschalungen bilden den Übergang zu den Kastengestellen, die in neuerer Zeit auch bei langsamer laufenden Maschinen immer mehr Verwendung finden. Die Zylinderkühlmäntel werden entweder mit dem Kastengestell zusammengegossen (Abb. 69, 71, 79) oder einzeln oder in Gruppen mit Flanschen angeschraubt (Abb. 29, 70, 73). Als Material für diese Gestelle kommt Gußeisen, bei leichten Schiffsmaschinen Stahlguß (z. B. Abb. 134) oder auch Bronze (z. B. Abb. 74) in Betracht. Stahlguß bietet den Vorteil, durch Ausglühen von Gußspannungen befreit werden zu können. Die Kastengestelle wurden auch aus Stahlblech von etwa 20 mm Stärke genietet, die Kühlmäntel wurden hier gesondert ebenfalls aus Blech hergestellt. Die Kastenbleche sind an den Verbindungstellen durch Schmiedestücke verstärkt und oben durch eine starke Stahlplatte miteinander verbunden worden, die die Zylinderbüchsen und Mäntel trägt.

Bei größeren Ausführungen werden die Kasten der Länge nach ge-

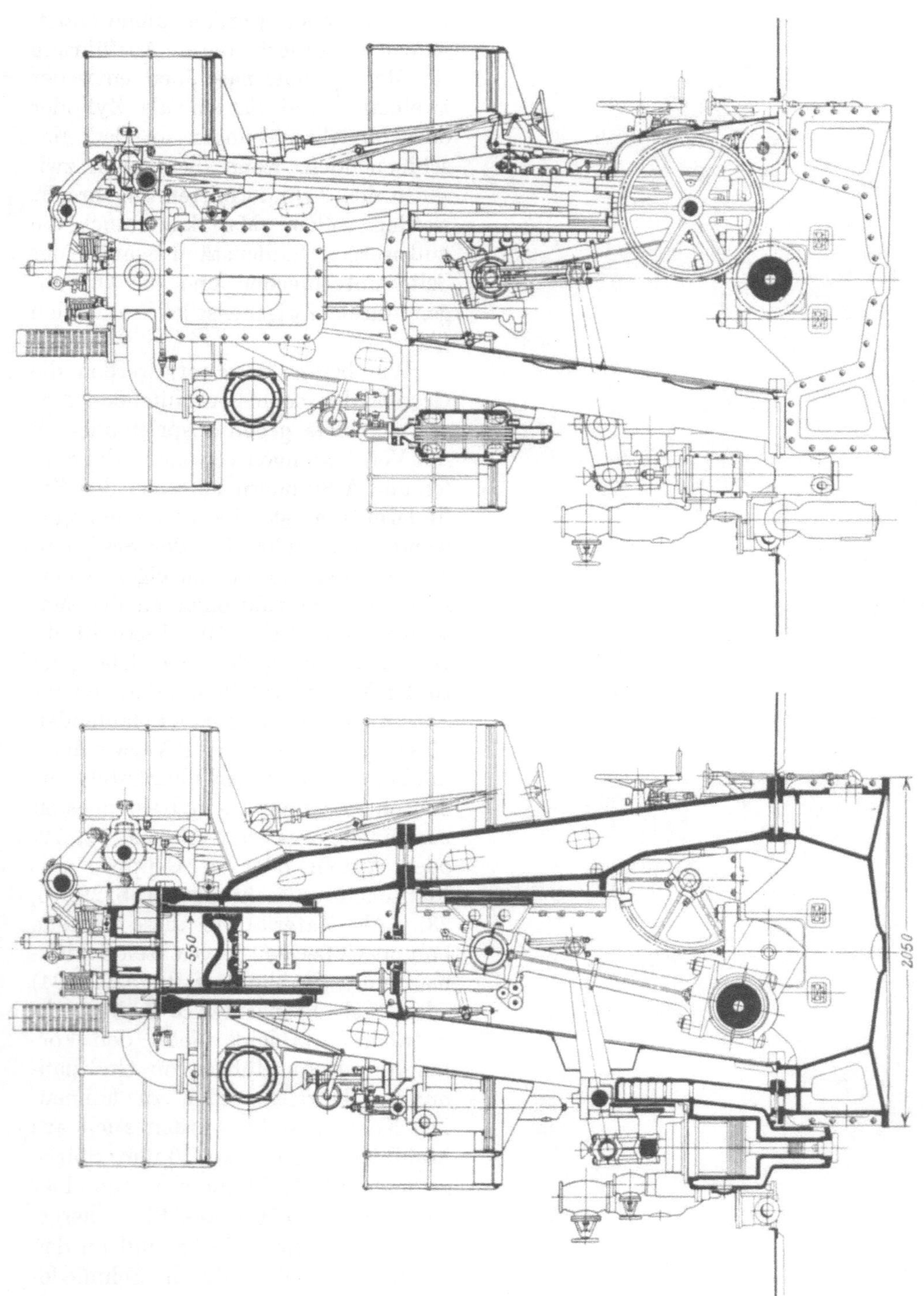

Zu Abb. 59. Querschnitt und Queransicht.

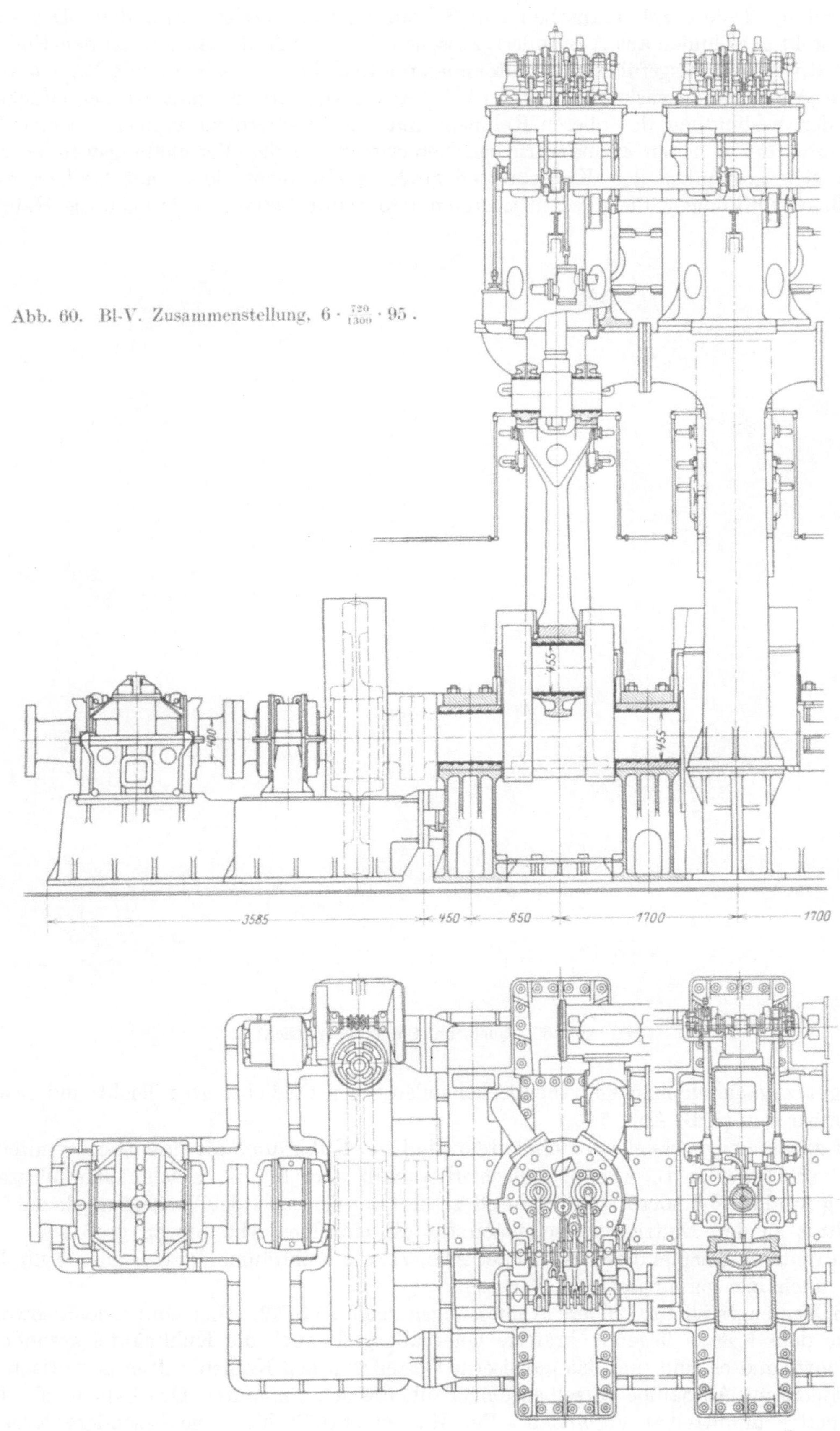

Abb. 60. Bl-V. Zusammenstellung, $6 \cdot \frac{720}{1300} \cdot 95$.

teilt und die Teile durch Flanschen und Schrauben miteinander verbunden. Der Aufbau besteht gewöhnlich aus A-Ständern zwischen den Zylindermitten und an den Enden, die als Rippenguß ausgeführt und miteinander durch die ebenfalls oft mit Rippen versteiften Außenwände verbunden sind (Abb. 74). Besondere Sorgfalt ist begreiflicherweise der Verbindung des oberen Rahmens mit den Ständern zu widmen, da hier der Kraftdurchfluß von den Zylinderdrücken her erfolgt. In den Verschalungswänden befinden sich gegenüber den Kurbelmitten große, meist rechteckige, mit Deckeln verschließbare Öffnungen, die die Kurbelzapfen und Schubstangen sowie auch die Haupt-

Zu Abb. 60. Querschnitt und Queransicht.

lager gut zugänglich machen. Die Deckel sollen gegen Öl dicht, aber leicht und rasch abnehmbar sein (z. B. Abb. 54).

Bei zusammengegossenen Kühlmänteln sind die Kühlräume oft unmittelbar miteinander verbunden (z. B. Abb. 66, 69), hierbei muß aber für die gleichmäßige Wasserführung in allen Zylindern etwa dadurch gesorgt werden, daß der Verbindungskanal im Verhältnis zu den Eintrittsquerschnitten für die einzelnen Abteilungen groß ist.

Ein weiteres Beispiel dieser Art bietet Abb. 71; die Kühlräume der einzelnen Zylinder stehen auch hier miteinander in Verbindung.

Ein Kastengestell für größere Abmessungen zeigt Abb. 72. Hier sind jedoch sowohl der auf dem Kasten liegende kräftige Querbalken als auch die Kühlmäntel gesondert ausgeführt, und es sind, um das gußeiserne Gestell von den Kolbenkräften zu entlasten, Stahlsäulen zur Aufnahme derselben eingebaut, die den genannten Querbalken mit der Grundplatte unmittelbar verbinden. Der Kasten enthält hier eine besondere Kreuz-

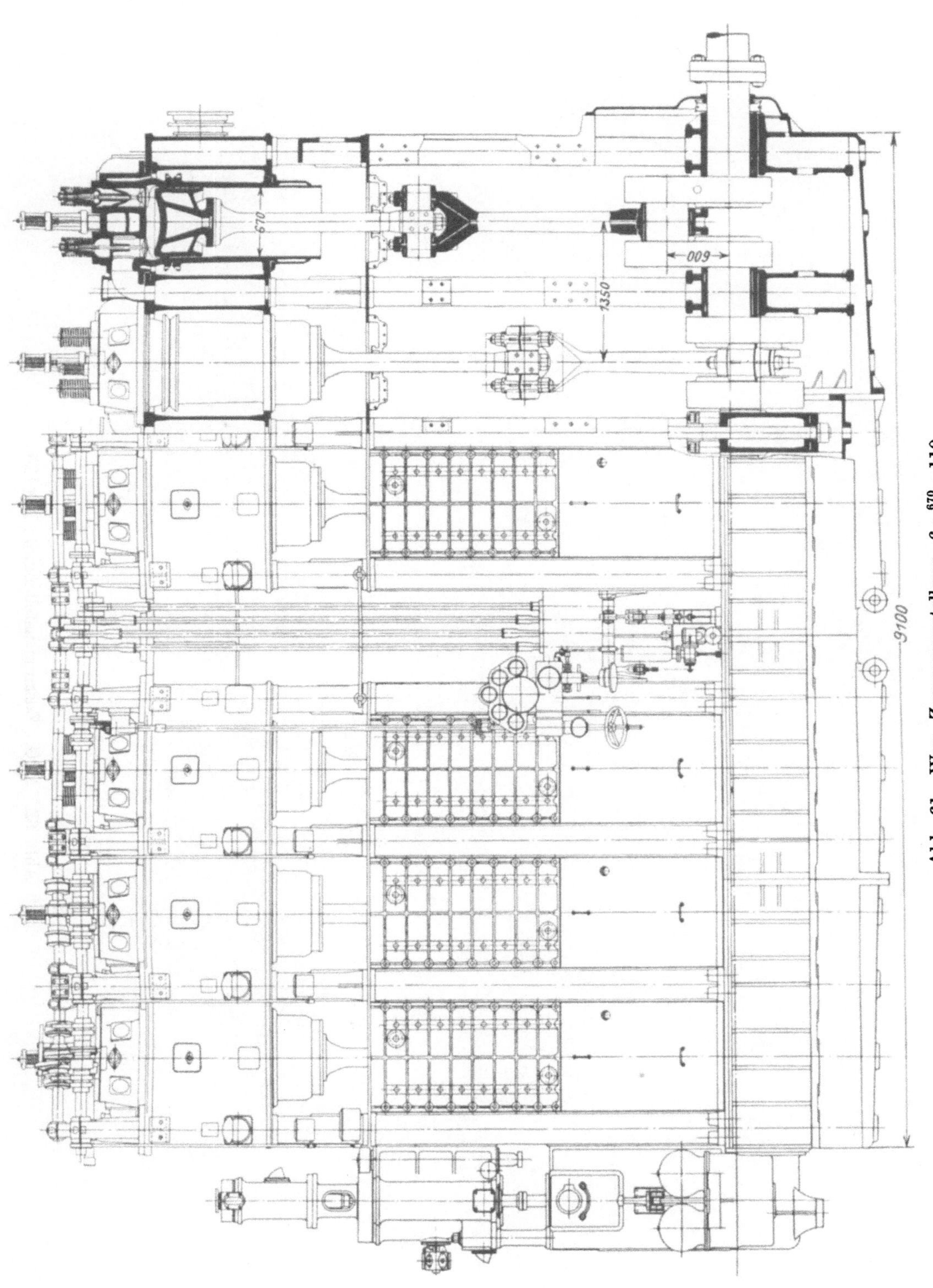

Abb. 61. Wsp, Zusammenstellung, $6 \cdot \frac{670}{1200} \cdot 110$.

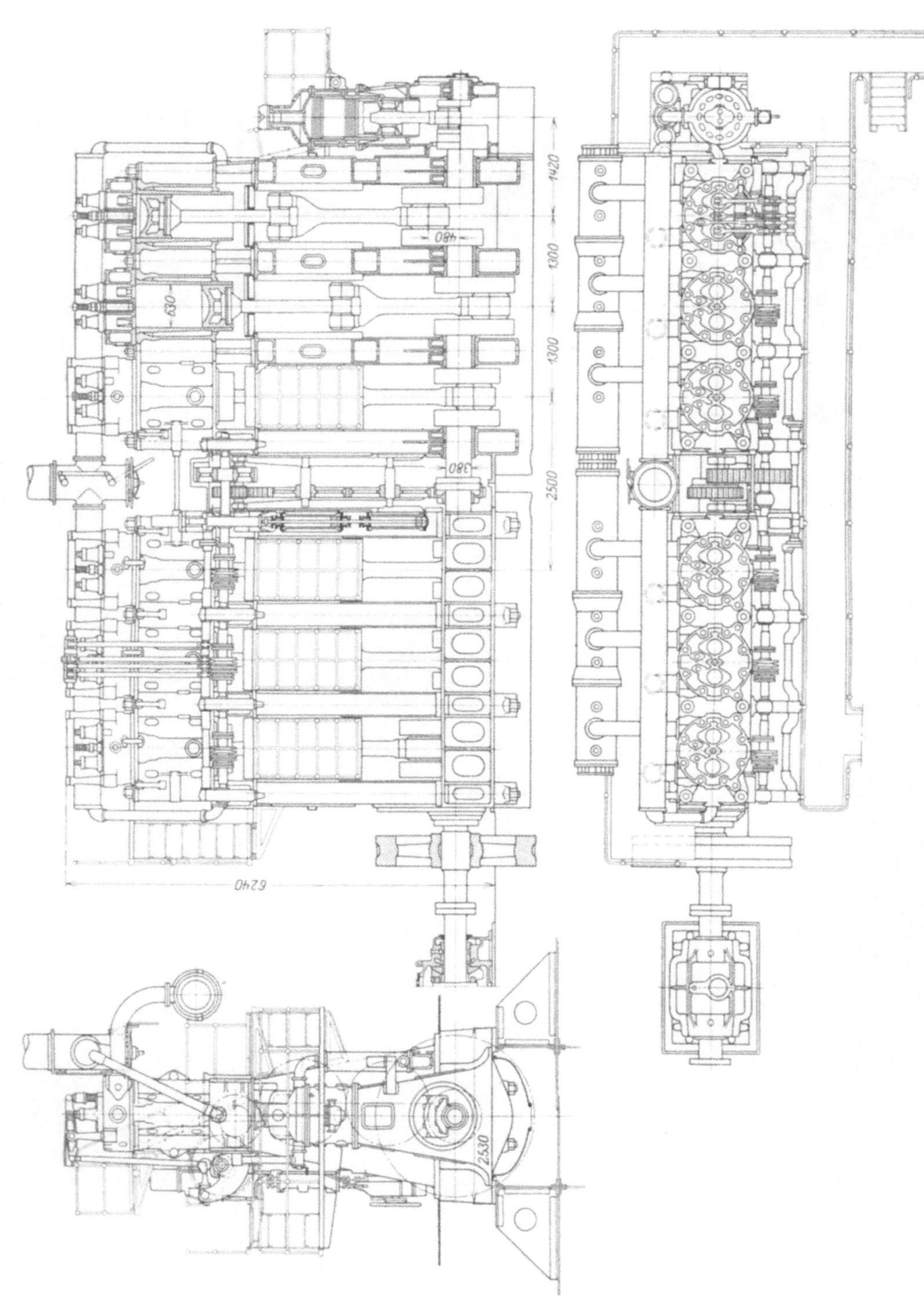

Abb. 62. AEG, Zusammenstellung, $6 \cdot \frac{630}{960} \cdot 125$.

kopfführung, das Querstück trägt Stopfbüchsen für die Kolbenstangen, um das bei Undichtheiten etwa abfließende Kolbenkühlwasser vom Kurbelkasten abzuhalten. Der verhältnismäßig leicht gebaute Kasten selbst, der nur zum Tragen der Zylindergewichte bestimmt ist, zeigt wieder A-Ständer in Rippenguß.

Eine eigentümliche Ausbildung zeigt der Ständer der Société des Moteurs Sabathé (Abb. 75), der einerseits mit den Kühlmänteln aus einem Stück gegossen ist, andererseits

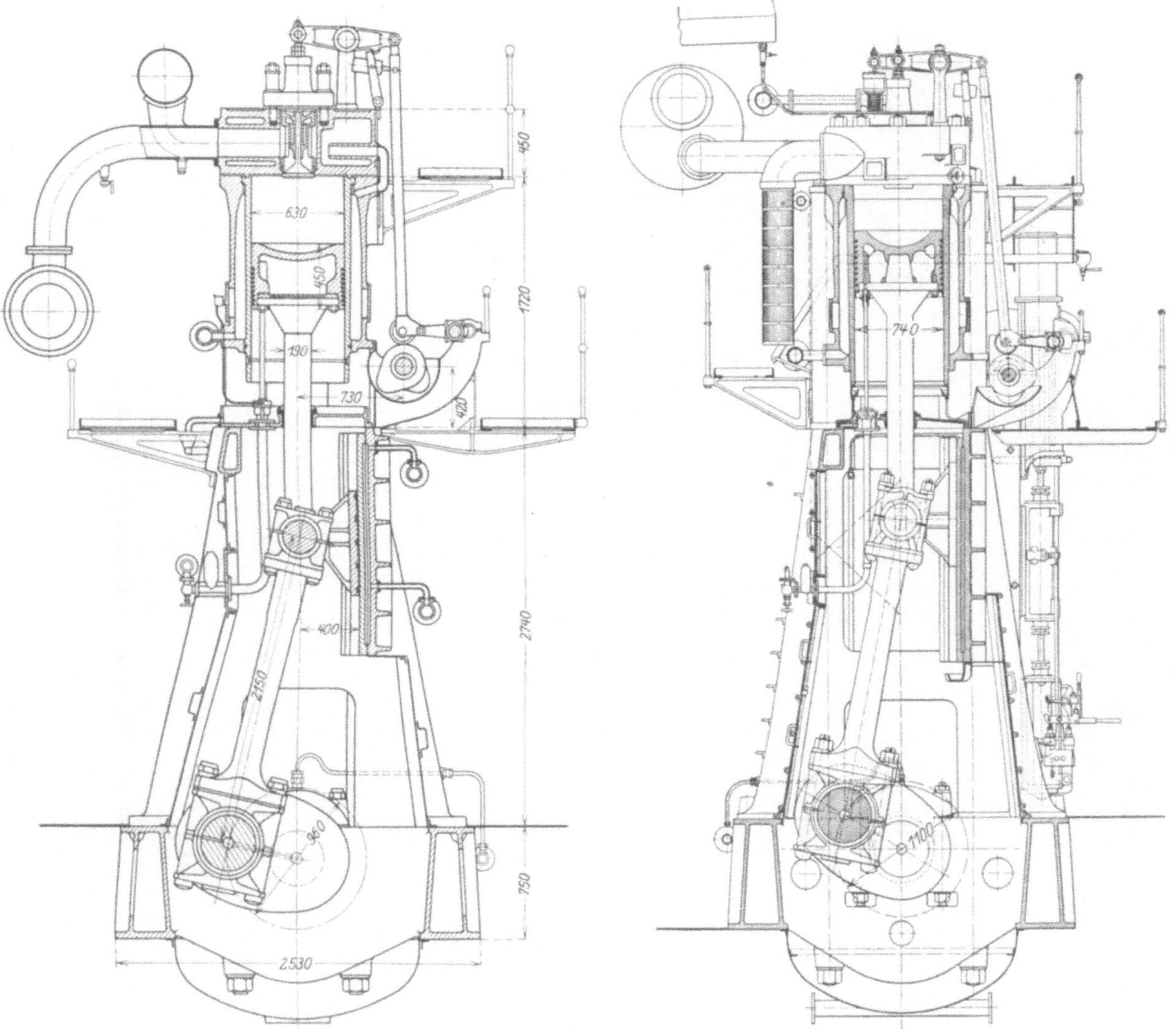

Abb. 63. AEG, Querschnitt, $6 \cdot \frac{630}{960} \cdot 125$. Abb. 64. B. u. W., Querschnitt, $6 \cdot \frac{740}{1100} \cdot 100$.

aber nur durch eine abnehmbare Längswand, die durch Rippen entsprechend versteift wird, gebildet ist. Dadurch wird die Demontierung der Kolben, Schubstangen und der Hauptwelle nach der Seite hin ermöglicht, ohne daß der Zylinderkopf oder die Steuerung abgenommen werden müßten.

Abb. 76 zeigt eine Ausführung, bei welcher Kasten, Kühlmantel und Grundplatte zusammengegossen sind. Das Gestell umschließt die Kurbelwelle aus vorerwähnten Gründen nur einseitig, während an der offenen Seite ausbaubare Säulen angeordnet sind.

Häufig werden je zwei Zylinderkühlmäntel mit den zugehörigen Gestellteilen zusammengegossen (z. B. Abb. 77), wobei Vier- und Sechszylindermaschinen durch Zusam-

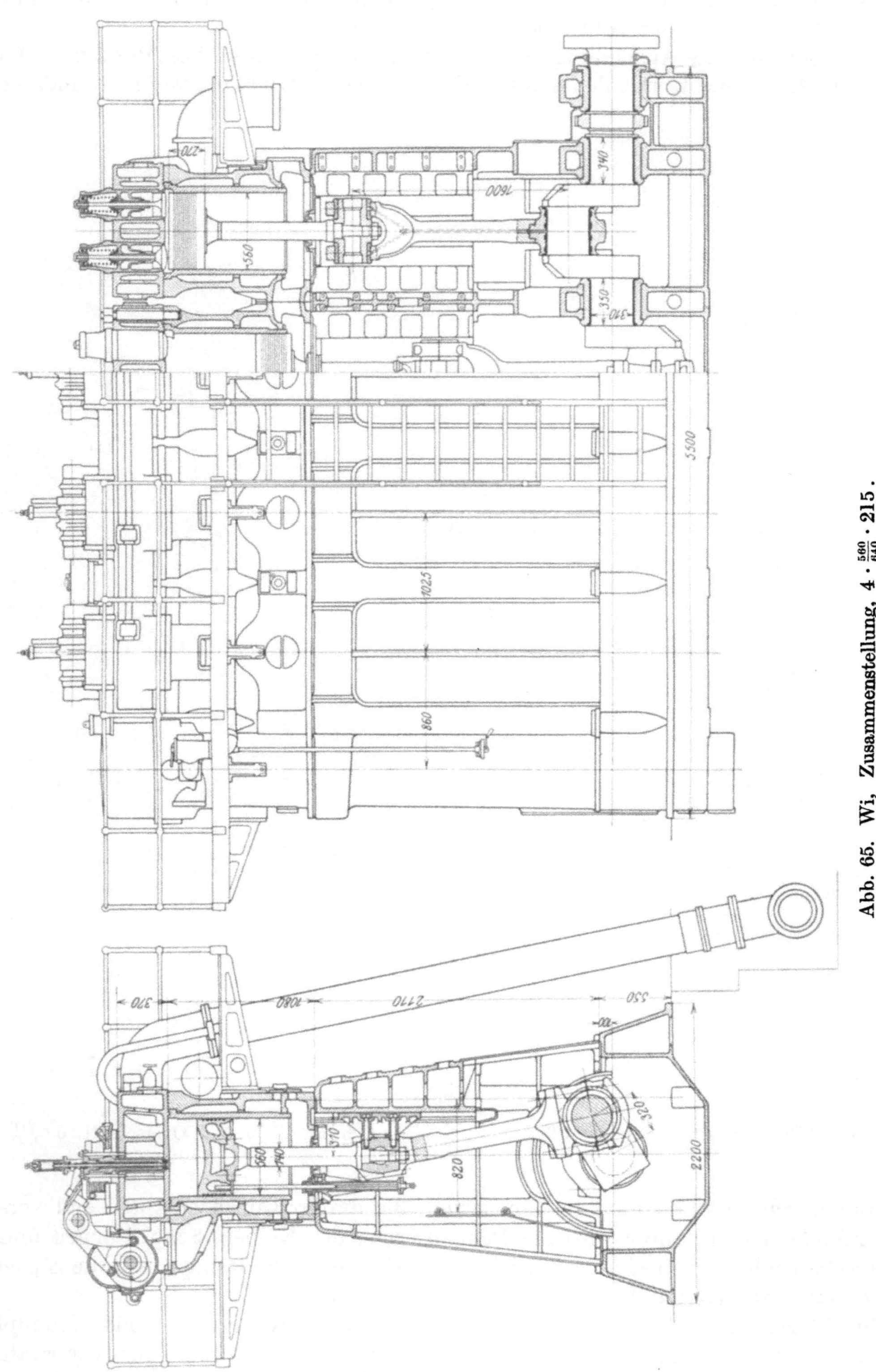

Abb. 65. Wi, Zusammenstellung, $4 \cdot \frac{560}{640} \cdot 215$.

menschrauben solcher Teile gebildet werden. Man hat in einzelnen Fällen die Möglichkeit, auf diese Weise die Achsenentfernung der zusammengegossenen Zylinder zu verringern, benützt, um die Hauptlager zwischen den betreffenden Kurbeln zu ersparen (Abb. 77).

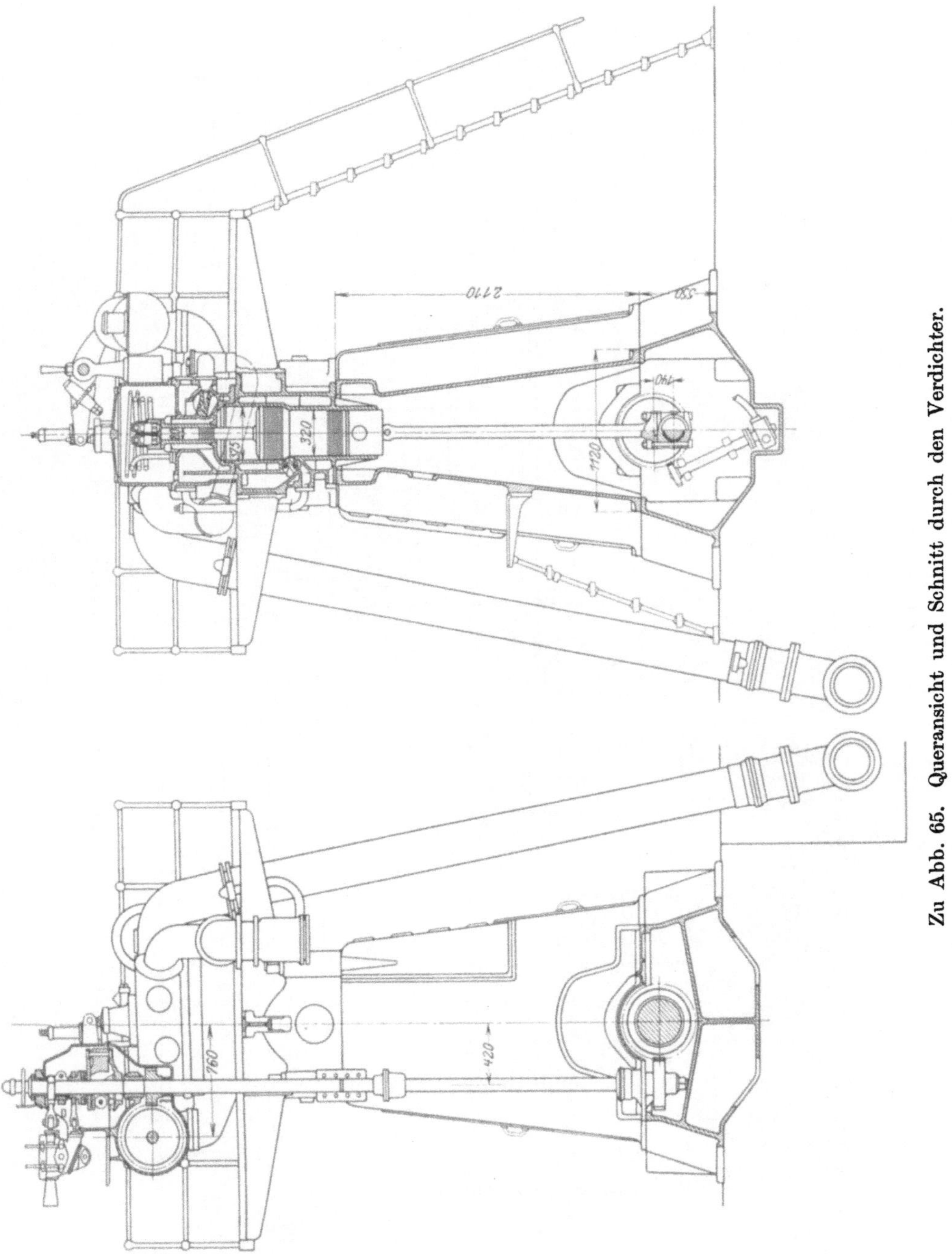

Zu Abb. 65. Queransicht und Schnitt durch den Verdichter.

In dem hier dargestellten Fall ist das Gestell aus Bronze und der Kühlmantel hohl gegossen, so daß keine Dichtung gegen Austritt des Kühlwassers notwendig ist (vgl. S. 23).

Eine neuere Ausführung (Abb. 78) einer Schiffsmaschine besteht darin, daß je zwei zusammengegossene Zylinder, die um 360° versetzt gesteuert werden, mittels einer Schwinge auf eine gemeinsame Schubstange arbeiten, so daß die sechszylindrige Maschine nur drei Kurbeln hat, wodurch die Baulänge wesentlich verringert wird.

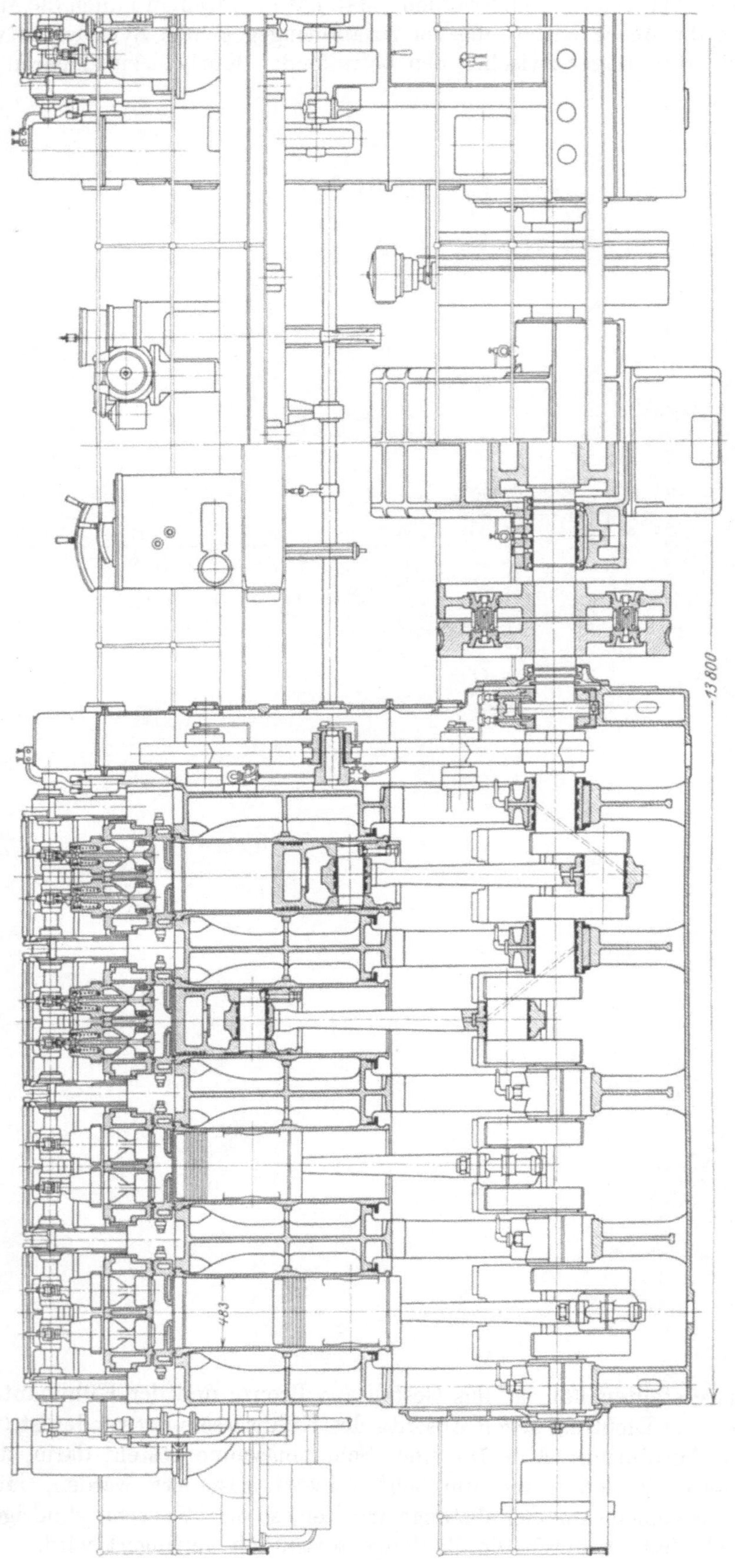

Abb. 66. Fa, Zusammenstellung, $8 \cdot \frac{483}{711} \cdot 200$.

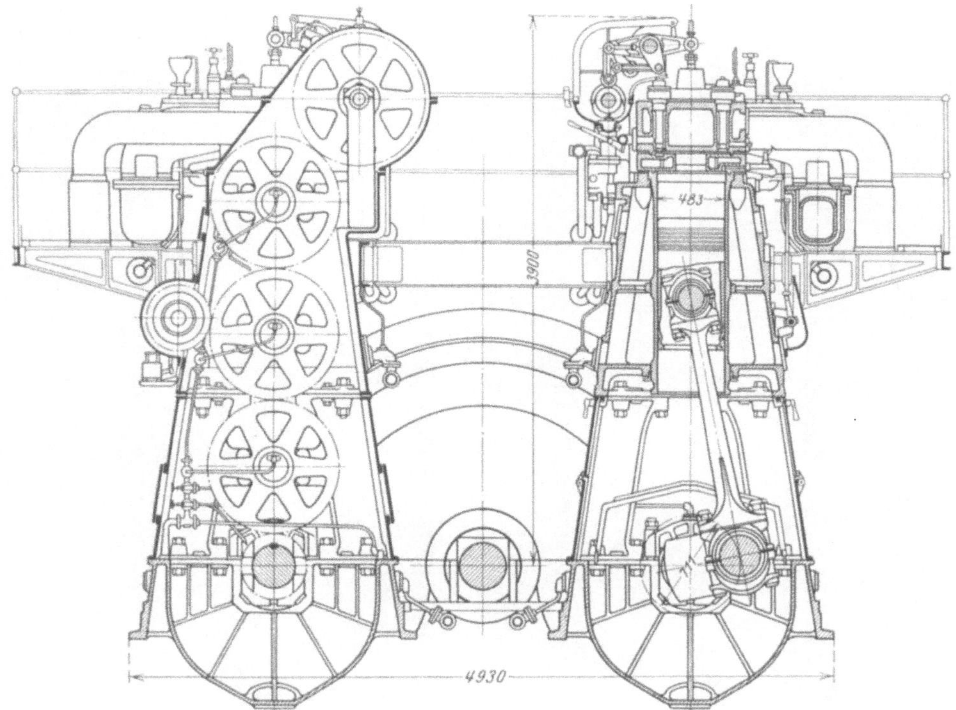

Zu Abb. 66. Queransicht des Steuerungsantriebs und Querschnitt.

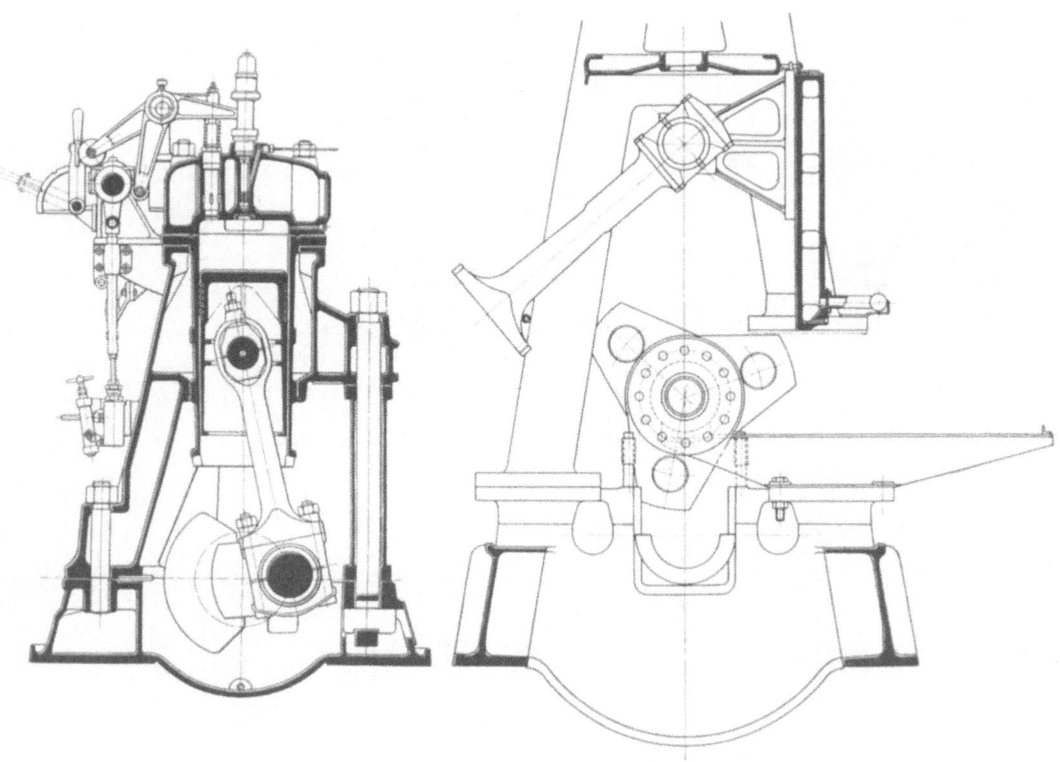

Abb. 67. Fr, Querschnitt.

Abb. 68. WUMAG, Wellenausbau.

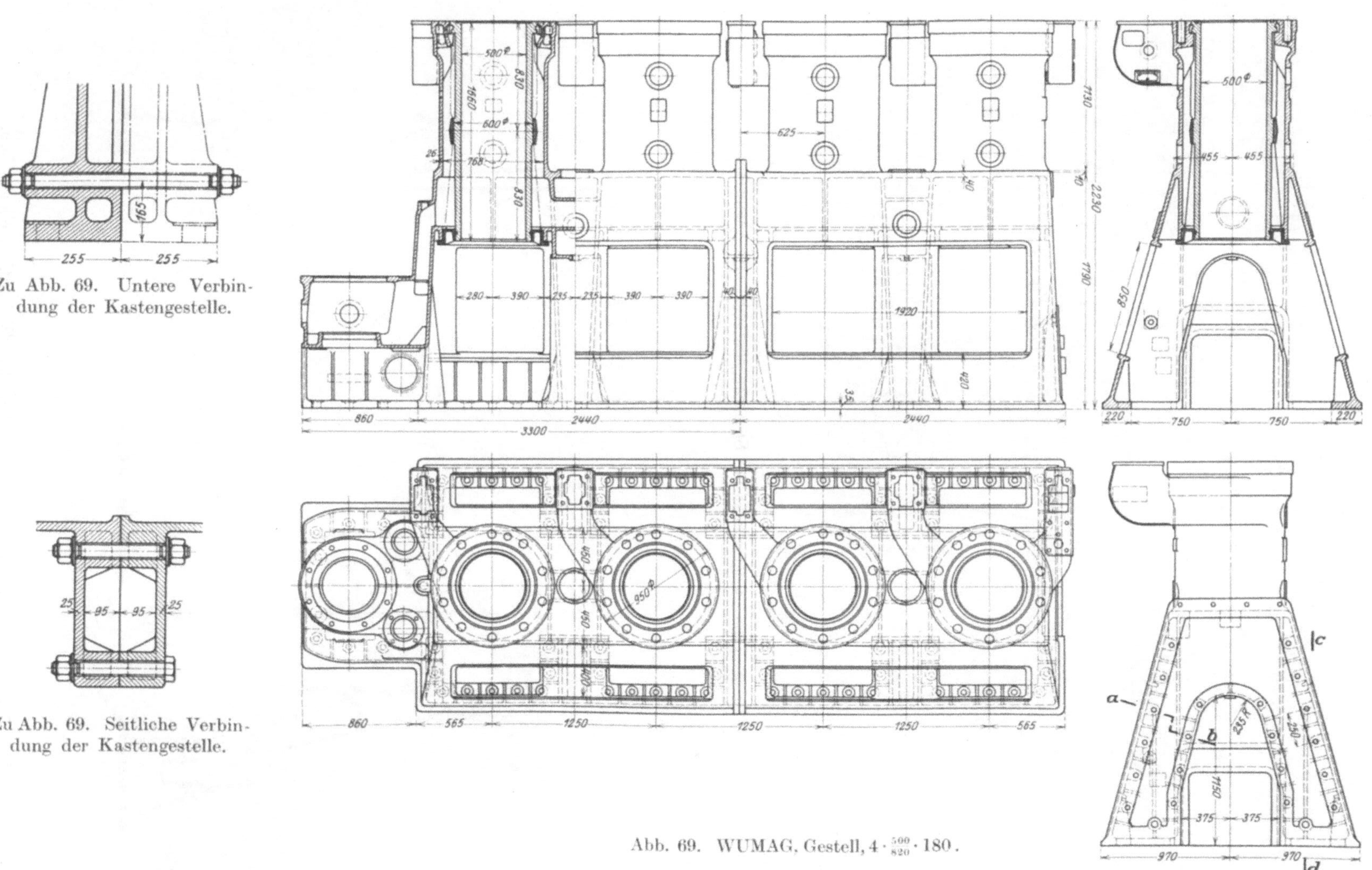

Zu Abb. 69. Untere Verbindung der Kastengestelle.

Zu Abb. 69. Seitliche Verbindung der Kastengestelle.

Abb. 69. WUMAG, Gestell, $4 \cdot \frac{500}{820} \cdot 180$.

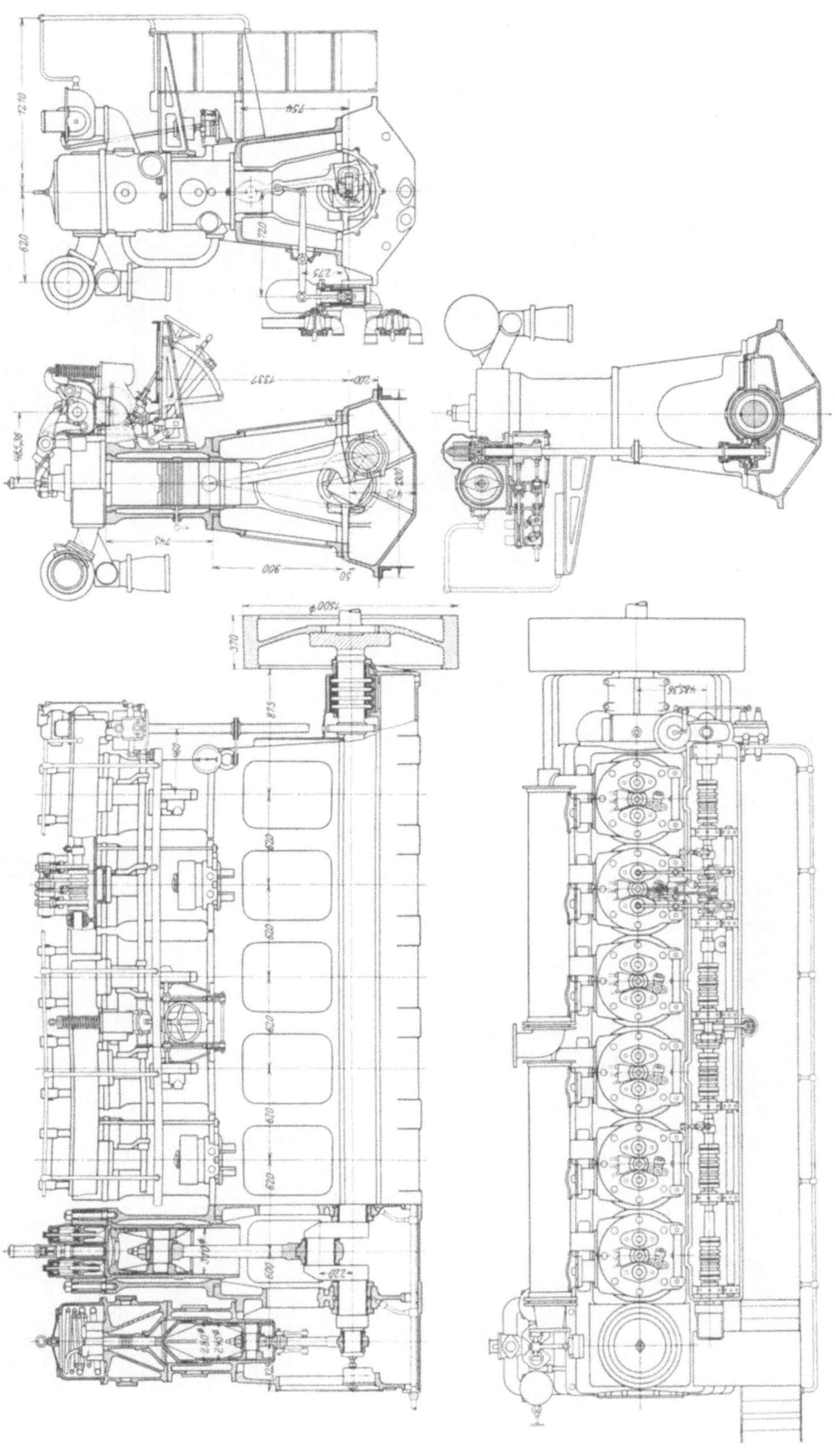

Abb. 70. Wi, Zusammenstellung, $6 \cdot \frac{310}{440} \cdot 275$.

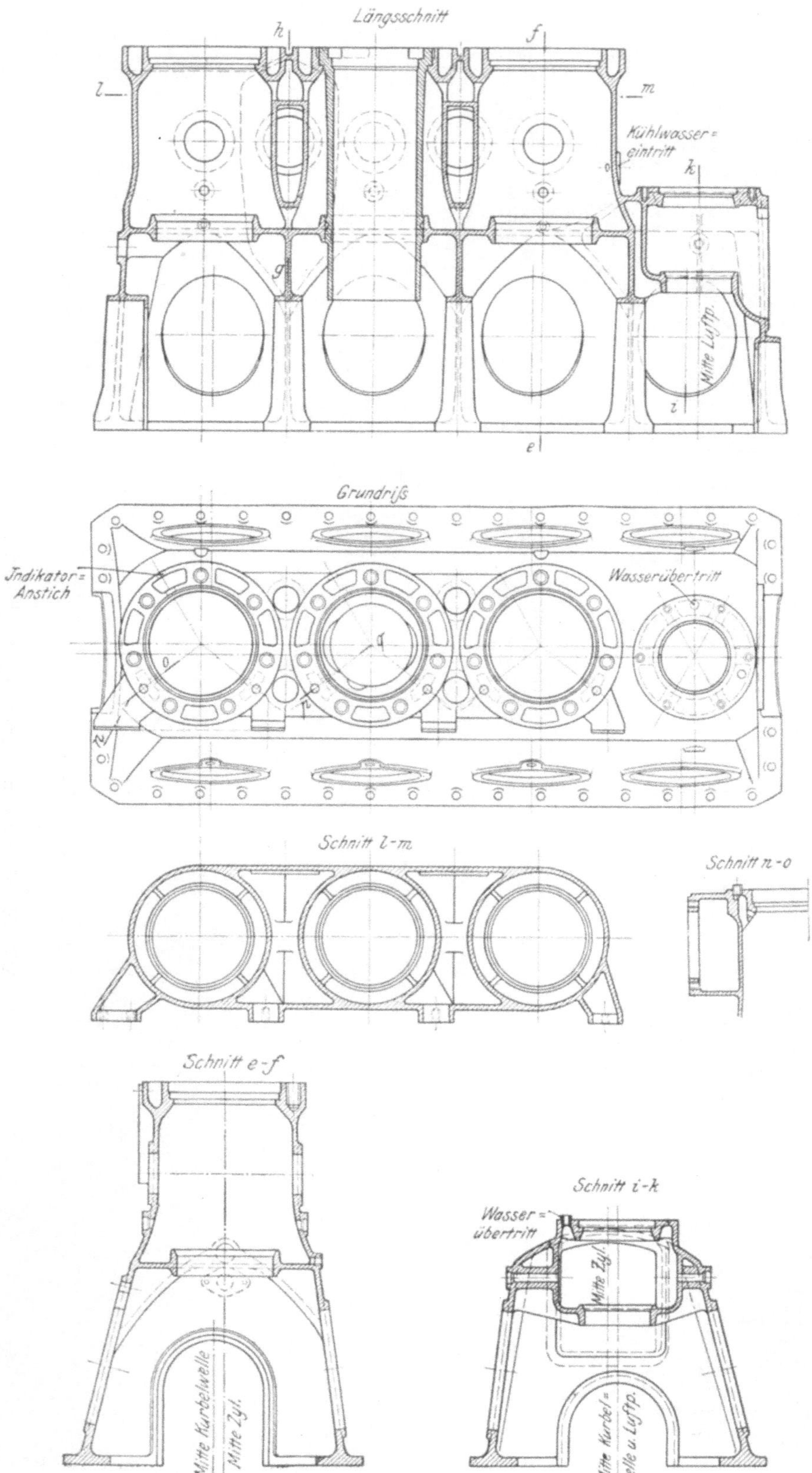

Abb. 71. Dz, Kastengestell, $3 \cdot \frac{440}{620} \cdot 187$.

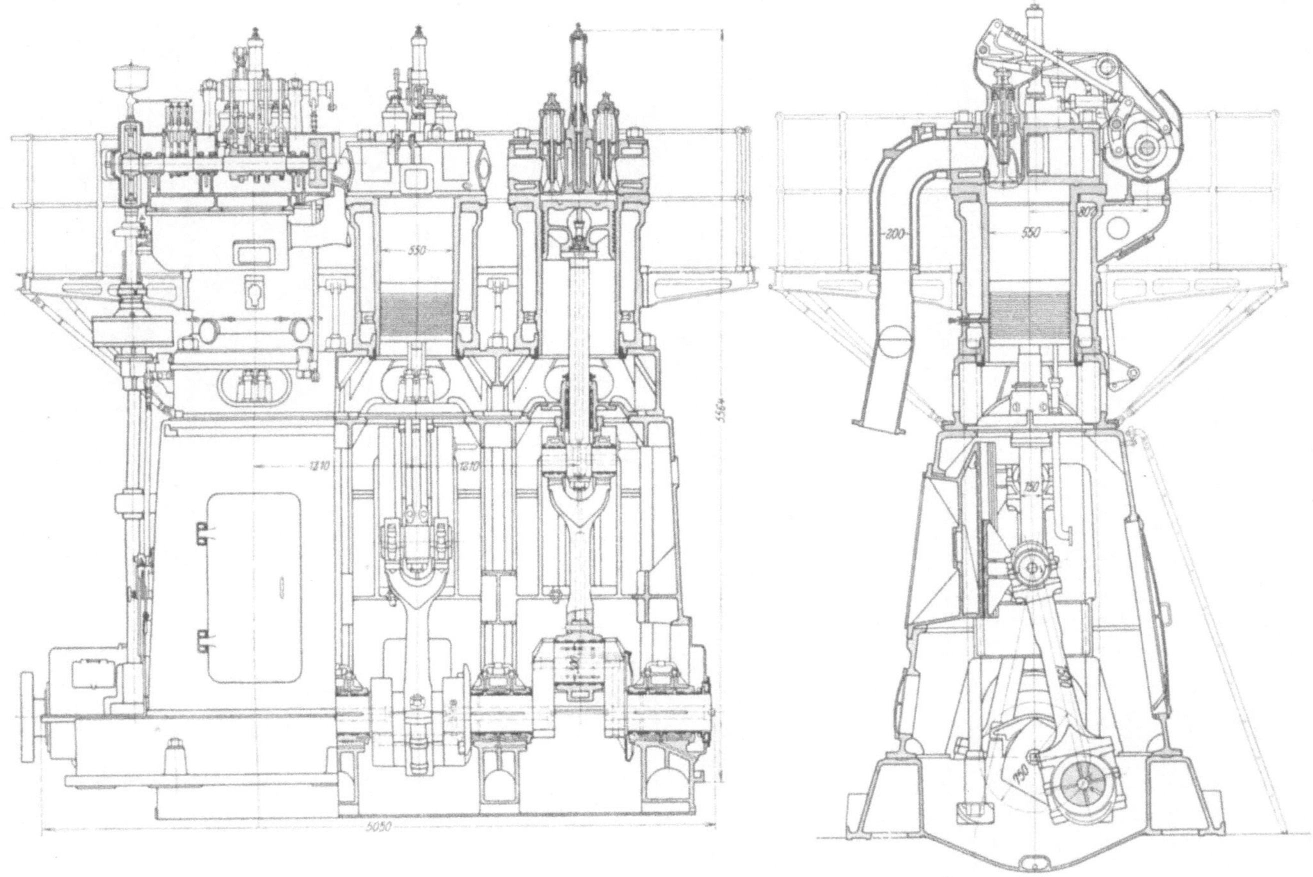

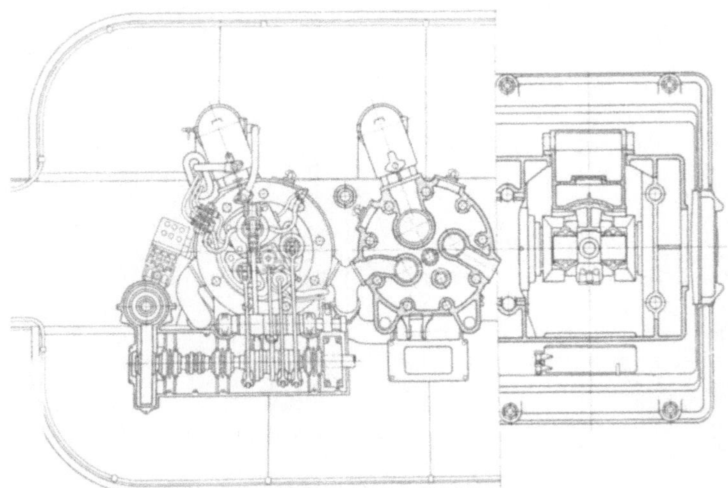

Abb. 72. Gz, Zusammenstellung, $3 \cdot \frac{550}{750} \cdot 170$.

Abb. 79 zeigt ein mit den Zylinderkühlmänteln zusammengegossenes Kastengestell, bei dem alle Materialanhäufungen und daher schädliche Gußspannungen durch entsprechend abgerundete Formgebung vermieden sind. Die Wandstärke ist durchwegs gleich gewählt; die elliptischen Zugangsöffnungen zum Kurbeltrieb sind hier gegen die Regel zwischen den Zylindermitten angeordnet, um die Kräfte von den Deckelschrauben unmittelbar auf die Grundplatte übertragen zu können. Auch hier sind die Kühlräume untereinander verbunden; der Kühlraum ist unten durch eingestemmte Ringe zwischen Büchse und Mantel gedichtet.

Bei den bisher dargestellten Bauarten der Kastengestelle liegt die Trennungsfuge zwischen Kurbelkasten und Grundplatte etwa in der Höhe der Wellenachse, also, wenn man die Grundplatte mit dem Kastengestell als einen Längsträger auffaßt, der die vertikalen Lagerkräfte aufzunehmen hat, nahe der neutralen Schicht, wo die größten Schub-

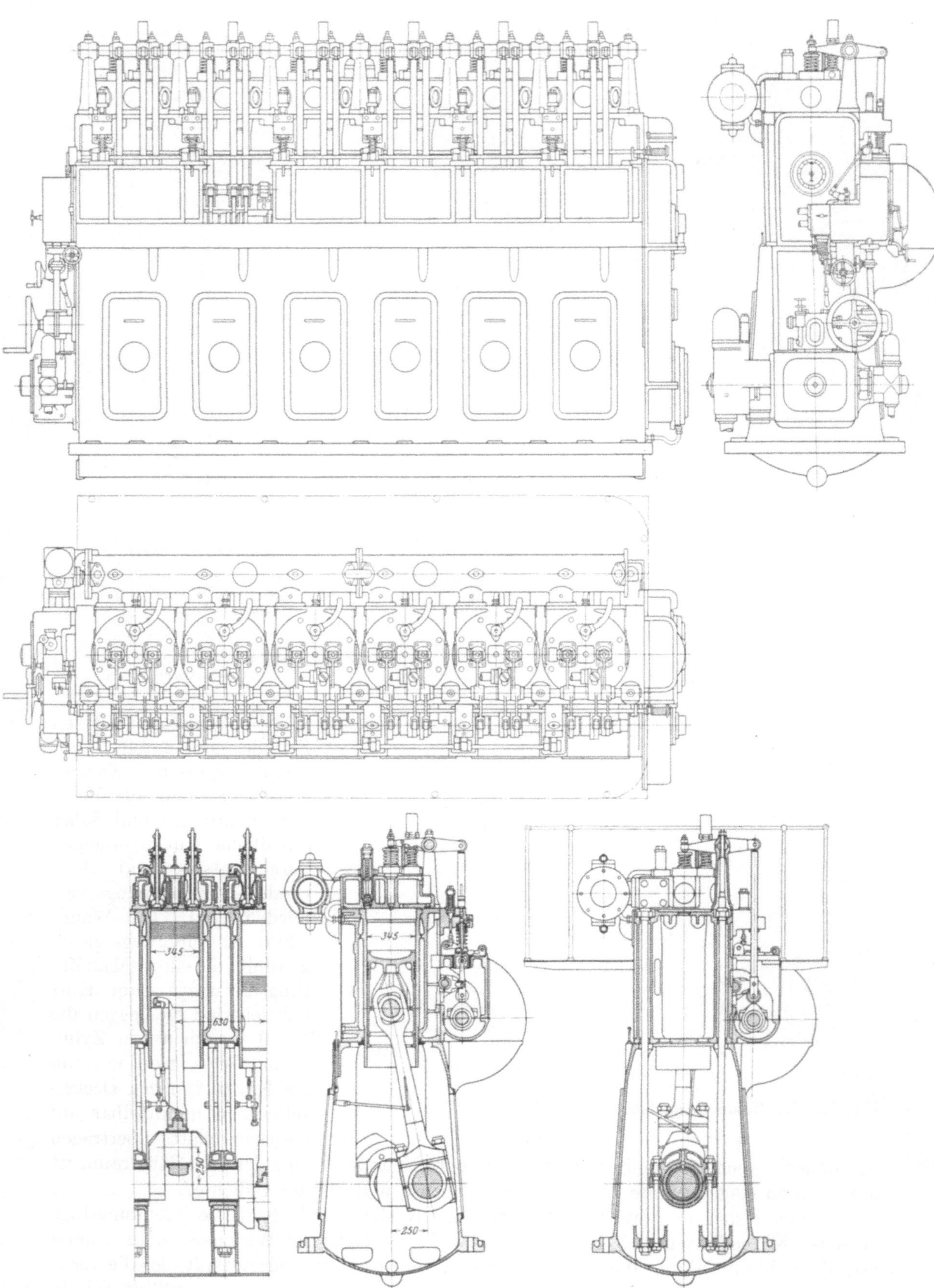

Abb. 73. MAN, Zusammenstellung, $6 \cdot \frac{345}{500} \cdot 300$.

beanspruchungen auftreten. Bei der Bauart, die Ebermann[1]) eingeführt hat, fällt dieser Übelstand weg, hier ist die Grundplatte so hoch hinaufgezogen, daß die Schau- und Zugangsöffnungen noch in ihr angebracht werden können. Die Zylinder erhalten nur einen als Übergang und zur Übertragung der Kräfte auf die Grundplatte dienenden Ansatz (Abb. 73, 80, 81, 83, 142). Zur weiteren Erhöhung der Längssteifigkeit können die Zylinder teilweise oder in der ganzen Höhe miteinander verschraubt oder zusammengegossen werden (Abb. 73, 82, 83). Bei Abb. 84, 85 sind Grundplatten und Kasten aus einem Stück hergestellt, das Ausnehmen der Welle geschieht der Länge nach.

Das vom Kolben ablaufende Öl ist meist mehr oder weniger verrußt und kann nicht wieder verwendet werden, es ist also sorgfältig vom Kurbel- und Lageröl getrennt zu halten, damit dieses nicht verunreinigt wird. Dies ist besonders bei geschlossenem Gestellkasten zu beachten, wenn Druckschmierung angewendet wird. Um einen Luftwechsel im Innern des Kurbelkastens zu erzielen und als Sicherung gegen Schmierölexplosionen sind Öffnungen frei zu lassen oder mit Drahtnetzen oder gelochten Blechen zu decken, die gegebenenfalls durchgeschlagen werden. Statt dessen wird manchmal auch in eine Zweigleitung des Auspuffrohres ein Strahlapparat eingeschaltet, der die Luft aus dem Kasten absaugt, oder auch ein besonderes Kapselgebläse angebracht.

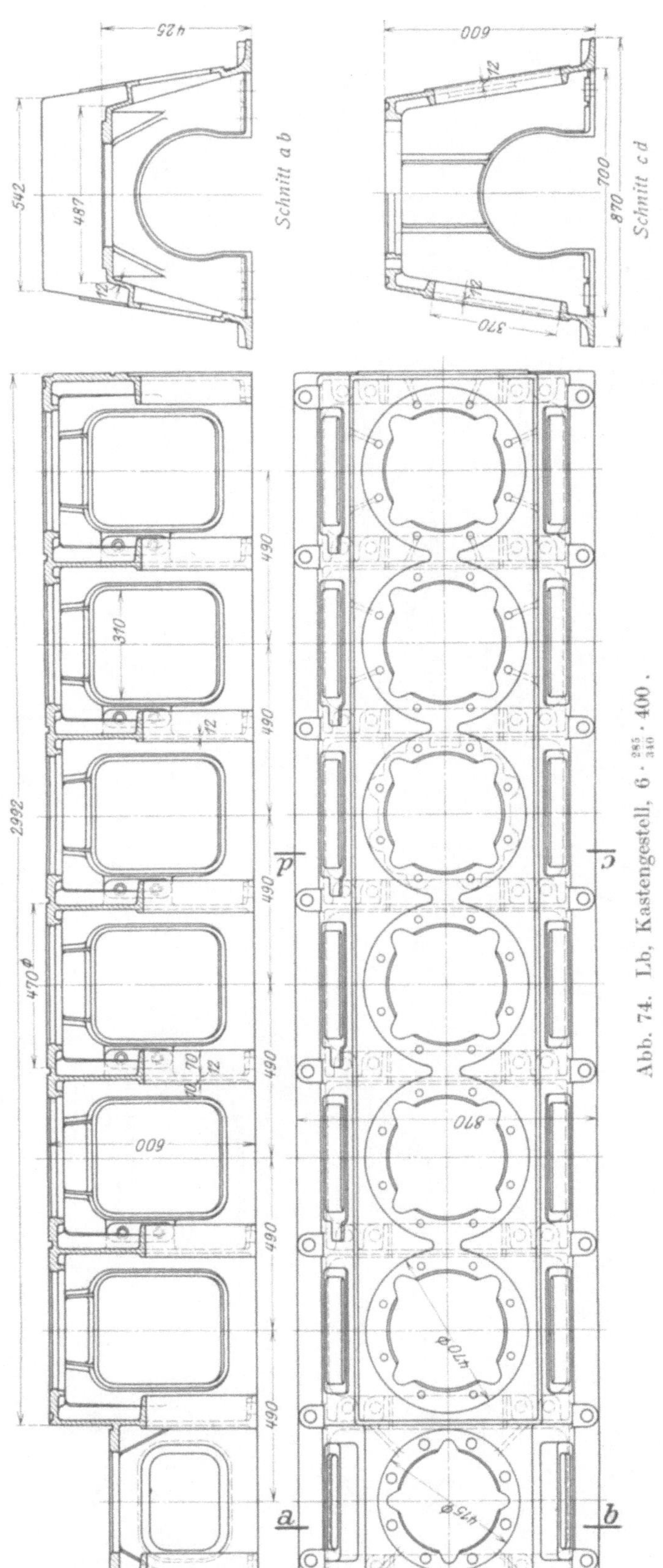

Abb. 74. Lb, Kastengestell, $6 \cdot \frac{285}{340} \cdot 400$.

[1]) Foeppl-Strombeck-Ebermann: Schnellaufende Dieselmaschinen. Berlin: Julius Springer.

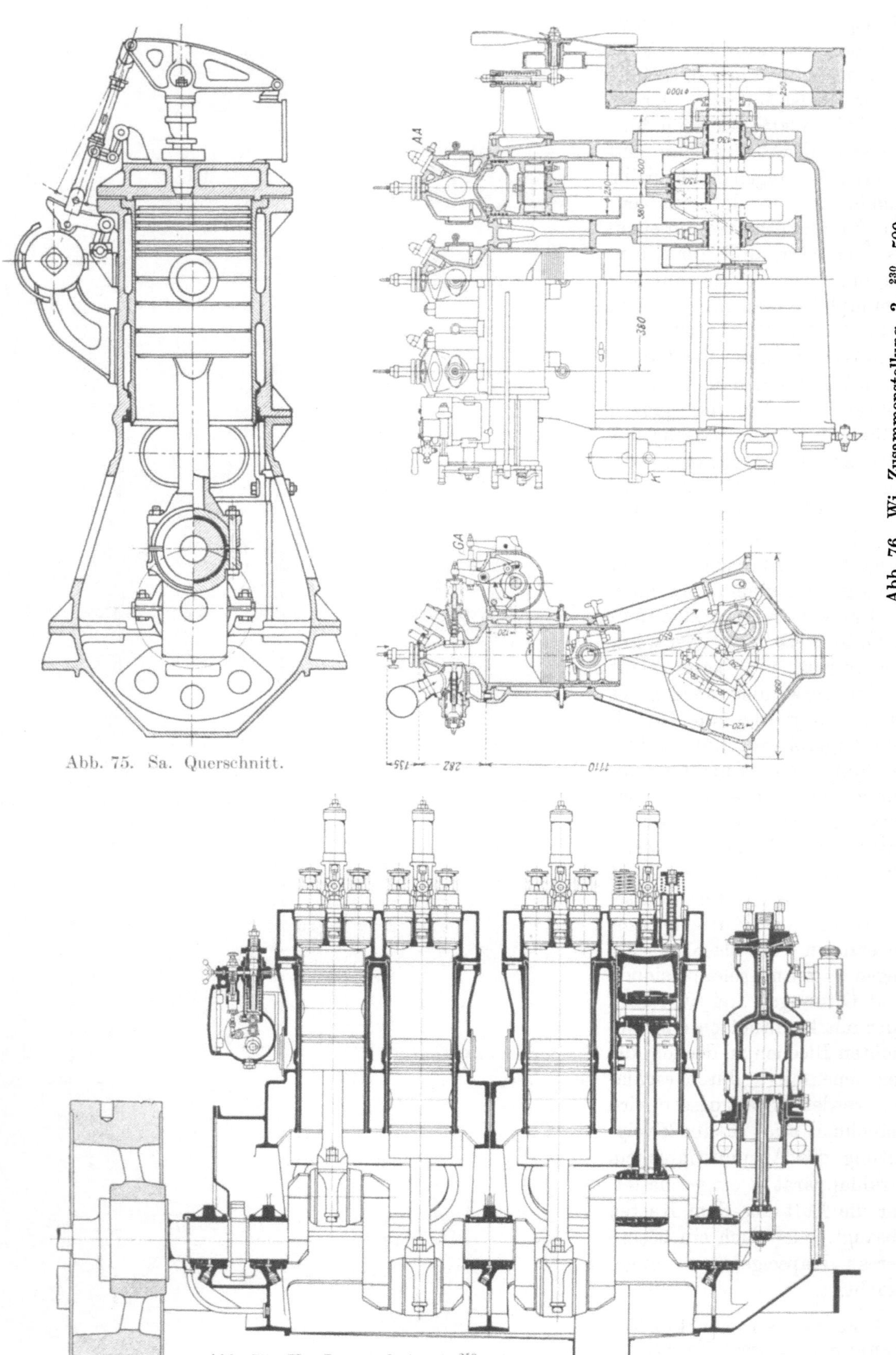

Abb. 75. Sa. Querschnitt.

Abb. 76. Wi, Zusammenstellung, $3 \cdot \frac{230}{290} \cdot 500$.

Abb. 77. Kr, Längsschnitt, $4 \cdot \frac{250}{330} \cdot 500$.

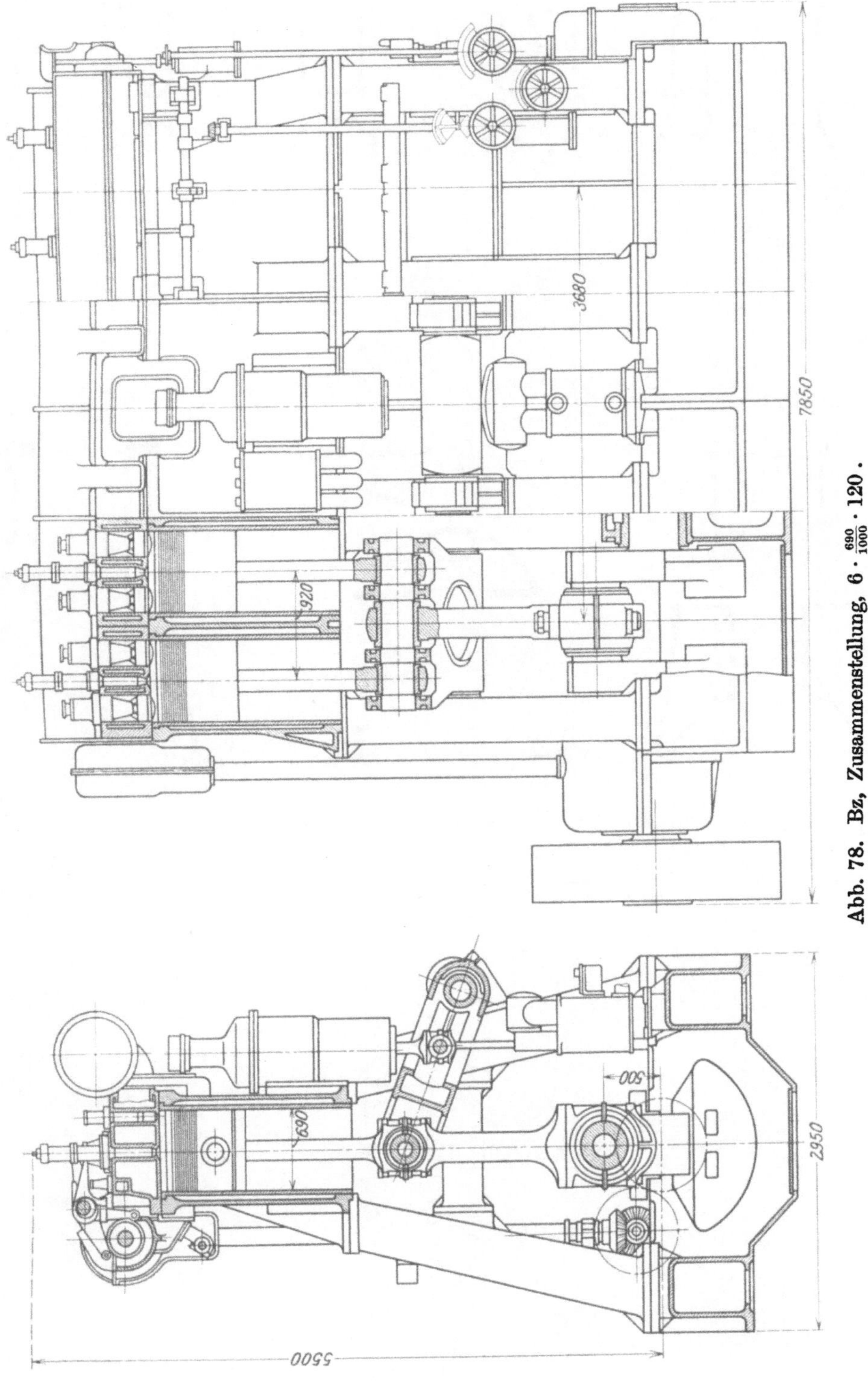

Abb. 78. Bz, Zusammenstellung, $6 \cdot \frac{690}{1000} \cdot 120$.

Dann wird eine im Gehäuse verteilte Saugleitung verwendet, die die gefährlichen Stellen nahe den ungekühlten Tauchkolben von Öldämpfen befreit. Diese Luft wird durch einen Ölabscheider in das Auspuffrohr geführt. Bei Schnelläufern läßt man auch einen oder mehrere Zylinder aus einer an die Kurbelwanne angeschlossenen Leitung Luft ansaugen. Der Querschnitt dieser Luftabsaugerohre darf nicht zu groß sein, damit nicht zuviel Schmieröldämpfe in die Ansaugeluft gelangen und Frühzündungen ver-

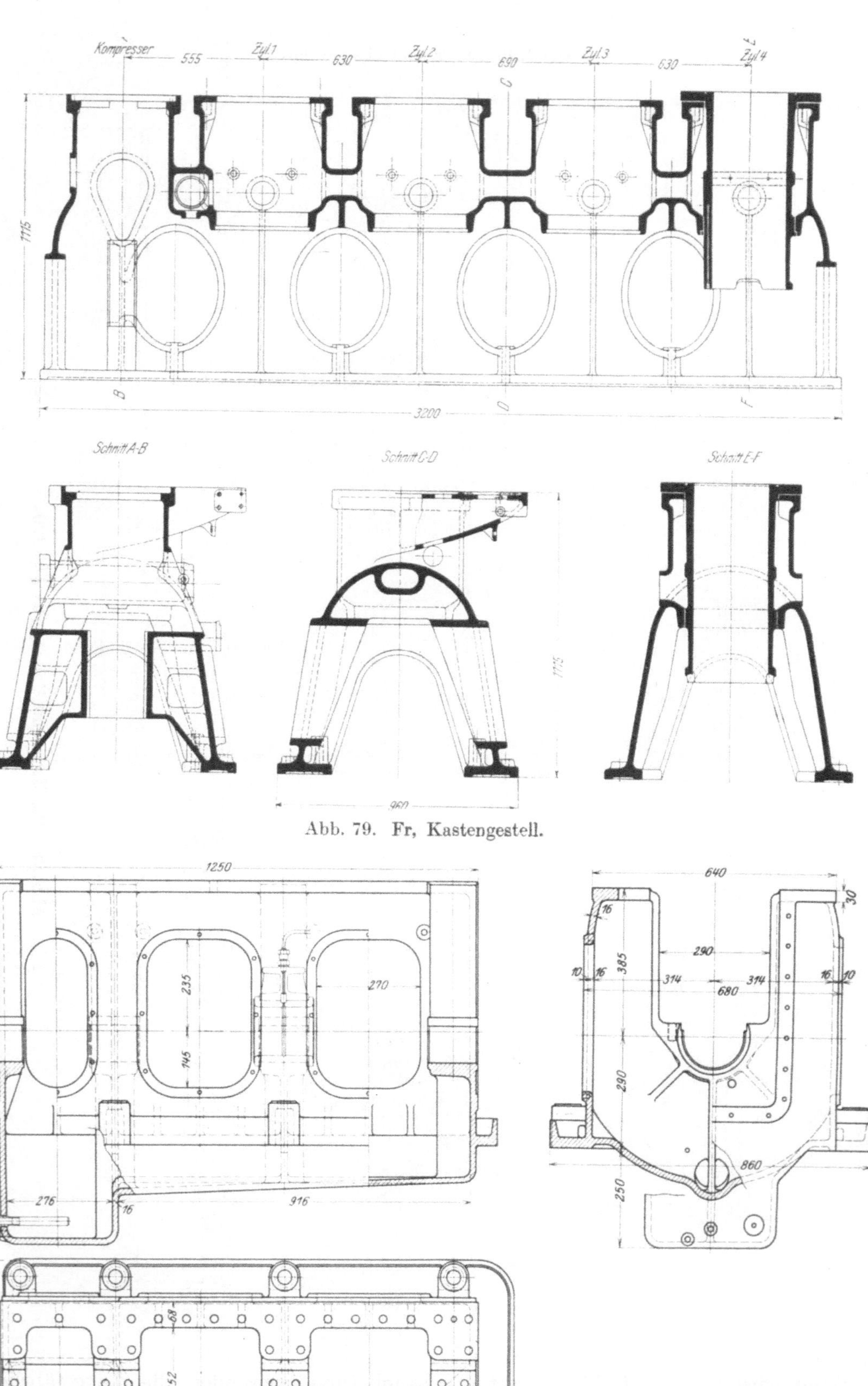

Abb. 79. **Fr, Kastengestell.**

Abb. 80. Br.-D., Grundplatte und Gestell, $2 \cdot \frac{220}{340} \cdot 375$.

ursachen. Der Ort der Luftabsaugung muß derart gewählt werden, daß kein abgeschleudertes Öl unmittelbar in die Rohrleitung gelangen kann. Der Unterdruck im Kastengestell verhindert auch den Ölaustritt an den Verbindungstellen.

Die Festigkeitsberechnung der Kurbelkasten bietet wegen der verwickelten Form Schwierigkeiten. Wie erwähnt, ist dem Übergang von den Zylindermänteln zum Kasten besondere Beachtung zu schenken. Sind die Zylinder einzeln oder in Gruppen aufgeschraubt, so sollen die Schrauben womöglich als Durchschrauben ausgeführt werden und möglichst große Dehnung aufweisen, damit die größte Arbeitspannung die Vorspannung nicht allzuweit überschreitet (vgl. S. 143). Die Schrauben können außen oder innen angebracht werden, im ersten Falle sind sie zugänglicher, die zweite Anordnung bewirkt glatteres Aussehen und leichtere Reinigung.

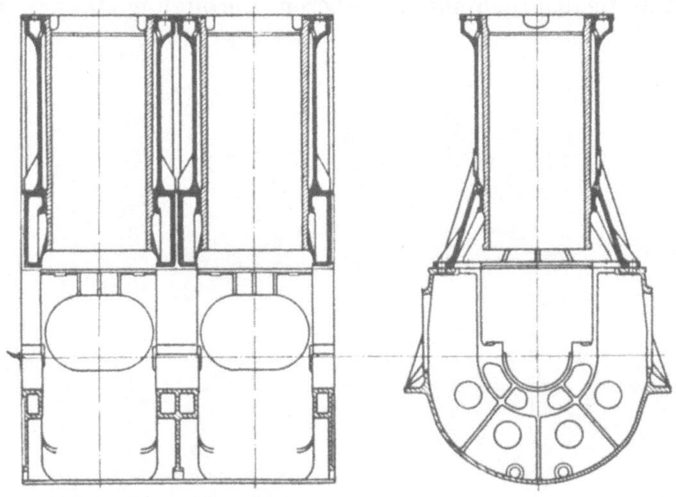

Abb. 81. MAN, Kastengestell, $6 \cdot \frac{530}{330} \cdot 380$, zu Abb. 451.

Der Kühlmantel kann bei Gußeisen mit etwa 100—150 kg/cm², bei Stahlguß mit 300 kg/cm² beansprucht werden. Oben wird er meist verstärkt, um etwa ungleiche

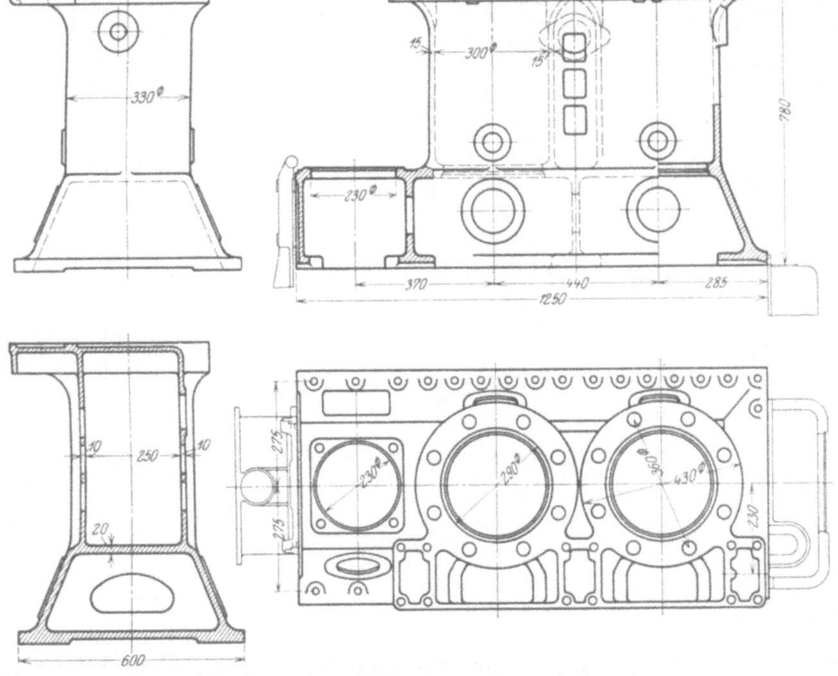

Abb. 82. Br-D., Kühlmantel, $2 \cdot \frac{220}{340} \cdot 375$.

Schraubenkräfte des Deckels auszugleichen. Die Verbindungschrauben zwischen Zylinder und Kasten werden etwa mit 400 bis 500 kg/cm² beansprucht, wenn für jeden Zylinder auch bei Zusammenbau mit einem zweiten nur die etwa symmetrisch um die Zylinderachse liegenden Schrauben gerechnet werden. Ähnliche Werte gelten für die Befestigungsschrauben an der Grundplatte, die höchste Zugbeanspruchung der innersten Schrauben kann entsprechend der oben angegebenen Berechnung bei A-Ständern etwa ermittelt werden. Wegen der Schubkräfte sind wenigstens einzelne Paßschrauben auszuführen. Die Beanspruchung des oberen Verbindungsträgers im Kasten und der Verbindungs-

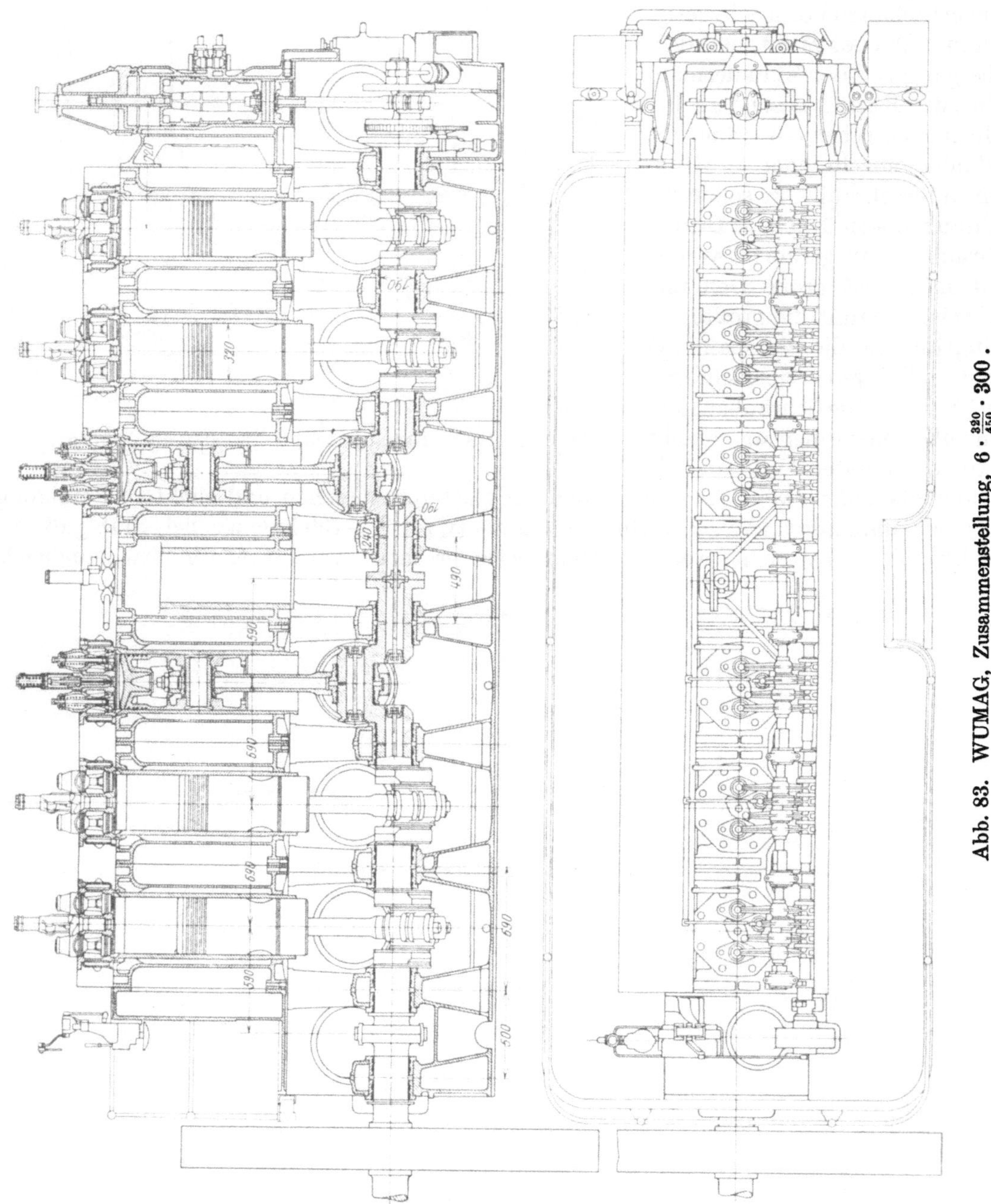

Abb. 83. WUMAG, Zusammenstellung, $6 \cdot \frac{320}{450} \cdot 300$.

schrauben zwischen den einzelnen Gestellteilen hängt von den auf Grundplatte und Gestell als gemeinsamen Körper wirkenden Kräften ab und wird bei der Besprechung derselben erörtert werden.

Es wurde auch versucht, die Gestelle durch ein Gerüst von Stahlsäulen und Streben zu ersetzen, bei denen zur unmittelbaren Aufnahme der Kolbenkräfte Grundplatte und Deckel nach dem Schema der Abb. 86 verbunden sind. Eine Ausführung zeigt Abb. 87, bei der der gußeiserne, einseitige Ständer nur zur Führung des Kreuzkopfes dient. Eine

Vereinigung von Kasten- und Säulengestell ist die Bauart Abb. 88, bei der die zwischen den Zylindermitten aufgestellten trapezförmigen Ständer nur einerseits zur Aufnahme von Kreuzkopfführungen miteinander verbunden und geschlossen sind, auf der anderen Seite aber durch Türen gedeckt werden. Sie reichen nicht bis zu den Zylinderkühlmänteln,

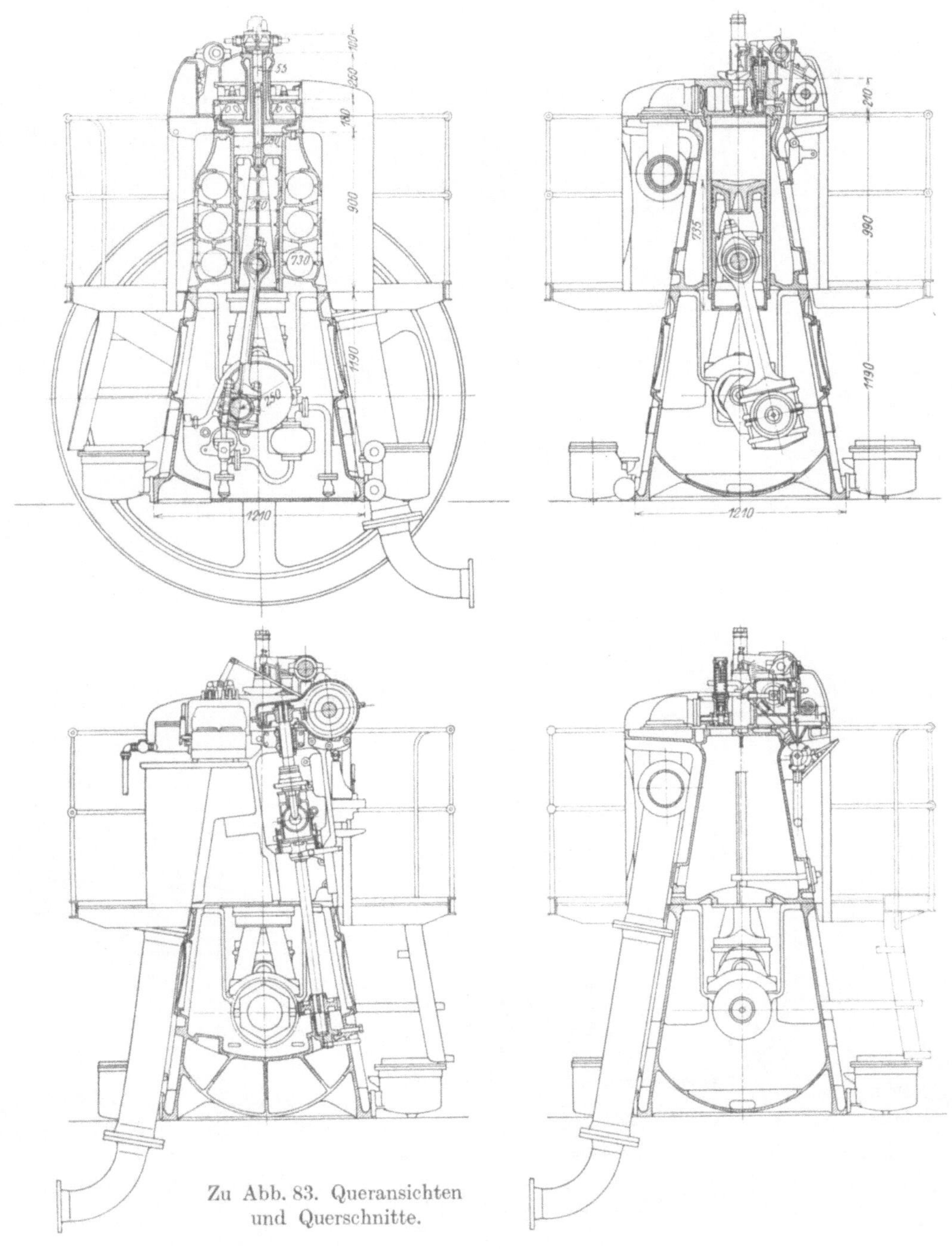

Zu Abb. 83. Queransichten und Querschnitte.

die zu einem rechteckigen Kasten zusammengegossen sind, und werden mit diesen und der Grundplatte durch Stahlsäulen und gußeiserne Distanzrohre verbunden. Die Kurbelkästen sind nach oben hin durch Deckel und Stopfbüchsen für die Kolbenstangen abgeschlossen. Die in den Kühlkästen eingesetzten Zylinderbüchsen sind durch Flanschen geteilt, der untere Teil kann zum Ausbau des Kolbens nach unten abgenommen werden, was durch ein kleines, an die Säulen anzubringendes Hebezeug erleichtert wird.

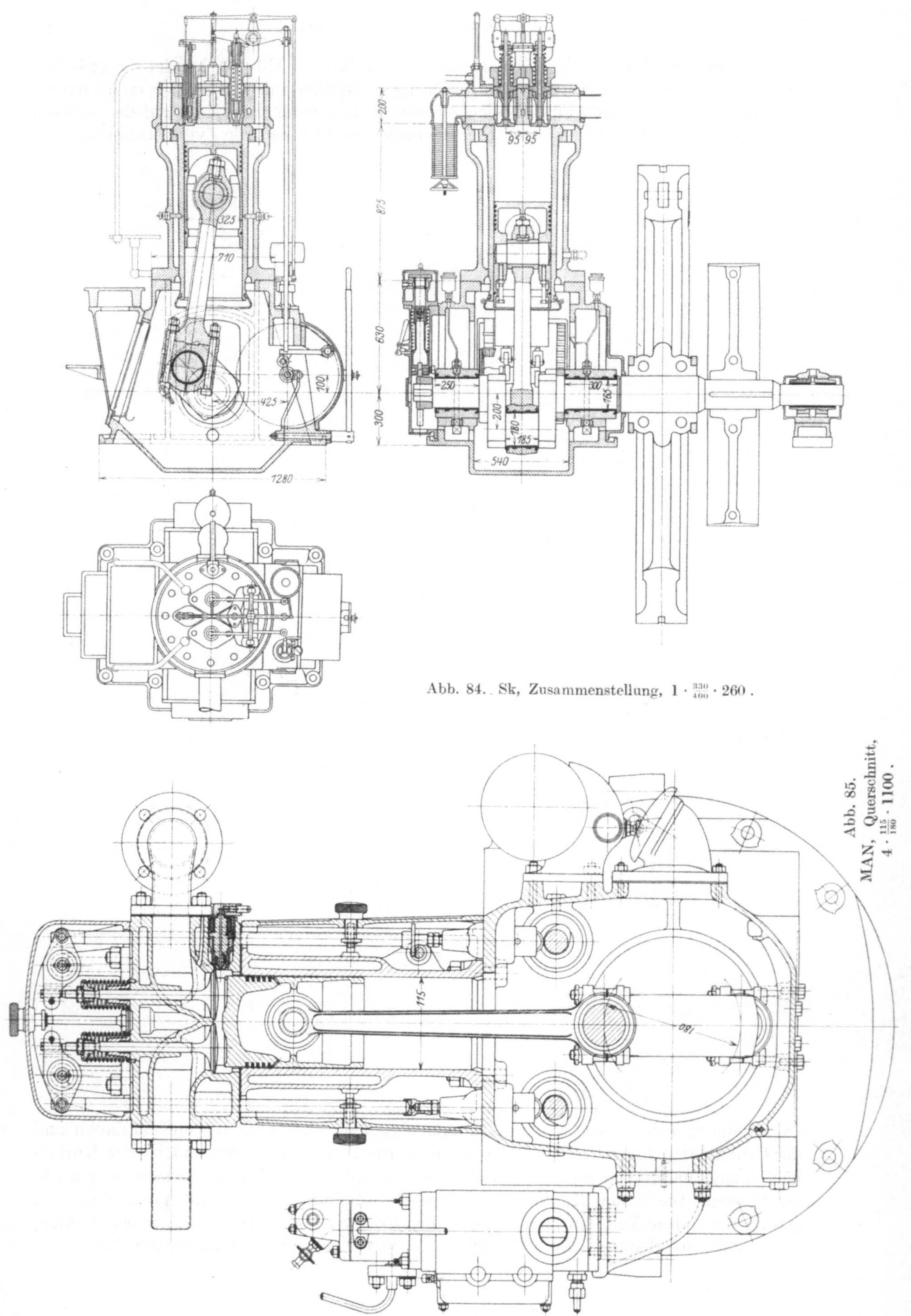

Abb. 84. Sk, Zusammenstellung, $1 \cdot \frac{330}{400} \cdot 260$.

Abb. 85. MAN, Querschnitt, $4 \cdot \frac{115}{180} \cdot 1100$.

Endlich sind manchmal die Kastengestelle durch Schrauben entlastet, die von den Grundplatten bis zur Kastenoberkante reichen (Abb. 29, 30), oder auch die Kühlmäntel (Abb. 64, 73, 382), oder auch noch mit Verlängerungen die Deckel fassen. Der Durchmesser der Entlastungschrauben wird etwa mit $^1/_{25}$ der Zylinderdurchmesser gewählt, was bei Annahme gleichmäßiger Verteilung auf 4 Schrauben einer Beanspruchung von rd. 200—300 kg/cm² entspricht und wobei sich eine Dehnung von rd. $^1/_{10}$ mm für 1 m Länge ergibt.

Bei großen Maschinen wird der Verdichtungsraum auch besonders gekühlt, indem der ihn umschließende Kühlmantelraum vom übrigen durch eine Rippe abgetrennt wird (Abb. 17, 73) oder für jeden Zylinder eines Blockes ein besonderer Kühlring eingeschaltet wird (Abb. 589), wodurch die Mäntel von Wärmespannungen entlastet werden.

Die Festigkeits- und Dehnungsverhältnisse der Entlastungschrauben lassen sich übersichtlich nach Abb. 187 beurteilen. Mit Hilfe dieser

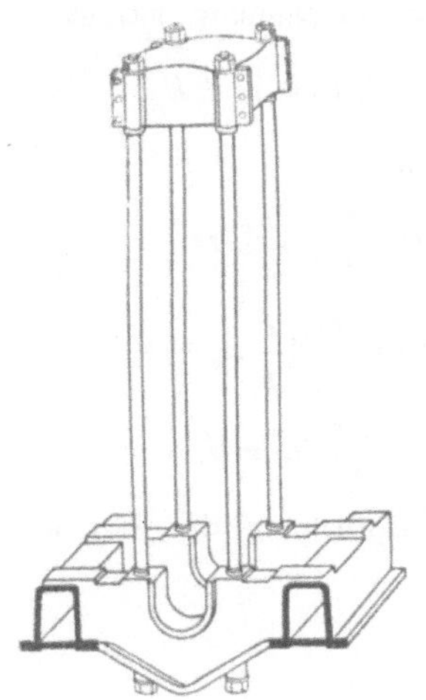

Abb 86. Sz, Aufbauschema.

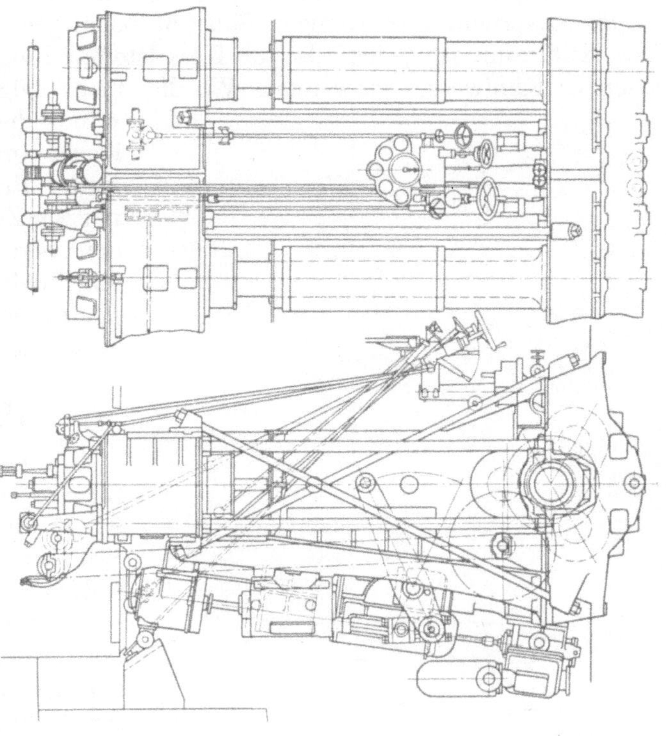

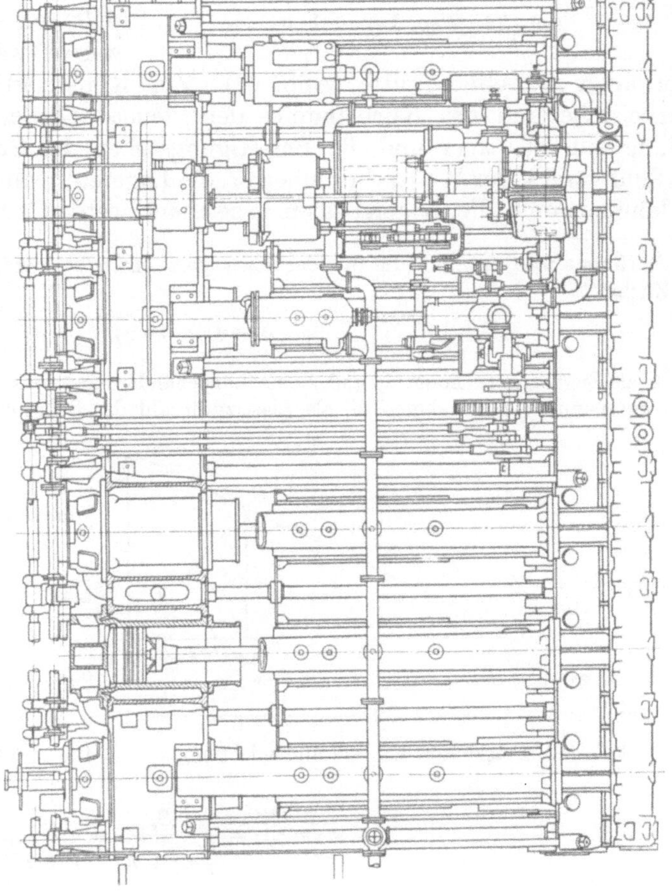

Abb. 87. Wsp, Zusammenstellung, $6 \cdot \frac{560}{1000} \cdot 125$.

Darstellung ergibt sich auch sogleich, daß Ständer mit solchen Ankern bei Vermeidung von Zugbeanspruchungen weniger Baustoff benötigen als solche ohne Anker[1]).

Der Kühlraum ist jedenfalls vor Kesselsteinbildung zu schützen, indem man entsprechendes Kühlwasser verwendet. Wo dies nicht möglich ist, ist es nötig, die Innenwände häufig zu reinigen, wozu Handlöcher an passenden Stellen anzubringen sind. Bei Verwendung von Seewasser müssen Zinkschutzplatten eingesetzt werden (vgl. S. 21, 373). Für das Ablassen von Schlamm und die Entleerung wegen Einfrierens im Winter bei Stillstand der Maschine ist vorzusorgen.

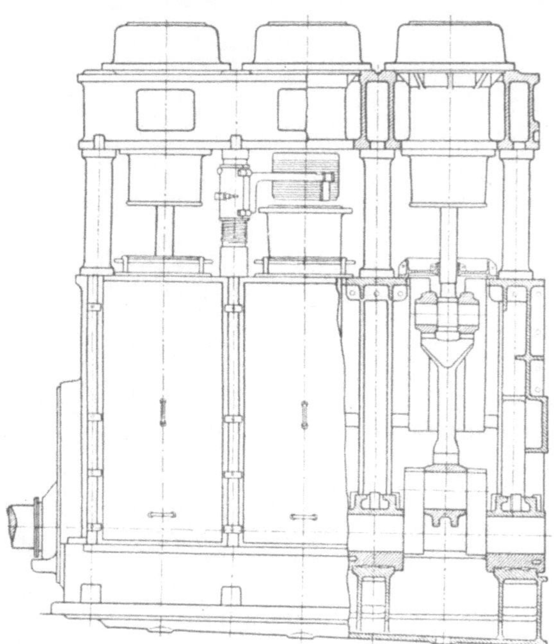

Abb. 88. Wsp, Längsschnitt.

III. Die Grundplatten.

Die Normalbauart geht etwa aus Abb. 90 für Einzylindermaschinen und Abb. 48, 91, 92, 93 für Mehrzylindermaschinen hervor. Ein rechteckiger, auf dem Fundament befestigter Hohlgußrahmen trägt die gekrümmten Querträger für die Hauptlager mit den dazwischen liegenden Ölwannen, auf der Oberseite sind die Anpaßflächen für die Ständer angebracht. Bei größeren Maschinen werden die Grundplatten geteilt, meist in Lagermitte oder auch etwas seitwärts davon (z. B. Abb. 61, 83, 92) oder auch in Zylindermitte (Abb. 60). Zur Konstruktion sind die Abmessungen der Kurbelwelle und des Kurbelkopfes der Pleuelstange erforderlich, ferner die Kraftverteilung auf die Lager und die Befestigungsstellen der Ständer.

Sind vorerst der Wellendurchmesser, die Lagerentfernungen und ihre Längen bestimmt, so können auch die Lagerschalen gezeichnet werden. Bei gewöhnlichen Ausführungen

[1]) Nimmt man an, daß die Ständer eben ganz entlastet werden, so ergibt sich aus Abb. 89, daß die Zugkraft

$$K = f\sigma = f\frac{\lambda_s + \lambda_g}{l} \cdot E_s$$

mit σ als Zugbeanspruchung, λ_s und λ_g als Längenänderungen des Ankers und Ständers von der Länge l im vorgespannten Zustand und E_s als Elastizitätszahl der Schrauben. Die Vorspannung beträgt

$$K' = f\frac{\lambda_s}{l}E_s = F\frac{\lambda_g}{l}E_g,$$

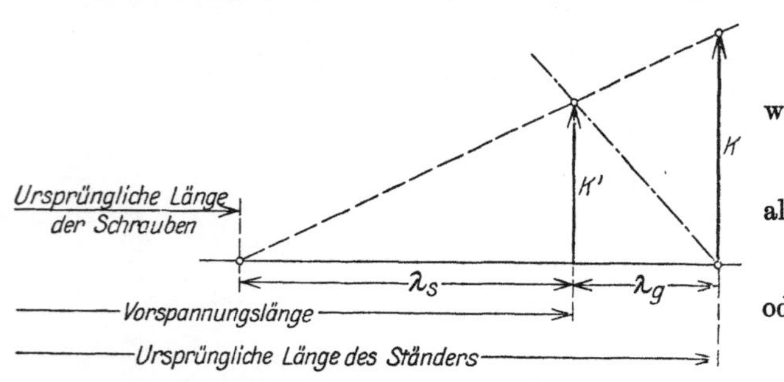

Abb. 89. Diagramm der Schraubendehnung.

woraus sich ergibt

$$\lambda_s = \frac{F}{f} \cdot \frac{E_g}{E_s} \cdot \lambda_g,$$

also

$$K = f\sigma = \frac{f\lambda_g}{l}\left(\frac{F}{f}E_g + E_s\right)$$

oder

$$\sigma = \frac{\lambda_g}{l}\left(\frac{F}{f}E_g + E_s\right).$$

Die größte Beanspruchung der Ständer auf Druck ist

$$\sigma_d = \frac{K'}{F} = \frac{\sigma E_g}{\frac{F}{f}E_g + E_s} = \frac{K}{F + f\frac{E_s}{E_g}}.$$

K ist hierbei die Differenz der nach oben wirkenden Gasdrücke und des Zylindergewichts.

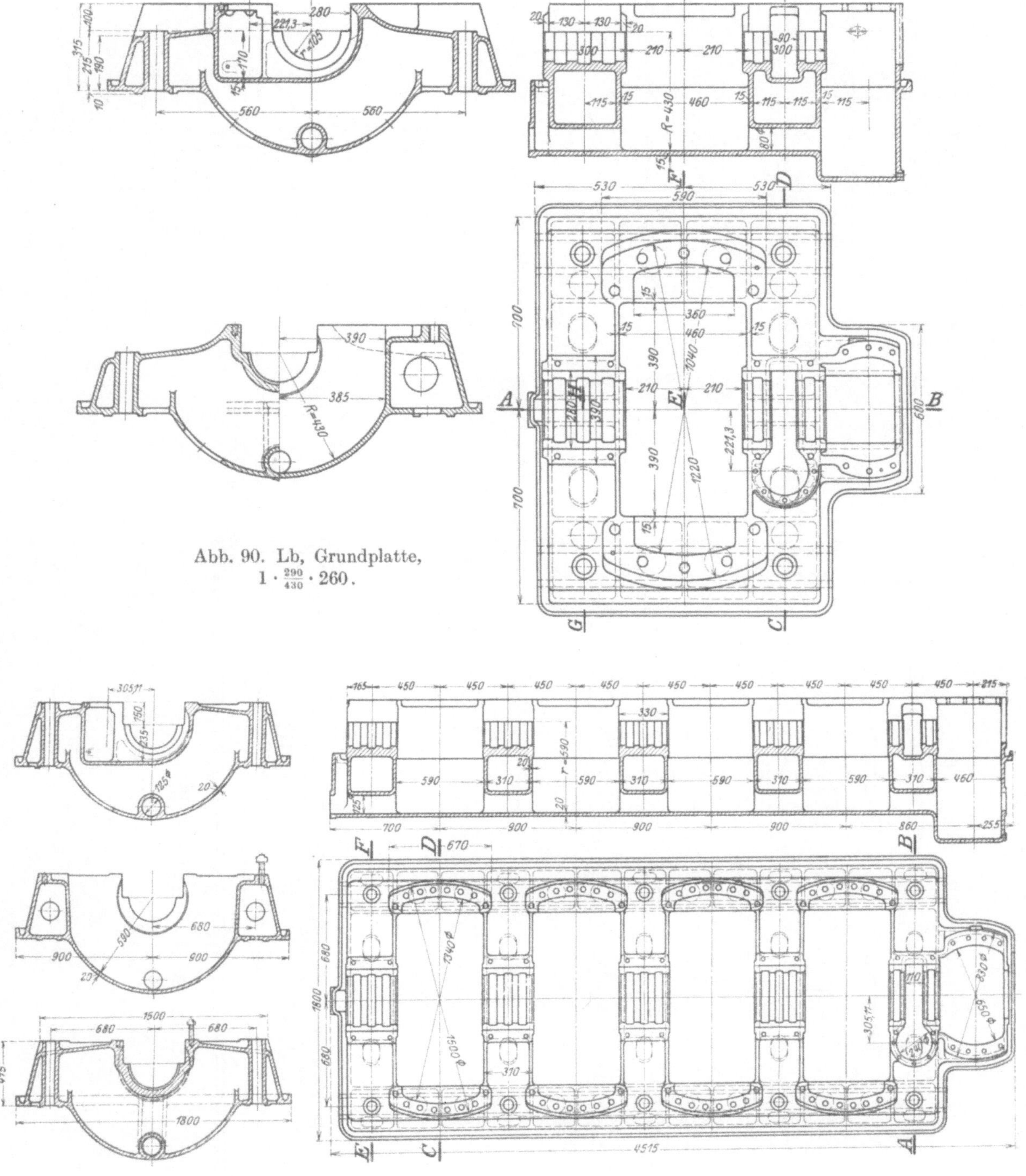

Abb. 90. Lb, Grundplatte, $1 \cdot \frac{290}{430} \cdot 260$.

Abb. 91. Lb, Grundplatte, $4 \cdot \frac{420}{600} \cdot 215$.

für ortsfeste Maschinen sind sie aus Gußeisen und mit Weißmetall ausgegossen, als einfache oder Ringschmierlager ausgebildet; ihre Konstruktion geht aus den Abb. 94, 95, 96 hervor. Auch Stahlguß- (Abb. 98) und Bronzeschalen mit Weißmetallausguß werden verwendet. Statt der in Abb. 95 dargestellten kleinen Ringnuten zum Auffangen des aus den Lagern ausfließenden Schmieröls und statt der Bohrungen zu dessen Rückleitung in die Ölkammern werden auch große Ölschalen mit eingegossenen Öffnungen verwendet

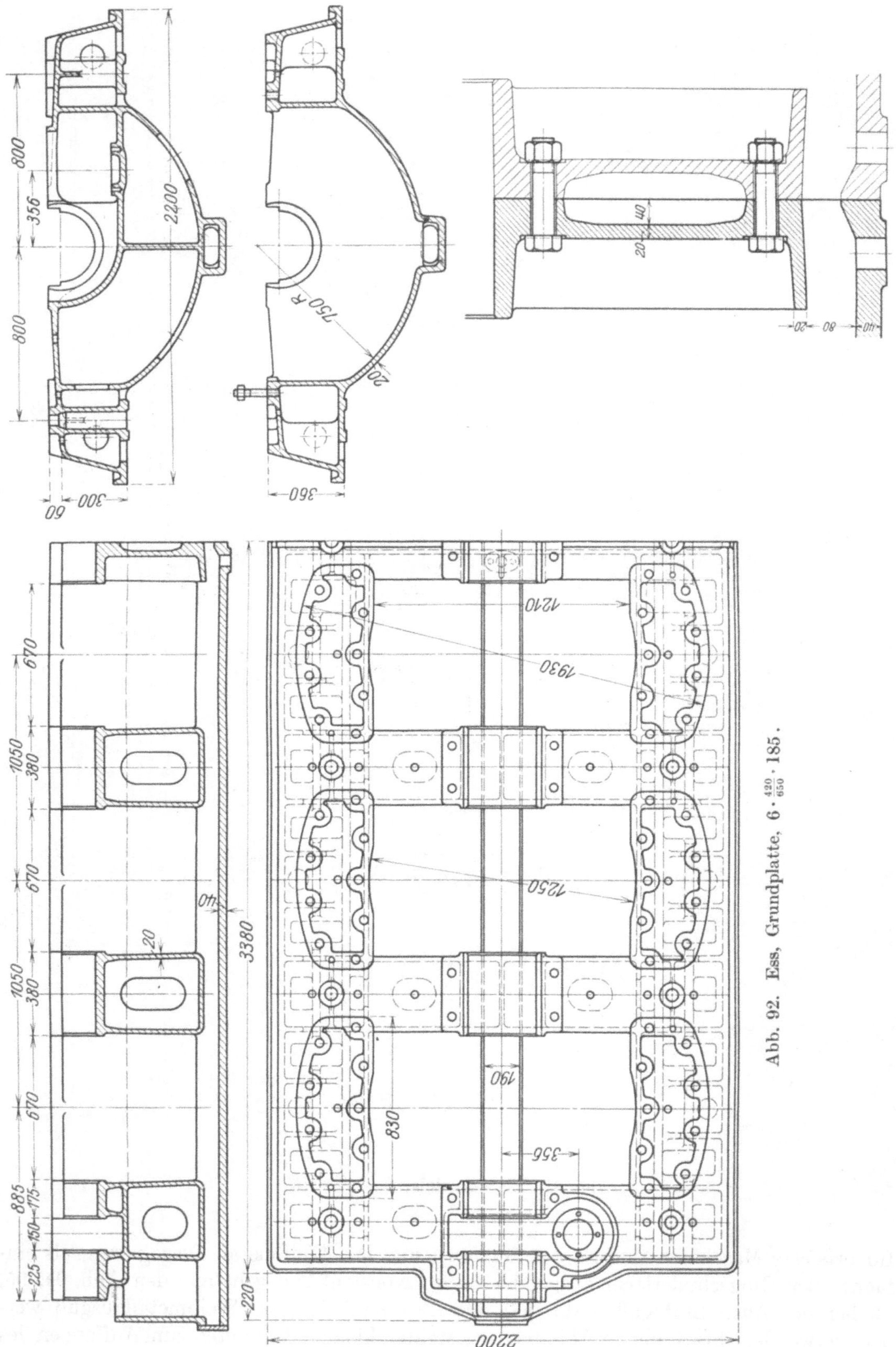

Verbindung der Grundplatten.

Abb. 92. Ess, Grundplatte, $6 \cdot \frac{420}{650} \cdot 185$.

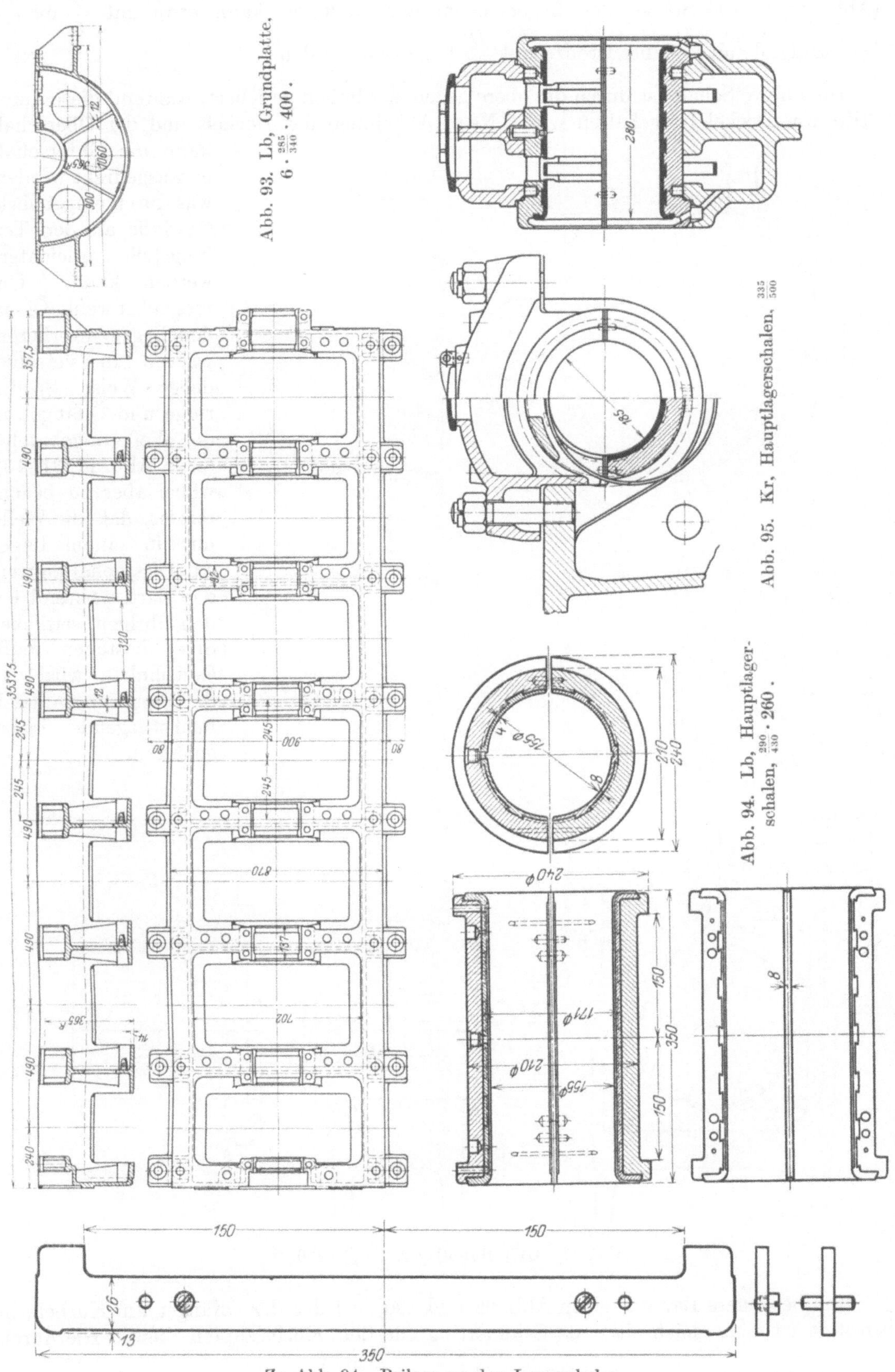

Abb. 93. Lb, Grundplatte. $6 \cdot \frac{285}{340} \cdot 400$.

Abb. 95. Kr, Hauptlagerschalen. $\frac{335}{500}$

Abb. 94. Lb, Hauptlagerschalen, $\frac{290}{430} \cdot 260$.

Zu Abb. 94. Beilage zu den Lagerschalen.

(Abb. 99)[1]. Die Stärke der Lagerschalen aus Gußeisen kann etwa mit $\frac{D}{5}$ bis $\frac{D}{6}$, bei Stahlguß mit $\frac{D}{7}$, bei Bronze mit $\frac{D}{8}$ bemessen werden.

Die untere Schale ist durch die obere gegen Verdrehen gesichert, während diese durch Stifte am Deckel festgehalten wird. Nach Abnehmen des Deckels und der Oberschale kann die Unterschale herausgedreht werden, was durch eingebohrte Gewinde an den Teilungstellen erleichtert werden kann. Um möglichst wenig Öl aus dem Lager zu verlieren, werden in verschiedener Weise Spritzringe und Ölfänger an der Welle angebracht, (z. B. Abb. 17, 31, 48), wobei aber zu beachten ist, daß die Welle nur in einem Lager axial festgehalten werden darf, während bei den übrigen seitliches Spiel bestehen muß. Gewöhnlich wird das dem Steuerungsantrieb nächstliegende Lager gehalten.

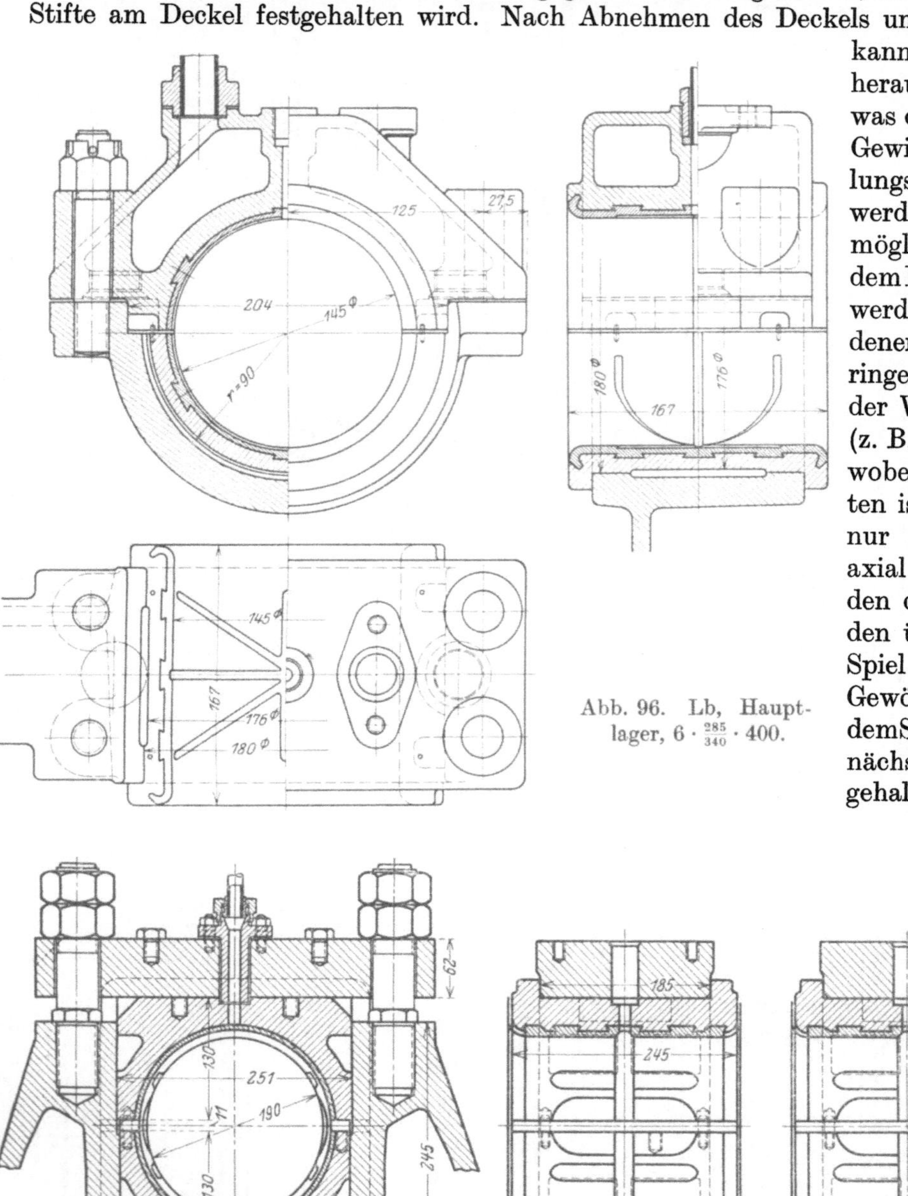

Abb. 96. Lb, Hauptlager, $6 \cdot \frac{285}{340} \cdot 400$.

Abb. 97. DW, Hauptlager, $3 \cdot \frac{350}{400} \cdot 300$.

Eine besondere Bauart zeigen Abb. 99 und 100, bei der der Ölfänger am Kurbelarm befestigt ist und gleichzeitig als Schmierring für den Kurbelzapfen dient. Hierdurch

[1]) Vgl. D. R. P. Nr. 363 525 der Grazer Waggon- und Maschinenfabrik und Emil Flatz.

wird an Wellenlänge gespart, da der Spritzring über der ohnehin erforderlichen Ausrundung zwischen Wellenzapfen und Kurbelarm liegt. Hier ist das für den Umlauf im Kurbellager bestimmte Öl von dem aus dem Schubstangenlager abspritzenden ganz getrennt (vgl. Abb. 205). Bei stark beanspruchten Lagern, insbesondere für Schnelläufer und Schiffsmaschinen, wird Druckschmierung oder Druck- und Umlaufschmierung angewendet. Das Drucköl wird den Hauptlagern zugeführt und das von ihnen

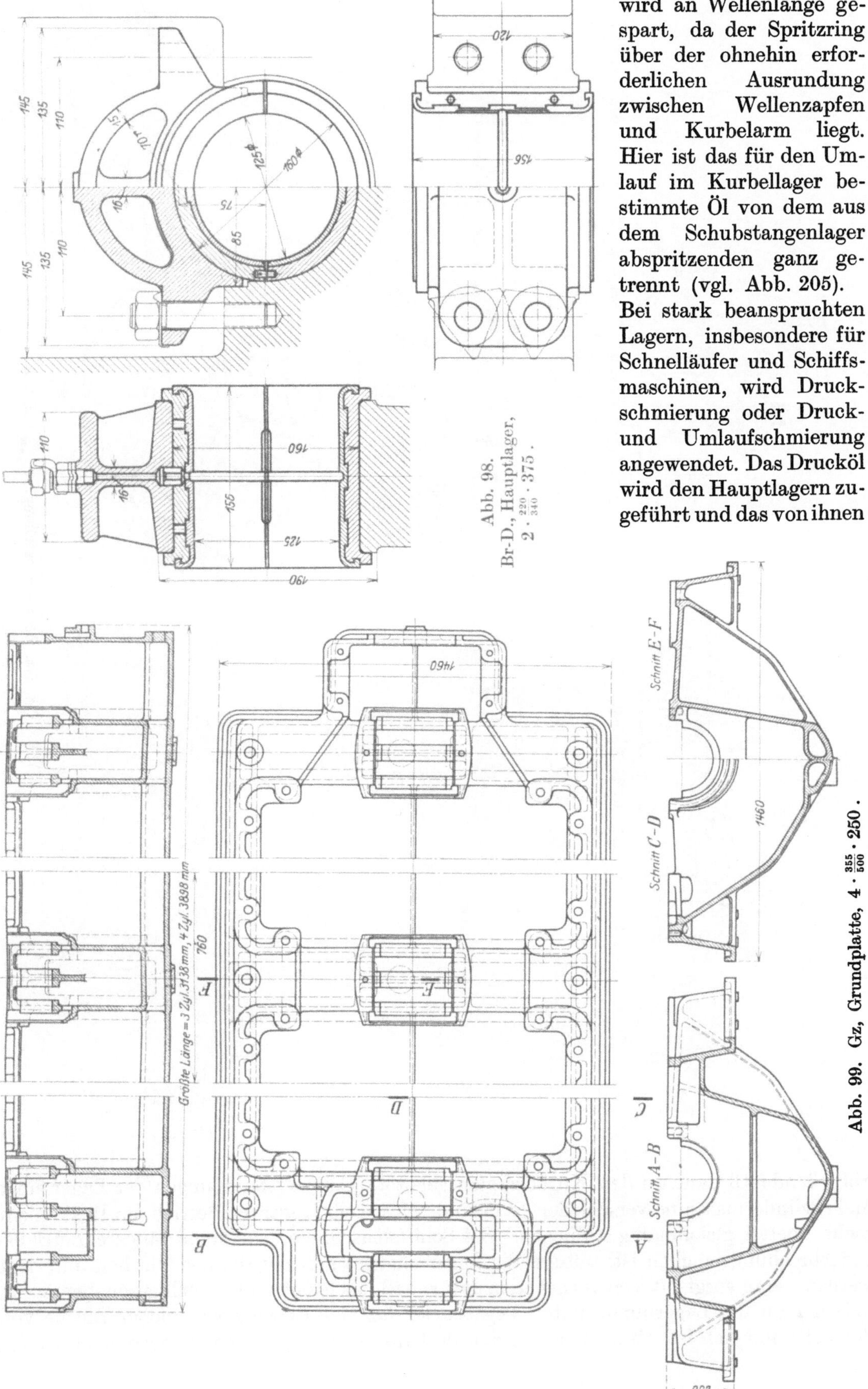

Abb. 98. Br-D., Hauptlager, $2 \cdot \frac{220}{340} \cdot 375$.

Abb. 99. Gz, Grundplatte, $4 \cdot \frac{355}{500} \cdot 250$.

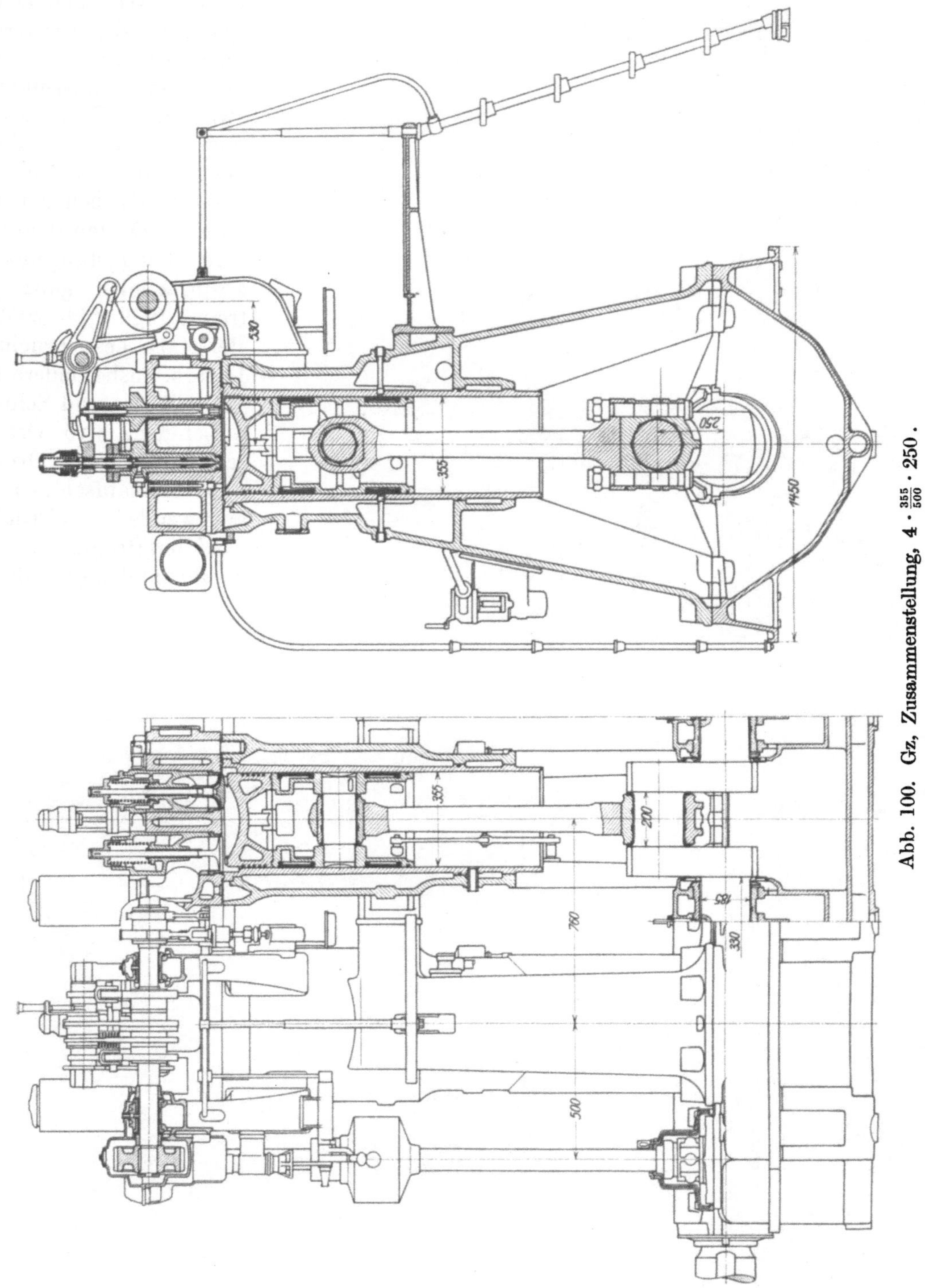

Abb. 100. Gz, Zusammenstellung, $4 \cdot \frac{355}{500} \cdot 250$.

abfließende Öl dann zu den Kurbelzapfen geleitet. Da die Abnützungen der Lager einer Mehrzylindermaschine verschieden groß sind, wird nach längerem Betrieb die Welle nicht mehr überall gleichmäßig aufliegen. Bei Schiffsmaschinen, wo keine längere Betriebsunterbrechung möglich ist, müssen die Lagerschalen dann mit dünnen Blechen unterlegt werden. Man sorgt oft von vorneherein dafür, daß das leicht und schnell geschehen kann, indem man die Lagerbunde unten wegläßt, so daß das Einschieben solcher Bleche von der Seite möglich ist. Manchmal werden deshalb auch unten ebene Lagerschalen bevorzugt, die aber nicht nach Lüften der Kurbelwelle herausgedreht werden können (Abb. 97). Trotz höheren Gewichts hat man daher auch zylindrische Lagerschalen mit unten ebenen Beilagstücken verwendet (Abb. 101), die unterlegt werden können. Zur Untersuchung etwaigen Spiels zwischen Welle und Lager dienen besondere Einschub-Tastlehren, für

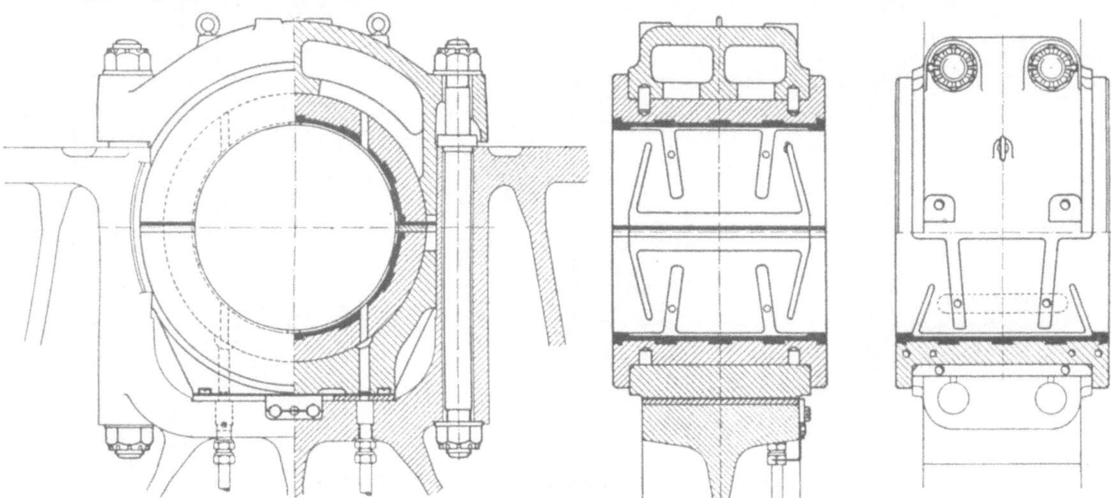

Abb. 101. Sz, Hauptlager für Schiffsmaschinen.

deren leichtes Einbringen von der Seite her man auch womöglich durch Ausnehmungen in den Kurbelarmen sorgt. Auch Stifte, die oben im Deckel eingesetzt werden, dienen zur Feststellung des Lagerspiels (Abb. 102).

Die Beilagen zwischen den Lagerschalen müssen durch Lüften der Deckelschrauben ausnehmbar sein, sie werden gewöhnlich durch kurze, in der Unterschale eingeschraubte Stifte gehalten, über die sie gehoben und weggezogen werden können (Abb. 94, 95, 98). Die Beilagen werden, um Ölverluste zu vermeiden, an den Enden an den Zapfen anliegend ausgeführt und dort mit Weißmetall gefüttert, oder sie erhalten dort nur ein kleines Spiel von etwa 0,2 mm, damit sie nicht an die Welle streifen.

Zur Verteilung des Öls in den Lagern dienen Ölnuten, die von den Zuführungstellen ausgehen (z. B. Abb. 94, 96, 97, 98, 101).

Um die Reibungswärme wirksam abzuführen, hat man die Lagerschalen durch eingegossene Wasserkanäle in den Grundplatten und Lagerdeckeln oder durch vorüberstreichende Ansaugeluft gekühlt, ist jedoch vielfach davon abgekommen, weil man bei ausreichenden Abmessungen und guter Ausführung gewöhnlich auch ohne Kühlung auskommt und die Gefahr des Austretens von Wasser in die Kurbelwannen und Störungen bei Ausbleiben des Kühlwasserstromes vermeidet.

Damit das Weißmetall überall an der Schale anliegt, muß diese an den betreffenden Stellen möglichst von Unreinheiten und der Gußhaut durch Beizen mit Salzsäure befreit und gut verzinnt werden, ferner ist es gut, die Abkühlung des Weißmetalls nach dem Ausgießen von außen nach innen fortschreiten zu lassen, damit sich der Durchmesser desselben nicht verkleinert.

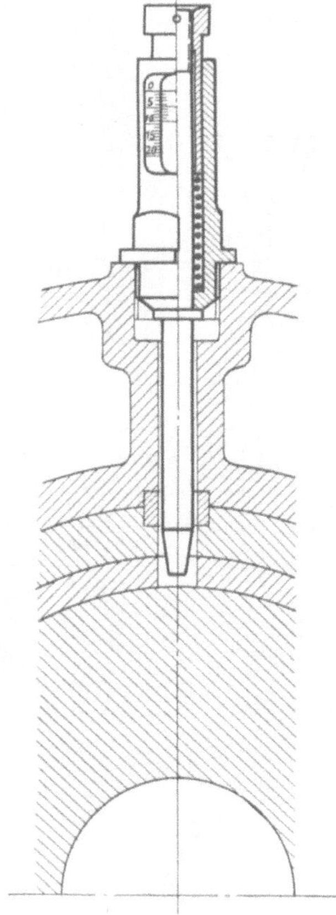

Abb. 102. Da, Meßvorrichtung für Hauptlager.

Die Lagerdeckel sind entweder in Hohlguß (Abb. 96) oder aus Stahlguß (Abb. 98) oder Bronze, bei Schiffsmaschinen auch aus Schmiedestahl (Abb. 60, 97) hergestellt, bei großen und langen Lagern auch in Richtung der Wellenachse zweiteilig. Sie werden in

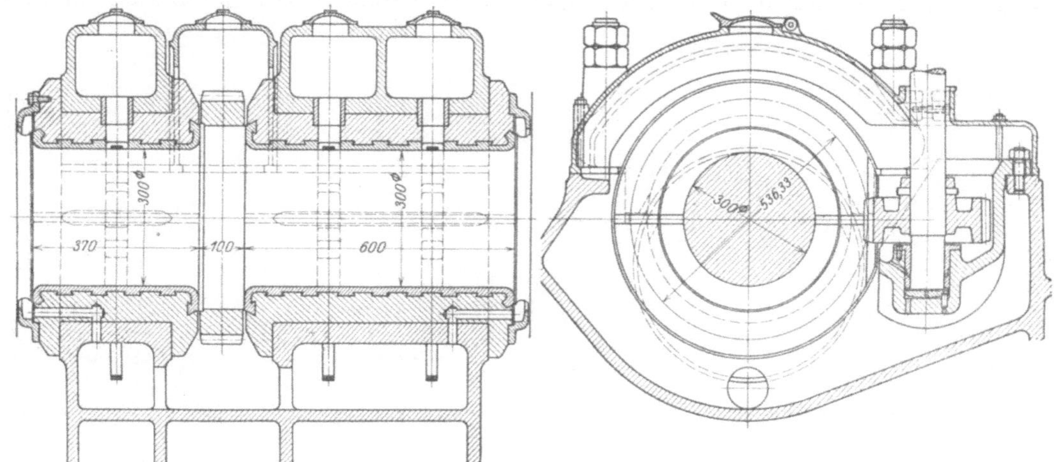

Abb. 103. DW, Geteiltes Hauptlager, $3 \cdot \frac{530}{700} \cdot 175$.

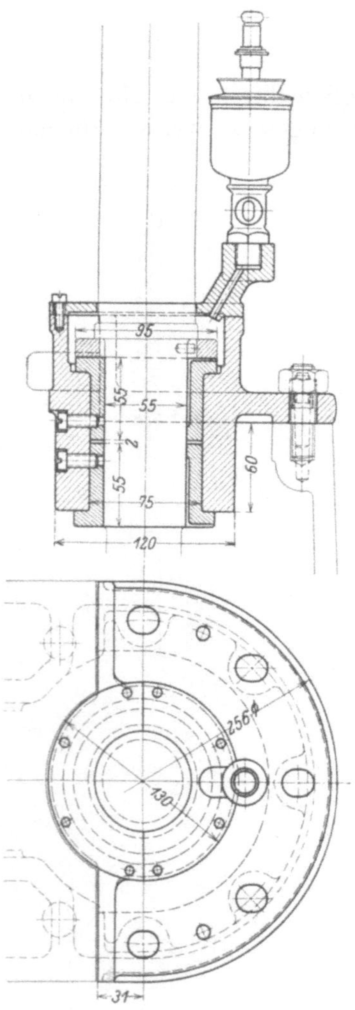

Abb. 104. Lb, Unteres Steuerwellenlager, $3 \cdot \frac{290}{430} \cdot 260$.

einzelnen Fällen bei kleineren, leichten Maschinen nicht mit besonderen Schalen ausgerüstet, sondern unmittelbar mit Weißmetall ausgegossen (Abb. 96).

In den meisten Fällen wird eines der Endlager zur Aufnahme des Antriebschraubenrades für die stehende Steuerwelle geteilt (Abb. 48, 51, 103). Die Grundplatte hat dann auch unmittelbar das Spurlager oder Halslager für diese Welle aufzunehmen (Abb. 103, 104), und es werden besondere Lagerdeckel erforderlich (z. B. Abb. 48). Abb. 48 und 70 zeigen als Kugellager ausgebildete Spurlager. Manchmal ist der Steuerungsantrieb auch der besseren Zugänglichkeit wegen außerhalb des Hauptlagers angebracht (Abb. 29, 70). Seine Schmierung ist meist ganz gesondert und auch der Ölablaß abgetrennt, jedenfalls ist der Ölstand in den beiden Teilen des betreffenden Ringschmierlagers durch ein Verbindungsrohr gleich zu halten. Dies kann vorteilhaft auch für alle Lager geschehen; die Verbindung kann entweder durch Kanäle (Abb. 31, 99) oder eingegossene oder eingepaßte Rohre erfolgen (Abb. 49, 51). Hierdurch werden dann nur e i n Ölstandzeiger und e i n e Ablaßvorrichtung für alle Lager erforderlich.

Die Spurlager für die stehende Steuerwelle sollen in der Grundplatte nicht zentriert, sondern erst nach genauer Montierung der Antriebsräder mit Paßstiften festgehalten werden. Wenn das Spurlager oben angebracht ist, gilt Ähnliches vom Halslager für die Steuerwelle.

Die Querbalken werden bei ortsfesten Maschinen gewöhnlich als Hohlguß oder insbesondere bei leichten Schiffsmaschinen als Doppel-T-Träger ausgeführt, die durch Rippen entsprechend versteift werden (Abb. 90, 91, 93, 100, 105). Geteilte Querträger können ebenfalls Hohlguß- oder Doppel-T-Bauart haben (Abb. 83, 92). Die zwischen ihnen befindlichen Ölwannen werden entweder angegossen oder als Deckel innen angeschraubt (Abb. 60), oder auch wegen Gewichtsersparnis einzeln oder gemeinsam aus Blech hergestellt und dicht befestigt (Abb. 62, 63), bei Schiffsmaschinen manchmal auch ganz weggelassen (Abb. 93), wenn das Fundament als Ölwanne dienen kann. Die Ölwannen werden an den tiefsten Punkten miteinander durch Öffnungen verbunden, um die Entleerung und Ölreinigung zu erleichtern. An den Teilungsstellen muß dafür gesorgt werden, daß kein Öl in das Fundament abfließen kann (Abb. 92). Zum leichteren Abfluß des Öls werden die Wannen manchmal geneigt ausgeführt (Abb. 61, 76, 80), oder sie erhalten nur vertiefte Ölsammelstellen (Abb. 90, 91). Dann kann ein Filtersieb unterhalb der Kurbeln die Reinigung des gebrauchten Öls vorbereiten (Abb. 28, 83, 378). Wenn die Grundplatten mit den Zylindern oder Deckeln durch Stahlstangen verbunden sind, wie solche zur Entlastung der Gestelle verwendet werden, sind diese in den Querbalken durch Bund und Mutter befestigt oder gehen glatt durch. Die Biegungsbeanspruchung der

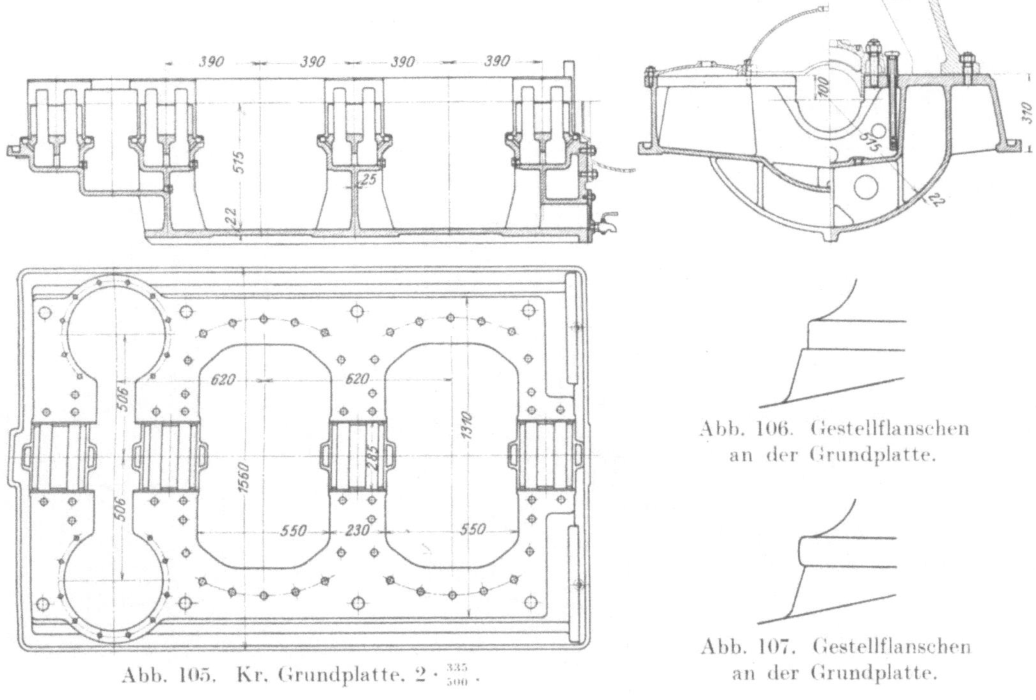

Abb. 105. Kr. Grundplatte. $2 \cdot \frac{335}{500}$.

Abb. 106. Gestellflanschen an der Grundplatte.

Abb. 107. Gestellflanschen an der Grundplatte.

Querbalken wird sehr vermindert. Die zur Verbindung der Querbalken, zur Aufnahme der Ständer und zur Befestigung am Fundament dienenden Längsbalken haben wie die Querbalken Hohlguß-U- oder Doppel-T-Form, oder sie bilden auch nur eine durch Fuß und Tragflansche versteifte Außenwand (Abb. 70).

Bei den hinaufgezogenen Grundplatten nach Ebermann (Abb. 73, 80, 81, 83) ist der Längsbalken mit der Außenwand des Gestellteils verbunden. Manchmal werden die Längsbalken leichter Schiffsmaschinen auch gesondert aus Schmiedestahl hergestellt und mit den Querbalken verschraubt, was aber besondere Vorsicht bei der Montage erfordert.

Die Verbindung mit dem Unterbau wird bei ortsfesten Maschinen durch Fundamentschrauben in den Ebenen der Lagermitten, bei Schiffsmaschinen durch Flanschen und Durchschrauben hergestellt. Die Butzen für die Muttern der Fundamentschrauben sind vorteilhaft bis zur Höhe der Anpaßflächen der Ständer zu führen, um die Bearbeitung zu vereinfachen und mehr Platz für das Anziehen der Muttern zwischen den Ständerfüßen zu gewinnen. Diese Anpaßflächen können manchmal wegen bequemer Bearbeitung so hoch genommen werden wie die oberen Arbeitsflächen des Lagers (Abb. 91), häufig kann aber aus Konstruktionsrücksichten dieser Vorteil nicht erreicht werden. Einfache Bearbeitung bietet z. B. die Grundplatte Abb. 92. Die Ständerfüße passen im Guß nicht leicht genau mit den Anpässen der Grundplatte zusammen, daher werden die betreffenden Teile oft nach Abb. 106, 107 ausgeführt, um nachträgliche Bearbeitung mit der Hand zu vermeiden. Die Verbindung erfolgt mit Stiftschrauben (Abb. 48, 105) oder auch Durchschrauben mit zwei Muttern. Zur Gewichtsersparnis werden die Anpaßflächen so weit als möglich ausgenommen (Abb. 99).

An der Unterseite der Grundplatte werden manchmal Leisten zur besseren Bearbeitung angebracht, derart, daß dieser Teil an den Arbeitsmaschinen und am Versuchstand genau befestigt werden kann; gewöhnlich wird auch ein Ölrand zum Auffangen abfließenden Öls und zum Schutze des Zementputzes bei ortsfesten Maschinen angebracht. Zu

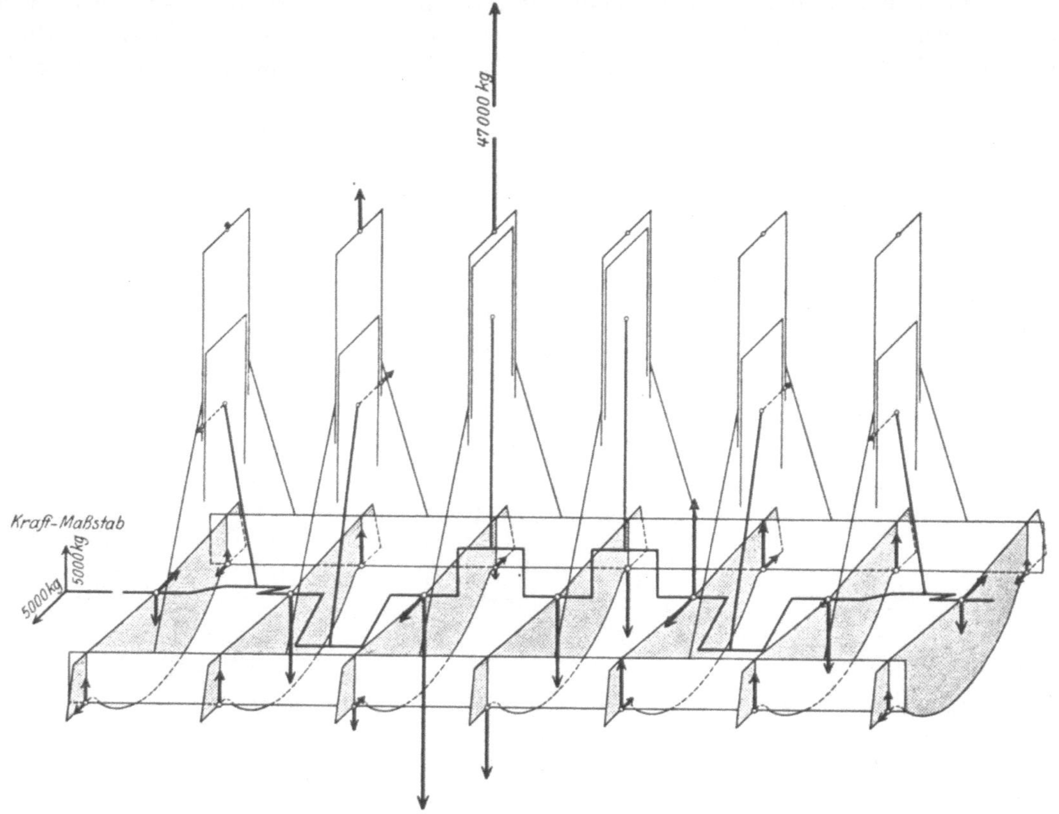

Abb. 108. Kräfteverteilung an der Grundplatte.

diesem Zweck sind auch die etwa Öl durchlassenden Kernlöcher im Boden gut zu verschrauben und gegebenenfalls die Stiftlöcher für die Verbindung mit dem Gestell nicht durchzubohren.

Bei Schiffsmaschinen verwendet man zur Verbindung mit dem Fundament womöglich Durchschrauben, von denen eine Anzahl, etwa jede dritte, Paßschrauben sind. Zum Anpassen der Grundplatten auf den Fundamentträgern dienen Paßbleche, zum Festhalten gegen Verschiebung manchmal auch Keile, die sich gegen Nasen auf den Fundamentrahmen stützen.

Bei geteilten Grundplatten sind die Verbindungschrauben ebenfalls teilweise als Paßschrauben auszubilden, um die Schubkräfte aufzunehmen.

Um sicher zu sein, daß in den Abgüssen von Grundplatten und Kastengestellen, besonders bei Stahlguß, nicht von vornherein Risse sind, die sich dann erst im Betriebe zeigen, sind diese Teile vor und nach der Bearbeitung genau zu untersuchen.

Auch die Grundplatte läßt sich wegen der sehr verwickelten und wechselnden Kraftverteilung nicht genau berechnen. Um über diese ein Urteil zu erlangen, ist z. B. in Abb. 108 angedeutet, wie sich die Kräfte bei einer normalen ortsfesten Sechszylindermaschine verteilen. Die Kräfte sind im Augenblick des äußeren Totpunkts der zwei mittleren Kolben dargestellt, die Lagerkräfte wurden nach der Ausmittlung auf S. 134 eingeführt.

Am einfachsten lassen sich noch die Querträger, die Lager, Deckel und Deckelschrauben berechnen. Die Deckel und Deckelschrauben werden mit der größten nach aufwärts gerichteten Lagerkraft, die bei Mehrzylindermaschinen in einem mittleren Lager auftritt, beansprucht, wie sie auf S. 149 berechnet oder angenähert in der Tafel S. 151 angegeben ist. Dabei ist sicherheitshalber der Fall zu berücksichtigen, daß die Verdichtung wegfällt (Hängenbleiben eines Ventils). Die übrigen Lager werden zwar nicht ganz so beansprucht, jedoch der Herstellung wegen meist gleich ausgeführt. Die Beanspruchung gußeiserner Lagerdeckel wird etwa mit 300 kg/cm², für Stahlguß oder Schmiedestahl mit 500 kg/cm², jene der aus Schmiedestahl hergestellten Schrauben mit 300 kg/cm² bemessen. Um die Schrauben zu schonen (vgl. S. 143), werden sie im Bolzen gern auf Kerndurchmesser abgedreht und nur mit einem kleinen Bund versehen, um als Stiftschrauben festgezogen werden zu können. Bei der Bemessung der Lagerbreite sind auch die horizontalen Kräfte zu beachten, besonders wenn bei rechteckigen Lagerschalen die Längsrahmen gegen die Welle tief liegen, weil hier leicht Brüche eintreten könnten (vgl. Abb. 59, 60). Die seitlichen Wangen sind dann auf Biegung zu rechnen, und es ist auf große Ausrundung in den Ausnehmungen für die Lager zu achten.

Um ein Urteil über die Beanspruchung der Querträger zu erlangen, sind sie je nach Bauart als gerade oder gekrümmte Biegungsträger zu berechnen. Die größten Lagerdrücke normal zur Verbindungslinie der Auflagerstellen, d. s. die jederseitigen Schwerpunkte der Fundamentschraubenquerschnitte, sind je nach der verhältnismäßigen Größe der Massenkräfte nach abwärts oder aufwärts gerichtet (vgl. S. 137). Dabei wird von der Einwirkung etwaiger Biegungsmomente in den Auflagestellen der Ständer oder Kastengestelle und von der Unterstützung durch das Fundamentmauerwerk bei ortsfesten Maschinen abgesehen. Wirkt die größte Lagerkraft beim Beginn des Arbeitshubes eines der benachbarten Zylinder, so sind für den Fall, als die Befestigung der Ständer nicht in der gleichen Entfernung von der Wellenachse liegt wie die Fundamentschrauben, noch die an den Ständerfüßen durch den Kolbendruck hervorgerufenen Vertikalkräfte zu berücksichtigen. (Schema: Abb. 109). Hierbei wird als Näherung angenommen, daß sich alle von einem Zylinder herrührenden Kräfte gleichmäßig auf die benachbarten Lager verteilen. Von etwa angegossenen Ölwannen ist nur eine kleine Länge als zum Biegungsquerschnitt gehörig anzunehmen. Aus Tafel S. 151 ist zu entnehmen, wo die größten Lagerdrücke auftreten.

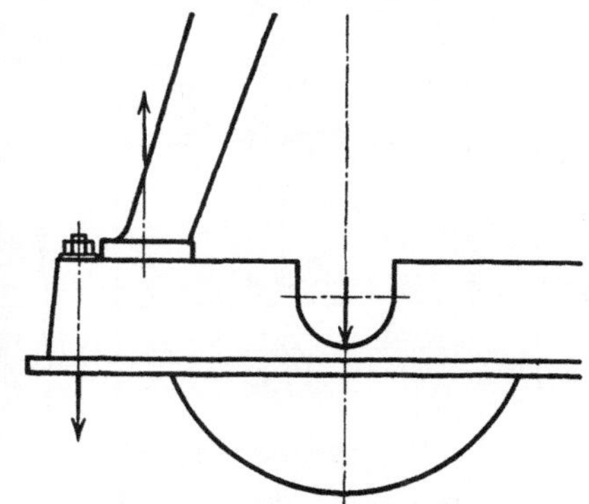

Abb. 109. Schema der Querträger bei Grundplatten.

Bei dieser Berechnung werden gußeiserne Grundplatten etwa mit 300 kg/cm², solche aus Stahlguß mit 500 kg/cm² beansprucht. Für den ersten Entwurf kann bei Gußeisen die Querschnittshöhe etwa 2—2,5 mal, für Stahlguß 1,8—2 mal dem Wellendurchmesser angenommen werden. Die Längsträger sind dem früher dargestellten Belastungsschema gemäß ebenfalls auf Biegung zu berechnen. Bei Kastengestellen oder oberen Ständerverbindungen sind die Beanspruchungen wegen der großen Längsteifigkeit gering. Sie werden aber bei der normalen Ausführung für ortsfeste Maschinen beträchtlich, wenn man die Mithilfe des Fundamentmauerwerks unberücksichtigt läßt. Dann kann man für gußeiserne Grundplatten die betreffende Biegungsbeanspruchung mit 300 kg/cm² wählen.

Die oben gezeigte Kräfteverteilung läßt auch die Größe der vertikal gerichteten Komponenten der Querkräfte an den einzelnen Stellen erkennen, in gleicher Weise kann man auch die horizontalen Komponenten derselben finden und damit die Scherkräfte, die von den Verbindungschrauben zwischen den einzelnen Stücken von geteilten Grundplatten aufzunehmen sind. Zu diesen Scherkräften kommen noch die durch die Biegungsmomente entstehenden Zugkräfte, wonach man diese Schrauben berechnen kann, immer

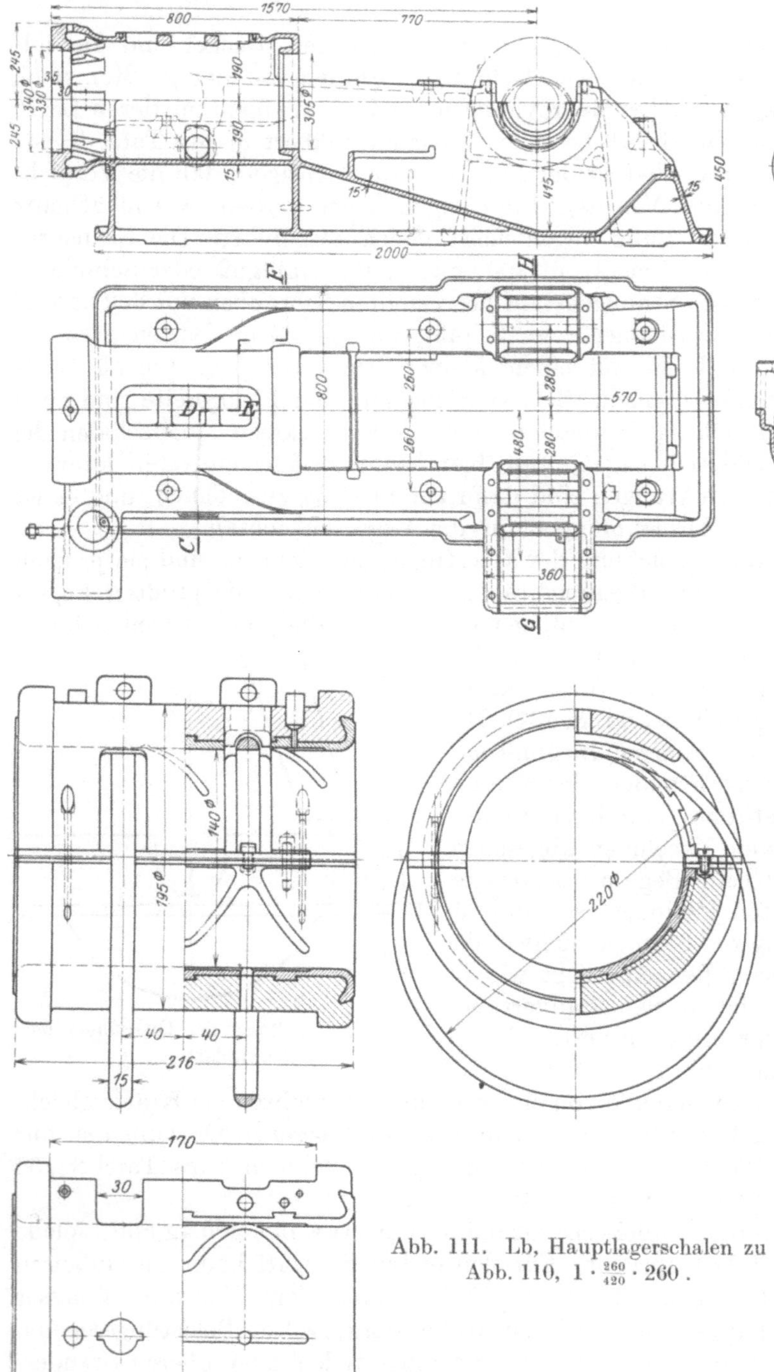

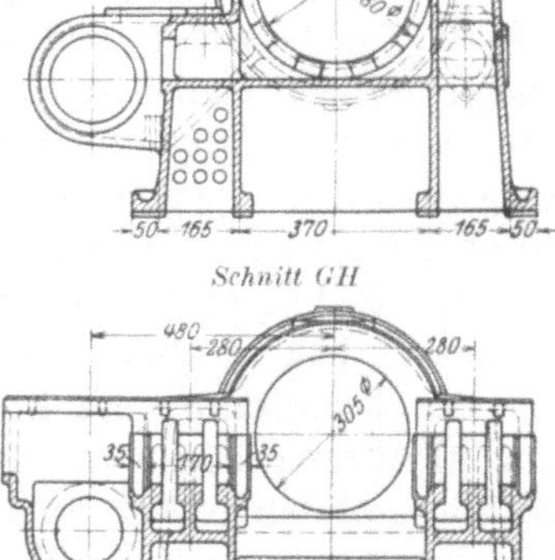

Abb. 110. Lb, Grundplatte, $1 \cdot \frac{260}{420} \cdot 260$.

Abb. 111. Lb, Hauptlagerschalen zu Abb. 110, $1 \cdot \frac{260}{420} \cdot 260$.

ohne Berücksichtigung der vom Fundament aufgenommenen Drücke und Reibungskräfte. Bei Kastengestellen können die Verbindungschrauben der Teile derselben in gleicher Weise berechnet werden. Die Fundamentschrauben sind etwa so zu bemessen, daß die größte nach aufwärts gerichtete Lagerkraft bei Berücksichtigung des Gewichts der Maschine durch die dem zugehörigen Querbalken nächstliegenden Schrauben aufzunehmen ist. Bei ortsfesten, langsam gehenden Maschinen rechnet man nur vergleichsweise mit der vollen Kolbenkraft als Zug und erhält so Beanspruchungen von 500 bis 800 kg/cm² für die Fundamentschrauben. Für liegende Einzylindermaschinen werden durchwegs Grundplatten mit zwei Lagern für gekröpfte Wellen benutzt, die genau so ausgebildet werden wie für Gasmaschinen, so daß gegebenenfalls die gleichen Modelle verwendet werden können. Abb. 110 zeigt eine solche voll aufliegende Grundplatte mit Ringschmierlagern (Abb. 111).

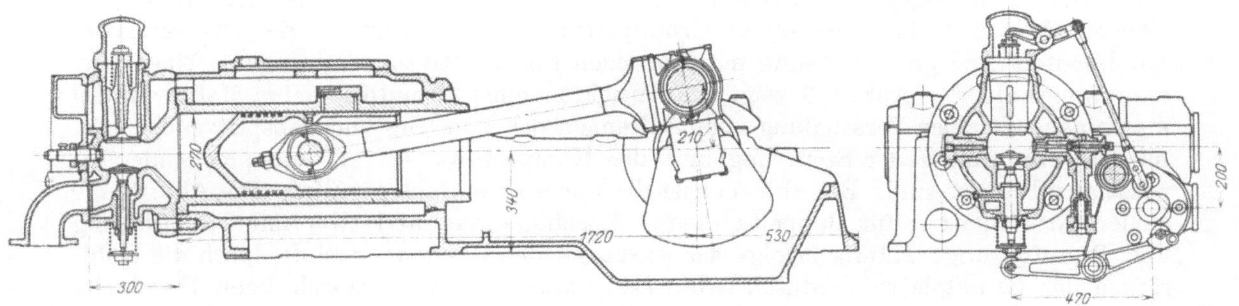

Abb. 112. Dz, Zusammenstellung, $1 \cdot \frac{270}{420} \cdot 250$.

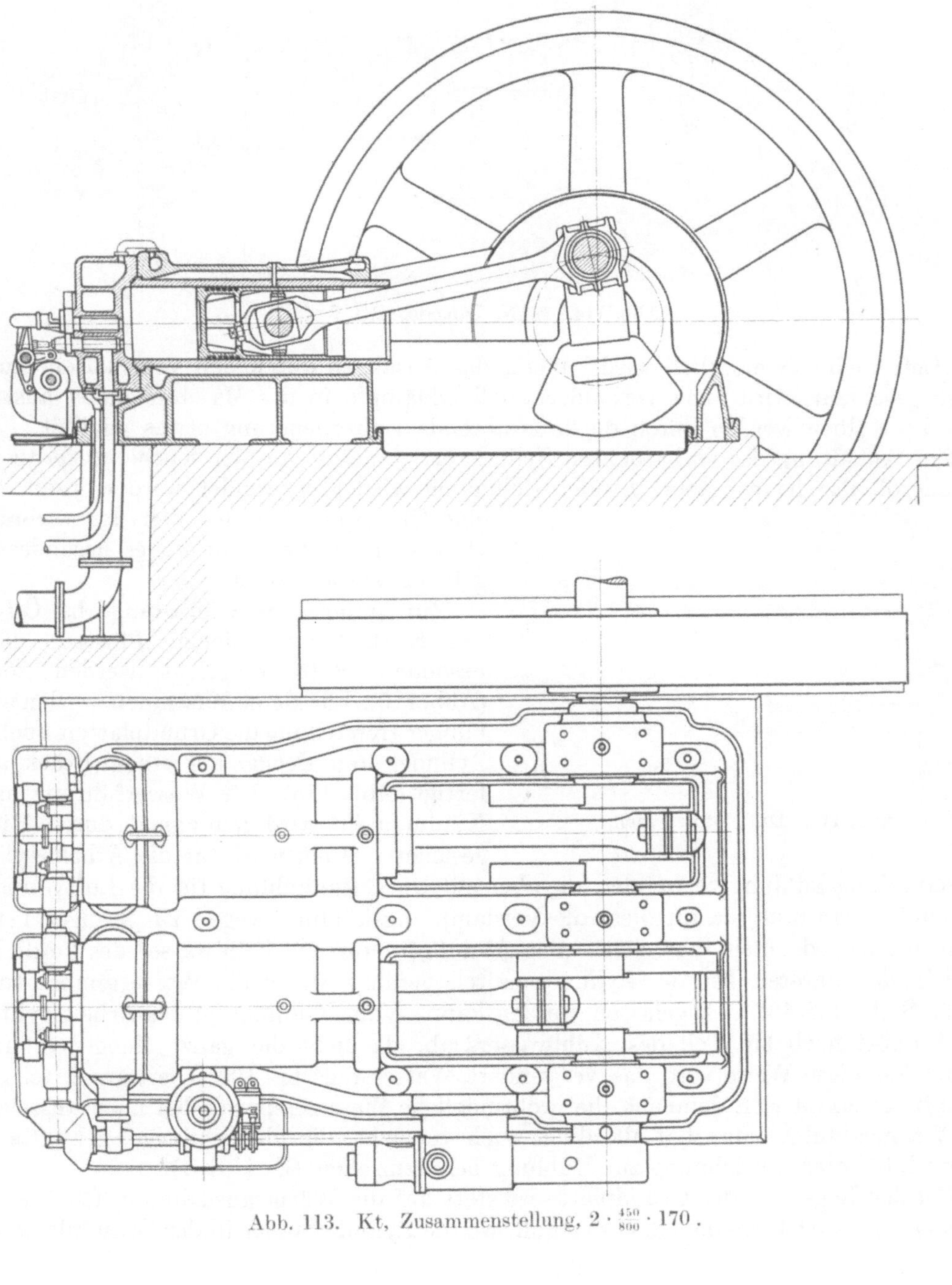

Abb. 113. Kt, Zusammenstellung, $2 \cdot \frac{450}{800} \cdot 170$.

Sie enthält den angegossenen Kühlmantel mit den Bohrungen für die Zylinderbüchse. Ebenso stellt Abb. 112 eine solche Grundplatte dar. Sie zeigt an der Oberseite des Kühlmantels eine große Öffnung mit Flanschen für die etwaige Anbringung eines Verdampfungskühlers. Abb. 113 zeigt die Ansichten einer Grundplatte für Mehrzylindermaschinen mit einer Verschalung zum Auffangen des vom Gestänge abspritzenden Öls, mit der Anordnung der Steuerung und des Kompressors, für die entsprechende Angüsse anzubringen sind. Bei Abb. 114 ist die Büchse mehrfach gestützt. Die Abb. 38, 39 stellen Grundplatten für doppeltwirkende Maschinen dar, und zwar mit Tischführung und Rundführung. Häufig erfolgt das Ansaugen der Verbrennungsluft durch die Hohlräume der Grundplatte hindurch (Abb. 110), wodurch das Geräusch beim Durchtritt

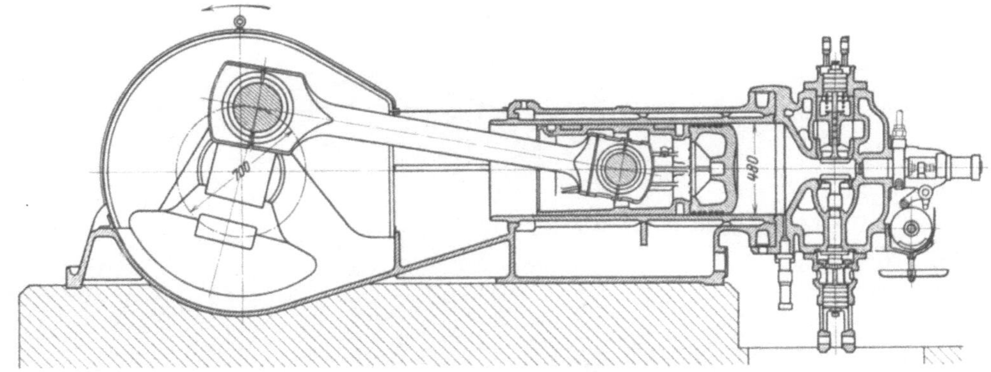

Abb. 114. MAN, Längsschnitt, $2 \cdot \frac{480}{700}$.

der Luft nicht so merklich wird. Wenn das Ansaugen durch den verschalten Kurbelraum geschieht, wird auch verhindert, daß Öldämpfe in das Maschinenhaus austreten und die Kolben werden durch die fortwährende Lufterneuerung etwas gekühlt.

Zur Abhaltung des verbrauchten Zylinderöls von dem von der Kurbel abspritzenden Schmieröl, das nach entsprechender Reinigung wieder verwendet werden kann, dient eine Querrippe, vor der sich das verbrannte Öl ansammelt und von wo es gesondert abgeleitet werden kann.

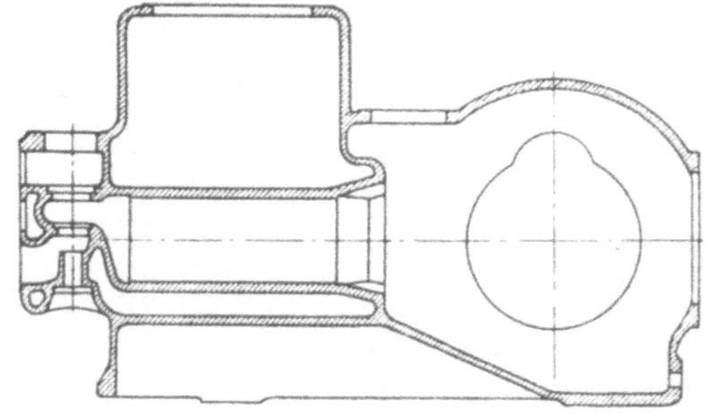
Abb. 115. Dz, Motorrahmen.

Zur Auflage der Schubstange bei Öffnung des Kurbelkopfes dienen Pfosten, die in besondere Falze eingelegt werden können (Abb. 110). Für kleine Maschinen werden wegen billiger Herstellung die Grundplatten auch mit Zylinder und Deckel aus einem Stück angefertigt (Abb. 115). Die Wasserführung in den Kühlmänteln wird manchmal durch Rippen gesichert. Auch wird für die Arbeitszylinder Verdampfungskühlung verwendet, die aber mit Durchflußkühlung für die Luftverdichter verbunden sein muß, da für diese die Verdampfungskühlung wegen zu geringer Temperaturunterschiede nicht ausreicht. Das Abflußrohr für das Kühlwasser des Verdichters wird in den unteren Teil des Zylindermantels geführt, wobei die Wassertemperatur an dieser Stelle bis 40° C zugelassen werden kann. Vom Kühlmantel des Arbeitszylinders fließt dabei noch ein Teil des Kühlwassers ab, da nicht die ganze Menge verdampft wird. Auf diese Weise wird das verwendete Wasser teils bis 100° C erwärmt, teils verdampft, es ergibt sich demnach die größtmögliche Wasserersparnis bei noch ausreichender Wärmeabfuhr. Man hat allerdings auch versucht, die überschüssige, gekühlte Verdichterluft unter Ausdehnung zur Kühlung heranzuziehen (Daimler).

Bei der Lagerung der Grundplatte ist stets auf die Wärmeausdehnung Rücksicht zu nehmen. Dies ist besonders dort der Fall, wo die Zylinder außer in der Grundplatte noch auf besonderen Füßen aufruhen. Diese müssen die Längsverschiebung gestatten und derart angebracht sein, daß sich die Zylinderachse möglichst wenig in vertikaler Richtung verschiebt. Es empfiehlt sich daher, den der Wärmeausdehnung am stärksten unterliegenden Zylinder auf dem infolge der geringen Erwärmung sich weniger ausdehnenden Fuß nicht aufruhen zu lassen, sondern ihn in einem Vorsprung desselben oberhalb der Achse aufzuhängen.

Die Kurbelwannen für stehende oder liegende Maschinen können als Kühlgefäße für das Öl unmittelbar verwendet werden, indem man Kühlwasser durch eingebaute Rohrschlangen leitet. Auch die Ölfilter können in den Mulden untergebracht werden. Diese sind jedenfalls gegen Durchsickern von Öl sorgfältig zu dichten.

IV. Der Verbrennungsraum.

Der Verbrennungs- oder Verdichtungsraum wird vom Ende der Zylinderbüchse und den Böden des Kolbens und Zylinderdeckels umschlossen. Manchmal kommen auch noch seitwärts liegende Räume hinzu. Seine Größe ist dadurch begrenzt, daß die bei der Verdichtung der Arbeitsluft entstehende Endtemperatur für die Selbstzündung des eingespritzten Brennstoffs ausreichen muß; diese Temperatur hängt im wesentlichen vom Verdichtungsverhältnis und der Wirksamkeit der Kühlung der Wände auf die Arbeitsluft ab (s. S. 5), während die Selbstzündung von der Art und Zusammensetzung des Brennstoffes und der Vollkommenheit der Zerstäubung bestimmt wird. Hierbei sind noch andere Umstände mitwirkend. Die Verdichtungsendtemperatur steigt mit der Anfangstemperatur der Ansaugeluft und wegen des Einflusses der Verdichtungszeit auf die Kühlung auch mit der Umlaufzahl der Maschine (s. S. 6). Sie ist auch an verschiedenen Stellen des Verdichtungsraumes verschieden, wenn nicht starke, ausgleichende Wirbelungen vorhanden sind, da der Kern dieses Raumes nicht merklich gekühlt wird und auch, weil schon beim Eintritt der Luft die an heißen Wänden vorüberstreichenden Teile höhere Temperaturen annehmen. Es wäre demnach erwünscht, diese wärmeren Partien in den Kern des Verdichtungsraumes zu bringen und hier auch die Einspritzung zu bewirken. Die Einwirkung der Wasserkühlung auf die Verbrennungsluft ist natürlich bei großen Zylindern und überhaupt bei solchen Verdichtungsräumen kleiner, wo das Verhältnis des Volumens zur Oberfläche groß ist. Auch die Undichtheiten des Kolbens spielen hier eine Rolle, indem sie die Verdichtung vermindern. Man wird infolge der genannten Einflüsse bei großen Maschinen und solchen mit verhältnismäßig langem Hub, d. h. bei gleicher Drehzahl mit hoher Kolbengeschwindigkeit, ein kleineres Verdichtungsverhältnis nötig haben als bei kleinen Maschinen und kleinem Hub. Es ist zu beachten, daß die Selbstzündung schon nach wenigen Hüben, also noch in der kalten Maschine, erfolgen muß, worauf besonders bei schwer entzündlichen Ölen Rücksicht zu nehmen ist. Hier sind demnach die kleinste vorkommende Außentemperatur und der kleinste Luftdruck maßgebend, sowie auch die jeweilige Wichtigkeit rascher und sicherer Inbetriebsetzung entsprechend den örtlichen Verhältnissen. Die Verdichtungsdrücke bei der kalten Maschine sind um 3 bis 4 at kleiner als im Betrieb.

Die Erhöhung der Ansaugelufttemperatur etwa durch Heizung durch die Abgase ist im allgemeinen nur in geringem Grade anwendbar, weil damit das angesaugte Luftgewicht und die Leistungsfähigkeit der Maschine sinken müssen (s. S. 2), wenn auch wegen des vielleicht geringer notwendigen Luftüberschusses nicht im vollen Maß. Demgegenüber muß die selbsttätig geregelte Erwärmung der Arbeitsluft, die für die größte Leistung verschwindet, für kleinere Belastungen vorteilhaft sein, ohne die größte zu vermindern. (Pat. Reichenbach Nr. 126 402 Z. d. V. d. I. 1902.)

Naturgemäß vermindert sich diese größte Leistungsfähigkeit auch mit dem Druck der Ansaugeluft, also auch mit dem Barometerstand und der Meereshöhe (s. S. 4).

Übermäßige Erhöhung des Verdichtungsdruckes ist demgegenüber zu vermeiden, weil er die Drücke und Temperaturen im Zylinder vergrößert und die Betriebsicherheit

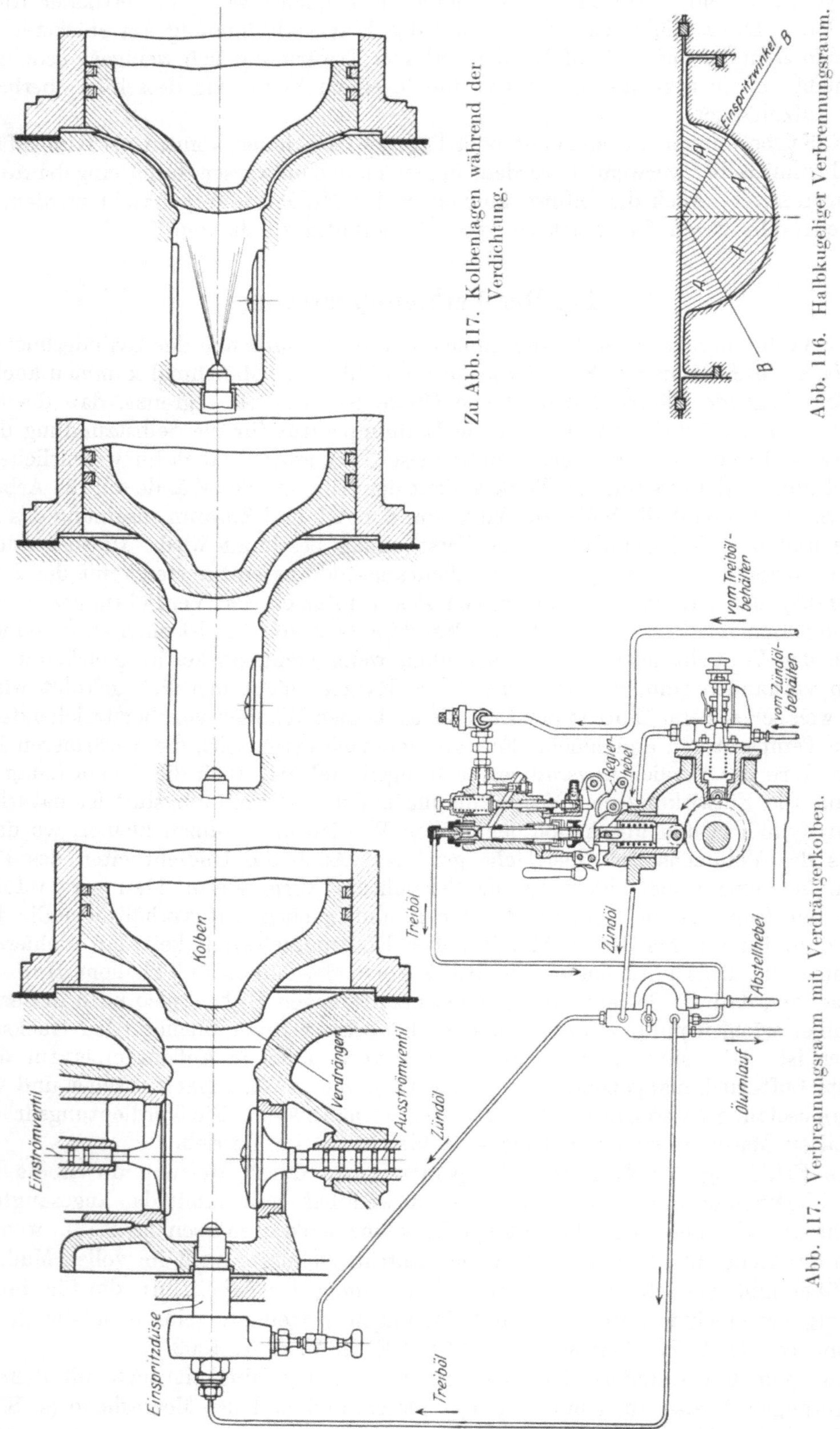

Zu Abb. 117. Kolbenlagen während der Verdichtung.

Abb. 116. Halbkugeliger Verbrennungsraum.

Abb. 117. Verbrennungsraum mit Verdrängerkolben.

dadurch vermindert. Auch die Abmessungen des Gestänges werden vergrößert, ohne daß sich in gleichem Maße die Leistung erhöht. Zur Ausnutzung der Zylinderwandstärken und des Gestängegewichts und auch zur Erzielung gleichmäßigen Ganges ist ein großes Verhältnis zwischen mittlerem und größtem Kolbendruck erwünscht. Endlich ist zu beachten, daß die an das Kühlwasser abgegebene Wärmemenge um so schädlicher auf den Wirkungsgrad Einfluß nimmt, bei je höherer Temperatur diese Wärme abgegeben wird. Es ist also nicht allein wegen des bei der Verbrennung größten Temperaturunterschiedes und des größten Übergangsbeiwertes an sich, sondern auch mit Rücksicht auf die dann ungünstigste Wirkung des Wärmeverlustes richtig, die Oberfläche des Verbrennungsraumes im Verhältnis zu seinem Inhalt so klein als möglich zu machen, was einen verhältnismäßig gegen den Durchmesser großen Kolbenhub erfordert, wenn man am Kolbenboden gleiche Wärmeabfuhrverhältnisse annimmt wie beim Deckel und den Seitenwänden. Auch nehmen die an den Wänden haftenden, kälteren Teile der Luftfüllung nicht voll an der Verbrennung teil.

Als Konstruktionsregeln ergeben sich demnach: möglichst wenig zerklüftete Form des Verdichtungsraumes und möglichst gute Zerstäubung, Einspritzung an der heißesten Stelle des Raumes, Vermeidung von Undichtheiten des Kolbens, unbedingt dichtes Brennstoffventil, damit keine Druckluft nachströmen kann, günstige Strömungsverhältnisse beim Ansaugen und Ausschub. Es ist ungünstig, den Strahl des eingespritzten Brennstoffes auf eine gekühlte Wand auftreffen zu lassen, da er sich dort niederschlägt und schlecht verbrennt. Die Entfernung der Wände in der Strahlrichtung von der Einspritzungsöffnung soll also überall etwa gleich groß sein, die Zerstäubungskegel sollen dann möglichst den ganzen Raum gleichmäßig erfüllen. Ungekühlte Wände, die vom Brennstoff getroffen werden, erhitzen sich hingegen außerordentlich stark.

Wirbelungen während der Verdichtung sind aus dem Grunde für die Erzeugung hoher örtlicher Endtemperatur schädlich, weil sie den Wärmeübergang an die Zylinderwände beträchtlich erhöhen[1]) und auch wegen der Temperaturausgleichung durch Mischung. Es sollte daher die Luftzuführung in den Zylinder möglichst ruhig erfolgen, was freilich wegen der Beschleunigung des Kolbens teilweise wieder zunichte gemacht werden dürfte. Dementgegen bewirkt die Wirbelung während der Verbrennung, daß die Öltropfen stets mit neuen Sauerstoffteilen umgeben sind, wirkt also hier fördernd, auch durch die rasche Durchsetzung des ganzen Raumes mit Brennstoffteilchen. Um diese zu erzielen, sind tote Räume, in die der Brennstoffstrahl nicht gelangen kann, möglichst zu vermeiden, da ihr Luftinhalt wirkungslos bleibt. Bei großen Zylinderdurchmessern wird die Brennstoffverteilung durch 2 Brennstoffventile verbessert, das Einregeln wird allerdings erschwert, hingegen wird die Kühlwasserführung im Deckel erleichtert, und die Erwärmungsverhältnisse des Deckels werden günstiger. Günstig verhält sich ein Verdichtungsraum von halbkugelförmiger Gestalt derart, daß die Düse im Mittelpunkt der Kugel liegt (Abb. 116). Die Luft im zylindrischen Ringraum außerhalb dieser Halbkugel wird vor Erreichung des Totpunktes in die Kugel hineingedrückt und unterstützt die Mischung, das dort geringe Spiel zwischen Kolben und Deckel hindert die große Wärmeabgabe an das Ende der Zylinderbüchse, während die Ausdehnung des Kolbenbodens ohne zu große Wärmespannungen erfolgen kann[2]).

Wo mechanische Druckeinspritzung verwendet wird, wie bei verdichterlosen Dieselmaschinen, kann diese Wirbelung in anderer Weise bewirkt werden. Bei der Deutzer Bauart liegender Maschinen (Abb. 117)[3]) ist dies schon im letzten Teil des Verdichtungshubes der Fall, indem der äußere Ring des mit einem zentralen Verdränger versehenen Kolbens am Hubende eine höhere Verdichtung erzeugt als der mittlere Teil. Hierdurch wird vor Erreichung des Totpunktes im Verbrennungsraum ein durch die Form der den Verdränger umschließenden Seitenwände beeinflußter Luftwirbel hervorgebracht, der die

[1]) Vgl. Junkers: Jahrb. Schiffsbaut. Ges. 1912.

[2]) Vgl. dementgegen Stremme: Z. V. d. I. 1917, S. 227.

[3]) Schneider: Öl- und Gasmotor 1921, S. 186 und Schmidt, Z. V. d. I. 1922, S. 1125.

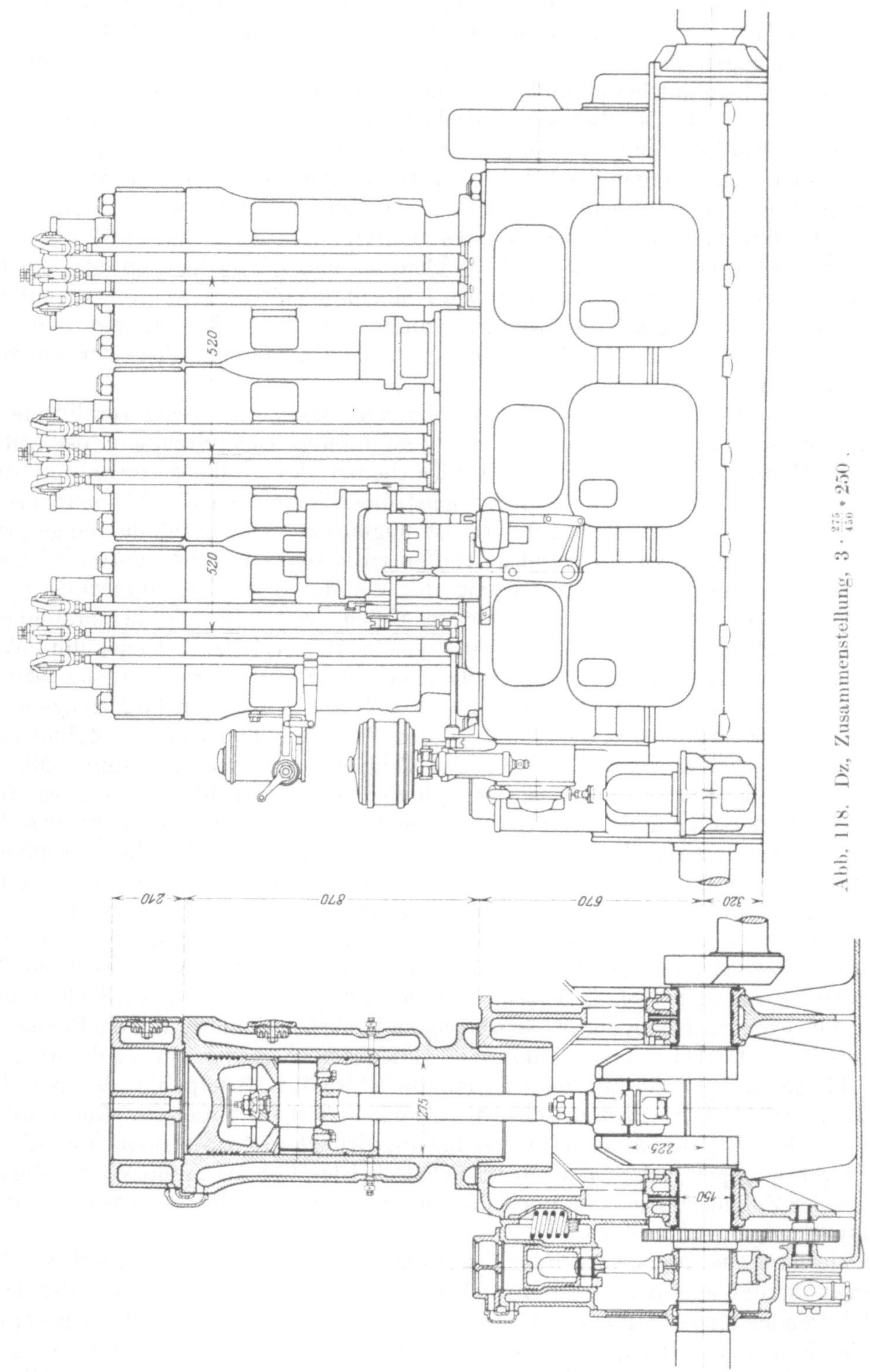

Abb. 118. Dz, Zusammenstellung, $3 \cdot \frac{275}{450} \cdot 250$.

Verteilung der Ölteilchen bewirkt. Auch bei den Bauarten Abb. 121 und 66 entstehen ähnliche Wirbelungen[1]). Die bewegte Luft muß so geführt werden, daß die aus der Düse tretenden Ölteilchen von ihr erfaßt und im Verbrennungsraum verteilt werden, da sonst ihre Anfangsgeschwindigkeit nicht ausreicht, sie in der verdichteten Luft

[1]) Vgl. Huebotter: Mechanics of the Gasoline Engine. New York 1923.

weit genug zu tragen[1]). Ohne solche Wirbel würden die Tropfen, durch die verdichtete Luft zerteilt, bald ihre Geschwindigkeit verlieren und in einer Kugelfläche um den Düsenaustritt die hauptsächlichste Verbrennungszone ergeben. Deren Durchmesser wäre um so größer, je größer die Tropfen bei der Einspritzung wären. **Hesselmann** hat daher den Verbrennungsraum so ausgebildet (Abb. 120), daß die in demselben befindliche Druckluft vor dem Totpunkt eine radial nach außen gerichtete Geschwindigkeit erhält, daß ferner die kegelförmigen Strahlen des Brennstoffes den entsprechenden Raum vorfinden, indem sie die obere Kolbenfläche tangieren, und daß endlich durch tangential gerichtete Luftzuführung durch das Einlaßventil noch am Ende der Verdichtung eine beträchtliche Drehung der Verbrennungsluft verbleibt, die die Strahlen der Öltropfen ablenkt und sie in der Verbrennungszone zu einem gleichmäßigen Gemisch vereinigen soll. Neuere Versuche[2]) mit ganz ähnlichen Brennstoffräumen (Abb. 122), bei denen der Brennstoffstrahl anfangs den ungekühlten, stark erwärmten Pilzkolben tangiert, haben gezeigt, daß man die sonst bei verdichterlosen Maschinen mit etwa halbkugeligem Verbrennungsraum eintretende starke Drucksteigerung vermeiden und dennoch sehr gute Verbrennung erzielen kann, besonders durch die erwähnte tangentielle Lufteinströmung in bestimmten Richtungen.

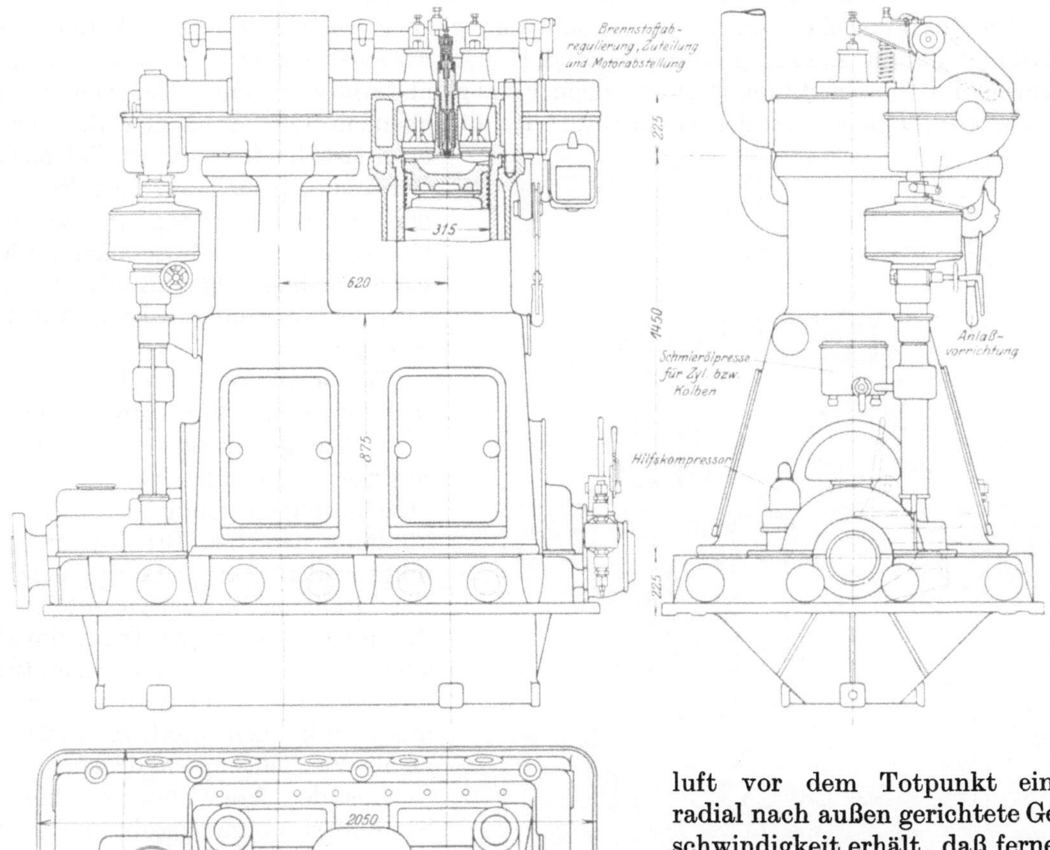

Abb. 119. WUMAG, Zusammenstellung, $2 \cdot \frac{315}{435} \cdot 300$.

[1]) Hesselmann: Z. V. d. I. 1923, S. 661.

[2]) Hintz, H.: Dieselmotoren mit Strahlzerstäubung, Z. V. d. I. 1925, S. 673.

Der Deutzer Anordnung im Wesen ähnlich ist die von Price[1]), bei der der Verbrennungsraum doppelt kegelförmig ausgebildet ist und mit dem Kolbenhubraum, der nur ein geringes Spiel zwischen Kolben und Deckel freiläßt, durch eine zentrale Öffnung verbunden ist. Die Einspritzung erfolgt von den Spitzen der beiden Kegelhohlräume aus durch zwei sich treffende, gegeneinander abgestimmte Brennstoffstrahlen (Abb. 121). Auch Abb. 66 und 228 zeigen die ähnliche Bauart von Banner.

Aus den Versuchen von Riehm[2]) geht der schon von der Motorenfabrik Deutz, der Maschinenfabrik Augsburg-Nürnberg und Hesselmann[3]) erkannte Umstand deutlich hervor, daß zur Zerstäubung eines vollen Flüssigkeitstrahles in kleine Teilchen eine gewisse, vom Druck und der Temperatur der umgebenden Luft abhängige Strahllänge erforderlich ist. In diesem Fall soll der Verbrennungsraum so gestaltet werden, daß er diese Länge freigibt, weshalb bei stehenden Maschinen der Kolbenboden hier hohl (z. B. Abb. 73, 118, 119) oder sonst entsprechend (Abb. 120) geformt wird.

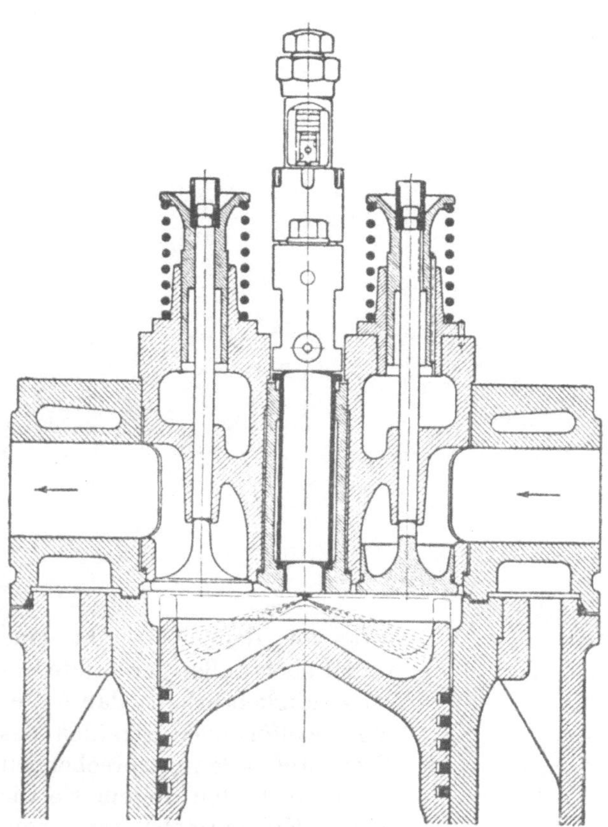

Abb. 120. Hesselmann, Druckeinspritzung.

Bei allen verdichterlosen Dieselmaschinen ohne Vorkammer kann der Verdichtungsenddruck bedeutend niedriger gehalten werden als bei Drucklufteinspritzung, weil die Abkühlung der die Brennstofftropfen umgebenden Einspritzluft wegfällt. Bei größeren Zylindern erfolgt die Zündung schon bei rd. 18 at, um aber auch bei geringen Außentemperaturen und schweren Brennstoffen sicher anlassen zu können, wählt man 22 bis 25 at als Verdichtungsenddruck.

Aus den Vorstellungen über die Strahlzerstäubung ergibt sich, daß zwar möglichst der ganze Verdichtungsraum durch Öltropfen bestrichen werden, diese aber beim Eintritt nicht zu klein ausfallen sollen. Es handelt sich also bei der Düse mehr um die Verteilung des Brennstoffes in verschiedene Richtungen und im ganzen Raum als um die feine Zerstäubung, die erst im Verbrennungsraum infolge der großen Geschwindigkeit eintritt, die wegen des Luftwiderstandes und der damit verbundenen Verzögerung und der Oberflächenspannung das Zerreißen zu großer Tropfen bewirkt.

Lindemann (Abb. 123) bringt die Luftgeschwindigkeit an der Brennstoffdüse dadurch hervor, daß er zwei Arbeitszylinder verwendet, deren Phasen um 45° verschoben sind. Der vorauslaufende Kolben verdichtet die Luft zuerst und treibt sie durch einen Verbindungskanal, in den auch die Brennstoffdüse mündet, in den anderen Zylinder, wodurch vor dem Ende der Verdichtung dort ein Luftwirbel erzeugt wird. Die höchste Verdichtung erfolgt hier nicht an den Kurbeltotpunkten.

Bei der Einspritzung durch teilweise Zündung in einer Vorkammer, wie sie z. B. beim Steinbecker-Motor (Abb. 124) und beim verdichterlosen Körting-Motor

[1]) Vgl. Nägel: Z. d. V. d. I. 1920, S. 1024 und 1925, S. 958.
[2]) Riehm: Z. V. d. I. 1924, S. 641.
[3]) Hesselmann: Z. V. d. I. 1923, S. 661.

angewendet wird, wo also der Brennstoffstrahl wieder von einem hier aus der Vorkammer in den eigentlichen Verbrennungsraum austretenden Gasstrom erfaßt und verteilt wird, kann der Verbrennungsraum dieselbe Form wie bei der Drucklufteinspritzung erhalten.

Die Einspritzung durch eine Vorkammer kann in dreierlei Art erfolgen. Es kann nämlich der Brennstoff schon in der Vorkammer zerstäubt werden und dort wegen der geringen Sauerstoffmenge nur zum kleinsten Teil verbrennen, der aber genügt, um den Druck in der Kammer derart zu erhöhen, daß der restliche Brennstoff durch die Öffnungen zwischen der Kammer und dem Zylinder hindurchgetrieben und weiter fein zerstäubt wird.

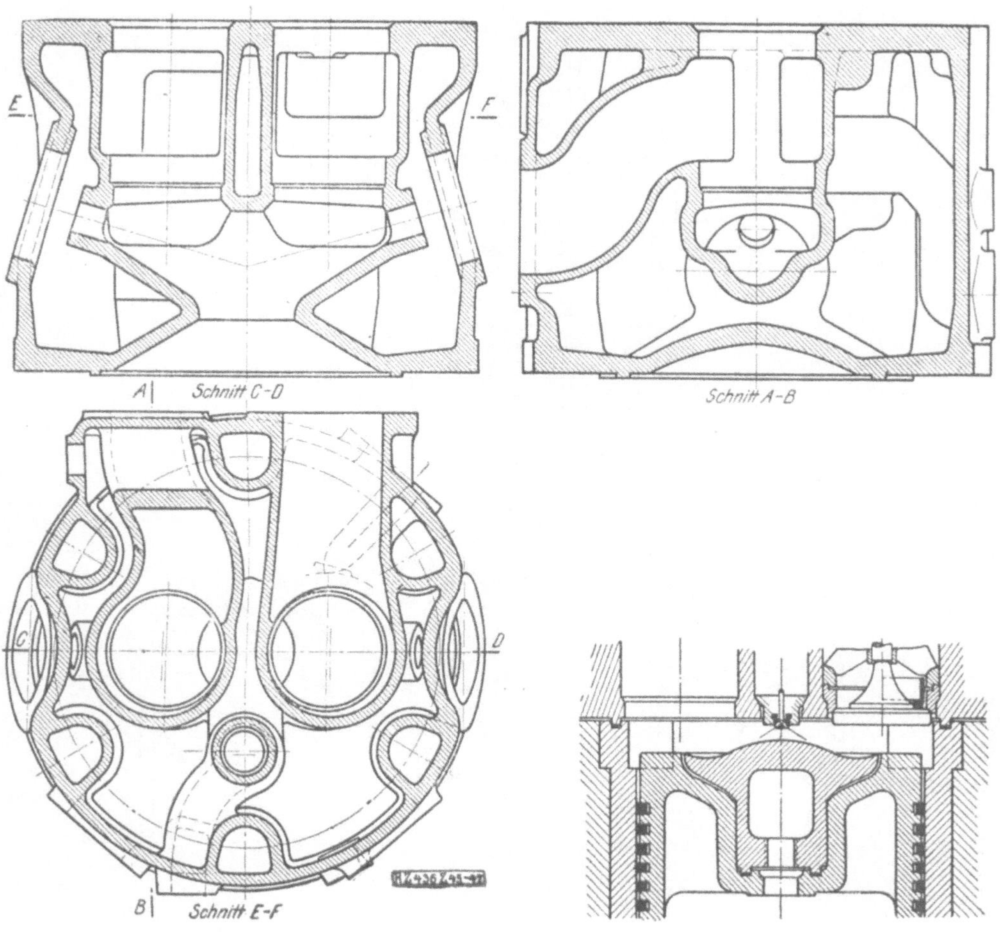

Abb. 121. Price, Verbrennungsraum.

Abb. 122. Kr, Pilzkolben.

Eine zweite Art besteht darin, daß zwar der ganze Brennstoff in die Vorkammer gelangt, hier aber nur vorgelagert, vorgewärmt und teilweise verdampft wird, so daß auch während der Verdichtung im Zylinder nicht genügend Luft in die Kammer eindringt, um dort eine Zündung hervorzurufen. Im Gegenteil gelangt der Öldampf in den heißen Zylinderraum, leitet dort die Verbrennung ein, und erst dadurch wird Luft in die Vorkammer befördert. Hier entsteht dann ein Druck von rd. 80 at, der die endliche Einspritzung des Brennstoffes bewirkt (Abb. 125). Endlich kann man in die Vorkammer nur einen kleinen Teil des Brennstoffes einspritzen und dort zur Verbrennung und Druckerhöhung bringen, wodurch dann der eigentliche in den Verbindungsöffnungen zum Zylinder eingeführte Arbeitstoff eingespritzt und zerstäubt wird (Steinbecker-Motor, Abb. 124). Knapp vor dem Totpunkt fördert die Verdichtungsluft einen Teil des in den Verbindungskanal zwischen Vorkammer und Zylinder eingepreßten Brennstoffs in die Vorkammer. Hier ist die Temperatur der Vorkammerwände sehr hoch, so daß der Verdichtungsdruck von 30 at ausreicht.

Die erstgenannte Bauart kann wieder mit ganz oder teilweise gekühlter Vorkammer (Abb. 124, 126) bei höheren Verdichtungsdrücken oder mit heißen Vorkammerwänden

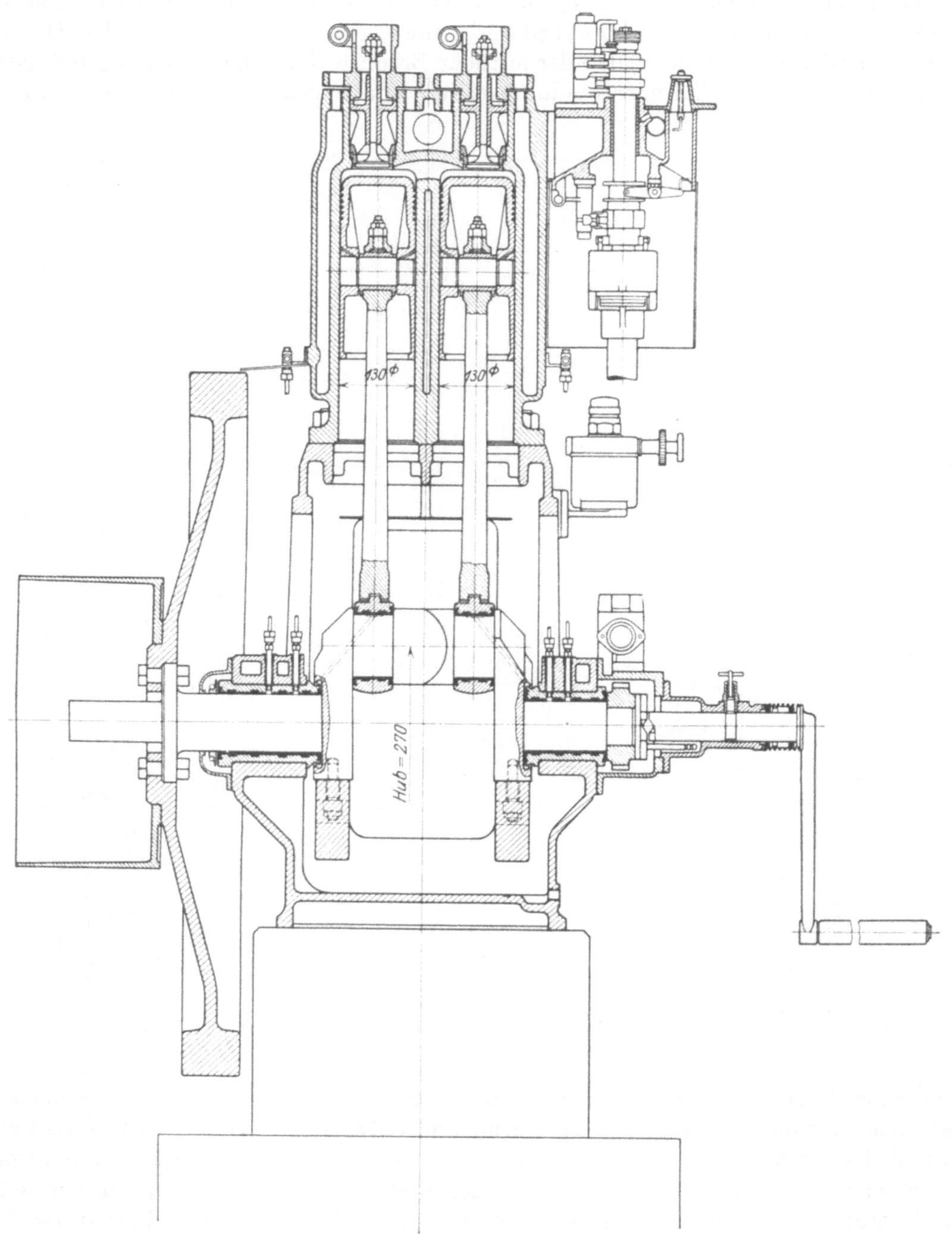

Abb. 123. Lb, Lindemannmaschine, $2 \cdot \frac{130}{270} \cdot 450$.

bei kleinen Verdichtungsdrücken arbeiten. Im ersten Fall können ausgesprochene Glühflächen vorhanden sein.

Das Anlassen der Vorkammermaschinen geschieht bei kleinen Leistungen mit der Hand, wobei die Vorkammer vorgeheizt wird, bei größeren mit Druckluft. Da die erste

Zündung im Zylinder wegen der dort verhältnismäßig geringen Wandkühlung leichter als in der Vorkammer erfolgt, wird manchmal eine zweite Einspritzdüse unmittelbar in den Verdichtungsraum geführt, die entweder im Betrieb offen bleibt (Steinbecker) oder dann abgeschlossen wird (Deutz).

Bei den Vorkammermaschinen ergänzen sich die Verbrennungsvorgänge in der Vorkammer und im Verdichtungsraum gegenseitig, beim Wirbelmotor müssen Wirbelvorgang und Verbrennungsvorgang im Einklang stehen, es ist also jeweils eine Einstellung zweier Vorgänge gegeneinander und eine Abstimmung derselben erforderlich. Man kann aber

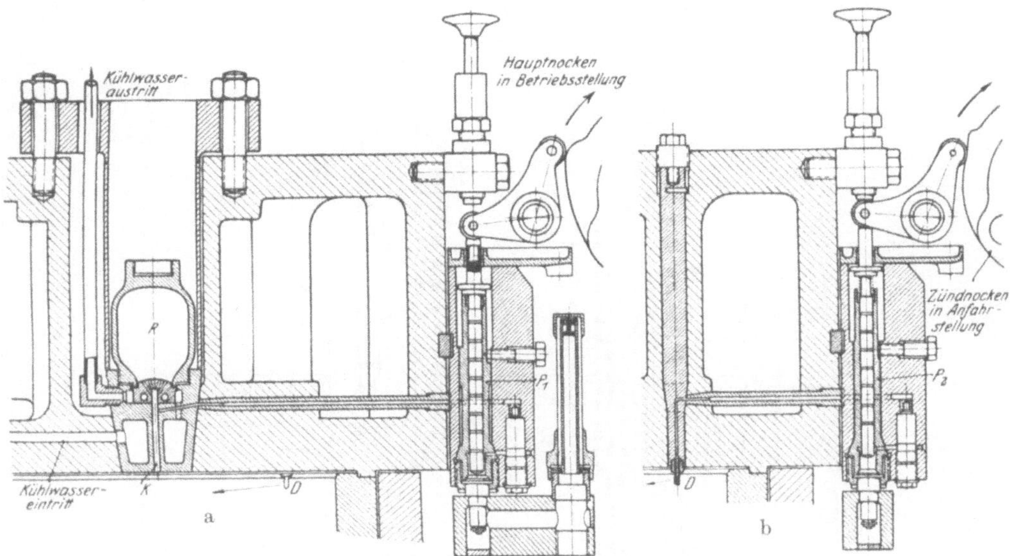

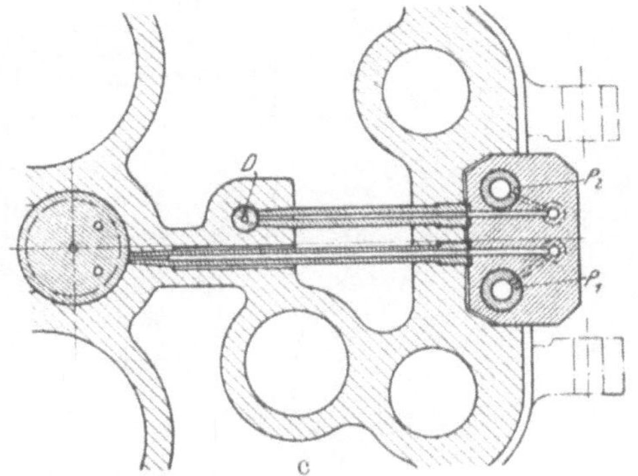

Abb. 124. Kr, Steinbeckermaschine.

den Brennstoff auch bei entsprechend hohem Druck in mehr oder weniger ruhende Luft einspritzen, wodurch ebenfalls eine entsprechende Zerstäubung eintritt, wenn die erforderliche Strahllänge vorhanden ist oder wenn die Tröpfchen auf den heißen Kolbenboden aufprallen und dort zurückgeworfen werden (Vickers, Deutz). Da der Verdichtungsenddruck, wie erwähnt, nur 22 bis 25 at beträgt, kann der verhältnismäßig große Verbrennungsraum durch einen hohlgeformten Kolbenboden etwa als Halbkugel ausgebildet werden, in deren Mittelpunkt sich die Düse befindet. Etwa noch auf den Kolben gelangende Flüssigkeitstropfen werden erhitzt, verdampft oder vergast, wodurch die Kolbenoberfläche gleichmäßig gekühlt wird. Der große und günstig geformte Verbrennungsraum und die geringe Luftbewegung begünstigen die Erhaltung verhältnismäßig hoher Temperatur im Kern, die Wandkühlung ist gering. Infolgedessen braucht die Verdichtung nicht so weit getrieben zu werden wie bei Vorkammermaschinen und bei Lufteinspritzung. Bei Vorkammermaschinen fehlt beim Anlassen noch die hohe Wandungstemperatur der Kammer, die Verbrennungsluft gibt hier noch Wärme ab, so daß man zumeist künstliche Mittel zum Zünden beim Anlaufen verwenden muß (Glimmerpapier, d. i. nitriertes Löschpapier oder elektrischer Glühstift). Bei Lufteinspritzung wieder wird die die Öltropfen umgebende Einspritzluft bei der Expansion stark abgekühlt. Die bei Druckeinspritzung geringere Luftverdichtung hat den Vorteil, daß das Anlassen mit geringerem Druck möglich wird und daß außergewöhnliche Drucksteigerungen keine so große Höhe erreichen können (vgl. S. 199). Man kann hier offene Düsen mit feinen Bohrungen verwenden, muß aber in diesem Falle zur Vermeidung unbeabsichtigten Nachtropfens von Brennstoff infolge von Zusammenziehen der Druckleitungen nach der Entspannung deren Wandstärken besonders groß wählen. Anstatt dessen kann man auch nach innen öffnende Rückschlagventile anbringen. Auch Einlochdüsen mit Einsätzen werden verwendet, die dem Strahl einen Drall erteilen, um die Zerstäubung im Verbrennungsraum zu verbessern.

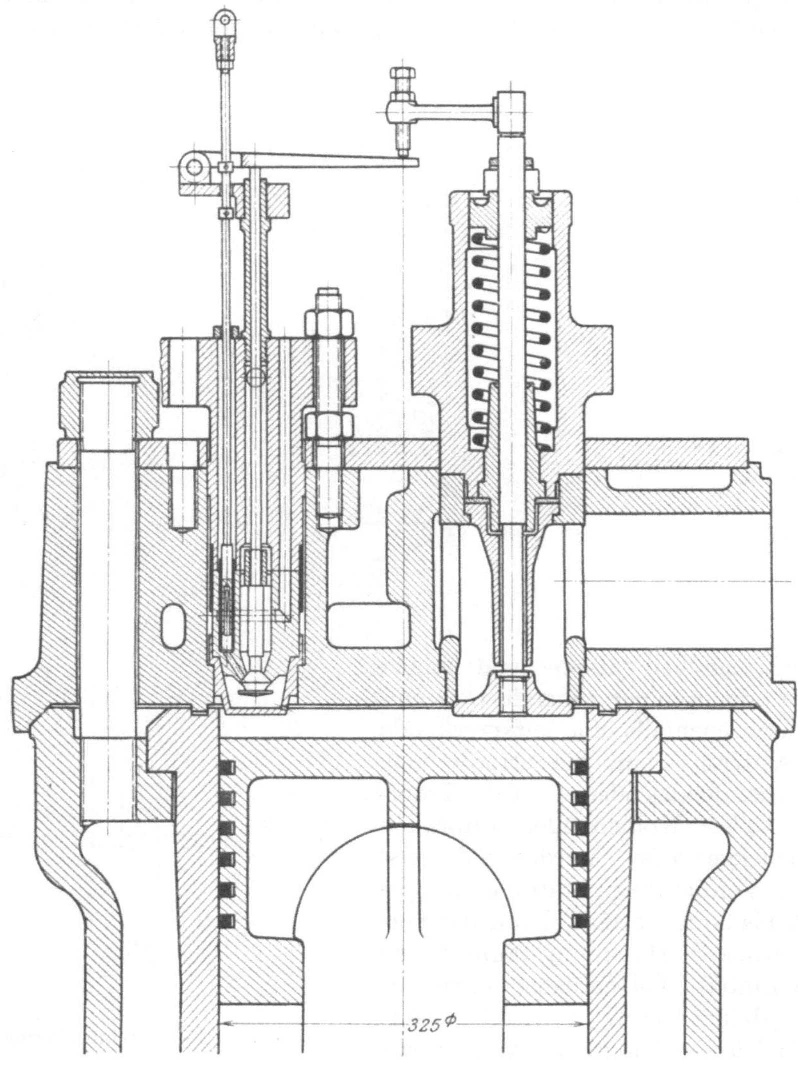

Abb. 125. Sk, Brons-Motor, $1 \cdot \frac{330}{400} \cdot 260$.

Häufig aber werden auch geschlossene Düsen verwendet, die durch eine federbelastete Nadel mechanisch oder durch Öldruck gesteuert werden. Manchmal erhalten sie einen Fortsatz, der mit geringem Spiel in die Einlochdüse paßt, um so dem Brennstoffstrahl eine Führung zu geben. Vor dem Ventilsitz werden manchmal auch Drosseleinrichtungen oder Drallspulen eingesetzt[1]).

Die Steuerung der Nadeln erfolgt entweder mechanisch durch Nockenhebel (Vickers) oder durch Öldruck unmittelbar von der Pumpe. Im ersten Fall ist eine Aufspeicherung des Brennstoffes vor der Nadel erforderlich, so daß die regelmäßige Brennstoffzufuhr von

[1]) Eine Zusammenstellung verschiedener Düsenbauarten findet sich in Büchner: Halbdieselmotoren. W. Knapp, Halle 1926.

der Genauigkeit der Nadelbewegung und von den Widerständen der Strömung zwischen Windkessel und Ventilsitz abhängt. Für niedrige Drehzahlen ist dann eine verwickelte Nadelhubregelung und Zündpunktverstellung erforderlich. Bei Öldrucksteuerung werden der gleichbleibende Zündbeginn und der Verlauf der Einspritzung ausschließlich von der Nockenform der Brennstoffpumpe geregelt.

Wie bereits erwähnt, ist der Vorgang bei der Verbrennung im verdichterlosen Dieselmotor meist ein gemischter Gleichraum- und Gleichdruckvorgang, es kann jedoch auch reiner Gleichdruck erzielt werden[1]). Der thermodynamische Wirkungsgrad hängt jedoch bekanntlich von dem auf die Entropie bezogenen Mittelwerte der Temperaturen während der Wärmezufuhr ab, so daß bei entsprechender Wahl der Verhältnisse bei gleichem Höchstdruck kein großer Unterschied auftritt. Der Brennstoffverbrauch ist sogar auffallend gering, auch wenn die für den Verdichter sonst aufzuwendende Arbeit berücksichtigt wird (vgl. S. 390). Bei Druckeinspritzung können ungekühlte Kolben für größere Einheiten verwendet werden als bei Drucklufteinspritzung, wo sich infolge der Mischung von Brennstoff und Luft während der Einspritzung leicht Stichflammen ausbilden.

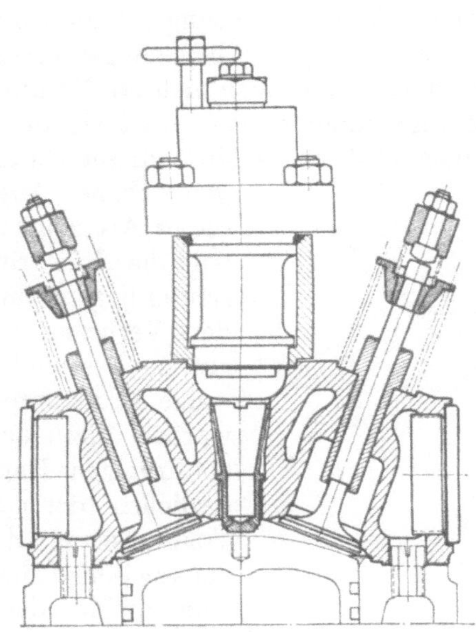

Abb. 126. Bz, Zylinderdeckel und Verbrennungsraum.

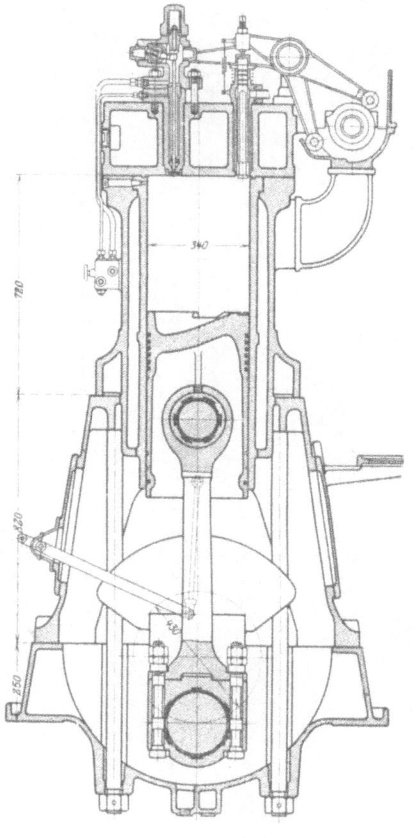

Abb. 127. Ca, Querschnitt, $3 \cdot \frac{340}{430} \cdot 300$.

Verdichterlose Maschinen mit Druckeinspritzung lassen sich auch stärker überlasten als bei Lufteinspritzung, etwa um 40 v. H. gegen 20 v. H., ihre Drehzahl kann auch im Leerlauf bis etwa $^1/_{10}$ der höchsten Drehzahl ohne Störung vermindert werden, was insbesondere im Schiffsbetrieb wichtig ist. Infolge des Wegfalles des Verdichters wird auch der gesamte mechanische Wirkungsgrad um 5 bis 8 v. H. größer, bei entsprechender Ausbildung, insbesondere bei genügend starken Zapfen und Hauptwellen, erreicht er 85 v. H.

Der Bau verdichterloser Maschinen erfordert ganz besonders genaue Herstellung für die Brennstoffpumpe und ihre Regelung, der Einspritzvorrichtung und jener Teile, die unmittelbar dem Verbrennungsvorgang ausgesetzt sind.

Größere Maschinen mit Druckeinspritzung werden mit Druckluft angelassen, zu deren Herstellung ein kleiner Hilfsverdichter dient (z. B. Abb. 118).

[1]) Hintz: Z. V. d. I. 1925, S. 673; Hawkes: Engg. 1920/2. S. 786, Heidelberg, Z. V. d. I. 1924. S. 1047.

Als Vorteile der verdichterlosen Einspritzung sind außer der Vereinfachung und Ersparnis durch Wegfall des Verdichters und der Verdichterarbeit, sowie der äußeren Steuerung des Brennstoffventils noch anzuführen, daß auch die durch Explosionen im Einblaseventil und in den Luftaufnehmern entstehenden Störungen unbedingt vermieden werden, ferner, daß der Brennstoff in die Zylinder nur eintreten kann, wenn die steuernde Ölpumpe den nötigen Druck erzeugt, also nur zur richtigen Einspritzzeit, nicht aber zu früh, so daß weniger leicht Vorzündungen durch Verdichtung von Öl-Luftgemisch entstehen können. Hier entfällt auch die sonst etwa nötige Luftdruckregelung.

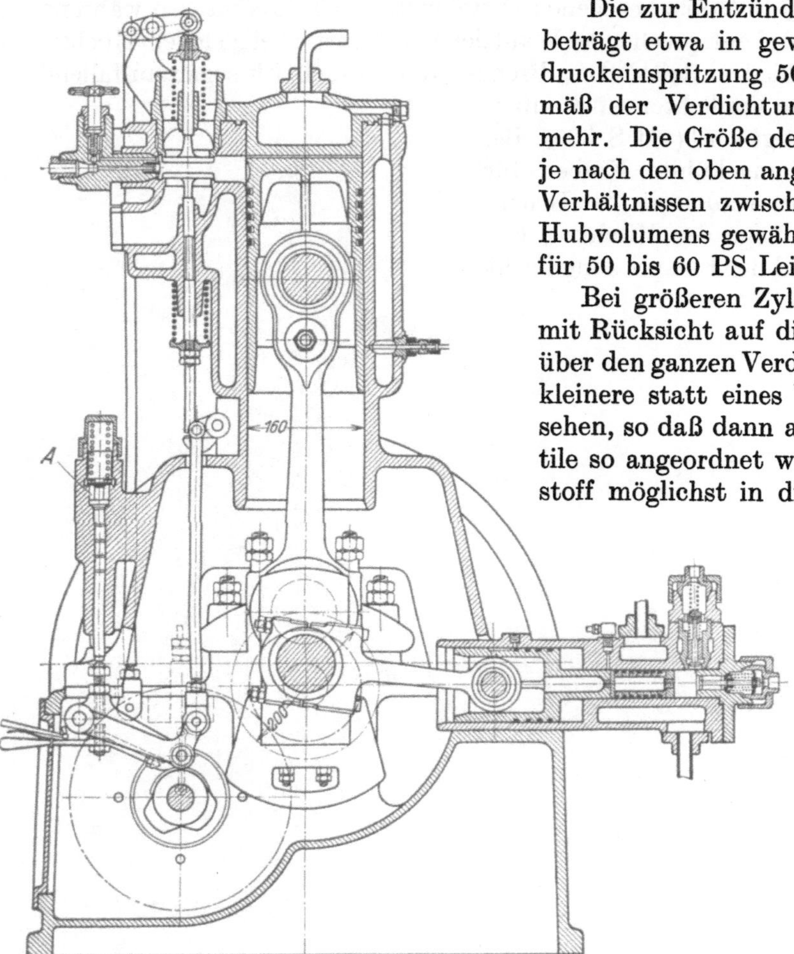

Abb. 128. Lz, Querschnitt, $1 \cdot \frac{160}{200} \cdot 600$.

Die zur Entzündung notwendige Temperatur beträgt etwa in gewöhnlichen Fällen bei Luftdruckeinspritzung 500 bis 650° C[1]) und demgemäß der Verdichtungsdruck 30 bis 35 at und mehr. Die Größe des Verdichtungsraumes wird je nach den oben angeführten einflußnehmenden Verhältnissen zwischen $6^1/_2$ und $8^1/_2$ v. H. des Hubvolumens gewählt, im Mittel bei Zylindern für 50 bis 60 PS Leistung mit etwa 7,5 v. H.

Bei größeren Zylinderabmessungen hat man mit Rücksicht auf die gleichmäßige Zerstäubung über den ganzen Verdichtungsraum auch mehrere kleinere statt eines Verbrennungsraumes vorgesehen, so daß dann auch mehrere Brennstoffventile so angeordnet wurden, daß sie den Brennstoff möglichst in die Mitte dieser Räume bringen. Eine Ausführung dieser Art zeigt Abb. 39, wo die Einspritzventile schräg liegen, um die beiden Verbrennungsräume gut zu bestreichen. Etwaige Druckunterschiede wurden durch den scheibenförmigen Raum ausgeglichen, der sich beim Vorwärtsgang des Kolbens zwischen diesem und dem Zylinderdeckel bildet[2]).

Es sei hier auf die verschiedenen Formen der Verbrennungsräume hingewiesen, wie sie bei ebenen Kolben- und Deckelböden (Abb. 31, 67) entstehen und wie sie dann bei konkav oder konvex gekrümmten Kolbenböden ausfallen (Abb. 17, 24, 25), wie sie sich endlich bei seitlich oder schräg gestellten Brennstoffventilen gestalten (Abb. 127, 606). Die Abb. 128 zeigt endlich die Formen bei seitlich angeordneten Saug- und Auspuffventilen, die Abb. 12, 18, 114 bei liegenden Maschinen mit vertikal und zentrisch liegenden Ventilen, bzw. Abb. 113 bei horizontal liegenden Ventilen, endlich Abb. 38 bei seitlich angeordneten Ventilen. Eine besondere Anordnung ist in Abb. 233 dargestellt, wo die schräg nebeneinander liegenden Ventile eine sehr geschlossene Form des Verbrennungsraumes gestatten und der Brennstoff gut in die Mitte desselben eingespritzt werden kann.

[1]) Alt: Jahrb. Schiffsbaut. Ges. 1920.

[2]) Vgl. Pat. Nr. 219 919 S. Barth, Düsseldorf, Z. V. d. I. 1911, S. 160.

Abb. 76 zeigt die Form und Anordnung des Verbrennungsraumes für eine stehende, verdichterlose Maschine in der Art der liegenden Bauart mit Verdrängerkolben (vgl. Abb. 117), Abb. 66 die Teilung des Verdichtungsraumes durch eine gekühlte Zwischenwand.

Die liegende Bauart der Motoren hat, was den Verbrennungsraum anbelangt, gegenüber der stehenden den Vorteil, daß an der tiefsten Stelle eine Ablaßvorrichtung für Verbrennungsrückstände vorgesehen werden kann. Die Form des Verbrennungsraumes ist hingegen ungünstiger, wenn bei Drucklufteinspritzung die Ventile nicht im Deckelboden liegen, wie bei stehenden Maschinen, was aber horizontale Ventilbewegung bedingt (Abb. 113). Bei mechanischer Druckeinspritzung mit Verdränger schadet die verwickeltere Form des Verbrennungsraumes nichts, weil der wesentliche Vorgang stattfindet, solange der äußere Ringraum noch durch den Spalt abgeschaltet ist. Der während der Verbrennung höhere Druck im inneren Raum bewirkt auch neuerdings ein Abströmen in den Ringraum und damit nochmals eine Wirbelung.

Jedenfalls sollen Sicherheitsventile für 50—60 at je nach der Maschinengröße entsprechend dem Verdichtungsdruck von 30 bis 35 at angebracht werden. Bei Umsteuermaschinen kann das Sicherheitsventil auch als Entspannungsventil verwendet werden (vgl. S. 202) (Abb. 285). Die Ursachen des übermäßigen Druckes im Verbrennungsraum sind entweder vorzeitiges Eindringen von Brennstoff durch grobe Undichtheit, Hängenbleiben des Brennstoffventils oder Schmieröldämpfe in der Verdichtungsluft[1]), besonders wenn diese aus dem geschlossenen Kastengestell angesaugt wird (vgl. S. 70). Auch Ölansammlung im Zylinder nach Herausnehmen des Brennstoffventils kann Frühzündung verursachen.

Im Falle Abb. 128 ist darauf zu achten, daß der Spielraum zwischen Kolben und Deckel nicht gar zu klein wird, weil dann die Gefahr des Ölschlags eintreten könnte.

V. Kolben.

Die Form der Arbeitskolben ist natürlich für Maschinen mit oder ohne besondere Kreuzkopfführung verschieden, ebenso für einfach- oder doppeltwirkende Zylinder.

Tauchkolben ergeben von selbst große Führungs- und Abkühlungsflächen, die auf den gekühlten Zylinderflächen laufen, während die Kühlung besonderer Kreuzkopfführungen umständlich ist. Auch die kleinere Maschinenhöhe und Billigkeit der Herstellung sind Vorteile des Tauchkolbens gegenüber der besseren Zugänglichkeit, leichteren Montierung und Nachstellung bei Kreuzkopfmaschinen, bei denen auch die Möglichkeit besteht, größere Kreuzkopfbolzen unterzubringen und sie besser vor Erwärmung zu schützen. Hier kommt auch in Betracht, daß die Erwärmung durch Reibung des Kreuzkopfes nicht so gefährlich ist wie die durch die Seitendrücke des Kolbens entstehende (vgl. Abb. 171, 172). Immerhin werden Tauchkolben bis 630 mm Dtr. und für eine Zylinderleistung von rd. 250 PS_e anstandslos verwendet, in einzelnen Fällen sogar bis 800 mm Dtr. und rd. 400 PS_e.

Der Kolbenboden wird meist eben oder konkav ausgebildet, um eine günstige Form des Verbrennungsraumes zu erhalten (z. B. Abb. 31, 58, 64, 100, 129). Auch nach außen gewölbte Kolben kommen vor (Abb. 76, besonders bei liegenden Maschinen (Abb. 166). Für die Bewegung der im Deckel angeordneten Ventile nach innen sind im Kolben nötigenfalls entsprechende Aussparungen anzubringen (Abb. 18, 25). In besonderen Fällen erhalten die Kolben auch besondere Formen, namentlich wo die Einspritzung nicht zentrisch erfolgt (Abb. 127).

Bei einfachwirkenden, langsamer laufenden, ortsfesten Maschinen werden die Kolben etwa von 500 mm Dtr. oder 110 bis 150 PS_e Zylinderleistung an gekühlt, bei schnelllaufenden Maschinen schon von 300 mm Dtr. oder rd. 50 PS_e Dauerleistung an.

[1]) Colell: Außergewöhnliche Druck- und Temperatursteigerungen bei Dieselmotoren. Berlin: Springer 1921.

Wenn keine Kühlung vorgesehen ist, muß der größte Teil der vom Kolbenboden aufgenommenen Wärme nach den zylindrischen Laufflächen geleitet und von da an die gekühlten Wände der Zylinderbüchse abgegeben werden. Der Rest wird durch Leitung an die Luft unter dem Kolben und durch Strahlung in der Richtung gegen die Kurbelwelle hin abgeführt. Da der Kolbenboden fortwährend den Verbrennungsgasen und während der Einspritzung ihrer höchsten Temperatur ausgesetzt ist und die Kühlung oft nicht so wirksam ist wie bei den Zylinderwänden, ist seine Erwärmung an der inneren Oberfläche größer als die der Zylinderwände.

Bei dem in Abb. 42 zugrunde gelegten Beispiel kommt auf 1 m² und eine Stunde dort, wo fortwährende Gasberührung besteht, eine Wärmebelastung von rd. 140 000 WE; die entsprechende Oberfläche ist etwas größer als $\frac{D^2 \pi}{2}$, weil der zylindrische Teil des Verdichtungsraumes und die Wölbung des Kolbenbodens einen Einfluß nehmen. Dabei sind die das Auspuffventil umgebenden Teile und alle Ansätze der Ventilpfeifen im Zylinderdeckel wegen schlechterer Kühlung heißer, die Umgebung des Einlaßventils vielleicht etwas kühler, so daß man im ganzen den Wärmeübergang etwas geringer annehmen muß, also mit obigem Wert angenähert rechnen darf. Im Deckel und Kolben geht demnach eine Wärmemenge von rd. $\frac{D^2 \pi}{2} \cdot 140\,000$ WE/st über, dazu kommt nach Abb. 42 in der Zylinderfläche während des Kolbenhubes eine Wärmemenge von $67\,000 \cdot D H \pi$ und bei einem Hubverhältnis $\frac{H}{D} = 1$ die Wärmemenge $D^2 \pi \cdot 67\,000$ WE, zusammen also $\frac{D^2 \pi}{2} \cdot 274\,000$ WE. Bezieht man sie auf die mittlere gasberührte Fläche von

$$\frac{D^2 \pi}{2} + \frac{D^2 \pi}{2} = D^2 \pi,$$

so ergibt sich für 1 qm der Übergangswert 137 000 WE etwa gleich dem für Kolbe[illegible]eckel, man kann also in diesem Fall mit dieser mittleren Fläche rechnen.

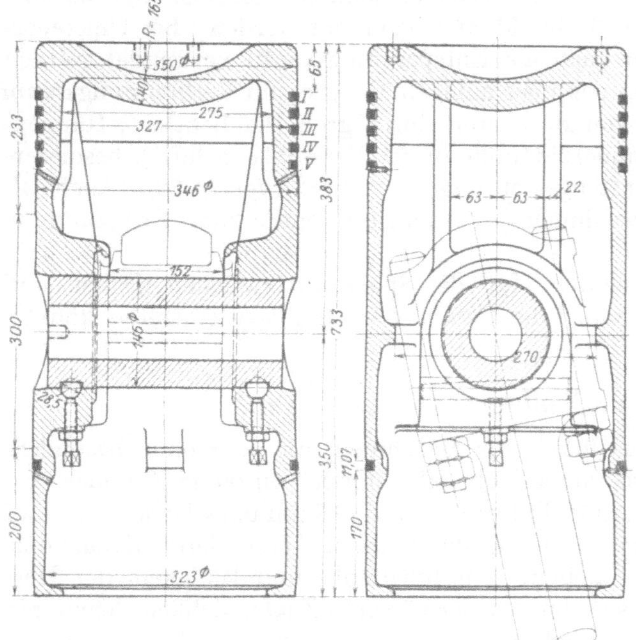

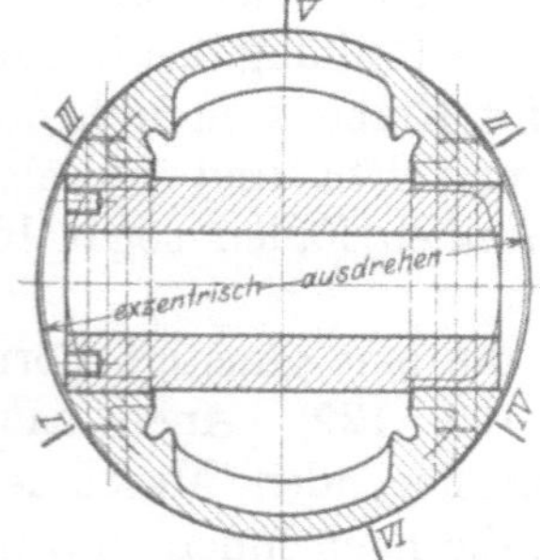

Abb. 129. DW, Kolben, 350 ∅, zu Abb. 46.

Die Übergangszahlen hängen ausschließlich von dem Verlauf der Gastemperaturen, also im wesentlichen von der Maschinenbelastung und der Kolbengeschwindigkeit w ab. Diese wirkt im Verhältnis $(1 + 1{,}24\, w)$ nach Nusselt, wenn man von der Gasstrahlung absieht, also nicht so stark wie auf die Maschinenleistung bei sonst gleichen Verhältnissen. Wenn also trotzdem die für eine Pferdestärke und Stunde vom Kühlwasser aufgenommene Wärmemenge nahe gleichbleibt, und zwar etwa 550 WE/PS_e-st, so ist dies auf die wegen der großen Gasgeschwindigkeiten auch verhältnismäßig großen Übergangszahlen in den Auspuffkanälen und verschiedene Kühlwassergeschwindigkeiten zurückzuführen. In unserem Falle kommen auf die Zylinderwände nur etwa 380 WE/PS_e-st. Bei gleicher Kolbenfläche, jedoch halber Kolbengeschwindigkeit von nur 3,25 m/sk. und einem Hubverhältnis 1,5 ergäbe sich hierfür ein Wert von 530 WE/PS_e-st, wobei die Drehzahl $^1/_3$ der ersten beträgt. Die Beurteilung der Wärmeübergänge im Kolben kann demnach nicht aus der Maschinenleistung bei gleichbleibender Verhältniszahl entnommen werden. Wenn ferner auch die Wärmespannungen unmittelbar von den Übergangswerten abhängen, so spielt auch die Temperatur an sich eine Rolle, und diese ist bei größeren Übergangszahlen bei gleichen Belastungen der Maschine kleiner.

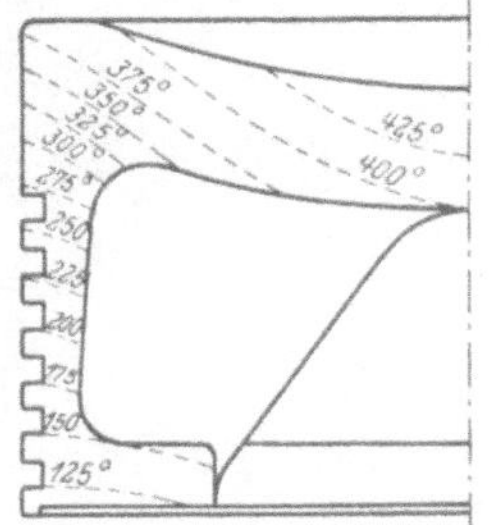

Abb. 130. Temperaturfeld im Kolben.

Große Kolbengeschwindigkeit und großes Verhältnis von Hub zu Durchmesser des Zylinders wirken hiernach günstig auf die Temperaturverhältnisse des Kolbens.

Die großen Temperaturunterschiede, die durch das in Abb. 130[1]) dargestellte Temperaturfeld bei ungekühltem Kolben zu beurteilen sind, bewirken große Beanspruchungen des Materials neben den durch die Gasdrücke und Gußspannungen vorhandenen, so daß es für den gesicherten Betrieb wesentlich ist, die Wärmeableitung möglichst zu unterstützen. Am besten dienen hierzu Längsrippen, die eine gute Wärmeleitung nach außen hin bewirken (Abb. 11, 53, 73, 131), kreisförmige Rippen ohne Verbindung mit der Außenwand nützen nur zur gleichmäßigeren Wärmeverteilung in den Böden und auch ein wenig zur Erhöhung der Wärme strahlung, deren Übermaß aber wegen der Empfindlichkeit der Kolbenbolzen zu vermeiden ist. Bei Abb. 100 wirken die schrägen Verbindungsrippen sehr günstig für die Kühlung des Bodens. Häufig finden sich Hohlgußkolben zum Schutze gegen Wärmestrahlung und um Ausscheidungen aus dem daraufspritzenden Öl zu vermeiden (z. B. Abb. 18, 29). Auch innen ganz glatte Kolben werden ausgeführt (Abb. 25, 132). Zum Schutze der Kolbenböden vor allzu hohen Temperaturen werden bei kleineren Maschinen manchmal Platten aus Schmiedeeisen oder Bodeneinsätze aus Stahl (Abb. 47, 83, 119, 133) angebracht. Stets ist jedoch hierbei dafür zu sorgen, daß durch verschiedene Ausdehnungen der Teile keine übermäßigen Beanspruchungen und kein Undichtwerden der Kolben entstehen können.

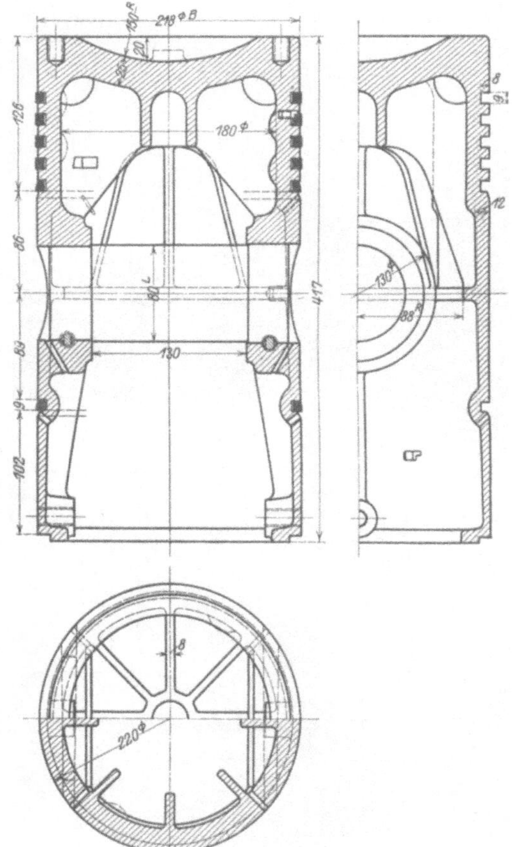

Abb. 131. Br-D., Kolben, $\frac{220}{340}$, zu Abb. 34.

Die Befestigung dieser Einsätze durch Schrauben (Abb. 47, 122, 133, 134), Bajonettverschluß (Abb. 135) und Bügel (Abb. 136) muß die Beschleunigungskräfte aufnehmen. Die sehr heiß werdenden Einsätze begünstigen die Zündung bei schwer verbrennlichen Brennstoffen. Große Kolbenlängen vergrößern die Oberfläche, erleichtern daher die Kühlung einigermaßen. In neuerer Zeit hat man, den Erfahrungen bei Flugmotoren gemäß, versucht, Aluminiumlegierungen als Baustoff für Kolben zu verwenden, deren Festigkeit etwa

[1]) Riehm: Z. V. d. I. 1921, S. 923.

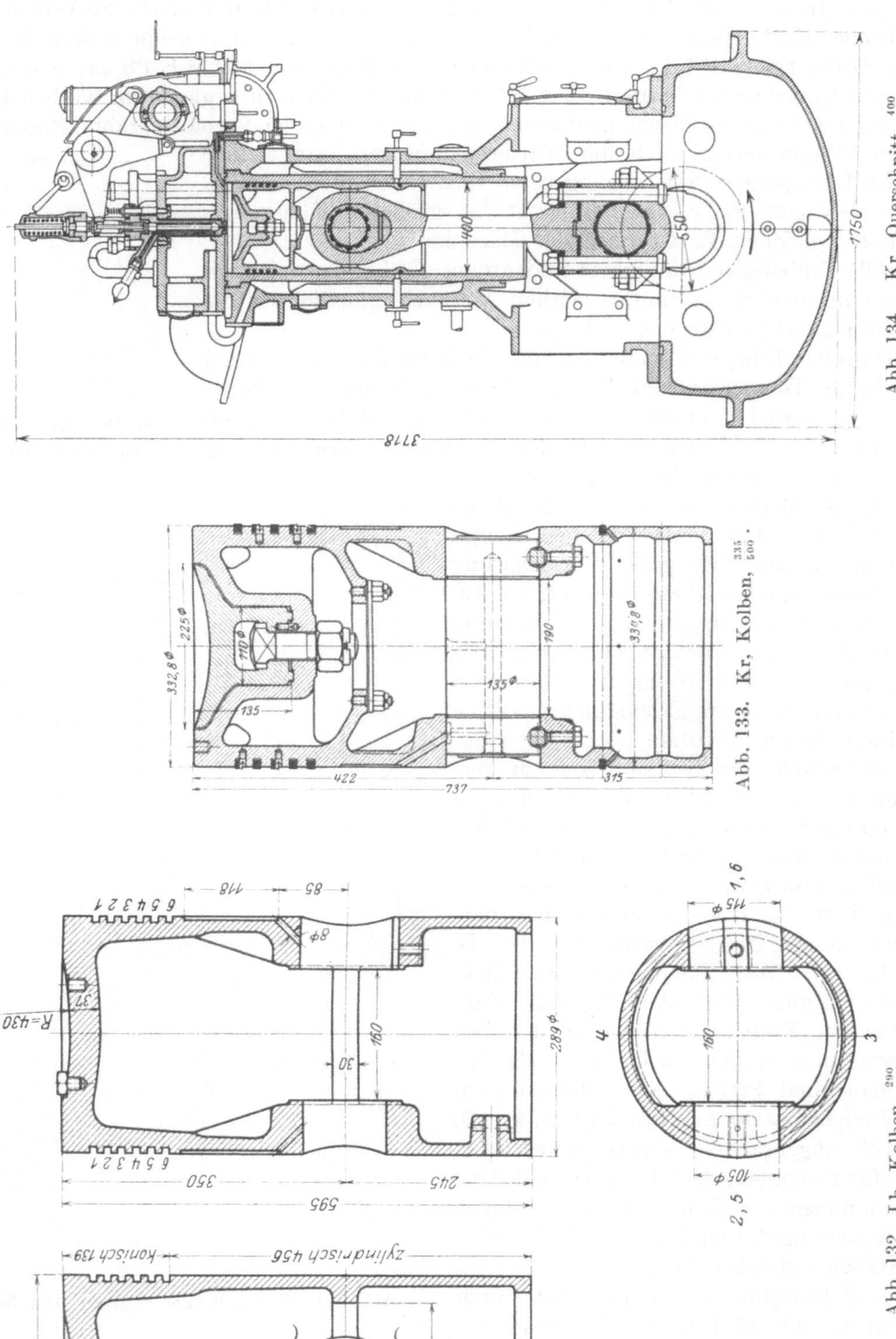

Abb. 134. Kr, Querschnitt, $\frac{400}{550}$.

Abb. 133. Kr, Kolben, $\frac{335}{500}$.

Abb. 132. Lb, Kolben, $\frac{290}{430}$.

2000 und sogar 3000 kg/cm² bei 3—4 v. H. Dehnung betrug[1]). Dabei sind das starke Schrumpfen beim Gießen und der hohe Ausdehnungsbeiwert bei Temperaturerhöhung zu beachten, das Kolbenspiel muß um rd. die Hälfte größer sein als bei Gußeisen, eingesetzte Büchsen für die Aufnahme des Kurbelzapfens werden leicht locker. Man um-

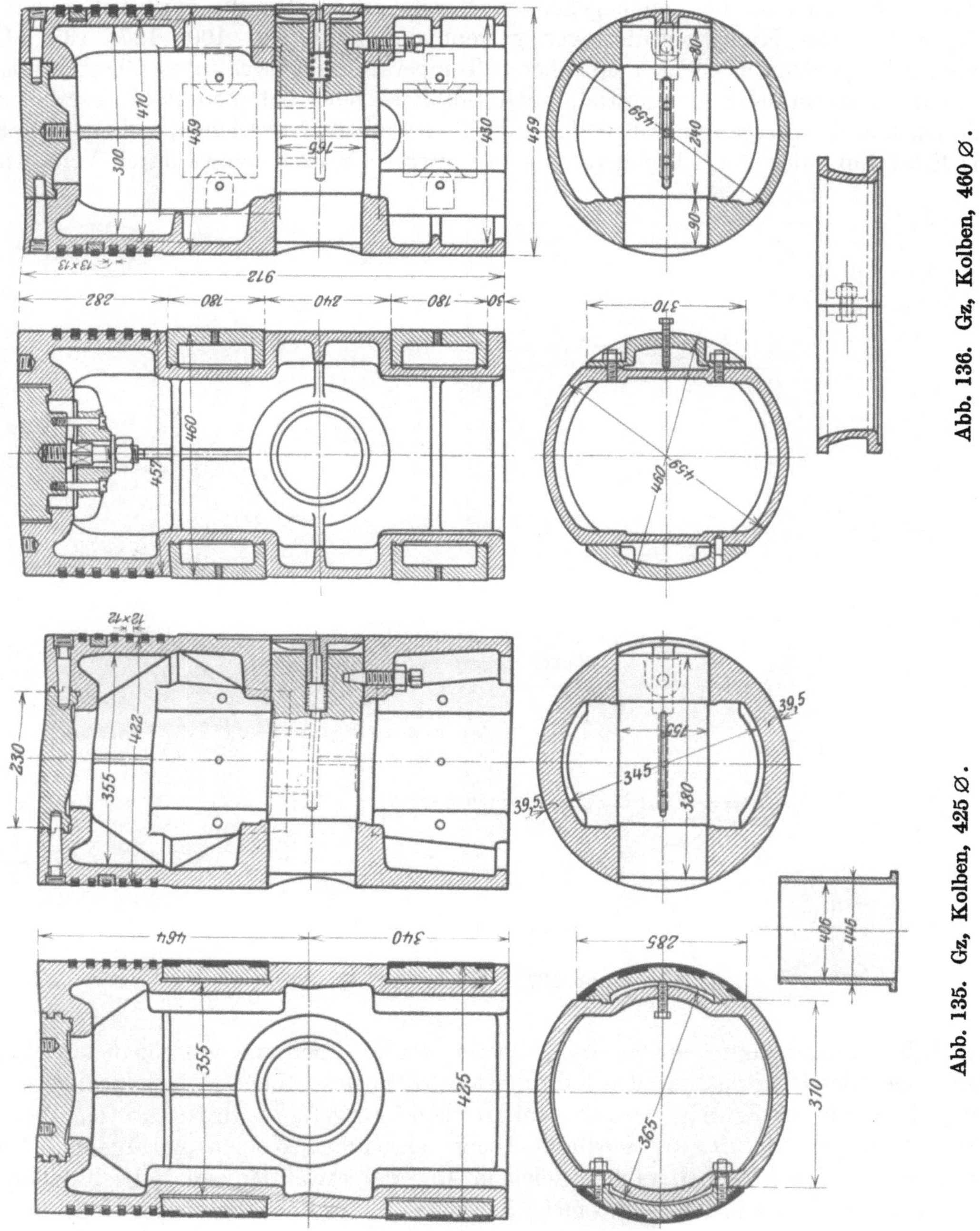

Abb. 136. Gz, Kolben, 460 Ø.

Abb. 135. Gz, Kolben, 425 Ø.

geht dies, indem man die Kolben in Mitte Zapfen teilt und durch Schrauben und Muttern mit entsprechend großer Auflage auf der Legierung die Bolzen oder deren Büchsen klemmt. Gewinde in Aluminium lockern sich leicht. Um rasches Ausschlagen zu verhindern, verwendet man besonders kurze und möglichst starke Kolbenringe. Ein wesentlicher Vorteil der Aluminiumkolben ist neben ihrer geringen Masse die gute Wärmeleit-

[1]) The Engineer, 1924. Bd. I, S. 517.

fähigkeit, wodurch hohe Innenwandtemperaturen vermieden werden, hingegen muß die Verdichtung etwas gesteigert werden, um sichere Zündung zu erzielen. Die Abnutzung der Kolben ist gering, besonders aber werden die Zylinderbüchsen geschont.

Bis etwa zu Größen von 150 PS_e in einem Zylinder, d. i. etwa 500 mm Durchmesser, werden bei ortsfesten Normalläufern gewöhnlich einteilige Tauchkolben angewendet. Darüber hinaus oder bei schnellgehenden Maschinen werden die eigentlichen Kolbenkörper von den Kreuzkopfführungen getrennt (Abb. 48, 49, 100, 137, 138). Diese Teilung bezweckt vor allem, den höheren Temperaturen ausgesetzten Oberteil aus besonders hitzebeständigem Material, auch Stahlguß oder Schmiedestahl, herstellen zu können und die gesonderte Auswechselbarkeit desselben zu erreichen, sodann aber auch die Einstellung des Verdichtungsraumes in weiteren Grenzen, als es durch Veränderung

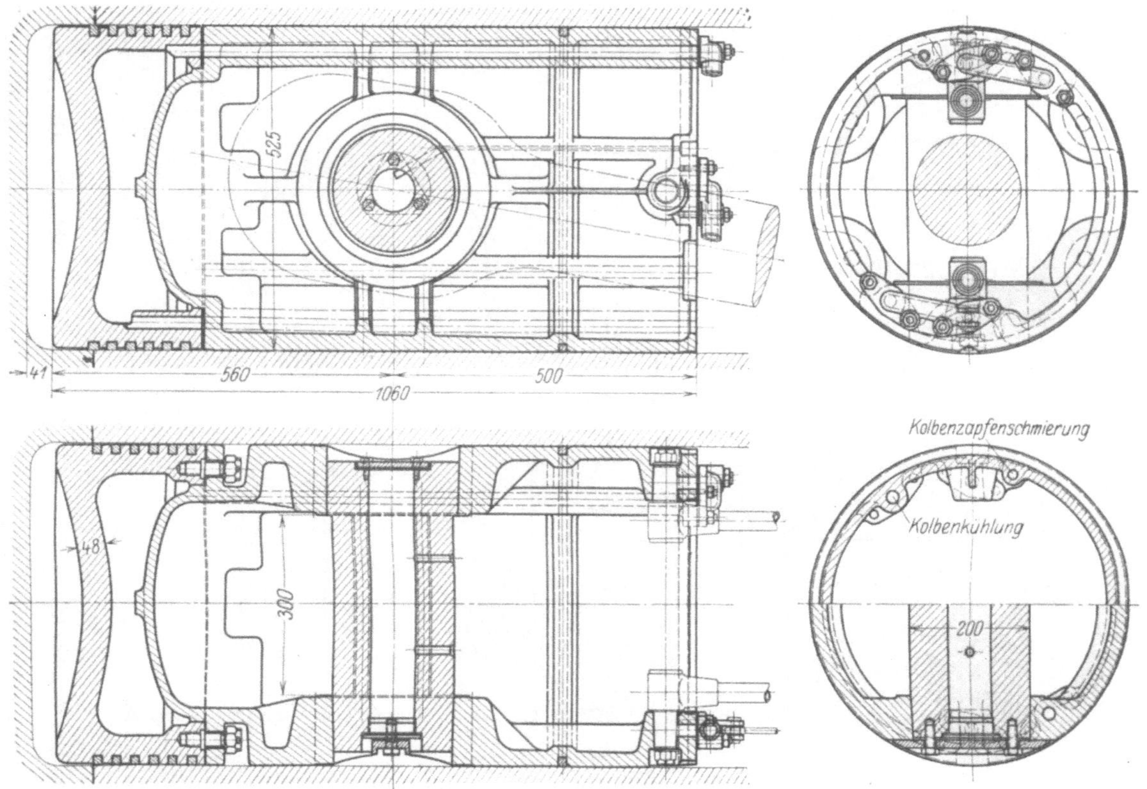

Abb. 137. DW, Kolben, $\frac{525}{700}$.

der Schubstangenlänge möglich ist. Hierbei werden auch die verschiedenen Wärmedehnungen des Oberteils und des Führungsteils ohne wesentliche Materialbeanspruchung möglich, wenn der Zentrierungszahn entsprechend ausgeführt wird (Abb. 48, 100, 137, 138). Hingegen ist die Wärmeabfuhr beim einteiligen Kolben naturgemäß besser, die Kolbenböden haben dann bei gleichem Material etwas längere Betriebsdauer.

Die Verbindungschrauben sind meist im Kolben- oder Führungskörper eingeschraubte Stifte, die Muttern entweder von innen oder durch außen angebrachte Taschen zugänglich (Abb. 100, 137, 138). Diese Schrauben müssen sorgfältig aus gutem Material hergestellt sein und gleichmäßig angezogen werden, so daß sie nicht durch Formänderungen der Kolbenteile oder durch vergrößerte Widerstände am Kolbenkörper beschädigt werden. Im laufenden Betriebe werden sie durch die Beschleunigungskräfte des oberen Teils und durch die Kolbenreibung beansprucht, die zulässige Zugspannung beträgt rd. 300 kg/cm². Wenn der Kolbenoberteil gekühlt wird, erleichtert die Teilung die Herstellung, hingegen müssen die Verbindungstellen abgedichtet werden (Abb. 137), was am besten durch Kupferringe oder durch Aufschleifen geschieht, weil dann doch die Wärmeabfuhr in den Führungsteil einigermaßen gesichert ist. Man hat auch versucht, die Teilung des Kolbens in den Querschnitt beim Kurbelzapfen zu verlegen und die Kolbenbolzen in der Schubstange fest und in den Lagerstellen im Kolben beweglich zu machen, wodurch große Auflageflächen und leichteres Ausbauen der Schubstange erreicht werden, die Bauart hat sich aber nicht verbreitet. In neuester Zeit wurde ein solcher Kolben derart gebaut, daß die vom Gasdruck herrührenden Auflagedrücke einerseits unmittelbar in den Kolbennaben, andererseits in der unteren übergreifenden Kolbenzapfenschale aufgenommen werden, wobei der durch leicht abnehmbare Platten nur längsbefestigte, aber frei drehbare Kolbenzapfen kaum auf Biegung beansprucht wird (Abb. 139).

Gegen das Verziehen des zylindrischen Kolbenteils dienen meist nur ringförmige Querrippen, zur Verbindung des Bodens mit den Naben des Kolbenzapfens bei einteiligen Kolben Längsrippen (z. B. Abb. 29, 129).

Um die Übertragung des Kolbenzapfendruckes auf die Führung zu sichern, wird häufig der betreffende Teil des Kolbens verstärkt (Abb. 31, 48).

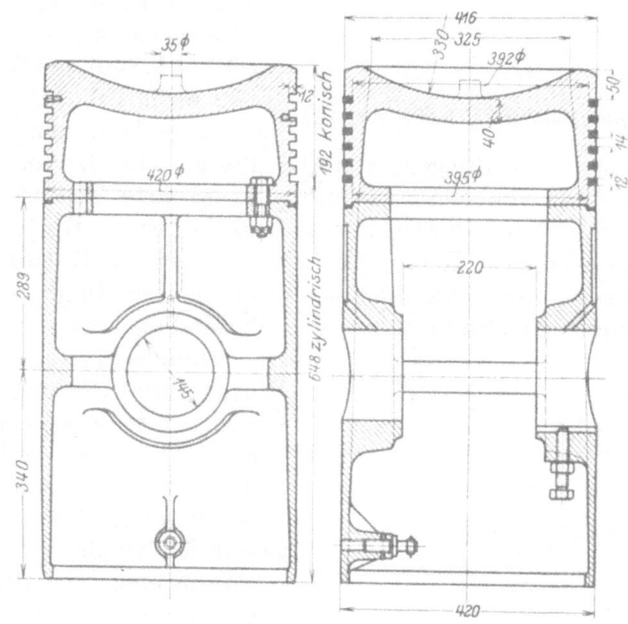

Abb. 138. b, Kolben, $\frac{420}{600}$.

Das Spiel zwischen dem Führungsteil des Tauchkolbens und dem Zylindereinsatz ist mit Rücksicht auf die Erwärmung des Kolbens zu wählen, bei kleineren Maschinen ist der Unterschied der Durchmesser etwa $\frac{1}{800}$, bei größeren und genauer Ausführung $\frac{1}{1200}$ bis $\frac{1}{1400}$ des Durchmessers. Gegen den Dichtungsteil zu wird das Spiel größer, dieser Teil selbst wird etwas konisch abgedreht, so daß am Kolbenboden ein Spiel von etwa $\frac{1}{100}$ des Durchmessers entsteht. Bei zweiteiligen Kolben ohne Kühlung ist das Spiel des Dichtungsteils etwas größer, besonders wenn er aus Stahlguß oder Schmiedeeisen hergestellt ist, da hier größere Wärmeausdehnung. Der Führungsteil wird außerdem an dem die Kolbenbolzenenden umschließenden Teil etwas abgeschliffen, um der Wärmeausdehnung des Kolbenzapfens Rechnung zu tragen, wenn dieser beiderseits mit den Kolbennaben verbunden wird. Abb. 131, 138 zeigen auch die zur Bearbeitung des Kolbens nötige Körnerwarze, die nachträglich glatt abgenommen wird.

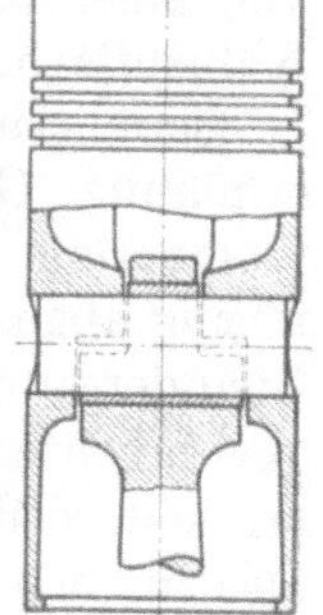
Abb. 139. Mi, Kolbenbolzenlager.

Gewöhnlich werden 5 bis 7 selbstspannende Kolbenringe verwendet. Die obersten besonders heiß werdenden Ringe sind nicht zu nahe am Kolbenende anzubringen, etwa 50 bis 80 mm vom oberen Rand, aber auch manchmal doppelt so weit (Abb. 149). Um ihr Festbrennen zu verhindern, erhalten sie um etwa 0,05 mm größeres Längsspiel als die übrigen Ringe in ihren Nuten, manchmal ist dies auch für den zweiten Ring erforderlich. Bezüglich der Berechnung der Kolbenringe für den Betrieb und das Überziehen über den Kolbenkörper sei auf die Abhandlung von Reinhart[1]) verwiesen, ebenso auch betreffs Herstellung der Ringe. Die Rohre, aus denen sie geschnitten werden, erhalten Lappen zur Befestigung an der Planscheibe (Abb. 135). Die Beanspruchung beim Überziehen über den Kolbenkörper kann mit 1200 kg/cm² gewählt werden. Als überschlägige An-

[1]) Z. d. V. d. I. 1901, S. 232. Vgl. auch Z. d. V. d. I. 1924, S. 254.

nahme kann für die Ringstärke $\frac{1}{30}$ bis $\frac{1}{35}$ des Zylinderdurchmessers gelten, die größeren Werte sind für kleine, die kleineren für größere Zylinder zu wählen. Der meist überlappte Ausschnitt (Abb. 140) für das Zusammenpressen der Ringe ist rund $^1/_{10}$ des Zylinderdurchmessers zu nehmen, im eingesetzten Zustand muß noch ein Spiel von 1,5 bis 2 mm verbleiben. Die Ringe erhalten meist nahe quadratischen Querschnitt, sind verhältnismäßig achsial kurz, um die Massenwirkung auf die Dichtungsflächen im Kolben gering zu halten. Sie werden sogar kürzer, als ihre Stärke beträgt, ausgeführt (Abb. 48, 63, 149). Gegen Verdrehung der Ringe sichert gewöhnlich ein Stift, der seinerseits wieder vor dem Herausfallen gesichert wird, (z. B. Abb. 140), die Ringe erhalten manchmal auch Schlösser, etwa nach Abb. 141. Kolbenringe aus Monelmetall ergaben geringere Abnutzung als gußeiserne Ringe. Die Austeilung der Ringspalte geht aus Abb. 129 und 132 hervor.

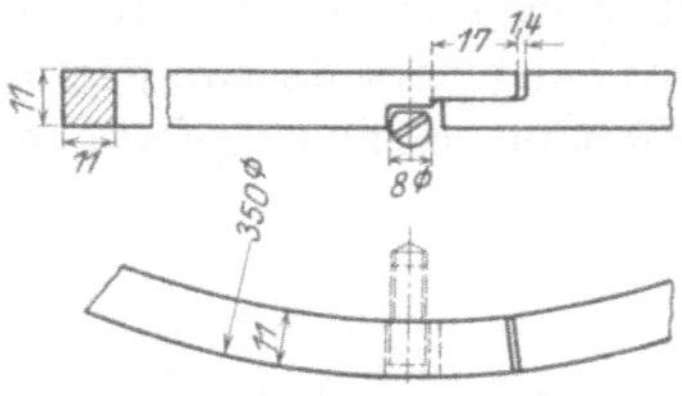

Abb. 140. DW, Kolbenring, $\frac{350}{400}$.

Die von den Kolbenringen verzehrte Reibungsarbeit ist außerordentlich groß, weil bei dem hohen Druck stets Gase hinter die Ringe treten und diese an die Zylinderwand pressen. Die Reibungsarbeit des innersten Ringes kann etwa dreimal so hoch angenommen werden, wie die des äußersten. Die Ringe müssen sehr gut eingepaßt und mit sehr engen Spielräumen an den Verbindungstellen versehen werden, um diesen Übelstand zu vermindern, gegebenenfalls können die Räume hinter den Ringen durch Öffnungen nach dem geringeren Druck zu vom Überdruck teilweise befreit werden. Das Ausglühen der Kolbenringe ist wegen erhöhter Abnutzung im Betriebe nicht günstig; wenn sie nahe auf das richtige Maß bearbeitet sind, sollen sie einige Zeit aufbewahrt werden, bevor sie endgültig geschliffen werden.

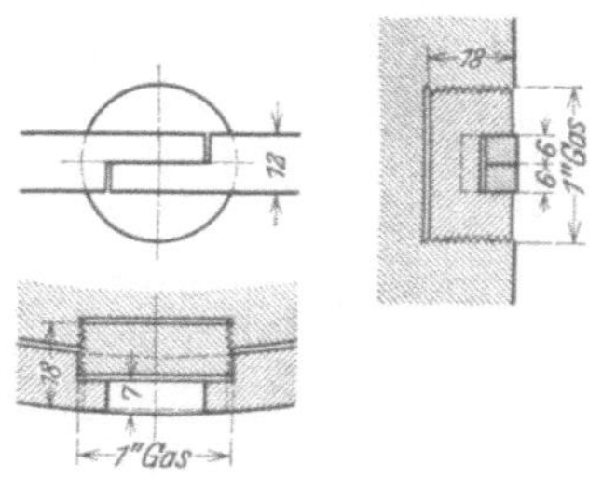

Abb. 141. Gz, Kolbenringschloß.

Wenn eine besondere Kolbenschmierung vorgesehen werden muß, erfolgt sie meist zwischen der Lage des innersten und dritten Kolbenringes bei tiefster Kolbenstellung, manchmal aber sogar unterhalb der Kolbenringe. Die Schmierlöcher sollen auch bei äußerster Kolbenstellung nicht vom Kolben freigegeben werden, um unwirksames Verspritzen von Zylinderöl zu vermeiden. Vielfach werden im Kolben Quernuten eingedreht (Abb. 29), die die Ölverteilung am Umfang erleichtern, oft werden sie aber auch weggelassen.

Bei Schnelläufern mit Kastengestell und Umlaufdruckschmierung wird gewöhnlich von einer besonderen Kolbenschmierung abgesehen, da das abspritzende und auf die Kolbenfläche auffallende Schmieröl genügt. Eine von der Druckschmierung abzweigende Hilfschmierung dient dann beim Anlassen nach längerem Stillstand und bei Leistungserhöhung. Gewöhnlich werden nahe am äußeren Kolbenende ein oder auch zwei Abstreif-Kolbenringe eingesetzt (Abb. 100, 129, 133, 137), die nach unten scharf, nach oben kegelförmig abgedreht sind, um nicht zu viel Schmieröl an die Lauffläche und von da in den Zylinderraum gelangen zu lassen; bei gesonderter Kolbenschmierung soll damit das verbrauchte Schmieröl möglichst vollständig abgehalten werden. Damit dies wirklich erreicht wird, muß der Auflagedruck dieser Ringe ein gewisses Maß erreichen, sie dürfen also an den Gleitflächen nicht zu stark abgenützt sein, und außerhalb der Ringe soll eine Nut mit Abflußlöchern angebracht werden (Abb. 129, 131, 133). Auch im Kolbenkörper eingedrehte Nuten mit zugeschärften Abstreifkanten und mit nach innen führenden Abflußlöchern dienen dem gleichen Zweck, auch werden besondere Abstreifvorrichtungen am Kolbenende angebracht (Abb. 29). Das Einziehen des Schmieröls in den Zylinder geschieht hauptsächlich während der Ansaugeperiode, und zwar wegen des Unterdrucks im Zylinder und der Abwärtsbewegung des Kolbens, während die Ölschicht an der Zylinderwand haftet. Wie aus Abb. 171, 172 hervorgeht, wechseln während dieser Zeit die Führungsdrücke des Kolbens ihre Richtung, so daß der Kolbenkörper hintereinander beide Seiten der Führung freigibt. Die durch den Druckwechsel entstehenden

Stöße können nach S. 153 berechnet werden. Manchmal wird auch der äußerste Kolbenring oder mehrere nochmals als Abstreifring geformt (Abb. 129, 133), oder auch dort noch eine Nut im Kolben mit geschärfter Abstreifkante und Rücklauflöchern für das Öl angebracht. Man konnte durch entsprechende Abstreifvorrichtungen den Schmierölver-

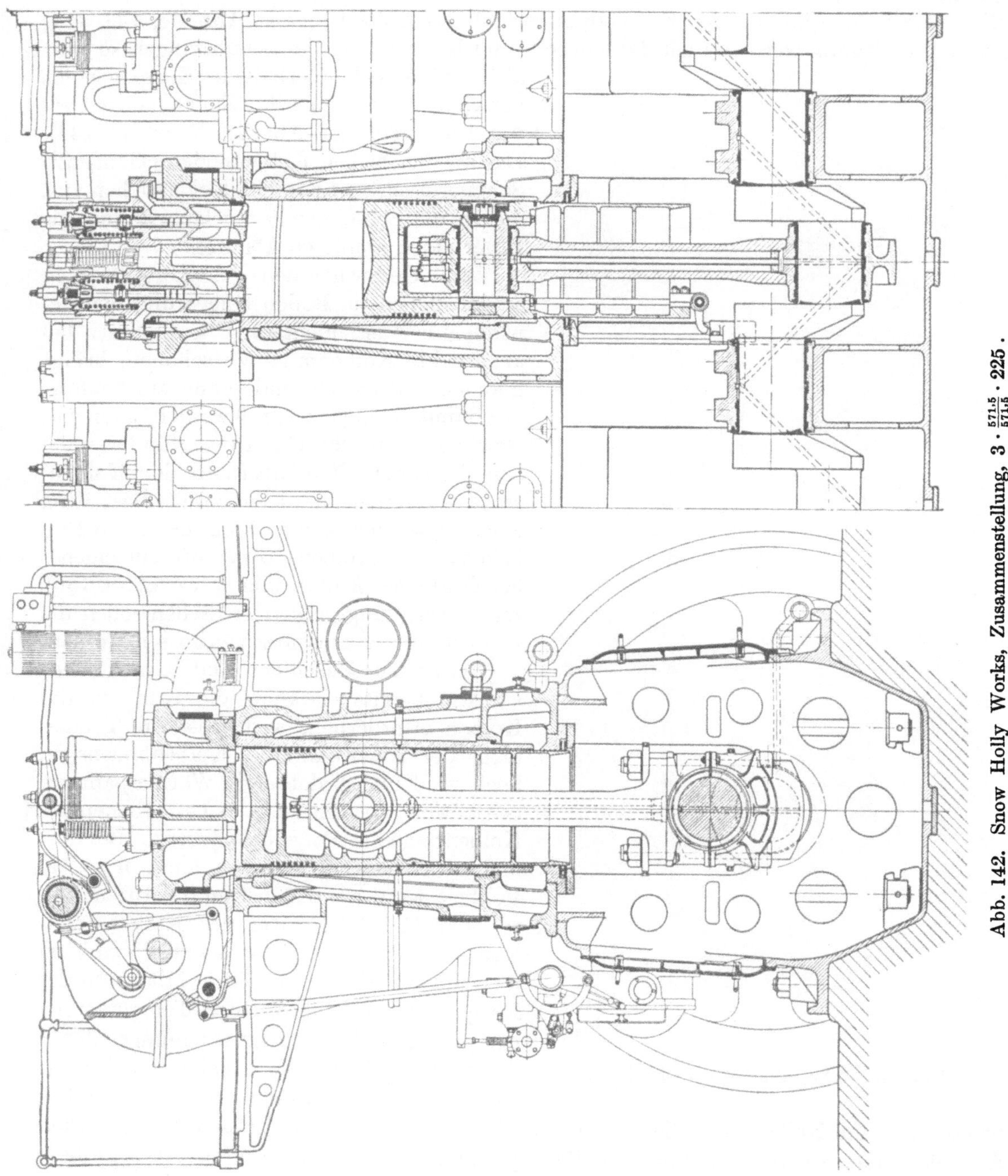

Abb. 142. Snow Holly Works, Zusammenstellung, 3 · $\frac{571,5}{571,5}$ · 225.

brauch der Maschine, der etwa 4 bis 5 v. H. des Brennstoffverbrauches betrug, auf $1^1/_2$ v. H. vermindern. Eine eigentümliche Art der Ölabstreifung zeigt Abb. 142. Der Kolben ist hier nur in der Nähe der Kolbenringe und in einem etwas kleineren, am inneren Zylinderende befestigten Ring geführt, der oben zugeschärft ist. Beim Abwärtsgang des Kolbens wird das überschüssige Öl dort abgestreift und seitlich abgeführt. Außerdem hindert ein Packungsring den übermäßigen Ölzutritt von unten.

Die innere Begrenzung des Tauchkolbens wird häufig so geformt, daß abspritzendes Öl möglichst vom Kolbenboden abgehalten wird. Hierzu dienen Rippen, die nahe an den Schubstangenkopf heranreichen (Abb. 53, 129, 132). Ölfänger oberhalb der Kolbenzapfennaben (Abb. 76, 83) oder um die Kolbenzapfenschalen (Abb. 129) dienen dem gleichen Zweck, auch wird der Kolbenboden durch Hohlguß (Abb. 18, 29) oder durch Blechverschalung am unteren Ende oder oberhalb des Kolbenzapfens (Abb. 66, 133, 167) geschützt. Häufig werden auch die Kurbeln und Kurbelköpfe der Schubstangen so weit als möglich noch innerhalb des Kastengestells verschalt, was freilich ihre Zugänglichkeit etwas beeinträchtigt (Abb. 29, 35, 66, 76, 143). Das an den heißen Kolbenboden gelangende Schmieröl scheidet nämlich Koksteilchen aus, die in die Schmierstellen gelangen und die Lager stark abnützen könnten.

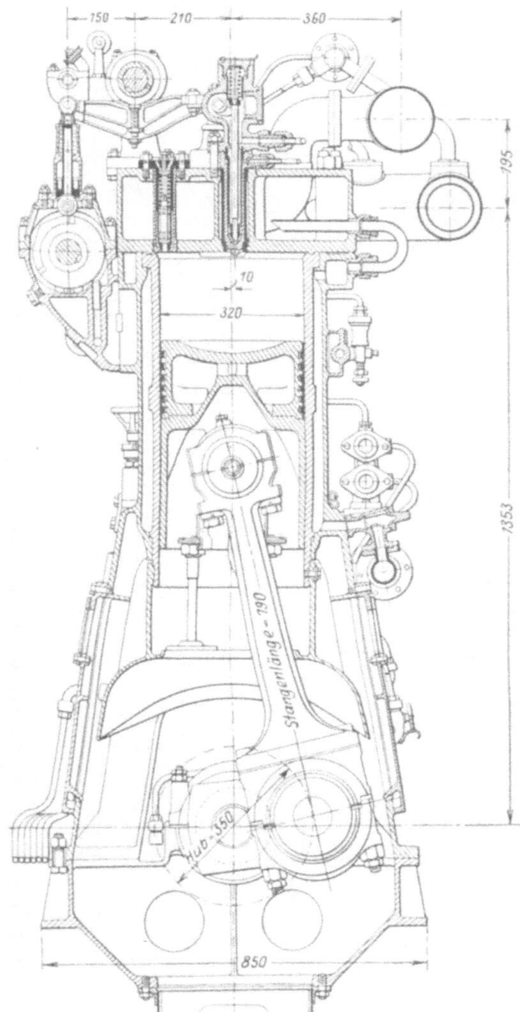

Abb. 143. Schn, Querschnitt, $4 \cdot \frac{320}{350} \cdot 400$.

Zum Herausnehmen des Kolbens nach außen dienen im Boden eingeschnittene Gewinde für Ausziehhaken. Um die stark beanspruchte Kolbenmitte zu schonen, bringt man zwei solche Gewinde nahe am Umfang an; damit sie nicht zu groß werden, auch vier Gewinde (Abb. 129, 131, 132). Man hat auch eine besondere Nut oberhalb der Kolbenringe angebracht, in die ein zweiteiliger Ring eingelegt werden kann. Zum leichteren Einbringen des Kolbens dient oft ein eigenes kegelförmiges Einführungsstück (Abb. 136). Zur Vermeidung gußharter Stellen sollen die Kolben ohne Kernstützen gegossen werden.

Bei großen Maschinen und Schnelläufern ist, wie bereits erwähnt, die Kühlung der Kolben erforderlich, weil sonst die Temperatur der Innenwand des Kolbenbodens zu hoch wird und bedeutende Wärmespannungen bewirkt, ferner auch das Festbrennen der Kolbenringe zur Folge haben kann. Bei normalen ortsfesten Maschinen kann man bei Vollbelastung auf Höchsttemperaturen von rd. 450° C in der Mitte der Kolbeninnenwand rechnen[1]), stark konkave Kolbenböden mit größerer Entfernung ihrer Mitte von der Einspritzdüse erleiden kleinere Temperaturen und geringere Wärmebeanspruchungen durch das Wärmegefälle. Bei ungekühlten Kolben spielt die Wärmeabfuhr an die Zylinderwand durch die Kolbenringe die Hauptrolle. Deshalb ergeben hier größere Wandstärken der Böden kleinere Wärmegefälle und Beanspruchungen in radialem Sinn. Auch größere Wandstärken des zylindrischen Kolbenteils an der Übergangstelle zum Kolbenboden muß die Wärmeabfuhr begünstigen (vgl. Abb. 48). Die Kolbenböden werden verhältnismäßig sehr verschieden stark ausgeführt, bei ungekühlten Kolben meistens zwischen $\frac{1}{9}$ und $\frac{1}{5}$, aber auch noch bis $\frac{1}{12}$ des Kolbendurchmessers, die Wandstärken des zylindrischen Teils beim Anschluß an den Boden zwischen $\frac{1}{10}$ und $\frac{1}{8}$ des Zylinderdurchmessers. Wird ein Bodeneinsatz angebracht, so ist die erforderliche und wirklich vorhandene

[1]) Riehm: Temperaturmessungen an Kolben von Ölmaschinen, Z. d. V. d. I. 1921, S. 923.

Wärmeabfuhr vermindert und damit der thermische Wirkungsgrad der Maschine erhöht. Ganz anders stehen die Dinge bei Kolbenkühlung, wo das achsiale Temperaturgefälle im Kolbenboden viel größer ist und die Wärmeabfuhr an das Kühlmittel einen beträchtlichen Teil ausmacht. Hier werden dann die Wandstärken des Kolbenbodens viel kleiner ($\frac{1}{11}$ bis $\frac{1}{18}$ des Kolbendurchmessers, je nach Intensität der Kühlung und Material).

Die Kühlung der Kolben wird durch Öl- oder Wasserumlauf bewirkt, auf Schiffen auch durch Seewasser. Dieses hat den Nachteil, in den Kolbenhohlräumen, besonders an heißen Stellen und Wirbelräumen, Anfressungen zu verursachen und, bei Undichtheiten mit dem Schmieröl vermischt, dieses zu verseifen und unbrauchbar zu machen. Günstiger wäre kesselsteinfreies Süßwasser, das aber gesonderte Pumpen und Leitungen erfordert, also auf Schiffen, wo in den Zylindern Seewasser zur Kühlung verwendet wird, verwickelten Aufbau und Betrieb bewirkt. Wegen des nötigen sichtbaren Kühlwasserauslaufes ist auch Verdampfung desselben und damit Verlust an Süßwasser unvermeidlich. Für die Zylinder- und Deckelkühlung ist hingegen Süßwasserkühlung wegen Reinbleibens der Kühlräume vorteilhaft. Auch hier sind Anfressungen an Wirbelstellen durch elektrische Ströme nahe an unverzinnten Kupferdichtungen usw. zu befürchten, daher sollen die vom Wasser bespülten Räume einfach gestaltet und zugänglich und die betreffenden Teile leicht auswechselbar sein. Undichtheiten der entsprechend weiten Zuführungsrohre sind hierbei unbedingt zu vermeiden, weil durch austretendes Wasser Rosten der Kolbenlaufflächen

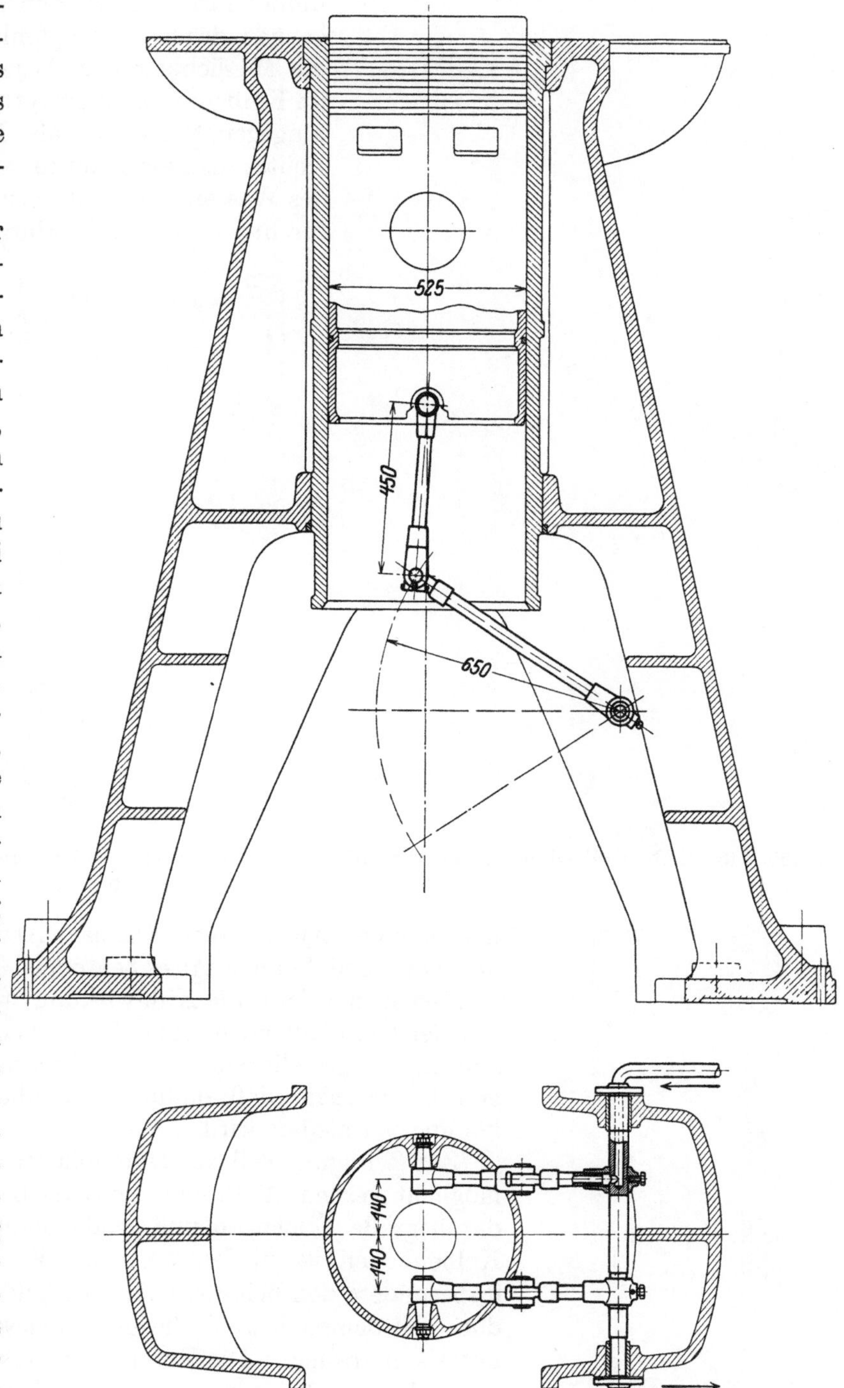

Abb. 144. DW, Kolbenkühlung zu Abb. 137.

und der Triebwerksteile eintreten kann und auch die Mischung austretenden Süßwassers mit dem in den Kurbelgehäusen sich sammelnden Öl das Absetzen von Schlamm begünstigt. Die entstehende Emulsion verliert an Schmierfähigkeit, die Lagerabnutzung nimmt rasch zu, so daß der Öldruck nicht mehr genügt, das Kolbenzapfenlager zu versorgen. Auch die Möglichkeit des Absetzens von Unreinheiten im Kolbenraum ist zu vermeiden. Verwendet man hingegen Schmieröl als Kühlflüssigkeit, so verzichtet man zwar auf die viel höhere Kühlwirkung des Wassers, braucht aber Undichtheiten nicht zu fürchten. An stark erhitzten Stellen oder durch

Abb. 145. MAN, Kolbenkühlung zu Abb. 451.

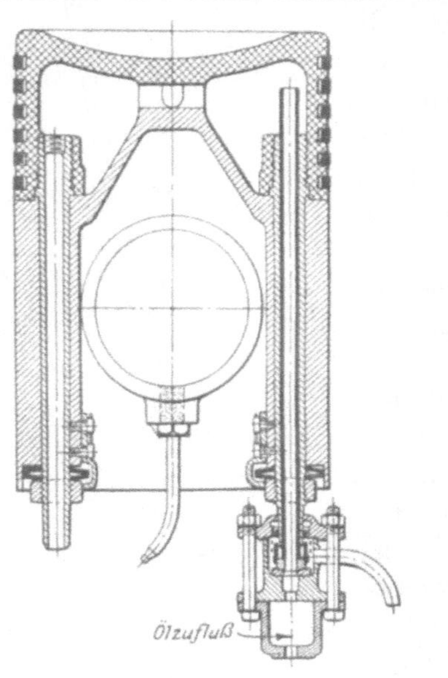

Abb. 146. Schn, Kolbenkühlung zu Abb. 143.

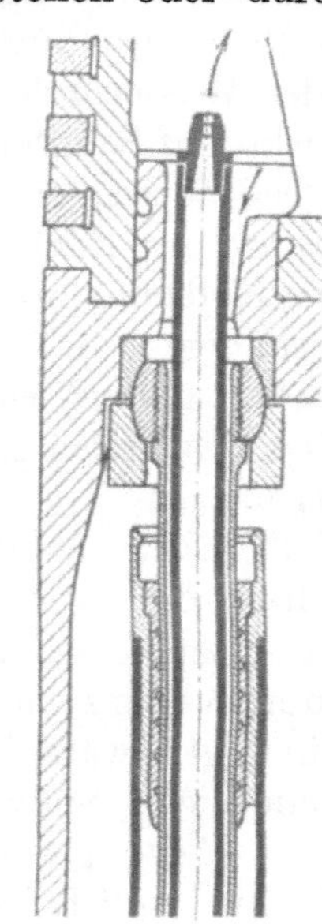

Abb. 147. Sz, Posaunenrohrdichtung.

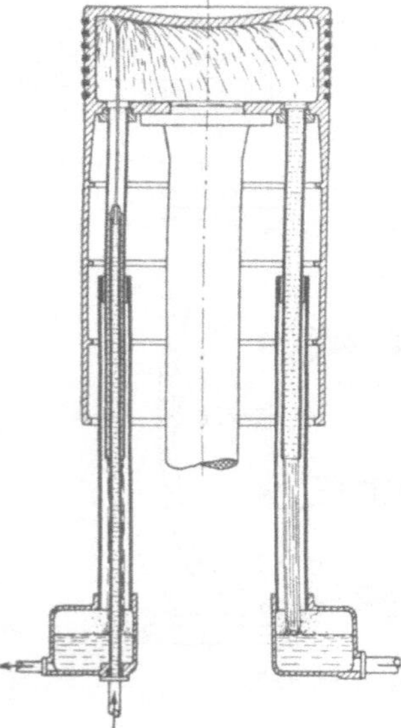

Abb. 148. Sz, Kolbenkühlung.

übermäßiges Erwärmen des Öls nach Abstellen der Maschine und der Ölpumpe können Ausscheidungen an den Kolbenwänden entstehen, die dann die Kühlwirkung stark vermindern. Daher soll der Ölumlauf noch einige Zeit erhalten bleiben, wenn die Maschine abgestellt wird oder wenigstens der Kühlraum so groß gewählt werden, daß dadurch die übermäßige Temperaturerhöhung vermieden wird.

Zur Reinigung soll das Durchblasen mit Druckluft leicht ermöglicht werden. Während des Betriebes kann die Koksbildung durch große Ölmengen und große Geschwindigkeiten längs der Kolbenböden vermieden werden. Die Kühlung soll natürlich insbesondere den heißesten Mittelteil des Kolbenbodens treffen, dort soll demnach auch die größte Geschwindigkeit des Kühlmittels herrschen. Die Zuführung desselben erfolgt entweder durch Tauchrohre, die am Kolben befestigt sind, sogenannte Posaunenrohre, oder durch Gelenkrohre an Kolben und Ständer. Auch Tauchrohre mit Rückschlagventilen, die durch den Anprall auf eine Wasseroberfläche geöffnet werden, sind zur Verwendung gelangt. Da Gelenkrohre nie ganz dicht sind, verwendet man sie nur für Ölkühlung, kann aber dann auf Stopfbüchsen in den Gelenken verzichten, um schmale und leichte Konstruktion zu bekommen (Abb. 144, 145). Wegen der bedeutenden

Massenwirkungen sind die Rohre in derselben Bewegungsebene anzuordnen und die Leitungen mit Windkesseln zu versehen, da durch Abreißen der Ölsäule und die daraus folgenden Schläge Anfressungen der Wände bewirkt werden. Die Anordnung der Gelenkrohre ist etwa aus den Abb. 49, 60, 144 ersichtlich, die Ausgestaltung der Zu- und Abflußleitungen im Kolben aus Abb. 137. Ölkühlung mit Posaunenrohrzuführung zeigt Abb. 146.

Für Wasserkühlung werden stets Posaunenrohre aus Monelmetall oder nicht rostendem Nickelstahl, die außen geschliffen werden, verwendet. Auch hier noch sind Undichtheiten schwer zu vermeiden. In der Ausführung Abb. 147, 148 umschließt ein Posaunenrohr

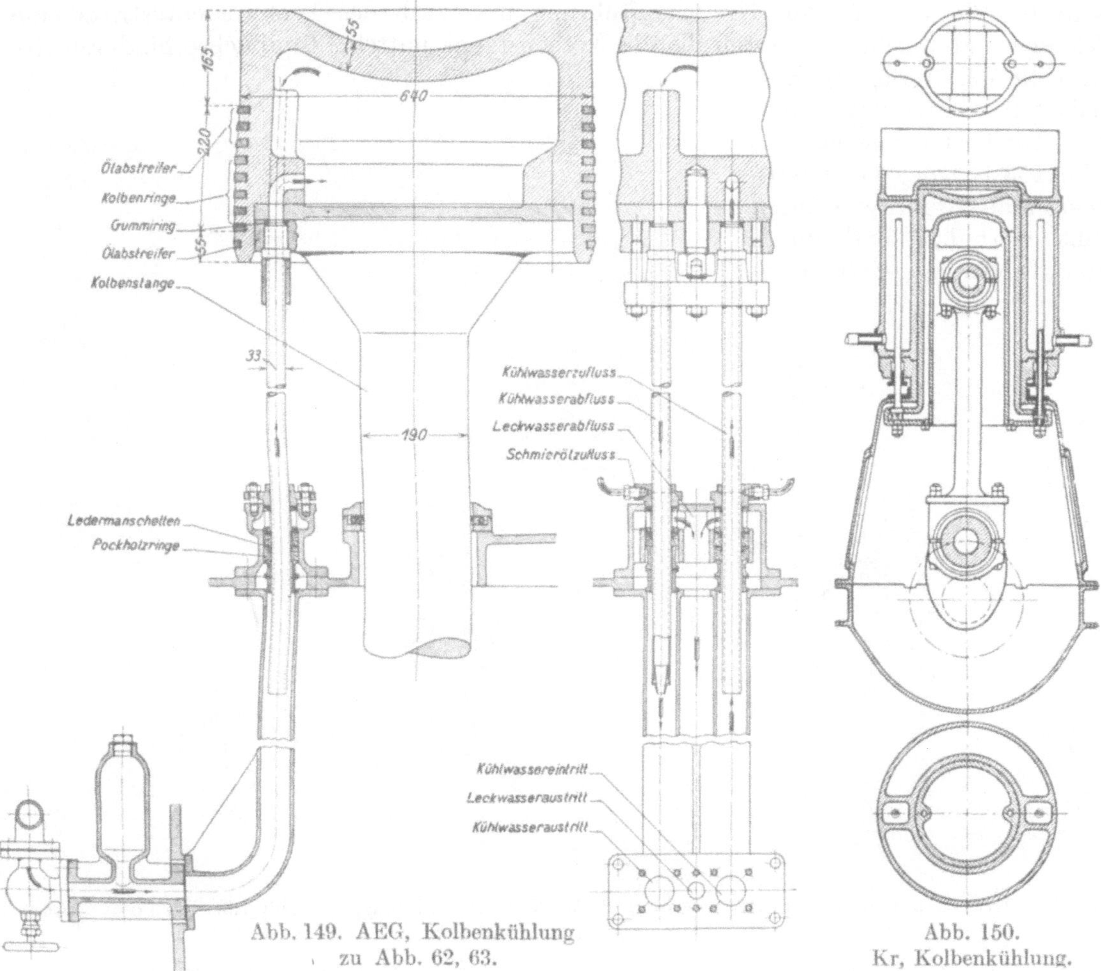

Abb. 149. AEG, Kolbenkühlung zu Abb. 62, 63.

Abb. 150. Kr, Kolbenkühlung.

ein festes Wasserzuführungsrohr und ist seinerseits von einem Ablaufrohr umgeben, ebenso das zweite Posaunenrohr für den Wasserabfluß. Stopfbüchsen werden hier unnötig. Das Kühlwasser wird nur auf einer Seite zugeführt, gegen den Kolbenboden gespritzt und durch die Ringquerschnitte beider Rohre abgeleitet. Der Kolbeninnenraum bleibt mit Luft von Atmosphärendruck erfüllt, das äußere Rohr streift das am mittleren hängenbleibende Wasser ab. Ähnlich ist auch die Ausführung nach Abb. 65 mit Stopfbüchse für das Ablaufwasser. Bei Abb. 149 wird die Dichtung der Kühlrohre durch Pockholzringe und Ledermanschetten erzielt, Leckwasser außerhalb der Stopfbüchsen in den Ablauf geleitet. Zu- und Ableitung des Kolbenkühlwassers sind in einem gemeinsamen Doppelrohr vereinigt. Bei Abb. 150 wird das Kolbenkühlwasser aus einem im Kühlmantel des Zylinders angeordneten Raum entnommen und in einen auf der entgegengesetzten Seite liegenden ebensolchen Raum zurückgeführt. Die Stopfbüchsen sind außerhalb des Kurbelgehäuses angeordnet, so daß das Leckwasser außen abfließt (vgl.

Abb. 606). Eine Stopfbüchse mit Ledermanschetten, die etwas seitliche Beweglichkeit für das mit dem Kolben verbundene und daher nicht ganz achsial bewegte Posaunenrohr zuläßt, ist in Abb. 151 dargestellt. Bei Abb. 152 sind die mit dem Kolben verbundenen Rohre am unteren Ende an den eigentlichen, in den Stopfbüchsen laufenden Führungsrohren befestigt, so daß diese nach der Seite etwas beweglich sind und sowohl stets dicht halten, als auch das innere Rohr schonen. Das Kühlwasser wird hier von der Kolbenmitte nach unten geführt. Trotz aller Vorsicht sind doch die Stopfbüchsen nicht so dicht, daß der Zutritt von Leckwasser zur Kurbelkammer ganz vermieden werden könnte, daher werden auch die Posaunenrohre nach außen verlegt (Abb. 579) oder es wird bei Anwendung von Kreuzkopfführung unterhalb des Leckwasseraustritts eine Scheidewand angebracht, durch die die Kolbenstange mittels Stopfbüchse hindurchtritt (Abb. 28, 63, 64, 65, 58). Einzelheiten der letztgenannten Ausführung gehen aus Abb. 153 hervor, das Posaunenrohr aus Bronze wird durch acht vierteilige und durch Spiralfedern angepreßte Bronzeringe abgedichtet, zwischen denen sich ein Ablauf befindet. Die Dichtungsringe sind unten scharf, oben keilförmig abgedreht, das Posaunenrohr selbst in einem Kugelgelenk gehalten. Allerdings überwiegt die Anordnung der Wasserkühlung bei Zweitaktmaschinen, bei Viertaktmaschinen genügt meist Ölkühlung. Bei Posaunenrohren, die große Druckänderungen im Kühlmittel hervorrufen, sind Windkessel natürlich ebenso erforderlich, wie bei Gelenkrohren. Auch Luftkühlung und kombinierte Kühlung durch Luft und Wasser, bei der Wasser unter Zutritt von Luft gegen den Kolbenboden gespritzt wird, sind zur Anwendung gelangt. Wenn besondere Kreuzköpfe vorhanden sind, wird die Kühlflüssigkeit auch durch die hohle und mit Einlegerohr versehene Kolbenstange zugeführt (Abb. 154). Wenn hierbei die Zuleitung an einem, die Ableitung am zweiten hohlen Kreuzkopfzapfen erfolgt, erhalten diese verschiedene Temperaturen. Nach Abb. 155 wird daher die Kühlflüssigkeit zuerst durch beide Hohlzapfen und dann in die Kolbenstange geführt, von wo sie durch ein in der Achse des Zapfens liegendes Rohrstück abgeleitet wird, wodurch beide Zapfen gekühlt werden. Man kann das Kühl-

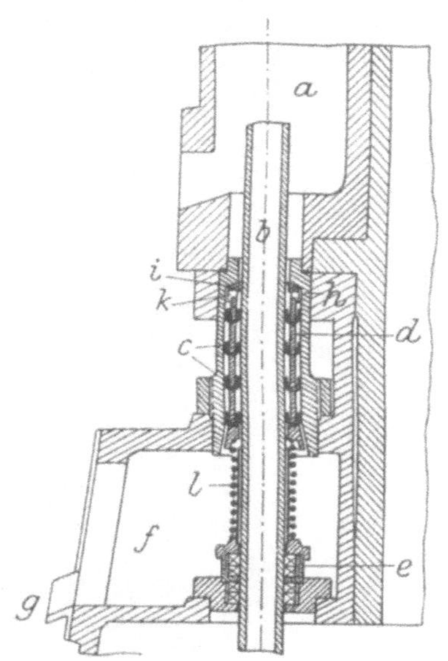

Abb. 151. Kr, Posaunenrohrdichtung.

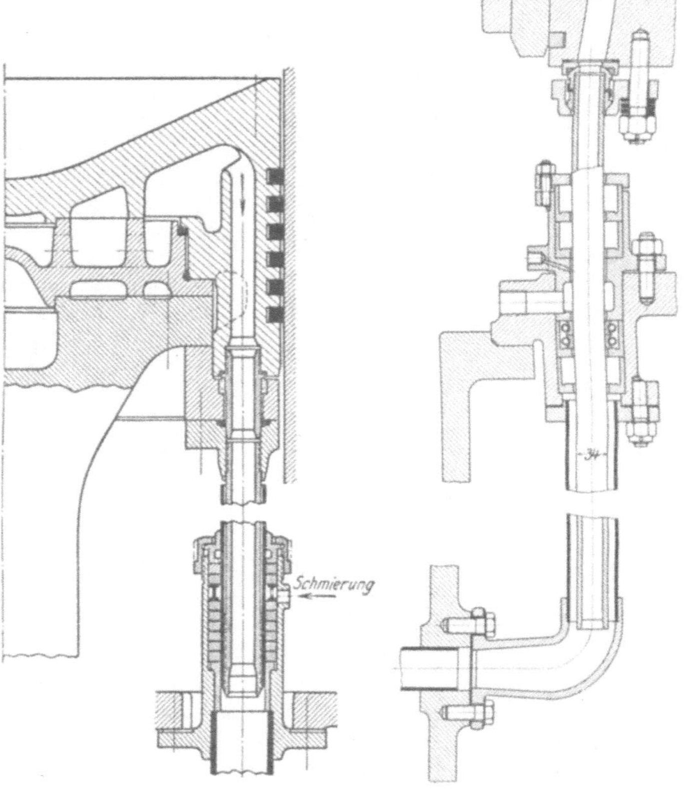

Abb. 152. MAN, Kolbenkühlung, $\frac{700}{1400} \cdot 108$ zu Abb. 382.

Abb. 153. Gz, Posaunenrohr.

wasser auch unmittelbar der Kolbenstange zuführen. Abb. 39 zeigt die Anordnung der Kolbenkühlung bei liegenden Maschinen.

Die Regelung erfolgt stets durch Hähne am Ablaufkasten der Kühlflüssigkeiten je nach den Anzeigen der dort befindlichen Thermometer. Man kann bei Viertaktmaschinen mit einer Wärmeabfuhr aus dem Kolben von 100 bis 150 WE/PS_e-st. durch die Kühl-

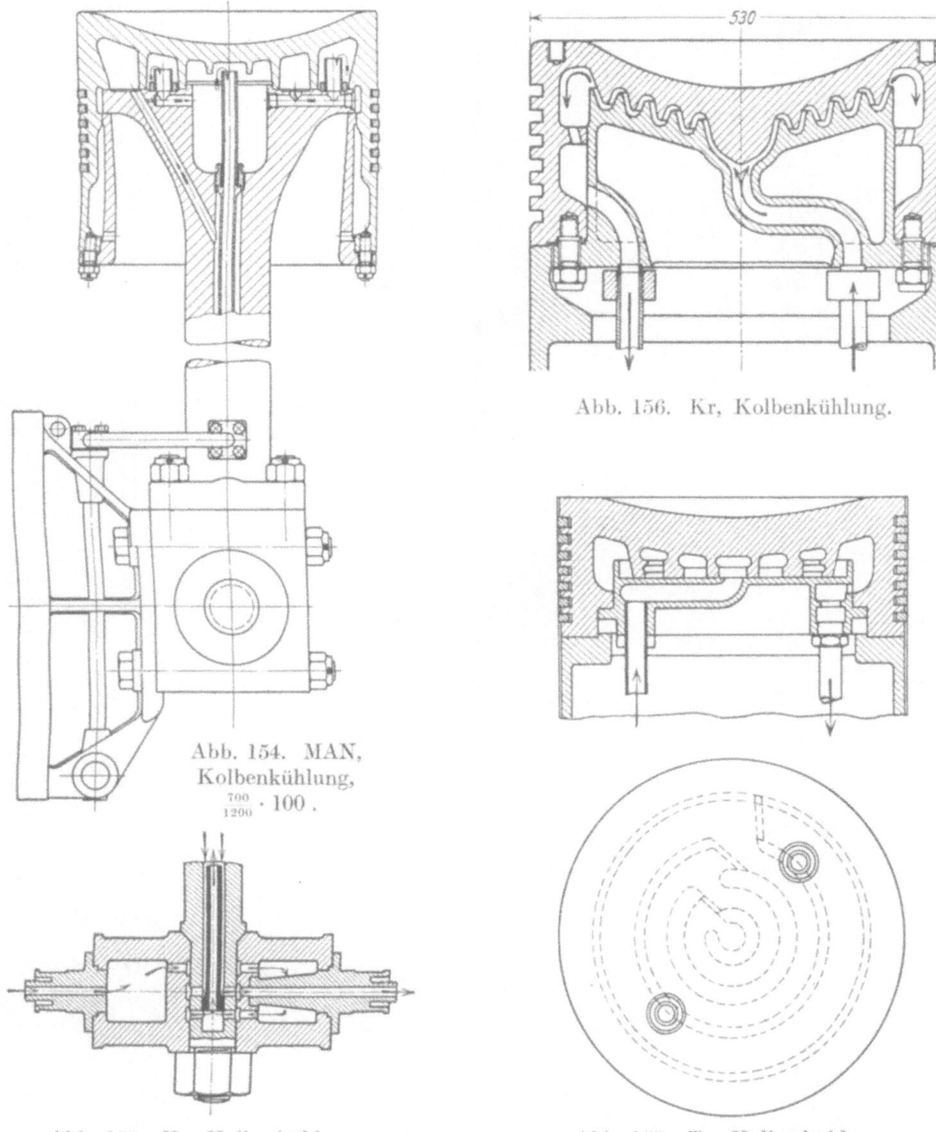

Abb. 154. MAN, Kolbenkühlung, $\frac{700}{1200} \cdot 100$.

Abb. 155. Kr, Kolbenkühlung.

Abb. 156. Kr, Kolbenkühlung.

Abb. 157. To, Kolbenkühlung.

flüssigkeit rechnen, der Ölverbrauch einschließlich Lageröl beträgt dabei rd. 20 l/PS_e-st., das abfließende Öl hat 50 bis 70° C.

Um die Kühlwirkung zu erhöhen, kann man dem Kühlmittel an dem heißen Kolbenboden eine vergrößerte Geschwindigkeit erteilen, etwa wie in Abb. 154, 156, 157 dargestellt. Bei Anwendung besonderer Kreuzköpfe werden die Kolben zur Zentrierung zuerst genau auf den Zylinderdurchmesser und erst nach erfolgter Montierung mit entsprechendem Spiel abgedreht.

Tauchkolben haben neben dem Zylinderabschluß noch die Aufgabe, die vom Gasdruck und Gestänge herrührenden Querkräfte aufzunehmen und auf die Zylinderbüchse als

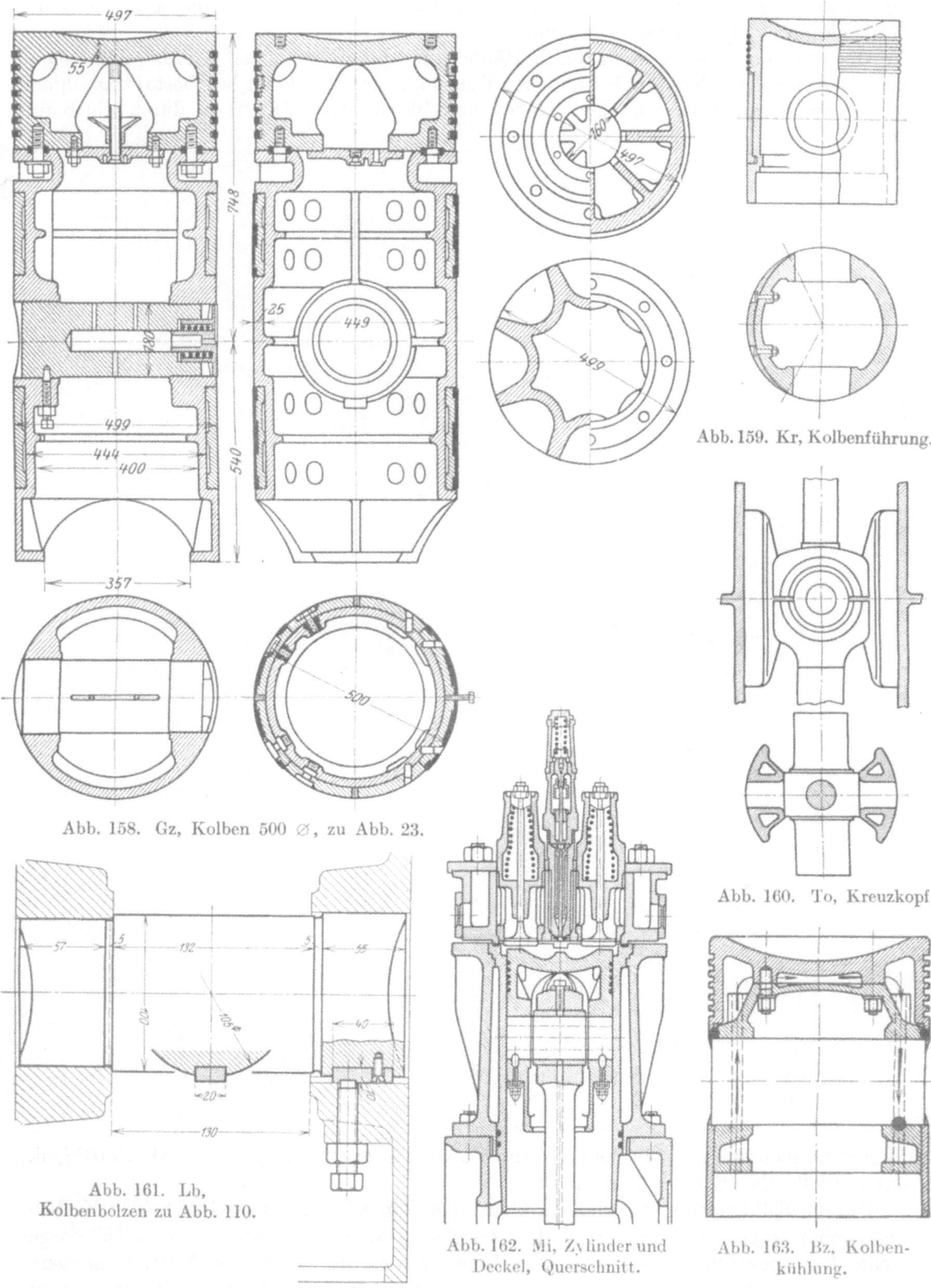

Abb. 158. Gz, Kolben 500 ∅, zu Abb. 23.

Abb. 159. Kr, Kolbenführung.

Abb. 160. To, Kreuzkopf.

Abb. 161. Lb, Kolbenbolzen zu Abb. 110.

Abb. 162. Mi, Zylinder und Deckel, Querschnitt.

Abb. 163. Bz, Kolbenkühlung.

Führung zu übertragen. Um die Abnützung möglichst klein zu halten, werden die Tauchkolben daher so lang ausgeführt, als es die Gewichtserhöhung der hin- und hergehenden Massen und die Verteuerung der Maschine zulassen oder man begnügt sich damit, die

Auswechselbarkeit der abgenützten Teile möglichst zu erleichtern. Dies geschieht zumeist durch besondere Einlagen aus Gußeisen oder Stahlguß, die ihrerseits mit Weißmetall ausgegossen sein können. Zwei solche Einlagen werden gewöhnlich ober- und unterhalb des Kolbenzapfens angeordnet, und zwar manchmal nur an der Seite des größeren Querdrucks (Abb. 17). Die entsprechenden Aussparungen im Kolben werden entweder zentrisch (Abb. 100, 158) oder exzentrisch abgedreht (Abb. 159), oder eben (Abb. 136), oder auch in zwei Flächen durchgehobelt. Im erstgenannten Fall müssen Füllstücke eingesetzt werden; überall erfolgt die Nachstellung durch Blechbeilagen bei Verwendung von Abdruckschrauben.

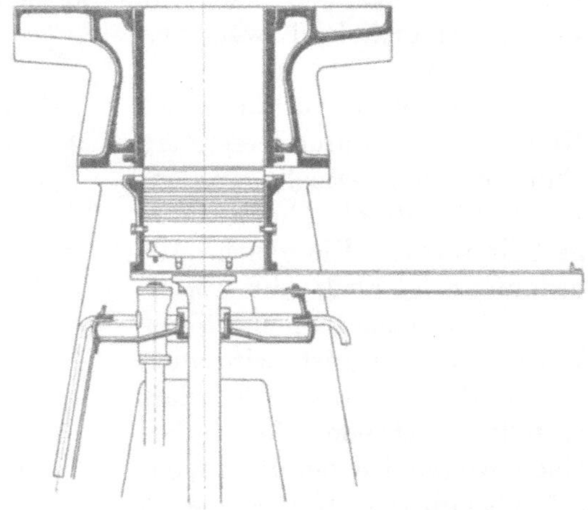
Abb. 164. WUMAG, Kolbenausbau.

Alle diese Mittel können die Nachstellung bei gesonderter Kreuzkopfführung nicht voll ersetzen. In diesem Fall wird die Führung entweder zentrisch gedreht (Abb. 58, 160) oder eben gehobelt (Abb. 28, 60, 63, 65).

Die Kolbenbolzen werden bei Tauchkolben so groß als möglich ausgeführt, um den Auflagdruck möglichst zu vermindern. Sie werden auf 1 bis 2 mm Tiefe gehärtet (500 Brinell), zylindrisch abgeschliffen und in geschliffene Augen des Kolbens eingesetzt. Zur Befestigung dienen Querkeile (Abb. 162), oder Längsfedern und Festhalteschrauben (Abb. 138, 161), oder auch nur Druckschrauben allein oder endlich bei kegelförmigen Zapfen einerseits eine Längsfeder, anderseits ein Flansch mit Zugschraube (Abb. 29), oder ein kegelförmiger Stift (Abb. 135, 158). Statt der Querkeile werden auch kegelförmige oder zylindrische Stifte verwendet, die oben und unten flach abgehobelt sind und so die Ausdehnung des Kolbenbolzens zulassen (Abb. 129, 133, vgl. auch Abb. 131). Deshalb wird der Kolbenbolzen oft nur einseitig festgehalten (Abb. 138, 161), damit bei seiner Erwärmung die Kolbennaben nicht auseinandergetrieben werden. Wie bereits erwähnt, werden jedenfalls die in der Nähe der Zapfenenden liegenden Außenflächen der Kolben etwas abgenommen. Die Fixierschrauben für die Querkeile können bei entsprechender Formgebung der Kolben auch außen liegen (Abb. 162). Wo die Lösung des Kolbenzapfens von außen möglich ist, können die Kolben auch ohne Herausnahme der Schubstange ausgebaut werden[1]). Um die Naben für den

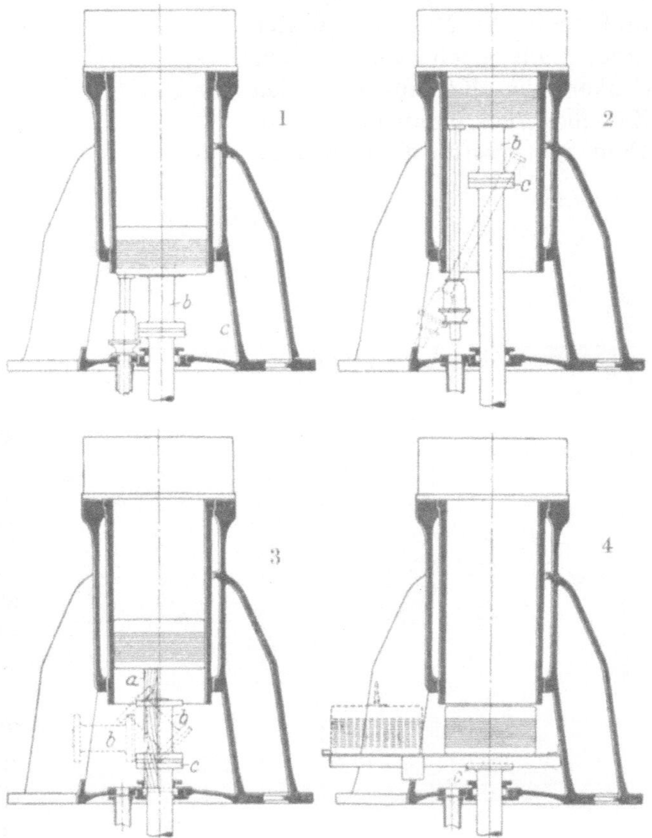

Abb. 165. DW, Kolbenausbau.

[1]) Pat. Liezenmayer: Z. d. V. d. I., 1907, S. 358.

Kolbenzapfen vom eigentlichen Kolbenkörper zu trennen, dient die Bauart Abb. 163. Die Lage des Kolbenbolzens soll derart gewählt werden, daß die Übertragung des Führungsdrucks mit Rücksicht auf das kegelförmig ausgeführte Kolbenende möglichst symmetrisch erfolgt. Je weiter die Bolzennaben vom Kolbenboden entfernt sind, desto weniger ist örtliche Erwärmung zu fürchten.

Das bequeme Ausbauen des Kolbens kann durch besondere Einrichtungen erzielt werden, wie bereits durch Abb. 88 dargestellt wurde. Die gleiche Anordnung zeigt auch Abb. 164.

Bei Schiffsmaschinen, wo dies besonders wichtig ist, wird auch die in Abb. 165 ausführlich dargestellte Methode verwendet. Nach Abnehmen der Posaunenrohre bei oberster Kolbenlage (2) wird der Kolben gesenkt, durch Holzstützen festgehalten, worauf man die Maschine weiter dreht und nach genügendem Senken der Kolbenstange das Zwischenstück herausnimmt (3). Dann hebt man die Kolbenstange

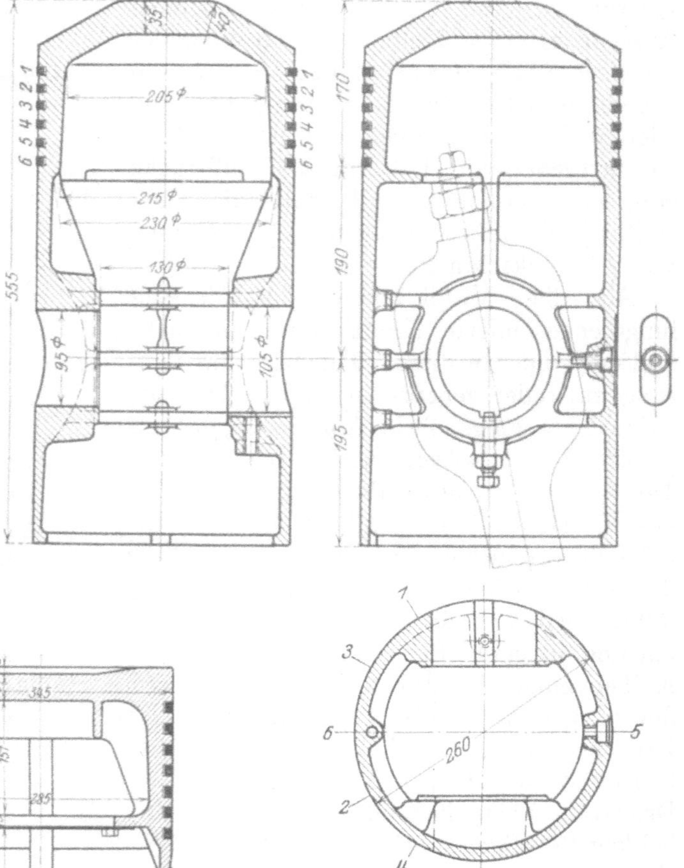

Abb. 166. Lb, Kolben, $\frac{260}{420} \cdot 260$, zu Abb. 110.

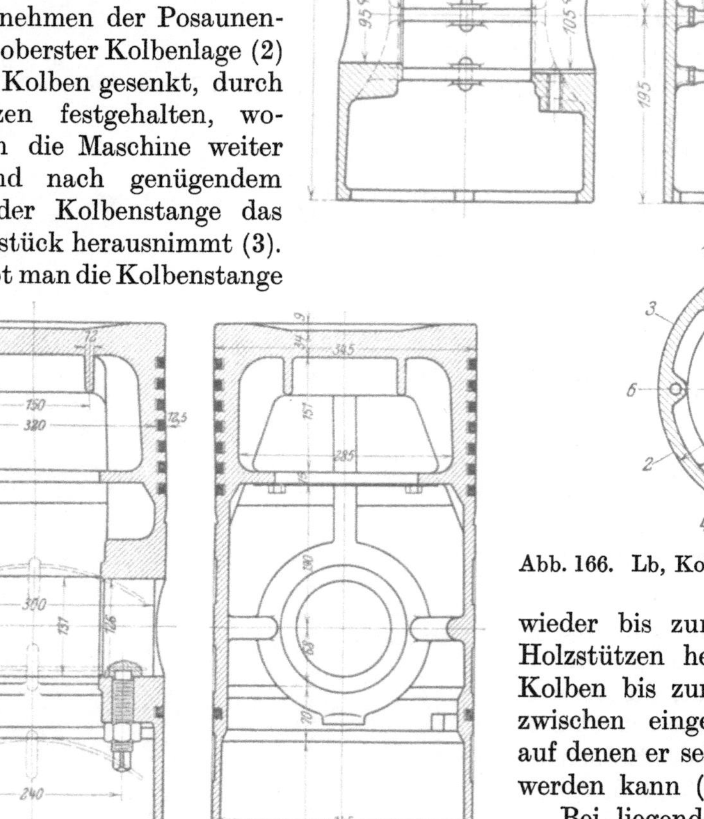

Abb. 167. Kt, Kolben, 345 Ø.

wieder bis zum Kolben, nimmt die Holzstützen heraus und senkt den Kolben bis zur Auflage auf den inzwischen eingelegten Querschienen, auf denen er seitlich herausgeschoben werden kann (4).

Bei liegenden Maschinen werden Tauchkolben fast genau so ausgeführt wie bei stehenden (Abb. 22, 166), nur die Kolbenzapfenschmierung ändert sich. Bei kleinen Maschinen erfolgt sie durch eine Bohrung vom Zylinderumfang aus (Abb. 112, 166), bei größeren Maschinen durch einen besonderen Abstreifer. Die Nachstellung bei Abnützung, die hier wegen des Gewichts des Kolbens unten größer ist, geschieht durch Einlagen an der unteren Lauffläche oder durch Druckstücke an der oberen Seite (Abb. 114). Hier sind unten nachstellbare Gleitschuhe nicht vorgesehen. Abb. 167 zeigt einen Blechschutz gegen das vom Kolbenzapfen in der Richtung des Kolbenbodens abspritzende Schmieröl, ähnlich ist auch in dieser Hinsicht die Bauart Abb. 18. In Abb. 114 erkennt man die gelochte Blechwand mit geeignetem Ölabfluß, die den Kolbenzapfen vor der strahlenden Wärme des Kolbenbodens schützt, ohne daß für diesen die Luftkühlung verhindert wird. Die entsprechend dem Verbrennungsraum manchmal spitzere Form des Kolbenbodens erfordert wegen der Wärmeabführung größere Wandstärken. Um den Ablauf des in den Kolben gespritzten Öls zu ermöglichen, werden in den Querrippen Löcher angebracht (Abb. 166). Auf dieser Abbildung ist auch die Verteilung der Kolbenringschlitze ersichtlich.

Die Abb. 39 bietet ein Beispiel für einen gekühlten doppeltwirkenden Kolben. Bei liegenden, einfach wirkenden Maschinen ist gewöhnlich für die Ausnehmbarkeit der Kolben gegen die Hauptwelle zu gesorgt, so daß Zylinderköpfe und Steuerteile davon nicht berührt werden. Der häufig am Ende des Kolbens befindliche Ring hat hier auch den Zweck, das Schmieröl in der Bohrung gut zu verteilen und nicht vorzeitig nach außen gelangen zu lassen.

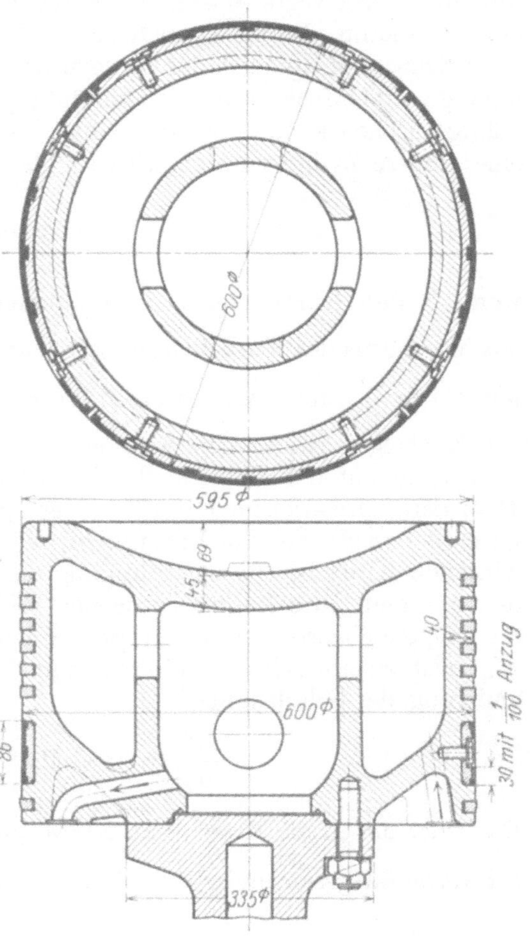

Abb. 168. Gz, Kolben, $\frac{600}{800}$ zu Abb. 58.

Die Durchbildung des Kolbens bei Maschinen mit besonderen Kreuzköpfen ist z. B. in den Abb. 28, 59, 60, 61, 149, 154 ersichtlich. In Abb. 168 sind besondere mit Weißmetall ausgegossene Führungsegmente angeordnet. Die Abdichtung des als Deckel für den Kühlraum dienenden Flansches der Kolbenstange geschieht durch einen in einer Keilnut eingelegten Gummiring. In Abb. 154 ist ein aus Stahlguß hergestellter Kolbenkörper verwendet, der innen mit Ringrippen versehen ist, auf denen der Flansch der Kolbenstange aufsitzt, indem er durch eine außen am Kolbenkörper angeflanschte Spannbüchse aus Stahlguß angedrückt wird. Ähnlich ist auch der Gußeisenkolben Abb. 152 ausgeführt, nur ist hier ein aus Stahlguß bestehender Zwischendeckel eingeschoben. Die Verbindung des Kolbenkörpers mit der Kolbenstange wird sonst einfach mit Flanschen und Schrauben bewirkt, die die Beschleunigungskräfte des äußeren Teils aufzunehmen haben. Für ihre Berechnung und die Sorgfalt beim Einbau gilt dasselbe wie für die Verbindungschrauben bei zweiteiligen Kolben. Aus den Abbildungen ist auch die Anordnung der Kühlung des Kolbenbodens bei derartigen Bauarten ersichtlich.

Über die Herstellung der Tauchkolben ist zu bemerken, daß nach genauem Abdrehen des Körpers die Löcher für die Kolbenbolzen gebohrt und sodann der zylindrische Teil geschliffen wird.

VI. Gestänge und Hauptwelle.

Zur Bestimmung der Abmessungen des Gestänges und der Hauptwelle ist die Kenntnis der äußeren und der Massenkräfte für jeden einzelnen Teil erforderlich.

Für die etwa vorhandene Kolbenstange kommt als Druckkraft die Differenz der Kolbendrücke und der Massendrücke des Kolbens in Betracht, für die Pleuelstange die

Drücke auf die Zapfen und die Massenkräfte der Stange selbst, für die Welle im wesentlichen die Drücke auf die Kurbelzapfen und Hauptlager.

Der Verlauf der Kolbendrücke ergibt sich unmittelbar aus dem Indikatordiagramm, in das man auch gleich die vom Kolben herrührenden Beschleunigungsdrücke, gegebenenfalls auch die von Kolbenstange und Kreuzkopf, nach der Formel $M_k \frac{dw}{dt}$ mit M_k als hin- und herbewegte Masse, w als augenblickliche Kolbengeschwindigkeit, unmittelbar eintragen kann. Damit ergeben sich auch die Komponenten der Drücke auf den Kolben- oder Kreuzkopfzapfen in der Bewegungsrichtung. Die Bestimmung der Kolbenbeschleunigung wird einfach, wenn man vorläufig die Umlaufgeschwindigkeit der Kurbel als gleichmäßig ansehen kann, eine Näherung, die bei schweren Schwungrädern oder dem durch eine größere Zylinderzahl bewirkten gleichmäßigen Gang zulässig erscheint. Dann ist:

$$\frac{dw}{dt} = r\omega'^2(\cos\alpha + \lambda\cos 2\alpha),$$

worin α den Kurbelwinkel, vom inneren Totpunkt der Kurbel gemessen, und $\lambda = \frac{r}{l}$ das Verhältnis des Kurbelhalbmessers zur Schubstangenlänge bedeuten. Auf die Bestimmung von $\frac{dw}{dt}$ auf zeichnerischem Wege und für den Fall merklicher Ungleichförmigkeit der Kurbelgeschwindigkeit wird noch später eingegangen werden.

Ist die auf das Kolbenende der Schubstange entfallende äußere Kraftkomponente P in der Achsenrichtung des Zylinders gefunden, so läßt sich mit Hilfe der Energiegleichung auch die Komponente in der Bewegungsrichtung für die am Kurbelzapfen wirkende Kraft bei Berücksichtigung der Massen der Schubstange finden. Nennt man den auf den Kurbelradius bezogenen Widerstand, positiv in der Drehrichtung gemessen Q[1]), die ebenso reduzierten rotierenden Massen der Welle und des Schwungrades usw. M_s, so ist bei einer virtuellen Verrückung des Kolbens $w\,dt$ und der Kurbel $v\,dt$ die Energieänderung der Schubstange:

$$\frac{dE_1}{dt} = Qv - M_s v\frac{dv}{dt} + Pw - M_k w\frac{dw}{dt}.$$

Da ferner mit M als Masse, J als Schwerpunkts-Trägheitsmoment der Schubstange, deren Schwerpunktsgeschwindigkeit v^* und Drehgeschwindigkeit $\omega = \frac{u}{l}$ sein sollen:

$$E_1 = \frac{Mv^{*2}}{2} + \frac{J\omega^2}{2}$$

ist, und demnach bei Berücksichtigung der Abb. 169 mit

$$v^{*2} = w^2 + \left(\frac{m}{l}\right)^2 u^2 - 2wu\frac{m}{l}\sin\beta$$

$$= w^2 + m^2\omega^2 + (v^2 - w^2 - u^2)\frac{m}{l} = \frac{n}{l}w^2 - mn\omega^2 + \frac{m}{l}v^2,$$

auch:

$$E_1 = \frac{M}{2l}(nw^2 + mv^2) + \frac{\omega^2}{2}(J - Mmn),$$

so ergibt sich bei Einführung des Trägheitshalbmessers $k = \sqrt{\frac{J}{M}}$:

$$E_1 = \frac{M}{2l}[nw^2 + mv^2 + l\omega^2(k^2 - mn)].$$

[1]) Q kann auch veränderlich durch periodische Änderung des Widerstandes sein.

Tafel I

Beschleunigungen
Kolbenbeschleunigung p
0 25 50 75 100 125 150 m/sek²
Schwerpunktsbeschleunigung 𝔖
Trägheitskräfte des Kolbens: $Q_k = -M_k \cdot p$
Trägheitskräfte der Schubstange $Q_s = -M \cdot 𝔖$
Zusam
der eingeprägten
40 at
Indikatordiagramm
Führungsdrücke
Kreuzkopfzapfendrücke
Kurbelzapfendrücke und Lagerdrücke
bei unausgeglichener Kurbel

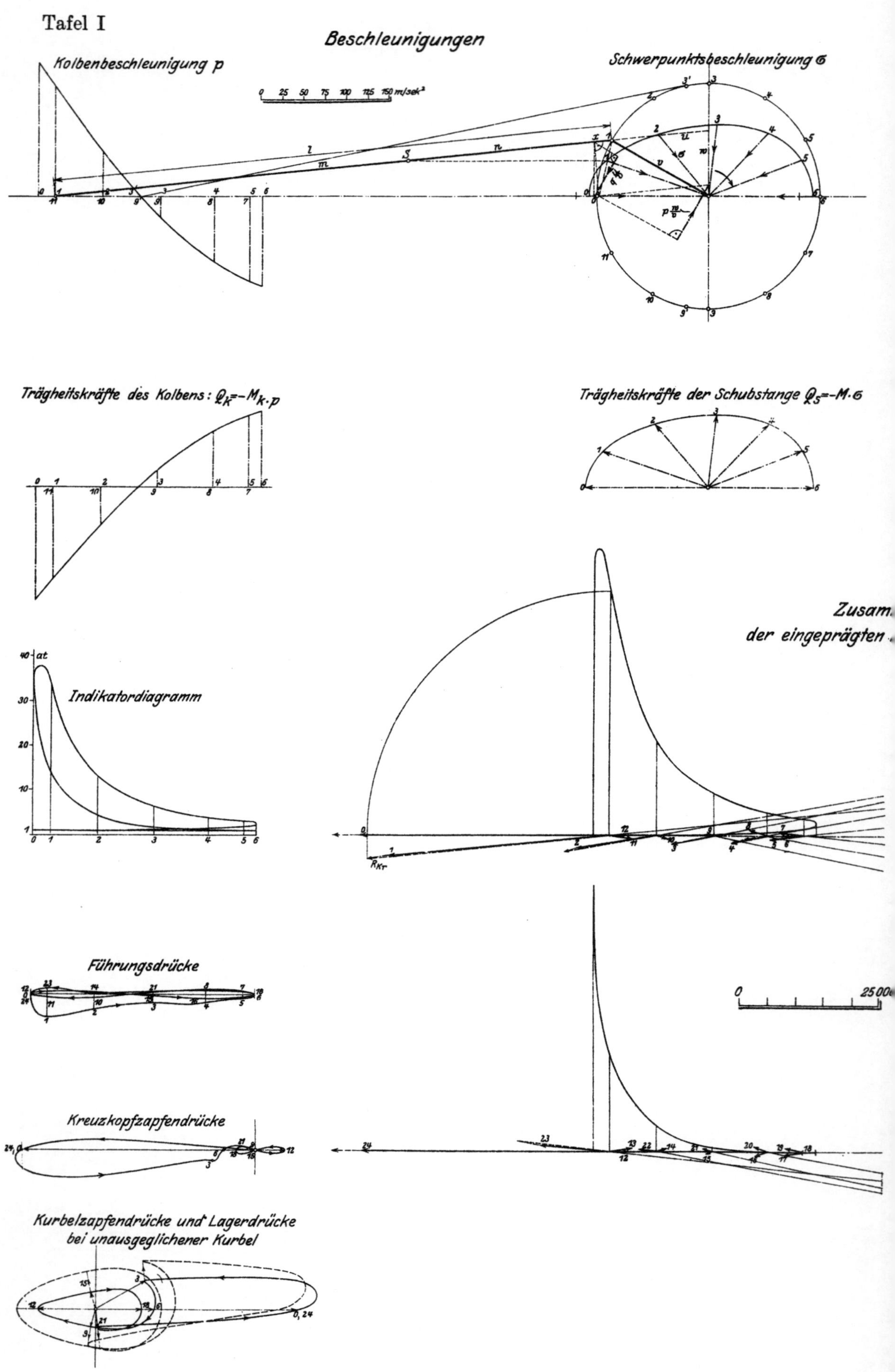

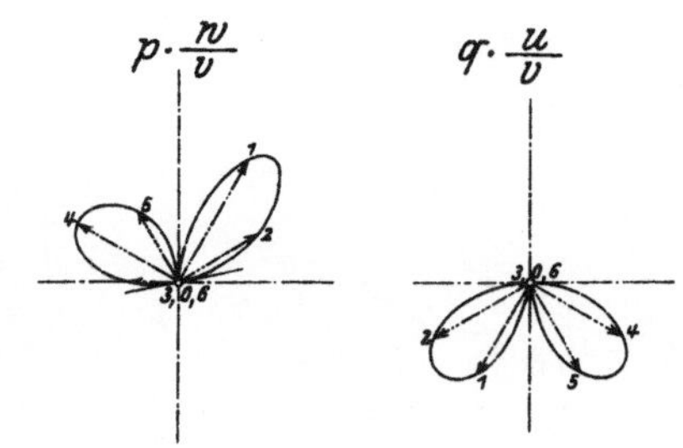

Gestängedrücke eines Viertaktmotors

Zylinderdurchm. = 420 mm; Hub = 600 mm; Drehz. = 200 Umdr./mi

Kolbengewicht $G_K = 315$ kg; Schubstangengewicht $G = 380$ kg

Schubstange: $l = 1{,}50$ m; $m = 0{,}955$ m; $n = 0{,}545$ m; $k = 0{,}656$ m

äfte

6000 kg

$$Q_t'' = p\cdot\frac{w}{v}\left[\frac{n}{l}\cdot M + M_k\right] + q\cdot\frac{u}{v}\left[\frac{k^2}{l^2} - \frac{m\cdot n}{l^2}\right]\cdot M$$

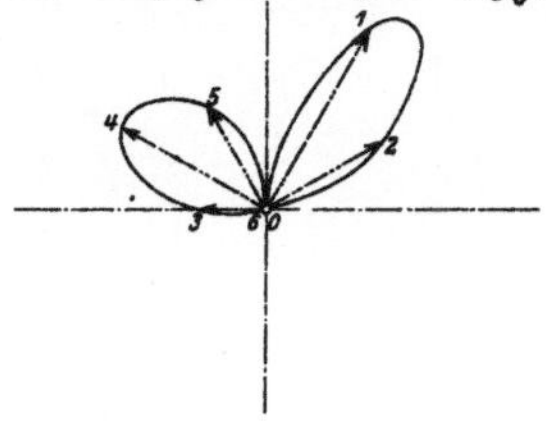

Kräfteplan der auf die Schubstange wirkenden Trägheitskräfte

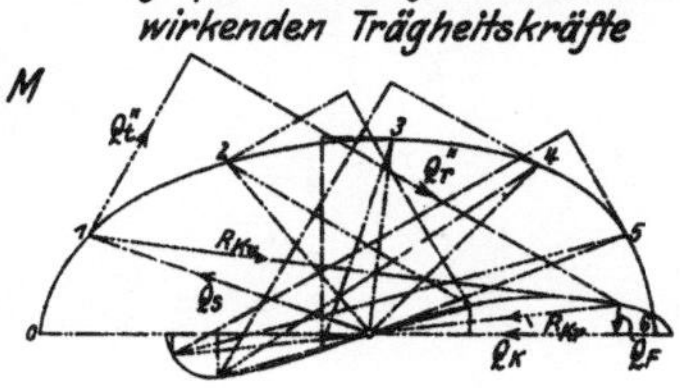

heitskräften

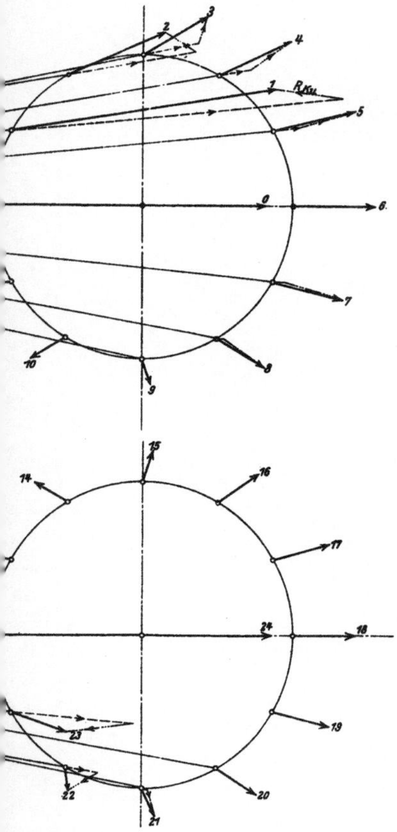

Tangentialdrücke auf den Kurbelzapfen

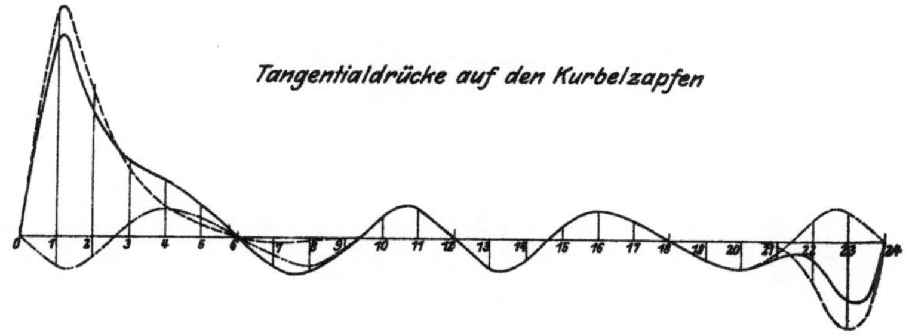

Radialdrücke auf den Kurbelzapfen

-·-·-·- Trägheitskräfte

- - - - - Eingeprägte Kräfte

——— Resultierende Kräfte

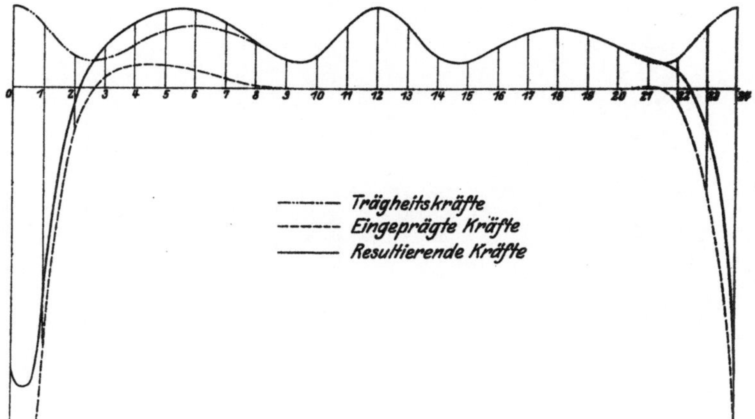

Verlag von Julius Springer, Berlin.

Hieraus folgt:

$$\frac{dE_1}{dt} = \frac{M}{l}\left[n w \frac{dw}{dt} + m v \frac{dv}{dt} + l\omega \frac{d\omega}{dt}(k^2 - m n)\right].$$

Die Differentialquotienten $\frac{dw}{dt}$ und $\frac{d\omega}{dt}$ setzen sich aus je zwei Summanden zusammen, die den Veränderungen von w und ω bei gleichbleibender Geschwindigkeit v und dann bei Veränderung dieser Geschwindigkeit an derselben Kurbelstelle entsprechen, wo w und ω in bestimmten, gleichbleibenden Verhältnissen zu v stehen. Demnach ist:

$$\frac{dw}{dt} = \left(\frac{\partial w}{\partial t}\right)_s + \left(\frac{\partial w}{\partial t}\right)_v = \frac{w}{v}\cdot\frac{dv}{dt} + \left(\frac{\partial w}{\partial t}\right)_v$$ [1] und

$$\frac{d\omega}{dt} = \left(\frac{\partial \omega}{\partial t}\right)_s + \left(\frac{\partial \omega}{\partial t}\right)_v = \frac{\omega}{v}\cdot\frac{dv}{dt} + \left(\frac{\partial \omega}{\partial t}\right)_v.$$

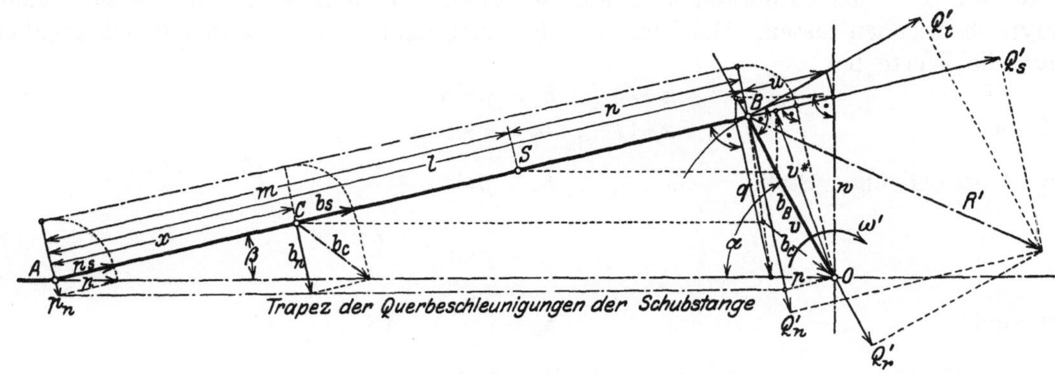

Abb. 169. Kurbeltrieb, zeichnerische Berechnung.

Demnach wird die Änderung der Gesamtenergie bei Einschluß der Kolben- und Schwungradmassen:

$$P w + Q v = \frac{dE}{dt} = M_k w \frac{dw}{dt} + M_s v \frac{dv}{dt} + \frac{dE_1}{dt}$$

$$= \left[M_s + \frac{M m}{l} + \left(M_k + \frac{M n}{l}\right)\frac{w^2}{v^2} + M(k^2 - m n)\frac{\omega^2}{v^2}\right] v \frac{dv}{dt}$$

$$+ \left(M_k + \frac{M n}{l}\right) w \left(\frac{\partial w}{\partial t}\right)_v + M(k^2 - m n)\,\omega \left(\frac{\partial \omega}{\partial t}\right)_v.$$

Man kann hierin den Wert:

$$M_s + \frac{M m}{l} + \left(M_k + \frac{M n}{l}\right)\frac{w^2}{v^2} + M(k^2 - m n)\frac{\omega^2}{v^2} = \mathfrak{M}$$

als eine mit der Kurbelstellung veränderliche Masse und die beiden letzten Summanden zusammen als $\frac{v^2}{2}\left(\frac{\partial \mathfrak{M}}{\partial t}\right)_v$ auffassen, womit man zu dem bekannten Wittenbauerschen Ausdruck gelangt in der Form:

$$Q + P\frac{w}{v} = \mathfrak{M}\frac{dv}{dt} + \frac{v}{2}\left(\frac{\partial \mathfrak{M}}{\partial t}\right)_v = \mathfrak{M}\frac{dv}{dt} + \frac{v^2}{2}\left(\frac{\partial \mathfrak{M}}{\partial s}\right)_v.$$

Für den genannten Annäherungsfall v = konst. wird

$$Q_t + P\frac{w}{v} = \left(M_k + \frac{M n}{l}\right)\frac{w}{v}\left(\frac{\partial w}{\partial t}\right)_v + M(k^2 - m n)\frac{\omega}{v}\left(\frac{\partial \omega}{\partial t}\right)_v,$$

[1]) Der Index bezeichnet die gleichbleibende Veränderliche.

worin Q_t die auf den Kurbelzapfen wirkende Tangentialkraft bedeutet. Man sieht, daß sich die äußeren auf die Schubstange wirkenden Kräfte absondern lassen und die durch deren Masse allein entstehende Kraft

$$Q'_t = \frac{M n}{l} \cdot \frac{w}{v} \left(\frac{\partial w}{\partial t}\right)_v + M (k^2 - m n) \frac{\omega}{v} \left(\frac{\partial \omega}{\partial t}\right)_v$$

wird.

Man verzeichne nach den Konstruktionen von Mohr und Land[1]) oder Tolle[2]) (Abb. 169) die Größen der Geschwindigkeiten v, w, $u = l\omega$ und der Beschleunigungen

$$\left(\frac{\partial w}{\partial t}\right)_v = p\,, \quad l\left(\frac{\partial \omega}{\partial t}\right)_v = q \quad \text{für} \quad \omega' = 1\,.$$

Für einen Punkt C in der Achse der Schubstange im Abstand x von A erhält man die Beschleunigung b_c und ihre Projektionen in der Stangenrichtung b_s und senkrecht dazu b_n. Trägt man diese als Ordinaten zu x auf, so erhält man gerade Linien, die sich leicht analytisch angeben lassen. Die Linie der Beschleunigungskomponenten b_n ist gegeben durch die Werte bei

$$x = 0 \ldots b_n = p \sin\beta$$

und bei $$x = l \ldots b_n = v \sin(\alpha + \beta)\,,$$

also ist an beliebiger Stelle $$x \ldots\ldots b_n = p \sin\beta + \frac{v \sin(\alpha+\beta) - p \sin\beta}{l}\, x$$

$$= p \sin\beta + \frac{q x}{l}\,,$$

oder auch $$b_n = \left(\frac{\partial w}{\partial t}\right)_v \sin\beta + \left(\frac{\partial \omega}{\partial t}\right)_v x\,.$$

Um nun die Komponente Q_n' des von der Schubstangenmasse herrührenden Kurbelzapfendruckes zu erhalten, braucht man nur jedes b_n mit den zugehörigen xdm zu multiplizieren, über die ganze Stangenlänge zu integrieren und durch l zu dividieren. Das ergibt sofort:

$$Q'_n = \frac{M m}{l} p \sin\beta + J' \frac{q}{l^2}\,,$$

worin $J' = J + M m^2$ das Trägheitsmoment der Stange für den Punkt A bedeutet. Es ist also auch:

$$Q'_n = \frac{M m}{l} p \sin\beta + (J + M m^2) \frac{q}{l^2} = \frac{M m}{l} \left(p \sin\beta + \frac{m q}{l}\right) + J \frac{q}{l^2} = \frac{M m}{l} \left(p \sin\beta + q \frac{m^2 + k^2}{m l}\right).$$

Die schon früher gefundene Tangentialkomponente kann man entsprechend schreiben:

$$Q'_t = \frac{M}{l^2} \left[n l \frac{w}{v} p + (k^2 - m n) \frac{u}{v} q\right] = M \frac{v^*}{v} \cdot b_t^* + \frac{J}{l^2} \cdot \frac{u}{v} \cdot q\,.$$

Hieraus findet sich dann leicht die Resultierende R' und damit nötigenfalls auch Q'_s und Q'_r. Die als äußere Kräfte noch außerdem wirkenden sind bei A in der Bewegungsrichtung $P - M_k p = P - M_k \left(\frac{\partial w}{\partial t}\right)_v$, wodurch der Führungsdruck normal dazu sich ergibt:

$$\begin{aligned}(P - M_k p) \operatorname{tg}\beta + \frac{P'_n}{\cos\beta} &= (P - M_k p) \operatorname{tg}\beta + \frac{1}{l \cos\beta} \int^{M} dm\,(l - x)\, b_n \\ &= (P - M_k p) \operatorname{tg}\beta + \frac{1}{l \cos\beta} \left(M n p \sin\beta + M m q - \frac{M m^2 q}{l} - \frac{J q}{l}\right) \\ &= (P - M_k p) \operatorname{tg}\beta + \frac{M}{l^2 \cos\beta} \left[p r n \sin\alpha - (k^2 - m n) q\right].\end{aligned}$$

---

[1]) Z. V. d. I. 1896, S. 954.

[2]) Tolle, Regelung der Kraftmaschinen. Springer, Berlin.

Tafel II

Kolbenbeschleunigung p
0 100 200 300 400 500 m/sek²
Schwerpunktsbeschleunigung 𝔊
Beschleunigungen
Trägheitskräfte der Schubstange: $Q_s = -M\mathfrak{G}$
Trägheitskräfte des Kolbens: $Q_k = -M_k \cdot p$
Indikatordiagramm
0 10000 20000 30000 40000 50000
Zusammensetzung der
eingeprägten Kräfte mit den Trägheits
Führungsdrücke
0 5000 10000 15000 20000 kg
Kreuzkopfzapfendrücke
0 5000 10000 15000 20000 kg
Kurbelzapfendrücke und Lagerdrücke
bei unausgeglichener Kurbel
0 10000 20000 30000 40000 kg

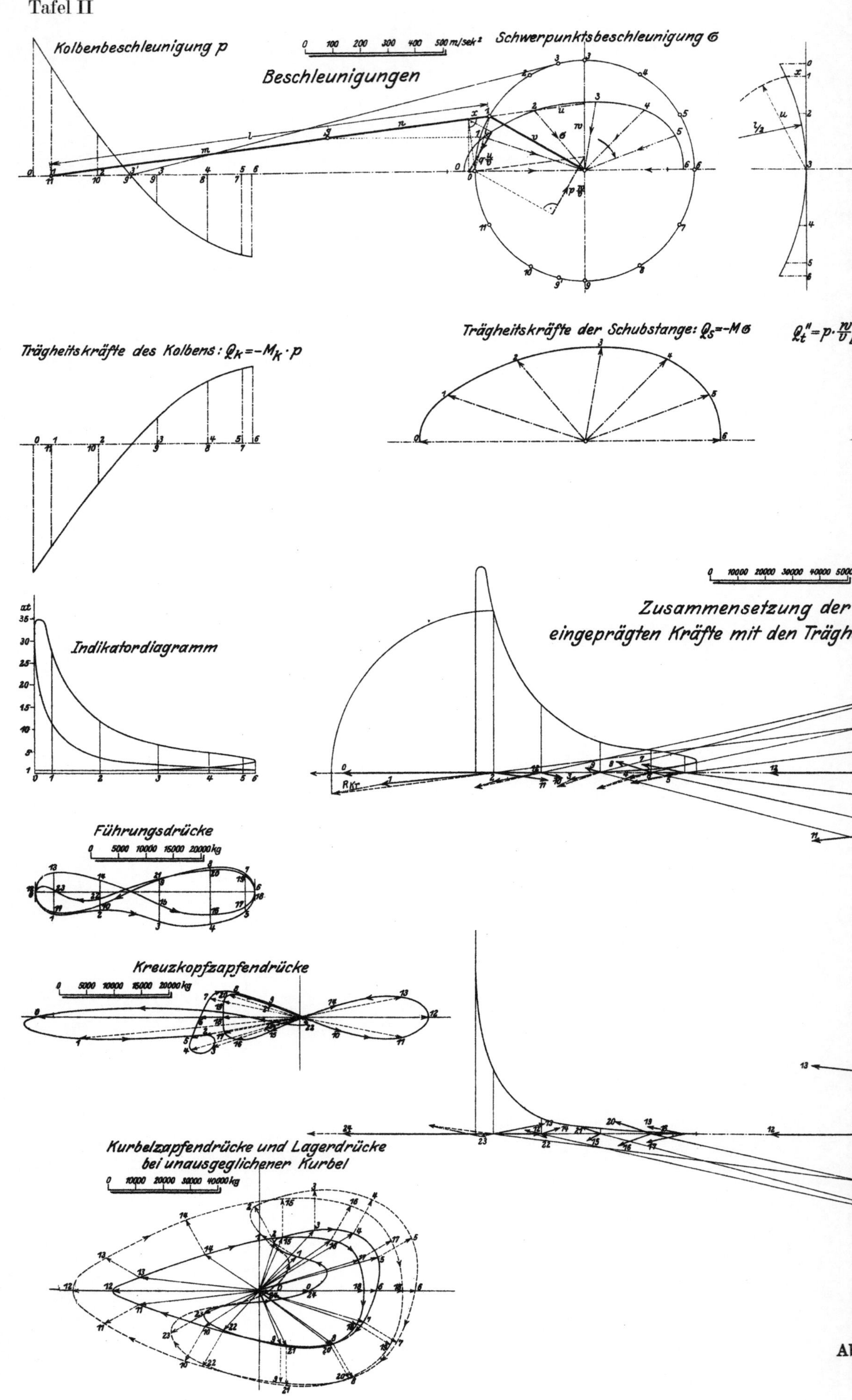

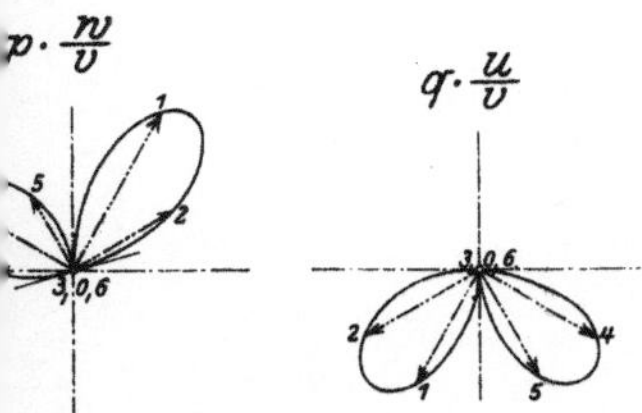

Gestängedrücke eines Viertaktmotors

Zylinderdurchm. = 530 mm; Hub = 530 mm; Drehz. = 370 Umdr./min

Schubstange: $l = 1{,}06$ m; $m = 0{,}669$ m; $n = 0{,}391$ m; $k = 0{,}557$ m

Kolbengewicht $G_K = 460$ kg; Schubstangengewicht $G = 675$ kg

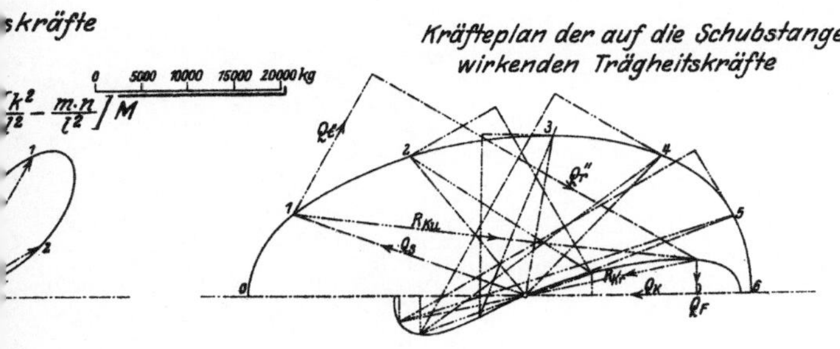

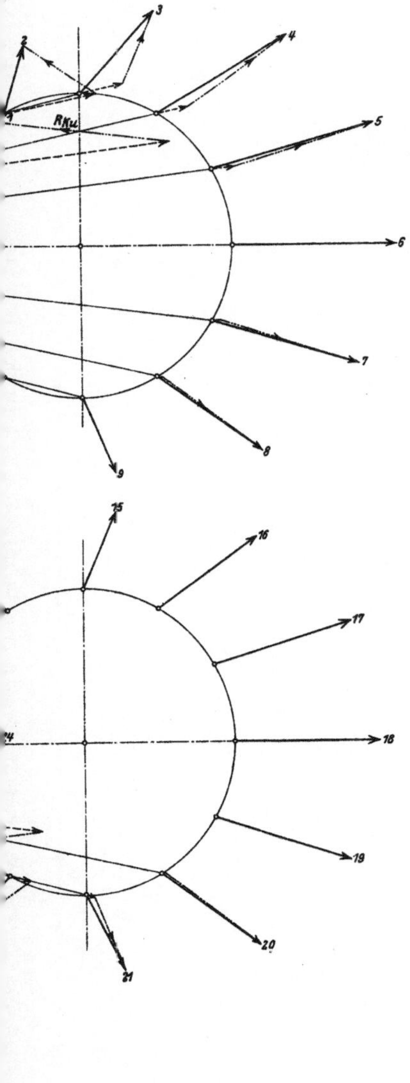

Tangentialdrücke auf den Kurbelzapfen

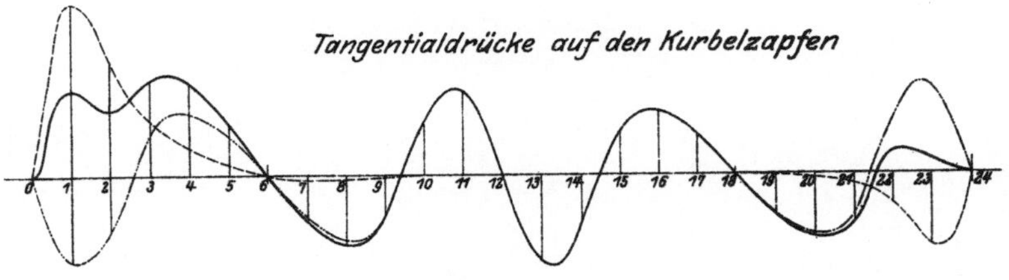

Radialdrücke auf den Kurbelzapfen

0 1 2 3 4 5 6 7 8 9 10 11 12 13 14 15 16 17 18 19 20 21 22 23 24

- - - - Trägheitskräfte
- - - - Eingeprägte Kräfte
——— Resultierende Kräfte

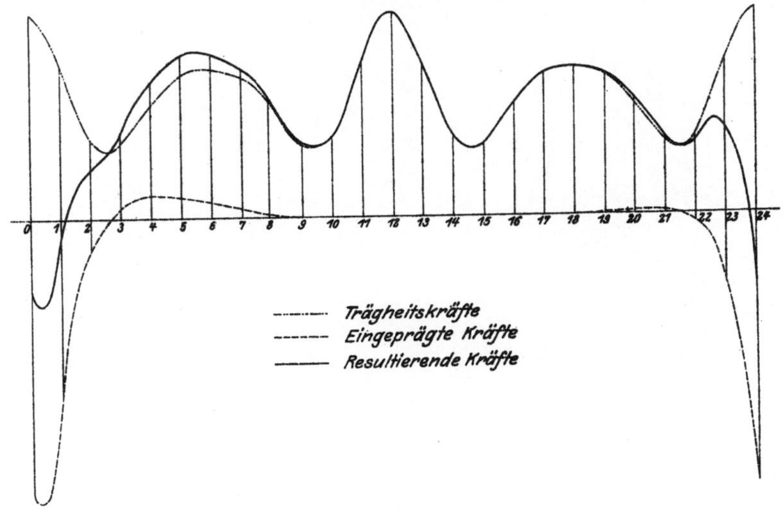

Verlag von Julius Springer, Berlin

Der von der äußeren Kraft $(P - M_k p)$ herrührende Teil der Stangenkraft wird:

$$Q_s = (P - M_k p) \frac{1}{\cos\beta}.$$

Den ganzen resultierenden Kurbeldruck erhält man durch Zusammensetzen von Q_s und R' oder $Q_s + Q'_s$ und Q'_n. Allerdings läßt sich auch

$$Q'_s = \int^M dm\, b_s + P'_n \operatorname{tg}\beta = \int^M dm\, b_s + \frac{\operatorname{tg}\beta}{l} \int^M dm\,(l - x)\, b_n$$

berechnen.

Die Linie $b_n \cdot dm$ ergibt sogleich die Querbelastung der Stange, $(P - M_k p) \frac{1}{\cos\beta}$ den größten in ihr auftretenden Zug oder Druck am Kreuzkopfzapfen. Der veränderliche Teil der Summanden in den Ausdrücken für Q'_t und Q'_n läßt sich leicht zeichnerisch finden (vgl. Abb. 169 und 170). Überall sind die Vorzeichen von q und u zu beachten; so sind z. B. im ersten Quadranten vom inneren Totpunkt der Kurbel aus u negativ und $\frac{du}{dt} = q$ positiv. In den Abb. 171 und 172 wurden für zwei Fälle (Langsam- und Schnellläufer) die von Pleuelstange und Kreuzkopf herrührenden Massenkräfte auf den Kurbelzapfen in tangentialer Richtung Q''_t bestimmt und mit den zeichnerisch unmittelbar bestimmbaren resultierenden Massenkräften der Schubstange und des Kreuzkopfes in einem Kräfteplan vereinigt, wodurch sich die übrigen Komponenten, nämlich der Führungsdruck Q_f auf den Kreuzkopf, die Radialkomponente des Kurbelzapfendruckes Q''_r und damit auch die auf Kreuzkopf- und Kurbelzapfen entfallenden Resultierenden ergeben. Diese sind dann noch mit den vom Kolbendruck herrührenden zu vereinigen.

Abb. 170. Kurbeltrieb, zeichnerische Berechnung.

Man erkennt aus diesen Bildern sogleich auch die Einwirkung der einzelnen Massen auf die Drücke, ferner, daß beim Kolben oder Kreuzkopf ein eigentlicher Druckwechsel, d. i. das Überspringen der Druckfläche auf eine andere, nicht vermieden werden kann, daß ein solcher Druckwechsel aber im Kolben- oder Kurbelzapfen eigentlich nicht stattfindet, weil die Drucklinien in diesen Zapfen stetig ineinander übergehen, solange der Druck nicht gleich Null wird. Da sich zwischen Zapfen und Lager eine Ölschicht befindet, darf demnach nur der kleinste vorkommende Druck ein gewisses Minimum nicht unterschreiten (vgl. S. 153). Zur Bestimmung der Zapfenstärken genügt die eben ermittelte größte auf den betreffenden Zapfen wirkende Kraft, die wegen der Ölschicht ungleichmäßig über die Länge verteilt ist. Tatsächlich nimmt wohl der Druck gegen die Zapfenenden ab, wegen der wechselnden Kraftrichtung und der Zapfenformänderung ist die Verteilung allerdings schwer zu beurteilen. Für die Berechnung des mittleren Auflagedruckes genügt die Kenntnis des größten im gewöhnlichen Betriebe vorkommenden Zapfendruckes, für die Festigkeitsberechnung sind etwa mögliche Überbeanspruchungen zu berücksichtigen, wie sie beim Anlassen, wo noch keine Beschleunigungswiderstände vorhanden sind, und bei Vorzündungen, Hängenbleiben der Zündnadel oder Entfall der Verdichtung eintreten können (vgl. S. 199). Für die Feststellung der Reibungsarbeit sind die Mittelwerte der Zapfendrücke einzusetzen, wie sie für Kurbelzapfen bei Langsam- und Schnelläufern aus dem Verlauf der Linien in Abb. 173, 174 zu entnehmen sind.

Ist P' die größte im Betrieb auftretende Kolbenkraft quer zur Bewegungsrichtung, D der Durchmesser und L die aufliegende Länge des Kolbens, so kann der Auflagedruck im Kolben $\frac{P'}{LD} = 1{,}2\ \text{kg/cm}^2$ bis $1{,}7\ \text{kg/cm}^2$ angenommen werden. Der Führungsdruck selbst wird für $1\ \text{cm}^2$ Kolbenfläche etwa 3 kg. Hieraus ergibt sich etwa $\frac{L}{D} = 1{,}4$ bis $1{,}9$.

Das Gewicht eines Tauchkolbens kann je nach der Bauart bei einteiliger Ausführung der Kolbenfläche proportional etwa 0,2 bis 0,23 F gesetzt werden, wenn F in cm² genommen wird.

Der recht unzugängliche Kolbenzapfen wird stets so lang gemacht, als es die Abmessungen des Tauchkolbens zulassen. Rechnet man Durchmesser mal Länge als Auflagfläche, erhält man bei Berücksichtigung der Kolbenmasse während des Betriebs Auflagdrücke von 90 bis 150 kg/cm². Das Verhältnis von Zapfenlänge zum Zapfendurchmesser ist 1,5 bis 1,75, dabei kommt die Festigkeit des Zapfens bei normalem Betrieb weniger in Frage. Man kann dann etwa bei Annahme einer in der Zapfenmitte angreifenden Einzelkraft und freiem Aufliegen an den inneren Nabenkanten mit einer Beanspruchung von 600 bis 750 kg/cm² rechnen, bei Überbeanspruchung entsprechend mehr. Die Zapfen werden aus naturhartem Stahl oder aus zähem Flußstahl mit eingesetzten, gehärteten und geschliffenen Laufflächen hergestellt.

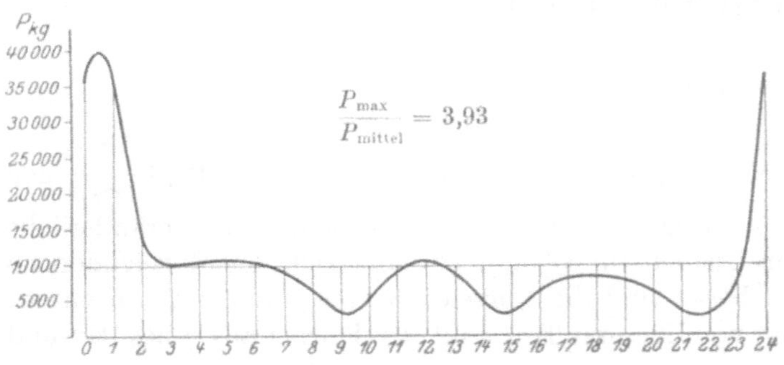

Abb. 173. Kurbelzapfendrücke. Langsamläufer.

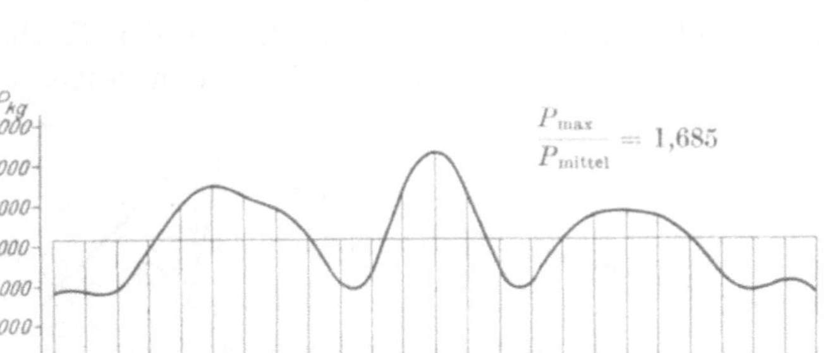

Abb. 174. Kurbelzapfendrücke. Schnelläufer.

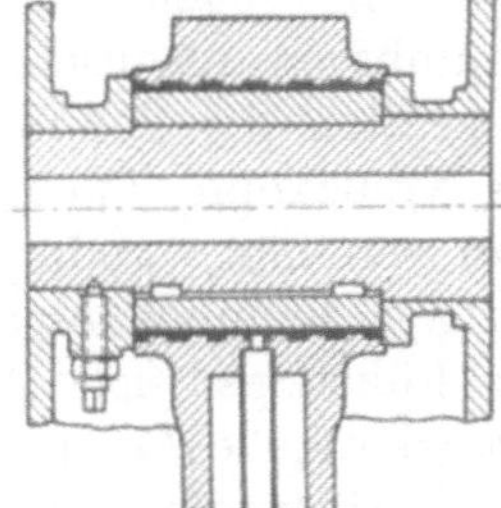

Abb. 175. To, Kolbenzapfen.

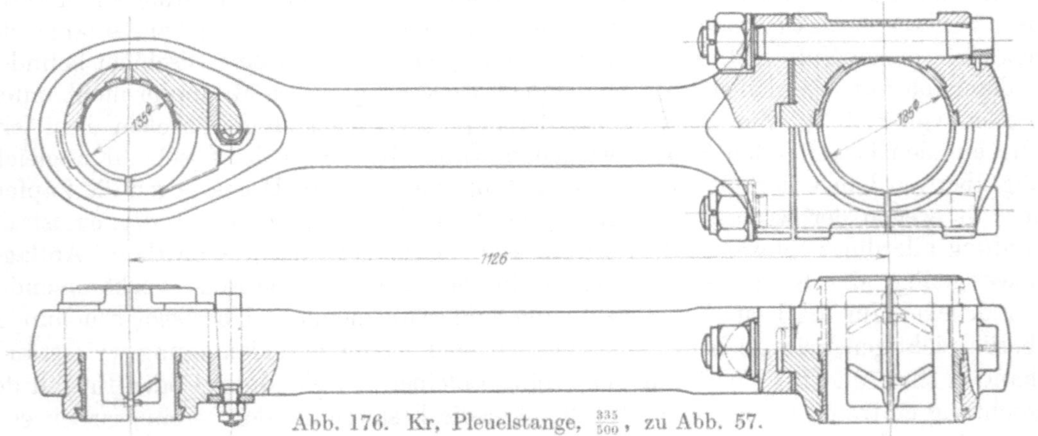

Abb. 176. Kr, Pleuelstange, $\frac{335}{500}$, zu Abb. 57.

Auch Mannesmannverbundstahl mit glasharter Oberfläche wird verwendet. Der Bolzen muß eine Härte von 500 (Brinell) haben, damit er beim Warmlaufen des Lagers nicht zu leicht angefressen wird, die Härteschicht soll wegen etwa erforderlichen Nachschleifens mindestens 1 mm tief sein. Um dies zu ermöglichen, muß eine Seite des Auflagers im Kolben entsprechend abgesetzt werden (Abb. 161). Jedes Spiel in diesen Auflage-

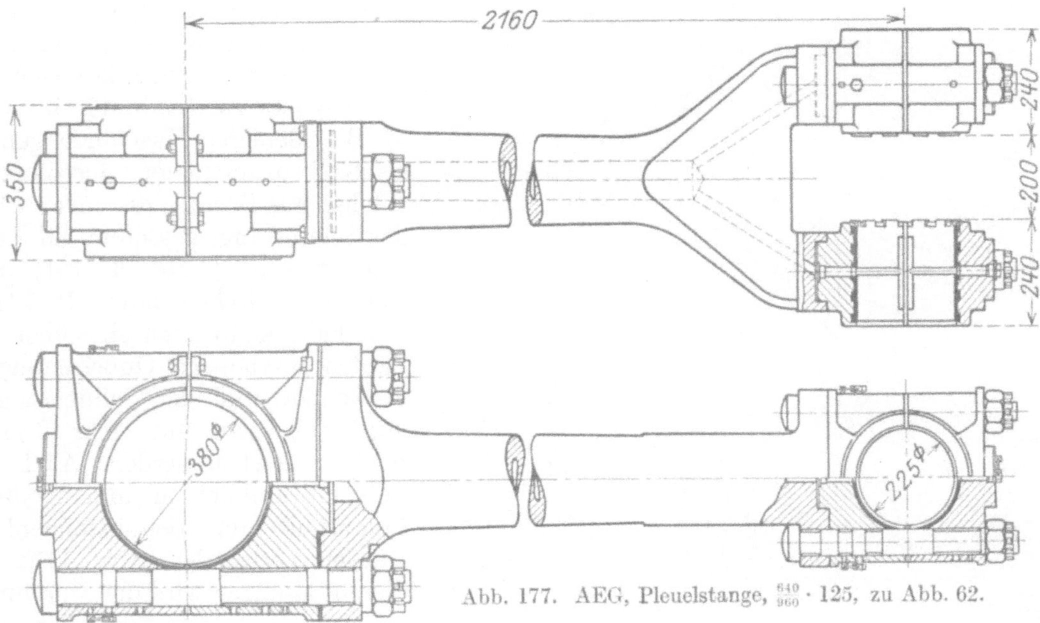

Abb. 177. AEG, Pleuelstange, $\frac{640}{960} \cdot 125$, zu Abb. 62.

stellen ist zu vermeiden, da es sich wegen der wechselnden Druckrichtung rasch sehr stark vergrößert und Stöße verursacht. Vor Einbau sollten die Kolbenbolzen genau auf Härterisse geprüft werden.

Zur Verminderung des Auflagedruckes im Kolbenzapfen ohne übermäßige Vergrößerung der Bohrungen im Kolben dient die Bauart (Abb. 175), bei der ein hartes Stahlrohr als Lauffläche über den Zapfen gezogen ist, oder auch die Verlegung der Lagerstellen in den Kolben und Befestigung des Zapfens in der Schubstange.

Die Schubstangen haben meist eine Länge von 4 bis 5mal dem Kurbelhalbmesser, es kommt aber auch die 6fache Kurbellänge vor (Abb. 142). Für Tauchkolben wird der Kopf für den Kolbenbolzen meist ungeteilt hergestellt (Abb. 176), für Kreuzkopfmaschinen als Gabelkopf und geteilt (Abb. 65) oder geteilt und aufgesetzt (Abb. 177, 178), wobei sich zwei getrennte Laufflächen ergeben. Es ist jedoch nur bei größeren Maschinen möglich, genügend starke Schrauben unterzubringen. Wenn sie auch zur Aufnahme der im gewöhnlichen Betrieb vorkommenden Zugkräfte ausreichen, so liegt doch die Gefahr des Festklemmens des Kolbens, insbesondere nach dem Anlassen, vor, der dann die Schrauben meistens nicht gewachsen sind. In Abb. 179 ist demgemäß der Kopf für den einfachen Kolbenbolzen gegabelt, aber unge-

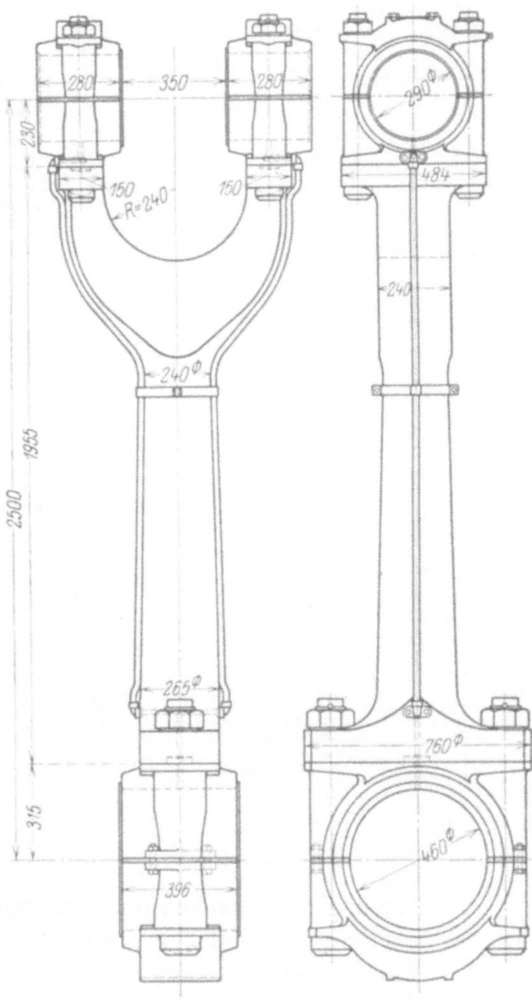

Abb. 178. DW, Pleuelstange, $6 \cdot \frac{750}{1200} \cdot 115$, zu Abb. 200.

teilt, die Nachstellung erfolgt im geteilten Kreuzkopf (Abb. 180). Aber auch bei Tauchkolben kommen geteilte Köpfe vor (Abb. 46, 48).

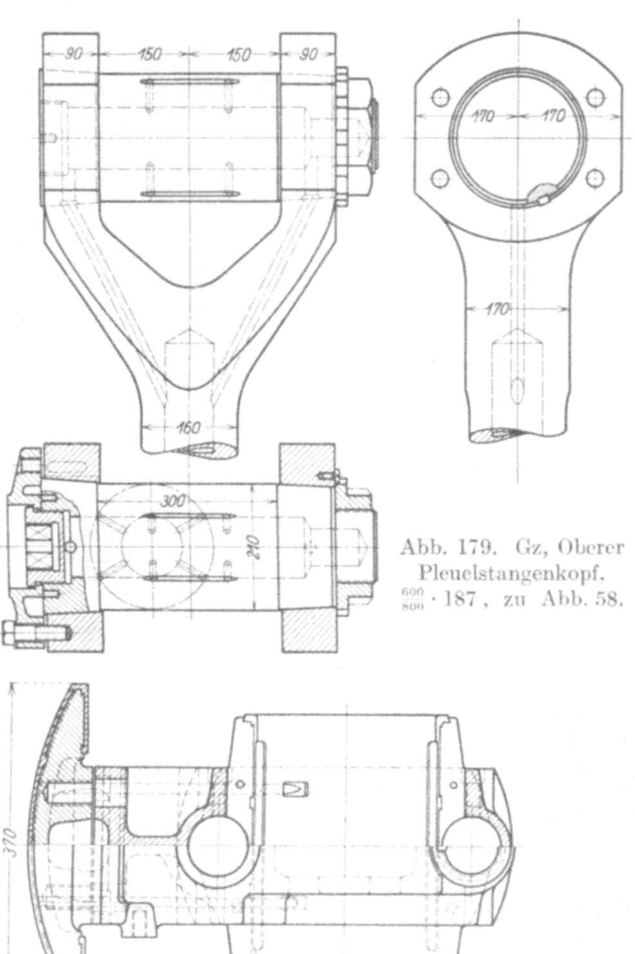

Abb. 179. Gz, Oberer Pleuelstangenkopf, $\frac{600}{800}\cdot 187$, zu Abb. 58.

Bei kleineren Maschinen genügt als Kolbenzapfenlager eine einfache Büchse aus Bronze, die entweder in der Schubstange geklemmt oder eingepreßt wird (Abb. 76, 181) oder sich in ihr drehen kann. In letzterem Falle kann auch eine über den Zapfen geschobene Gußeisenbüchse verwendet und der Schubstangenkopf außerdem mit einer Bronzebüchse versehen werden. Auch einteilige Stahlbüchsen und Weißmetallausguß im Schubstangenkopf wurden verwendet (Abb. 175), bei diesen Bauarten wird der Durchmesser der Lauffläche vergrößert und dadurch der Auflagedruck vermindert, ohne daß eine Verstärkung der Naben im Kolben notwendig wird. Weißmetall bewährt sich bei hohen Temperaturen meist besser als Bronze für die Laufflächen.

Bei größeren Maschinen werden geteilte Lagerschalen verwendet, und zwar zentrisch oder exzentrisch kreisförmige (Abb. 25, 83, 84) oder rechteckige (Abb. 29, 183) oder achteckige Lagerschalen (Abb. 182), die gewöhnlich durch Beilage und Druckschraube oder Keil (Abb. 176) nachstellbar sind. Die Abb. 49, 176 weisen eine halbkreisförmige und eine eckige Schale auf. Die auf die Druckschraube entfallende größte Kraft ist aus dem Diagramm Abb. 171, 172 zu entnehmen, der Kernquerschnitt kann mit 800 kg/cm² belastet werden. Bei Abb. 183 wird die Druckschraube mit einem Kopf versehen und von innen eingesteckt, so daß die Druckfläche größer als die Gewindefläche werden kann. Auch die Auflagedrücke für die seitlichen Flächen sind aus den Abb. 171, 172 zu entnehmen. Bei Schnelläufern werden die Schalen auch ohne Druckschrauben eingepaßt und bei Abnützung durch Beilagen zwischen Kurbelkopf und Schale nachgestellt. Ein Beispiel einer

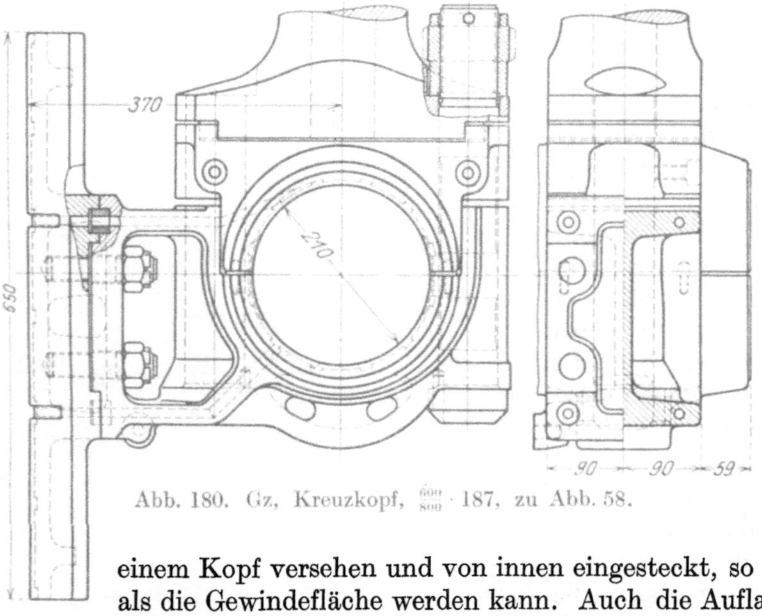

Abb. 180. Gz, Kreuzkopf, $\frac{600}{800}\cdot 187$, zu Abb. 58.

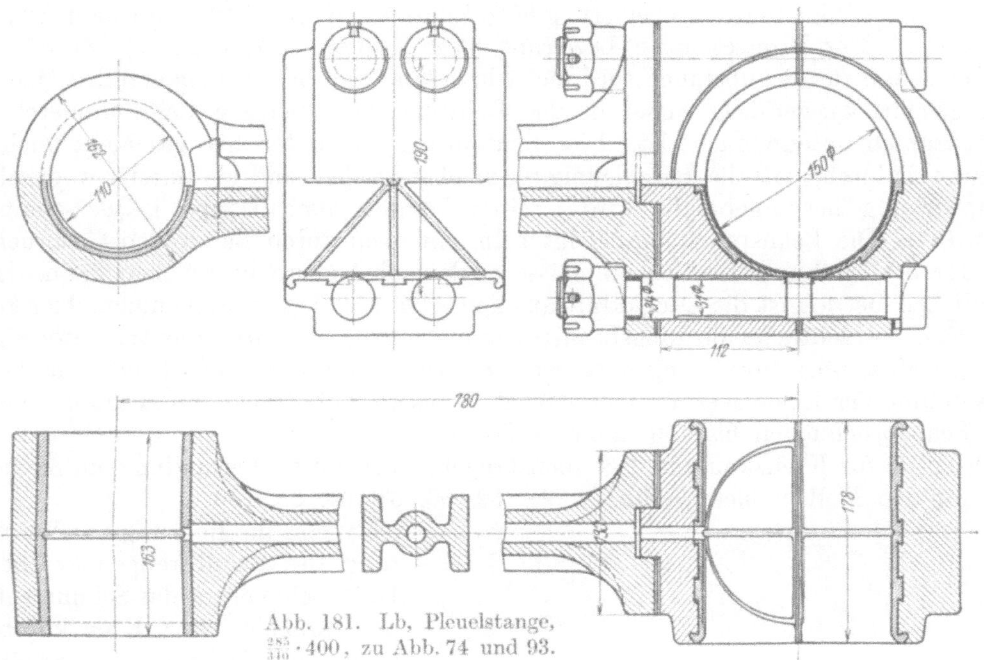

Abb. 181. Lb, Pleuelstange, $\frac{285}{340} \cdot 400$, zu Abb. 74 und 93.

Kolbenbolzenschale aus Bronze bietet Abb. 182; wo nicht aufgesetzte Lager für den Kurbelzapfen verwendet werden, erfolgt die Nachstellung der Schubstangenlänge auch durch Beilagen im Kolbenbolzenlager. Abb. 184 zeigt ein auf dem Gabelkopf der Pleuelstange aufgesetztes, geteiltes Kreuzkopflager aus Stahlguß mit Weißmetallfutter, Abb. 180 ein solches, das auf der Kolbenstange aufgesetzt ist und dessen unterer Teil als Kreuzkopf ausgebildet ist. Hier kommt man mit einem einfachen Zapfen aus. Weißmetallfutter sind bei großen Maschinen wegen rascherer Erneuerung und leichterer Einpassung auch deshalb vorzuziehen, weil die Zapfen beim Verreiben nicht

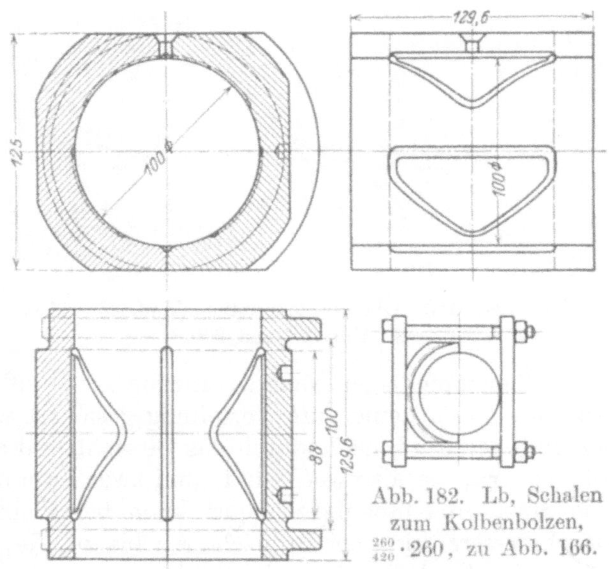

Abb. 182. Lb, Schalen zum Kolbenbolzen, $\frac{260}{420} \cdot 260$, zu Abb. 166.

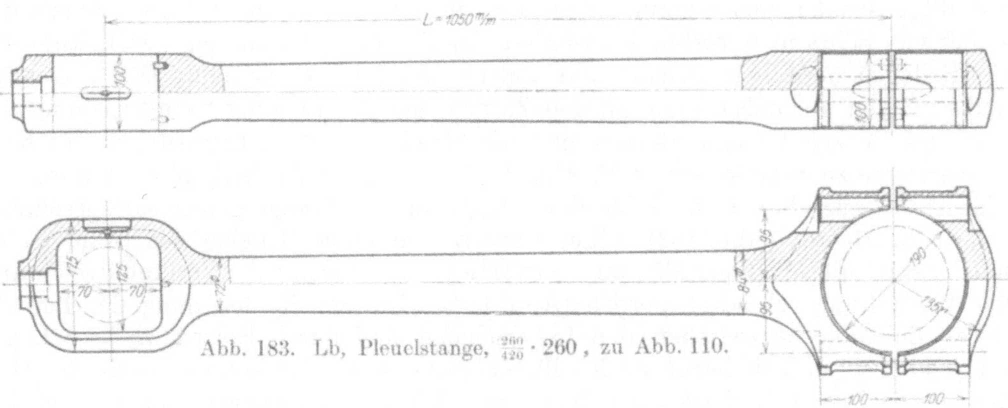

Abb. 183. Lb, Pleuelstange, $\frac{260}{420} \cdot 260$, zu Abb. 110.

so leicht beschädigt werden. (Legierung 80% Zinn, 7% Kupfer, 12% Antimon, 1% Phosphorkupfer. Für Bronzeschalen Legierung 85% Kupfer, 12% Zinn, 3% Zink.)

Der Schaft der Schubstange wird meist kreisrund und bei schnellaufenden Maschinen hohl gebohrt ausgeführt, wobei in der Bohrung die Zuleitung des Schmieröls zum Kolbenzapfen untergebracht ist. Die Ölzuführung von unten her geschieht auch ohne Öldruck dadurch, daß die Beschleunigungen oben größer sind als unten, wodurch eine Pumpwirkung hervorgebracht wird. Selten kommt auch Doppel-T-Querschnitt vor (Abb. 181). Die Beanspruchung erfolgt beim Anlassen durch den vollen Gasdruck, der sich durch ausnahmsweise Vorkommnisse auch noch bedeutend erhöhen kann. Im gewöhnlichen Betrieb ist die Druckkraft aus den Abb. 171, 172 zu entnehmen, hier kommt noch eine beträchtliche Biegungsbeanspruchung hinzu, die durch die trapezförmig verlaufende Massenbeanspruchung hervorgerufen wird (Abb. 169). Die Knicksicherheit bei Verwendung der Eulerschen Formel beträgt 16 bis 25, auf Druck und Biegung gerechnet sind Beanspruchungen bis 750 kg/cm² zulässig.

Beispiele für Kreuzköpfe und Kolbenstangen, sowie deren Verbindung untereinander und mit den Kolben bieten Abb. 24, 28, 59, 60, 63, 64, 65, 180.

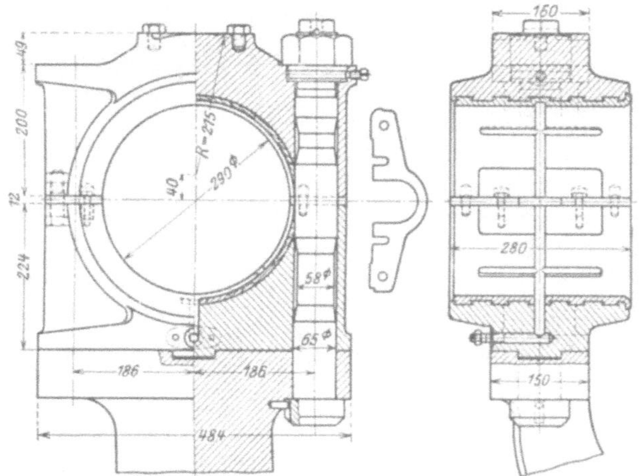

Abb. 184. DW, Oberer Pleuelstangenkopf, $\frac{750}{1200} \cdot 115$, zu Abb. 178 und 200.

Wenn die Bohrung zur Verminderung des Schubstangengewichts bei Druckschmierung das Schmierrohr für den Kolben- oder Kreuzkopfbolzen bilden soll, darf sie nicht zu weit sein, da sonst beim Anlassen zu lange kein Öl an die Schmierstelle gelangt. Es ist daher vorzuziehen, die Bohrung teilweise entweder mit Holz oder Aluminium auszufüllen oder ein gesondertes Schmierrohr einzulegen (Abb. 378), das weniger leicht beschädigt wird, als ein oder zwei außen geführte Röhrchen (z. B. Abb. 178), die jedoch bequem zugänglich sind. Jedenfalls sind die Röhrchen sehr sorgfältig zu befestigen und zu dichten. Die Ölnuten im Kolbenzapfenlager sind so anzuordnen, daß der Öldruck beim Eintritt möglichst groß ist, so daß eine gute Verteilung gesichert wird. Dieser Öldruck wird außer durch den Pumpendruck noch durch das Gewicht und die Massenwirkung des Öls im Schmierrohr bewirkt, ist also wechselnd, und zwar im inneren Totpunkt der Kurbel am größten. Das Spiel im Kolbenbolzenlager kann bei Weißmetallausguß etwa $\frac{1}{2000}$ bis $\frac{1}{3000}$ des Durchmessers sein, bei Bronzelagern bis zu $\frac{1}{500}$, das seitliche Spiel etwa 0,4 bis 1 mm.

Ist der Kurbelkopf an die Stange angesetzt, so erhält er gewöhnlich Schmiedestahl- oder Stahlgußschalen mit Weißmetallausguß, die unter sich und mit dem Schaft durch zwei oder vier Schrauben verbunden werden. In diesem Fall kann der Verdichtungsraum durch Beilagen zwischen Schale und Schaft verkleinert werden. Die Verbindungschrauben liegen möglichst nahe an den Zapfen, um die Biegungsbeanspruchungen des Schafts und Deckels zu beschränken und um gleichzeitig die Abmessungen des Kopfes und seine Masse zu vermindern (z. B. Abb. 185). Wenn der Kurbelkopfoberteil ein Stück mit der Treibstange bildet, wird der ganze Kopf mit der Stange gemeinsam geschmiedet und dann bearbeitet (Abb. 183). Hier werden zweiteilige Schalen aus Stahlguß oder Schmiedestahl mit Weißmetallfutter verwendet, die durch die Verbindungschrauben an der Verdrehung gehindert werden (Abb. 186). Die zur Nachstellung der Lager bestimmten Beilagbleche zwischen den Lagerschalen sind durch Bolzen in ihrer Lage zu halten, jedoch so, daß sie leicht nach außen abgezogen werden können, wenn der Deckel gelüftet wird. Daher sind sie nach innen mit Schlitzen zu versehen oder durch kurze

Stifte oder Durchschrauben festzuhalten (Abb. 177, 185). Gegen die Lagerenden zu sollen die Beilagbleche nahe an die Zapfen heranreichen, um unnötigen Ölaustritt zu verhindern, manchmal werden stärkere Bleche dort auch mit Weißmetall ausgegossen und knapp an den Zapfen geführt.

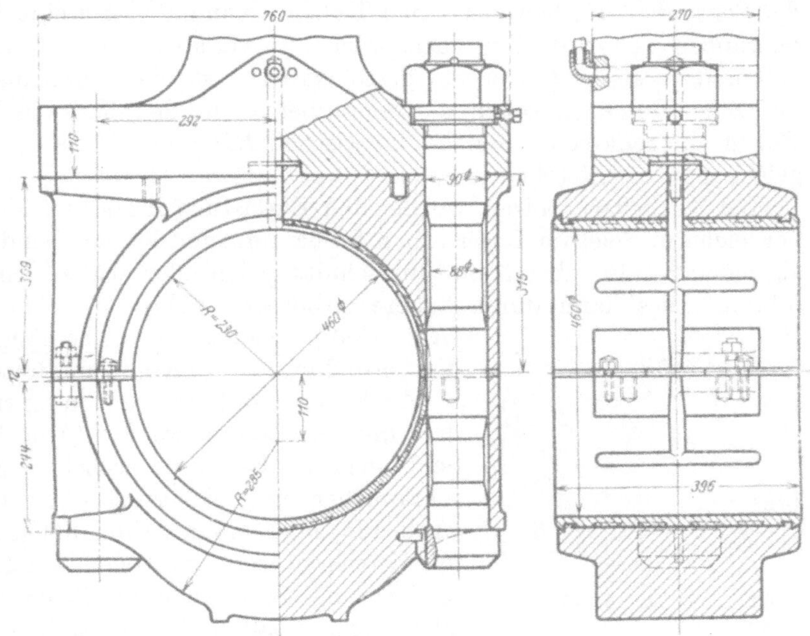

Abb. 185. DW, Unterer Pleuelstangenkopf, $\frac{750}{1200} \cdot 115$, zu Abb. 178 und 200.

Besondere Sorgfalt ist der Bestimmung der Abmessungen der Verbindungschrauben zu widmen. Die auf sie entfallende Zugkraft ist als Komponente des Zapfendruckes in der Stangenrichtung aus den Abb. 171, 172 zu entnehmen. Bei aufgesetztem Kopf muß die Querkomponente von einem genau eingepaßten Zapfen und den Bolzenquerschnitten aufgenommen werden (vgl. Abb. 185), jedenfalls aber haben in der Lagerteilfuge die Bolzen allein diese Querkomponente dann zu übertragen, wenn die Zapfenkraft gegen den Deckel hin gerichtet ist. Sie müssen also dort sehr genau eingepaßt sein, damit sie gemeinsam aufliegen und hier neben der Zugbeanspruchung auch noch eine Scher- und Biegungsbeanspruchung aushalten. Demgemäß wird die vereinigte Zug- und Biegungsbeanspruchung bei Schnellläufern mit 500 kg/cm² zu beschränken sein, wobei Nickel- oder Chromnickelstahl als Baustoff dient. Bei Langsamläufern, wo Zug und Biegung geringer werden (Abb. 171, 172), ist als Merkzahl der Wert Kolbenfläche dividiert durch Kernfläche der Schrauben mit 30 bis 45 zu nehmen.

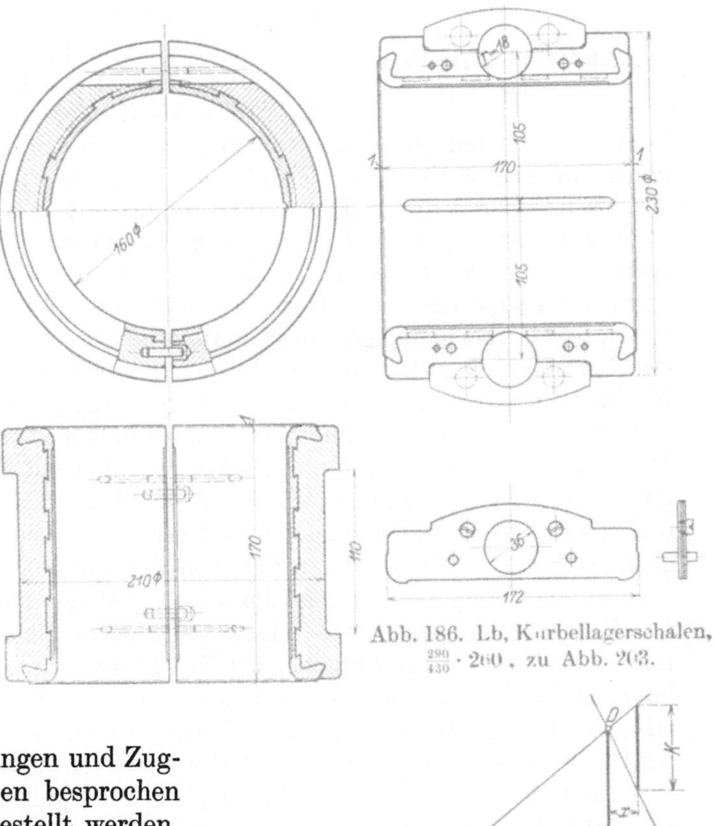

Abb. 186. Lb, Kurbellagerschalen, $\frac{290}{430} \cdot 260$, zu Abb. 203.

Abb. 187. Diagramm der Schraubendehnung.

Hier mag der Verlauf der Dehnungen und Zugspannungen in Verbindungschrauben besprochen und in einer Skizze (Abb. 187) dargestellt werden. AC sei die Länge der noch nicht gedrückten, zu verbindenden Teile. Die Druckkraft auf diese und die Zugkraft auf die Schraube sind in Abhängigkeit von der Länge durch die Richtungen der Geraden CD und BD dargestellt, AE sei die Länge nach Anziehen der Schrauben, diese ergibt auch die Kraft ED bei der Vorspannung, sowie die ursprüngliche Länge AB der Schraube zwischen den Druckflächen. Kommt hierzu eine äußere Kraft K, die die Schrauben weiter auf Zug beansprucht, so verlängert sich diese um x. Je flacher also BD und je steiler CD liegen, desto geringer ist die Mehrbeanspruchung der Schraube auf Zug. Demnach sollen die Schrauben recht dehnbar, die Deckel recht steif sein. Reicht die senkrechte Strecke K zwischen BD und CD bis C, so wird die Verbindung gelöst, und es entsteht ein Spiel.

Bei Kurbellagerbolzen, wo Be- und Entlastung rasch und oft aufeinander folgen und bei leichtem Spiel im Lager schon Stöße auftreten können, sind die Schrauben so dünn als möglich, also überall im Querschnitt gleich oder etwas kleiner als der Kern auszuführen. Dies kann durch äußeres Abdrehen (Abb. 184, 185) oder durch Ausbohren (Abb. 188) geschehen. Alle Übergänge müssen sanft erfolgen, die Abrundungen vom Kopf zum Bolzen sind groß zu nehmen.

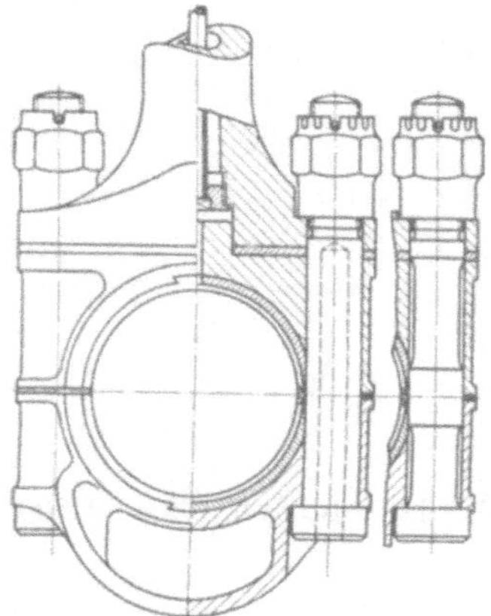

Abb. 188. Unterer Pleuelstangenkopf.

Auch bei den Kurbelzapfenlagern möge auf die Anlage der Ölnuten geachtet werden (Abb. 176, 181, 185, 186). Die Schrauben werden durch sechskantige Köpfe, durch Druckschräubchen mit Sicherung (Abb. 177), durch Querbolzen (Abb. 185) oder Nasen (Abb. 181) gegen Verdrehen gesichert, mit Kronenmuttern angezogen und diese gesichert. Die Muttersicherung kann auch als Pennsicherung (Abb. 184, 185) oder durch Spalten des Schraubenbolzens und Auftreiben mittels eines eingeschraubten Kegels erfolgen (Abb. 48). Als Gewinde dient Feingewinde mit rd. 11 bis 19 Gängen auf den Außendurchmesser zwischen 1′e und 4′e. Die Schrauben müssen stets stramm angezogen werden. Bei sehr großen Maschinen wurden auch vier Schrauben verwendet, damit die Breite des Kopfes nicht übermäßig groß ausfällt, wobei auch zu beachten ist, daß er beim Ausbau der Stange durch die Zylinderbohrung gezogen werden muß. Das Gewicht der Kolbenstange kann schätzungsweise zwischen 4,5 bis 6 kg für 1 dm³ Zylinderinhalt angenommen werden.

Die Abmessungen des Kurbelzapfens werden mit jenen der Welle gemeinsam bestimmt, meist ist der Durchmesser des Zapfens dem der Welle nahe gleich, ebenso groß etwa auch die Länge des Kurbelzapfens, wenn nicht besondere Verhältnisse vorliegen. Zur vorläufigen, überschlägigen Bestimmung der Stärke des Kurbelzapfens genügt es meist, das Wellenstück zwischen zwei Lagern für sich zu berechnen, die Beanspruchung des Kurbelzapfens ist dann durch Biegung infolge des Kurbelzapfendruckes und durch Torsion infolge des durchgehenden und des halben, vom Kurbelzapfendruck herrührenden Drehmoments bewirkt. Man muß also den Verlauf dieser Größen kennen, um den ungünstigsten Fall zu finden. Er ist in der Tafel S. 151 für verschiedene Zylinderzahlen und Lagerstellen verzeichnet. Aus diesen Angaben erkennt man, daß die Stelle der größten Beanspruchung wesentlich von der Zündfolge abhängt, ihre Größe ändert sich sehr mit der Lagerentfernung, die also zuerst geschätzt werden muß. Bei Anwendung von Ringschmierlagern für die Hauptwelle ist die Entfernung zweier benachbarter Lagermitten etwa das 2 bis 2,6fache, bei Druckschmierung das 1,6 bis 2,3fache der Zylinderbohrung, und zwar auch bei Schnelläufern, wo die Reibungsarbeit die Lagerlänge bestimmt. Der größte von einem Zylinder ausgeübte Zapfendruck während des Betriebs ist bei Langsamläufern etwa 0,75 des höchsten Gasdrucks bei 15° nach dem oberen Totpunkt, bei Schnelläufern 0,70 im oberen Totpunkt. Das größte von einem Zylinder ausgeübte Drehmoment ist bei Langsamläufern rd. 16 FR mit F als Kolbenfläche, R als Kurbelhalbmesser, und fällt bei Langsamläufern etwa in den Kurbelwinkel 34° vom Totpunkt, bei Schnelläufern ist das größte Drehmoment etwa 9,5 FR beim Kurbelwinkel 105°; diese Werte hängen aber, wie aus den Abb. 171 und 172 hervorgeht, stark von den Drehzahlen ab.

Für mittlere Verhältnisse ergibt sich für die Stärke des Kurbelzapfens ein der Zylinderbohrung D verhältnisgleicher Wert zwischen 0,55 und 0,6 D für eine Biegungsbeanspruchung von 210 bis 190 kg/cm². Der größte Flächendruck ist 50 bis 60 kg/cm², die Reibungsarbeit 1,63 bis 9 kg/cm²-sk. Bei der Wahl der Beanspruchungsgrenze sind Stöße und die dadurch auftretende Stoßarbeit sowie Drucksteigerungen in außerordentlichen Fällen zu berücksichtigen[1]).

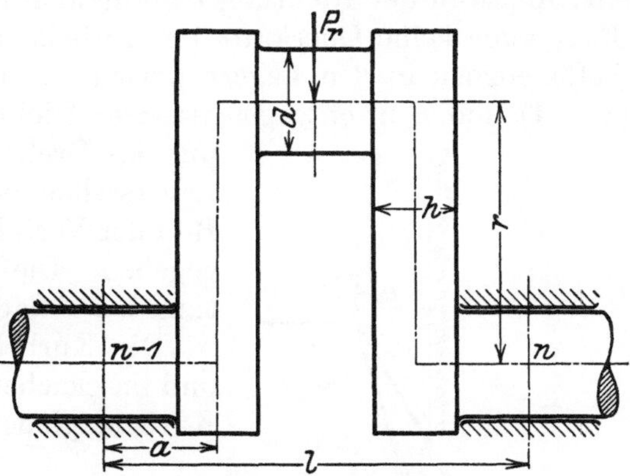

Abb. 189. Kurbelkropf, Bezeichnungen.

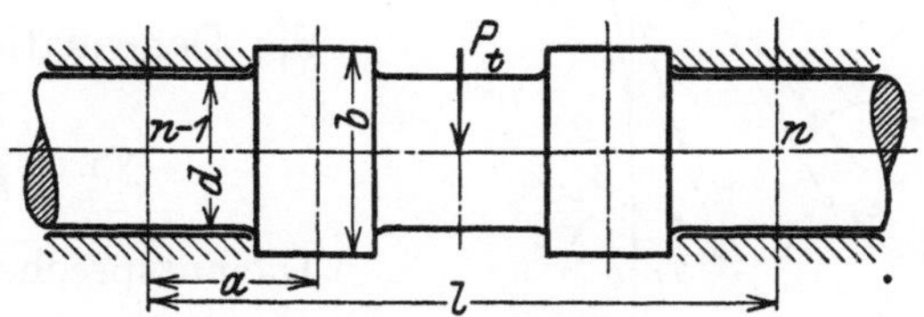

Abb. 190. Kurbelkropf, Bezeichnungen.

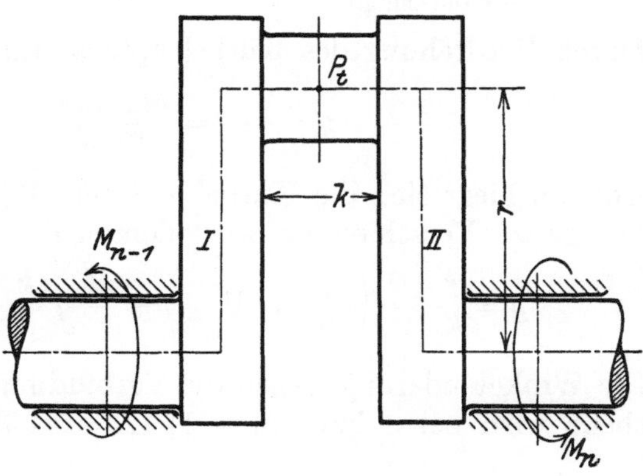

Abb. 191. Kurbelkropf, Bezeichnungen.

Für die genauere statische Berechnung der Kurbelwellen[2]) wird folgendes Annäherungsverfahren empfohlen, wobei hier angenommen wird, daß die Kurbelzapfen gleich weit von den benachbarten Lagern abstehen. Ist es nicht der Fall, so kann dies bei dem gewählten Rechnungsgang leicht berücksichtigt werden. Es wird ferner angenommen, daß die freien Auflagerstellen in den Lagermitten und diese in einer Geraden liegen, also durch Abnutzung keine Verschiebung eingetreten ist. Man sucht nun

1. die Einflüsse der Kurbelkräfte auf die Formänderungswinkel an den Auflagstellen des frei aufliegenden einzelnen n-ten Feldes (die Winkel werden positiv in der positiven Kraftrichtung gemessen); und zwar

a) für die Kraftkomponente P_r in der Kurbelrichtung (Abb. 189).

Die zylindrischen Teile sollen alle das Trägheitsmoment $J = \frac{\pi}{64}\, d^4$ haben und bis zu den Kurbelarmmitten reichen, dann ist die Winkelverschiebung zwischen $(n-1)$ und n durch die Biegung derselben $\frac{P_r l^2}{8EJ}$, also der Deformationswinkel bei $n-1$ oder n: $\frac{P_r l^2}{16EJ}$. Durch Biegung der Kurbeln wird dieser Winkel vergrößert um $\frac{P_r a r}{2EJ_b}$, wenn J_b das Trägheitsmoment des Kurbelquerschnitts für eine normal zur Welle gerichtete Achse ist, also hier $\frac{1}{12} h^3 b$. Die Einflußzahl von P_r für den Formänderungswinkel ist daher $\varkappa_r = \frac{1}{2E}\left[\frac{l^2}{8J} + \frac{ra}{J_b}\right]$. Ist P_r nicht zentrisch zwischen den Lagern, hat man am besten die verhältnismäßigen Ausweichungen der Auflager von der Achsenrichtung bei $n-1$ und n zu berechnen und durch l zu dividieren, um die betreffenden Winkel zu finden.

b) Für die Kraftkomponente P_t (Abb. 190) wird wieder der Winkel, der von der Biegung der zylindrischen Teile herrührt: $\frac{P_t l^2}{16EJ}$, und der durch Verdrehung der Kurbeln

[1]) Bei Schiffsmaschinen sind die Vorschriften der betreffenden Klassifikationsbehörde zu berücksichtigen.

[2]) Vgl. die Rechnung von Foeppl in Holzer: Drehschwingungen. Berlin: Julius Springer; Gessner, mehrfach gelagerte Kurbelwellen. Berlin: Julius Springer.

entstehende Winkel: $\frac{P_t a r}{2 J'_d G}$, worin $J'_d = m \psi_3 h^4$ [1]) mit $m\psi_3 = \frac{1}{3}\left(m - 0{,}63 + \frac{0{,}052}{m^4}\right)$. Die betreffende Einflußzahl wird: $\varkappa_t = \frac{1}{2E}\left(\frac{l^2}{8J} + \frac{r a}{J'_d}\cdot\frac{E}{G}\right)$.

2. Sind die Einflüsse der in das betreffende Feld eintretenden Torsionsmomente zu bestimmen (Abb. 191), wobei $M_n = M_{n-1} + P_t r$. Da kein äußeres Drehmoment für eine Achse in der Richtung r vorhanden ist, solange keine Stützmomente wirken, kann M_{n-1} auch keine Querkraft im Kurbelzapfen erzeugen, weil diese einen entsprechenden Auflagedruck in den Lagern normal zu den Kurbeln hervorrufen müßte, und zwar bei $(n-1)$ und n in entgegengesetzter Richtung. Demnach geht durch den Kurbelzapfen nur das Drehmoment M_{n-1} hindurch. Denkt man sich die Lagerstellen bei M_n gegen Drehung festgehalten, so ist das Bild der Verschiebungen durch P_t und M_{n-1} durch Abb. 192 gegeben. Die Auflagstelle $(n-1)$ wird aus der Achsenrichtung bei n nach O' verschoben, und zwar um $y'_1 + y' + y_2$.

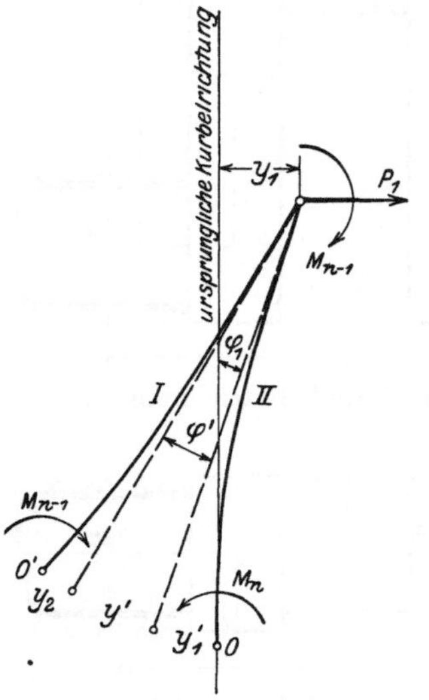

Abb. 192. Kurbelkropf. Formänderung.

Die Kurbel II wird durch M_{n-1} vom Kurbelzapfen her und im gleichen Sinn durch P_t gebogen, die Verschiebung des Kurbelzapfens beträgt:

$$y_1 = \frac{r^2}{E J'_b}\left(\frac{P_t r}{3} + \frac{1}{2} M_{n-1}\right),$$

der Deformationswinkel

$$\varphi_1 = \frac{r}{E J'_b}\left(\frac{P_t r}{2} + M_{n-1}\right), \quad \text{worin } J'_b = \frac{1}{12} h b^3.$$

Die entsprechende Verschiebung von O wird:

$$y'_1 = r\varphi_1 - y_1 = \frac{r^2}{E J'_b}\left(\frac{P_t r}{6} + \frac{M_{n-1}}{2}\right).$$

Durch Verdrehung des Kurbelzapfens ergibt sich eine weitere Verschiebung von O um:

$$y' = r\varphi' = \frac{M_{n-1} k r}{2GJ} \qquad \text{mit} \qquad k = l - 2a - h.$$

Endlich biegt sich die Kurbel I durch M_{n-1} und verschiebt O weiter um $y_2 = \frac{M_{n-1} r^2}{2 E J'_b}$. Die ganze Verschiebung wird demnach:

$$y = \frac{r}{E}\left[\frac{r}{J'_b}\left(\frac{P_t r}{6} + M_{n-1}\right) + \frac{M_{n-1} k}{J}\cdot\frac{E}{G}\right] = \frac{r}{E}\left[\frac{P_t r^2}{6 J'_b} + M_{n-1}\left(\frac{r}{J'_b} + \frac{k}{2J}\cdot\frac{E}{G}\right)\right].$$

Die Winkeländerung gegen die Verbindungslinie der Stützpunkte senkrecht zur Kurbelebene wird bei n bzw. $(n-1)$ (Abb. 193)

$$\pm \frac{r}{lE}\left[\frac{P_t r^2}{6 J'_b} + M_{n-1}\left(\frac{r}{J'_b} + \frac{k}{2J}\cdot\frac{E}{G}\right)\right].$$

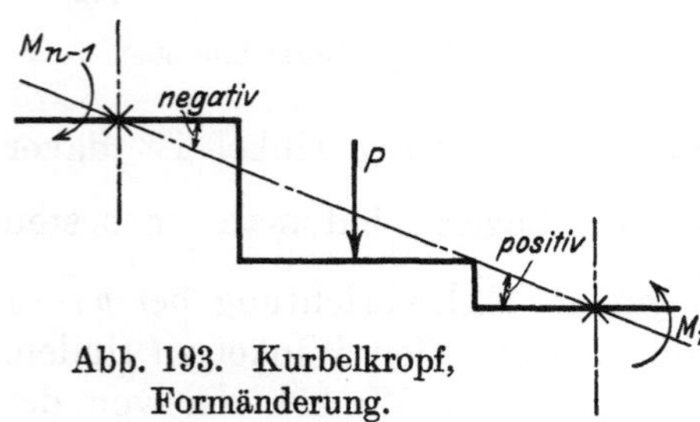

Abb. 193. Kurbelkropf, Formänderung.

Durch die Torsion kommt demnach für P_t noch die Einflußzahl $\varkappa_d = \pm \frac{r^3}{6 l E J'_b}$ bei n und $(n-1)$ hinzu, außerdem für M_{n-1} die Einflußzahl

$$\lambda = \pm \frac{r}{lE}\left[\frac{r}{J'_b} + \frac{k}{2J}\cdot\frac{E}{G}\right] \quad \text{bei } n \text{ und } (n-1).$$

So könnte man leicht die Winkel finden, die in einem einzelnen abgeschnittenen Feld an den Enden auftreten. Diese Winkel werden nun durch die an den inneren Stützen auftretenden Momente $\mathfrak{M}$ derart beeinflußt, daß sie an diesen Stellen in den beiden an-

[1]) Weber: Forschungsarbeiten des V. d. I., Nr. 249.

grenzenden Feldern wegen der Stetigkeit der elastischen Linie gleich groß und entgegengesetzt gerichtet sein müssen. Hierzu sind die Einflußzahlen dieser Momente zu bestimmen.

3. a) In der Kurbelrichtung (Abb. 194). Der positive Drehsinn der Momente erhöht die Formänderungswinkel im früheren Sinn. Man hat zu unterscheiden den Einfluß eines Momentes auf den Winkel an der eigenen und an der fremden Stütze. Ist die Welle bei $(n-1)$ eingespannt, so weicht der Punkt n aus um $\frac{\mathfrak{M} l^2}{3EJ} + \frac{\mathfrak{M} r}{l E J_b}\left[2a^2 + l^2 - 2al\right]$, der Formänderungswinkel an der Stelle von $\mathfrak{M}$ selbst wird daher durch die Einflußzahl von $\mathfrak{M}$ bestimmt:

$$\mu_{er} = \frac{1}{E}\left[\frac{l}{3J} + \frac{r}{l^2 J_b}(2a^2 + l^2 - 2al)\right].$$

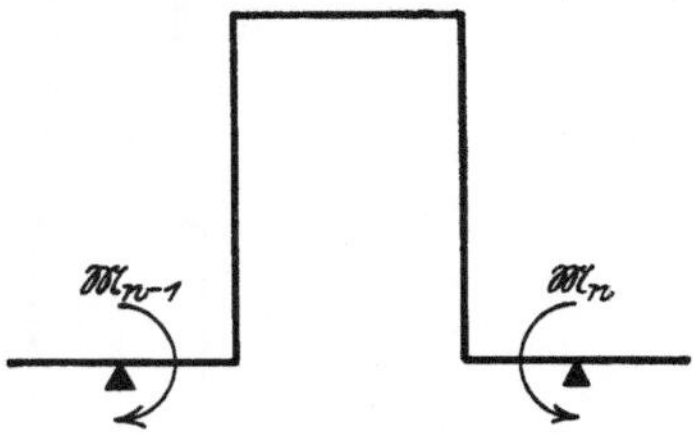

Abb. 194. Bezeichnung der Biegungsmomente in der Kurbelebene.

Bei der fremden Stütze wird der Winkel gegen die Einspannrichtung bei $\mathfrak{M}$: $\frac{\mathfrak{M}}{E}\left[\frac{l}{2J} + \frac{r}{J_b}\right]$ und daher der Winkel gegen die Verbindungsgerade der beiden Stützen gegeben durch die Einflußzahl:

$$\mu_{fr} = \frac{1}{E}\left[\frac{l}{6J} + \frac{2ra}{l^2 J_b}(l-a)\right].$$

b) Senkrecht zur Kurbelrichtung ergibt sich ähnlich für die eigene Stütze die Einflußzahl:

$$\mu_{et} = \frac{1}{E}\left[\frac{l}{3J} + \frac{rE}{l^2 G J_d}(2a^2 + l^2 - 2al)\right]$$

und für die fremde Stütze:

$$\mu_{ft} = \frac{1}{E}\left[\frac{l}{6J} + \frac{2raE}{l^2 J_d G}(l-a)\right].$$

Hieraus findet man die Dreimomentengleichung in der Kurbelebene für gleichen Bau der zwei angrenzenden Felder und zentrischen Angriff der P:

$$(\mathfrak{M}_{n-1} + \mathfrak{M}_{n+1})\mu_{fr} + 2\mathfrak{M}_n \mu_{er} + (P_n + P_{n+1})\varkappa_r = \Theta.$$

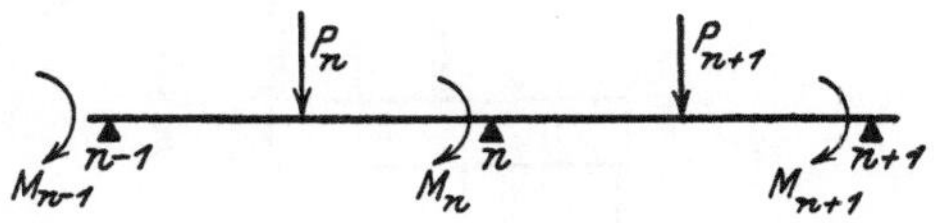

Abb. 195. Bezeichnung der Kurbeldrücke und Drehmomente.

Ebenso normal zur Kurbelebene (Abb. 195):

$$(\mathfrak{M}_{n-1} + \mathfrak{M}_{n+1})\mu_{ft} + 2\mathfrak{M}_n \mu_{et} + (P_n + P_{n+1})\varkappa_t + (P_n - P_{n+1})\varkappa_d + (M_{n-1} - M_n)\lambda = \Theta.$$

Bei der Bestimmung der Einflußzahlen kann leicht der Umstand berücksichtigt werden, daß in Wirklichkeit die Welle etwas steifer ist, als hier angenommen wurde, daß nämlich die Zapfenlängen nur um rd. $\frac{h}{6}$ statt $\frac{h}{2}$ in die Kurbelarme hineinragend anzunehmen sind, und daß ferner die Kurbellänge um rd. $\frac{d}{4}$ kürzer zu rechnen ist[1]).

Letzterer Einfluß ist recht merkbar, während der erste zurücktritt. Die Abb. 196 gibt einen Vergleich der Auflagerreaktionen, die bei einer normalen zweikurbeligen M.A.N.-Maschine mit Rotor von 10 t bei Berechnung mit gesonderten Wellenfeldern und als durchlaufende Wellen ermittelt wurden. Das mittlere Lager wird hier um rd. 7 vH mehr beansprucht als nach der einfachen Rechnung.

In unserer Rechnung haben wir stillschweigend den Einfluß der Stützmomente auf das im Kurbelzapfen wirkende Drehmoment weggelassen. Hat man nämlich normal zur Kurbelrichtung die Stützmomente $\mathfrak{M}_{n-1}$ und $\mathfrak{M}_n$ im $n^{-\text{ten}}$ Feld (Abb. 197), so ergeben sie Auflagdrücke $A_{n-1} = -A_n = \frac{\mathfrak{M}_n - \mathfrak{M}_{n-1}}{l}$ und daher auch im Kurbelzapfen die Querkraft $P' = \frac{\mathfrak{M}_n - \mathfrak{M}_{n-1}}{l}$. Damit wird das Torsionsmoment in diesem Zapfen:

[1]) Vgl. Eugen Meyer: Z. V. d. I. 1909, S. 298.

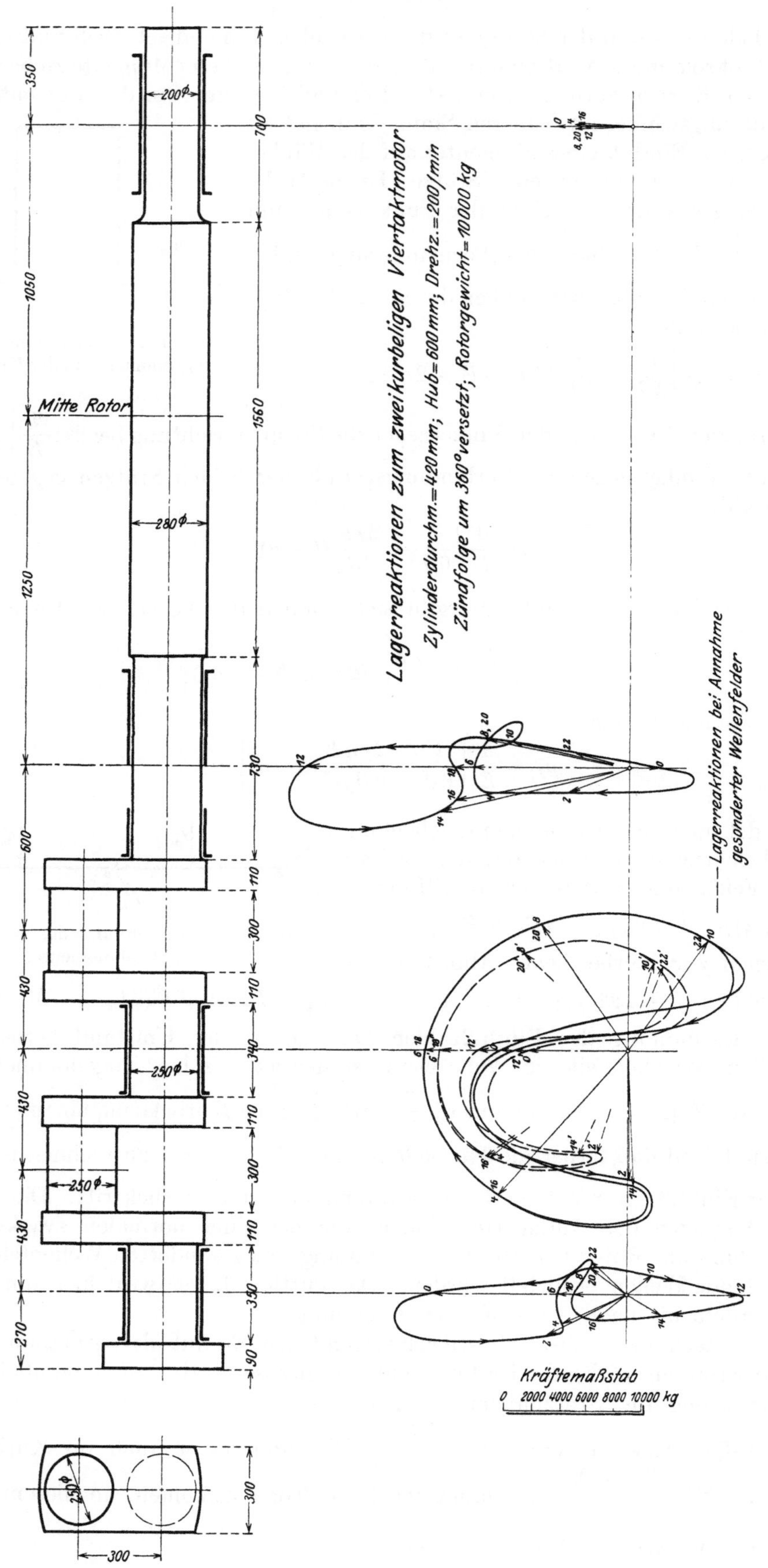

Abb. 196. Hauptlagerdrücke, Beispiel.

$M' = M_{n-1} + \frac{P r}{2} - \frac{\mathfrak{M}_n - \mathfrak{M}_{n-1}}{l} r$. Da die Querkraft P' und das Moment M' mit $\mathfrak{M}_{n-1}$ und $\mathfrak{M}_n$ zusammen die gleichen Verschiebungen ergeben wie M_{n-1}, bleiben die früher abgeleiteten Gleichungen richtig.

Diese Verschiebungen sind nämlich:

$$\frac{1}{E J_b}\left(P' \frac{r^3}{3} + M' r^2\right) + \frac{M' k}{2 G J} r + r^2 \frac{\mathfrak{M}_n - \mathfrak{M}_{n-1}}{E l}\left(\frac{2r}{3 J_b} + \frac{k}{2J} \cdot \frac{E}{G}\right) = \frac{1}{E J_b} M_{n-1} r^2 + \frac{1}{2 G J} M_{n-1} k r,$$

also ebenso groß wie die Verschiebung durch M_{n-1} allein. Das wird leicht verständlich, wenn man bedenkt, daß die Stützmomente mit ihren zur Wellenachse normalen Achsen keine Parallelverschiebung der Lager bewirken können, sondern nur Biegungen.

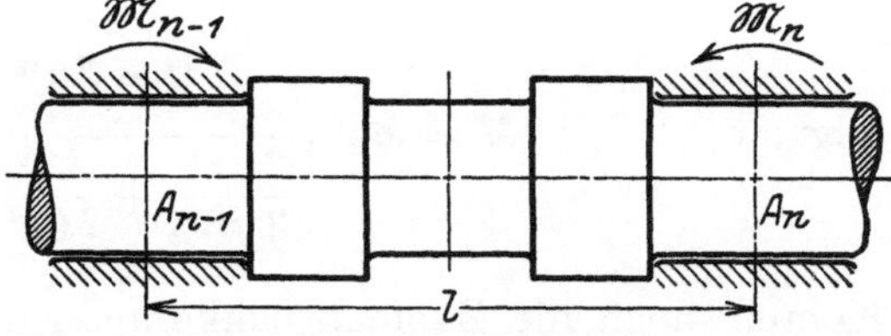

Abb. 197. Bezeichnung der Biegungsmomente quer zur Kurbel.

Diese Betrachtung ergibt nun endlich die Drehungsbeanspruchung des Kurbelzapfens durch M' abhängig von den Stützmomenten, die gesamte Beanspruchung ist dann, nach Mohr reduziert: $M = \sqrt{\mathfrak{M}'^2 + M'^2}$ als vereinigtes Biegungsmoment. Die Auflagdrücke an den Stützpunkten und die Biegungsmomente ergeben sich (Abb. 198) mit:

$$A_n = \frac{P_n + P_{n+1}}{2} + \frac{\mathfrak{M}_{n-1} + \mathfrak{M}_{n+1} - 2\mathfrak{M}_n}{l}.$$

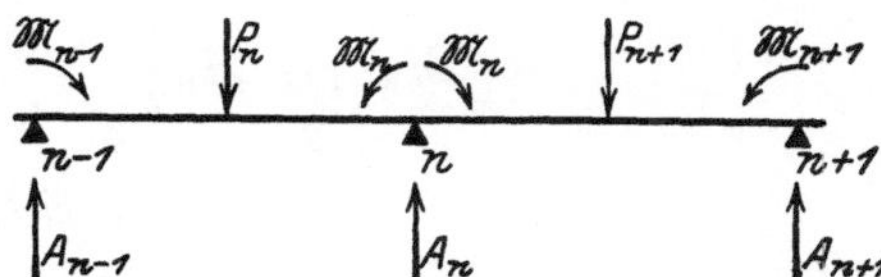

Abb. 198. Bezeichnung der Kurbeldrücke und Hauptlagerdrücke quer zur Kurbel.

Das Biegungsmoment im Kurbelzapfen wird:

$$\mathfrak{M}'_n = \frac{P l}{4} + \frac{\mathfrak{M}_{n-1} + \mathfrak{M}_n}{2}.$$

Dann ist auch das Biegungsmoment in den Kurbelarmen gegeben, und zwar in der Kurbelebene z. B. im n^{ten} Feld:

$$\left(\frac{P}{2} + A_{n-1}\right) a + \mathfrak{M}_{n-1} \quad \text{und} \quad \left(\frac{P}{2} + A_n\right) a + \mathfrak{M}_n,$$

in der Ebene normal zur Wellenachse: M_{n-1} und M_n, das Drehungsmoment ist ebenfalls $\left(\frac{P}{2} + A_{n-1}\right) a + \mathfrak{M}_{n-1}$ und $\left(\frac{P}{2} + A_n\right) a + \mathfrak{M}_n$, worin $\mathfrak{M}$ jeweils die Stützmomente, A die von diesen herrührenden Auflagdrücke und P die Kraftkomponenten in den betreffenden Ebenen bedeuten. Diese drei Momente sind entsprechend zu vereinigen. Normalkräfte in den Kurbelarmquerschnitten können vernachlässigt werden, ebenso wie die Querkräfte in den Lagerstellen. Die genaue Berechnung der Kurbelarme erfordert nur die Zusammensetzung der Beanspruchungen durch Biegung, Verdrehung und Zug durch die Fliehkräfte[1]).

Die Abmessungen der Kurbelarme werden recht verschieden gewählt, die Breite b zwischen 1,25 und 1,6 vom Wellendurchmesser, das Verhältnis h/b zwischen 0,5 und 0,28, besonders klein bei Schnelläufern, wo man mit der Gesamtlänge zu sparen hat und diese mit den Wellenabmessungen zusammenhängt. Die Ausrundungen zwischen zylindrischen Wellenteilen und Kurbelarmen sind recht groß zu nehmen, da sie Stellen großer Beanspruchung sind, der Halbmesser der Abrundungen wird 0,065 bis 0,1 des Zapfendurchmessers[2]).

Die hier durchgeführte Rechnung ist sehr sicher, da die Lagerstellen als frei beweglich angenommen wurden, während sie doch durch die sie umgebende Ölschicht auch bei

[1]) Auch hier sind gegebenenfalls die Klassifikationsvorschriften der betreffenden Anstalt zu berücksichtigen.

[2]) Foeppl: Die Beanspruchung auf Verdrehen an einer Übergangsstelle mit scharfer Abrundung. Z. V. d. I. 1906, S. 1032.

kleinen Formänderungen als teilweise eingespannt aufzufassen wären. Der Grenzfall vollkommener Einspannung ergibt durch Summierung der durch das eingeleitete Torsionsmoment M_{n-1} und durch die Querkraft P' entstehenden Verschiebungen in diesem Fall, wo sie zusammen den Wert Θ ergeben müssen:

$$\frac{1}{EJ_b}\left(\frac{P'\cdot r^3}{3}+M'\cdot r^2\right)+\frac{M'kr}{2GJ}=P'\left(\frac{l-2a}{12EJ}+\frac{r}{2GJ'_d}\right)(l-2a)^2,$$

woraus mit:

$$M_{n-1}=M'+P'\cdot r$$

folgt:

$$M'=M_{n-1}\frac{(l-2a)^2\left(\frac{l-2a}{12EJ}+\frac{r}{2GJ'_d}\right)-\frac{r^3}{3EJ_b}}{\frac{2}{3}\frac{r^3}{EJ_b}+\frac{kr^2}{2GJ}+(l-2a)^2\left(\frac{l-2a}{12EJ}+\frac{r}{2GJ'_d}\right)}.$$

Kommt noch die Zapfendruckkomponente P_t hinzu, so ist

$$M'=\frac{\left(M_{n-1}+\frac{P_t r}{2}\right)\left[(l-2a)^2\left(\frac{l-2a}{12EJ}+\frac{r}{2GJ'_d}\right)-\frac{r^3}{3EJ_b}\right]}{\frac{2}{3}\frac{r^3}{EJ_b}+\frac{kr^2}{2GJ}+(l-2a)^2\left(\frac{l-2a}{12EJ}+\frac{r}{2GJ'_d}\right)}$$

$$=\frac{M_{n-1}+M_n}{2}\cdot\frac{(l-2a)^2\left(\frac{l-2a}{6EJ}+\frac{r}{GJ'_d}\right)-\frac{2r^3}{3EJ_b}}{\frac{4}{3}\frac{r^3}{EJ_b}+\frac{kr^2}{GJ}+(l-2a)^2\left(\frac{l-2a}{6EJ}+\frac{r}{GJ'_d}\right)}.$$

Man hat demnach mit dem Mittelwert von M_{n-1} und M_n zu rechnen. Wenn die Leistungsabgabe beiderseits der Welle erfolgt, ist zu den an jeder Stelle von der Maschine z. B. nach rechts abgegebenen Drehmomenten noch das nach links abgegebene mit negativem Vorzeichen anzufügen. Die Werte der Kurbeltangentialkraft P_t verteilen sich im Verhältnis der nach beiden Seiten wirkenden Momente auf beide Kurbelarme.

Die bereits früher erwähnte Näherungsrechnung, bei der man die Welle nicht als durchlaufenden Träger auffaßt, sondern aus einzelnen, voneinander unabhängigen, in den Lagerstellen frei aufliegenden Teilen bestehend annimmt, hat insofern eine Berechtigung, als ja die statische Verteilung der Auflagdrücke auch in Wirklichkeit nicht augenblicklich erfolgt, sondern Schwingungen der Welle auftreten. Unter Annahme dieser Näherung ist die Tafel auf S. 151 zusammengestellt, welche die gebräuchlichsten Zylinderanordnungen bei Viertaktmaschinen nebst Angabe der Reihenfolge der Zündungen enthält. Für die Gestängedrücke wurden die in den Abb. 171, 172 untersuchten Maschinen zugrunde gelegt. Durch Übereinanderlagerung der Drehkraftlinien wurde die Stelle und Größe des jeweilig auftretenden größten Drehmomentes (Reihe 6, 7) bestimmt; die in Klammer beigesetzten Zahlen geben jenes Lager an, in welchem das größte Drehmoment auftritt. Aus den Zahlenwerten der Tafel ersieht man, daß das größte Drehmoment nicht immer im letzten Lager auftritt. In den Reihen 8, 9 ist dann noch das Verhältnis des größten Drehmomentes im letzten Lager zum mittleren Drehmoment angegeben, um die Abmessungen der an die Maschine anschließenden Treibwelle zu bestimmen. Ferner wurden die in Reihe 10, 11 im Verhältnis zur Kolbenfläche angegebenen größten Lagerdrücke durch Übereinanderlagerung der von den benachbarten Zylindern jeweils herrührenden halben Zapfendrücke gewonnen, die in Klammer beigesetzten Zahlen geben wieder jene Lager an, wo der größte Druck auftritt. Endlich sind die für die überschlägige Schwungradberechnung erforderlichen Überarbeiten in den Reihen 12, 13 eingetragen, und zwar als Verhältnis der auftretenden größten unausgeglichenen Arbeitsfläche des Drehkraftdiagramms zur Fläche des Gesamtdrehmomentes. Für die Lage der Kurbeln gegeneinander sind auch Herstellungsrücksichten maßgebend, sowie die später kurz gestreifte Ausgleichung der Massen. Bei 6 oder 8 Zylindern wird manchmal die

1	2	3	4	5	6	7	8	9	10	11	12	13
Kurbelzahl	Kurbelwinkel Grad	Kurbelschema ↶ Drehrichtung	Reihenfolge der Zündungen in den einzelnen Zylindern	Drehmomentenschema für die aufeinanderfolgenden Hauptlager von der 1. Kurbel gegen das Schwungrad hin	Größt. M_d (Lager) / mittl. result. M_d		$M_{d\,max}$ hinter der letzten Kurbel / mittl. result. M_d		Größter Lagerdruck / Kolbenfläche kg/cm²		Größte unausgeglichene Arbeitsfläche / Arbeitsfläche des gesamten Drehmomentes	
					Schnellläufer	Langsläufer	Schnellläufer	Langsläufer	Schnellläufer	Langsläufer	Schnellläufer	Langsläufer
1	0		1	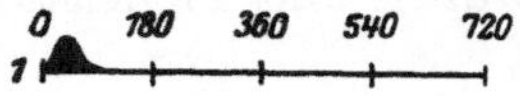	9,46 (2)	14,35 (2)	9,46	14,35	15,35 (1,2)	13,6 (1,2)	1,123	1,375
2	360		1,2	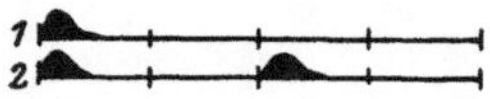	7,63 (3)	7,15 (2)	7,63	5,92	25,13 (2)	13,6 (1,3)	0,646	0,566
3	120	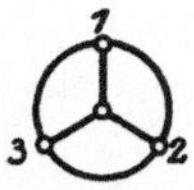	1,2,3	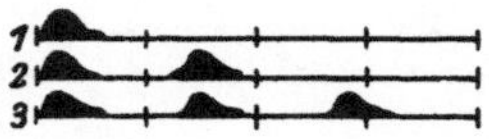	5,57 (3)	5,3 (3)	4,52	4,93	16,9 (2,3)	17,3 (2,3)	0,261	0,32
4	180	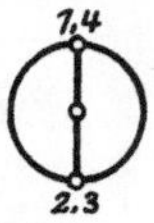	1,2,4,3	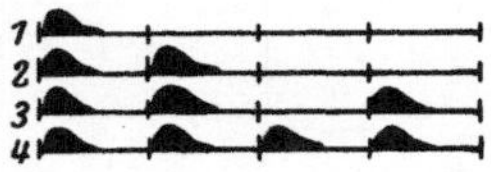	5,48 (5)	3,59 (2)	5,48	2,04	25,13 (3)	18,4 (2,4)	0,277	0,0565
4	90	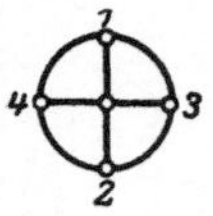	1,2,4,3	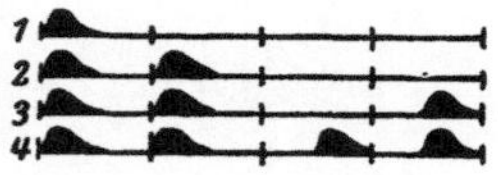	4,32 (5)	4,59 (5)	4,32	4,59	20,7 (3)	18,4 (2,4)	0,295	0,347
5	72	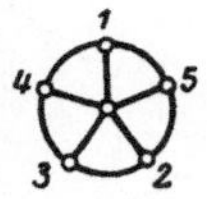	1,3,5,4,2	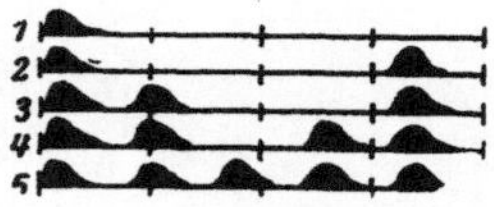	4,48 (5)	3,68 (5)	3,37	3,38	22,9 (3,4)	18,8 (2,5)	0,11	0,131
6	120	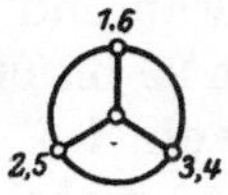	1,2,3, 6,5,4	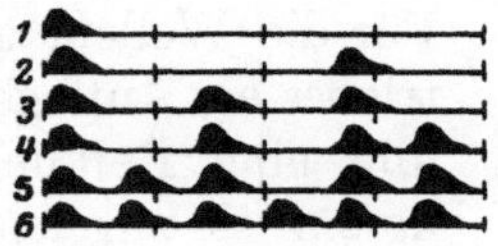	2,97 (6)	2,76 (3)	2,32	2,26	25,13 (4)	18,6 (2,3,5,6)	0,0588	0,0636
6	120	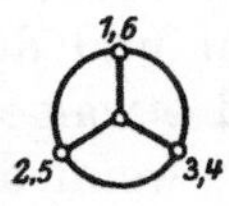	1,5,3, 6,2,4	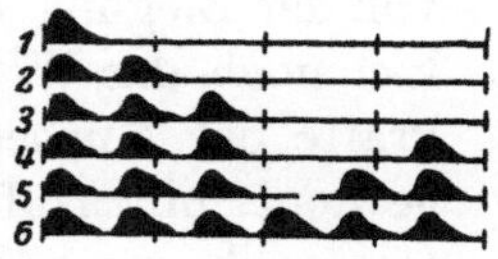	2,97 (6)	2,78 (5)	2,32	2,26	25,13 (4)	17,3 (2,3,5,6)	0,0588	0,0636
8	90	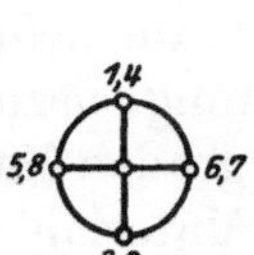	1,5,2,6, 4,8,3,7		3,68 (6)	2,52 (6)	1,84	1,76	25,13 (3,7)	18,4 (2,4,6,8)	0,0246	0,0294
8	90	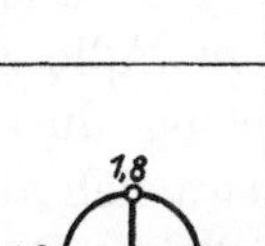	1,6,2,4, 8,3,7,5	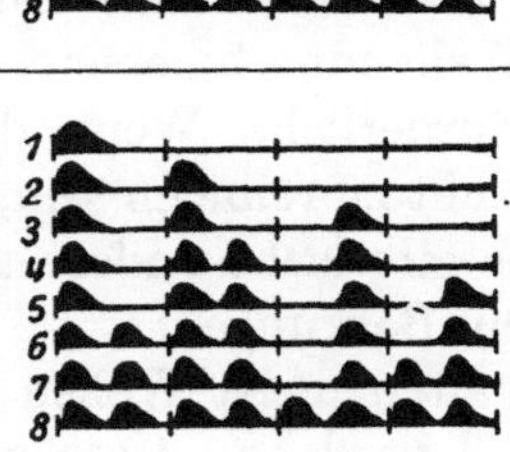	3,18 (7)	2,54 (6)	1,84	1,76	25,13 (5)	18,4 (2,4,6,8)	0,0246	0,0294

Symmetrie zur Mitte aufgegeben, um die zwei Wellenteile gleich und gegeneinander auswechselbar zu erhalten.

In Wirklichkeit können die Beanspruchungen beim Anlassen, durch Vorzündungen oder Hängenbleiben der Brennstoffnadel bedeutend größer werden. Beim Anlassen wird durch die größere Füllung eine wesentliche Erhöhung des Drehmomentes bewirkt und außerdem kann die Einspritzung schon bei kleiner Drehzahl beginnen, wodurch die mildernde Wirkung der Beschleunigung wegfällt usw. Aus den Abb. 171, 172 sind die nach aufwärts gerichteten Komponenten der Lagerkräfte und Kurbelzapfendrücke zu ermitteln, die im wesentlichen von den Fliehkräften herrühren und zur Berechnung der Lagerdeckel, Deckelschrauben und Pleuelstangenkopfschrauben dienen.

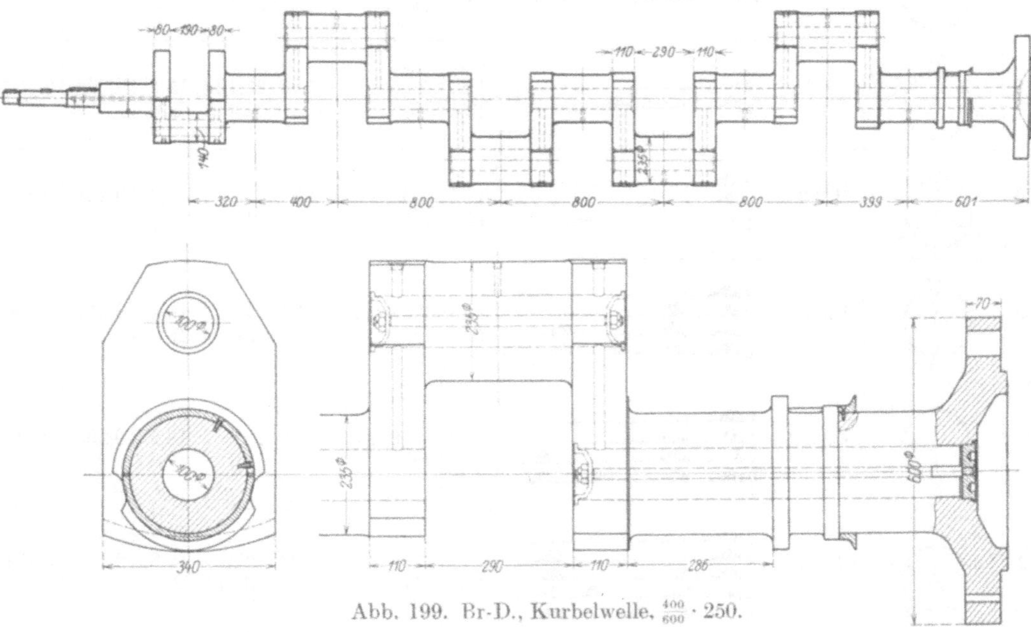

Abb. 199. Br-D., Kurbelwelle. $\frac{400}{600} \cdot 250$.

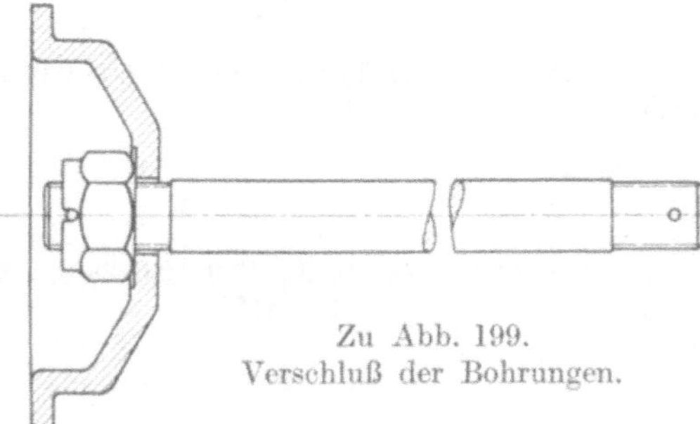
Zu Abb. 199. Verschluß der Bohrungen.

Für die Wellenlager kann während des Betriebes ein Auflagedruck von 35 bis 66 kg/cm² und eine Reibungsarbeit von 1,5 bis 14,0 kg/cm²-sk zugelassen werden, wobei zu den von der Biegung herrührenden Auflagedrükken noch das Wellengewicht und die Fliehkräfte der Kurbelarme und etwaige Gegengewichte hinzuzufügen sind; wenn der volle Gasdruck eines Zylinders zugrunde gelegt wird, kann der Auflagedruck, für beide Nachbarlager gerechnet, bis 45 kg/cm² betragen. Die reine Drehbeanspruchung, bezogen auf das größte auftretende Drehmoment kann bis 300 kg/cm² betragen. Bei großen Maschinen und Schiffsmaschinen werden die Wellen zum Zweck der Prüfung des Materials und zur Gewichtsverminderung und Ölführung bei Druckschmierung zentrisch ausgebohrt (Abb. 83, 199), etwa bis zur Hälfte des Wellendurchmessers. In diesem Falle sind gut dichtende Verschlüsse der Bohrungen erforderlich. Wenn die Ölführung durch diese Bohrungen erfolgt, müssen sie möglichst leicht zu reinigen sein, damit etwa sich absetzender Schlamm entfernt werden kann. Dies gilt insbesondere auch für die Kurbelzapfen und die kleinen zu den Zapfen führenden Bohrungen.

Kleine und mittelgroße Maschinen erhalten meist Wellen aus einem Stück, nur der zum Antrieb des Verdichters dienende Teil wird bei etwas größeren Ausführungen getrennt hergestellt und mit Flansch angekuppelt. Vgl. S. 338 (Abb. 24, 28, 62, 83, 583).

Um die Herstellung der Wellen zu vereinheitlichen, werden in neuerer Zeit auch die Verlängerungen zur Aufnahme eines Schwungrades, einer Antriebscheibe oder eines Rotors einer Dynamomaschine gesondert hergestellt und mit Flansch verbunden (Abb. 29, 53, 199). Große Maschinen erhalten überhaupt geteilte Wellen, entweder durch Einsetzen der zylindrischen Teile in die Kurbelwangen (Abb. 200) oder durch Flanschverbindung. Bei sogenannten halbaufgebauten Wellen sind entweder Kurbelzapfen und Arme aus einem Stück oder auch die Wellenstücke in den Hauptlagern mit den Kurbelarmen gemeinsam, letzteres ist zwar kostspieliger, hat aber den Vorteil, daß die zusammenhängenden Kurbelarme weiter auseinander liegen und daher beim Schmieden leichter und besser hergestellt werden können. Da auch feine Späne beim Abdrehen die einteiligen Wellen leicht verziehen, werden diese oft an den Lagerstellen geschliffen. Als Material dient hochwertiger Flußstahl von etwa 45 bis 49 kg/mm² Festigkeit und 20 bis 30 vH Dehnung bei einer Meßlänge von 200 mm. Zur Einstellung der Welle in der Längenrichtung dient ein Paßlager, meist das am Schraubenrad für den Steuerungsantrieb gelegene, häufig durch Bunde im geteilten Lager (Abb. 48, 51, 65, 66, 205), die auch den Seitenschub auf das Steuerwellenantriebsrad aufzunehmen haben.

Beispiele von Ausführungen von Wellen bieten Abb. 201, 202, 203. Die Schmierung des Kurbelzapfens geschieht häufig durch Fliehkraftschmierung. Dann sind entsprechende Schmierringe anzubringen (Abb. 49, 51, 204[1]). Für die in Abb. 99 und 100 dargestellte patentierte Ausführung sind Welle und Spritzring in Abb. 205 dargestellt.

Wie die Abb. 171, 172 zeigen, kommen im Verlauf der Kolbenzapfendrücke Stellen vor, wo sie nahe Null werden und ihre Richtung rasch ändern. Hier sind sogenannte Druckwechsel und dementsprechend Stöße zu erwarten. Um ein Urteil über diese zu erlangen, wollen wir uns vorstellen, der Verlauf des Druckdiagramms und der Beschleunigungskurve könne während des Stoßvorganges als gerade Linie angesehen werden. Ist das nicht der Fall, können diese Linien auch durch Parabeln ersetzt werden oder es kann auch die zeichnerische Methode angewandt werden[2]). Man hat bei unserer vereinfachten Annahme das Bild Abb. 206, wobei bis zum Schnitt der Druck- und Beschleunigungslinien die Wege des Kolbens und des Schubstangenkopfes übereinstimmen, dann aber infolge verschiedener Beschleunigungen von einander abweichen, bis der mit z_1 bezeichnete Spielraum durchlaufen ist. Von der Zeit $t = 0$ an steht der Kolben mit den damit fest verbundenen Teilen nur mehr unter dem Einfluß des Gasdruckes, seine Beschleunigung ist demnach:

$$\frac{d^2 x}{d t^2} = -(b_0 + x \operatorname{tg} \alpha) = -(b_0 + a^2 x).$$

Hieraus folgt bei Berücksichtigung der Anfangsbedingungen für $t = 0 : x = 0$ und $c = c_0$

$$x = \frac{c_0}{a} \sin a t + \frac{b_0}{a^2} \cos a t - \frac{b_0}{a^2}$$

und

$$\frac{d x}{d t} = c_0 \cos a t - \frac{b_0}{a} \sin a t.$$

Ebenso wird mit $\operatorname{tg} \beta = b^2$:

$$y = \frac{c_0}{b} \sin b t + \frac{b_0}{b^2} \cos b t - \frac{b_0}{b^2}$$

und

$$\frac{d y}{d t} = c_0 \cos b t - \frac{b_0}{b} \sin b t.$$

---

[1]) Näheres über Schmierung Abschnitt XIV.

[2]) Döhne: Über Druckwechsel und Stöße bei Maschinen mit Kurbeltrieb. Forschungsarbeit des V. d. I. Heft 118.

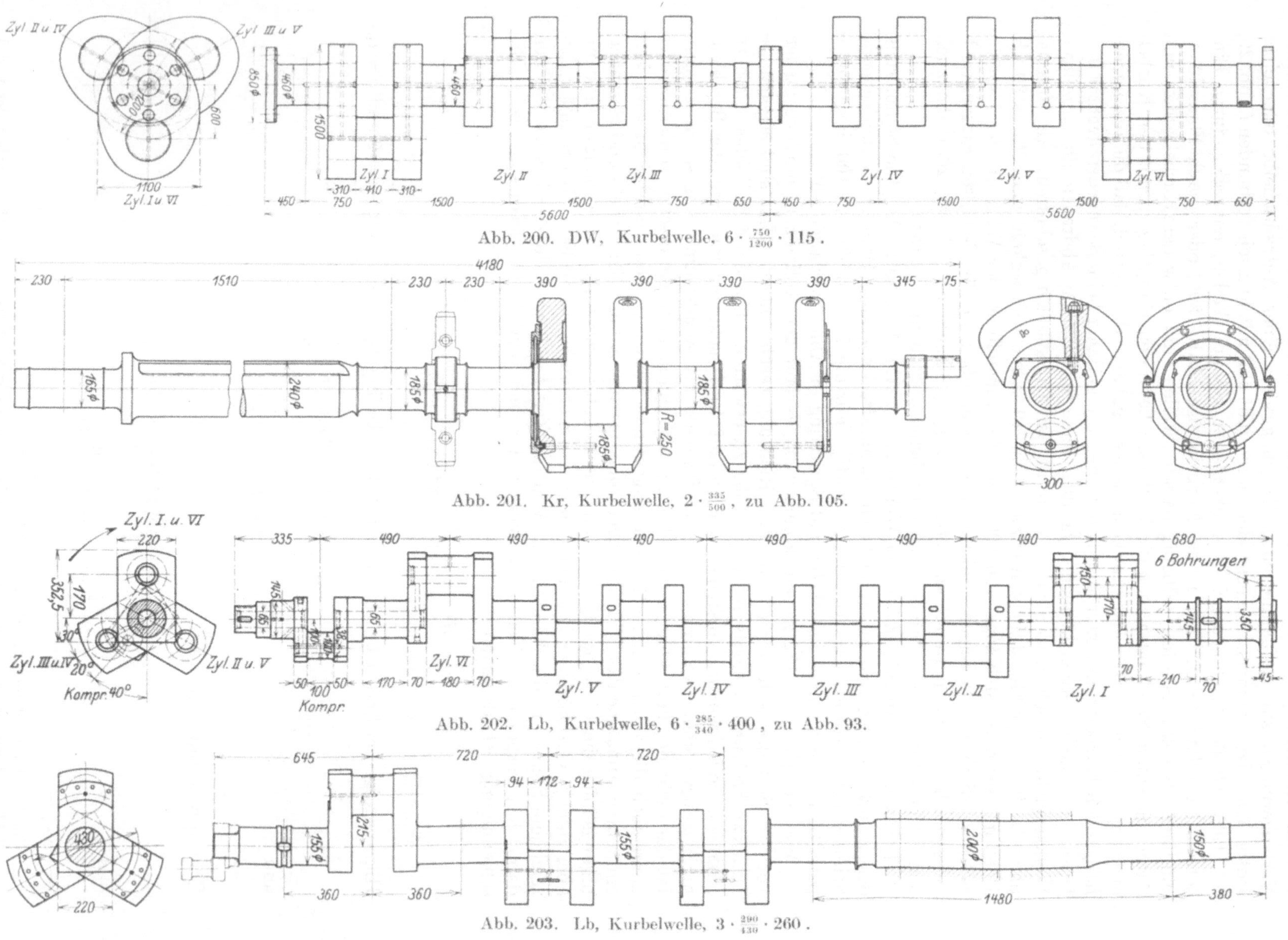

Abb. 200. DW, Kurbelwelle, 6 · $\frac{750}{1200}$ · 115.

Abb. 201. Kr, Kurbelwelle, 2 · $\frac{335}{500}$, zu Abb. 105.

Abb. 202. Lb, Kurbelwelle, 6 · $\frac{285}{340}$ · 400, zu Abb. 93.

Abb. 203. Lb, Kurbelwelle, 3 · $\frac{290}{430}$ · 260.

Kolbenzapfen und Schale treffen zusammen, wenn $y_1 - x_1 = z_1$ wird, also für

$$z_1 = c_0\left(\frac{\sin b t_1}{b} - \frac{\sin a t_1}{a}\right) + b_0\left(\frac{\cos b t_1}{b^2} - \frac{\cos a t_1}{a^2}\right) - b_0\left(\frac{1}{b^2} - \frac{1}{a^2}\right).$$

Entwickelt man in Reihen und vernachlässigt höhere Potenzen von t_1, so ergibt sich:

$$z_1 = \frac{c_0 t_1^3}{6}(a^2 - b^2) \qquad \text{oder} \qquad t_1 = \sqrt[3]{\frac{6 z_1}{(a^2 - b^2) c_0}}$$

unabhängig von b_0. Hierfür wird die Relativgeschwindigkeit, die ein Maß für die Stoßkraft ist:

$$w = \left(\frac{dy}{dt}\right)_1 - \left(\frac{dx}{dt}\right)_1 = c_0(\cos b t_1 - \cos a t_1) - b_0\left(\frac{\sin b t_1}{b} - \frac{\sin a t_1}{a}\right)$$

$$= \frac{c_0}{2}(a^2 - b^2) t_1^2 - \frac{b_0}{b}(a^2 - b^2) t_1^3 = \sqrt[3]{4{,}5\, c_0 z_1^2 (a^2 - b^2)} - \frac{b_0 z_1}{c_0}\,^{1)}.$$

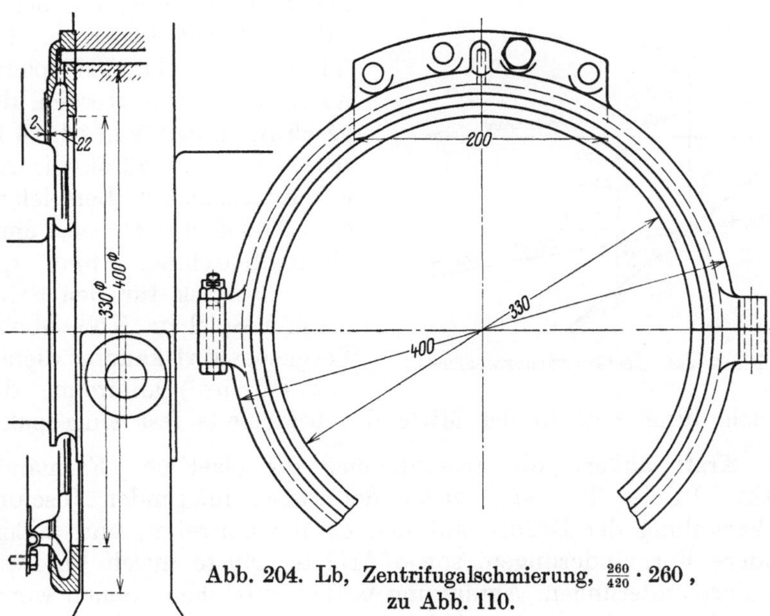

Abb. 204. Lb, Zentrifugalschmierung, $\frac{260}{420} \cdot 260$, zu Abb. 110.

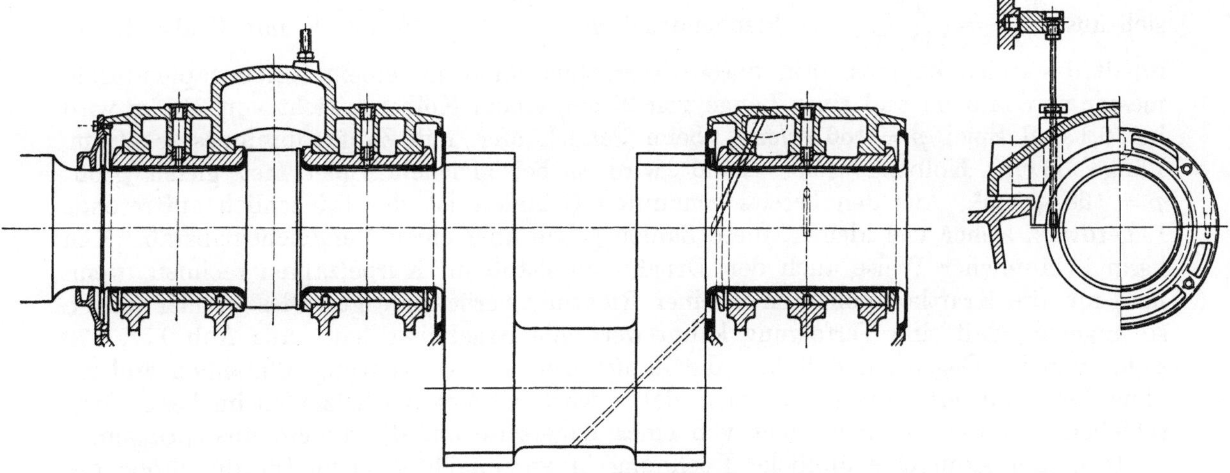

Abb. 205. Gz, Schmierung der Kurbelwelle, $\frac{355}{500} \cdot 250$, zu Abb. 99 und 100.

[1]) Vgl. Stribeck: Z. V. d. I. 1893, S. 10.

Diese Rechnung gilt natürlich nur, wo t_1 klein gegen die Zeit ist, die vom Beginn der freien Bewegung des Kolbens bis zu seinem Umkehrpunkt verstreicht. Sie ist daher überhaupt knapp am Totpunkt nicht mehr anwendbar. Wo t_1 groß wird, ist die Reihenentwicklung und die Annahme linearer Veränderung der Kräfte und Beschleunigungen mit den Wegen nicht mehr zulässig, man muß dann das zeichnerische Verfahren anwenden. Im Falle des Dieselviertaktmotors liegen die Verhältnisse deshalb einfach, weil der Eintritt des beschriebenen Vorgangs stets nahe an derselben Stelle erfolgt, bei einem Kurbelstangenverhältnis 1 : 5 beim Kurbelwinkel rd. 80°, bei 1 : 4 beim Kurbelwinkel 77° und mit $b_0 = 0$. Dementsprechend sind für diese beiden Fälle als Grenzen zu setzen:

$$c_0 = 1{,}0187 \text{ bis } 1{,}0288\, r\omega$$
$$b^2 = 1{,}1 \quad \text{ bis } 1{,}16\,\omega^2$$

so daß sich allgemein ergibt:

$$t_1 = 1{,}75 \text{ bis } 1{,}72 \cdot \frac{1}{\omega}\sqrt[3]{\frac{z_1}{r}} \qquad \text{und} \qquad w = 1{,}72 \text{ bis } 1{,}75\,\omega\sqrt[3]{r z_1^2}.$$

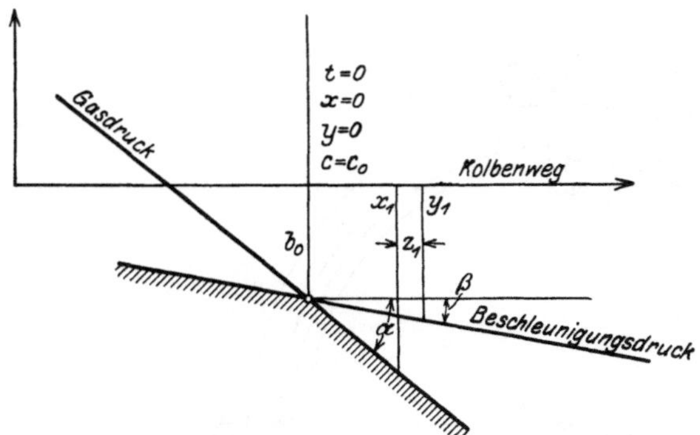

Abb. 206. Schema des Gestängedruckwechsels.

Die Stöße wachsen also bei gleicher Drehzahl noch mit dem Hub. Die durch Abnützung entstehenden Spielräume dürfen nur etwa so groß werden, daß eine Stoßgeschwindigkeit von rd. 20 bis 25 cm auftritt. In den durch die Abb. 171, 172 gekennzeichneten Beispielen ist jeweils $t_1 = 0{,}0058$ sk, $w = 5{,}2$ cm/sk für die Normalmaschine, und $t_1 = 0{,}0032$ sk, $w = 9{,}5$ cm/sk für den Schnelläufer, bei 0,1 mm Spiel im Kolbenbolzen. Nur als Vergleichswert kann es dienen, wenn man mit Döhne[1]) annimmt, daß die Stoßarbeit $M\frac{w^2}{2}$ sich durch eine in der Mitte des beiderseits fest eingespannten Zapfens anzubringende Kraft äußert, die ausschließlich die elastische Formänderung dieses Zapfens bewirkt. In der Tat wird wegen der zwischenliegenden Ölschicht eher eine gleichmäßige Verteilung der Drücke auf den Zapfen eintreten, und außerdem werden auch noch andere Formänderungen, sowie Arbeitsverluste durch Verdrängen des Öls und bleibende Formänderungen, Abnützung u. dgl. entstehen. Sehen wir von den letzteren vorsichtshalber ab, legen aber gleichmäßige Druckverteilung zugrunde, so ergibt sich aus $\frac{M w^2}{2} = \frac{P^2 l^3}{1440 E J}$ der Flächendruck $p = \frac{P}{d l} = \frac{w}{l^3}\sqrt{45\, M E \cdot V}$ mit V als Rauminhalt des freien Zapfens. Für unsere Normalmaschine mit einem Kolbenzapfendurchmesser von 14,5 cm und einer Länge von 22 cm, einem Kolbengewicht von 315 kg wird bei 0,1 mm Spiel $p = 166$ kg/cm², beim Schnelläufer mit Zapfendurchmesser 19 cm, Länge 33 cm, Kolbengewicht 425 kg wird p bei gleichem Spiel fast gleich groß: $p = 168$ kg/cm². Aus den bereits genannten Gründen ist der tatsächlich auftretende Lagerdruck sicher viel kleiner, diese Zahlen geben aber einen Vergleichsmaßstab. Man kann in ähnlicher Weise auch den Druckwechselstoß im Kurbelzapfen rechnen, wenn man nur die Kraftkomponenten in einer Richtung berücksichtigt. Dies ist hier jedoch so ungenau, daß eine Verfolgung kaum wertvolle Ergebnisse hat. Aus Abb. 171, 172 sieht man im Gegenteil, daß hier die Zapfendrücke ihre Richtung allmählich ändern, ohne dem Nullwert nahe zu kommen, daher wird sich der Kurbelzapfen im Lager fortschieben und wälzen, nicht aber von einer Lagerseite auf die andere überspringen.

Hingegen kann eine ähnliche Rechnung in vereinfachter Form für die Stöße des Kolbens oder Kreuzkopfes gegen die Führung durchgeführt werden. Bei gesonderten

[1]) a. a. O.

Kreuzköpfen sind die größten Auflagedrücke im Betriebe mit 2,5 bis 3 kg/cm², die Reibungsarbeiten mit 12 kg/sk-cm² zu nehmen. Die Führungsflächen werden insbesondere bei großen Schiffsmaschinen mit Wasser oder auch Öl gekühlt. Das Verhältnis der Breite zur Länge der Kreuzkopfführung ist bei einseitiger Führung etwa 0,5 bis 0,6, die Führungslineale haben eine Auflagbreite von 0,2 bis 0,4, bei beiderseitiger Führung ist die Breite etwa 0,5 der Länge.

Um den Massenausgleich richtig zu erfassen, muß man beachten, daß die Masse der Schubstange stets durch 3 Ersatzmassen in den Achsen des Kolben- und Kurbelzapfens (M_1 und M_2) und im Schwerpunkt der Stange (M_3) ersetzt werden kann. Diese Ersatzmassen berechnen sich leicht, wenn man die Entfernungen m und n der Zapfenmitten vom Schwerpunkt und den Trägheitsradius k kennt. Dann ist

$$M_1 = \frac{M k^2}{m l}, \quad M_2 = \frac{M k^2}{n l} \quad \text{und} \quad M_3 = M - (M_1 + M_2),$$

worin M die Masse der Schubstange und l ihre Länge bedeuten[1]).

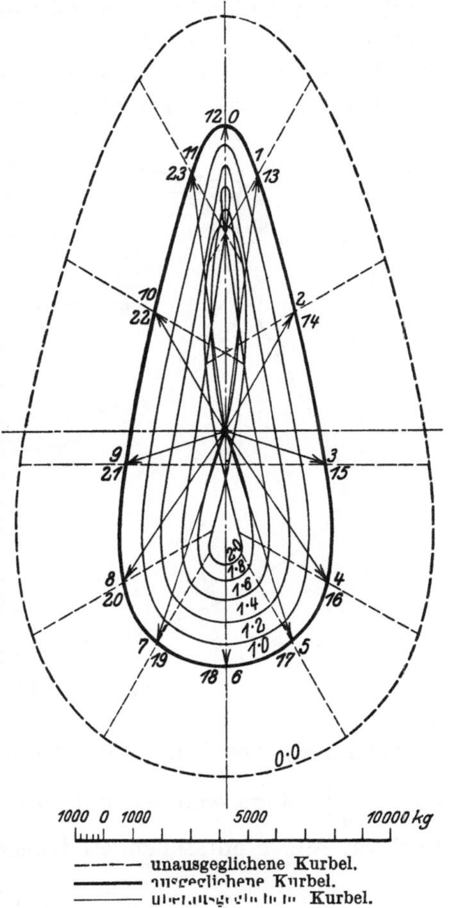

Abb. 207.
Lagerdrücke infolge der Massenkräfte.
Maschine: Zylinderdurchmesser = 420 mm, Hub = 600 mm, Drehzahl = 200/min.

Würde man durch Gegengewichte die Fliehkraft von M_2 und der Kurbel selbst unwirksam machen, so verbleiben noch die hin und her gehenden Massen M_1 und die des Kolbens, sowie die Masse M_3, die eine verwickelte Bewegung ausführt[2]). Am übersichtlichsten sind die Verhältnisse aus der Abb. 207 zu ersehen, die die Wirkungen der Massenkräfte auf die Wellenlager zeigen. Durch radiale, von den Gegengewichten ausgeübte Fliehkräfte kann man diese Wirkungen in verschiedener Weise verändern. Erstens so, daß die Horizontalkräfte einen Kleinstwert erreichen, dabei treten gleich große Werte von nach außen und innen gerichteten Kräften auf. Zweitens kann man die Gegengewichte noch weiter vergrößern, um auch die Vertikalkräfte noch zu vermindern, wobei aber die Horizontalkräfte wachsen. Durch die Gegengewichte wird die Belastung der Wellenlager verändert, es genügt, wenn man die dadurch auftretenden Kräfte einfach zu den früher bei der Berechnung der Welle ermittelten hinzufügt, wenn man dort die Fliehkräfte der Kurbelwangen in gleicher Weise wirkend angenommen hat. Sind mehrere Zylinder vorhanden, so verlangen die Gleichgewichtsbedingungen für den vollkommenen Massenausgleich das Verschwinden der Kraftkomponentensumme in jeder Richtung und das der Momente um Achsen senkrecht zur Wellenachse. Erstere Bedingung wird nahe oder bei Wegfall der Masse M_3 genau erfüllt, wenn die Kurbeln sowohl in ihrer wahren gegenseitigen Lage, als auch um den doppelten Kurbelwinkel gegen die erste Kurbel verdreht, eine um die Wellenachse symmetrische Gesamtfigur bilden, wie Tafel S. 151 für 3, 4, 5 Kurbeln zeigt. Die Begründung liegt in der Form des Beschleunigungsverlaufes des Kolbens: $\frac{v^2}{r}(\cos\alpha + \lambda\cos 2\alpha)$. Die zweite Bedingung wird durch symmetrische An-

---

[1]) Z. B. Pöschl: Lehrbuch der techn. Mechanik für Ingenieure und Studierende. Berlin: Julius Springer 1923.

[2]) In den Beispielen der Abb. 171, 172 sind beim Normalläufer, $M_1 = 12{,}4$, $M_2 = 21{,}8$, $M_3 = 3{,}8$, beim Schnelläufer $M_1 = 22{,}7$, $M_2 = 28{,}4$, $M_3 = 0$ kg · sk²/m.

ordnung der Kurbeln gegen die Maschinenmitte erfüllt, was erst bei vier Zylindern mit der ersten Bedingung vereinbar ist, weiter dann bei jeder geraden Zylinderzahl. Sind diese beiden Bedingungen vorhanden, so sind Gegengewichte nicht erforderlich, sie erhöhen das Maschinengewicht, vermindern aber die Beanspruchung der Grundplatten und Gestelle, insbesondere auch der Verbindungstellen, wenn sie mehrteilig sind. Beispiele für die Ausführung solcher Gegengewichte bilden Abb. 201, 208.

Zur Bestimmung der Ungleichförmigkeit des Ganges der Maschine oder bei gegebenem Ungleichförmigkeitsgrad des Schwungmomentes dient das Wuchtdiagramm[1]). Es erlangt in den beiden hier beispielsweise behandelten Fällen für die verschiedenen Zylinderzahlen die in den Abb. 209, 210 verzeichneten Formen. In diesen Abbildungen sind auch die Arbeitsdiagramme und in den ersten beiden auch die Tangentialkraftdiagramme eingetragen, sowie der Verlauf der reduzierten Gewichte $\mathfrak{G} = \mathfrak{M} g$ (vgl. S. 135), die zur

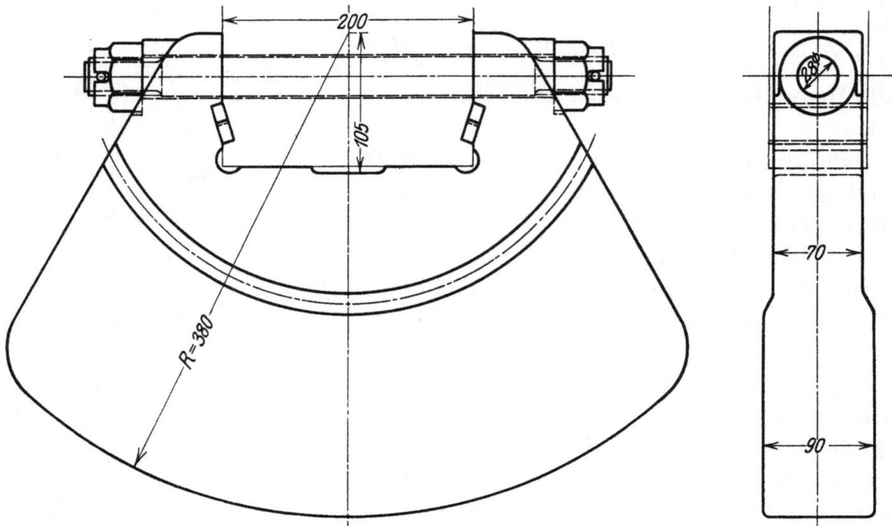

Abb. 208. Lb, Gegengewicht, $\frac{260}{420} \cdot 260$, zu Abb. 110.

Verzeichnung des Wuchtdiagrammes erforderlich sind. Es ist ferner auch der Verlauf von $\left(\frac{\partial \mathfrak{G}}{\partial s}\right)_v$ eingezeichnet, um aus der durch Differenzieren von $A = \mathfrak{G}\frac{v^2}{2g}$ nach t und Division mit v entstehenden Gleichung:

$$T = Q + \frac{w}{v} P = \mathfrak{M}\frac{dv}{dt} + \frac{v^2}{2}\left(\frac{\partial \mathfrak{M}}{\partial s}\right)_v = \frac{\mathfrak{G}}{g} \cdot \frac{dv}{dt} + \frac{v^2}{2g}\left(\frac{\partial \mathfrak{G}}{\partial s}\right)_v$$

auch an jeder Stelle den Wert von $\frac{dv}{dt}$ zu finden. Der links stehende Ausdruck ist die überschüssige Tangentialkraft T, die aus dem Tangentialdruckdiagramm unmittelbar entnommen werden kann, der Wert

$$\frac{v^2}{2g}\left(\frac{\partial \mathfrak{G}}{\partial s}\right)_v = \left(M_k - \frac{M n}{l}\right)\frac{w}{v}\left(\frac{\partial w}{\partial t}\right)_v + M\frac{k^2 - m n}{l^2} \cdot \frac{q}{v}\left(\frac{\partial q}{\partial t}\right)_v = Q_t''$$

kann aus den Abb. 171, 172 gefunden werden. Um bei gegebener Ungleichförmigkeit endlich den Anfangspunkt für $\mathfrak{G}$ und damit die Größe des Schwungradgewichtes zu finden, sind die der größten und kleinsten zugelassenen Geschwindigkeit entsprechenden Tangenten mit $\operatorname{tg} \alpha = \frac{v^2}{2g}$ an das Wuchtdiagramm anzulegen und deren Schnittpunkt

[1]) Wittenbauer: Z. V. d. I. 1905, S. 471 und graphische Dynamik, Berlin: Julius Springer. Vgl. auch Kölsch: Über Zylinderzahl und Zylinderanordnung bei Fahr- und Flugzeugmaschinen. Berlin, Julius Springer.

zu bestimmen, dessen horizontaler Abstand den unveränderlichen Teil von $\mathfrak{G}$ ergibt, d. i. angenähert bei Vernachlässigung der Drehung der Schubstange:

$$\mathfrak{G}_0 = G_s + \frac{G \cdot m}{l} i + \left(\frac{G \cdot n}{l} + G_k\right) \sum (\sin \gamma_i + \lambda \sin 2\gamma_i)^2$$

worin G_s das auf den Kurbelhalbmesser bezogene Schwungradgewicht, G das Gewicht der Schubstange, G_k das Kolbengewicht, i die Zylinderzahl und γ_i die relativen Kurbelwinkel von einer Kurbel aus gemessen bedeuten. Da sich w zu v an gegebener Stelle stets gleich verhält, wird $\left(\frac{\partial w}{\partial t}\right)_s = \frac{w}{v}\left(\frac{\partial v}{\partial t}\right)_s$, der Zuwachs von $\frac{dw}{dt}$ durch $\frac{dv}{dt}$ diesem selbst verhältnisgleich, also: $\frac{dw}{dt} = \left(\frac{\partial w}{\partial t}\right)_v + \frac{w}{v}\frac{dv}{dt}$, wodurch dann der Bewegungszustand an allen Stellen vollkommen bestimmt ist.

Bei den hier betrachteten Ein-, Zwei- und Dreizylindermaschinen läßt sich bei gegebener Ungleichförmigkeit des Ganges δ das Schwungradgewicht auch ohne Verzeichnung des Wuchtdiagrammes angenähert bestimmen, da die Grenztangenten $\frac{v_{\max}^2}{2g}$ und $\frac{v_{\min}^2}{2g}$ hier innerhalb gewisser Grenzen von v nahe durch die auf der Anfangsordinate des Wuchtdiagrammes liegenden Punkte gehen. Bei Ein- und Zweizylindermaschinen sind dies die Punkte 0 und 6, die den Totpunkten vor der Verbrennung und nach der Entspannung in einem Zylinder entsprechen. Die Grenzen der Kolbengeschwindigkeiten, bis zu denen dies gilt, sind bei den hier untersuchten Fällen:

Einzylindermaschine, langsam laufend	7,25 m/sk
Einzylindermaschine, schnell laufend	6,7 „
Zweizylindermaschine, langsam laufend	5,5 „
Zweizylindermaschine, schnell laufend	5,2 „

Diese Zahlen gelten für verschiedene Fälle, wenn vorausgesetzt werden kann, daß sich alle hin- und hergehenden Massen etwa wie die Zylinderhubräume verhalten.

Man braucht hier also nur den Abstand der Punkte 0 und 6 zu kennen, der durch die Arbeitsleistung der ganzen Maschine während des Arbeitshubes, vermindert um den während derselben Zeit überwundenen Widerstand, d. i. ein Viertel der ganzen Widerstandsarbeit, gegeben ist.

Es ist: $\operatorname{tg} \alpha_6 = \frac{v_6^2}{2g} = \frac{h_6}{\mathfrak{G}_0}$ und $\operatorname{tg} \alpha_0 = \frac{v_0^2}{2g} = \frac{h_0}{\mathfrak{G}_0}$,

wenn h_6 und h_0 die Höhen der Punkte 0 und 6 über dem Anfangspunkt der Ordinaten bedeuten. Da ferner $\frac{v_6^2 - v_0^2}{2g} = \frac{\delta v_m^2}{g} = \frac{h_6 - h_0}{\mathfrak{G}_0}$ wird, ergibt sich:

$$\mathfrak{G}_0 = G_s + i\frac{G \cdot m}{l} + \left(\frac{G \cdot n}{l} + G_k\right) \sum (\sin \gamma_i + \lambda \sin 2\gamma_i)^2 = \frac{(h_6 - h_0) g}{\delta v_m^2}.$$

Bei der Einzylindermaschine ist nun

$$h_6 - h_0 = \frac{D^2 \pi}{4} H \left(\frac{3}{4} p_m + p_k\right),$$

wenn p_m der mittlere Arbeitsdruck des Indikatordiagrammes und p_k der mittlere, stets gleichbleibende Druck von Ausschub- und Verdichtungshub bedeuten. Hier wird also:

$$G_s + \frac{G \cdot m}{l} = \frac{D^2 \pi}{4} H \frac{\frac{3}{4} p_m + p_k}{\delta v_m^2}.$$

Bei der Zweizylindermaschine mit gleichgerichteten Kurbeln ergibt sich ebenso:

$$G_s + 2\frac{G \cdot m}{l} = \frac{D^2 \pi}{4} H \frac{\frac{1}{2} p_m + p_k}{\delta v_m^2}.$$

Bei Dreizylindermaschinen ist die Arbeitsleistung der Maschine zu bestimmen, während eine der Kurbeln vom Zündtotpunkt bis zum Kurbelwinkel 120° (Punkt 4) gelangt. Mit den Bezeichnungen der Abb. 211 ist sie gegeben durch:

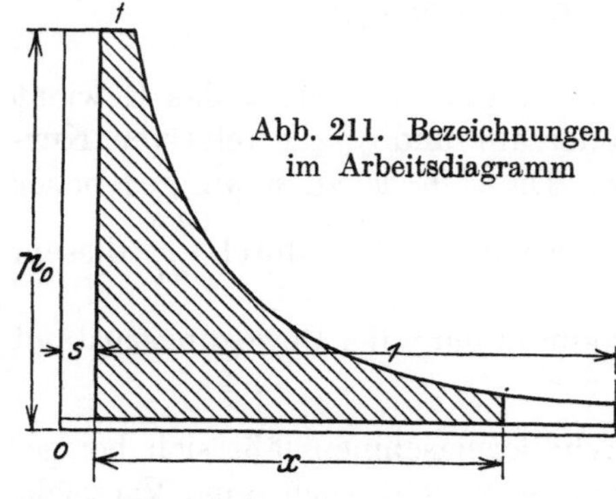

Abb. 211. Bezeichnungen im Arbeitsdiagramm

$$p_{120} = \frac{p_0(f+s)}{\varkappa - 1}\left[\frac{\varkappa f + s}{f+s} - \left(\frac{f+s}{x+s}\right)^{\varkappa - 1}\right] - x\,.$$

Während dieser Zeit ist die Arbeit der anderen zwei Zylinder nahe gleich 0, es verbleibt demnach ein Arbeitsüberschuß von $p_{120} - \frac{3\,p_m}{6}$. Da das Verhältnis von p_{120} zu p_{180} für alle normalen Belastungen nahe gleich 0,965 bleibt, so kann man mit $p_{180} = p_m + p_k$ finden:

$$p_{120} = 0{,}465\,p_m + 0{,}965\,p_k\,,$$

demnach wird:

$$\mathfrak{G}_0 = G_s + 3\,\frac{G\cdot m}{l} + \frac{3}{2}\left(\frac{G\cdot n}{l} + G_k\right) \backsim \frac{D^2\pi}{4}\,H\,\frac{0{,}465\,p_m + 0{,}965\,p_k}{\delta\, v_m^2}$$

und zwar bis zu den höchsten Kolbengeschwindigkeiten (Grenzen 8,75 bzw. 8,3 m/sk).

Abb. 212. Verdrehwinkel eines Kurbelkropfes.

Bei Mehrzylindermaschinen sind die Größen, die hier in Betracht kommen, etwa aus den Abb. 209, 210 zu entnehmen.

Die durch die wechselnden Drehmomente auftretenden Drehschwingungen der Wellen können im Rahmen dieses Buches nicht behandelt werden, es wird daher auf die erschöpfende Literatur verwiesen[1]). Hier mag nur im Zusammenhang mit der vereinfachten Festigkeitsberechnung der Kurbelwelle die auf den Wellendurchmesser bezogene Länge berechnet werden, die die gleiche Verdrehung ergibt, wie die gekröpfte Kurbel ohne die dazwischen liegenden Wellenstücke. Ist die Entfernung der Kurbelarmmitten wie früher $l - 2a$, der Kurbelhalbmesser r $\left(\text{zu vermindern um } \frac{d}{4}\right)$ und die Länge des Kurbelzapfens k, so ergibt sich für die Formänderung das Bild Abb. 212 und für den Verdrehungswinkel:

$$\varphi = \frac{1}{r^2}\left[M\left(\frac{2}{3}\frac{r^3}{E J_b} + \frac{(l-2a)^3}{12 E J} + \frac{(l-2a)^2 r}{2 G J'_d}\right) + M'\left(\frac{r^3}{3 E J_b} - \frac{(l-2a)^3}{12 E J} - \frac{(l-2a)^2 r}{2 G J'_d}\right)\right],$$

worin für M' der Wert (S. 150)

$$M' = M\,\frac{(l-2a)^2\left(\frac{l-2a}{6EJ} + \frac{r}{GJ'_d}\right) - \frac{2}{3}\frac{r^3}{E J_b}}{\frac{4}{3}\frac{r^3}{E J_b} + \frac{k r^2}{G J} + (l-2a)^2\left(\frac{l-2a}{6EJ} + \frac{r}{GJ'_d}\right)}$$

einzusetzen ist. Damit wird

$$\varphi = \frac{M}{2}\,\frac{\frac{4}{3}r^3\left(\frac{r}{E^2 J_b^2} + \frac{k}{GJ\cdot E J_b}\right) + (l-2a)^2\left(\frac{4r}{E J_b} + \frac{k}{GJ}\right)\left(\frac{l-2a}{6EJ} + \frac{r}{GJ'_d}\right)}{\frac{4}{3}\frac{r^3}{E J_b} + \frac{k r^2}{GJ} + (l-2a)^2\left(\frac{l-2a}{6EJ} + \frac{r}{GJ'_d}\right)}\,.$$

Durch Vergleich mit dem Verdrehungswinkel bei zylindrischer Welle mit dem polaren Trägheitsmoment $2J$: $\varphi = \frac{M}{2}\cdot\frac{L}{GJ}$ ergibt sich die bezogene Länge für die Kröpfung mit:

---

[1]) Holzer: Die Berechnung der Drehschwingungen. Berlin: Julius Springer. — Wydler: Drehschwingungen in Kolbenmaschinenanlagen. Berlin: Julius Springer. Kohn: V. d. I. Maschinenbau, S. 220. 1926.

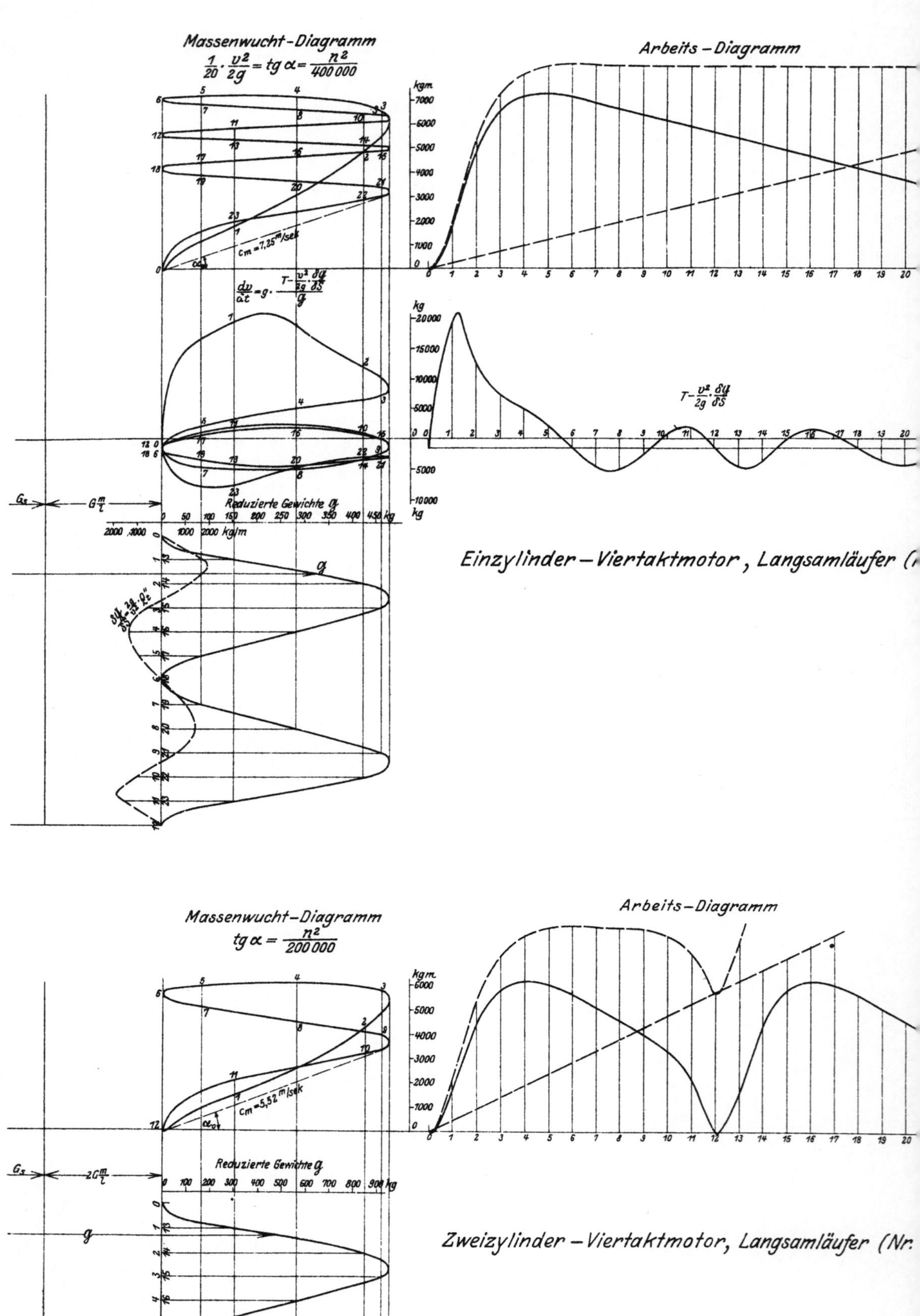

Abb. 209 a/b. Massenwuchtdiagramm, Langsamläufer, $\frac{420}{600}$.

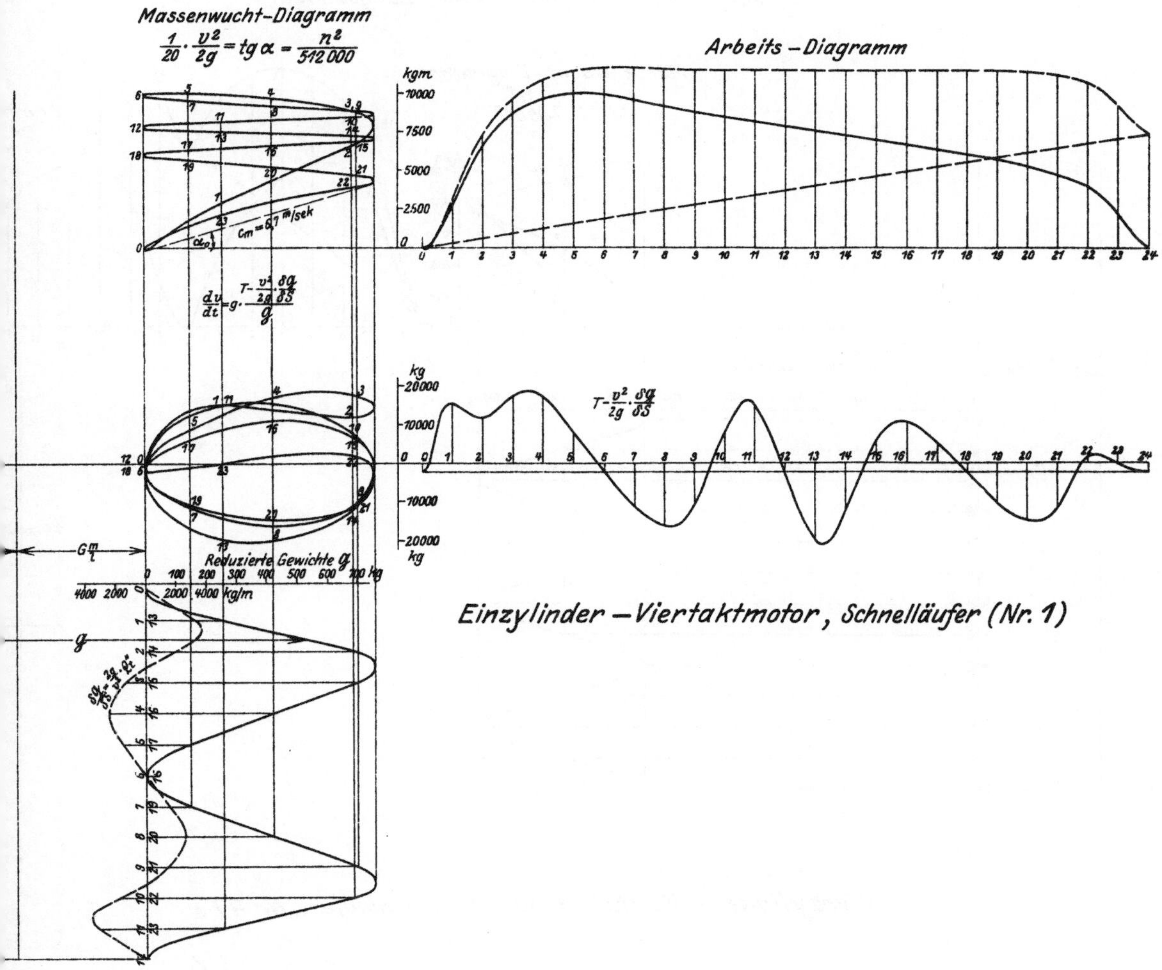

Massenwucht-Diagramm

$$\frac{1}{20} \cdot \frac{v^2}{2g} = tg\,\alpha = \frac{n^2}{512\,000}$$

Arbeits-Diagramm

$$\frac{dv}{dt} = g \cdot \frac{T - \frac{v^2}{2g} \cdot \frac{\delta g}{\delta s}}{g}$$

$$T - \frac{v^2}{2g} \cdot \frac{\delta g}{\delta s}$$

$c_m = 6{,}7$ m/sek

Reduzierte Gewichte g

Einzylinder – Viertaktmotor, Schnelläufer (Nr. 1)

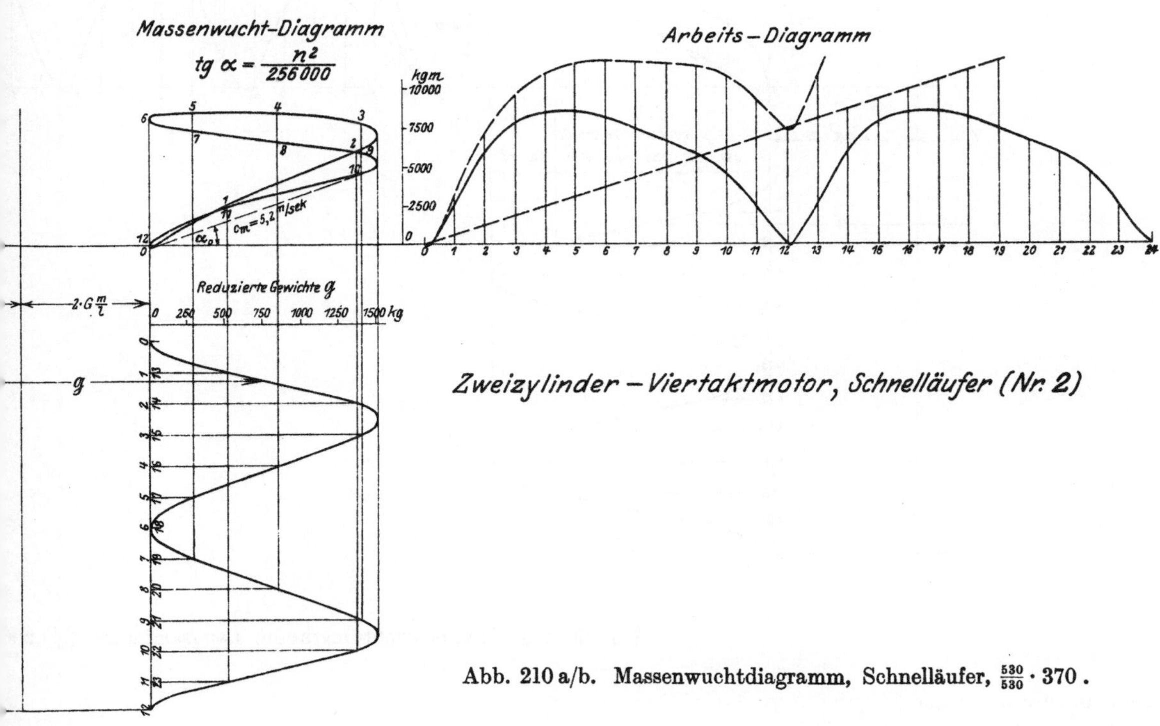

Abb. 210 a/b. Massenwuchtdiagramm, Schnelläufer, $\frac{530}{530} \cdot 370$.

Verlag von Julius Springer, Berlin.

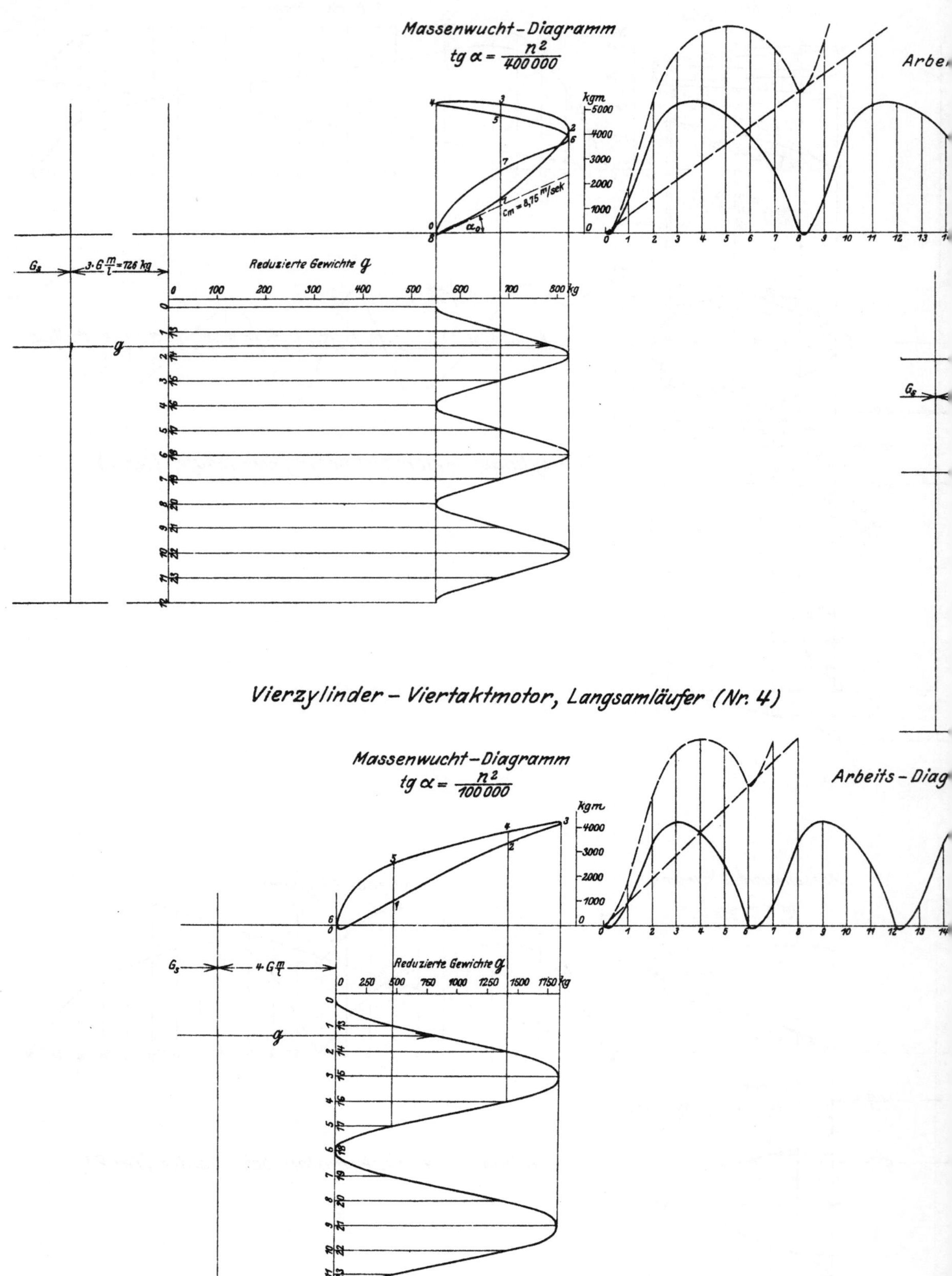

Abb. 209 c/d. Massenwuchtdiagramm, Langsamläufer, $\frac{420}{600} \cdot 20$

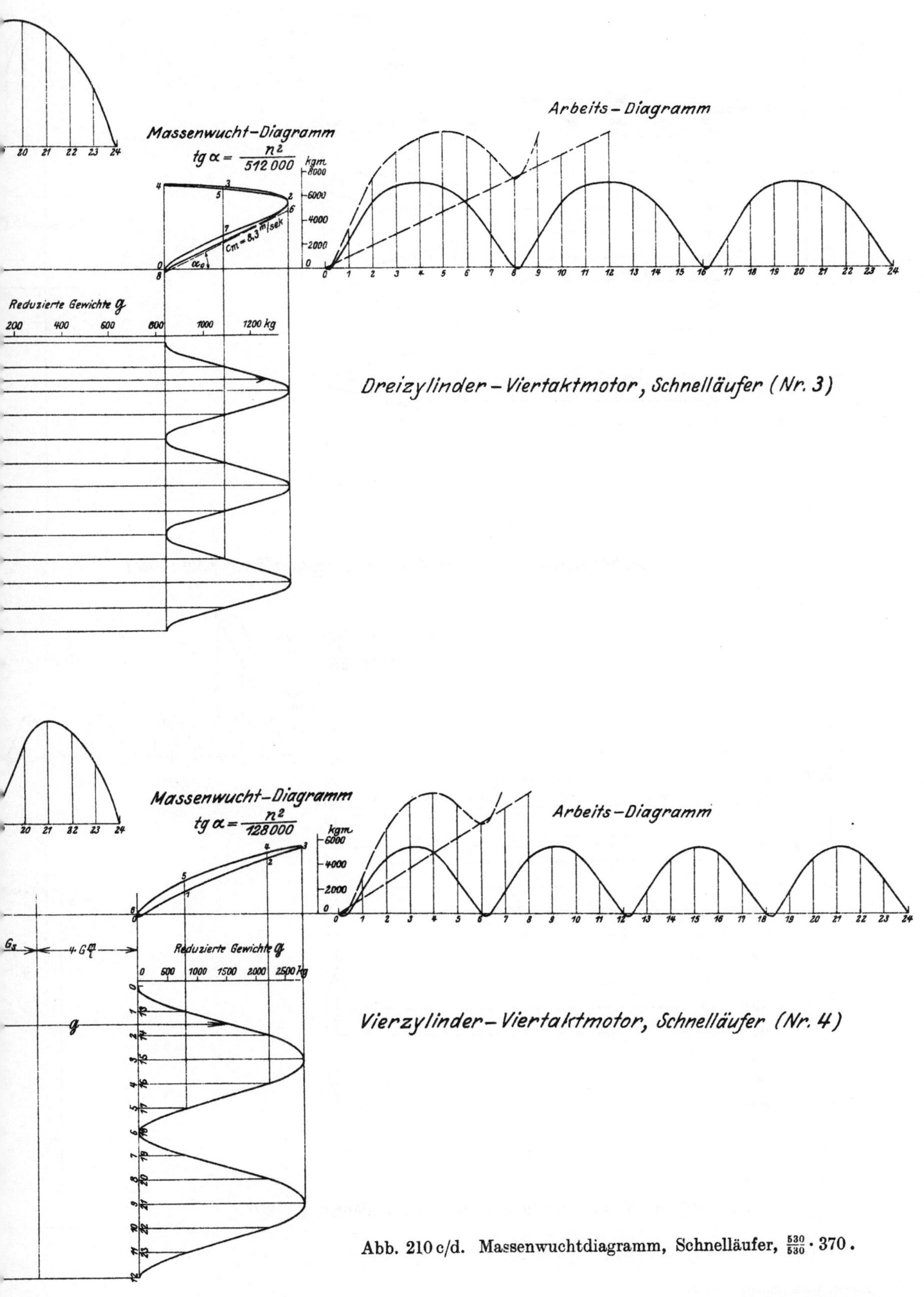

Abb. 210 c/d. Massenwuchtdiagramm, Schnelläufer, $\frac{530}{530} \cdot 370$.

Verlag von Julius Springer, Berlin.

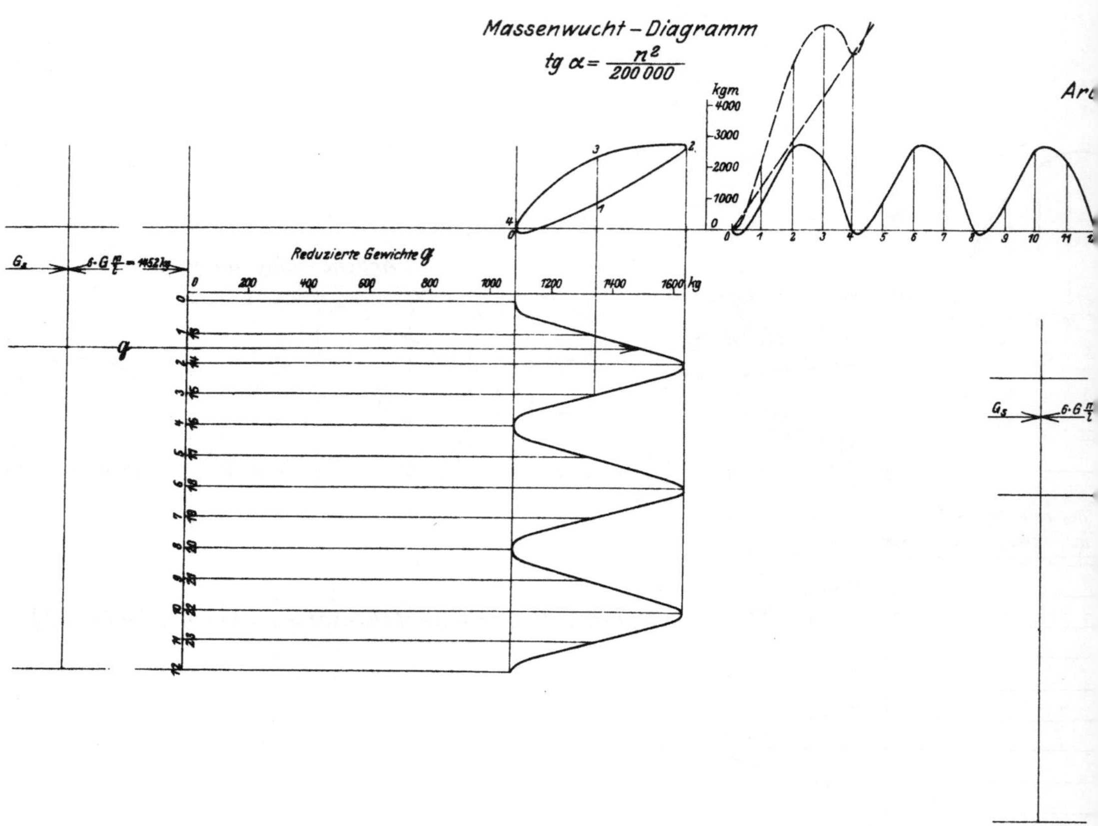

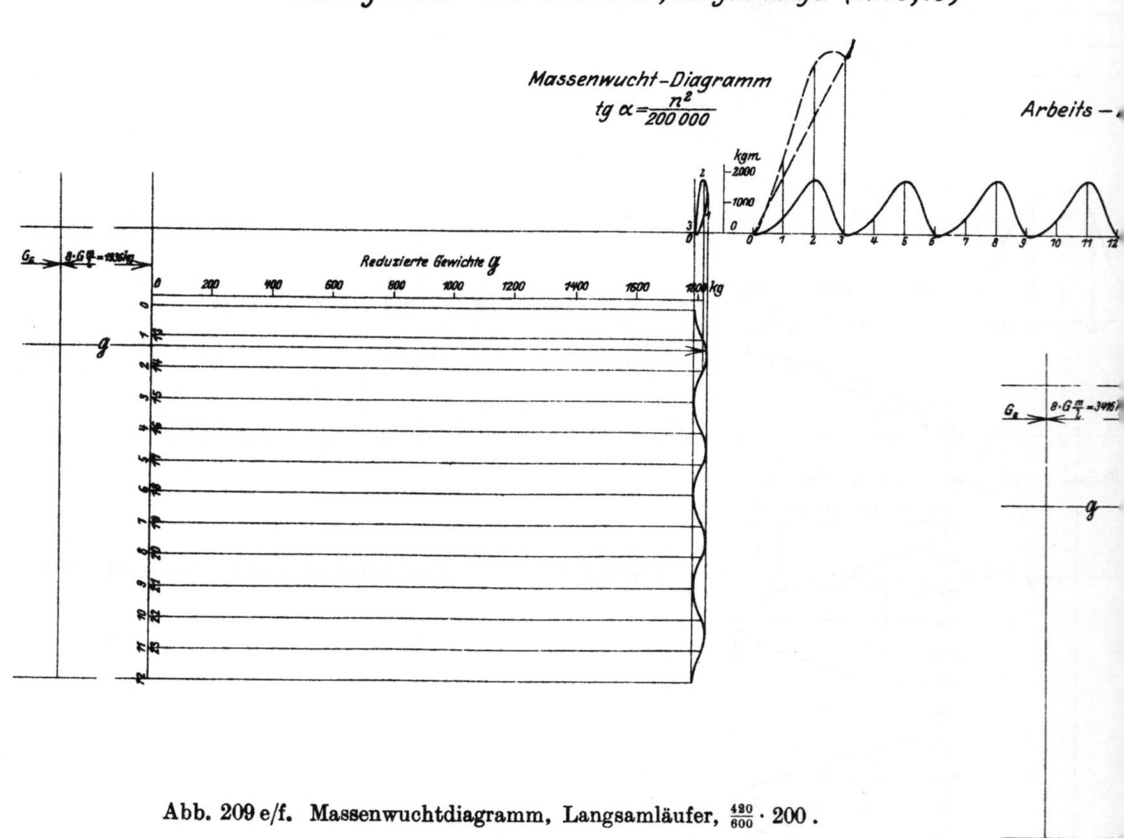

Abb. 209 e/f. Massenwuchtdiagramm, Langsamläufer, $\frac{420}{600} \cdot 200$.

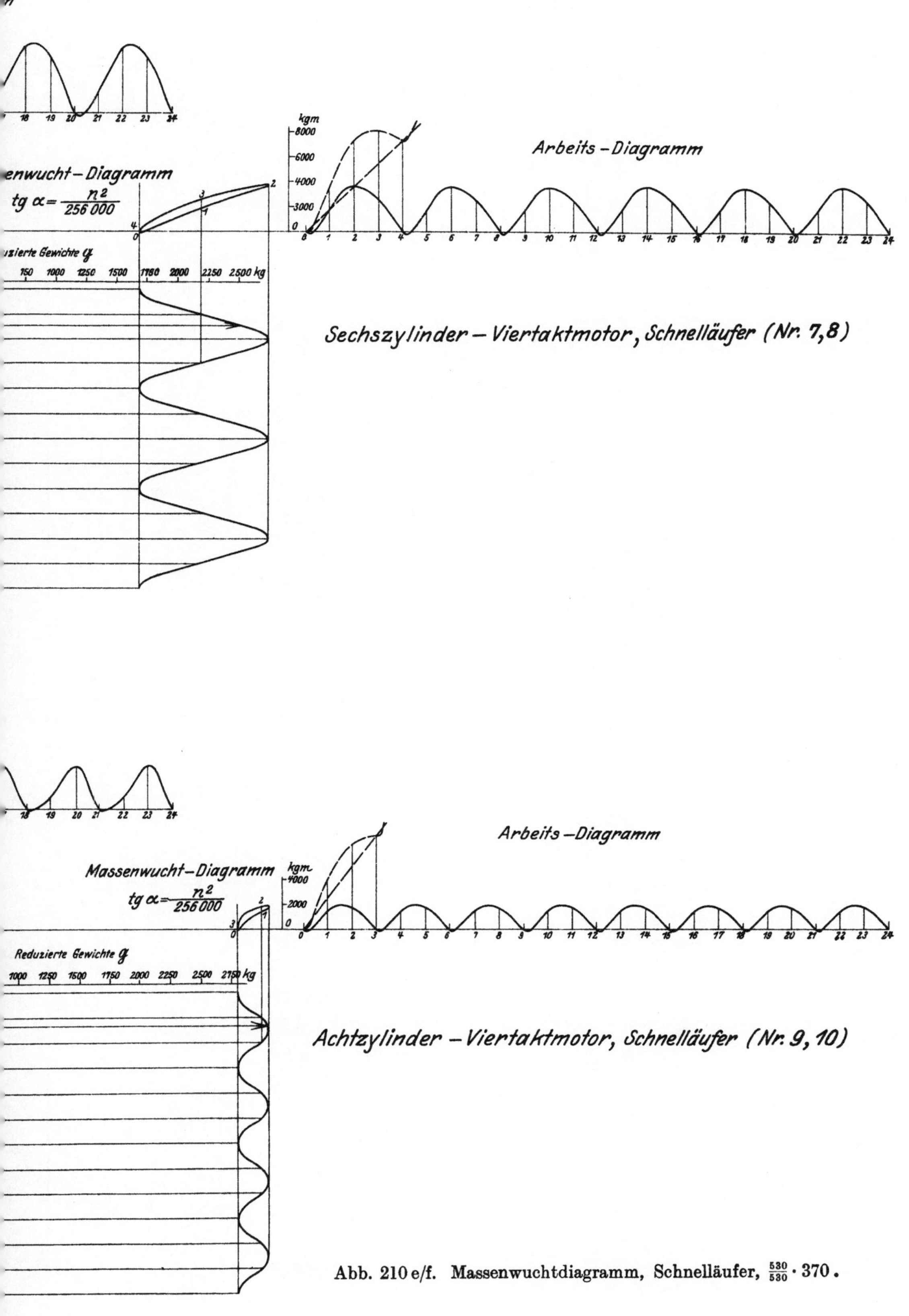

Abb. 210 e/f. Massenwuchtdiagramm, Schnelläufer, $\frac{530}{530} \cdot 370$.

Verlag von Julius Springer, Berlin.

$$L = GJ \frac{\frac{4}{3} r^3 \left(\frac{r}{E^2 J_b^2} + \frac{k}{GJ \cdot EJ_b}\right) + (l-2a)^2 \left(\frac{4r}{EJ_b} + \frac{k}{GJ}\right)\left(\frac{l-2a}{6EJ} + \frac{r}{GJ'_d}\right)}{\frac{4}{3}\frac{r^3}{EJ_b} + \frac{kr^2}{GJ} + (l-2a)^2\left(\frac{l-2a}{6EJ} + \frac{r}{GJ'_d}\right)}.$$

Besondere Wellenanordnungen, wie etwa in Abb. 78, 123, erfordern natürlich eine eigene Berechnung. Die Kurbelwellen bei liegenden Maschinen, wenn sie gekröpft sind, sind genau ebenso zu behandeln, wie bei stehenden Maschinen, ganz einfach wird die Berechnung bei Stirnkurbeln, die aber kaum Anwendung finden.

VII. Zylinderdeckel.

Der Zylinderdeckel hat neben der entsprechenden Herstellung der Form des Verbrennungsraumes die Aufgabe, diesen nach außen und gegebenenfalls auch gegen den Kühlmantel abzudichten und die vom Gasdruck herrührenden Kräfte in der Richtung der Zylinderachse auf das Gestell zu übertragen. In den meisten Fällen hat er alle Steuerventile, Einsauge- und Auspuffventil, Brennstoff- und Anlaßventil, die alle in den Verdichtungsraum münden, ebenso eine Bohrung für das Abnehmen von Indikatordiagrammen aufzunehmen. Da die innere Deckelwand ständig von Verbrennungsgasen bespült wird, bedarf sie einer ausgiebigen Kühlung, der Deckel muß also auch zur Aufnahme und Durchleitung von Kühlwasser geeignet sein. Bei diesen vielfachen Anforderungen ist es naturgemäß notwendig, der Konstruktion besondere Sorgfalt angedeihen zu lassen.

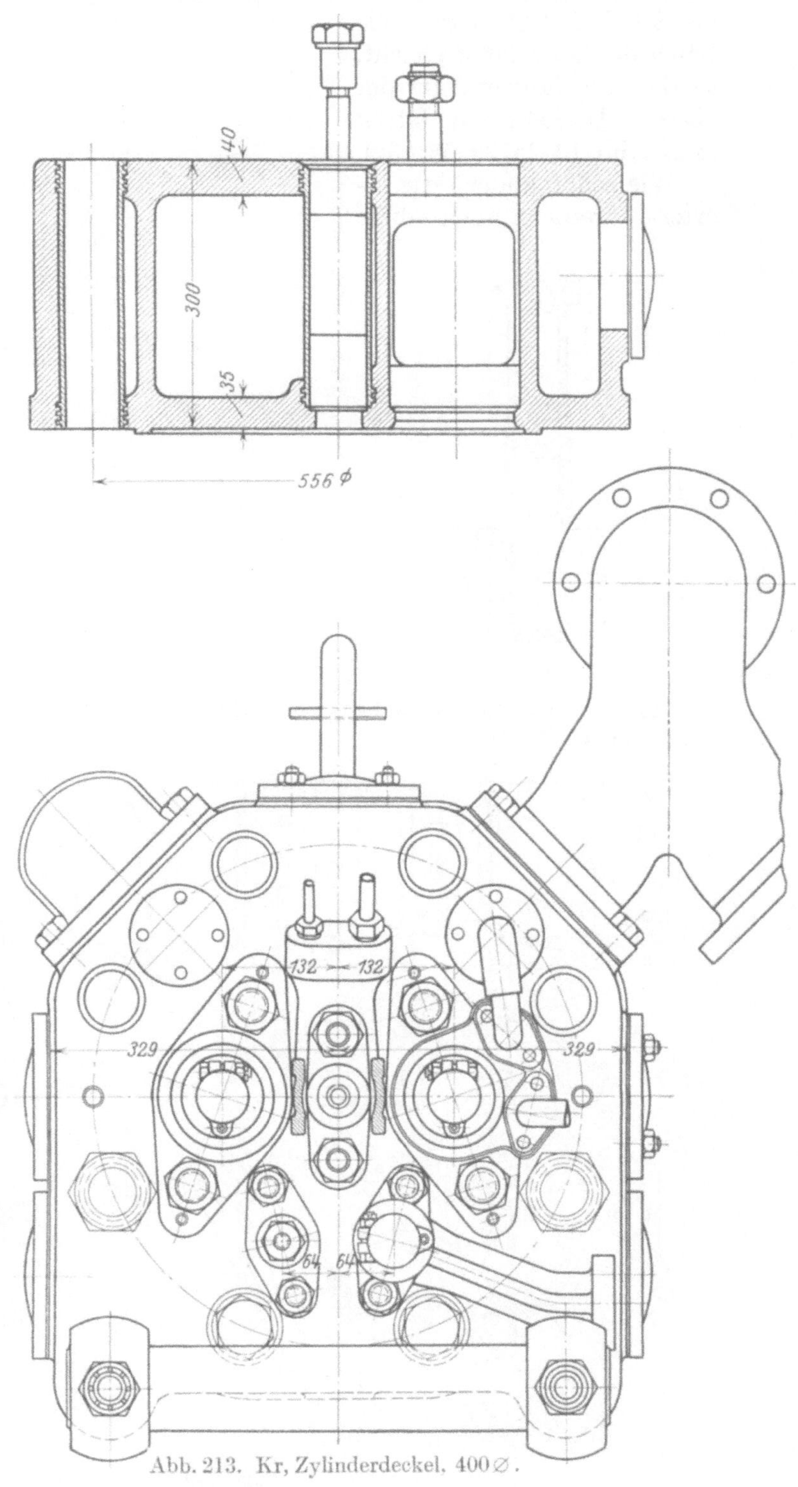

Abb. 213. Kr, Zylinderdeckel. 400 ⌀.

Die Form der Zylinderdeckel ist gewöhnlich ein Hohlzylinder mit ebenen oder auch gewölbten Endflächen, manchmal werden auch entsprechende gleichseitige Polygone als Grundflächen eines Prismas oder ähnliche Formen verwendet (Abb. 213). Diese Hohlgußkörper werden gewöhnlich mit acht, bei kleinen Maschinen auch sechs, bei sehr großen Maschinen mit zehn Stiftschrauben auf dem oberen Flansch des Kühlmantels befestigt, deren freie Länge der Deckelhöhe gleicht, so daß die Muttern auf der oberen Deckelfläche sitzen (z. B. Abb. 17, 25, 29, 58, 232).

Wie schon anderwärts erörtert, werden auch diese

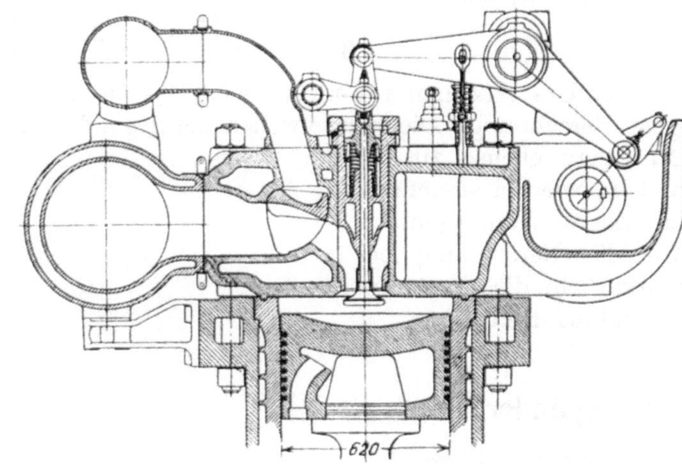

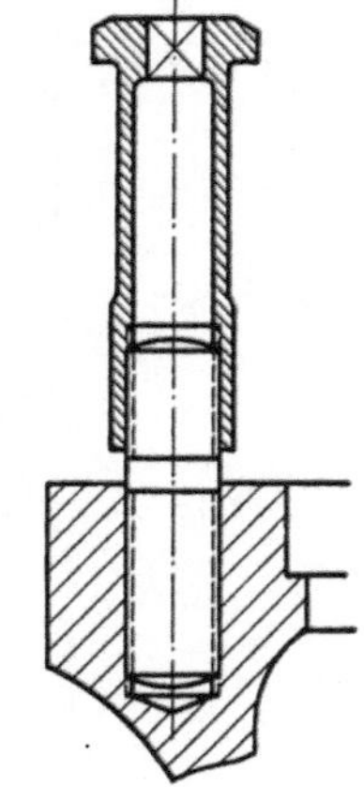

Abb. 214. Zylinderdeckelschraube mit hohler Mutter.

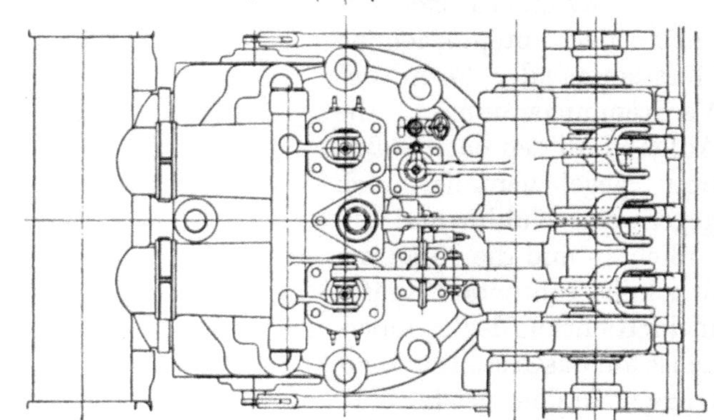

Abb. 215. To, Zylinderdeckel, $\frac{620}{975} \cdot 125$, zu Abb. 24. (Richardson, Westgarth & Co.)

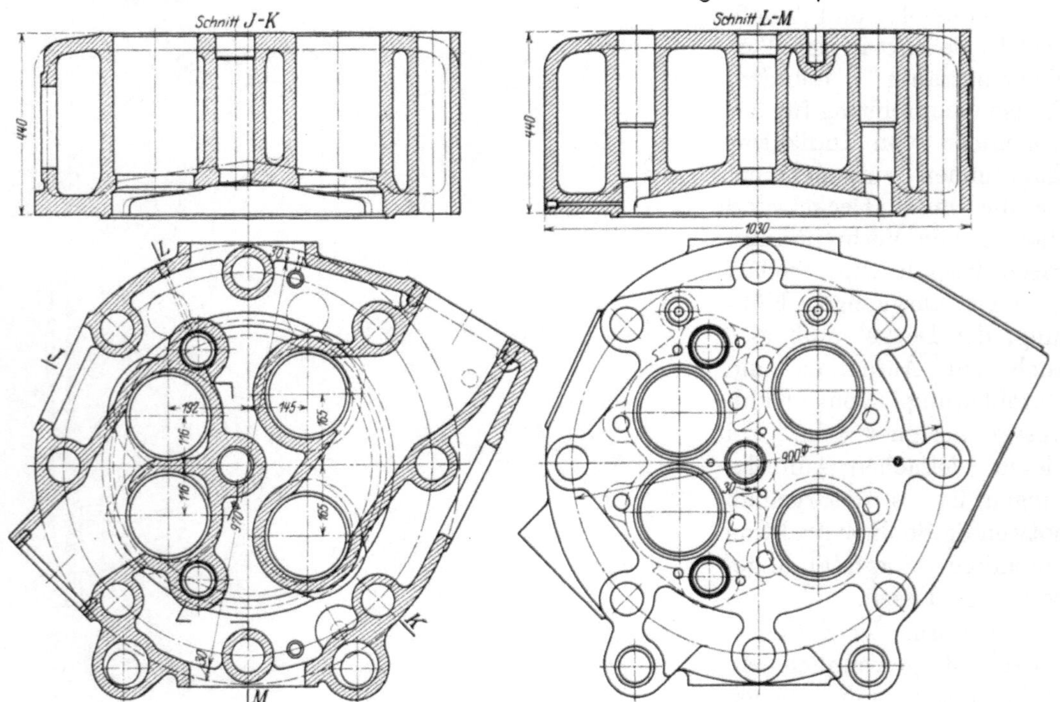

Abb. 216. Gz, Zylinderdeckel, $\frac{600}{800} \cdot 187$, zu Abb. 58.

Schrauben im Bolzen so abgedreht oder ausgebohrt, daß ihr Querschnitt gleich dem des Schraubenkerns wird, um so die Dehnung zu erhöhen, ja bei übermäßigen Drücken im Zylinder sogar ein wenig Abheben des Deckels zu gestatten. Die Stiftschrauben können auch kurz ausgeführt und dafür die Muttern hohl und entsprechend lang werden, wodurch oberhalb des Deckels mehr Raum bleibt (Abb. 214). In einzelnen Fällen werden auch Durchschrauben verwendet (Abb. 24, 215). Die Deckelschrauben entlasten auch die äußeren Umfassungswände des Deckels von den durch die Wärmeausdehnung der Ventilkanonen hervorgerufenen Spannungen. Sind die Lager für die Hebelwellen der Steuerung auf dem Deckel angebracht, so müssen die Schrauben auch bei übermäßigen Drücken noch die Lage dieser Wellen festhalten. Als zulässige Spannung für die Kernquerschnitte der Schrauben kann etwa 450 kg/cm² angenommen werden, häufig wird Feingewinde verwendet; die Bolzen sind am Gewindestift etwas stärker als die Gewinde und von diesen derart durch Eindrehungen abgetrennt, daß beim Einziehen der Zylinderkopf nicht gesprengt werden kann. Dementsprechend soll auch die verbleibende Wandstärke im Flansch des Zylinderkopfes nicht zu gering sein. Hat man hiernach Schraubenkreis und Schraubenstärke gewählt, so ergibt sich damit auch der äußere Deckeldurchmesser oder die Seitenlänge der polygonalenGrundfläche (Abb. 213, 216). Um den Durchmesser zu verkleinern, können die Pfeifen für die Deckelschrauben auch teilweise oder ganz außerhalb des Kühlraumes liegen (Abb. 215) oder durch Flanschen ersetzt werden (Abb. 142, 217); auch werden statt gegossener Pfeifen eingewalzte und verstemmte Rohre (Abb. 48, 213, 218, 219), und zwar überall oder nur an solchen Stellen verwendet, wo sich sonst eine Materialanhäufung ergeben würde. Zur Erleichterung der Wärmedehnungen des inneren Deckelbodens und auch des Ausnehmens des Kolbens ist diese Innenwand manchmal nach oben gezogen (Abb. 49, 51, 216, 218, 219), wodurch auch in dem Falle, als die Ventilöffnungen über den Zylinderdurchmesser hinausragen, die Dichtungsflächen und damit die auf den Deckel kommenden Kräfte verkleinert werden können.

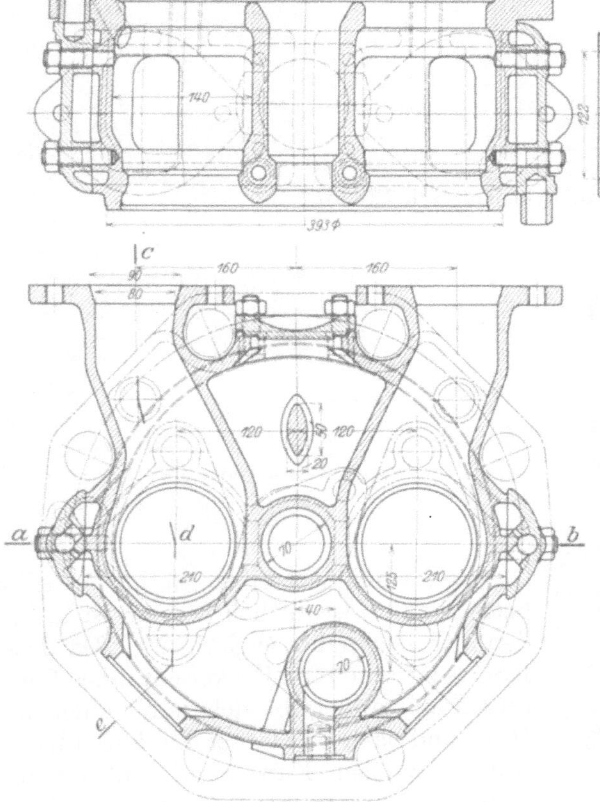

Abb. 217. WUMAG, Zylinderdeckel, $\frac{320}{450}\cdot 300$, zu Abb. 83.

In den meisten Fällen werden die genannten Ventile in rohrförmigen Ventilpfeifen oder Kanonen untergebracht, die die beiden Deckelböden verbinden; die Zuführung der Verbrennungsluft und der Auspuff erfolgen durch Kanäle, die von den Ventilrohren an die Außenwand des Deckels führen und dort Anschlußflanschen bilden. Ihr Querschnitt wird so gewählt, daß die auf die mittlere Kolbengeschwindigkeit bezogene

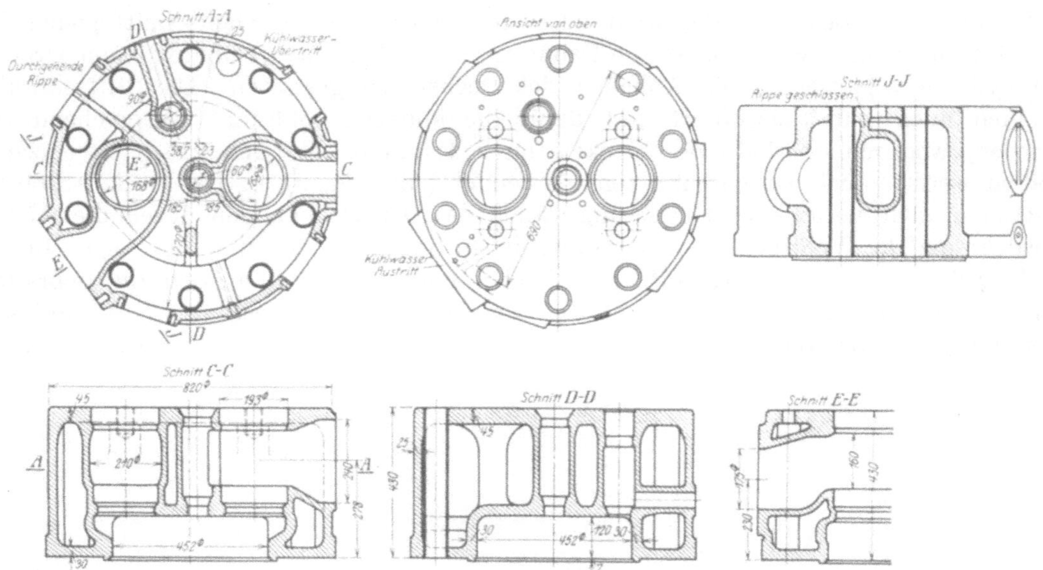

Abb. 218. WUMAG, Zylinderdeckel, $\frac{450}{730} \cdot 167$.

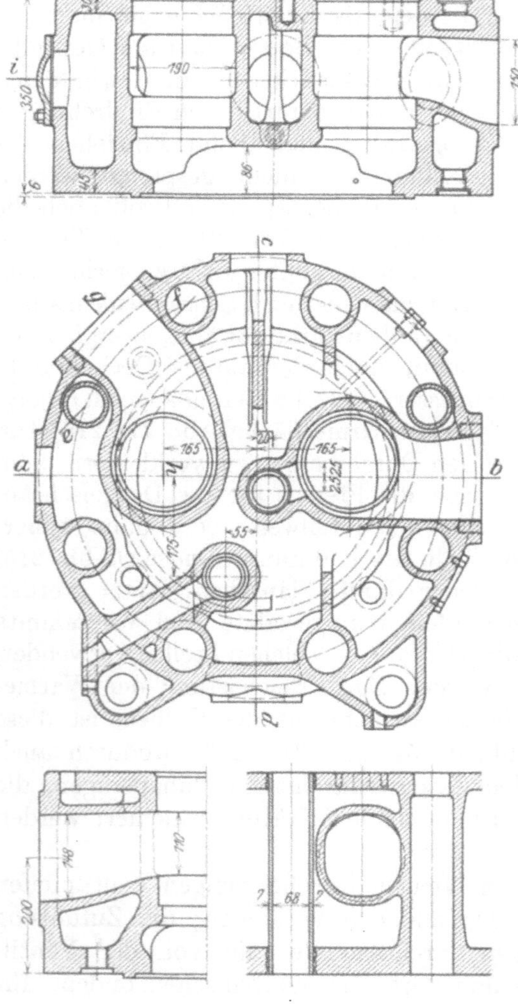

Abb. 219. Ess, Zylinderdeckel, $\frac{420}{650} \cdot 185$, zu Abb. 44.

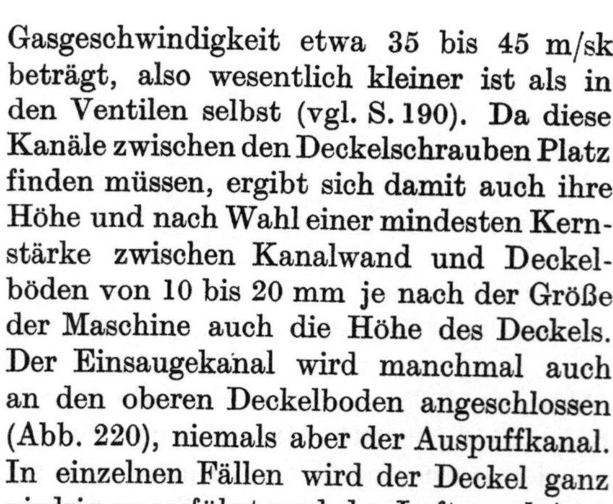

Gasgeschwindigkeit etwa 35 bis 45 m/sk beträgt, also wesentlich kleiner ist als in den Ventilen selbst (vgl. S. 190). Da diese Kanäle zwischen den Deckelschrauben Platz finden müssen, ergibt sich damit auch ihre Höhe und nach Wahl einer mindesten Kernstärke zwischen Kanalwand und Deckelböden von 10 bis 20 mm je nach der Größe der Maschine auch die Höhe des Deckels. Der Einsaugekanal wird manchmal auch an den oberen Deckelboden angeschlossen (Abb. 220), niemals aber der Auspuffkanal. In einzelnen Fällen wird der Deckel ganz niedrig ausgeführt und der Luft- und Auspuffkanal an eigenen aufgesetzten Hauben angeordnet.

Die gewöhnliche Höhe der Deckel beträgt etwa 0,6 bis 0,7 des Zylinderdurchmessers.

Um die für die Steuerung erforderliche genaue Lage der Ventile zu sichern, ist der Deckel durch Stifte (z. B. Abb. 57) gegen Verdrehen zu schützen.

Der Hohlraum des Deckels wird vom Wasser durchflossen, das den inneren Deckelboden und die Wände der Ventilkästen möglichst vollständig und sicher kühlen soll. An den der Wärmezufuhr am meisten ausgesetzten Stellen oder dort, wo die Ableitung der Wärme schwieriger ist, soll ein möglichst energischer Wasserumlauf vorgesehen werden. Gewöhnlich wird das Kühlwasser dem Deckel aus dem obersten Teil des Kühlmantels zugeführt, und zwar entweder durch seitlich angebrachte U-förmige Rohre (Abb. 49, 63, 134, 143), durch Bohrungen in den Verbindungsflanschen mit eingesetzten

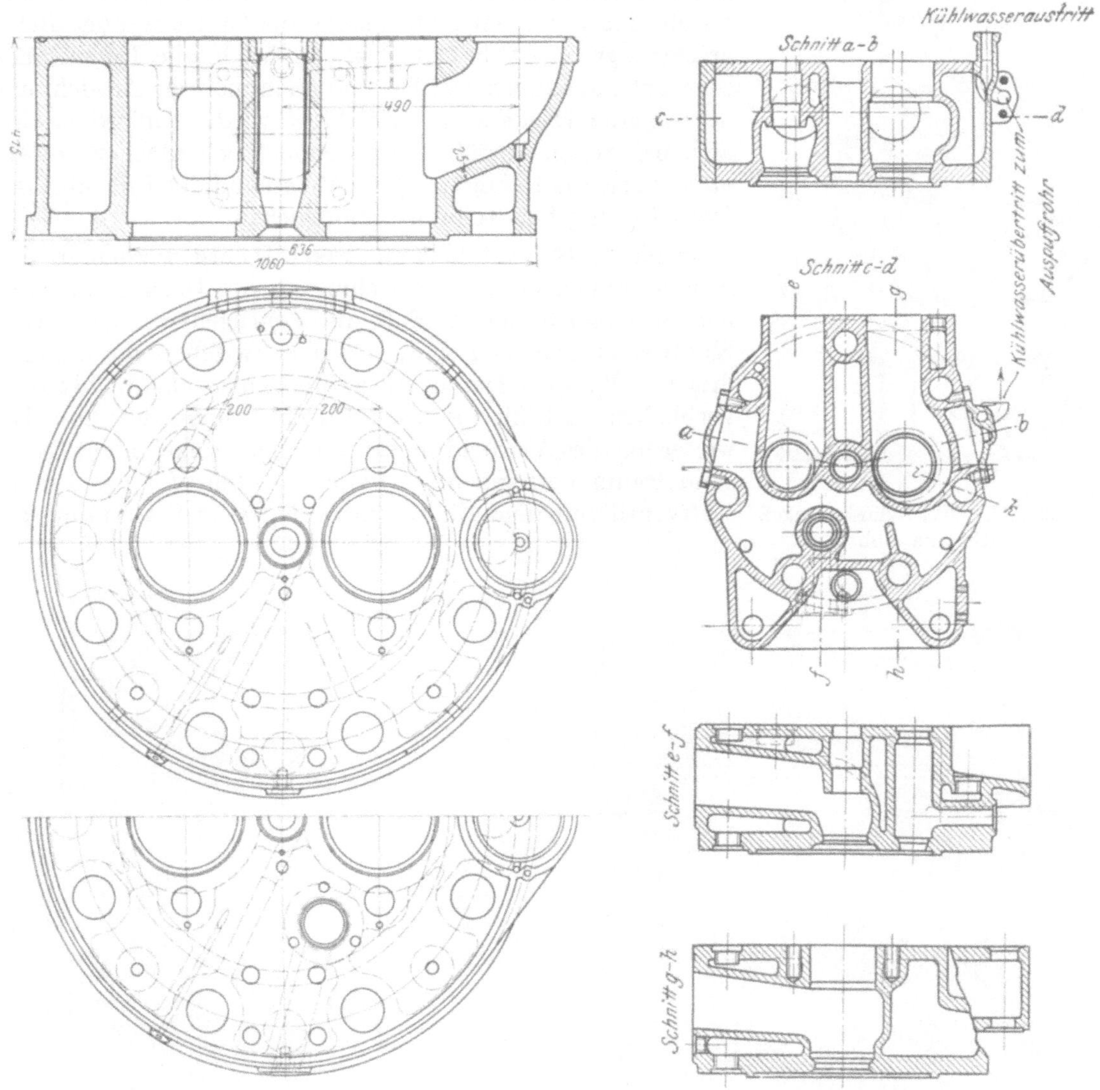

Abb. 220. At, Zylinderdeckel. Abb. 221. Dz, Zylinderdeckel, $\frac{250}{340}\cdot 350$.

Rohrstücken und Gummidichtung (Abb. 26, 51, 65, 219, 238) oder durch eine Vereinigung beider Bauarten (Abb. 217). Auch die Anordnung größerer Öffnungen in den Verbindungsflanschen kommt vor (Abb. 52, 220), die jedoch mit den bereits besprochenen Mängeln behaftet ist (vgl. S. 47), wenn die Montierung und Bedienung nicht vollkommen sind; dann aber ist die doppelte Abdichtung innen und außen wohl möglich, auch werden die genannten Unzukömmlichkeiten durch die Konstruktion Abb. 50 vermieden. Abb. 221 zeigt einen besonderen seitlichen Deckel zum Anschluß der Kühlrohre und zur Reinigung. Diese ist stets bei der Gestaltung der Deckel sorgfältig zu beachten, so daß sich Formsand und Kesselstein leicht und vollständig beseitigen lassen, ins-

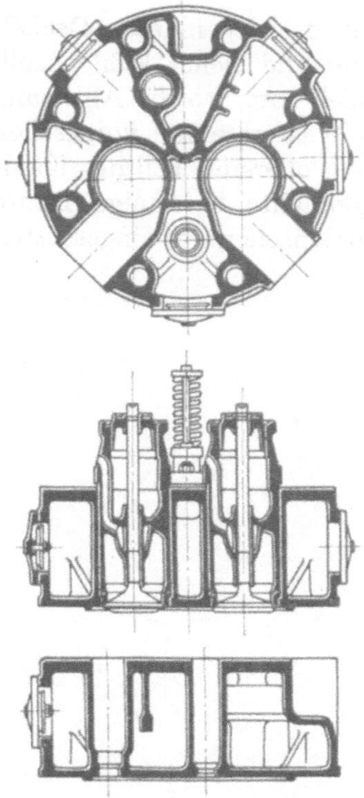

Abb. 222. DW, Zylinderdeckel, $\frac{550}{900} \cdot 135$, zu Abb. 59.

besondere von den heißesten Stellen. Die Reinigungs- und Schaulöcher werden meist am Deckelumfang angebracht (Abb. 217, 218, 219) und mit Handdeckeln oder Verschraubungen verschlossen. Bei Seewasserkühlung werden sie mit Zinkschutzplatten versehen (Abb. 222) und zur Vermeidung elektrischer Ströme aus gleichem Material wie der Deckel hergestellt und verzinnt. Statt der seitlichen Öffnungen kann auch im Deckelguß der obere Boden weggelassen und durch eine aufgeschraubte Platte aus Gußeisen oder Blech ersetzt werden (Abb. 223, 224), wodurch alle Innenwände sehr gut zugänglich werden und auch die freie Ausdehnung der inneren Deckelwand erleichtert wird. Außerdem sind aber bei großen Ausführungen dennoch Schaulöcher vorteilhaft, da sie die Reinigung ohne Abbau anderer Teile als ihrer Deckel wenigstens teilweise ermöglichen.

Einlaß-, Brennstoff- und Auspuffventil werden in den meisten Fällen in einem Durchmesser des Deckels angeordnet, womöglich derart, daß die Ventilgehäuse ganz vom Kühlwasser umgeben sind, daß also zwischen ihren zylindrischen Wänden Durchgangsöffnungen für das Kühlwasser verbleiben. Ist hierfür auch bei der schon erwähnten Erweiterung des Verdichtungsraumes im Deckel nicht genügend Raum vorhanden, so kann das Rohr für das Brennstoffventil mit dem Einlaßventilgehäuse in Verbindung ge-

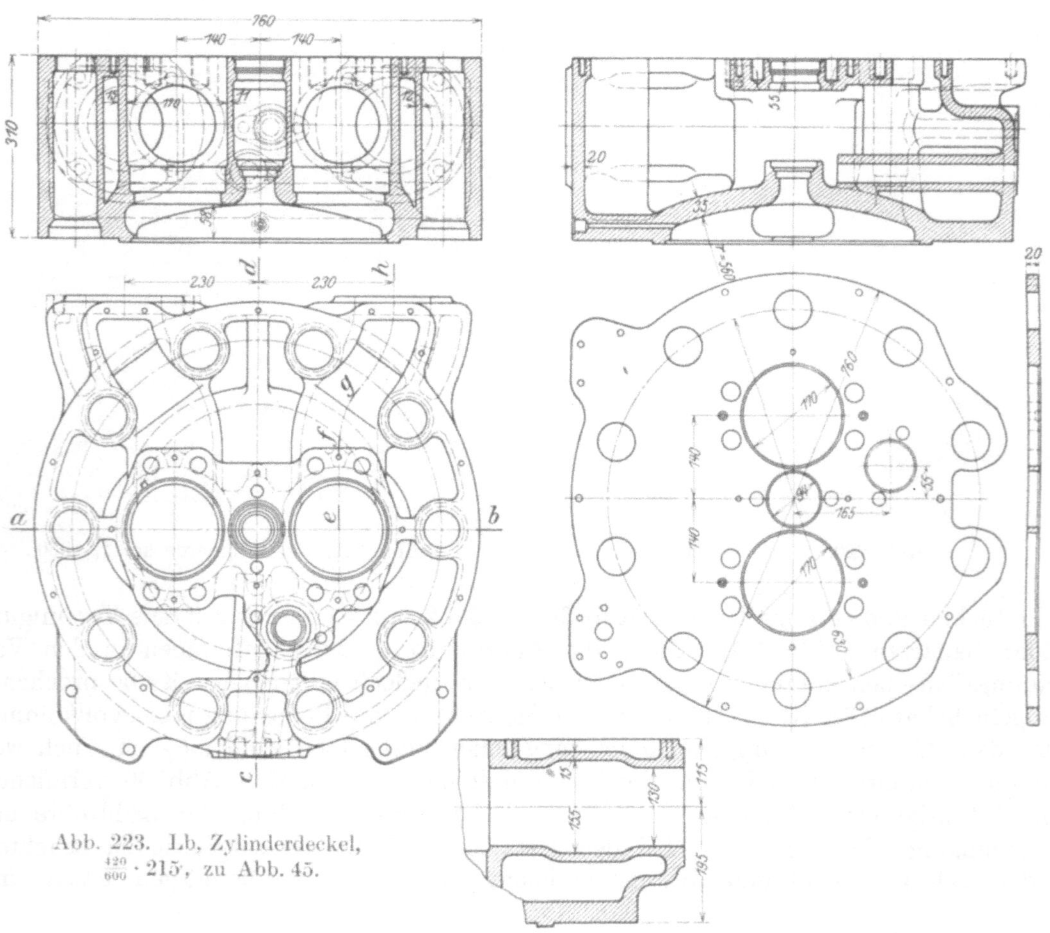

Abb. 223. Lb, Zylinderdeckel, $\frac{420}{600} \cdot 215$, zu Abb. 45.

bracht werden, wie Abb. 218, 219 zeigen, um wenigstens die Umspülung des heißeren Auspuffventils zu sichern, während das Brennstoffventilgehäuse innen durch die Einsaugeluft Kühlung erfährt; oder es kann das starkwandige, gegossene Brennstoffventilrohr durch ein eingewalztes und verstemmtes, verzinntes Schmiedeeisenrohr oder Kupferrohr ersetzt werden, wobei allerdings die Gefahr des Undichtwerdens stets vorliegt (Abb. 14, 213, 220). Auch eingeschraubte, oben durch Gummiring abgedichtete Rohre werden verwendet (Abb. 225, 300). Das Weglassen des Rohres durch Abdichten des Brennstoffventilgehäuses selbst an den beiden Deckelböden ist jedenfalls ungünstig, da dann vor jeder Abnahme des Ventilgehäuses der Deckel vom Kühlwasser sorgfältig entleert werden muß, um das außerordentlich schädliche Eindringen von Wasser in den Zylinder unbedingt zu vermeiden (Rostbildung, Wasserschlag). Manchmal wird das Brennstoffventil zur Erreichung der nötigen Entfernung von den Einsauge- und Auspuffventilen aus deren Verbindungslinie herausgerückt (Abb. 219, 238), was sich bei großen Maschinen und Anordnung von zwei Brennstoffventilen baulich von selbst ergibt. Bei kleineren Maschinen können übrigens die Wände der Ventilkanonen auch zusammengegossen werden, die Verbindungsrippen werden dann oft für den Durchgang von Kühlwasser durchbohrt (Abb. 217), jedenfalls ist aber durch Anordnung von Rippen im Kühlraum dafür zu sorgen, daß der Wasserstrom an diesen Stellen sicher vorbeigeht. Auch wird manchmal, um Platz zu sparen, der Einsatz für das Ansaugeventil weggelassen und nur eine Führungsbüchse für die Spindel eingesetzt (Abb. 221, 252).

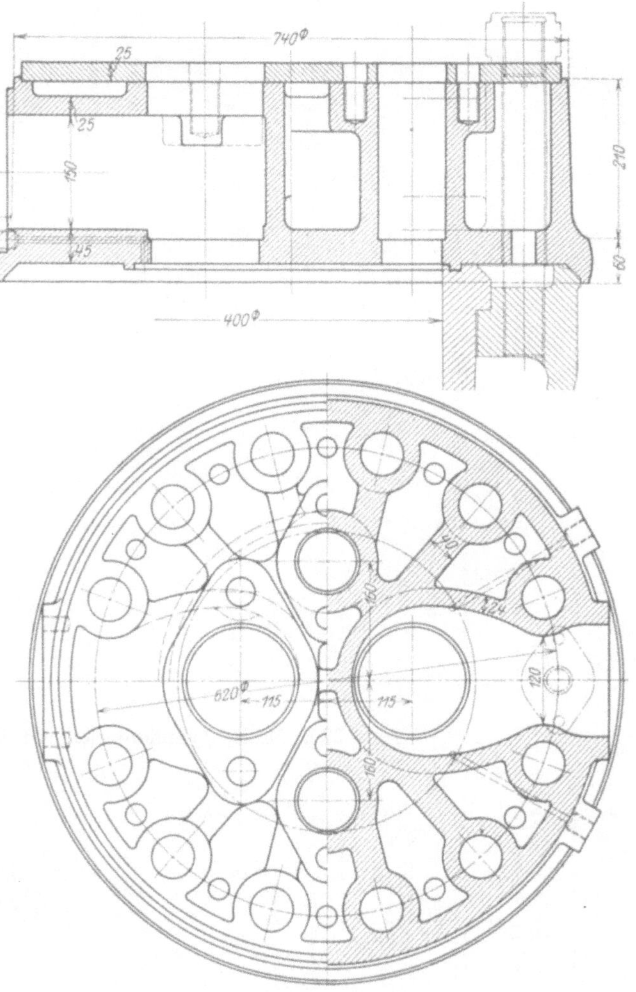

Abb. 224. Sk, Zylinderdeckel, 400 ∅.

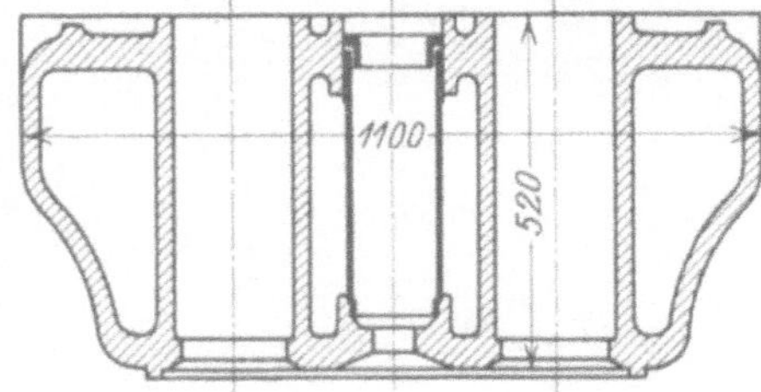

Abb. 225. To, Zylinderdeckel, $\frac{620}{975} \cdot 125$, zu Abb. 24. (Richardson, Westgarth & Co.)

Die Anordnung des Anlaß- und Sicherheitsventils bietet keine Schwierigkeiten, die Lage des ersteren ist nur nach der Richtung der Steuerwelle hin durch den Abstand vom Brennstoffventil gegeben, um den Antrieb der beiden Ventile und die Umschaltung unterzubringen.

Die Ventilkanonen werden manchmal, um etwas Nachgiebigkeit in ihrer Längsrichtung zu erzielen, ausgebaucht (Abb. 221), aus demselben Grunde werden auch die Deckelböden an den betreffenden Stellen nicht durch Rippen versteift, damit sie etwas Federung behalten. In einzelnen Fällen wird auch der Auspuffkanal gegen die Außenwand frei dehnbar ausgeführt, indem der Kühlraum an der Durchgangstelle

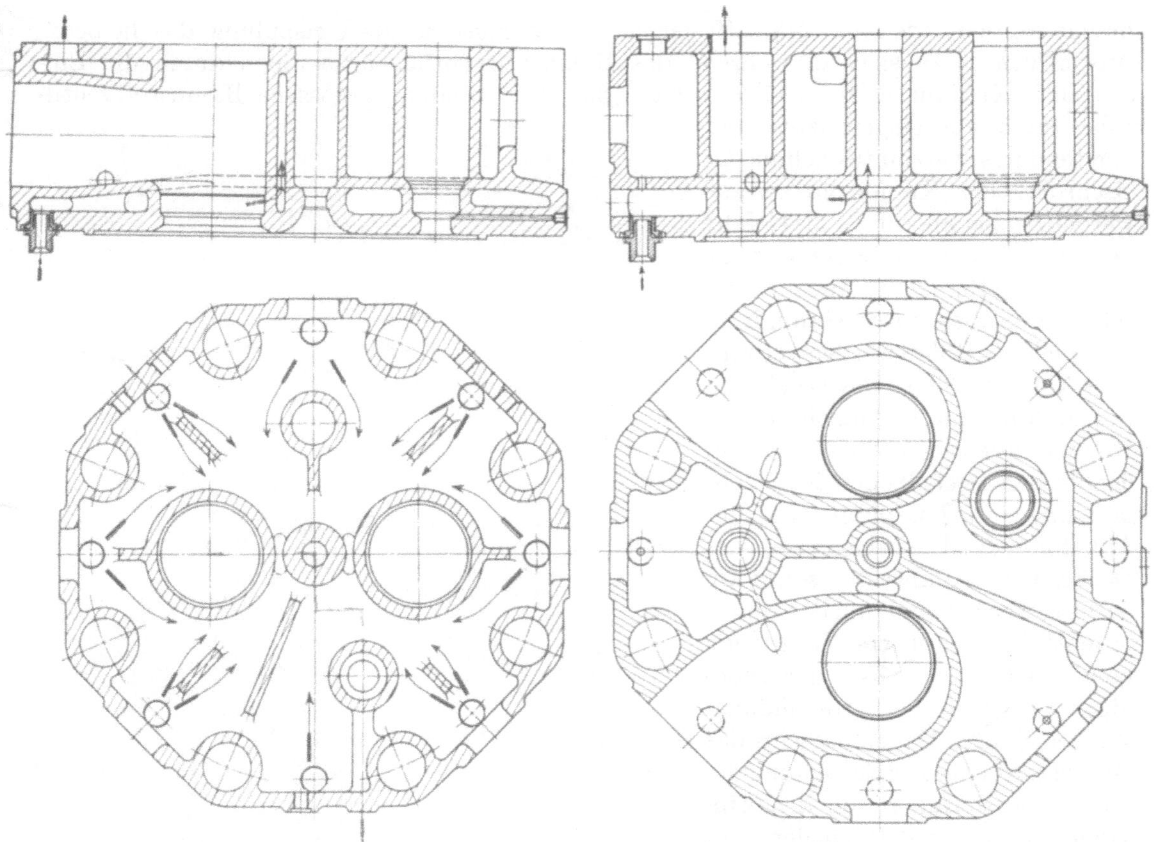

Abb. 226. MAN, Zylinderdeckel mit Wasserkammer, $\frac{700}{1300} \cdot 100$.

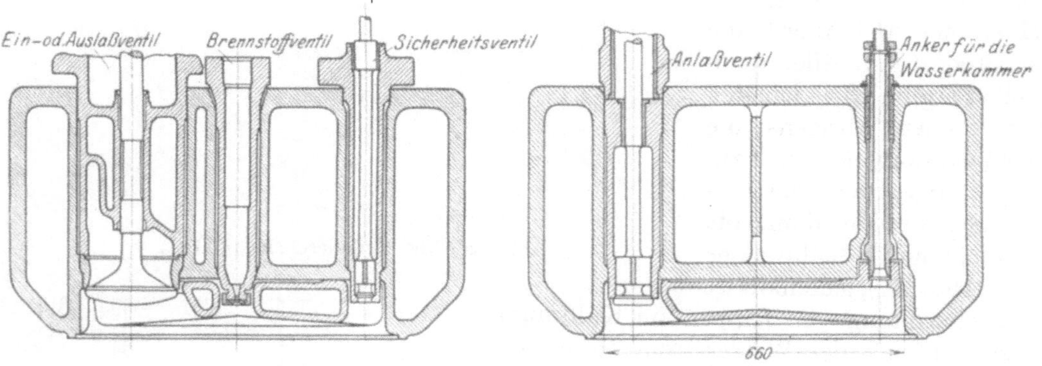

Abb. 227. Kr, Zylinderdeckel mit Wasserkammer, $\frac{650}{1000} \cdot 120$, zu Abb. 28.

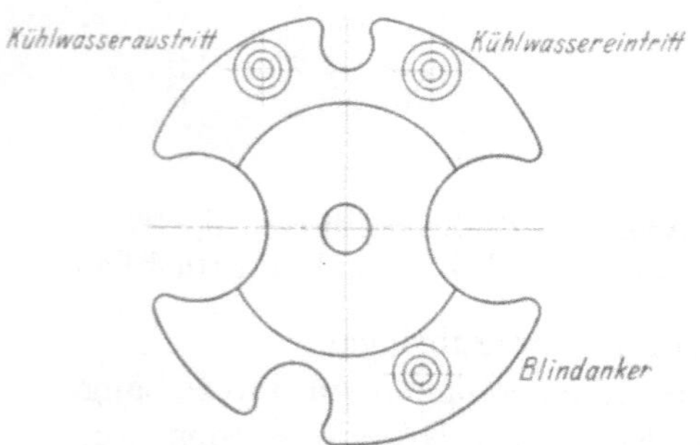

durch Stopfbüchsen abgedichtet wird. Außer den Ventilpfeifen werden einfache Rippen in entsprechender Entfernung zwischen den Deckelböden als Versteifung angeordnet, die gleichzeitig den Wasserstrom derart regeln, daß er die empfindlichen Teile mit größter Geschwindigkeit bespült. Als Beispiel diene Abb. 48, wo das ganze Kühlwasser am Auspuffgehäuse und am Auspuffkanal vorbeiströmen muß, oder Abb. 217, wo durch den kleinen Deckeldurchmesser etwas verwickelte Hohlräume für das Kühlwasser entstehen, so daß die Verbindung derselben unter sich und mit dem Zylindermantel durch hohle, seitlich angebrachte

Deckel erfolgt. Auch Abb. 218 zeigt eine sorgfältige Führung des Kühlwassers, das insbesondere gezwungen wird, zwischen Brennstoff- und Auspuffventil und dann ganz um den Auspuffkanal herum zu fließen. Manchmal wird das aus dem Zylindermantel kommende Kühlwasser unmittelbar an die Mitte des inneren Bodens geführt, um diese heikelste Stelle sicher zu kühlen (Abb. 63, 143, 223), oder die Versteifungsrippen liegen am äußeren Boden nur bis etwa zur halben Höhe, wodurch auch die Wassergeschwindigkeit am inneren Teil vergrößert wird (Abb. 222).

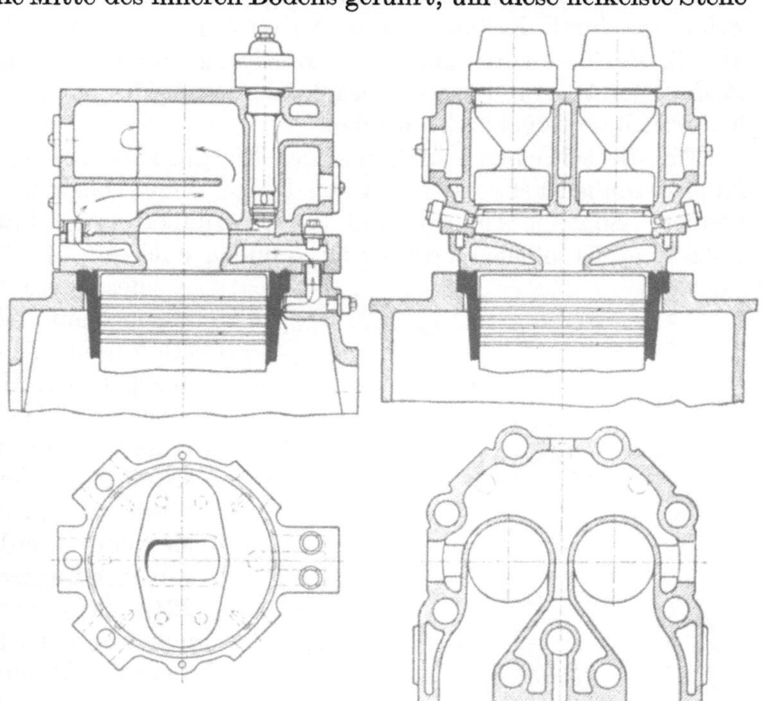

Abb. 228. Fa, Zylinderdeckel, $\frac{483}{711} \cdot 200$, zu Abb. 66.

Zur noch besseren Kühlung des inneren Deckelbodens werden Wasserkammern verwendet. Bei Abb. 60, 226 ist der Kühlraum des Deckels durch einen dritten Boden in zwei Teile geteilt, von denen der innere viel schmäler ist. Das Kühlwasser tritt durch acht Löcher aus dem Zylindermantel in den unteren Raum, wird hier durch Rippen gegen die Mitte zu geführt, wo der Übertritt in den äußeren Raum zwischen Brennstoffventil, Einlaß- und Auslaßventil stattfindet. Der Kühlwasseraustritt befindet sich, wie auch sonst, unmittelbar über dem Auspuffkanal.

Noch energischer wirkt die Bauart Abb. 28, 227, bei der eine ganz gesonderte, aus Stahl hergestellte Wasserkammer innen an den Deckel mit durchbohrten Ankern befestigt wird, von denen einer gleichzeitig den Übertritt des Kühlwassers aus der Wasserkammer in den Deckelhohlraum gestattet. Die Zuführung des Kühlwassers erfolgt von oben her ebenfalls durch einen Anker. Ähnlich ist auch die Wasserkammer in Abb. 66 gebaut, die den Verbrennungsraum vom Kolbenhubraum trennt (Abb. 228) und damit das Verfahren von Price (S. 108) darstellt. Auch Deckel, bei denen die Ventilgehäuse vom zylindrischen, mehrteiligen Mantel ganz getrennt hergestellt und zusammengebaut werden, sind zur Anwendung gekommen (Abb. 229).

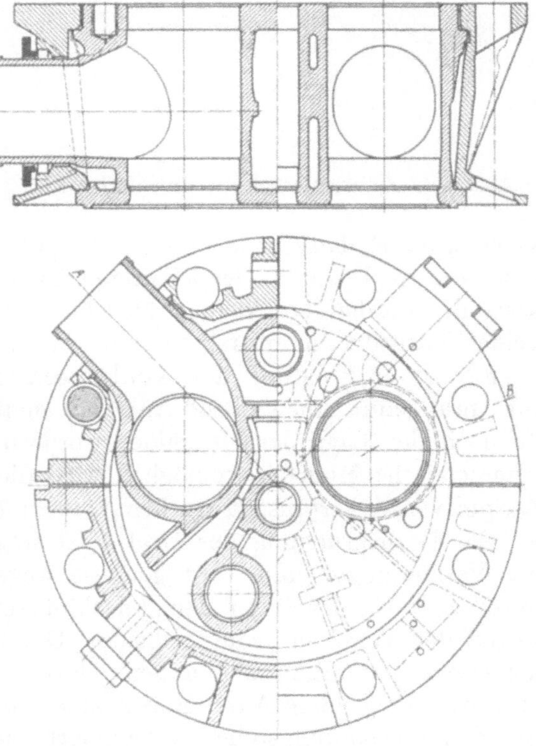

Abb. 229. DW, Zylinderdeckel für große Maschinen.

Der Abfluß des Kühlwassers erfordert einen besonderen Anschluß. Die Zufuhr von Brennstoff und Einspritzluft geschieht meist unmittelbar am Brennstoffventileinsatz, erfordert also dann keine Anschlüsse am Deckel; solche sind hingegen für die Anlaß- und die Ansaugeluft, sowie für den Auspuff nötig. Für die Anlaßluft kann allerdings bei Mehrzylindermaschinen auch ein quer über den Deckel reichender Kanal angebracht werden (Abb. 230), der mit den Nachbarzylindern durch Krümmerrohre verbunden wird. Diese Kanäle bilden dann eine Art Windkessel und vereinfachen die Zuleitung, die an dem dem Verdichter naheliegenden Ende erfolgt. Am letzten Deckel kann statt des Krümmers ein gemeinsames Sicherheitsventil untergebracht werden.

Für die seitlichen Anschlüsse des Einsauge- und Auspuffventils werden vorteilhaft Kopfschrauben verwendet, um den Deckel ohne Abnehmen der Rohrleitung abheben zu können. Sonstige Angüsse sind für den Indikatoranschluß und die bereits erwähnten Putz- und Kernlöcher erforderlich, endlich auch oft für die Lagerung der Steuerwelle.

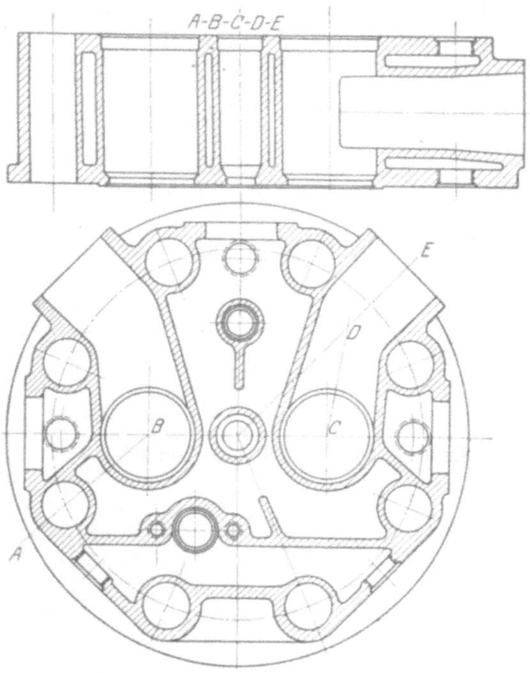

Abb. 230. Zylinderdeckel mit Anlaßluftkanal.

Besondere Ausführungen zeigen seitlich angeordnete oder schräg gestellte Brennstoffdüsen (Abb. 16, 35, 127). Die bereits angegebenen Gasgeschwindigkeiten in den Kanälen sollen auch möglichst gleichmäßig verlaufen und durch keine plötzlichen Querschnittsänderungen gestört werden, was eine sorgfältige Ausbildung der Kanäle erfordert. Manchmal werden die Ventilgehäuse dementsprechend exzentrisch ausgebildet (Abb. 218, 224). Bei größerem Zylinderdurchmesser hat man wegen der besseren Brennstoffverteilung auch zwei Brennstoffventile mit gutem Erfolg angewendet (vgl. S. 114). Hierdurch wird die Kühlung der inneren Deckelwand wesentlich erleichtert und auch wegen geringerer Materialanhäufung und größerer Festigkeit des Deckels eine größere Betriebsicherheit erzielt. Bei großen Ausführungen müssen manchmal wegen zu großer Ventilabmessungen und besserer Verteilung der Steuerorgane im Deckel zwei Einsauge- und Auspuffventile angeordnet werden (Abb. 216). So zeigt Abb. 72 bei einem Zylinder für 125 PS Leistung zwei Einlaßventile und ein Auspuffventil, wobei letzteres in abweichender Weise gesteuert wird, was in der leichteren Demontierbarkeit seine Ursache hat. Wie bereits erwähnt, werden bei kleinen Maschinen die Einlaßventilsitze, aber nötigenfalls auch beide Ventilsitze, unmittelbar ohne Einsatz in den Deckel verlegt (Abb. 231, 238, 252).

Für die Ausbildung des Kühlwasserraumes ist auch die Lage der Rohranschlüsse für Ansaugeluft, Auspuff und Anlaßluft maßgebend, die ihrerseits vom Rohrplan abhängt. Je nach der Lage der Maschine erfordern die Deckel oft verschiedene, gegeneinander symmetrische Modelle, womöglich wird dies natürlich vermieden, indem Ansauge- und Auspuffventil vertauscht werden können (Abb. 217, 223, 232).

Die Beanspruchung der Deckel ist ungemein verwickelt, nicht nur der Verteilung der Versteifungen und Ventilgehäuse wegen, die die Beanspruchungen des Baustoffes durch den Gasdruck an den Anschlußstellen vielfach erhöhen, sondern insbesondere wegen der Temperaturunterschiede. Durch die Gasdrücke im Verdichtungsraum wird der Deckel periodisch nach außen gebogen, hingegen durch die innen höhere Temperatur und die dort größere Ausdehnung nach innen, so daß ein gewisser Ausgleich stattfindet. An den Verbindungstellen vermindert sich jedoch die verhältnismäßige Kühlfläche an der Wasserseite, so daß diese Stellen merklich heißer werden als die ebenen Teile des

Deckelbodens, und sich daher mehr ausdehnen und Wärmespannungen erzeugen, besonders an der Stelle zwischen Einblase- und Auspuffventil. Außerdem sind aber dort auch die Temperaturunterschiede innen und außen größer, wodurch bedeutende Zusatzspannungen auftreten müssen, um so mehr, als diese Stellen am wenigsten ihre Form ändern können. Ist die mittlere Gastemperatur innen bei mäßiger Belastung der Maschine rd. 500° C und die Kühlwassertemperatur z. B. dort 40° C, so ergibt sich bei $\ddot{u}_g = 550$, $\ddot{u}_w = 1500$ und $\lambda = 50$ eine mittlere Innentemperatur von 238 °C, auf der Wasserseite der Wand eine Temperatur von 136° C[1]). Angenähert kann man auch die Temperaturverhältnisse an den Anschlußstellen der Ventilgehäuse berechnen[2]).

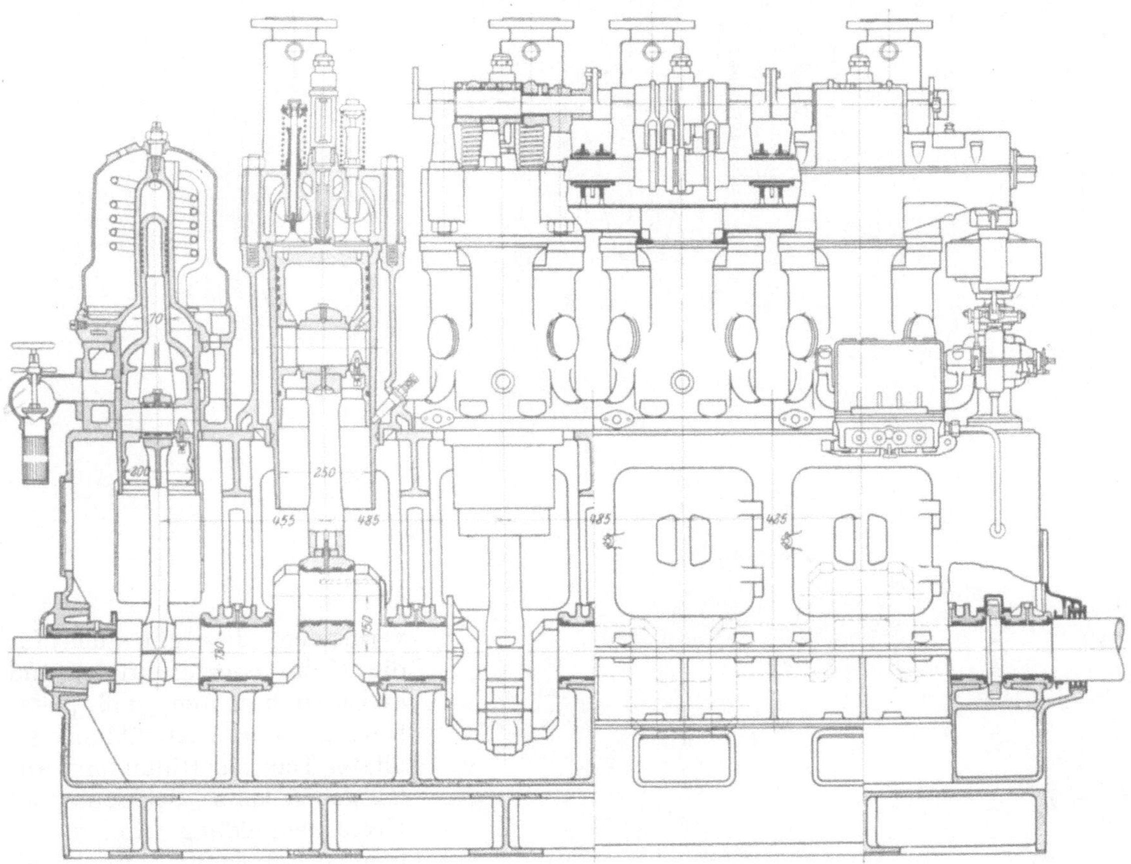

Abb. 231. Gz, Zusammenstellung, $4 \cdot \frac{250}{300} \cdot 120$.

Jedenfalls ist aber ersichtlich, daß eine Festigkeitsrechnung auch bei Vernachlässigung der wechselnden Temperaturen ziemlich aussichtslos ist, man muß sich also auf Erfahrungen bei guten Ausführungen beschränken. Für die Wandstärke des inneren Deckelbodens kann man hiernach etwa $^1/_{10}$ des Zylinderdurchmessers bei kleinen, $^1/_{15}$ des Zylinderdurchmessers bei großen Maschinen annehmen, die Wandstärken der Ventilrohre werden etwa $^1/_{16}$ bis $^1/_{25}$, jene der äußeren Wand $^1/_{14}$ bis $^1/_{20}$ des Zylinderdurchmessers. Die Baustoffbeanspruchungen durch Temperaturunterschiede kann man durch besondere Bauart etwas mildern, indem man den inneren Boden nach außen in radialer Richtung möglichst frei beweglich gestaltet, z. B. durch Ersatz der äußeren Bodenwand mittels eines separaten Deckels (vgl. S. 166), wodurch allerdings wieder die Steifigkeit gegen Innendruck vermindert wird. Die Abdichtung geschieht durch geöltes Papier. Jedenfalls sind im Betriebe plötzliche Änderungen der Temperaturverhältnisse möglichst zu

[1]) Vgl. allgemeine Behandlung des Wärmeüberganges S. 43.

[2]) Bader: Gestaltung Jg. 1923, S. 799.

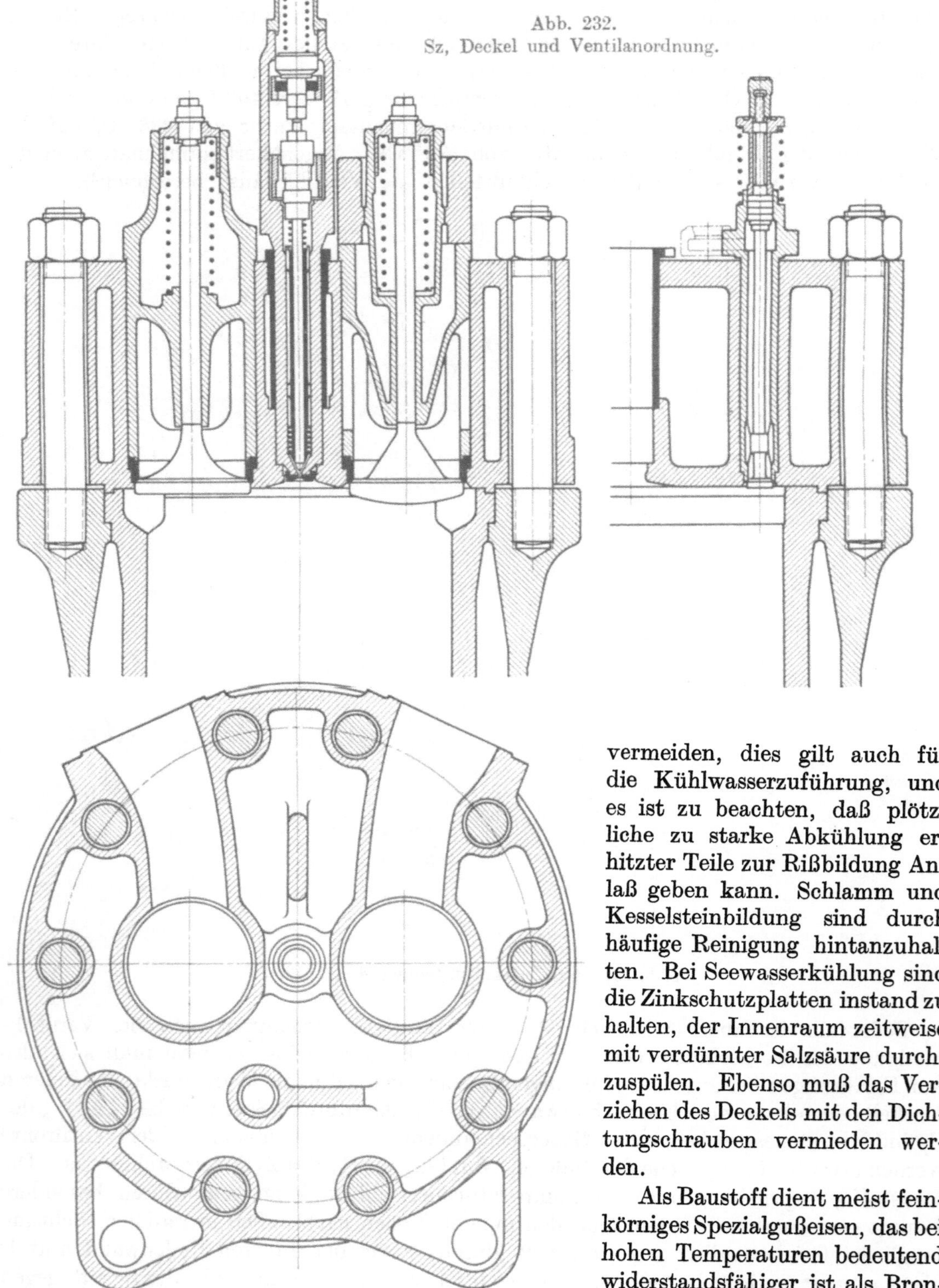

Abb. 232.
Sz, Deckel und Ventilanordnung.

vermeiden, dies gilt auch für die Kühlwasserzuführung, und es ist zu beachten, daß plötzliche zu starke Abkühlung erhitzter Teile zur Rißbildung Anlaß geben kann. Schlamm und Kesselsteinbildung sind durch häufige Reinigung hintanzuhalten. Bei Seewasserkühlung sind die Zinkschutzplatten instand zu halten, der Innenraum zeitweise mit verdünnter Salzsäure durchzuspülen. Ebenso muß das Verziehen des Deckels mit den Dichtungschrauben vermieden werden.

Als Baustoff dient meist feinkörniges Spezialgußeisen, das bei hohen Temperaturen bedeutend widerstandsfähiger ist als Bronze[1]), die auch früher Ermüdungserscheinungen zeigt. Besondere Sorgfalt wird beim Gießen erforderlich. Auch Stahlguß wurde als Baustoff verwendet, jedoch nicht immer mit gutem Erfolg. Die Deckel sind

[1]) Siehe Alt: Jahrbuch der schiffbautechnisch. Gesellschaft 1920, S. 354.

gelegentlich auf Risse zu untersuchen, die manchmal durch Kupferringe oder schmiedeeiserne Rohre vorübergehend unschädlich gemacht werden können[1]). Für die Abdichtung des Deckels bewähren sich am besten Kupferringe mit diagonal gestellten quadratischen Querschnitten, auch Wicklungen aus solchem gut ausgeglühtem Kupferdraht, mit Zinn

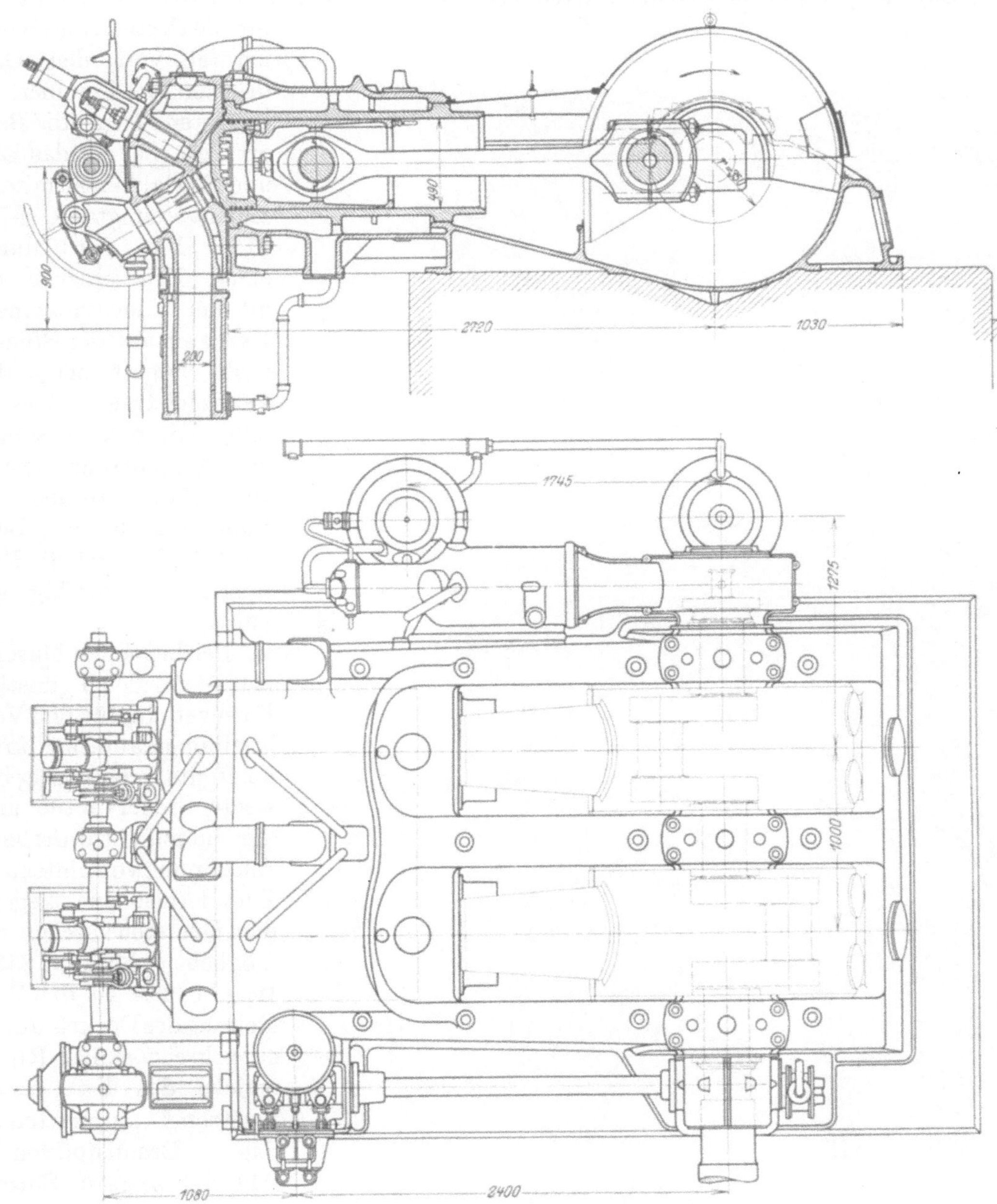

Abb. 233. Dz, Zusammenstellung, $2 \cdot \frac{490}{700}$.

verlötet. Auch Kupfer-Asbest-Ringe sind gut verwendbar, hingegen Papier, Klingerit usw. wegen der hohen Temperaturen schlecht.

Bei mäßigen Größen werden die Deckel auch mit den Zylinderbüchsen aus einem Stück hergestellt, wodurch die Kühlung des Deckelbodens und seine freie Ausdehnung erleichtert werden (Abb. 15, 35, vgl. Abb. 61). Dieser Vorteil ergibt sich auch neben leichtem und spannungsfreiem Guß bei den Deckeln Abb. 52, die an der Verbindungstelle mit dem Zylindermantel ganz offen sind, die aber die bereits S. 47 und S. 165

[1]) Vgl. Föppl-Strombeck-Ebermann, Schnellaufende Dieselmaschinen. 2. Aufl. Berlin. Jul. Springer.

angeführten Mängel haben, daß zwischen Verbrennungsraum und Kühlraum unbemerkt Undichtheiten entstehen können. Abb. 14 zeigt eine Ausführung, bei der Deckel, Büchse und Kühlmantel zusammengegossen sind. Als Abänderung der beschriebenen gewöhnlichen Ausführungen ist nur noch zu erwähnen, daß manchmal die Deckel unmittelbar durch Zugstangen mit den Grundplatten verbunden werden [Burmeister und Wain[1])], um die Gestelle und Kühlmäntel von den Gasdrücken vollkommen zu entlasten; ferner die Bauart Tosi, bei der das Ein- und Auslaßventil miteinander vereinigt sind (Abb. 215). Dies wird durch einen Drehschieber ermöglicht, der, von einem Exzenter auf der Steuerwelle angetrieben, das Ventilgehäuse abwechselnd mit dem Ansauge- und Auspuffrohr verbindet. Dabei werden das Ventil und die umgebenden Wände durch die Einsaugeluft zeitweilig gekühlt.

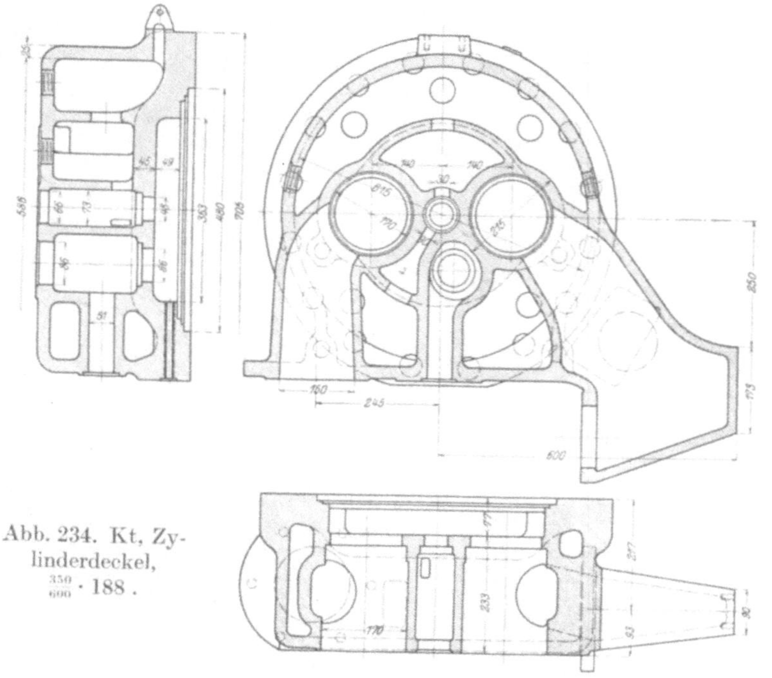

Abb. 234. Kt, Zylinderdeckel, $\frac{350}{600} \cdot 188$.

Bei liegenden Maschinen ist die gleich günstige Formgebung für den Verbrennungsraum nur durch horizontal oder schräg bewegte Steuerventile und die hierzu erforderliche Anordnung von hinter den Zylinderdeckeln liegenden Quersteuerwellen ermöglicht (Abb. 113, 233). In Abb. 234 ist die Versteifung des Deckels durch eine kreisförmige Rippe erzielt, das Kühlwasser umströmt unmittelbar das Brennstoffventil. Abb. 235 zeigt die Einzelheiten des zu Abb. 233 gehörigen Deckels mit der eigentümlichen, der schrägen Lage der Ventile angepaßten Form des inneren Bodens, der nur am Rand bearbeitet ist, um die Gußhaut für den übrigen Teil beizubehalten. Die Befestigungschrauben sind hier, wie bei stehenden Maschinen, längs der Außenwand des Deckels durchgeführt und bieten so die früher besprochenen Vorteile.

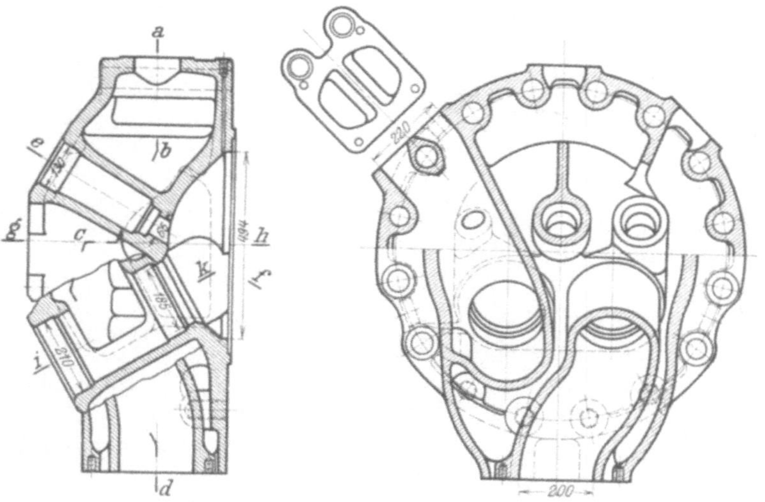

Abb. 235. Dz, Zylinderdeckel, 500 ∅.

Häufiger findet man die Ein- und Auslaßventile senkrecht angeordnet, um einseitige Führungen zu vermeiden und die äußere Steuerung zu vereinfachen. Dadurch ergibt sich ein weniger einfacher, in der Hauptsache flacher Verbrennungsraum (Abb. 12,

[1]) Vgl. Z. V. d. I. 1926; Mitt. d. AEG. Heft 30.

112, 114), wenn nicht der Tauchkolben entsprechend verlängert wird, um dem Verdichtungsraum die richtige Größe zu geben (Abb. 18). Die beiden großen Gasventile liegen meist übereinander, Einspritz- und Anlaßventil meist horizontal, ersteres in der Maschinenachse, letzteres seitlich und radial (z. B. Abb. 12, 112, 236).

Gewöhnlich wird nur für das obenliegende Einlaßventil ein besonderer Einsatz vorgesehen, während das Auspuffventil unbeschadet der leichten Demontierung nach oben hin auch unmittelbar in den Deckelkühlraum eingebaut werden kann. Dieser ist nach außen hin offen gegossen und mit einem besonderen Deckel abgeschlossen, der manchmal gleichzeitig auch den Rohranschluß für die Ansaugeluft bildet (Abb. 12); ein gekühltes Auspuffrohr verschließt dann ebenfalls einen Teil der Öffnung, so daß das Kühlwasser aus dem Deckel unmittelbar in dessen Hohlraum treten kann. Der Kühlraum des Deckels ist entweder unmittelbar mit dem Zylindermantel durch offene Flanschen in Verbindung (Abb. 112), besser aber ist es, wie bei stehenden Maschinen

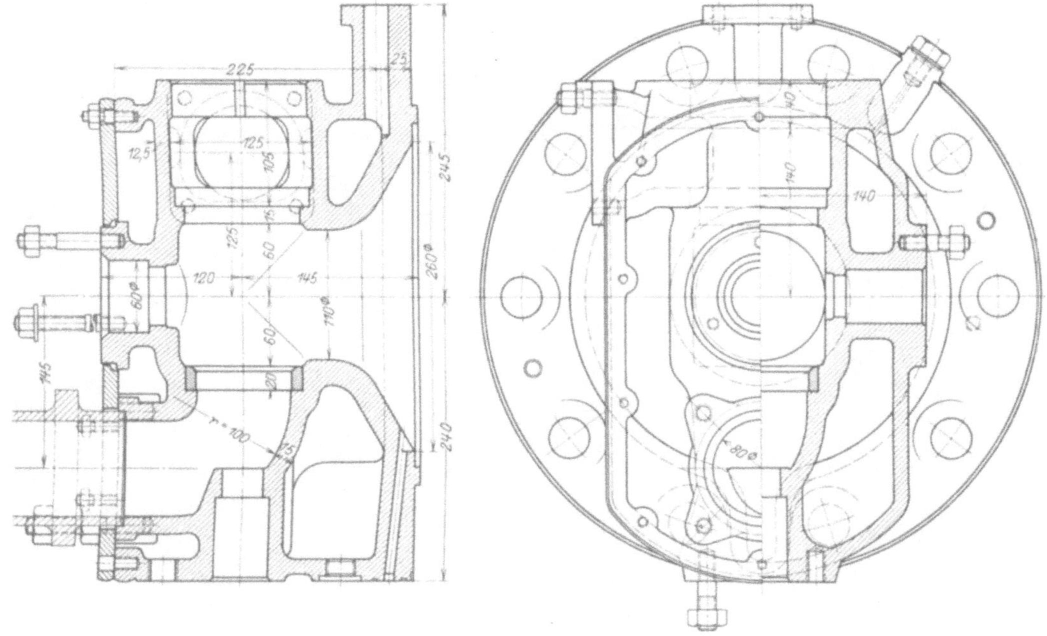

Abb. 236. Lb, Zylinderdeckel, $\frac{260}{420} \cdot 260$, zu Abb. 110.

besprochen, besondere Verbindungsrohre oder Rohrstutzen zu verwenden (Abb. 12, 236), oder auch den Deckel mit dem Zylindereinsatz durch Flanschen zu verbinden (Abb. 18).

Der Luftansaugestutzen liegt an der äußeren Bodenfläche (Abb. 12, 112) oder seitlich (Abb. 236), oder die Luft wird durch das Gehäuse des Ansaugeventils selbst zugeführt (Abb. 18).

Die gleiche Anordnung mit liegenden Ventilen ist auch bei stehenden Maschinen versucht worden, sie bietet wohl keinerlei Vorteil gegen die gewöhnliche Bauart (Abb. 76).

Zum Ausschalten der Kompression und zum Ablassen und Ausblasen von Rückständen während des Ganges wird manchmal ein besonderes Ventil angebracht (Abb. 114).

Die Verbindung des Deckels mit der Grundplatte wird meist durch Flanschen hergestellt, hier können dann beliebig viele kleinere Schrauben verwendet werden, man verliert aber die genannten Vorteile der durch den Deckel geführten Bolzen.

Auch hier benötigt man für die verschiedenen Aufstellungsarten ein Rechts- und ein Linksmodell. Bei doppeltwirkenden Maschinen werden die Gehäuse für die Steuerventile entweder mit den Zylindern zusammengegossen oder in besonderen Kopf- und Verbindungstücken untergebracht (Abb. 237). Im ersten Falle, wie auch bei den stehenden Maschinen mit seitlich angeordneten Steuerungsteilen (Abb. 128), sind die

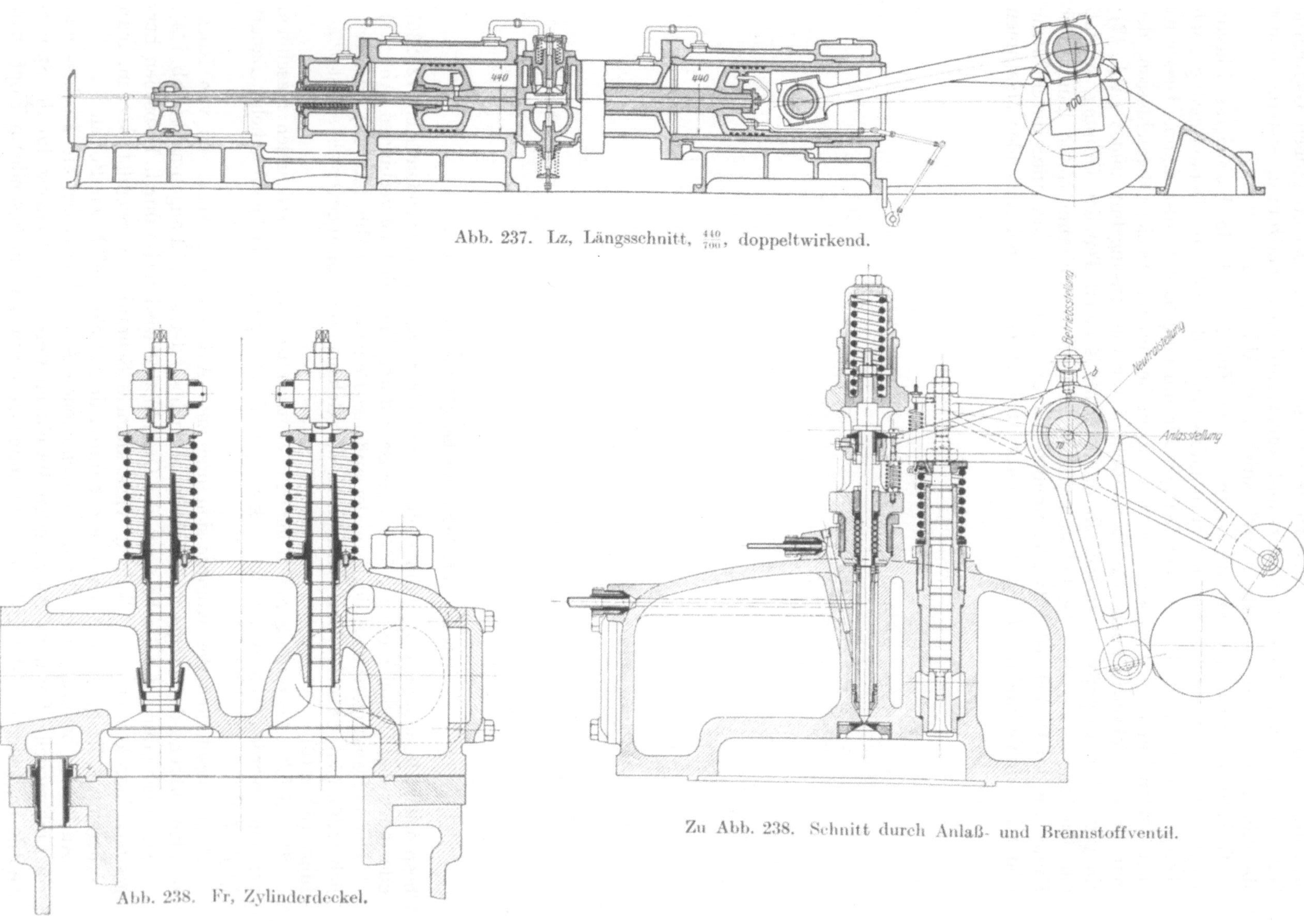

Abb. 237. Lz, Längsschnitt, $\frac{440}{700}$, doppeltwirkend.

Abb. 238. Fr, Zylinderdeckel.

Zu Abb. 238. Schnitt durch Anlaß- und Brennstoffventil.

Deckel einfache Hohlgußkörper, in denen nur das Anlaß- und gegebenenfalls das Brennstoffventil untergebracht sind. Bei doppeltwirkenden Maschinen haben diese Deckel die Stopfbüchseneinsätze für die Kolbenstangen aufzunehmen.

VIII. Ein- und Auslaßventil.

Nachdem die eigentlich kraftaufnehmenden und unmittelbar arbeitenden Teile einer Dieselmaschine besprochen sind, gelangen wir zu jenen, die diese Arbeit beherrschen, der Steuerung. Der zeitgerechte Abschluß des Zylinderraumes gegen die Außenluft geschieht durch das Ein- und Auslaßventil. Wie bereits gesagt, liegen diese bei stehenden und liegenden einfachwirkenden Maschinen meist im Deckel. Die Einlaßventile sind bei stehenden Maschinen manchmal ohne besonderen Ventilkorb im Deckel eingebaut (Abb. 221, 252), ebenso bei liegenden Maschinen die Auslaßventile (Abb. 18, 22, 112), seltener ist dies für beide Ventile bei stehenden kleinen Maschinen der Fall (Abb. 85, 238). Gewöhnlich er-

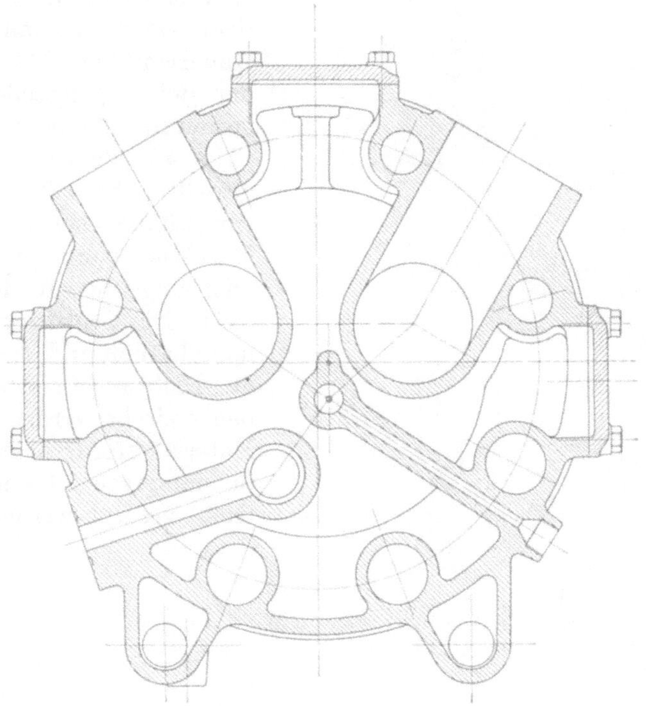

Zu Abb. 238. Horizontalschnitt.

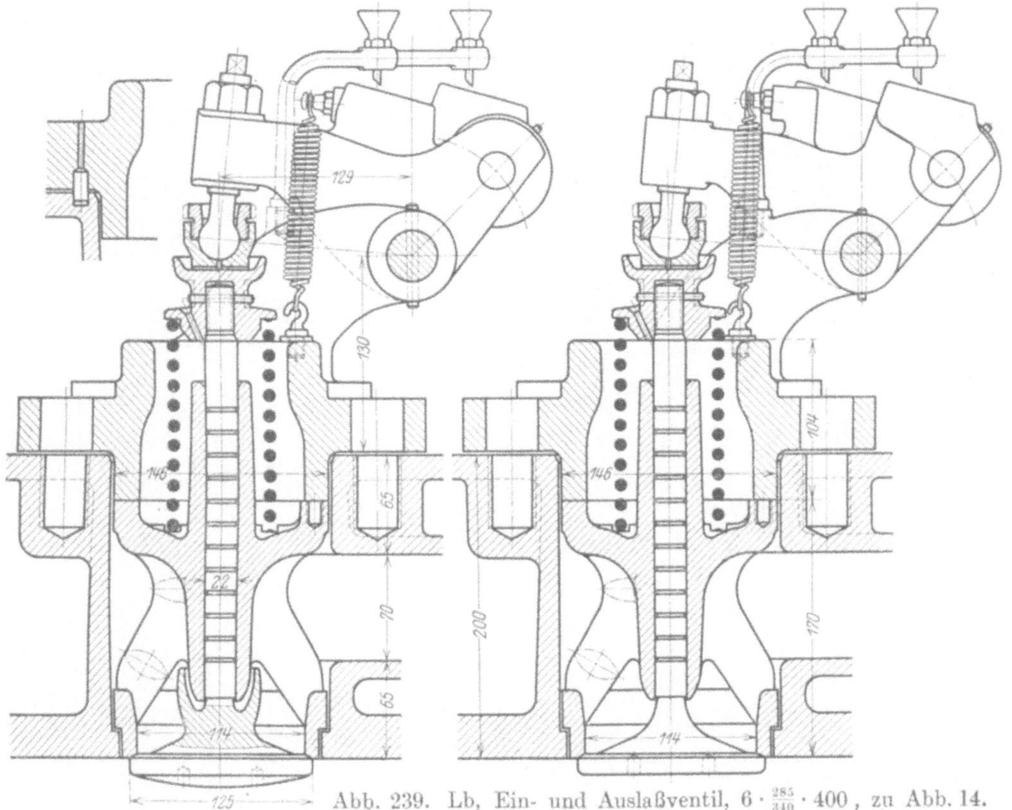

Abb. 239. Lb, Ein- und Auslaßventil, $6 \cdot \frac{285}{340} \cdot 400$, zu Abb. 14.

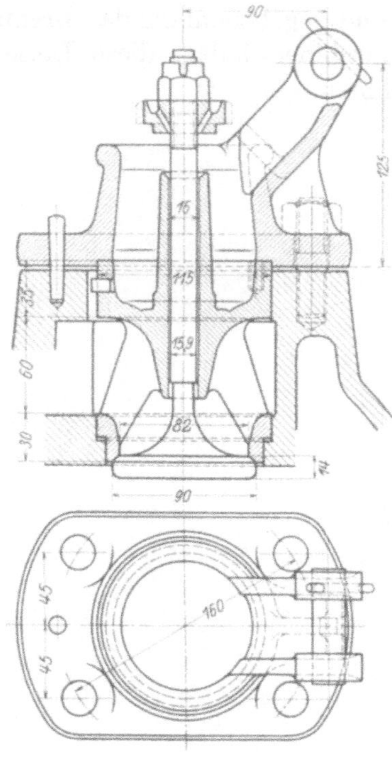

Abb. 240. Lb, Einlaßventil, $\frac{260}{420}$ · 260, zu Abb. 110.

halten aber beide Ventile besondere Einsatzstücke mit Ventilsitzen und Spindelführungen (Abb. 48, 65, 70). Auch diese Ventilkörbe sind häufig wieder mehrteilig, sie tragen z. B. einen leicht auswechselbaren Ventilsitz aus besonders widerstandsfähigem Material, meist feinkörnigem Gußeisen (Abb. 232), oder die Teilung befindet sich nahe der Befestigungsstelle, so daß sich ein vom Ventilkorb getrennter Ventilflansch oder eine Ventilhaube ergibt (Abb. 48, 239, 240), oder es sind drei Teile besonders hergestellt (Abb. 232); die Teile sind jeweils mit Zentrierungszähnen gegeneinander festgehalten. Bei liegenden Maschinen werden für die Auspuffventile auch nur eigene Dichtungsringe in den Deckelkörper eingesetzt (Abb. 12, 241). Die Ventileinsätze bieten den Vorteil leichter Ausnehmbarkeit und Nacharbeit ohne Abnehmen des Deckels. Die Dichtungsflächen müssen häufig nachgeschliffen oder nachgedreht werden, weshalb entsprechende Zugaben an Material erforderlich sind, ebenso muß aus gleichem Grund für entsprechend weite Verstellbarkeit des Steuerungsantriebs gesorgt werden.

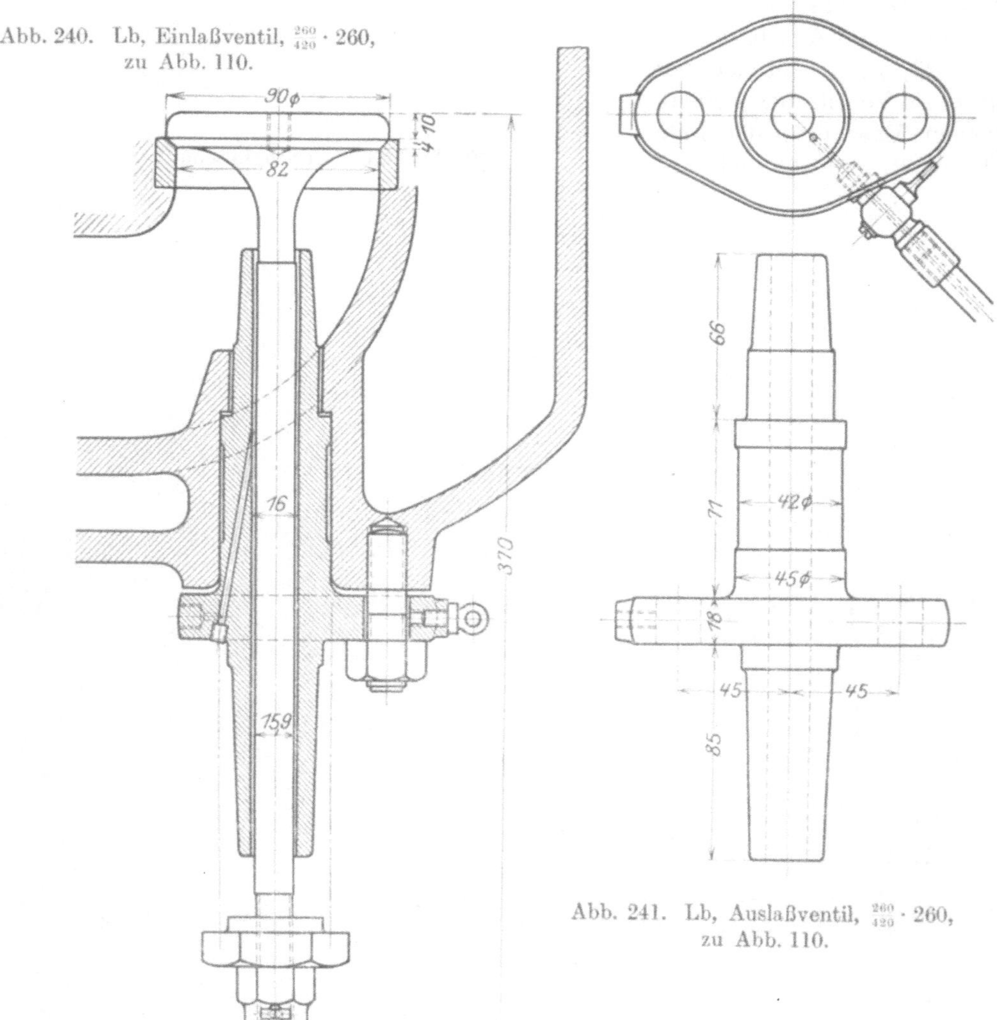

Abb. 241. Lb, Auslaßventil, $\frac{260}{420}$ · 260, zu Abb. 110.

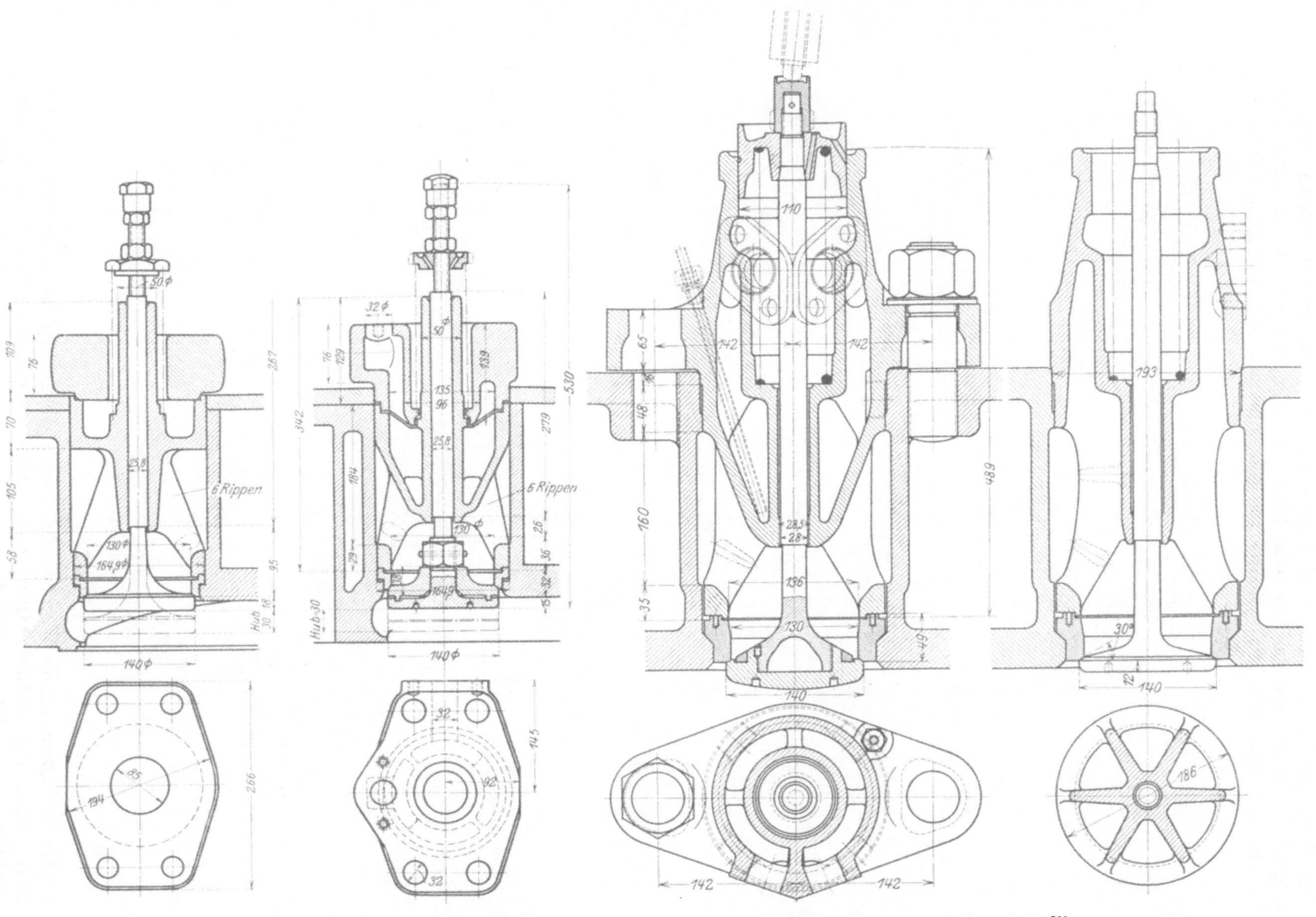

Abb. 242. Lb, Ein- und Auslaßventil, $\frac{420}{600} \cdot 215$, zu Abb. 223.

Abb. 243. WUMAG, Ein- und Auslaßventil, $\frac{500}{820} \cdot 180$, zu Abb. 20.

Die Einsatzstücke werden in zwei Formen gebaut, entweder mit radialen Rippen, womöglich in Stromlinienform, um recht kleine Strömungswiderstände zu verursachen (Abb. 239, 242, 243), oder als zylindrisches Rohr mit zwei symmetrischen Öffnungen

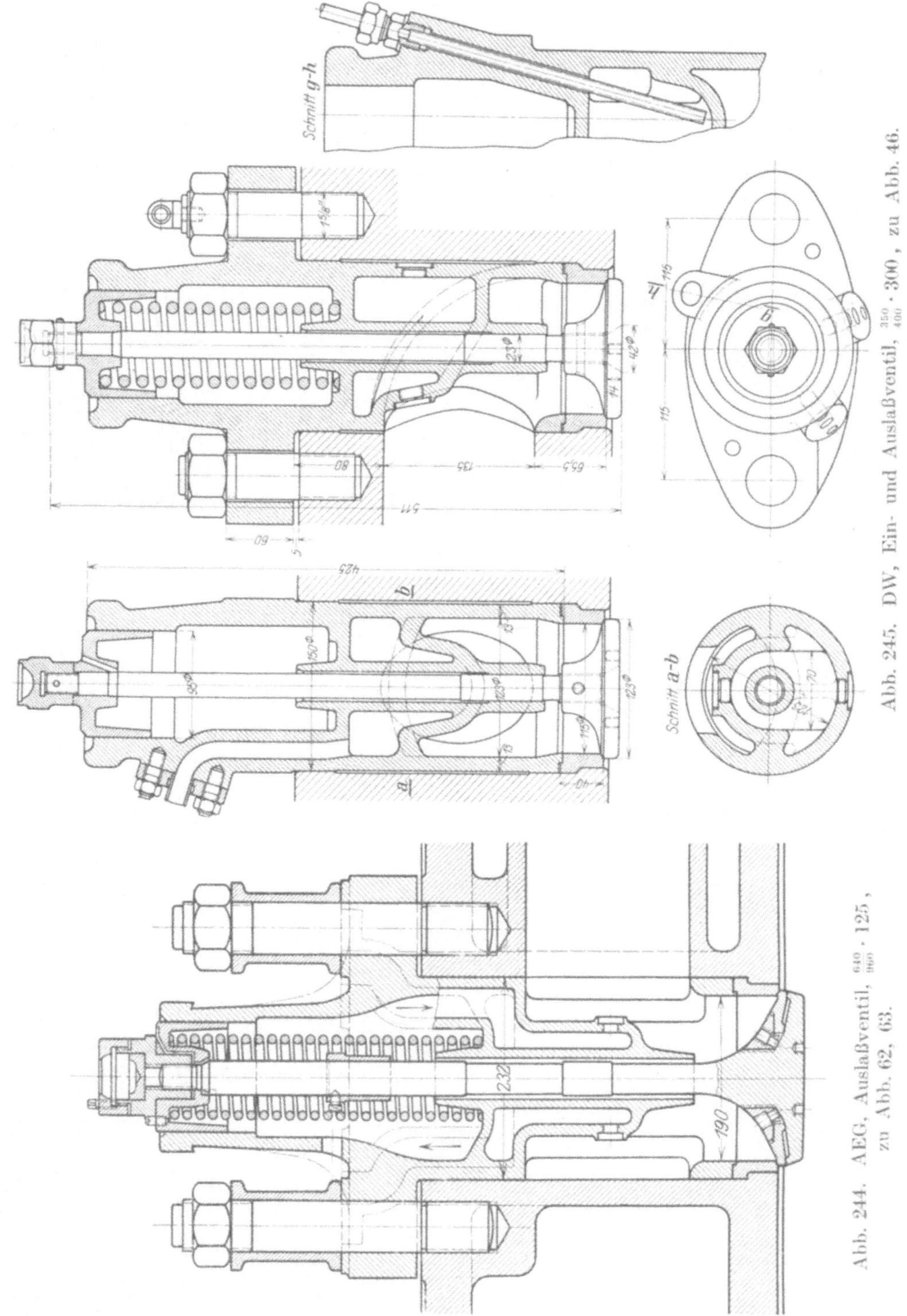

Abb. 245. DW, Ein- und Auslaßventil, $\frac{350}{400} \cdot 300$, zu Abb. 46.

Abb. 244. AEG, Auslaßventil, $\frac{640}{960} \cdot 125$, zu Abb. 62, 63.

für den Gasdurchgang, um die Wärmeausdehnungen gleichmäßig zu bekommen (Abb. 63, 84, 244). Auch vier seitliche Öffnungen werden vorgesehen (Abb. 232), bei entsprechend starrer Ausbildung und Berücksichtigung von Wärmedehnungen auch nur eine seitliche Öffnung (Abb. 245, 246). Um bei den großen Öffnungen Verziehen durch Wärmedehnungen zu vermeiden, werden manchmal Verbindungstützen angeordnet. Womöglich sollen sich alle Querschnitte gegen das Ventil hin allmählich vermindern, um geringste Widerstände zu ergeben.

Die Ventilkörbe werden mit kegelförmiger (meist 45°) oder ebener Dichtungsfläche in die Deckel eingesetzt, dort eingeschliffen oder mit Dichtungsmaterial entsprechend der hohen Temperatur versehen, also mit Kupferdraht oder Kupferasbestring. Bei eingeschliffenen Auslaßventilkörben wird durch Heißerwerden des inneren Teils, d. i. der Verbindungsrippen zwischen Führung und Sitz ein bedeutender axialer Druck ausgeübt, der die eingeschliffenen kegelförmigen Flächen gegeneinander verschiebt und die Dichtheit dort und am Ventil stört, indem die Sitzringe durch den Außendruck leicht unrund werden. Auch Reißen der Rippen kann dadurch eintreten. Daher sind dann die

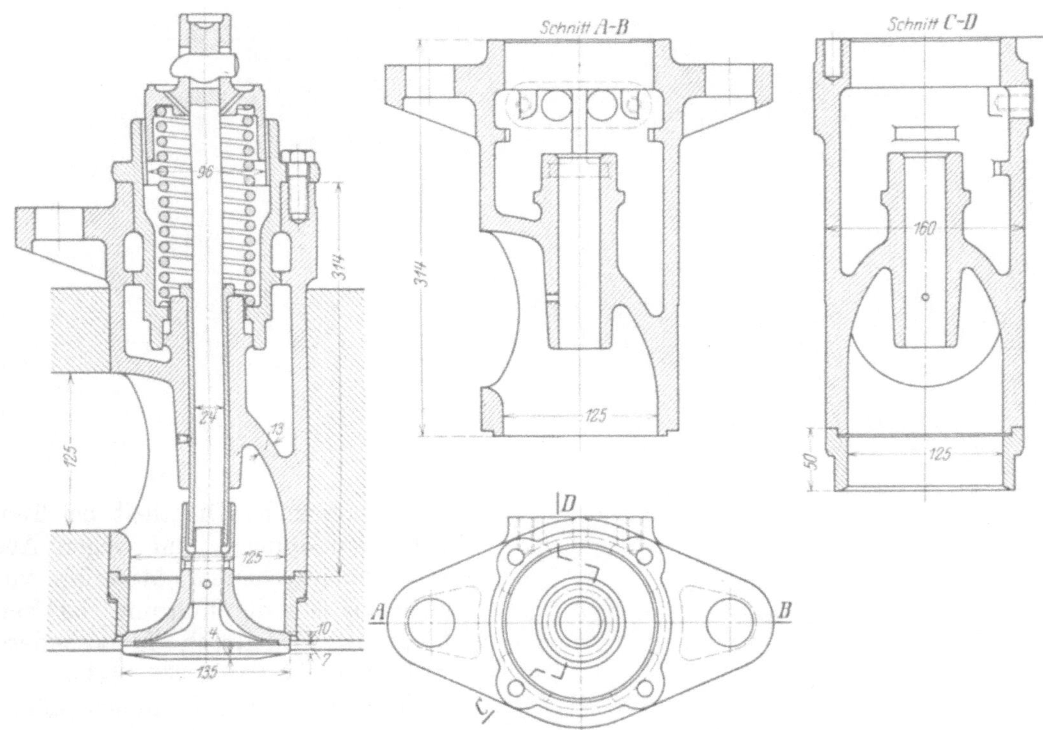

Abb. 246. Gz, Auslaßventil, $\frac{355}{500} \cdot 250$, zu Abb. 100.

Körbe womöglich warm einzuschleifen, wozu überhaupt ein besonderes Werkzeug und entsprechende Bohrungen im Gußkörper dienen. Ebene Sitzflächen mit etwas nachgiebigem Dichtungsmaterial wirken auf den Zylinderdeckel nur in axialer Richtung, wegen seiner größeren Erwärmung soll der Korb dann etwas radiales Spiel erhalten (z. B. Abb. 239, 244, 246).

In den meisten Fällen werden bei axialer Anordnung der Ventile im Deckel die Einsätze für Einlaß- und Auspuffventil gleich ausgeführt, um gleiche Modelle und Ersatzteile verwenden zu können. Dies ist sogar auch dann üblich, wenn für das Auslaßventil eine Kühlung des Korbes vorgesehen ist, wie es für Maschinen über etwa 30 PS_e in einem Zylinder gebräuchlich ist. Diese Kühlung soll womöglich auch den Ventilsitz betreffen, was allerdings nur bei rohrförmigen Ventileinsätzen möglich ist; der Kühlraum des Korbes ist möglichst tief hinunterzuführen. Die Kühlung des Ventilkorbes erfolgt dann einerseits gegen den Schaft und dessen gekühlte Führung, anderseits auch gegen den Ventilsitz hin (Abb. 247). Beim Einlaßventil werden dann meist die Kühlwasseranschlüsse durch Pfropfen verschlossen (z. B. Abb. 245, 249). Um die seitlichen

Gasdurchgangsöffnungen an die richtige Stelle zu bringen, sind gegebenenfalls entsprechende Stifte und Nuten usw. anzubringen (Abb. 247, 248).

Wird kein Ventilkorb angewendet, so sitzt das Ventil entweder unmittelbar auf dem Deckelguß oder auf besonderen auswechselbaren Ringen (Abb. 241), was auch

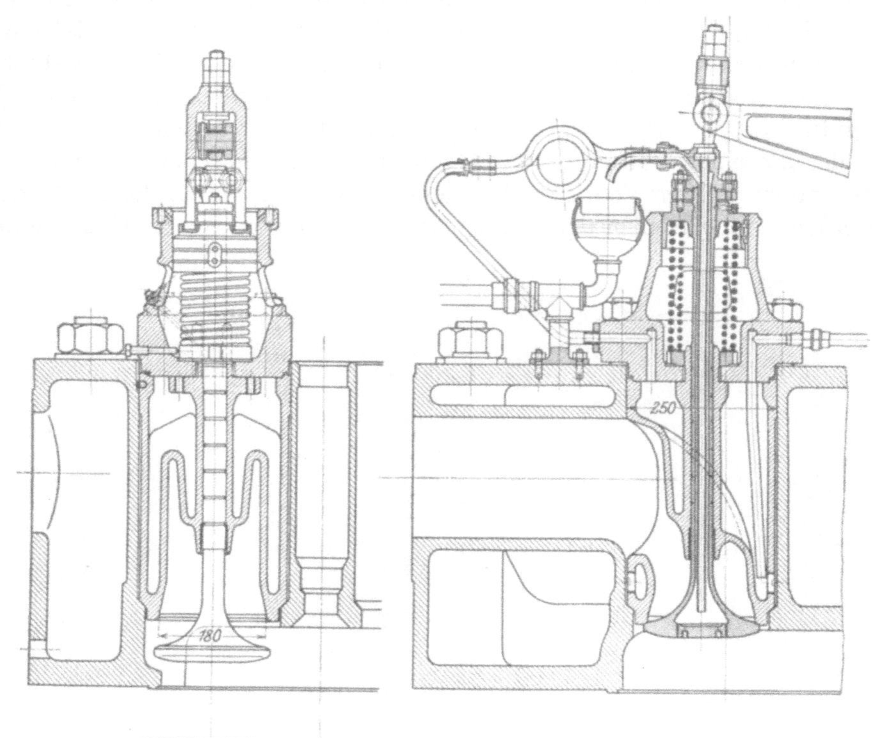

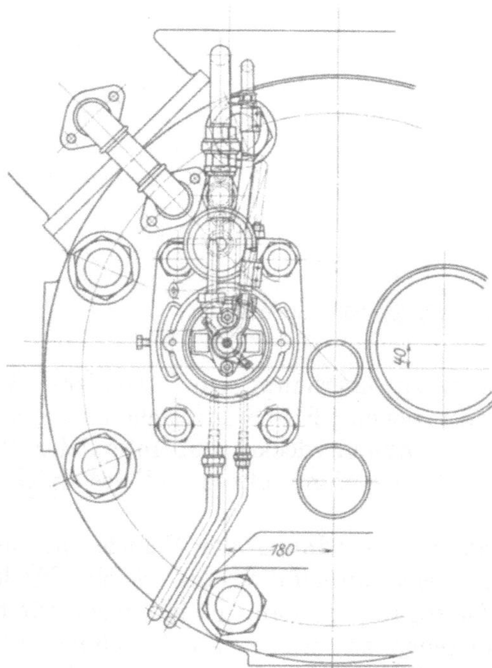

Abb. 247. DW, Einlaßventil, $\frac{530}{700} \cdot 175$, zu Abb. 49.

im Interesse der Dichtheit bei Temperaturänderungen und wegen Auswahl entsprechenden Materials vorzuziehen ist; die Führung der Ventilspindel wird durch ein besonderes Rohr bewirkt (Abb. 238, 241).

Die Befestigungsflanschen müssen sehr kräftig ausgeführt werden, um ein Verziehen der Ventilführungen durch Biegung auszuschließen, besonders wenn nur zwei Verbindungschrauben vorhanden sind; die Schrauben erhalten etwa einen Kernquerschnitt von $^1/_9$ bis $^1/_{18}$ des Ventilquerschnittes bei einer Zugbeanspruchung des Kerns von 300—500 kg/cm². Sie sollen im Verhältnis zu den Querschnitten der axialen Rippen des Korbes nicht zu stark und kurz sein, um deren Wärmedehnungen ohne zu große Kräfte zu ermöglichen. Aus diesem Grunde und um Platz zu sparen, werden sie manchmal verlängert und durch Rohre gegen die Flanschen abgestützt (Abb. 244). Zum leichten Abnehmen der Ventilkörbe dienen oft Abdruckschrauben (Abb. 249, 250, 251).

Bei gekühlten Ventilkörben sollte stets auf leicht durchführbare Reinigung geachtet werden. Jedenfalls sind die Innenwände mit Rostschutzfarbe zu überziehen. Manchmal werden an entsprechenden Stellen Reinigungslöcher mit Verschlußschrauben angebracht (Abb. 244, 245, 249, 251), in anderen Fällen auch der obere Abschlußboden weggelassen und durch den Oberteil oder besondere Deckelplatten ersetzt (Abb. 247, 248).

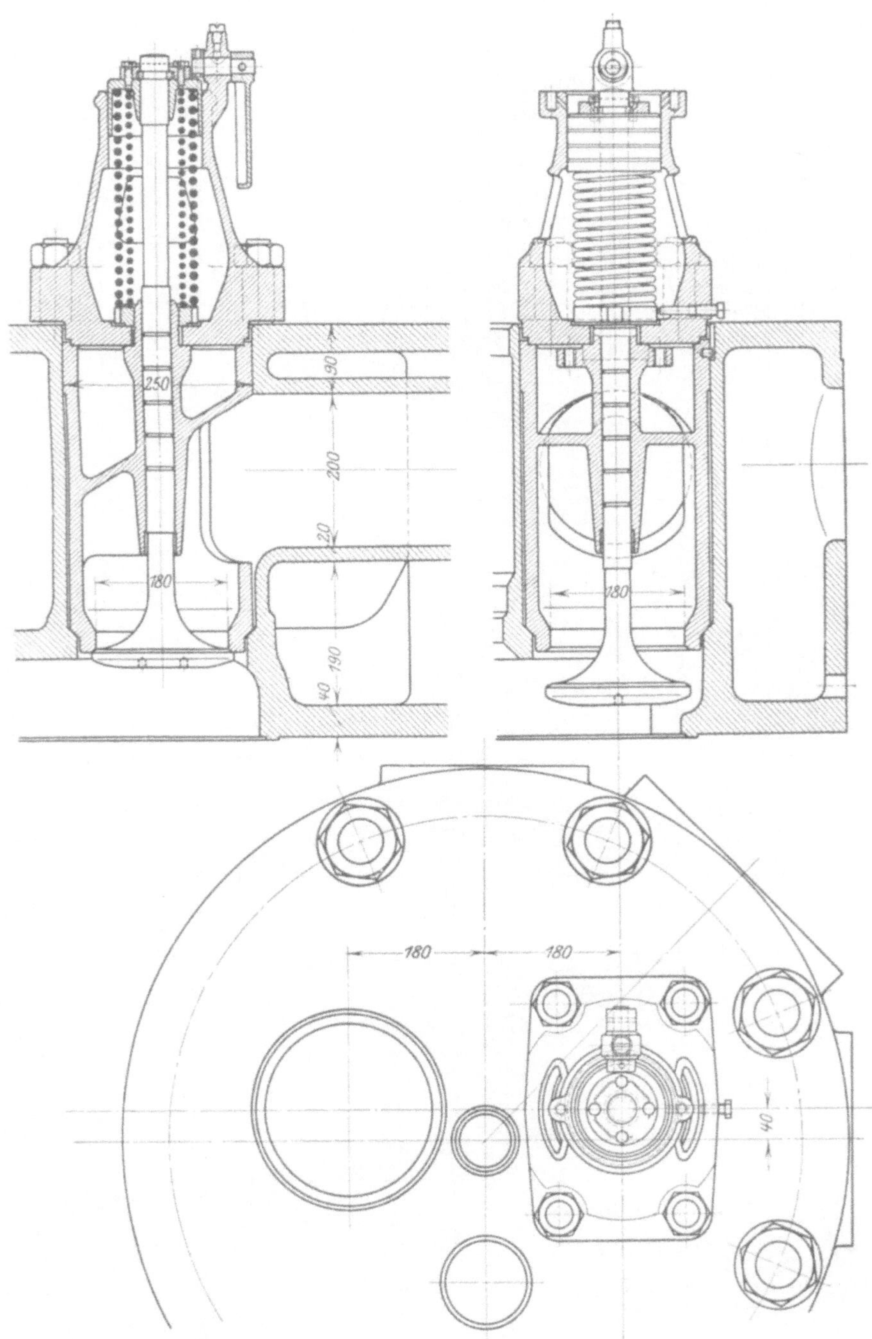

Abb. 248. DW, Auslaßventil, $\frac{530}{700} \cdot 175$, zu Abb. 49.

Dabei ist natürlich sorgfältig auf Dichtheit an beiden Dichtungsstellen zu achten, weshalb auch manchmal innen ein Messingrohr dicht eingeschraubt wird, das das Leckwasser seitlich ableitet und nicht in den Zylinder gelangen läßt. Die Ventilhaube enthält gewöhnlich eine zylindrische Führung für den oberen Federteller (Abb. 243, 244,

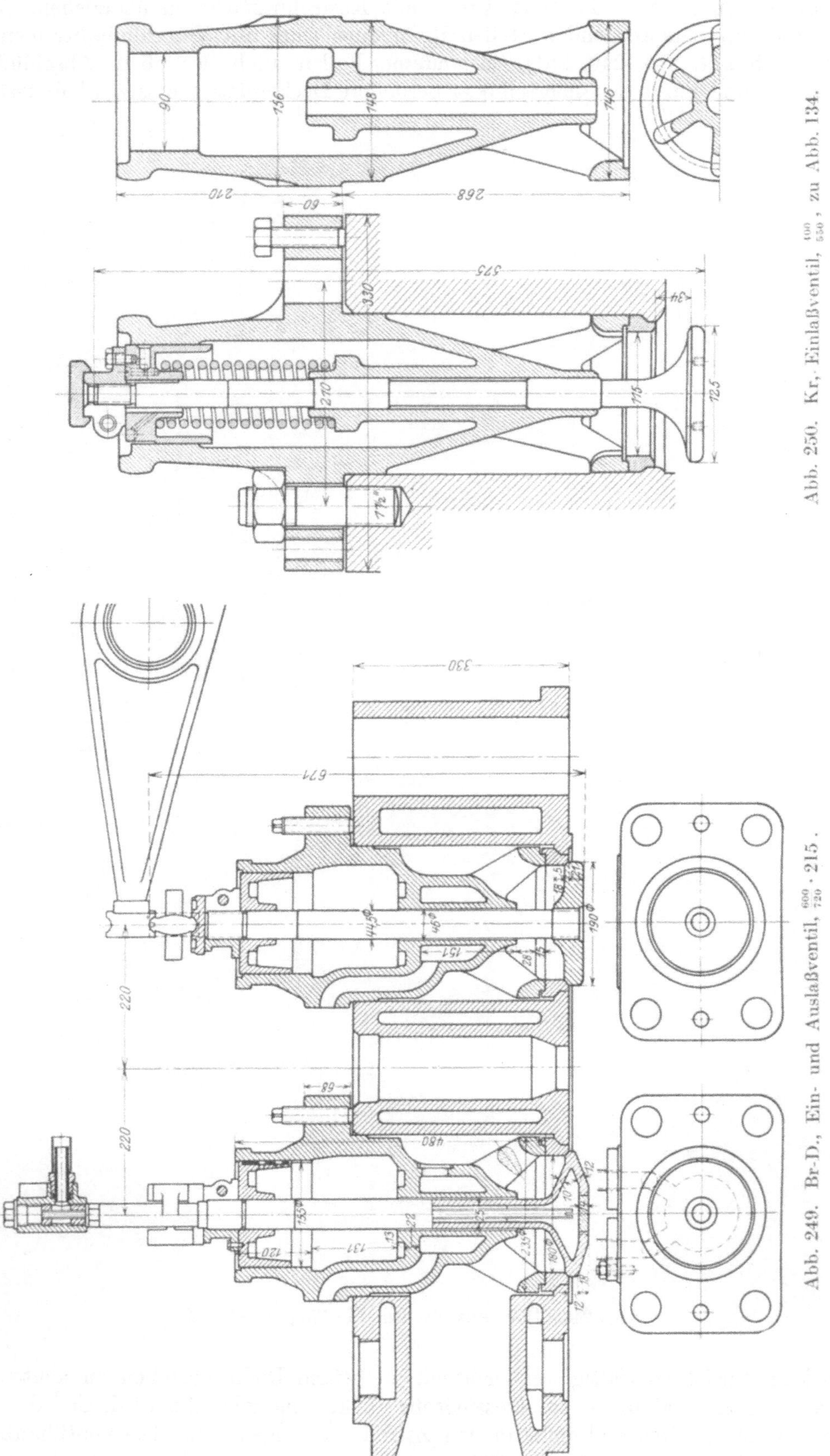

Abb. 249. Br-D., Ein- und Auslaßventil, $\frac{600}{720} \cdot 215$.

Abb. 250. Kr, Einlaßventil, $\frac{400}{550}$, zu Abb. 134.

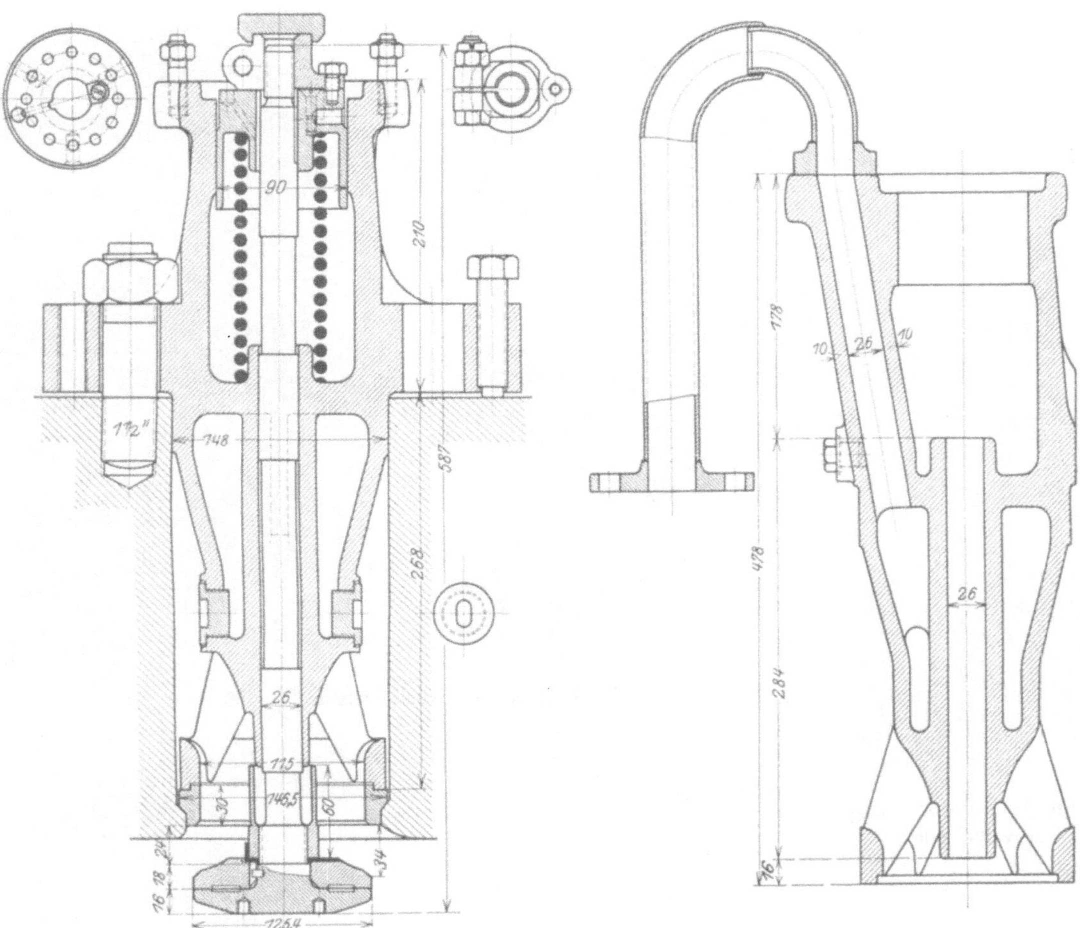

Abb. 251. Kr, Auslaßventil, $\frac{400}{550}$, zu Abb. 134.

245, 246), die jedoch auch weggelassen werden kann, wenn die Spindelführung ausreicht (Abb. 239). Bei größeren Ausführungen ist manchmal eine besondere Führungsbüchse für die Ventilspindel eingesetzt (Abb. 100, 246). Als Baustoff der Ventileinsätze für leichte Schnelläufer wurde auch Bronze, meist verzinnt, verwendet, dann aber auch besondere gußeiserne Ventilsitze.

Die Einlaßventile werden selbst gewöhnlich aus Siemens-Martin-Stahl oder Tiegelstahl hergestellt, bei kleinen Maschinen auch das Auspuffventil. Für dieses wird auch hochprozentiger Nickelstahl verwendet. Gewöhnlich aber wird das Auslaßventil mit einem gußeisernen Ventilteller oder mit Armierung aus Spezialgußeisen versehen. Die Verbindung des vollen Gußeisentellers mit der Spindel kann durch Einschrauben und Verstemmen (Abb. 245, 252) sowie durch Angießen (Abb. 253) erfolgen. Damit bei einem Ventilbruch nicht

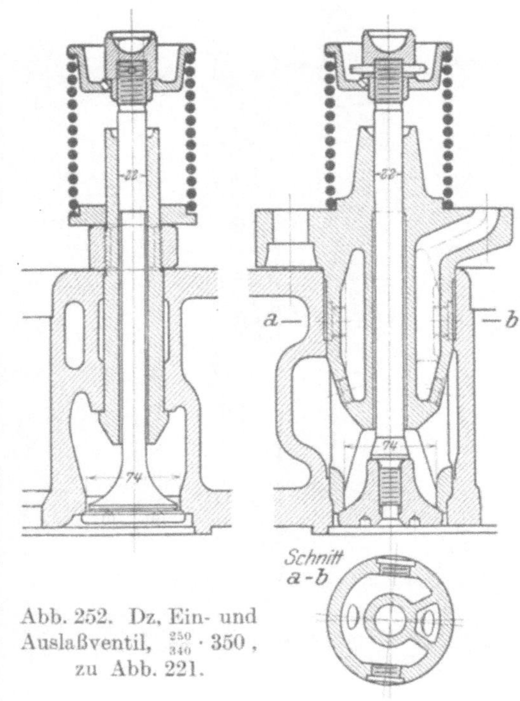

Abb. 252. Dz, Ein- und Auslaßventil, $\frac{250}{340} \cdot 350$, zu Abb. 221.

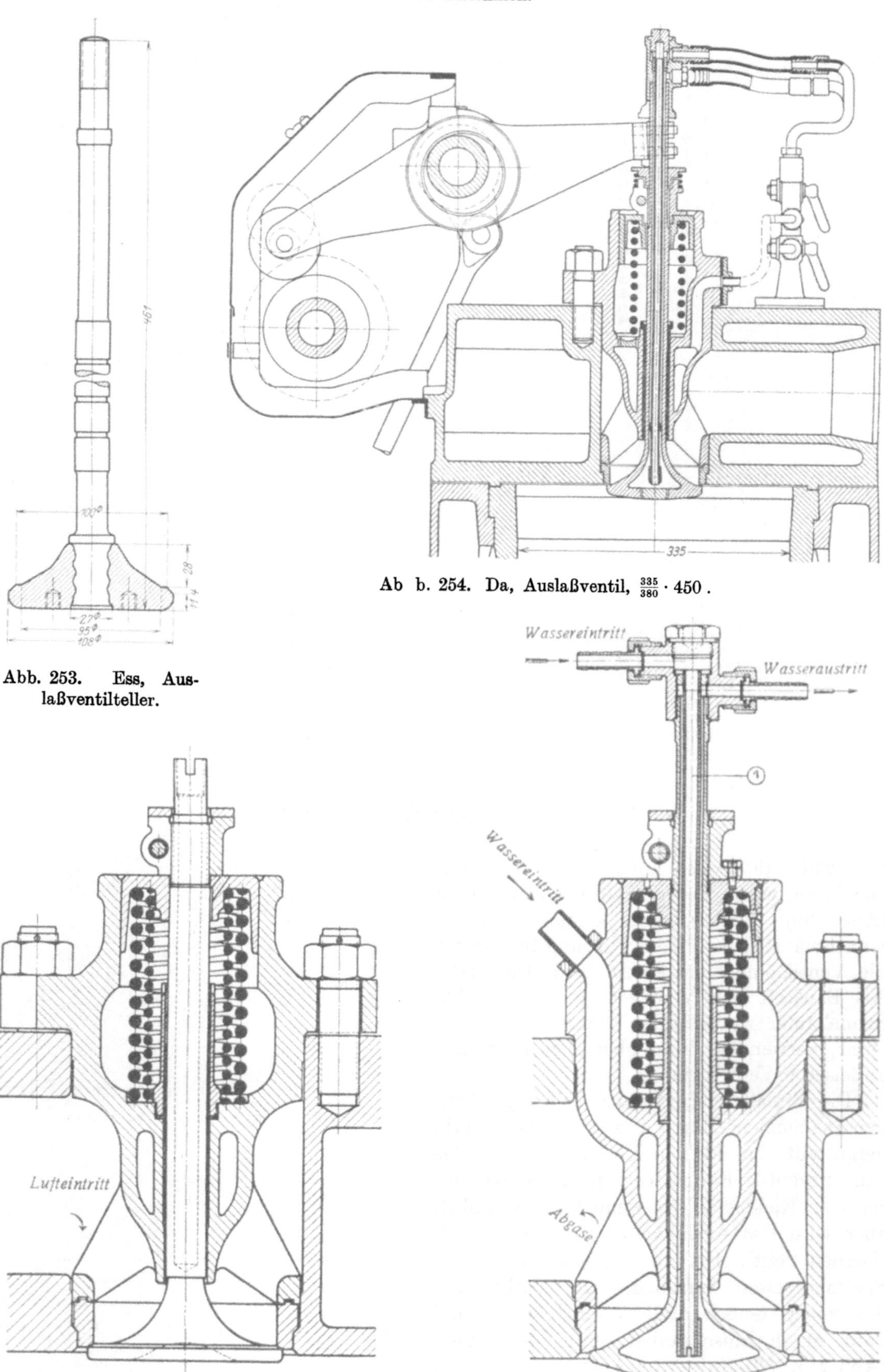

Abb. 253. Ess, Auslaßventilteller.

Ab b. 254. Da, Auslaßventil, $\frac{335}{380} \cdot 450$.

Abb. 255. MAN, Ein- und Auslaßventil, $\frac{530}{530} \cdot 380$, zu Abb. 451.

zu große Teilstücke des Tellers in den Verdichtungsraum gelangen, wird sein mittlerer Teil auch noch nach einem Bruch durch einen Schrumpfring auf seinem Gewinde festgehalten (Abb. 243). Häufiger bildet die eigentliche Ventilplatte mit der Spindel ein Stück, während der Dichtungsring über diese aufgeschoben und zentriert wird (Abb. 244, 246, 251). Der gußeiserne Ventilring ist entweder durch eine verbolzte oder sonst ge-

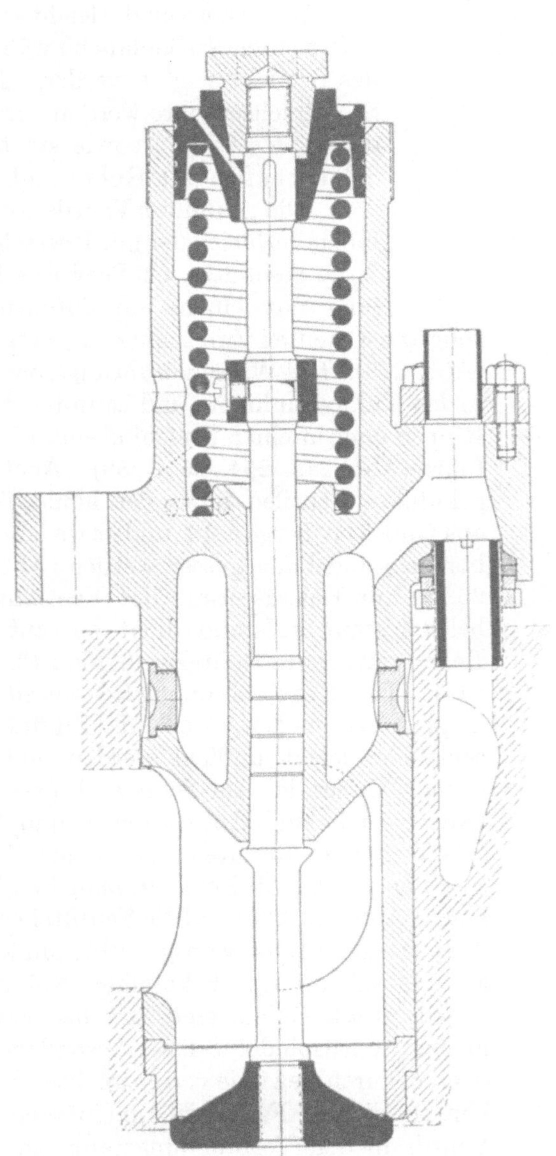

Abb. 256. Snow Holly-Works, Ein- und Auslaßventil, $\frac{571,5}{571,5} \cdot 225$, zu Abb. 142.

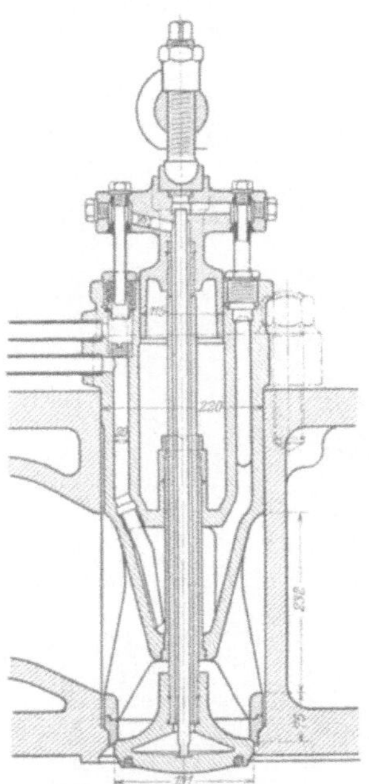

Abb. 257. To, Auslaßventil.

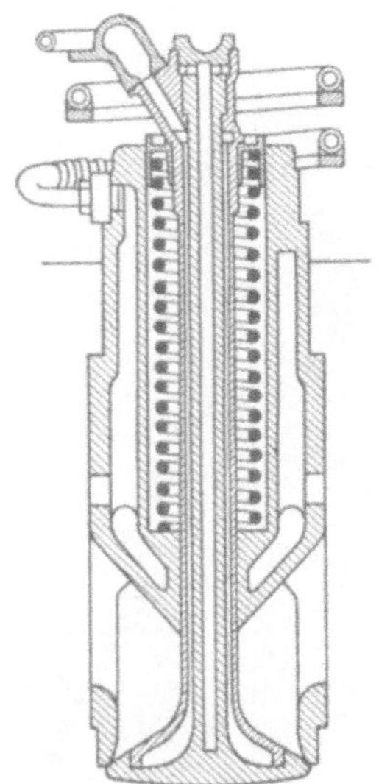

Abb. 258. To, Auslaßventil.

sicherte Mutter festgehalten oder trägt selbst das Gewinde. Auch bei diesen Bauarten ist das Hineinfallen größerer Bruchstücke nicht wahrscheinlich. Bei größeren Maschinen über etwa 60 PS_e je Zylinder werden die Auslaßventile gewöhnlich aus Siemens-Martin-Stahl hohl ausgeführt und gekühlt (Abb. 247, 249, 254, 255). Die Sitzflächen werden kegelförmig mit 30 oder auch 45° Neigung ausgeführt. Auch ebene Sitzflächen kommen vor (Abb. 254). Das aus dem Deckel austretende Kühlwasser wird häufig geteilt und teilweise dem Kühlraum des Ventilkorbes, und zwar unmittelbar durch den Flansch

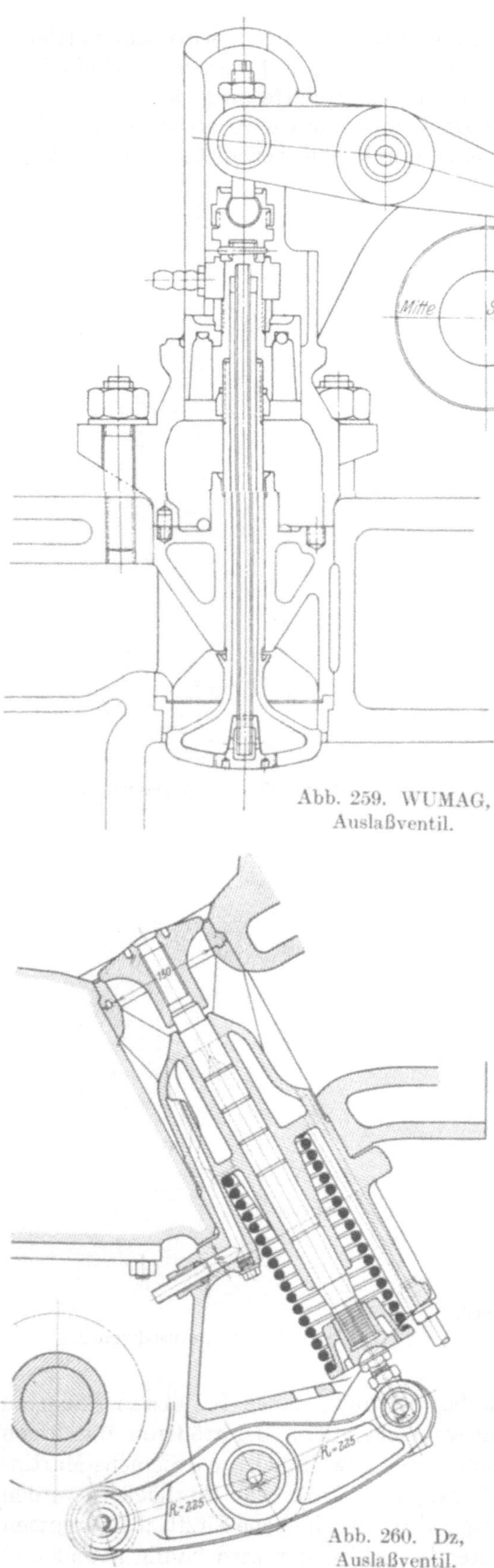

Abb. 259. WUMAG, Auslaßventil.

Abb. 260. Dz, Auslaßventil.

(Abb. 256) oder durch Bogenrohre (Abb. 251), teilweise durch bewegliche Schläuche, die durch Absperrhähne von den Leitungen abgetrennt werden können, dem Auslaßventil zugeführt (Abb. 254). Auf diese Weise können die leicht schadhaft werdenden Schläuche während des Betriebs ersetzt werden. Auch Stopfbüchsenrohre werden verwendet (Abb. 48, 257) sowie statt der Schläuche federnde Rohre (Abb. 247, 258). Die gekühlten Ventile werden innen verbleit oder mit Rostschutzfarbe geschützt, bei Seewasserkühlung mit einem am Zuführungsrohr angebrachten Zinkschutzring versehen (Abb. 255). Das Wasserzuführungsrohr ragt in den Kühlraum hinein und ist unten durch Rippen oder in einer Verschlußschraube geführt (Abb. 249, 254, 255, 259). Auch bei gekühlten Ventilen kann der hohle Teller aus Gußeisen hergestellt und etwa auf der hohlen Spindel angegossen werden (Abb. 48, 258). Zur Entwässerung des Ventilkorbes bei längerem Stillstand dient ein auf den Boden reichendes Röhrchen (Abb. 243, 245, 247). Die Kegelkühlung wird soweit als möglich vermieden, weil die Zuführungschläuche leicht undicht werden und dadurch Wasser in das Schmieröl gelangen kann. Auch sind Anfressungen und Verstopfungen zu fürchten. Bei ungekühlten Ventilen werden die Spindeln manchmal gebohrt (Abb. 255, 260) und die Ventilteller auf der Innenseite konkav ausgedreht, um keine Materialanhäufung zu bekommen (Abb. 255).

Die größte Gefahr eines Bruches besteht in der Ventilspindel selbst, besonders am oberen, durch Gewinde verschwächten Ende. Um in diesem Falle ein Hineinfallen des Ventils in den Verbrennungsraum zu verhindern, wird eine Nut in die Spindel eingedreht und deren Bewegung nach innen durch einen Stift beschränkt (Abb. 261), oder die Spindel wird mit kleinen Bunden versehen, die bei Spindelbruch auf Querbolzen stoßen würden. Auch Vorsprünge im Zylinderraum selbst tun gleichen Dienst (Abb. 248), ebenso ein Stellring an der Spindel (Abb. 244).

Die Führung der Spindel erfolgt stets am inneren Ende nahe dem Ventilteller und am äußeren Ende der Spindel oder auch nur mehr in einem besonderen Federteller, der in der zylindrischen Ventilhaube eingepaßt ist. Die innere Führung erhält ein Spiel von 0,2—0,5 mm. Um diese Stelle beim Auspuff vor zu großer Erwärmung und Eindringen von Ruß zu schützen, wird häufig eine Erweiterung der Ventilspindel oder ein Schutzrohr an einer Schraubenmutter usw. angebracht (Abb. 238, 239, 246, 251). Die innere Spindelführung ist gewöhnlich aus Rotguß, nur wo auch Teerölbetrieb vorgesehen wird, verwendet man auch hierfür Grauguß, das von den Verbrennungsprodukten nicht so stark angegriffen wird.

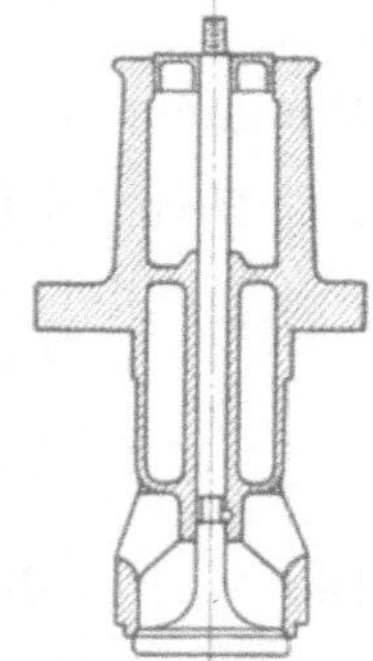

Abb. 261. Hick Hargraves, Einlaßventil.

Bei liegenden Maschinen werden neben senkrecht bewegten auch liegende oder schrägliegende Ventile angewendet. Ein Beispiel eines liegenden Auspuffventils mit gekühltem Gehäuse bietet Abb. 262, ein schräg liegendes Ventil ist in Abb. 260 dargestellt. Das Lager für die Hebelwelle ist hier an das Ventilgehäuse unmittelbar angegossen. Bei liegenden Ventilen werden öfters ebene Ventilsitze verwendet, um bei Abnutzung der Spindelführung noch Dichtheit zu bewahren. Für liegende Maschinen kann man wegen der Möglichkeit, die äußere Steuerung stärker auszuführen, auch die Auslaßventile schwerer und daher bei größeren Leistungen noch ungekühlt bauen.

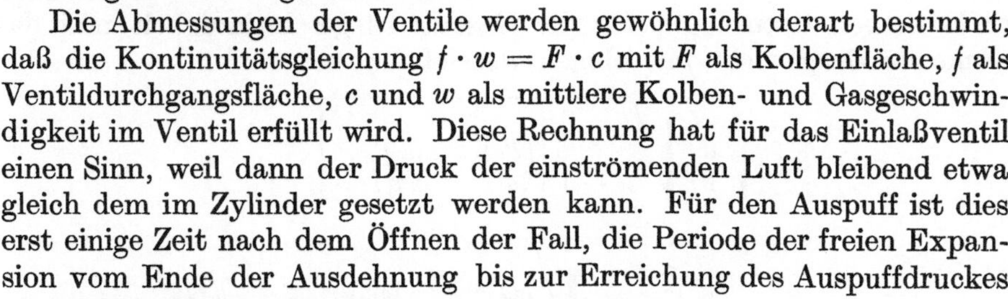

Die Abmessungen der Ventile werden gewöhnlich derart bestimmt, daß die Kontinuitätsgleichung $f \cdot w = F \cdot c$ mit F als Kolbenfläche, f als Ventildurchgangsfläche, c und w als mittlere Kolben- und Gasgeschwindigkeit im Ventil erfüllt wird. Diese Rechnung hat für das Einlaßventil einen Sinn, weil dann der Druck der einströmenden Luft bleibend etwa gleich dem im Zylinder gesetzt werden kann. Für den Auspuff ist dies erst einige Zeit nach dem Öffnen der Fall, die Periode der freien Expansion vom Ende der Ausdehnung bis zur Erreichung des Auspuffdruckes wird dabei nicht berücksichtigt, obwohl während dieser Zeit die größten Gasgeschwindigkeiten auftreten. Immerhin läßt sich auch hier die Kontinuitätsgleichung begründen. Wenn nämlich der Verlauf der Entspannung im Diagramm bei derselben Maschinenbelastung, also etwa demselben Anfangsdruck beim Öffnen des Auspuffventils, gleich ausfallen soll, so werden auch die entsprechenden Gasgeschwindigkeiten w im Ventilspalt f jeweils gleich groß und das ausfließende Volumen im Zeitelement $f w\,dt$. Dadurch wird während der ganzen Auspuffzeit ein Volumen $\int f w\,dt$ aus dem Zylinder treten, bei gleichen Steuerungsverhältnissen wäre es umgekehrt proportional der Drehzahl n, also auch $\frac{fw}{n}$. Das im Zylinder befindliche Volumen ist $F(H+s)$ proportional FH, und es soll, da auch in jeder relativen Stellung des Kolbens der Druck derselbe bleibt, sein: $\frac{fw}{n}$ proportional FH oder: fw proportional FHn oder auch: fw proportional Fc wie beim Einlaßventil oder während des Ausschubes.

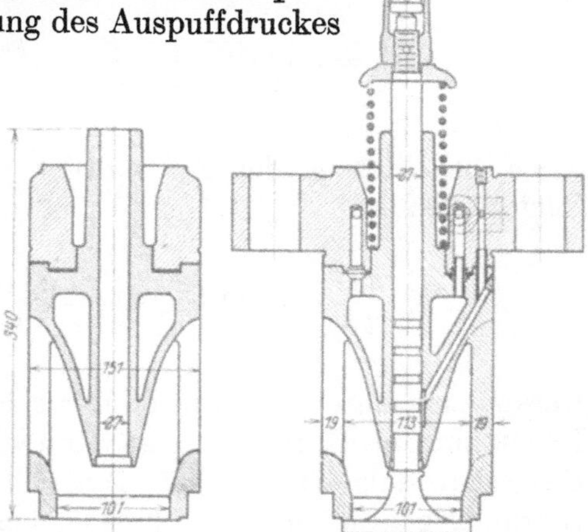

Abb. 262. Kt, Auslaßventil, $\frac{350}{680} \cdot 188$.

In der Abb. 263 ist der Druck- und Geschwindigkeitsverlauf während des Auspuffvorganges dargestellt. Solange das Verhältnis des Innendruckes zum Atmosphärendruck den kritischen Wert überschreitet, gilt für die Gasaustrittsgeschwindigkeit gegen die Atmosphäre die Beziehung:

$$w = 215 \cdot \varphi \cdot \sqrt{\frac{p}{v}} = 215 \cdot \zeta \cdot \sqrt{\frac{C \cdot G^{\varkappa+1}}{V^{\varkappa+1}}},$$

für das sekundlich ausströmende Gasgewicht:

$$G_s = 215 \cdot \varphi \cdot f \cdot \sqrt{\frac{p}{v}} = 215 \cdot \varphi \cdot f \cdot \sqrt{\frac{C \cdot G^{\varkappa+1}}{V^{\varkappa+1}}} = -\frac{dG}{dt},$$

wenn adiabatische Zustandsänderung im Zylinder während der Auspuffzeit angenommen und $p\,v^{\varkappa}$ mit C bezeichnet wird. Hierin ist G das jeweils im Verdichtungsraum V vorhandene Gasgewicht, $f = k\pi d h$ die Ventildurchgangsfläche mit d als Durchmesser und h als augenblicklicher Erhebung des Ventils. Durch Integration und mit Berücksichtigung von $dt = \frac{30}{\pi \cdot n} \cdot d\alpha$ folgt:

$$G = \left\{ G_0^{\frac{1-\varkappa}{2}} + 1026 \cdot \varphi(\varkappa - 1) \frac{\sqrt{C}}{n} \int \frac{f}{V^{\frac{\varkappa+1}{2}}} \cdot d\alpha \right\}^{\frac{2}{1-\varkappa}}.$$

Der Verlauf dieser Werte ist in Abb. 263 über dem Bogen α dargestellt und auch im Kolbenwegdiagramm eingetragen. Der Druckverlauf kann aus $p = p_0 \left(\frac{G}{G_0}\right)^{\varkappa} \left(\frac{v_0}{v}\right)^{\varkappa}$ berechnet oder zeichnerisch gefunden werden.

Unterhalb der kritischen Grenze gilt für die Gasaustrittsgeschwindigkeit und das sekundlich ausströmende Gasgewicht mit obigen Bezeichnungen

$$w = \varphi \cdot \sqrt{2g} \cdot \sqrt{\frac{p}{v}} \cdot \sqrt{\frac{\varkappa}{\varkappa - 1} \left[\left(\frac{p_a}{p}\right)^{\frac{2}{\varkappa}} - \left(\frac{p_a}{p}\right)^{\frac{\varkappa+1}{\varkappa}} \right]}$$

oder

$$G_s = \varphi \cdot f \sqrt{2g} \cdot \sqrt{\frac{\varkappa}{\varkappa - 1}} \cdot \left(\frac{p_a}{C}\right)^{\frac{1}{\varkappa}} \cdot \sqrt{C} \cdot \sqrt{\left(\frac{G}{V}\right)^{\varkappa-1} - \left(\frac{p_a}{C}\right)^{\frac{\varkappa-1}{\varkappa}}} = -\frac{dG}{dt},$$

dabei bedeutet p_a den Außendruck. Unter Beachtung von $dt = \frac{30}{\pi \cdot n} \cdot d\alpha$ folgt schließlich

$$\frac{dG}{d\alpha} = -42{,}1 \cdot \varphi \cdot \sqrt{\frac{\varkappa}{\varkappa - 1}} \cdot \left(\frac{p_a}{C}\right)^{\frac{1}{\varkappa}} \cdot \frac{\sqrt{C}}{n} \cdot f \cdot \sqrt{\left(\frac{G}{V}\right)^{\varkappa-1} - \left(\frac{p_a}{C}\right)^{\frac{\varkappa-1}{\varkappa}}},$$

woraus sich durch Integration G als Funktion von α angenähert bestimmen läßt. Die Ermittlung des Druckes erfolgt dann wie früher. In Abb. 263 wurde noch der Verlauf der Gasgeschwindigkeiten eingetragen. Zu beachten ist, daß der Rechnung Reibungsfreiheit zugrunde gelegt wurde, in Wirklichkeit erfolgt die Abnahme von Druck, Gewicht und Geschwindigkeit langsamer.

Macht man in obiger Gleichung $f\,w = F\,c$ den Wert $w = 50$ bis 60 m/sk, so können die Einlaß- und Auspuffventile gleich groß gemacht werden, was fast stets der Fall ist. Um sie nicht zu verwechseln, können Kennzeichen angebracht werden. Als Reserveteile genügen die allerdings teureren Auslaßventile. Der Ventilhub wird bei kegelförmigen Sitzflächen bis zu einem Drittel des Ventildurchmessers, oft auch nur mit einem Viertel desselben gewählt, kaum aber über 30 mm. Die gußeisernen Sitzflächen sind mit einem Auflagedruck von rund 150 bis 300 kg/cm² zu bestimmen, um sichere Abdichtung zu erreichen.

Die zu den Ventilen führenden Kanäle müssen überall einen dem Ventildurchgang entsprechenden Querschnitt erhalten und sollen sich vom Ventil aus um etwa $^1/_4$ bis $^1/_5$ nach den äußeren Anschlußflanschen hin erweitern. Alle Übergänge müssen sanft erfolgen, um nirgends unnötige Strömungswiderstände und Wirbel hervorzurufen, die besonders beim Auspuff auch Zerstörungen der Wände bewirken können.

Für die Festigkeitsberechnung der Ventilteller kann man sie als frei aufliegende, gleichmäßig belastete Platten auffassen, wonach sich $K_b = \frac{d^2}{4s^2} \cdot p \sim 150$ bis 250 kg/cm² ergibt. Die auf Druck beanspruchten Ventilspindeln haben, wenn sie nicht hohl gebohrt sind, etwa einen Durchmesser von $^1/_4$ bis $^1/_6$ des Ventildurchmessers, entsprechend einer für 5 at Expansionsenddruck gerechneten Druckbeanspruchung für die Auspuffspindel von 110 bis 130 kg/cm². Sie müssen aber auch manchmal beim Anlassen höhere Drücke ertragen, wenn das Anlaßventil hohe Füllungen zuläßt. Man kann dann beim Öffnen auf rd. 10 at im Zylinder kommen. Die Spindeln erhalten meist Quernuten zur Aufnahme von Schmiermaterial, einem Gemisch von Schmieröl und Petroleum, das aber nur in geringer Menge zugeführt werden darf. Dies geschieht manchmal bei den Auslaßventilen mit einer Schmierpresse, wobei das abfließende überschüssige Schmieröl zur Schmierung der Wälzhebelflächen und Gelenkbolzen verwendet werden kann. Übermäßige Zuführung von Schmieröl verursacht leicht Festbrennen der Spindeln. Überhaupt ist häufig und besonders nach jedesmaligem Einbau zu prüfen, ob die Ventile leicht gehen und nicht hängen bleiben, ebenso ist die Dichtheit der Ventile zu beobachten und stets durch rechtzeitiges Nachschleifen zu sichern. Hier und da werden die Ventilspindeln mit auswechselbaren Dichtungsrohren überzogen (Abb. 12). Die Druckstücke für die Bewegung der Ventile durch die Steuerhebel sind gewöhnlich auf die mit feinem Gewinde versehenen Spindelenden aufgeschraubt und kugelförmig ausgedreht (Abb. 245), oder mit zylindrischen Lagern (Abb. 247, 249), oder auch mit ebenen Druckflächen versehen (Abb. 243, 250, 254, 255).

Die Befestigung des oberen Federtellers auf der Spindel muß sehr sorgfältig sein und darf keine Lockerung erfahren. Deshalb wird oft zur Sicherung eine Klemmschraube verwendet (Abb. 250, 251, 254), die durch einen Stift mit dem Federteller verbunden wird, der seinerseits durch Feder und Nut an der Drehung verhindert wird (Abb. 247, 249, 254). Durch die stets gleiche Lage des Ventils bleibt seine Dichtheit erhalten. Auch vollständige Kugelgelenke kommen vor (Abb. 239, 244, 259). Der zulässige Auflagedruck ist etwa 50 kg/cm². Statt der aufgeschraubten

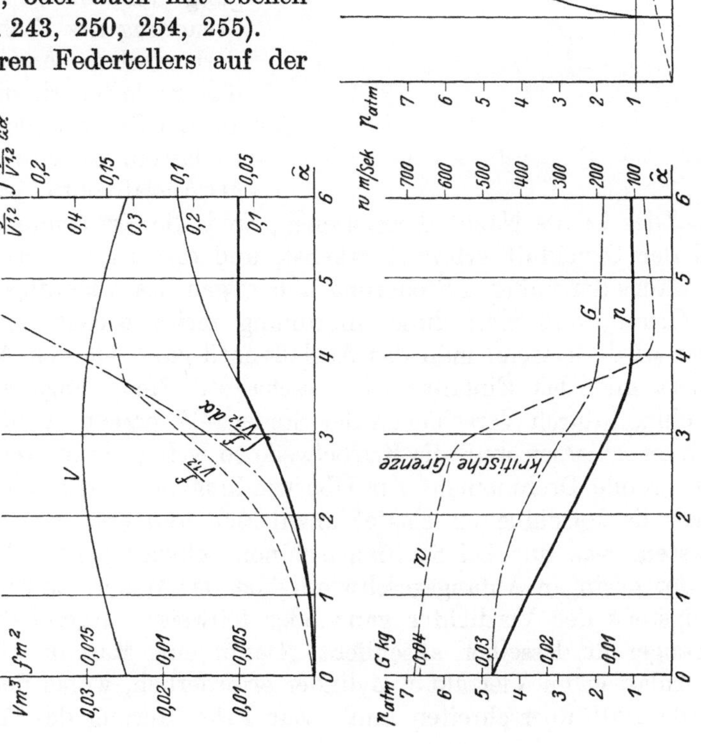

Abb. 263. Auspuffvorgang; Viertaktmotor $\frac{290}{430} \cdot 260$.

Druckstücke werden auch andere Verbindungen verwendet, etwa zweiteilige Ringe in Nuten, wie in Abb. 49, 248. In Abb. 248 ist das Einlaßventil auch als Dekompressionsventil verwendet.

IX. Das Anlaßventil und das Sicherheitsventil.

Da beim Anlassen wegen der noch geringen Geschwindigkeit die durch die einmalige Verdichtung erzeugte Wärme nicht ausreicht, um die Zündtemperatur herzustellen, weil die Wärmeabgabe an die Zylinderwände zu bedeutend ist, besonders bei kalter Maschine, so sind mehrere Anlaßhübe notwendig. Zum Anlassen dient gewöhnlich Druckluft. Die Steuerung wird in den meisten Fällen dadurch bewirkt, daß an Stelle des Brennstoffventils ein eigenes Anlaßventil betätigt wird, während die übrige Steuerung unverändert bleibt. Bei offenen Düsen (Abschnitt X) kann das Brennstoffventil auch als Anlaßventil gesteuert werden. Das Anlaßventil wird vom Totpunkt an etwa bis zu einem größten Kurbelwinkel von 130 bis 150° und mehr offen gehalten, dann expandiert die eingetretene Luft und tritt durch das Auspuffventil ins Freie. Der nächste Doppelhub, Ansaugen und Verdichtung, verbleibt wie beim normalen Betrieb. Der Verdichtungsenddruck ist nicht nur aus den obengenannten Gründen anfangs viel niedriger, sondern auch noch wegen der dann größeren Undichtheiten.

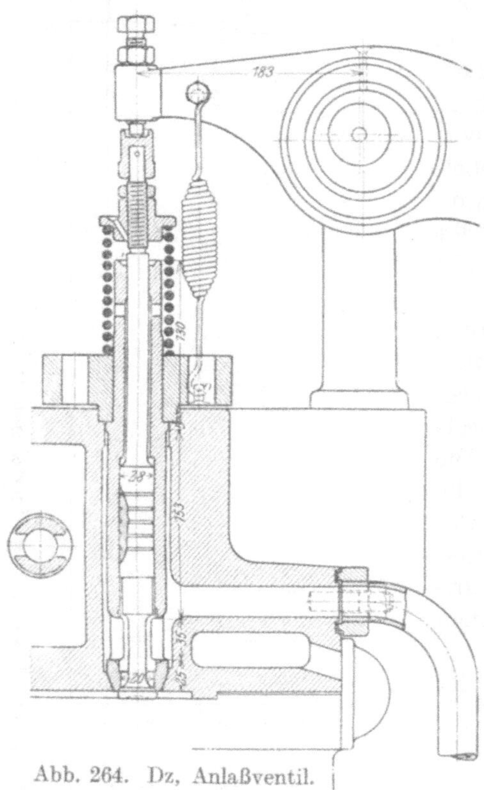

Abb. 264. Dz, Anlaßventil.

Man hat wohl auch versucht, statt wie hier beschrieben im Viertakt, im Zweitakt anzulassen, also bei jedem Hub des Kolbens gegen die Welle hin das Anlaßventil zu öffnen und einen Arbeitsgang einzuleiten. In diesem Fall muß aber die Steuerung des Einlaß- und Auspuffventils geändert werden. Am einfachsten ist es noch, nur das Einlaßventil um 180° (d. i. 90° Verdrehung auf der Steuerwelle) später öffnen und schließen zu lassen, es wirkt dann bei einer Umdrehung als Auslaßventil, jede Verdichtung entfällt hierbei. Dies ist als Nachteil anzusehen, weil die Erwärmung der Zylinder länger dauert und der Druckluftverbrauch wächst, und dies ist in Verbindung mit der Verwicklung des Baues der äußeren Steuerung und wegen des Auspuffes durch das Ansaugerohr wohl der Grund, daß man diese Anordnung meist wieder verlassen hat. Noch umständlicher wird es, wenn man das Auslaßventil ganz wie den Auspuff einer Dampfmaschine steuert und das Einlaßventil ausschaltet. Neuerdings wird dies bei verdichterlosen Maschinen durch Verschieben der Steuerwelle erzielt (Abb. 340).

Zum Anlassen muß die Kurbelwelle so weit gedreht werden, daß das vom Luftdruck herrührende Drehmoment zur Überwindung der Widerstände ausreicht. Womöglich ist daher die Maschine unbelastet anzulassen und erst nach Ingangsetzung allmählich zu belasten, was nur bei Schiffsmaschinen Schwierigkeiten bereiten würde; hier ist aber bei der geringen Anfangsgeschwindigkeit der Widerstand auch noch klein, und es kann wenigstens der Verdichter ganz oder teilweise ausgeschaltet werden, indem man das Ansaugerohr desselben abschließt. Damit eine Maschine in jeder Lage anspringt, sind für Anlassen im Viertakt 6 Zylinder erforderlich, wobei der Öffnungswinkel der Anlaßventile 120° überschreiten muß. Zur Erleichterung des Anlassens wird manchmal die

Verdichtung ausgeschaltet, indem man Einlaß- oder Auspuffventil (z. B. Abb. 248) oder ein besonderes Entspannungsventil während dieser Zeit offen hält oder das Einsaugeventil abschließt. Auch kann die Ansaugeluft gedrosselt werden, wodurch die Verdichtung nur vermindert wird. Weitere Angaben über den Anlaßvorgang folgen beim Kapitel über Steuerung.

Das Anlaßventil wird gewöhnlich als entlastetes Ventil aus Stahl ausgeführt, das nach innen öffnet. Wenn beim Anlassen der Überdruck nach Öffnen der Absperrung gegen den Druckluftbehälter außen ist, muß eine Feder den Druckunterschied aufnehmen; während des Betriebes ist die Druckluftleitung abgesperrt, der Verdichtungs- und Verbrennungsdruck wirkt dann von innen nach außen. Die Entlastung wird gewöhnlich durch einen mit der Ventilspindel verbundenen Kolben bewirkt. Die Ventilspindel wird entweder mit dem Entlastungskolben gemeinsam von innen her in das Ventileinsatzrohr eingesteckt oder der Entlastungskolben wird von außen aufgebracht. Im ersten Falle kann die Entlastung nur teilweise erfolgen, weil der Kolbendurchmesser kleiner als der innere Sitzdurchmesser sein muß (Abb. 264, 265, 266). Dies ist nur bei Niederdruck-

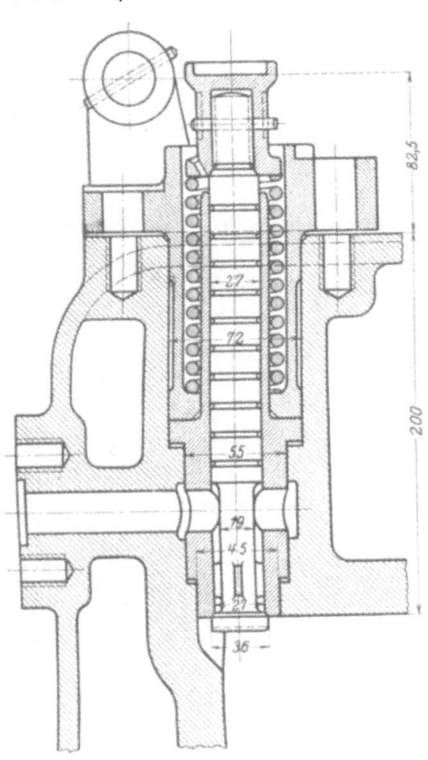

Abb. 265. Lb, Anlaßventil, $\frac{285}{340}\cdot 400$, zu Abb. 14.

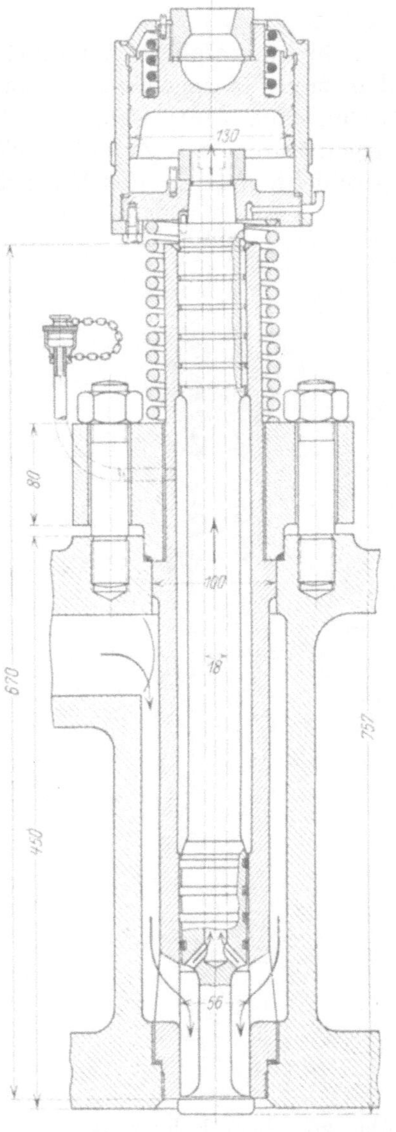

Abb. 266. AEG, Anlaßventil, $\frac{640}{960}\cdot 125$. zu Abb. 62, 63.

anlassung (15 at) empfehlenswert, sonst wird die erforderliche Federkraft zu groß. Ist die Entlastung vollständig oder sogar ein geringer Druck nach außen, so hat das den Vorteil, daß das Ventil auch nicht öffnet, wenn der Sitz nur am äußeren Umfang aufliegt oder wenn die Schlußfeder zu schwach wird oder bricht. Nach Abschluß der Verbindung mit dem Druckluftbehälter gleicht sich der Druck auf beiden Seiten des Ventils aus, wenn es nicht unbedingt dicht ist. Die Undichtheit des Anlaßventils zeigt sich im Betriebe durch Erwärmung der Luftzuleitung, sie tritt leicht ein, weil das

Ventil nicht fortwährend betrieben wird, sondern lange im geschlossenen Zustand verbleibt.

Man kann auch auf die Entlastung der Schlußfeder ganz verzichten, wenn man sie im Druckraum unterbringt, so daß die Ventilspindel keinerlei Dichtung benötigt. Das Anlassen wird durch einen eingeschliffenen Stempel bewirkt, der im Stillstand auch noch durch eine als Ventilsitz innen angesetzte Verstärkung abgedichtet wird[1]) (Abb. 267, vgl. Abb. 275).

Die Luftzufuhr kann unmittelbar zum Ventilgehäuse erfolgen (Abb. 268, 269); wenn sie hingegen durch den Zylinderdeckel geschieht, muß der den Ventilsitz umgebende, unter Druck stehende Raum auch nach außen abgedichtet werden, wozu Gummi- (Abb. 266) oder besser Klingerit-Ringe dienen, die oft gleichzeitig auf Ventilbüchse und Deckelbohrung ansitzen und durch einen Flansch angezogen werden (Abb. 264, 265, 270, 276) oder auch Stopfbüchsen (Abb. 271) oder Labyrinthdichtung (Abb. 272). Die innere Abdichtung des Ventilgehäuses gegen den Verdichtungsraum wird durch kegelförmig eingeschliffene Flächen oder ebene Flächen mit Kupfer- oder Kupfer-Asbest-Ringen bewirkt, dieser Abdichtungskegel kann auch so lang ausgeführt werden, daß er

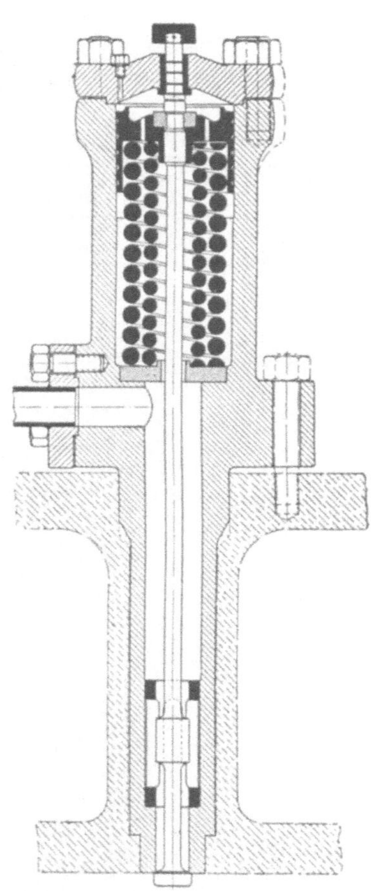

Abb. 267. Snow Holly-Works, Anlaßventil, $\frac{571{,}5}{571{,}5}\cdot 225$, zu Abb. 142.

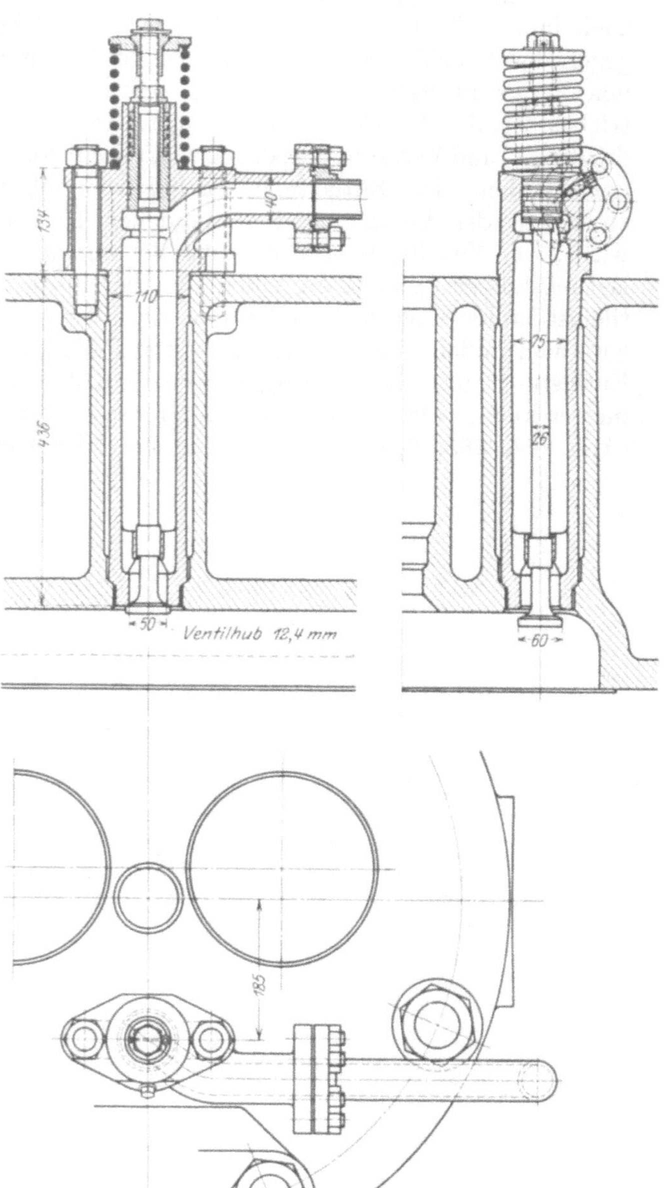

Abb. 268. DW, Anlaßventil, $\frac{350}{400}\cdot 300$, zu Abb. 46.

[1]) S. Nägel: Z. V. d. I. 1925, S. 878.

die Luftzuführungsöffnung ganz umschließt, also auch die Dichtung nach außen übernimmt (Abb. 273). Die Abdichtung des Kolbens kann nicht durch Stopfbüchsen erfolgen, weil diese zu große Reibungswiderstände und dadurch leicht Hängenbleiben der Spindel bewirken. Es werden also Kolbenringe verwendet, und zwar meist Bronze- oder Messingringe, damit der Kolben nicht durch die Feuchtigkeit der vorüberstreichenden Luft anrostet und sich festsetzt. Auch die Kolbenkörper werden deshalb aus Bronze hergestellt oder mit Metallüberzug versehen. Auch nur eingeschliffene, mit Querrillen versehene Kolben (Abb. 265, 272) werden verwendet, jedoch ist das Spiel sorgfältig zu prüfen, damit bei Temperaturänderungen die Spindel nicht hängenbleibt. Wenn die Spindeln mit den Dichtungskolben gemeinsam von innen eingesteckt werden, müssen die Ventilfedern recht stark genommen wer-

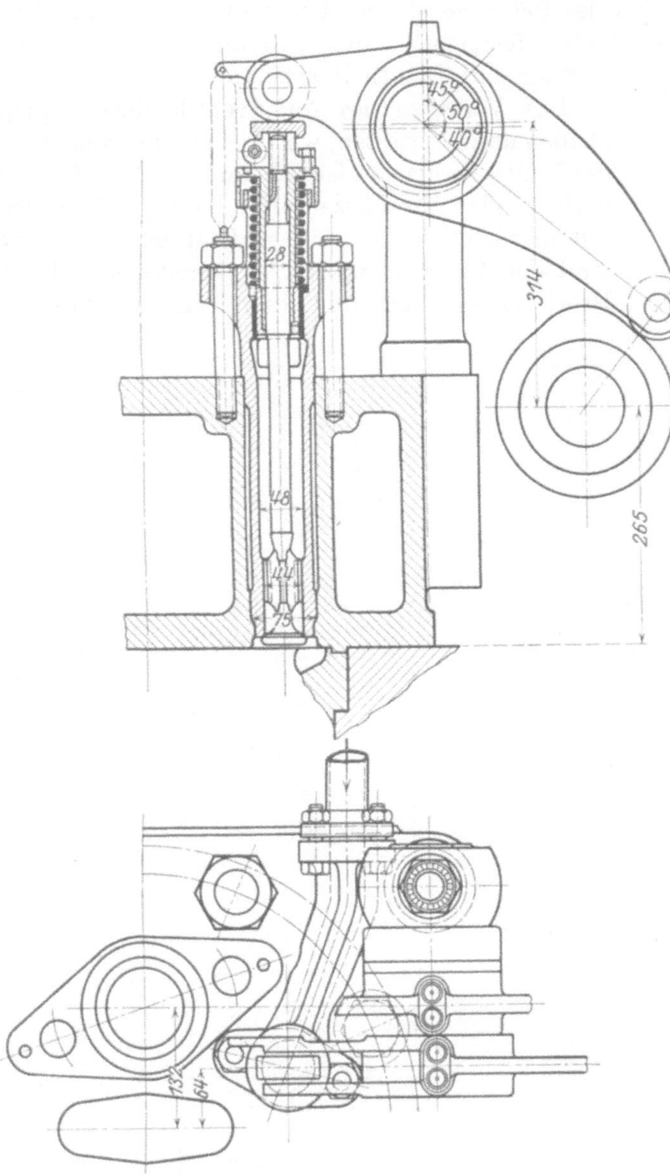

Abb. 269. Kr, Anlaßventil, zu Abb. 213.

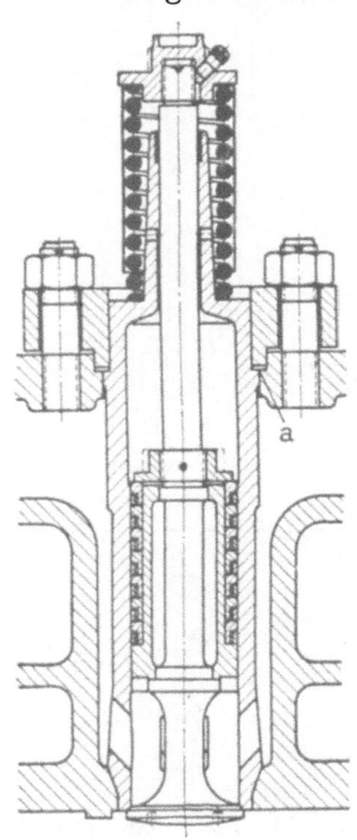

Abb. 270. MAN, Anlaßventil, $\frac{530}{530} \cdot 380$, zu Abb. 451.

den, bei kleinen Ausführungen werden wohl auch die Ventile mit den Spindeln und Kolben aus Bronze hergestellt. Bleibt oberhalb des Kolbens ein geschlossener Raum, so muß er durch reichliche Bohrungen mit der Außenluft verbunden werden. Für leichtes Ausbauen des rohrförmigen Ventilgehäuses und Nachschleifen der Ventile ist zu sorgen. Die äußere Abdichtung des Druckraumes wird auf die Kolbendichtung beschränkt, wenn die Luftzuführung unmittelbar zum Innern des Ventilgehäuses erfolgt (Abb. 268, 269, 274). Wenn die Kolbenführung wegen federnder Ringe nicht ausreicht, muß die

Spindel nahe dem Ventilsitz und gegebenenfalls noch am äußeren Ende besonders geführt werden, innen durch Rippen oder Rohre, die den Zutritt der Druckluft nicht hindern. Um seitliche Drücke auf die Spindelführung zu vermeiden, wird auch gleich das dem Steuerhebel nächstliegende Spindelende oder der Federteller selbst geführt, so daß die durch Reibung auftretenden Querkräfte unmittelbar aufgenommen werden (Abb. 270, 275).

Damit das Anlaßventil während des Betriebes sicher dicht hält, ist manchmal dafür vorgesorgt, daß man es mit einer Mutter festziehen kann. Jedenfalls ist häufige Überprüfung auf Dichtheit ratsam.

Das Versagen des Anlaßventils durch Hängenbleiben kann eintreten, wenn nach längerem Betriebe das Ventil verkrustet ist. Wenn es während der Auspuffzeit oder Ansaugezeit offen bleibt, strömt Druckluft unmittelbar ins Freie; schließt es dann erst während der Verdichtungszeit, so entstehen sehr hohe Drücke, die an sich, und besonders wenn dann schon die Zündung stattfindet, zu Zerstörungen Anlaß geben können. Beim Anlassen im Zweitakt kann dieser Fall leichter eintreten. Man hat deshalb manchmal das Anlaßventil dem Bereiche hoher Temperatur entzogen, indem man am Zylinder nur ein Abschlußventil anbringt, das gesteuerte Anlaßventil aber in die Verbindungsrohrleitung verlegt (vgl. Abb. 299). Eigene Schließdaumen haben sich bei sorgfältiger Ausführung nicht als nötig erwiesen.

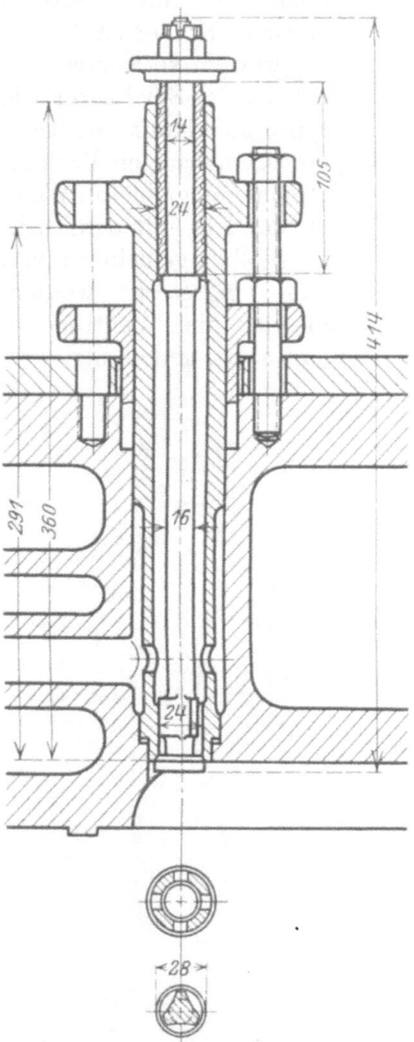

Abb. 271. Lb, Anlaßventil, $\frac{290}{430} \cdot 260$.

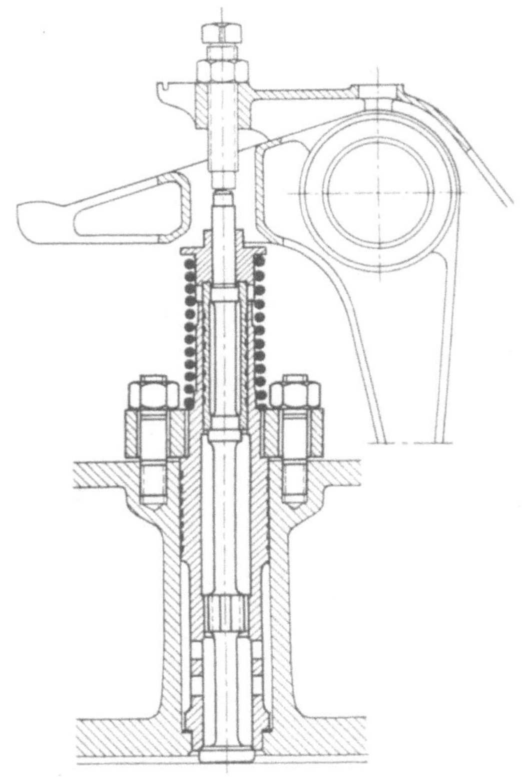
Abb. 272. Bz, Anlaßventil, $\frac{350}{375} \cdot 450$, zu Abb. 27.

Neben den Abb. 12, 274 bietet Abb. 275 ein Beispiel eines Anlaßventils für eine liegende Maschine. Die Feder liegt hier innerhalb des mit dem Federteller vereinigten Entlastungskolbens, der mit Stopfbüchse und Burgmannpackung versehen ist. Das ist hier zulässig, weil der Antrieb der Ventilspindel nicht zwangläufig ist, sondern nur die Feder zusammengedrückt wird und dadurch der Druckluft das Öffnen des Ventils ermöglicht. Ein Zurücktreten von verdichteter Luft oder von brennbarem Gemisch in die Anlaßleitung ist unmöglich, auch wenn der Antrieb des Anlaßventils nach der Ölzufuhr noch nicht ausgeschaltet wäre. Außen liegende Belastungsfedern haben den Vorzug, daß Federbrüche sogleich bemerkt werden.

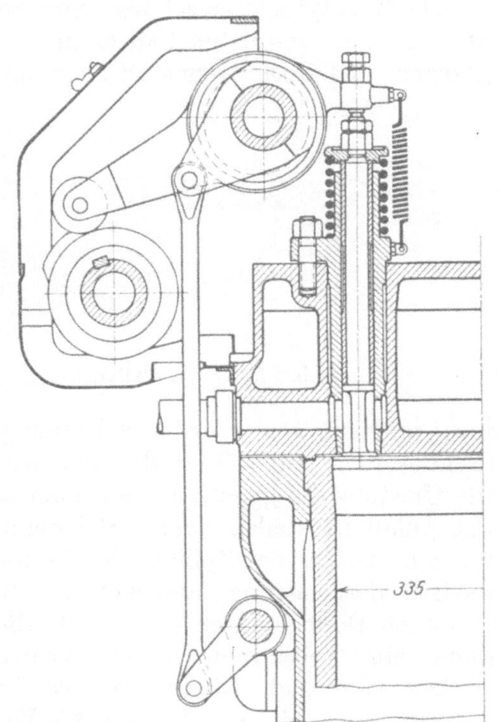

Abb. 273. Da, Anlaßventil, $\frac{335}{380} \cdot 450$.

Bei allen Bauarten ist auf entsprechende Schmierung der Spindelführungen und Entlastungskolben zu achten, wozu wieder ein Gemisch von Petroleum und Schmieröl dient. Bei offenen Brennstoffdüsen (siehe S. 205) kann gegebenenfalls von einem besonderen Anlaßventil abgesehen werden, indem es mit dem Einblaseventil vereinigt und nur zum Anlassen besonders gesteuert wird.

Die Größe des Anlaßventils läßt sich nicht so leicht bestimmen, weil sie von der Drehzahl abhängt, bei der die erste Zündung erfolgen kann. Nimmt man an, daß die betreffende Kolbengeschwindigkeit 1 m wäre und die zulässige mittlere Luftgeschwindigkeit im Anlaßventil 50 m, so würde sich ein Ventildurchmesser von $^1/_7$ des Zylinderdurchmessers ergeben. Ausführungen zeigen etwa diese Abmessung, das Verhältnis zwischen Zylinderdurchmesser und Ventildurchmesser schwankt allerdings zwischen 6 und 10. Bei kleinen Drücken der Anlaßluft wird das Ventil verhältnismäßig größer ausgeführt, damit die Drosselung gering wird. Übrigens werden gewöhnlich bei Schiffsmaschinen Drosselventile angebracht, die den Druck auf 15—20 at herabmindern, um bei den wiederholten Anlaßmanövern an Luft zu sparen. Bei zu kleinen Anlaßventilen dauert die Anlaßzeit zu lange, der Zylinder wird durch die expandierende Luft zu sehr

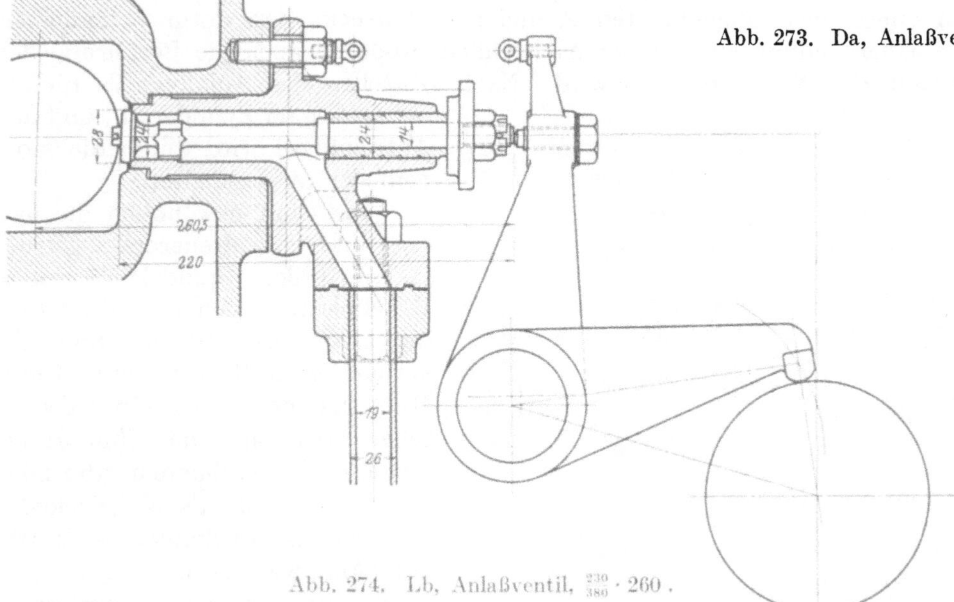

Abb. 274. Lb, Anlaßventil, $\frac{230}{380} \cdot 260$.

abgekühlt, so daß die ersten Zündungen erschwert werden. Dies wird durch Anwärmen der Zylinder und Deckel mit erwärmtem Wasser in den Kühlräumen gebessert, ebenso durch Vorwärmen der Anlaßluft (s. S. 371).

Bei doppeltwirkenden Maschinen wird oft nur eine Seite mit Druckluft angestellt (S. 387).

Bei Mehrzylindermaschinen wird entweder an jedem Zylinder angelassen oder nur an einzelnen. Im ersten Fall kann die Anlaßluft zuerst für einen Teil der Maschine abgesperrt und dort Brennstoff zugeführt werden. Im zweiten Fall bleiben die Zylinder ohne Anlaßventil stets auf Brennstoff geschaltet und werden nicht wie die Anlaßzylinder durch die sich ausdehnende Preßluft abgekühlt. Damit sich vor dem Brennstoffventil nicht zuviel Öl ansammelt, wird überall die Brennstoffpumpe ausgeschaltet. Beim Anlassen einzelner Zylinder ist es auch bei Mehrzylindermaschinen nicht möglich, von jeder Kurbelstellung aus anzulassen, so daß die Maschine dann angedreht werden muß. Sind alle Zylinder mit Anlaßventilen versehen, so wird gewöhnlich die Umstellwelle geteilt, so daß man auch dann einen Teil auf Brennstoff, den zweiten auf Anlaßluft stellen kann. Bei Schiffsmaschinen kann man dann auch, indem man nur eine Hälfte der Zylinder im Betrieb hält, kleinere Umdrehungszahlen erreichen, da die Zylinderbelastung dann nicht so vermindert wird. Um an Druckluft zu sparen, werden auch Doppelnocken verwendet, die für das erste Anlassen größere Öffnungen und dann beim Weiterdrehen verminderte Öffnungen freigeben.

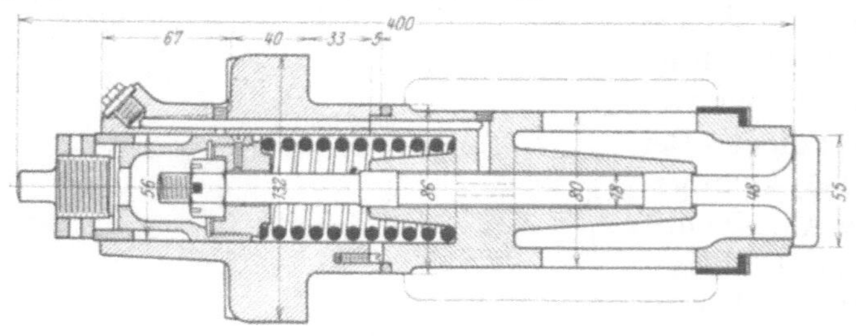
Abb. 275. Kt, Anlaßventil, $\frac{320}{640} \cdot 205$.

Das Ein- und Ausschalten des Anlaßventils erfolgt manchmal pneumatisch, wie z. B. in Abb. 266. Durch die hohle Ventilspindel gelangt nach Öffnen des Anlaßventils Druckluft in einen oben angebrachten Zylinder und drückt den darin befindlichen Kolben unter Überwindung einer Feder nach außen, wodurch auch die Berührung der Nockenwelle mit der Nocke bewirkt wird. Nach Abstellen des Anlaßventils nimmt der Druck im Zylinder ab, und der Antriebhebel wird durch die Kolbenfeder ausgeschaltet.

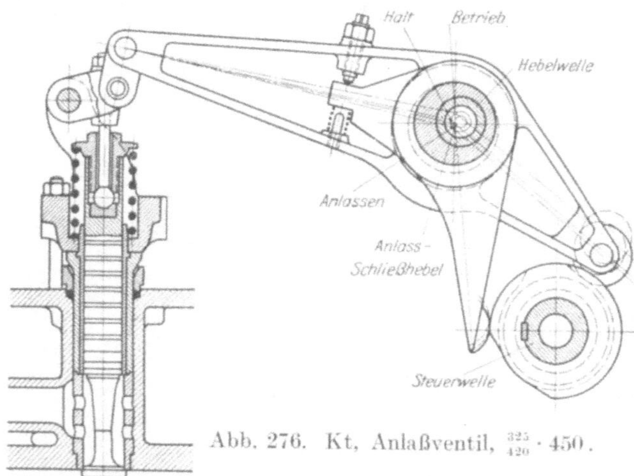

Abb. 276. Kt, Anlaßventil, $\frac{325}{420} \cdot 450$.

Sonst sind gewöhnlich die unmittelbar vom Steuerhebel getroffenen Teile, Spindelende oder Druckplatte, gehärtet, letztere durch Muttern mit den Spindeln verbunden (z. B. Abb. 269). Diese Muttern bilden oft selbst den Federteller oder sind mit ihm durch Kugelschalen verbunden (Abb. 265, 268, 270), auch als Kugelgelenke ausgebildete Druckstücke kommen vor (Abb. 266, 276).

Sicherheitsventile werden erforderlich, wenn im Zylinder ungewöhnlich hohe Spannungen auftreten. Im Betrieb ist dies der Fall, wenn die Brennstoffnadel durch Hängenbleiben in der Packung, durch Bruch oder Nachlassen der Ventilbelastungsfeder nicht abschließt oder an sich undicht ist und hierdurch den durch die mitfolgende Einblaseluft zerstäubten Brennstoff zu einer Zeit in den Zylinder gelangen läßt, in der die Verdichtung und Temperatursteigerung stattfindet.

Ein anderer Fall ist der, daß sich durch Eindringen von Schmieröl aus dem Gehäuseraum im Zylinder schon vor der Verdichtung ein zündfähiges Gemisch bildet. Endlich kann nach einer Revision beim Herausnehmen der Brennstoffnadel das vor dieser lagernde Öl in den Zylinder gelangen und beim nächsten Anfahren zu vorzeitiger Zündung Anlaß geben. Die beiden letztgenannten Fälle führen begreiflicherweise nicht zu so hohen Gasdrücken wie das Hängenbleiben der Brennstoffnadel[1]).

Hingegen kann beim Anlassen das Hängenbleiben des Anlaßventils die Verdichtungsdrücke bedeutend anwachsen lassen und dann durch Brennstoffzuführung weitere große Drucksteigerungen hervorrufen, besonders wenn nicht gleich die erste Brennstoffladung zur Zündung gelangt. Hiergegen werden insbesondere bei schnellaufenden Maschinen besondere Vorsichtsmaßregeln ergriffen.

Um einen Einblick in die Vorgänge bei Frühzündung zu bekommen, sei als Näherung angenommen, daß während der Verdichtung plötzlich eine ganze Brennstoffladung zur Verbrennung komme. Die Temperatursteigerung ist dann: $T_2 - T_1 = \frac{Q}{c_v}$, wenn Q die entwickelte Wärmemenge, bezogen auf die Mengeneinheit der Verbrennungsprodukte, c_v ihre mittlere spezifische Wärme bedeuten. Da nun die effektive Leistung $N_e = \frac{Vn}{9000}\,p_e$, worin V in cm²-m, und für 1 Stunde und 1 PS_e ein Brennstoffverbrauch von z. B. 200 g erforderlich ist, so ist der Verbrauch für einen Doppelhub $\frac{2 \cdot 0{,}2\, Vp_e}{9000 \cdot 60} \backsim 0{,}000\,000\,74\ \ Vp_e$. Diese Menge entwickelt bei einem Heizwert von 10 000 WE eine Wärme von $0{,}0074\ Vp_e$ und erwärmt das ganze Verbrennungsgas, d. i. etwa $\frac{0{,}9\, V}{10\,000} \cdot 1{,}293 \cdot \frac{273}{343} = 0{,}000093\ V$ kg, worin die Temperatur am Ende der Einsaugezeit mit 70° und der Druck mit 0,9 at angenommen wurde. Für 1 kg Gas ist daher verfügbar: $Q = \frac{0{,}0074\, p_e}{0{,}000093}$, d. i. z. B. für $p_e = 7$ at: $Q = 550$ WE.

Mit $c_v = 0{,}185 + 0{,}00006\, t_m$ und einer Mitteltemperatur von 1500° C ergibt sich endlich $T_2 - T_1 = \frac{550}{0{,}275} = 2000°$ als Temperatursteigerung. Dementsprechend erhöht sich auch der Druck von p_1 auf p_2 (Abb. 277): $p_2 = \frac{T_1 + 2000}{T_1}\, p_1$ und die darauffolgende Verdichtung ergibt einen Enddruck, wenn sie ohne Vorzündung 36 at wäre, jetzt $p_3 = 36 \frac{T_1 + 2000}{T_1}$. Je größer T_1 ist, also je später die Vorzündung erfolgt, desto kleiner ist der Enddruck. Ist z. B. die Zündungstemperatur 450° oder $T = 723°$, so wird für $p_0 = 0{,}9$ at, $T = 343°$: $p_1 = \left(\frac{723}{343}\right)^{\frac{\varkappa}{\varkappa - 1}} \cdot p_0 \backsim 12$ at und $p_2 \backsim 46$ at, $p_3 \backsim 136$ at.

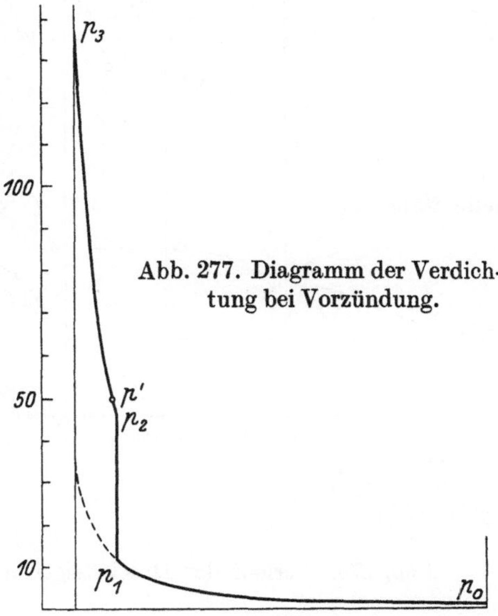

Abb. 277. Diagramm der Verdichtung bei Vorzündung.

Um auch in diesem ungünstigsten Fall die hohen Drücke zu vermeiden, dienen Sicherheitsventile, die bei $p' = 50-60$ at abzublasen beginnen, also z. B. eine Federbelastung $F = 50 \cdot f_0$ erhalten, wenn f_0 der Öffnungsquerschnitt unter dem Ventil ist. Da im Zylinderraum während des ganzen Vorgangs überkritischer Druck herrscht, ist die jeweils sekundlich ausströmende Gasmenge:

$$G_s = \left(\frac{2}{\varkappa + 1}\right)^{\frac{1}{\varkappa - 1}} \cdot f \cdot \sqrt{\frac{p}{v}} \sqrt{\frac{2g\varkappa}{\varkappa + 1}},$$

[1]) Colell: Außergewöhnliche Druck- und Temperatursteigerungen bei Dieselmotoren. Berlin: Julius Springer 1921.

wenn f der engste Querschnitt ist, und da p und v für einen beliebigen im Zylinder verbleibenden Teil adiabatisch zusammenhängen, wird mit $p'v'^{\varkappa} = p_2 v_2^{\varkappa} = C$ auch:

$$G_s = \frac{215}{C^{\frac{1}{2\varkappa}}} f \cdot p^{\frac{\varkappa+1}{2\varkappa}} \quad \text{oder} \quad G_s = \frac{215}{C^{\frac{5}{14}}} f \cdot p^{\frac{6}{7}}.$$

Um nun den Druckverlauf im Diagramm wenigstens annähernd zu verfolgen, denke man sich vorerst G_s für einen Mittelwert von f und p gleichbleibend und lege die Bedingung zugrunde, daß im Totpunkt wieder der Druck $p' = 50$ at herrschen soll. Dort ist dann:

$$p'\left(\frac{V_0}{G_0}\right)^{\varkappa} = C = p'\left(\frac{V'}{G'}\right)^{\varkappa}$$

und daher

$$\frac{G_0}{G'} = \frac{V_0}{V'}.$$

Für andere Werte von V gilt auch:

$$p = C\left(\frac{G}{V}\right)^{\varkappa} = C \operatorname{tg}^{\varkappa}\alpha.$$

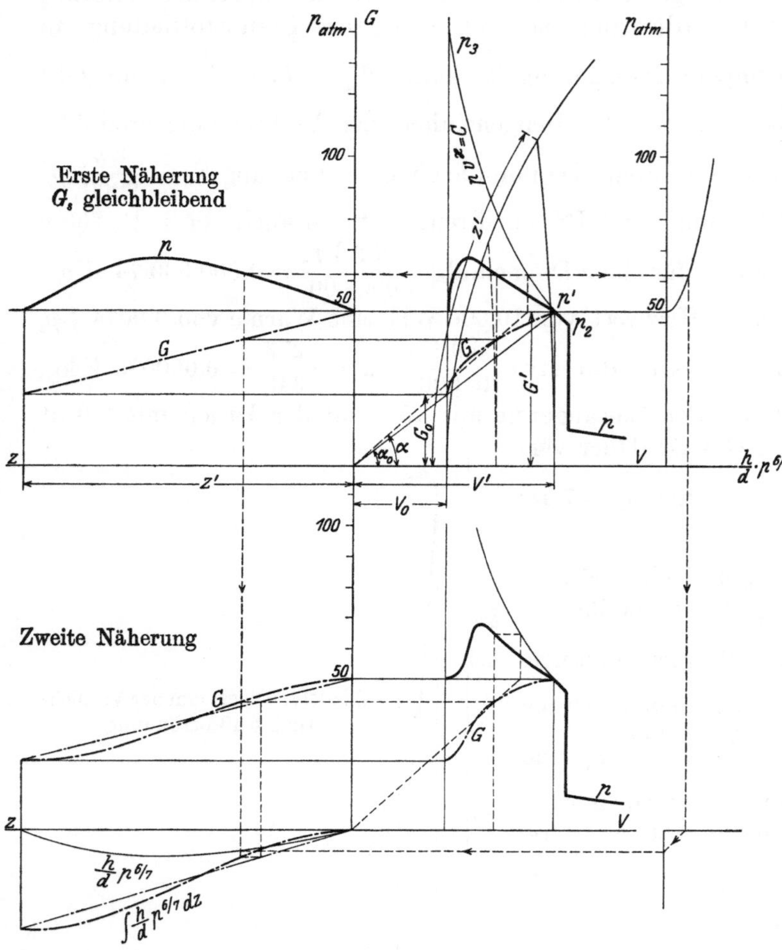

Abb. 278. Verlauf der Drucksteigerung bei Vorzündung.

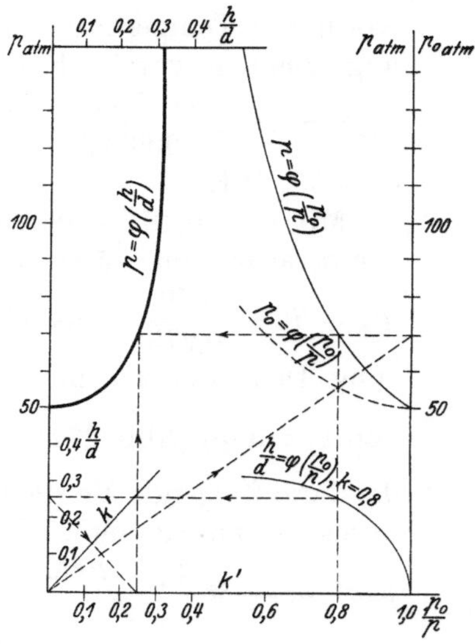

Zu Abb. 278. Hilfskonstruktion.

Um den Verlauf der im Zylinder enthaltenen Gasmengen zu verzeichnen, beachte man daß $G = G' - G_s z$ ist, wenn z die vom Öffnen des Sicherheitsventils an gezählte Zeit bedeutet. Trägt man G in der Zeit auf und projiziert auf die Kolbenwege, so ergibt sich für gleichbleibende Werte oder geschätzten Verlauf von G_s die Kurve für die Gasmenge im p-V-Diagramm und damit auch $\operatorname{tg}\alpha$ und $p = C \operatorname{tg}^{\varkappa}\alpha$ (einfache Konstruktion nach Abb. 278). Schätzt oder rechnet man den Mittelwert p_m von p, bezogen auf die Zeit, so kann man auch den Mittelwert von f finden.

Da $G' - G_0 = G_k \cdot f \cdot z$, so ergibt sich leicht:

$$G'\left(1 - \frac{V_0}{V'}\right) = \frac{215 \cdot f \cdot p_m^{\frac{6}{7}} \cdot 60}{C^{\frac{5}{14}} \cdot n \cdot 11{,}3}$$

für den Kurbelwinkel 32° oder, da

$$G' = V'\left(\frac{p'}{C}\right)^{\frac{1}{\varkappa}}$$

auch:

$$\left(\frac{p'}{C}\right)^{\frac{5}{7}}(V'-V_0) = \frac{1150\cdot f\cdot p_m^{\frac{6}{7}}}{C^{\frac{5}{14}}\cdot n} \qquad \text{oder:} \qquad p'^{\frac{5}{7}}(V'-V_0) = 1150\cdot f\cdot C^{\frac{5}{14}}\cdot \frac{p_m^{\frac{6}{7}}}{n}.$$

Für den Winkel 32° ist: $V' - V_0 = 0{,}09$ Vol. bei einem Schubstangenverhältnis von $\frac{1}{4{,}5}$. Führt man noch $p'v'^{\varkappa} = C$ und $p'v' = RT'$ ein, woraus etwa folgt:

$$v' \backsim \frac{8}{p'},$$

so ergibt sich:

$$C = \frac{8^{\varkappa}}{p'^{\varkappa-1}}$$

und endlich:

$$0{,}09\ Vn = 3270 f\cdot\left(\frac{p_m}{p'}\right)^{\frac{6}{7}} \qquad \text{oder:} \qquad f = 0{,}275 \text{ Vol. } n\left(\frac{p'}{p_m}\right)^{\frac{6}{7}}.$$

Da p_m etwa 1, 2 p' ist, so wird $f \backsim 0{,}25$ Vol. n (Vol. = Hubvolumen).

Der Verlauf der Gasgewichte in der Zeit ist hiernach keine Gerade, sondern wesentlich vom engsten Querschnitt f und dem Druck im Zylinderraum p abhängig. Wie Colell[1]) gezeigt hat, kann man diesen Vorgang etwas genauer verfolgen, was hier unter Berücksichtigung des dort stillschweigend vernachlässigten Impulsdruckes auf den Ventilteller geschehen soll. Für das Gleichgewicht des Ventils bei Vernachlässigung des übrigens gewiß bedeutenden Massendrucks des Ventils gilt für die Federbelastung jeweils: $F = f_0\left(p_0 - p_a + \frac{k' w_0^2}{v_0 g}\right)$, worin die mit dem Zeichen 0 versehenen Größen sich auf den Sitzquerschnitt des Ventiles beziehen und p_a den Außendruck bezeichnet. Ist der Ventilsitz eben, so ist k' nahe 1, bei kegelförmigem Sitz (45°) nahe 0,3 für volle Ventilöffnung. Je kleiner die Öffnung, desto kleiner wird auch k', es sinkt bei aufsitzendem Ventil auf Ø herab. Unter dem Ventil ergibt sich infolge der Energiegleichung für adiabatische Zustandsänderung die Strömungsgeschwindigkeit:

$$w_0 = \sqrt{\frac{2g\varkappa}{\varkappa-1}}\cdot\sqrt{pv}\cdot\sqrt{1-\left(\frac{p_0}{p}\right)^{\frac{\varkappa-1}{\varkappa}}},$$

damit wird:

$$\frac{F}{f_0} + p_a = p_0 + \frac{2\varkappa k'}{\varkappa-1}\cdot p\cdot\frac{v}{v_0}\left(1-\left(\frac{p_0}{p}\right)^{\frac{\varkappa-1}{\varkappa}}\right) = p_0\left[1+\frac{2\varkappa k'}{\varkappa-1}\left(\left(\frac{p}{p_0}\right)^{\frac{\varkappa-1}{\varkappa}}-1\right)\right].$$

Aus der Kontinuitätsgleichung folgt ferner:

$$G_s = f_0\sqrt{\frac{2g\varkappa}{\varkappa-1}}\cdot\sqrt{\frac{p}{v}}\cdot\sqrt{\left(\frac{p_0}{p}\right)^{\frac{2}{\varkappa}}-\left(\frac{p_0}{p}\right)^{\frac{\varkappa+1}{\varkappa}}} = f\cdot\sqrt{\frac{2g\varkappa}{\varkappa+1}}\cdot\left(\frac{2}{\varkappa+1}\right)^{\frac{1}{\varkappa-1}}\cdot\sqrt{\frac{p}{v}}.$$

oder:

$$\frac{f}{f_0} = \left(\frac{\varkappa+1}{2}\right)^{\frac{1}{\varkappa-1}}\cdot\sqrt{\frac{\varkappa+1}{\varkappa-1}}\cdot\sqrt{\left(\frac{p_0}{p}\right)^{\frac{2}{\varkappa}}-\left(\frac{p_0}{p}\right)^{\frac{\varkappa+1}{\varkappa}}} = \frac{k\cdot\pi\cdot d\cdot h}{\frac{\pi d^2}{4}} = 4k\cdot\frac{h}{d},$$

[1]) a. a. O.

worin k von der Neigung des Ventilsitzes und der Öffnung abhängt. Man kann aus dieser letzten Gleichung für jedes Verhältnis $\frac{p_0}{p}$ den Wert $\frac{h}{d}$ berechnen und erhält so die Linie $\frac{h}{d} = \varphi\left(\frac{p}{p_0}\right)$ in Abb. 278. Setzt man die gleichen Werte $\frac{p_0}{p}$ in die Gleichung für die gleichbleibend angenommene Federbelastung F ein, so ergibt sich der Zusammenhang zwischen p_0 und $\frac{p_0}{p}$ $\left[\text{Linie } p_0 = \varphi\left(\frac{p_0}{p}\right)\right]$, daraus der zwischen p und $\frac{p_0}{p}$ $\left[\text{Linie } p = \varphi\left(\frac{p_0}{p}\right)\right]$ und endlich p als Funktion von $\frac{h}{d}$ $\left[\text{Linie } p = \varphi\left(\frac{h}{d}\right)\right]$. Dabei ist k' linear mit $\frac{h}{d}$ zunehmend von 0 auf 0,3 angenommen, während für k der Wert 0,8 gewählt wurde. Mit diesen Größen kann man die früher gewonnenen Werte der Gasgewichte und Gasdrücke verbessern, indem man ausgehend von den dort erhaltenen Drücken jeweils den in

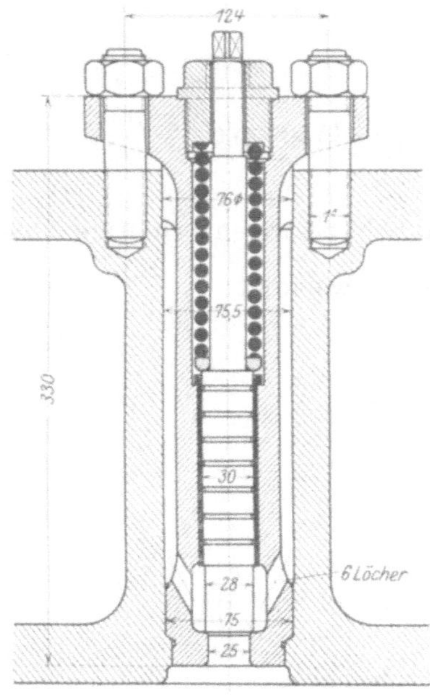

Abb. 279. Kr, Sicherheitsventil, $\frac{335}{500}$, zu Abb. 57.

$$G_s = \frac{215}{C^{\frac{5}{14}}} \cdot f \cdot p^{\frac{6}{7}} = \frac{860 \cdot k}{C^{\frac{5}{14}}} \cdot f_0 \left(\frac{h}{d} \cdot p^{\frac{6}{7}}\right)$$

vorkommenden veränderlichen Faktor $\frac{h}{d} \cdot p^{\frac{6}{7}}$ berechnet, über der Zeit aufträgt und die Integralkurve bildet, die ihrerseits proportional der Abnahme $(G' - \int G_s \, dz)$ des Gasgewichtes im Zylinder ist. In gleicher Weise wie früher ergibt sich dann der Verlauf der Drücke in zweiter Näherung.

Hat man auf diese Weise die Abmessungen des Sicherheitsventiles bestimmt, so läßt sich die Konstruktion leicht ausführen. Beispiele bieten die Abb. 279 bis 283. Die Sicherheitsventile können leicht als Entspannungsventile verwendet werden, und zwar durch unmittelbar mechanische Steuerung (Abb. 283, 284) oder auch durch Luftdrucksteuerung mittels eines mit der Ventilspindel verbundenen Kolbens (Abb. 285). Jedenfalls ist das Festklemmen wegen Einrostens durch Metallbüchsen oder Herstellung der Ventilspindelführung aus Metall zu vermeiden. Wenn das Sicherheitsventil infolge Verschmutzens undicht wird und bläst,

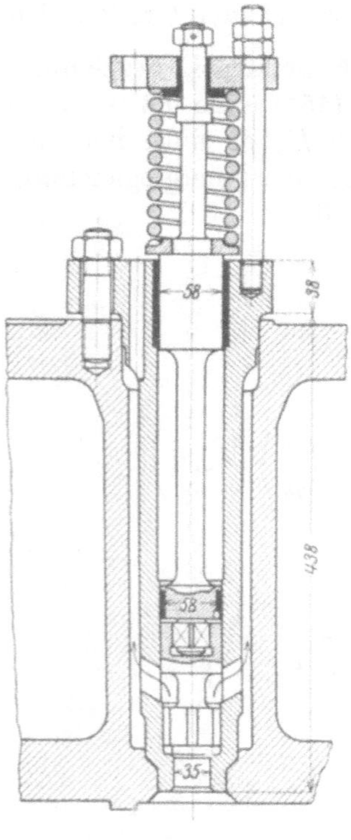

Abb. 280. AEG, Sicherheitsventil, $\frac{640}{960} \cdot 125$, zu Abb. 62, 63.

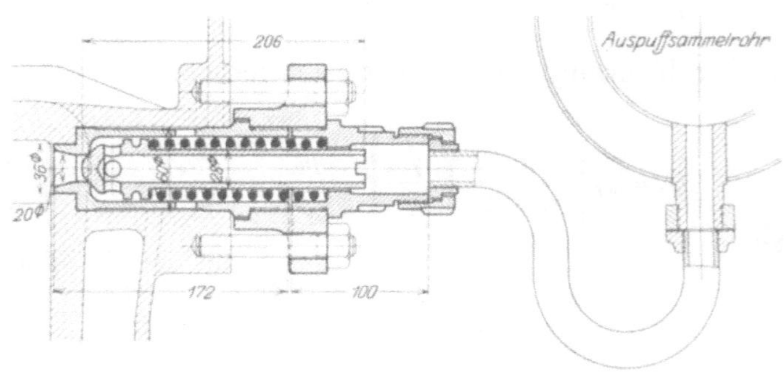

Abb. 281. Lb, Sicherheitsventil, $\frac{285}{340} \cdot 400$, zu Abb. 14.

genügt manchmal eine Verdrehung zur Behebung des Mangels, weshalb manchmal die Spindel oben durchgeführt und mit Vierkant versehen wird (Abb. 279, 282, 283). Eine Ausführung für eine liegende Maschine zeigt Abb. 286.

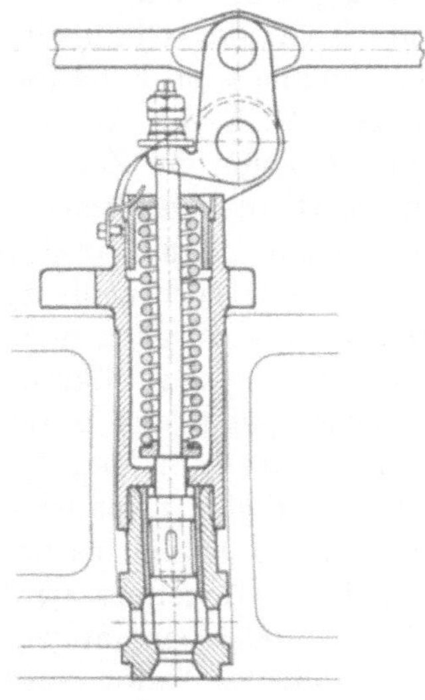

Abb. 282. Bz, Sicherheits- und Entspannungsventil, $\frac{350}{375} \cdot 450$, zu Abb. 27.

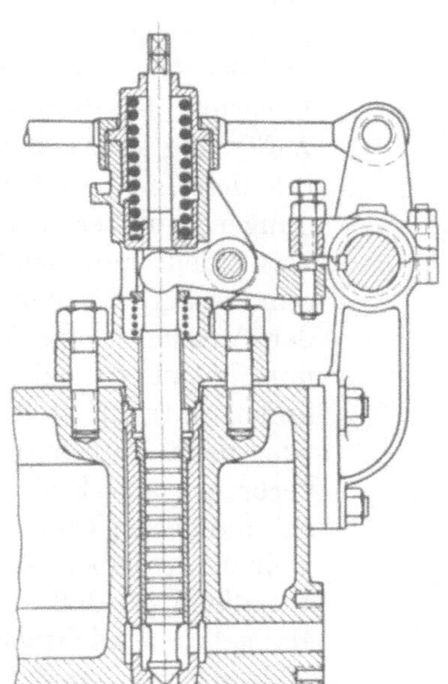

Abb. 283. Da, Sicherheits- und Entspannungsventil, $\frac{335}{380} \cdot 450$.

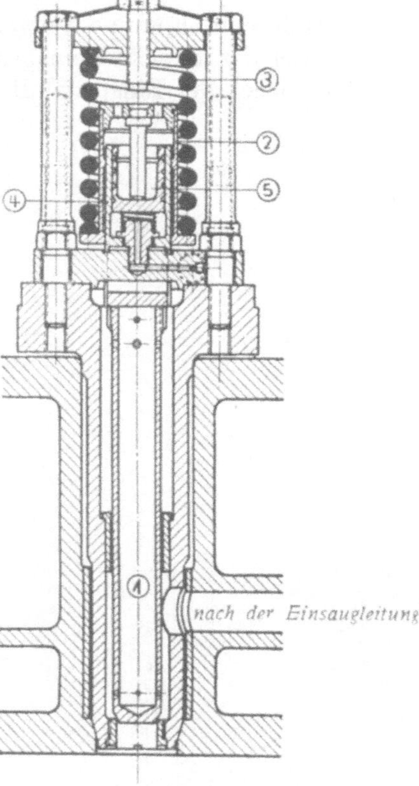

Abb. 285. MAN, Sicherheits- und Entspannungsventil, $\frac{530}{530} \cdot 380$, zu Abb. 451.

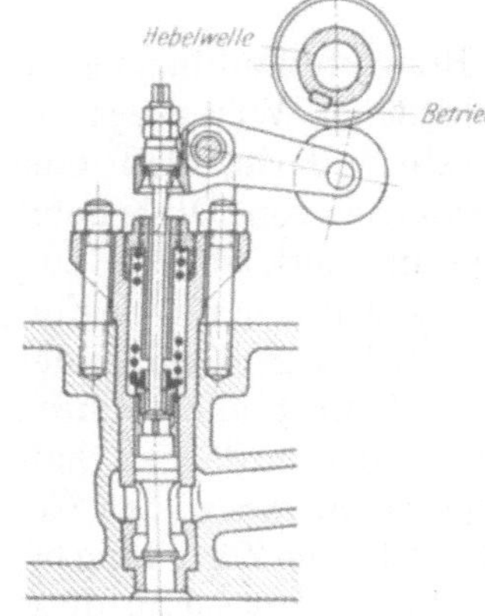

Abb. 284. Kt, Sicherheits- und Entspannungsventil, $\frac{325}{420} \cdot 450$.

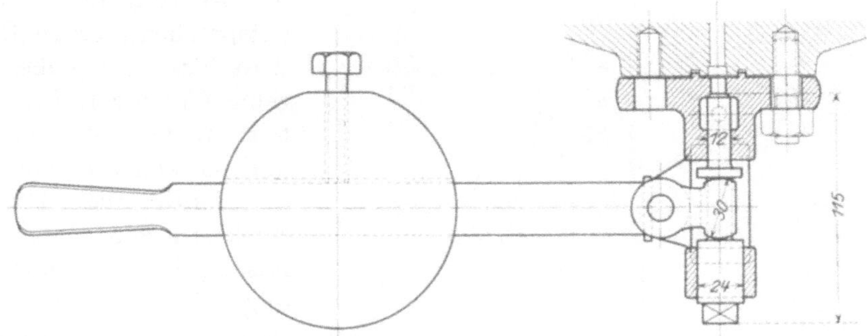

Abb. 286. Lb, Sicherheits- und Entspannungsventil, $\frac{260}{420} \cdot 260$.

X. Das Brennstoffventil.

Das Brennstoffventil ist ein dem Dieselmotor eigentümlicher Bestandteil. Es hat die doppelte Aufgabe, den flüssigen Brennstoff nach einem zeitlich günstigen Verlauf, also nicht plötzlich, in den Verbrennungsraum zu bringen, ihn entsprechend zu zerstäuben und im Zylinder zu verteilen, so daß die Verbrennung in einer geregelten Weise und in dem zur Verfügung stehenden kurzen Zeitraum auch vollkommen bewirkt wird.

Da die Temperatur im Zylinder erst während der Verbrennung über die Verdichtungstemperatur ansteigt, handelt es sich besonders darum, die Zündung im ersten Augenblick der Einspritzung kurz vor Kolbentotlage zu sichern und noch vor dem Eintritt kalter Druckluft schon ein wenig ungekühltes Öl einzuführen. Bei der normalen Dieselmaschine wird die Einspritzung durch Druckluft bewirkt, während man mit Erfolg auch ohne

Druckluftverdichter arbeitet und zur Einspritzung nur die plötzliche Druckerhöhung mittels der Ölpumpe verwendet.

Bei der Drucklufteinspritzung ist die zeitliche Verteilung der Einspritzmenge vom Überdruck der Einspritzluft, der jeweiligen Öffnung des Brennstoffventils und den Strömungswiderständen abhängig, also auch wesentlich von der Form und Größe der Oberfläche des das vorgelagerte Öl aufnehmenden Behälters und der Öl- und Luftwege. Auch die Art der Lagerung des Brennstoffes, die von der Zeit der Zuführung abhängt, und die Dichte und Viskosität desselben sind von Einfluß. Um Vorzündungen und erhöhten Brennstoffverbrauch zu vermeiden, muß das Brennstoffventil ganz dicht sein; erstere können entstehen, wenn während der Ansauge- oder Verdichtungszeit das durch mitfolgende Druckluft zerstäubte Öl in den Zylinder eintritt; ist dies während der Expansion oder beim Ausschub der Fall, so gelangt es unverbrannt ins Freie. Auch die Regelung wird bei undichtem Brennstoffventil oder bei Hängenbleiben desselben schwankend, der Motor stößt auffallend, so daß aus diesen Erscheinungen auf Mängel der Dichtheit oder der Steuerung geschlossen werden kann. Bei verdichterlosen Maschinen vermindern sich diese schädlichen Einflüsse.

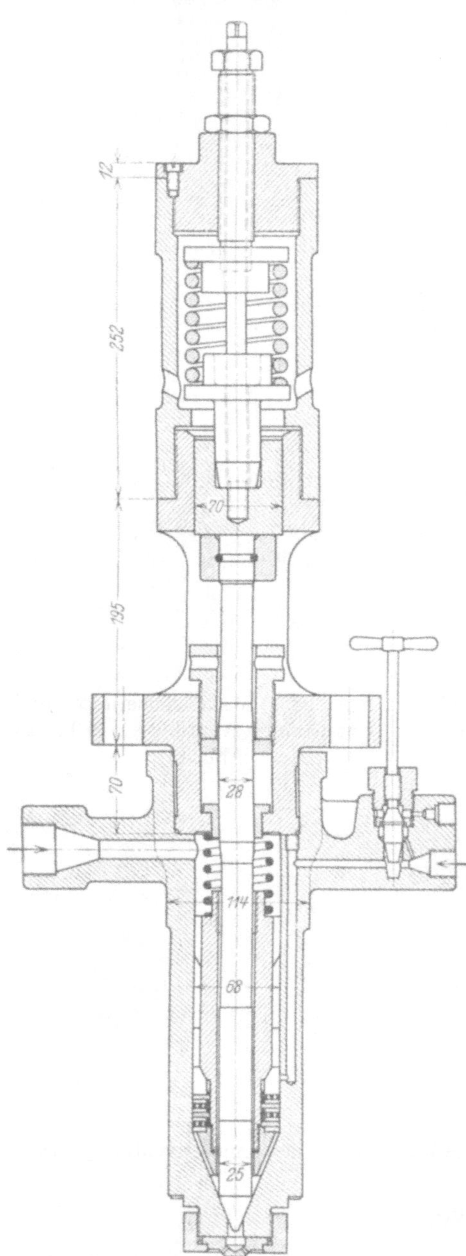

Abb. 287. AEG, Brennstoffventil, $\frac{640}{960} \cdot 125$, zu Abb. 62, 63.

Die Verteilung der Brennstoffzuführung in der Zeit wird in verschiedener Weise erzielt; die ursprüngliche Art besteht darin, daß eine entsprechend große Oberfläche von Öl benetzt wird, das man außerdem im Luftstrom in einzelne Fäden zerteilt, so daß sich schon vor Eintritt in den Zylinder ein Öl-Luftgemisch bildet und so weder Öl allein, noch Luft allein durch das Ventil tritt. Das an den Oberflächen haftende Öl wird erst mitgerissen, wenn das Gemisch sehr ölarm geworden ist. Die Zerteilung erfolgt hier durch gelochte Platten, weshalb diese Bauart als Plattenzerstäuber bezeichnet wird. Begreiflicherweise ist nach dieser Darstellung des Vorgangs diese Anordnung nicht nur gegen Geschwindigkeitsänderungen, sondern auch gegen Belastungsänderungen sehr empfindlich, weil die vorgelagerte Ölmenge für den Verlauf der Gemischbildung maßgebend ist. Viel weniger ist dies der Fall bei den Ring- oder Spaltzerstäubern, bei denen das vorgelagerte Öl durch den im Luftstrom an einer engen Stelle entstehenden relativen Unterdruck angesaugt und mitgerissen wird. In beiden Fällen wird das Öl-Luftgemisch noch durch enge Kanäle zerteilt, womöglich mit gegen die Ventilachse zu sich erhöhendem Drall, und endlich an dem hinter dem Verteiler abschließenden Brennstoffventil vorübergeführt, hinter dem noch die engste Stelle in einer Düsenplatte liegt. Die expandierende Luft zerreißt den Brennstoff in weitere kleinere Teile. Bei diesen Ausführungen wird der Brennstoff unmittelbar in den mit Druckluft erfüllten Raum vor dem Brennstoffventil eingebracht, die Brennstoffpumpe arbeitet also gegen hohen Druck, während der vorgelagerte Brennstoff nur durch Wärmemitteilung von den Wänden her etwas erwärmt wird, um so mehr, je länger er dort verweilt. Diese Bauarten nennt man geschlossene.

Liegt hingegen das Druckluftventil vor dem Ölbehälter, so braucht die Pumpe während der Ausschub- oder Ansaugezeit nur gegen geringen Druck zu fördern, der dort gelagerte Brennstoff wird während der Verdichtung im Zylinder stark vorgewärmt, man spricht von einer offenen Düse. Hier wird gewöhnlich kein besonderer Verteiler verwendet, nur die größere oder kleinere benetzte Oberfläche des hinter der Ölzuführung liegenden Teils der Düse und seine Form wirken auf die zeitliche Verteilung des Brennstoffs ein; die Einspritzung ist gewöhnlich plötzlicher als bei der geschlossenen Düse, weshalb auch meist der Verbrennungsdruck im Zylinder ansteigt.

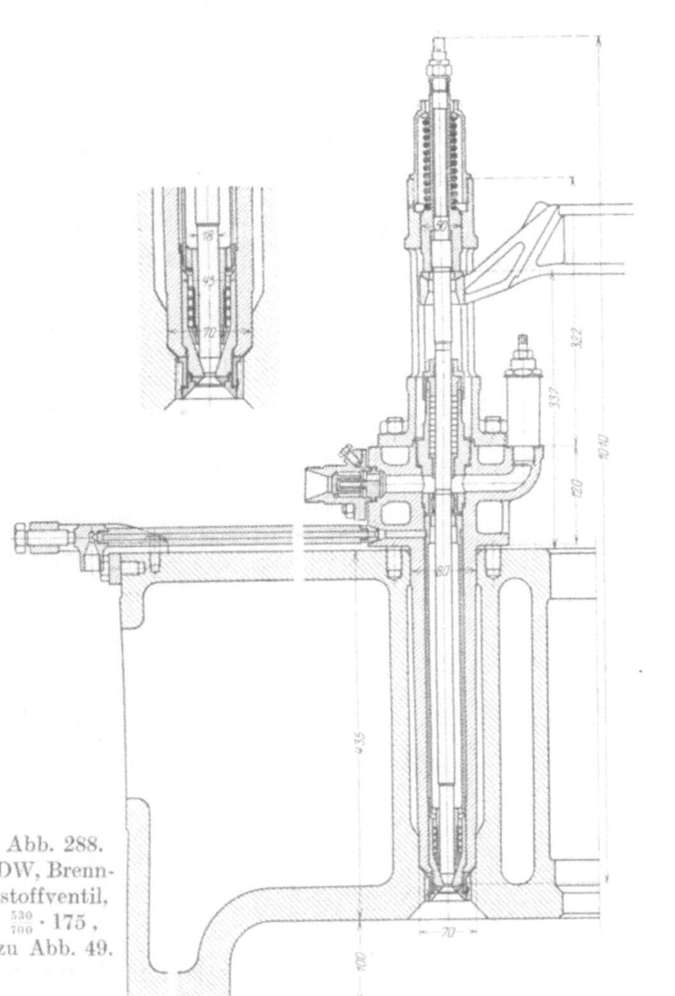

Abb. 288. DW, Brennstoffventil, $\frac{530}{700} \cdot 175$, zu Abb. 49.

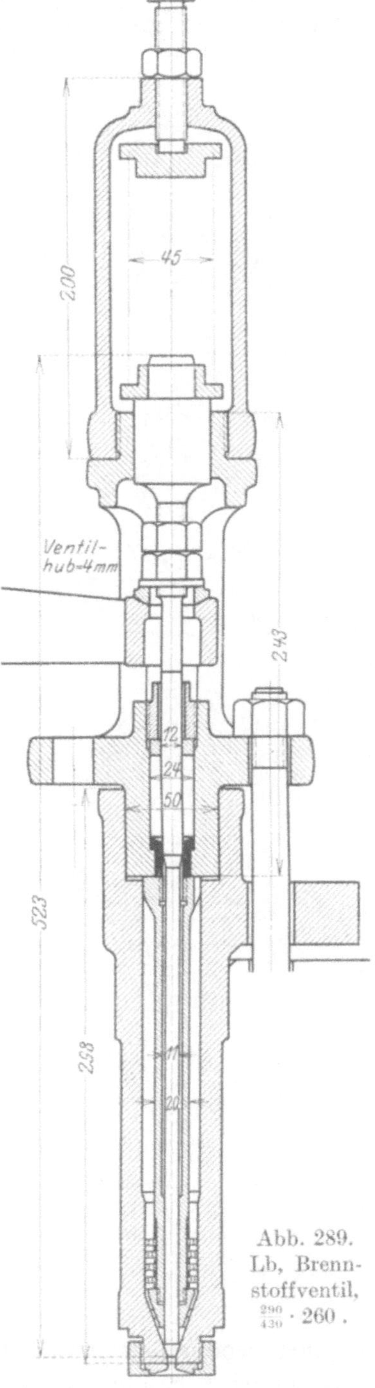

Abb. 289. Lb, Brennstoffventil, $\frac{290}{430} \cdot 260$.

Die Zerstäubung geschieht hier vornehmlich durch das Auftreffen des Luftstrahles auf die Oberfläche des Brennstoffes im Düsenraum und durch das Eindringen von Luftblasen in denselben, wobei das so entstehende Brennstoff-Luftgemisch wieder bei der Expansion der Luftblasen in den Bohrungen einer Düsenplatte fein verteilt wird.

Die bauliche Durchführung des ursprünglichen Plattenzerstäubers ist z. B. in Abb. 287, 288 dargestellt Die Brennstoffnadel wird aus Nickelstahl, Werkzeugstahl, meist aber bis 12 mm Durchmesser aus Einsatzflußeisen hergestellt, gehärtet und geschliffen, wenigstens soweit die Stopfbüchse reicht, während der Ventilsitz wegen des Einschleifens weich bleiben soll. Der nach außen öffnende Ventilsitz ist manchmal gesondert aus Gußeisen hergestellt, bei größeren Ausführungen wird auch die ganze Spindel aus Gußeisen aus-

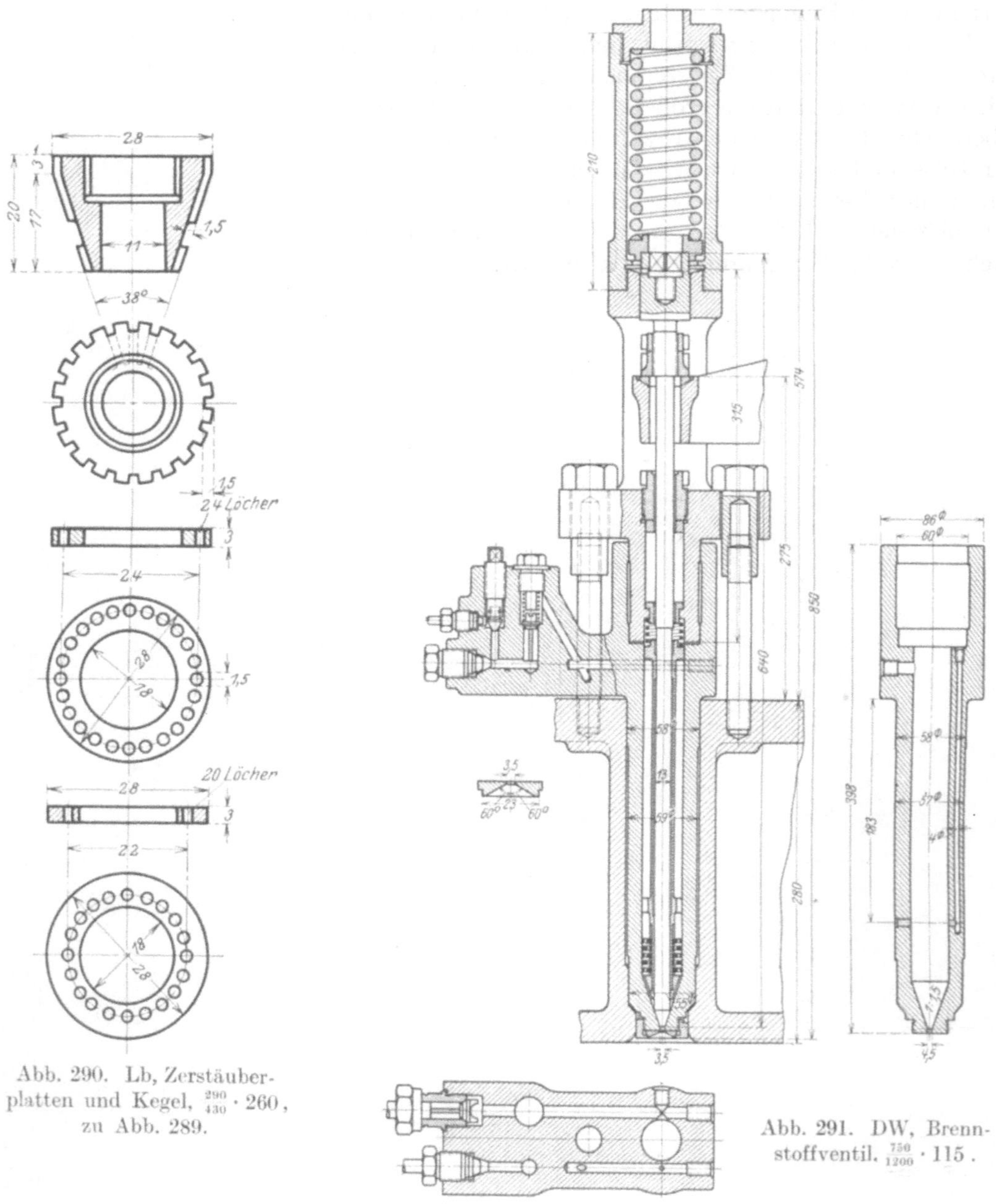

Abb. 290. Lb, Zerstäuberplatten und Kegel, $\frac{290}{430} \cdot 260$, zu Abb. 289.

Abb. 291. DW, Brennstoffventil. $\frac{750}{1200} \cdot 115$.

geführt, wodurch leichteres Einschleifen und weniger Zerstörung durch den Brennstoff erreicht wird, besonders auch bei Teerölbetrieb. Der Ventilkegel von etwa 40° Spitzenwinkel ragt mit der Spitze bis an das Ende des Sitzes, damit in diesem kein Grat entsteht. Die Spindel wird in einer Hülse nahe dem Sitz, in einer Stopfbüchse und meist auch noch oberhalb des Ventilhebelangriffs geführt. Die innere Führungshülse ist aus hartem Gußeisen, nur bei kleinen Maschinen auch aus Rotguß, Bronze oder Schmiedeeisen hergestellt und trägt unten die Zerstäuberplatten, die mit einer als Zerstäuberkopf ausgebildeten kegelförmigen Mutter befestigt werden. Die Hülse ist entweder in dem Ventilgehäuse mit einer Mutter (Abb. 288) oder durch die Ventilhaube unmittelbar (Abb. 289, 290) oder mit einer Feder festgehalten (Abb. 287, 291, 293). Jedenfalls wird der relativen Dehnung der Hülse gegen das Gehäuse Rechnung getragen. Die Hülse ist außer in dem Konus des Zerstäuberkopfes noch außen durch einen Ring oder durch Rippen im Ventilgehäuse zentriert und gegen Drehung gesichert. Für leichteres Ausbauen ist durch oben angebrachte Gewindeeindrehung zu sorgen. Die Spindelabdichtung nach außen wird durch eine Stopfbüchse bewirkt, die entweder in dem Ventilaufsatz untergebracht ist (Abb. 287, 291) oder im Ventilgehäuse eingeschraubt wird (Abb. 288, 292). Ventilgehäuse und Aufsatz bilden manchmal auch ein gemeinsames Gußstück (Abb. 294). Die Stopfbüchsenpackung erfordert besondere Vorsicht. Sie besteht meistens aus Planit und einem Vulkabestonring. Planit besteht aus Weißmetallspänen, die mit Zylinderöl getränkt sind. Sie sind in dünnen Schichten unter Zusatz von Öl und Graphit mit einem besonderen Stampfrohr einzupressen. Manchmal wird zum Verpacken eine etwas dünnere Hilfsnadel verwendet. Das Verpacken muß natürlich ganz zentrisch erfolgen, weshalb Stopfbüchse und Ventileinsatz hierzu zusammenzubauen sind. Der zuletzt einge-

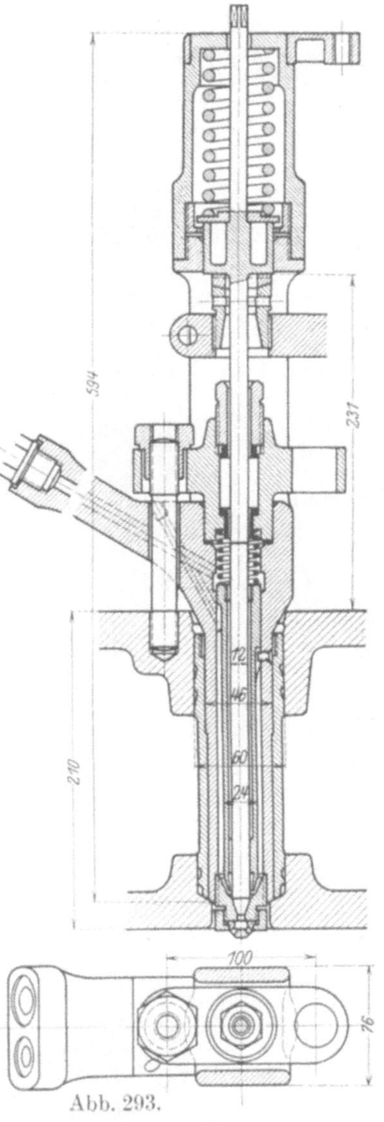

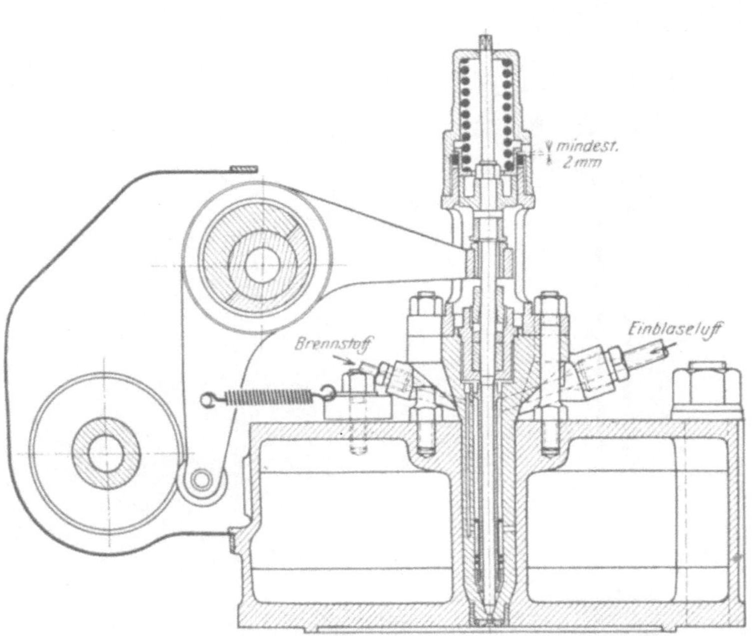

Abb. 292. Da, Brennstoffventil, $\frac{335}{380} \cdot 450$.

Kr, Brennstoffventil, $\frac{280}{350}$, zu Abb. 57.

führte Vulkabestonring dient dazu, das Öl in der Stopfbüchse festzuhalten. Auch fertig gedrehte Weißmetallringe oder abwechselnd außen und innen abdichtende Ledermanschetten wurden in einzelnen Fällen als Stopfbüchsen verwendet. Die Nadel ist oft nachzusehen und, mit dickem Öl gefettet, wieder einzusetzen. Der Ausbau der Spindel muß daher leicht geschehen können, meist ohne die starke Belastungsfeder ganz zu entspannen, also mit dem Ventilaufsatz gemeinsam. In Abb. 293 ist hingegen die Ventilspindel nach Abnahme des Federtellers allein ausnehmbar. Sie ist bis oben durchgeführt und dort mit Vierkant zum Einschleifen und zum Drehen bei Nachpackung mit Planit versehen. Die Feder braucht beim Abnehmen des Oberteils nur ein wenig entspannt zu werden. Jede noch so geringe Verbiegung der Nadel muß unbedingt vermieden werden.

Das Ventilgehäuse wird in den Zylinder entweder konisch oder auch eben eingesetzt, eingeschliffen oder mit Kupferringen abgedichtet. Es trägt an seinem Ende die Düsenplatte aus hartem Stahl, die mit ebenfalls stählerner oder aus Bronze hergestellter gesicherter Überwurfmutter angeschraubt wird. Das Gehäuse wird meist aus Gußeisen

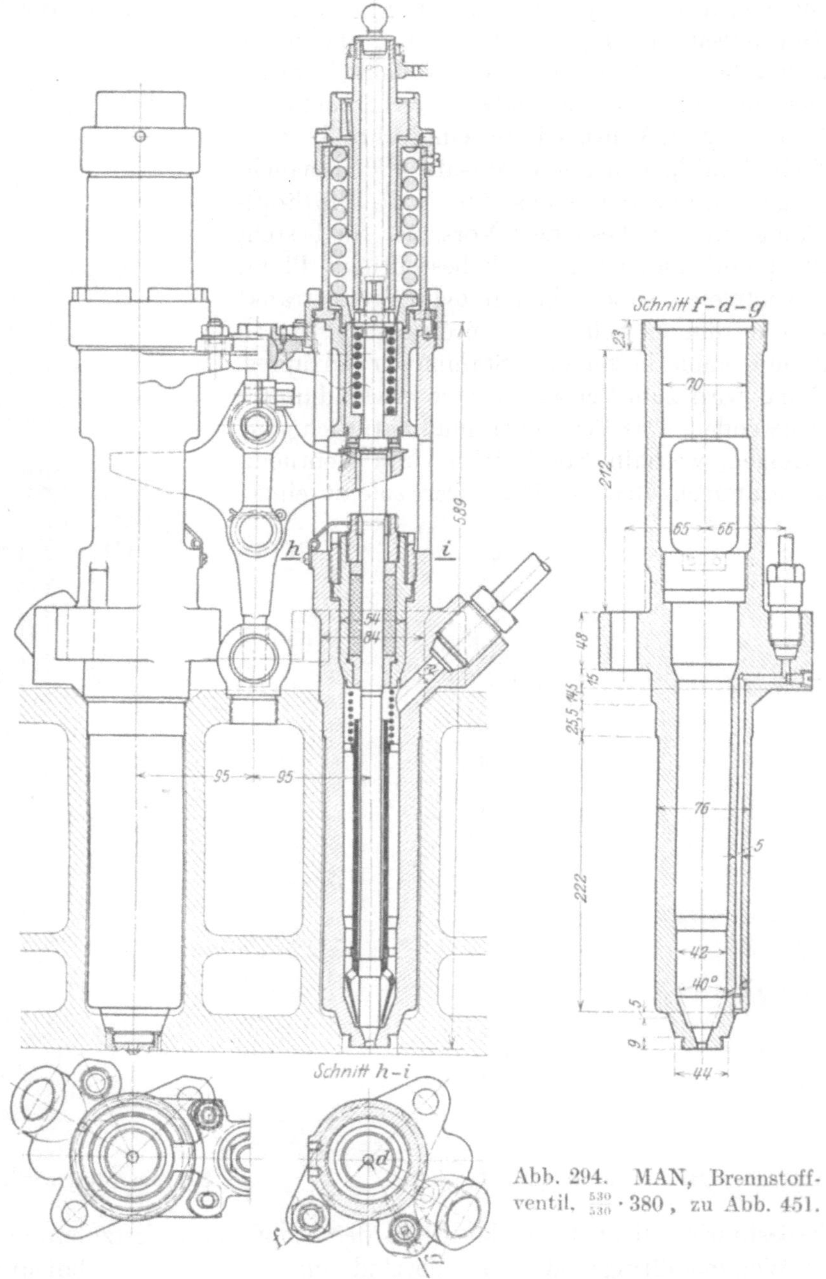

Abb. 294. MAN, Brennstoffventil. $\frac{530}{530} \cdot 380$, zu Abb. 451.

oder Stahlguß hergestellt, der Sicherheit gegen Zündungen im Brennstoffventil wegen auch aus Schmiedeeisen[1]). In der Gehäusewand sind gewöhnlich die Bohrungen für den Brennstoff angebracht, während die Einblaseluft unmittelbar und meist tangential in den Raum zwischen Gehäuse und Spindelführung eintritt. Manchmal, z. B. Abb. 288, gelangt der Brennstoff in diesen dann engen Zwischenraum, während die Luft in das Innere der Führungshülse eintritt. Auch auf der ganzen Länge kegelförmig ein-

[1]) Colell: a. a. O., S. 68.

geschliffene Gehäuse mit Brennstoffzutritt durch Nuten in den Außenflächen sind verwendet worden (Abb. 295), erfordern aber sorgfältigste Abdichtung. Bei seitlicher Zuführung soll das Brennöl erst nahe an den Zerstäuberplatten eingeführt werden, damit es sich sogleich über diese verteilt und sich nicht unterhalb der Mündung anstaut. Die Zerstäuberplatten selbst sind einfache Ringe, die genau in die Bohrung des Düseneinsatzes und auf den Umfang der Führungshülse passen und entweder durch besondere Distanzringe oder ringförmige Ansätze voneinander getrennt sind. Sie sind jeweils mit einer Reihe von Löchern, abwechselnd in zwei verschiedenen Durchmessern angeordnet, versehen, die auch noch gegeneinander am Umfang versetzt sind, so daß der Weg der Luft sehr verwickelt wird. Häufig sind auch noch Nuten eingedreht, die das Abfegen des Öls verlangsamen sollen. Es muß nämlich an den Oberflächen nach Beendigung der Einspritzung noch ein wenig Öl haften, das sich dann bis zur nächsten Ventilöffnung an der Nadelspitze sammelt und einen „Zündtropfen“ bildet. Für Gasölbetrieb werden die Plättchen gewöhnlich aus Bronze oder Deltametall, für Teeröl aus Stahl oder auch Gußeisen hergestellt. Die Platten sind etwa 2—4 mm stark, ihre Entfernung voneinander liegt zwischen 2 und 6 mm. Die Anzahl der Löcher beträgt 20 bis 30 in einem Umkreis, (vgl. Abb. 290) ihre Bohrung von 0,7 bis 2 mm. Auch zwei Reihen Löcher in jeder Platte kommen bei großen Ausführungen vor. Die Zahl, Größe und Anordnung der Löcher sowie die Zahl der Platten (meist zwei bis vier) sind versuchsweise zu ermitteln und lassen sich nur erfahrungsmäßig bestimmen. Schnellaufende Maschinen erfordern natürlich größere Durchgangsöffnungen oder kleinere Plattenzahl, ebenso schwerflüssiger Brennstoff, wenn der zur Verteilung verfügbare Kurbelwinkel zwischen Öleinführung und Nadelöffnung gleich bleibt. Der als Befestigungsmutter für die Düsenplatten verwendete Zerstäuberkopf wird aus Stahl hergestellt und bildet durch außen eingearbeitete Nuten mit dem passend kegelförmigen Gehäuse enge Kanäle für das Öl-Luftgemisch. Die Nuten werden oft auch schaufelförmig und so gestaltet, daß sich ein Wirbel mit nach innen rasch wachsender Drehgeschwindigkeit bildet, der durch die Fliehkraft die kegelförmige Erweiterung des austretenden Strahles unterstützt. Sonst wird sie nur durch das Zusammenprallen der Ölteilchen erzeugt.

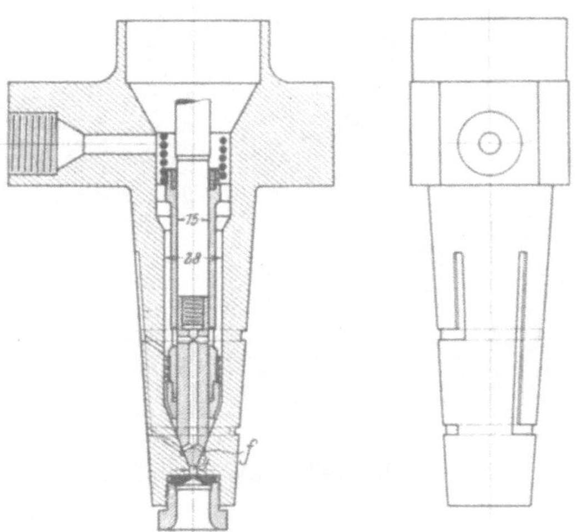
Abb. 295. Br-D.. Brennstoffventil.

Die Bohrung der Düsenplatte ist sorgfältig durch Versuch zu bestimmen und dann genau einzuhalten. (Vgl. S. 214.) Meist sind die Ränder abgerundet, außen befindet sich bei einer zentralen Bohrung gewöhnlich eine flach kegelförmige Erweiterung. Bei mehreren Düsenöffnungen ist die Ausbildung entsprechend (Abb. 287, 293, 294).

Der Anschluß der Luft- und Brennstoffleitung geschieht am besten durch Kupferkonus und Überwurfmutter. Ein Prüfventil auf dem Gehäuseflansch dient zur Sicherstellung des Ölzuflusses und auch zur Entfernung etwa in der Leitung vorhandener Luft (Abb. 287), ein Rückschlagventil zur Vermeidung von Druckerhöhungen in der Brennstoffleitung (Abb. 291). Auch das Rückschlagventil und das Sicherheitsventil für die Luftleitung sind manchmal am Ventilgehäuse untergebracht. (Vgl. Abschnitt XIV und Abb. 288, 291.)

Das Ventilgehäuse wird entweder unmittelbar oder zumeist durch den Ventilaufsatz mittels Flansch und Schrauben am Deckel befestigt. Der Ventilaufsatz ist dabei zylindrisch oder kegelförmig im Gehäuse eingepaßt und trägt oben die Spindelführung. Die Abdichtung der Einspritzluft geschieht bei ebenem Sitz durch Kupferringe, bei kegelförmigem durch Einschleifen.

Die Hülse für die nachspannbare Feder wird mit so langem Gewinde versehen, daß die ersten Windungen schon bei geringer Federspannung fassen, was das Einbringen sehr erleichtert.

Abweichend von den gebräuchlichen Ausführungen haben Burmeister & Wain in Kopenhagen (Abb. 296) nach innen öffnende Brennstoffventile verwendet. Auch sind hier die Zerstäuberköpfe, statt mit außen liegenden Nuten versehen, schräg durchbohrt und die Spindelhülsen oben fest gemacht und ausgeschliffen, so daß die

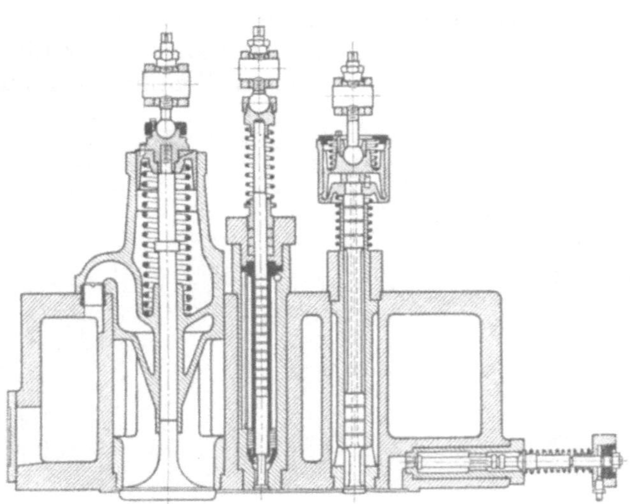

Abb. 296. BuW, Zylinderdeckel.

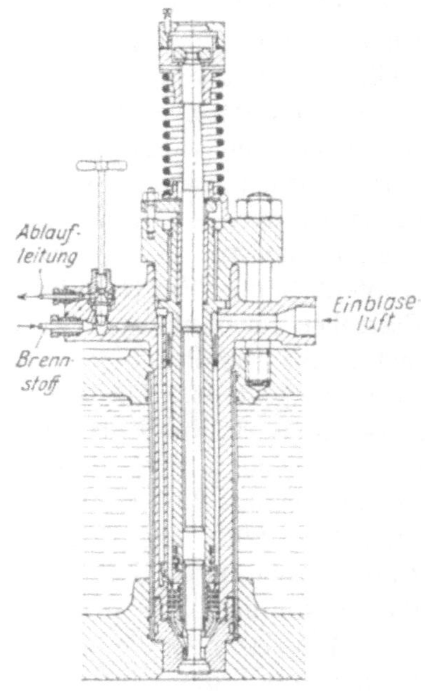

Abb. 297. AEG, Brennstoffventil, $\frac{640}{960} \cdot 125$, zu Abb. 62, 63.

geschliffene Spindel die Stopfbüchse entlastet (Abb. 297). In Abb. 298 ist ein Zerstäuber dargestellt, bei dem die Ölzuführung zum Verteiler zwischen Hülse und Gehäuse erfolgt und die gelochten Platten durch eingelegte Kugeln ersetzt sind. Die Düsenplatte aus Kupfer ist hier als Hohlraum mit vier Düsenlöchern ausgeführt, sie erhitzt sich sehr stark und dient zur Vorwärmung des Einspritzgemisches. Hier ist auch, wie bei der Bauart von Sulzer (Abb. 143, 299) die Spindelstoffbüchse vermieden, indem die unter Druck stehende Ventilhaube den Antriebshebel umschließt. Der Antrieb erfolgt durch eine nur einerseits abgedichtete Drehwelle bei viel geringerer Stopfbüchsenreibung, wodurch die Belastungsfeder schwächer werden darf. Die nach außen gerichtete, durch den Gasdruck entstehende Axialkraft wird durch eine Kugelspur aufgenommen.

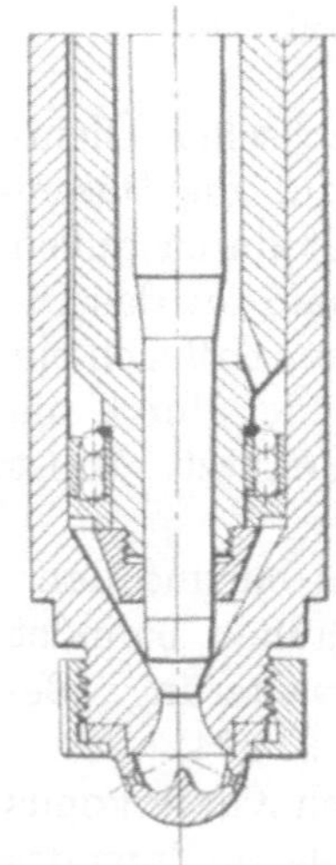

Abb. 298. Schn, Brennstoffventil $\frac{320}{350} \cdot 400$, zu Abb. 143.

Im Wesen ähnlich ist die Ausführung Abb. 300, bei der der Antrieb des im Druckraum liegenden, auf Schneide oder Walze gelagerten Nadelhebels durch eine eingeschliffene Spindel mit Ventilkopf bewirkt wird. Beachtenswert ist auch der Schutz des die Düsenplatte umgebenden Teils des Deckels gegen hohe Temperaturen durch einen Stahlmantel. Nur während der kurzen Zeit der Ventilöffnung hat die eingeschliffene Spindel als Labyrinth abzudichten. Die gleiche Bauart mit Bolzen für den Ventilantriebshebel zeigt auch Abb. 301.

Abb. 302 zeigt statt der Platten eine mit der Spindelführung verbundene Hülse mit schraubenförmigen Eindrehungen und kleinen Längsbohrungen für Luft und Brennstoff. Dieser wird unten am Ende der Schraubennuten in diesen vorgelagert und erfüllt die von hier zu einem mit einer kleinen Feder angedrückten Ventilteller führenden Bohrungen. Wird die Brennstoffnadel angehoben, so hebt sich diese

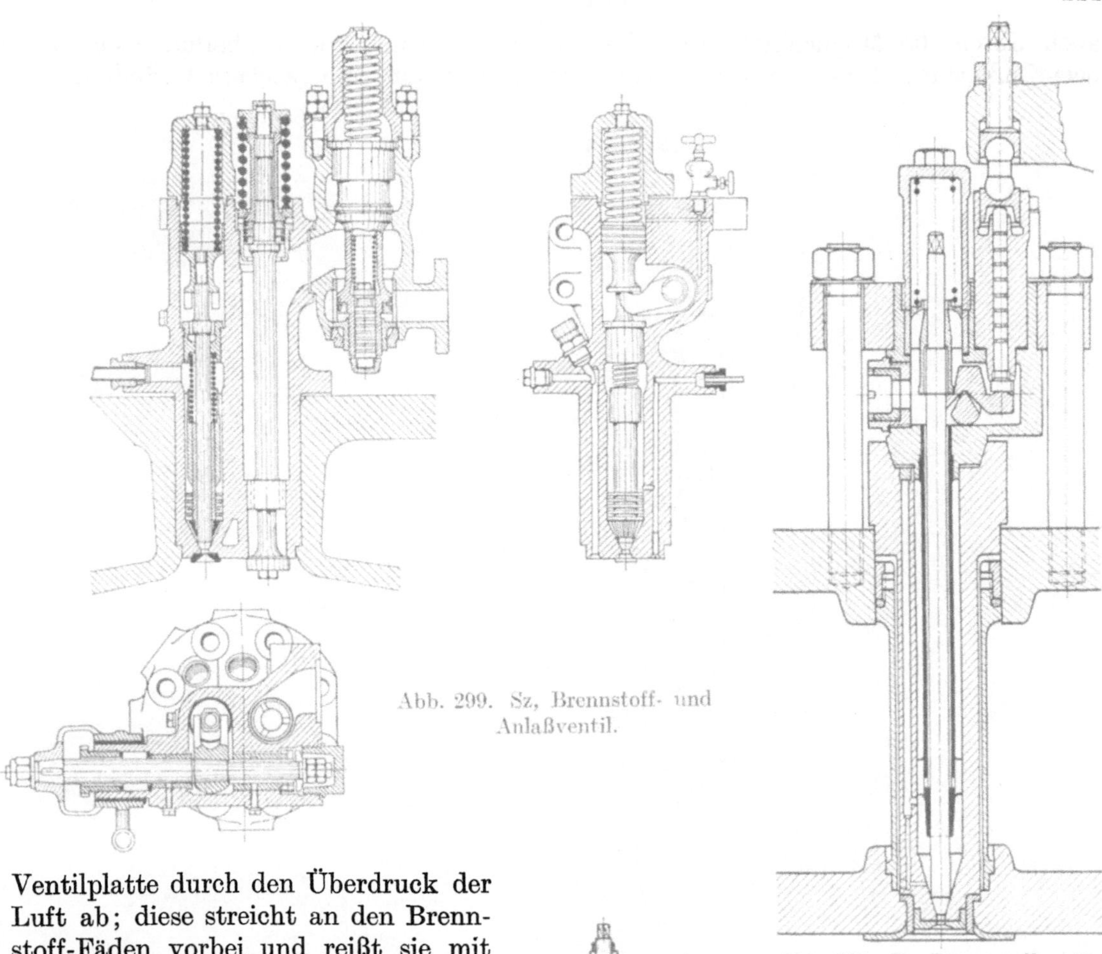

Abb. 299. Sz, Brennstoff- und Anlaßventil.

Abb. 300. To, Brennstoffventil.

Ventilplatte durch den Überdruck der Luft ab; diese streicht an den Brennstoff-Fäden vorbei und reißt sie mit in den Zerstäuberkopf. Dem Versuch unterworfen ist dabei die richtige Bemessung der Luft- und Ölwege; diese Bauart bildet einen Übergang zu den Spaltzerstäubern, indem sie gegen Änderungen der Brennstoffzufuhr wenig empfindlich ist.

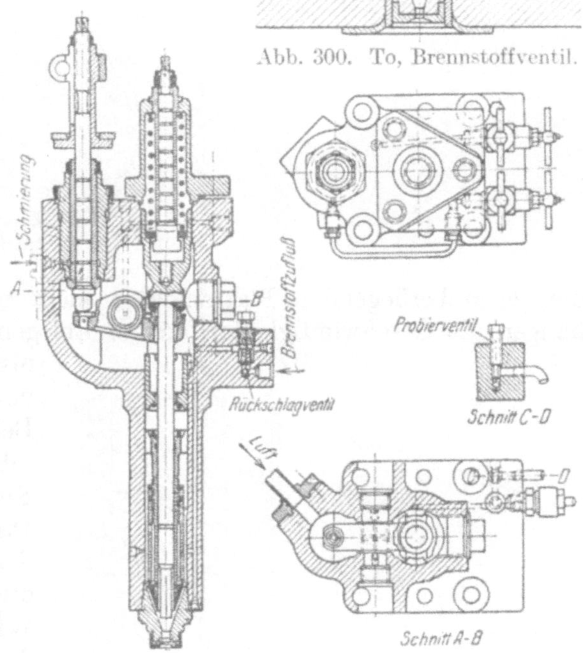

Abb. 301. MAN, Brennstoffventil, $\frac{700}{1400} \cdot 108$, zu Abb. 382.

Um eine etwas genauere, wenn auch nur qualitative Vorstellung vom Verteilungsvorgang zu bekommen, sei auf Abb. 303 verwiesen, wo für einen bestimmten Fall: Zylinderbohrung 290 mm, Hub 430 mm, Umdrehungszahl 260 die entsprechende für eine Doppelumdrehung erforderliche Brennstoffmenge über den Plattenverteiler eingezeichnet ist. Das Brennöl kann entweder während einer ganzen oder halben Umdrehung zugeführt werden, und zwar kann die Ölzufuhr entweder erst knapp vor der Einspritzung oder auch schon viel früher beendet sein. Von der Größe der Zwischenzeit hängt ab, wieviel von der aus der Zuflußmündung abrinnenden und auf die oberste Platte gelangenden Flüssigkeit beim Öffnen der Nadel schon durch die Plattenlöcher gekommen ist, was wesentlich auch durch die Möglichkeit des Luftaustritts aus dem darunter befindlichen Raum beeinflußt wird. Einseitige Ölzuführung ergibt demnach eine raschere Verteilung, weil

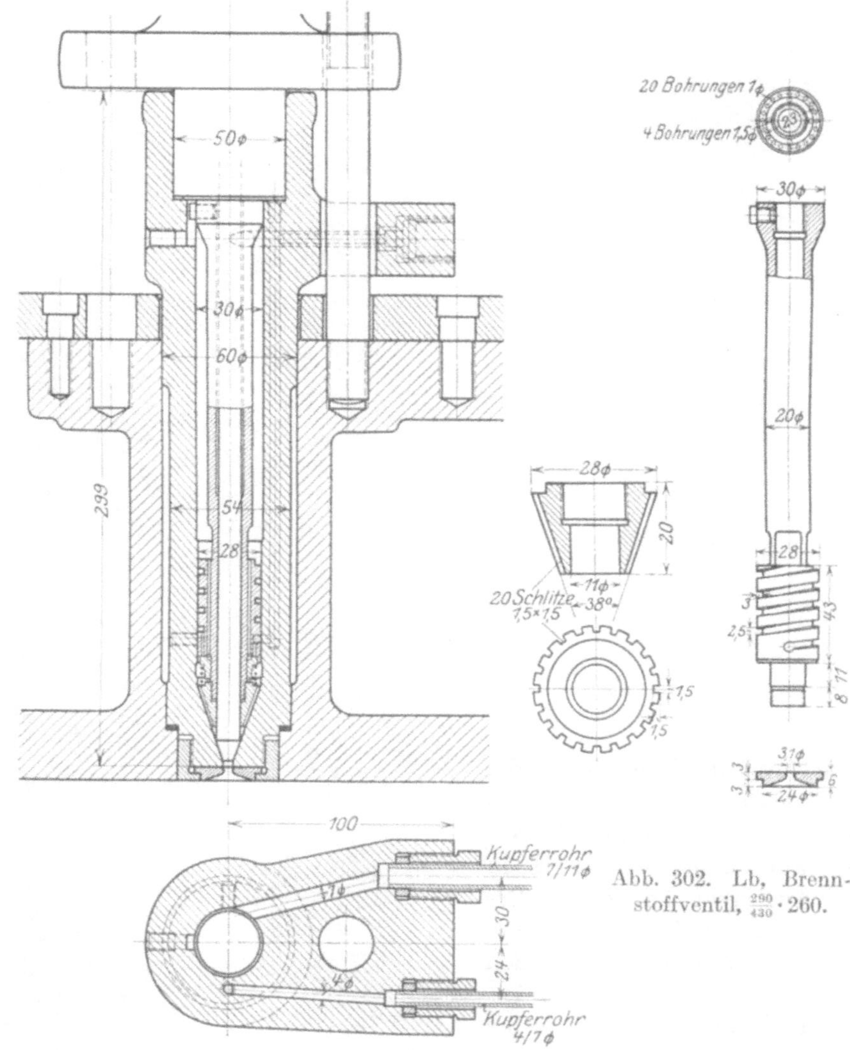

Abb. 302. Lb, Brennstoffventil, $\frac{290}{430}\cdot 260$.

die gegenüberliegenden Plattenlöcher nicht sogleich mit Öl bedeckt werden. Ferner hängen die Geschwindigkeiten des Öl-Luftgemisches an jeder Stelle von dem Verhältnisse der Ölmenge zur Luftmenge, also vom spezifischen Gewicht der Mischung, ab. Bei kleinerer Belastung werden die Geschwindigkeiten stark wachsen und sich der Schallgeschwindigkeit der Luft schon nähern. Dabei besteht dann, wenn der Einblasedruck und die Ventilöffnung gleich bleiben, die Gefahr, daß trotz der vorhandenen toten Wirbelräume und etwaiger Eindrehungen in den Platten dennoch die Wände zu früh ganz abgefegt werden und dadurch die Bildung eines Zündtropfens verhindert wird. Das Aufsteigen von Luftblasen in der Bohrung für die Ölzufuhr im Ventilgehäuse wäre schädlich, da dadurch die Regelmäßig-

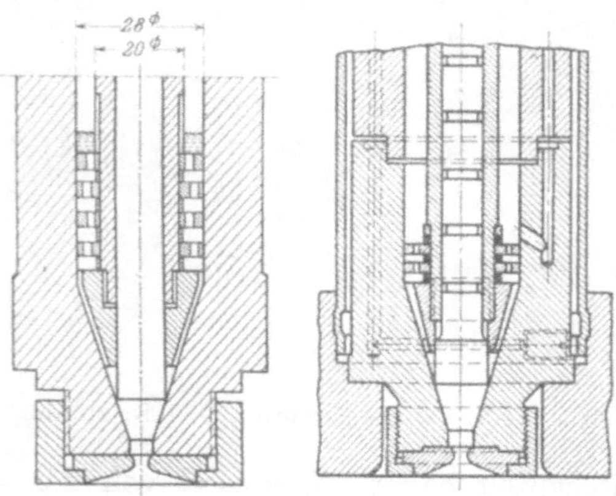

Abb. 303. Lagerung des Brennstoffes im Zerstäuber.

Abb. 304. To, Brennstoffventil.

keit des Ganges leiden müßte. Manchmal wird daher die in das Innere führende Bohrung schräg nach aufwärts angebracht (Abb. 304), auch ein in die Bohrung eingesetztes Stäbchen dient durch Verkleinerung des Querschnittes demselben Zweck (Abb. 305). Man kann endlich auf die Zündtropfenbildung verzichten, wenn man die unmittelbare Brennstoffzuführung zur Ventilspitze durch eine besondere sehr enge Zuleitung erzwingt (Abb. 300). Für schwer entzündliche Brennstoffe, wie Teeröle oder Teer, verwendet man erhöhte Verdichtung oder meist besondere Ölzuleitungen für leichter zündfähigen Brennstoff, Zündöl, das unmittelbar vor oder in den Ventilsitz eingeführt wird. Im letzteren Fall wird die Mischung mit dem Teeröl vermieden.

Die Abb. 304, 306 geben Beispiele für die Ausmündung der Zündölleitung knapp über dem Ventilsitz, bei Abb. 305 liegt sie im Ventilsitz selbst, wobei dieser eine kleine Ein-

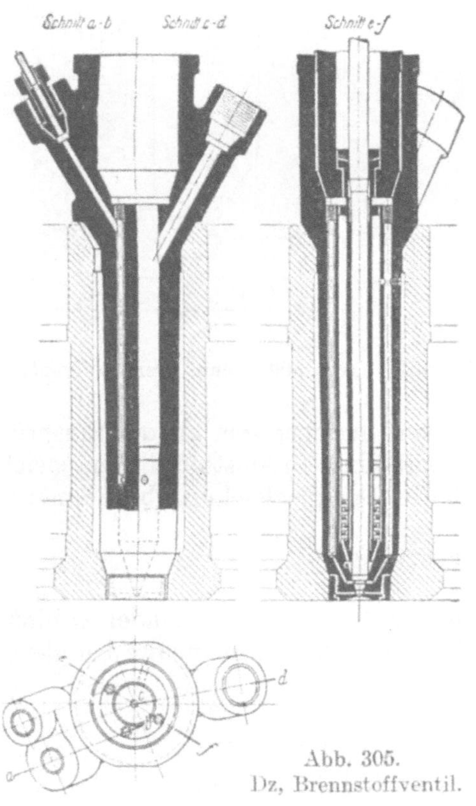

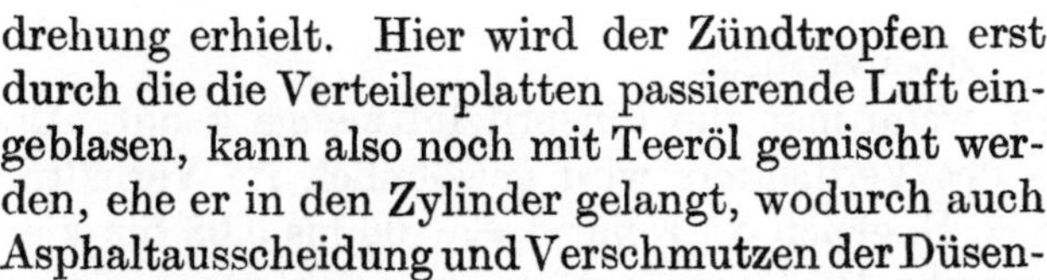

Abb. 305. Dz, Brennstoffventil.

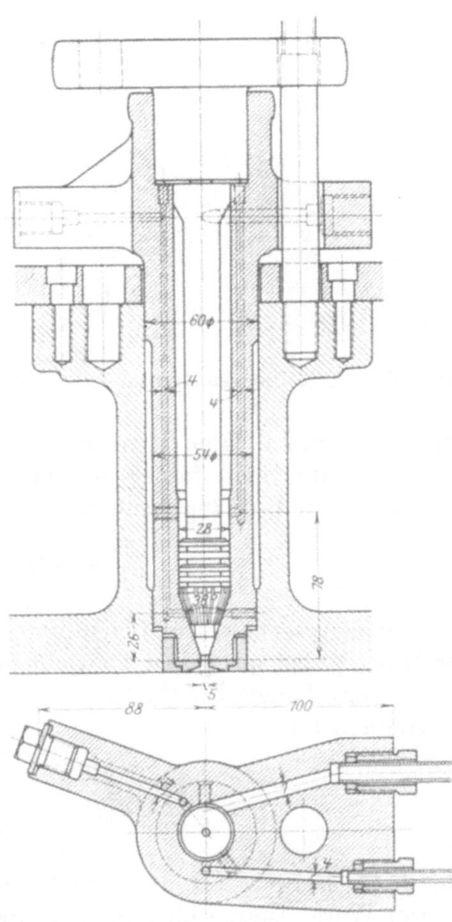

Abb. 306. Lb, Brennstoffventilgehäuse, $\frac{290}{430}\cdot 260$.

drehung erhielt. Hier wird der Zündtropfen erst durch die die Verteilerplatten passierende Luft eingeblasen, kann also noch mit Teeröl gemischt werden, ehe er in den Zylinder gelangt, wodurch auch Asphaltausscheidung und Verschmutzen der Düsenkanäle möglich ist. Daher hat man sich auch bemüht, den Zündtropfen ganz gesondert einzuspritzen, indem eine besondere Luftleitung zum Ringraum im Ventilsitz hinführt (Abb. 295, 307), die weniger Widerstand findet, als die für das Teeröl, und daher den Zündtropfen sicher ohne Mischung einführt. Die durch die innere Bohrung nachströmende Luft dient auch noch zur weiteren Zerstäubung des am Ventilsitz vorbeistreichenden Brennstoffes (vgl. auch Patent 242 171 von Gebr. Sulzer). Bei Abb. 307 wird dann bei vollem Ventilhub die Luftzufuhr zum Zündölkanal abgesperrt. Bei Abb. 308 ist im Ventilsitz ein etwas größerer Ringraum geschaffen, in dem während der Zündölzuführung die noch vom vorhergehenden Spiel vorhandene Druckluft verdichtet wird und so viel Energie aufspeichert, um den Zündtropfen in den Verbrennungsraum zu spritzen. In

Abb. 309 wird das Teeröl zwischen Hülse und Einsatz, das Zündöl gesondert durch eine Bohrung im Einsatz gegenüber der Luftzufuhr eingeführt.

Eine andere Art, schwer entzündbare Brennstoffe verwendbar zu machen, besteht darin, daß man mit Hilfe einer Umschaltung für Anlassen oder kleine Belastung andere leicht entzündliche Brennstoffe einspritzt (vgl. Abb. 448).

Bei der Bestimmung der Abmessungen der Plattenzerstäuberventile handelt es sich vorerst um die Düsenöffnung. Der Luftdruck vor dem Ventil ist bei Beginn der Nadelöffnung gleich dem vollen Einspritzdruck, nimmt aber während der Strömung wegen der großen Widerstände im Verteiler stark ab, um bei Ventilschluß durch die Massenwirkung wieder über den ursprünglichen Druck

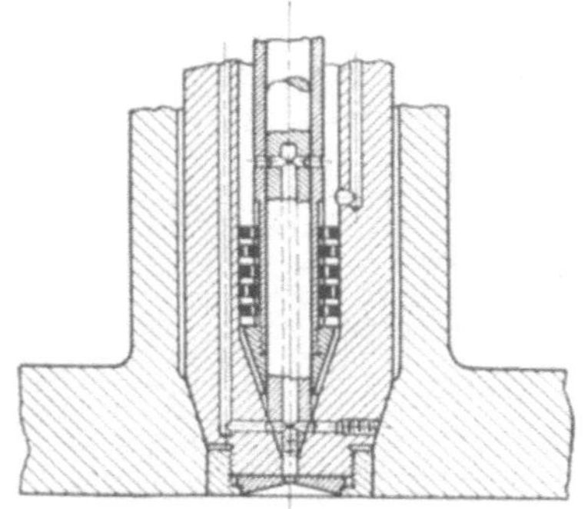

Abb. 307. DAC, Brennstoffventil.

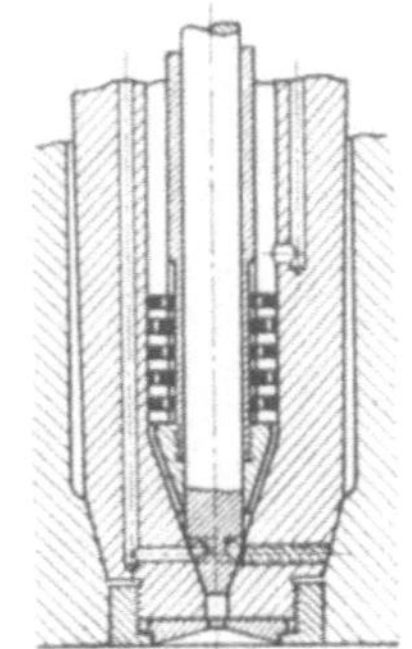

Abb. 308. Brennstoffventil.

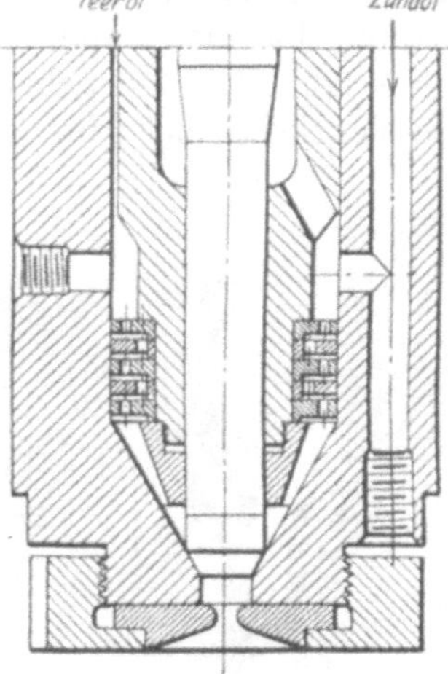

Abb. 309. Schn, Brennstoffventil.

hinauszuwachsen. Der Mittelwert mag demnach etwas geringer sein als der Einspritzdruck. Nimmt man ferner an, daß in der Düse Luft- und Brennstoffteilchen gleiche Geschwindigkeit erlangt haben, so ist diese durch die Energiegleichung bestimmt:

$$\frac{u^2}{2g} = -(1-x)(i_2 - i_1) + \frac{x(p'-p)}{\gamma},$$

worin x den verhältnismäßigen Brennstoffinhalt, p' den Druck vor der Nadel, p hinter der Düse, γ das spezifische Gewicht des Brennstoffes und i die Wärmeinhalte bei gleichbleibendem Druck bedeuten.

Hieraus folgt:

$$u = \varphi \sqrt{2g\left[(1-x)\frac{\varkappa}{\varkappa-1}p'v'\left(1-\left(\frac{p}{p'}\right)^{\frac{\varkappa-1}{\varkappa}}\right) + x\frac{p'-p}{\gamma}\right]}$$

mit φ als Beiwert für die Ventil- und Düsenverluste.

Der Wert x läßt sich nun berechnen, wenn man die Einspritzluftmenge kennt. Das Hubvolumen des Niederdruckzylinders des Verdichters wird gewöhnlich im Verhältnis zu dem der Arbeitszylinder V bemessen, z. B. gleich $\alpha \cdot V$ mit $\alpha = 0{,}06$ bis $0{,}08$ für Viertaktmaschinen. Ist ferner der volumetrische Wirkungsgrad des Verdichters η_v, so ist die Einspritzmenge für eine Arbeitsperiode, wenn hierfür die ganze Lieferung des Verdichters verwendet wird, bei Viertaktmaschinen: $2\,\eta_v\,\alpha \cdot V\,\mathrm{m}^3$, bezogen auf atmosphärischen Druck und 15° C Temperatur, also $2\eta_v\alpha \cdot V$ (in m³) $\cdot\, 1{,}2\,\mathrm{kg} = 0{,}00024 \cdot \eta_v\alpha \cdot V$ (in cm² · m).

Die Nutzleistung des Zylinders $N = \frac{p_e V \cdot n}{9000}$ ergibt einen Ölverbrauch in 1 Stunde: $\frac{p_e V n}{9000} \cdot b$, also für einen Doppelhub: $\frac{2 p_e V n}{9000 \cdot 60 \cdot n} b = \frac{b\, p_e V}{270000}$.

Demnach ist:

$$\frac{x}{1-x} = \frac{b\,p_e}{64{,}8\,\eta_v\,\alpha}.$$

Ist z. B. $p_e = 6$, $b = 0{,}19$, $\eta_v \alpha = 0{,}036$, so wird:

$$\frac{x}{1-x} = 0{,}49, \qquad \text{und} \qquad x = 0{,}33.$$

Ferner wird mit $\varphi = 0{,}95$, $T' = 313°$, $p' = 70$ at, $p = 37$ at, $\gamma = 900$:

$$u = 257 \text{ m/sk.}$$

Das Volumen der eingespritzten Luftmenge in einer Stunde wird: $0{,}19 \cdot \frac{0{,}67}{0{,}33} \cdot 0{,}0212\, N$ $= 0{,}008\, N$ und damit der Querschnitt der Düse in mm², wenn 40° Kurbelwinkel als Öffnungswinkel des Brennstoffventils angenommen werden, d. i. in der Stunde eine Öffnungszeit von 200 sk:

$$f = \frac{0{,}00004\, N}{257}\, 1000^2 = \frac{40}{257} N = 0{,}155\, N \qquad \text{oder} \qquad d^2 \backsim 0{,}2\, N.$$

So ungenau diese Rechnung ist, da sie u. a. ja gar nicht berücksichtigt, daß die Düsenöffnung nicht fortwährend der engste Querschnitt ist, daß dort nicht Luft allein, sondern auch Ölteilchen durchlaufen, daß Öl und Luft jeweils beschleunigt werden müssen und endlich, daß beim Austritt aus der Düse vermutlich die Luft noch eine größere Geschwindigkeit hat als die Ölteilchen, so gibt sie doch einen Einblick in die Größen, die auf die Bestimmung der Düsenöffnung Einfluß nehmen. Das Verhältnis $\frac{d^2}{N}$ wird tatsächlich zwischen 0,3 bis 0,19, abnehmend mit wachsender Leistung, gewählt, bei kleineren Maschinen wegen der relativ großen Widerstände die größere Zahl.

Kleine Spitzenwinkel der Nadel erfordern bei gleichen Querschnitten im Spalt größere Hübe, solche Steuerungen sind daher gegen kleine Formänderungen der Antriebsteile weniger empfindlich. Der Beiwert φ verändert sich natürlich mit dem Nadelhub und mit dem Spitzenwinkel infolge des geänderten Profilradius und der verschiedenen Richtungsablenkung. Der auf die Zeit bezogene mittlere Spaltquerschnitt der Nadel muß an der engsten Stelle wenigstens gleich dem Düsenquerschnitt sein.

Die Plattenverteiler haben einige Eigenschaften, die sie nicht überall verwendbar erscheinen lassen. So sind sie nicht ohne weiteres für horizontale Spindellage brauchbar, weil die Ausbreitung des zugeführten Brennstoffs dann nicht mehr zentrisch erfolgen kann und daher im oberen Teil die Einspritzluft wirkungslos durchströmen würde. Ferner kann man zwar den Verlauf der Ölzuführung durch Veränderung der Oberfläche, also der Zahl der Platten und der Lochzahl in denselben regeln, aber verschiedene Ölmengen bei Veränderung der Leistung verlangen bei gleichbleibender Bauart auch verschieden hohen Luftüberdruck. Überhaupt sind die Strömungswiderstände im Plattenzerstäuber außerordentlich groß, so daß bei hohen Drehzahlen die in der überaus kurzen Zeit einzublasenden Brennstoffmengen nur bei sehr hohem Einspritzdruck gefördert werden können. Eine Änderung der Belastung im Betrieb und damit der zugeführten Ölmenge erfordert auch eine entsprechende Regelung des Einblasedruckes. Würde derselbe für die betreffende Ölmenge zu hoch, so würde der Brennstoff zu rasch eingespritzt und die Wände des Gehäuses durch die noch folgende, jetzt wegen der geringen Widerstände noch rascher und in größerer Menge vorbeistreichenden Luft so weit von anhaftendem Öl befreit, daß sich bis zur nächsten Verbrennungsperiode kein Zündtropfen bilden kann und leicht Versager oder Spätzündungen eintreten können. Wenn die Ölpumpe schon beim Ansaugehub oder noch früher fördert, kann das Abfließen des neuen Brennstoffes über den Verteiler so geregelt werden, daß er auch bei kleinen Belastungen schon am Ventil angelangt ist, wenn der Luftdurchtritt beginnt. Dadurch wird aber leicht die an die Spitze kommende Ölmenge bei größeren Belastungen zu groß. Durch Anordnung einer Abzweigleitung für die unmittelbare Ölzuführung zum Ventil wird dieser Nachteil vermieden, jedoch verlangt die vollständige Entlastung einen sehr kleinen Zündtropfen. Bei ganz geringen Belastungen kommt noch hinzu, daß sich bei hohem

Einblasedruck die kleine Brennstoffmenge durch die zu große Einspritzluftmenge sehr rasch und fein im Verbrennungsraum verteilt und ein nicht mehr zündfähiges Gemisch bildet. Vermindert man den Einblasedruck, so bleibt der Brennstoff mehr geschlossen und zündfähig.

Infolge dieser eigentümlichen Vorgänge ist man bei Plattenverteilern gezwungen, für verschiedene Belastungen den Luftüberdruck und manchmal auch die Steuerung der Brennstoffnadel (vgl. S. 272) zu verändern. Verschiedene Ideen[1]), die Verteilung von den Belastungschwankungen unabhängiger zu machen, sind durch den Spaltverteiler

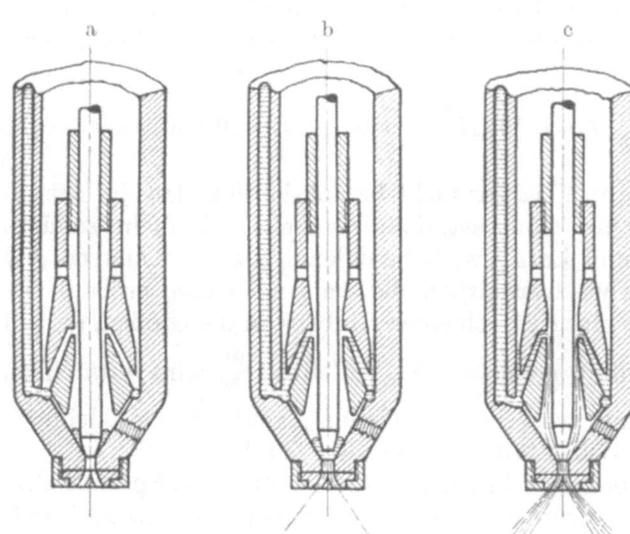

Abb. 310. Hesselmann, Brennstoffverteilung.

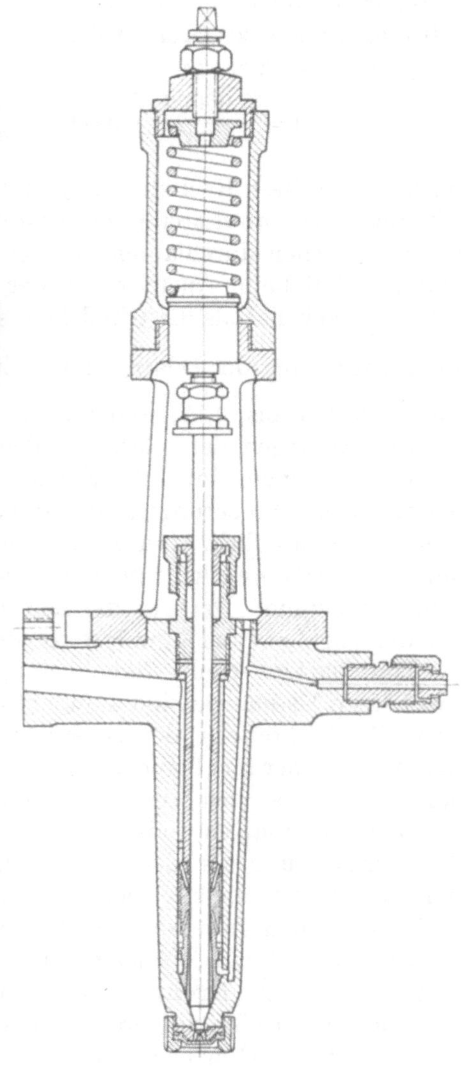

Abb. 311. At, Brennstoffventil.

verdrängt worden, der wie der beschriebene automatische Brennstoffverteiler der Leobersdorfer Maschinenfabrik, in dieser Hinsicht viel unempfindlicher ist und auch mit geringerem Einspritzdruck arbeitet, was bei raschem Gang merklich wird. In den Abb. 310 ist die Wirkungsweise des Hesselmannverteilers dargestellt: a) stellt den Zustand vor der Ölzuführung, b) bei Beginn, c) während der Nadelöffnung dar. Der Brennstoff gelangt durch die Bohrung in der Gehäusewand in einen wulstförmigen Ringraum und von da aufsteigend in einen zylindrischen und einen kegelförmigen Spalt. Diese sind so bemessen, daß der Brennstoff bei Vollast nahe die Verbindungsöffnung des inneren Spalts, dessen Querschnitt nach oben kleiner wird, mit der an der Spindel durch einen engen Ringquerschnitt vorbeiströmenden Luft erreicht. Wird die Brennstoffnadel geöffnet, so entsteht dort wegen der wachsenden Luftgeschwindigkeit ein Unterdruck gegen den statischen, auf der äußeren Oberfläche wirkenden Einspritzdruck, und der Brennstoff wird vom Luftstrahl allmählich angesaugt, mitgerissen und durch Richtungsänderung und nachfolgende Erweiterung des Querschnitts zerstäubt, was endlich durch die mit mehreren Bohrungen versehene Düsenplatte ergänzt wird. Beim Schließen der Ventilnadel vermindert sich der Absaugedruck wieder. Auch hier muß sich durch zurückbleibendes Brennöl ein Zündtropfen für das neue Arbeitspiel beim Ventil ansammeln,

[1]) Vgl. 1. Aufl. S. 112, Nägel. Z. 1923, S. 811, Fig. 126.

was durch kleine Öffnungen im Sitz des Verteilerkegels unterstützt werden kann. Der statische Druck der vorgelagerten Brennstoffschicht wirkt günstig auf die richtige Verteilung; je kleiner die Brennstoffmenge ist, desto langsamer erfolgt die Zufuhr zum Luftstrahl. Eine Ausführung zeigt die Abb. 311. Noch einfacher gebaut ist das Doppelbrennstoffventil Abb. 294 oder auch Abb. 312. Hier gelangt der Brennstoff in den kegelförmigen Raum zwischen Verteilerhülse und Gehäuse, während die Luft durch Bohrungen zwischen Nadel und Verteiler eintritt, die unten einen engen, mit dem Brennstoffraum

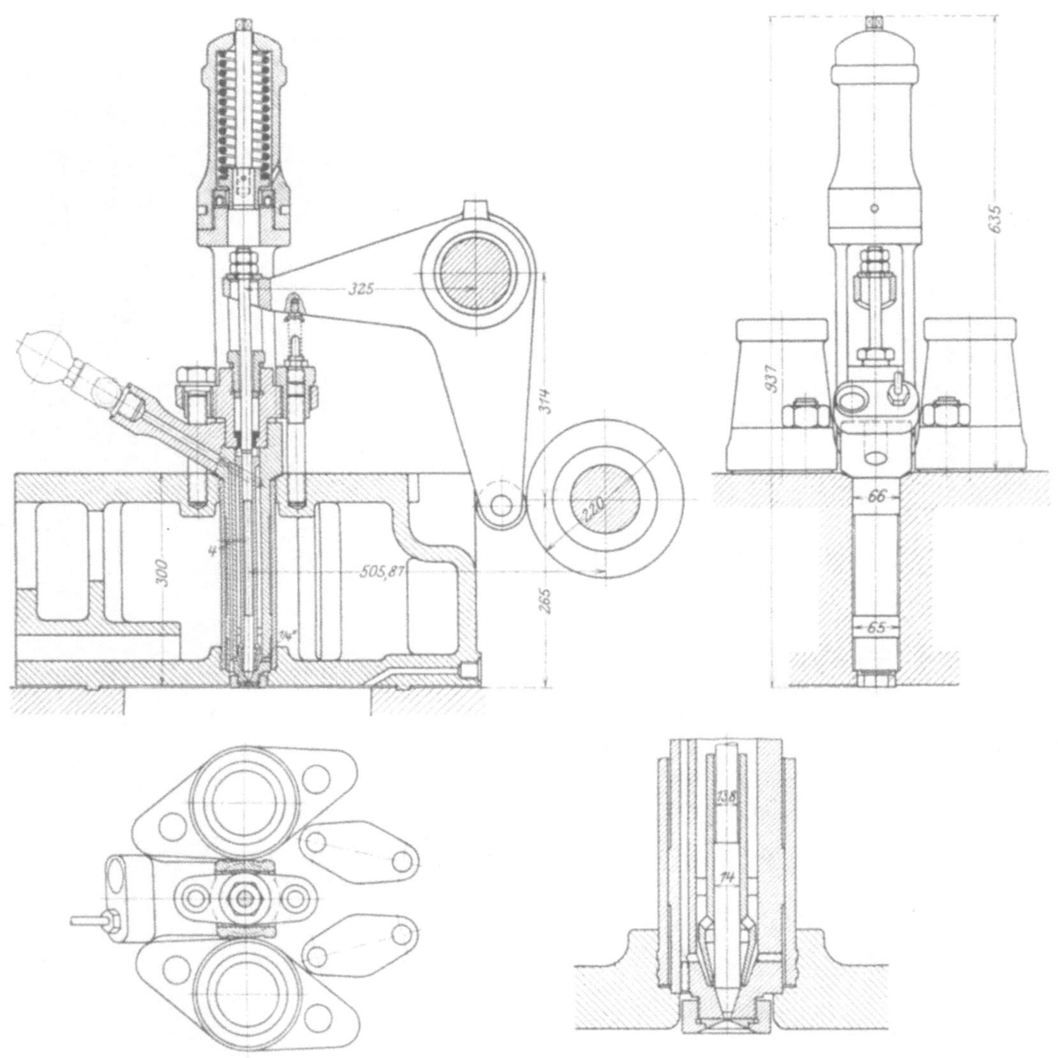

Abb. 312. Kr, Brennstoffventil.

durch einen Spalt verbundenen Querschnitt bilden. Hier ist der Weg des Öl-Luftgemisches bis zur Düse ganz kurz, daher der Unterschied in den Strömungswiderständen bei verschiedenen Ölmengen nicht groß, wodurch sich die Empfindlichkeit gegen Belastungsänderungen mildert. Auch hier wird das Gemisch durch eine Düsenplatte weiter zerstäubt. Da hier kein Zerstäuberkopf vorhanden ist, wird sowohl bei Hesselmann, als auch bei der M. A. N. die Düsenplatte mit mehreren Löchern versehen, während Krupp für Gasöl eine einfache Düsenplatte und nur für Teeröl eine zapfenförmig vorstehende hohle Düsenplatte mit schräg seitlichen Bohrungen verwendet (Abb. 313). Abb. 293 zeigt eine ähnliche Ausführung.

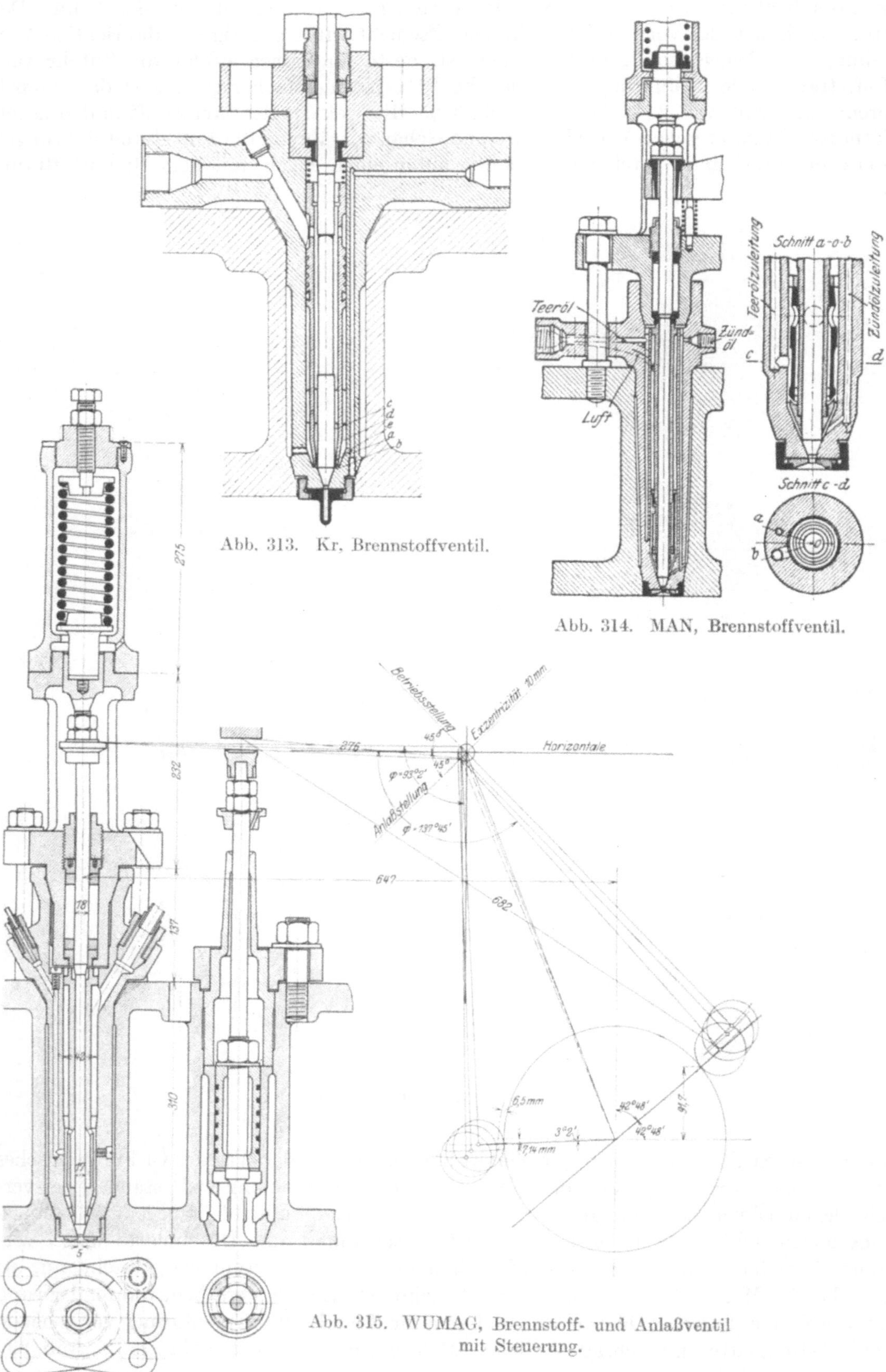

Abb. 313. Kr. Brennstoffventil.

Abb. 314. MAN, Brennstoffventil.

Abb. 315. WUMAG, Brennstoff- und Anlaßventil mit Steuerung.

Eine Anordnung eines Spaltverteilers mit Zerstäuberkopf ist in Abb. 314 dargestellt, hier liegt der Brennstoff innen, während die Luft außen vorbeistreicht. Gleichzeitig ist hier auch eine besondere Zündölzuführung unmittelbar zum Ventilsitz angeordnet. Stets ist auf leichten Ausbau geachtet.

Die Verteilung wird auch dadurch bewirkt, daß die kegelförmige Spitze der Spindelführung eine Anzahl kleiner Querrillen enthält, die die Oberfläche vergrößern und die vorüberstreichende Luft in Wirbelungen versetzen, wodurch das anhaftende Öl erst nach und nach abgegeben wird (Abb. 315). Ein Teil des Luftstromes geht unmittelbar an der Ventilspindel mit großer Geschwindigkeit vorbei und wirkt als Saugdüse, so lange der äußere Teil ganz mit Brennstoff erfüllt ist. Abb. 316 zeigt eine ähnliche Ausführung für Teer- und Zündöl. Neuere Versuche weisen darauf hin, daß man bei hohen Drehzahlen überhaupt auf eine Zerstäubung vor dem Nadelventil verzichten und dadurch die Widerstände verringern kann, wenn man die Düsenplatte als Hohlraum mit einer Anzahl von Spritzlöchern versieht, die die gleichmäßige Verteilung des Brennstoffes im Verdichtungsraum bewirken. Um schon in der Düsenkammer die Luft mit dem Brennstoff zu mischen, und gleichmäßige Einspritzung zu erzielen, soll in der Mitte der Kammer kein Düsenloch angebracht werden. Die Löcher sollen nicht zu klein gewählt werden, da die sonst zu kleinen Tropfen zu wenig Durchschlagskraft haben. Zu große Öffnungen hingegen stören bei geringer Belastung. Gute Abrundung beim Eintrittsquerschnitt vermindert die Widerstände und sichert die gegen die Mitte des jedem Loch zugehörigen Teiles des Verbrennungsraumes zu legende Strahlrichtung [Abb. 317[1])]. Bei 0,4 bis 0,5 mm Lochdurchmesser entstehen noch keine Verschmutzungen.

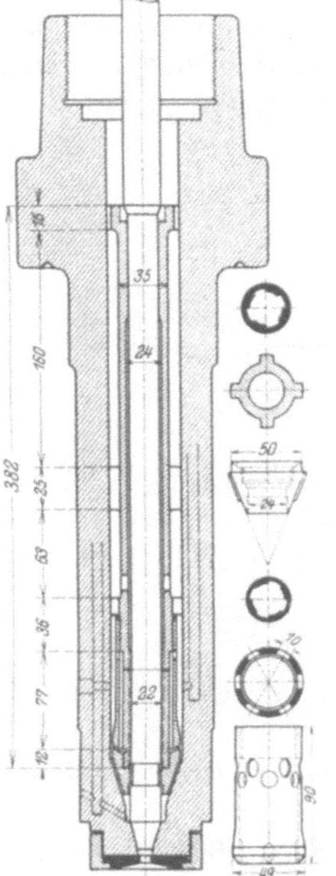

Abb. 316. Gz, Brennstoffventil.

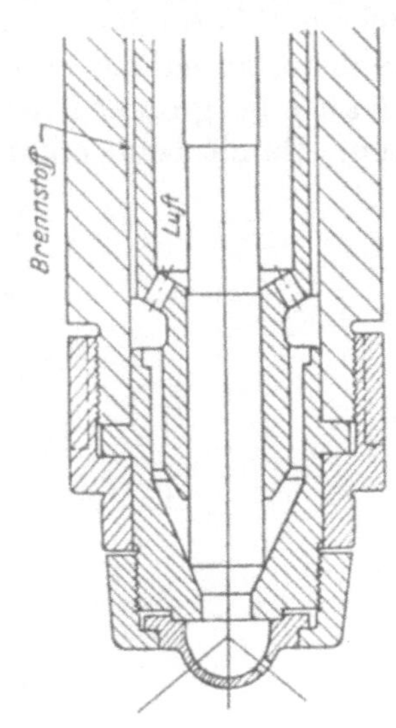

Abb. 317. Brennstoffventil.

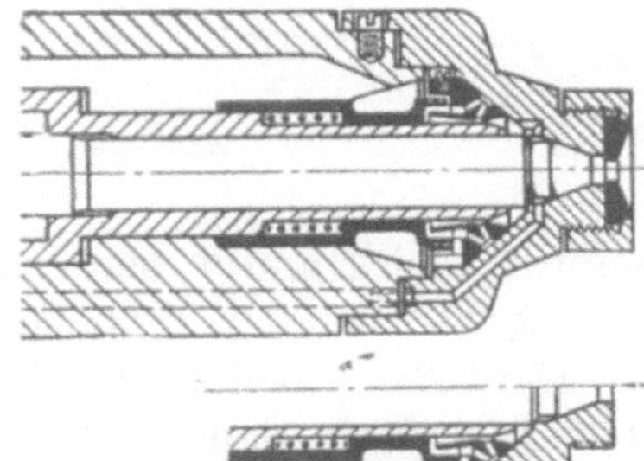

Abb. 318. MAN, Brennstoffventil für liegende Maschinen.

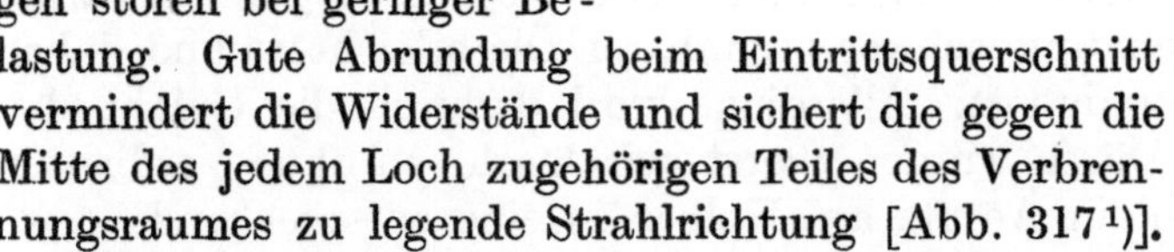

Wie bereits erwähnt, kann man die Plattenverteiler bei liegender Ventilanordnung nicht unverändert verwenden, da das einfließende Öl die Platten wenigstens bei kleinen Leistungen nicht ganz benetzt und die Bohrungen derselben keine richtige Verteilung ergeben. Erst durch den Luftstrom selbst wird dann die sich unten ansammelnde Flüssigkeit an die Platten geschleudert. Auch die Bildung des Zündtropfens ist nicht möglich; man muß also eine besondere Ölzuführung zum Nadelsitz anordnen. Etwas leichter ist es, hier Spaltzerstäuber zu verwenden, was auch mehrfach versucht worden ist (Abb. 318, 319). Es scheint aber, daß alle diese Bauarten, die durch die Ausführung großer liegender Dieselmaschinen entstanden, wieder verlassen worden sind. Für liegende

[1]) Z. B. Beemann: Engineer 1924/I, S. 517f.

Maschinen verwendet man am häufigsten die von Lietzenmayer eingeführte offene Einspritzdüse, bei der der Brennstoff hinter dem Luftzuführungsventil eingeführt wird, so daß die Ventilöffnung nur von reiner Luft durchströmt wird. Der hinter ihr liegende Brennstoffkanal ist in steter Verbindung mit dem Verdichtungsraum, der darin herrschende Druck ist der gleiche, so daß es möglich wird, den Brennstoff während der Ausschub- und Ansaugeperiode ohne nennenswerten Überdruck einzuführen, was eine Vereinfachung und Entlastung der Brennstoffpumpe zur Folge hat. Die Verteilung und Zerstäubung des vorgelagerten Brennstoffes wird hier dadurch bewirkt, daß der Luftstrom plötzlich auf die Oberfläche desselben auftrifft oder durch denselben hindurchgehen muß. Dabei hängt die zeitliche Verteilung der Einspritzung von der Länge, Oberfläche und Form des Kanals, sowie vom Bewegungsverlauf des Luftventils ab. Der für die Brennstoffaufnahme bestimmte Raum muß so groß bemessen und so geformt werden, daß auch bei größter Leistung kein Überfließen von Brennstoff in den Zylinder stattfinden kann. Damit beim anfänglichen Ölaufpumpen mit der Hand nicht zu viel Brennstoff

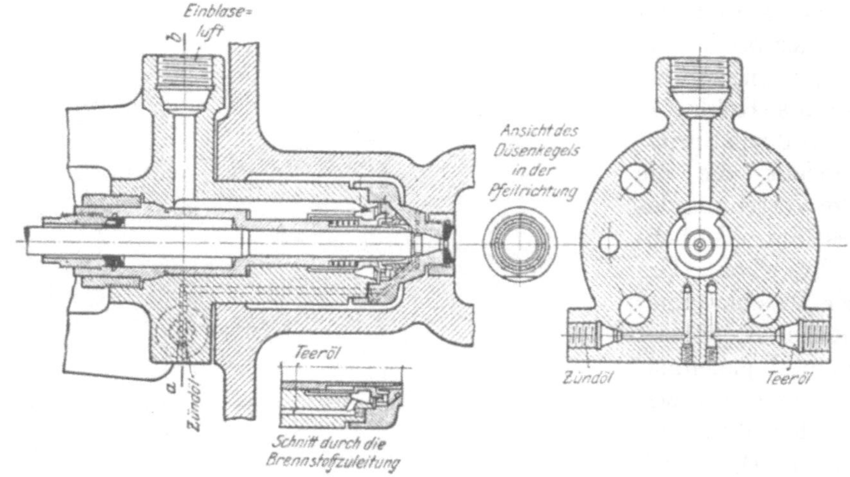

Abb. 319. MAN, Brennstoffventil für liegende Maschinen.

gefördert wird und in den Zylinderraum abfließt, ist eine Probierschraube anzubringen, die die Füllung der Brennstoffleitung anzeigt.

Ein Unterschied in der Wirkung der offenen Düse gegenüber der geschlossenen besteht auch darin, daß die Öltropfen im Zuführungskanal bei der Verdichtung mit erwärmt werden, was insbesondere die Entzündung schwer brennbarer Öle erleichtert und daher den nötigen Verdichtungsdruck vermindert. Allerdings wird dadurch die Gefahr der Frühzündung erhöht. Die offenen Düsen wurden zuerst bei Maschinen ohne Verdichter angewendet, indem gegen Hubende ein Ansatz am Kolben in eine entsprechende Ausnehmung des Deckels gelangte und dort eine höhere Verdichtung erzeugte. Die so hochgespannte Druckluft, die jedoch auch verbrannte Restgase enthält, wurde zur Einspritzung des in einer Ölkammer vorgelagerten Brennstoffes verwendet, hat aber durch ihre Unreinheit und die nicht richtige Einspritzzeit zur Verschmutzung der Düse geführt, da sie die Kammer nicht genügend vor dem Nachbrennen noch darin befindlichen Brennstoffes bewahren konnte. Erst die Zuführung reiner Druckluft und eine besondere Steuerung haben die offene Düse verwendbar gemacht. Unbedingte Dichtheit des Luftventils ist erforderlich, da sonst Verkrustungen durch unvollständige Verbrennung und auch Vorzündungen eintreten können. Selbstverständlich darf während des Stillstandes der Maschine kein Öl in den Zylinder gelangen.

Abb. 320 zeigt eine Konstruktion dieser Art. Das Brennöl tritt hier von unten her bei a in die Düsenkammer ein und breitet sich der Länge nach aus, bis das Druckventil geöffnet wird. Die bei b zugeführte hochgespannte Luft geht durch dieses Ventil v und gelangt seitlich bei c in den Düsenkanal. Das Ventil v dient gleichzeitig als Anlaßventil, wenn die Brennstoffzufuhr abgestellt und das von Hand zu betätigende Ventil w geöffnet wird, das durch einen Kanal d unmittelbar mit dem Verdichtungsraum verbunden ist. Die stählerne Düsenplatte erhält kleine Bohrungen, die kegelförmig nach außen münden. Im stählernen Einblasekopf sind sämtliche erforderlichen Rohranschlüsse und ein Probierventil für den Brennstoff angebracht. Der Kopf ist kegelförmig in den Zylinderdeckel eingesetzt und abgedichtet, das Luftventil wird von unten her bewegt und ist mit einer Belastungsfeder versehen.

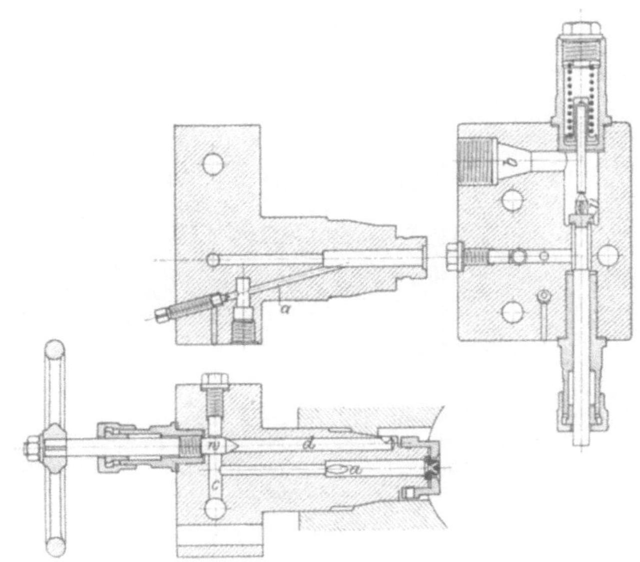

Abb. 320. Lz, Offene Düse.

Ganz ähnlich ist auch Abb. 321 durchgebildet. Die Zuführung der Einblaseluft ist bei a, der Anlaßluft bei d, der Brennstoff tritt seitlich bei c in den Düsenkanal ein, nachdem er das Zuführungsstück A mit Rückschlag- und Prüfventil B passiert hat. Die Düsenplatte hat nur eine zentrale Öffnung hinter einer paraboloidischen Bohrung. Zur Vermeidung unzukömmlicher Handhabung ist das Handrad für das beim Anlassen zu öffnende Ventil abnehmbar und wird zum besseren Festziehen auf einer mit etwas Drehspiel versehenen Klauenkupplung aufgesetzt.

In Abb. 322 ist das nach innen öffnende Luftventil, das bei außergewöhnlich hohen Drücken im Zylinder als Rückschlagventil wirkt und die Luftleitungen und Behälter vor Rückzündungen schützt, durch eine außen liegende Feder belastet; diese ist so jeder Einwirkung solcher Rückzündungen entzogen, was sich für ihre Lebensdauer als vorteilhaft erwiesen hat. Ein in den weiten Anlaßkanal mündendes Sicherheitsventil für 60 At.

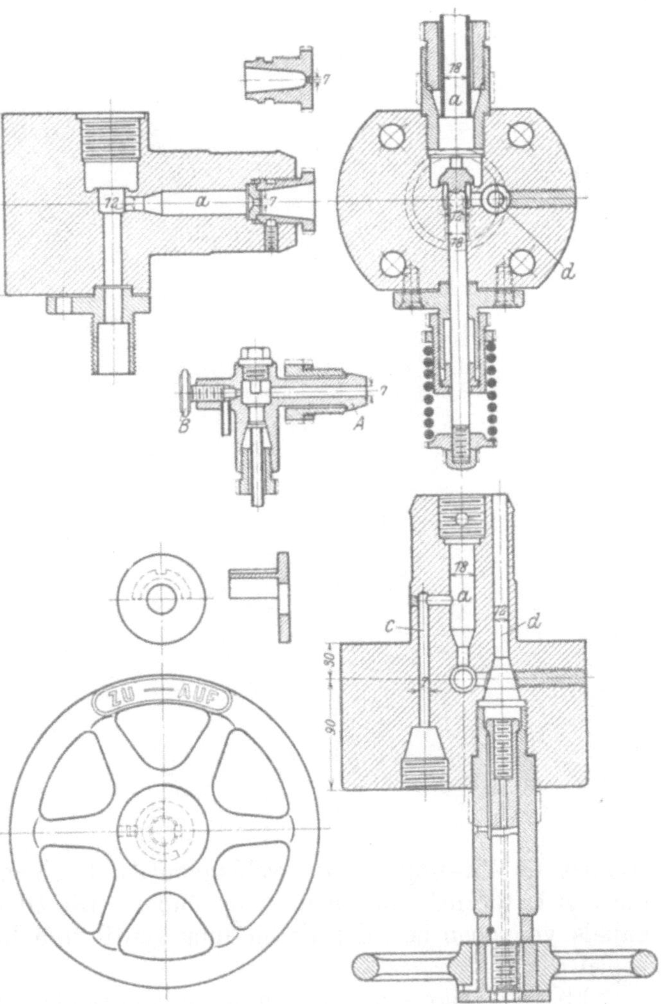

Abb. 321. Lz, Offene Düse, $\frac{350}{500} \cdot 175$, zu Abb. 22.

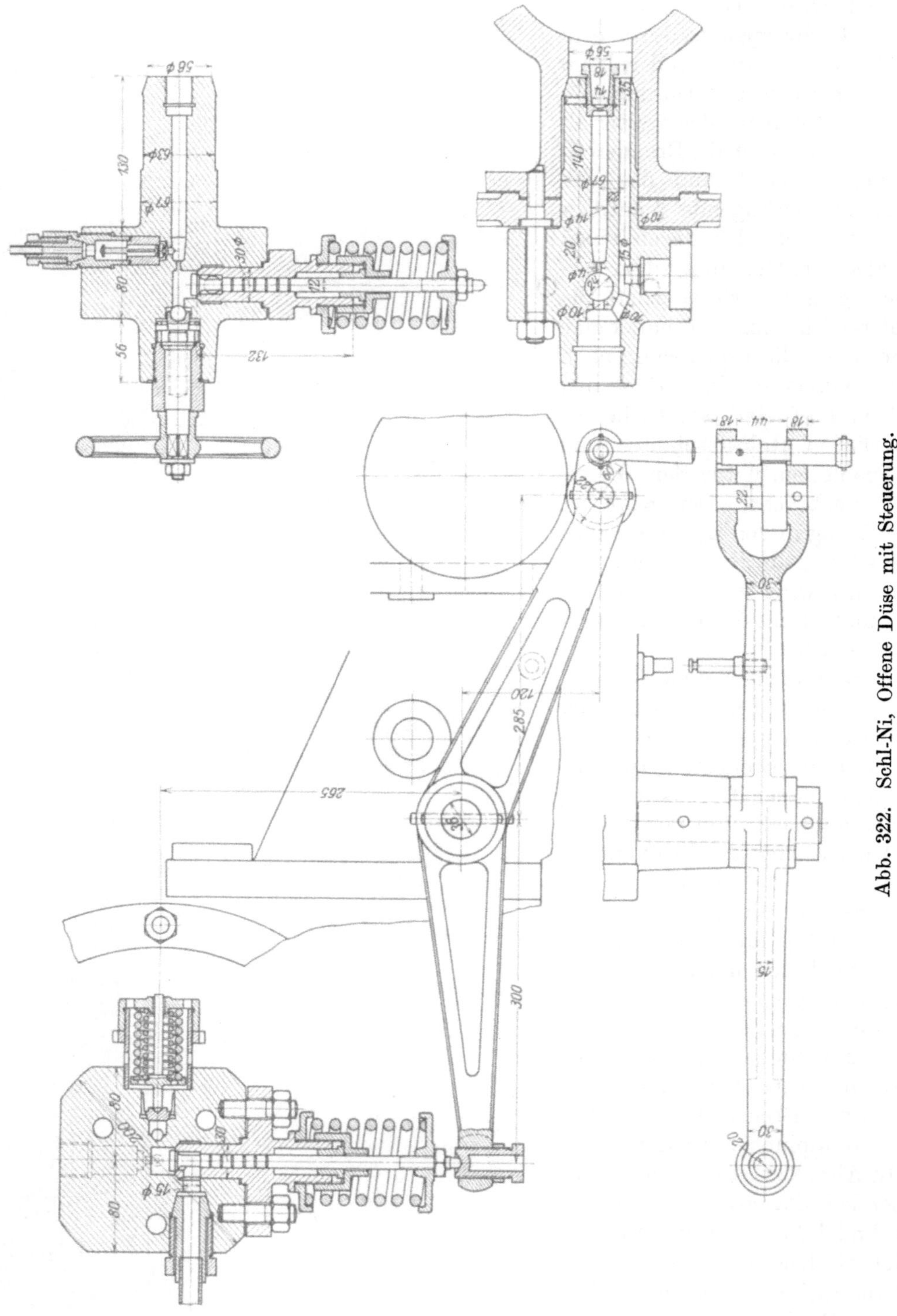

Abb. 322. Schl-Ni, Offene Düse mit Steuerung.

ergänzt die Wirkung des Rückschlagventils. Der Ventilsitz kann leicht ausgebaut werden, um das Luftventil einschleifen zu können. Die Ölzufuhr erfolgt am Beginn des Düsenkanals von oben her, das Verbindungsventil zum Kanal für das Anlassen ist ein Kugelventil.

Abb. 323 zeigt eine Anordnung mit liegendem Luftventil, das Anlaßventil ist hier gesondert untergebracht und gesteuert. Der etwa kegelförmige Brennstoffraum erhält

unten die Öl-, oben die Luftzuführung in der Achsenrichtung, so daß die plötzlich abgelenkte Druckluft von oben her auf die Brennstoffoberfläche auftrifft und ihn zerteilt. Die Druckluft wird in einer Längsbohrung des Einsatzes zugeführt. Auf leichten Ausbau ist geachtet.

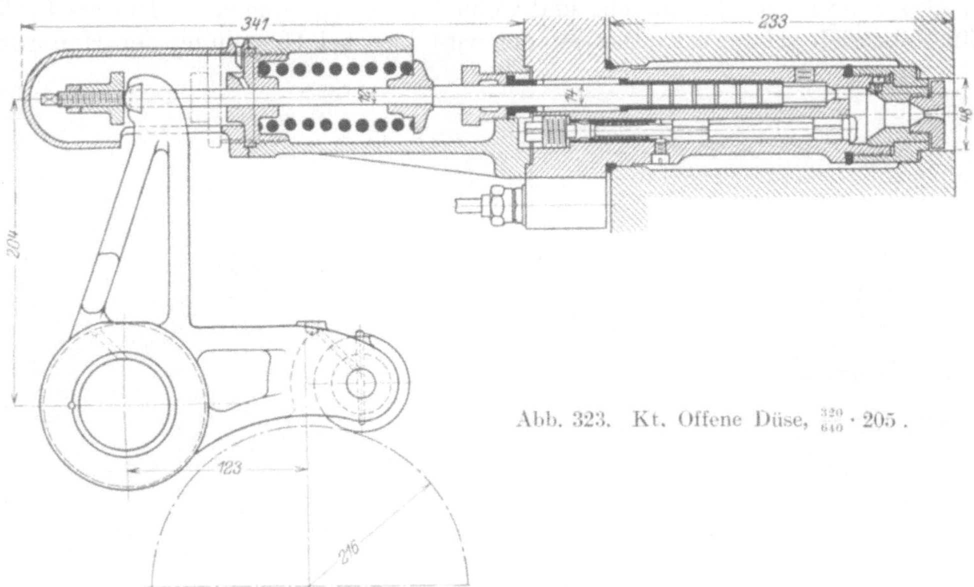

Abb. 323. Kt, Offene Düse, $\frac{320}{640}$ · 205.

Auch Abb. 324 zeigt eine liegende Ventilspindel *a*, hier öffnet das Luftventil gegen den Überdruck, wodurch die Belastungsfeder *b* schwächer werden kann. Die Ventilführung *c* ist hier quer zum Einblasekopf *d* kegelförmig eingesetzt, der Ventilantrieb

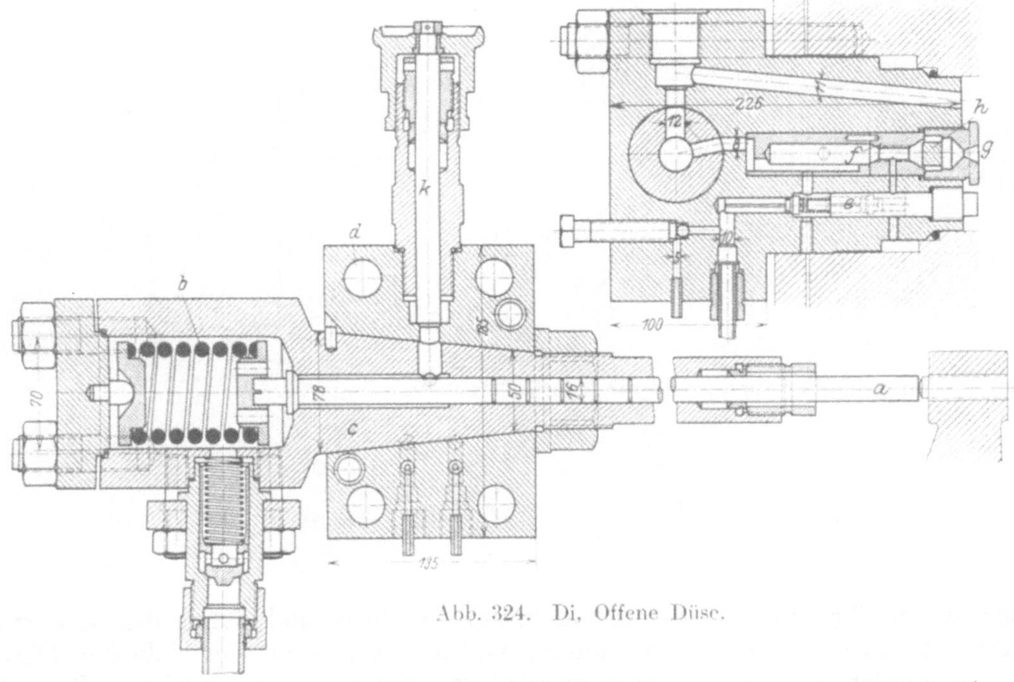

Abb. 324. Di, Offene Düse.

wird dadurch einfacher. Auch hier trifft der Luftstrahl, durch die Kanalführung gezwungen, von oben her auf die Brennstoffoberfläche auf. Da es sich hier um Teeröl als Brennstoff handelt, ist zur Zuführung von Zündöl eine besondere Bohrung mit Rückschlagventil *e* angebracht, die nahe an der Düse in einer Verengung des Kanals *f* mündet.

Die Düse *g* selbst erhält ein Einsatzstück *h*, auf das das Brennstoff-Luftgemisch aufprallt und sich inniger vermengt, ehe es zur Düsenöffnung gelangt. Das Luftventil *a* dient auch als Anlaßventil nach Absperrung der Brennstoffzufuhr und Öffnung des Verbindungsventils *k*.

Die Abb. 325 zeigen sehr einfache und kleine Düsen, von denen die letztere für Teer- und Zündölbetrieb gebaut ist. Das Zündöl wird hier bei Umgehung der Hauptdüsen-

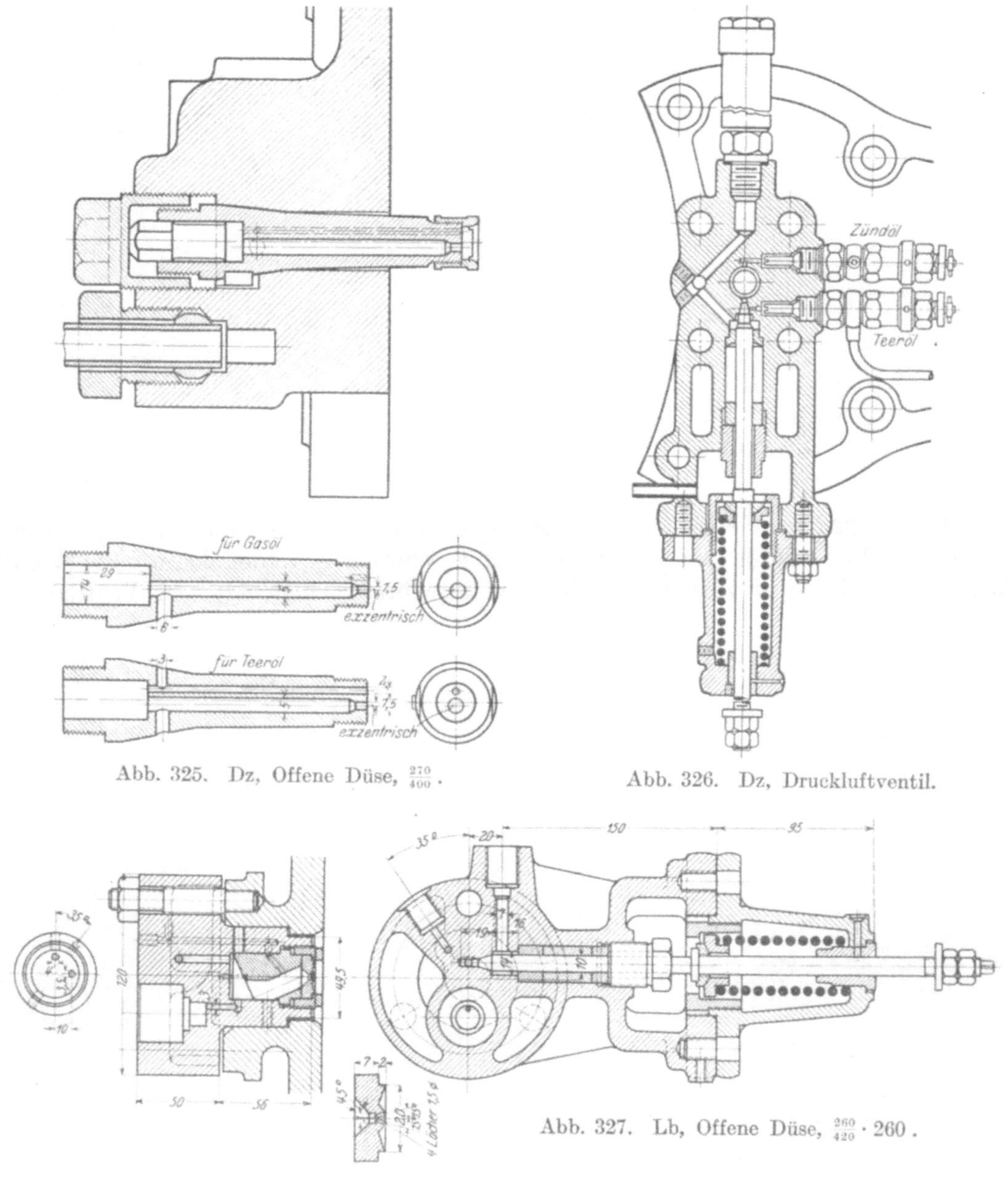

Abb. 325. Dz, Offene Düse, $\frac{270}{400}$.

Abb. 326. Dz, Druckluftventil.

Abb. 327. Lb, Offene Düse, $\frac{260}{420} \cdot 260$.

öffnung unmittelbar in den Verbrennungsraum gedrückt und durch den Luftstrom zerstäubt, indem es an der Düsenmündung vorüberfließt. Statt der einfachen Düsenöffnungen werden auch kegelförmig angeordnete Bohrungen verwendet. Hier wird auch der Hauptbrennstoff statt in die Düsenkammer in den Ventilsitz gedrückt, wobei die Elastizität der Rohrleitungswände oder besondere Belastungsventile in Anspruch genommen werden. Dann bildet diese Bauart einen Übergang zur geschlossenen Düse. Der Antrieb des Brennstoffventils ist in Abb. 326 dargestellt.

Um den Einspritzvorgang noch während der Luftzufuhr beherrschen zu können, ist hier der Vorgang verfolgt worden, die Brennstoffzufuhr etwas vor Öffnung des Luftventils zu beginnen, damit auch bei kleinen Belastungen im Hubbeginn eine kleine Ölmenge die Zündung sichert, dann aber auch, um die Ölzufuhr zu regeln (Deutz, D. R. P. 275 161).

Besonders einfach ist auch die Bauart Abb. 327 für Teer- und Zündöl mit liegendem Luftventil und kegelförmig gebohrter Düsenplatte. Der Einblasekopf wird hier aus Gußeisen, der Ölkammereinsatz aus Stahl hergestellt. Die Ventilspindeln werden stets aus Gußstahl oder Nikkelstahl oder auch aus Einsatzflußeisen gefertigt, gehärtet und geschliffen.

Bei verdichterlosen Bauarten (vgl. auch S. 105) ohne Vorkammer werden die Einspritzdüsen für den Brennstoff entweder als offene Düsen (Abb. 328, 329) oder mit Öldrucksteuerung der Nadel (Abb. 330, 331) ausgeführt. Diese selbstgesteuerte Nadel

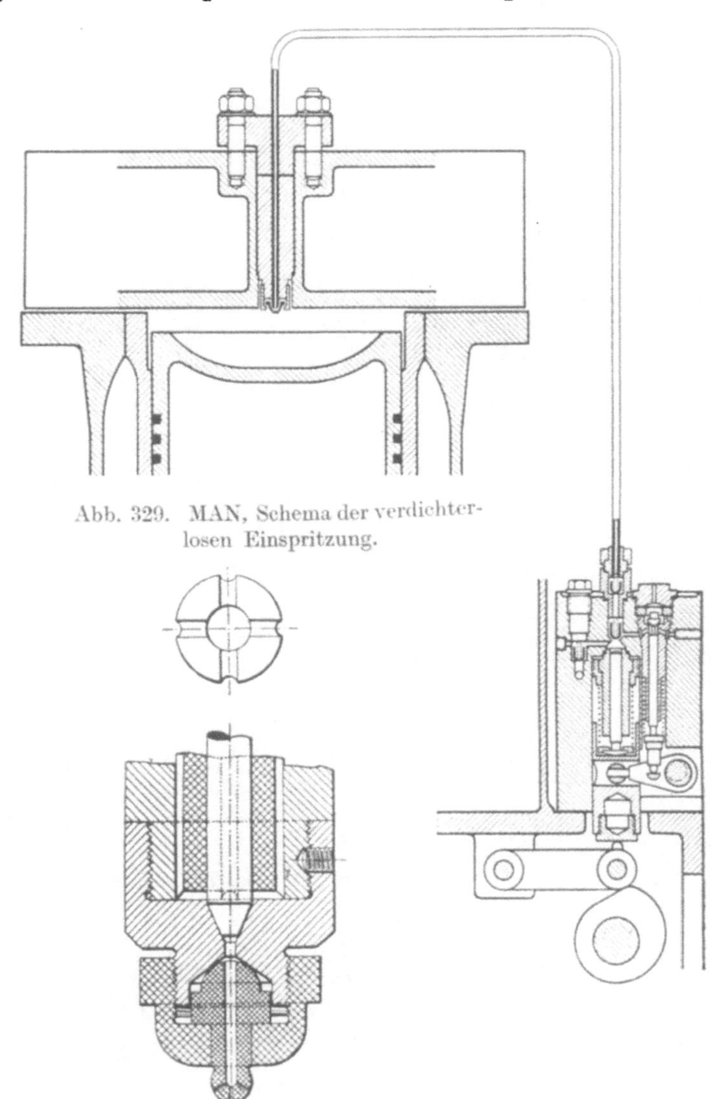

Abb. 329. MAN, Schema der verdichterlosen Einspritzung.

Abb. 328. MAN. Einspritzdüse für verdichterlose Maschinen.

Abb. 330. Vi, Brennstoffventil für verdichterlose Maschinen.

öffnet erst nach Überwindung einer Belastungsfeder, indem sie als kleiner Stufenkolben ausgebildet ist. Der Nadelhub ist sehr klein, nur wenige Zehntel Millimeter. Manchmal wird die Zerstäubung auch durch einen vorgebauten Zerstäuberkopf verstärkt. Das zur Bewegung der Nadel erforderliche Brennöl kommt anfangs nicht zur Einspritzung, so daß die zeitliche Verteilung im Verdichtungsraum verschoben wird. Wenn Zündöl zur Verwendung kommt, wird es unmittelbar in den Zylinder eingespritzt (Abb. 332). Besonders originell ist das Brennstoffventil von Hesselmann (Abb. 333), das vor allem durch die innen liegende, aus einzelnen abwechselnd außen und innen aneinanderliegenden Ringen bestehende Ventilfeder auffällt (Abb. 334). Die hier dargestellte

Ausführung wird in neuerer Zeit durch einfache Ringe ersetzt, die abwechselnd innen und außen etwas verstärkt sind. Hesselmann[1]) gibt an, daß der Druck oberhalb der Brennstoffnadel nahe gleich gehalten werden soll, während der Überdruck zwischen dem Raum vor der Düsenplatte und dem Zylinder von 80—200 at schwanken kann. Der besonders gekühlte Ventileinsatz ist so einfach geformt, daß er aus Schmiedestahl

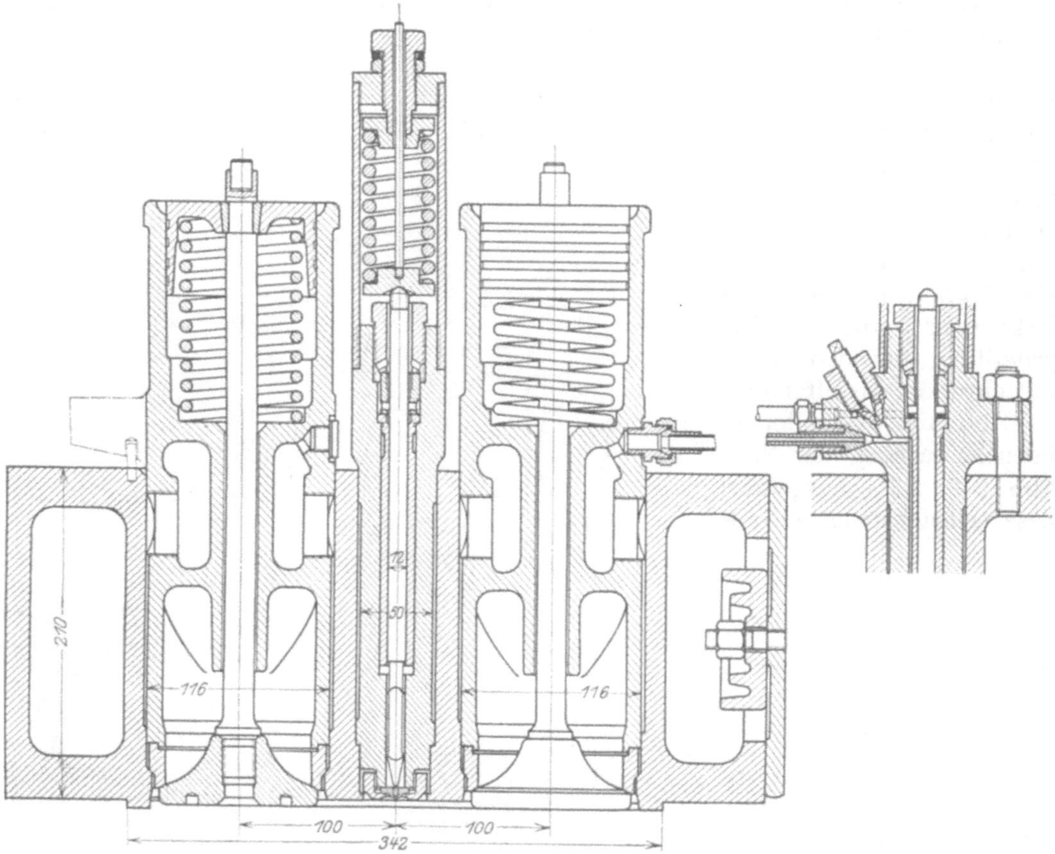

Abb. 331. Dz, Zylinderdeckel, $\frac{280}{450} \cdot 250$.

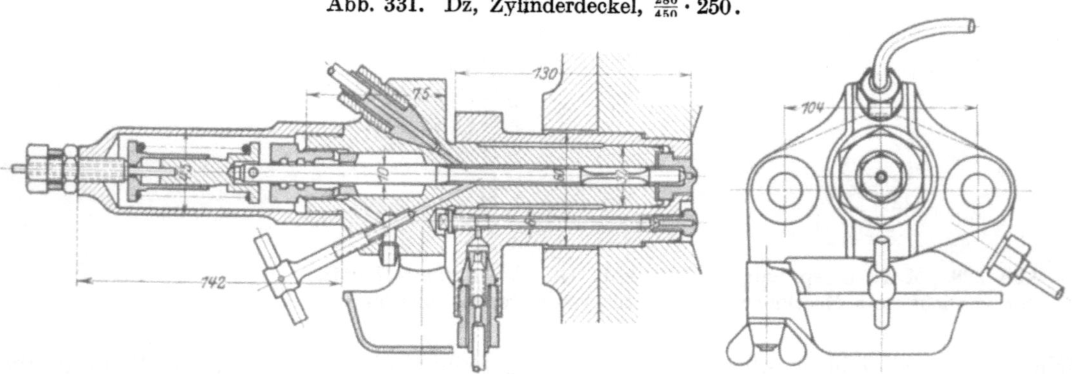

Abb. 332. Dz, Brennstoffventil für verdichterlose Maschinen.

hergestellt werden kann, wodurch an Durchmesser gespart wird. Der Einsatz wird durch eine Klammer festgehalten, die seitlich weggedreht werden kann, wenn das Ventil ausgebaut werden soll. Die Nadel selbst ist aus Stahl hergestellt und am Sitz gehärtet. Auch hier wird die Nadel durch den Öldruck selbst gesteuert; das seitlich zugeführte Öl wird durch ein leicht ausnehmbares Filter im Ventileinsatz gereinigt. Der Nadelhub

[1]) Z. d. V. d. I. 1923, S. 660.

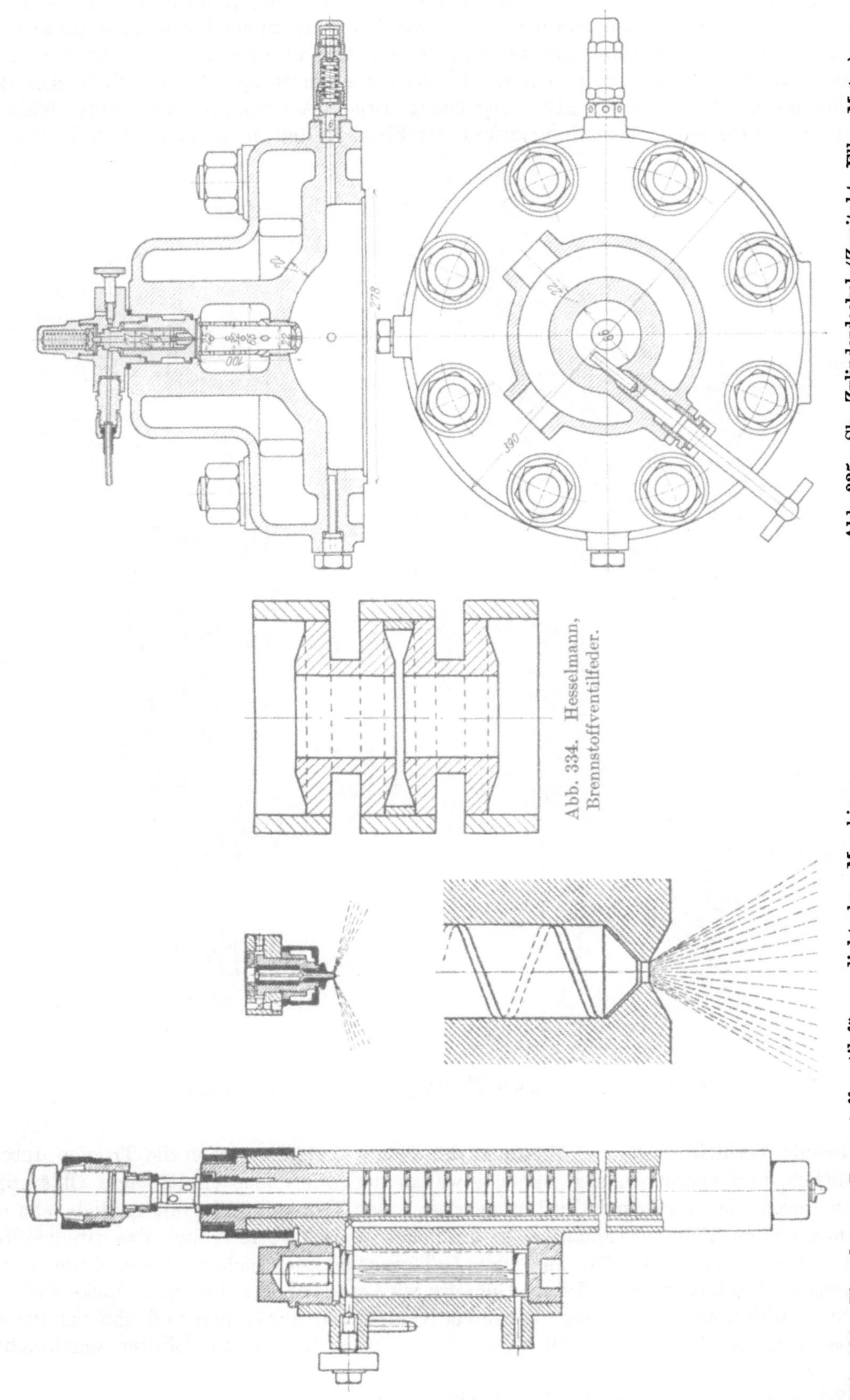

Abb. 333. Hesselmann, Brennstoffventil für verdichterlose Maschinen.

Abb. 334. Hesselmann, Brennstoffventilfeder.

Abb. 335. Sk, Zylinderdeckel (Zweitakt, Ellwe-Motor).

wächst mit der von der Pumpe gelieferten Ölmenge, das Ventil kann ohne weiteres auch liegend oder schräg eingebaut werden. In neuerer Zeit wird ein einfaches Plattenringventil verwandt. Da die Pumpe selbst als Steuerantrieb dient und für mehrere Zylinder nur einen Plunger hat, muß sie mit einer Drehzahl laufen, die ein entsprechendes Vielfaches der Maschinendrehzahl ist (vgl. S. 312). Die besten Ergebnisse wurden mit 5 Düsenlöchern erzielt. Bei allzu feiner Verteilung dringt der Flüssigkeitstrahl nicht genügend weit in

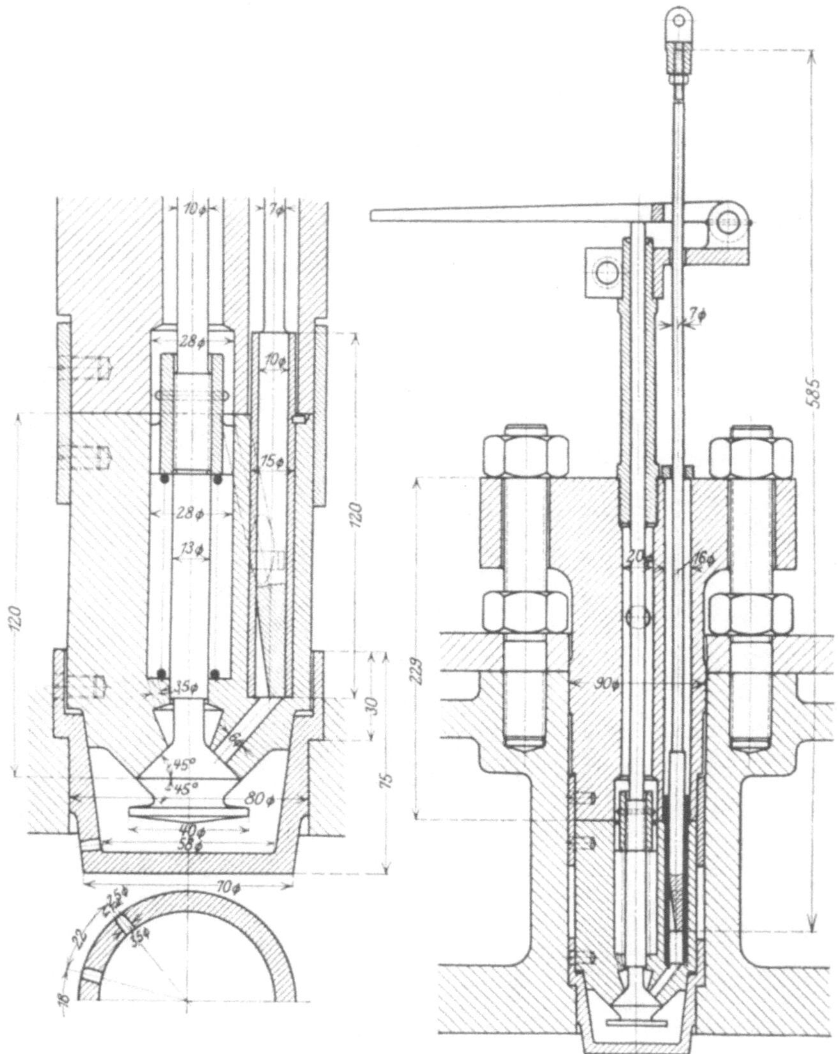

Abb. 336. Sk, Zerstäuber, $\frac{330}{400} \cdot 260$, zu Abb. 84 (Brons-Motor).

die ruhende Verdichterluft ein. Während des Weges verkleinern sich die Tropfen durch Zersplittern und erwärmen sich dabei, etwa an der Oberfläche entstehende Öldämpfe werden durch die umgebende Luft weggerissen, der Tropfen verbrennt endlich, ehe er die umgebenden Wände erreicht[1]). In ähnlicher Weise arbeitet auch das Brennstoffventil von Still (vgl. Abb. 633). In seinem Gehäuse sind auch Sicherheitsventil und Indikatoranschluß untergebracht. Dieses Gehäuse wird durch Schrauben und starke Federn gehalten, so daß es sich demnach bei hoher Temperatur ausdehnen und daß das ganze Gehäuse auch als Sicherheitsventil wirken kann. Auch hier ist ein Ölfilter angebracht,

[1]) Vgl. Versuche von Riehm: Z. d. V. d. I. 1924, S. 641.

die innere Spindelführung wird besonders eingesetzt und ebenfalls ausdehnbar durch eine Feder festgehalten, der Öldruck zum Öffnen des Ventils beträgt etwa 250 at.

Die Brennstoffdüsen für Vorkammermaschinen sind etwa aus den Abb. 124, 335, 336 ersichtlich; bei Abb. 126, wo die Verbrennung in der Vorkammer durch die dort herrschende Lufttemperatur eingeleitet wird, wird ein durch Drucköl gesteuertes Brennstoffventil verwendet (Abb. 337).

Man kann die bisher verwendeten Düsenformen[1]) für verdichterlose Einspritzung etwa in folgende Gruppen oder Verbindungen derselben einteilen:

1. ebener Ringspalt oder geradliniger Spalt,
2. kegelförmiger Ringspalt, meist durch den Ventilsitz und die zur Strahlführung und feineren Regelung oft verlängerte Ventilspindel gebildet,
3. einfache zylindrische Düsenöffnung,
4. mehrfache, in einer Ebene oder einem Kegel angeordnete Düsenöffnungen,
5. Zusammenprall der Brennstoffstrahlen vor oder hinter den Düsenöffnungen,
6. Erzeugung eines Wirbels vor der Düsenöffnung mit oder ohne Veränderlichkeit zur Regelung des Streuwinkels.

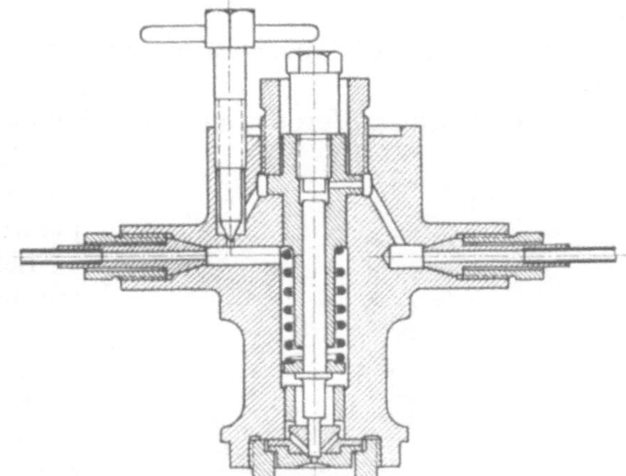

Abb. 337. Bz, Brennstoffventil für verdichterlose Maschinen.

Wenn sich im Brennstoffventilgehäuse brennbares Gemisch bildet und durch Zurückschlagen von heißen Gasen aus dem Arbeitszylinder zur Verpuffung gebracht wird, entstehen so hohe Drücke, daß das Gehäuse zerreißen kann. Da dann im Zylinder ein höherer Druck herrschen muß als vor dem Brennstoffventil, so entsteht diese Gefahr besonders nach Frühzündungen bei undichtem oder hängenbleibendem Brennstoffventil oder durch zu starkes Absinken des Einspritzdruckes[2]). Damit eine Verpuffung im Brennstoffventil nicht zu Explosionswellen in der Einblaseleitung mit zerstörenden Wirkungen führt, ist in unmittelbarer Nähe des Ventils ein Rückschlagventil und womöglich auch noch eine Bruchplatte oder ein Sicherheitsventil für etwa 90 at in das Ventilgehäuse einzubauen. Aus diesen Gründen wird das Brennstoffventilgehäuse gern aus Schmiedematerial hergestellt, der Probedruck soll bei Gußeisen 200 at, bei Stahl 400 at betragen.

Bei der zwangläufigen Einspritzung wird die Gefahr der Brennstoffzuführung während der Verdichtung durch Hängenbleiben oder Undichtwerden der Nadel und die dadurch entstehenden großen Drucksteigerungen vermieden, ebenso auch beim Anlassen oder bei starken Belastungsänderungen. Hier kann die Brennstoffpumpe auch schon während des Arbeitens der Anlaßventile fördern, wodurch das Anlassen beschleunigt wird. Auch die Gefahr der Explosionen in der Druckluftleitung wird dadurch beseitigt, auch kann man die Brennstoffpumpen an beliebiger Stelle ohne verwickelten Antrieb aufstellen.

Die Anordnung der Brennstoffventile geht im allgemeinen aus der Besprechung der Zylinderdeckel und des Verbrennungsraumes hervor. Ist dieser ungewöhnlich ausgebildet, so erfordert das auch eine besondere Lage des Brennstoffventils derart, daß die Verteilung des zerstäubten Öls im Verdichtungsraum möglichst vollkommen wird. Als besondere Beispiele dienen etwa Abb. 39, 128, 233. Um den an den Öffnungen der Brennstoffdüsen leicht entstehenden Ablagerungen von Ölkoks zu begegnen, wird empfohlen, die Düsenenden so anzuordnen, daß sie von einem möglichst kräftigen Luftstrom umspült werden.

[1]) Eine Zusammenstellung verschiedenster Düsenformen findet sich in Büchner: Beitrag zu schnelllaufenden Halbdieselmotoren. Halle: W. Knapp 1926.

[2]) Colell: a. a. O.

Der Antrieb der Brennstoffnadel wird durch den Steuerhebel meist unter Vermittlung einer einerseits kugelförmigen Scheibe und einer oder zweier Ringscheiben (Abb. 288, 291, 294) bewirkt. Die Spindel geht häufig oben über die Haube hinaus (Abb. 292, 293, 312) und ist mit Vierkant zum Verdrehen versehen, was insbesondere beim Verpacken mit Planit vorteilhaft ist. Läßt man auch ein rohrförmiges verlängertes Druckstück nach oben herausragen, so kann man es mit Doppelmuttern nachstellbar machen (Abb. 288), wozu auch Doppelmuttern unmittelbar über den kugeligen Scheiben (Abb. 289, 291, 312) dienen.

XI. Die äußere Steuerung.

Die Steuerung hat folgende Anforderungen zu erfüllen. Für den regelmäßigen Betrieb:

1. Ausschub und Ansaugen:

Öffnen des Einlaßventils ein wenig vor dem äußeren Kolbentotpunkt, das Voröffnen beträgt 10 bis 30° (1 bis 8 vH des Kolbenhubs).

Schließen des Auspuffventils im äußeren Totpunkt des Kolbens oder bis 25° (5 vH) später.

Schließen des Einlaßventils im inneren Totpunkt des Kolbens oder bis 30° (4 vH) später.

2. Verdichtung, Verbrennung und Entspannung:

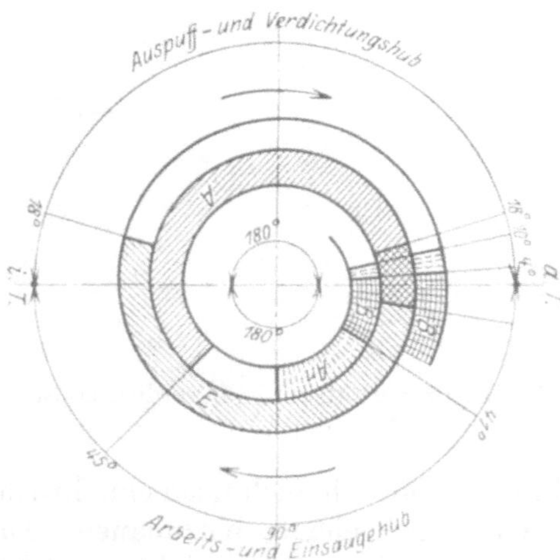

Abb. 338. Steuerschema.

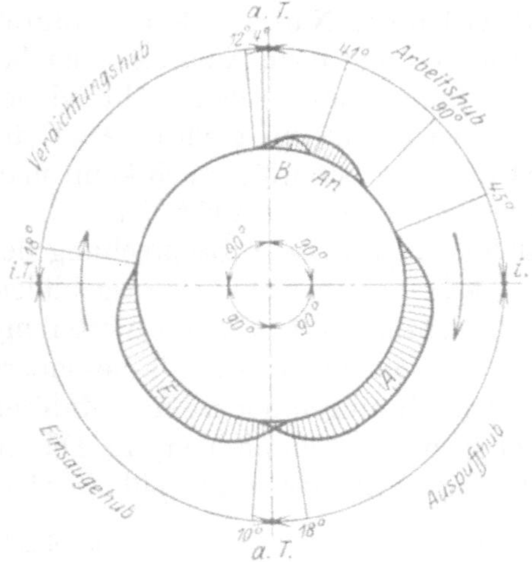

Abb. 339. Steuerschema.

Öffnen des Brennstoffventils mit Voröffnen von 0 bis 11° (bis 1 vH) vor dem äußeren Totpunkt des Kolbens.

Schließen des Brennstoffventils nach 35 bis 50° (10 bis 20 vH) vom äußeren Kolbentotpunkt.

Öffnen des Auspuffventils 25 bis 50° (3 bis 18 vH) vor dem inneren Kolbentotpunkt.

Die zeichnerische Darstellung kann in verschiedener Weise, z. B. in einer Spirale mit den richtigen Winkeln [Abb. 338[1])] oder in einem Kreis mit Auftragung der halben Kurbelwinkel (Abb. 339) erfolgen. Hier bedeutet dann jeder Quadrant einen Halbhub.

Da die Regelung in den meisten Fällen ausschließlich die zugeführte Brennstoffmenge beeinflußt, bleiben die einzelnen Ventilantriebe für alle Belastungen gleich, wodurch die Steuerung sehr einfach ausfällt und keinerlei kinematische Anforderungen stellt. In überwiegender Mehrzahl werden die Ventilbewegungen durch rotierende Daumen und Rollen unter Vermittlung von Hebeln und gegebenenfalls Druckstangen bewirkt, seltener werden auch Exzenter mit Wälzhebeln oder Schwingdaumen verwendet, besonders für den Antrieb der am meisten Kraft erfordernden Auslaßventile.

In den meisten Fällen bleiben beim Anlassen eines Zylinders die Steuerungen des Ein- und Auslaßventils unverändert, hingegen wird das Brennstoffventil bleibend abgeschlossen und dafür das im Betrieb schließende Anlaßventil mit folgenden Angaben gesteuert:

[1]) Vgl. Magg: Z. d. V. d. I. 1913, S. 263.

Öffnen des Anlaßventils 0 bis 25° (bis 5 vH) vor dem äußeren Kolbentotpunkt.

Schließen des Anlaßventils je nach dem Anlaßdruck etwa bei 35 bis 40 vH des Kolbenwegs vom äußeren Totpunkt, bei Anlassen mit dem Einblaseventil bis rd. 70 vH, bei Umsteuerungen bis 90 v H. (Bei offenen Brennstoffdüsen wird oft das Luftventil sowohl für die Einspritzung als auch für das Anlassen verwendet.)

Die Wahl der Steuerungsangaben hängt von verschiedenen Umständen, vor allem aber von der Drehzahl ab. Für die Einlaßsteuerung besteht die Aufgabe, möglichst viel Luftgewicht in den Zylinder einzubringen, also möglichst wenig Drosselung zu ergeben. Da eine solche bei etwas langsamem Öffnen gleich nach dem Ansaugebeginn eintreten könnte, wählt man das Voröffnen so, daß das Einlaßventil im Totpunkt des Kolbens schon einen gewissen Querschnitt frei gibt. Bei größeren Kolbengeschwindigkeiten und knapperen Ventilquerschnitten oder sanfteren Anlaufkurven der Antriebsnocken wird das Voröffnen größer gewählt werden müssen. Der Schluß des Einlaßventils wird nach dem Durchlaufen des inneren Totpunkts bewirkt, um die allerdings hier meist ganz geringen Verzögerungsdrücke der Ansaugeluftsäule zur Erhöhung der in den Zylinder gelangenden Luftmenge zu verwenden, so daß sicher noch keine Luft in das Saugrohr zurückgeschoben wird.

Das Schließen wird also bei schneller laufenden Maschinen etwas später erfolgen; hier handelt es sich mehr um die Zeit oder den Kurbelwinkel, als um den zurückgelegten Kolbenweg. Der Unterschied ist gering, da wegen verhältnismäßig geringer Undichtheiten die Verdichtung rascher einsetzt.

Für die Auslaßöffnung ist bestimmend, die Diagrammfläche möglichst groß und dabei den Öffnungsdruck auf die Auslaßventilspindel nicht übermäßig werden zu lassen. Hier ist im wesentlichen die Zeitdauer der Vorausströmung maßgebend, da diese von der Kolbenbewegung erst in zweiter Linie abhängt. (vgl. Abb. 263). Bei schnellerlaufenden Maschinen sind also die höheren Werte der Kurbelwinkel für das Vorausströmen zu wählen. Der Schluß des Auspuffventils soll wieder die Geschwindigkeitsenergie der vom Kolben ausgeschobenen und im Auspuffrohr strömenden Gase zu möglichster Entleerung des Zylinders benützen lassen, also erst nach dem äußeren Kolbentotpunkt stattfinden, bei größeren Geschwindigkeiten und Rohrlängen also später. Da das Einlaßventil schon vorher öffnet, ist aber zu berücksichtigen, daß keine Rückströmung im Einsaugerohr, und auch, daß kein Rücksaugen von Auspuffgasen stattfindet. Bei etwaiger Vereinigung mehrerer Auspuffleitungen ist auch der Druckverlauf an den Anschlußstellen von Einfluß.

Diese Angaben geben eine gewisse Freiheit in der Wahl, viel sorgfältiger ist hingegen die Brennstoffventilsteuerung zu wählen. Zu frühes Einspritzen ergibt, wie gezeigt (vgl. Abb. 278) große Drucksteigerungen und auch die Gefahr des Rückwärtsganges bei der Zündung nach dem Anlassen, zu später Brennstoffeintritt bewirkt ungünstige Verbrennung durch mangelnde Ausnützung der höchsten Verdichtungstemperatur. Bei Zündölvorlagerung an der Nadelspitze ist wegen des kurzen Weges bis zur Öffnung und wegen des raschen Zündens kein oder nur ein ganz geringes Voröffnen zulässig. Beim Brennstoffventil ist auch sein Bewegungsverlauf sehr maßgebend für die Verbrennung. Der Schluß des Brennstoffventils ist so zu wählen, daß einerseits wirklich die der größten Leistung entsprechende Ölmenge in der zur Verfügung stehenden Zeit eingespritzt, daß aber nicht unnötig viel Einspritzluft verbraucht wird. Der Zeitpunkt des Ventilschlusses hängt daher neben der Drehzahl noch von der Ausbildung des Brennstoffverteilers, den Abmessungen der Düsenplatte und des Brennstoffventils und von der Art der Ventilbewegung ab, die jeweils durch Versuch festgelegt werden muß.

Wenn das Einblaseventil nicht gleichzeitig als Anlaßventil verwendet wird, also stets bei geschlossenen Brennstoffdüsen, müssen entweder Brennstoffnadel oder Anlaßventil aus- oder eingeschaltet werden. Bei Nockenantrieb wird die Einrichtung hierfür sehr einfach, indem die betreffenden Steuerhebel auf einer exzentrischen Büchse gelagert sind, die bei ihrer Verdrehung um die feste Hebelachse die Nockenwellen abwechselnd zum Eingriff bringen. Wird beim Anlassen die Brennstoffpumpe ausgeschaltet, so kann auch das Brennstoffventil mitlaufen, die Einrichtung wird aber nicht merklich einfacher. Beim Anlaßverfahren der Germaniawerft in Kiel wird neben der Anlaßluft auch Brennstoff in den Zylinder gebracht, wodurch das Drehmoment beim Anfahren stark wächst (vgl. Abb. 711). Beim Anlassen wird manchmal auch die Bewegung der Hauptventile geändert oder ein besonderes Entspannungsventil angeordnet, oft in Verbindung mit dem Sicherheitsventil (z. B. Abb. 282, 283, 284, 285), um die Verdichtung zu vermindern. Wie bereits erwähnt, wird bei verdichterlosen Maschinen neuerdings auch im Zweitakt angelassen, was durch axiale Verschiebung der Steuerwelle erfolgt (Abb. 340). Für stehende Maschinen kann die ursprüngliche Anordnung, Abb. 341, als die noch gebräuchlichtse gelten. Zur Erhöhung der Sicherheit, daß das Anlaßventil nicht hängen bleibt, wird auch ein einstellbarer Doppeldaumen verwendet (Abb. 276). Bei Mehrzylindermaschinen erhält oft nicht jeder Zylinder ein Anlaßventil. Die Umschaltung auf Brennstoff geschieht besonders bei geringen vorhandenen Schwungmassen oft in Gruppen, um die volle Beschleunigung nicht plötzlich eintreten zu lassen[1]). Die Verdrehung der Umschaltexzenter kann durch Verdrehung der Hebelachsen selbst geschehen, wenn die Exzenter aufgekeilt sind, bei kleinen Mehrzylindermaschinen können dann die Hebelachsen miteinander gekuppelt werden, oder es können die losen Exzenter für jeden Zylinder durch Hebel und Zugstangen gesondert verdreht werden.

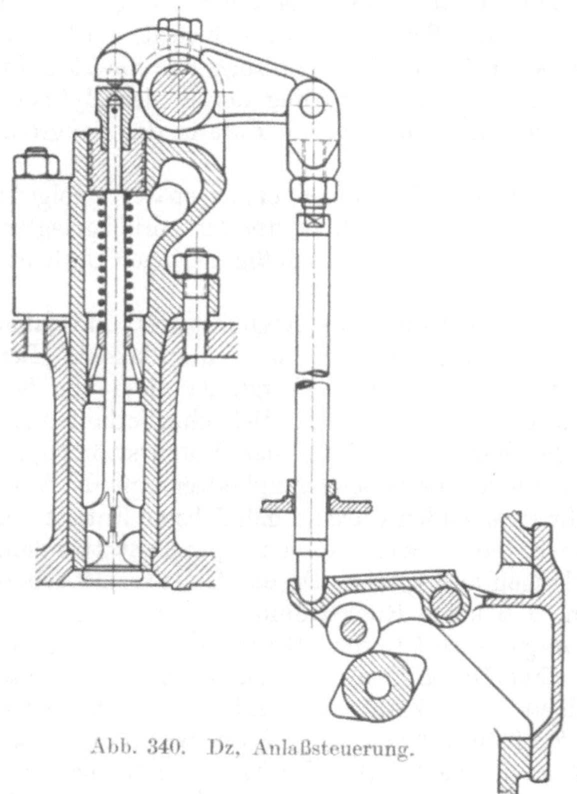
Abb. 340. Dz, Anlaßsteuerung.

Die in Abb. 341 gezeigte allgemein gebräuchliche Anordnung weist eine zur Kurbelwelle parallele Nockenwelle auf, die von jener durch eine vertikale oder schräg liegende Verbindungswelle auf die halbe Drehzahl der Maschine gebracht wird. Bei Mehrzylindermaschinen sind die liegenden Steuerwellen für alle Zylinder aus einem Stück oder miteinander gekuppelt. Ihre Drehrichtung geht oben nach auswärts, die Lagerung erfolgt auf Konsollagern, die an entsprechenden Anpässen der Kühlmäntel befestigt werden. Die Nocken treiben unmittelbar die Winkelhebel für die Ventile an, die ihrerseits auf der früher genannten Hebelachse sitzen. Bei dieser Anordnung muß die Steuerwelle hoch liegen, erfordert daher zu ihrer Bedienung auch bei kleinen Maschinen das Betreten einer besonderen Bühne, die freilich auch wegen der auf dem Zylinderdeckel angeordneten und der Wartung unterworfenen Teile erforderlich ist. Dafür liegen alle Steuerteile mit Ausnahme des Antriebs der stehenden Steuerwelle übersichtlich beisammen, die hinter den Nocken liegenden bewegten Massen sind auf ein Mindestmaß gebracht. Immerhin hat die manchmal verwendete, tief liegende Steuerwelle (Abb. 15, 31, 63, 64, 73) den Vorteil sehr fester Lagerung unmittelbar im unteren Teil des Gestells oder Kühlmantels. Die Zylinder bleiben ganz frei von Angüssen für die Steuerteile, wodurch der leichte Abbau der Deckel gesichert wird, während die Nocken und Steuerhebel in einer geschlossenen Kammer in Öl laufen oder auch nur in Mulden (Abb. 63, 64). Die Bauart erfordert hingegen mehr Gelenke und größere freie Steuermassen. Die Stoßstangen

[1]) Vgl. Schwedisches Patent von Nordström Nr. 28 735.

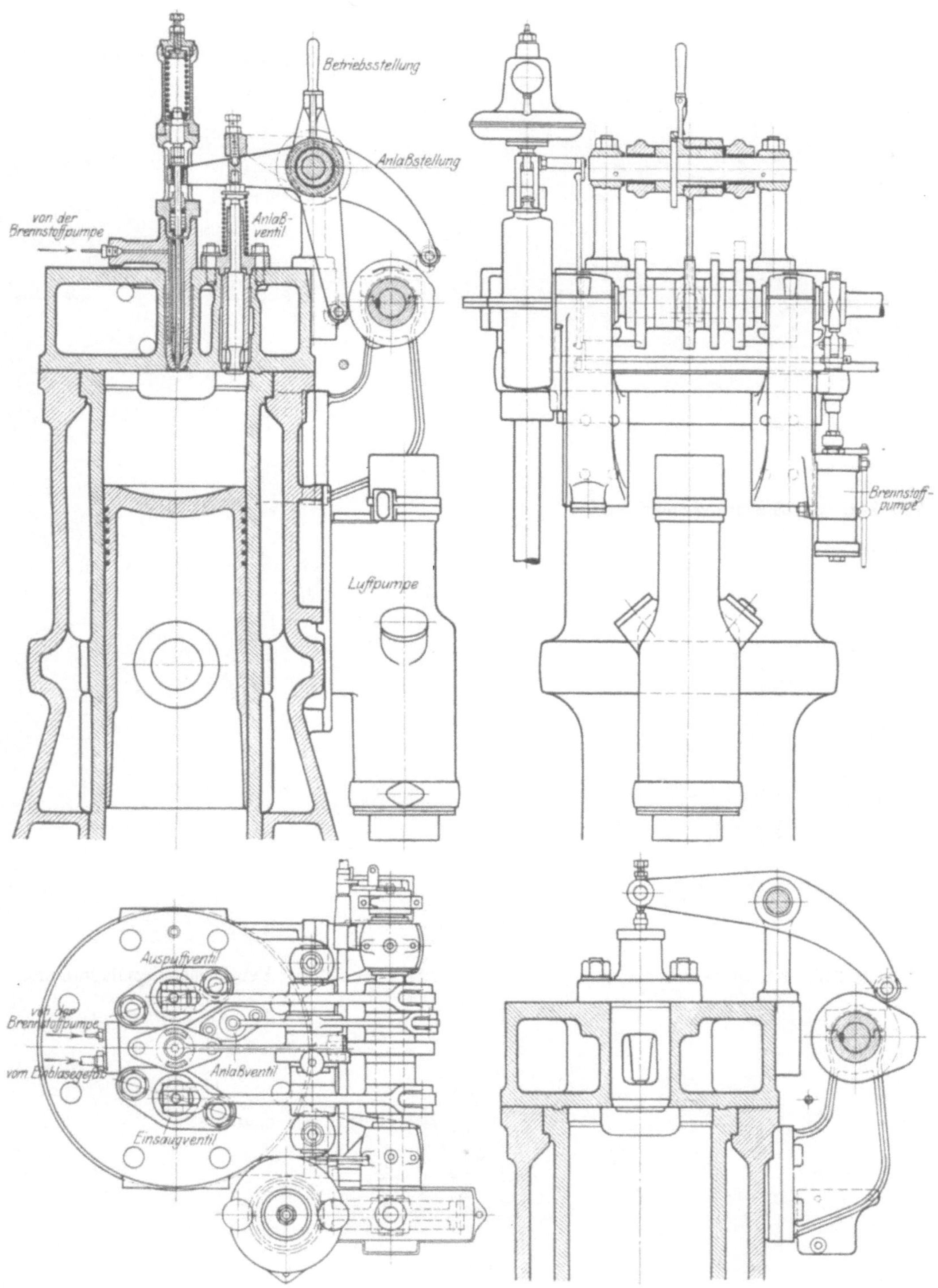

Abb. 341. MAN, Steuerungsanordnung.

werden entweder unmittelbar von den Daumen bewegt und in Lenkhebeln geführt (Abb. 63, 73) oder von Antriebshebeln betätigt (Abb. 31). Statt der vertikalen oder schrägen Zwischenwelle kommen auch andere Antriebsarten der liegenden Steuerwelle, Stirnrädersätze oder mehrfacher Kurbeltrieb, vor (Abb. 59, 60, 66, 84, 87, 461), bei kleinen Fahrzeugmotoren auch zwei durch Stirnräder getriebene Steuerwellen (Abb. 85).

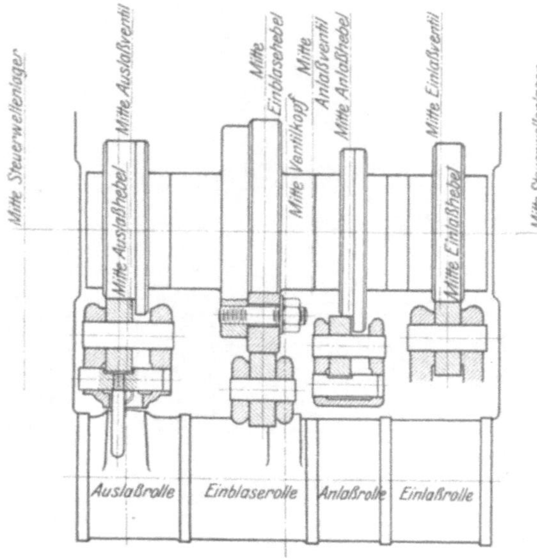

Abb. 342. Kt, Steuerungsanordnung.

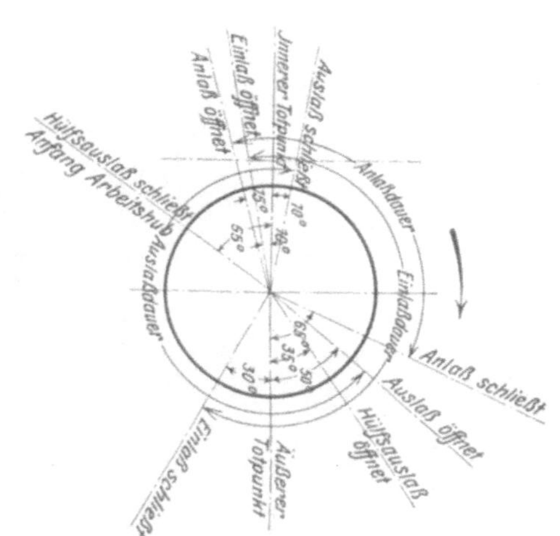

Abb. 343. Kt, Steuerschema.

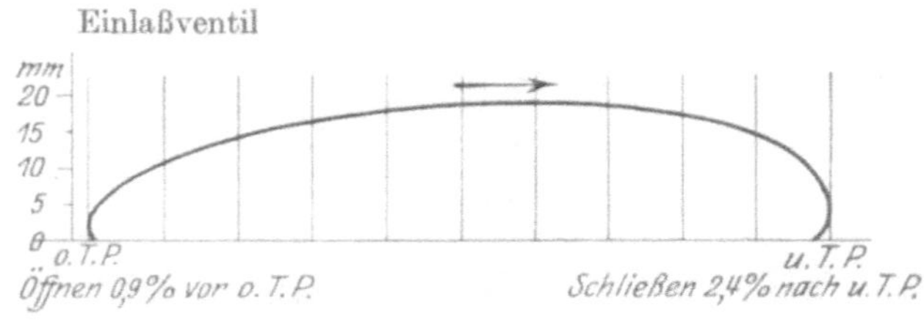

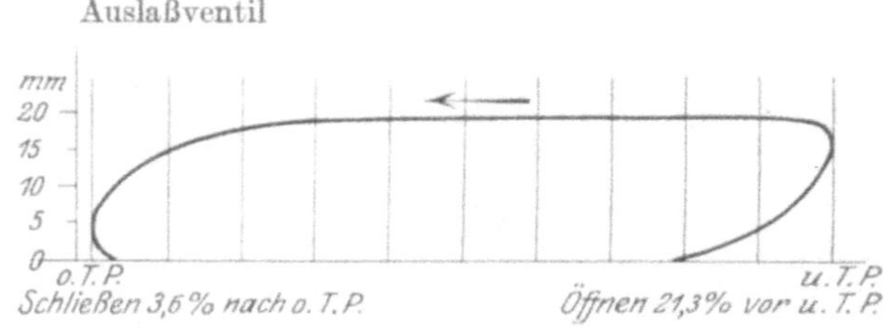

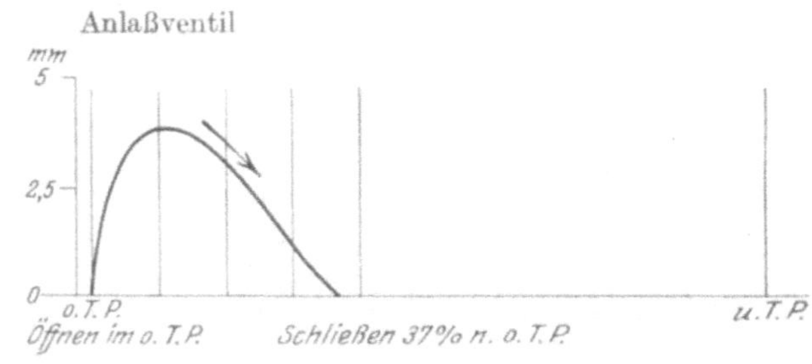

Abb. 345. Ventilerhebungsdiagramme.

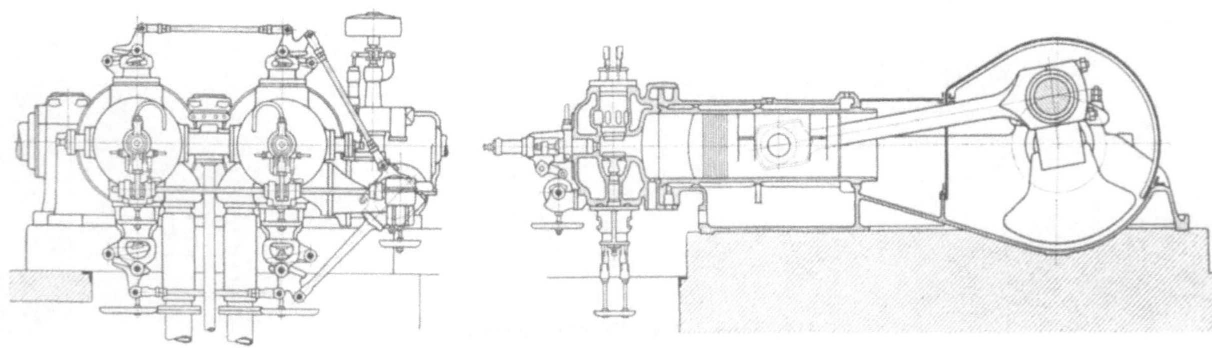

Abb. 344. MAN, Zusammenstellung, $2 \cdot \frac{480}{700}$, liegend.

Bei liegenden Maschinen mit wagrecht bewegten Steuerventilen liegt gewöhnlich quer hinter den Zylinderdeckeln eine Steuerwelle (Abb. 113, 114, 233). Abb. 342, 343 zeigen die Anbringung der Nocken auf der Steuerwelle und die Steuerungsdaten. Die Rollen für An-

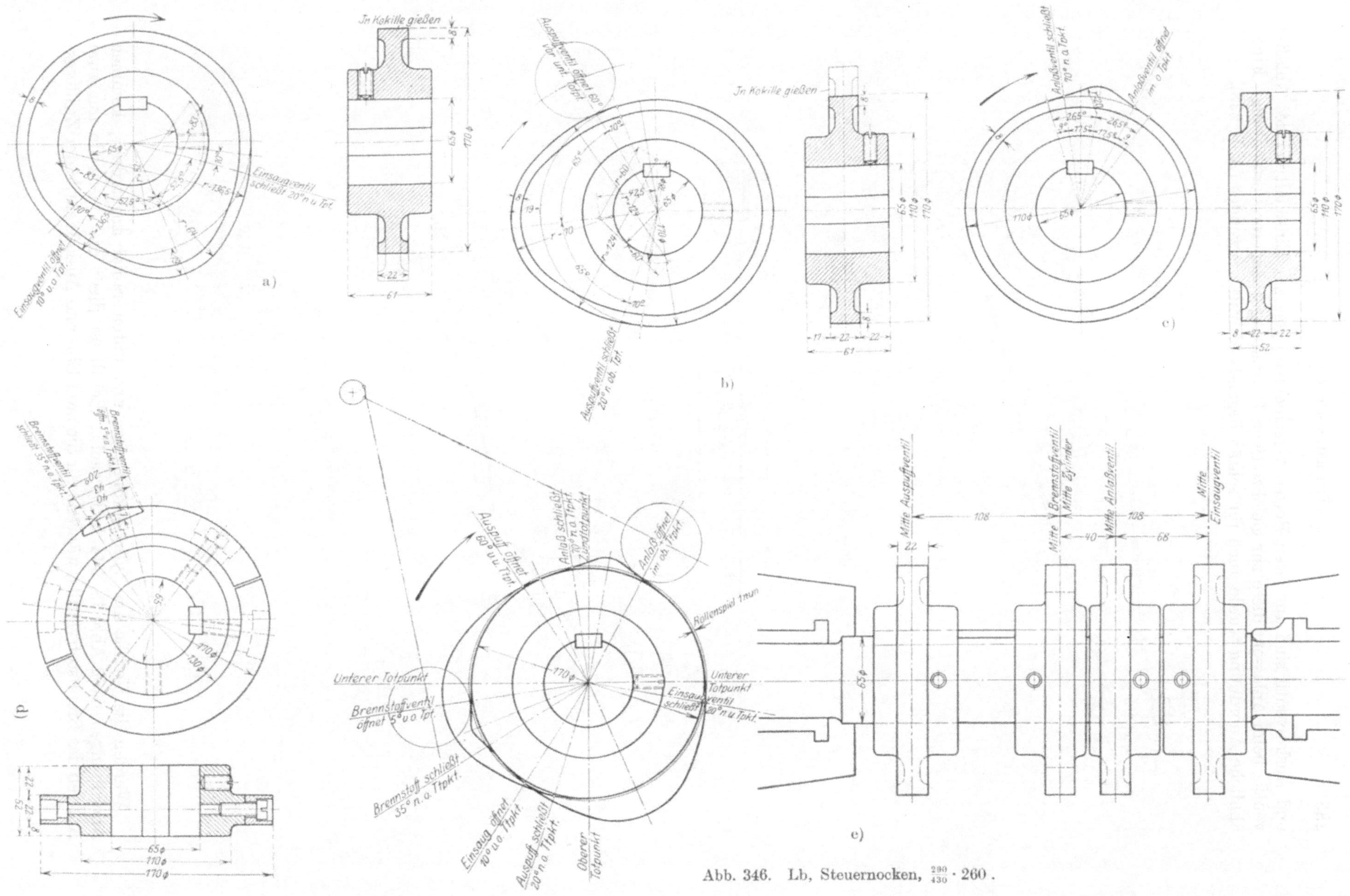

Abb. 346. Lb, Steuernocken, $\frac{290}{430} \cdot 260$.

und Auslaßventil sind auf ihren Bolzen verschiebbar, jene zur Einschaltung des Anlaßventils beim Anlassen, diese zur gleichzeitigen Einstellung geringerer Verdichtung. Eine ähnliche Anordnung wurde auch für schräg liegende Ventile verwendet (Abb. 233).

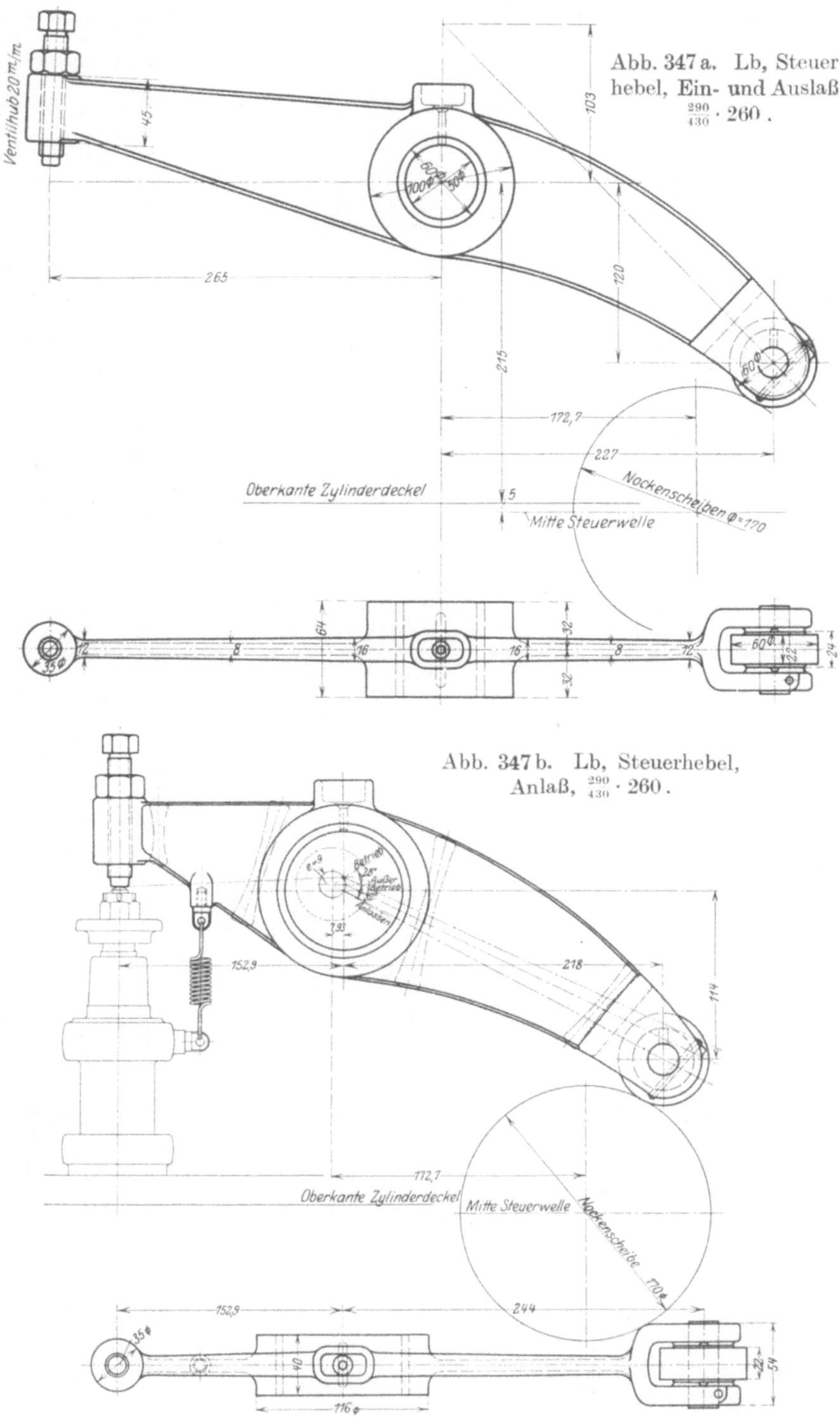

Abb. 347a. Lb, Steuerhebel, Ein- und Auslaß, $\frac{290}{430} \cdot 260$.

Abb. 347b. Lb, Steuerhebel, Anlaß, $\frac{290}{430} \cdot 260$.

Werden die Ventile am Zylinderkopf oben und unten radial angeordnet, kommen Anordnungen nach Abb. 18, 344 in Betracht. Bei dieser dient die Querwelle nur zum Antrieb des Brennstoffventils, während für die zwei Ein- und Auslaßventile der Zwillingsmaschinen eine gemeinsame Steuerwelle mit Exzenter- und Wälzhebelantrieb vorgesehen ist. Das Umschalten von Anlaß- und Brennstoffventil erfordert hier zwei Handgriffe.

Bei der Anordnung Abb. 18 wird das geschlossene Brennstoffventil ohne Querwelle von einer Nockenscheibe auf der Steuerwelle betätigt, indem der Brennstoffhebel unmittelbar auf den die Spindel des Brennstoffventils fassenden Winkelhebel einwirkt. Bei Bauarten mit Anwendung von offener Düse ist überhaupt keine Querwelle erforderlich (Abb. 22). Die Abb. 39 zeigt die Anordnung der Steuerung für Steuerventile im Zylinder.

Bei kompressorlosen liegenden Maschinen entfällt der mechanische Antrieb des Brennstoffventils meistens ganz (Abb. 12, 112).

Zur Beurteilung der Bewegungsverhältnisse dienen die Geschwindigkeits- und Beschleunigungsdiagramme. Es ist aber dabei zu beachten, daß erstens das Auftreffen des Daumens auf die Rolle im Antriebshebel nicht ganz stoßlos erfolgt, weil bei geschlossenen Ventilen ein gewisses Spiel vorhanden sein muß, und der Anlauf daher nicht

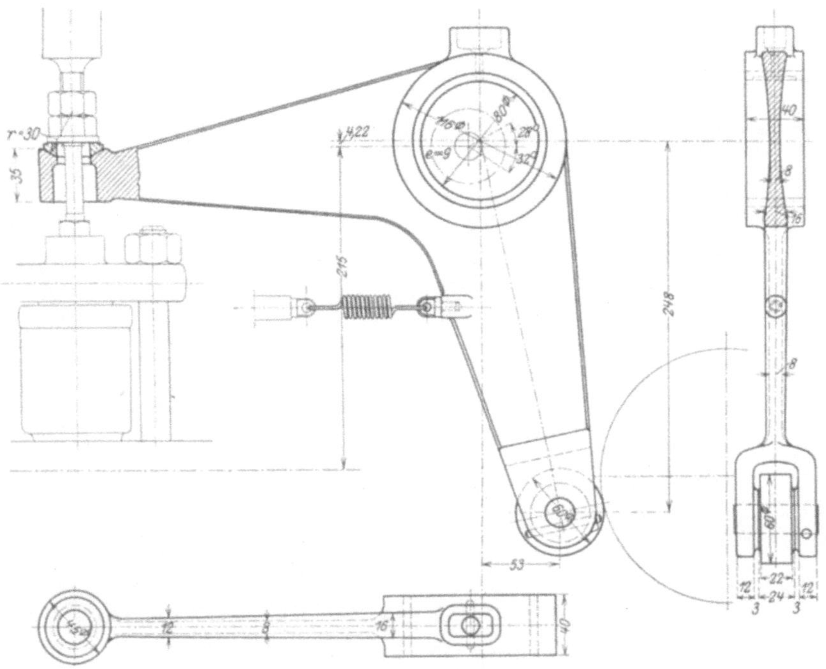

Abb. 347c. Lb, Steuerhebel, Brennstoff, $\frac{290}{430} \cdot 260$.

genau tangential ausfallen kann, zweitens aber nach dem Auftreffen gegebenenfalls auch noch durch Lagerspielräume und dann jedenfalls durch elastische Formänderungen infolge der entstehenden Kräfte von der angetriebenen Rolle kleine Wege zurückzulegen sind, ehe das betreffende Ventil selbst angehoben wird. Diese Wege können das für die Berechnung zugrunde zu legende Rollenspiel gegen das wirklich eingestellte etwas erhöhen. Bei der Berechnung sieht man gewöhnlich von den Geschwindigkeitsänderungen der Steuerwelle ab; soweit die Drehgeschwindigkeit der Maschine selbst veränderlich ist, kann sie mit Hilfe der früher berechneten Ungleichförmigkeit des Ganges jeweils berücksichtigt werden. Wesentlicher ist aber die relative Verdrehung der Steuerwelle und ihrer Antriebswelle selbst. Diese sind demnach möglichst stark auszuführen, etwa $^1/_4$ bis $^1/_5$ der Zylinderbohrung, wachsend mit der Zahl der angetriebenen Zylinder, also der Gesamtlänge. An den Lagerstellen werden die Wellen wegen leichten Aufbringens der Daumenscheiben etwas schwächer ausgeführt. Auf den Kolbenweg bezogene Ventilerhebungsdiagramme sind in der Abb. 345 dargestellt.

Die Abb. 346, 347 zeigen Beispiele von Antriebsnocken und Hebeln. Die allgemeine Berechnung der Geschwindigkeiten und Beschleunigungen kann nach der wohl einfachsten

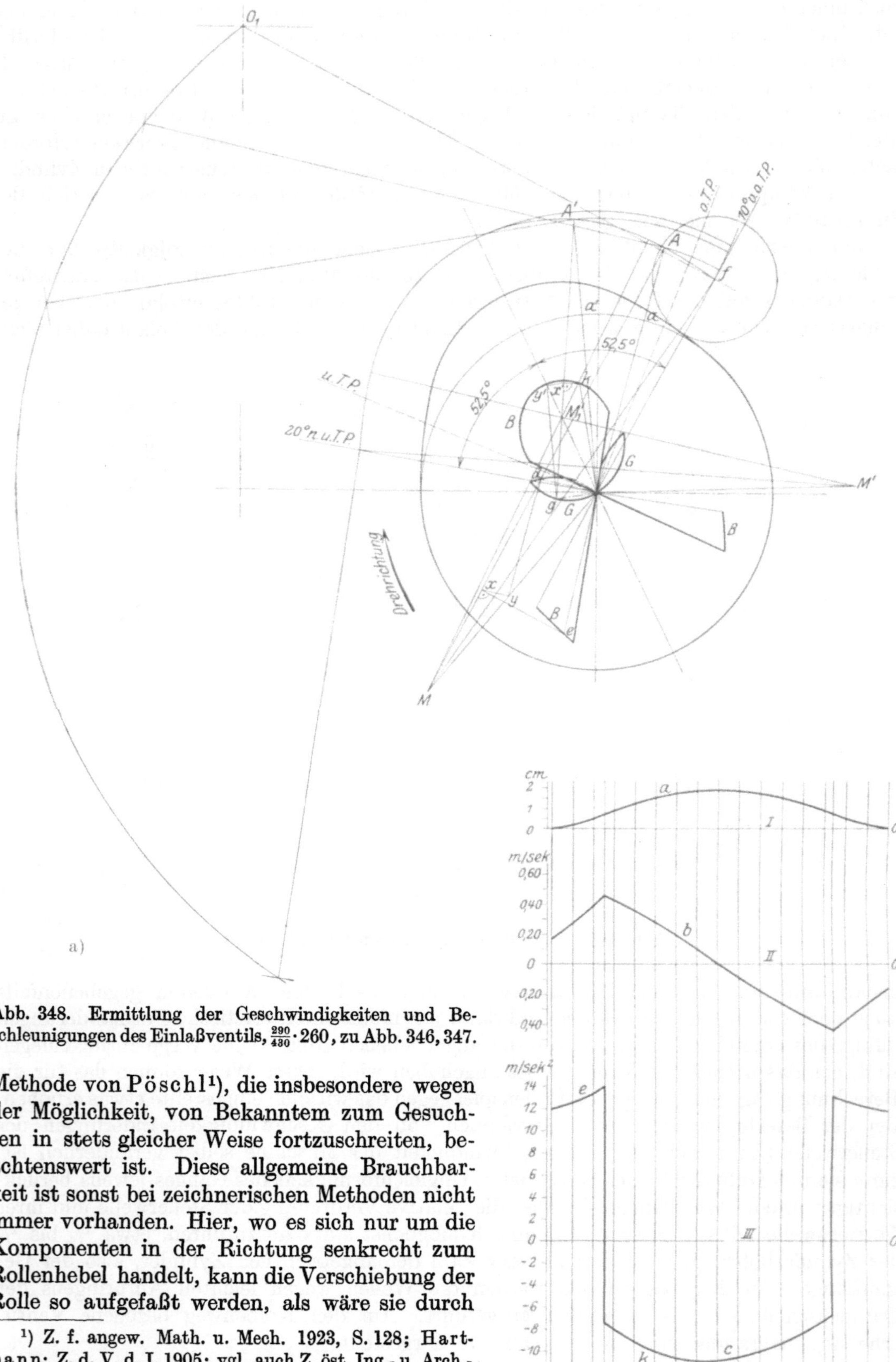

Abb. 348. Ermittlung der Geschwindigkeiten und Beschleunigungen des Einlaßventils, $\frac{290}{430} \cdot 260$, zu Abb. 346, 347.

Methode von Pöschl[1]), die insbesondere wegen der Möglichkeit, von Bekanntem zum Gesuchten in stets gleicher Weise fortzuschreiten, beachtenswert ist. Diese allgemeine Brauchbarkeit ist sonst bei zeichnerischen Methoden nicht immer vorhanden. Hier, wo es sich nur um die Komponenten in der Richtung senkrecht zum Rollenhebel handelt, kann die Verschiebung der Rolle so aufgefaßt werden, als wäre sie durch

[1]) Z. f. angew. Math. u. Mech. 1923, S. 128; Hartmann: Z. d. V. d. I. 1905; vgl. auch Z. öst. Ing.- u. Arch.-Verein. 1912, S. 297, und Körner: Z. öst. Ing.- u. Arch.-Verein. 1915, S. 390, Wirtschaftsmotor 1921, Heft 5.

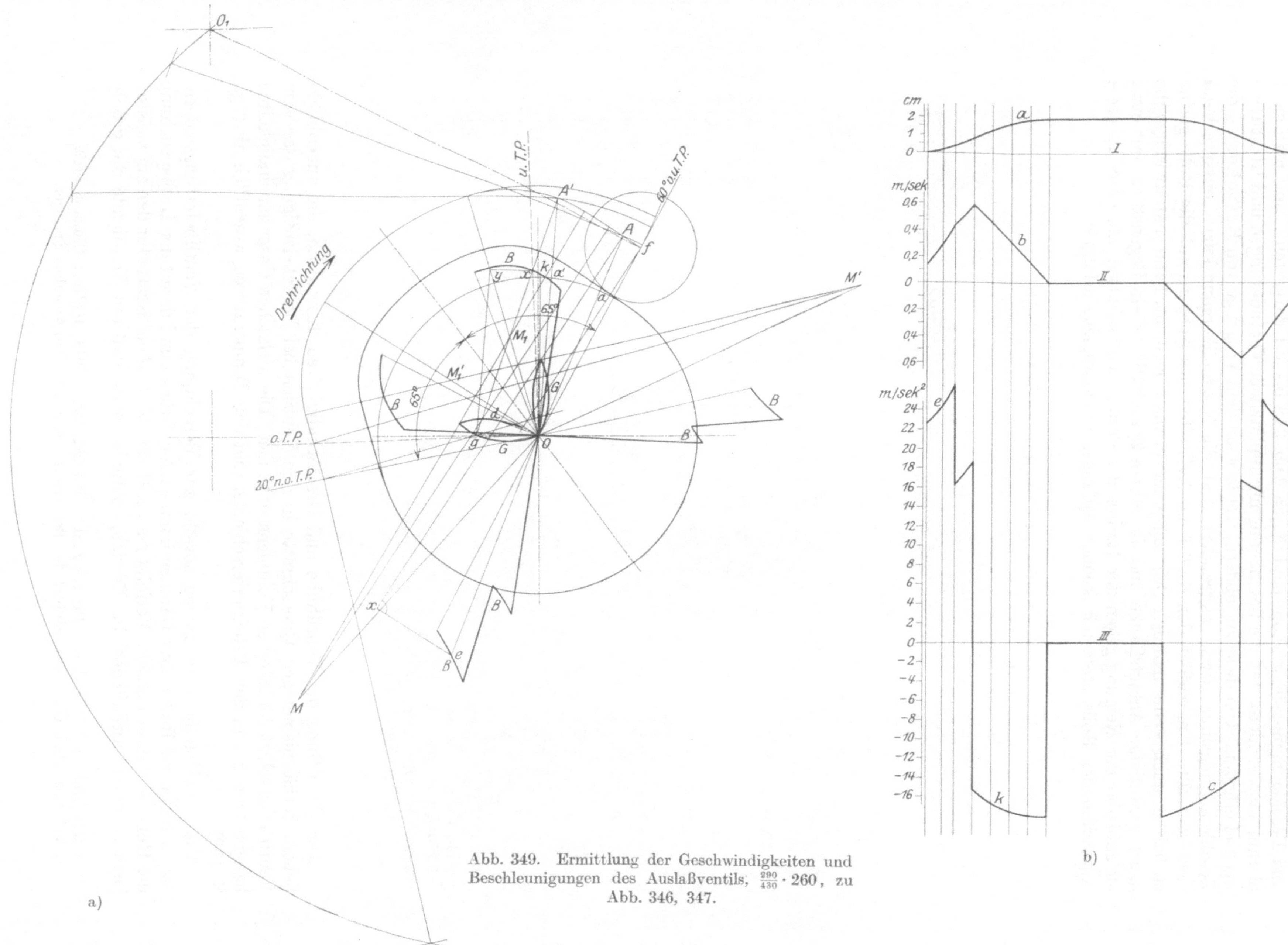

Abb. 349. Ermittlung der Geschwindigkeiten und Beschleunigungen des Auslaßventils; $\frac{290}{430} \cdot 260$, zu Abb. 346, 347.

einen einfachen, geschränkten Kurbeltrieb hervorgerufen. Die Weg-, Geschwindigkeits- und Beschleunigungsdiagramme sind in den Abb. 348 bis 351 dargestellt, und man sieht hieraus insbesondere, daß die Beschleunigungen plötzliche Veränderungen und Richtungswechsel erleiden. Um diese zu mildern, werde nach dem Vorgange von Bestehorn[1]) die Beschleunigungslinie etwas abgeändert und die Nockenübergangskurve entsprechend richtiggestellt. Um endlich den Stoß beim Auftreffen des Nockens auf die Rolle gering zu halten, auch wenn man den Öffnungspunkt etwas verschiebt, kann man zwischen die meist geradlinige Anlaufsflanke und die innere Zylinderfläche ein Bogenstück mit etwa gleichbleibender Neigung gegen den Radius des Daumens einschalten, auf dem das erste Auftreffen der Rolle stets mit kleiner Anfangsgeschwindigkeit erfolgt[2]).

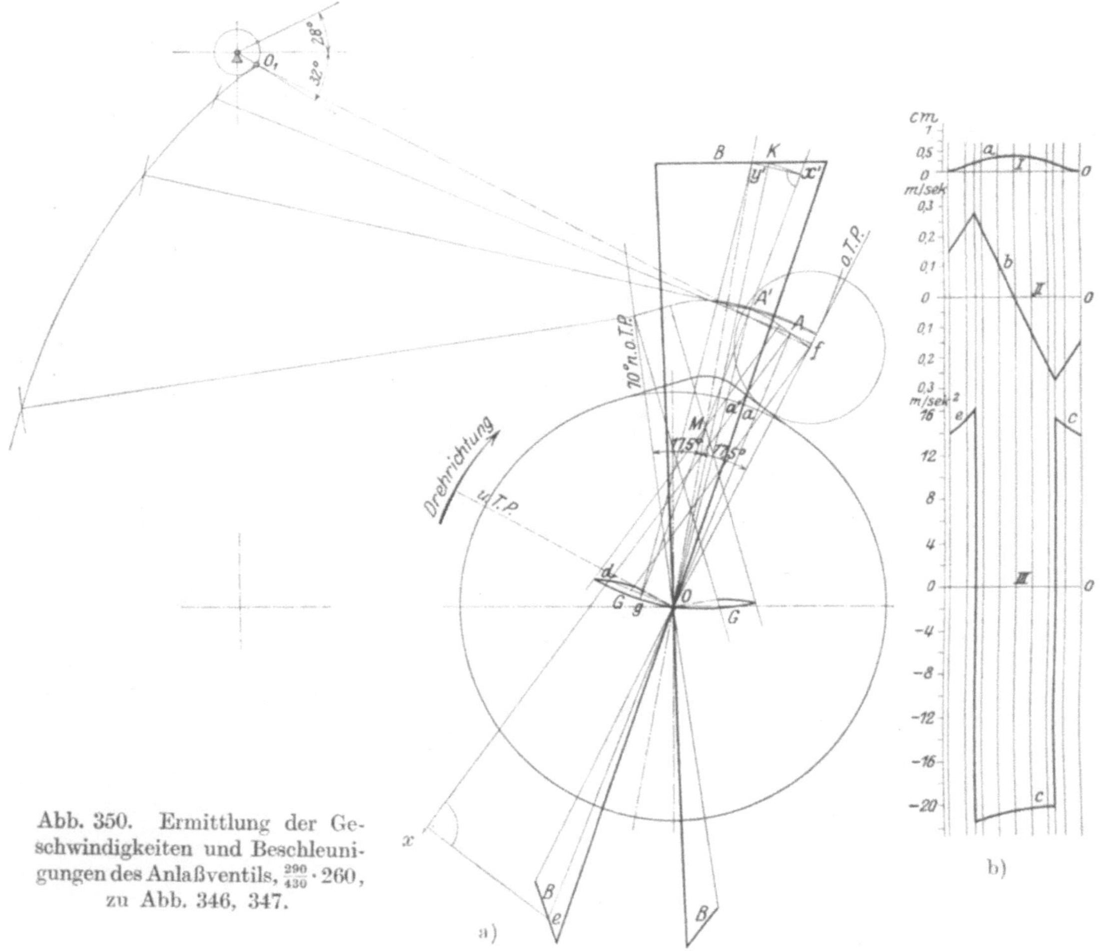

Abb. 350. Ermittlung der Geschwindigkeiten und Beschleunigungen des Anlaßventils, $\frac{290}{430} \cdot 260$, zu Abb. 346, 347.

Die Ermittlung der Ventilhübe und Geschwindigkeiten dient dazu, die augenblicklichen, verhältnismäßigen Querschnitte in den Ventilen bei Berücksichtigung des vom Ventilteller selbst verdrängten Volumens zu finden. Die wirklichen Gasgeschwindigkeiten hängen jedoch von den Druckunterschieden und den Temperaturen wesentlich ab (vgl. S. 189).

Die Beschleunigungen dienen sowohl zur Berechnung der Ventilbelastungsfedern, als auch der auf Rollen und Daumen kommenden Drücke und damit der Beanspruchung der Hebel und ihrer Achsen. Verfolgt man z. B. den Verlauf der Kräfte für den am meisten beanspruchten Auslaßhebel im Betrieb, so findet man, daß am Ventilende die größte

[1]) Bestehorn: Z. d. V. d. I. 1919; Kirgerl: Wirtschaftsmotor 1919; Heller: Ölmotor 1912.
[2]) Vgl. u. a. auch Güldner: Einfluß der Betriebswärme, S. 106. Berlin: Julius Springer.

nach oben gerichtete Kraft im Momente des Ventilöffnens sich zusammensetzt aus dem Enddruck der Expansion (bei größter Belastung etwa 4 at) auf den Ventilteller, der Massenkraft der mit dem Ventil verbundenen Steuerteile mit entsprechendem Vorzeichen

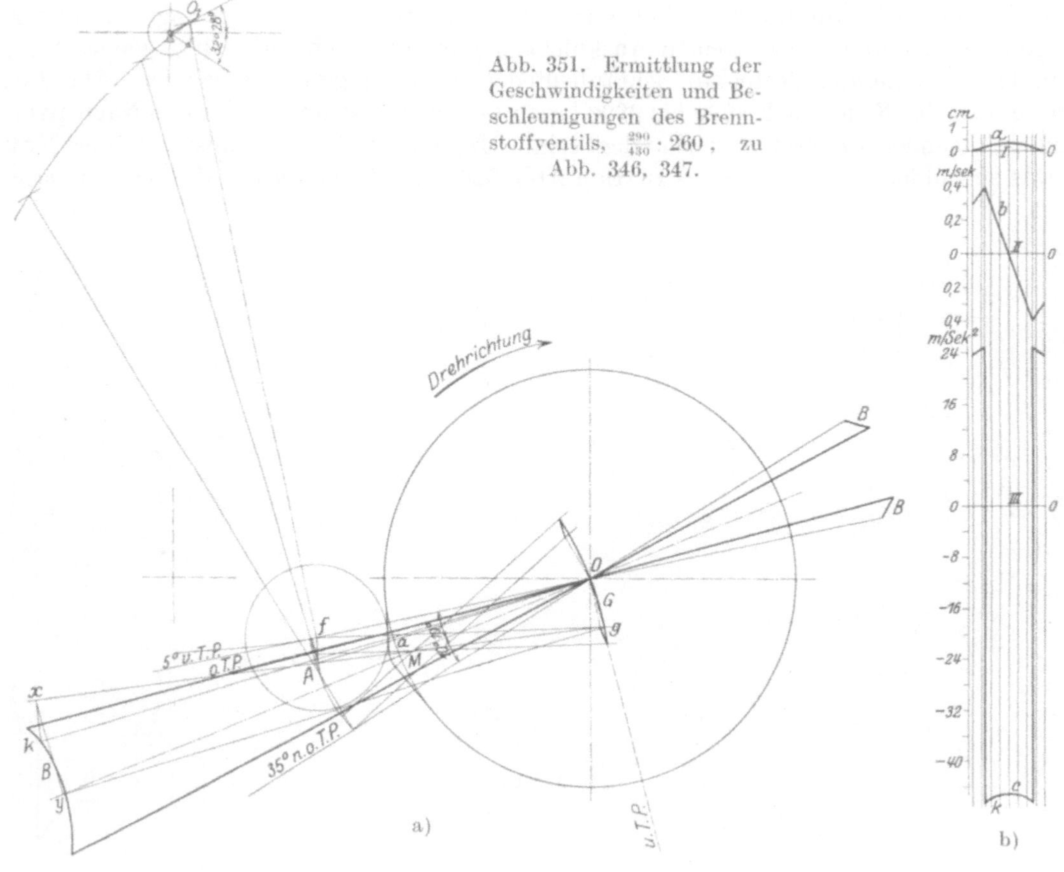

Abb. 351. Ermittlung der Geschwindigkeiten und Beschleunigungen des Brennstoffventils, $\frac{290}{430} \cdot 260$, zu Abb. 346, 347.

und dem Federdruck. Nach der Ventilöffnung nimmt der statische Gasüberdruck ab, außerdem entsteht ein Strömungsdruck in entgegengesetzter Richtung, die Massenkräfte wachsen gewöhnlich und ebenso die Federdrücke. In Abb. 352 ist dieser Kräfteverlauf verzeichnet, entsprechend dem Druckverlauf in Abb. 263. Hierbei ist die Ventilfeder wesentlich stärker angenommen, als es den auftretenden Massendrücken nach erforderlich wäre, weil ja außer ihnen noch die unter Umständen großen Reibungswiderstände zu überwinden sind. Abb. 353 gibt die Verhältnisse beim Einlaßventil an, der geringe Gasdruck und der Strömungsdruck sind hier dem Federdruck entgegengesetzt. Bei

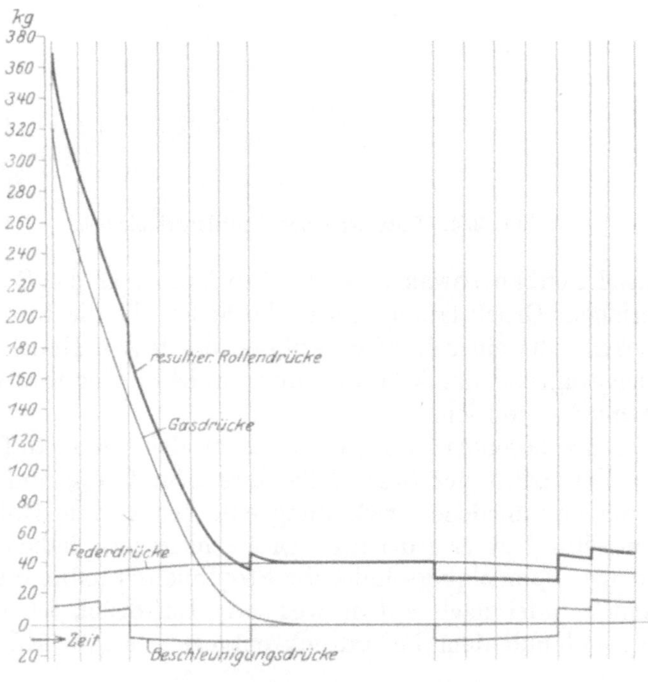

Abb. 352. Verlauf der Kräfte am Auslaßventil.

geschlossenen Ventilen kann die Federkraft für Ein- und Auslaßventil etwa mit 0,5 bis 0,7 kg für ein cm^2 Ventilfläche angenommen werden. Eine merkliche Steigerung derselben mit dem Ventilhub ist vorteilhaft, weil ja auch die zu überwindenden Kräfte wachsen, darf jedoch wegen der Haltbarkeit der Federn nicht allzu groß werden, etwa 0,7 bis 1 kg/cm^2. Im übrigen sind kurze Federn mit großen Windungsdurchmessern wegen Vermeidung des seitlichen Ausknickens günstig; auch zwei entgegengesetzt gewundene, ineinander gesteckte Schraubenfedern werden gerne verwendet. Die Beanspruchung der Federn soll 3000 bis 3600 kg/cm^2 nicht überschreiten, für das Nachspannen soll genügender Spielraum vorhanden sein. Um das plötzliche Einsetzen der Kräfte etwas zu mildern, kann die Konstruktion Abb. 354 verwendet werden, die sich im Dampf-

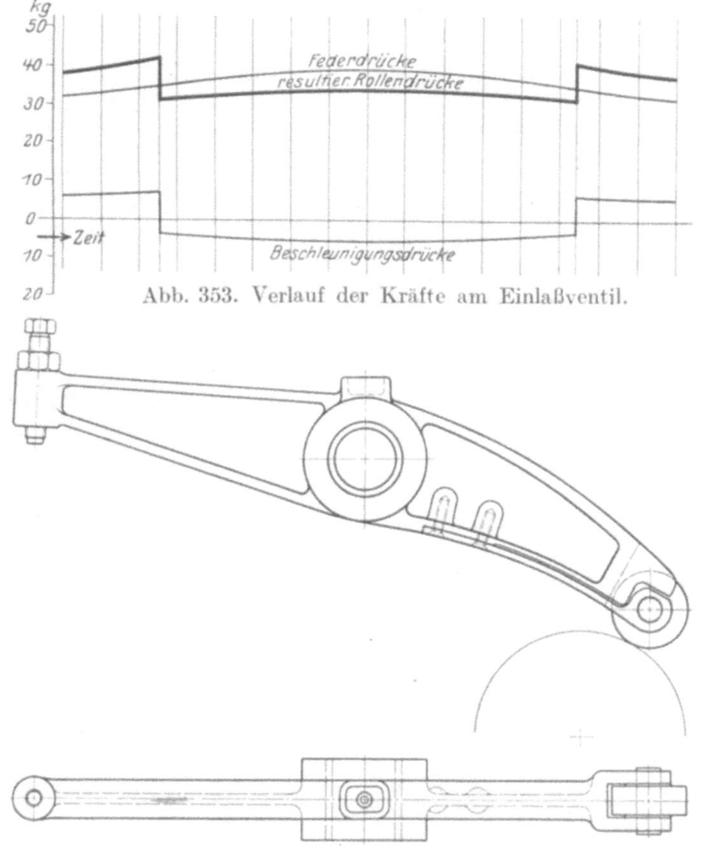

Abb. 353. Verlauf der Kräfte am Einlaßventil.

Abb. 354. Entwurf eines Ventilantriebhebels.

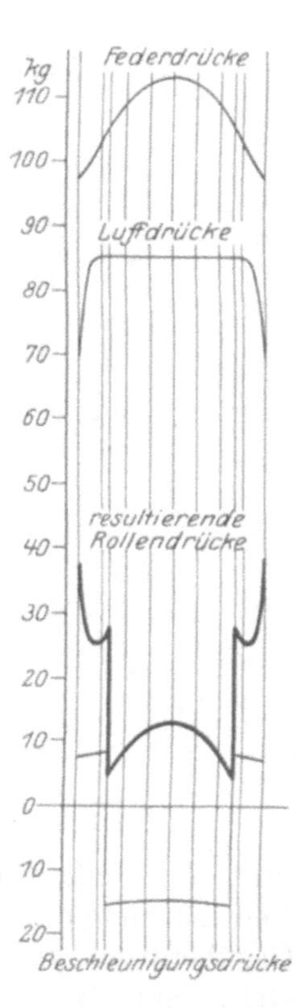

Abb. 355. Verlauf der Kräfte am Brennstoffventil.

maschinenbau bewährt hat[1]). Man kann hier die Rolle auch am inneren Rastkreis mit geringem Druck laufen lassen, die Feder, die die Rolle trägt, kann sogar eine Kraft entwickeln, die ein zeitweises Ablösen des festen Hebels vom Anschlag an der Rollennabe auch während der Ventilöffnung bewirkt. Der tote Gang des Hebels kann dabei ganz vermieden werden.

Ganz besondere Sorgfalt verdient das Brennstoffventil, bei dem die Einwirkungen der Elastizität der Steuerteile, ihre Abnützung und die Form- und Lagenänderungen durch verschiedene Erwärmung eine bedeutende Rolle spielen. Hier ist demnach eine Einstellbarkeit erforderlich. Die Ventilfedern haben hier neben dem hohen Gasdruck auf den Spindelquerschnitt die Stopfbüchsenreibung sicher zu überwinden. Der auf die Ventilspindel nach außen wirkende Luftdruck ist hier während des Verlaufs gleichbleibend und dem Federdruck entgegengesetzt (Abb. 355). Der Federdruck muß sehr

[1]) Körner: Doppeldaumensteuerungen. Springer, Berlin.

groß gewählt werden, er wird überschlägig etwa mit 150 kg für 1 cm² Nadelquerschnitt in der Stopfbüchse bemessen. Werden zwei Brennstoffventile angeordnet (Abb. 294), so werden sie gewöhnlich von einer Nocke gemeinsam durch einen gerade geführten

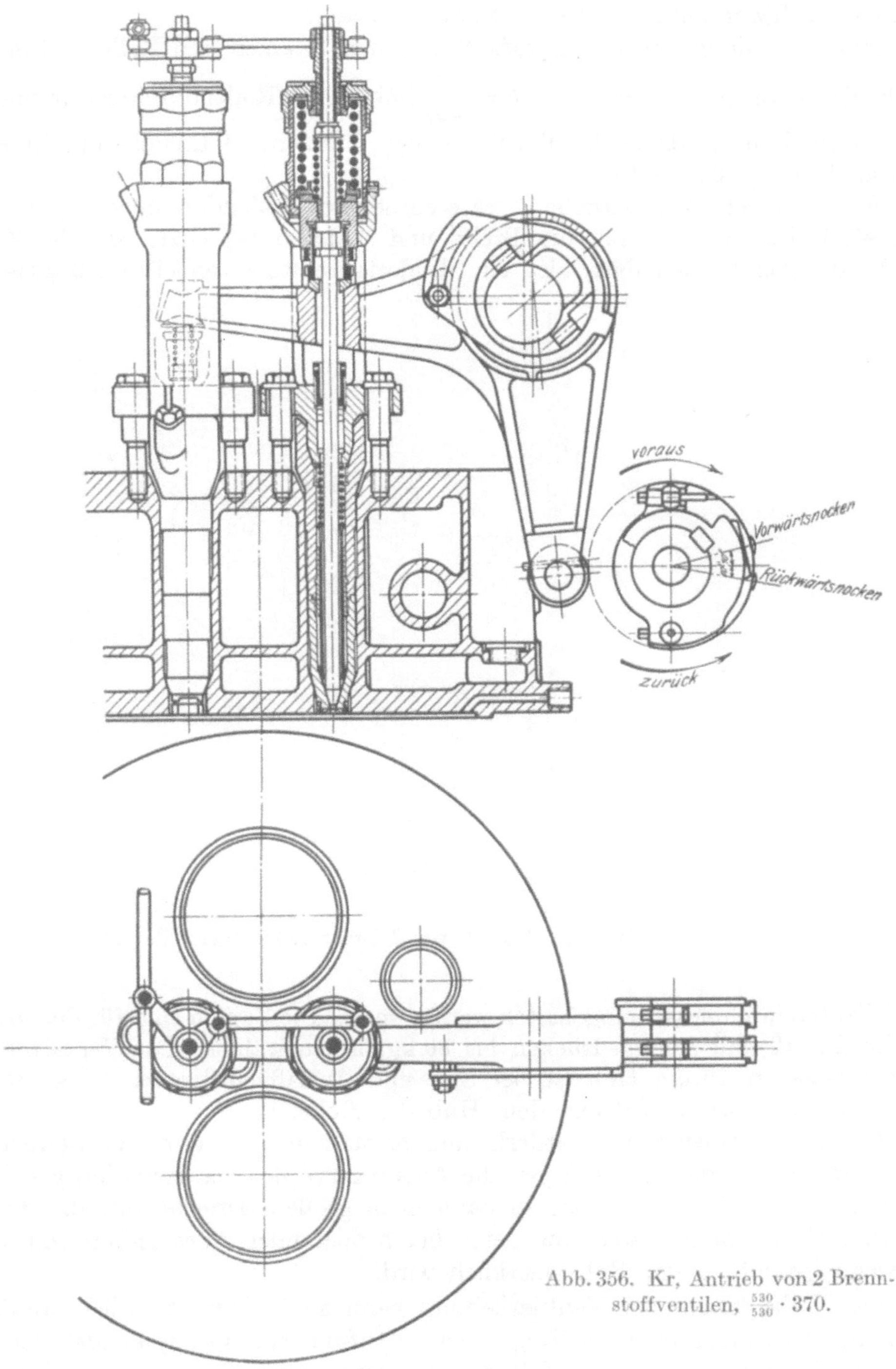

Abb. 356. Kr, Antrieb von 2 Brennstoffventilen, $\frac{530}{530} \cdot 370$.

Kreuzkopf angehoben, wobei für die Ausgleichung der Federdrücke möglichst vorgesorgt werden soll. In diesem Falle läßt sich der Nadelhub begrenzen, ohne daß der Daumen beeinflußt wird (vgl. S. 273). Bei Anwendung eines einfachen Antriebshebels werden die verschiedenen Hübe durch entsprechende Querschnittsbemessung (Abb. 356) ausgeglichen oder durch einarmigen Gegenhebel (Abb. 357) vermieden.

Die Verhältnisse beim Anlaßventil sind grundsätzlich ähnlich, wie beim Auslaß, nur kommen bei den noch geringen Geschwindigkeiten beim Anlassen die Beschleunigungsdrücke kaum in Frage. Als Öffnungsdruck ist hier der Unterschied zwischen Verdichtungsenddruck und Anlaßluftdruck einzusetzen, dieser wird häufig durch ein selbsttätiges Reduzierventil auf 15 bis 20 at eingestellt.

Hat man die größte Druckkraft P zwischen Daumen und Rolle bestimmt, so ergibt sich die Daumenbreite etwa aus $b = \frac{P}{k D}$ mit D als Rollendurchmesser und k zwischen 6 und 10, je nach Härte des Baustoffes der Daumen bei Einlaß- und Brennstoffventil, bis 40 beim Auslaßventil.

Für die rasche Ventilerhebung wäre ein kleiner Rollendurchmesser günstig, die Wahl desselben ist jedoch durch die Breite und dadurch begrenzt, daß die Zapfenreibung nicht zu groß werden darf, also ein Mindestverhältnis von etwa 2,2 zwischen Rollen-

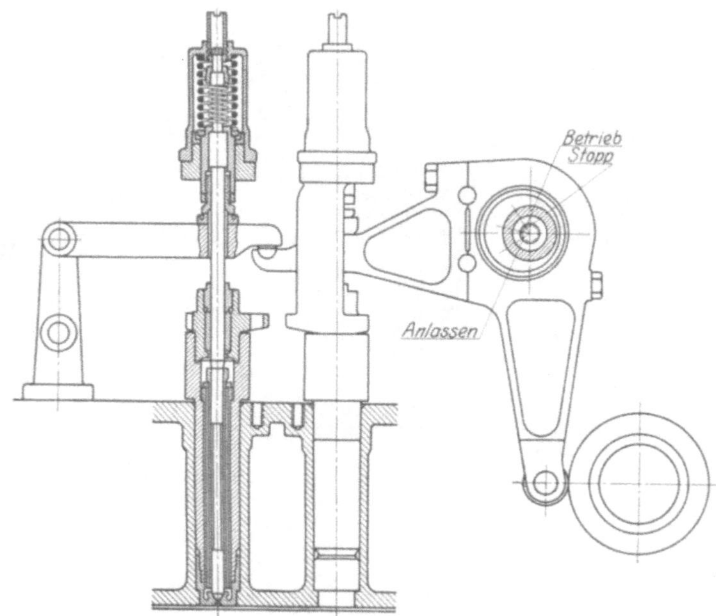

Abb. 357. Kt, Antrieb von 2 Brennstoffventilen, $\frac{325}{420} \cdot 450$.

und Zapfendurchmesser eingehalten werden muß. Die Zapfen sind für den größten Druck (beim Auslaß) mit Auflagedrücken bis 80 kg/cm² zu wählen. Das Verhältnis der Rollendurchmesser zu ihrem Hub ist bei Ein- und Auslaßventil etwa 2 bis $2^1/_2$, der kleine Nockenhalbmesser 3—$3^1/_2$ mal dem Hub der Rolle.

Bekanntlich[1]) wird die Ventilerhebung etwas günstiger, wenn die Bewegungsrichtung nicht radial, sondern mehr gegen die Anlaufkurve des Daumens hin geneigt wird, wie z. B. in Abb. 348. Freilich treten dann auch größere Drücke auf, die die Hebel und deren Achse belasten, was aber erst bei bedeutender Abweichung von der radialen Bewegungsrichtung der Rolle merklich wird.

Die Verbesserung der Ventilerhebung kann auch dadurch erzielt werden, daß die Anlaufkurven nicht als ebene Tangenten im Öffnungspunkt ausgebildet werden, sondern als dort tangierende konkave Zylinder, die dann erst in Ebenen übergehen. Die besten Beschleunigungsverhältnisse ergeben sich natürlich, wenn die Krümmung der an diese Ebenen anschließenden Daumenbegrenzung möglichst klein ist (Abb. 358, 359), also etwa ein Kreis, der die beiden An- und Ablaufebenen berührt. Ergibt sich dabei ein zu

[1]) Proell: Z. d. V. d. I. 1907, S. 136; vgl. Körner: Z. öst. Ing.- u. Arch.-Verein. 1915, S. 391.

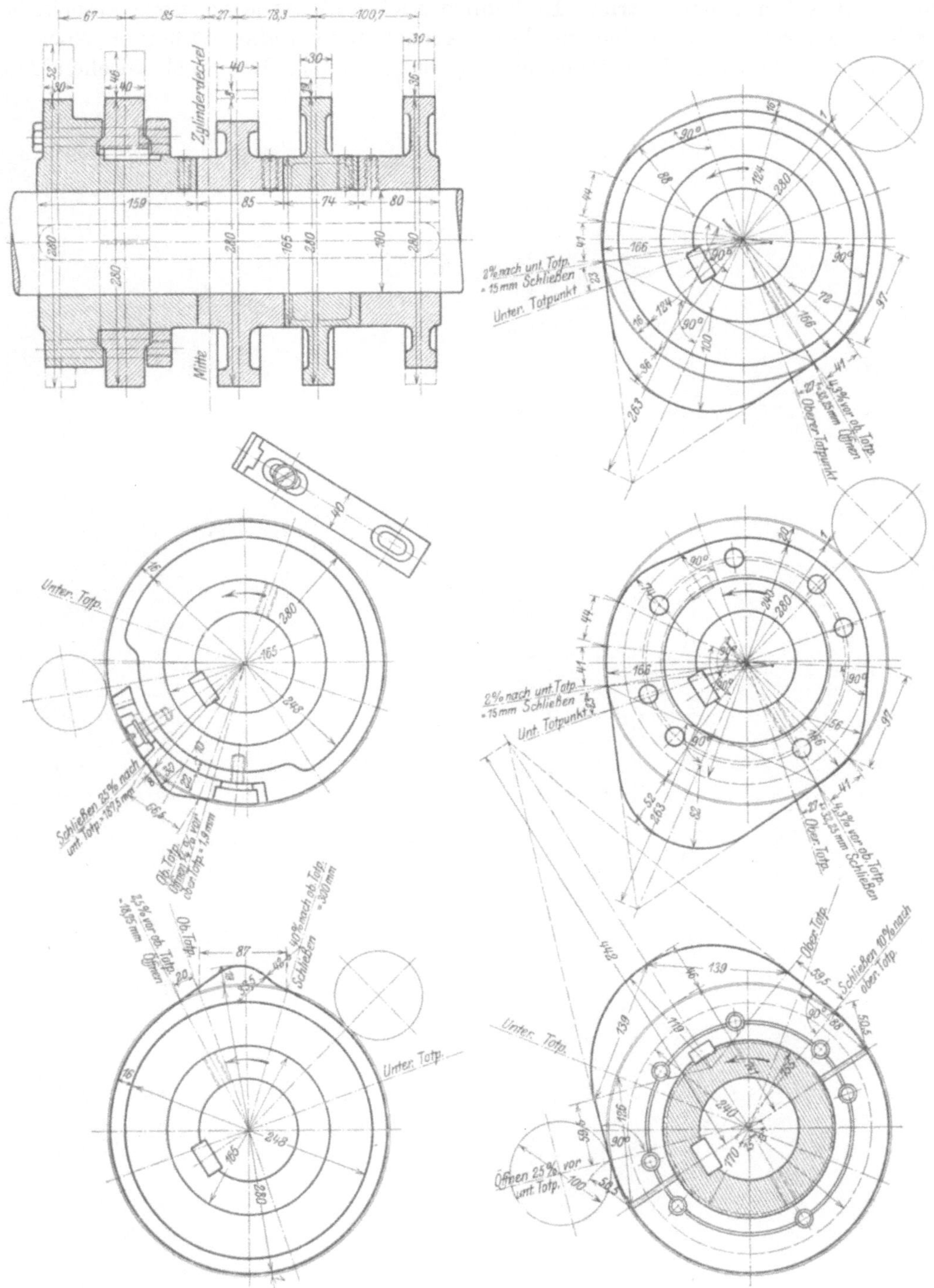

Abb. 358. Gz, Steuernocken, $\frac{550}{750} \cdot 170$.

großer Ventilhub, so formt man die Daumen auch dort konzentrisch (Abb. 360, 361, 362) und verbindet diesen Teil mit den An- und Ablaufebenen durch Kreiszylinder.

Die bauliche Gestaltung der Daumen ist verschieden. Einlaß-, Auslaß- und Anlaßdaumen, die im vorhinein genau genug eingestellt werden können, werden gewöhnlich aus Stahl (Abb. 360, 361), Stahlguß (Abb. 359) oder Schalenhartguß (Abb. 346, 362) hergestellt und auf den Nockenwellen aufgekeilt. Ihre Bearbeitung geschieht mit Kopierfräse- und Schleifapparat, manchmal erst nach Aufkeilung auf der Welle, damit kein nachträgliches Verziehen eintritt. Es können auch gußeiserne Scheiben aufgekeilt und dreieckig ausgeschnitten werden, in deren Ausnehmungen die stählernen Nocken von der Seite eingeschoben und mit Schrauben befestigt werden. Das Spiel zwischen Daumen

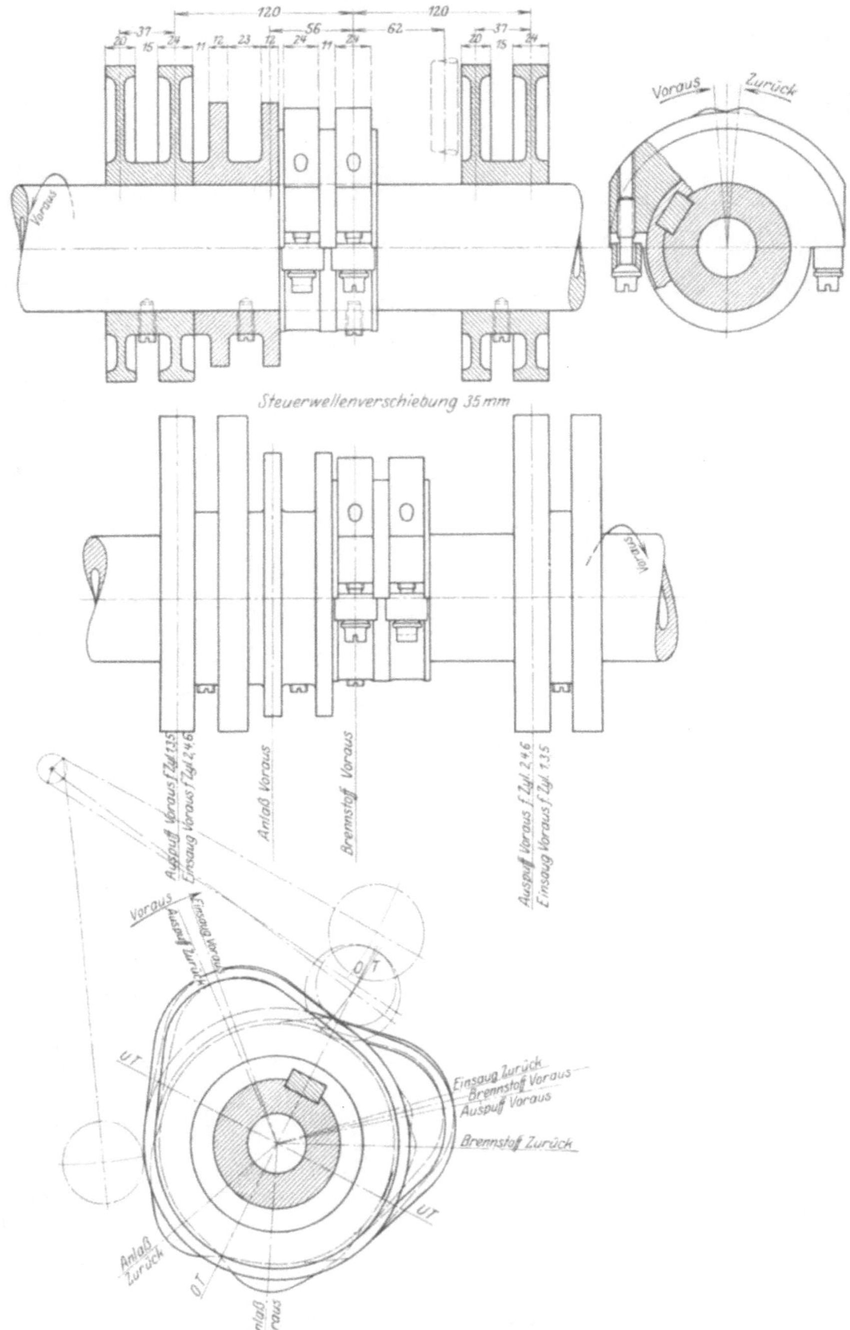

Abb. 359. MAN, Steuernocken, $\frac{350}{350} \cdot 450$.

und Rolle beträgt bei geschlossenen Ventilen beim Einlaß und Auslaß etwa 0,6 und 0,9 mm im warmen Betriebszustand der Maschine, beim Anlaßventil etwa 0,6 mm, beim Brennstoffventil bis zu 0,3 mm herab.

Beim Brennstoffventil ist wegen der erforderlichen Genauigkeit der Steuerung der Brennstoffeinspritzung unbedingt eine Einstellung des Rollenspiels und damit des Nadelhubs, aber auch die Einstellung des Öffnungszeitpunktes erforderlich. Hierzu werden die mit harter Oberfläche hergestellten Stahlnocken besonders eingesetzt (Abb. 346, 360, 361, 362), mit Keilen gegen entsprechende Vorsprünge in den Nabenscheiben abgestützt und mit Schlitzschrauben befestigt. Die Keile werden schwalbenschwanzförmig ausgebildet (Abb. 361) oder mit Stiften gehalten (Abb. 360). Manchmal wird in das so verschiebbare Stahlstück noch ein gehärtetes Nockenstück eingesetzt (Abb. 346, 362). Andere Ausführungen zeigen Abb. 356, 359, 396, bei denen die tangentielle Einstellung

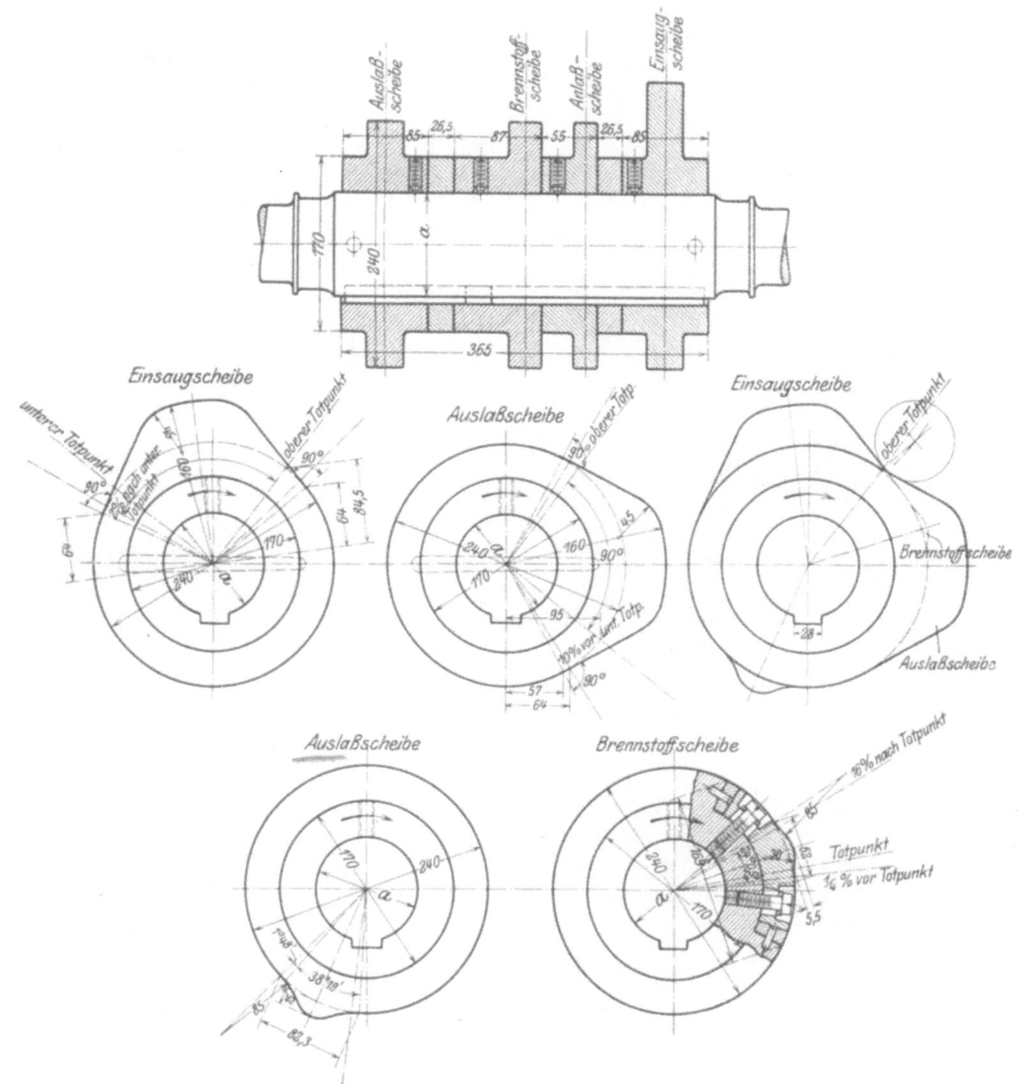

Abb. 360. Dz, Steuernocken, $\frac{390}{550} \cdot 185$.

der Brennstoffnocke mit Schrauben geschieht. Diese müssen seitlich etwas Luft haben. Die Nocken selbst sind in einen Schlitz der Nabenscheibe eingepaßt. Auch feste Nabenscheiben mit verdrehbaren und durch Schlitzschrauben befestigten Nockenringen (Abb. 363) werden ausgeführt.

Wenn die Einstellung der Nocken für Ein- und Auslaß nicht von vornherein unveränderlich ist, werden zur Erleichterung derselben auch vor der endgültigen Aufkeilung Stellschrauben zur vorübergehenden Fixierung verwendet.

Bei der Ausführung Abb. 364, 365 sind die Steuerscheiben mit Bund und Mutter auf einer mit der Steuerwelle versplinteten Büchse befestigt und durch Paßstifte gegen

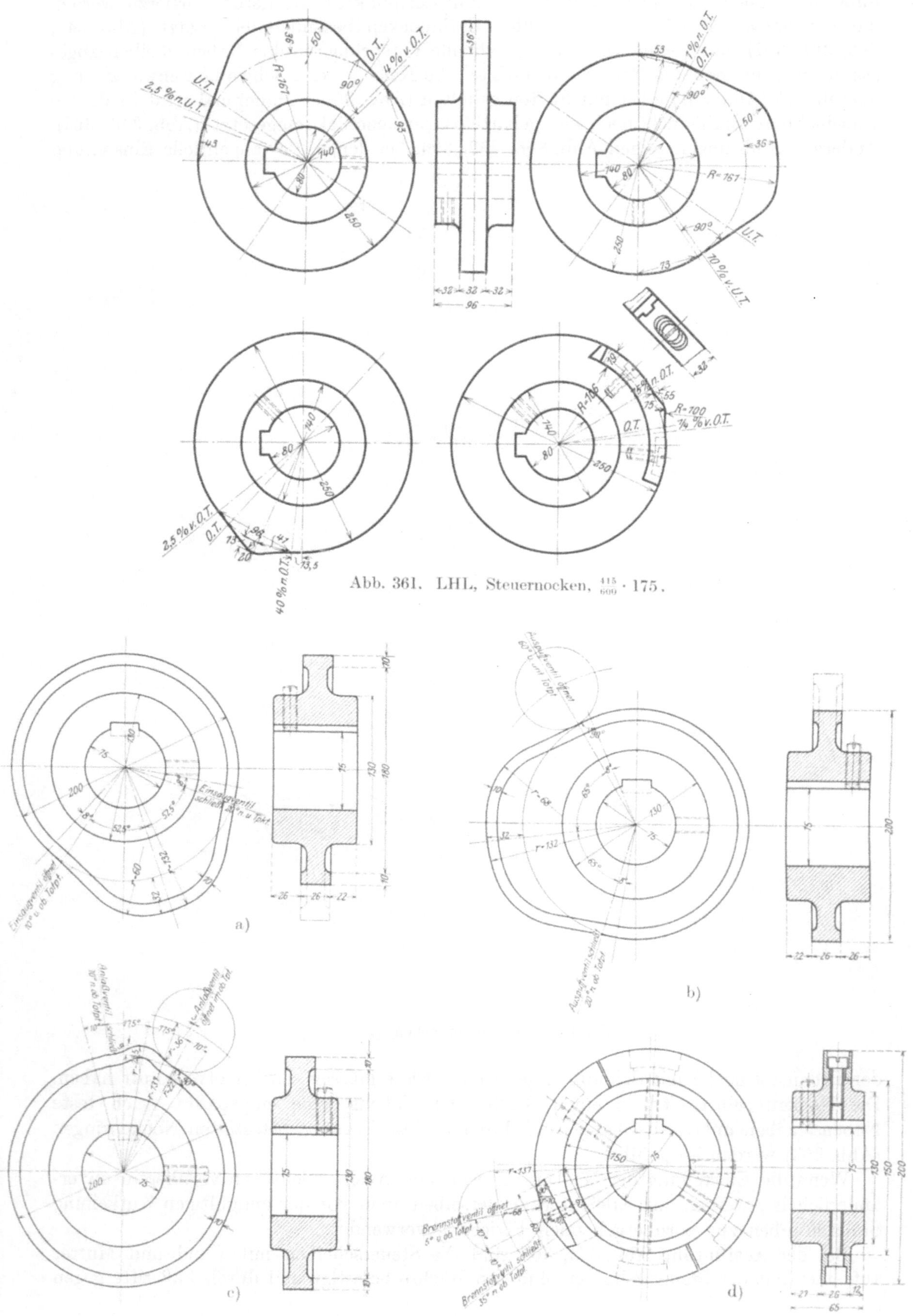

Abb. 361. LHL, Steuernocken, $\frac{415}{600} \cdot 175$.

Abb. 362. Lb, Steuernocken, $\frac{420}{600} \cdot 215$.

Drehung gesichert. Durch Wegfall der Längskeile werden die Scheibendurchmesser klein. Ist auf der Welle nicht genügend Platz für die Ausbildung entsprechend langer Naben, so kann eine Ausführung nach Abb. 358 verwendet werden. Der Auspuffdaumen ist zweiteilig und mit Schrauben und Ring an der kegelförmigen Eindrehung eines Einlaßnockens befestigt.

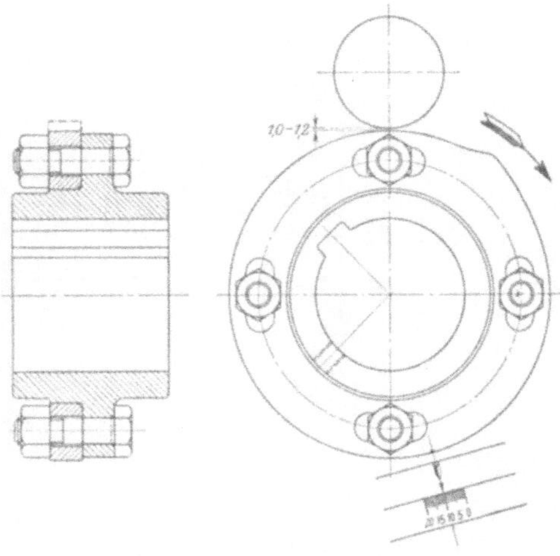

Abb. 363. Da, Brennstoffnocke, $\frac{335}{380} \cdot 450$.

Die Antriebshebel werden gewöhnlich aus Stahlguß oder auch Temperguß mit rechteckigem, elliptischem oder bei größeren Maschinen mit I-Querschnitt ausgeführt, im letzteren Falle auch mit Aussparungen im Steg. Auch im Gesenk geschmiedete Hebel kommen vor. Eine für mittlere Größen sehr praktische Querschnittsform ist in Abb. 347 gezeigt. Die Antriebsrollen sind in Gabeln der Hebel gelagert, ihre Bolzen werden durch Stifte befestigt. Die Rollen für Ein- und Auslaß, oft auch für das Brennstoffventil, werden oft trotz der sehr verschiedenen Beanspruchung gleich breit ausge-

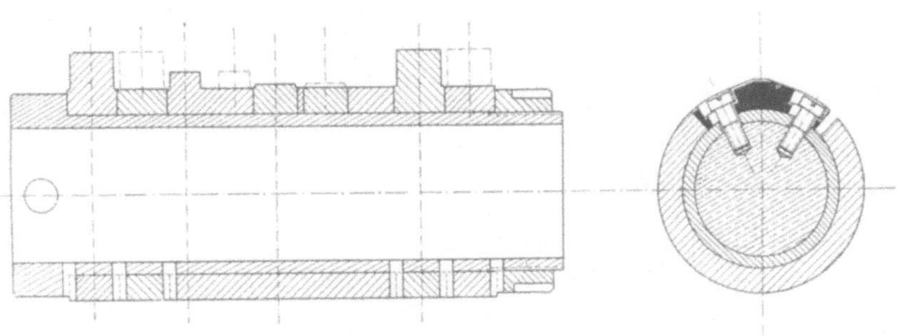

Abb. 364. Fr, Steuernocken.

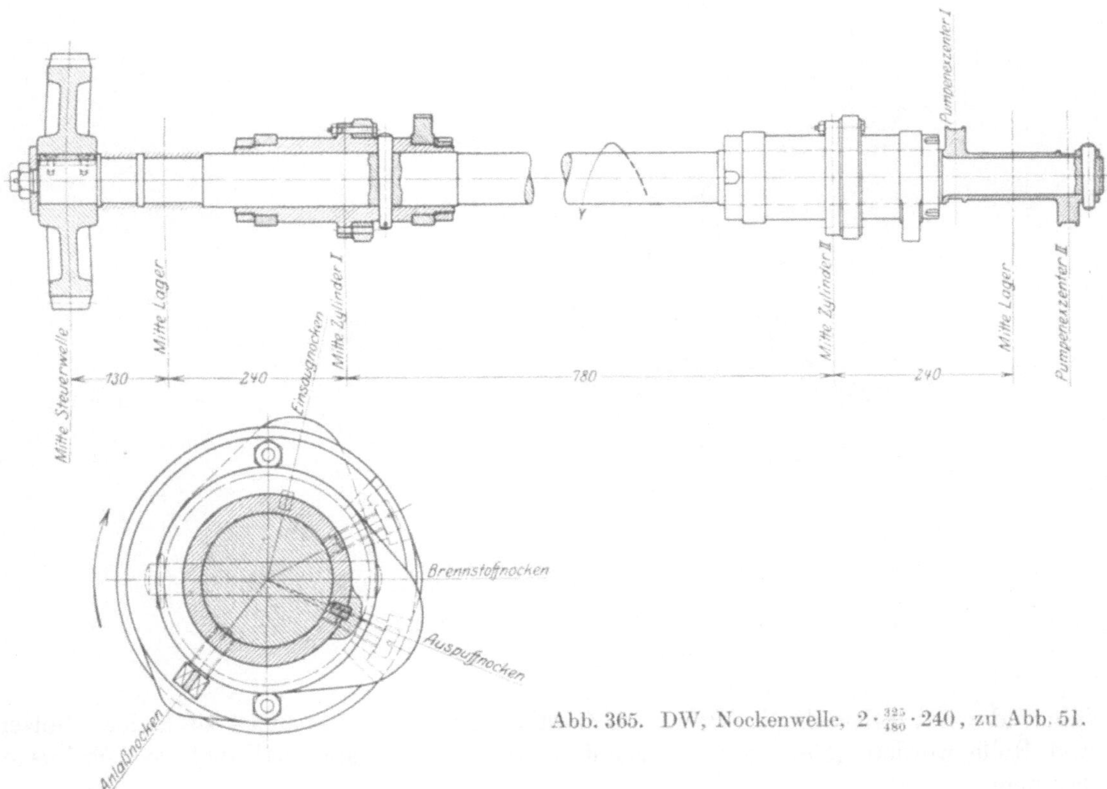

Abb. 365. DW, Nockenwelle, $2 \cdot \frac{325}{480} \cdot 240$, zu Abb. 51.

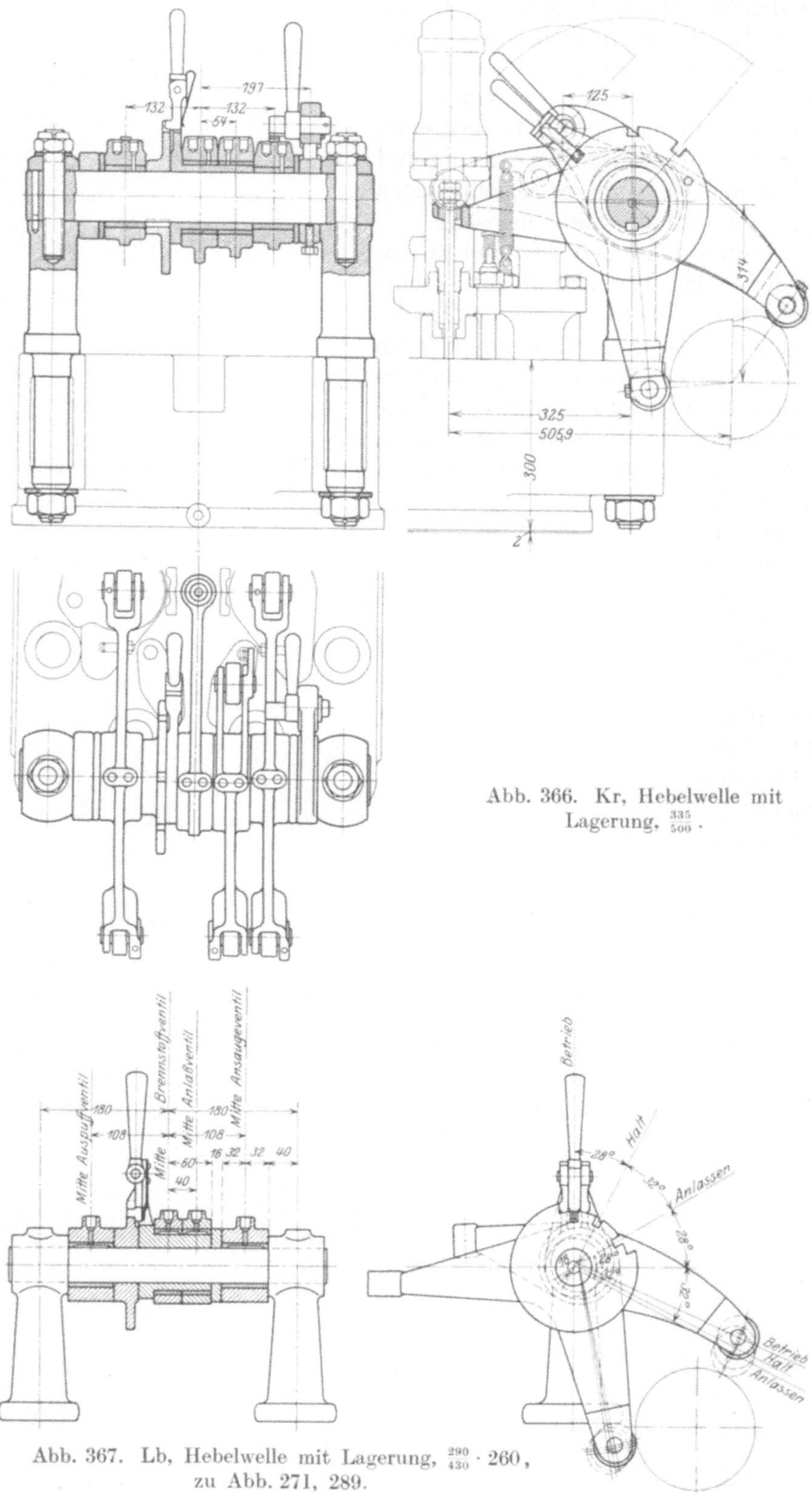

Abb. 366. Kr, Hebelwelle mit Lagerung, $\frac{335}{500}$.

Abb. 367. Lb, Hebelwelle mit Lagerung, $\frac{290}{430} \cdot 260$, zu Abb. 271, 289.

führt, die nur zeitweilig im Betrieb befindliche Anlaßrolle ist meist schmäler. Bolzen und Rolle werden gehärtet und geschliffen, die Rollen manchmal auch seitlich ausgenommen.

Bei der normalen Anordnung (Abb. 341) sind Ein- und Auslaßhebel unmittelbar um eine feste Achse drehbar gelagert und dort mit Rotgußbüchsen versehen, in die Schmiernuten eingearbeitet sind. Brennstoff- und Anlaßventilhebel sind nebeneinander auf einem exzentrischen Zapfen gelagert, dessen Verdrehung je einen der beiden Hebel ein- und ausrückt. Abb. 315 gibt die schematische Darstellung dieser Umschaltung, die durch einen besonderen Hebel (z. B. Abb. 366, 367) betätigt wird, der an der Exzenter-

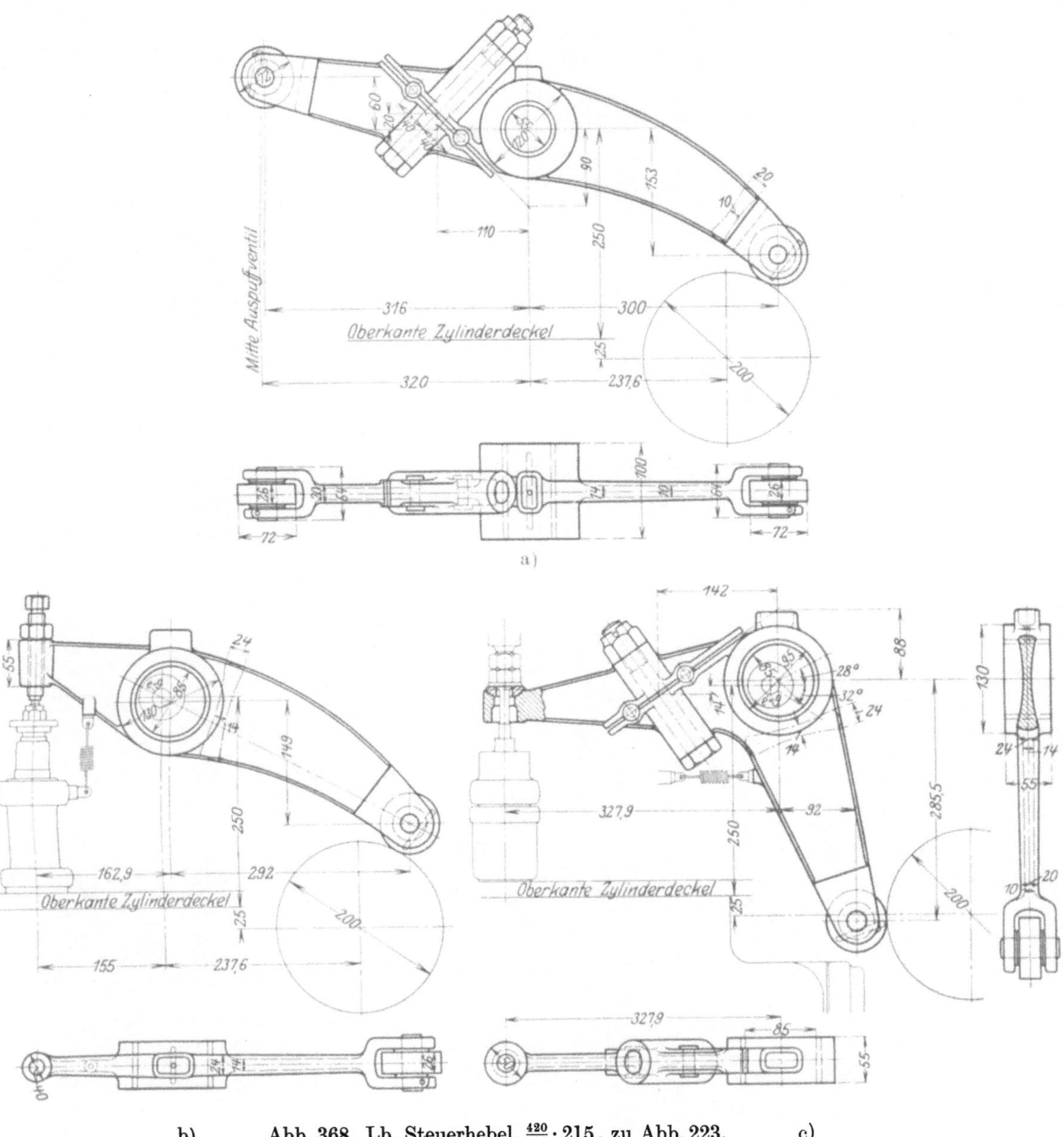

b) Abb. 368. Lb, Steuerhebel, $\frac{420}{600} \cdot 215$, zu Abb. 223. c)

scheibe befestigt und mit Feststellvorrichtung ausgestattet ist; die Feststellscheibe trägt auch die Hubbegrenzung. Damit der ausgeschaltete Hebel nicht ganz lose ist und durch zufällige Bewegung keine Störung hervorruft, sind schwache Federn angebracht, und zwar Spiralfedern (Abb. 347, 368, 369) oder Blattfedern. Bei Abb. 354 sind diese Federn nicht erforderlich. Sie haben während des Betriebes die Aufgabe, die Antriebshebel stets mit den Ventilspindeln in Berührung zu halten, so daß der Stoß bei Hubbeginn des Ventils an der Rolle erfolgt.

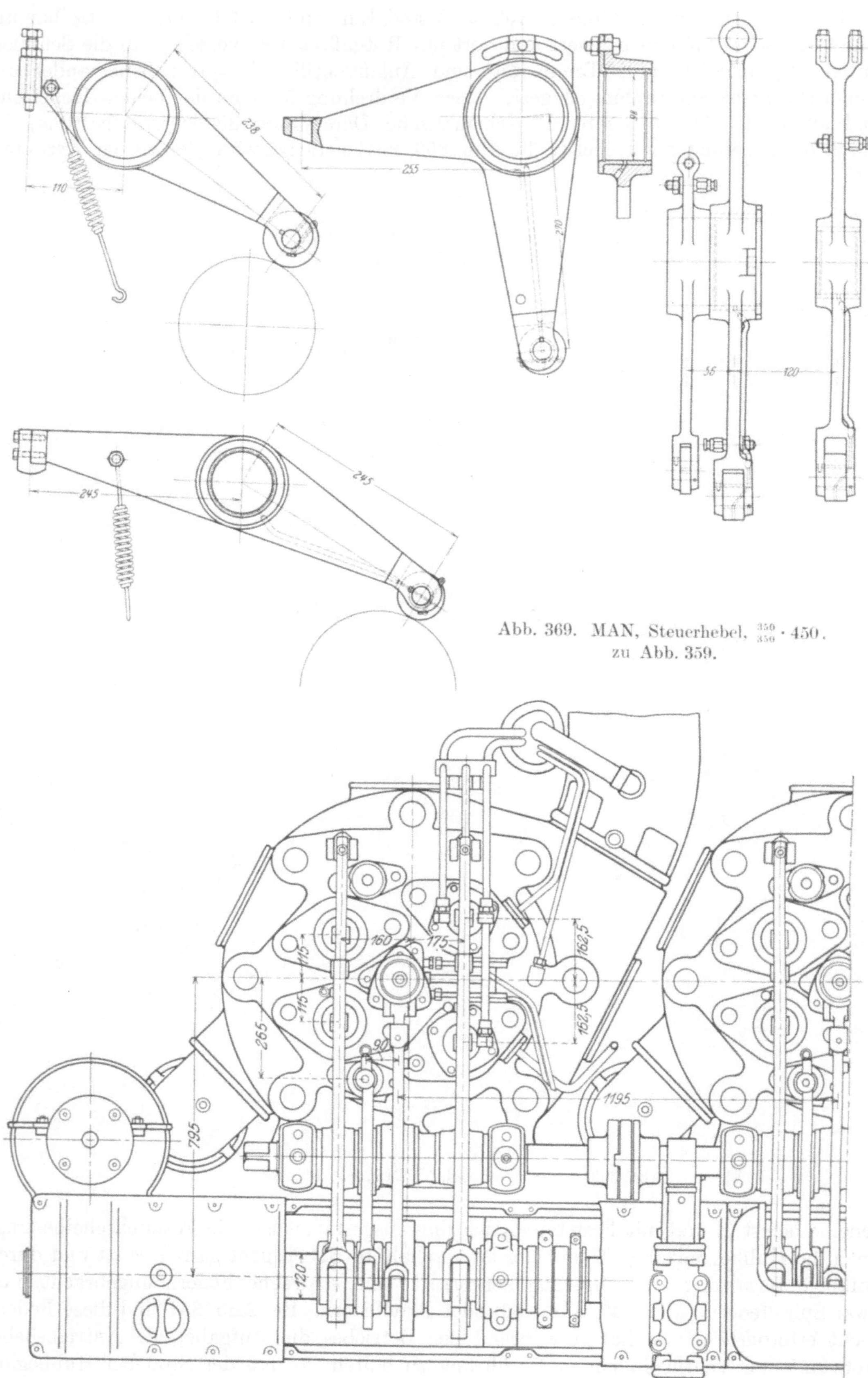

Abb. 369. MAN, Steuerhebel, $\frac{350}{350} \cdot 450$, zu Abb. 359.

Abb. 370. Gz, Deckelansicht, $\frac{600}{800} \cdot 187$, zu Abb. 58.

Wie bereits erwähnt, kann das Exzenter mit der Hebelachse auch fest verbunden und mit ihr verdreht werden (Abb. 35, 370, 371), bei kleinen Maschinen, wo die Kräfte nicht zu groß werden, können dann durch Verbindungen der Hebelachsen mehrere Zylinder gleichzeitig eingeschaltet werden. Die Exzentrizität der Verstellvorrichtung soll so groß sein, daß in Ruhestellung beide Daumen an den zugehörigen Rollen mit 2 mm Spiel vorübergehen, es kommt wohl auch vor, daß das Spiel noch kleiner ist. Die Verdrehung soll 80° nicht überschreiten, wenn sie durch Hebel und Stange bewirkt wird, und die Exzentrizität soll so gelegt werden, daß in Betriebstellung kein merklicher Rückdruck vom Brennstoffhebel her auftritt. Die einzelnen Wellen können durch Schleppkurbeln (Abb. 231) oder Klauenkupplungen (Abb. 370) verbunden werden, jedenfalls womöglich derart, daß der Abbau der Deckel nicht erschwert wird. Statt der einfachen, nebeneinanderliegenden Ventilantriebshebel kommen auch Gabelhebel vor (Abb. 366, 372), oder auch in der Nabe gegeneinander verschobene oder schräg gegen die Achse gerichtete Hebelarme. Die Druckorgane, die unmittelbar auf die Ventilspindel wirken, sind entweder feste, zylindrisch angearbeitete Backen, die gesondert aus Einsatzflußeisen hergestellt werden können (Abb. 369), oder Rollen (Abb. 368) oder Druckschrauben (Abb. 347, 368, 369). Sonst werden oft auch kurze Gelenke zwischengeschaltet (Abb. 215, 300, 373). Bei diesen Anordnungen kann man gewöhnlich die Hebel für Ein- und Auslaß und Anlassen nicht so weit abheben, daß die Ventile ausgebaut werden könnten, man muß dann die Hebelachse abnehmen. Manchmal genügt es, die Hebel nach Wegnahme von zweiteiligen oder hufeisenförmigen Stellringen an der Hebelachse seitlich zu verschieben. Nur beim Brennstoffventil, das nach außen öffnet, kann durch Ausnehmung des Zylinderdeckels dafür vorgesorgt werden (Abb. 28, 46, 53), daß das Ventil und die Ventilhaube auch ohne Abnahme der Hebelachse ausgebaut werden können. Wo dies nicht angeht, müssen die Hebel derart geteilt werden, daß das Hebelende am Ventil für sich abgenommen werden kann (Abb. 368, 372), oder man kann den Hebel in einen einarmigen und einen doppelarmigen teilen, und diese Teile durch seitlich herausziehbare Bolzen oder durch Druckschrauben miteinander verbinden, wodurch sich auch eine einfache Einstellung des Rollenspiels für den Brennstoffhebel ergibt. Hierzu wird auch eine in der Hebelnabe angebrachte, etwas exzentrische Büchse verwendet, die mit dem Hebel durch Schlitzschrauben verbunden wird (Abb. 356, 369, 374), oder auch die exzentrisch verdrehbare Lagerung der Antriebsrollen. In Abb. 374 ist neben der Einstellung des Rollenspiels auch noch die Länge des Rollenhebelarmes veränderlich gemacht, indem er an einem exzentrisch verdrehbaren, im gabelförmig gestalteten Ventilhebel gelagerten Bolzen befestigt und mit einer gelenkig verbundenen Schraube festgehalten ist. Die einfache Verringerung des Rollenspiels durch die nahezu translatorische Verschiebung

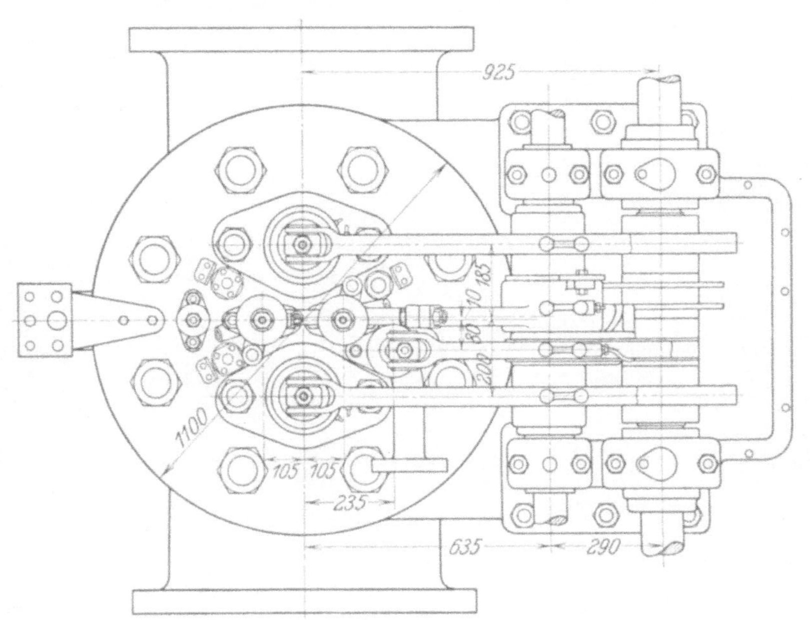

Abb. 371. Kr, Deckelansicht, Schiffsmaschine.

mittels der Exzenterbüchse erhöht das Voröffnen und die Öffnungsdauer des Brennstoffventils, die Längenänderung des Rollenhebels verstellt im wesentlichen den Öffnungspunkt.

Bei der schon angegebenen Ausführung Abb. 299 mit Drehstopfbüchse ist der Ausbau des Brennstoffventils auch ohne Wegnahme der Hebelachse möglich. Der am Ende der aus dem Druckraum ragenden, abgedichteten Hebelwelle konisch aufgesetzte Hebel ist auf dem Hals des Gehäuses zentrisch geführt und kann für den Ventilausbau seitlich abgenommen werden. Auch bei den Bauarten Abb. 143 und 300, 301 lassen sich die Brennstoffventile ohne Abnahme des Ventilhebels ausbauen. Wo Druckstangen oder Wälzhebel verwendet werden, ist der Ausbau der Ventile an sich einfach.

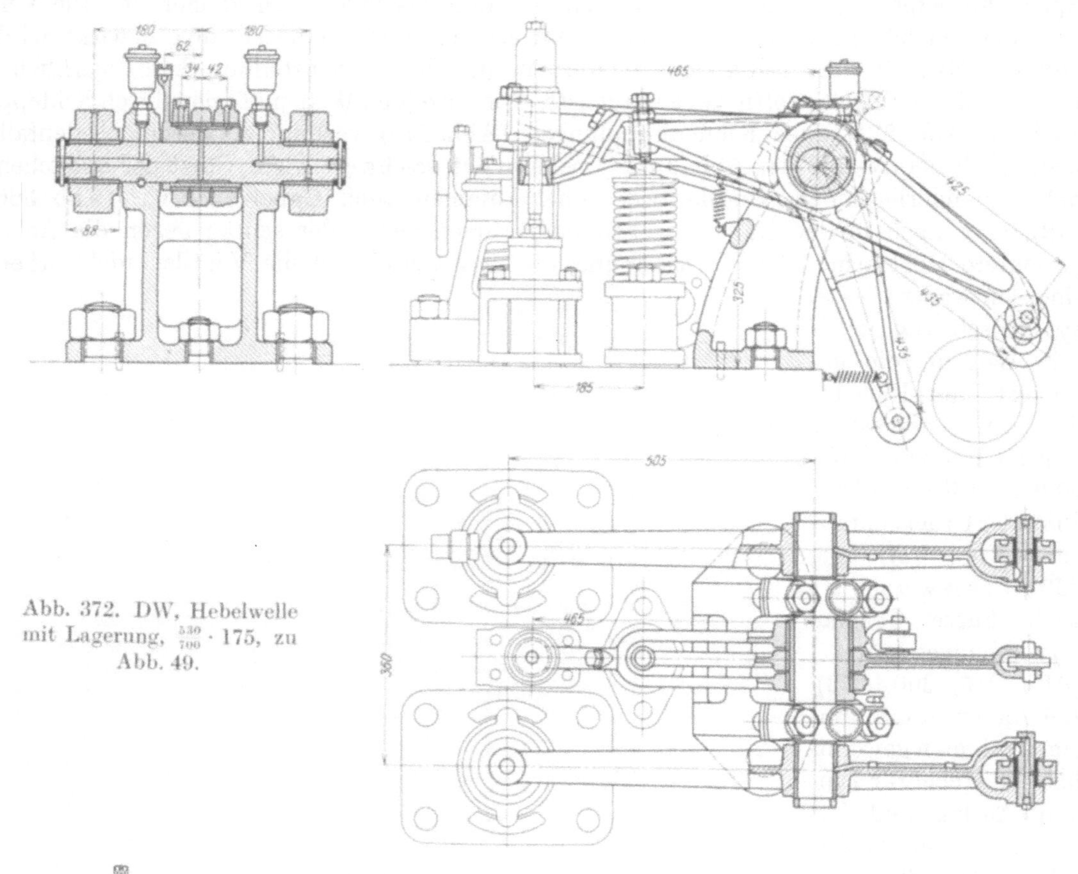

Abb. 372. DW, Hebelwelle mit Lagerung, $\frac{530}{700}$ · 175, zu Abb. 49.

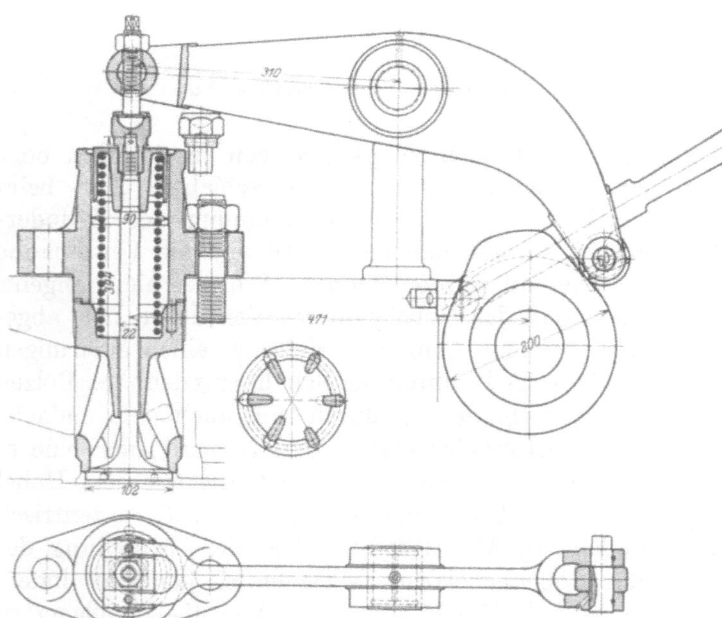

Abb. 373. Dz, Einlaßventilhebel, $\frac{350}{470}$ · 195.

Das bereits angegebene Spiel zwischen Daumen und Rolle im Betriebe ist für den kalten Zustand wegen der Wärmedehnungen der einzelnen Antriebs- und Lagerteile verschieden zu wählen. So ist für das Auslaßventil, dessen Spindel heißer wird, als jene des Einlaßventils, ein größerer Spielraum einzustellen. Besonders sorgfältig sind diese Verhältnisse beim Brennstoffventil zu beachten, außerordentlich empfindlich gegen Zündpunktveränderung sind Teerölmaschinen mit Zündöl.

Bei normaler Bauart mit oben seitlich liegenden Nockenwellen und auf dem Deckel in Säulen gelagerter Hebelachse wird mit wachsender Erwärmung das Spiel größer[1]), das Einblasen und Zünden verspätet sich, die Nadelöffnung wird verringert, was bei entsprechenden Größen günstig ist, sowohl im Betrieb, als auch wegen leichten An-

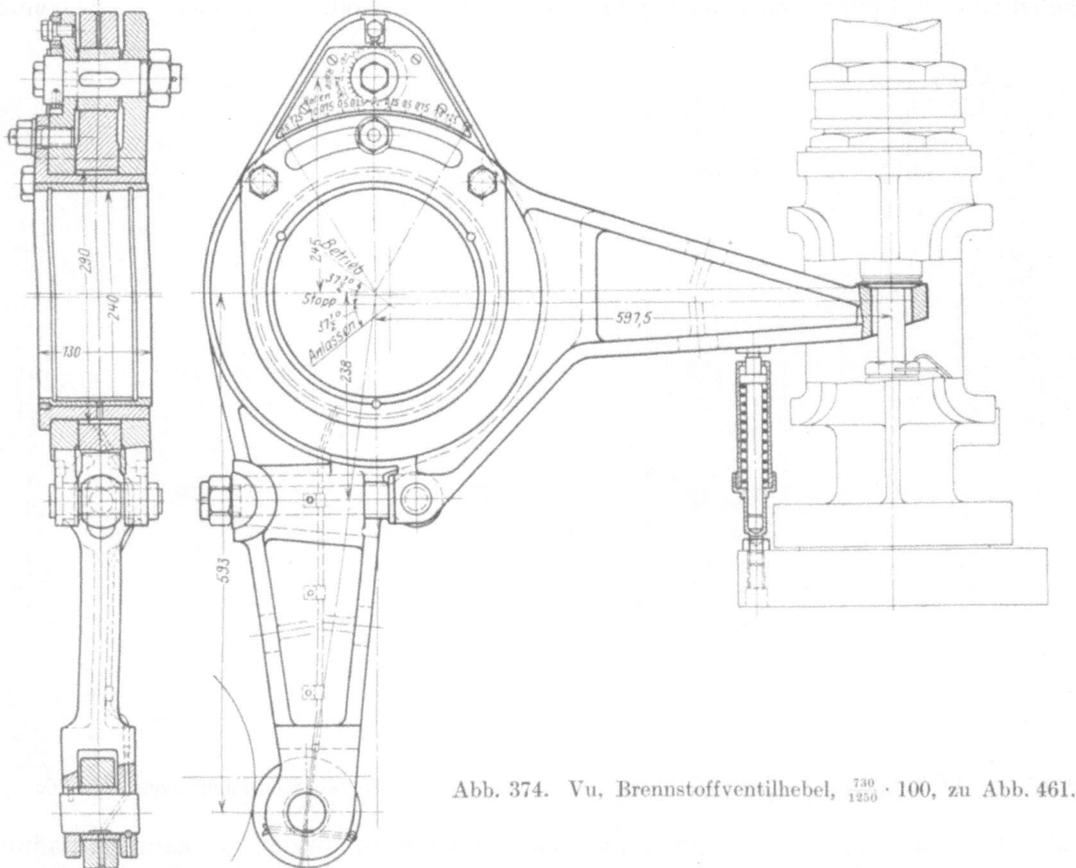

Abb. 374. Vu, Brennstoffventilhebel, $\frac{730}{1250}$ · 100, zu Abb. 461.

springens der Maschine. Hingegen ist diese Veränderung bei der Regelung der Leistung weniger vorteilhaft, weil bei geringer Belastung auch die Erwärmung und damit das Rollenspiel abnimmt, was einer früher einsetzenden und länger dauernden Einspritzung entspricht. Daher ist hier besonders für entsprechende Einstellung des Einblasedrucks zu sorgen.

Bei tiefliegender Steuerwelle tritt das Umgekehrte ein, mit der Erwärmung beim Anfahren vermindert sich das Spiel zwischen Daumen und Rolle des Brennstoffhebels, daher anfangs Spätzündung und kurze Einblasezeit. Ebenso für kleine Belastung, wo diese Verhältnisse günstig wirken und oft die Einblaseluftregelung unnötig machen.

Zur Einstellung der Steuerung ist meist die Länge der Ventilspindel veränderlich oder eine Verstellung der Druckstücke zwischen Hebel und Ventilspindel möglich gemacht. Die Schmierung der Daumen und Rollen geschieht oft mit konsistentem Fett, aber auch mit Öl (Abb. 369, 372). Zum Andrehen der Maschine vor der Inbetriebsetzung wird

[1]) Güldner: Betriebswärme. Springer, Berlin 1926. S. 61.

manchmal die Verdichtung durch Anheben des Einlaßventils oder Auspuffventils ausgeschaltet; hierzu dient ein einfacher Handhebel mit Schlitz, der sich an einem Bolzen des Hebels stützt (Abb. 373) oder auch, besonders bei Mehrzylindermaschinen, eine einfache Exzenterscheibe, die das betreffende Ventil anhebt. Diese Einrichtung läßt auch das Hin- und Herpendeln der Maschine nach dem Abstellen vermeiden. Etwaige selbsttätige Entspannungseinrichtungen (vgl. S. 202) bestehen darin, während eines Teiles der Verdichtungszeit eines der Ventile offen zu halten und die Zylinderluft ins Freie ausströmen zu lassen. Die Steuerung kann unmittelbar mit der Verstellung für das Anlassen verbunden sein und bei entsprechend voreilender Abnahmerichtung sogar mit demselben Nocken geschehen; bei Mehrzylindermaschinen kann man vom Anlaßhebel eines Zylinders den Hilfsauspuff eines anderen Zylinders antreiben, gegebenenfalls

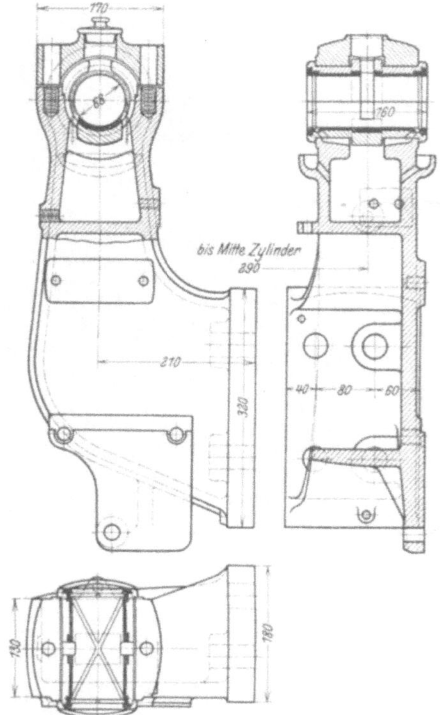

Abb. 375. LHL, Steuerwellenlager, $\frac{415}{600} \cdot 175$.

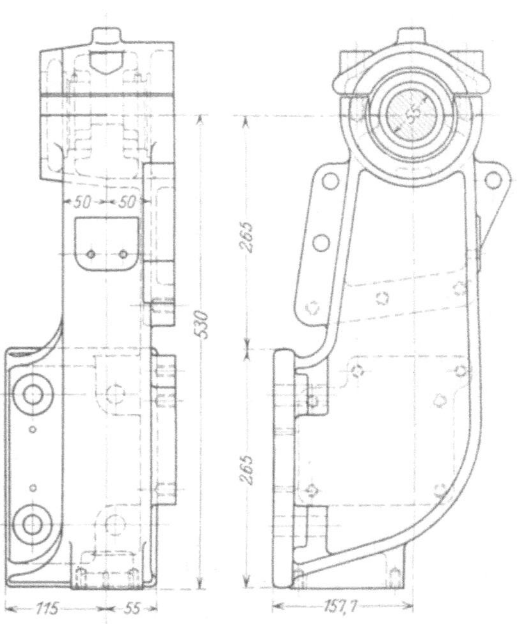

Abb. 376. Lb, Steuerwellenlager, $\frac{290}{430} \cdot 260$.

mit Druckluft. Soll das Auspuffventil selbst angehoben werden, so kann es dadurch geschehen, daß der Auspuffhebel exzentrisch gelagert und mit dem Brennstoff- und Anlaßhebel gemeinsam verstellt wird.

Das Anlassen von Viertaktmaschinen im Zweitakt wird nur mehr bei verdichterlosen Maschinen angewendet. Es müssen hierzu alle Ventilhebel mit Ausnahme des Anlaß- und Hilfsauspuffhebels von ihren Sitzen abgehoben oder sonst verwickelte Anordnungen getroffen werden. Bei jeder Ausschaltung der Verdichtung ist darauf sorgfältig zu achten, daß sie rechtzeitig wieder eintritt, um die erste Zündung zu sichern. Mit Verminderung der Anlaßfüllung bei wachsender Drehzahl kann die Verdichtung erhöht werden (vgl. D. R. P. von Gebr. Sulzer, Nr. 252 675). Die Lagerung der Nockenwelle geschieht gewöhnlich in Ringschmierlagern aus Gußeisen mit Weißmetallausguß oder auch mit Bronzeschalen. Bei Schnelläufern werden Weißmetallager mit Druckschmierung verwendet. Sie werden in Konsol- oder Stehlagern untergebracht und an die Kühlmäntel oder auch an die Zylinderköpfe angeschraubt, letzteres erschwert jedoch die ohnehin umständliche Abnahme des Zylinderdeckels. Wo kein gesonderter Zylinderdeckel vorhanden ist, kann die Steuerwelle höher liegen, wodurch die Antriebshebel für Ein-, Aus- und Anlaß gerade werden.

Ursprünglich waren für jeden Zylinder zwei Lager vorgesehen (z. B. Abb. 49), um jede Modelländerung bei Verwendung mehrerer Zylinder zu vermeiden. So viele Lager sind jedoch nur bei großen und schnellaufenden Maschinen nötig, sonst genügt für jeden Zylinder nur ein Lager nebst dem Lagerbock auf der Antriebseite. Die Lager können dabei seitlich an jedem Zylinder (Abb. 83, 100) oder an gemeinsamen Paßflächen von je zwei nebeneinanderliegenden Zylindern angebracht sein, wobei die Konsolen oder Stehlager dann die Verbindung zwischen diesen herstellen (Abb. 25, 28). Wo die Kühlmäntel für mehrere Zylinder ein Gußstück bilden, sind die Steuerwellen- und Hebelwellenlager gewöhnlich zwischen den Zylindermitten untergebracht (Abb. 35, 61, 87). Womöglich sollten Nocken- und Hebellager aus einem gemeinsamen Gußstück hergestellt werden, wenigstens bei großen und schnellaufenden Maschinen (Abb. 28, 83, 406, 411). Zum Ausbau der Hebelwelle muß nötigenfalls das obere Lager zweiteilig sein.

Einzelheiten eines Konsollagers zeigt Abb. 375, 376, eines Stehlagers Abb. 377, eines Lagerbocks für Steuer- und Hebellager Abb. 406.

Zumeist werden die Steuerwellen auch für mehrzylindrige Maschinen aus einem Stück hergestellt, manchmal auch gekuppelt, um die Steuerung für jeden Zylinder für sich herstellen zu können und auch zur Erleichterung des Ausbaues. Die Kupplung wird durch Scheiben oder Klauen bewirkt.

Durch Anwendung besonderer Steuerwellenkasten macht man sich bezüglich der Lagerentfernungen unabhängig und vermeidet das Abspritzen von Schmieröl, obwohl die Steuerung hier ganz in Öl läuft. Diese Bauart wird besonders bei Schnelläufern angewendet (Abb. 17, 29, 53, 65, 70, 378). Eine Zeichnung eines solchen Kastens zeigt Abb. 379, er ist an entsprechenden Anpaßflächen des Zylinders angeschraubt. Diese Kasten können der Länge nach geteilt oder auch für jeden Zylinder gesondert ausgeführt werden (Abb. 48, 60) und auch Lagerungen von Anlaß-

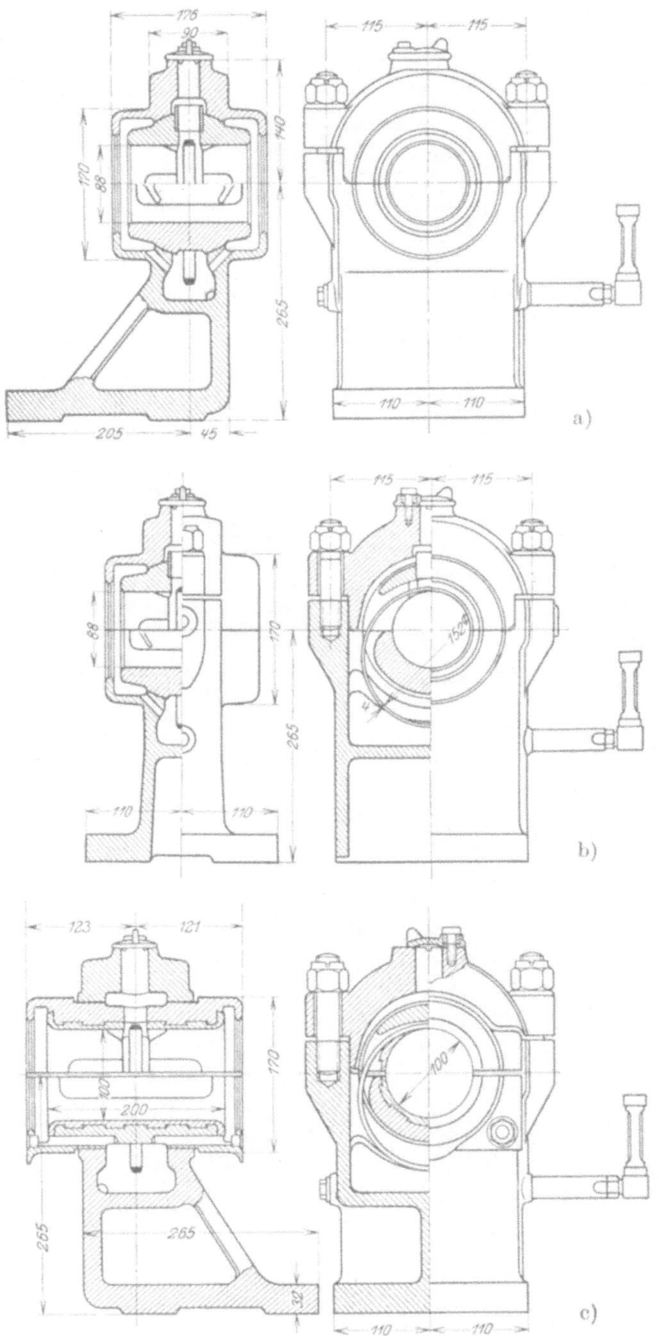

a) Endlager. b) Mittellager. c) Paßlager.

Abb. 377. Kr, Steuerwellenlager, $\frac{335}{500}$.

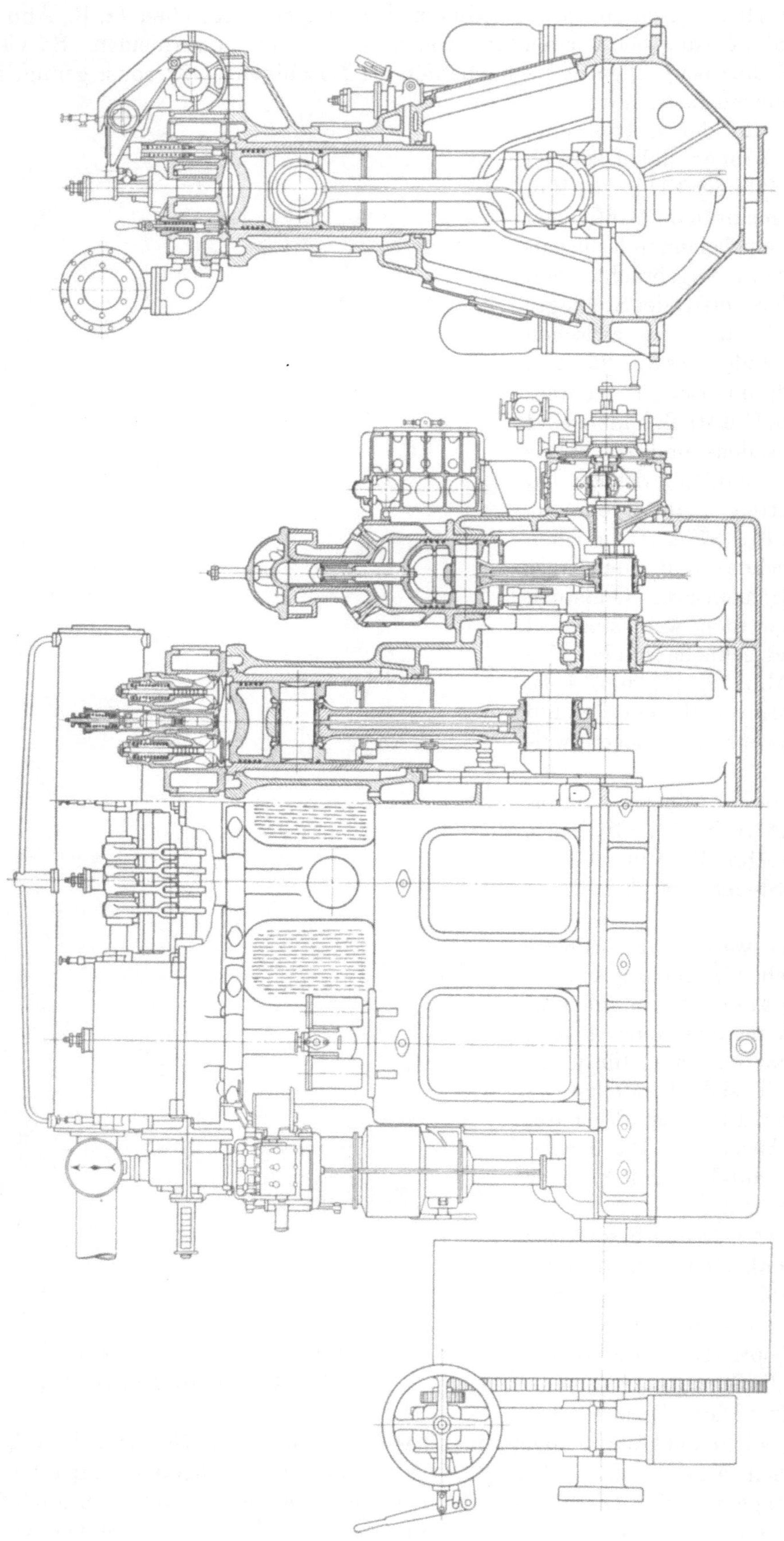

Abb. 378. WUMAG, Zusammenstellung, $3 \cdot \frac{235}{330} \cdot 400$.

oder Umsteuerungsteilen aufnehmen (Abb. 53, 379). Bei offener Steuerung werden gegen das Abspritzen von Schmieröl nur Blechwände angebracht (Abb. 25, 35, 83). Bei unten liegender Steuerwelle ergibt sich die Einkapslung von selbst (Abb. 15, 31, 73).

Die Hebelachse wird entweder auf dem Zylinderdeckel mittels Säulen oder Stehlagern (Abb. 372) getragen oder in Lagern, die mit den Nockenwellenlagern verbunden werden (Abb. 406). Sind die Achsen fest, so werden sie durch durchgehende Schrauben gehalten (Abb. 366) oder auch durch die Lagerschrauben geklemmt und durch Feder oder Stift gesichert (Abb. 372). Jn diesem Falle können die Antriebshebel für Ein- und

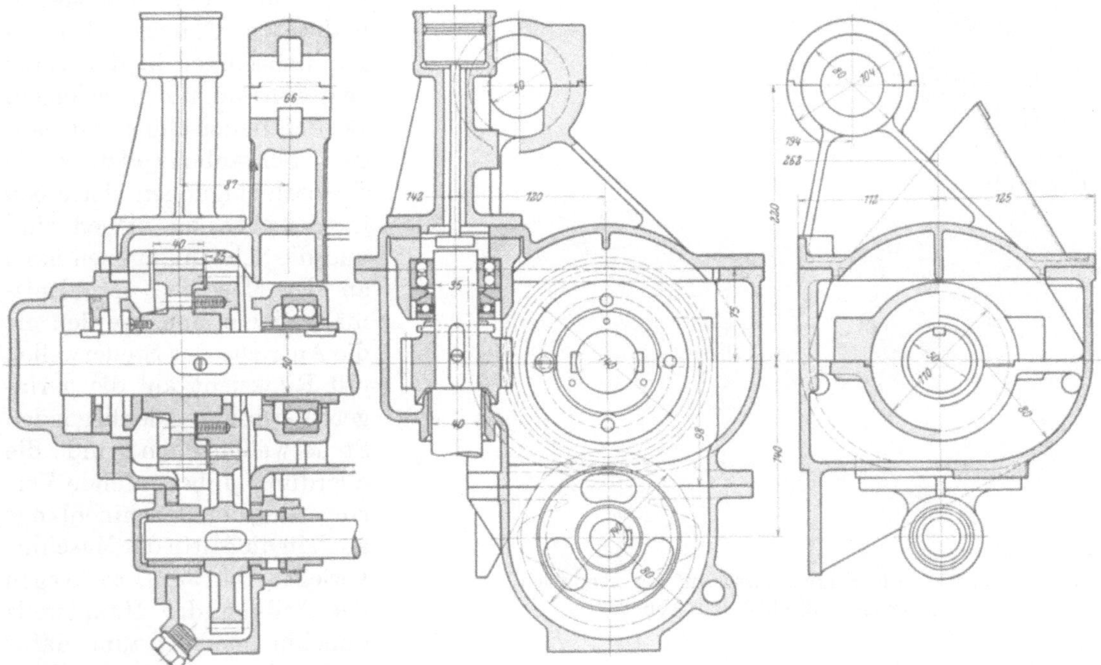

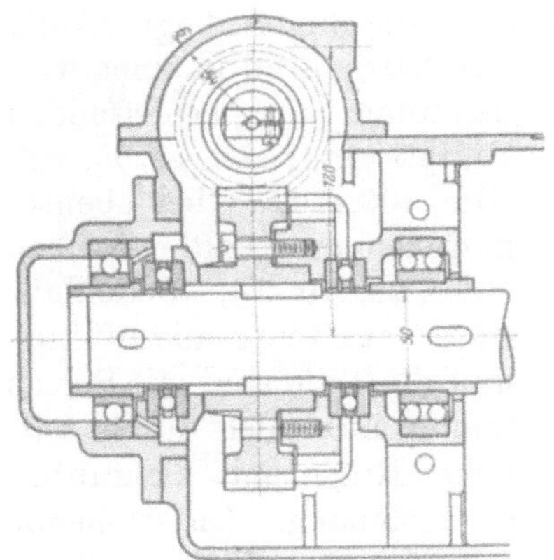

Abb. 379. WUMAG, Steuerwellenantrieb.

Auslaßventil seitlich abgenommen und dadurch der Ausbau dieser Ventile erleichtert werden. In Abb. 48 dient die durch die hohlen Säulen hindurchgehende Schraube gleichzeitig für die Befestigung der Hebelwellenlager am Zylinderkopf und für die Sicherung der Hebelwellen gegen Verdrehen. In Abb. 73 dient die zur Entlastung des Gestells und Kühlmantels bestimmte Zugschraube mit ihrer Verlängerung nach oben als Träger des Hebelwellenlagers. — Die oben- oder tiefliegende Steuerwelle wird gewöhnlich von der Hauptwelle mittels stehender Verbindungswelle und zwei Schraubenräderpaaren angetrieben (Abb. 35, 48, 49). Hat man die horizontale Entfernung der Nockenwelle von der Zylinderachse mit Rücksicht auf Ventilantrieb und Raumersparnis gewählt, so ist bei vertikaler Verbindungswelle auch die Summe der Achsenentfernungen für die Schraubenräder gegeben. Wird sie zu klein, so muß die Verbindungswelle schräg gelegt werden (z. B. Abb. 83, 451, 461). Die Verbindungswelle erhält meist dieselbe Drehzahl wie die Kurbelwelle, besonders dann, wenn sie bei vertikaler Lage auch den Regler trägt. Zwischen Haupt- und Verbindungswelle erfolgt dann keine Geschwindigkeitsübersetzung, die Zähnezahl der beiden Räder wird also gleich groß, während ihre Durchmesser wegen der großen Nabe auf der Hauptwelle sehr verschieden ausfallen. Die Neigung der Zähne wird also ebenfalls verschieden, z. B. 30 und 60° (vgl. Abb. 380). Die Zähnezahl soll womöglich 20 nicht unterschreiten.

Bei dem oberen Räderpaar ist die Übersetzung 2 : 1 herzustellen, was wegen Beschränkung des Durchmessers des auf der Nockenwelle sitzenden größeren Rades oft auch eine Verschiedenheit der Zahnneigung erfordert. Die Zähnezahl des treibenden Rades soll womöglich mindestens 14 betragen (Abb. 381).

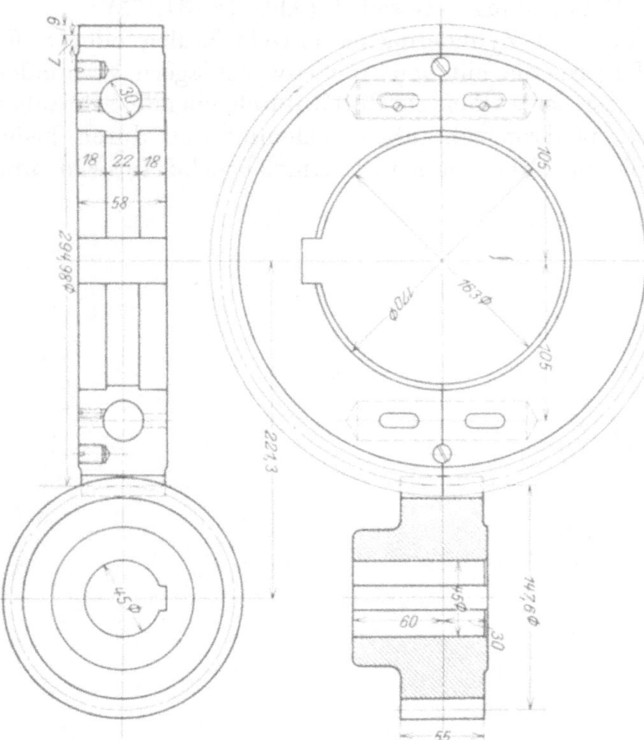

Abb. 380. Lb, Schraubenrad auf der vertikalen Steuerwelle, $\frac{290}{430} \cdot 260$, zu Abb. 387.

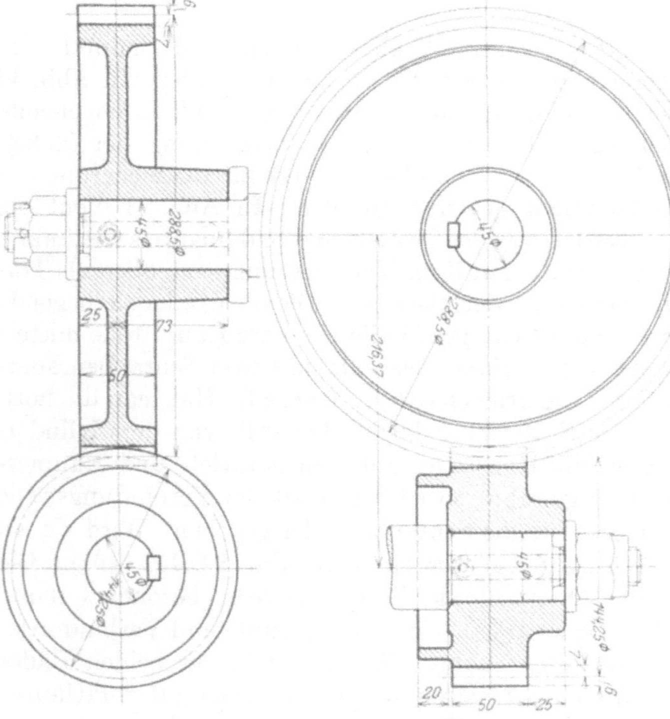

Abb. 381. Lb, Schraubenrad auf der horizontalen Steuerwelle, $\frac{290}{430} \cdot 260$, zu Abb. 387.

Der Antrieb von der Hauptwelle soll an der Stelle gleichmäßigsten Ganges, also bei Landmaschinen in der Nähe des Schwungrades erfolgen. Bei Schiffsmaschinen mit längeren Schraubenwellen, wo die Drehschwingungen derselben in Betracht zu ziehen sind und die Schwungmassen nahe an der Maschine verhältnismäßig klein sind, werden oft die Antriebe der Steuerwellen mit Rücksicht auf die geringere Verdrehung der liegenden Steuerwellenenden und die allerdings unbedeutende Verringerung der Maschinenlänge auch in die Mitte der Maschine verlegt (Abb. 382), wo wegen der Teilung der Hauptwelle ohnehin meist Raum dafür vorhanden ist. Bei feststehenden Maschinen liegt häufig das Antriebsrad in einer Ausnehmung des betreffenden Hauptlagers (Abb. 48, 65, vgl. Abb. 103, 104), aber ebensogut auch außerhalb desselben (Abb. 29, 70, 76). Jedenfalls ist es zweiteilig auszuführen und die Teile sind mit Bolzen und Keilen oder durch seitliche Ringe mit Schrauben zu verbinden. Die stehende oder schräge Welle wird gewöhnlich über das Antriebsrad hinaus geführt und in einem Spurlager oder Kammlager gestützt (Abb. 29, 48, 49, 83, vgl. Abb. 103), manchmal ist aber das getriebene Rad auch fliegend aufgekeilt und die Welle von einer Ringspur (Kugellager) oder einem Kammlager getragen (Abb. 58,

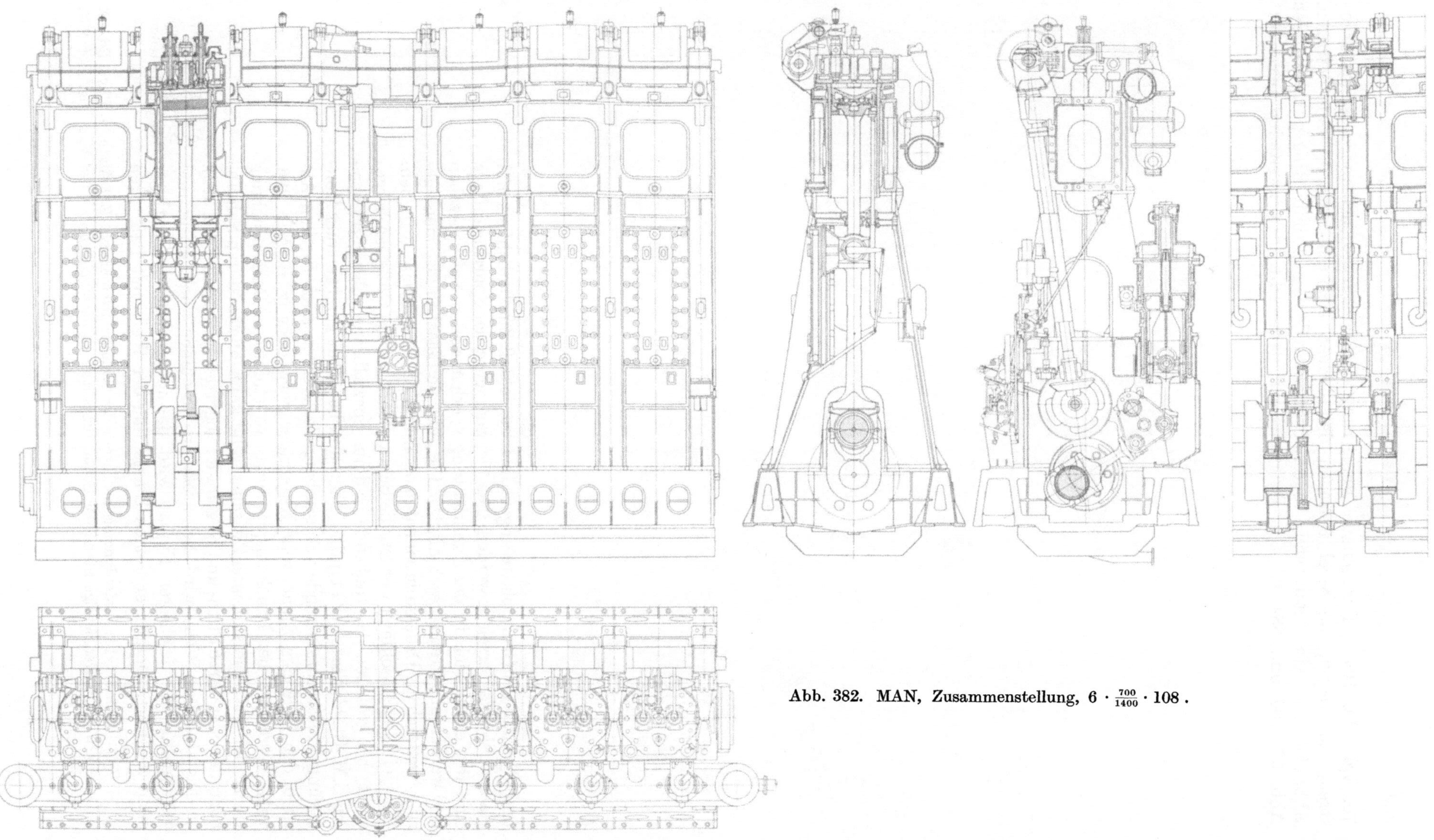

Abb. 382. MAN, Zusammenstellung, $6 \cdot \frac{700}{1400} \cdot 108$.

70, vgl. Abb. 104). Für genaue Montierung der Wellen gegeneinander ist natürlich streng zu sorgen, das Spiel zwischen den Zähnen soll nur etwa 0,1 mm betragen. Abb. 383 gibt ein Detail eines unteren Steuerwellenlagers mit Ringspur. In den Abb. 58, 100 und 384 ist ein Ringspurlager dargestellt, das zweiteilig ausgeführt

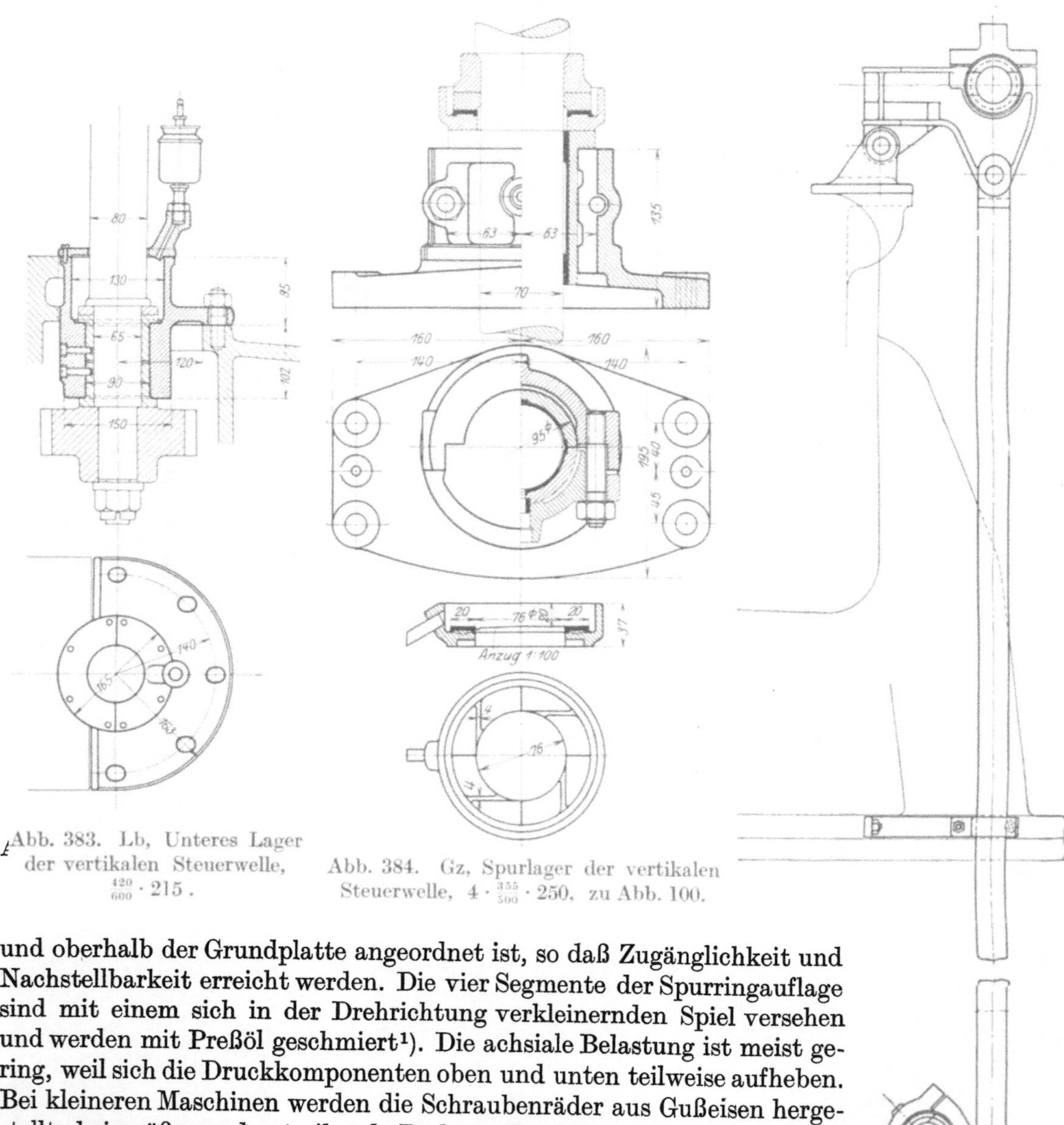

Abb. 383. Lb, Unteres Lager der vertikalen Steuerwelle, $\frac{420}{600} \cdot 215$.

Abb. 384. Gz, Spurlager der vertikalen Steuerwelle, $4 \cdot \frac{355}{500} \cdot 250$, zu Abb. 100.

und oberhalb der Grundplatte angeordnet ist, so daß Zugänglichkeit und Nachstellbarkeit erreicht werden. Die vier Segmente der Spurringauflage sind mit einem sich in der Drehrichtung verkleinernden Spiel versehen und werden mit Preßöl geschmiert[1]). Die achsiale Belastung ist meist gering, weil sich die Druckkomponenten oben und unten teilweise aufheben. Bei kleineren Maschinen werden die Schraubenräder aus Gußeisen hergestellt, bei größeren das treibende Rad aus Spezialbronze, das getriebene aus S.M.-Stahl. Statt der empfindlichen und bei nicht ganz genauer Montierung kraftverbrauchenden Schraubenräder werden auch für den Antrieb der liegenden Steuerwelle Kegelräder verwendet (z. B. Abb. 396, 461), besonders bei Druckeinspritzung, wo stoßweise Beanspruchung vorhanden ist. Die stehende Zwischenwelle kann hierbei durch Schraubenräder oder durch Stirn- und Kegelräder angetrieben werden (Abb. 382).

Die stehende Welle wird bei größeren Maschinen auch geteilt und gekuppelt. Zum leichteren Einbau wird das unten liegende Spurlager nicht zentriert, sondern erst nach Einstellung der Welle mit Paßstiften

Abb. 385. DW, Bewegliche Lagerung der Steuerwelle.

[1]) Vgl. Sommerfeld: Hydrodynamische Theorie der Schmiermittelreibung. Z. f. Math. u. Phys. Bd. 50. 1904. — Gümbel: Der heutige Stand der Schmierungsfrage. Forschungsarbeiten des V. d. Ing. Heft 224.

befestigt. Die durch die Erwärmung bedingte Verschiebung der liegenden Steuerwelle nach oben bewirkt eine gegenseitige Lagenänderung der oberen Antriebsräder und damit eine relative Verdrehung der Nockenwelle. Gegebenenfalls kann das Rad auf der stehenden Steuerwelle mit verschoben oder eine Kupplung derart gebaut sein, daß eine Längsverschiebung möglich ist, ohne daß eine Verdrehung eintritt. Jedenfalls ist hierauf bei der Montierung und Steuerungseinstellung zu achten. Auch die Abnützung der Schraubenräder bewirkt eine Steuerungsverstellung.

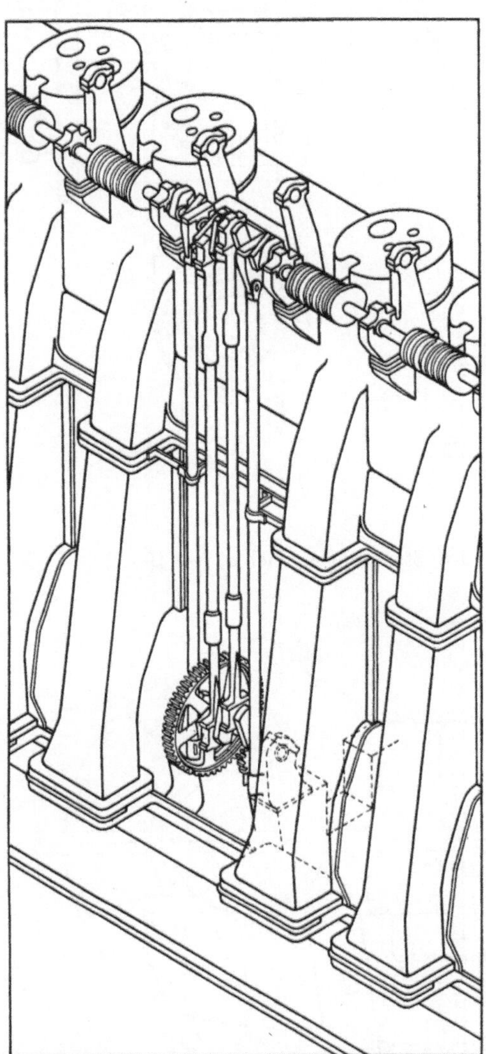

Abb. 386. DW, Steuerungsantrieb mit Kurbeln und Stangen.

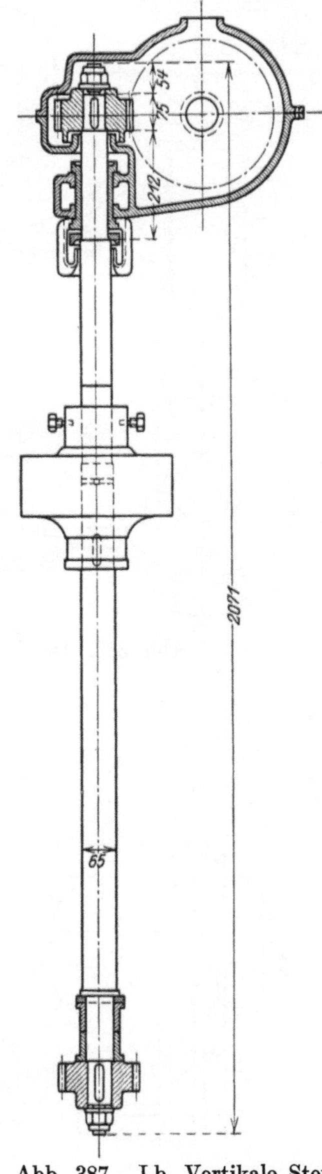

Abb. 387. Lb, Vertikale Steuerwelle, $\frac{290}{430} \cdot 260$, zu Abb. 389.

Hierher gehört auch noch die Ausgleichung der Maschinendehnung durch den Antrieb [Abb. 59[1])], der darin besteht, daß die Nockenwelle mit Zwischenschaltung von Schleppkurbeln durch eine doppelt gekröpfte Kurbelwelle angetrieben wird, die ihrerseits von Lagern getragen ist, die ihre Höhenlage nicht ändern. Sie sind nämlich einerseits auf Achsen gelagert, die an den Zylinderkühlmänteln befestigt werden, anderseits aber von Säulen gestützt (Abb. 385, 386), die unten an den Ständern befestigt werden. Die Übertragung durch Schleppkurbeln hat auf die Verdrehung der Nockenwelle an den maßgebenden Stellen nur wenig Einfluß, wenn die Lage der Schleppkurbeln richtig

[1]) Vgl. auch Ölmotor 1912, S. 105; Schiffbau 1913, S. 569 u. a.

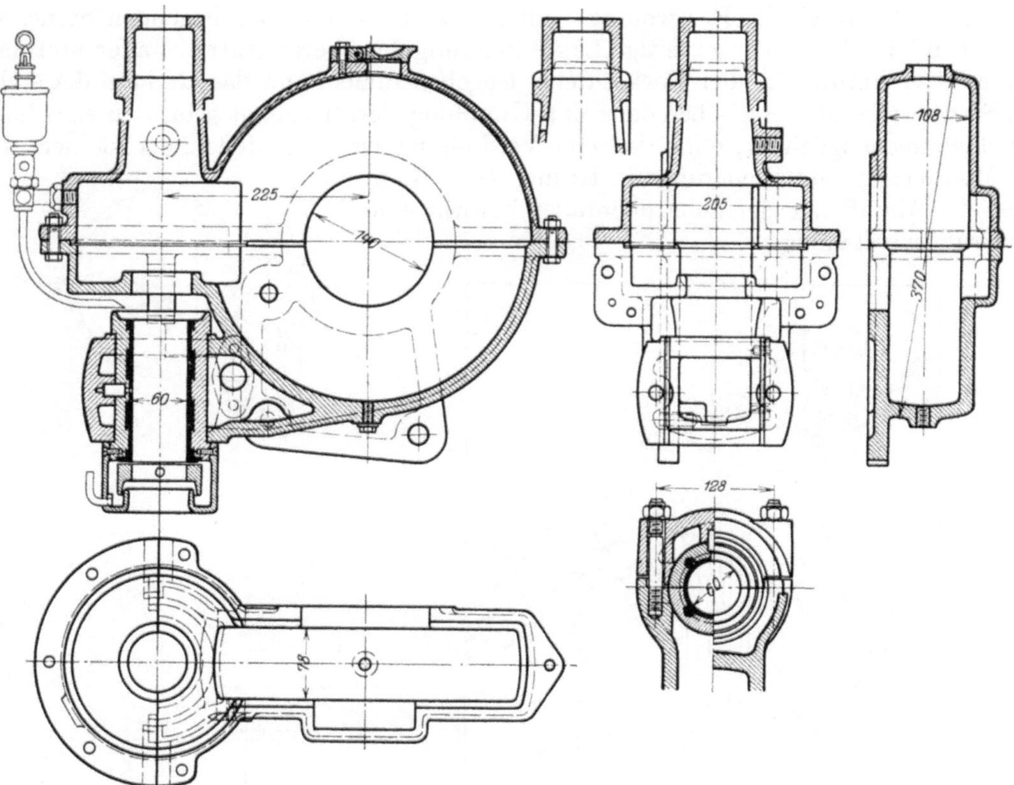

Abb. 388. Dz, Verschalung des Steuerungsantriebes, $\frac{350}{470} \cdot 195$.

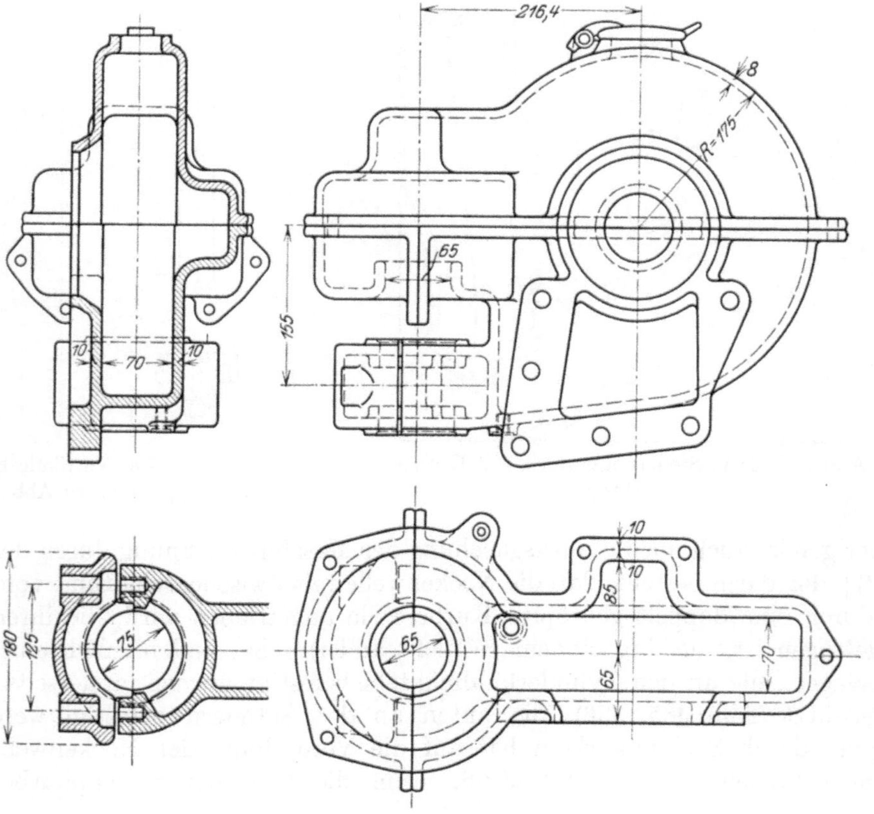

Abb. 389. Lb, Verschalung des Steuerungsantriebes, $\frac{290}{430} \cdot 260$, zu Abb. 380, 381.

gewählt ist. Das Nadelspiel wird freilich durch diese Anordnung nicht berührt. Ebenso wie sie wirkt auch der Antrieb mit Stirnrädern (Abb. 62, 66), bei der sich nur die Achsenentfernung ein wenig ändern kann. Hingegen bedingt die Antriebsweise mit Kurbeln und Stangen ohne Schwinglager eine Verdrehung der Steuerwelle durch die Betriebswärme (Abb. 60).

Die Schraubenräder werden auf der stehenden Welle außer durch Bunde oder Stellringe oft auch noch durch nachträglich eingebohrte Stifte gesichert; auf der Hauptwelle wird meist hierfür ein Bund angeordnet. Bei großen Maschinen sind für die stehende Welle noch Halslager anzuordnen (Beispiele in Abb. 29, 48, 58).

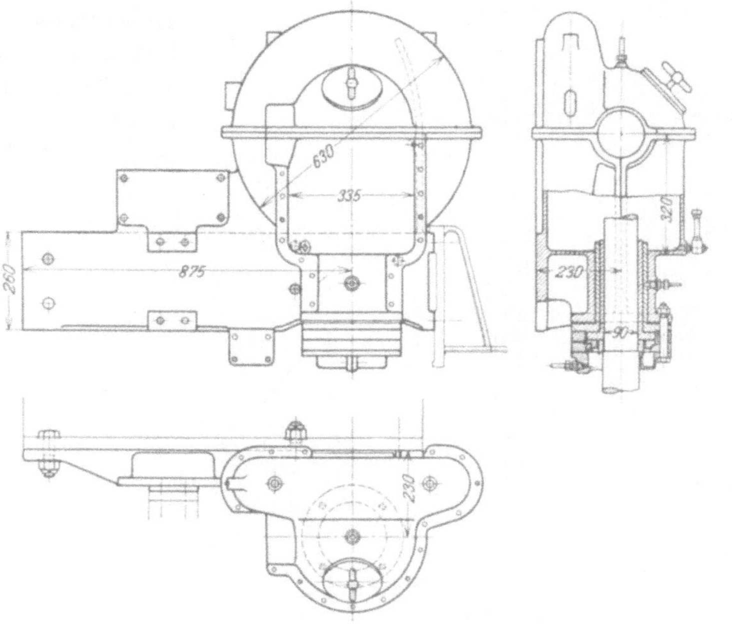

Abb. 390. Kr, Verschalung des Steuerungsantriebes, $\frac{335}{500}$, zu Abb. 377.

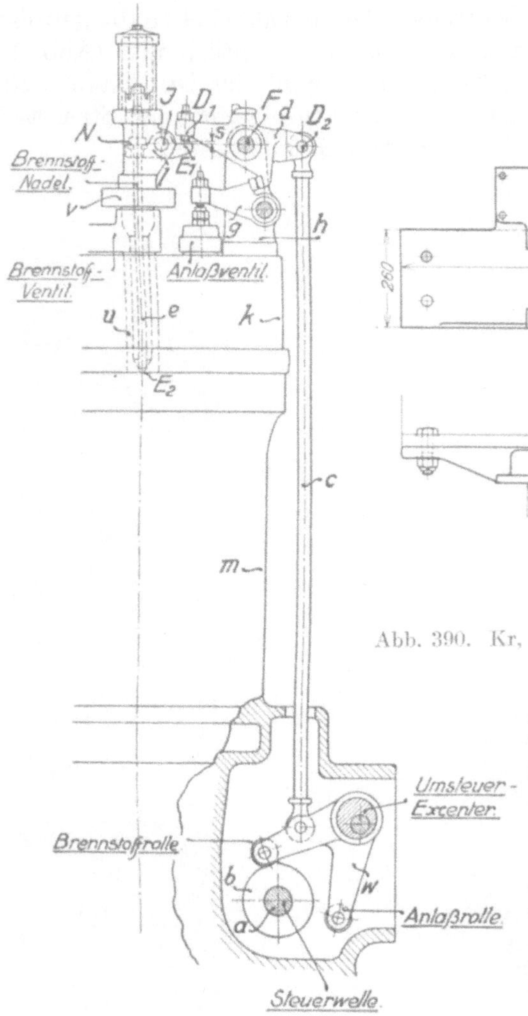

Abb. 391. Gü, Steuerungsantrieb.

Eine besondere Ausbildung erfordert die Lagerung und Verschalung der oberen Übersetzungsräder, die meist wie die unteren in Öl laufen. Beispiele bieten Abb. 379, 387, 388, 389, 390.

Um die Einwirkungen der Maschinenwärme auf die Brennstoffsteuerung, besonders bei Zündölbetrieb, praktisch zu beseitigen, handelt es sich darum, die relative Dehnung zwischen Maschine und äußeren Steuerteilen auszugleichen, da die Dehnung der Brennstoffnadel günstig wirkt[1]). Diese Ausgleichung kann leicht dadurch geschehen, daß die genannte relative Dehnung auf das den Brennstoffhebel tragende Exzenter einwirkt (Abb. 391). Eine teilweise Ausgleichung bewirkt übrigens die Anordnung von Sulzer (Abb. 299 oder ähnliche Bauarten Abb. 300, 301). Bei Abb. 392 kann für Brennstoff- und Anlaßsteuerung derselbe Daumen verwendet werden.

Bei liegenden Maschinen, deren Steuerungsanordnungen schon auf S. 234 besprochen wurden, werden ähnliche Einzelheiten angewendet, wie bei stehenden Maschinen. Wo Anlaß- und Druckluft- oder Brennstoffventilsteuerung getrennt sind, ist auch die Um-

[1]) Güldner: Betriebswärme, S. 107 u. Abschnitt III.

schaltung von Anlassen auf Betrieb gewöhnlich so wie bei stehenden Maschinen (z. B. Abb. 393). Wo sie gemeinsam sind, wird meist die Antriebsrolle auf einem verlängerten Zapfen zum Eingriff in eine zweite Nockenscheibe verschoben, in gleicher Weise wird das Auspuffventil umgesteuert.

Die Anordnung der Steuernocken zeigt Abb. 394 zusammen mit dem hinteren Lager der Nockenwelle, das auch die Augen für die Hebel trägt. Der Auslaßhebel treibt gewöhnlich unmittelbar die Ventilspindel (Abb. 18, 112), beim Einlaß muß eine Druckstange eingefügt werden. Einzelheiten der Steuerteile sind in den Abb. 395 dargestellt.

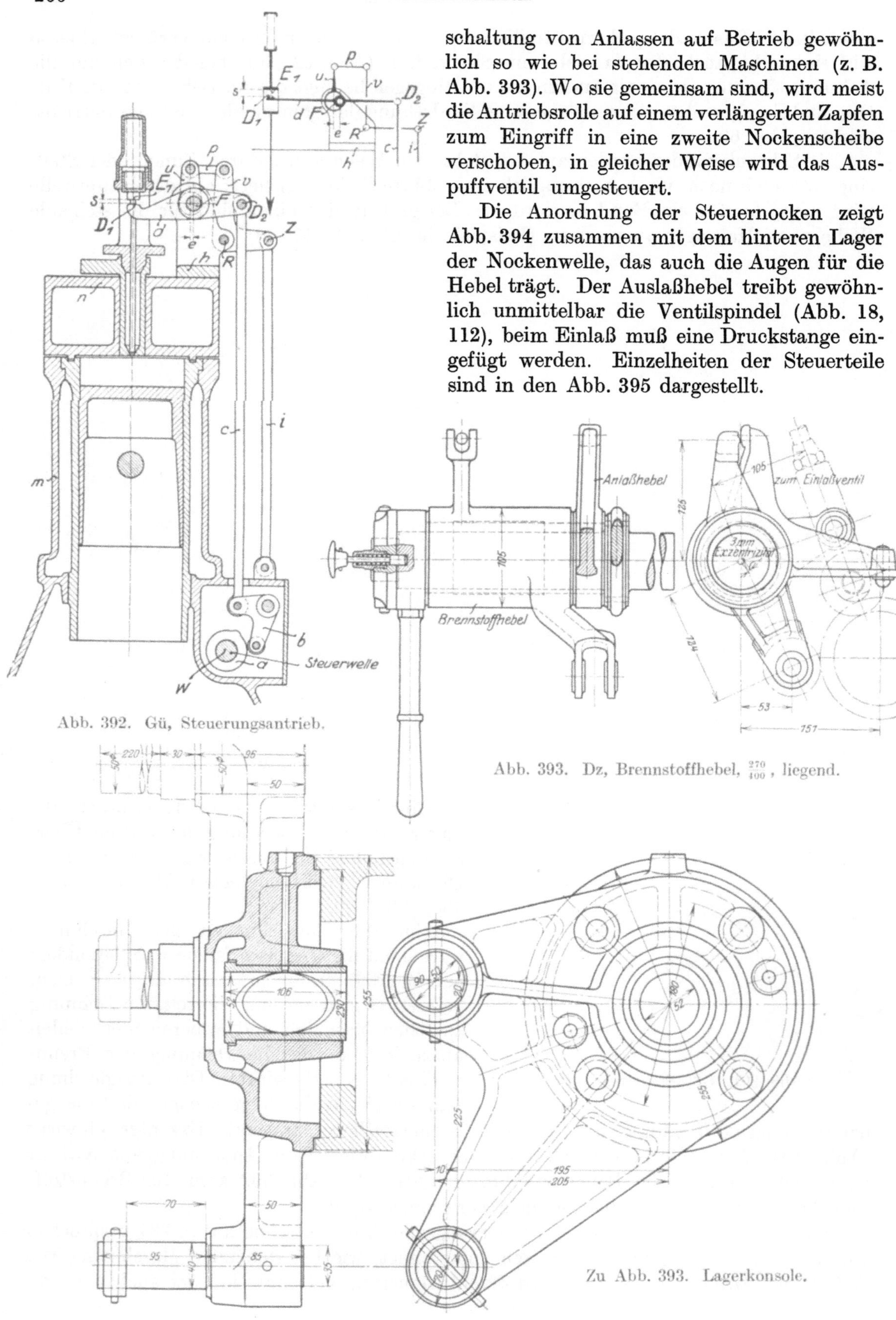

Abb. 392. Gü, Steuerungsantrieb.

Abb. 393. Dz, Brennstoffhebel, $\frac{270}{400}$, liegend.

Zu Abb. 393. Lagerkonsole.

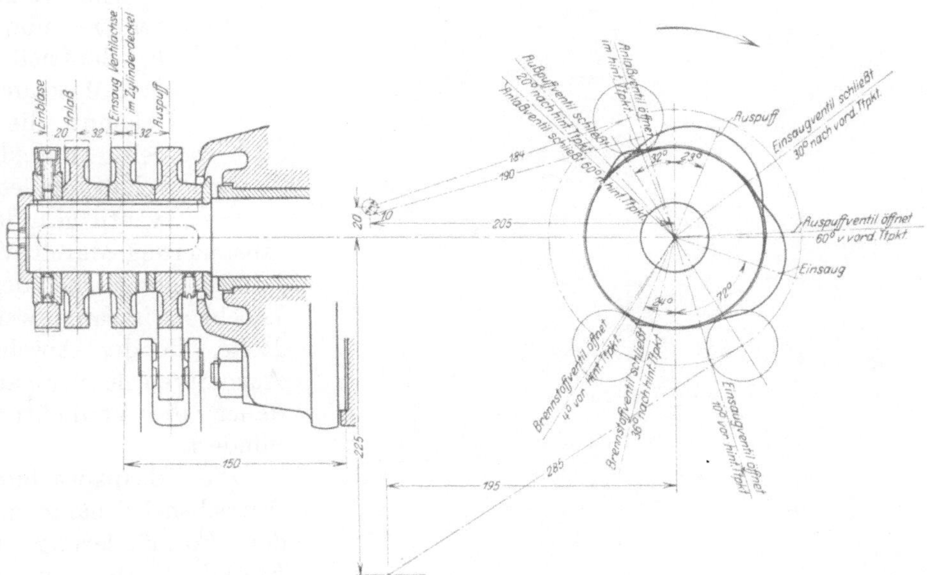

Abb. 394. Lb, Steuerungsanordnung. $\frac{260}{420} \cdot 260$, liegend.

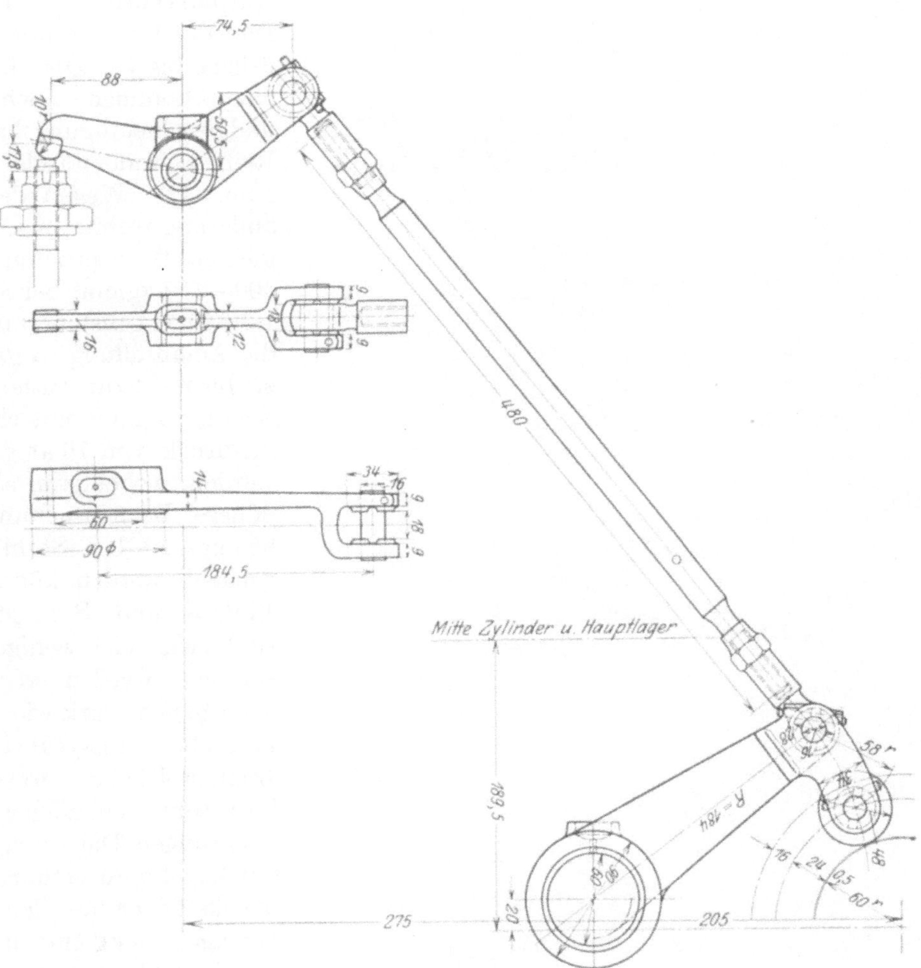

Abb. 395 a. Lb, Einlaßsteuerteile, $\frac{260}{420} \cdot 260$, liegend.

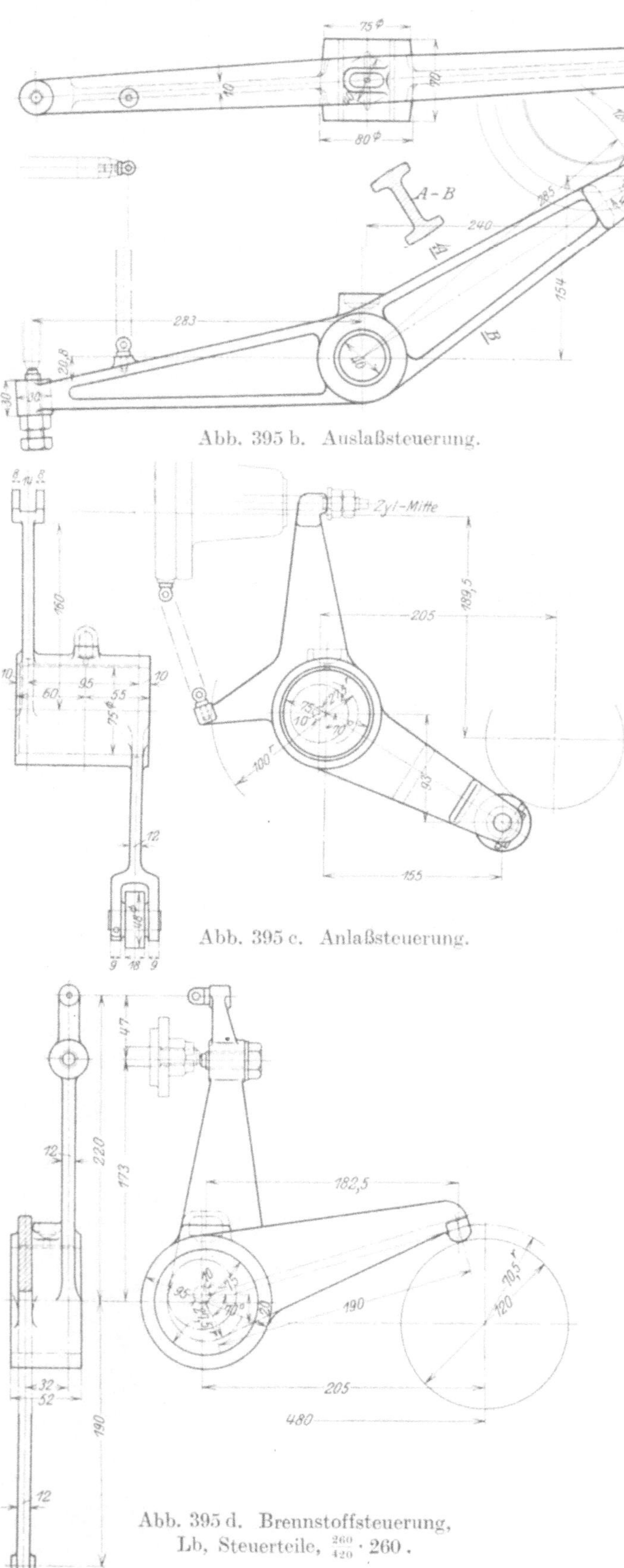

Abb. 395 b. Auslaßsteuerung.

Abb. 395 c. Anlaßsteuerung.

Abb. 395 d. Brennstoffsteuerung, Lb, Steuerteile, $\frac{260}{420}\cdot 260$.

Abb. 12 zeigt Exzenter- und Wälzhebelantrieb für größere Maschinen; man erkennt die gleichzeitig mit der Einschaltung des Anlaßventils geänderte Auslaßsteuerung durch Verschiebung einer zwischen den Wälzhebeln wirksam werdenden Rolle, die den Abschluß des Auspuffventils verspätet und daher die Verdichtung vermindert.

Die Beanspruchung der Antriebshebel hängt mehr von der Formänderung als der Festigkeit ab. Die größten Kräfte kommen beim Auspuff, und zwar beim Öffnen des Auspuffventils, in Betracht. Im Betriebe kommen Gasdrücke bis 4 at Überdruck vor, dazu kommen noch Feder- und Beschleunigungskräfte und Reibungswiderstände (vergl. Abb. 352). Wegen der Formänderung rechnet man nur mit kleinen Beanspruchungen von 200—250 kg/cm² bei Stahlguß. Ist für Umsteuermaschinen die Anlaßfüllung so groß, daß sie bis nahe zur Auslaßöffnung reicht, so muß mit einem Innendruck von 10 at gerechnet werden, wobei dann allerdings höhere Beanspruchungen bis 800 kg/cm² bei Stahlguß zugelassen werden können. Die Einlaß- und Brennstoffhebel sind zwar viel weniger beansprucht, werden aber meist etwa gleich stark wie die Auspuffhebel ausgeführt, beim Brennstoffhebel wegen der hier sehr schädlichen Formänderungen. Die Auflagedrücke auf kugelig ausgeführten Enddruckstücken an den Hebeln betragen 50 kg/cm² und mehr, die Druckbeanspruchung der Auspuffspindeln wird mit 110 bis 130 kg/cm² gewählt. Die auf Biegung beanspruchten Hebelachsen werden für 4 at Innendruck mit 400 kg/cm², für 10 at mit 1000 kg/cm² belastet. Die Lager sind mit 100 kg/cm² Beanspruchung für Gußeisen und 300 kg/cm² für Stahlguß bei Berücksichtigung der Kraftrichtung zu berechnen, etwaige Deckelschrauben auf Zug mit 500—600 kg/cm².

Die Einstellung der Steuerung wird bei der Montierung durch Einstellscheiben auf der Steuerwelle oder genauer durch Zeichen am Umfang des Schwungrades, im Betriebe mit Hilfe des Indikators durch versetzte Diagramme vorgenommen, da diese die wesentlichen Merkmale deutlicher zeigen, als die gewöhnlichen Druckdiagramme für den Kolbenhub. Manchmal werden zum Indikatorantrieb besondere Nocken an der Steuerwelle angeordnet (Abb. 396).

Für jede Belastung ist eine bestimmte Einblaseluftmenge erforderlich, die vorerst durch den Einblasedruck geregelt wird (S. 352). Bei Schiffsmaschinen, wo auch noch die Drehzahl gleichzeitig mit der Belastung sinkt, muß oft auch noch der Nadelhub geregelt werden, dies geschieht auch sonst mit Vorteil bei größeren Maschinen.

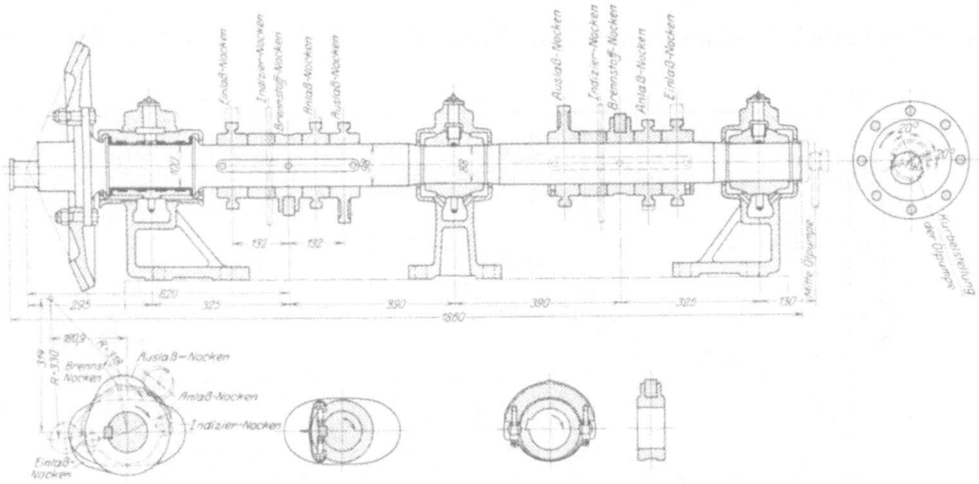

Abb. 396. Kr, Nockenwelle, $2 \cdot \frac{335}{500}$, zu Abb. 366, 377.

Um einen allerdings nur recht ungenauen Einblick in die Verhältnisse zu gewinnen, nehmen wir gleichbleibende Steuerung des Brennstoffventils mit einer auf die Öffnungszeit bezogenen mittleren Nadelöffnung von f_m an. Das vom Verdichter in einer Stunde gelieferte Luftgewicht ist mit η_v als volumetrischem Wirkungsgrad und α als Verhältnis des vom Niederdruckkolben des Verdichters durchlaufenen Raumes zum Hubraum V cm²·m der Arbeitszylinder:

$$L = \frac{2\eta_v \alpha V n}{10000} \cdot 30 \cdot 1{,}2\,\text{kg} = 0{,}0072\,\eta_v \alpha \cdot V \cdot n\ \text{kg},$$

wenn das spezifische Gewicht der angesaugten Luft mit 1,2 kg/m³ angenommen wird. Das durch die Brennstoffdüse gelangende Luftgewicht ist in einer Sekunde nach früheren Bezeichnungen (s. S. 214)

$$G_s = \varphi f_m p \left(\frac{p'}{p}\right)^{\frac{\varkappa-1}{\varkappa}} \sqrt{\frac{2G}{RT'}\left\{\frac{\varkappa}{\varkappa-1}\left[1-\left(\frac{p}{p'}\right)^{\frac{\varkappa-1}{\varkappa}}\right] - x\left[\frac{\varkappa}{\varkappa-1}\left(1-\left(\frac{p}{p'}\right)^{\frac{\varkappa-1}{\varkappa}}\right) + \frac{p}{\gamma R T'}\left(1-\frac{p'}{p}\right)\right]\right\}}$$

oder nahe:

$$G_s = \varphi f_m p \left(\frac{p'}{p}\right)^{\frac{2}{7}} \sqrt{\frac{2G}{RT'}\left\{3{,}5\left[1-\left(\frac{p}{p'}\right)^{\frac{2}{7}}\right] - x\left[3{,}5\left(1-\left(\frac{p}{p'}\right)^{\frac{2}{7}}\right) + \frac{p}{\gamma R T'}\left(1-\frac{p'}{p}\right)\right]\right\}}.$$

Ist der Kurbelwinkel für die Öffnungsdauer der Nadel 40°, so ist die in einer Stunde für sie entfallende Zeit: $\frac{60 \cdot 30 \cdot n}{90 \cdot n} = 200$ sk. unabhängig von der Drehzahl der Maschine und demnach der stündliche Druckluftverbrauch mit

$$\gamma = 900 \text{ kg/m}^3, \quad T_1' = 315°, \quad R = 29{,}3$$

$$L = 200\, G_s = 9{,}26\, \varphi f_m p \left(\frac{p'}{p}\right)^{\frac{2}{7}} \sqrt{3{,}5\left[1 - \left(\frac{p}{p'}\right)^{\frac{2}{7}}\right] - x\left[3{,}5\left(1 - \left(\frac{p}{p'}\right)^{\frac{2}{7}}\right) + \frac{1{,}223\, p}{10^7}\left(1 - \frac{p'}{p}\right)\right]}.$$

Aus den beiden für L gefundenen Werten ergibt sich für stationären Betrieb die Gleichung:

$$\frac{\eta_v \alpha \cdot V \cdot n}{\varphi f_m} = 1286\, p \left(\frac{p'}{p}\right)^{\frac{2}{7}} \sqrt{3{,}5\left[1 - \left(\frac{p}{p'}\right)^{\frac{2}{7}}\right] - x\left[3{,}5\left(1 - \left(\frac{p}{p'}\right)^{\frac{2}{7}}\right) + \frac{1{,}223\, p}{10^7}\left(1 - \frac{p'}{p}\right)\right]}.$$

Nimmt man η_v und φ als gleichbleibend an, etwa $\eta_v \alpha = 0{,}036$, $\varphi = 0{,}95$, so ist die linke Seite eine Konstante, hingegen ist x von der mittleren Spannung abhängig. Der Brennstoffverbrauch in einer Stunde ist: $B = b\, N = \frac{b\, p_e \cdot V \cdot n}{9000}$, worin b den aus Ver-

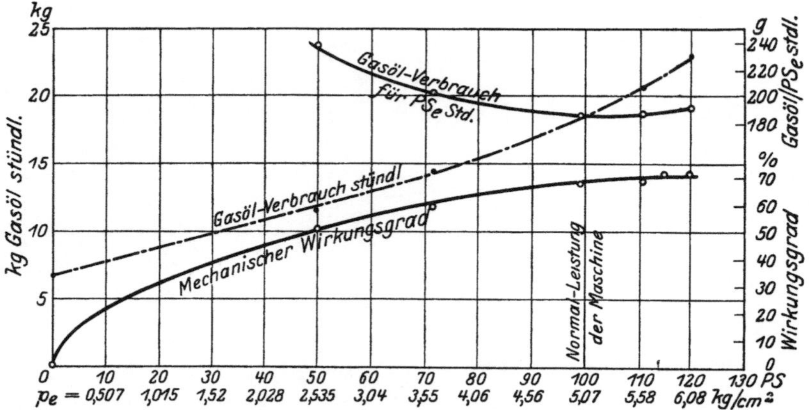

Abb. 397. Ess, Versuchsergebnisse über Wirkungsgrade und Brennstoffverbrauch, $2 \cdot \frac{320}{500} \cdot 250$.

suchen bekannten Ölverbrauch für eine Pferdekraft und Stunde bedeutet, z. B. nach Abb. 397. Das Verhältnis des Brennstoffverbrauches zum Druckluftverbrauch ist demnach: $\frac{x}{1-x} = \frac{b\, p_e}{64{,}8\,(\eta_v \alpha)}$, woraus sich x als Funktion von p_e ergibt. Genau genommen wird allerdings η_v auch ohne Veränderung der Ansaugequerschnitte des Verdichters mit dem Enddruck p' etwas veränderlich sein. Den jeweils während der Öffnungszeit des Brennstoffventils im Arbeitszylinder herrschenden mittleren Druck findet man aus dem der betreffenden Belastung p_e entsprechenden Indikatordiagramm, das nur auf die Zeit als Abszisse umgezeichnet werden muß. Schätzt man endlich im letzten, ohnehin sehr geringfügigen Summanden unter dem Wurzelzeichen den Wert $\frac{p'}{p}$, so ergibt sich eine quadratische Gleichung für $\left(\frac{p}{p'}\right)^{\frac{2}{7}}$, aus der man dann für jeden Wert p_e auch p' findet.

In Abb. 398 wurden für einen bestimmten Fall[1]) die Werte von p' als von p_e abhängig aufgetragen und daraus auch die Größen von x bestimmt, die dann auch als Funktion von $\frac{p'}{p}$ eingezeichnet wurden. Diese Linien stimmen im wesentlichen mit den bekannt gewordenen Versuchen[2]) überein. Nahe beim Leerlauf, wo in der Düse die

[1]) Zylinderdurchmesser 290 mm, Hub 430 mm, Drehzahl 260/Min., $f_m = 7{,}5 \cdot 10^{-6}$ ($d = 3{,}1$ mm).
[2]) Nägel: Z. V. d. I. 1911.

Schallgeschwindigkeit erreicht wird, ändert sich die Rechnung und ergibt etwas kleinere Werte für x.

Regelt man die Luftzufuhr etwa in der Weise, daß sie mit p_e linear verläuft und z. B. $\eta_v \alpha$ für Vollast wieder den Wert 0,036, für Leerlauf, d. i. $p_e = 0$, den Wert 0,0195 erhält,

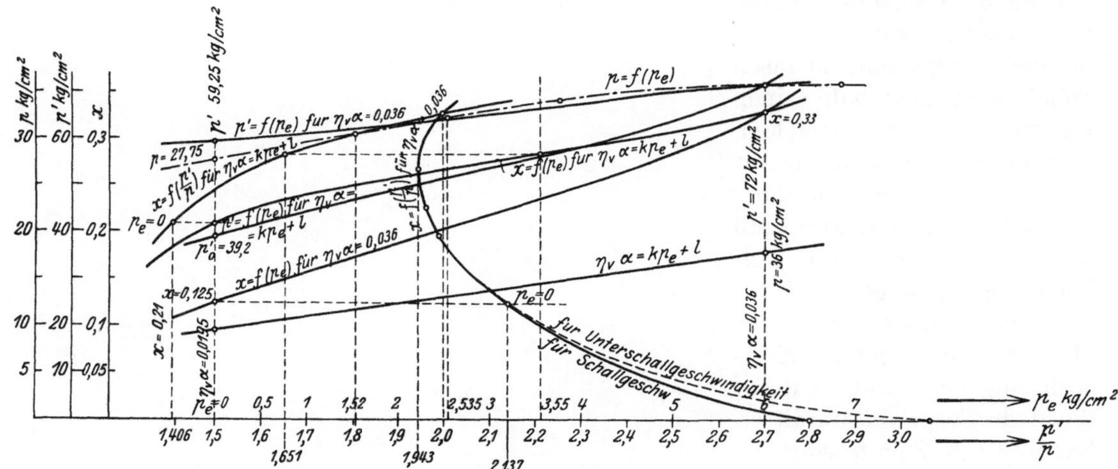

Abb. 398. Einblasedruck bei gleichbleibender Drehzahl, abhängig vom mittleren effektiven Arbeitsdruck.

so wächst der Wert von x gegen früher bei kleinen Belastungen, während p' kleiner wird. Auch die hierfür errechneten Linien sind in die Abbildung eingetragen.

Etwaige Änderungen von η_v können berücksichtigt werden, ebenso das veränderliche Verhältnis des Einblasedrucks gegen den Druck p' vor der Nadel infolge mit x veränderter Strömungswiderstände im Verteiler. Ebenso kann der Fall verfolgt werden, daß, wie im Pumpenbetrieb, die Umdrehungsleistung auch bei veränderter Drehzahl nahe gleich bleibt.

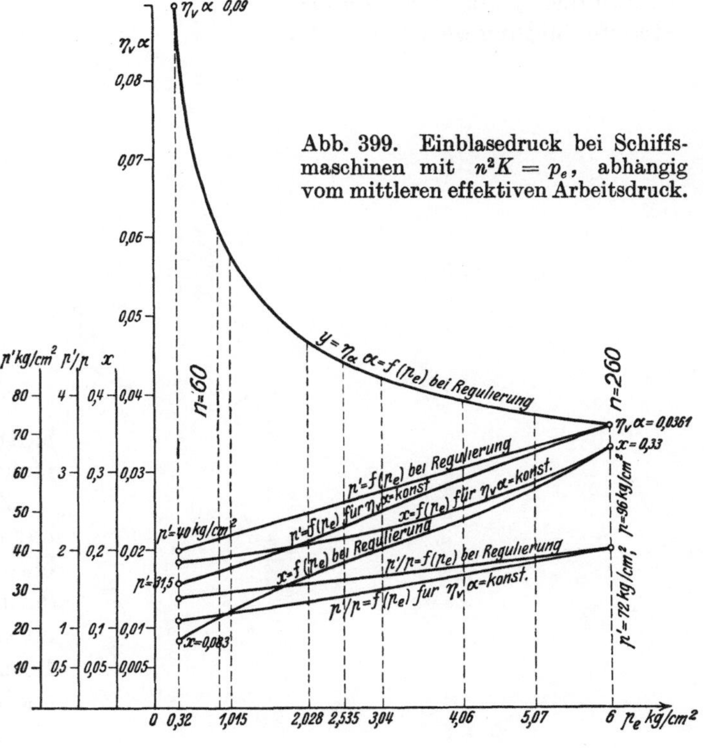

Abb. 399. Einblasedruck bei Schiffsmaschinen mit $n^2 K = p_e$, abhängig vom mittleren effektiven Arbeitsdruck.

Ist endlich, wie beim Schiffschraubenantrieb, etwa $p_e = K \cdot n^2$, so wird:

$$\frac{x}{1-x} = \frac{b \cdot K \cdot n^2}{64,8\,(\eta_v \alpha)}$$

und:

$$\frac{V \cdot \eta_v \alpha}{\varphi f_m} \sqrt{\frac{64,8\,(\eta_v \alpha)}{b \cdot K} \cdot \frac{x}{1-x}} =$$

$$= 1286\, p \left(\frac{p'}{p}\right)^{\frac{2}{7}} \sqrt{3,5\left[1-\left(\frac{p}{p'}\right)^{\frac{2}{7}}\right] - x\left[3,5\left(1-\left(\frac{p}{p'}\right)^{\frac{2}{7}}\right) + \frac{1,223\, p}{10^7}\left(1-\frac{p'}{p}\right)\right]}.$$

Die hier sich ergebenden Werte von p' und x sind als Funktionen von p_e in Abb. 399 eingetragen. Die Regelung ist hier derart durchgeführt, daß für $n = 60$ der Druck vor dem Nadelventil 40 at betragen und linear in p_e gegen den Wert von $p' = 72$ at bei

Vollast anwachsen soll. Damit ergibt sich dann der Verlauf von $(\eta_v \alpha)$ und x durch Versuch an jeder Stelle.

Ohne diese Regelung würde der Einspritzdruck bei verminderter Drehzahl zu rasch abnehmen und zu bald seinen unteren Grenzwert erreichen. Der Verbrennungsdruck bleibt allerdings bei Verminderung der Belastung und Drehzahl nicht gleich; er nimmt vielleicht anfangs wegen des langsameren Ganges zu, dann aber ab, weil die Brennstoffeinspritzung mehr und mehr auf die dem Totpunkt unmittelbar folgende Zeit beschränkt wird[1]). Bei sehr kleinen Drehzahlen sind dann Störungen zu erwarten, besonders Fehlzündungen, da die Zündtropfenbildung wegen der verhältnismäßig zu langen Einspritzzeit nicht mehr regelrecht stattfindet.

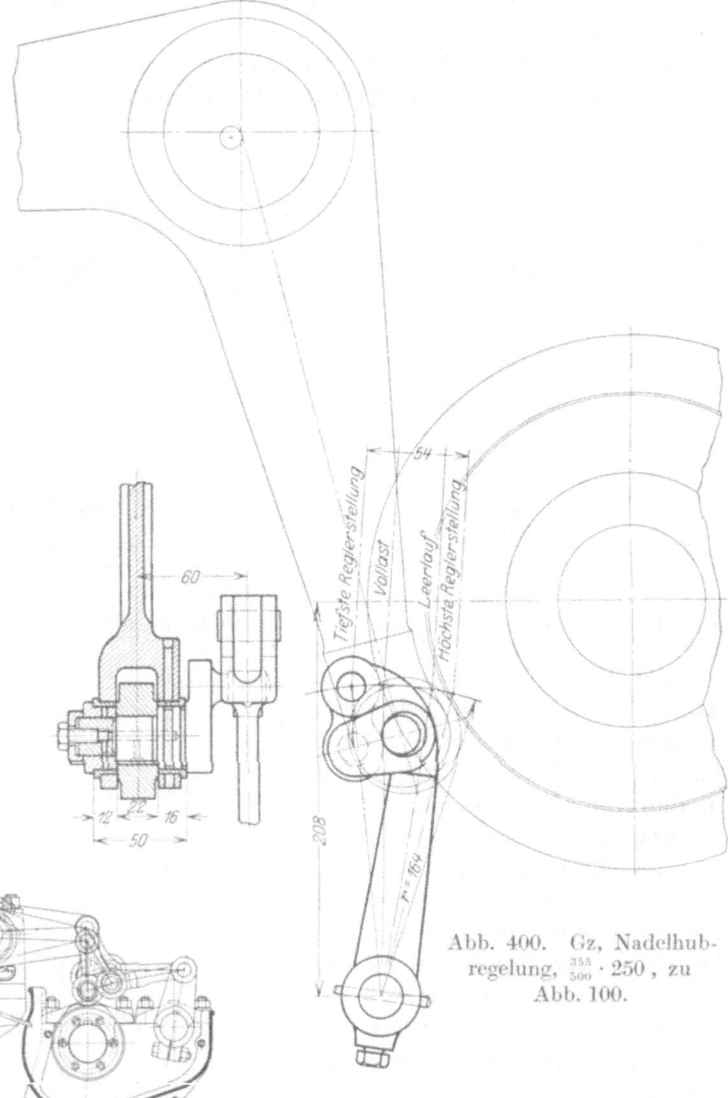

Abb. 400. Gz, Nadelhubregelung, $\frac{355}{500} \cdot 250$, zu Abb. 100.

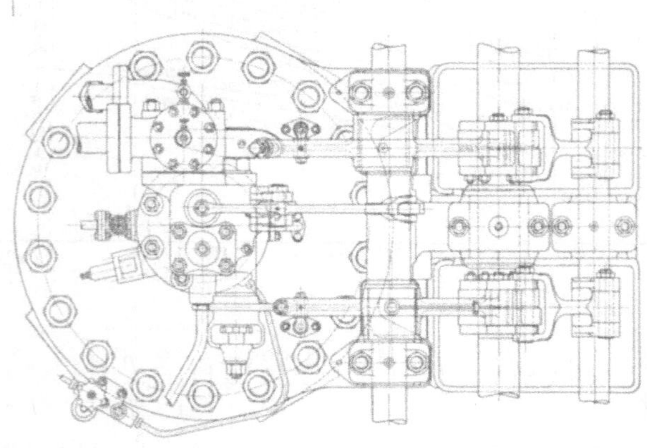

Abb. 401. Sz, Steuerung mit Nadelhubregelung.

Zur Behebung dieser Schwierigkeit hat man auch statt und neben der Einblasedruckregelung (S. 352) die Veränderung der Einblasezeit und des Nadelhubs eingeführt. Die baulich einfachste Lösung besteht darin, daß man die Antriebsrolle vom Verbrennungsdaumen etwas entfernt. Das kann z. B. dadurch geschehen, daß man die Rolle auf dem Antriebshebel exzentrisch lagert und die Exzenterscheibe mit einer Regelwelle und Lenkerstange verdreht. Bewegt man dabei die Rolle radial von der Achse der Steuerwelle fort, so er-

[1]) Vgl. Ebermann: Z. V. d. I. 1920, S. 426.

folgt die Ventilöffnung später, was störend wirken kann. Durch eine nach außen zurückliegende Verschiebungsrichtung läßt sich dieser Mangel verbessern (Abb. 400). Ganz ähnlich wirkt die Nadelregelung von Sulzer, hier mit einer Umsteuerung verbunden (Abb. 401). Wenn die Rollen noch weiter, als es die Umsteuerung erfordert, verschoben werden, entfernen sie sich von den Nockenwellen, ohne im Öffnungszeitpunkt die Daumen zu verlassen[1]). Abb. 668 gibt eine ältere Anordnung (Zweitakt), bei der die Rolle statt in einem Kreisbogen durch Lenker längs der Anlauffläche

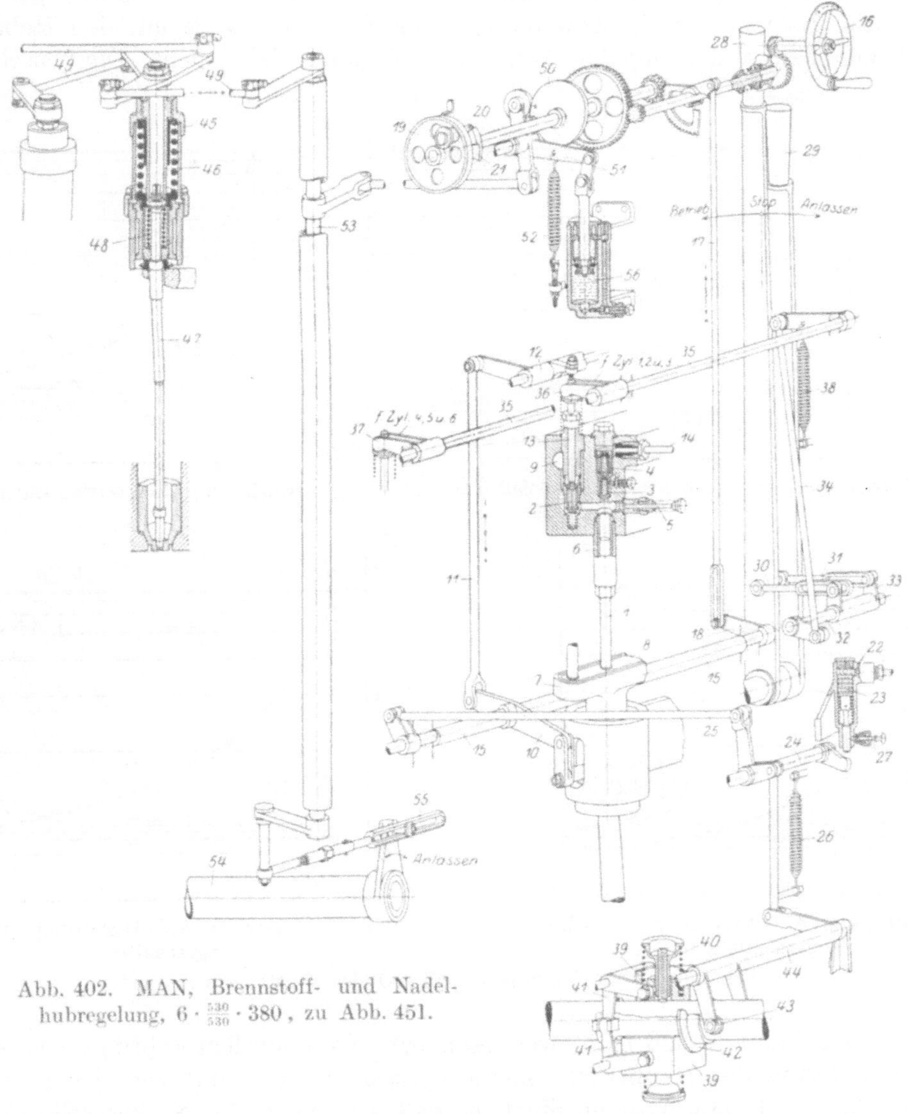

Abb. 402. MAN, Brennstoff- und Nadelhubregelung, $6 \cdot \frac{530}{530} \cdot 380$, zu Abb. 451.

des Daumens verschoben wird. Durch Verschiebung schräger Brennstoffnocken mit veränderter Form kann man beliebige Erhebungen der Nadel erhalten[2]). Ferner kann man den Nadelhub einfach durch einen Anschlag begrenzen, wenn man zwischen Antriebshebel und Nadel ein federndes Zwischenglied einschaltet, z. B. eine federbelastete Hülse (Abb. 294). Der Begrenzungsanschlag wird von der Regelwelle her durch Einschrauben in die Ventilhaube verstellt. Hier wird die Nadelöffnungszeit und auch die anfängliche Erhebung nicht verändert, weshalb bei kleinen Belastungen, z. B. beim noch langsamen Anlassen von Schiffsmaschinen, leicht scharfe Zündungen auftreten. Deshalb wird hier durch eine Schlitzstange der Regelhebel während des Anlassens auf kleinsten Nadelhub

[1]) Vgl. Schwedisches Patent 32 286 von H. Nordström. [2]) D. R. P. 281 298 von Krupp.

gestellt und erst nach Umstellung des Anlaßhebels freigegeben, wobei dann ein Ölkatarakt allmählich die Betriebstellung herstellt (Abb. 402, vgl. Abb. 356).

Die Umsteuerung bei Viertaktmaschinen[1]) beschränkt sich, wenn man die gewöhnliche Antriebsweise der Ventile beibehalten will, auf wenige Anordnungen. Grundsätzlich sind ja allerdings alle bekannten Umsteuerungen verwendbar. Die relative Verdrehung der Steuerdaumen gegen die Kurbelwelle ist nur bei Zweitaktmaschinen möglich, da die Verdrehwinkel für Viertaktmaschinen bei den einzelnen Ventilen verschieden ausfallen, wodurch die Umstellung verwickelt wird. Es werden daher fast durchweg gesonderte Vor- und Rückwärtsnocken in Anwendung gebracht, die jeweils mit den Hebelrollen in Eingriff kommen, so daß zu jedem Ventilantrieb nur ein Hebel dient. Die Umschaltung

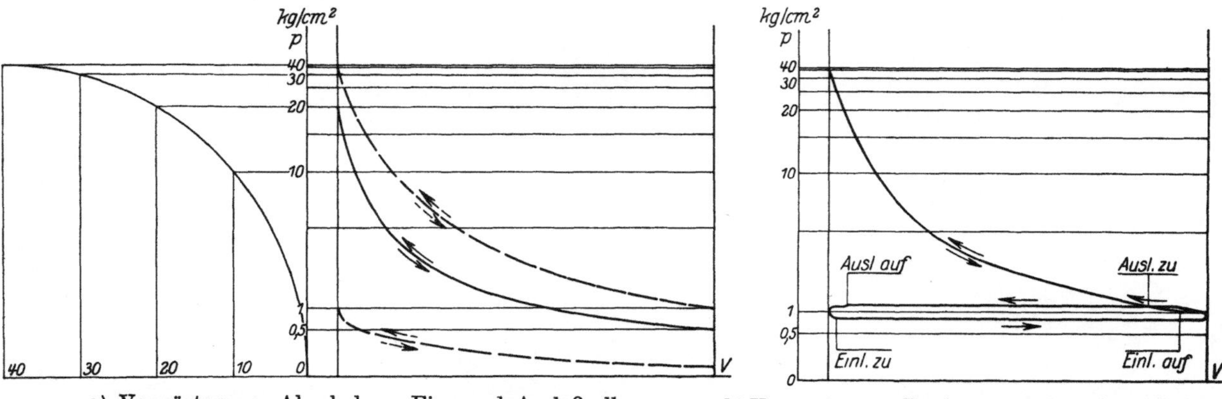

a) Vorwärtsgang: Abgehobene Ein- und Auslaßrollen. b) Vorwärtsgang: Rückwärtsnocken eingeschaltet.

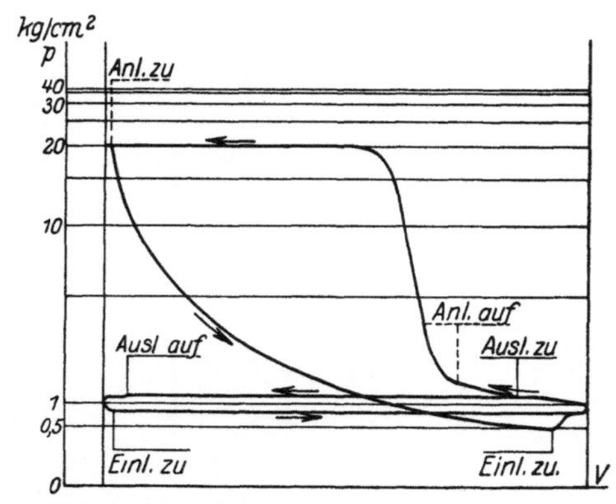

c) Vorwärtsgang: Anlaßsteuerung „zurück“ eingeschaltet.

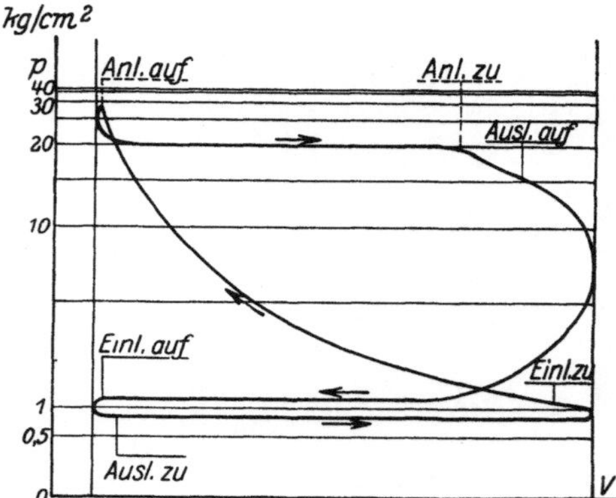

d) Rückwärtsgang: Anlaßsteuerung „zurück“ eingeschaltet.

Abb. 403. Druckdiagramme während der Umsteuerung.

erfolgt entweder dadurch, daß man zwei gesonderte Nockenwellen anbringt, die bei derselben Drehrichtung der Hauptwelle entgegengesetzt laufen, und von denen eine für Vorwärts-, eine für Rückwärtsgang dient, so daß die arbeitende Nockenwelle stets die gleiche Drehrichtung hat, oder durch axiale Verschiebung der Nockenscheiben, die durch Schrägstellung der Antriebshebel oder Verschiebung der Antriebsrollen in den Hebeln ersetzt werden kann, und endlich durch Zwischenschaltung von Rollenträgern, die durch eine Verschiebung in einer zur Steuerwelle senkrechten Ebene einen oder den andern Daumen zur Wirkung bringen. Kulissen- oder Einexzenter-Umsteuerungen sind nicht gebräuchlich, selbst letztere werden für Viertaktmaschinen zu verwickelt.

Die wesentlichen Bedingungen für die Umsteuerungen sind die Einhaltung der Steuerdaten für Vor- und Rückwärtsgang und die richtige Zündfolge für beide Dreh-

[1]) Vgl. Romberg: Jahrb. d. schiffbautechn. Ges. 1910, S. 594 und 1911, S. 204. — Goos: Z. d. V. d. I. 1924, S. 435. — Musauer: Z. d. V. d. I. 1909, S. 1187.

richtungen. Dabei könnte z. B. dem Arbeitshalbhub für Vorwärtsgang ein ebensolcher oder das Ansaugen für Rückwärtsgang entsprechen, wonach sich die gegenseitige Lage der Vor- und Rückwärtsnocken richtet.

Der Vorgang beim Umsteuern ist im Normalfall der folgende: 1. Abheben der Brennstoffrollen vom Daumen, dadurch bleibender Schluß des Brennstoffventils. Geschieht dies während der Entspannung, so soll das im Zylinder enthaltene Verbrennungsgas noch ausströmen, ehe der zweite Abschnitt, d. i. 2. das Abheben der Ein- und Auslaßrollen, beginnt. Ist dies der Fall, so sind sodann alle Ventile geschlossen, und das im Zylinder verbleibende Gas wird bei jedem Halbhub verdichtet oder entspannt, entsprechend der jeweiligen Kolbenbewegung, die sich, durch Reibung etwas verlangsamt, noch fortsetzt. Die Drucklinien im Diagramm sind etwa Adiabaten, je nach dem Augenblick des Abhebens zwischen den Endpunkten der Atmosphärenlinie (Abb. 403a, Ordinaten nach einem Kreisbogen verzerrt). 3. Verschieben der Steuernocken, Rollen oder Hebel ohne Einfluß auf die Vorgänge in den Zylindern, 4. Aufsetzen auf die Rückwärtsnocken. Das Diagramm verändert sich, indem Verdichtung und Entspannung nur mehr im Viertakt erfolgen (Abb. 403b), die etwa unter der Atmosphärenlinie liegenden Linien erscheinen nur mehr einmal. Die Maschine läuft verlangsamt weiter. 5. Einschalten der Anlaßsteuerung, dadurch rasches Bremsen der Maschine etwa nach beifolgendem Diagramm (Abb. 403c bei 20 at Anlaßdruck), nach Stillstand Umkehrung der Drehrichtung und Beschleunigung nach Abb. 403d. 6. Einschalten des Brennstoffventils, meist geteilt, z. B. bei 6 Zylindern zuerst nur für 3 Zylinder, dann für die übrigen drei.

Man sieht, daß bei Beginn der 4. Periode, wenn die hochliegende Adiabate zutrifft, das Öffnen des Auslaßventils gegen den höheren Verdichtungsdruck erfolgt, wofür also die Auslaßsteuerung gebaut sein muß. Wie erwähnt, muß zwischen Abheben des Brennstoffventils und der Ein- und Auslaßnocken mindestens die Zeit eines Halbhubs vergehen, was wohl stets der Fall ist.

Damit sich während des Umsteuervorganges nicht zu viel Brennstoff vor dem Nadelventil ansammelt und dann zu scharfen Zündungen Anlaß gibt, stellt man die Brennstoffpumpe oft ganz oder teilweise ab. Die Nocken für die Brennstoffsteuerung müssen für „Voraus" und „Rückwärts" genau gleich ausgeführt werden, weil die Einstellung gemeinsam am Brennstoffventil oder Hebel erfolgt.

Das Abheben der Ein- und Auslaßnocken kann durch Anbringen von kegelförmig abnehmenden Daumen vermieden werden, bei Viertaktmaschinen ist aber gewöhnlich nicht der Raum für die axiale Verschiebung vorhanden, der dazu erforderlich ist. Für das Abheben, Verschieben und Wiederaufsetzen soll stets die gleiche Antriebsvorrichtung verwendet werden, um sonst im Betriebe leicht vorkommende Fehler zu vermeiden. Dadurch ist sicher zu erreichen, daß die Verschiebung der Daumen erst nach erfolgtem Abheben der Rollen möglich ist. Hingegen kann die Umstellung des Anfahrhebels von „Voraus" auf „Halt" und „Rückwärts" davon unabhängig sein, nur muß verhindert werden, daß erstere Bewegung in anderer als der „Halt"-Stellung erfolgt, und daß die zweite eingeleitet wird, wenn die Steuerhebel nicht voll auf den „Voraus"- oder „Rückwärts"-Nocken aufliegen.

In Abb. 404 ist ein Schema der gebräuchlichsten Anlaß- und Umsteuerungsanordnungen gegeben. Die beiden Anlaßhebel A und B bewegen jeweils die zwei Anlaßwellen C für die Zylinder *4*, *5*, *6*, D für die Zylinder *1*, *2*, *3* einer Sechszylinder-Viertaktmaschine. Von diesen Wellen aus werden mit Hebelgestänge e, f die exzentrischen Büchsen E verdreht, die die Lagerung der Brennstoff- und Anlaßhebel bilden. Wird der Hebel A in Anlaßstellung gebracht, so wird durch eine Verblockung auch der Hebel B mitgenommen, das Hauptanlaßventil wird von der Welle D geöffnet und alle 6 Anlaßventile in Tätigkeit gesetzt, die Brennstoffventile ausgeschaltet. Nachdem die für die Zündung nötige Geschwindigkeit erreicht ist, wird der Hebel A in die Betriebstellung gebracht, wodurch die Anlaßrollen für *4*, *5*, *6* abgehoben und sodann die zugehörigen Brennstoffventile in Tätigkeit gesetzt werden. Das Hauptanlaßventil bleibt noch offen. Sodann wird auch der Hebel B auf Betrieb gestellt, das Hauptanlaßventil geschlossen. Die Wellen C und D tragen Nocken, die auf die Abstellhebel der Brennstoffpumpen einwirken, so daß deren Saugventile nur in der Betriebstellung der Anlaßhebel A und B freigegeben sind. Bei den Stellungen „Anlassen“ und „Halt“ sind daher die Pumpen ausgeschaltet. Man kann nach Ausschalten der Pumpen noch einmal Einspritzluft geben lassen, um die Brennstoffventile von Öl zu befreien. Zum Abstellen wird nur der Hebel A auf „Halt“ gestellt, der Hebel B wird dabei mitgenommen.

Die Umsteuerung wird durch die Kurbel O angetrieben, die die Welle M bewegt und durch Nocken K, L und Hebel J die Nockenwelle G verschiebt. Die Nocken sind so geformt, daß vor der Verschiebung die durch Kegelräder P angetriebene Hebelwelle F ihre Verdrehung beginnt und durch ihre exzentrischen Zapfen h die Ein- und Auslaßrollen von den zugehörigen Nokken so weit abhebt, daß die Steuerwelle mit einem Spiel von 2—4 mm an ihnen vorbeigeht. Anfangs laufen daher die Rollen des Hebels J auf konzentrischen Teilen der Nocken K, L. Die Lagerung der Büchse E für Brennstoff- und Anlaßven-

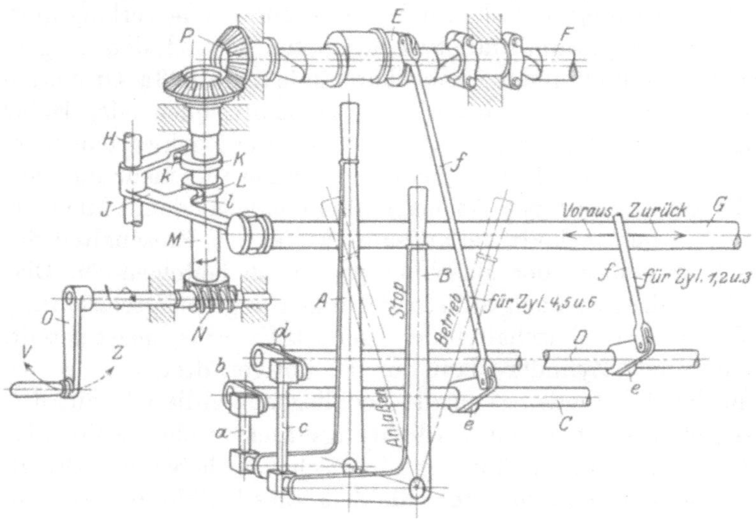

Abb. 404. MAN, Anordnung der Umsteuerung.

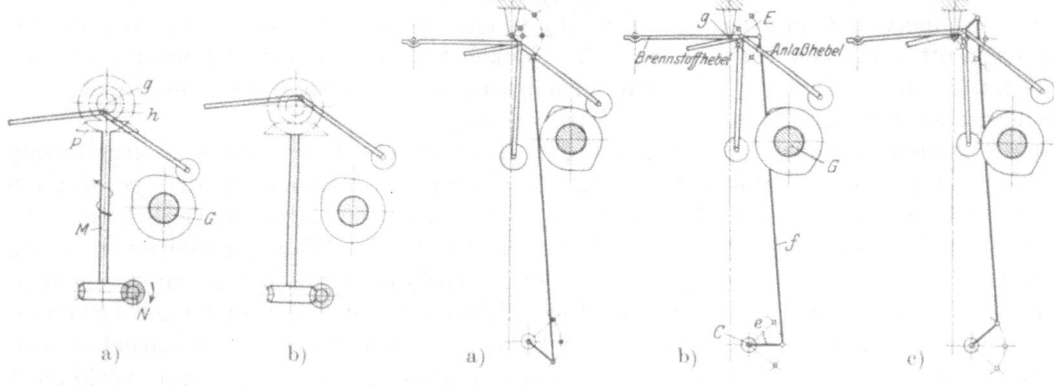

Schema zu Abb. 404.

Einsaug- und Auspuffhebel
a) bei ausgelegter Umsteuerung,
b) während des Umsteuerns.

Anlaß- und Brennstoffhebel
a) in Anlaßstellung, b) in Stoppstellung,
c) in Betriebstellung.

tilhebel wird durch die Drehung von F nicht berührt, da sie die gleiche Achse hat. Nach vollendeter Verschiebung von G werden die Ein- und Auslaßrollen wieder mit ihren Daumen zur Berührung gebracht, wobei der Hebel J stillsteht. Da das Verschieben der Steuerwelle in allen Kolbenstellungen nur möglich ist, wenn auch die Brennstoff- und Anlaßhebel von den Nocken abgehoben sind, muß eine Einrichtung getroffen werden, die die Betätigung der Umsteuerung nur in der „Halt“-Stellung der beiden Anlaßhebel zuläßt. Ebenso darf das Anlassen nur möglich sein, wenn die Umsteuerung sich genau in den Endlagen „Voraus“ oder „Rückwärts“ befindet, wozu eine Verblockung dient. Die Antriebsräder für die Steuerwellen werden gesondert gelagert und mit den Wellen durch Feder und Nut gekuppelt.

In den Abb. 405, 406 sind die Einzelheiten dargestellt und wie im Schema bezeichnet. Insbesondere erkennt man auch die Verblockung durch die Scheibe m auf der Welle M, die außer Hubbegrenzungen zwei Einschnitte erhält. Der mit dem Anlaßhebel durch Gestänge verbundene, ebenfalls mit einem Einschnitt versehene Hebel n gestattet die Verdrehung der Scheibe m nur in einer bestimmten Lage, die der „Stopp"-Stellung entspricht; er kann hingegen selbst nur bewegt werden, wenn er mit den Einschnitten in der Scheibe m zusammentrifft. Die Verschiebung der Nockenwelle erfordert eine besondere Kupplung, die neben dem Antrieb von der stehenden Welle angebracht ist.

Abb. 407 gibt eine ähnliche Anordnung, die sich nur dadurch unterscheidet, daß erstens nicht die Steuerwelle selbst, sondern die einzelnen Nockenbündel auf derselben

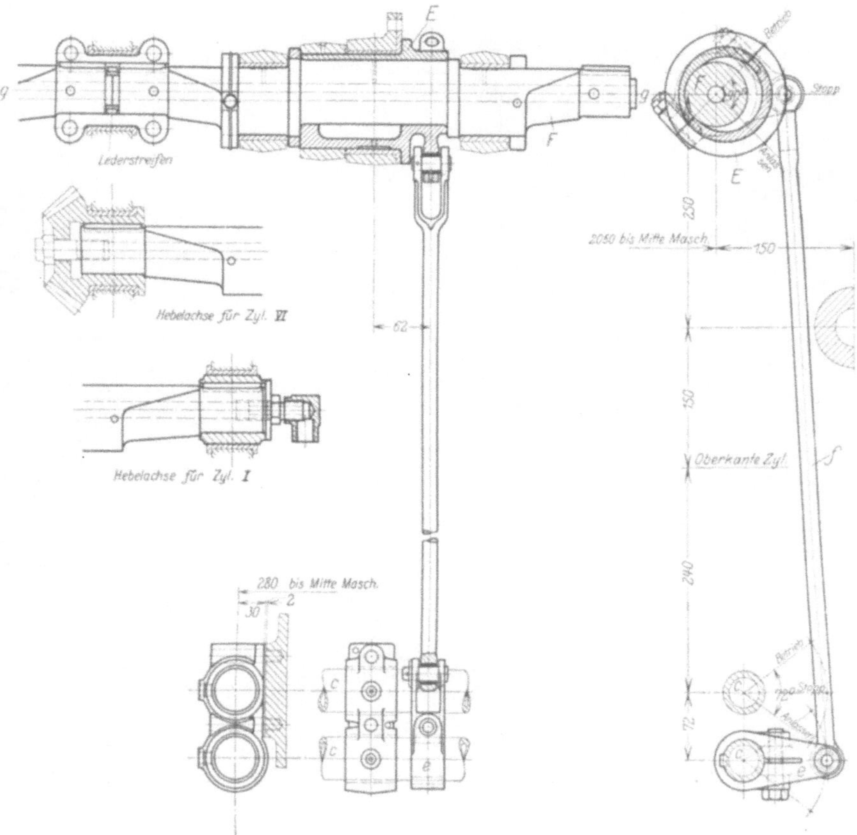

Abb. 405. MAN, Umsteuerung der Hebelachsen, $6 \cdot \frac{350}{350} \cdot 450$.

verschoben werden, was hier durch den Kurbelantrieb der Steuerwelle bedingt ist, und ferner dadurch, daß diese Verschiebung vom Abheben der Einlaß- und Auslaßhebel getrennt betätigt wird. Damit sie erst einsetzen kann, wenn das Abheben erfolgt ist, muß neuerlich eine Verblockung eintreten. Der Grund für diese Anordnung besteht darin, daß das Verdrehen der Hebelwellen bei einer so großen Maschine nicht mehr mit der Hand rasch genug durchgeführt werden kann, sondern hier pneumatisch geschieht. Bei großen Maschinen wird dann auch das Anlassen mit einer Steuermaschine besorgt, die pneumatisch oder mit Öldruck von etwa 15 at betrieben wird, der auch mit Druckluft hergestellt werden kann. Auch elektrischer Antrieb kommt vor, wobei auch das Verschieben der Nocken durch Verschieben der Rollen in verlängerten Zapfen der Hebel ersetzt wird (Abb. 215) oder die Umsteuerung nach Abb. 401 verwendet wird (Abb. 66). Jedenfalls wird zur Sicherheit stets auch Handbetrieb ermöglicht, bei Öldruck auch derart, daß das Öl mit einer Handpumpe gefördert wird. Ist eine Nadelhubregelung vorhanden, so wird beim Anfahren selbsttätig ein geringer Nadelhub eingestellt, der sich mit der Füllung vergrößert (Abb. 402).

Die Druckluftumsteuerung besteht aus einem Druckluftzylinder mit Kolben und Stange und einem mit dieser unmittelbar verbundenen Bremszylinder (z. B. Abb. 408). Die Druckluftzylinder sind meist in der Mitte der Längsausdehnung der Maschine stehend angeordnet. Hier überträgt die Kolbenstange ihre Bewegung auf die Hebelwelle mit Hilfe einer Zahnstange und eines Zahnrades, das Antriebstirnrad der Nockenwelle

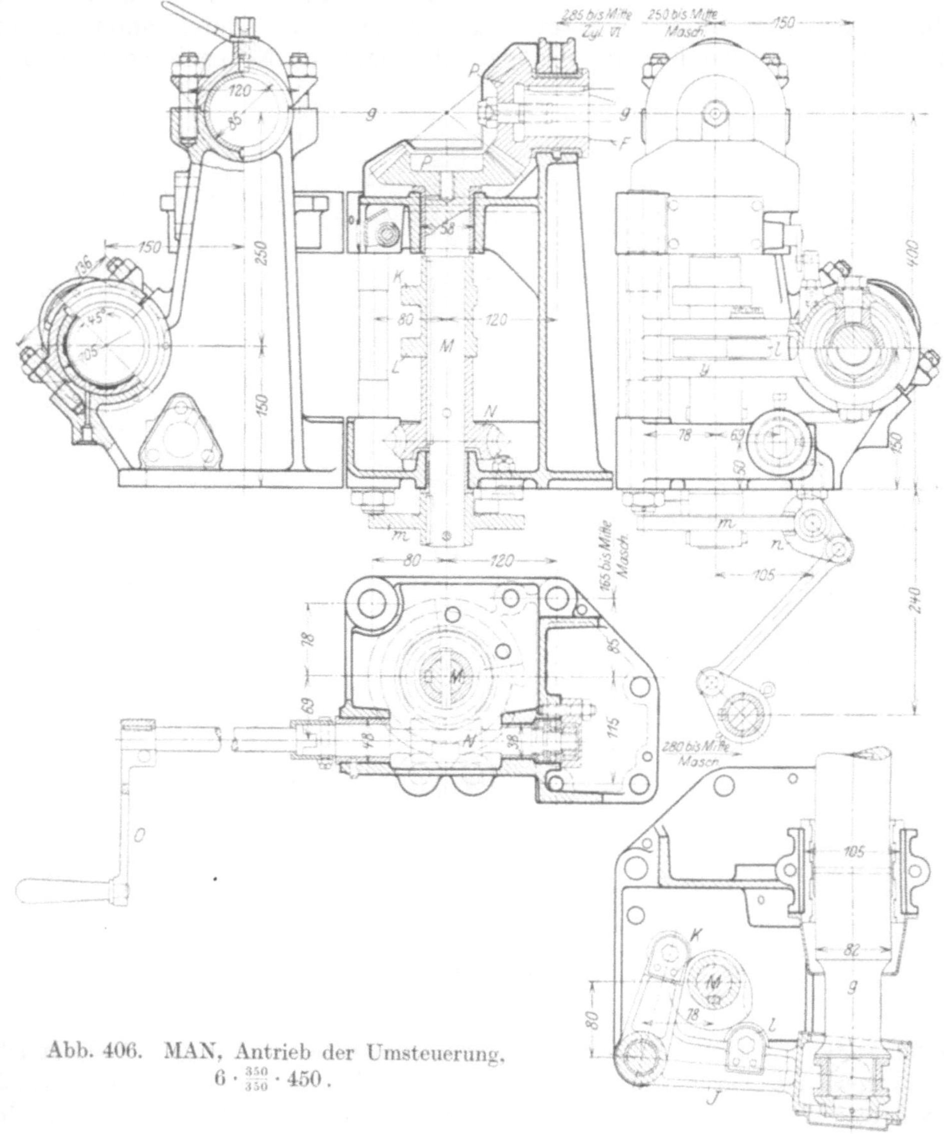

Abb. 406. MAN, Antrieb der Umsteuerung. $6 \cdot \frac{350}{350} \cdot 450$.

sitzt auf dieser fest und wird mit verschoben. Dieses Verschieben geschieht durch ein axial bewegliches Lager, in dessen Schalen die Nockenwelle beiderseits mit Bunden befestigt ist. Zwischen den beiden am Schiebelager außen befestigten Rollen bewegt sich eine Längskurvenschiene mit der oben erwähnten Zahnstange derart, daß oben und unten der zwischen die Rollen greifende Vorsprung zur Bewegungsrichtung der Zahnstange parallel läuft, dazwischen aber ein schräg aufsteigendes Kurvenstück liegt. Bei der Bewegung der Zahnstange wird dadurch zuerst nur eine Drehung der Umsteuerwelle um etwa 120° mit Abheben der Steuerhebel, dann die Verschiebung der Nockenwelle um die Nockenentfernung und endlich wieder eine Drehung um 120° der Umsteuer-

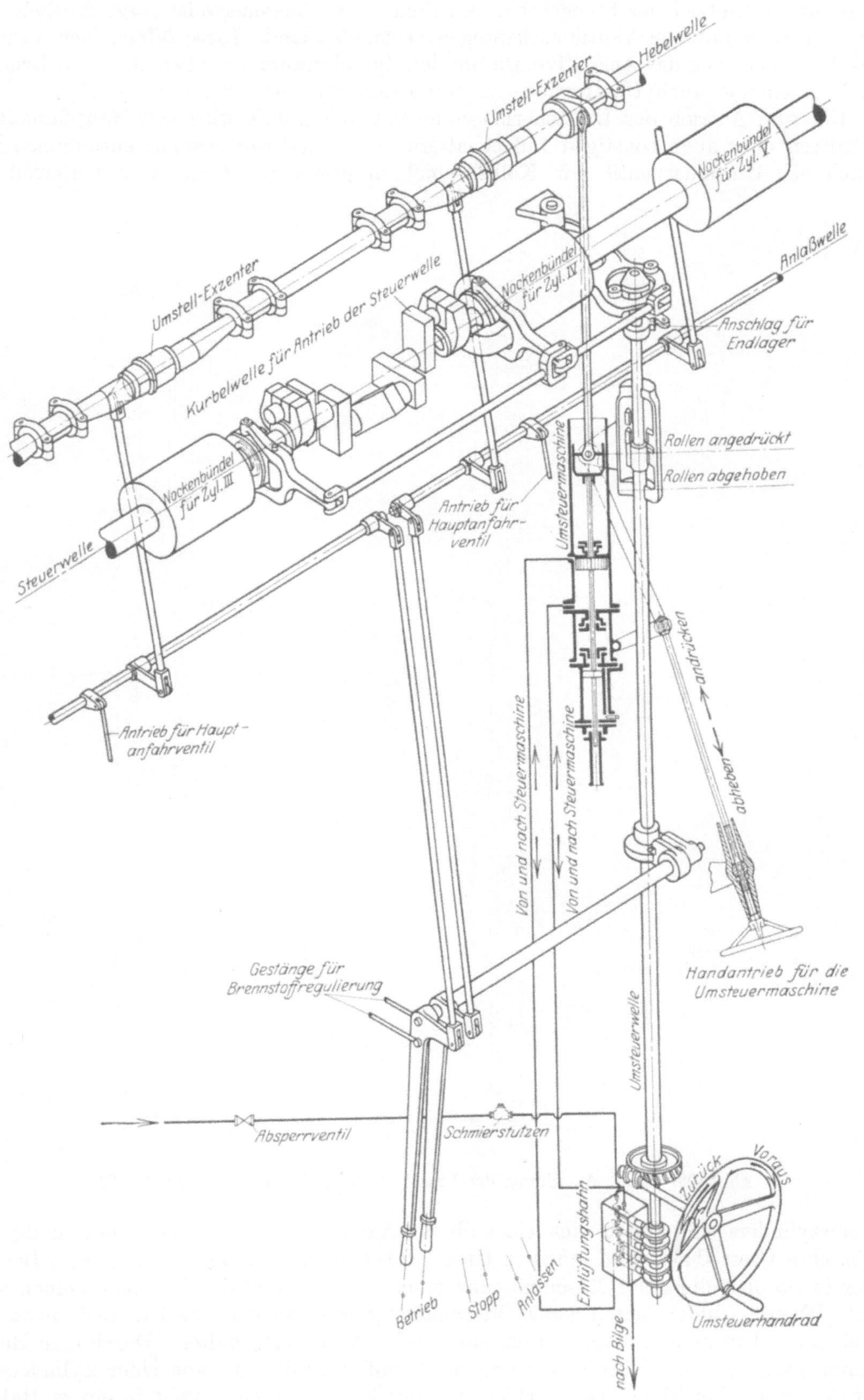

Abb. 407. DW, Anordnung der Umsteuerung.

welle mit Aufsetzen der Steuerhebel eintreten. Die Umsteuerwelle trägt Kurbeln, die durch Lenker mit den Ventildruckstangen verbunden sind. Diese öffnen hier während des Abhebens auch das Auspuffventil, um den Zylinderraum von etwa zu hohen Drücken zu befreien und auch Unterdrücke zu vermeiden (vgl. Abb. 63, 64).

Die zum Antrieb der Umsteuermaschine nötige Preßluft wird den Hauptanlaßluftbehältern oder auch sonstigen Luftbehältern (z. B. Ruderluftkesseln) entnommen und durch ein Umsteuerventil mit Kolbenschiebern gesteuert. Ober- und Unterteil des

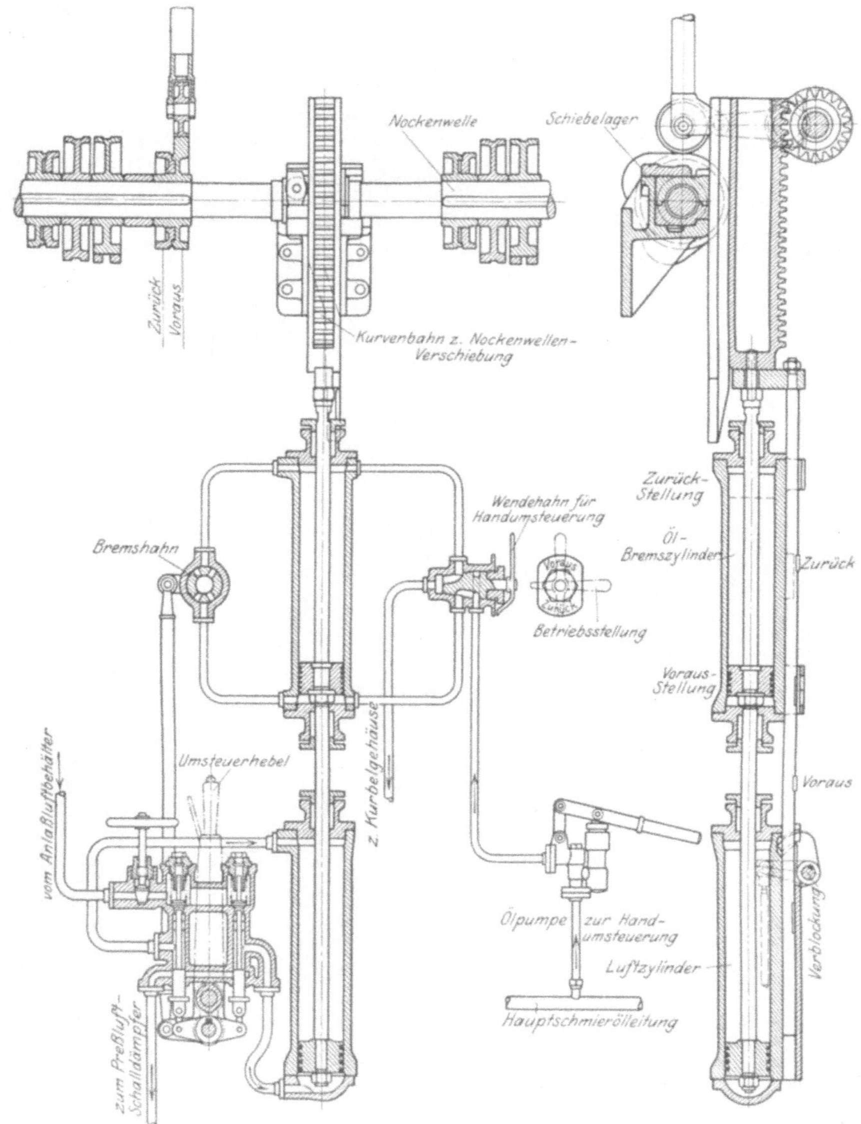

Abb. 408. AEG, Anordnung der Umsteuerung, $6 \cdot \frac{630}{960} \cdot 125$, zu Abb. 62, 63.

Bremszylinders sind durch eine einstellbare Umlaufleitung verbunden, der in ihr angebrachte Drosselhahn wird mit dem Umsteuerhebel derart bewegt, daß er beim Betrieb oder in Stoppstellung der Maschine ganz geschlossen ist und den Umsteuerkolben festhält. Damit Undichtheiten keine Verschiebung ermöglichen, werden auch noch die Kolben der Umsteuermaschine durch eine Verblockung festgehalten. Durch eine Handpumpe kann man als Hilfsvorrichtung die Umführung des Öls von einer Zylinderseite auf die andere bewirken. Die Verblockung der Kolbenstange besteht in einem Hakenhebel (Abb. 408), der von der Anlaßsteuerung nur freigegeben wird, wenn sie auf „Halt“

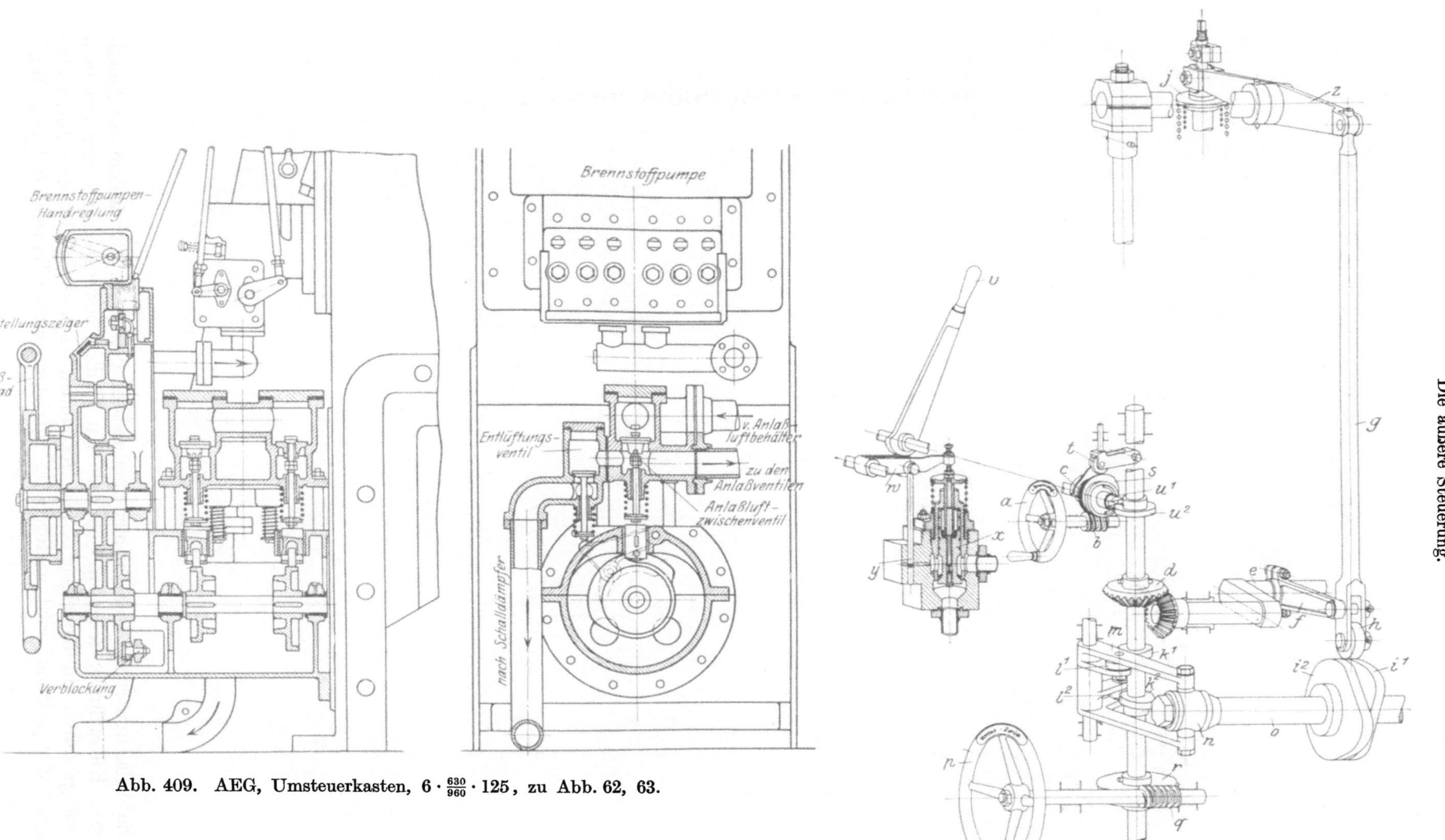

Abb. 409. AEG, Umsteuerkasten, $6 \cdot \frac{630}{960} \cdot 125$, zu Abb. 62, 63.

Abb. 410. MAN, Anordnung der Umsteuerung, $6 \cdot \frac{345}{500} \cdot 300$ (verdichterlos).

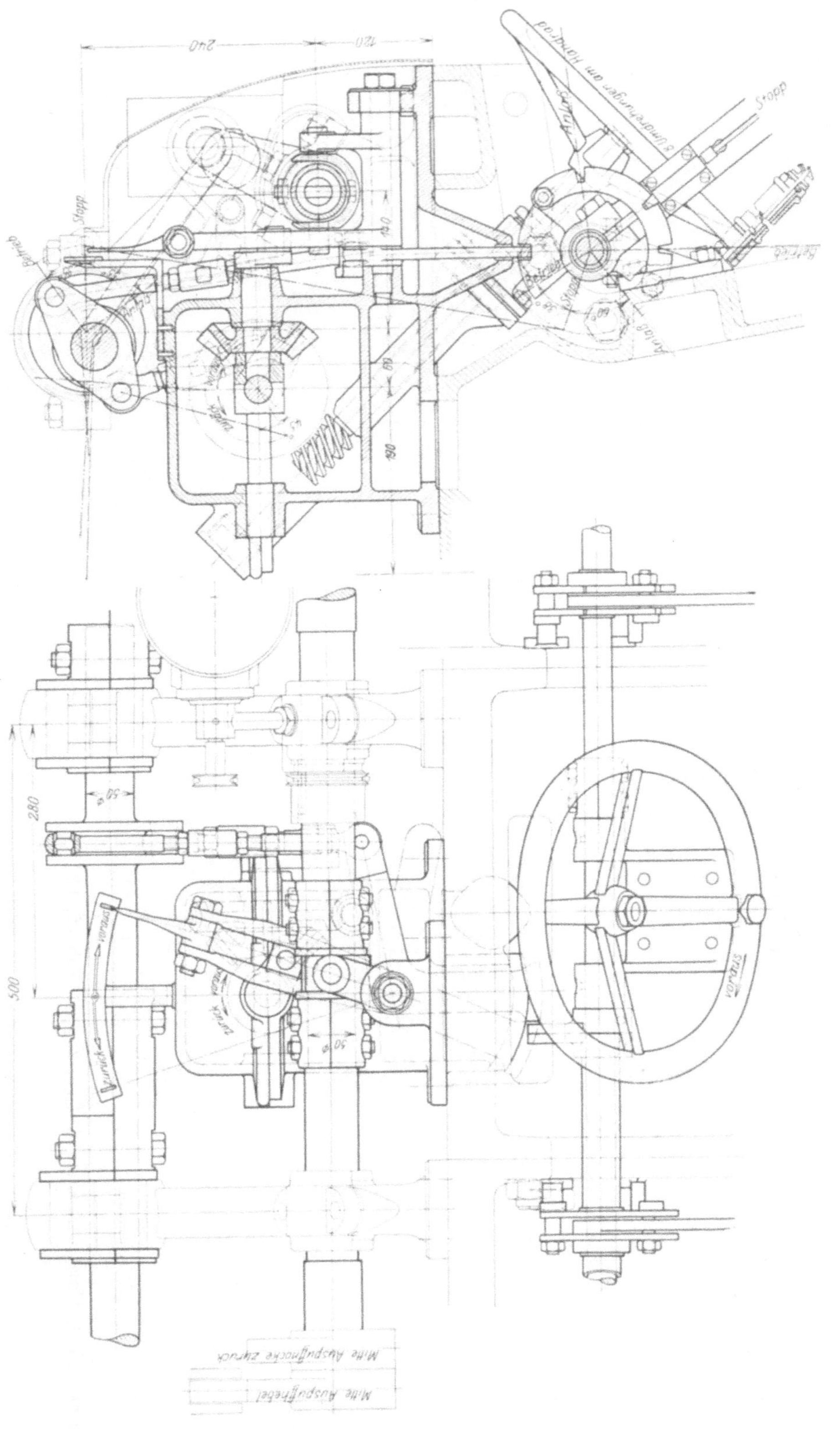

Abb. 411. WUMAG, Umsteuerung, $6 \cdot \frac{320}{450}$, zu Abb. 83.

steht. Die Anlaßsteuerung geschieht hier pneumatisch (vgl. Abb. 266), indem das Anlaßventil einen Hilfszylinder trägt, in dem sich ein Kolben bewegen kann, der mit dem Ventilgestänge durch ein Kugelgelenk fest verbunden ist und im Betriebe durch eine Feder nach unten gedrückt wird, wodurch die Antriebsrolle vom Daumen freigeht. Wird den Anlaßventilen Druckluft zugeführt, so gelangt sie durch Bohrungen auch unter den Hilfskolben, überwindet die Feder und rückt die Steuerung ein (vgl. Abb. 537). Die Luftzuführung wird durch ein Handrad an einem Steuerkasten (Abb. 409) gesteuert; durch die erste Fünfteldrehung werden die Arbeitszylinder *1*, *2*, *3* mit Druckluft versehen, durch die zweite Teildrehung auch die Zylinder *4*, *5*, *6* einer Sechszylindermaschine, und zwar so lange, bis die zur Zündung nötige Drehzahl erreicht ist, die dritte Teildrehung bewirkt die Zündung der ersten drei Zylinder, die vierte die der letzten drei Zylinder. Die letzte Fünfteldrehung bewirkt das Abstellen des Brennstoffes an allen Zylindern, gleichzeitig wird die Verblockung der Umsteuermaschine freigegeben. Oberhalb des Handrades befindet sich eine Zeigervorrichtung, so daß Fehler in der Handhabung vermieden werden. Die unmittelbare Druckluftanlassung hat den Vorteil, daß kein Gestänge und auch bei großen Maschinen keine maschinelle Betätigung erforderlich ist. Hingegen arbeiten hier während des Anlassens die Brennstoffnadeln mit. Es sind daher die Steuerungen der Brennstoffpumpen und der Einblaseluft sorgfältig zu regeln.

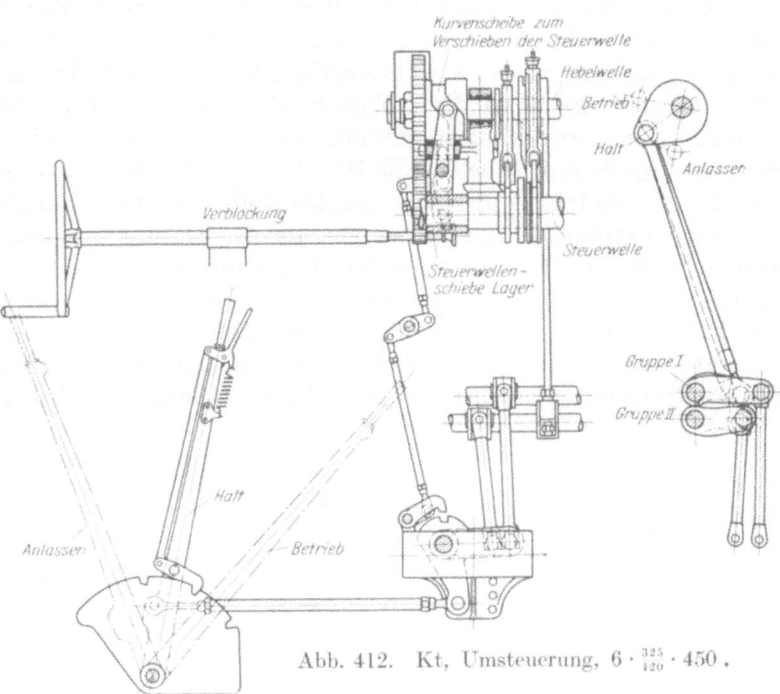

Abb. 412. Kt, Umsteuerung, $6 \cdot \frac{325}{420} \cdot 450$.

Durch Drehen des Anlaßhandrades werden vorerst die Anlaßzwischenventile für die zwei Zylindergruppen nacheinander geöffnet. Nach Abstellen der Anfahrluft sorgen dann zwei Entlüftungsventile für die Entspannung der Rohrleitungen zwischen Anlaßzwischenventilen und Anlaßventilen, wodurch die Anlaßrollen von ihren Daumen abgehoben werden. Gleichzeitig werden die Brennstoffpumpen eingerückt. Die Einstellung derselben für Belastungsänderung erfolgt durch zwei auf dem Anlaßgehäuse angebrachte Regelhebel mit der Hand. Die Unabhängigkeit dieser Regelung vom Anlaßmechanismus hat den Vorteil, daß man beim Manövrieren bei warmer Maschine auf geringe Brennstoffmenge einstellen und dadurch hohe Verbrennungsdrücke vermeiden kann. In Abb. 410 ist das Ab-

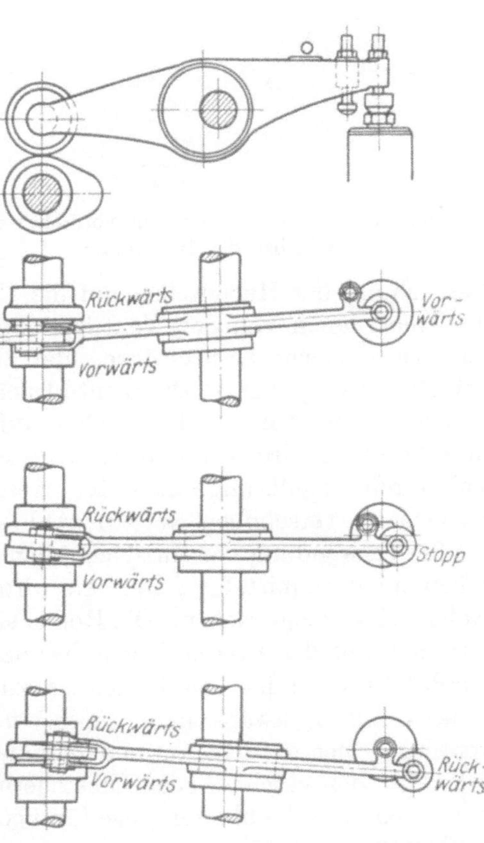

Abb. 413. Wsp, Umsteuerung durch Verdrehen der Hebelachse.

heben der Rollen wie in Abb. 408, das Verschieben der Steuerwelle wie in Abb. 404 durchgeführt. Die Regelung der Brennstoffzuführung geschieht gesondert durch ein Handrad bei entsprechender Verblockung, ein Handhebel steuert das Hauptanlaßventil.

Abb. 411 gibt ein Beispiel, bei dem die Nocken für den Antrieb der Steuerwellenverschiebung dadurch vermieden sind, daß bei Beginn der Umsteuerbewegung die Verschiebung nur sehr klein ist, während das Abheben der Rollen rasch erfolgt. So kann dieses schon ausreichen, wenn die Rollen in die Nähe der Rückwärtsdaumen kommen. Im übrigen ist die Art des Umsteuervorganges dieselbe, wie bereits beschrieben. Ein weiteres Beispiel zeigt Abb. 412, bei der die Hebelwelle selbst die Kurvenscheibe für das Verschieben der Steuerwelle trägt. Das Abheben der Rollen von den Einlaß- und Auslaßdaumen kann auch ohne exzentrische Lagerung der Steuerhebel und Drehung der Hebelwelle eingeleitet werden, allerdings bei größerem Kraftaufwand durch Überwinden der Innendrücke und Federkräfte (Abb. 70)[1]. Hier werden die Rollen an ihren verlängerten Zapfen unmittelbar von Hebeln gefaßt und abgehoben, wobei Ein- und Auslaßventile geöffnet werden.

Statt der Nocken- oder Rollenverschiebung können endlich auch nach Abb. 413 (Rückwärtsgang) die Antriebshebel durch schräg aufgekeilte Exzenter bei einfacher

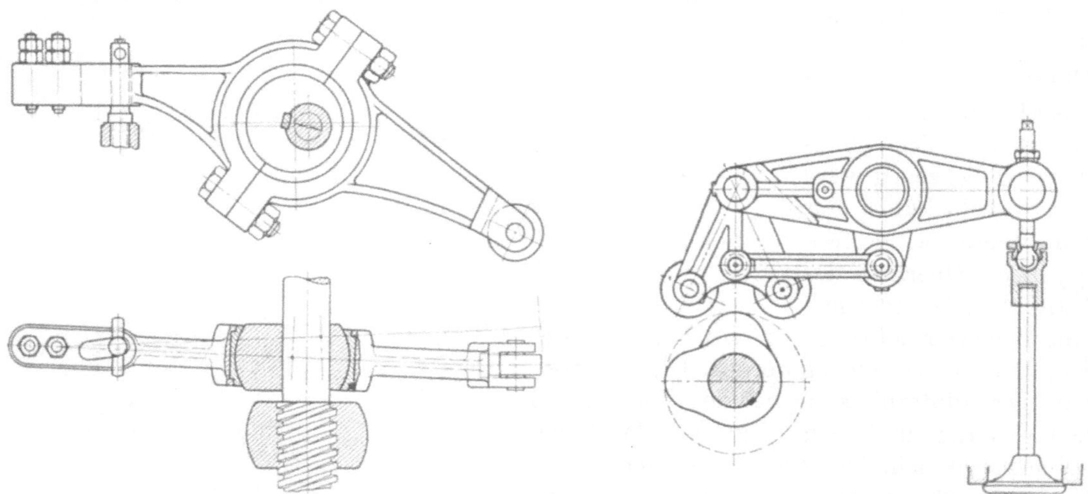

Abb. 414. Umsteuerung durch Verdrehen und Verschieben der Hebelachse.

Abb. 415. Fa, Umsteuerung.

Verdrehung der Hebelwellen auf die Umsteuernocken gebracht werden. Dabei werden die Hebel auch von den Ventilen abgehoben und betätigen die Ventilspindeln durch zwei verschiedene Druckstücke. Bei Vorwärtsgang ist die Lage der Hebel die normale, bei Rückwärtsgang ist der Ventildruck exzentrisch, die Hebel also auf Torsion beansprucht. Die Auflage der Rollen auf den Daumen ist etwas schräg. Durch Feder und Anschlag wird während der Umstellung die Hebellage festgehalten. Ähnliches ließe sich durch kugelförmige Exzenter erreichen, die mit den Hebelwellen gedreht und gleichzeitig axial verschoben werden (Abb. 414).

Bei Verwendung von Zwischenrollen (Abb. 401, 415) trägt der Ventilhebel die Antriebsrollen nicht unmittelbar, sondern wird durch einen breit gelagerten Lenker mit zwei Rollenachsen angetrieben. Die Rollen sitzen auf der einen Achse gegenüber dem Voraus-Daumen, auf der zweiten gegenüber dem Rückwärts-Daumen. Sie werden abwechselnd durch Verdrehen des Zwischenlenkers zur Wirksamkeit gebracht. In der Stellung zwischen Voraus und Rückwärts kann durch eine über einen Anschlag laufende Rolle das Auslaßventil geöffnet werden, um den Zylinder zu entspannen.

Außer den beschriebenen Umsteuerungen kommen ausnahmsweise auch noch solche mit axial verschiebbaren kegelförmigen Unrundscheiben und auch mit Einexzenter-Lenker-Steuerungen vor.

[1]) D. R. P. 335 964.

Wie schon mehrfach erwähnt, wird manchmal beim Umsteuern mit niedrig gespannter Druckluft, 12—20 at, eine Entspannungseinrichtung verwendet, die das Anlassen etwas beschleunigen kann. Sie hat sich jedoch nicht als notwendig erwiesen.

XII. Brennstoffpumpe und Regelung.

Ebenso wie das Brennstoffventil ist auch die Brennstoffpumpe eine dem Dieselmotor eigenartige Einzelheit. Sie bildet hier insbesondere auch einen Teil der Regelung, da sie unmittelbar zur Veränderung der Brennstoffmenge bei Belastungschwankungen dient, ohne daß gewöhnlich an der Steuerung selbst eine Änderung eintritt, wodurch diese einfach ausfällt.

Die Brennstoffpumpen sind kleine, einfach wirkende Plungerpumpen aus dichtem Gußeisen, Bronze oder Flußeisen mit Stahlkolben, die bei Drucklufteinspritzung entweder von der liegenden Steuerwelle oder einer besonderen Hilfswelle mit halber Drehzahl oder von der Hauptwelle oder der stehenden Verbindungswelle mit voller Drehzahl der Maschine angetrieben werden. Im ersten Falle wird der Brennstoff während einer Arbeitsperiode nur einmal, im letzten Falle zweimal gefördert, wodurch sich natürlich auch die Verteilung im Brennstoffventil etwas ändert, da es hierfür maßgebend ist, wieviel Zeit nach der Zuführung des Brennöls bis zur Öffnung des Brennstoffventils verläuft. Es scheint jedoch der Einfluß unbedeutend zu sein. Von mancher Seite wird Wert darauf gelegt, die Brennstofförderung in die Expansions- und Auspuffzeit zu verlegen, damit bei Undichtheit oder Hängenbleiben der Brennstoffnadel der in den Zylinder gelangende Brennstoff noch vor der Verdichtung wieder durch den Auspuff entfernt und so die Gefahr von Vorzündungen vermindert wird (Daimler).

Die Brennstoffpumpe ist mit einem Saugventil und einem oder, sicherer Abdichtung wegen, auch mit zwei hintereinanderliegenden Druckventilen aus Phosphorbronze, bei Teeröl auch aus Stahl oder Nickelstahl, versehen; das Saugventil kann auch manchmal durch vom Plunger selbst gesteuerte Schlitze ersetzt werden, besonders bei Verwendung offener Düsen, wo die Dichtheit des geringen Förderdrucks wegen keine so große Rolle spielt wie bei geschlossenen Düsen, wo gegen den Einblasedruck gearbeitet werden muß. Durch entsprechende Anordnung der Kanäle muß für gute Reinigungsmöglichkeit gesorgt werden. Ganz besonders wichtig ist die sorgsame Entlüftung der Pumpen, da bei den kleinen Abmessungen schon kleine Luftmengen im Pumpenraum die Förderung störend beeinflussen oder ganz verhindern. Wie bei jeder Pumpe, muß das Druckventil am höchsten Punkt des Pumpenraumes und so angebracht sein, daß etwa eingetretene Luftblasen in den Druckraum befördert werden. Außerdem ist, meist zwischen den zwei Druckventilen, eine Entlüftungschraube oder ein Ventil angebracht, die gleichzeitig als Probierorgane dienen und das richtige Arbeiten der Pumpe feststellen lassen. Wenn das Saugventil oben angebracht und, wie gewöhnlich, während eines Teiles des Druckhubes zwangläufig geöffnet ist, dient es ebenfalls als ständig wirksame Entlüftung, die sicherer ist, als die in den hochgespannten Druckraum durch das Druckventil. Ursachen des Luftzutritts zu den Pumpen sind Undichtheiten in der Saug- oder Zuflußleitung, wenn dort Unterdruck eintreten sollte, oder Undichtheiten der Ventile, die nach längerem Stillstand Einblaseluft in die Pumpe gelangen lassen.

Die Abdichtung der Tauchkolben wird mit Planitstopfbüchsen oder besser durch sehr genaues Einschleifen in Bronze- oder Gußeisenbüchsen, die ihrerseits in die Pumpengehäuse eingesetzt werden, bewirkt. Die Kolben selbst werden aus Einsatzmaterial hergestellt, gehärtet und geschliffen, bei eingeschliffenen Dichtungsbüchsen erleiden sie keine merkliche Abnutzung, müssen aber, wie alle eingeschliffenen Spindeln, seitlich beweglich in ihren Antriebskreuzköpfen befestigt sein, da sie naturgemäß keine seitlichen Kräfte aufnehmen können (Abb. 416).

Die Regelung der Brennstoffmenge[1]) kann durch Änderung des Plungerhubes geschehen, die Abmessungen der Pumpen werden dann aber klein und die Einwirkung von Luftblasen im Brennöl und von Undichtheiten auf die Regelmäßigkeit des Ganges besonders

[1]) Über Füllungsregelung vgl. Riehm: Z. d. V. d. I. 1921, S. 523.

bei geschlossenen Düsen merklich. Auch wird hier bei jedem Hub ein zeitweiliger Druck auf den Regler ausgeübt, der ohne selbsthemmende Zwischenglieder störend werden kann. Daher hat sich die ursprüngliche Anordnung in den meisten Ausführungen erhalten, bei der eine verhältnismäßig große Pumpe gewählt wird, deren Verdrängung $1^1/_2$- bis 3 mal so groß ist, als es der größten erforderlichen Brennstoffmenge entspricht; dabei wird die Regelung durch Offenhalten des Saugventils oder einer anderen Verbindung zwischen Pumpen- und Saugraum auch während eines Teiles des Druckhubes und zeitliche Änderung des Schließens derselben bewirkt, so daß zuerst eine gewisse Menge des angesaugten Brennstoffs in die Saugleitung zurückfließt und nur das verbleibende Ende des Druckhubes die Förderung des Brennstoffs bewirkt. Die Ölförderung hört dann stets im gleichen Zeitpunkt auf, während nur der Beginn derselben veränderlich ist. Mit Rücksicht auf die Güte der Regelung sollte ihre Einwirkung, d. i. hier der Abschluß des Saugventils, so

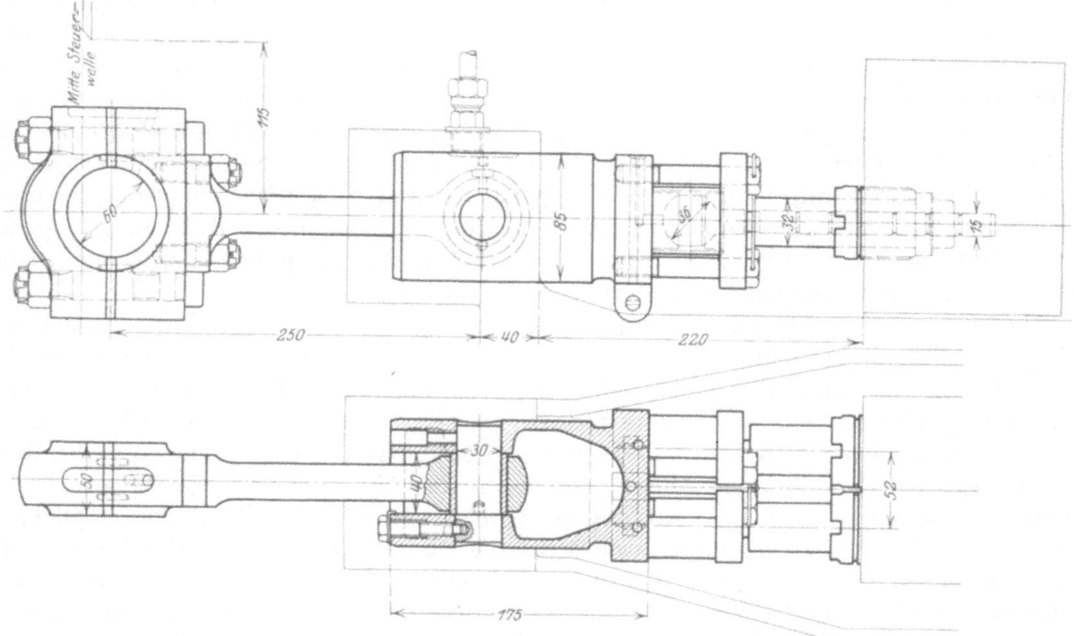

Abb. 416. Kr, Antrieb der Brennstoffpumpe.

spät als möglich erfolgen, weil von da bis zur Energieentwicklung kein Einfluß mehr möglich ist, auch wenn sich die Belastung inzwischen noch ändern sollte. Es wäre also vorzuziehen, das Ende der Förderung zu regeln, jedoch hat sich dies nicht als erforderlich erwiesen, auch nicht bei langsam laufenden Maschinen und wenn die Förderung überhaupt sehr frühzeitig geschieht. Wichtiger ist es hingegen, das Aufdrücken des Saugventils nur während des Saughubes erfolgen zu lassen, damit es nicht gegen den großen Pumpendruck geschehen muß und dann einen beträchtlichen Regelrückdruck erfordert. Wird dies eingehalten, so kommt auf die Regelstange nur der Überdruck der Belastungsfeder über den Saugdruck der Pumpe beim Öffnen und der Rückströmdruck während der Druckperiode. Gleiche Wirkung, wie bei Offenhalten des Saugventils, ließe sich vereinigt mit der Beeinflussung des Förderendes durch Anheben des Druckventils über die Druckperiode hinaus erreichen, wobei dann am Beginn der Saugperiode Brennstoff in die Pumpe zurückströmt. Der Regeleinfluß hört dann aber noch früher auf, nämlich mit dem Schließen des Druckventils beim vorhergehenden Hub. Die Regelung durch ein besonderes Umlaufventil gegen Ende des Druckhubes erfordert mehr Teile und Öffnen des Umlaufs gegen den Pumpendruck (Abb. 329, 417), wobei das betreffende Ventil allerdings entlastet werden kann (Abb. 329, 418)[1]), z. B. indem es nach außen öffnet und mit einer Feder geschlossen wird. Hier

[1]) Andere Regelungen vgl. Modersohn: Die Regelung der Ölmaschinen. Verlag Oldenbourg.

kann das Förderende zeitlich verschoben werden, freilich derart, daß gerade bei kleiner Belastung mehr Zeit für die Verteilung des Brennstoffs im Zerstäuber verbleibt, also in unerwünschter Weise. Endlich kann das Überströmen auch während des ganzen Druckhubes durch ein vom Regler eingestelltes, schwach kegelförmiges Drosselventil erfolgen (Abb. 419).

Um Schwankungen im Zulaufdruck der Pumpe, Störungen in einer längeren Saugleitung und in vielen Fällen auch, um Dichtungen für die Regel-

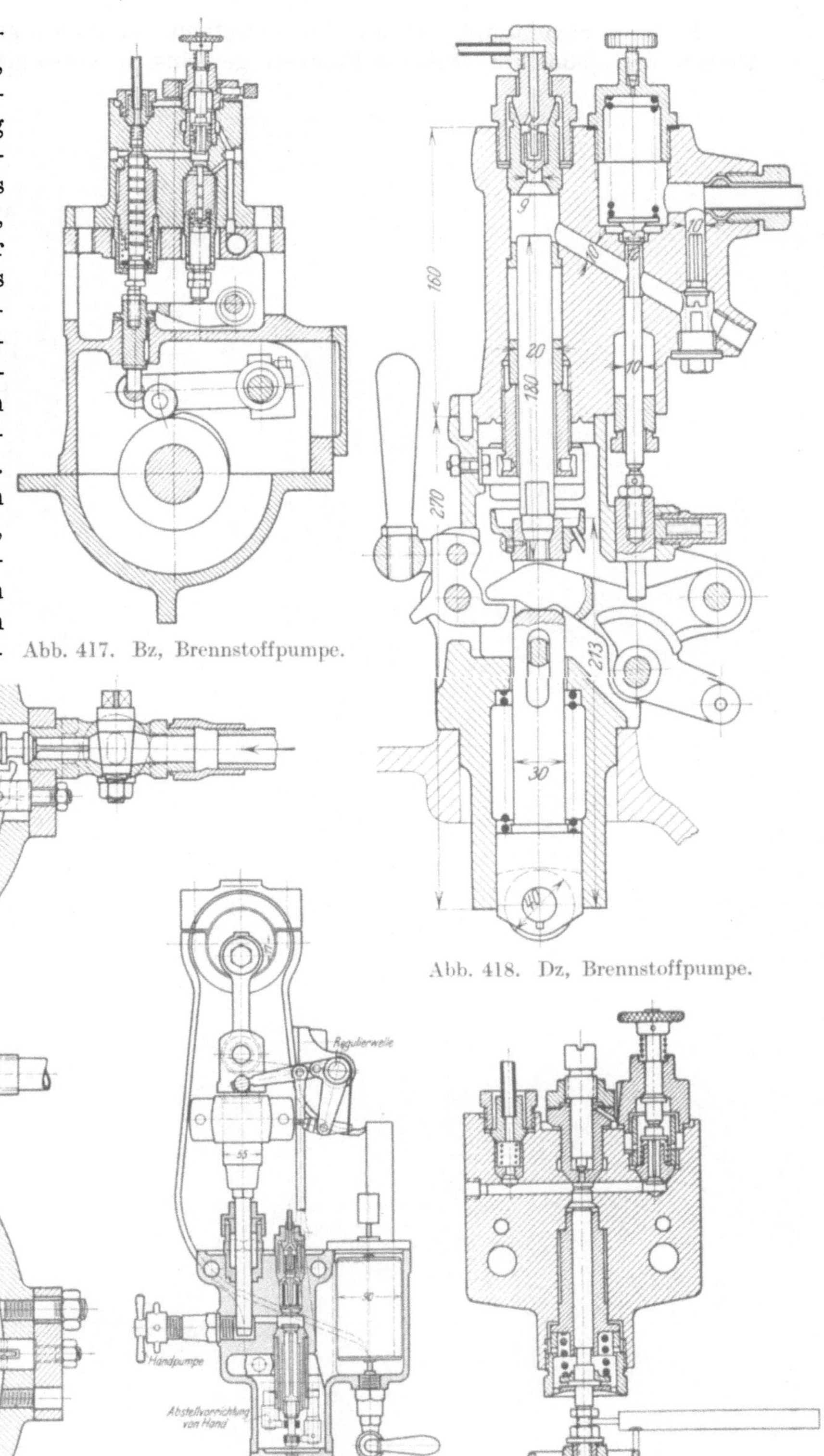

Abb. 417. Bz, Brennstoffpumpe.

Abb. 418. Dz, Brennstoffpumpe.

Abb. 421. LHL, Schwimmer zur Brennstoffpumpe.

Abb. 420. LHL, Bennstoffpumpe.

Abb. 419. Bz, Regelung der Brennstoffzufuhr.

stangen zum Saugventil zu vermeiden, wird gewöhnlich ein besonderes Vorratsölgefäß mit Schwimmer in der Nähe der Pumpe angebracht (Abb. 420), wenn nötig, wird diesem das Brennöl zugepumpt. Dieser Brennstoffbehälter kann gegebenenfalls auch wegbleiben und jedenfalls mehrere Pumpen gemeinsam versorgen. Der Zulaufdruck soll

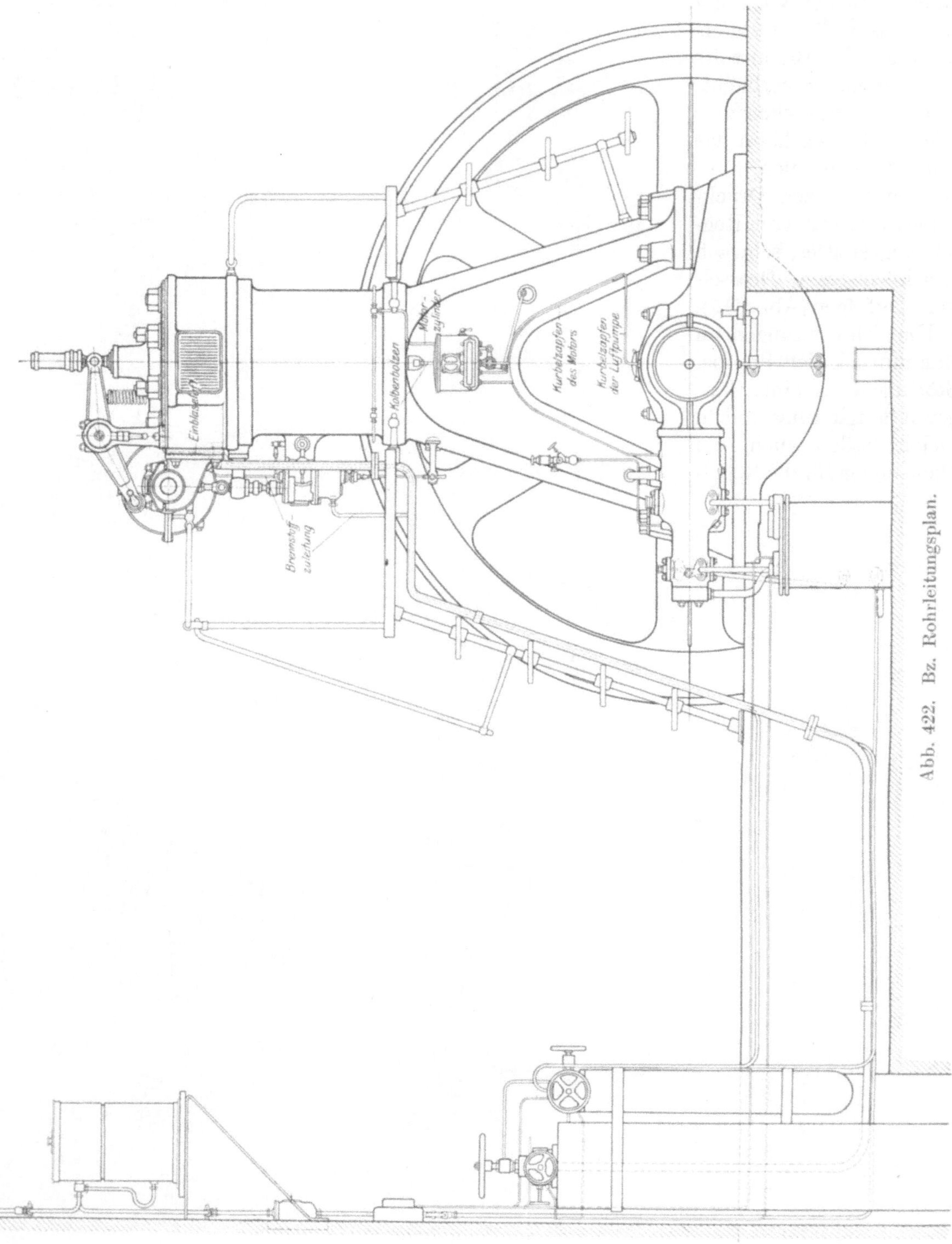

Abb. 422. Bz. Rohrleitungsplan.

auch nicht zu groß werden, da sonst die Saugventilbelastung zur Abdichtung bei Ablassen des Einblasedrucks zu sehr wächst; keinesfalls dürfte der Ölstand die Höhe des Zulaufs zum Einspritzventil erreichen. Der Schwimmer wird manchmal an der

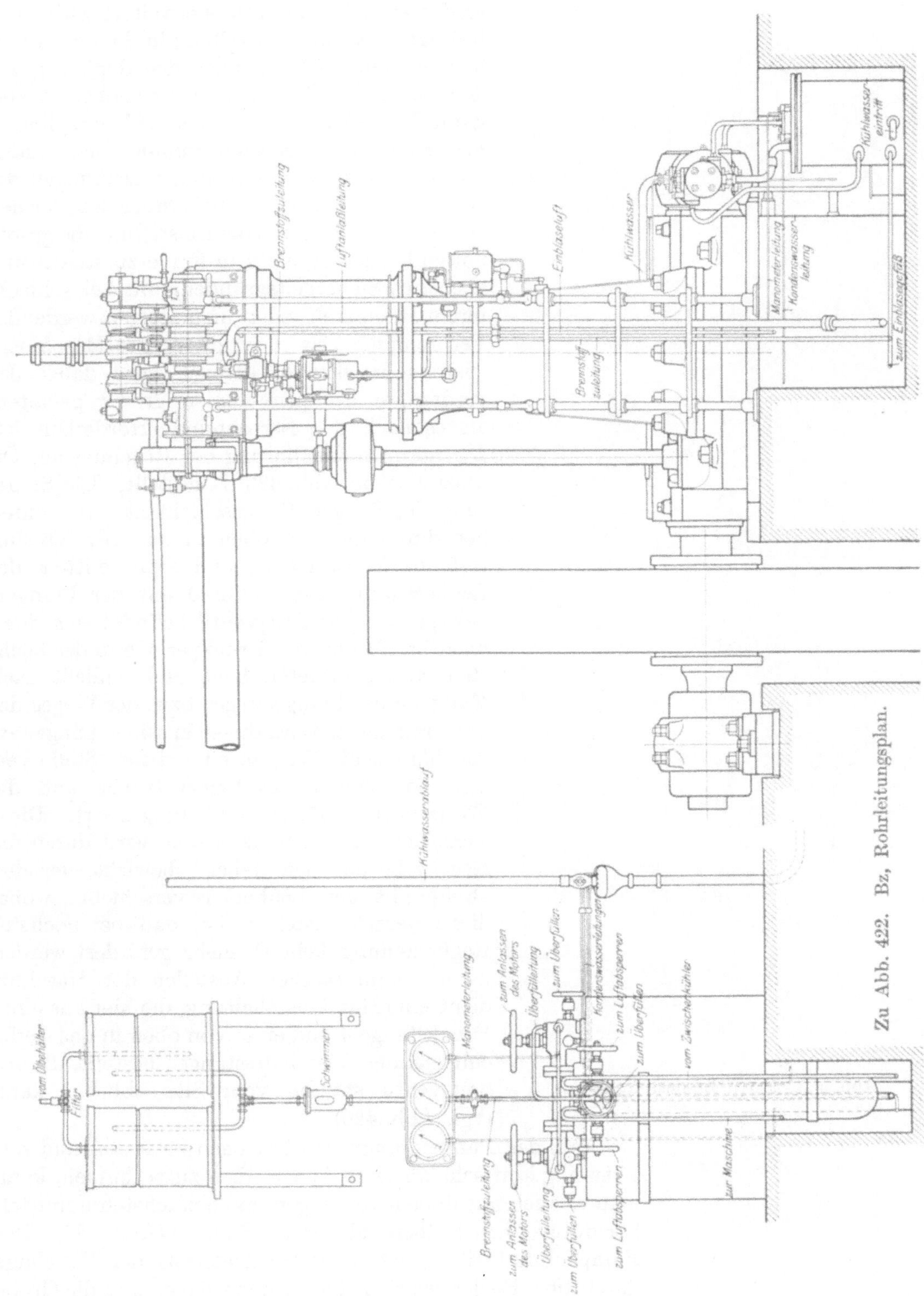

Zu Abb. 422. Bz, Rohrleitungsplan.

Steuerkonsole oder im Hohlraum derselben angebracht (Abb. 421), aber auch von der Maschine ganz getrennt (Abb. 422). Das Schwimmergehäuse erhält gewöhnlich Schaugläser, die die richtige Ölzuführung erkennen lassen.

Für jede Brennstoffpumpe ist erforderlich, daß die Förderung bei höchster Reglerstellung wirklich ganz aufhört, weshalb zur Sicherheit der Hub des Reglers in der be-

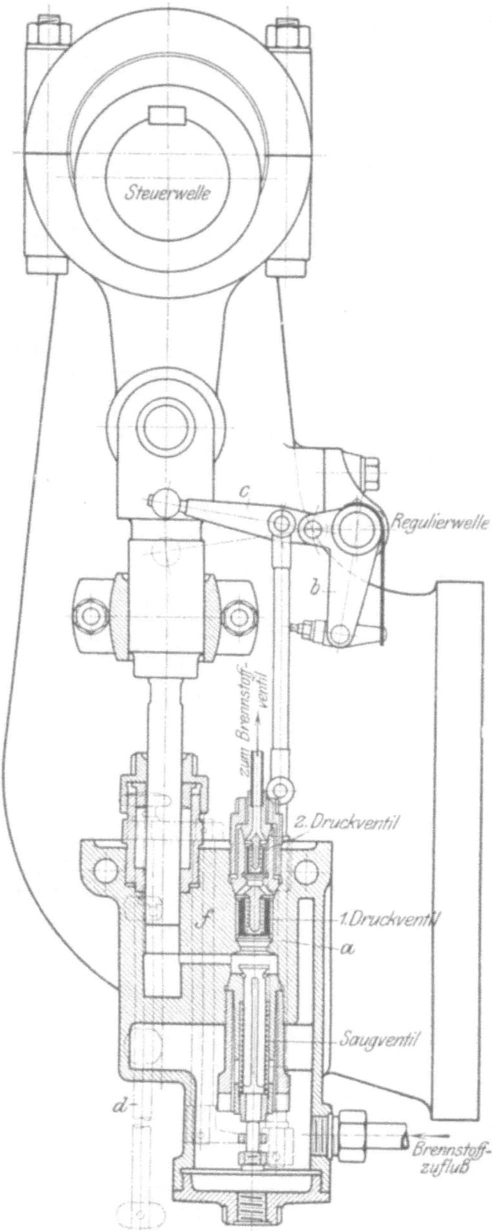

Abb. 423. MAN, Brennstoffpumpe.

treffenden Richtung etwas erweitert wird. Unbedingt muß eine Einstellung in dem Sinn vorhanden sein, daß die Lage des Reglers gegen den steuernden Gestängeteil verschoben werden kann. Besonders ist dies auch bei Mehrzylindermaschinen mit mehreren Pumpen notwendig, um nach den Diagrammen die Leistungen der einzelnen Zylinder gegeneinander ausgleichen zu können. Um durch die Einstellung die größte nötige Förderung nicht in Frage zu stellen und auch aus Sicherheitsgründen, um bei schlechterem Brennstoff oder ungünstiger werdender Verbrennung usw. noch die größte Maschinenleistung erzielen zu können, wird daher das verdrängte Pumpenvolumen größer gehalten, als es nach der Berechnung erforderlich ist. Die normale Ausführung der Regelung mit Ölumlauf ist in Abb. 423 dargestellt. Die Steuerung des Saugventils geschieht hier von unten her durch die von oben in das Ölgefäß eintretende Zugstange *a*, und zwar mittels des Lenkers *c* in gleicher Phase mit der Plungerbewegung. Das Saugventil befindet sich demnach bei Beginn der Druckperiode in der höchsten, also geöffneten Lage und schließt nach Maßgabe des Plungerweges bzw. des Weges der Steuerstange *a*. Wird dieser in seiner Länge fast gleichbleibende Weg an eine tiefere Stelle verlegt, so schließt das Ventil früher und die Fördermenge wächst und umgekehrt. Diese Verschiebung der Steuerstange wird durch die Regelwelle und den Hebel *b* bewirkt, der den Drehpunkt des Lenkers *c* verschiebt, wobei dieser derart einstellbar ist, daß bei höchster Reglerstellung kein Öl mehr gefördert werden kann. Zum raschen Abstellen der Maschine dient eine Handausschaltung, die hier aus einer Druckstange *d* und einer von oben in das Gefäß eintretenden Ausschaltestange *f* besteht, die das Saugventil ständig vom Sitz abheben kann (vgl. Abb. 420).

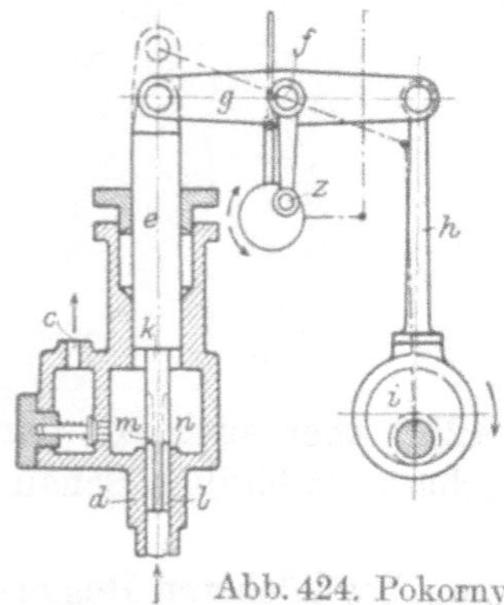

Abb. 424. Pokorny & Wittekind, Brennstoffregelung.

Statt das Pumpensaugventil freigehen zu lassen und nur zeitweilig kraftschlüssig mit dem Kolben zu verbinden, kann man es auch mit diesem vereinigen, am einfachsten unmittelbar durch einen Kolbenschieber am Plunger (Abb. 424). Der Pumpenhub bleibt gleich, aber bei Änderung der Mittellage durch den Regler würden die Öffnungsdauer und die Größe des Durchgangsquerschnitts des Saugschiebers ebenfalls verändert. Natürlich kann dies auch durch veränderlichen Plungerhub bewirkt werden. Die nicht unbedingte Dichtheit des Kolbenschiebers und der auf den Regler wirkende wechselnde Pumpendruck sind Nachteile der einfachen Anordnung. Der letztgenannte Mangel kann durch schräggestellte Schieberkanäle und Verdrehen des Kolbens oder einer Schieberbüchse vermieden werden.

Man kann diese Anordnung bei Voraussetzung einer Sinusbewegung für den Mitnehmer in einem einfachen Diagramm übersehen (Abb. 425a) und sieht daraus, daß bei Leerlauf die eigentliche Regelung schon zwei Pumpenhübe vor Ende der Förderung erfolgt. Die Verschiebung der Regelstange ist im Verhältnis zu ihrem Hub klein; gegen den Leerlauf zu wird die Regelung empfindlich, da ein geringer Hub des Ventilmitnehmers eine gleichwertige Änderung des wirksamen Pumpenhubes bedingt. Auch wird die Geschwindigkeit des Ventilschlusses sehr gering und dieser daher schleichend, das Saugventil bleibt gerade in diesem empfindlichen Fall leicht undicht und während der verhältnismäßig langen Drosselungszeit wird ein Rückdruck auf den Regler ausgeübt. Läßt man hingegen das Saugventil nicht phasengleich mit dem Pumpenkolben steuern, sondern durch ein Exzenter, das jenem nacheilt (Abb. 425b), so werden diese Mängel gemildert. Abb. 426 zeigt das Schema des Antriebs und den Zusammenbau am Steuerkonsol. Die

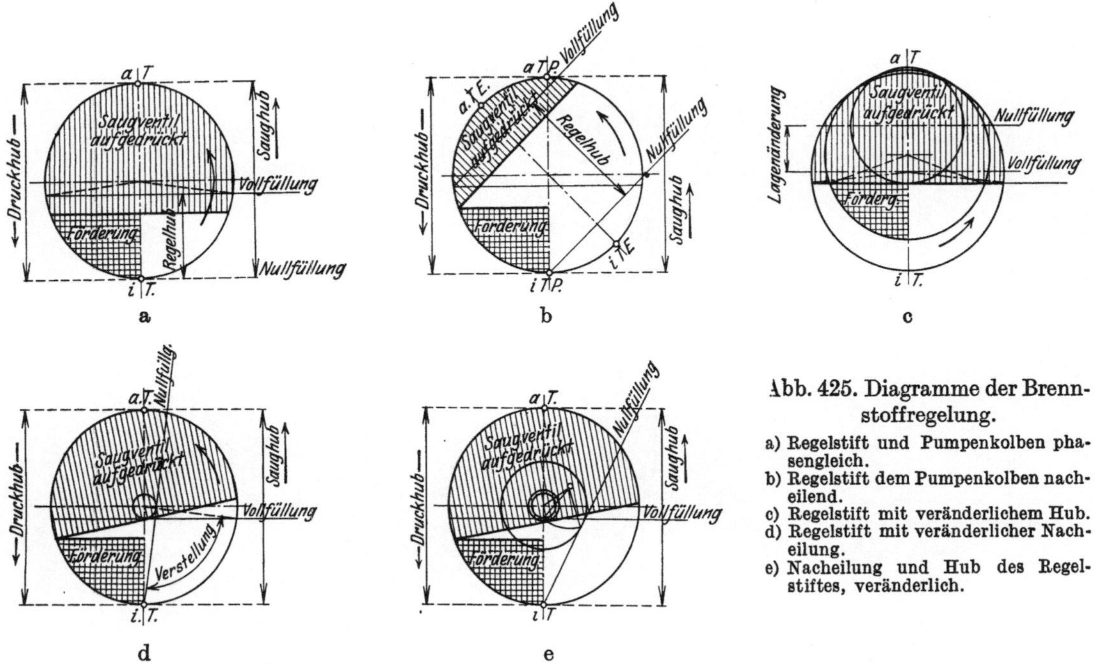

Abb. 425. Diagramme der Brennstoffregelung.
a) Regelstift und Pumpenkolben phasengleich.
b) Regelstift dem Pumpenkolben nacheilend.
c) Regelstift mit veränderlichem Hub.
d) Regelstift mit veränderlicher Nacheilung.
e) Nacheilung und Hub des Regelstiftes, veränderlich.

Einstellung geschieht in der höchsten Reglerstellung und am Ende des Druckhubes, wobei noch zwischen Steueranschlag und Saugventil ein Spiel von 1 mm gelassen wird, so daß das Ventil sicher schließt. Dabei ist die kleinste Belastung im Leerlauf mit ein Zehntel der normalen, die größte mit fünf Viertel derselben angenommen, wobei der Preßhub zwischen $2^1/_2$ und 35 vH des Plungerhubes verändert wird.

Um die Lage des gleichbleibenden Mitnehmerhubes zu verändern, wird vom Plunger- oder Exzenterantrieb (Abb. 423, 424, 426) ein Hebel zur Übertragung auf das Saugventil verwendet, dessen Drehpunkt von der Regelwelle gehoben oder gesenkt wird, oder es wird unmittelbar die Stangenlänge zum Antrieb des Mitnehmers geändert, indem man etwa ein eingeschaltetes Exzenter verdreht (Abb. 427) oder einen Knickhebel einschaltet (vgl. auch Abb. 428), endlich durch Verschiebung eines im Ventilantriebshebel verschiebbaren Anschlags für die Ventilspindel (Abb. 418).

Die Ermittlung des Reglergestänges erfolgt in einfacher Weise zeichnerisch. Der erzwungene Hub des Saugventils soll nicht zu klein sein, weil sonst der Abschluß langsam und die Regelung ungenauer wird, sie hängt dann nämlich von den Widerständen in den engen Ventilquerschnitten mehr ab und auch der Rückdruck auf den Regler wird durch die eintretende Drosselung verlängert. Auch wird es dementsprechend schwerer, die

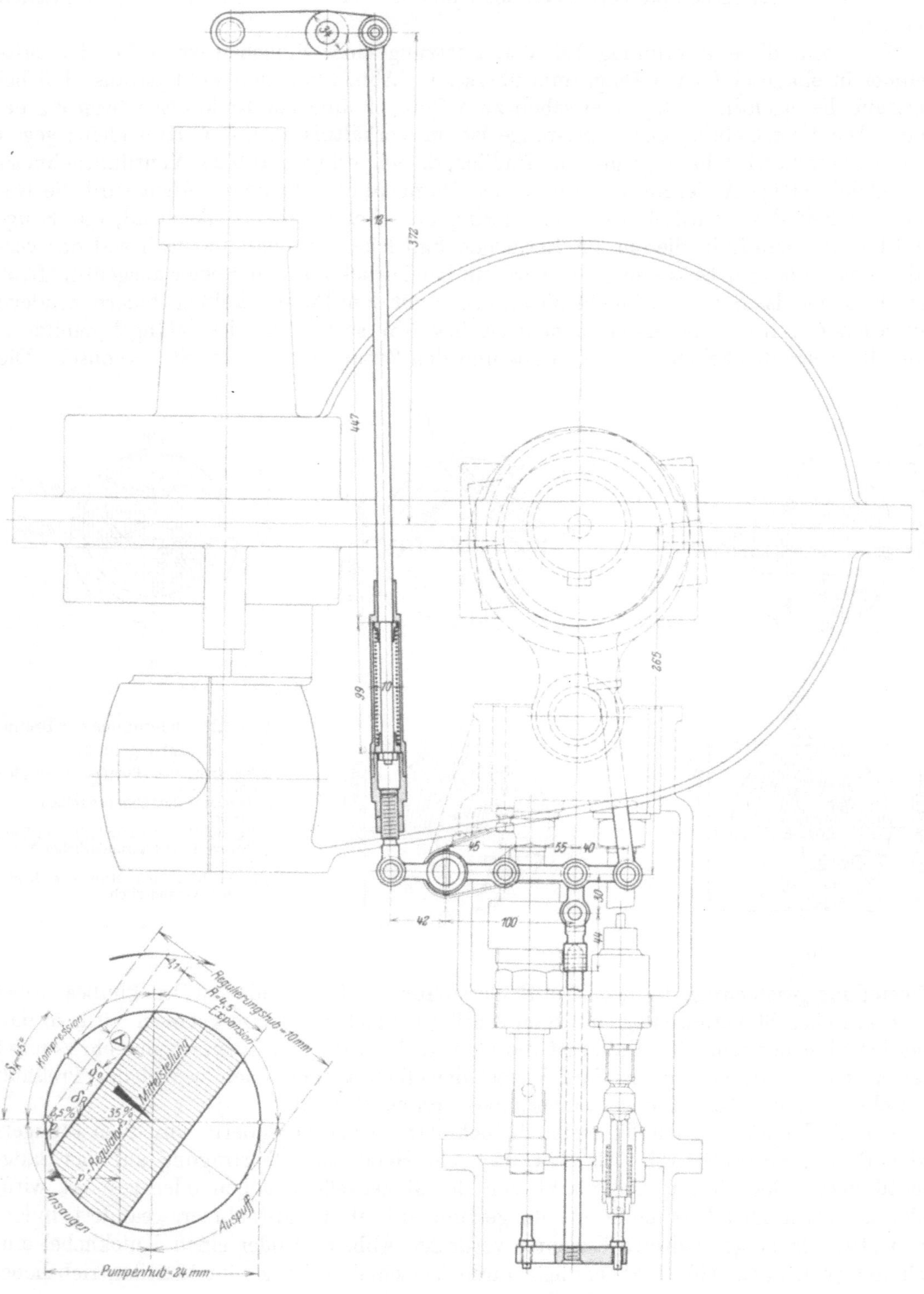

Schema zu Abb. 426. Abb. 426. Dz, Brennstoffregelung.

Einstellung von Pumpen von mehrzylindrigen Maschinen für überall gleiche Leistung zu bewirken. Der Ventilanhub soll demnach bei Leerlauf etwa mindestens 8 mm betragen.

Statt des Exzenterantriebs für die Saugventilsteuerung kann auch eine eigene Welle mit Daumen verwendet werden (Abb. 429), statt der Regelung des Saugventils ebenso die eines eigenen Überlaufventils (Abb. 418).

Neben der Lage des Mitnehmerhubes kann man auch die Hublänge selbst durch einen Kulissenhebel ändern (Abb. 430). Das Diagramm entspricht dann etwa Abb. 425c, der Ventilhub kann nahe gleich gehalten werden.

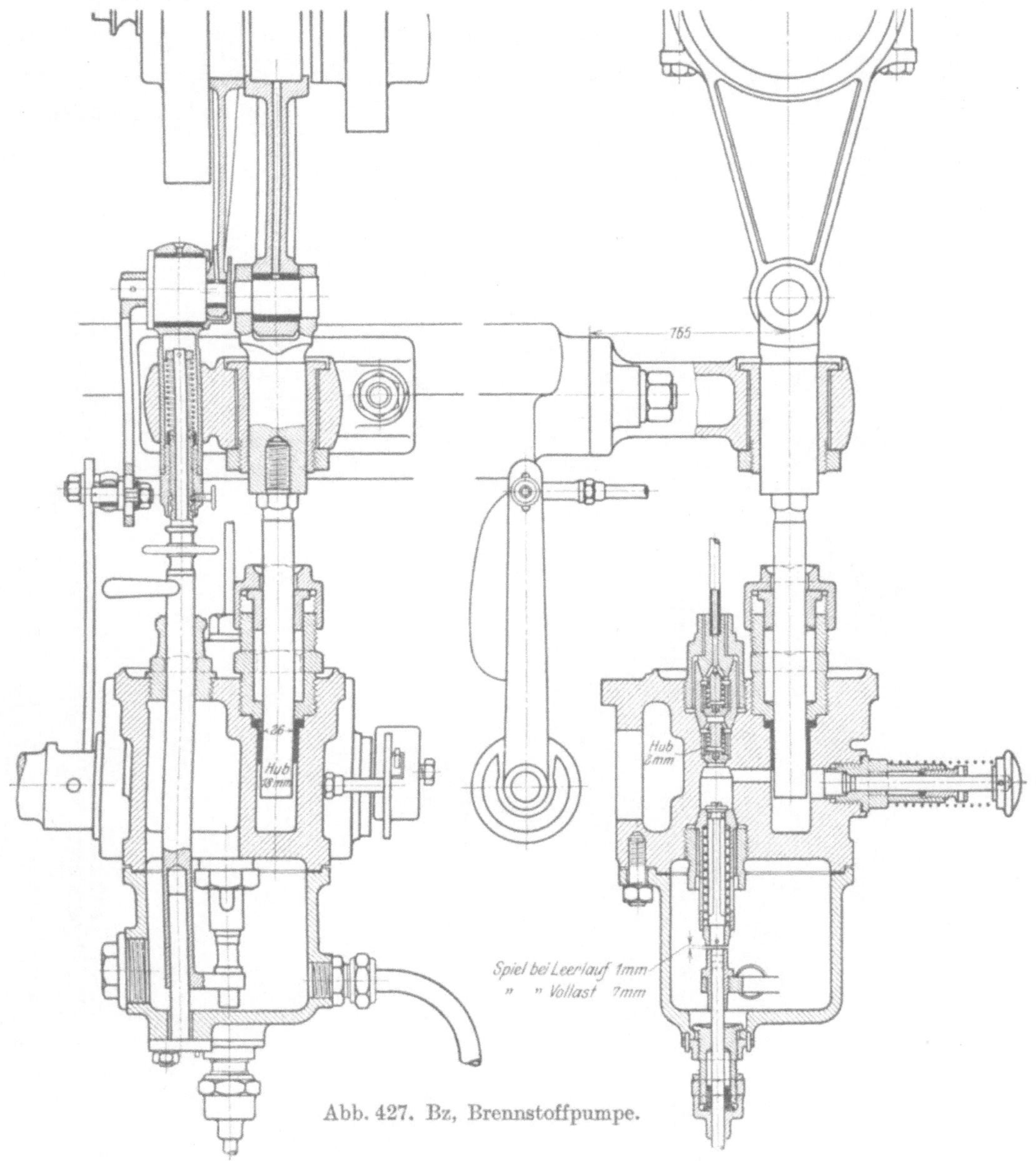

Abb. 427. Bz, Brennstoffpumpe.

Statt die Lage des Mitnehmerhubes kann man auch, am einfachsten durch einen Achsenregler, den Nacheilwinkel verändern (Abb. 425d, 430, 431) oder auch durch Wahl einer entsprechenden Scheitelkurve für das Antriebsexzenter (z. B. Abb. 425e), wodurch man in günstiger Weise die Exzentrizität für Leerlauf vergrößert. Bei großer Pumpenhubausnützung werden aber jedenfalls die Verdrehwinkel des Verstellexzenters dadurch leichter erreichbar, als bei unveränderter Exzentrizität. Beim Antrieb mit zwei Doppelhüben, also etwa von der stehenden Steuerwelle aus, werden die Abmessungen der Pumpen entsprechend kleiner, die Verteilung im Brennstoffventil aber günstig und insbesondere auch die Regelung genauer.

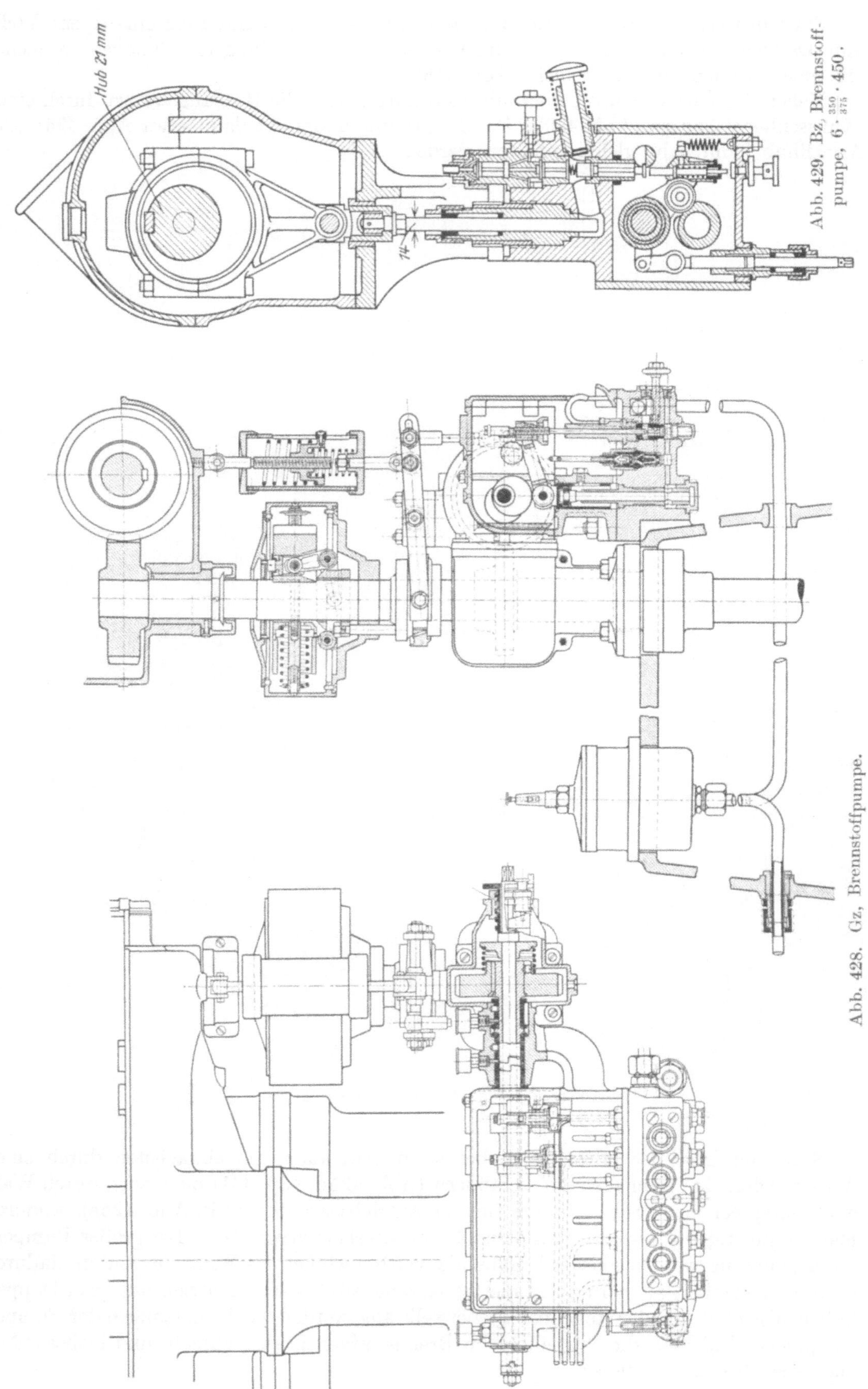

Abb. 429. Bz, Brennstoffpumpe, $6 \cdot \frac{350}{375} \cdot 450$.

Abb. 428. Gz, Brennstoffpumpe.

Der Kolben kann je nach der Anordnung der Pumpe an der Maschine vertikal von oben (Abb. 423, 427, 429) oder von unten her (Abb. 418, 432) in den Pumpenraum eintreten oder horizontal liegen (Abb. 48, 70, 431). Ebenso können die Saugventile nach oben (Abb. 420, 423, 427) oder unten (Abb. 432, 433) öffnen. Letzteres ist mit Rücksicht auf die schon besprochene Entlüftung und auch wegen Zugänglichkeit und einfachen Antriebs der Öffnungstange

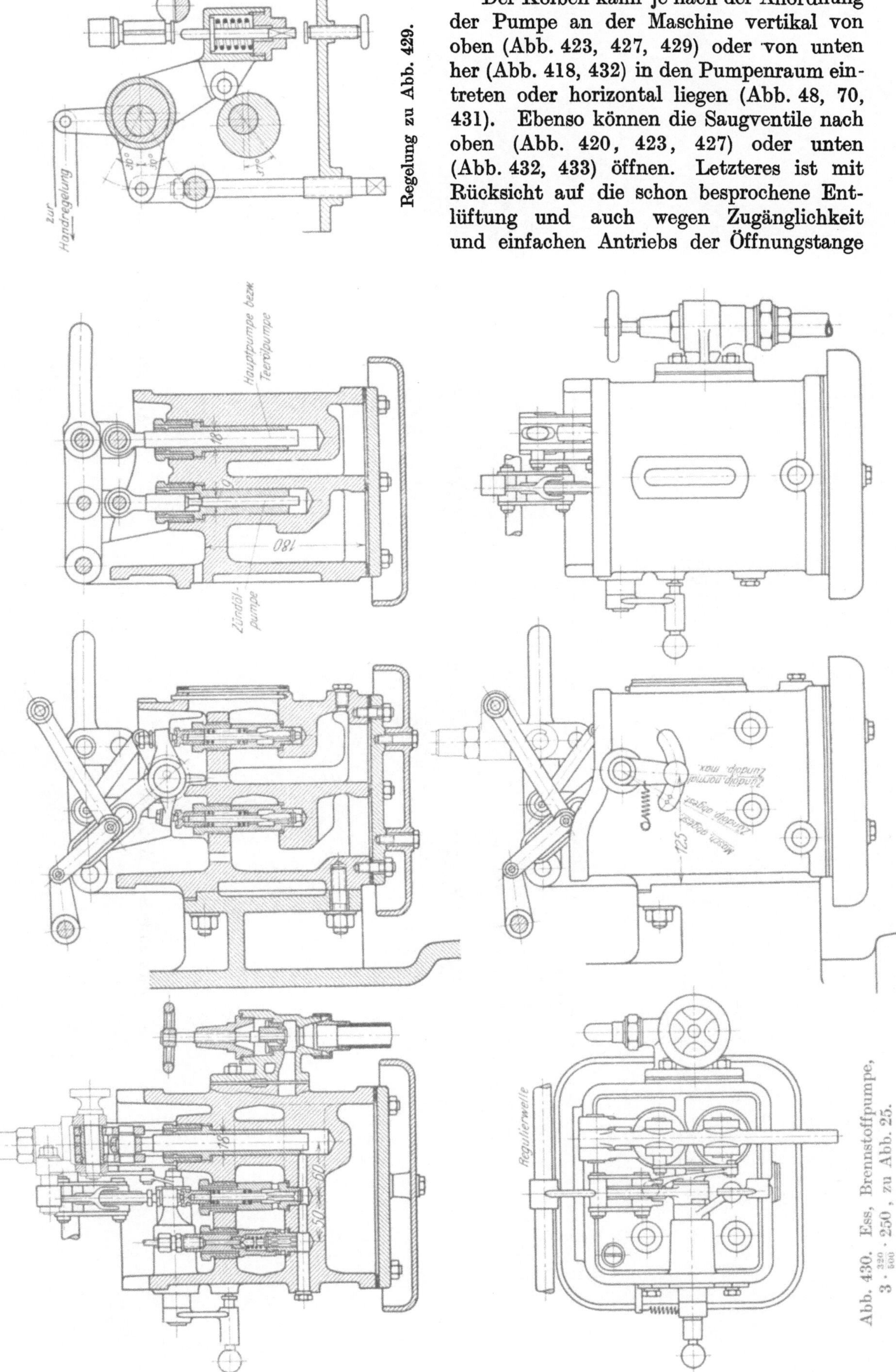

Regelung zu Abb. 429.

Abb. 430. Ess, Brennstoffpumpe, $3 \cdot \frac{320}{500} \cdot 250$, zu Abb. 25.

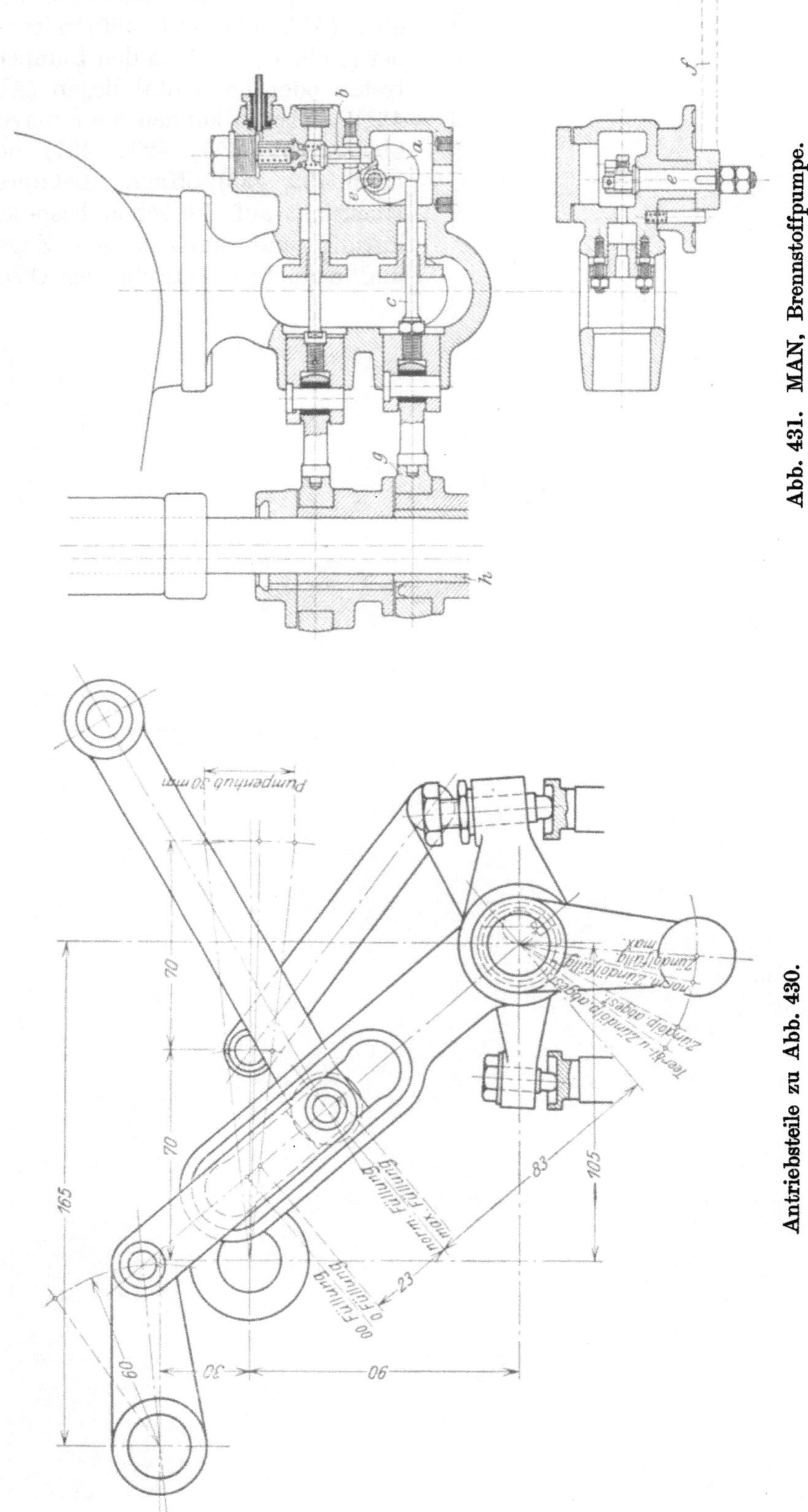

Abb. 431. MAN, Brennstoffpumpe.

Antriebsteile zu Abb. 430.

günstig. Die Druckventile müssen wegen der Entlüftung nach oben öffnen, im höchsten Punkt des Druckraumes und so angeordnet sein, daß die Luft wirklich entweicht.

Bei offenen Düsen, in neuerer Zeit aber auch bei geschlossenen Düsen, wird auch die Hubregelung des Kolbens verwendet; die hier meist benützten Achsenregler mit Verstellexzenter haben eine so große Energie, daß der Kolbenrückdruck eben nur die Eigen

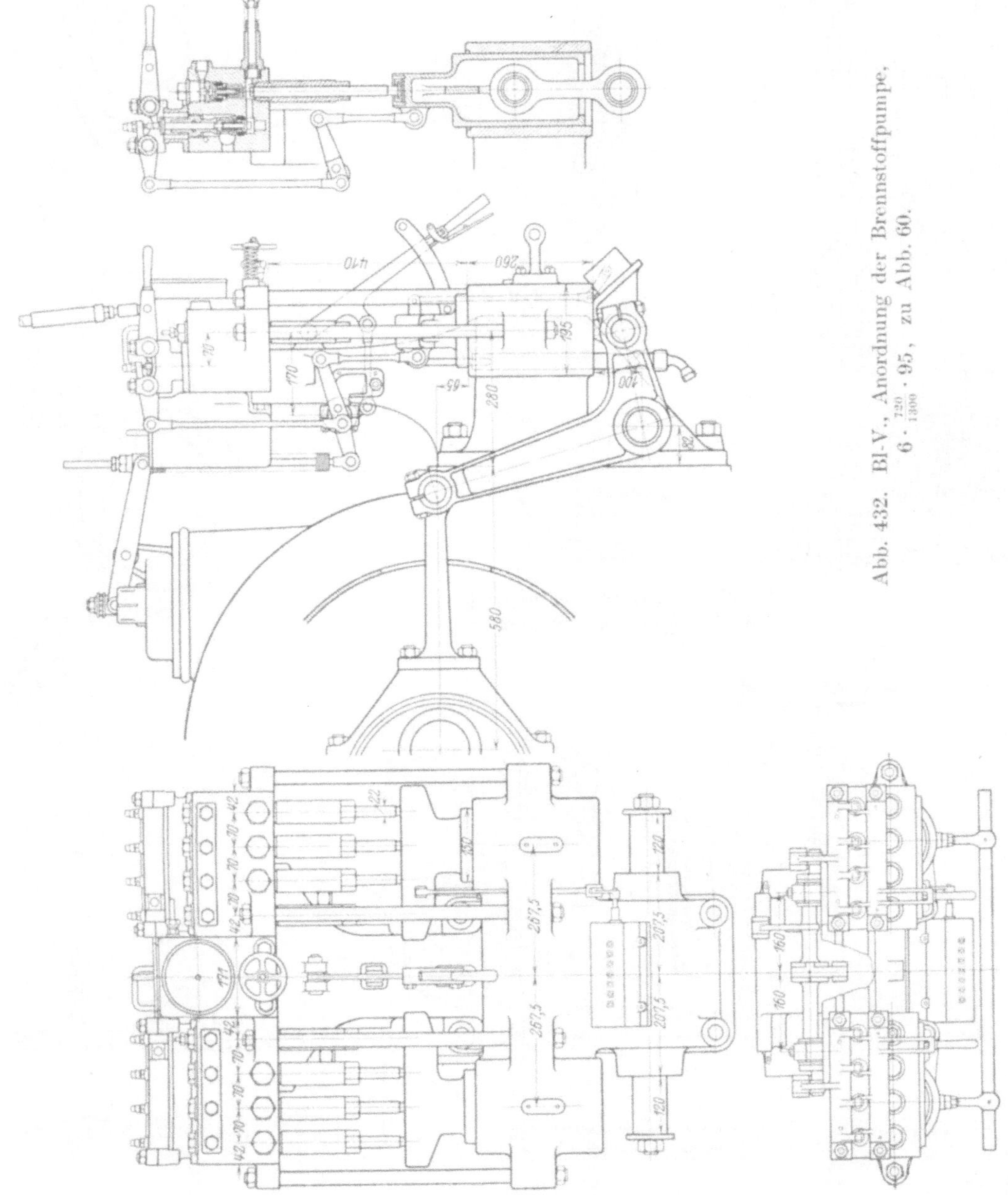

Abb. 432. Bl-V., Anordnung der Brennstoffpumpe, $6 \cdot \frac{720}{1300} \cdot 95$, zu Abb. 60.

reibung des Reglers überwindet (Abb. 434, 435). Bei Handregelung für Schiffsmaschinen werden die Exzenter auch durch schräge Kulissen verschoben (Abb. 436).

Der Plungerhub kann auch durch axiale Verschiebung eines schrägen Antriebsdaumens verändert werden oder durch einen zwischen Kolben und Antrieb eingeschobenen Keil (Abb. 437, s. a. Abb. 465), der eine nur teilweise Ausnützung des möglichen Hubes gestattet, indem er eine Antriebsrolle vom Daumen mehr oder weniger abhebt. Wegen der Selbsthemmung ist hier der Reglerrückdruck gering, die Regelungswiderstände aber

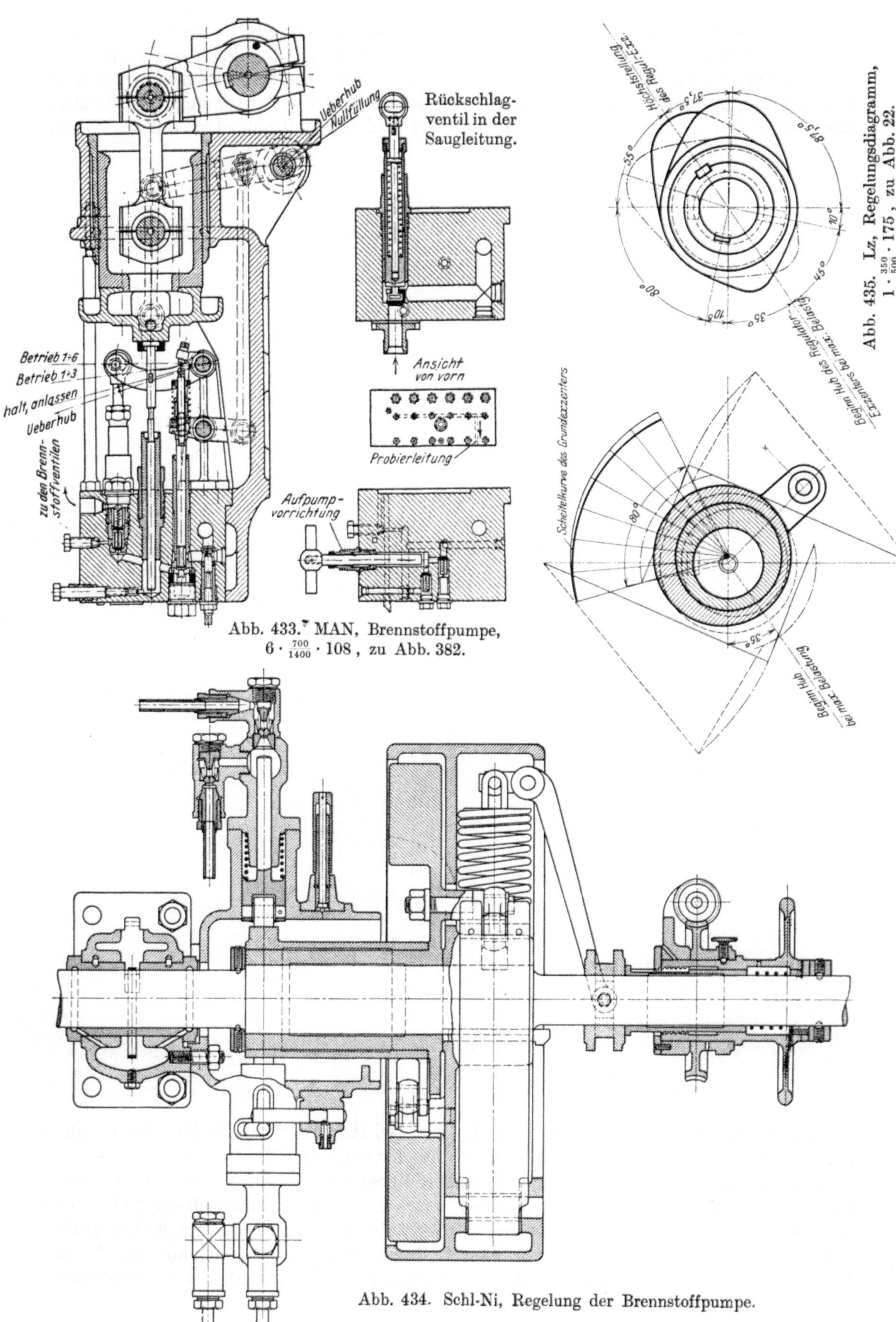

Abb. 433. MAN, Brennstoffpumpe, $6 \cdot \frac{700}{1400} \cdot 108$, zu Abb. 382.

Abb. 435. Lz, Regelungsdiagramm, $1 \cdot \frac{350}{500} \cdot 175$, zu Abb. 22.

Abb. 434. Schl-Ni, Regelung der Brennstoffpumpe.

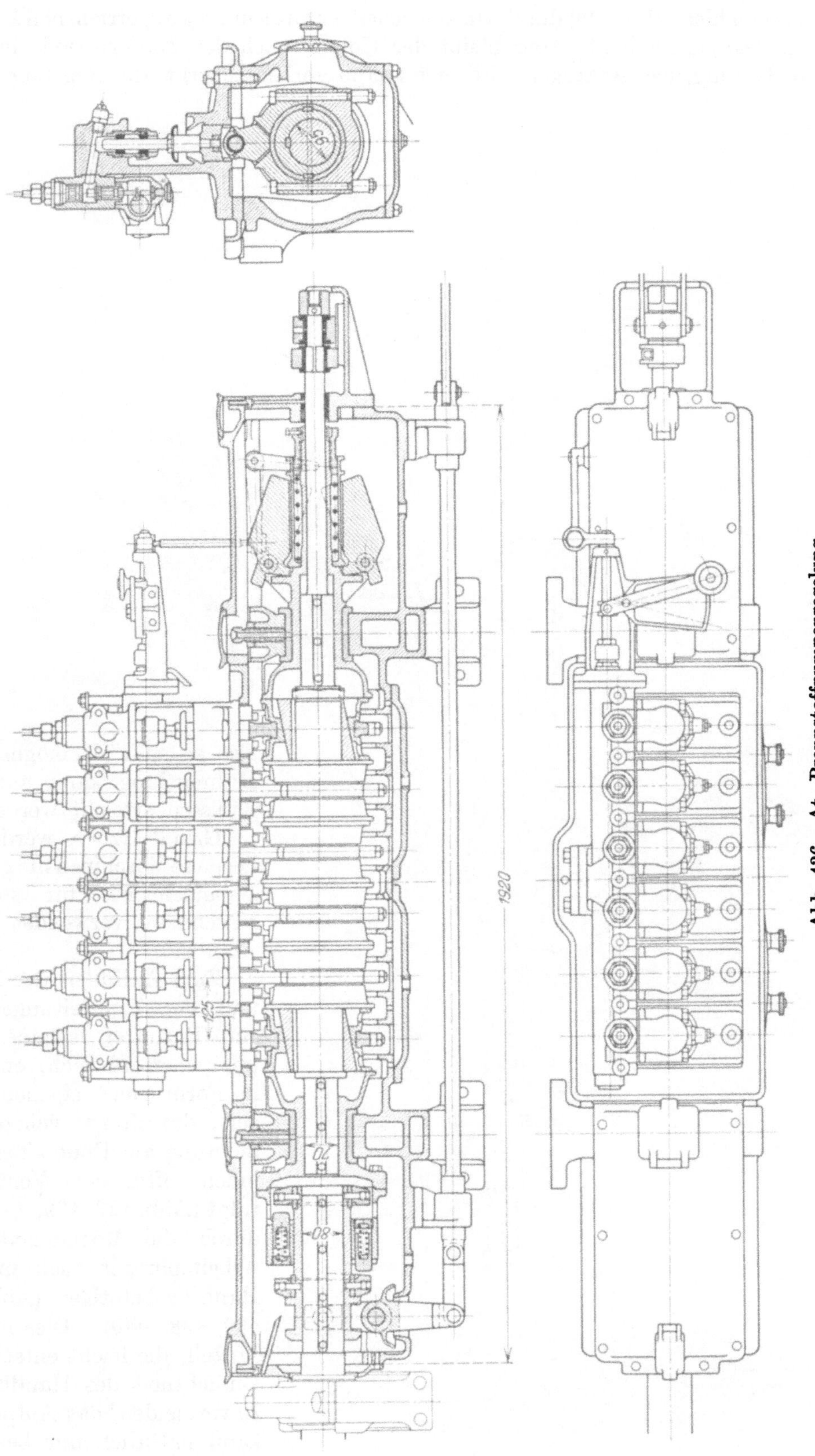

Abb. 436. At, Brennstoffpumpenregelung.

in günstiger Weise wechselnd. Endlich kann statt des Keils ein Exzenter Anwendung finden, das den hier (Abb. 438) durch Unrundscheibe kraftschlüssig angetriebenen Pumpenhebel vom Daumen abhebt. Hier bleibt der Kolben nach der Förderperiode in seiner innersten Stellung, das Ansaugen wird erst knapp vorher bewirkt, die Regelung erfolgt

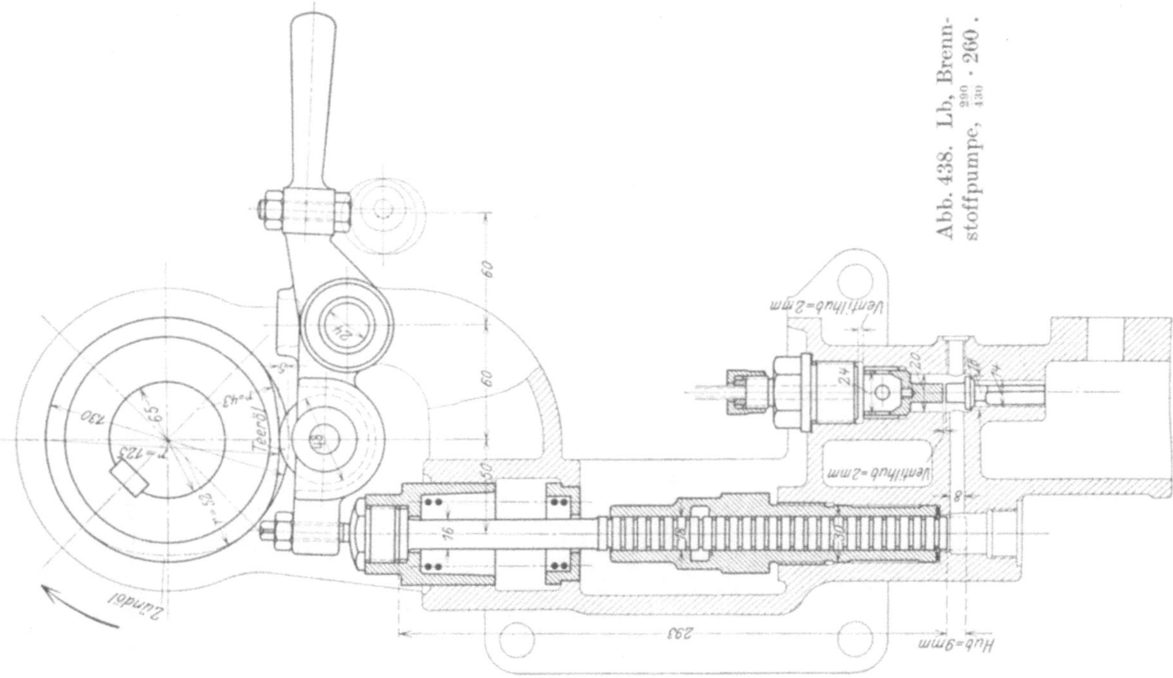

Abb. 438. Lb, Brennstoffpumpe, $\frac{290}{430} \cdot 260$.

also so spät als möglich. Die Hubregelung kann auch mit Kulissen erreicht werden.

Grundsätzlich werden für liegende Maschinen die gleichen Bauarten wie für stehende Maschinen verwendet (z. B. Abb. 439).

Zum Auffüllen der Pumpe und der Rohrleitungen und zum Entlüften ist eine Handpumpe erforderlich, entweder in Form eines eigenen Plungers, der oft zur sicheren Abdichtung am Ende einen nach innen öffnenden Ventilbund trägt (Abb. 427, 429, 432) oder durch die Möglichkeit, den Arbeitsplunger auch mit der Hand zu betätigen (Abb. 418, 430, 438, 440). Dies hat den Vorteil, die leicht entstehende Undichtheit des Handkolbens zu vermeiden, das Aufpumpen kann natürlich nur bei tiefer Reglerstellung und bei Kurbel-

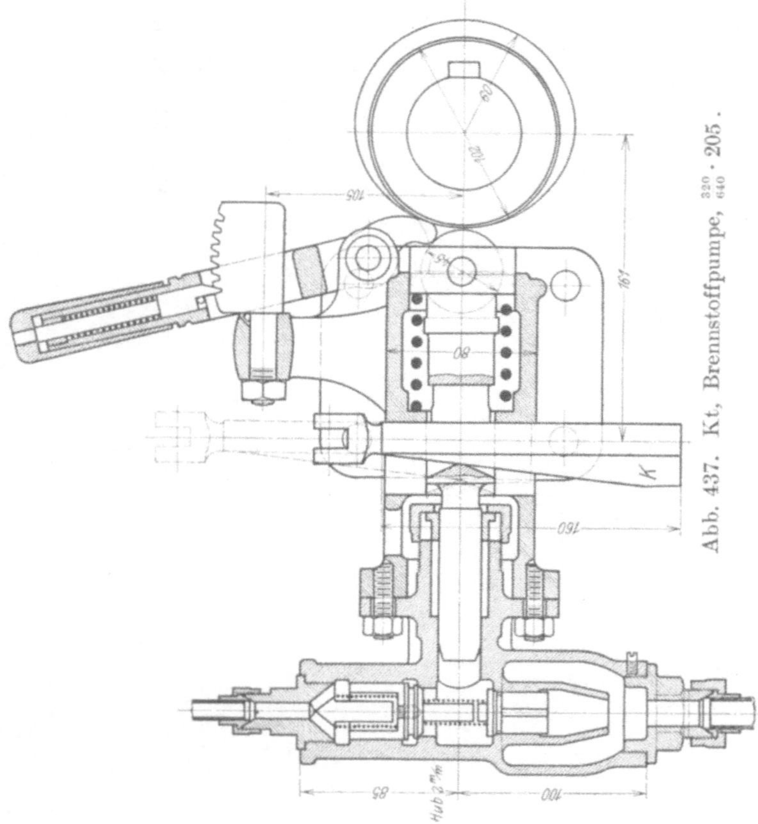

Abb. 437. Kt, Brennstoffpumpe, $\frac{320}{640} \cdot 205$.

stellungen geschehen, wo die Saugventile nicht offen sind. Auch soll das Brennstoffventil geschlossen sein, damit nicht etwa Brennstoff in den Zylinder gelangt, überhaupt darf natürlich beim Anlassen nicht zuviel Brennstoff vorgelagert werden. Zur Kontrolle dient ein Probierventil in der Nähe des Brennstoffventils. Wenn kein Schwimmer vorhanden ist, kann das Füllen der Pumpe und der Leitung auch durch gleichzeitiges Öffnen der Saug- und Druckventile geschehen. Die Handpumpe hat aber auch den Vorteil, daß man das richtige Spiel der Pumpenventile stets schon im Stillstand prüfen kann.

Zumeist ist eine Handabstellvorrichtung vorhanden, die es ermöglicht, von allen Bedienungsstellen aus die Pumpe rasch unwirksam zu machen, ohne den Reglerdruck überwinden zu müssen. Solche Abstellvorrichtungen können darin bestehen, daß entweder das Saugventil oder ein Umlaufventil durch ein eigenes Gestänge offen gehalten wird (Abb. 427, 432, 433, 441), daß die Regelstange in ihrer Länge oder ein anderer Teil des Regelgestänges so verändert wird, daß keine Förderung eintreten kann (Abb. 426, 442, 443) oder endlich dadurch, daß der Pumpenkolben von seinem Antrieb ganz abgetrennt wird (Abb. 437, 440). Bei kleiner Reglerenergie kann man auch die Reglerhülse in der Stellung für Nullfüllung festhalten. Das Abstellen mehrerer Pumpenkolben gemeinsam geschieht durch Ausschalten einer Kupplung in der Pumpenwelle (Abb. 428, 436), etwa durch Verdrehen einer steilgängigen Mutter. Die Veränderung der Länge der Regelstange geschieht manchmal derart, daß sie der Länge nach zweiteilig ausgeführt und ihre Teile im Betriebe durch einen Querbolzen mit

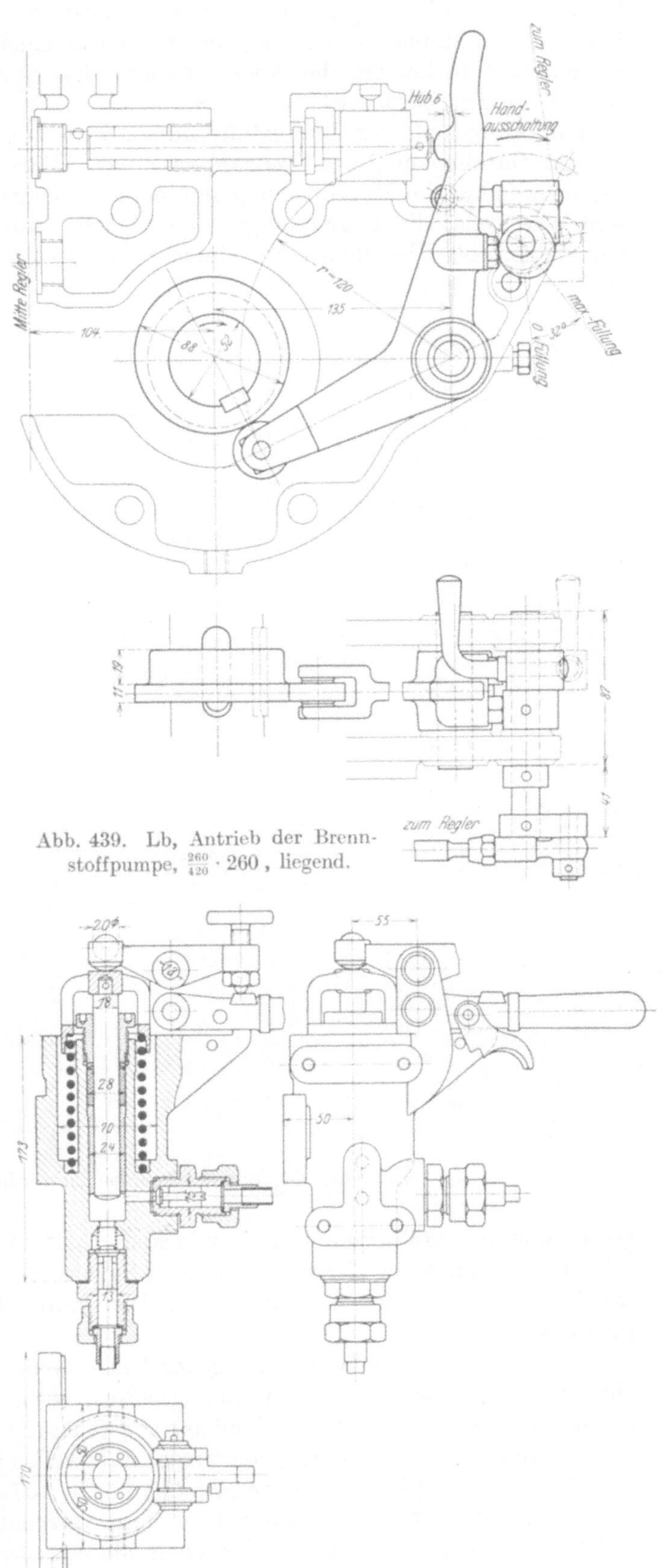

Abb. 439. Lb, Antrieb der Brennstoffpumpe, $\frac{260}{420} \cdot 260$, liegend.

Abb. 440. Di, Brennstoffpumpe.

Bajonettverschluß bei gespannter Zwischenfeder gegeneinander festgehalten sind. Durch Drehen eines Stangenteils gelangt der Bolzen in einen Längsschlitz, die Feder wird entspannt und verlängert die Stange derart, daß auch bei tiefster Reglerstellung kein Brennstoff gefördert wird.

Die Abstellung der Brennstoffpumpen wird bei Schiffsmaschinen gewöhnlich auch mit der Handregelung der Drehzahl vereinigt. Hierzu ist es, wenn ein Regler vorhanden ist, notwendig, die Handregelung mit dem Reglergestänge kraftschlüssig zu verbinden, weil man sonst die Reglerenergie überwinden müßte. Es muß derart geschehen, daß der festgestellte Handhebel mit einem Schlitz die auf der Reglerwelle sitzende Kurbel

Abb. 441. Dz, Brennstoffpumpe für verdichterlose Maschine.

gegen eine auf große Füllung ziehende Feder hält. Wird die zugehörige Drehzahl überschritten, so kann der Regler durch einen Schlitz, der die volle Beweglichkeit des Handhebels zuläßt, einwirken[1]). Auch durch Anordnung eines Knickhebels kann gleiches erreicht werden.

Wie bereits bei der Besprechung der Umsteuerung erwähnt worden ist, werden hier die Brennstoffpumpen mit dem Anlaßgestänge verbunden, bei „Halt"-Stellung des Anfahrhebels abgestellt und mit vollendeter Umsteuerung wieder eingeschaltet. Bei gruppenweisem Anlassen werden zwei gesonderte Anfahrwellen in Verbindung mit den zugehörigen zwei Brennstoffregelwellen verwendet (Abb. 404, 407, 412), oder, wenn nur eine Regelwelle vorhanden ist, am sichersten besondere Ausschaltegestänge für die Pumpen, damit nicht der Fall eintreten kann, daß einer Maschinengruppe Brennstoff zugeführt wird,

[1]) Vgl. Foeppl, Strombeck, Ebermann: Schnellgehende Dieselmaschinen. Berlin, Julius Springer.

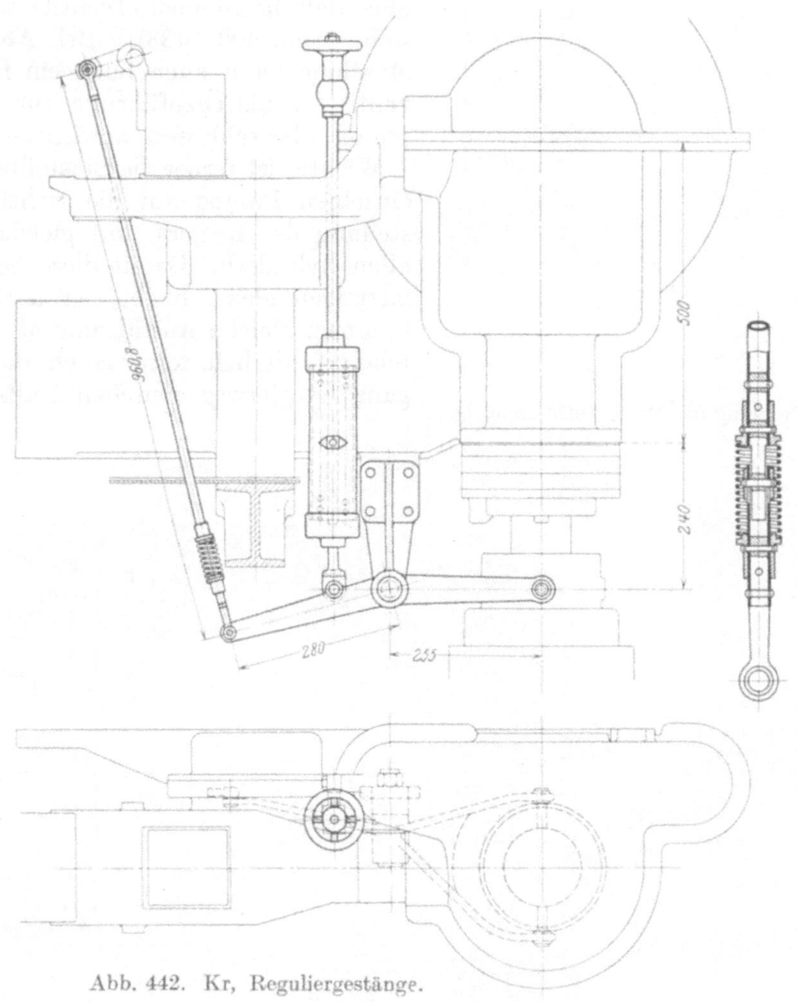

Abb. 442. Kr, Reguliergestänge.

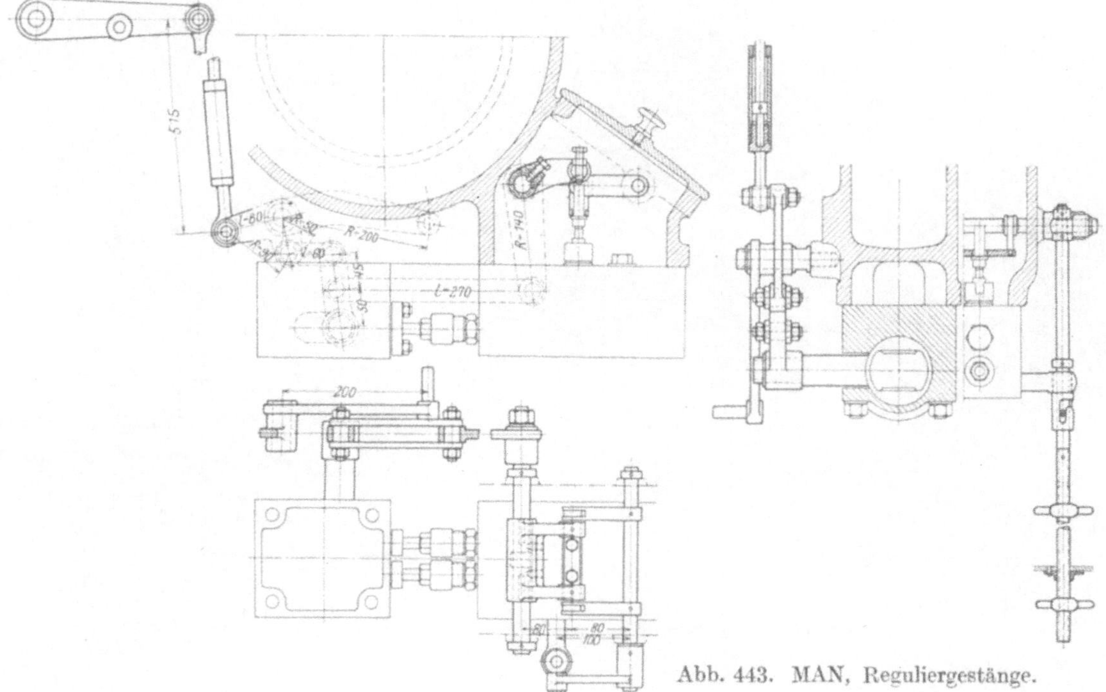

Abb. 443. MAN, Reguliergestänge.

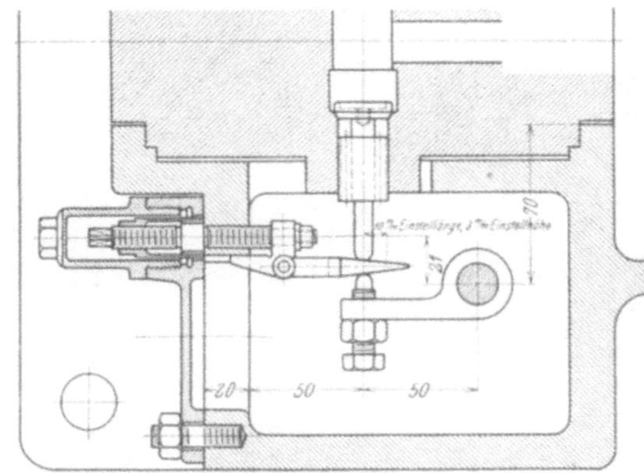

Abb. **444.** Gz, Regelung der Brennstoffpumpe, $\frac{550}{750}$.

ohne daß die Brennstoffventile eingeschaltet sind (Abb. 402, 433). Bei Abstellen der Maschine kann auch noch ein Rückschlagventil für die Ölzuführung zur Brennstoffpumpe abgeschlossen werden (Abb. 433).

Wichtig ist ferner die Einstellbarkeit jeder einzelnen Pumpe auf die richtige Muffenstellung des Reglers und gleiche Arbeit in allen Zylindern. Damit diese bei allen Belastungen gleich bleibt, ist natürlich vollkommen gleiche Ausführung aller Antriebsteile erforderlich, ferner auch, daß nicht der ganze Reglerweg zwischen Nullstellung der

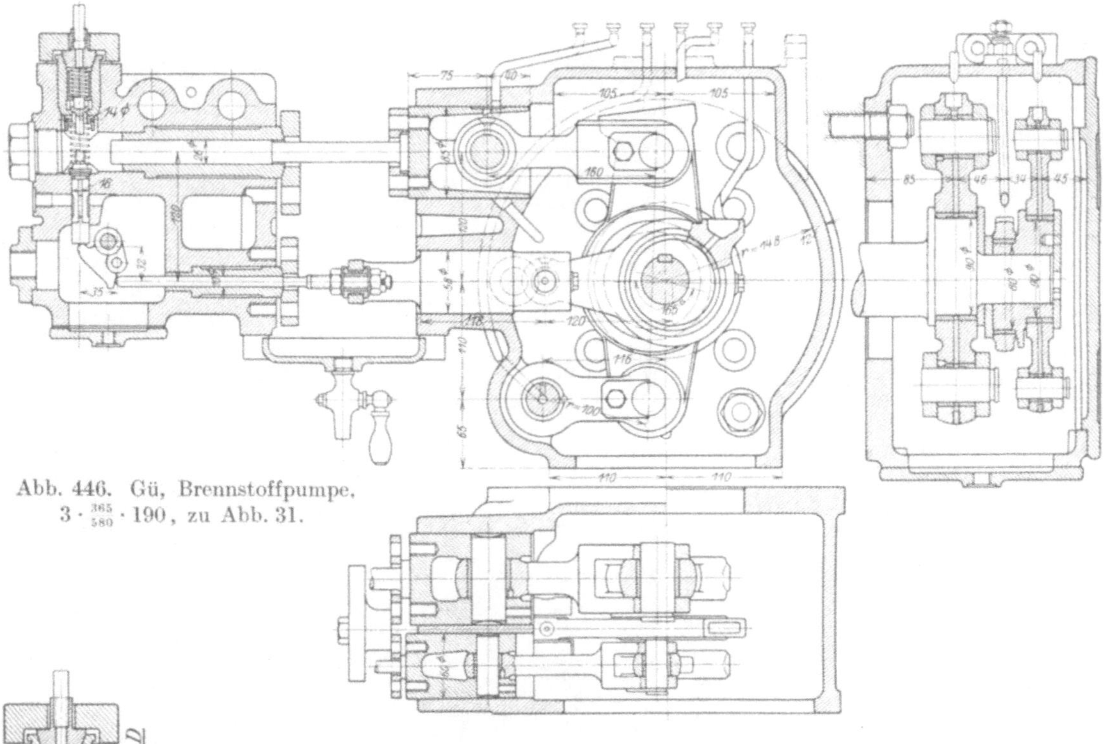

Abb. 446. Gü, Brennstoffpumpe, $3 \cdot \frac{365}{580} \cdot 190$, zu Abb. 31.

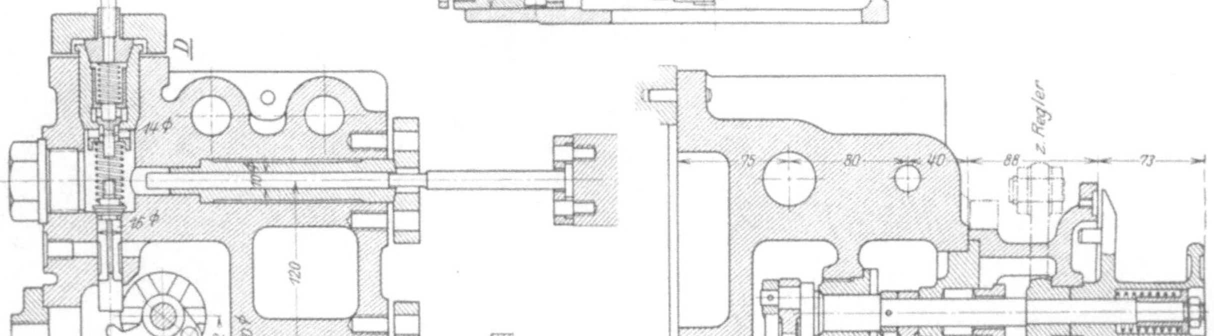

Abb. 447. Gü, Zündölpumpe, $3 \cdot \frac{365}{580} \cdot 190$, zu Abb. 31.

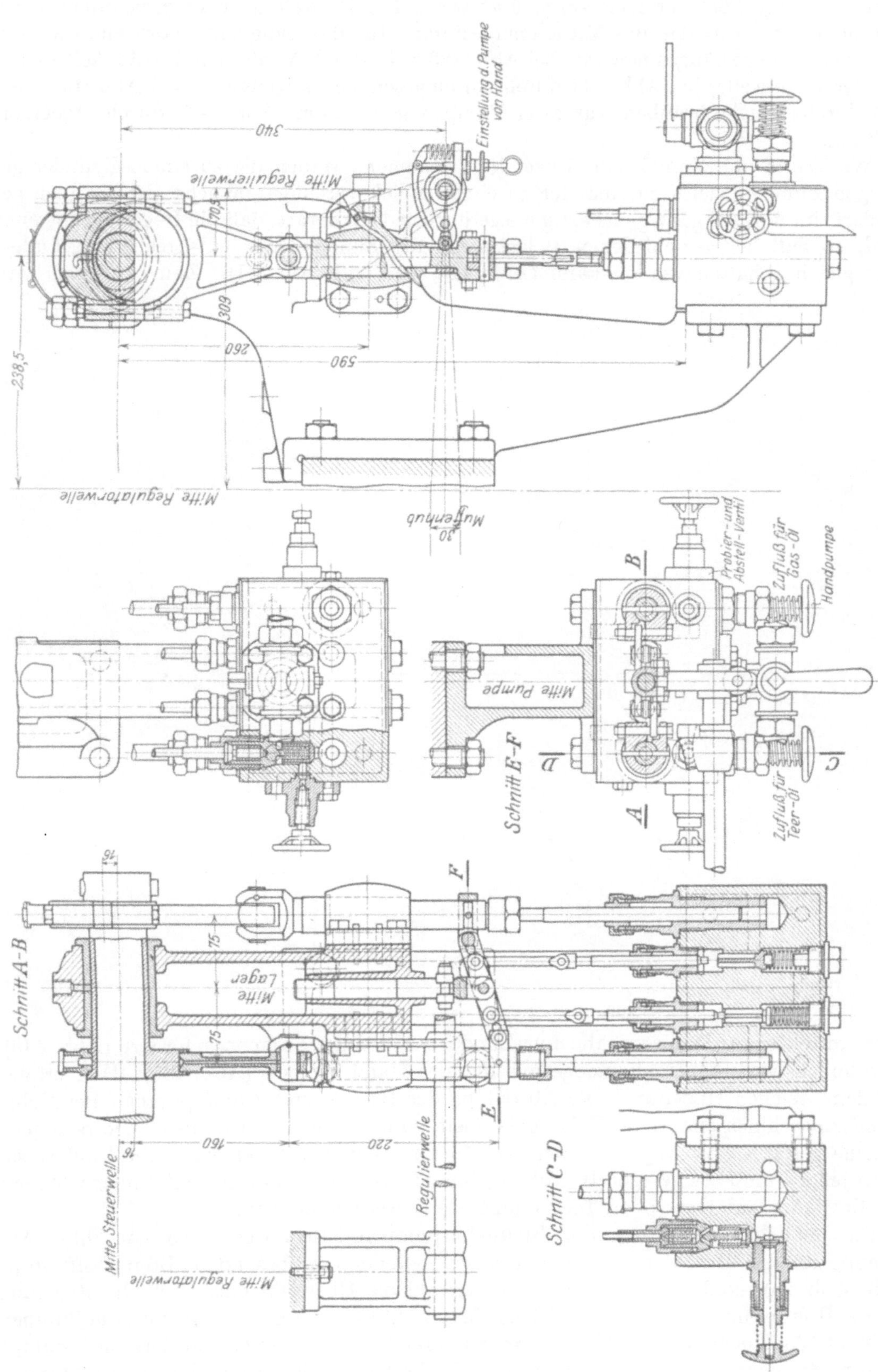

Abb. 445. DW, Brennstoffpumpe, $2 \cdot \frac{325}{480} \cdot 240$, zu Abb. 51.

Förderung und höchster Last ausgenützt wird. Die Einstellung wird gewöhnlich durch Veränderung der Länge des Mitnehmergestänges für das Saugventil oder eines andern Teils des Regelgestänges bewirkt, bei Abb. 423 z. B. durch Verdrehen des Winkelhebels *b* auf der Regelwelle, bei Abb. 444 durch ein eingeschobenes Keilstück, bei Abb. 430, 432, 443 durch Druckschrauben, für zwei Pumpen gemeinsam (Abb. 445) durch Hebelverstellung.

Wo Teeröl und Zündöl zur Anwendung kommen, werden die zu einem Zylinder gehörigen Pumpen meist miteinander zu einem Stück vereinigt, manchmal aber auch gesondert, im übrigen ganz gleichartig ausgeführt, jedoch derart, daß die Regelung getrennt wird, so daß bei verschiedenen Belastungen die Zündölmenge entsprechend geändert oder gleich gehalten werden kann (Abb. 446, 447, vgl. Abb. 31). Zum Anlassen wird

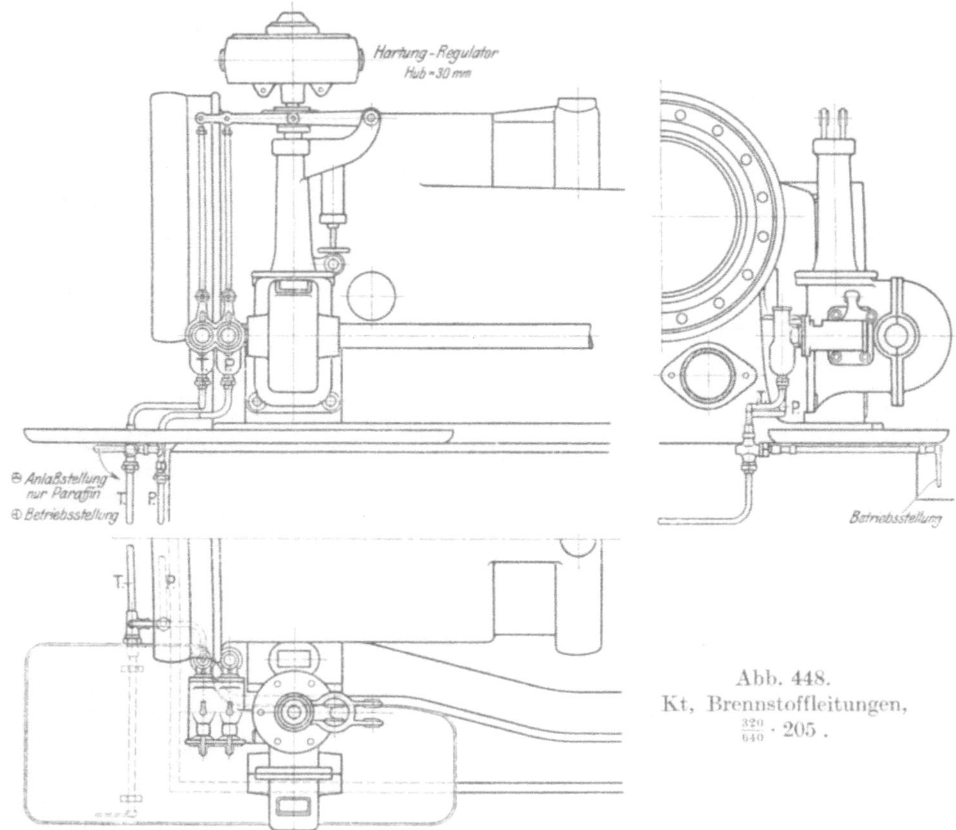

Abb. 448. Kt, Brennstoffleitungen, $\frac{320}{640} \cdot 205$.

öfters durch einen Dreiwegehahn nur Zündöl von beiden Pumpen gefördert (Abb. 448). Gewöhnlich wird die Zündölmenge nur mit der Hand geregelt (Abb. 430). Hier erfolgt mit dem gleichen Hebel auch die Abstellung der Haupt- und Zündölpumpe. Bei Mehrzylindermaschinen sind diese Hebel gekuppelt, so daß alle Pumpen zusammen oder jede einzelne geregelt oder abgestellt werden können. Zum Umstellen von Teeröl auf Gasöl ist an jeder Pumpe ein Wechselventil angebracht, so daß auch einzelne Zylinder während des Betriebes auf Gas- oder Teeröl umgestellt werden können.

Die bauliche Ausführung der Brennstoffpumpen hängt wesentlich von ihrer Anordnung an der Maschine ab. Erhält jeder Zylinder eine besondere Brennstoffpumpe (z. B. Abb. 25), so ist bei größerer Zylinderzahl die Übersicht erschwert, die Regelung und die Rohrleitungen werden verwickelt. Man zieht es daher gewöhnlich vor, die Pumpen in einem Block oder in zwei Abteilungen zu vereinigen. Von einer und derselben Pumpe mehrere Zylinder zu versorgen, indem man in die Druckrohrleitung einstellbare Drosselverteiler einschaltet, ist nicht rätlich, weil die Gleichmäßigkeit der Verteilung besonders auch bei wechselnder Belastung wegen leicht eintretender Veränderung der sehr kleinen Querschnitte kaum erreichbar ist. Daher wird für jeden Zylinder, auch wenn er zwei Brennstoffventile erhält, ein Pumpenplunger verwendet. Für die Verteilung des Brennstoffes im Zerstäuber wäre es am besten, jeden Kolben auch gesondert anzutreiben,

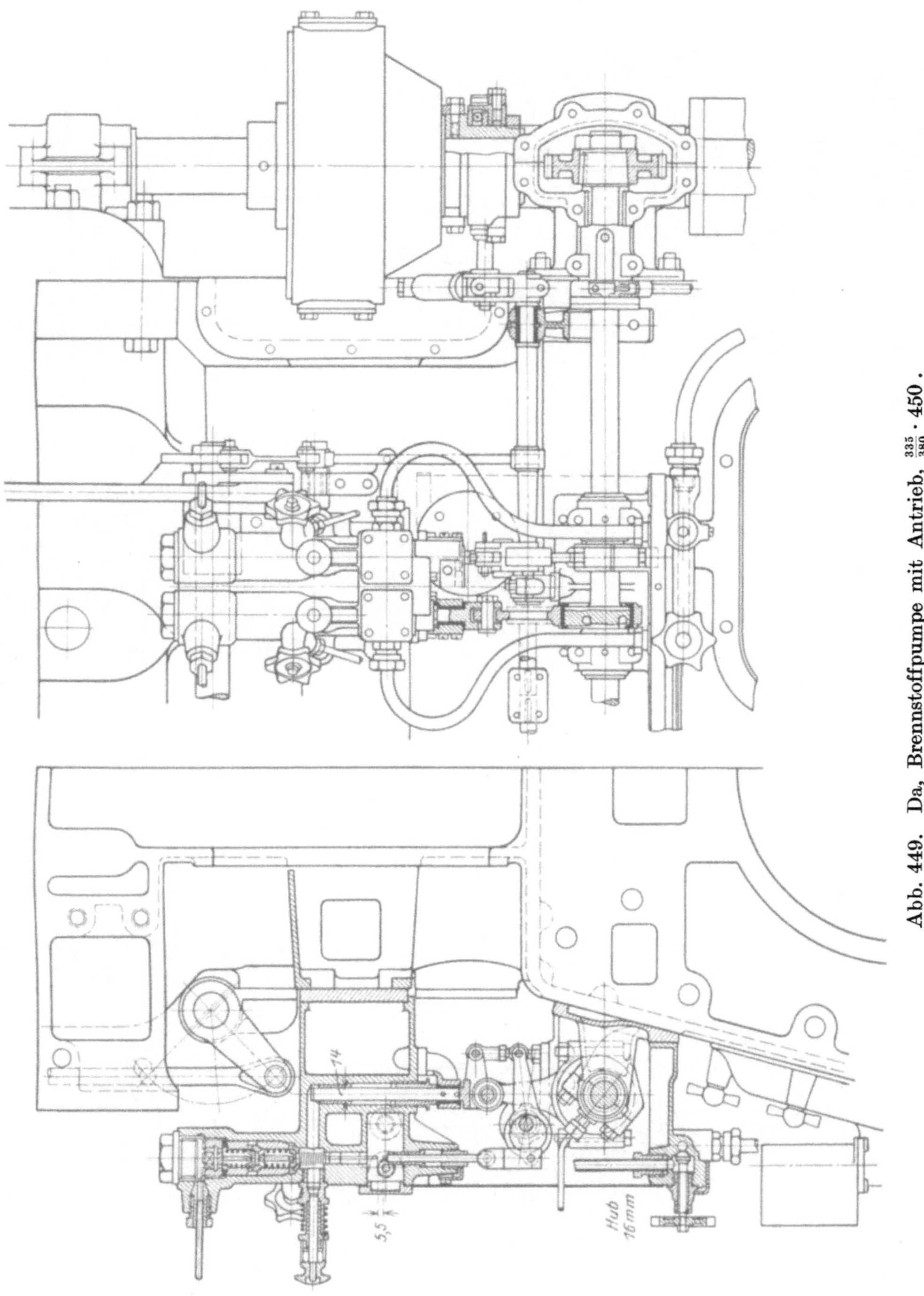

Abb. 449. Da, Brennstoffpumpe mit Antrieb, $\frac{335}{380} \cdot 450$.

damit die Zeit zwischen Brennstoffförderung und Nadelhub überall dieselbe wird (z. B. Abb. 436, 449). Da dies aber keinen irgendwie merkbaren Einfluß hat, werden gewöhnlich der Einfachheit halber alle Kolben gemeinsam oder wenigstens nur zwei Gruppen gesondert angetrieben, und zwar durch je zwei Exzenter (Abb. 432, 450) oder Kurbelstangen (Abb. 451), die einen gemeinsamen Kreuzkopf hin und herbewegen.

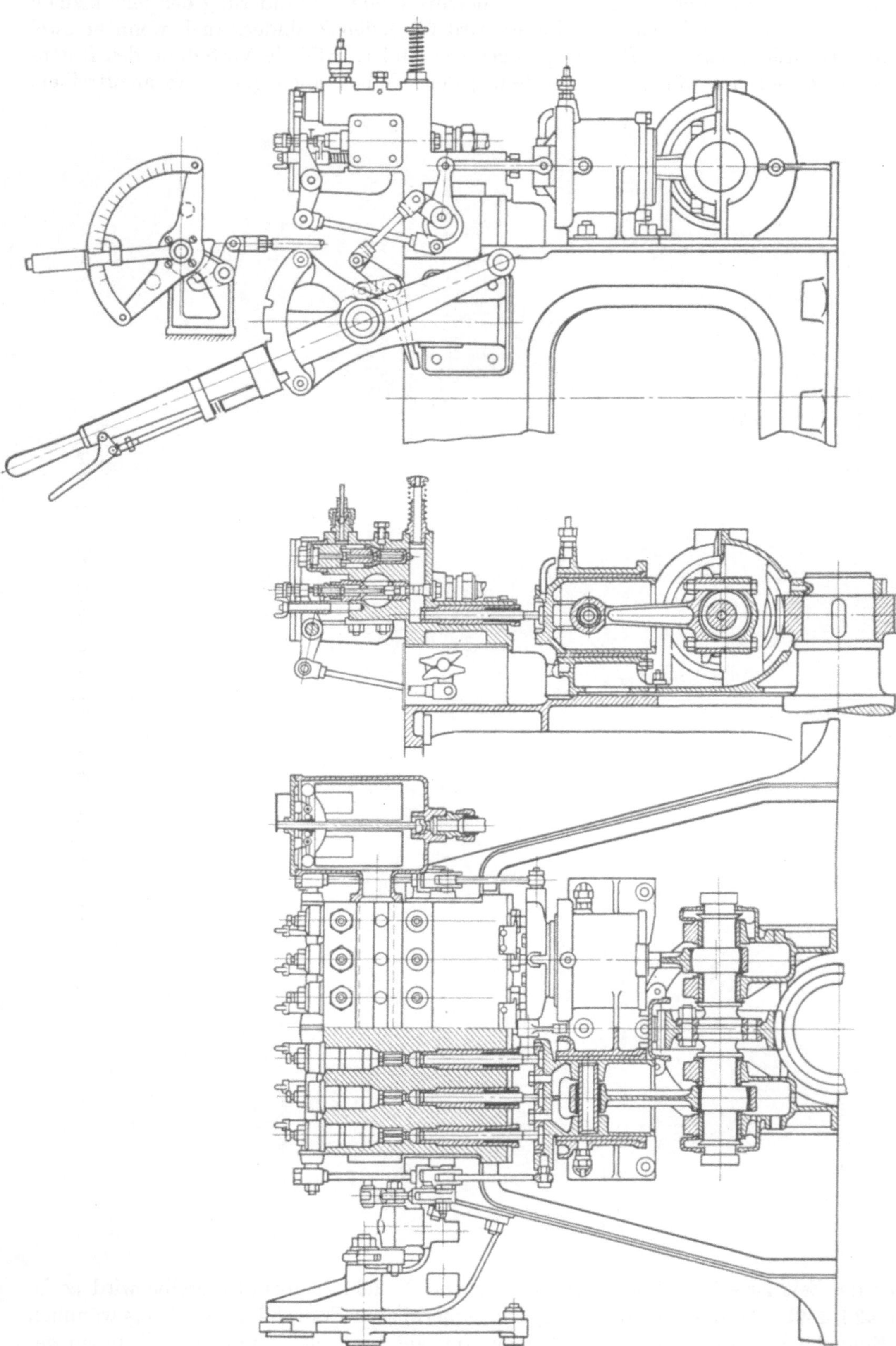

Abb 450. Da, Brennstoffpumpe mit Antrieb, $6 \cdot \frac{250}{370} \cdot 375$.

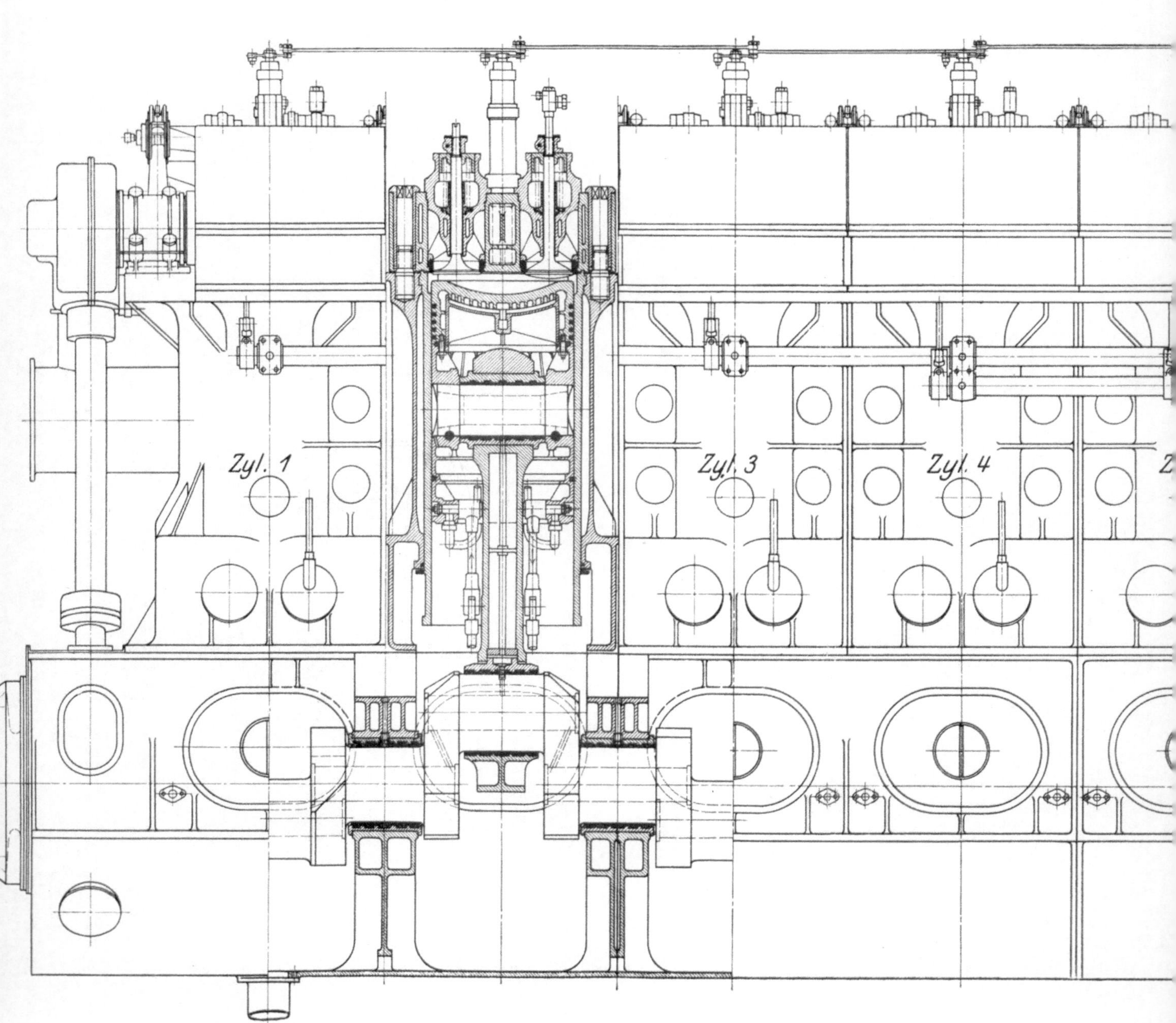
Zyl. 1
Zyl. 3
Zyl. 4

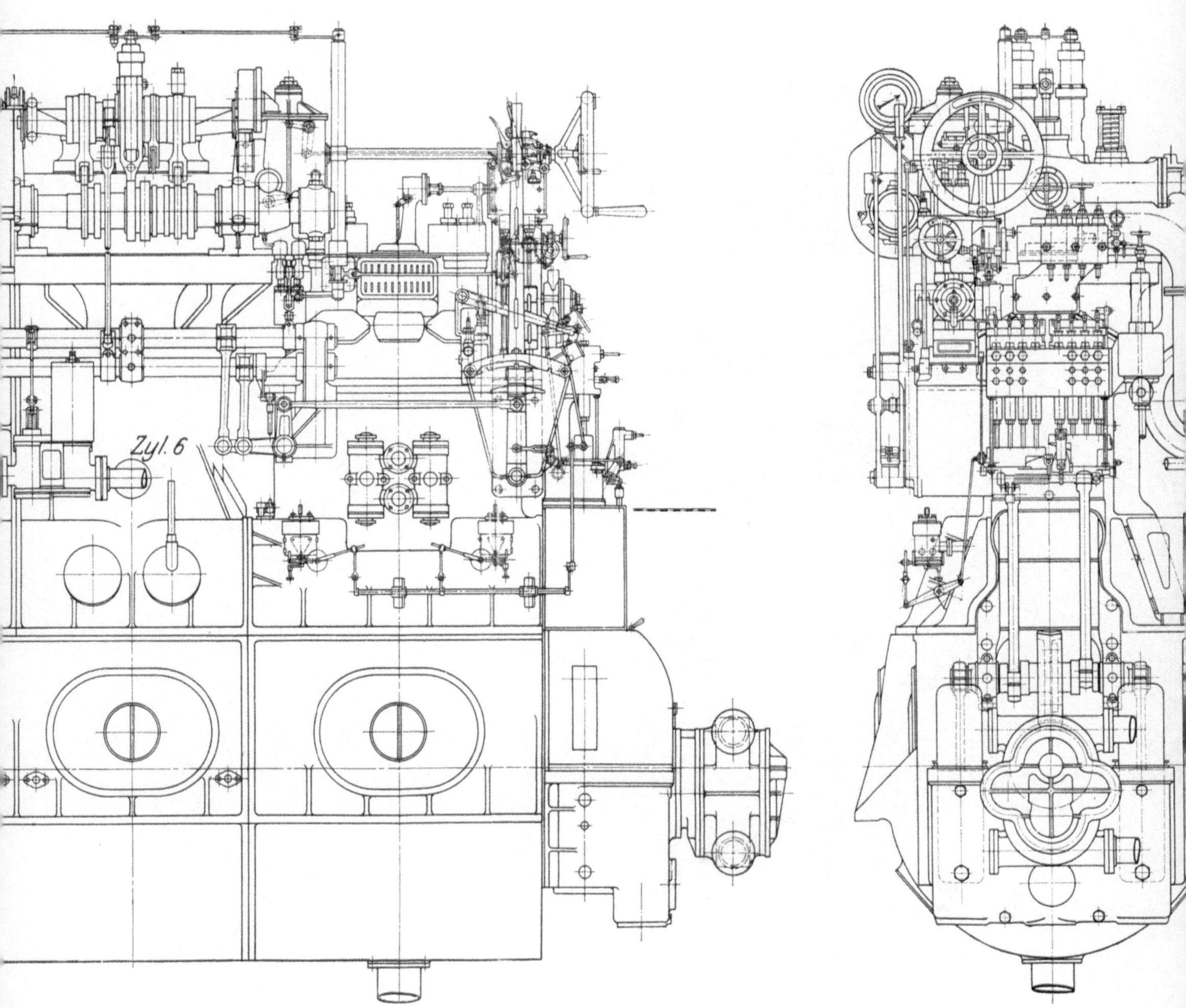

Abb. 451. MAN Zusammenstellung, $6 \cdot \frac{530}{530} \cdot 380$.

Tafel VI

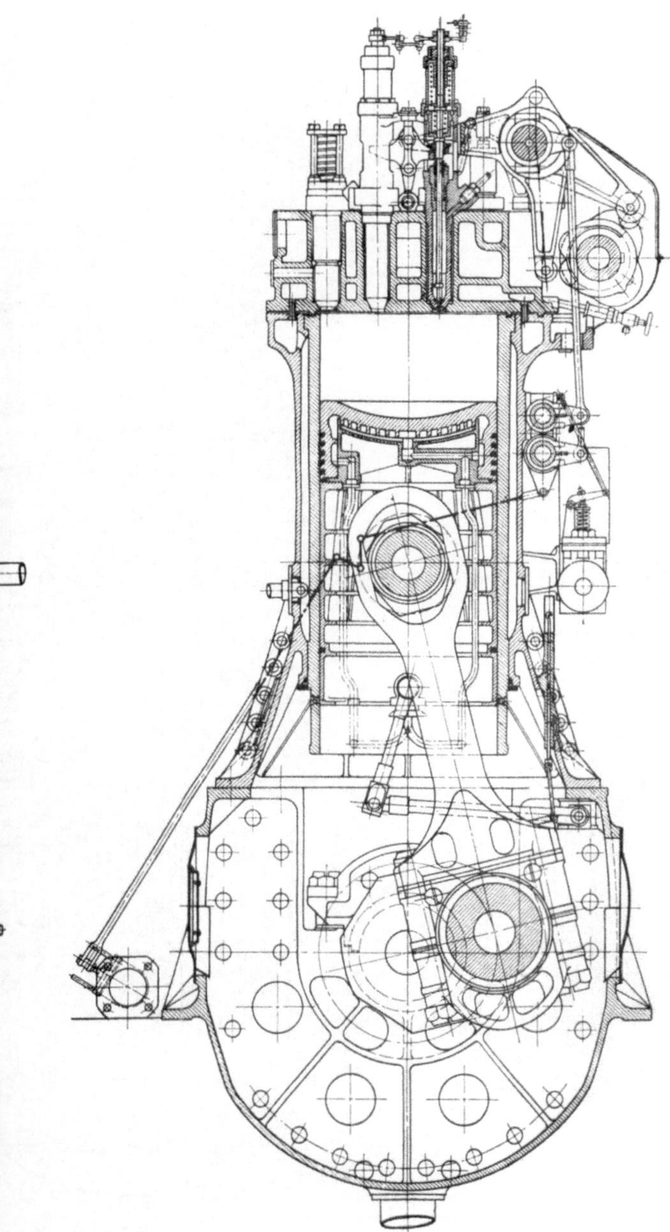

Verlag von Julius Springer, Berlin.

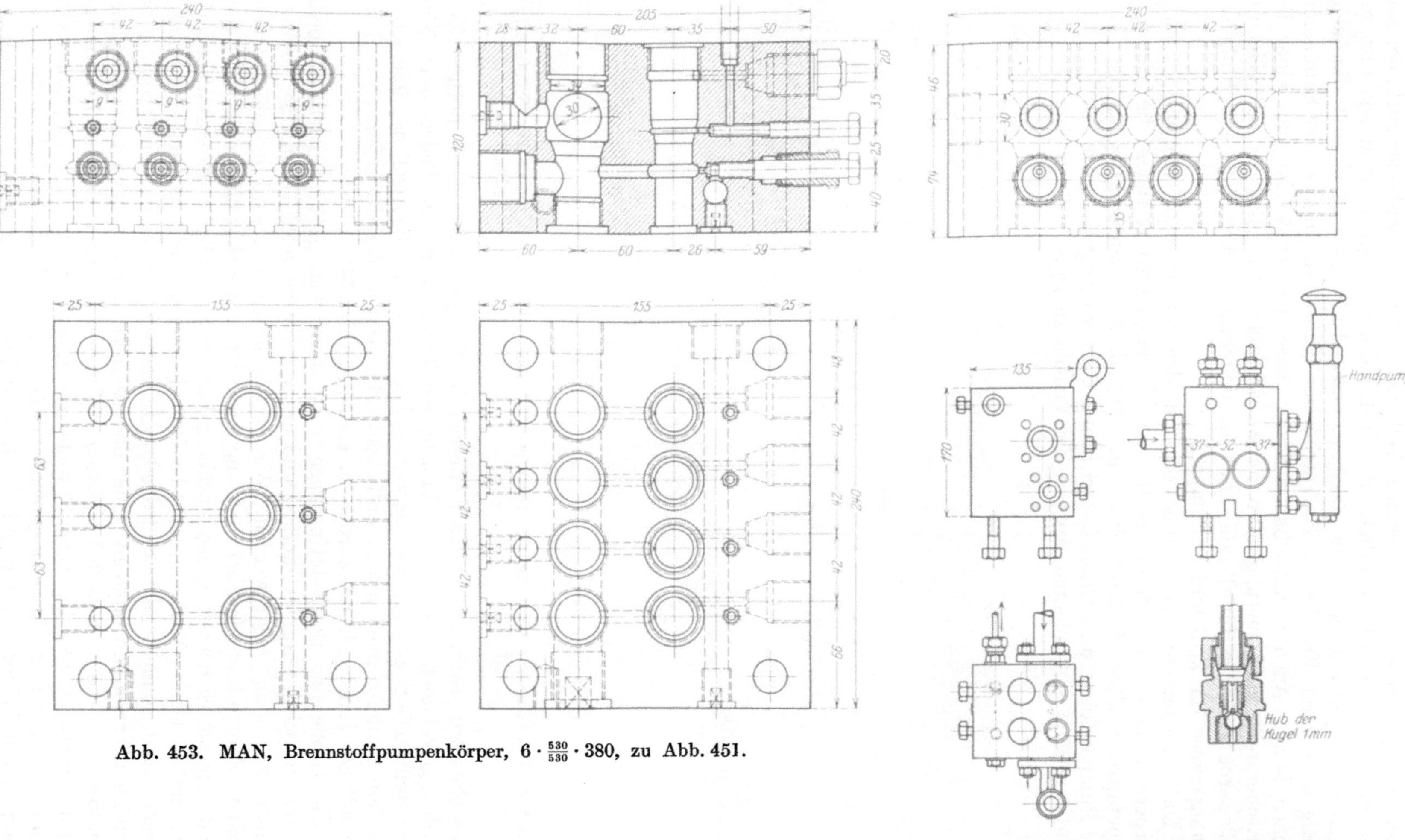

Abb. 453. MAN, Brennstoffpumpenkörper, $6 \cdot \frac{530}{530} \cdot 380$, zu Abb. 451.

Abb. 452. Kr, Brennstoffpumpenkörper.

Der Antrieb geht entweder von der liegenden Steuerwelle mit halber Maschinendrehzahl aus oder von der stehenden Welle mit voller Drehzahl oder auch, der bequemen Zugänglichkeit und Übersichtlichkeit halber, auf die größter Wert zu legen ist, von einer eigenen Pumpenwelle nahe am Maschinistenstand (Abb. 449, 450, 451), die auch gleichzeitig zu anderen Zwecken, z. B. Antrieb der Kühlwasserpumpe oder Schmierölpumpe, dienen kann. Auch unmittelbar von der Maschinenhauptwelle oder einer liegenden Zwischenwelle zur Steuerung kann der Antrieb ausgehen. Abb. 446, 447 zeigen einzelne gußeiserne Gehäuse für Teeröl- und Zündölpumpen, Abb. 452, 453 Flußeisen- oder Stahlgehäuse für 2, 3 und 4 Pumpen.

Die Schwimmergefäße werden oft mit den gußeisernen Pumpenkörpern vereint. Sie werden häufig mit Ölschaugläsern versehen, die Ölpumpen erhalten oft Tropfschalen mit Ablauf. Für leichte Reinigung der Pumpenräume und Ölablaßvorrichtungen ist zu sorgen, ferner besonderer Wert auf leichten Ausbau der Ventile zu legen. Wenn dies

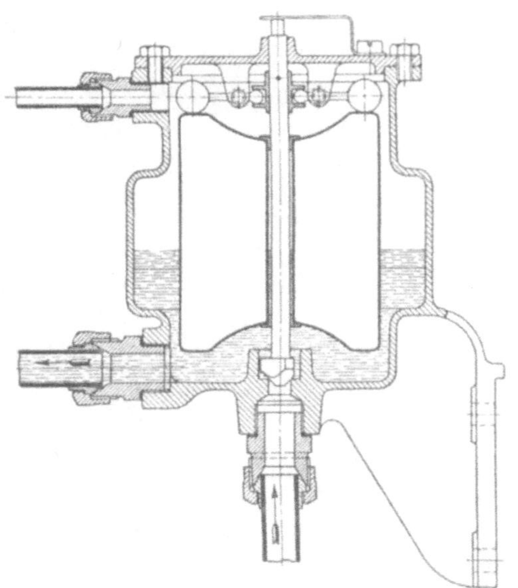

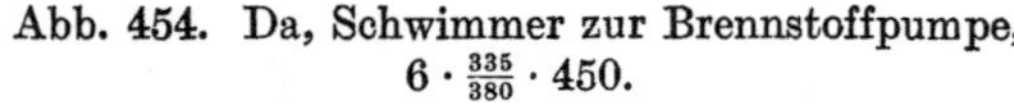

Abb. 454. Da, Schwimmer zur Brennstoffpumpe, $6 \cdot \frac{335}{380} \cdot 450$.

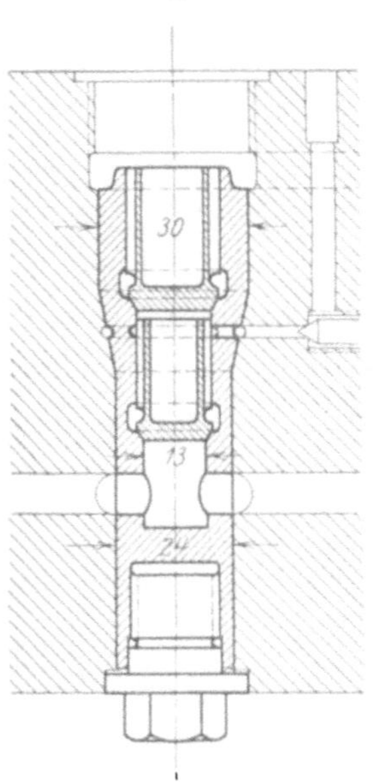

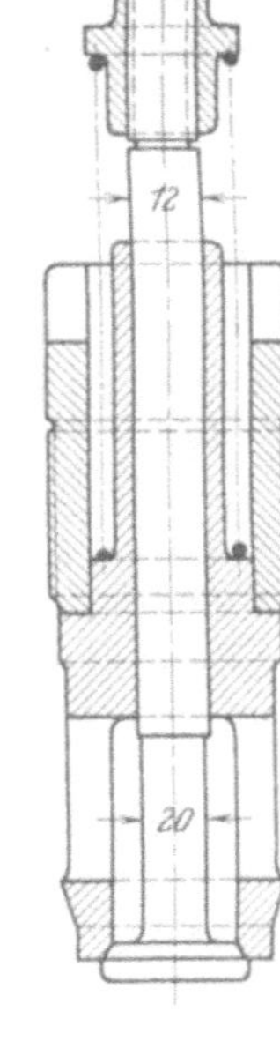

Abb. 455. MAN, Ventile zur Brennstoffpumpe, zu Abb. 453.

nach oben hin geschieht, ist ein Entleeren der Pumpen dabei nicht nötig. Die Ventile werden gewöhnlich aus Phosphorbronze, bei Teeröl auch aus Feder- oder Nickelstahl hergestellt. Die Schwimmerventile werden leicht undicht, dann soll das überschüssige Öl aus dem Gehäuse nach außen abfließen. Der Schwimmerstift soll nach außen führen, um mit der Hand gelüftet werden zu können (Abb. 454).

Die Größe der Brennstoffpumpen wird nach dem größten Brennstoffbedarf bemessen, wobei die größte Überlast und der zugehörige verhältnismäßige Brennstoffverbrauch zugrunde gelegt werden. Wie bereits begründet, wird jedoch das verdrängte Kolbenvolumen besonders bei Regelung durch Umlauf viel größer gemacht, so daß damit nicht nur die Sicherheit gegen vorübergehend noch größeren Brennstoffbedarf wegen Überlast, schlechter Verbrennung oder Undichtheiten, sowie die Einstellungsmöglichkeit erreicht wird, sondern auch, daß das Umlaufventil auch bei größter Belastung noch mit ausreichender Geschwindigkeit öffnet und schließt und genügend weit und lange offen gehalten wird, um z. B. auch Luft (nach oben) entweichen zu lassen. Rechnet man mit Gasöl von etwa 0,9 kg/dm³ spez. Gewicht, so ergibt sich bei 1,5- bis 2,5facher Größe des Pumpenraumes (für Überlast gerechnet) für eine Pferdestärke bei einfach wirkenden Pumpen mit halber Maschinendrehzahl eine Pumpenverdrängung (Hubvolumen) von rd. $11/n$ bis $19/n$ cm³. Bei Regelung des Kolbenhubes brauchen die Abmessungen nicht so groß zu sein, es genügt meist eine Zugabe von 20 bis 30 vH, so daß sich für eine Pferdestärke ein Hubraum von rd. $9/n$ ergibt. Bei zwei Pumpenhüben in einer Arbeitsperiode werden die Abmessungen halb so groß, bei Teeröl mit etwa einem spez. Gewicht 1 entsprechend kleiner als bei Gas- oder Paraffinöl.

Je größer bei Umströmsteuerung die Pumpengröße gewählt wird, desto geringer werden die störenden Einflüsse etwa wechselnder Undichtheiten und der Luftblasen im Öl, sowie der Ventilwiderstände. Auch wächst damit die Zeit, während der das Saugventil angehoben ist, also wird auch der Endzeitpunkt der Einwirkung der Regelung hinausgeschoben, d. i. der Augenblick des Saugventilschlusses. Die auch noch einwirkende Geschwindigkeit des Ventilschlusses wechselt mit der Belastung, wie aus den Diagrammen Abb. 425 hervorgeht. Zu große Pumpenabmessungen schaden aber wieder dadurch, daß der Einfluß ungenauen Schließens des Saugventils größer wird, ferner wird auch der wirksame Regelhub im Verhältnis zum ganzen Hub kleiner und dadurch die Störungen durch Abnützung und toten Gang in dem Regelgestänge größer.

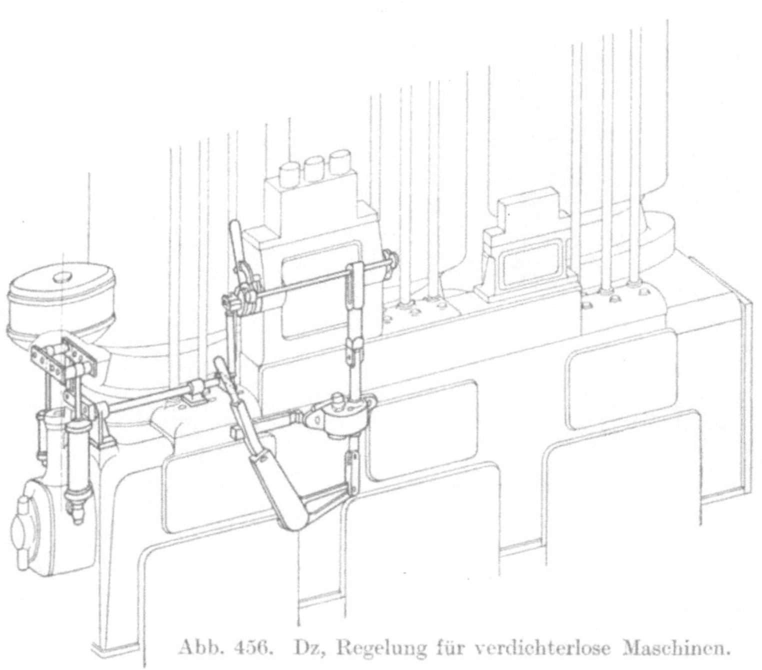

Abb. 456. Dz, Regelung für verdichterlose Maschinen.

Die Abmessungen der Ventile sind wegen der Ausführungsmöglichkeit viel größer, als es die Geschwindigkeiten erfordern würden, etwa im Minimum 8 mm Durchmesser. Einzelheiten der Brennstoffpumpen zeigen etwa Abb. 418, 438, 440, 446, 447, 455, des Antriebs Abb. 416, 438. Auch die Pumpenkolben werden kaum unter 8 mm Durchmesser ausgeführt, es muß also der Hub bei kleinen Maschinen entsprechend klein gewählt werden. Bei großen Maschinen wählt man hingegen gerne einen verhältnismäßig großen Hub wegen leichteren Abdichtens des Kolbens und kleiner Druckkräfte, besonders gilt dies für Hubregelung wegen größerer Genauigkeit und kleinerer Rückdrücke auf den Regler.

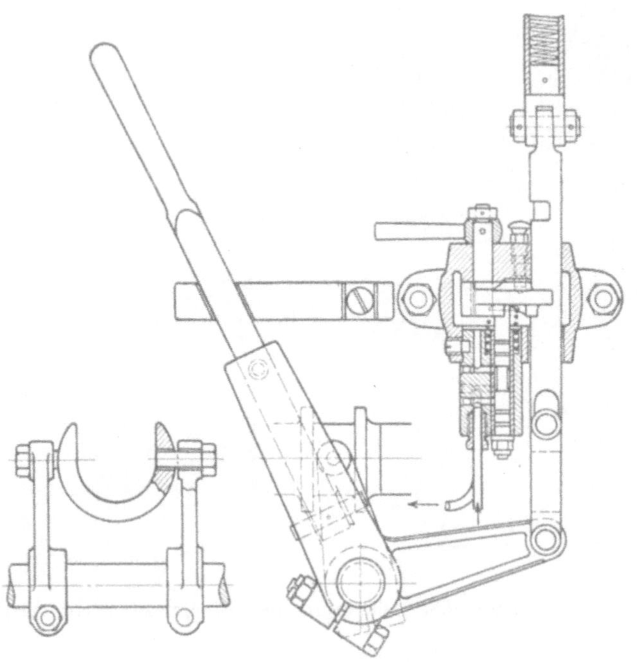

Verblockung zu Abb. 456.

Wie bereits erwähnt, kann die Förderung bei geschlossenen Düsen in jeder Arbeitsphase stattfinden, bei offenen Düsen hingegen zieht man oft vor, hauptsächlich erst nach der Auspuffzeit zu fördern, damit der vorgelagerte Brennstoff durch die Abgase nicht zu heiß werden und zu Vorzündungen Anlaß geben kann. Hingegen muß wegen des sonst hohen Gegendrucks die Förderung am Anfang der Verdichtung beendet sein; macht die Antriebswelle nur die halbe Drehzahl, so muß dann wegen der zu kurzen Förderzeit nötigenfalls statt des Exzenterantriebs eine unrunde Scheibe gewählt werden, besonders bei Hubregelung des Kolbens.

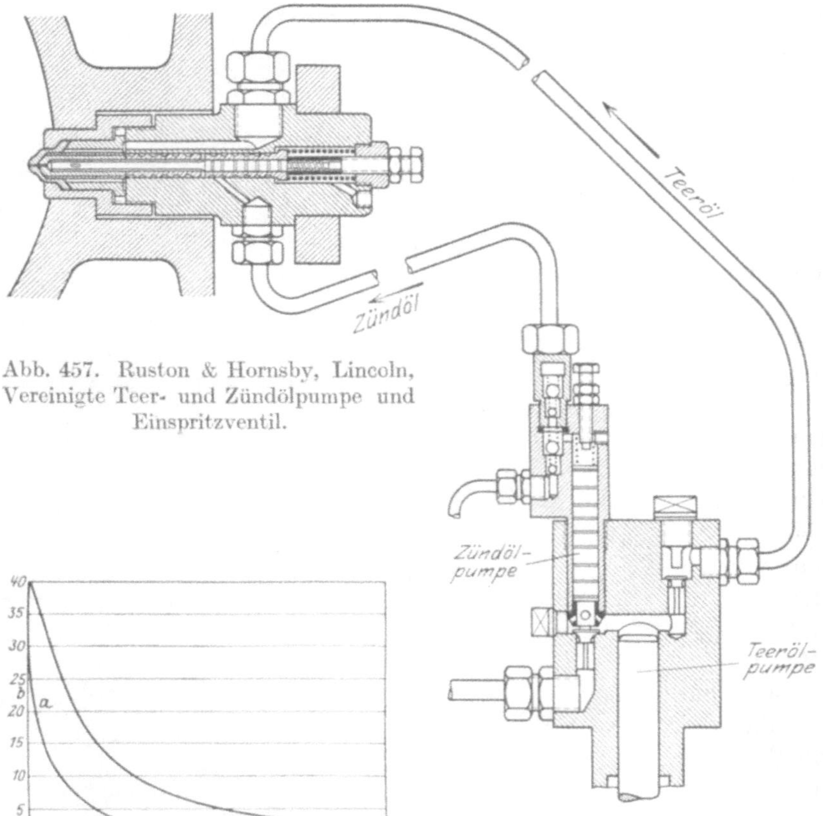

Abb. 457. Ruston & Hornsby, Lincoln, Vereinigte Teer- und Zündölpumpe und Einspritzventil.

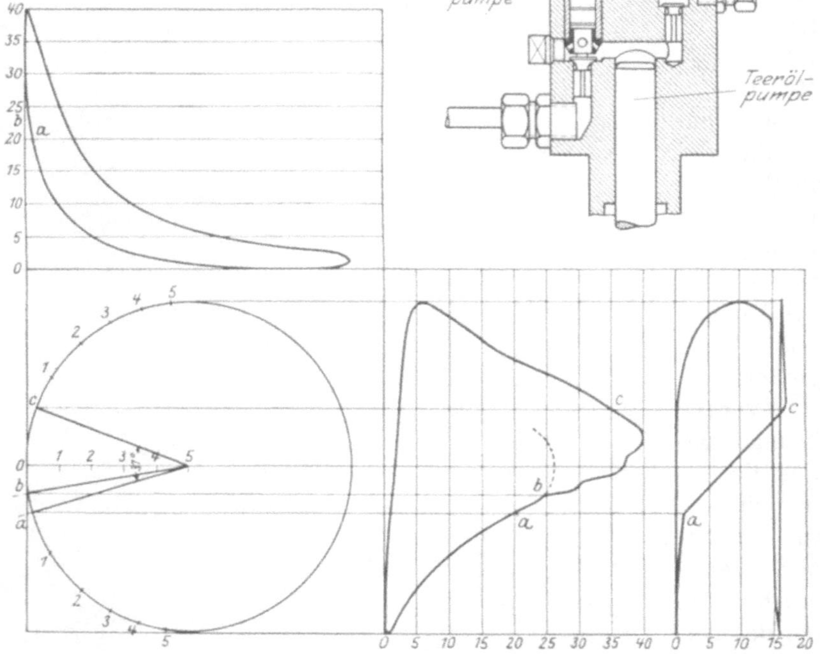

Wenn auch zum Leerlauf eine gewisse Brennstoffmenge erforderlich ist, muß doch die Regelung der Sicherheit wegen bis auf absolute Nullförderung gehen.

An Zündöl wird etwa 1 kg für 100 PS/st. gefördert.

Bei verdichterlosen Maschinen (s. S. 225) haben die Brennstoffpumpen neben der der Leistung entsprechend geregelten Brennstofflieferung auch noch im Falle geschlossener Düsen die Aufgabe, das Brennstoffventil zu steuern und die Einspritzung unmittelbar zu besorgen. Hier müssen also der Zeitpunkt der Drucksteigerung und der Verlauf der Öllieferung ganz genau eingehalten werden[1]). Dies erfordert sowohl einen ganz besonders sorgfältigen Bau und eine über das Gewöhnliche hinausgehende Genauigkeit der Ausführung, natürlich auch die Anordnung einer gesondert angetriebenen Pumpe für jeden Zylinder. Zu beachten ist, daß der Brennstoffdruck bei wechselnder Belastung nahe gleichbleiben und daß er nicht allzu plötzlich ansteigen soll. Dies kann durch entsprechende Form der Antriebsnocken für den Pumpenplunger und das gesteuerte Saugventil erreicht werden.

Abb. 458. Diagramm der Einspritzung von Arschouloff.

[1]) Vgl. Dr. Heidelberg: Z. V. d. I. 1924, S. 1047.

Die Druckventile der Pumpe stehen bei gesteuerten Brennstoffventilen nur während der Einspritzzeit unter Druck, ebenso auch die Tauchkolbendichtung. Die Bewegung des Kolbens muß durch Daumen in ganz kurzer Zeit und in ganz bestimmter Weise bewirkt werden, gewöhnlich zwangläufig beim Druckhub und durch Federdruck kraftschlüssig beim Rückgang. Daher werden meist eingeschliffene, genau zentrisch gedrückte Kolben in besonderen, nicht leicht deformierbaren Hülsen verwendet (Abb. 73, 417), aber auch Stopfbüchsen (Abb. 441). Nachdem die Betriebskräfte für die Pumpen nur kurze Dauer haben, aber verhältnismäßig groß sind, wird statt des Schraubenradantriebs der Pumpenwelle lieber Stirnradantrieb gewählt, zu dessen leichterer Ausführung die Steuerwelle gewöhnlich tief liegt und die Ventile durch Druckstangen antreibt. Um bei Undichtheit der Anlaßventile das gefährliche Eintreten von Druckluft in die auf Brennstoff arbeitenden Zylinder zu verhindern, dient wie auch sonst ein pneumatisch gesteuertes Hauptluftventil derart, daß das Verdrehen des Anfahrhebels auf Betrieb erst möglich ist, wenn das Hauptventil geschlossen ist (z. B. Abb. 456). Eine Blockierung verhindert, daß gleichzeitig Druckluft und Brennstoff in den Zylinder gelangen.

In einzelnen Fällen hat man auch neben schwer entzündlichem Teeröl Zündöl verwendet und dann statt der schwer richtig einstellbaren besonderen Zündölpumpen solche zur Anwendung gebracht, die von der Hauptpumpe gesteuert werden (Abb. 457). Dann kommen auch zwei ineinander gesteckte Brennstoffnadeln zur Anwendung, die innere, die zuerst öffnet, gibt die Öffnung für das Zündöl, die äußere für das Teeröl frei.

Eine interessante Art der reinen Druckeinspritzung ist die von Arschauloff, bei der die Brennstoffpumpe von einem unmittelbar mit dem Verdichtungsraum verbundenen Kolben angetrieben wird, der eine etwa 13 mal so große Fläche hat, wie der Pumpenkolben. Ein federbelastetes Doppelsitzventil im Pumpenraum wird bei etwa 20 at Kompressionsdruck geöffnet, wodurch dieser Druck anfangs etwas weniger ansteigt, jedoch wird dabei ein Teil des Brennöls eingespritzt, dessen Verbrennung wieder den Druck weiter erhöht[1]). Abb. 458 zeigt das gewöhnliche und das versetzte Indikatordiagramm, sowie den Verlauf des Weges des Pumpenkolbens, der während der Ansaugezeit des Arbeitskolbens neuen durch den Regler zugemessenen Brennstoff in den Pumpenraum bringt.

Auf die verwendeten Reglerbauarten soll hier nicht eingegangen werden, da jeder gute Pendel- oder Achsenregler bei entsprechender Energie verwendbar ist. Die Regler sitzen bei stehenden Maschinen meist auf der noch rasch laufenden stehenden Welle, entweder oben am Ende oder unterhalb des Antriebs der Nockenwelle, manchmal wird, wenn nötig, auch eine besondere Reglerwelle angewendet. Bei liegenden Maschinen werden Pendelregler gewöhnlich durch Kegel- oder Schraubenräder von der liegenden Steuerwelle angetrieben oder auf dieser selbst Achsenregler angeordnet. Jedenfalls sind womöglich lange Wellen und Gestänge zwischen Regler und Brennstoffpumpen zu vermeiden.

Der Ungleichförmigkeitsgrad wird je nach Bedarf vorgeschrieben, etwa mit 4 vH für die dauernde Drehzahländerung von Vollast auf Leerlauf. Die Reglerenergie richtet sich nach den Widerständen und Rückdrücken im Reglergestänge, kann also nicht allgemein angegeben werden.

Zum Parallelschalten von Wechselstrommaschinen oder Laden von Akkumulatoren werden Tourenverstellungen meist in Form von Federwagen verwendet, die auch mit elektrischen Fernsteuerungen verbunden sein können. Beim Laden von Akkumulatoren bleibt das Drehmoment der Stromstärke angenähert proportional, also konstant, wie beim Pumpenantrieb. Hier ist demnach ein Leistungsregler oder die Änderung der Drehzahl in anderer Weise am Platz, nicht aber eine Füllungsregelung.

Bei Schiffsmaschinen und auch bei Schnelläufern wird außer der Handregelung gewöhnlich noch ein Sicherheitsregler angebracht, der bei Überschreitung einer gegebenen Drehzahl die Maschine abstellt oder besser in der beschriebenen Weise unabhängig von der Handregelung auf dieser höchsten Drehzahl hält.

[1]) Vgl. Hawkes: Some experiments in connection with the injection-combustion of fuel-oil in Diesel engines. North-East-Coast Institution of Engineers and Shipbuilders.

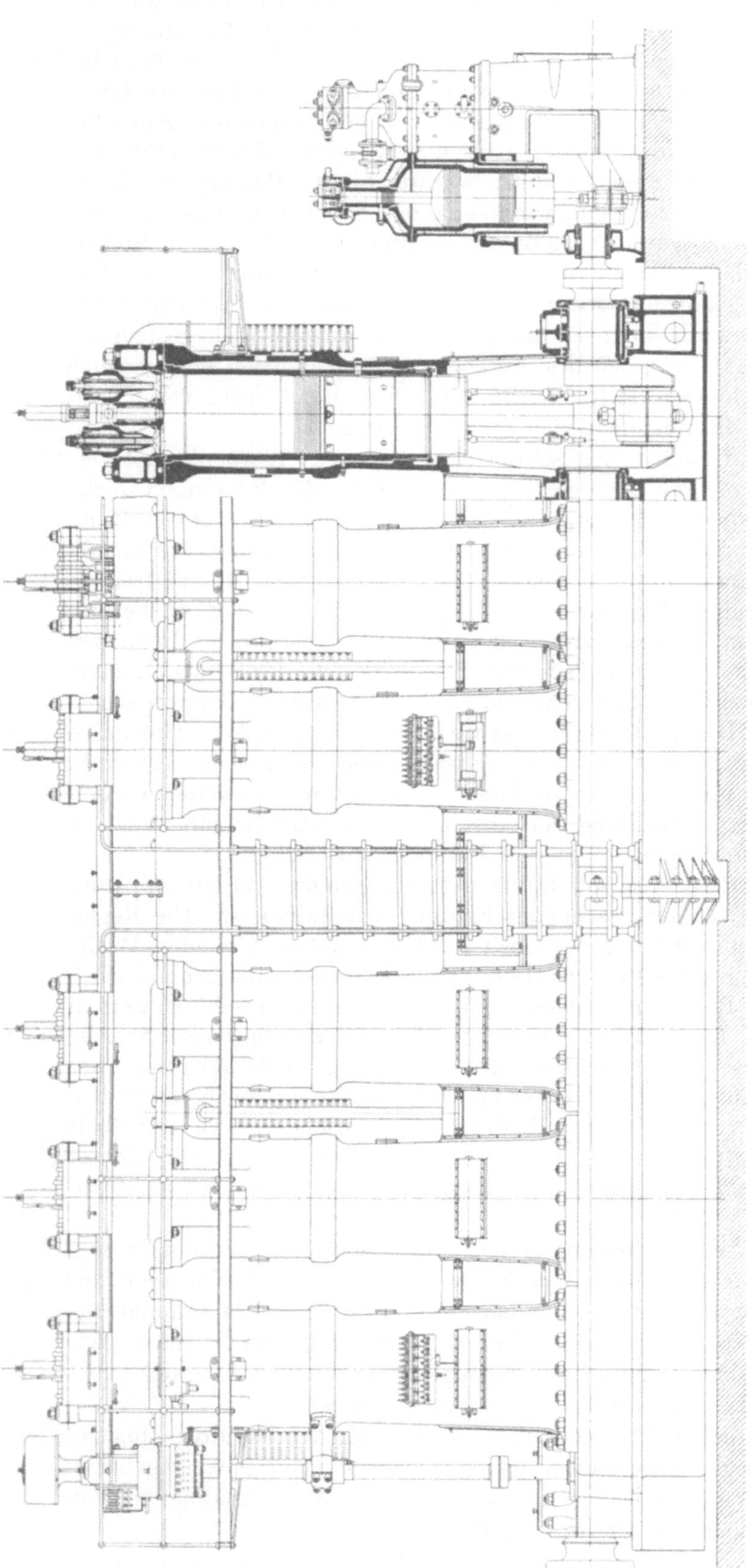

Abb. 459. MAN, Zusammenstellung, $6 \cdot \frac{640}{900} \cdot 150$.

XIII. Der Verdichter.

Wenn die Brennstoffeinführung und Zerstäubung durch reine Druckluft geschehen soll, wird diese mit 50 bis 80 at in von der Maschine unmittelbar oder gesondert angetriebenen Verdichtern hergestellt, nachdem man von der Entnahme eines Teils des verdichteten Gemisches aus den Arbeitszylindern mit Rücksicht auf Verschmutzung der zur weiteren Druckerhöhung erforderlichen Teile und der Verbindungsöffnungen abgekommen ist. Nur die bereits S. 108 besprochene Verdichtung durch Zündung in einer Vorkammer hat sich bewährt.

Die Lage, der Antrieb und der Aufbau der Verdichter für reine Luft sind wegen der vielen Möglichkeiten und verschiedenen Anforderungen ungemein vielfältig.

Für langsam laufende Maschinen wurden ursprünglich vielfach die Verdichter auf dem Rükken des Gestells, meist auf der Steuerseite, angebracht und ihre Tauchkolben mit doppelarmigen Hebeln und Zugstangen vom Arbeitskolben her angetrieben (Abb. 11), wobei die Verdichterkolben nach unten ausgebaut werden können. Vorzuziehen ist womöglich die Anordnung Abb. 59, wo der Ausbau nach oben erfolgt. Die gleichen Anordnungen können auch für Mehrzylindermaschinen zur Anwendung kommen, und zwar gewöhnlich 2 Verdichter, die eine gewisse Reserve bieten. Auch Teilung des Antriebs der Stufen des Verdichters wird verwendet. Viel einfacher und für größere Drehzahlen allein anwendbar wird der Antrieb mit Stirn- oder gekröpften Kurbeln vom Ende der Maschinenhauptwelle aus, weshalb diese Anordnung jetzt bei Landmaschinen in den allermeisten Fällen ausgeführt wird. Dabei können die Achsen der Verdichterzylinder stehend (z. B. Abb. 17, 25, 28, 29, 51, 62, 378) oder liegend (Abb. 31, 48, 49) oder auch schräg angeordnet werden; ihr Gestell ist entweder auf einer mit der Grundplatte der Maschine zusammenhängenden Platte (Abb. 17, 25, 28, 31, 62) oder auch gesondert angebracht (Abb. 459, 460), bei Kastengestellen ist es gewöhnlich mit denselben verbunden (Abb. 29, 70, 83, 378). Die Verdichter können auch an den Arbeitszylindern befestigt werden (Abb. 35). Der Antrieb erfolgt mit Schubstange direkt oder auch durch Vermittlung eines Zwischenhebels (Abb. 460). Bei Schiffsmaschinen mit geringer Drehzahl verwendet man mit Rücksicht auf die Verminderung der Maschinenlänge auch oft den Hebelantrieb von einem Kreuzkopf (z. B. Abb. 461) oder auch bei Aufstellung des Verdichters in der Längsmitte von einer gekröpften Kurbel aus (Abb. 382).

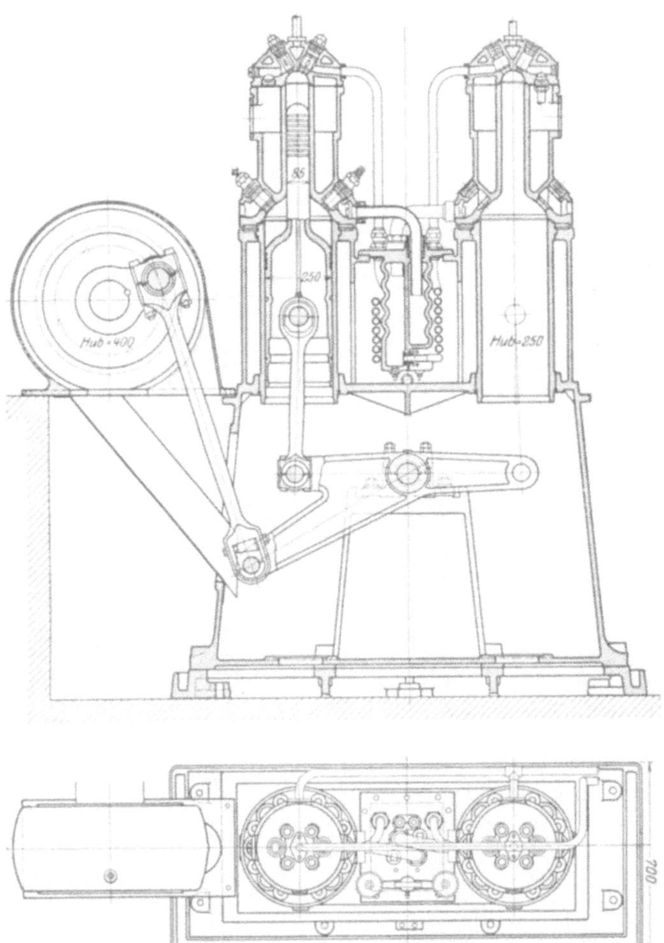

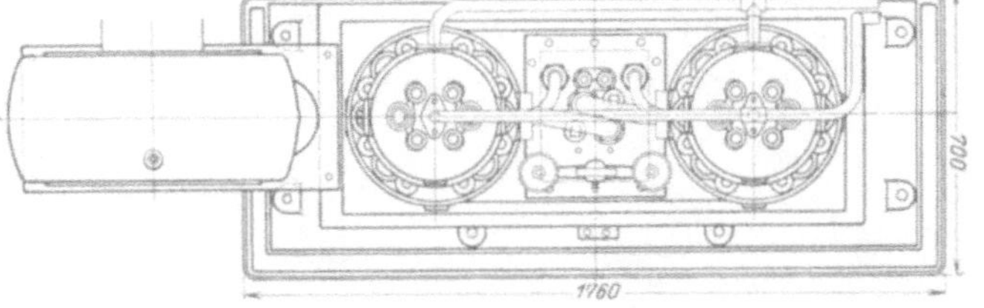

Abb. 460. Gz, Getrennter Verdichter, $2 \cdot \frac{250 \cdot 85}{250}$.

Treibt man den Verdichter mit einer eigenen Kraftquelle, Dieselmotor (Abb. 462), Elektromotor oder auch durch Riemen an (Abb. 487) [1]), so kann man seine Drehzahl beliebig wählen und nötigenfalls verändern. Gegebenenfalls kann er auch bei Stillstand der Hauptmaschine zum Aufpumpen der Behälter verwendet werden. Vielfach werden daher solche Verdichter auf Schiffen auch als Reserve für die an der Hauptmaschine hängenden verwendet (Abb. 462, 480). Sie liefern gewöhnlich auch niedriger gespannte Luft für andere Zwecke, z. B. Pumpen- und Windwerksantrieb. Da man die abgesonderten Verdichter in den sonst unverwendbaren Teilen des Maschinenraumes unterbringen kann, spart man an Gesamtgrundfläche, und man entlastet auch die Hauptmaschine um 8 bis 10 vH ihrer Leistung, was bei großen Einheiten ins Gewicht fällt. Hingegen wird der Betrieb der Gesamtanlage bedeutend verwickelter, besonders auch die Regelung der Einspritz-Luftmenge, für die bei unmittelbarem Antrieb oft die von selbst eintretende Drosselung in der Saugleitung der Niederdruckstufe, die bei erhöhter Drehzahl wächst, ausreicht.

Auch zum Anlassen des Hauptmotors werden die direkt gekuppelten Verdichter verwendet, wobei ihre Steuerung entsprechend verändert wird und die Anlaßvorrichtungen

[1]) Vgl. Meyer, Delft: Z. V. d. I. 1913, S. 1269.

an den Arbeitszylindern entfallen (Abb. 463). Als doppelt wirkender Druckluftmotor arbeiten der Niederdruckzylinder des Verdichters und ein Hilfsverdichter für die Steuermaschinen, wenn die Schieberstange *k* durch Druckluft mittels des kleinen Tauchkolbens *s* angehoben wird und die Antriebstange *b* je nach Bedarf die Vorwärts- oder Rückwärts-

Abb. 461. Vu, Zusammenstellung, $6 \cdot \frac{730}{1250} \cdot 100$.

rolle mit dem betreffenden Daumen zur Berührung bringt. Im gewöhnlichen Betriebe stehen die Kolbenschieber *d* und *d'* unten, wie in der Abbildung gezeichnet, die Niederdruckzylinder arbeiten in der gewöhnlichen Art.

Bei liegenden Maschinen wird der Verdichter ebenfalls stehend (Abb. 18), liegend oder schräg (Abb. 464) angeordnet und von einer Stirnkurbel angetrieben, bei Mehrzylindermaschinen werden auch zwei Verdichter verwendet, bei horizontaler Anordnung wird manchmal auch die Achse mit Rücksicht auf bequemeren Aufbau und Verminderung des Gleitbahndruckes tiefer gelegt als die Kurbelmitte.

Die Hauptabmessungen der Verdichter lassen sich durch den Luftbedarf bestimmen, dieser aber hängt nicht nur von der erforderlichen Einspritzmenge, sondern auch von der Druckluftmenge ab, die für das Anlassen oder andere Zwecke aufgespeichert werden muß. Je öfter das Anlassen oder bei Schiffsmaschinen das Umsteuern erfolgt, desto größer

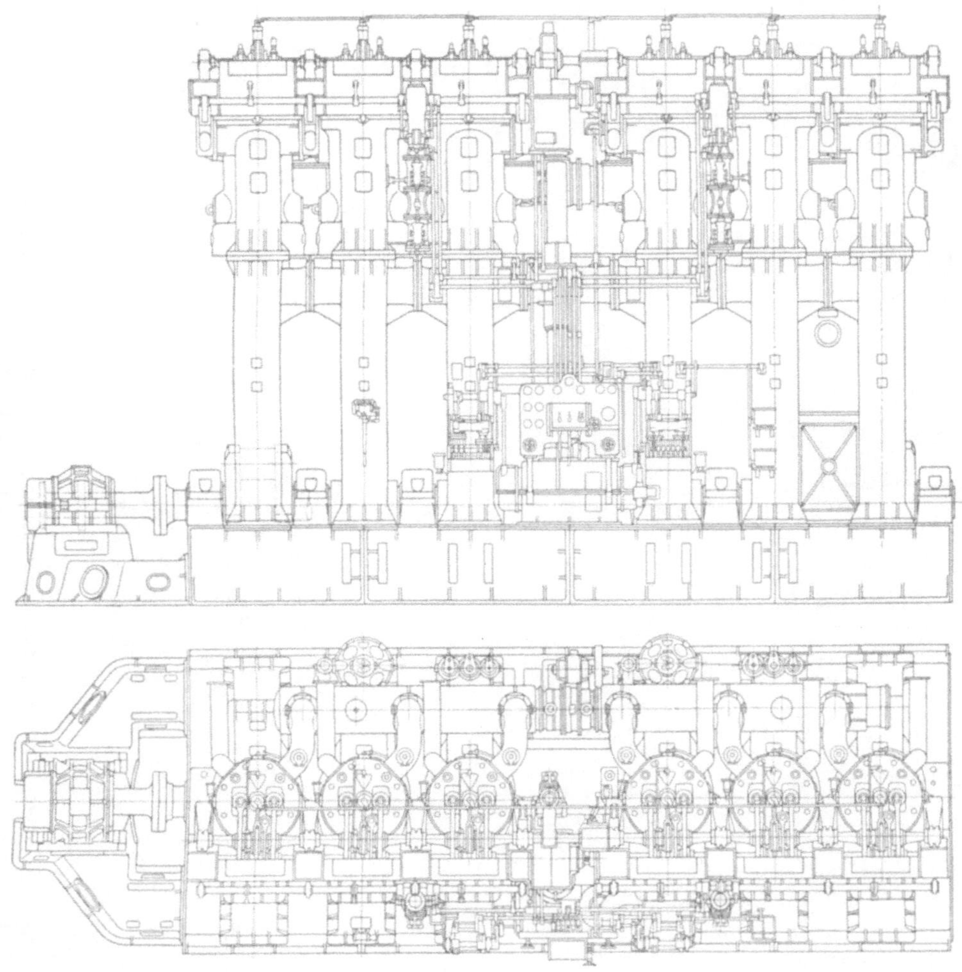

Zu Abb. 461. Vu, Zusammenstellung, $6 \cdot \frac{750}{1250} \cdot 100$.

muß der Verdichter gewählt werden. Größere Maschinen verlangen wegen der von der Einspritzluft zu leistenden größeren Verteilungsenergie für die Brennstoffteilchen im Zylinder größere Einblaseluftmengen. Der Bedarf an Einblaseluft beträgt für Vollast etwa das 1,9- bis 2,2fache Gewicht des Brennstoffverbrauches oder etwa 1,6 bis 1,9 m^3 für 1 kg Brennstoff, d. i. rund 0,2 $V_h n$ bis 0,25 $V_h n$ bei $p_e = 6$ at mittlerem Kolbendruck oder 0,3 bis 0,4 m^3 für eine Pferdekraftstunde, bezogen auf 1 at und 15° C, d. i. auf ein spez. Gewicht der Luft von 1,2 kg/m^3. Hierzu ist bei einer im Zweitakt einfachwirkenden Luftpumpe theoretisch ein Zylindervolumen von 0,033 V_h bis 0,045 V_h erforderlich, was bei einem volumetrischen Wirkungsgrad des Verdichters von 0,75 etwa 0,044 bis 0,06 V_h ergibt. Wie bereits angegeben, wird es aber immer größer, etwa 0,06 bis 0,08 V_h gewählt, um den angegebenen Vorkommnissen sicher begegnen zu können. Bei Anordnung mehrerer Pumpen ist diese Regel natürlich sinngemäß zu verwenden. Wie aus Abb. 399 hervorgeht, wäre bei Schiffsmaschinen für sehr kleine Drehzahlen ein noch größerer Verdichter nötig, um die angenommenen Verhältnisse zu erzielen. Das Verhältnis zwischen Kolbenhub und Durchmesser des Niederdruckzylinders wird je nach der Anordnung sehr verschieden gewählt, etwa zwischen 0,9 und 1,5. Längere Hübe ergeben etwas kleinere

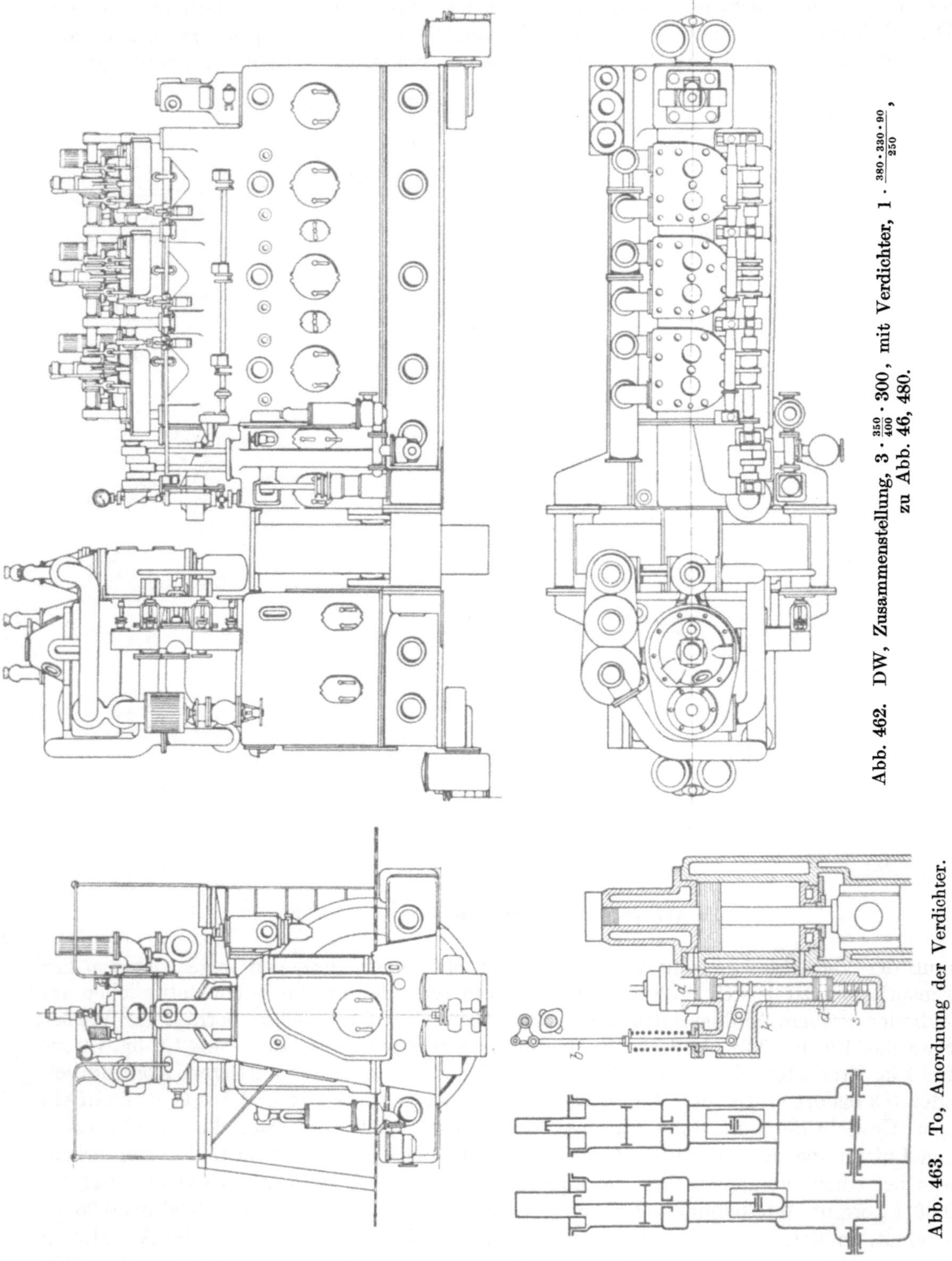

Abb. 462. DW, Zusammenstellung, $3 \cdot \frac{350}{400} \cdot 300$, mit Verdichter, $1 \cdot \frac{380 \cdot 330 \cdot 90}{250}$, zu Abb. 46, 480.

Abb. 463. To, Anordnung der Verdichter.

schädliche Räume und größeren volumetrischen Wirkungsgrad, sowie kleinere Kolbendrücke, hingegen größere Beschleunigungskräfte, die hier aber keine allzu große Rolle spielen. Die Kolbengeschwindigkeiten betragen bei Langsamläufern 0,75 bis 1,2, bei Schnelläufern 2 bis 3,2 m/sk.

Da hohe Enddrücke erzielt werden müssen, 70, 80 bis 100 at, so werden zwei- oder dreistufige Verdichter angewendet, wenn nicht wegen anderweitig erforderlicher noch höherer Drücke vier Stufen notwendig sind. Einstufige Verdichter kommen nur bei besonderen Bauarten vor (Abb. 465), wo die Druckluft ohne Aufspeicherung sogleich eingespritzt wird. Sonst würden durch die große Temperatursteigerung bei der Verdichtung nicht nur die Zylinderventile, Federn usw. unmittelbar leiden, sondern auch das an ihnen haftende Schmieröl zerstört werden, wodurch Verkrustungen und Verstopfungen eintreten. Bei übermäßiger Ölzufuhr können dann auch Entzündungen des Öls und Explosionen eintreten. Durch Teilung in Stufen und Zwischenkühlung kann man die zu große Erwärmung der Luft verhindern und gleichzeitig den Verdichterwirkungsgrad beträchtlich erhöhen (vgl. S. 349). Die Endkühlung hat dann auch noch den Zweck, zu verhindern, daß durch Abkühlung der zu warmen Luft in den Behältern beim Stillstand zuviel an Druck verloren wird. Aus diesen Gründen genügen bei großen Maschinen

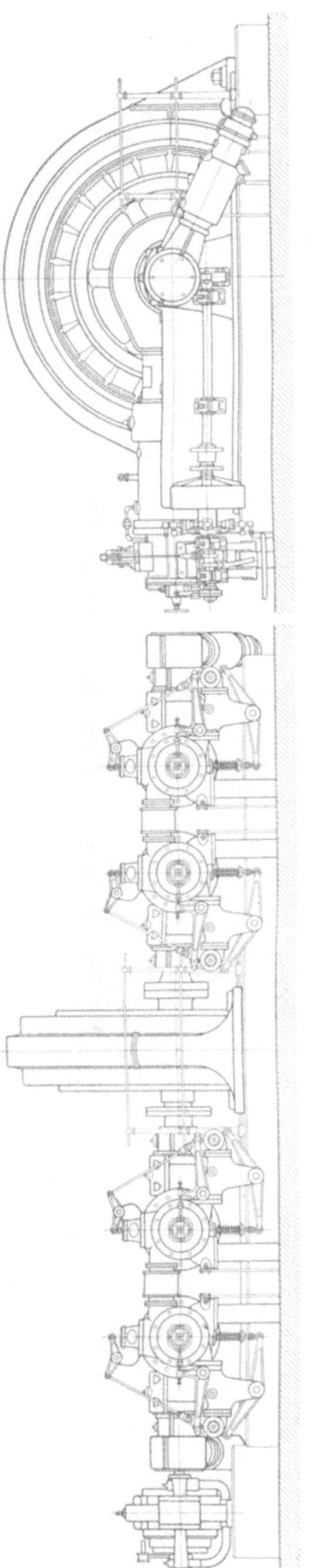

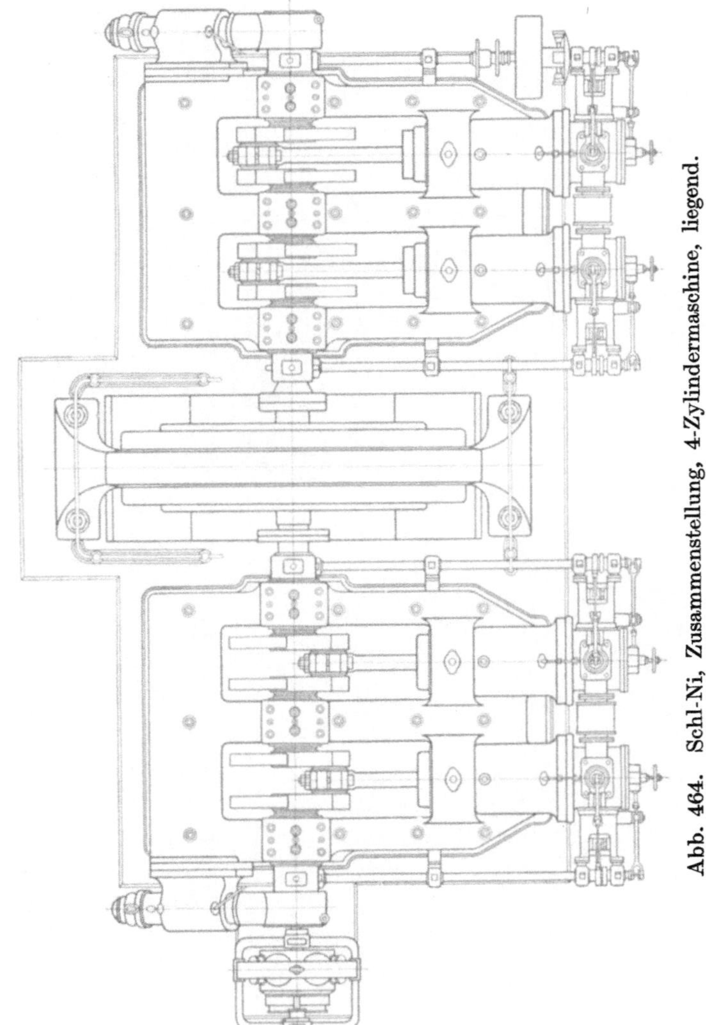

Abb. 464. Schl-Ni, Zusammenstellung, 4-Zylindermaschine, liegend.

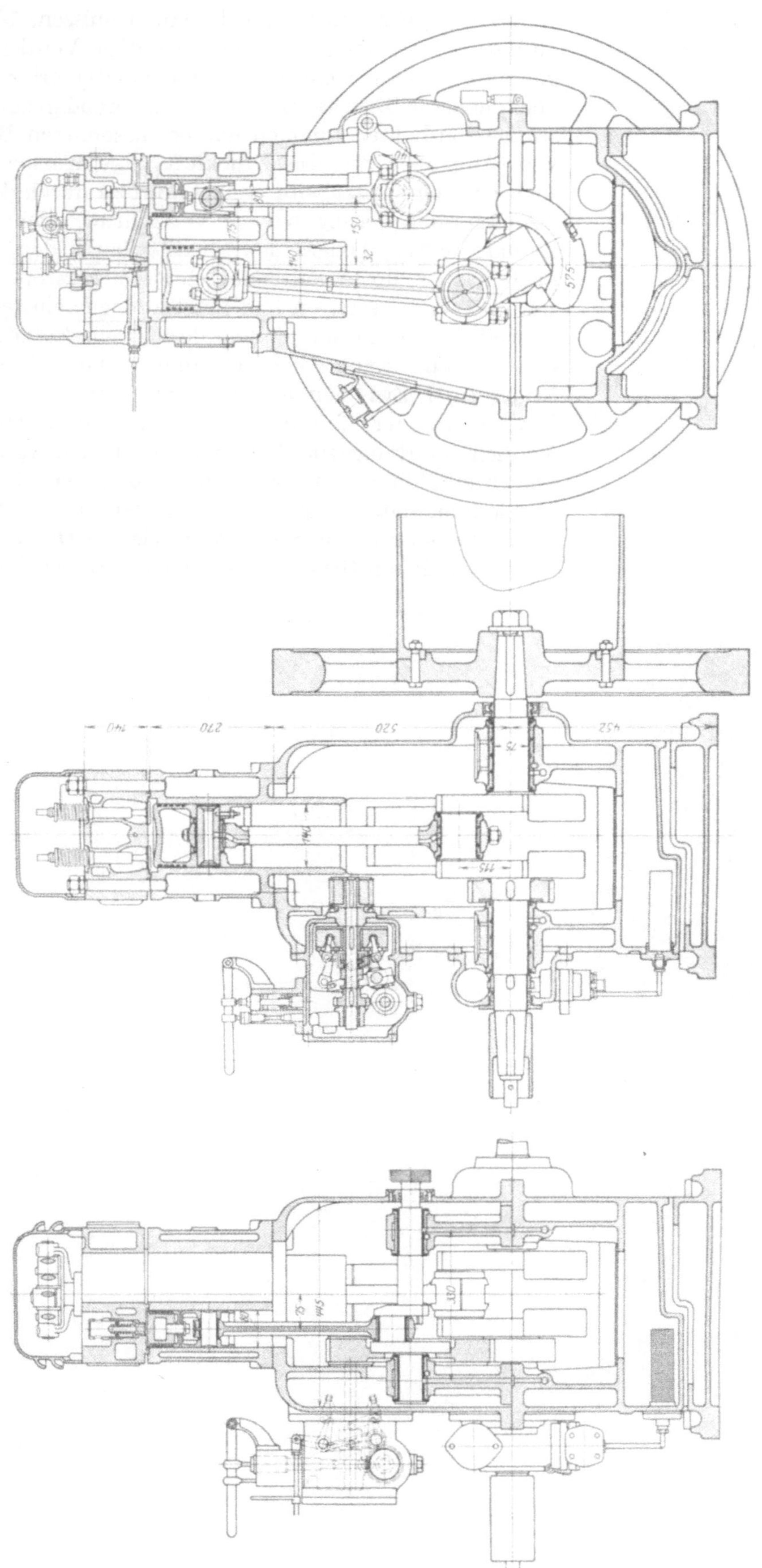

Abb. 465. Si, Zusammenstellung, Hindl-Motor, $\frac{140}{230} \cdot 450$.

und Schnelläufern zweistufige Pumpen nicht mehr, während sie bei kleineren und langsam laufenden ausreichen.

Die Wahl der Zylinderverhältnisse kann hier nicht nach den gewöhnlichen Regeln getroffen werden, weil ja schon im Betrieb mit normaler Leistung die Luftpumpe nur teilweise ausgenützt wird. Ist infolge von Einlaßdrosselung der Ansaugedruck nur 0,72 at, während der Enddruck z. B. 72 at beträgt, so würde das Verhältnis der Zylinder $\sqrt{\frac{72}{0,72}} = 10$ bei zwei, $\sqrt[3]{\frac{72}{0,72}} \backsim 4,6$ bei drei Stufen entsprechen, wenn die Verdichtungsverhältnisse in den Stufen jeweils dieselben bleiben sollen. Bei halber Belastung bleibt dann ohne Regelung der Ansaugedruck nahe der gleiche, der Enddruck wird aber kleiner, z. B. nach Abb. 398, etwa 65 at, die Zylinderverhältnisse wären dann mit 9,5 und 4,5 günstiger. Bei Maschinen mit gleichbleibender Drehzahl bleibt hiernach immerhin das passende Volumverhältnis ziemlich gleich. Wenn die Leistung stark unter die normale sinkt und

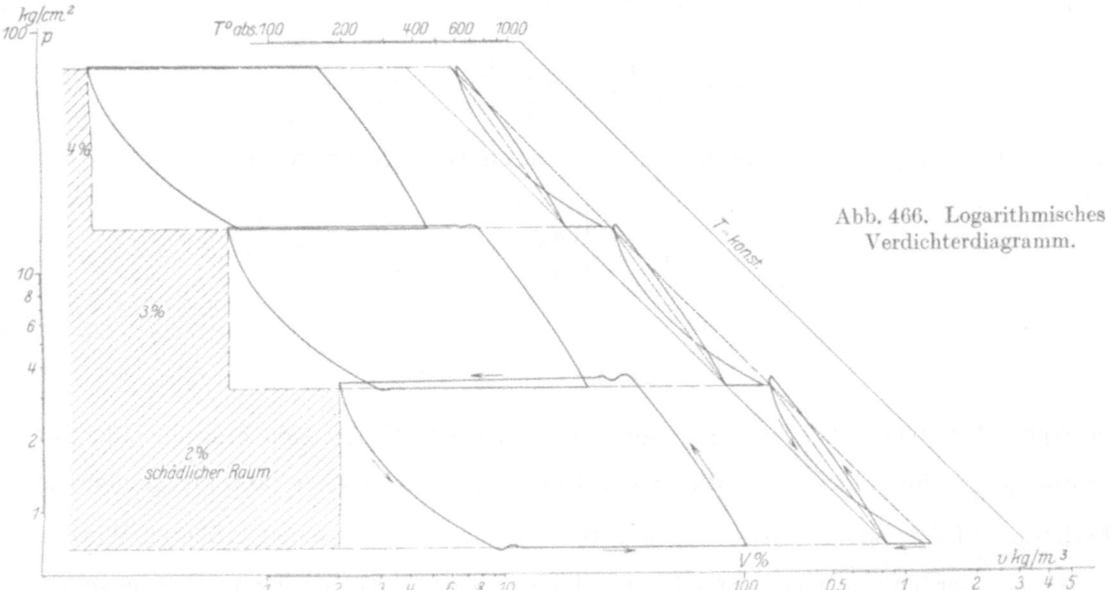

Abb. 466. Logarithmisches Verdichterdiagramm.

keine Regelung der Ansaugemenge stattfindet, sollte der Hochdruckzylinder eher etwas größer gewählt werden. Anders verhalten sich hingegen Schiffsmaschinen, wo eine stärkere Einblaseluftregelung stattfindet (vgl. Abb. 399). Hier würden sich etwa Zylinderverhältnisse von 8,2 und 4,1 ergeben. Da die größeren Druckverhältnisse höhere Temperaturen mit schädlichen Einflüssen mit sich bringen, macht man im allgemeinen die gegen Änderung des Anfangs- und Enddrucks allein empfindlichen Hochdruckzylinder lieber etwas kleiner, als es die Rechnung ergibt, indem man das Druckverhältnis im Nieder- und besonders im Mitteldruck steigert. Im Niederdruck wird freilich der volumetrische Wirkungsgrad etwas verschlechtert. Die Verhältnisse lassen sich leicht in einem logarithmischen Volumen-Druck-Diagramm, Abb. 466[1]), übersehen, in dem man durch die Neigung der Adiabaten auch bequem die Änderung von $\varkappa = \frac{c_p}{c_v}$ mit der Temperatur berücksichtigen kann. Die in den Zwischenkühlern abzuführende Wärmemenge, wenn man die Ansaugetemperatur auf die ursprüngliche Außenlufttemperatur zurückbringen will, ist jedesmal $Q_k = G c_v (T_2 - T_1)$, oder mit Molen gerechnet: $Q_k = M C_v (T_2 - T_1)$.

Die Verhältnisse beim Ansaugen, die die maßgebende Größe T_1 bestimmen, lassen sich ähnlich wie bei den Arbeitszylindern berechnen. Legt man für die Bezeichnungen

[1]) Körner: Z. ang. Math. Mech. Bd. 1, S. 189. 1921. Vgl. auch Seiliger: Z. V. d. I. 1923. S. 460.

in einem Zylinder die Abb. 467 zugrunde, und nimmt man vorläufig an, die Abkühlung zwischen 2 und 0 könne vernachlässigt werden, so daß $T_0 = T_2$ ist, und die Verdichtung erfolge adiabatisch, so daß

$$T_2 = T_1 \left(\frac{p_2}{p_1}\right)^{\frac{\varkappa-1}{\varkappa}},$$

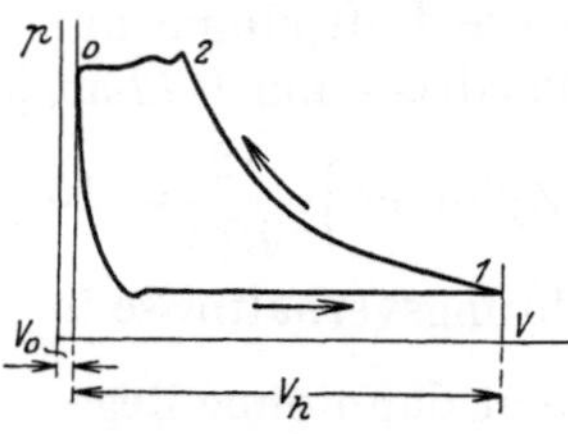

Abb. 467. Bezeichnungen zum Verdichterdiagramm.

so ist:

$$G_0 = \frac{V_0 p_2}{R T_2}, \quad G_1 = G_0 + G_a = \frac{V_0 + V_h}{R T_1} p_1.$$

Die Wärmeinhalte ergeben die Gleichung:

$$G_0 c T_2 + G_a c T_a + Q_s + A \int_0^1 V\,dp = (G_0 + G_a)\, c T_1.$$

Es kommt nun darauf an, $\int_0^1 V\,dp$ zu bestimmen. Für adiabatische Expansion und dann gleichbleibenden Ansaugedruck p_1 ergäbe sich:

$$\int_0^1 V\,dp = \frac{\varkappa}{\varkappa - 1} V_0 p_2 \left[\left(\frac{p_1}{p_2}\right)^{\frac{\varkappa-1}{\varkappa}} - 1\right].$$

Bei Einsetzen obiger Werte ergibt sich dann durch Wegbringen von G_a:

$$T_1 = \frac{1 - \frac{V_0}{V_h}\left[\left(\frac{p_2}{p_1}\right)^{\frac{1}{\varkappa}} - 1\right]}{1 - \frac{V_0}{V_h}\left[\left(\frac{p_2}{p_1}\right)^{\frac{1}{\varkappa}} - 1\right] - \frac{Q_s R}{c p_1}} \cdot T_a,$$

ein Wert, der stets mit $\frac{V_0}{V_h}$ wächst, wenn Q_s positiv ist. Nähert sich hingegen die Entspannungslinie im schädlichen Raum der Isotherme oder wächst, absolut genommen, überhaupt $\int_0^1 V\,dp$, so kann das Umgekehrte eintreten, wenn $\frac{V_0}{V_h}$ einen größeren Wert erreicht, weil der Faktor von $\frac{V_0}{V_h}$ im Nenner kleiner wird, z. B. bei der Isotherme selbst:

$$\frac{p_2}{p_1} - 1 - \frac{\varkappa - 1}{\varkappa} \cdot \frac{p_2}{p_1} \log \frac{p_2}{p_1} < \left(\frac{p_2}{p_1}\right)^{\frac{1}{\varkappa}} - 1.$$

Das Ansteigen der Ansaugelinie gegen Hubende vermindert allerdings diese Einwirkung, hingegen wird im Fall isothermischer Ausdehnung auch Q_s kleiner, weil die mittlere Lufttemperatur wächst. Man kann etwa rechnen: $Q_s \backsim \frac{O(T_w - T_m)}{30 n}$, wenn O die mittlere Wandoberfläche und T_w und T_m die mittleren Wand- und Lufttemperaturen während des Ansaugens bedeuten. Man kann also unter Umständen den schädlichen Raum der Mittel- und Hochdruckzylinder ohne Schaden für den Leistungsaufwand vergrößern. Dies hat den Vorteil, daß nicht nur die Abmessungen des Hochdruckzylinders größer und baulich günstiger werden, sondern daß auch bei bestimmter Wahl derselben die Änderung des gesamten Druckverhältnisses keinen merklichen Einfluß auf die Verteilung desselben auf die Zylinder ausübt. Die folgende von Dr. Ing. Emil Flatz[1]) in Graz herrührende angenäherte Berechnung gibt einen Einblick in diese Verhältnisse. Ist V_h der Hubraum der ersten, v_h jener der zweiten Stufe einer zweistufigen Pumpe, und nennt man $\frac{V_h}{v_h} = c$

[1]) D. R. P. 344 902.

das Zylinderverhältnis, sind ferner p_0 der Anfangsdruck, p_z der Zwischenkühlerdruck und p_e der Enddruck, $b = \sqrt{\frac{p_e}{p_0}}$ das erwünschte Druckverhältnis in beiden Zylindern, so ergibt sich bei Annahme gleicher Anfangstemperaturen bei Beginn der Verdichtung in beiden Stufen für das Verhältnis des schädlichen Raumes im Hochdruckzylinder zu dessen Hubraum:

$$h = \frac{b - c + cn\,(b-1)}{b\,(b-1)},$$

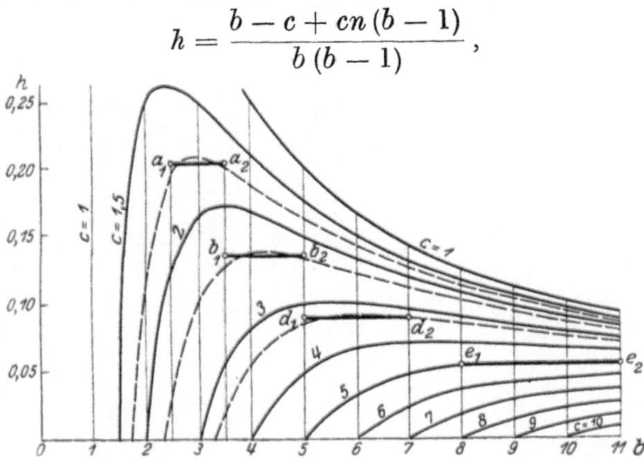

Abb. 468. Wahl des schädlichen Raumes im Hochdruckzylinder nach Flatz.

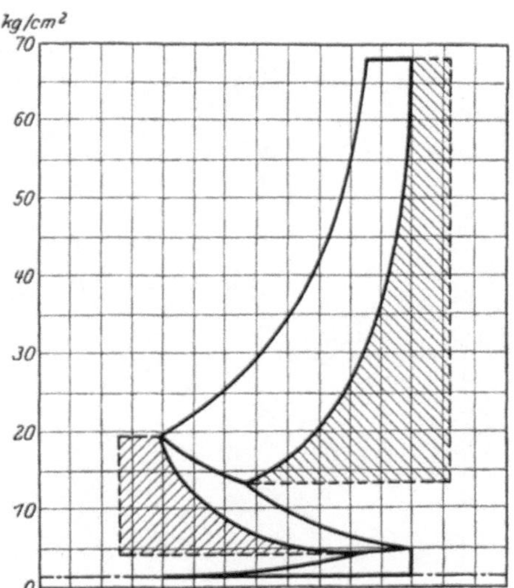

Abb. 469. Verdichterdiagramm Reavell.

wenn n das Verhältnis des schädlichen Raumes zum Hubraum im Niederdruckzylinder bedeutet und isothermische Entspannung der schädlichen Räume als erste Näherung angenommen wird. In Abb. 468 ist ein Bild dieser Beziehung gegeben, aus dem zu entnehmen ist, an welchen Stellen der Wert h etwa gleich bleibt, wenn sich das Druckverhältnis b ändert.

Auch der Reavell-Verdichter ohne Ventile im Mitteldruckzylinder arbeitet nach diesem Grundsatz, wenn auch im Hochdruckzylinder große schädliche Räume angebracht werden, die dadurch entstehen, daß das Druckventil erst am Ende einer Kühlschlange angebracht wird. Dadurch wird auch die Temperatur T_2 merklich herabgesetzt und auch während des Ausschubes noch vermindert. Abb. 469 gibt ein theoretisches Diagramm eines solchen Verdichters für Abb. 470.

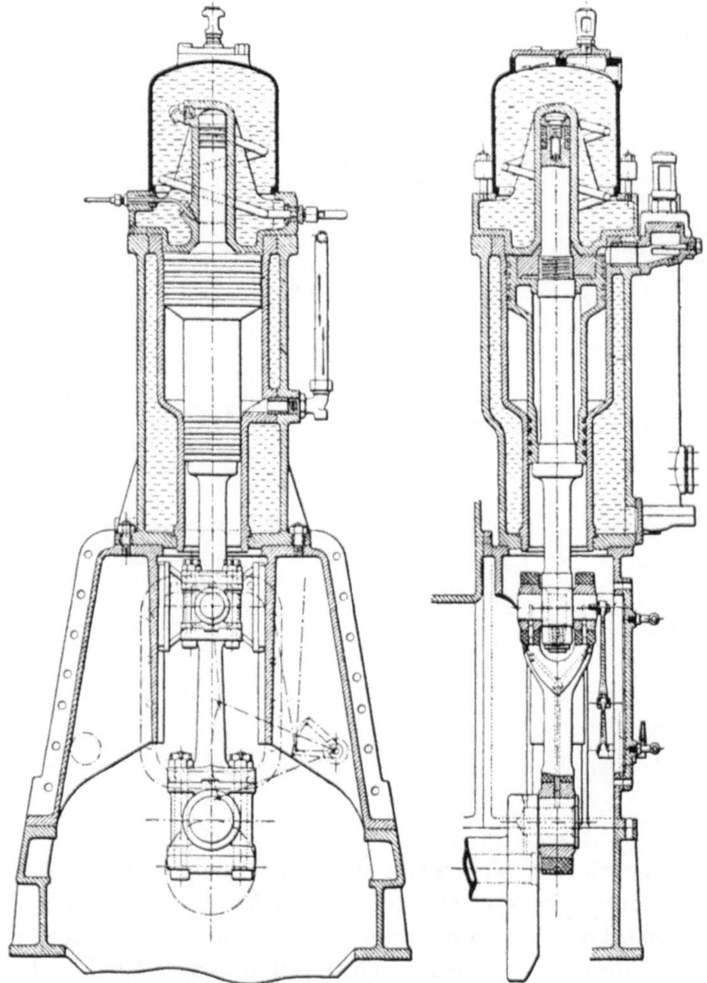

Abb. 470. Reavell & Co., Verdichter.

Die Konstruktion der Zylin-

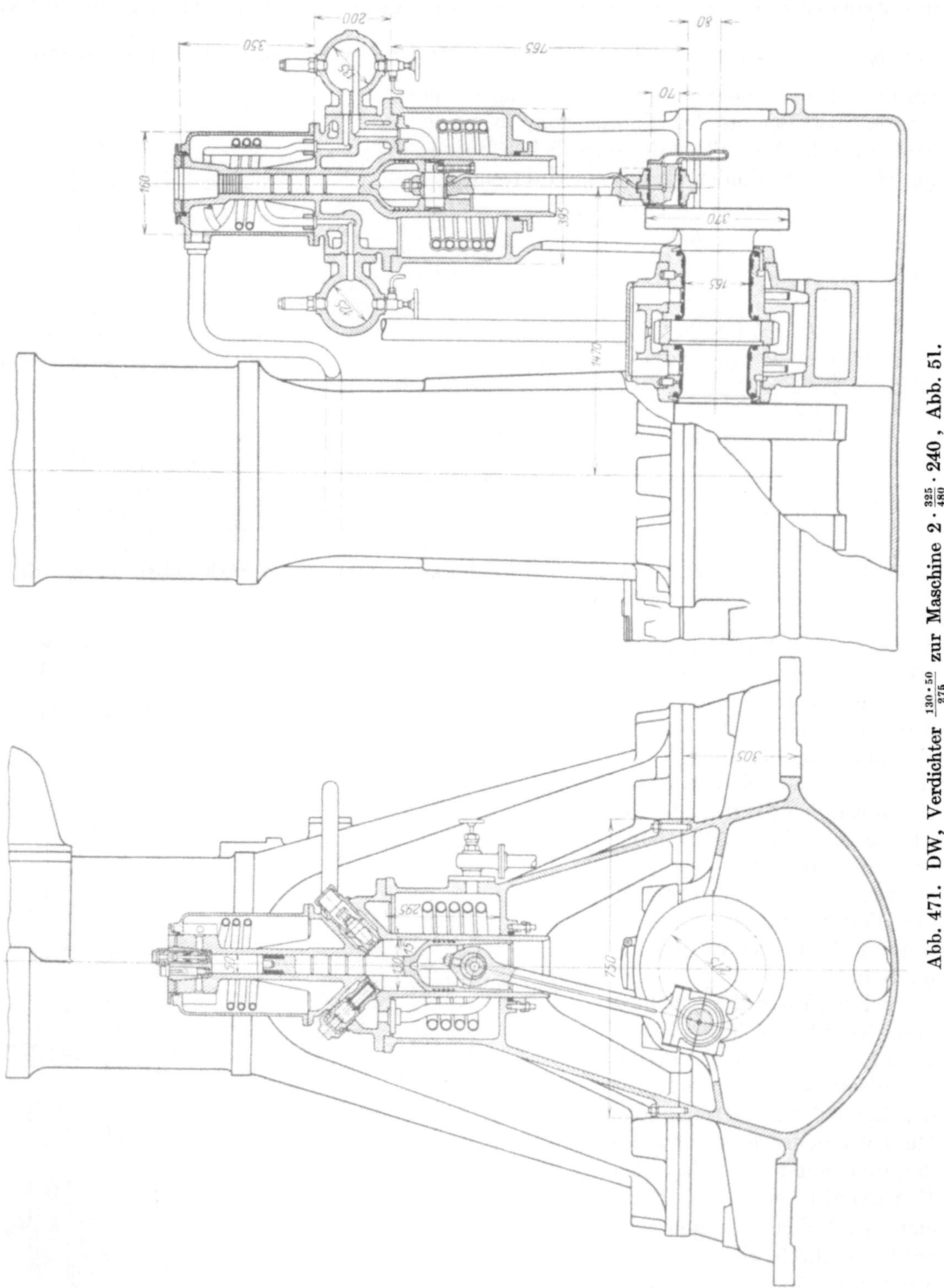

Abb. 471. DW, Verdichter $\frac{130 \cdot 50}{275}$ zur Maschine $2 \cdot \frac{325}{480} \cdot 240$, Abb. 51.

der ricthet sich nach der Anordnung und ist infolgedessen recht verschieden. Sehr häufig werden bei zweistufigen Verdichtern Hoch- und Niederdruckzylinder mit ihren Kühlmänteln aus einem Stück hergestellt, der Verdichtungsraum des Niederdruckzylinders wird dann gewöhnlich kugelförmig abgerundet, damit die Ventilgehäuse radial entsprechend Platz finden, ohne großen schädlichen Raum zu benötigen (Abb. 17,

378, 471, 472), sie werden aber auch normal zur Achse angeordnet (Abb. 474, 475). Bei Abb. 476 ist der Hochdruckzylinder besonders eingesetzt und die Ventile in eigenen, kegelförmig eingeschliffenen Gehäusen angebracht. Die Ventile für die Hochdruckstufe werden dabei gewöhnlich in den Zylinderdeckel verlegt (Abb. 17, 471, 473, 474, 475). Die gegen die Antriebskurbel gelegenen Niederdruckkolben sind gewöhnlich offene Tauchkolben und tragen den Kolbenzapfen. Auch zwei nebeneinanderliegende Zwillingsdoppelzylinder werden aus einem Stück hergestellt. Bei dieser Bauart müssen jedoch gewöhnlich zum Ausbau der Kolben die Zylinder abgehoben werden, da meist gegen die Kurbel zu nicht genug Platz vorhanden ist. Um dies leicht bewerkstelligen zu können, müssen die Rohranschlüsse möglichst vermindert und entsprechend angeordnet sein. Die Hochdruckventile sind manchmal auch an den Zylindern selbst angebracht (Abb. 477, 478, 479) oder es wird z. B. das Saugventil in den Deckel, das Druckventil in den Zylinder verlegt (Abb. 31, 480). Häufig werden die Zylinder geteilt, u. zw. entweder derart, daß nur der Kühlmantel des Hochdruckzylinders gesondert (Abb. 473, 474), oder daß auch der Kühlmantel der ersten Stufe abgetrennt und als gesondertes Stück ausgeführt (vgl. Abb. 479) oder in das Gestell verlegt wird (Abb. 471). Man kann auch den Niederdruckzylinder gesondert im Gestell anbringen (Abb. 53) oder ihn mit dem Gestell vereinigen und

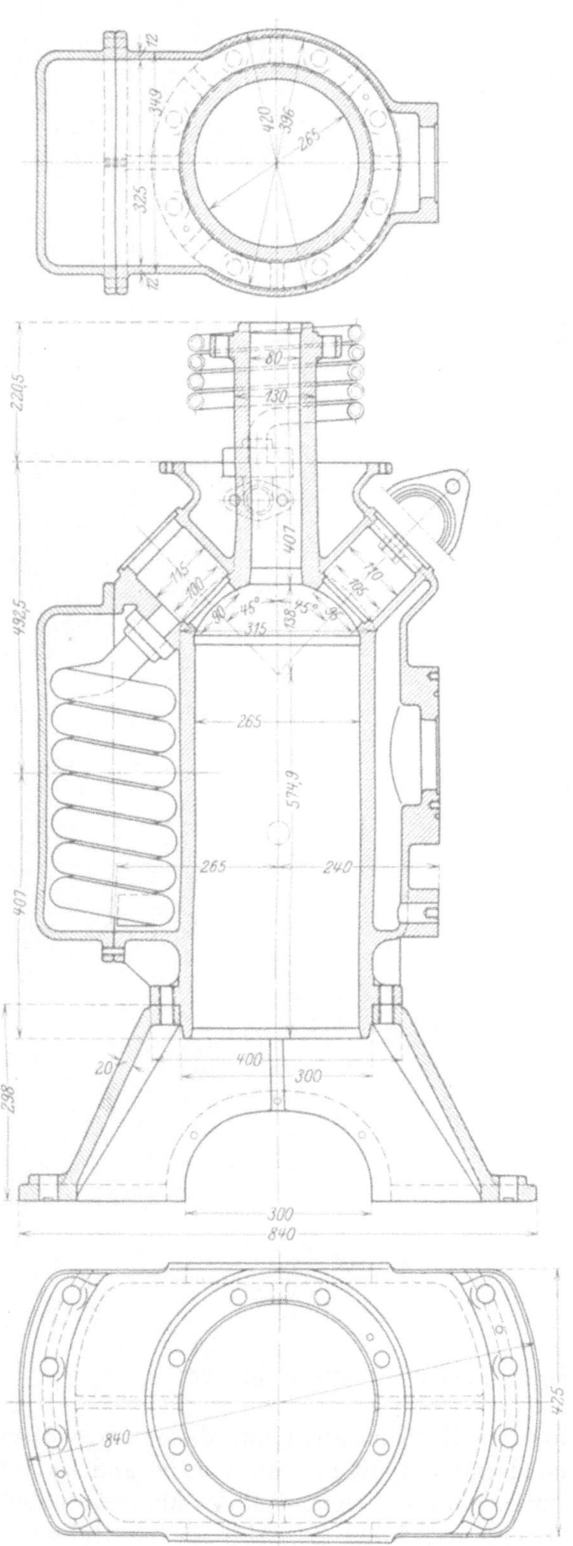

Abb. 472. Lb, Zylinder zum Verdichter $\frac{265 \cdot 80}{300}$ zur Maschine $4 \cdot \frac{420}{600} \cdot 215$.

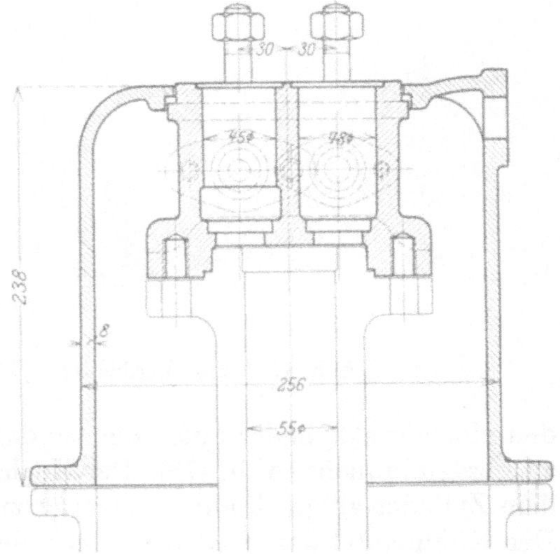

Abb. 473. Lb, Hochdruckzylinderdeckel zum Verdichter $\frac{180 \cdot 55}{190}$ zur Maschine $3 \cdot \frac{290}{430} \cdot 260$.

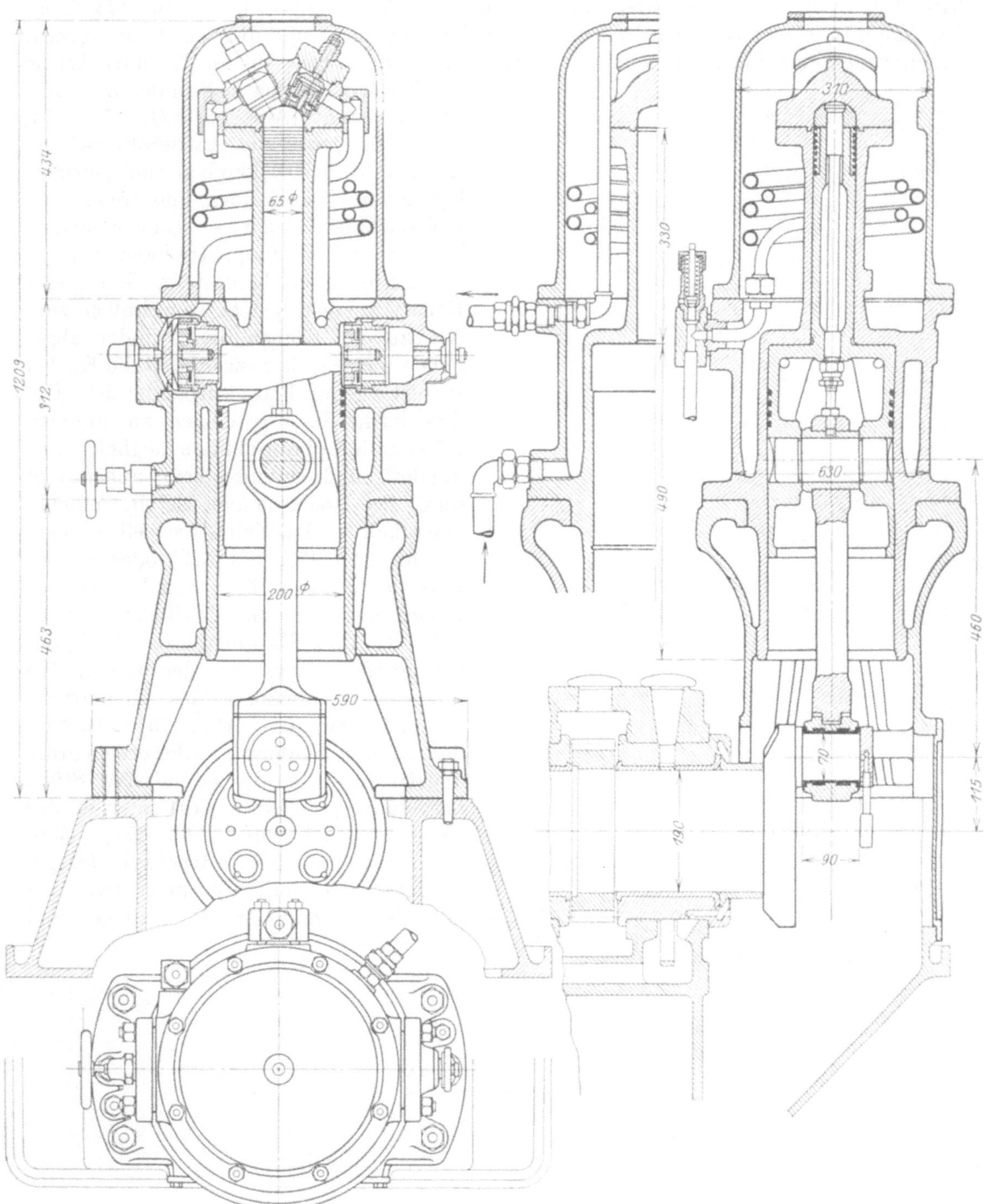

Abb. 474. Ess, Verdichter $\frac{200 \cdot 65}{230}$ zur Maschine $3 \cdot \frac{320}{500} \cdot 250$, zu Abb. 25.

den Hochdruckzylinder aufsetzen, so daß für den Kolbenausbau nur dieser abgehoben zu werden braucht (Abb. 475). Der Hochdruckdeckel enthält hier die Ventile und ist auf dem Zylinder aufgeschraubt, indem er zur guten Kühlung einen Teil des Mantels bildet. Der Kühlmantel des Niederdruckzylinders reicht manchmal nicht bis an das Zylinderende (Abb. 17, 378, 474, 475), oder er ist ganz weggelassen; jedenfalls kann das Wasser im Kühlmantel am inneren Ende ruhen, damit die Rohranschlüsse außerhalb des Gestells liegen, gut zugänglich und sichtbar sind (vgl. Abb. 28). Endlich werden auch die Zylinder geteilt und eine Niederdruckbüchse in das als Kühlmantel der ersten Stufe dienende Gestell eingesetzt (Abb. 18, 460) oder die Hochdruckbüchse abgetrennt (Abb. 476).

Noch verschiedenartiger ist der Bau der Zylinder für dreistufige Verdichter. Sind alle drei Stufen unmittelbar hintereinander geschaltet, so geschieht das wohl ausnahms-

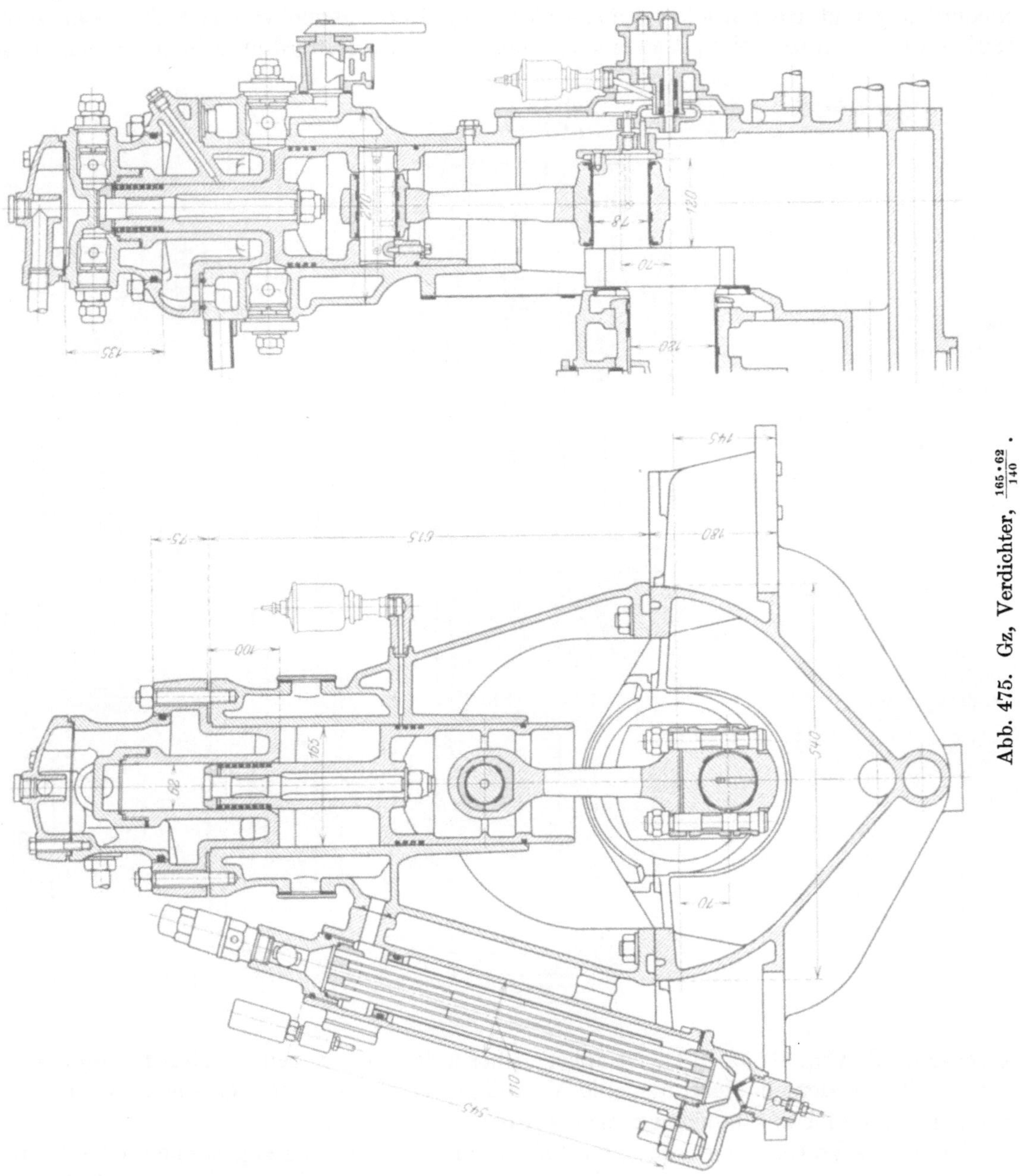

Abb. 475. Gz, Verdichter, $\frac{165 \cdot 62}{140}$.

weise so, daß sich Niederdruck, Mitteldruck und Hochdruck folgen, besser aber liegt der Niederdruck zwischen Hoch- und Mitteldruck, um das Ansaugen des im Kurbelgehäuse herumspritzenden Schmieröls zu vermeiden und die Druckverteilung zu verbessern (z. B. Abb. 28, 29, 59, 478, 481, 482, 483), indem die Druckperiode von Nieder- und Hochdruck gleichzeitig, jene vom Mitteldruck jedoch beim entgegengesetzten Halbhub stattfindet. Hier bieten nur der Ausbau und die Einstellung der schädlichen

Räume Schwierigkeiten, zum Nachsehen des Nieder- und Mitteldruckzylinders muß der ganze Kolben ausgebaut werden.

Manchmal werden die Stufen auch von einander getrennt, entweder die Niederdruckstufe von den beiden höheren (Abb. 479), und zwar entweder von derselben oder einer zweiten Kurbel angetrieben, wobei die Tandemseite kleineren Hub bekommen kann, oder es wird der Niederdruckzylinder geteilt und einerseits Niederdruck und Mitteldruck, andererseits Niederdruck und Hochdruck vereinigt (Abb. 48). Der Antrieb von zwei Kurbeln unter 180° ergibt einen teilweisen Massenausgleich, die Zwillingsanordnung bietet eine gewisse

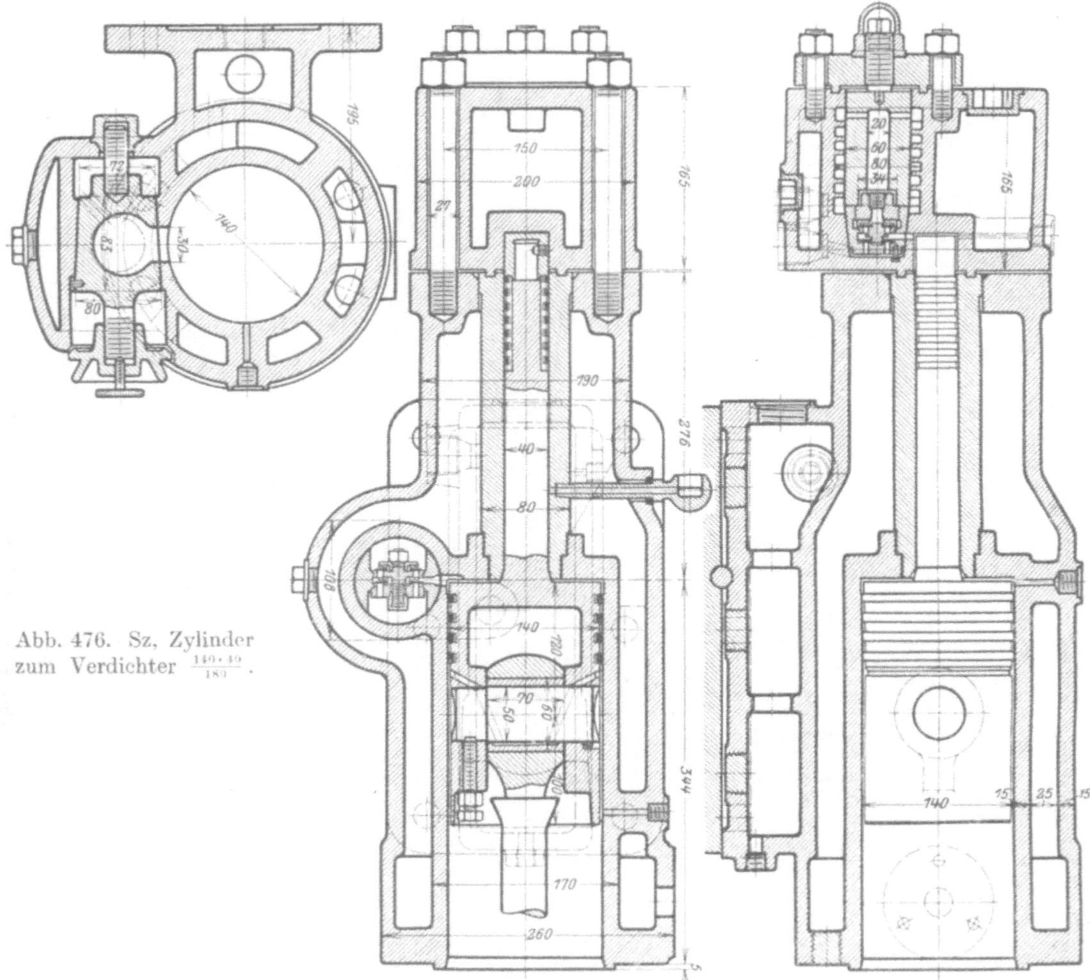

Abb. 476. Sz, Zylinder zum Verdichter $\frac{140 \cdot 40}{180}$.

Reserve (z. B. Abb. 31, 59, 461), ist daher insbesondere bei großen Maschinen empfehlenswert, weil bei kleinen Maschinen die Vielteiligkeit schadet und kostspielig wird, auch wenn die Zylinder zusammengegossen werden.

Vierstufige Verdichter werden gewöhnlich von zwei Kurbeln angetrieben, da sie sonst gar zu hoch werden, aber auch der Antrieb von einer Kurbel kommt bei gesondert angetriebenen Verdichtern vor (Abb. 480). Im ersten Fall können etwa die ersten beiden und die letzten beiden Stufen zusammengebaut werden, oder Nieder- und Mitteldruck werden geteilt, die 3. und 4. Stufe oben aufgesetzt (Abb. 484).

Sind nur je zwei Zylinder miteinander vereinigt, so ist die Ausführung derselben analog der von zweistufigen Verdichtern. Sind jedoch drei Stufen gemeinsam von einer Stange angetrieben, so ist der Ausbau erschwert. Man bildet deshalb den oben sitzenden Hochdruckzylinder als Deckel des Niederdruckzylinders aus (Abb. 28, 29, 62, 461, 478, 481,

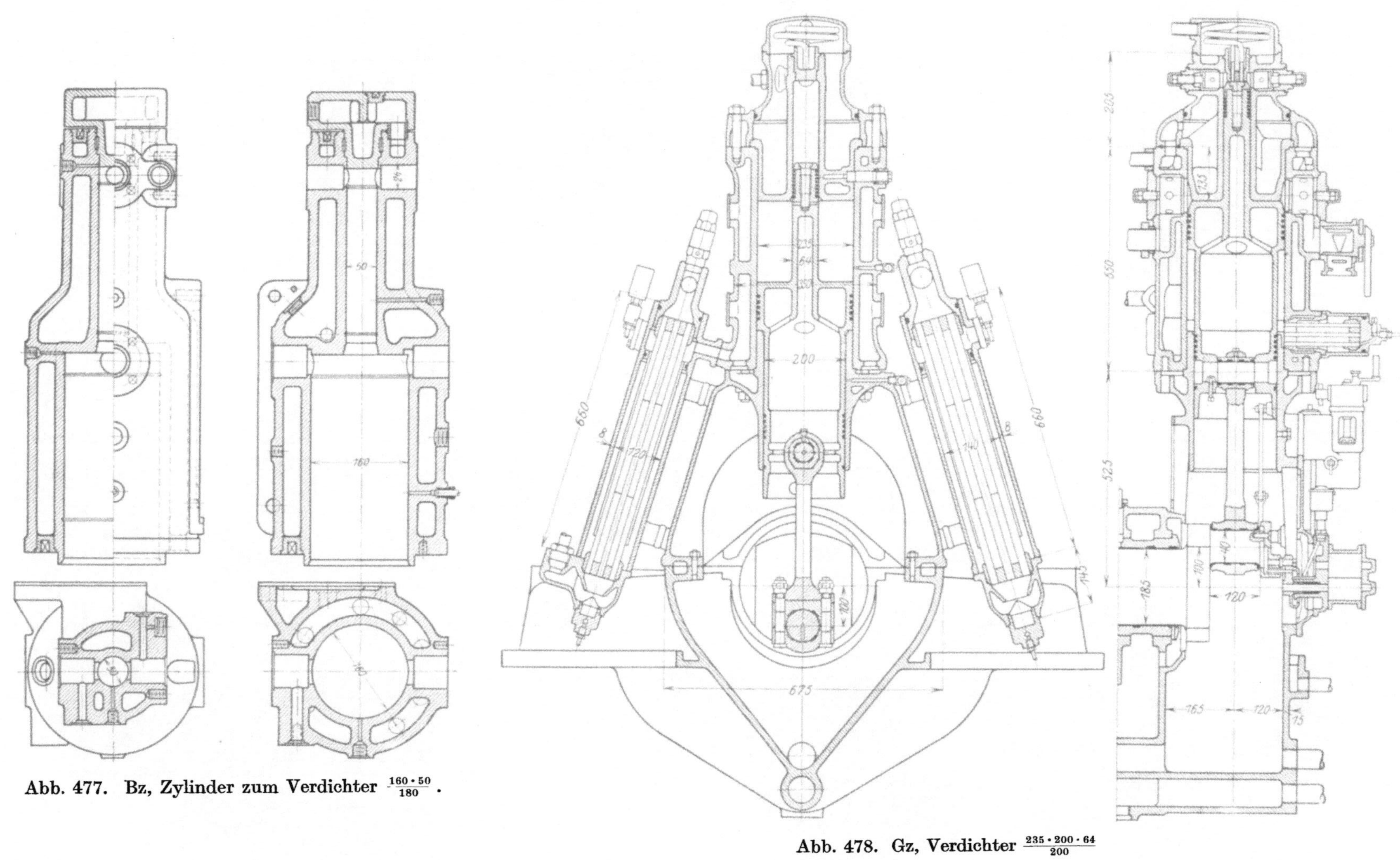

Abb. 477. Bz, Zylinder zum Verdichter $\frac{160 \cdot 50}{180}$.

Abb. 478. Gz, Verdichter $\frac{235 \cdot 200 \cdot 64}{200}$

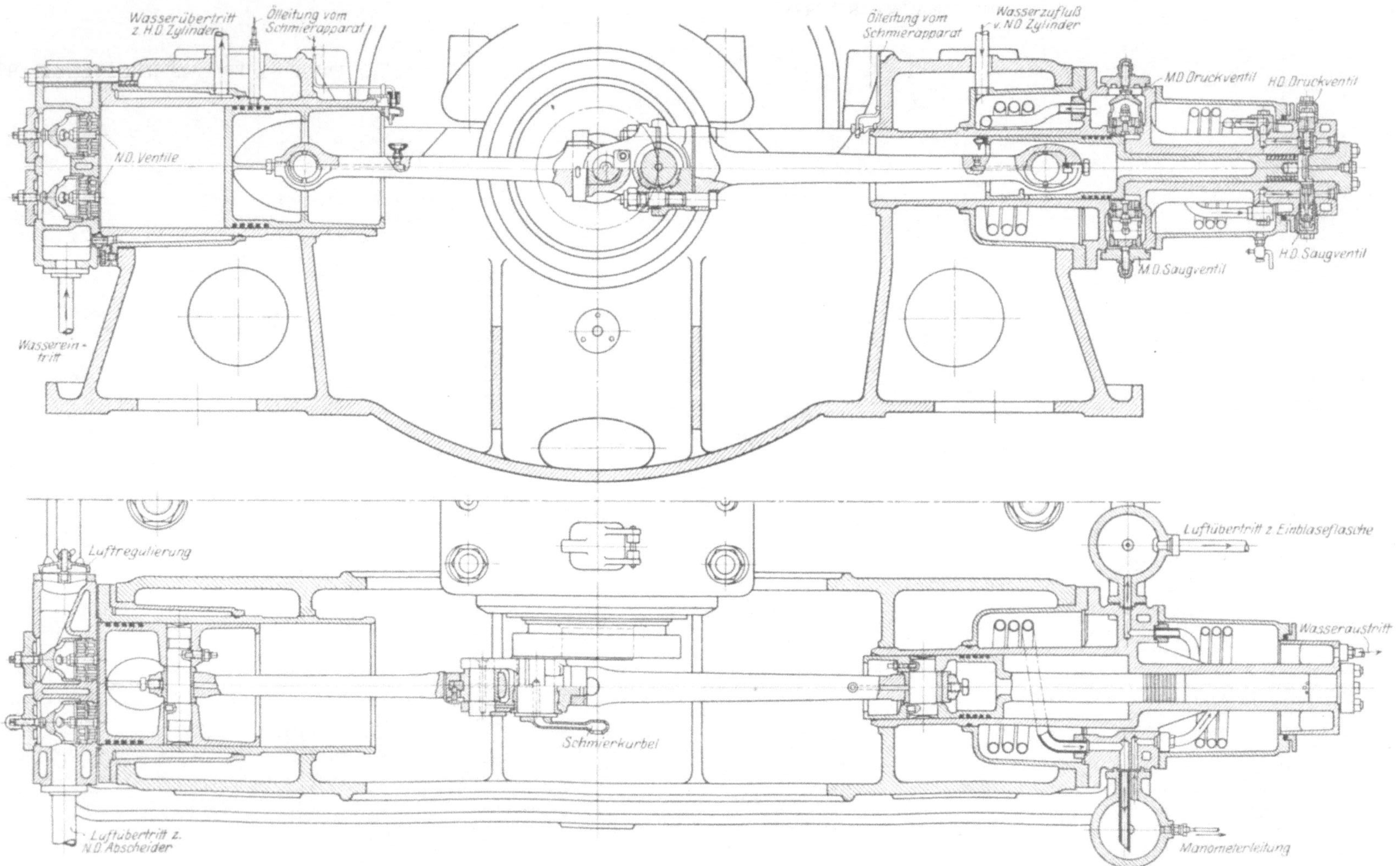

Abb. 479. DW, Verdichter $\frac{300 \cdot 155 \cdot 70}{300}$ zur Maschine $3 \cdot \frac{530}{700} \cdot 175$, zu Abb. 49.

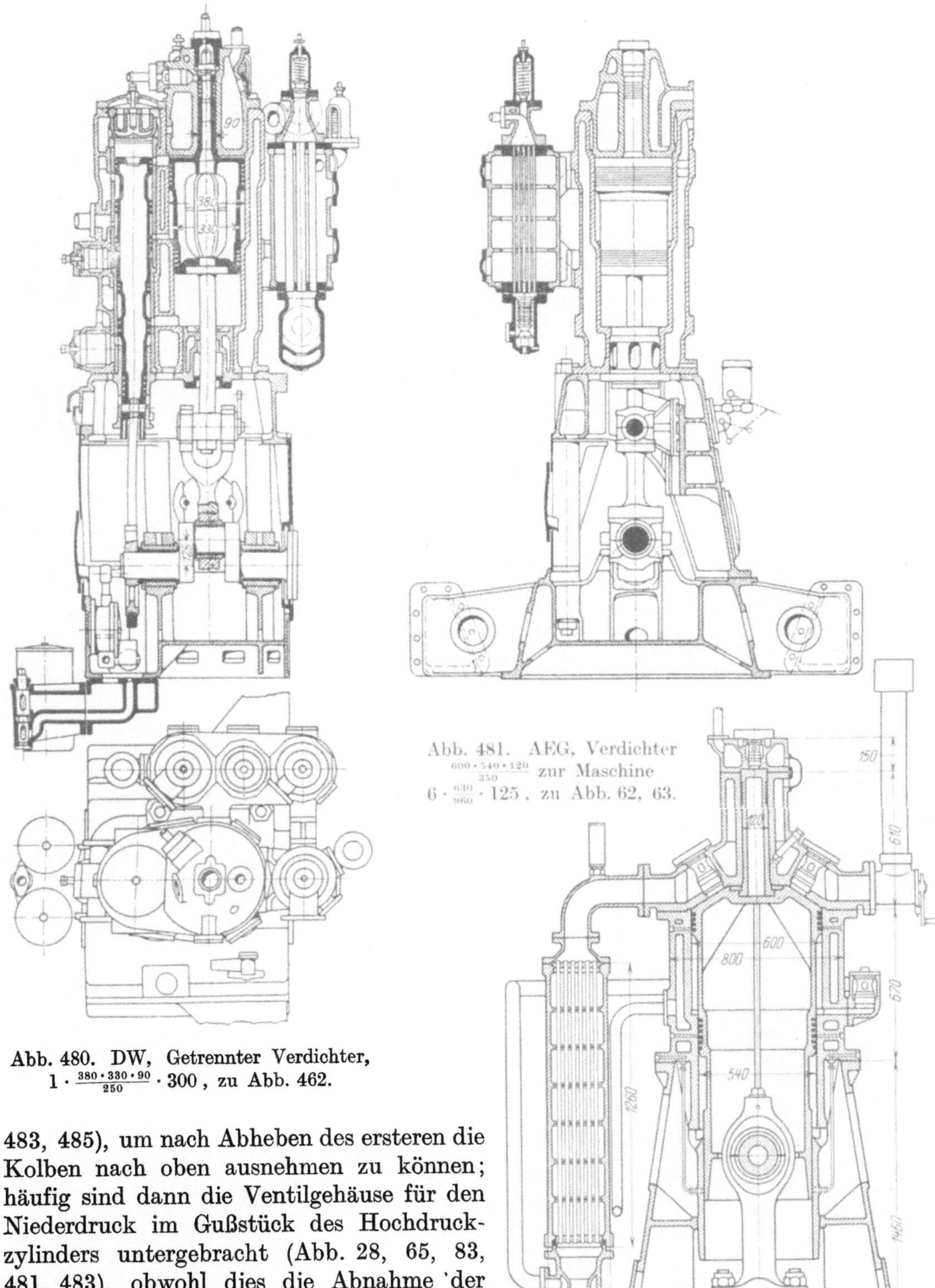

Abb. 481. AEG, Verdichter $\frac{600 \cdot 540 \cdot 120}{350}$ zur Maschine $6 \cdot \frac{630}{960} \cdot 125$, zu Abb. 62, 63.

Abb. 480. DW, Getrennter Verdichter, $1 \cdot \frac{380 \cdot 330 \cdot 90}{250} \cdot 300$, zu Abb. 462.

483, 485), um nach Abheben des ersteren die Kolben nach oben ausnehmen zu können; häufig sind dann die Ventilgehäuse für den Niederdruck im Gußstück des Hochdruckzylinders untergebracht (Abb. 28, 65, 83, 481, 483), obwohl dies die Abnahme 'der Verbindungsleitung zwischen Nieder- und Mitteldruck bedingt, wenn man den Hochdruckzylinder abheben will. Daher wird oft auch die Bauart vorgezogen, bei der die Niederdruckventile am Niederdruckkörper liegen (Abb. 470, 478). Die Mitteldruckventile sind seitlich angebaut (Abb. 65,

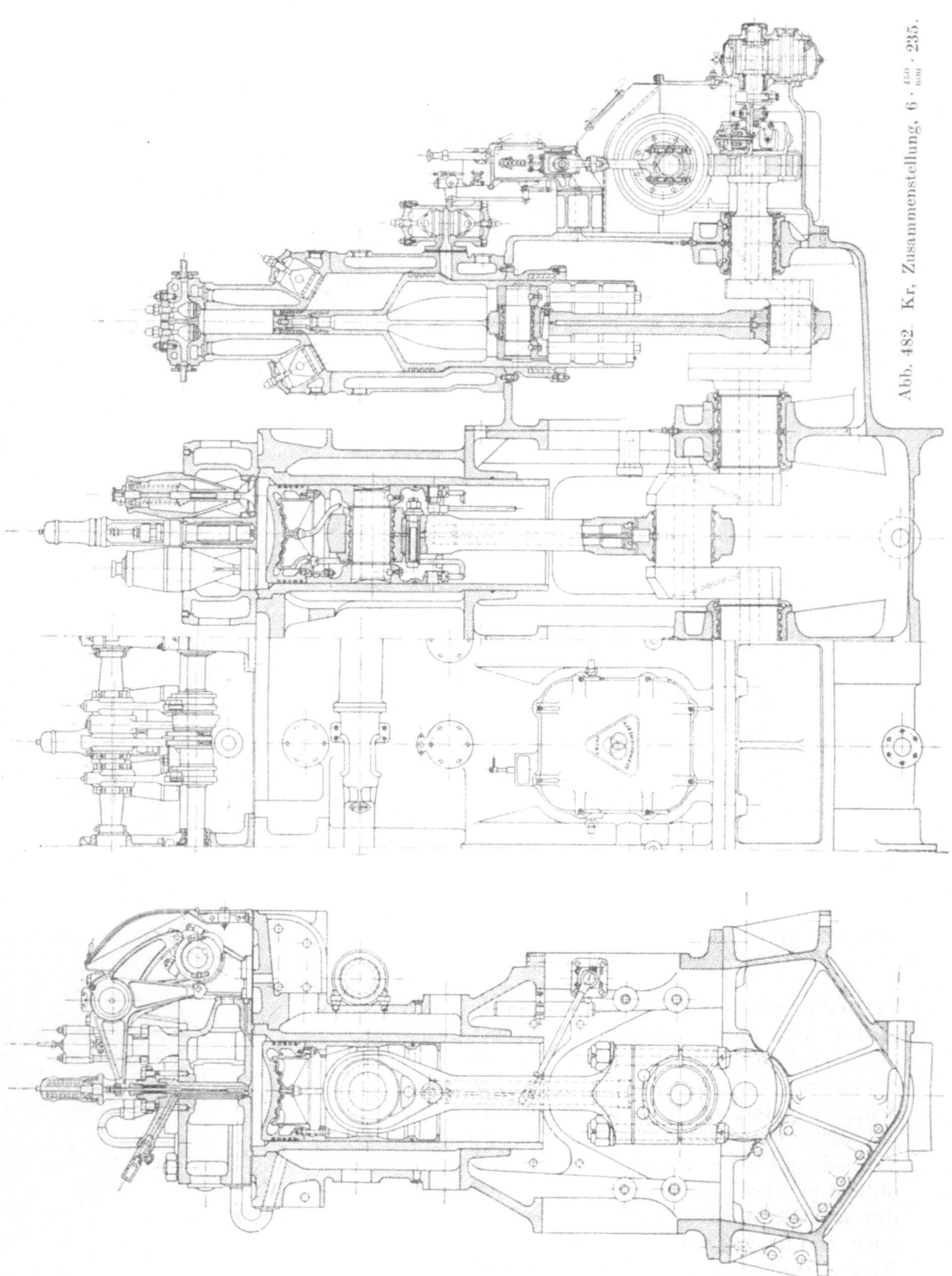

Abb. 482. Kr, Zusammenstellung, $6 \cdot \frac{450}{600} \cdot 235$.

83, 481, 486), die Hochdruckventile in einem eigenen Deckel untergebracht. Als Kolbenringmaterial wird Gußeisen, für Hochdruck auch Duranametall verwendet. Hier möge die Kolbenführung und die Ableitung des Schmieröls vom Mitteldruckkolben Beachtung finden. Bei liegenden Verdichtern befinden sich gewöhnlich die Saugventile oben, die Druckventile unten, damit sich nicht Ölreste im Zylinder festsetzen können. Ausnahmsweise sind auch doppeltwirkende Niederdruckstufen angewendet worden.

Die Wandstärken der Zylinder sind wegen etwaigen Nachdrehens oder Ausbüchsens größer zu machen, wenn nicht von vornherein besondere Büchsen gewählt wurden. Jedenfalls muß der Guß besonders dicht sein, wofür insbesondere beim Hochdruckzylinder zu sorgen ist. Daher wird dieser manchmal gesondert gegossen (z. B. Abb. 476). Was die Zugänglichkeit und Reinigung der Kühlmäntel anbelangt, gilt dasselbe wie bei den Arbeitszylindern. Die Zylinderwandstärken betragen beim Niederdruck etwa $^1/_{12}$, beim Hochdruckzylinder $^1/_4$ des betreffenden Durchmessers, die Probedrücke für Hochdruck 100, für Mittel- und Niederdruck 35 und 10 at. An Anpässen sind neben den Luftrohr- und Kühlwasserrohr-Verbindungen Schmierstellen für die Kolbenschmierung und Indikatorstutzen erforderlich.

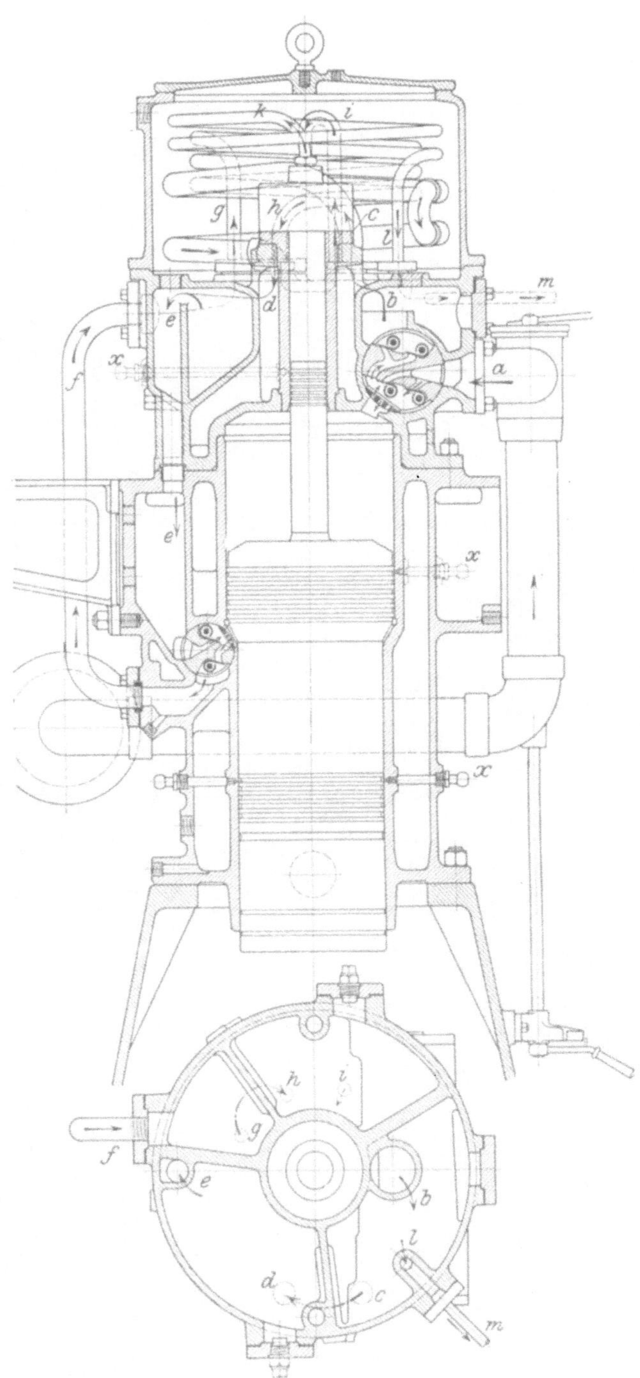

Abb. 483. Wi, Verdichter, vgl. Abb. 65.

Der Bau der Gestelle für die Verdichter ist ähnlich dem für die Arbeitszylinder und geht aus den bereits genannten Beispielen hervor. Abb. 474, 475, 478, 481 geben Einzelheiten der Gestelle und Grundplatten, Abb. 480, 485 und 487 zeigen solche für gesondert angetriebene Verdichter. Kastengestelle sind mit dem Maschinengestell zusammengegossen (Abb. 29, 70, 378) oder angebaut (Abb. 28, 62, 83), bei liegender Anordnung der Verdichter werden ihre Zylinder unmittelbar an die Grundplatte der Maschine angegossen (Abb. 31, 479) oder angeschraubt (Abb. 48), was auch bei stehender Anordnung vorkommt. In Abb. 18 ist endlich das Gestell für einen stehenden, zu einer liegenden Maschine gehörigen Verdichter zu erkennen. Die Befestigungsschrauben der Gestelle an den Grundplatten werden auf Zug beansprucht, wegen ungleicher Kraftverteilung etwa nur mit 400 kg/cm².

Die Verdichterkolben sind in den meisten Fällen Stufenkolben. Abb. 488, 489 geben Beispiele von solchen für zweistufige Verdichter. Wo es nicht mehr möglich ist, die Hochdruckringe über den Kolbenkörper zu ziehen, werden sie mit winkeligen oder je zwei

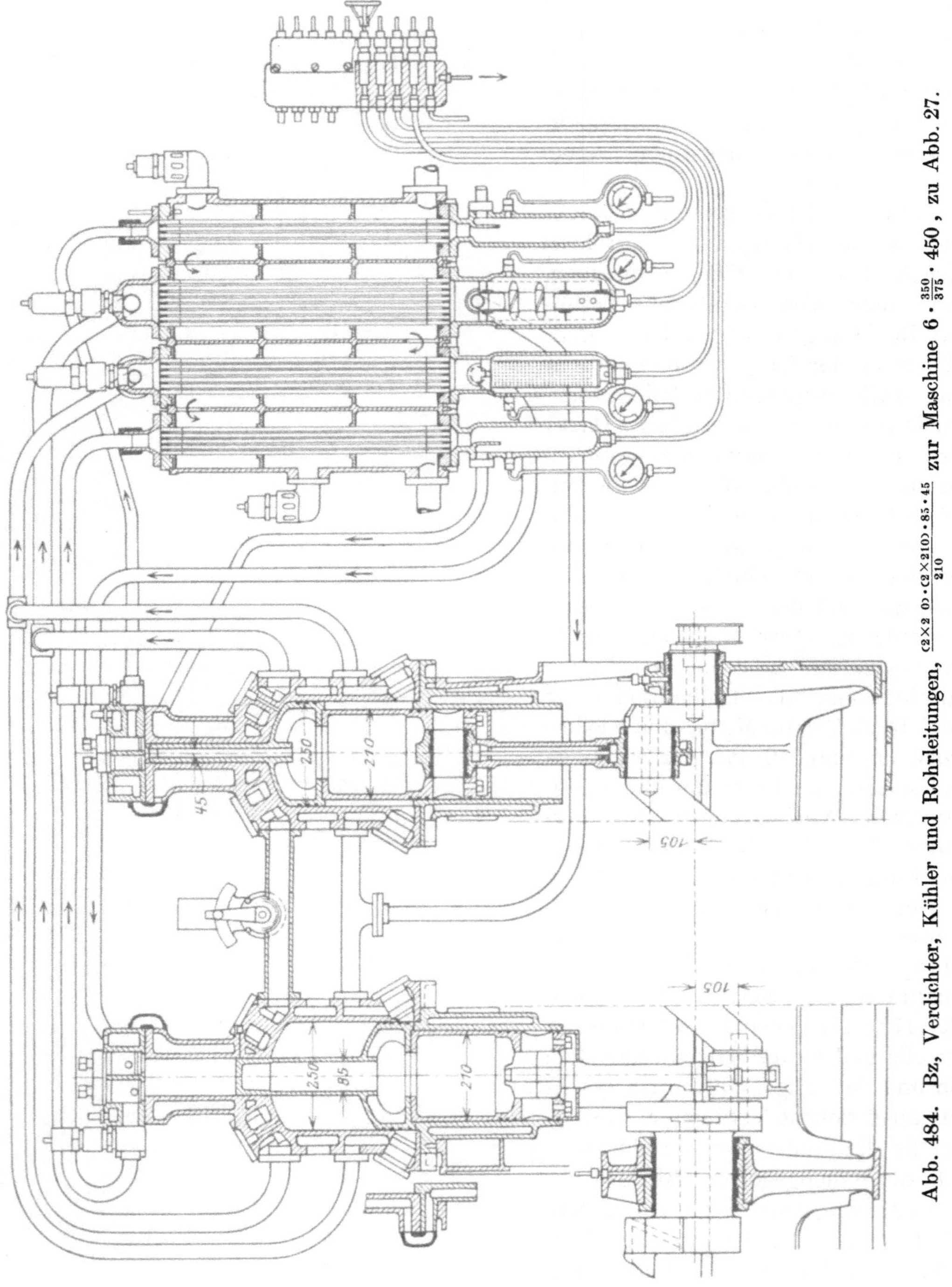

Abb. 484. Bz, Verdichter, Kühler und Rohrleitungen, $\frac{(2\times 2\ 0)\cdot(2\times 210)\cdot 85\cdot 45}{210}$ zur Maschine $6\cdot\frac{350}{375}\cdot 450$, zu Abb. 27.

Zwischenringen versehen, die mit Kopfschrauben und Splint (Abb. 478, 489), Bolzen und Keil mit Sicherung (Abb. 488) oder Durchschraube (Abb. 17, 378, 474, 475) festgehalten werden. Auch eigene auswechselbare Kolbenteile (Abb. 48, 489) werden verwendet, sowie Stiftschrauben mit Deckelmutter (Abb. 31).

Abb. 486. Angebautes Mitteldruckventilgehäuse.

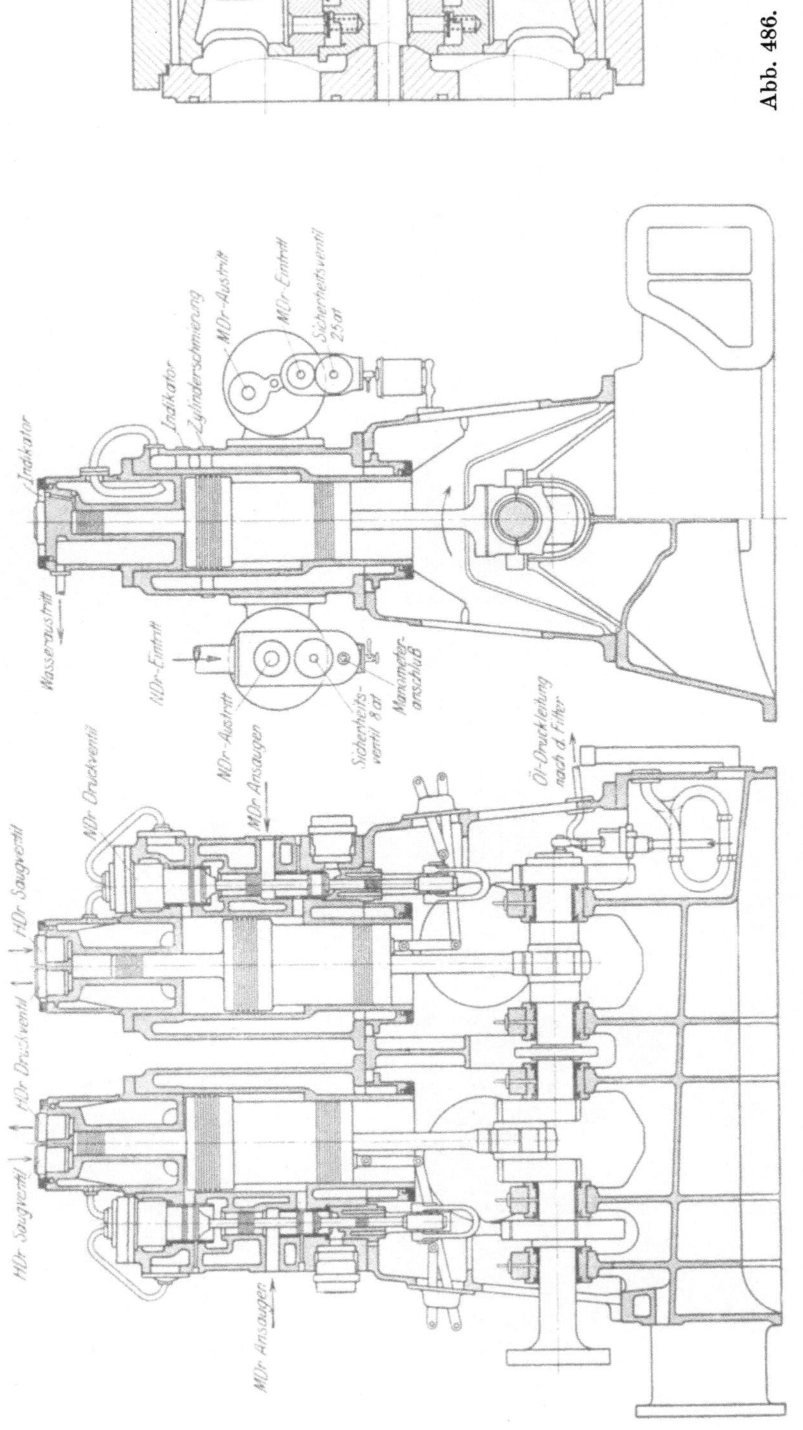

Abb. 485. Kr. Gesonderter Verdichter, Zusammenstellung, n = 240.

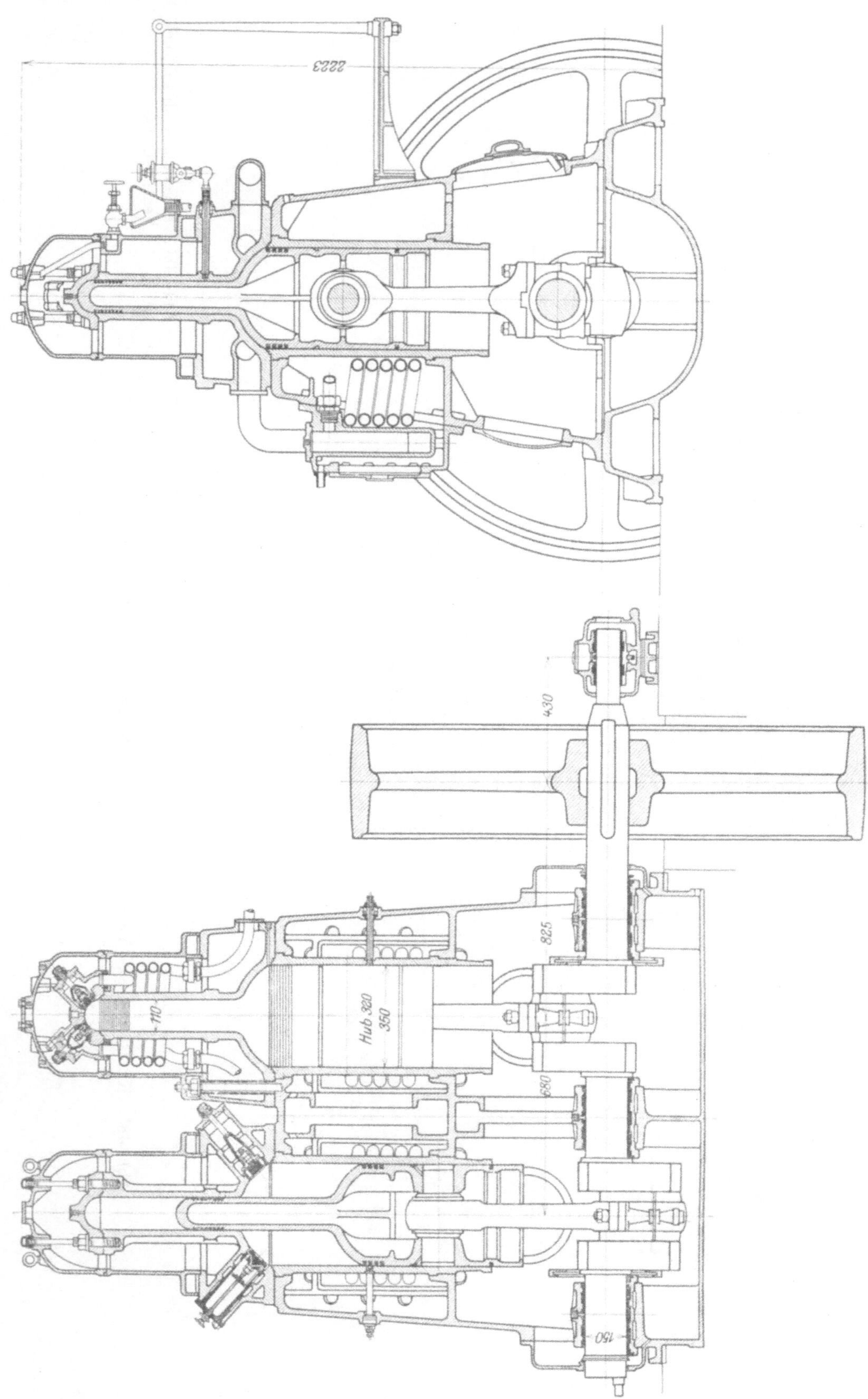

Abb. 487. Gz, Getrennter Verdichter, $2 \cdot \frac{350 \cdot 110}{320}$.

Statt der Kolbenringe für den Hochdruck haben sich auch eingeschliffene, quer zur Achse etwas bewegliche Ringe mit Eindrehungen als Labyrinthdichtungen bewährt, setzen aber natürlich genaue Bearbeitung voraus.

Dreistufige Kolben werden aus einem Stück gefertigt (Abb. 29, 478, 490) oder geteilt, insbesondere wird der empfindliche Hochdruckkolben gesondert (Abb. 28, 83, 481). Die Verbindung wird mit Durchschrauben oder Flansch hergestellt. Der Hochdruckkolben wird manchmal unmittelbar durch die Verlängerung der Kolbenstange gebildet (Abb. 461, 470).

Für die Herstellung der Kolben und Ringe der Verdichter gelten etwa die gleichen Regeln, wie für die Maschine selbst, insbesondere ist für gute und gleichmäßig verteilte,

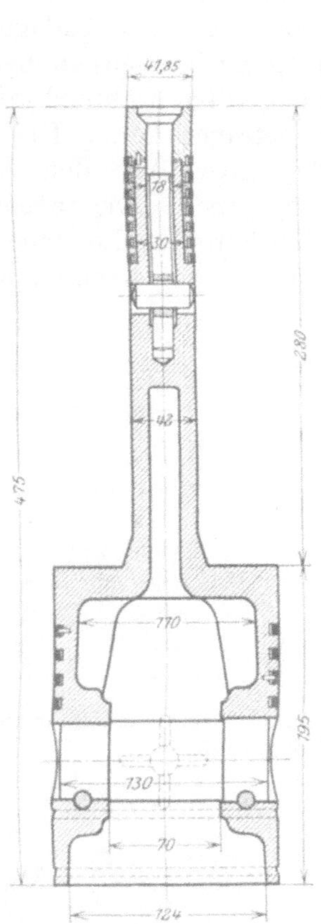

Abb. 488. Verdichterkolben, 140 · 42.

Abb. 489. Lb, Verdichterkolben, $\frac{265 \cdot 80}{300}$, zu Abb. 472.

Schmierung zu sorgen, die so sparsam als möglich sein muß. Die Hochdruckringe können wenn sie nicht übergezogen sind, ohne Ausbau des Kolbens, nur nach Abheben des Zylinders abgenommen werden. Verbindungen, die dies erleichtern, sind vorzuziehen, sie müssen sorgfältig gesichert sein, da der Spielraum gegen die Zylinderwand sehr klein ist. Die Ringe dürfen aber weder schlottern, noch fest sitzen, die Ringspalte sind gleichmäßig am Umfang zu verteilen. Bei kleinen Durchmessern werden keine Überlappungen möglich. Die Führung der Kolben bei etwa 0,3—0,5 mm Spiel ist nur in der Nähe des Kolbenzapfens erforderlich, sonst hat er entsprechend den erhöhten Temperaturen größeres Spiel, auch wegen des möglichen Verziehens.

Die gesonderten Hochdruck-Zylinderdeckel enthalten gewöhnlich die Ventilgehäuse. Die Kühlung der Deckel erfolgt durch Wasserumlauf in ihrer Doppelwand (Abb. 17, 28, 29, 378, 475, 481), aber auch sehr häufig von außen (Abb. 65, 471, 473, 474), oder man verzichtet überhaupt darauf (Abb. 31, 479), wobei man sonst für gute Wärmeabführung sorgt.

Luftsäcke in den Kühlräumen müssen vermieden werden, daher die Wasserableitung an der höchsten Stelle. Die Befestigung der Deckel erfolgt durch Flanschen, deren Schrauben meist nur wenig beansprucht werden, etwa mit 500 kg/cm².

Die Gestänge der Verdichter werden im wesentlichen so behandelt, wie bei der Antriebsmaschine, nur werden die Flächendrücke viel kleiner gewählt, da hier genug Platz vorhanden ist. Für den Kolbenzapfen ergeben sich etwa Pressungen von 50 bis 65 kg/cm². Wenn die Antriebskurbeln mit der Hauptwelle aus einem Stück hergestellt sind, muß man sie viel stärker ausführen, als es der Rechnung entsprechen würde, weil sonst das Verhältnis zu den Hauptkurbeln zu klein ausfallen würde. Sonst können auch hier Auflagedrücke von 50—65 kg/cm² und Biegungsbeanspruchungen von 300—350 kg/cm² angesetzt werden, während die Reibungsarbeit 3—6 kg m/sk betragen kann. Die Anordnung der Verdichterkurbel gegenüber den Arbeitskurbeln ist in Abb. 202 angegeben. Die angegebenen Drücke gelten auch für Hebelantrieb, die Hebel selbst (Abb. 59, 461, 491) sind wegen der wechselnden Be-

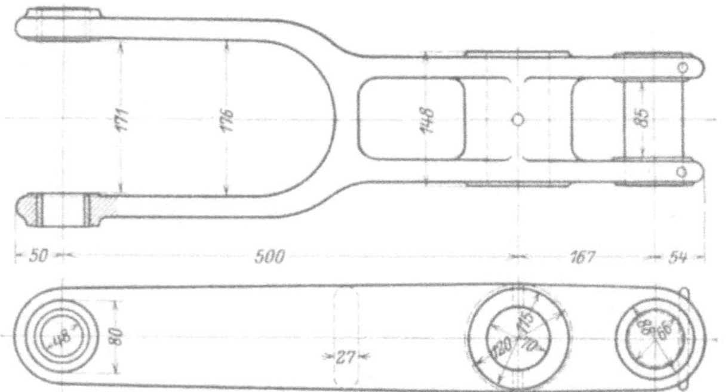

Abb. 490. Lb, Verdichterkolben, $\frac{245 \cdot 218 \cdot 52}{200}$ zur Maschine $6 \cdot \frac{285}{340} \cdot 400$.

Abb. 491. LHL, Antriebshebel zum Verdichter zur Maschine $\frac{415}{600} \cdot 175$.

Abb. 492. Lb, Pleuelstange zum Verdichter, $\frac{265 \cdot 80}{300}$, zu Abb. 472.

lastung besonders stark auszuführen und bei Verwendung von Schmiedestahl oder Stahlguß mit höchstens 250 kg/cm² zu belasten. Der Angriff der Zapfen soll womöglich zentrisch in der Schwingebene liegen, damit Drehbeanspruchungen vermieden werden.

Zur Einstellung der schädlichen Räume, insbesondere im Niederdruckzylinder, dient die Nachstellbarkeit der Schubstangenlänge, meist durch Blechbeilagen. Der schädliche Raum beträgt je nach Größe und Ventilbauart $^1/_2$ bis 2 vH beim Niederdruck, der Spielraum zwischen Kolben und Deckel bis herunter zu 0,5 mm bei Rücksichtnahme auf die

Formänderungen durch Temperaturerhöhung. Bei Mittel- und Hochdruck geht man kaum unter 1 mm Spiel.

Abb. 492, 493 geben Beispiele von einfachen Schubstangen, Abb. 494 zeigt den Fall des Antriebs von zwei Kolben durch einen Zapfen, der auch einfacher nach Abb. 479 gestaltet

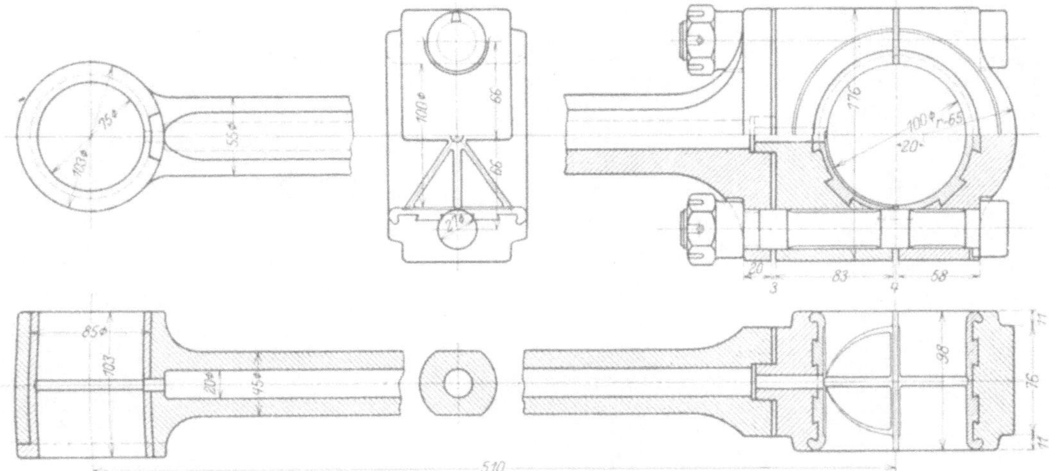

Abb. 493. Lb, Pleuelstange zum Verdichter, $\frac{245 \cdot 218 \cdot 52}{200}$, zu Abb. 490.

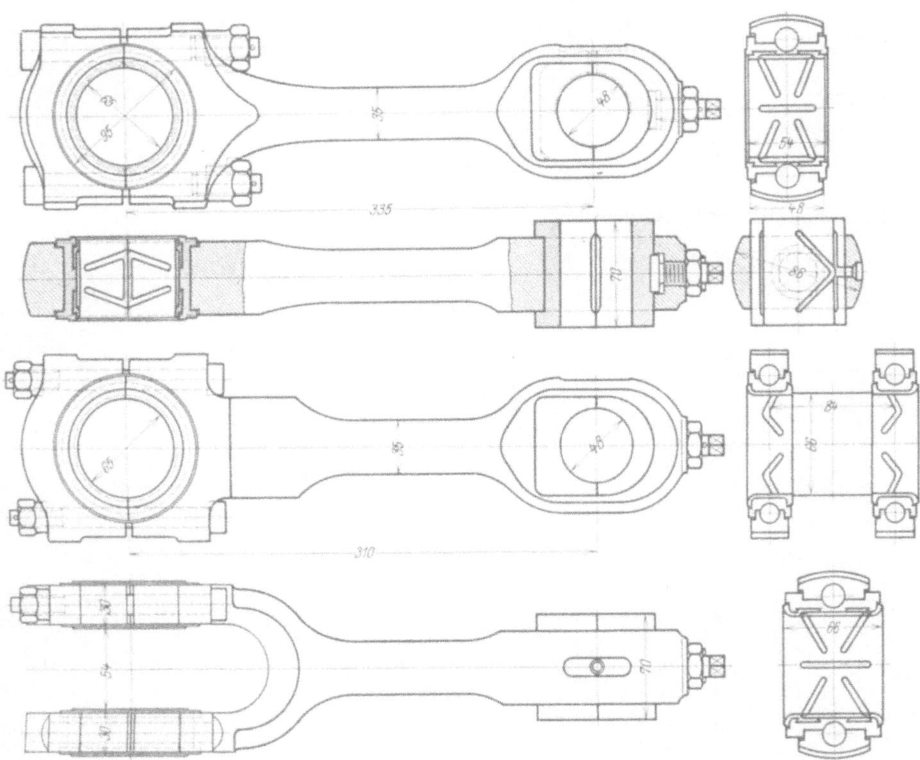

Abb. 494. Dz, Pleuelstange zum Verdichter.

werden kann. Die Massenkräfte sind hier verhältnismäßig gering, immerhin sind sie bei Berechnung der Zapfenkräfte und der Druckwechsel zu berücksichtigen. Die Schubstangenkopfschrauben dürfen trotz geringer Beanspruchung nicht zu knapp bemessen werden.

Die Steuerung der Verdichter ist gewöhnlich selbsttätig, manchmal wird sie aber auch durch Saugschlitze in den Zylindern und Kolbenschieber bewirkt. Für selbsttätige Ventile gelten die allgemeinen Regeln, die Bedingungen, die sie erfüllen sollen, lassen sich in folgender Weise zusammenfassen: Dichtheit im geschlossenen Zustand, ausreichende Querschnitte, wenn geöffnet, dabei kleiner Ventilwiderstand, Beanspruchung kleinen schädlichen Raumes, geringe Masse wegen ruhigen Ganges, leichtes Anheben und gute

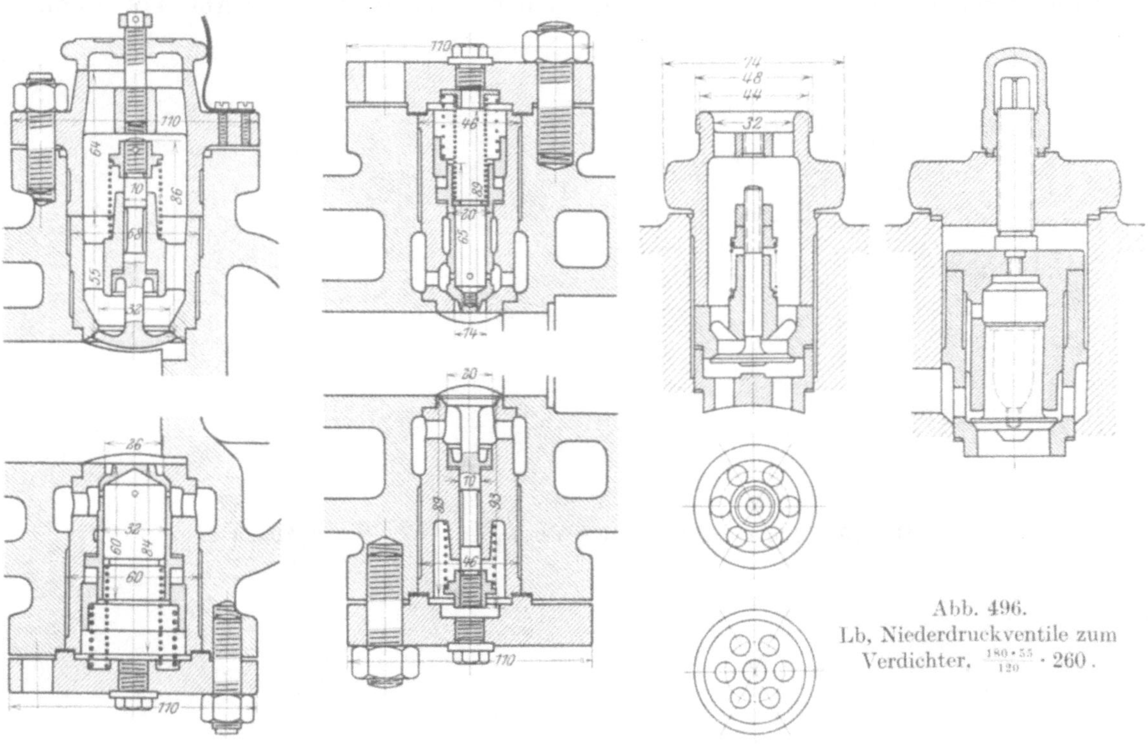

Abb. 495. Dz, Verdichterventile.

Abb. 496. Lb, Niederdruckventile zum Verdichter, $\frac{180 \cdot 55}{120} \cdot 260$.

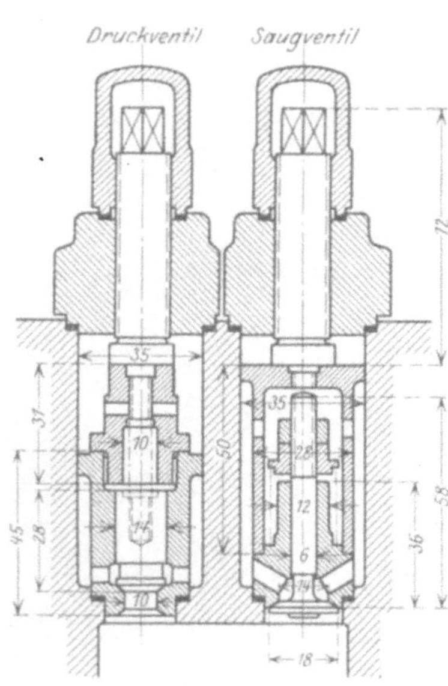

Abb. 497. Lb, Hochdruckventile zum Verdichter, $\frac{180 \cdot 55}{120} \cdot 260$, Abb. 473.

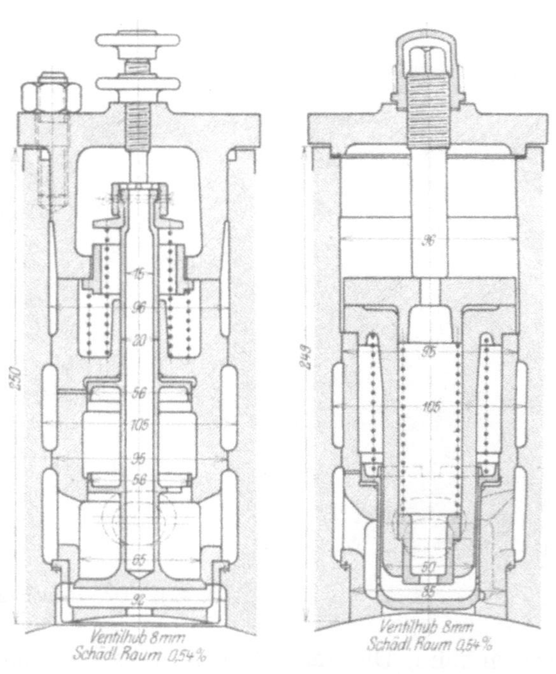

Abb. 498. Gz, Niederdruckventile.

Führung, Vermeiden von Flattern nach dem Öffnen, Haltbarkeit, leichte Auswechselbarkeit auch der Ventilsitze, wenn solche gesondert vom Gehäuse sind, billige und genaue Herstellbarkeit, bequemes Nachschleifen. Die Luftführung auch hinter den Ventilen soll womöglich axial bleiben, damit keine seitlichen Drücke auftreten, die Geschwindigkeiten sollen nur allmählich abnehmen, scharfe Krümmungen und vorstehende Kanten vermieden werden, damit die Energieverluste nicht groß werden.

Diese lange Reihe von Anforderungen kann sowohl durch einfache Tellerventile, als auch durch Plattenventile so ziemlich erfüllt werden. Zu beachten ist dabei, daß sich an den Ventilen, besonders wo keine Berührung mit anderen Teilen erfolgt, infolge der Erwärmung verharztes Öl, Ölkoks und Staub ansetzen, die zu Störungen, insbesondere zu Querschnittsverminderungen, führen können. Auch die Folgen von Fremdkörpern zwischen den Sitzflächen und von Ventilbrüchen sind zu berücksichtigen, sowie auch das Schlaffwerden von Belastungsfedern.

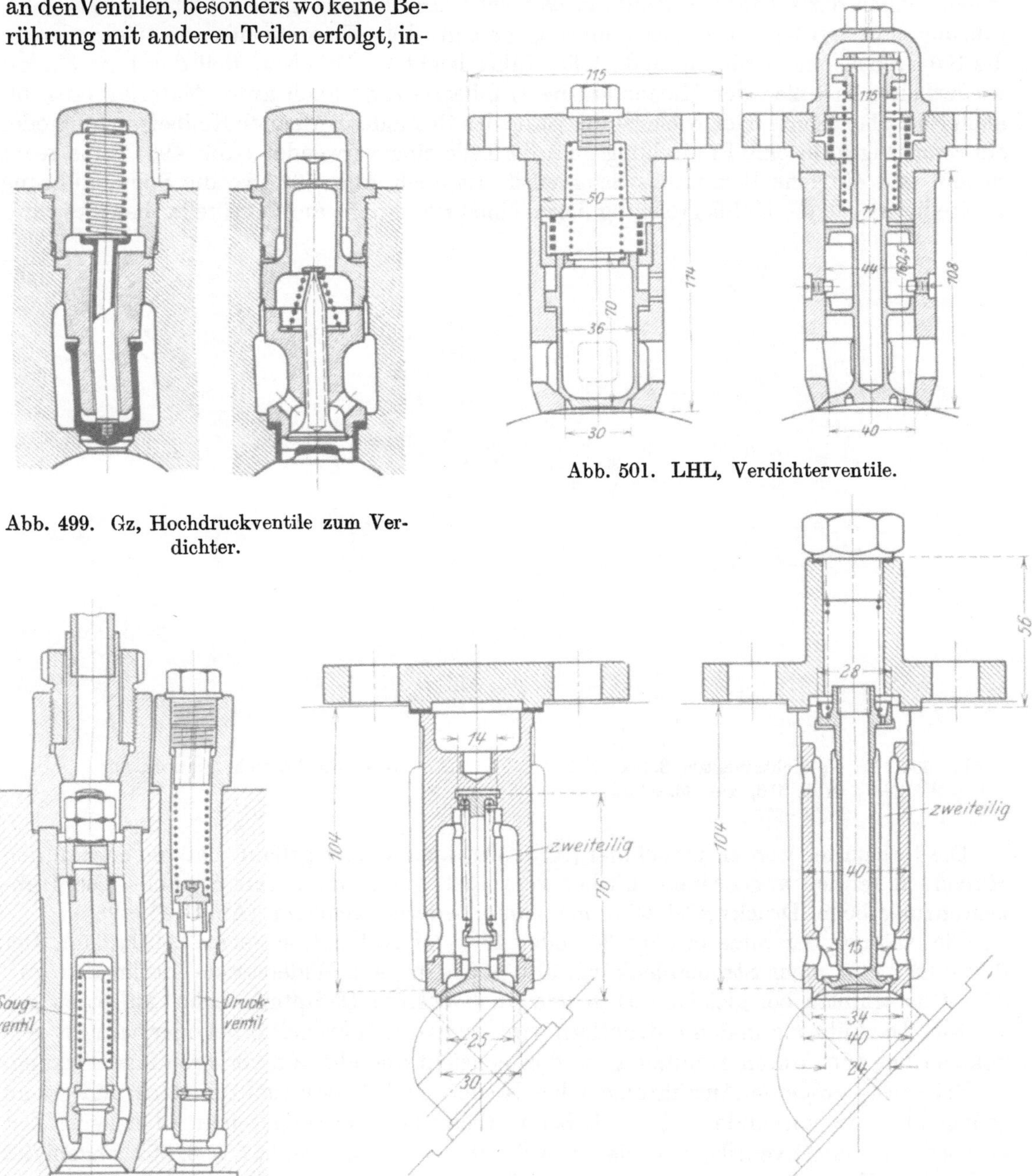

Abb. 499. Gz, Hochdruckventile zum Verdichter.

Abb. 501. LHL, Verdichterventile.

Abb. 500. MAN, Hochdruckventile zum Verdichter.

Abb. 502. WUMAG, Hochdruckventile zum Verdichter.

Tellerventile für Hoch- und Niederdruckzylinder sind in Abb. 495, 496, 497, 498, 499 dargestellt, in Abb. 500, 501, 502, 503 für den Hochdruckzylinder allein. Um das Flattern zu verhüten, sind bei allen oder wenigstens bei Druckventilen kleine Luftpuffer angebracht, ferner bei Abb. 496, 498, 499, 503 innen angeordnete Fänger, die das Hineinfallen etwa im Schaft der Führungspindel gerissener Saugventile verhindern, wobei freilich der schädliche Raum größer wird. Die Druckventile erhalten meist Rohrführuug und werden dann glockenförmig gebaut. Das Einschneiden von Gewinden in die Saugventilspindel für die Federteller führt leicht zu Brüchen, weil das fortwährend wiederholte Anstoßen der Mutter an die Hubbegrenzung auch gutes Material verdirbt, auch Phosphorbronze oder Nickelstahl. Statt des Gewindes wird auch Keilbefestigung oder ein zweiteiliger, in eine Eindrehung gelegter Tellerring verwendet (Abb. 498). Eine recht sichere und einfache Bauart des Saugventils ist auch Abb. 502, wo die Spindelführung zweiteilig ist und die Hubbegrenzung durch einen Bund nahe am Ventilteller bewirkt wird.

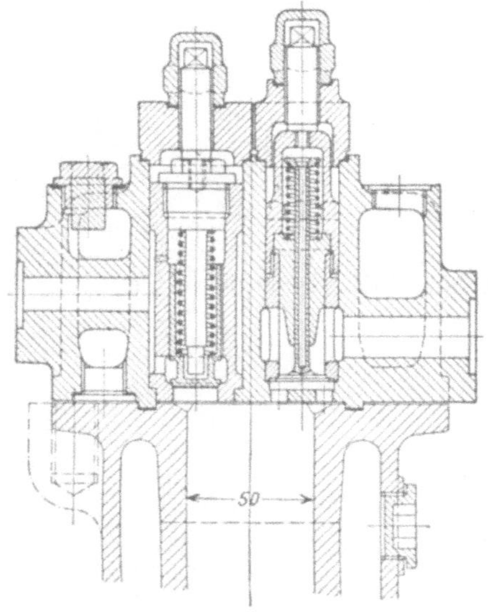

Abb. 503. Da, Verdichterventile, 3. Stufe, $\frac{244 \cdot 212 \cdot 50}{190}$, Abb. 516, zur Maschine $6 \cdot \frac{250}{370} \cdot 375$.

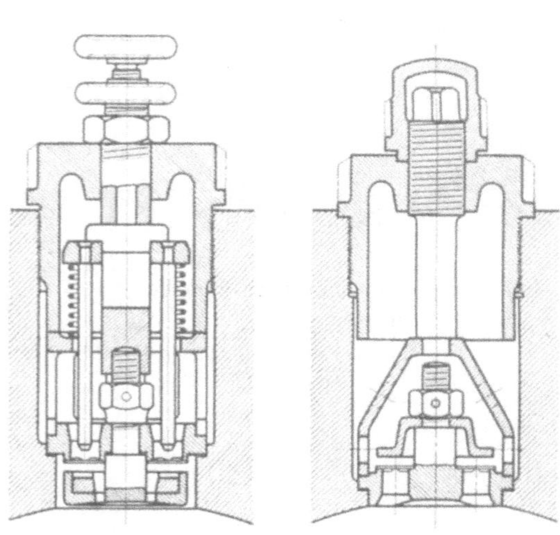

Abb. 504. Gz, Verdichterventile.

Die Luftpuffer werden manchmal (Abb. 501) auch derart gebaut, daß sie erst an den Hubenden seitlich angeordnete Löcher verschließen und dann erst drosseln. Die Hubbegrenzung beim Druckventil wird manchmal federnd gemacht (Abb. 495, 498).

Die Neigung der Sitze beträgt 30° oder 45°, der Auflagdruck etwa 200 kg/cm². Der flache Sitz gibt mehr Stromablenkung, also etwas größere Widerstände, dafür aber größere Querschnitte bei gleichem Hub und auch bessere Dämpfung beim Aufsetzen der Ventile. Die Führung in den Luftpuffern wird leicht durch Fremdkörper oder harziges verkoktes Öl gestört, durch Abnützung werden sie leicht undicht und verlieren ihre Wirkung.

Bei etwas größeren Ausführungen bei Nieder- und Mitteldruckzylindern und, wenn genügend Platz vorhanden ist, auch beim Hochdruck verwendet man in neuerer Zeit vorwiegend Plattenventile, wie sie in Abb. 486, 504, 505, 506, 507, 508, 509 abgebildet sind. Die Ventilplatten werden, wegen Deformationen und Nachschleifen nicht zu schwach, 1,5 bis 4 mm, aus Nickelstahl, Chromnickelstahl oder Sägeblattstahl entweder ganz eben oder mit nach oben verstärkten Rändern ausgeführt und gewöhnlich mit je einer zentrischen oder auch mit mehreren Spiralfedern am Umfang belastet. Bei kleinen Ausführungen werden die Ventilsitze, die aus Stahl, Bronze oder auch Gußeisen hergestellt sind, durch gebohrte Scheiben gebildet, zur Verhinderung der Durchbiegung der Platten werden sie manchmal noch mit einer mittleren Leiste neben den eigentlichen Sitzflächen versehen (Abb. 486, 504, 508). Größere Ventile können eingegossene Rippen

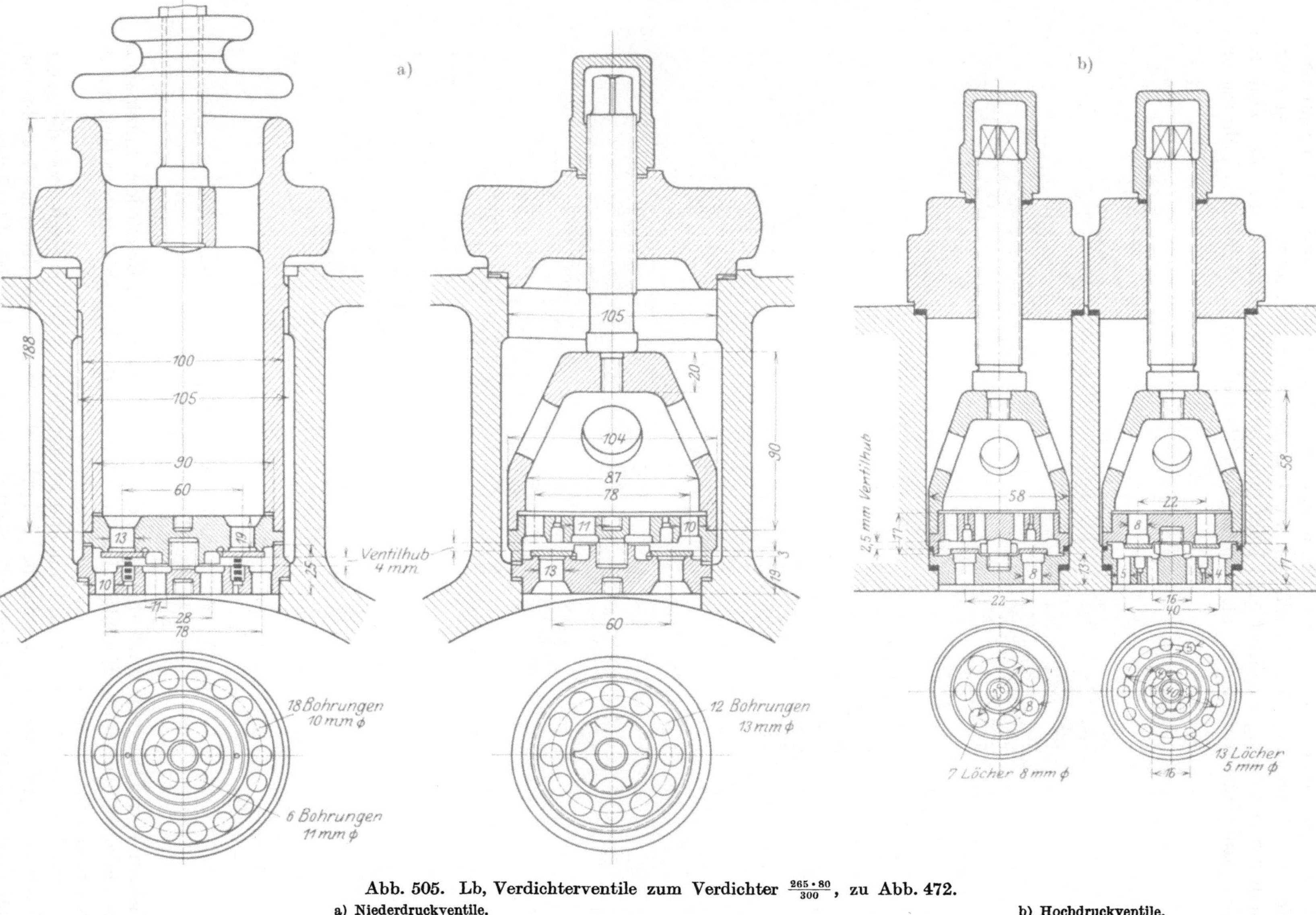

Abb. 505. Lb, Verdichterventile zum Verdichter $\frac{265 \cdot 80}{300}$, zu Abb. 472.

a) Niederdruckventile. b) Hochdruckventile.

im Sitz erhalten (Abb. 506a). Die Führung erfolgt für Ringventile innen durch Rippen, aber auch durch volle Zylinder, wobei dann manchmal nur ein Umfang den Durchgang frei gibt (Abb. 507). Die Ventilfänger aus Gußeisen oder Bronze werden so ausgebildet, daß der Durchgang möglichst groß bleibt und der schädliche Raum ausgefüllt wird. Bei den Saugventilen wirken sie als Schutz gegen Hineinfallen der Teile. Die Führung und

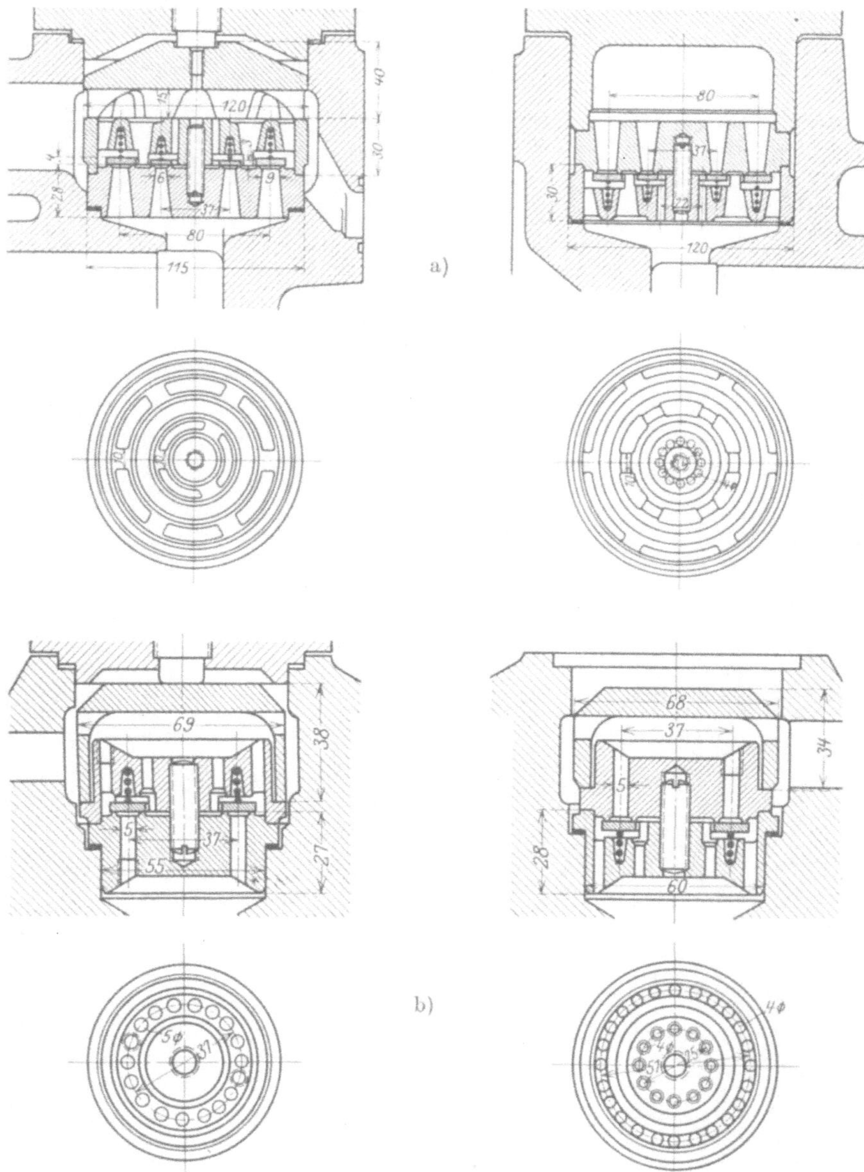

Abb. 506. Ess, Verdichterventile, $\frac{200 \cdot 65}{230}$, zu Abb. 474.
a) Niederdruckventile. b) Hochdruckventile.

Belastung werden auch durch eine kreuzförmige oder durch drei Blattfedern miteinander vereinigt, in der Art der Hoerbiger-Ventile, oder auch durch Ausbildung von Gutermuth-Klappen (Abb. 65, 483).

Der Ventilhub beträgt 2 bis 4 mm und ist stets derart, daß im Spalt etwa die gleiche Geschwindigkeit entsteht, wie im Sitz. Bei gebohrten Sitzen wird der ganze Ventilumfang nur dann voll zur Geltung kommen, wenn die Rillen zwischen den Sitzflächen ziemlich tief eingedreht sind. Bei mehreren Ringen muß der Abstand derselben voneinander reichlich größer als die Summe der Hübe der benachbarten Ringe sein, um den nötigen Querschnitt ohne zu große Krümmung des Luftstromes frei zu geben. Der Auflagedruck auf den Sitzen kann bis zu 150 kg/cm² betragen.

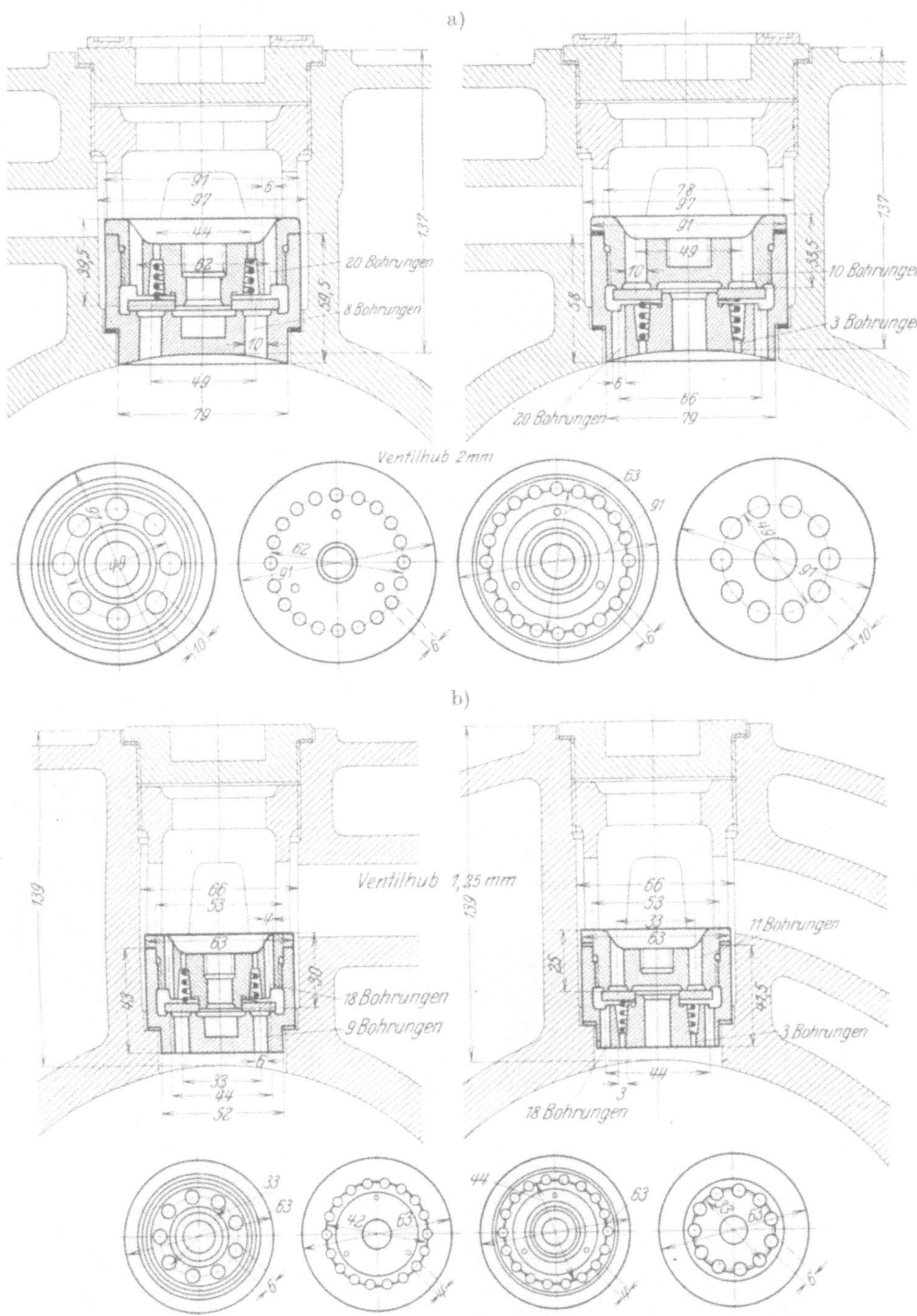

Abb. 507. Lb, Verdichterventile, $\frac{245 \cdot 218 \cdot 52}{200}$, zu Abb. 490.
a) Niederdruckventile. b) Mitteldruckventile.

Um die Ventilfedern zu bemessen, diene folgende Näherungsrechnung. Bei ganz geöffnetem Ventil möge es nur mit geringem Druck an der Hubbegrenzung anliegen, so daß die Belastungsfeder nahe Gleichgewicht ergibt. Die auf das Ventil kommenden Kräfte kommen erstens vom mittleren Überdruck im Luftstrom zwischen Sitz und Spalt und dann vom Umlenkungsdruck her. Ist c die Geschwindigkeit im Sitz mit der Fläche f, u in der Spaltfläche f', und nennt man ζ_1 und ζ_2 die Verengungszahlen an diesen beiden Stellen, so ist bei Tellerventilen mit kegelförmigem Sitz ($\alpha = 45°$) (Abb. 510)

$$\zeta_1 \cdot \frac{d^2 \pi}{4} c = \zeta_2 d \pi h \frac{u}{\sqrt{2}} \quad \text{und} \quad c = \frac{\zeta_2}{\zeta_1} \cdot \frac{4h}{d\sqrt{2}} \cdot u .$$

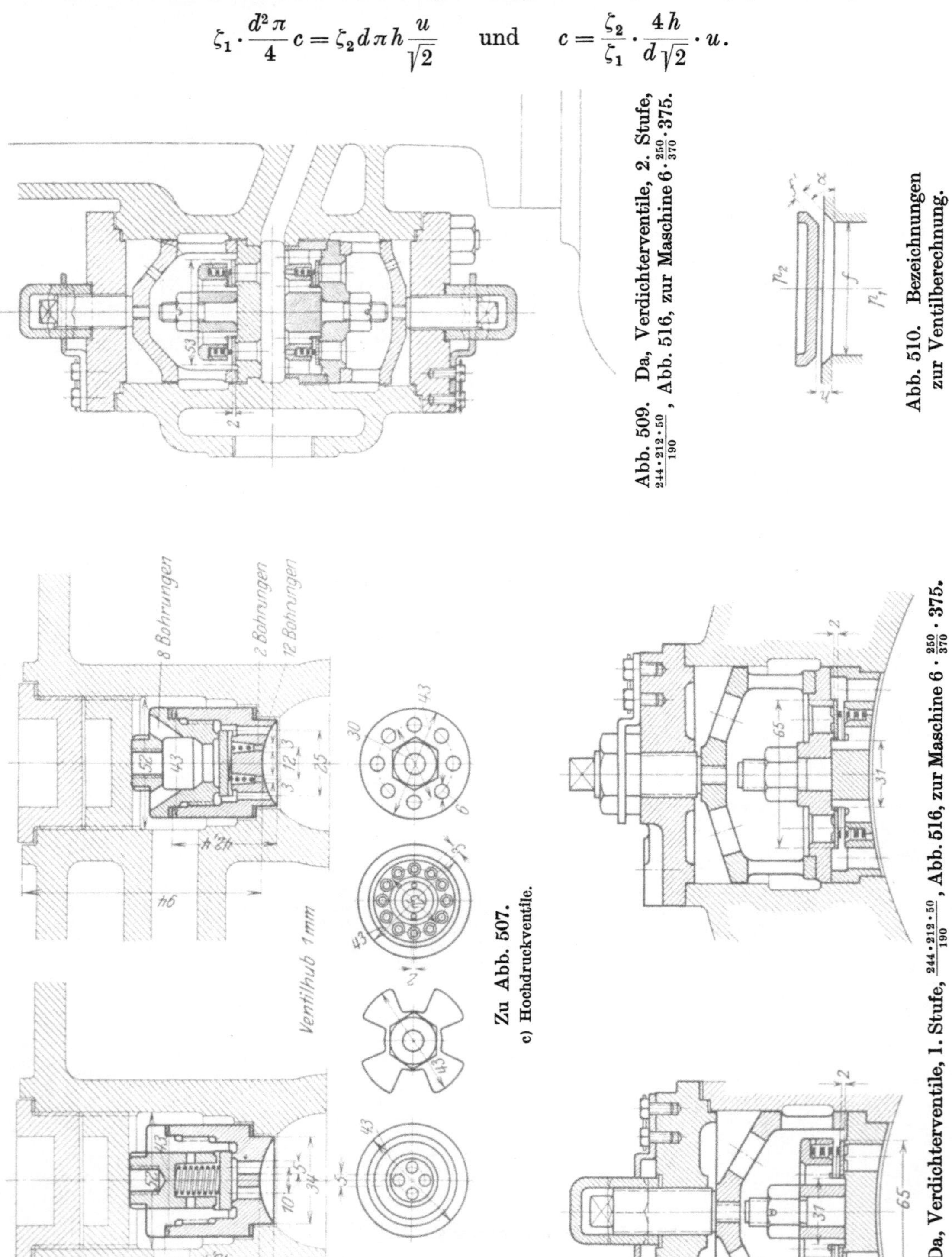

Abb. 509. Da, Verdichterventile, 2. Stufe, $\frac{244 \cdot 212 \cdot 50}{190}$, Abb. 516, zur Maschine $6 \cdot \frac{250}{370} \cdot 375$.

Abb. 510. Bezeichnungen zur Ventilberechnung.

Zu Abb. 507. c) Hochdruckventile.

Abb. 508. Da, Verdichterventile, 1. Stufe, $\frac{244 \cdot 212 \cdot 50}{190}$, Abb. 516, zur Maschine $6 \cdot \frac{250}{370} \cdot 375$.

Der mittlere Druckunterschied vor und hinter dem Ventil ist dann, wenn die Verschiedenheit gering ist:

$$\frac{p_1 - p_2}{\gamma} = (1+\zeta)\frac{u^2}{2g} - \frac{c^2}{2g} = \left[1+\zeta - \left(\frac{\zeta_2}{\zeta_1}\cdot\frac{4h}{d}\right)^2\frac{1}{2}\right]\frac{u^2}{2g} = \left[1+\zeta - 8\left(\frac{\zeta_2}{\zeta_1}\right)^2\left(\frac{h}{d}\right)^2\right]\frac{u^2}{2g}.$$

Der auf das Ventil kommende Druck ist dann:

$$(p_1 - p_2)f = \gamma f \frac{u^2}{2g}\left[1+\zeta - 8\left(\frac{\zeta_2}{\zeta_1}\right)^2\left(\frac{h}{d}\right)^2\right].$$

Dazu kommt noch der Zuströmungsdruck $\xi\gamma f\frac{c^2}{g}$ und die axiale Komponente des Ausströmungsrückdruckes $\gamma f'\frac{u^2}{g}$, so daß der Gesamtdruck sich ergibt mit:

$$P + G - M\frac{d^2h}{dt^2} = \gamma f\frac{u^2}{2g}\left[1+\zeta - 8\left(\frac{\zeta_2}{\zeta_1}\cdot\frac{h}{d}\right)^2 + 16\xi\left(\frac{\zeta_2}{\zeta_1}\cdot\frac{h}{d}\right)^2 - 4\left(\frac{\zeta_2}{\zeta_1}\cdot\frac{h}{d}\right)\right].$$

Hierin kann man etwa zwischen $\frac{h}{d} = 0{,}1$ und $0{,}15$ setzen: $\zeta = 0$, $\frac{\zeta_2}{\zeta_1} = 1{,}55$ und $\xi = 0{,}93$, so daß man erhält:

$$P + G - M\frac{d^2h}{dt^2} = \gamma f\frac{u^2}{2g}\left[1 - 6{,}2\frac{h}{d} + 16{,}6\left(\frac{h}{d}\right)^2\right].$$

So ergibt sich z. B. für das Ventil Abb. 496 beim Ansaugen:

$$P + G - M\frac{d^2h}{dt^2} = 1{,}2\cdot 0{,}0007\cdot\frac{10000}{20}\cdot 0{,}546 \backsim 0{,}23\ \text{kg},$$

wenn die größte Luftgeschwindigkeit 100 m/sk und der Hub $^1/_{10}$ des Durchmessers beträgt.

Nach Bach[1]) ergäbe sich die Ventilbelastung etwa ebenso.

Beim Druckventil des Niederdrucks mit höchstens 9 at, 300° C, also $\gamma = 5{,}6$ kg/m³, wo aber die größte Geschwindigkeit beim Öffnen nur mehr rund 60 m/sk beträgt, wird die Belastung: $P + G - M\frac{d^2h}{dt^2} = 0{,}425$ kg. Über die Größe $\frac{d^2h}{dt^2}$ kann man sich ein Bild machen, wenn man sich die Ventilbewegung in erster Näherung als halbe Schwingung denkt. Dann ist bei n Umdr./min. $\frac{d^2h}{dt^2} = h\omega^2 = \left(\frac{\pi}{30}\right)^2 h\cdot n^2$, also hier bei 3 mm Hub und 260 Umdr./min etwa 2,22 m/sk².

Je höher die Drehzahl, desto größer wird auch die Federbelastung, wenn die Hubbegrenzung nicht erreicht werden soll.

Bei ebenen Plattenringventilen kann man die Bachschen Versuche für ebene Tellerventile heranziehen. Dort ist $\zeta_1\frac{d^2\pi}{4}c = \zeta_2 d\pi h\cdot u$, während beim Ringventil zu setzen ist:

$\zeta_1 d_m\pi b c = \zeta_2 2\cdot d_m\pi h\cdot u$, also $c = \frac{\zeta_2}{\zeta_1}\cdot\frac{2h}{b}\cdot u$ (Abb. 511). Der mittlere Überdruck ist wieder:

$$\frac{p_1 - p_2}{\gamma} = (1+\zeta)\frac{u^2}{2g} - \frac{c^2}{2g} = \left[1+\zeta - 4\left(\frac{\zeta_2}{\zeta_1}\cdot\frac{h}{b}\right)^2\right]\frac{u^2}{2g}$$

und die auf das Ventil kommende Kraft:

$$(p_1 - p_2)f = \gamma f\frac{u^2}{2g}\left[1+\zeta - 4\left(\frac{\zeta_2}{\zeta_1}\cdot\frac{h}{b}\right)^2\right].$$

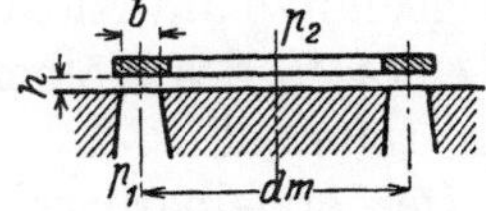

Abb. 511. Bezeichnungen zur Ventilberechnung.

[1]) Bach, C.: Versuche über Ventilbelastung und Ventilwiderstand. Berlin: Julius Springer 1884.

Der Strömungsdruck ist hier wieder $\xi\gamma f\frac{c^2}{g} = \xi\gamma f\frac{u^2}{2g}8\left(\frac{\zeta_2}{\zeta_1}\frac{h}{b}\right)^2$, und da hier $\xi = 1$ gesetzt werden kann, ist mit $\zeta_1 = \zeta_2$ und $\zeta = 0$: $P + G - M\frac{d^2h}{dt^2} = \gamma f\frac{u^2}{2g}\left[1 + 4\left(\frac{h}{b}\right)^2\right]$. Beim Ventil Abb. 506a ist z. B. beim äußeren Ring $d_m = 80$ mm, die Breite 11 mm, der Hub 4 mm, der Sitzquerschnitt $f = 27{,}6$ cm², daher wird: $P + G - M\frac{d^2h}{dt^2} = 1{,}62$ kg, für das Saugventil mit $\gamma = 1{,}2$ kg und $u = 80$ m/sk. Bei diesen Ventilen macht man gewöhnlich die Feder bedeutend schwächer, so daß die Hubbegrenzungen mehr zur Wirkung kommen, was bei der geringen Ventilmasse wohl zulässig ist. Bei ebenen Sitzen ist auch

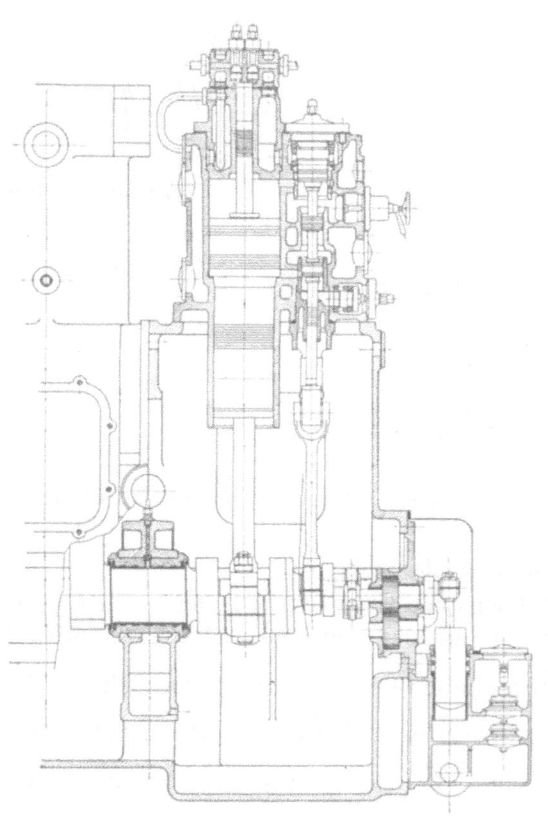

Abb. 512. Kr, Verdichter, Querschnitt, Kastengestellbauart.

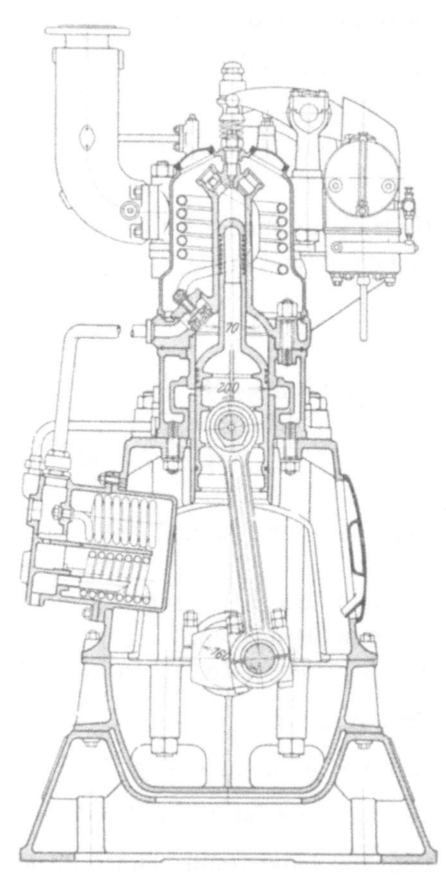

Abb. 513. Gz, Verdichter, Querschnitt, $\frac{200 \cdot 70}{160}$ zur Maschine $4 \cdot \frac{250}{300}$ 120, Abb. 231.

die Dämpfung der Bewegung beim Auftreffen auf den Sitz viel stärker, als bei kegelförmigen Sitzen, so daß auch bei raschem Gang das Geräusch gemildert erscheint. Bei geschlossenem Ventil soll der Federdruck klein werden, so weit der ruhige Gang es zuläßt. Bei großen Ausführungen, insbesondere auch bei gesondert angetriebenen Verdichtern (Abb. 480, 485, 512) werden Kolbenschiebersteuerungen angewendet, manchmal auch Saugschlitze am Niederdruckzylinder (Abb. 513). Die vom Kolben frei gegebene Öffnung ist etwa $^1/_8$ des Kolbenhubs lang, ihre Fläche entspricht einer mittleren Geschwindigkeit von 150 m/sk.

Der erzielbare schädliche Raum ist je nach der Ventilbauart verschieden. Tellerventile ohne innere Fänger ergeben ohne das Kolbenspiel einen schädlichen Raum 0,1 vH, durch die Fänger für das Saugventil wird er auf 0,5 vH erhöht, während Plattenventile etwa 0,8 bis 1 vH erfordern. Der Kolbenspielraum soll 1 mm nicht unterschreiten. Die auf die mittlere Kolbengeschwindigkeit bezogenen Luftgeschwindigkeiten sind je nach dem Luftdruck verschieden zu wählen, weil ja auch die Widerstandszahlen mit der Gasdichte wachsen. Im Saugventil der Niederdruckstufe läßt man mittlere Geschwindigkeiten von 70—100 m/sk entsprechend rd. 120—150 m/sk Maximalgeschwindigkeit zu, beim Druckventil der Niederdruckstufe, wo die Durchströmung bei zwei Stufen etwa mit 0,6, bei drei Stufen mit 0,8 der größten Geschwindigkeit beginnt, rechnet man mit etwa denselben Werten, beim Mitteldruck etwa mit 50—75, beim Hochdruck 30—50 m/sk, trotzdem die Ventilüberdrücke hier stark zunehmen, jedoch ist gewöhnlich der Raum sehr beschränkt. Die Regelung der Liefermenge erfolgt fast stets durch Drosselung vor dem Saugventil der Niederdruckstufe oder durch Ablassen von Luft aus dem Aufnehmer der ersten Stufe oder auch durch Veränderung des schädlichen Raumes im Niederdruckzylinder, wodurch der Wirkungsgrad bei kleiner Belastung günstiger ausfällt als bei Drosselung. Andere Regelungen, wie etwa durch teilweise zwangläufige Steuerung der Ansaugeventile oder Änderung des schädlichen Raumes, sind nicht gebräuchlich. Die Ausbildung der Ansaugedrosselung ist verschiedenartig und geht aus den Abb. 471, 474, 475, 478, 505, 514 hervor, die Pumpen können oft durch Aufdrücken der Saugventile im Niederdruck ausgeschaltet werden (Abb. 498).

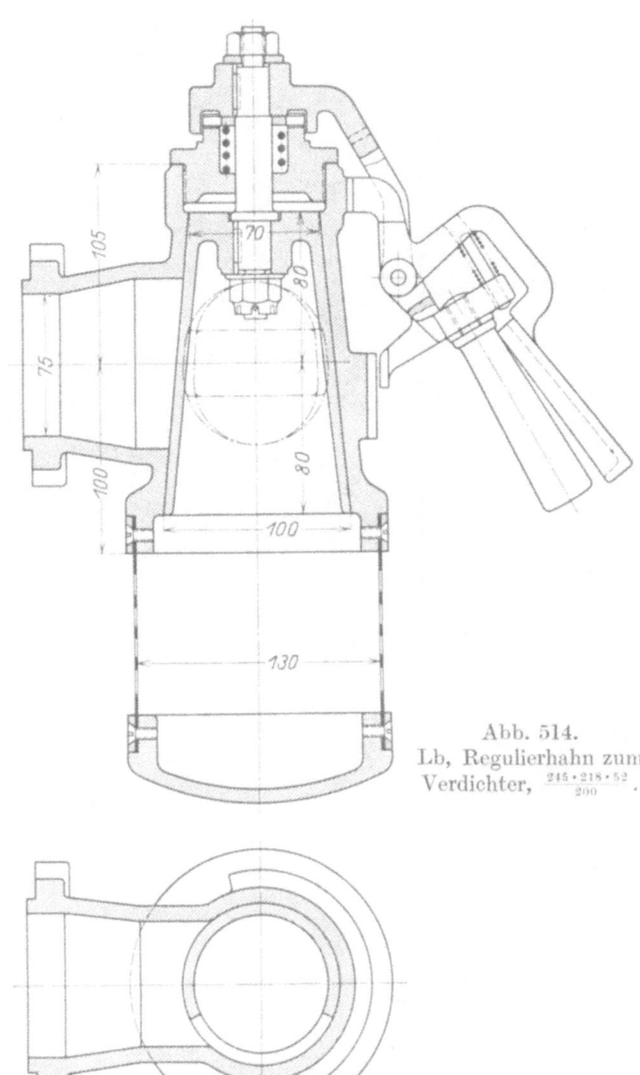

Abb. 514. Lb, Regulierhahn zum Verdichter, $\frac{245 \cdot 218 \cdot 52}{200}$.

Die Abdichtung besonders eingesetzter Ventilsitze gegen den Pumpenkörper wird mit Druckschrauben mit Kappen (Abb. 505, 508, 509) bewirkt, jedenfalls so, daß ein Ausbau leicht möglich ist und daß diese Abdichtung von der des Gehäusedeckels unabhängig ist. Bei kleineren Ausführungen und beim Niederdruck wird aber doch manchmal das Gehäuse mit dem Deckel selbst niedergehalten (Abb. 502, 507).

Die Zwischenaufnehmer werden stets als Kühler ausgebildet, u. zw. entweder als Kühlschlangen oder als Röhrenbündel. Kühlschlangen (Abb. 18, 31, 471, 474) haben den Vorteil der Einfachheit und der geringen Zahl der Dichtungstellen, lassen sich auch am leichtesten in den Zylinderkühlräumen unterbringen. Einzelheiten für Rohrschlangen in einem besonderen Behälter zeigt Abb. 515. Die Schwierigkeit, die Rohrschlangen gründlich zu reinigen, führt jedoch dazu, bei größeren Anlagen gesonderte Kühler mit geraden Rohrbündeln zu verwenden (Abb. 475, 478, 481), die sich leicht reinigen und im Falle der Beschädigung in Teilen auswechseln lassen. Bei Maschinen über 50 PS_e werden aus den früher angegebenen Gründen stets Endkühler vorgesehen, wodurch auch die Leitungen zu den

Gefäßen und Arbeitszylindern geschont werden. Die Anordnung der Aufnehmer und Kühler ist entsprechend dem verschiedenartigen Aufbau der Verdichter ebenfalls sehr verschieden. Die Rohrschlangen der Zwischenkühlung umfassen häufig bei zweistufigen Verdichtern den

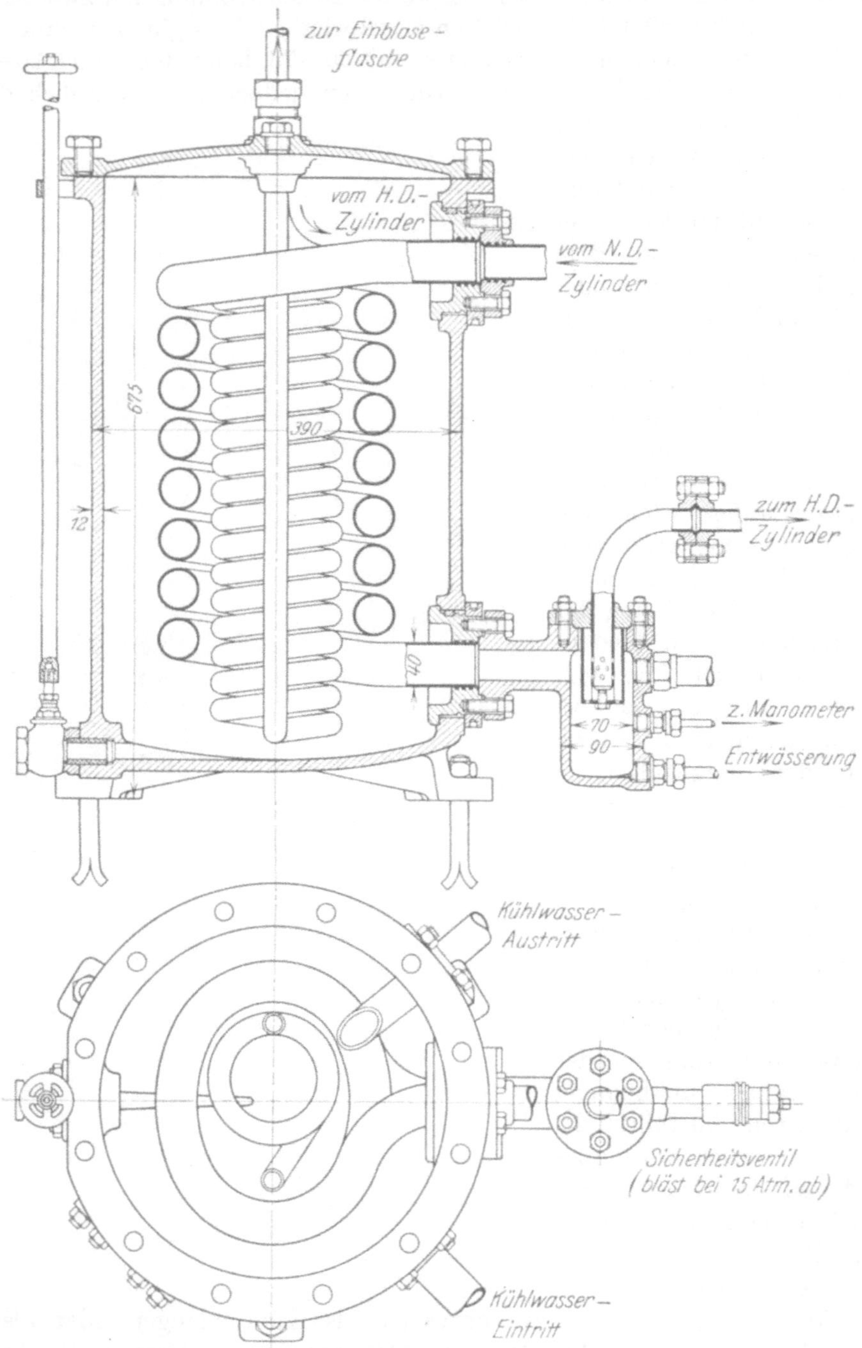

Abb. 515. Kr, Luftkühler mit Wasserabscheider.

Hochdruckzylinder oder dessen Deckel im Kühlraum (Abb. 18, 48, 65, 474), aber auch den Niederdruckzylinder, so daß der Kühlraum um den Hochdruckzylinder der Endkühlung vorbehalten bleibt (Abb. 471). Die Zwischenkühlerschlangen werden aber der bequemen Zugänglichkeit und des Ausbaus halber auch seitlich im Kühlraum angeordnet, der durch einen ausgebauchten Deckel oder im Guß (Abb. 460, 487) erweitert wird. Auch Bündelkühler können im Zylinderkühlraum untergebracht werden (Abb. 83), gewöhnlich werden sie aber ganz gesondert aufgestellt (Abb. 475, 478, 480, 481, 484, 516), manchmal werden gesonderte Kühler auch mit Rohrschlangen versehen (Abb. 31, 515). Reavell verlegt, um den schädlichen Raum des Hochdruckzylinders zu erhöhen und die darin befindliche Luft zu kühlen, das Druckventil hinter die Kühlschlangen. Flatz (vgl. S. 322) erhöht den schädlichen Raum unmittelbar durch eine Kühlschlange (Abb. 478). Bündelkühler sollen die freie Dehnung der Rohre ermöglichen (Abb. 475, 478, 481, 516).

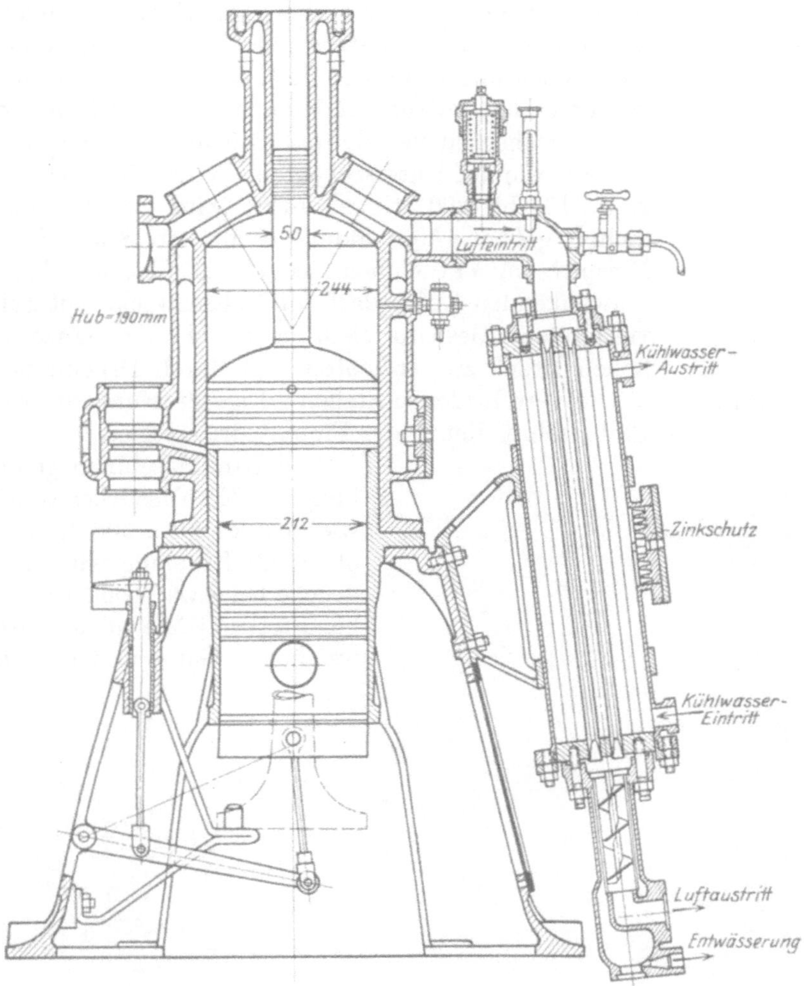

Abb. 516. Da, Verdichter mit Luftkühler, $\frac{244 \cdot 212 \cdot 50}{190}$ zur Maschine $6 \cdot \frac{250}{370} \cdot 375$.

Das nahtlose Rohrmaterial für die Kühlschlangen und Bündel ist Stahl oder Kupfer, die Kühlfläche ist aus der abzuführenden Wärme mit dem passenden Übergangsbeiwert zu berechnen[1]). Über Zugänglichkeit und Reinigungsmöglichkeit der Wasserräume gilt das gleiche, wie für die Zylinder, hingegen muß die Luft in jedem Aufnehmer gereinigt und insbesondere von Schmieröl und Wasser befreit werden, die durch einen Ablaß zeitweise entfernt werden können. Die Trennung der Öl- und Wasserteilchen erfolgt entweder einfach in erweiterten Räumen oder in besonders gebauten Abscheidern (Abb. 484, 516) mit schraubenförmigen Flächen, die die dichteren Teilchen ausschleudern und an vertikalen Wänden abfließen lassen oder sonst plötzliche Richtungsänderungen auf-

[1]) Nusselt, Forschungsarbeiten des V. d. I. Heft 89, Z. d. V. d. I. 1917. S. 685; u. a. vgl. auch Stender, Wärmeübergang an Wasser. Berlin: Julius Springer 1924.

weisen (Abb. 471, 475, 478, 481). Die Kühlwasserführung wird meist so angeordnet, daß das Wasser zuerst den Niederdruckzwischenkühler, dann den Niederdruckmantel und endlich den Hochdruckzylinder und Endkühler umströmt. Bei Bündelkühlern werden Querwände eingebaut (Abb. 484), um die Wassergeschwindigkeit zu erhöhen und tote Räume zu vermeiden. In die Rohre werden manchmal zur Erhöhung der Kühlwirkung Stäbe eingelegt (Abb. 516). Da durch Undichtheiten beträchtliche Drücke in den Kühlräumen entstehen könnten, sind Manometer, Sicherheitsventile und Bruchplatten anzubauen (etwa Abb. 517). Ferner werden Thermometer für das ein- und ausströmende Wasser angebracht. Auch für die Luftleitungen werden in den einzelnen Stufen wegen unvorhergesehener Druckerhöhung durch Undichtheiten oder Ventilbruch Sicherheitsventile und Bruchplatten eingebaut.

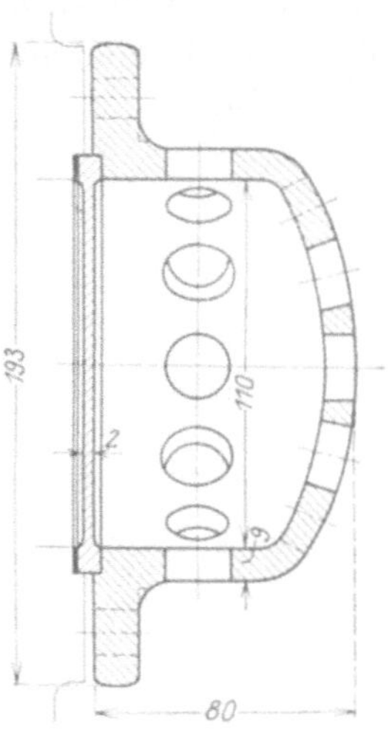

Abb. 517. Lb, Bruchplatte.

Wo, wie auf Unterseebooten, für Bordzwecke höherer Druck, z. B. 160 bis 200 at, gebraucht wird, werden vierstufige Verdichter gebaut. Man kann der dritten Stufe die Luft für die Einspritzung entnehmen, jedoch ist dies bei dem meist stark schwankenden Luftbedarf für Nebenzwecke mit Schwierigkeiten verbunden. Deshalb zieht man vor, die ganze Luft auf den hohen Druck zu verdichten und durch Druckminderventile auf die an verschiedenen Stellen nötige Pressung zu bringen. Für die Einblaseluft dienen die Einblasedruckregler.

Bei Landmaschinen genügt die Regelung des Einblasedruckes mit der Hand, wie aus der Abb. 398 hervorgeht. Selbst ohne jede Regelung würden die Einblasedrücke bei etwa gleicher Drehzahl von der benötigten Höhe nicht allzu stark abweichen. Ganz anders verhält es sich

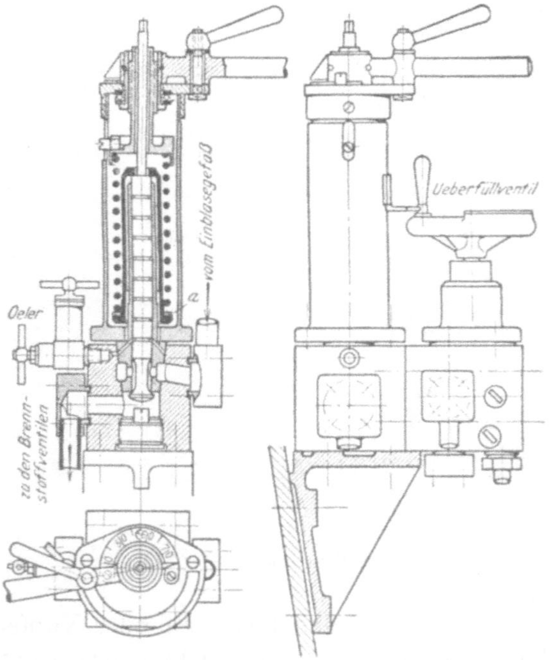

Abb. 518. MAN, Einblasedruckregler, zur Maschine $6 \cdot \frac{700}{1400} \cdot 108$, zu Abb. 382.

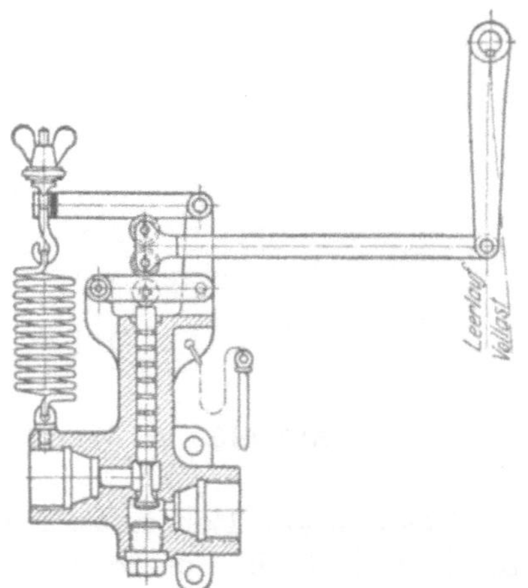

Abb. 519. MAN, Einblasedruckregler.

jedoch bei Schiffsmaschinen, wo mit der Leistung auch noch die Drehzahl sinkt. Hier würden bei kleinen Belastungen ohne Regelung die Einblasedrücke zu sehr sinken, die geförderte Luftmenge für eine Umdrehung muß ganz beträchtlich steigen (Abb. 399). Wenn die Änderung des Maschinenganges nur verhältnismäßig selten vorkommt, genügt auch bei Schiffsmaschinen die Einblasedruckregelung mit der Hand. Immerhin dauert es ziemlich lange, ehe der Einblasedruck der Veränderung des Ansaugequerschnittes folgt, weil ja nach und nach der Druck erst in den Stufen des Verdichters und im Einblasegefäß geändert werden muß, wozu beträchtliche Luftmengen erforderlich sind. Will man die Einwirkung rasch erfolgen lassen, baut man ein Druckminderventil in die Leitung vom Anlaßgefäß zum Brennstoffventil ein (Abb. 518), das ohnehin erforderlich wird, wenn der Druck im Einblasegefäß mit Rücksicht auf anderen Bedarf höher ist als der Einspritzdruck. Die Wirkungsweise des Druckminderventils geht ohne Erklärung aus der Zeichnung hervor. Für Landmaschinen wird auch die Einstellung der Belastungsfeder durch die Regelwelle unmittelbar besorgt (Abb. 519). Abb. 520 zeigt die Betätigung eines solchen Einblasedruckreglers für Schiffsmaschinen in Verbindung mit einer Einrichtung, die den Druck beim Anfahren selbsttätig vermindert. Die willkürliche Regelung mit der Hand geht von der zum Maschinistenstand führenden Welle Q aus, indem der Hebel P auf die oben anstoßende Stange M drückt und mit dem Daumen H die Belastungsfeder E des Druckminderventils B entspannt. Der Regeldaumen H kann aber auch von der Anfahrwelle T aus mittels Hebels S und Schlitzstange R gedreht werden, so daß während des Anfahrens in der gezeichneten Stellung ebenfalls eine Entspannung auf etwa 45 at eintritt. Dabei wird gleichzeitig die Feder N gespannt. In der punktiert gezeichneten Betriebstellung kommt diese Feder durch die Bremsung in einem Katarakt nur allmählich zur Wirkung, damit der Druck nicht zu plötzlich ansteigt. Bei der Handregelung wirkt der Kataraktdruck zur Bremsung gegen unbeabsichtigte Verschiebung. Um endlich beim Anlassen auch die Verbindungsleitung zum Brennstoffventil rasch zu entspannen, dient das Sicherheitsventil U, dessen Ablaßleitung durch ein Gestänge nur während des Anlassens geöffnet wird. Ähnlich wirkt auch der Einblasedruckregler Abb. 521[1]), bei dem mit Rücksicht darauf, daß einer bestimmten Leistung der Maschine auch eine bestimmte Drehzahl entspricht, die die Belastungsfeder spannende Welle e mit der Handregelwelle unmittelbar verbunden ist, wodurch eine besondere Betätigung unnötig wird. Wo, wie in einem Kriegschiff, rasch und oft hintereinanderfolgende Änderungen der Maschinenleistung vorkommen, genügt die Handeinstellung des Einblasedruckreglers nicht, und sie muß selbsttätig erfolgen. Aus Abb. 399 geht hervor, daß der Einblasedruck mit der Umdrehungsleistung der Maschine etwa linear ansteigen kann, wenn er bei kleinster Drehzahl rd. 40 at beträgt. Da diese Leistung etwa quadratisch mit der Drehzahl wächst, ist dies daher beim Überdruck ebenfalls der Fall. Nun stehen zwei Möglichkeiten zu Gebote, hier entsprechend verlaufende Drücke herzustellen: entweder der quadratisch mit der Geschwindigkeit wachsende Flüssigkeits-Überdruck beim Durchfließen einer Öffnung oder die Fliehkraft. Der erstere Fall findet in dem Einblasedruckregler der M. A. N.[1]) Anwendung (Abb. 522), Das Druckminderventil wird nicht nur durch die Feder c, die den Einblasedruck von etwa 35 at einstellt, belastet, sondern auch noch durch den auf den Kolben d wirkenden

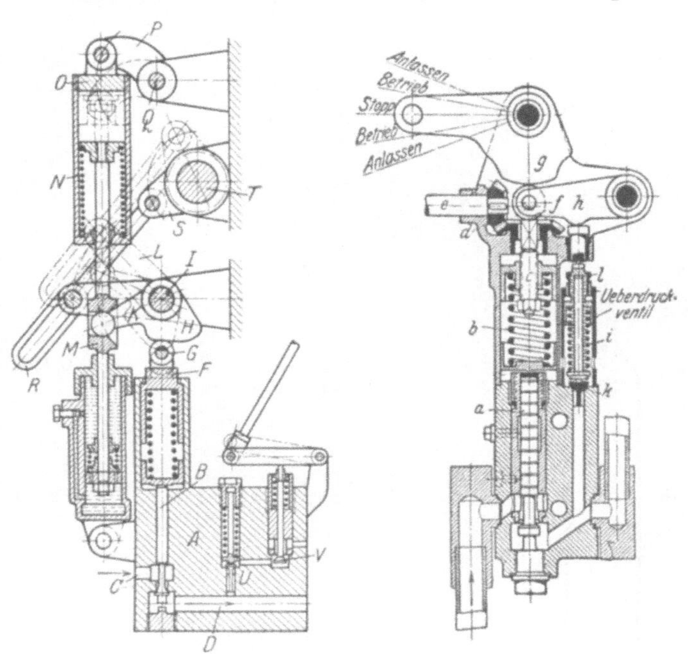

Abb. 520. Da, Einblasedruckregler, zur Maschine $6 \cdot \frac{335}{380} \cdot 450$.

Abb. 521. Bz, Einblasedruckregler.

[1]) Ebermann: Z. V. d. I. 1920, S. 429.

Flüssigkeitsdruck, der im Raum g durch eine von der Maschine angetriebene kleine Ölpumpe erzeugt wird. Die von ihr geförderte Ölmenge wächst proportional mit der Umdrehungszahl und wird durch eine enge Öffnung, die durch den schlanken Kegel des Drosselventils h geändert werden kann, in den Saugraum f der Pumpe zurückbefördert. Der Druckunterschied zwischen g und f ist, abgesehen von Widerständen, proportional dem Quadrat der sekundlich durchfließenden Ölmenge, entspricht also der Anforderung. Zur Entlüftung des Druckraumes dient eine Entlüftungschraube, ein feines Drahtsieb verhindert den Zutritt von Verunreinigungen zum empfindlichen Kolben d. Bei Versagen der Pumpe kann durch eine Schraube mit Handrad die Feder c gespannt und dadurch der Einblasedruck geregelt werden. Die Ölpumpenförderung wird endlich ähnlich wie die der Brennstoffpumpen bei Verstellung der Füllung geändert, so daß Drehzahl und Füllung gesondert den Einblasedruck einstellen. Da die Strömungswiderstände zwischen

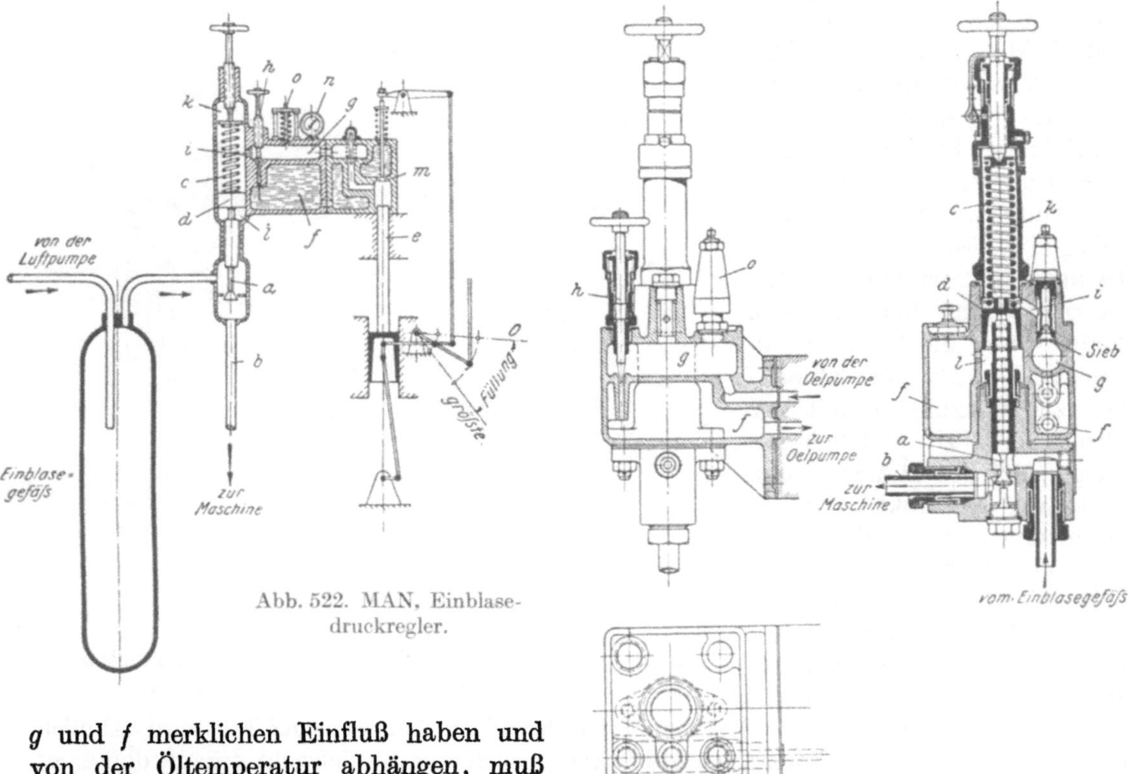

Abb. 522. MAN, Einblasedruckregler.

g und f merklichen Einfluß haben und von der Öltemperatur abhängen, muß diese gleichgehalten werden.

Der zweite Fall ist in der Einblasedruckregelung von Körting (Abb. 523) verwirklicht. Der Zusatzdruck zur Ventilbelastungsfeder wird hier durch den Fliehkraftdruck des in der Trommel T befindlichen rotierenden Öls erzeugt, der auf den Kolben Y wirkt.

Ein anderes Beispiel bietet die Regelung von Sulzer (Abb. 524) für große Landmaschinen. Der Regler wirkt hier nicht nur auf die Brennstoffpumpe, sondern auch auf den Drosselschieber in der Ansaugeleitung des Verdichters. Die dadurch entstehende Druckänderung im ersten Zwischenbehälter e verstellt durch den federbelasteten Kolben f gleichzeitig die Bewegung des Brennstoffventils und ein Drosselventil in der Einspritzdruckleitung h. Die Luftmenge wird zwischen Vollast und Leerlauf bis auf etwa $^1/_5$ vermindert, während sie ohne Nadelregelung nur auf die Hälfte kommt.

Der Einblasedruckregler (Abb. 525[1]) ist dadurch ausgezeichnet, daß hier der unter dem Einfluß des Druckunterschiedes zwischen der Zu- und Ableitung der Druckluft stehende Ventilsitz mit der Hand oder mit einem Regler verstellt werden kann. Wird

[1]) D. R. P. 316919 von Emil Flatz, Graz.

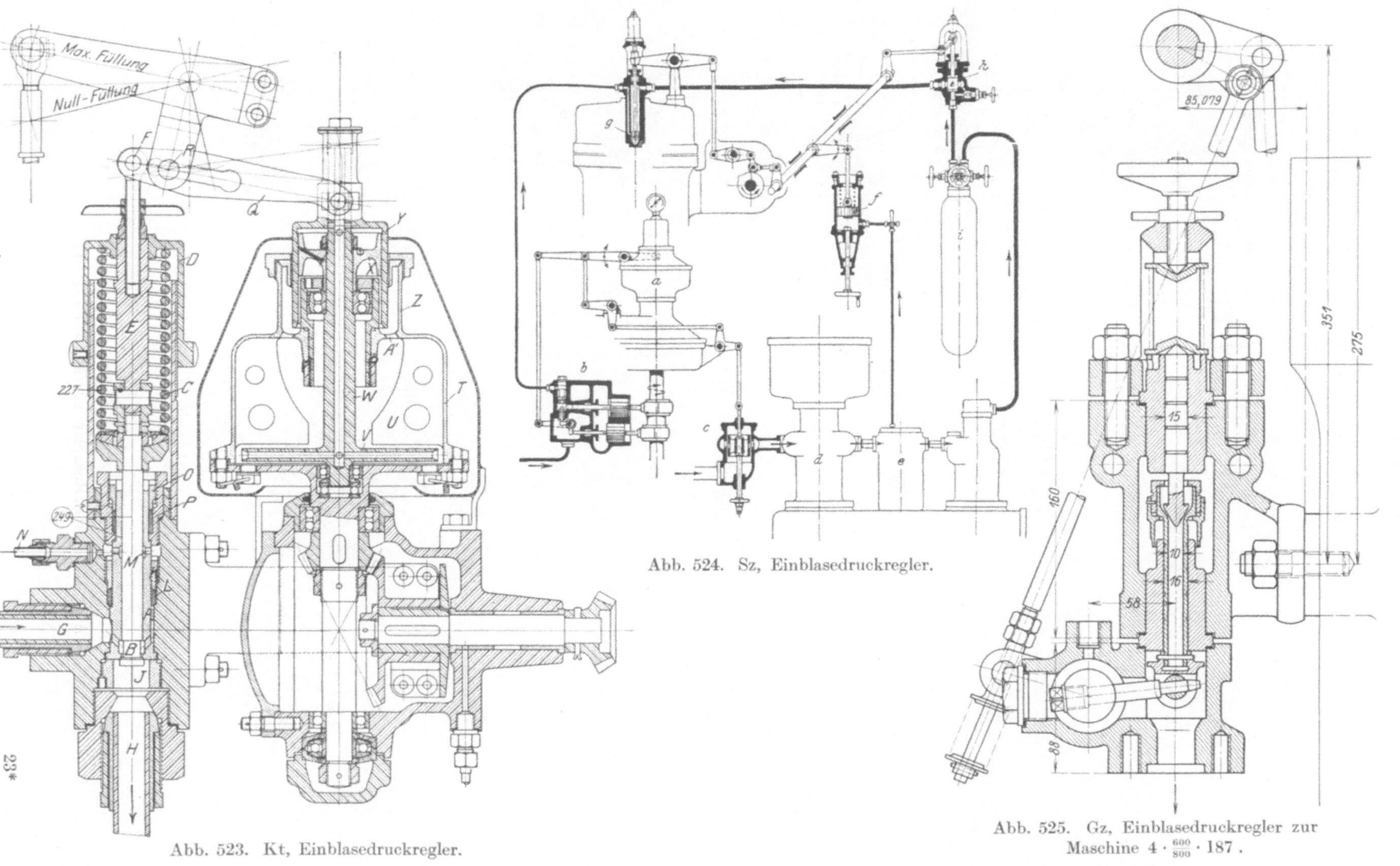

Abb. 523. Kt, Einblasedruckregler.

Abb. 524. Sz, Einblasedruckregler.

Abb. 525. Gz, Einblasedruckregler zur Maschine $4 \cdot \frac{600}{800} \cdot 187$.

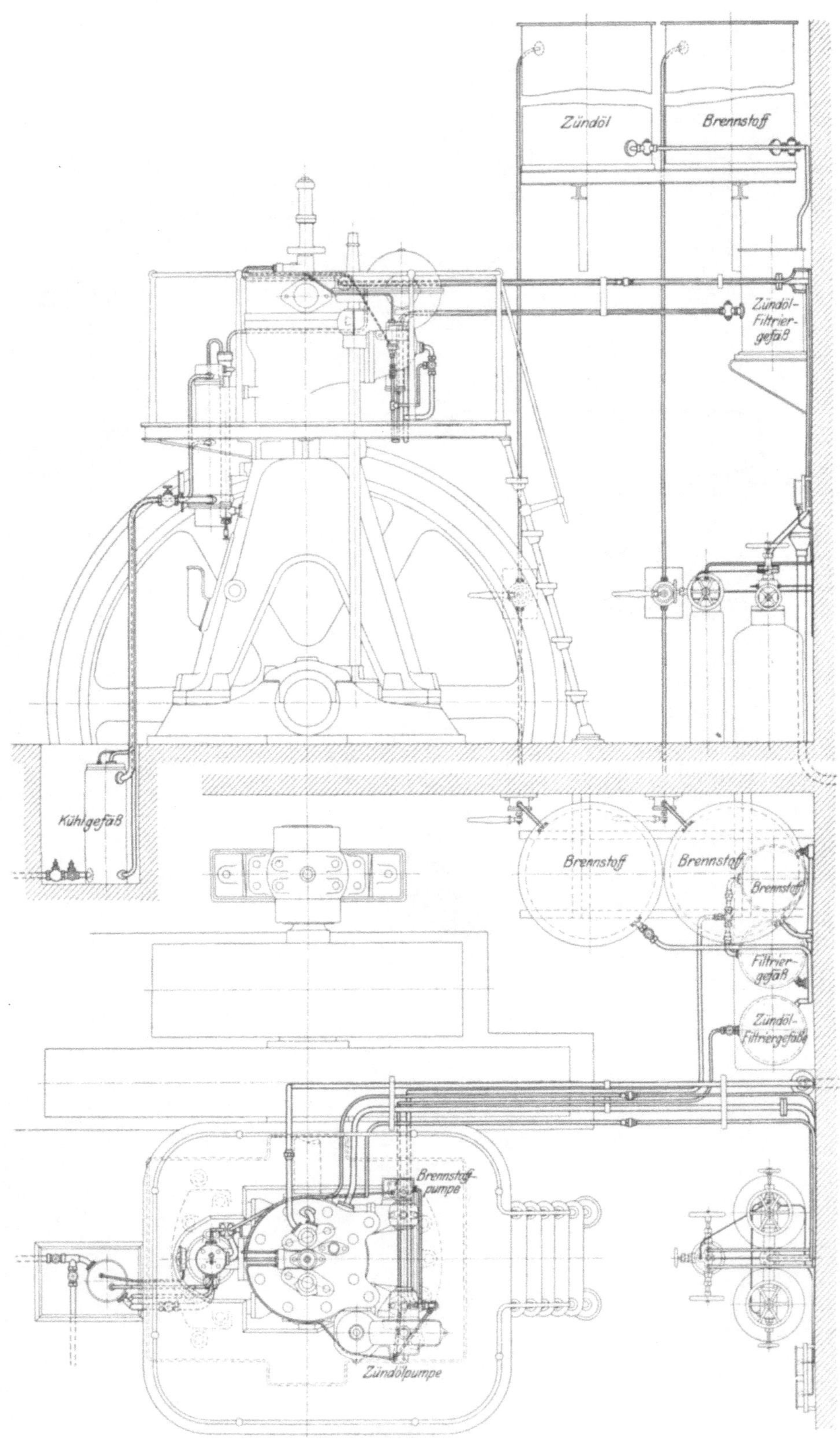

Abb. 526. LHL, Rohrplan zur Maschine $\frac{415}{600} \cdot 175$.

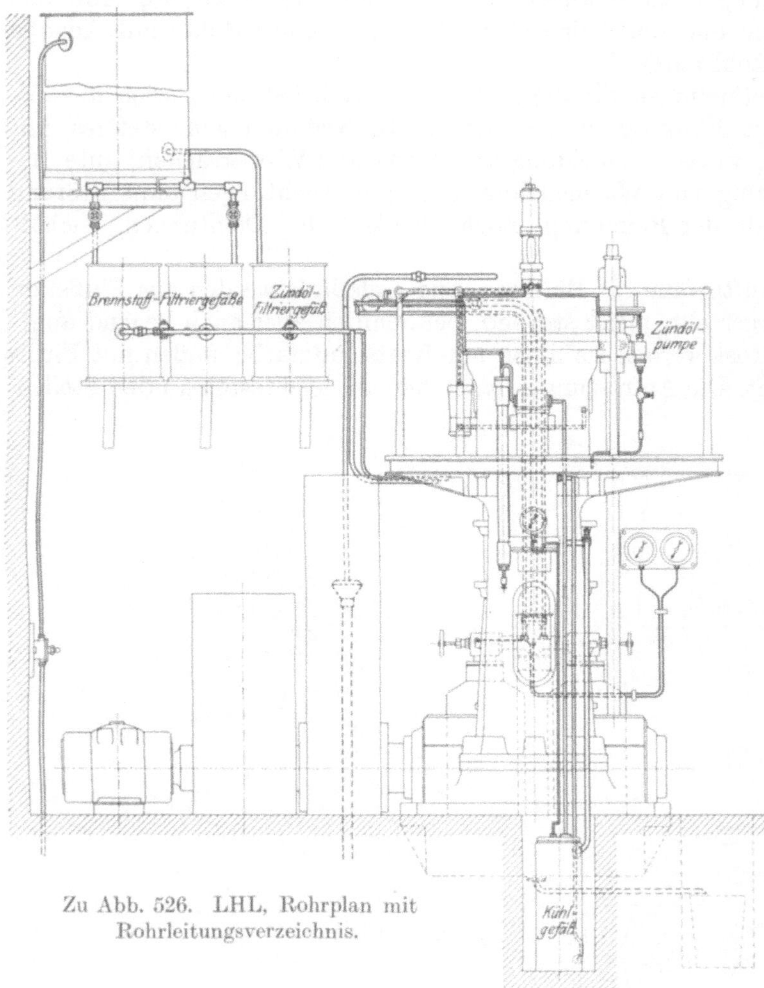

Zu Abb. 526. LHL, Rohrplan mit Rohrleitungsverzeichnis.

der Einblasedruck z. B. durch Undichtheiten kleiner, so übt der bewegliche Ventilsitz einen Druck nach abwärts aus und vergrößert den Querschnitt des Durchgangs, so daß sich eine neue Gleichgewichtslage einstellt, bei der der Einspritzdruck wieder steigt. Dadurch werden Störungen durch Rückschlagen der Gase aus den Zylindern vermieden.

XIV. Behälter und Rohrleitungen.

Von großer Bedeutung für den Betrieb von Dieselmotoren ist die Anlage der Behälter und Rohrleitungen. Es kommen hier Leitungen für Druckluft, Brennstoff (gegebenenfalls Teer- u. Zündöl), Schmieröl für Zylinder, Lager und Kolbenkühlung, Kühlwasser, Arbeitsluft und Auspuffgase in Betracht. Um einen Überblick über die

Bemerkungen	Art und Benennung der Leitungen	Dimensionen bei PS			Material
		70	80	100	
Druckluft	Anlaßleitung	30/38	33/41,5	38,5/47	Stahl
„	Einblaseleitung	11/16	14/20	14/20	Kupfer
„	Druckleitung von der Luftpumpe	11/16	11/16	14/20	„
„	Saugleitung der Luftpumpe H. D. vom Kühlgefäß	11/16	11/16	14/20	„
„	Druckleitung der Luftpumpe N. D. zum Kühlgefaß	19/26	19/26	25/33	Stahl
„	Manometerleitung vom Kuhlgefäß	4/7	4/7	4/7	Kupfer
„	Manometerleitung von den Druckluftgefäßen	4/7	4/7	4/7	„
„	Überfulleitungen der Druckluftgefäße	7/11	7/11	7/11	„
Kühlwasser	Zuflußleitung durch das Kühlgefäß zur Luftpumpe	1″ Gasr.	1″ Gasr.	$1\frac{1}{4}$″ Gasr.	Schmiedeeisen
„	Abflußleitung vom Auspuffventil nach dem Trichter	1″ „	1″ „	$1\frac{1}{4}$″ „	„
„	Abflußleitung vom Trichter	$1\frac{1}{2}$″ „	$1\frac{1}{2}$″ „	$1\frac{1}{2}$″ „	„
„	Entleerungsleitung vor dem Kühlgefäß	1″ „	1″ „	1″ „	„
Brennstoff	Saugleitung der Handpumpe	1″ „	1″ „	1″ „	„
„	Druckleitung der Handpumpe nach dem Brennstoffvorratgefäß	1″ „	1″ „	1″ „	„
„	Zuleitung zu den Filtriergefäßen	1″ „	1″ „	1″ „	„
„	Leitung von den Filtriergefäßen nach dem Schwimmergehäuse am Motor	1″ „	1″ „	1″ „	„
„	Verbindungsleitung zwischen Schwimmergehäuse und Brennstoffpumpe	1″ „	1″ „	1″ „	„
„	Druckleitung von der Brennstoffpumpe nach dem Brennstoffventil	4/7	4/7	4/7	Stahl bei Teeröl, Kupfer bei Gasöl
Zündöl	Saugleitung der Handpumpe	$\frac{3}{4}$″ Gasr.	$\frac{3}{4}$″ Gasr.	$\frac{3}{4}$″ Gasr.	Schmiedeeisen
„	Druckleitung der Handpumpe nach dem Zündölvorratgefäß	$\frac{3}{4}$″ „	$\frac{3}{4}$″ „	$\frac{3}{4}$″ „	„
„	Zuleitung zu dem Filtriergefäß	$\frac{3}{4}$″ „	$\frac{3}{4}$″ „	$\frac{3}{4}$″ „	„
„	Leitung vom Filtriergefäß nach der Zündölpumpe	$\frac{3}{4}$″ „	$\frac{3}{4}$″ „	$\frac{3}{4}$″ „	„
„	Verbindungsleitung mit der Brennstoffleitung	$\frac{3}{4}$″ „	$\frac{3}{4}$″ „	$\frac{3}{4}$″ „	„
„	Druckleitung von der Zündölpumpe nach dem Brennstoffventil	4/7	4/7	4/7	Kupfer
Öl	Schmutzölleitung von der Grundplatte	1″ Gasr.	1″ Gasr.	$1\frac{1}{4}$″ Gasr.	Schmiedeeisen
Gase	Auspuffleitung	145 lw.	160 lw.	170 lw.	Guß- bzw. Schmiedeeisen

große Anzahl von Rohrleitungen zu erlangen, diene vorerst der Rohrplan Abb. 526 für eine Einzylindermaschine und das beigegebene Verzeichnis der Rohre mit Angabe der Abmessungen und des Rohrmaterials.

Von den allgemeinen Bedingungen für die Anlage von Rohrleitungen seien hier erwähnt: Möglichst geradlinige Führung, wenig und sanfte Krümmungen, stetiges Ansteigen in der Stromrichtung wegen Vermeidung von Luft- und Wassersäcken, gute Befestigung mit Berücksichtigung von Wärmedehnungen, gute Dichtungen ohne Störung der Querschnitte, Möglichkeit der Reinigung, Zugänglichkeit der Dichtungen, leichter Abbau.

Druckluft: Die Druckluftgefäße für Einblase- und Anlaßluft werden aus Flußstahl oder Nickelstahl nahtlos hergestellt, meist stehend, bei Schiffen aber auch liegend angeordnet. Zum Schutz gegen Rost werden sie innen mit Rostschutzfarbe, außen mit Firnis gestrichen oder auch verzinnt. Die Anfressungen entstehen am leichtesten an den Stellen,

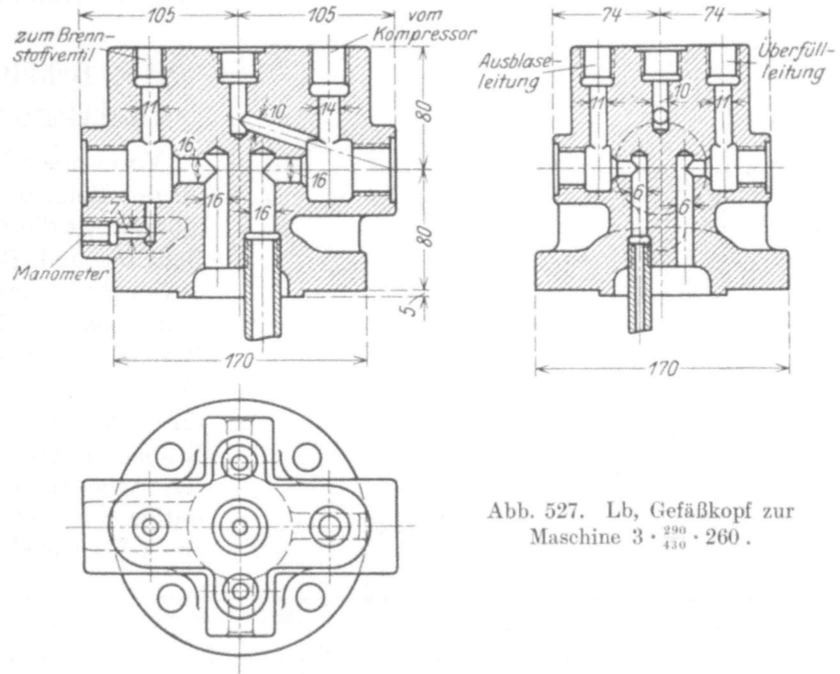

Abb. 527. Lb, Gefäßkopf zur Maschine $3 \cdot \frac{290}{430} \cdot 260$.

wo sich Wasser ansammeln kann, bei stehenden Behältern ist daher der Boden zu verstärken, bei liegenden durch Verdrehen zeitweise andere Stellen nach unten zu bringen. Die Entwässerungsrohre sind sorgfältig an die tiefste Stelle zu führen. Auf leichten Ausbau der Gefäße ist Rücksicht zu nehmen, ebenso auf die Möglichkeit der Reinigung außen und innen, mechanisch durch Drahtbürsten und durch Auskochen mit Firnis. Die Gefäße haben neben der Luftaufspeicherung auch den Zweck, etwa trotz der in den Aufnehmern der Verdichter angeordneten Reinigung der Luft von Staub, mitgerissenem Öl und Wasser noch vorhandene Unreinheiten abzuscheiden und dadurch die Brennstoffventile und Verteiler zu schonen. Die Anschlüsse der Rohrleitungen werden an Köpfen angeordnet, die an einer auf dem Hals aufgeschraubten oder aufgeschweißten Flansche angeschraubt werden. Der Hals muß entsprechend groß sein, um die Reinigung zu ermöglichen. Als Dichtung dient ein scharfkantiger Kupferring. Die Gefäßköpfe werden bei kleineren Ausführungen aus Gußeisen (Abb. 527, 528), bei größeren aus Flußeisen hergestellt (Abb. 533), sie nehmen die Druckluftventile auf, die bei größeren Abmessungen gegen die Spindeln frei drehbare Teller erhalten (Abb. 533). Als Ventilsitze haben sich auch Einlagen aus Gummi oder Vulkanfiber bewährt. Zur Sicherung des Anlassens werden gewöhnlich zwei Anlaßgefäße angebracht, von denen eines in Reserve steht. Nach der

Druckentnahme füllt man die Gefäße sogleich wieder auf. Die Druckluft wird vom Verdichter nach Kühlung unmittelbar dem Einblasegefäß zugeführt und von hier sowohl den Brennstoffventilen, als durch eine Überströmleitung den Anlaßgefäßen (Abb. 530). Der Kopf des Einblasegefäßes muß daher an Anschlüssen erhalten: ein Ventil mit Rohranschluß vom Verdichter und zum Sicherheitsventil, oft ein Rückschlagventil, ein Ventil mit Rohranschluß zu den Brennstoffventilen und zu einem Manometer, ein Ventil mit Anschluß zur Überfülleitung und ein Ventil mit Anschluß zur Ausblaseleitung. Die Luftzufuhr vom Verdichter erfolgt bei stehenden Gefäßen durch ein Rohr, das nahe an den Boden reicht, aber doch noch nicht etwaige Wasser- und Ölablagerungen erreicht und aufwirbelt. Das Ablaßrohr reicht noch tiefer an den Boden heran. Der Druck in den Anlaßgefäßen wird gegen die Zylinder zu gewöhnlich noch auf 10—25 at herunter-

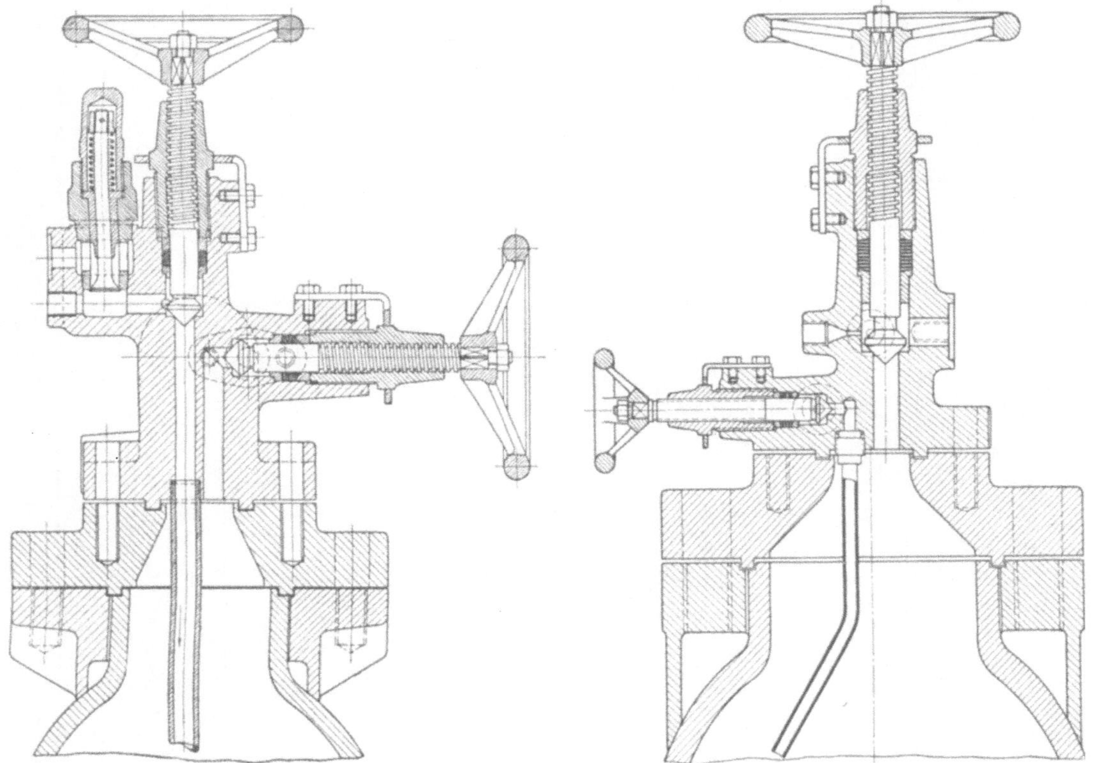

Abb. 528. Da, Gefäßkopf zur Maschine $6 \cdot \frac{230}{370} \cdot 450$. Abb. 529. Da, Gefäßkopf zur Maschine $6 \cdot \frac{250}{370} \cdot 450$.

gedrosselt, indem man ein Druckminderventil einschaltet, vor das manchmal ein Luftfilter gesetzt wird. Bei Abb. 531 ist es mit dem Hauptanfahrventil vereint, ähnlich auch in Abb. 532. Das Druckminderventil soll das Anlassen dadurch erleichtern, daß größere Füllung eingestellt und dadurch die Grenzen der Kurbelwinkel, bei denen die Maschine anspringt, vergrößert werden können, ohne daß zu große Beschleunigungen und Kurbeldrücke entstehen. Auch wird die Sicherheit erhöht, weil das Einspritzen von Brennstoff in zu hoch gespannte Anlaßluft bei unrichtigem Arbeiten des Anlaßventils gefährlich wäre. Die Leitung soll immerhin so bemessen sein, daß bei etwa 20 at in der Anlaßflasche das Anspringen der Maschine noch sicher erfolgt. Gewöhnlich wird auch die Anlaßleitung im Betrieb entlüftet, so daß durch ein zufälliges Aufdrücken des Anlaßventils am Zylinder während des Saughubes keine Anlaßluft in die Zylinder eindringen kann.

Als Material werden für kleine Druckluftleitungen nahtlose Kupfer-, für größere Stahlrohre verwendet. Da in der Einblaseleitung, wie bereits früher erwähnt, große Drucksteigerungen möglich sind, werden meist ganz nahe oder unmittelbar am Brennstoffventil Rückschlagventile angebracht, die allerdings die Gefahr des Reißens des Brennstoffventilgehäuses im Fall eines Zurückschlagens der Flamme aus dem Zylinder noch erhöhen, jedoch das Auftreten von Explosionswellen verhindern [1]). Mit dem Rückschlagventil soll ein Sicherheitsventil für rd. 90 at oder eine Bruchplatte vereinigt werden. Der Probedruck soll 250 bis 400 at betragen.

Der Ventilkopf eines Anlaßgefäßes (Abb. 528) enthält nur ein Anlaßventil, das die Verbindung mit der Anlaßleitung herstellt, ein Füllventil, ein Ausblaseventil mit Ansatz-

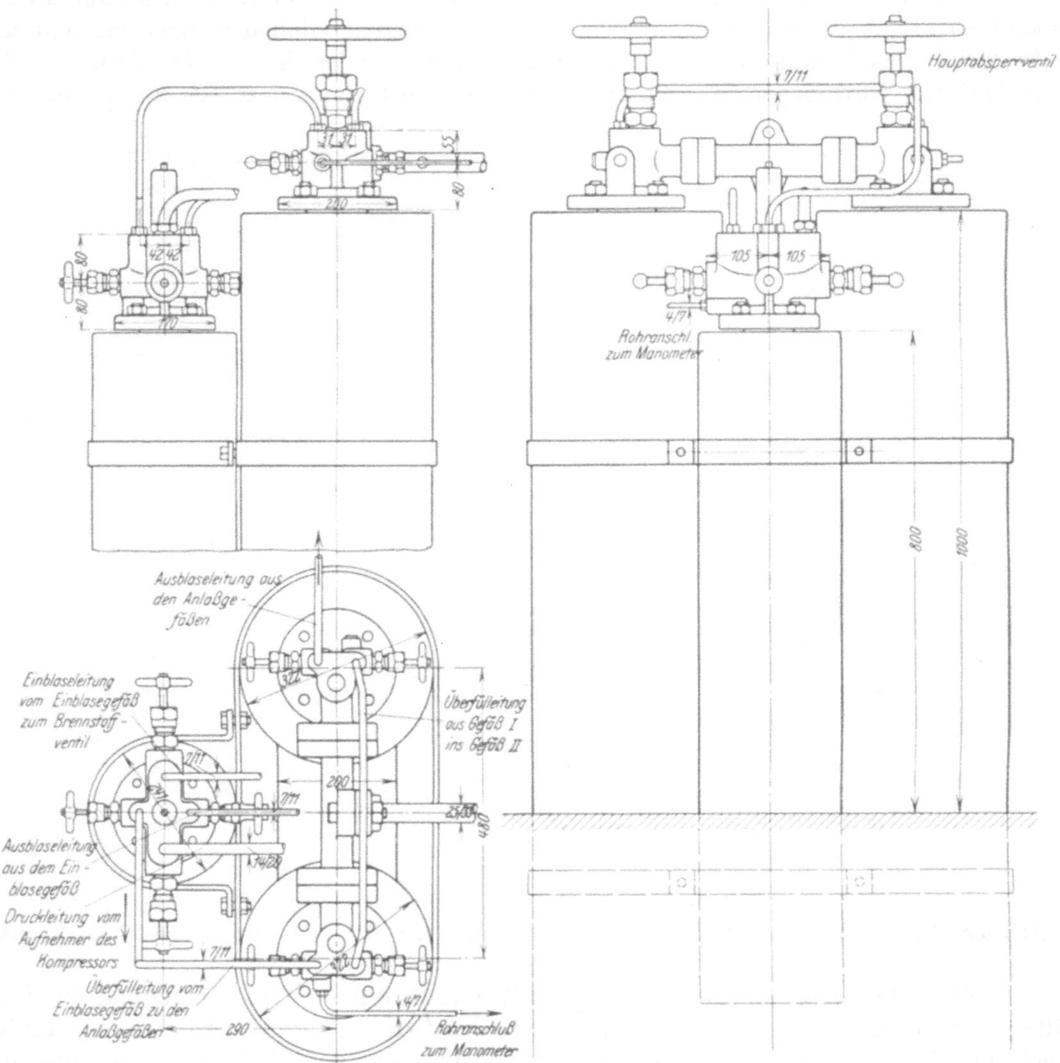

Abb. 530. Lb, Anordnung der Luftgefäße zur Maschine $3 \cdot \frac{290}{430} \cdot 260$.

rohr und einen Manometeranschluß. Manchmal werden die Entwässerungsleitungen auch als Überfülleitungen verwendet. Die Luftleitung wird, wenn zwei Anlaßgefäße vorhanden sind, vom Einblasegefäß zuerst zu einem und von da zum zweiten Anlaßgefäß geführt, das erste erhält dann zwei, manchmal nur einen Rohranschluß (vgl. Abb. 530); die Anlaßleitungen von den beiden Gefäßen werden durch ein Hosenrohr zu einer gemeinsamen Leitung verbunden. Die Dichtungen der Rohre an den Anschlußstellen und untereinander erfolgen durch Kupfer- oder Bronzekonus mit Überwurfmutter, nur bei großen Abmessungen durch Flanschen mit Eindrehungen und scharfen Kupferringen oder

[1]) Colell: Drucksteigerungen, S. 69 u. a. Berlin: Julius Springer. 1921.

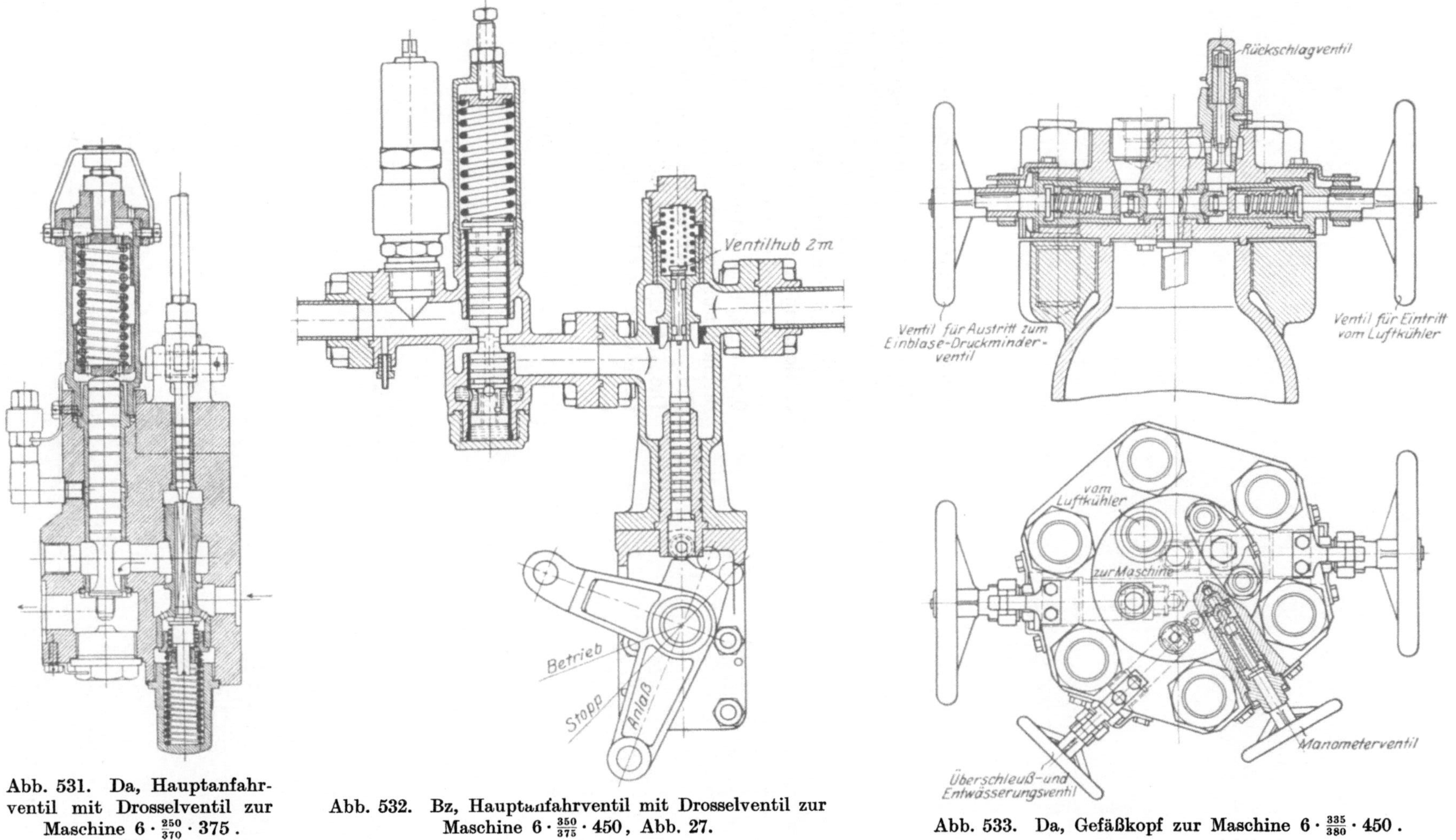

Abb. 531. Da, Hauptanfahrventil mit Drosselventil zur Maschine $6 \cdot \frac{250}{370} \cdot 375$.

Abb. 532. Bz, Hauptanfahrventil mit Drosselventil zur Maschine $6 \cdot \frac{350}{375} \cdot 450$, Abb. 27.

Abb. 533. Da, Gefäßkopf zur Maschine $6 \cdot \frac{335}{380} \cdot 450$.

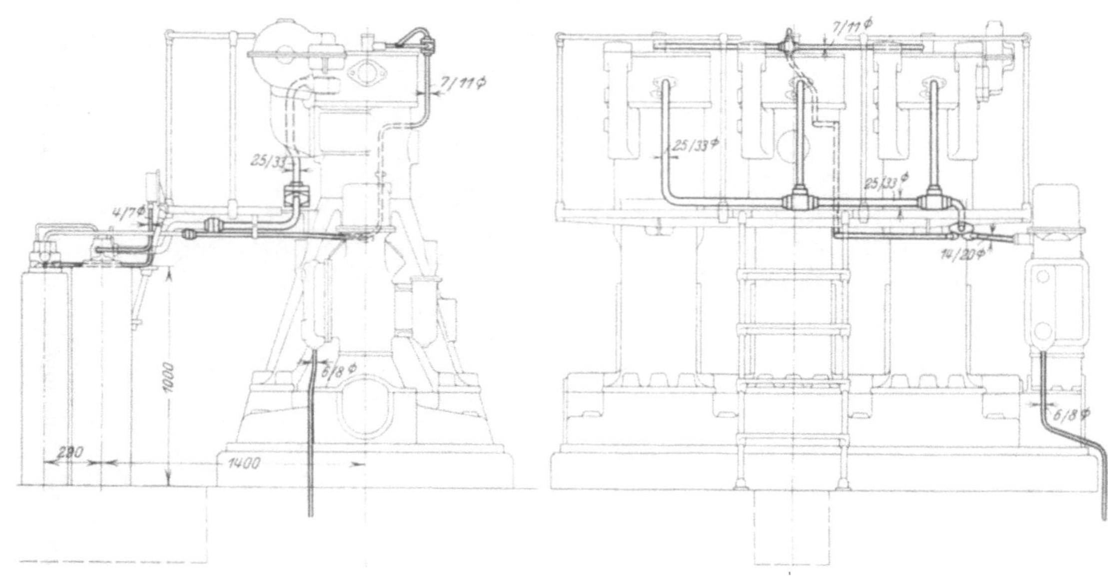

Abb. 534. Lb, Druckluftleitung zur Maschine $3 \cdot \frac{290}{430} \cdot 260$.

Kupferasbestringen. Die Anlaßgefäße werden manchmal bei kleineren Anlaßluftpressungen mit aufgeschweißtem Boden hergestellt.

Die Einblasegefäße erhalten bei kleinen stationären Anlagen etwa einen Rauminhalt von 0,5 bis 0,65 l/PS_e, bei großen bis zu 0,21 l/PS_e und darunter; er soll wegen des raschen Folgens bei etwaiger Änderung des Einspritzluftverbrauches nicht zu groß sein. Die Anlaßgefäße für kleinere Anlagen erhalten etwa 2 bis 4 l/PS_e, bei großen bis 1,6 l/PS_e und darunter. Bei Schiffsmaschinen mit Umsteuerung müssen die Anlaßgefäße natürlich viel größer, z. B. nach Vorschrift des

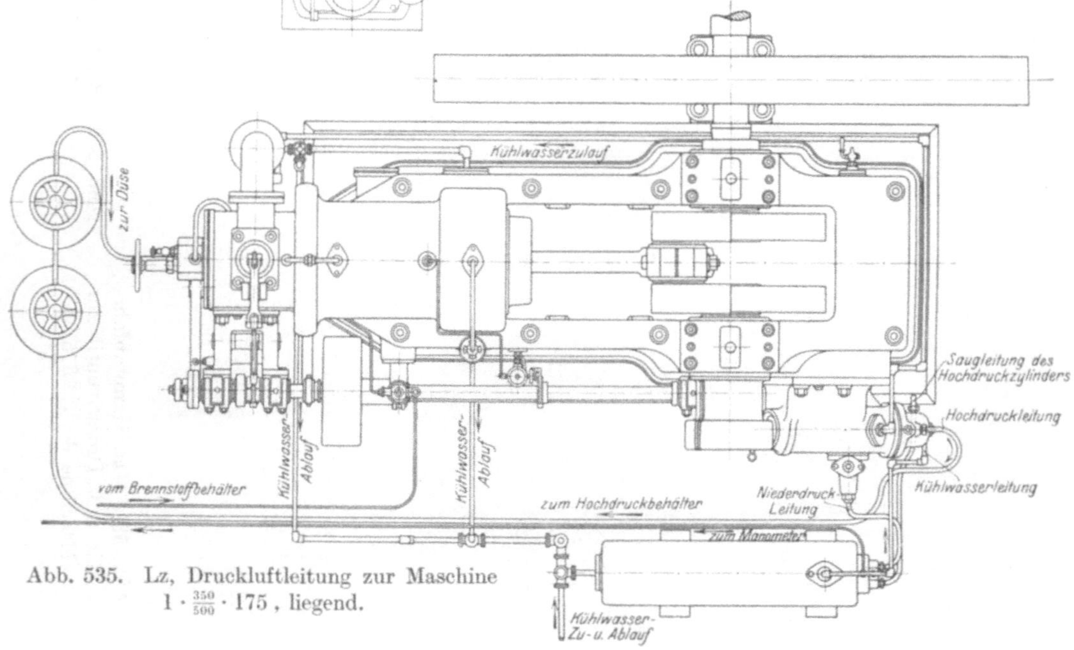

Abb. 535. Lz, Druckluftleitung zur Maschine $1 \cdot \frac{350}{500} \cdot 175$, liegend.

„Germanischen Llyod" mindestens $\frac{0{,}525\, V i}{P - 15}$ sein, worin V das Luftfüllungsvolumen eines Zylinders in cm^3, i die Anzahl der Zylinder und P den höchsten Betriebsdruck in at bedeuten.

Man hat auch mehrere Einblasegefäße mit verschiedenen Drücken verwendet, um bei Belastungsänderungen sogleich den passenden Druck zur Verfügung zu haben (Sulzer);

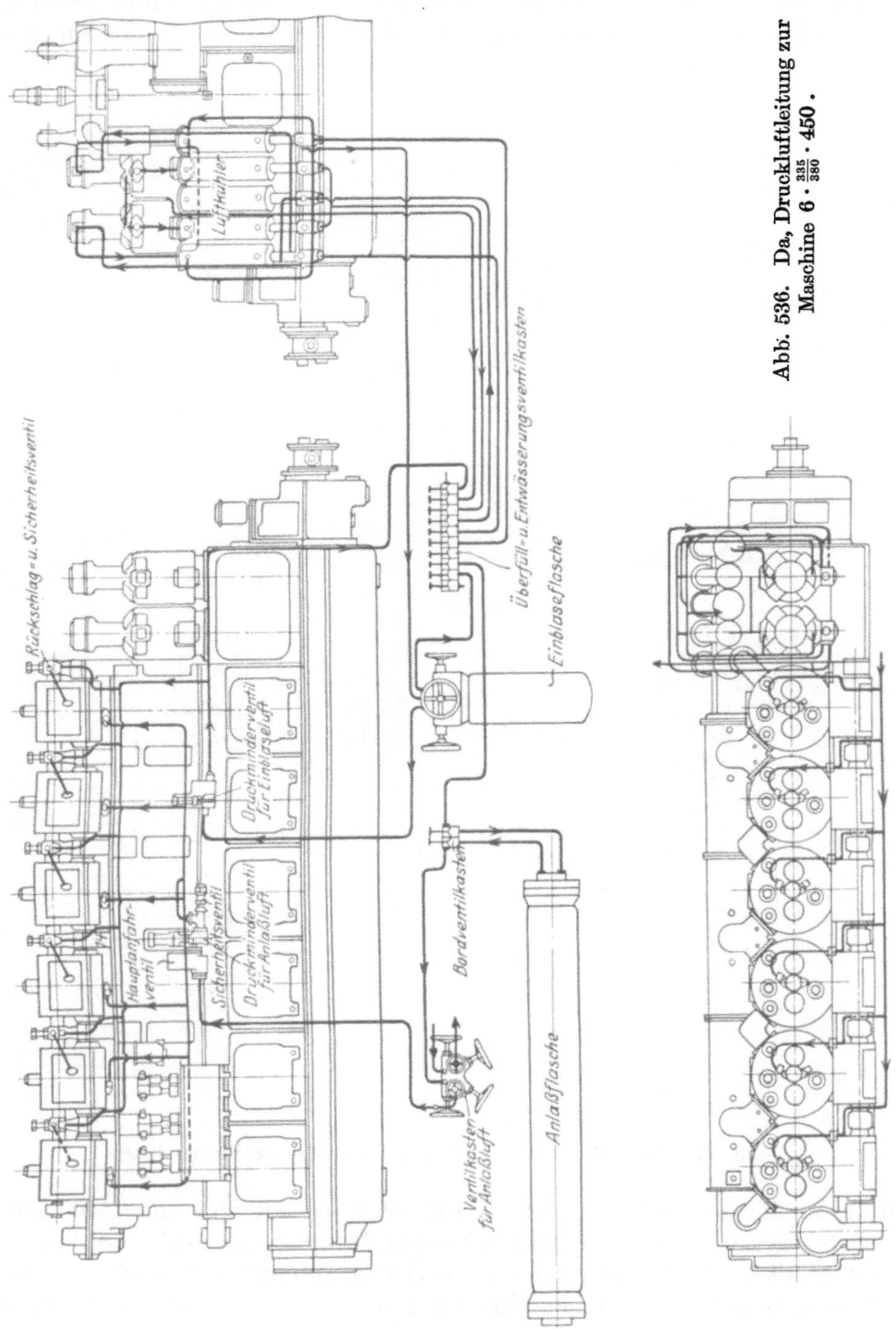

Abb. 536. Da, Druckluftleitung zur Maschine $6 \cdot \frac{335}{380} \cdot 450$.

endlich hat man auch die Anlaßluft einem entsprechend groß bemessenen, abschließbaren Teil des Aufnehmers des Verdichters entnommen (Patent Lietzenmayer), und auch ganz ohne Einblasegefäß gearbeitet. In diesem Fall geht vom Aufnehmer des Verdichters nur eine Überfülleitung zum Anlaßgefäß.

Die Entwässerungsleitungen der Gefäße und der Aufnehmer der Kompressoren werden oft durch Ventile mit freiem Auslauf beim Maschinistenstand bedient, hierher gehören auch die Verbindungsleitungen zwischen den Zylindern und Aufnehmern, wenn diese gesondert aufgestellt sind.

Die Abmessungen der Luftrohre zwischen Verdichter und Gefäßen und von da zum Brennstoffventil und Anlaßventil werden so gewählt, daß die Luftgeschwindigkeiten 20 bis 30 m/sk nicht überschreiten. Die Abb. 422, 530, 534 zeigen die Anordnung der

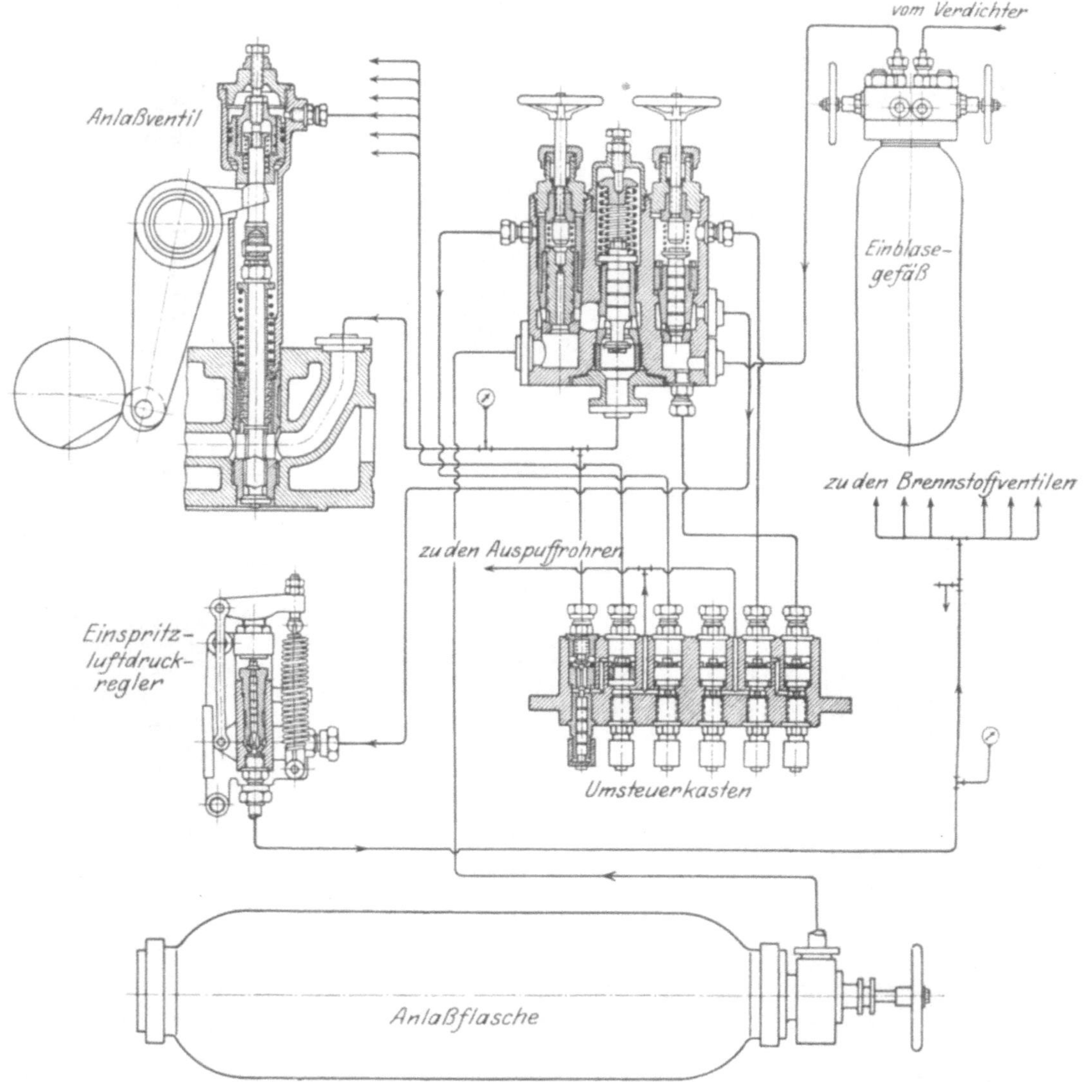

Abb. 537. Kr, Druckluftleitung für umsteuerbare Schiffsmaschinen.

Druckluftrohre für eine stehende, Abb. 535 für eine liegende Maschine, Abb. 536 für eine Unterseebootsmaschine. Abb. 531 und 532 zeigen Hauptanlaßventile, bei denen die zum Öffnen erforderliche Kraft durch ein kleines, früher öffnendes Umlaufventil vermindert wird. Endlich bietet Abb. 537 eine Übersicht der Einspritz- und Anlaßleitungen und Armaturen bei einer umsteuerbaren Schiffsmaschine. Abb. 538 stellt für eine liegende Maschine mit offener Düse das Rückschlag- und Sicherheitsventil in der Einspritzluftleitung dar.

Die Brennstoffleitungen gehen von Gefäßen aus, die derart hoch über den Brennstoffpumpen der Maschine stehen, daß der Zufluß auch bei geringer Temperatur, wo

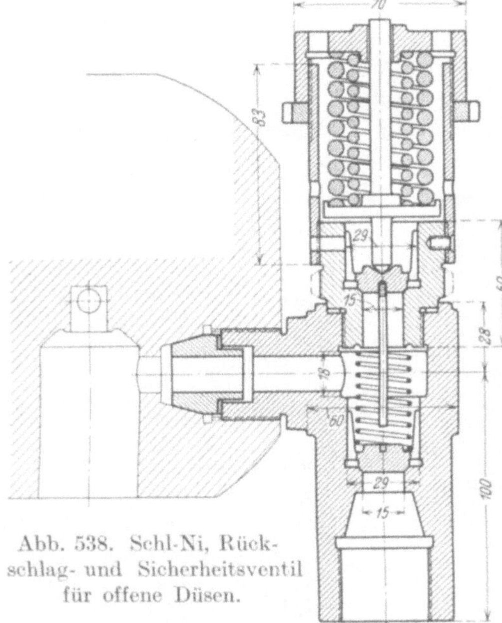

Abb. 538. Schl-Ni, Rückschlag- und Sicherheitsventil für offene Düsen.

die Brennstoffe zähflüssig werden, gesichert ist. Als Temperaturgrenze im Maschinenhaus beim Anlassen gilt etwa 5° bis 8° C; wenn diese unterschritten wird, ist das Anlassen wegen der Unbeweglichkeit des Brennstoffs in den Rohren nicht möglich, zur Verbesserung dienen Anwärmevorrichtungen. Während des Betriebes kann die Leichtflüssigkeit dadurch erreicht werden, daß man entsprechend weite Rohre in die Nähe und längs der Auspuffrohre führt. Auch Schlangenrohre um die Auspuffleitung und besondere Anwärmevorrichtungen durch ablaufendes Kühlwasser oder Auspuffgase können angewendet werden [Abb. 539[1])]. ZumAnlassen bei geringer Temperatur kann auch Lampenpetroleum verwendet werden, es muß jedoch dann vor dem Abstellen eine Zeitlang mit diesem Brennstoff gearbeitet werden, um die Zuleitungen damit zu füllen.

Die aus Blech hergestellten Brennstoffgefäße haben einen Inhalt von 2 bis 5 l/PS_e und erhalten einen Schwimmer in Verbindung mit einem Höhenstandzeiger, Überlauf und ein Sieb als Grobfilter, sowie einen Ablaßhahn für sich abscheidendes Wasser und Schlamm. Die Füllöffnung erhält zur Abhaltung von Staub einen Deckel.

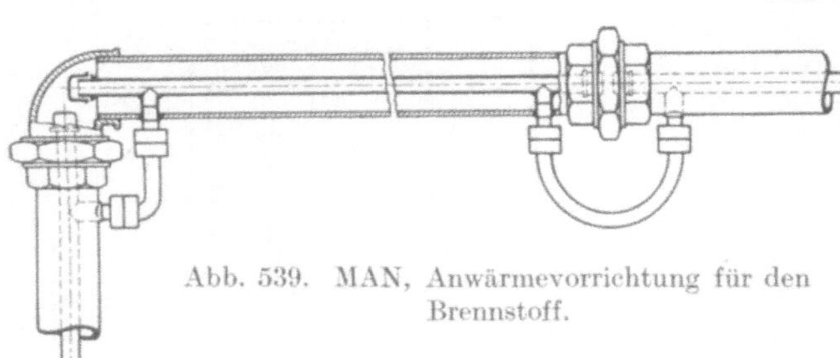

Abb. 539. MAN, Anwärmevorrichtung für den Brennstoff.

Die Aufspeicherung geschieht in Vorratsbehältern, von denen die Verbrauchsgefäße mit Pumpen oder durch Zulauf mit Absperrschwimmer gefüllt werden. Die Abflußrohre aller Behälter enden etwas oberhalb des Bodens, so daß sicher kein Wasser durch sie gefördert wird.

Zur Reinigung des Brennstoffes dienen je zwei Filter für Roh- oder Teeröl und gegebenenfalls Zündöl, die jedoch derart bemessen werden, daß während der Reinigung des einen das zweite ausreicht. Sie bestehen aus

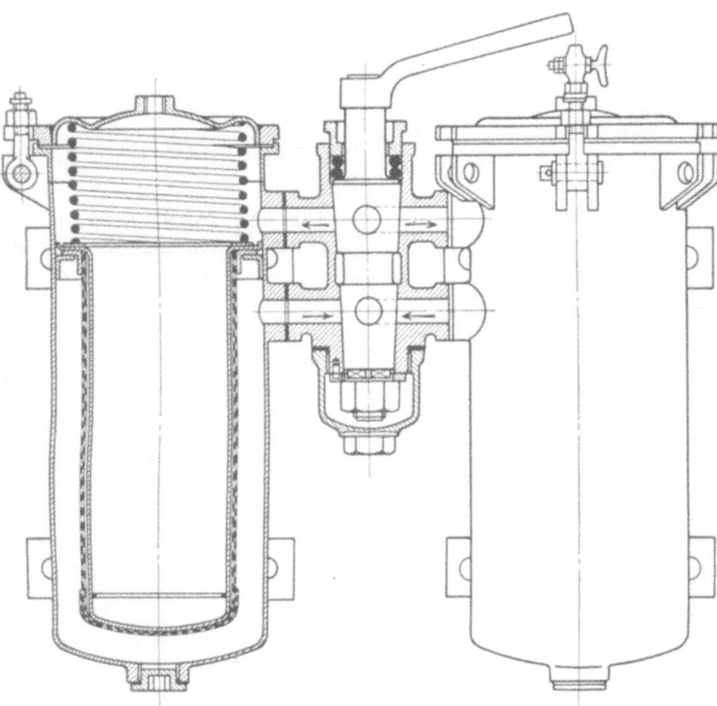

Abb. 540. Da, Treibölfilter zur Maschine $6 \cdot \frac{250}{370} \cdot 375$.

[1]) Lühr: Schiffbautechn. Ges. 1913, S. 388, gibt gute Erfolge mit Vorwärmung von Brennstoff und Einblaseluft an.

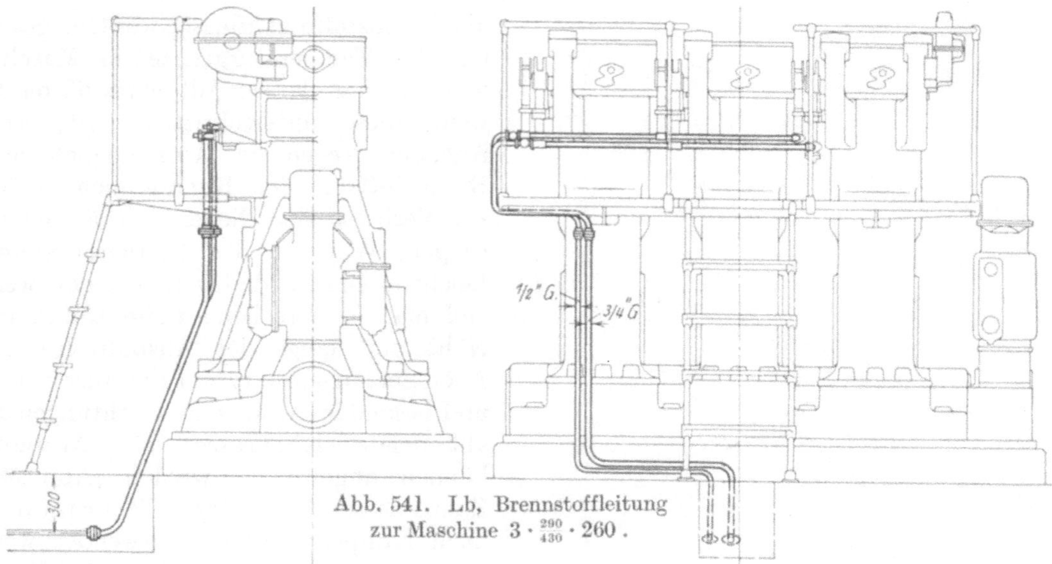

Abb. 541. Lb, Brennstoffleitung zur Maschine $3 \cdot \frac{290}{430} \cdot 260$.

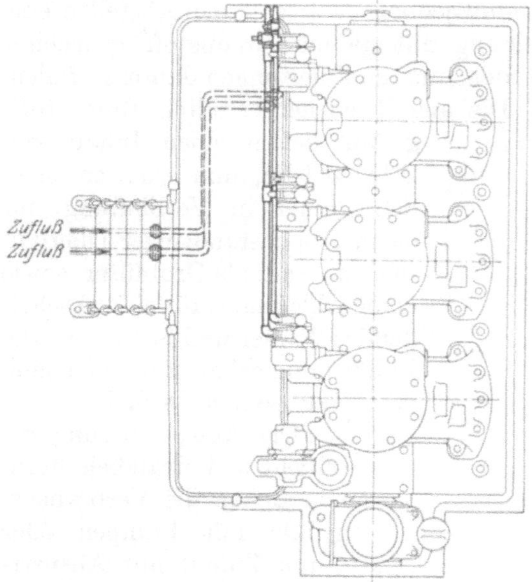

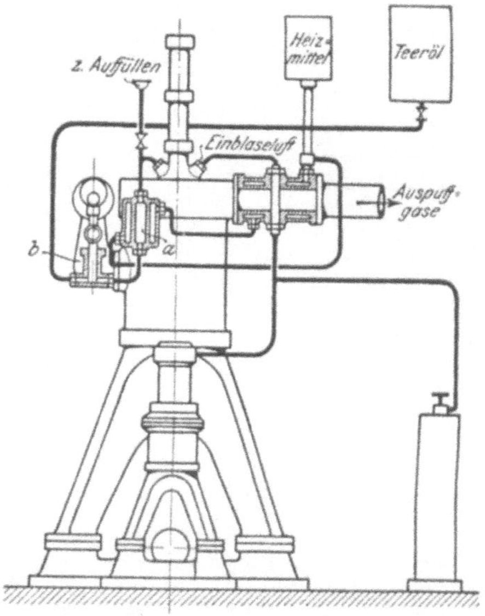

Abb. 543. **MAN, Vorwärmung von Brennstoff und Einblaseluft.**

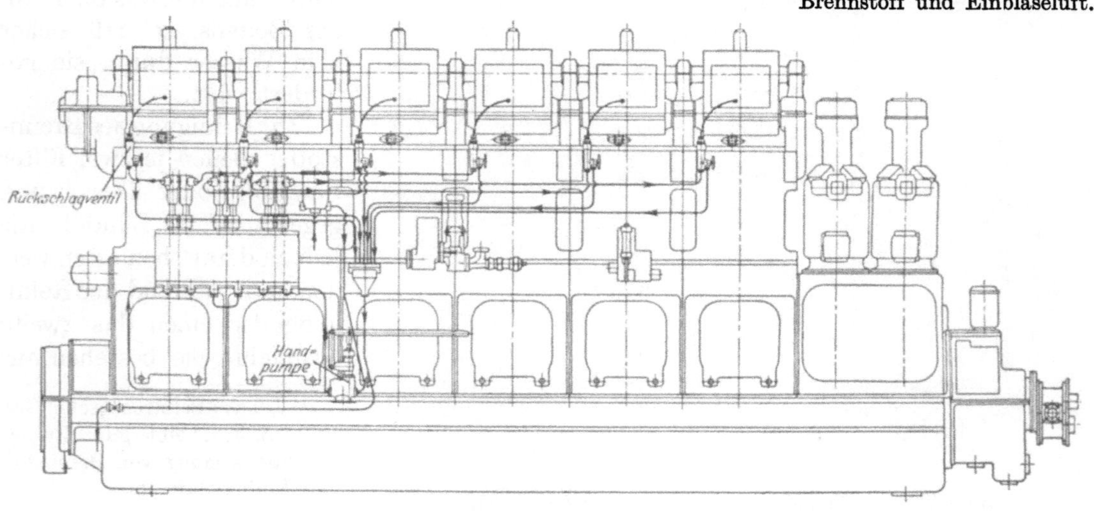

Abb. 544. Da, Brennstoffleitung zur Maschine $6 \cdot \frac{335}{380} \cdot 450$.

engmaschigen Stahldrahtsieben, die sich gegen gelochte Bleche stützen, und die zylindrisch oder als ebene Ringe angeordnet werden können (z. B. Abb. 540, vgl. Abb. 560, 565, 566). Die Querschnitte müssen sehr reichlich, etwa 60 bis 100 mal so groß sein, als die Rohrleitungsquerschnitte, da ja mit einer Verlegung durch Unreinheiten gerechnet wird. Zur Ausschaltung sind vor und hinter jedem Filtergefäß Abschlußventile angebracht, zur Beurteilung der Verschmutzung Manometer, wenn die Filter im Druckraum liegen. Bei kleineren Anlagen werden auch einfache ebene oder zylindrische Filtertücher verwendet. Abb. 422 zeigt die Rohrleitung zwischen Brennstoffgefäß und Motor. Wird mit verschiedenen Brennstoffen gearbeitet, so werden die Leitungen verdoppelt (Abb. 541). Abb. 542 zeigt die Anordnung der Rohrleitungen zwischen den Behältern und der Maschine für Teer- oder Teerölbetrieb mit Zündgasöl. Die Behälter für Teer und Teeröl werden in der Nähe der Auspuffrohre untergebracht oder mit Heizschlangen erwärmt. In Abb. 543[1]) ist eine Einrichtung dargestellt, bei der sowohl das Teeröl, als auch die Einblaseluft vorgewärmt werden. Um die anfängliche Umstellung der Brennstoffpumpe von Gasöl auf Teeröl zu vermeiden, wird ein geheizter Behälter *a* von Teeröl entleert und mit Gasöl gefüllt, das dann von dem

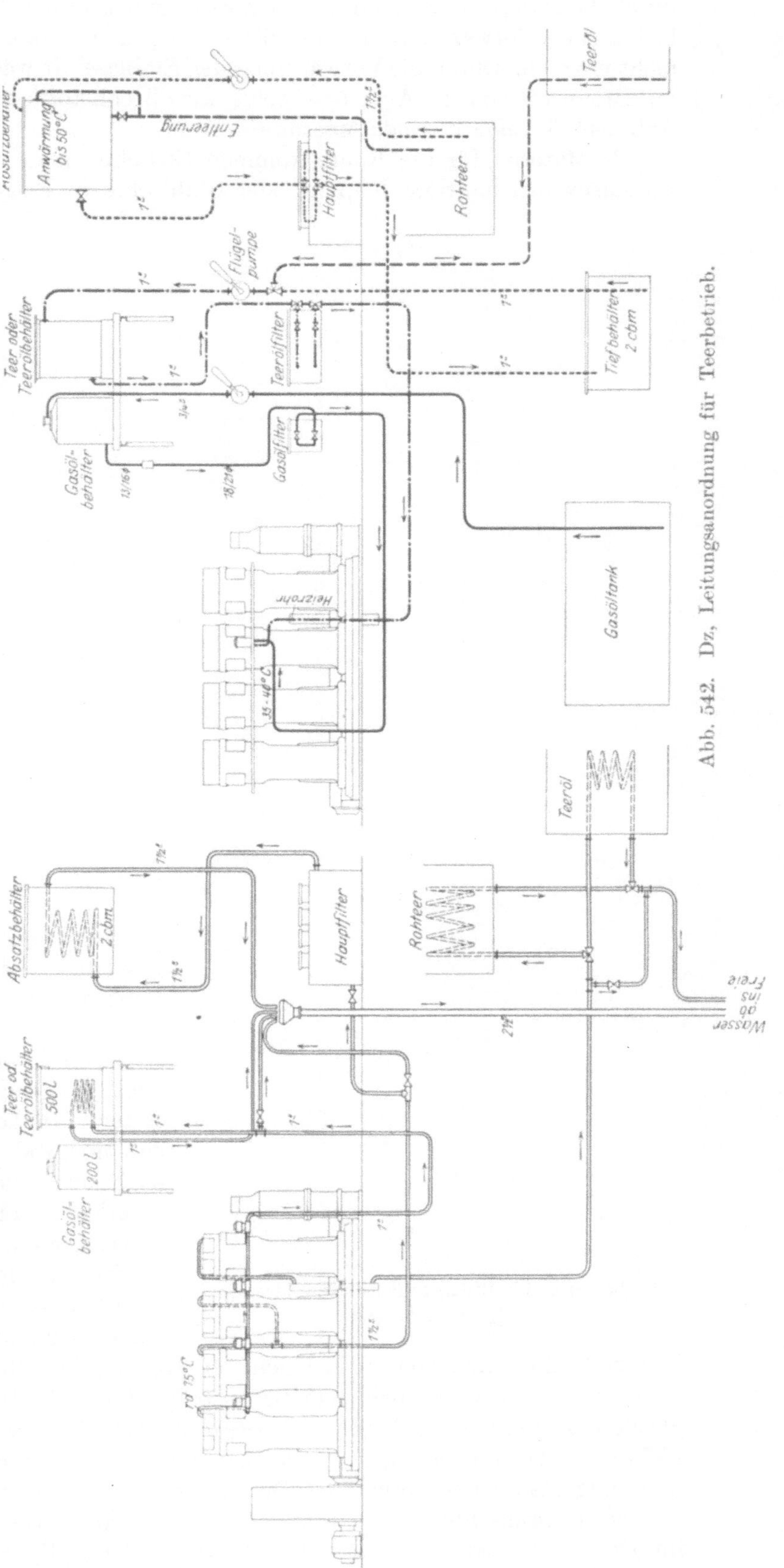

Abb. 542. Dz, Leitungsanordnung für Teerbetrieb.

[1]) Riehm: Die Verarbeitung von Teeröl im Dieselmotor. Z. V. d. I. 1921, S. 522.

durch die Pumpe *b* neu geförderten Teeröl zuerst in den Zylinder geschoben wird. Eine bedeutende Vorwärmung des Teeröls ist wegen der dann auftretenden Ausscheidungen nicht möglich. Durch die Vorwärmung der Einblaseluft wächst die Gefahr von Zündungen im Brennstoffventil. Abb. 544 zeigt die Brennstoffleitungen einer U-Bootmaschine, Abb. 545 für eine liegende Maschine.

Als Material für die Rohre kommen Gasrohre, und zwischen Brennstoffpumpe und Einblaseventil nahtlose Kupfer- oder Stahlrohre in Betracht, letztere widerstehen den

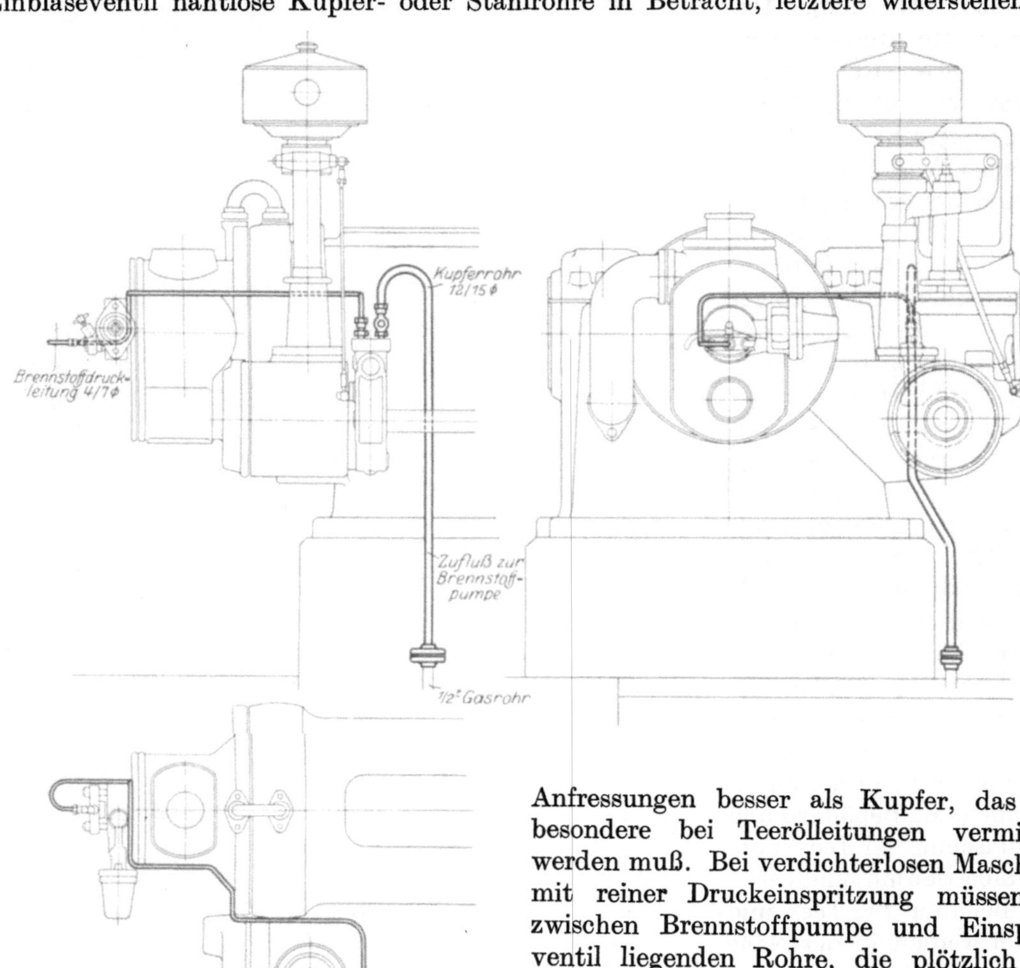

Abb. 545. Lb, Brennstoffleitung zur Maschine $\frac{260}{420}\cdot 260$, liegend.

Anfressungen besser als Kupfer, das insbesondere bei Teerölleitungen vermieden werden muß. Bei verdichterlosen Maschinen mit reiner Druckeinspritzung müssen die zwischen Brennstoffpumpe und Einspritzventil liegenden Rohre, die plötzlich auftretende hohe Drücke auszuhalten haben, entsprechend große Wandstärken erhalten, auch um keine merklichen Erweiterungen zu erleiden und Nachtropfen von Brennstoff zu vermeiden. Rückschlagventile am Brennstoffventil dienen zum Abhalten der Einblaseluft beim Öffnen der Probierventile, deren Abflüsse zu einem gemeinsamen Sammeltrichter und von da in einen tiefliegenden Behälter führen.

Die früher auch gebräuchlichen Brennstoffverteiler, die durch Regelventile und Düsen die gleichmäßige Verteilung des Brennstoffes in alle Zylinder bewirken sollten, haben sich vielfach nicht bewährt, weil sie auch bei sehr reinem Brennstoff dennoch zu empfindlich gegen Veränderung, insbesondere auch Belastungsänderungen, und schwer richtig einzustellen sind[1]).

Die Rohranschlüsse im drucklosen Teil sind gewöhnlich Flanschenverbindungen, im Druckteil wieder Kupfer- oder Bronzekegel mit Überwurfmuttern.

[1]) Eine neuere Anordnung siehe Motorship (Am.). September 1921, S. 730.

Unmittelbar zum Betriebe gehörig sind auch die Leitungen für die Verbrennungsluft und die Abgase. In den meisten Fällen wird die Verbrennungsluft unmittelbar dem Maschinenhause entnommen, manchmal aber auch von außen hergeleitet, bei großen Anlagen durch besonders angelegte Kanäle. Hier ergibt sich durch die niedrige Temperatur der Ansaugeluft eine etwas größere Maschinenleistung und man vermeidet das Ansaugegeräusch im Maschinenhause, was auch durch Verlängerung der Saugrohre in das Fundament erzielt werden kann. Hingegen wird durch die Luftentnahme aus dem Maschinenraum ein ständiger Luftwechsel erzielt, der nur erwünscht ist. Bei Kastengestellen wird meist ein Teil der Ansaugeluft den geschlossenen Kurbelräumen entnommen (vgl. S. 70), wodurch die Öldämpfe dort abgesaugt und zur Ausnützung gebracht werden. Die dem Kurbelkasten an entsprechender Stelle zugeführte Frischluft dient dann auch zur Kühlung der Lager und Kolben. In einzelnen Fällen wird auch die Luft teilweise den von den Kurbelräumen durch Stopfbüchsen abgeschlossenen Zylinderunterseiten entnommen (Schema Abb. 546, vgl. Abb. 62, 65). Das Ansaugegeräusch wird durch Zerteilen des Einströmquerschnittes in schmale Schlitze oder Löcher sehr vermindert (Abb. 17, 25, 48, 49, 59, 459). Zwei hintereinanderliegende und scharfe Ablenkung erfordernde Lochreihen ergeben gute Wirkung (Abb. 547, 548). Die Arbeitsluft wird auch bei offenen Gestellen teilweise oder ganz dem Kurbelraum entnommen (z. B. Abb. 17, 31), ferner bei Kasten gestellen auch einem zwischen den Zylindern abgeschlossenen Raum (Abb. 73, 83, 378, 382) oder sie wird durch die miteinander verbundenen hohlen Säulenständer (Abb. 60) angesaugt. Auch längs der Zylinder angeordnete Verbindungsaugrohre werden oft angewendet (Abb. 15, 29, 62). Die auf die Kolbengeschwindigkeit bezogene mittlere Geschwindigkeit im Ansaugerohr beträgt zwischen 25 und 35 m/sk, in den Schlitzen oder Löchern jedoch 60 bis 100 m/sk. Auch sind besondere Saugwindkessel angeordnet worden, etwa in den Konsolen für die Steuerung (Abb. 72) oder auch Schlitzplatten

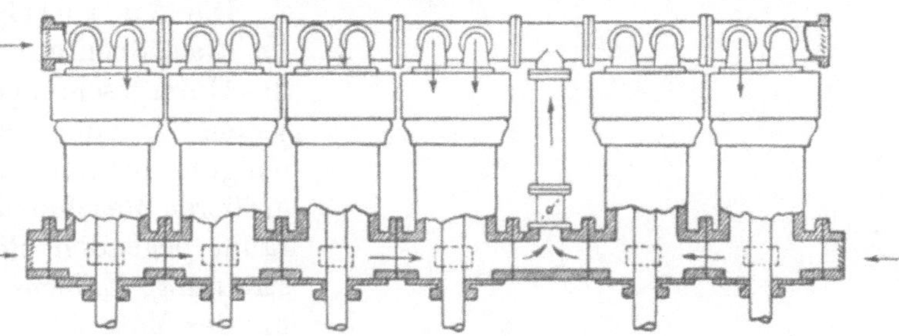

Abb. 546. To, Luftansaugeleitung (Beardmore & Co.).

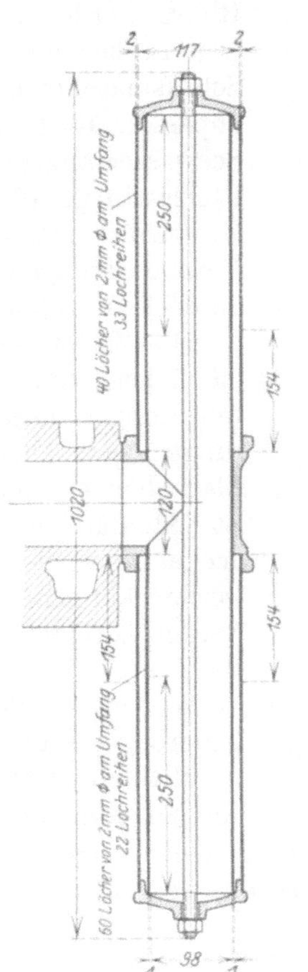

Abb. 547. Lb, Ansaugerohr zur Maschine $3 \cdot \frac{290}{430} \cdot 260$.

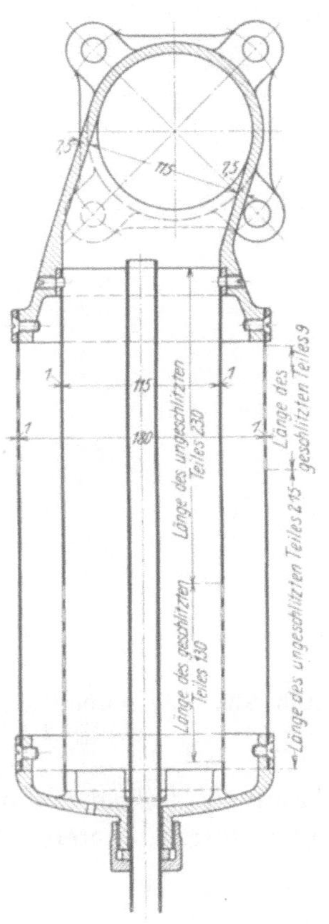

Abb. 548. Lb, Ansaugestutzen zur Maschine $6 \cdot \frac{285}{340} \cdot 400$.

unmittelbar am Zylinderdeckel (Abb. 422). Bei liegenden Maschinen wird die Verbrennungsluft entweder ebenfalls unmittelbar dem Maschinenhause entnommen oder aber aus dem Hohlgußbalken (Abb. 110), wobei das Geräusch vermindert und auch in der Nähe des Kolbens eine Reinigung der Luft von Ölnebel bewirkt wird.

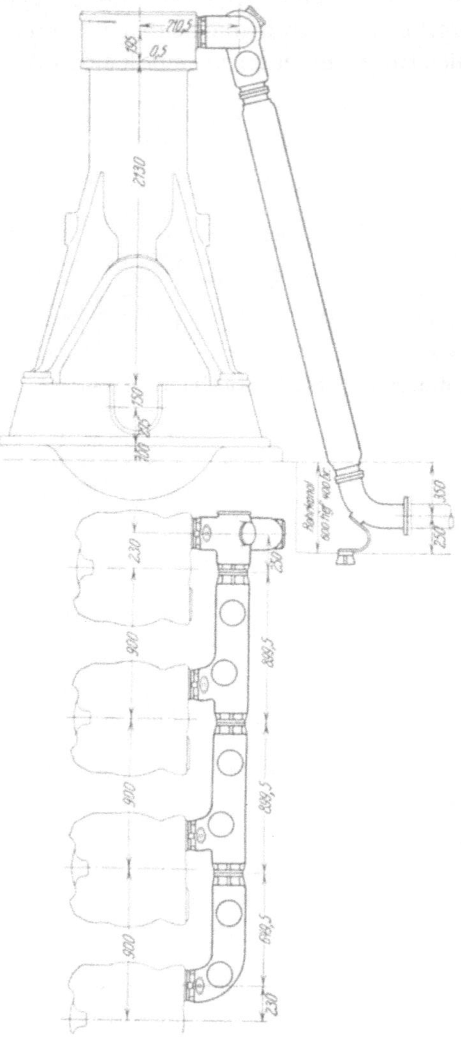

Abb. 549. Lb, Auspuffleitung zur Maschine $4 \cdot \frac{420}{600} \cdot 215$.

Die Auspuffleitung wird gewöhnlich, um im Maschinenraum nicht zu stören, sogleich in das Untergeschoß geführt, und zwar entweder von jedem Zylinder gesondert oder erst nach Vereinigung mehrerer Leitungen (Abb. 549, 550). Bei größeren Maschinen werden die frei im Maschinenraum liegenden Rohre zum Schutz gegen Ausstrahlung, Erleichterung der Bedienung, und auch um das Material zu schonen, durch einen Wassermantel gekühlt. Die knapp am Zylinder liegenden Rohre werden zumeist aus Gußeisen hergestellt, weiterabliegende auch aus Schmiedeeisen oder bei Schiffsmaschinen auch aus Kupfer, das sich leicht anpassen läßt und weniger als Schmiedeeisen durch Seewasser angegriffen wird. Der Kühlmantel der Rohre wird gewöhnlich so gebaut, daß sich das innere Rohr frei dehnen kann, da sonst leicht Brüche durch Formänderungen entstehen. Das aus den Zylinderdeckeln ablaufende Wasser dient zur Kühlung.

Die Verbindung der einzelnen Leitungen soll möglichst ohne große Widerstände, also an Erweiterungen oder mit geringen Richtungsänderungen geschehen. Als Dichtung dienen glatte Flanschen mit Klingerit und Graphitanstrich. Es ist jedenfalls dafür zu sorgen, daß die Zylinderdeckel ohne Abnahme der Auspuffrohre abgebaut werden können. Zur Beobachtung des Auspuffes werden nötigenfalls Öffnungen angebracht, ebenso auch oft Thermometerstutzen. Vertikale Rohre werden wegen der Ausdehnungsmöglichkeit von Federn getragen (Abb. 12, 549).

Mit den Abgasen gehen bei Vollast etwa 30 vH der zugeführten Wärmeenergie verloren. Man kann sie teilweise durch Erwärmung von Wasser zu Heizzwecken (Abb. 551) oder auch durch weitere Wärmeabgabe an das in den Kühlräumen der Maschine er-

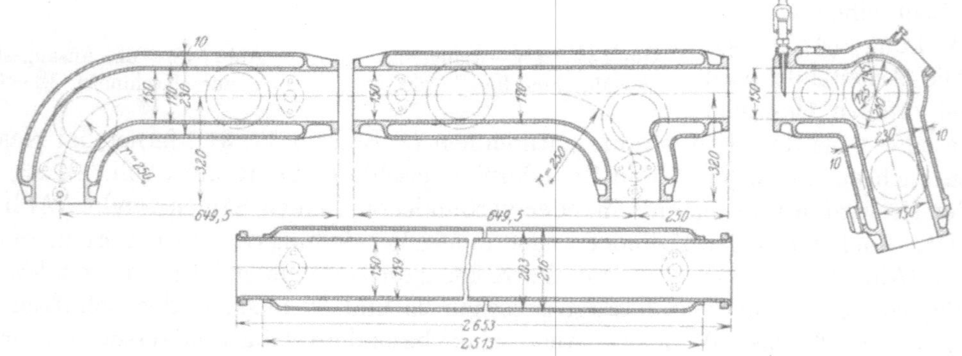

Abb. 550. Lb, Auspuffleitung zur Maschine $4 \cdot \frac{420}{600} \cdot 215$.

wärmte Kühlwasser zur Dampferzeugung verwenden[1]). Endlich kann man auch die Anlaßluft und den Brennstoff vorwärmen (Abb. 552, 553)[2]). Das Vorwärmen der Anlaßluft hat außer dem leichteren Anspringen wegen verminderter Abkühlung der Zylinderwände auch den Vorteil viel geringeren Verbrauches an Anlaßluft.

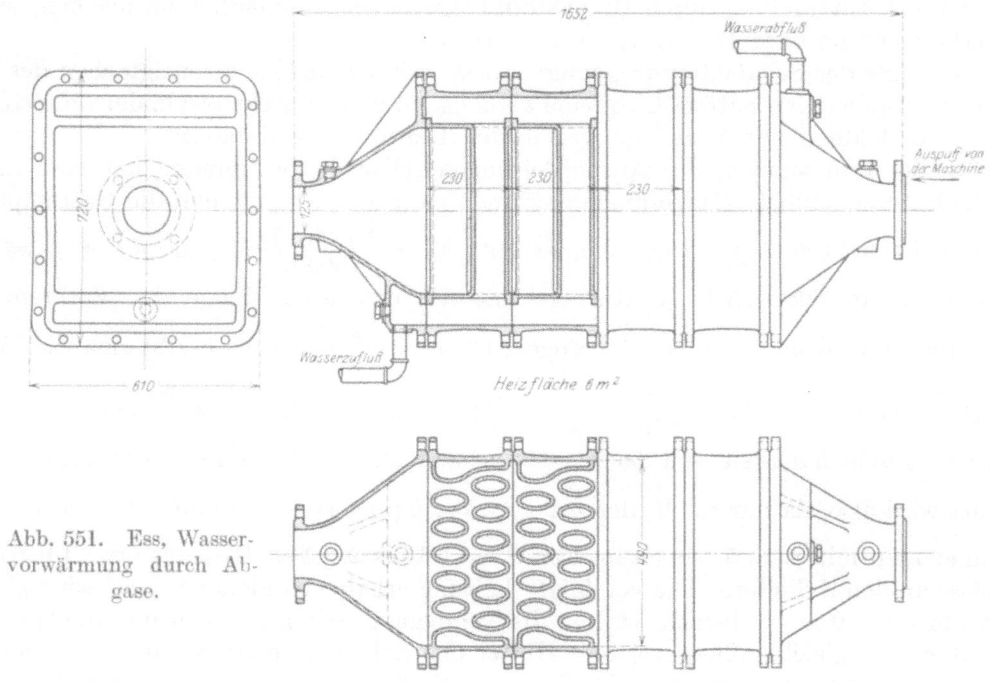

Abb. 551. Ess, Wasservorwärmung durch Abgase.

Um das Auspuffgeräusch zu vermindern, werden Auspufftöpfe und Schalldämpfer verwendet. Bei kleineren Maschinen sind es einfache, gußeiserne Gefäße, die in einer bedeutenden Erweiterung der Rohrleitung bestehen und scharfe Ablenkungen und Einschnürungen des Gasstromes aufweisen, um die Geschwindigkeit gleichmäßig zu machen. Für größere Anlagen werden schmiedeeiserne Schalldämpfer verwendet,

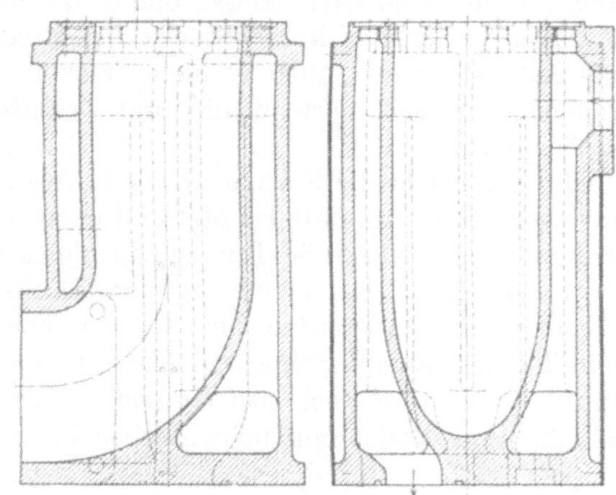

Abb. 552. DW, Auspuffkrümmer mit Anlaßluftvorwärmung.

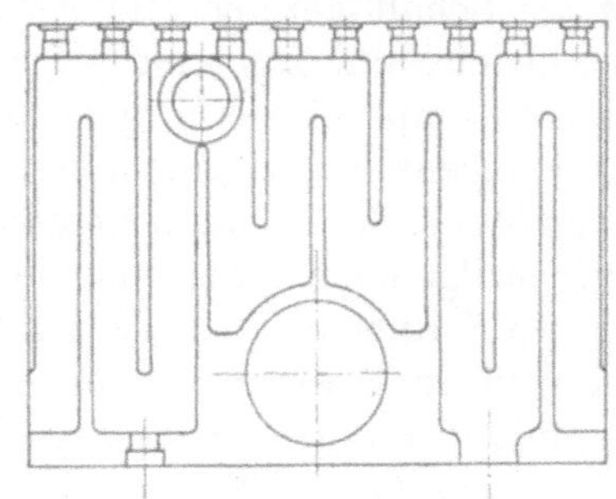

Abb. 553. DW, Abwicklung des Mantelraums zu Abb. 552.

die durch Querwände geteilt sind. In jedem der entstehenden Räume wird eine Richtungsablenkung bewirkt, durch deren Wirbelbildung die Gleichmäßigkeit der Austrittgeschwindigkeit erzielt wird. Da die Querplatten durch die in den Auspuffgasen bei Anwesenheit von Feuchtigkeit auftretende schweflige Säure stark angegriffen werden,

[1]) Vgl. Scholz: Schiffsölmaschinen, 2. Aufl., S. 120. Berlin, Julius Springer, 1924. Goos: Z. V. d. I. 1924, S. 439. Meyer: Wärmewirtschaft Heft 2, Jg. 1920. Schlachter: Öl- und Gasmaschine, 1921, S. 925.

[2]) Nägel: Z. V. d. I., 1923, S. 685.

sollen sie leicht ausnehmbar sein, sie müssen aber gut festgehalten und versteift sein, um keine Vibrationen zu verursachen. Da die Schalldämpfer viel Wärme nach außen abgeben, werden sie isoliert oder mit gekühlter Doppelwand versehen. Die Entwässerung muß reichlich sein, die Zugänglichkeit wird durch Hand- oder Mannlöcher bewirkt. Um etwaige Entzündung durch Brennstoffablagerungen unschädlich zu machen, werden Sicherheitsventile oder Brechplatten angebracht.

Die Größe der Schalldämpfer genügt mit dem fünfzehn- bis zwanzigfachen des Hubvolumens. Sie werden natürlich so nahe als möglich an den Arbeitszylindern angebracht, um die Ausbildung von Schwingungen in den Rohren zu verhindern.

Um die Abmessungen der Auspuffleitungen selbst zu bestimmen, hat man das sekundlich durchgeführte Gasvolumen zugrunde zu legen. Nimmt man die Gastemperatur etwa im Mittel 400° C an, und rechnet mit: $N_e = \frac{V_h \cdot n \cdot p_e}{9000}$ (V_h in cm² · m), während die angesaugte sekundliche Luftmenge mit der erzeugten Menge der Verbrennungsgase, auf Außendruck und 17° C bezogen, rd. $L = \frac{V_h \cdot n}{120}$ ist, so ergibt sich das Abgasvolumen etwa mit: $L_a = \frac{V_h \cdot n}{120} \cdot \frac{673}{290} \backsim 0{,}02\, V_h \cdot n$ oder: $L_a = 180\, \frac{N_e}{p_e}$ cm² · m/sk. Die mittlere Geschwindigkeit soll 60 bis 90 m/sk nicht überschreiten, der Auspuffquerschnitt wird also, da nur rd. $^1/_4$ der Zeit zur Verfügung steht, in cm²: $F_a = 8$ bis $12\, \frac{N_e}{p_e}$. Rechnet man mit $p_e = 5$, so ergibt sich $F_a \backsim 1{,}6$ bis $2{,}4\, N_e$. Dies gilt etwa für die Anschlüsse an den Zylindern. Die vereinigte Leitung erhält viel kleinere Geschwindigkeiten, etwa nur 30—40 m/sk, jedoch ist hier die Temperatur schon geringer und die Geschwindigkeiten sind gleichmäßiger verteilt. Hinter den Schalldämpfern kann man daher noch kleinere Abmessungen anwenden. Da die Auspuffrohre leicht verrußen, ist für Reinigungsmöglichkeit zu sorgen; wenn der Brennstoff merkliche Mengen von Schwefel enthält, wie bei Braunkohlen- und noch mehr bei Steinkohlenteeröl, so entsteht in den Verbrennungsprodukten Schwefeldioxyd, das sich an sich indifferent verhält, jedoch bei Anwesenheit von Kondenswasser das Eisen der Rohre angreift und eine harte Masse bildet, die die Rohrquerschnitte verlegt. Die Auspuffrohre sollen daher nur kurze Stücke im Freien geführt oder dort gegen zu starke Abkühlung isoliert werden. Auch verbleite oder Tonrohre werden verwendet, bei sehr großen Anlagen auch gemauerte Kanäle mit Erweiterungen als Schalldämpfer und gemauertem Auspuffkamin.

Eine bedeutsame Rolle im Betriebe eines Ölmotors spielt die Kühlung. Sie bezweckt sowohl, die Temperaturen nirgend so hoch ansteigen zu lassen, daß das Material in seinen Festigkeitseigenschaften geschädigt wird, als auch, durch zu große Temperaturungleichheiten entstehende Dehnungspannungen zu verhindern. Die Arbeitszylinder, Deckel, Auspuffventilgehäuse, gegebenenfalls die Kolben und Auspuffventile, die Zylinder, Deckel und Aufnehmer der Verdichter, oft ein Teil der Auspuffrohre und manchmal die Kreuzkopfführung werden unmittelbar gekühlt, ferner wird auch das Umlaufschmieröl rückgekühlt. Im allgemeinen wird Wasserkühlung angewendet, nur beim Kolben kommt Ölkühlung vor (s. S. 125).

Im allgemeinen werden die Kühlräume vollständig mit möglichster Vermeidung toter Räume vom Kühlwasser durchströmt, nur bei den Niederdruckzylindern der Verdichter kommen ruhende Wasserräume vor (s. S. 326). An den am stärksten erwärmten und für die Wärmeabführung am ungünstigsten gestalteten Stellen sollen die größten Strömungsgeschwindigkeiten vorhanden sein. Das zur Kühlung verwendete Wasser muß derart rein sein, daß keine merklichen Schlammablagerungen in den trotz aller baulichen Maßregeln doch noch schwer zugänglichen Kühlwasserräumen auftreten. Man kann solche Ablagerungen oft durch entsprechende Formgebung vermeiden, auch dadurch, daß man an den betreffenden Stellen die Wassergeschwindigkeit erhöht. Auch hartes Wasser ist nicht zu verwenden, wenn seine Temperatur höher als 30° C steigt, weil sich sonst Kesselstein bildet, der durch Verminderung des Wärmeüberganges dieselben Nachteile mit sich bringt, wie Schlamm oder ungenügende Wasserzufuhr und außerdem noch schwer zu entfernen ist. Am besten gelingt dies durch Auflösen mit verdünnten Säuren (Salzsäure oder Essigsäure) bei Abfuhrmöglichkeit für die sich bildenden Gase und nachheriger sorgfältiger Spülung mit Wasser. Jedenfalls sind Hand- und Schaulöcher so anzubringen, daß die gefährlichen Stellen auch gründlich mechanisch gereinigt

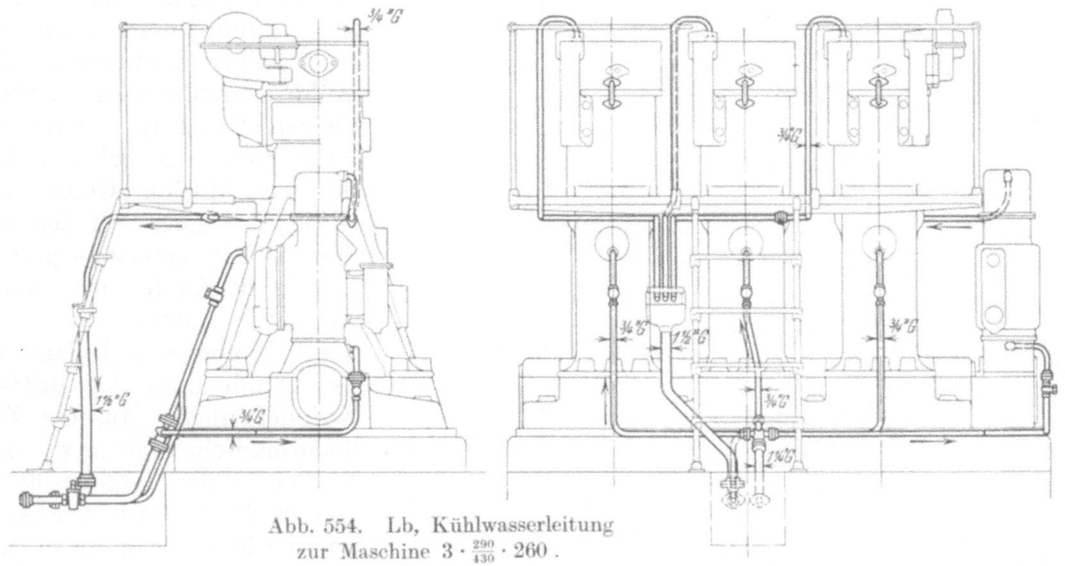

Abb. 554. Lb, Kühlwasserleitung zur Maschine $3 \cdot \frac{290}{430} \cdot 260$.

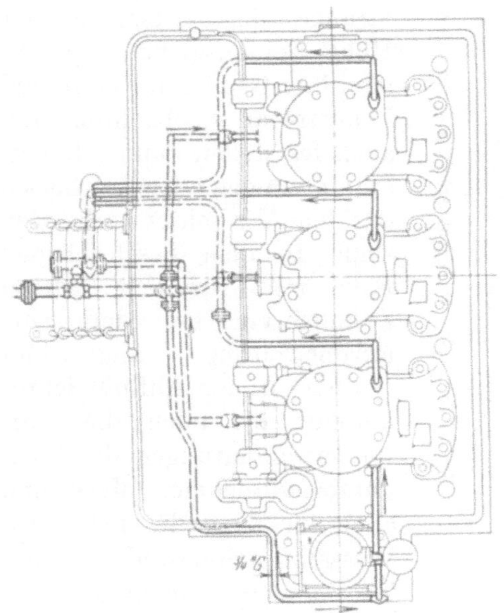

werden können (vgl. z. B. S. 88). Sollte sich die Verwendung absatzfreien Wassers in einzelnen Fällen nicht erzielen lassen, so empfiehlt sich die Anbringung von Thermometern an geeigneten Stellen der Rohrwand, um durch deren Erwärmung auf das Vorhandensein von Krusten aufmerksam zu werden. Bei Seewasserkühlung ist die Anbringung von leicht auswechselbaren Zinkschutzplatten und die Vermeidung von Metallteilen verschiedener Zusammensetzung, sowie der Bildung von Strömungswirbeln zu berücksichtigen. Nötigenfalls, jedenfalls bei Seewasser, sind zur mechanischen Reinigung des Kühlwassers Filter anzuordnen.

Stets ist für vollständiges Entwässern und für die Möglichkeit des Ausblasens der Kühlräume zur Reinigung und bei Frost zu sorgen. Schlammsäcke und Dampf- oder Luftsäcke sind unbedingt zu vermeiden, das Kühlwasser soll womöglich am tiefsten Punkt zu- und jedenfalls am höchsten Punkt abgeführt werden.

Zum Schutz gegen Rosten und Anfressungen sind die Innenwände mit Lack, Ölfarbe, Teer zu überziehen, Kupfer- und Messingteile und auch Schmiedeeisenteile zu verzinken oder zu verbleien, besonders bei Seewasser. An besonderen Maßnahmen ist zu erwähnen, daß kein Wasser, besonders aber kein Seewasser, in die Kurbelwanne gelangen darf, da es das Schmieröl zerstört. Mit aus diesem Grunde hat man die Kühlung der Hauptlager mit Wasser aufgegeben. Der Druck in den Kühlräumen soll im allgemeinen 1 at nicht übersteigen.

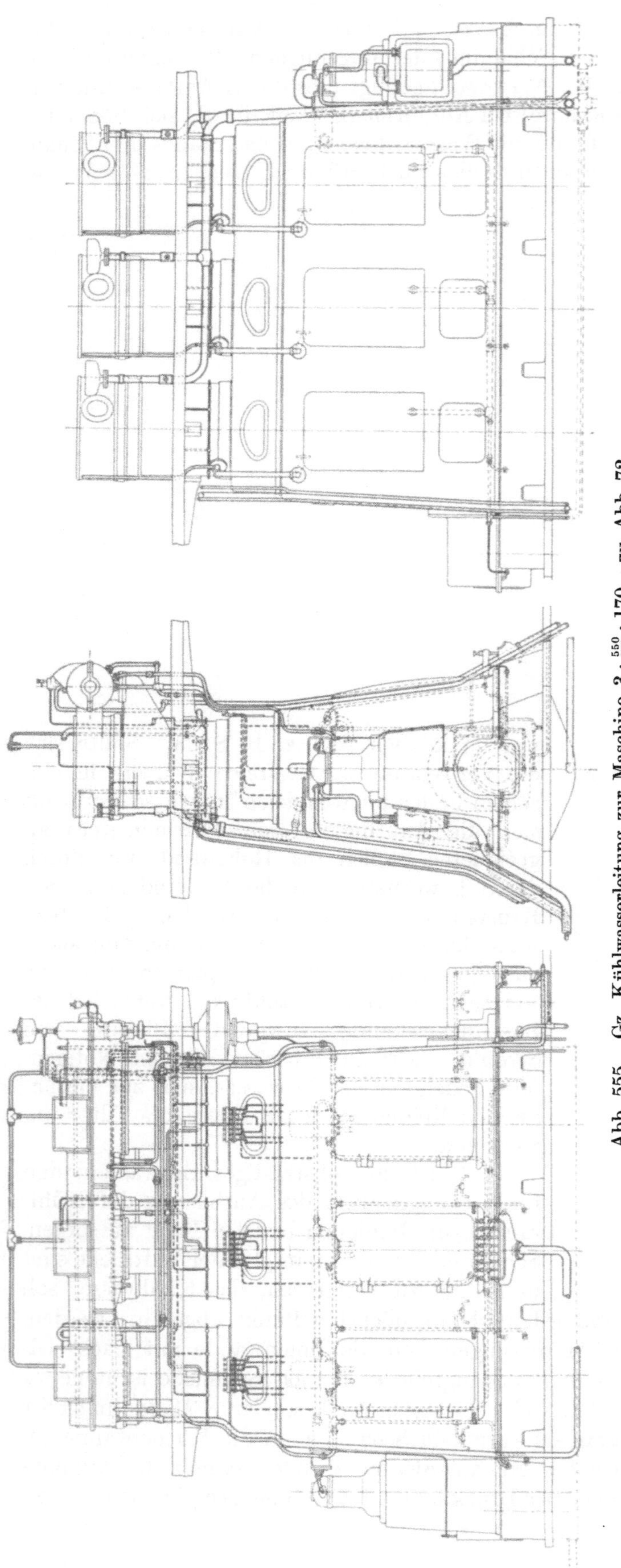

Abb. 555. Gz, Kühlwasserleitung zur Maschine $3 \cdot \frac{550}{750} \cdot 170$, zu Abb. 72.

Die gebräuchliche Anordnung der Kühlwasserleitungen für kleinere Anlagen ist in Abb. 554 dargestellt. Das hochliegende Kühlwassergefäß soll wenigstens für eine halbe Stunde genügend Wasser fassen, damit beim Anlassen, nach einer Entleerung der Kühlräume oder während einer kleinen Reparatur, eine gewisse Sicherheit geboten ist; das aus diesem Gefäß abfließende Wasser teilt sich, indem es hier einerseits gesondert in die Kühlmäntel zweier Zylinder, anderseits in jene des Verdichters und dann in den Kühlmantel des dritten Zylinders fließt. Aus den Zylindermänteln gelangt das Wasser in die Zylinderdeckel und in die Gehäuse der Auspuffventile und von da in den Auspufftrichter, wo die drei Stränge in entsprechender Höhe frei ausgießen, so daß man ihre Geschwindigkeit und Temperatur beobachten und auch feststellen kann, ob Verschmutzungen oder Luftblasen aus dem Verdichter vorhanden sind. In dem beschriebenen Falle muß für den dritten Zylinder eine besondere Entleerungsleitung angeordnet werden. In den Abflußtrichter münden oft auch die Entwässerungsleitungen der Luftpumpenaufnehmer. Meist sind auch im Zuge der Leitungen Wasserentnahmestellen und Thermometer angebracht, besonders am Zylinderkopf. Werden Auspuffventil und Auspuffleitung gekühlt, so sind sie noch hinter das Auspuffventilgehäuse geschaltet, das Auspuffventil im Nebenschluß mit dem Ventilgehäuse (vgl. S. 187). Wenn die Kühler des Verdichters gesondert aufgestellt sind, wird das Kühlwasser zuerst in die Kühler und dann in die Zylindermäntel geführt. Zur Einstellung der günstigsten Wassermenge dient ein Ventil zwischen Kühlgefäß und Leitung, das leicht zugänglich ist, und in jedem Strang außerdem ein Absperrhahn, der die richtige Verteilung regelt. Das Kühlwassergefäß muß derart hoch stehen, daß auch bei etwaiger teilweiser Verlegung der Rohre und selbst bei Auftreten von Dampfblasen, die das spezifische Gewicht vermindern, noch genügend

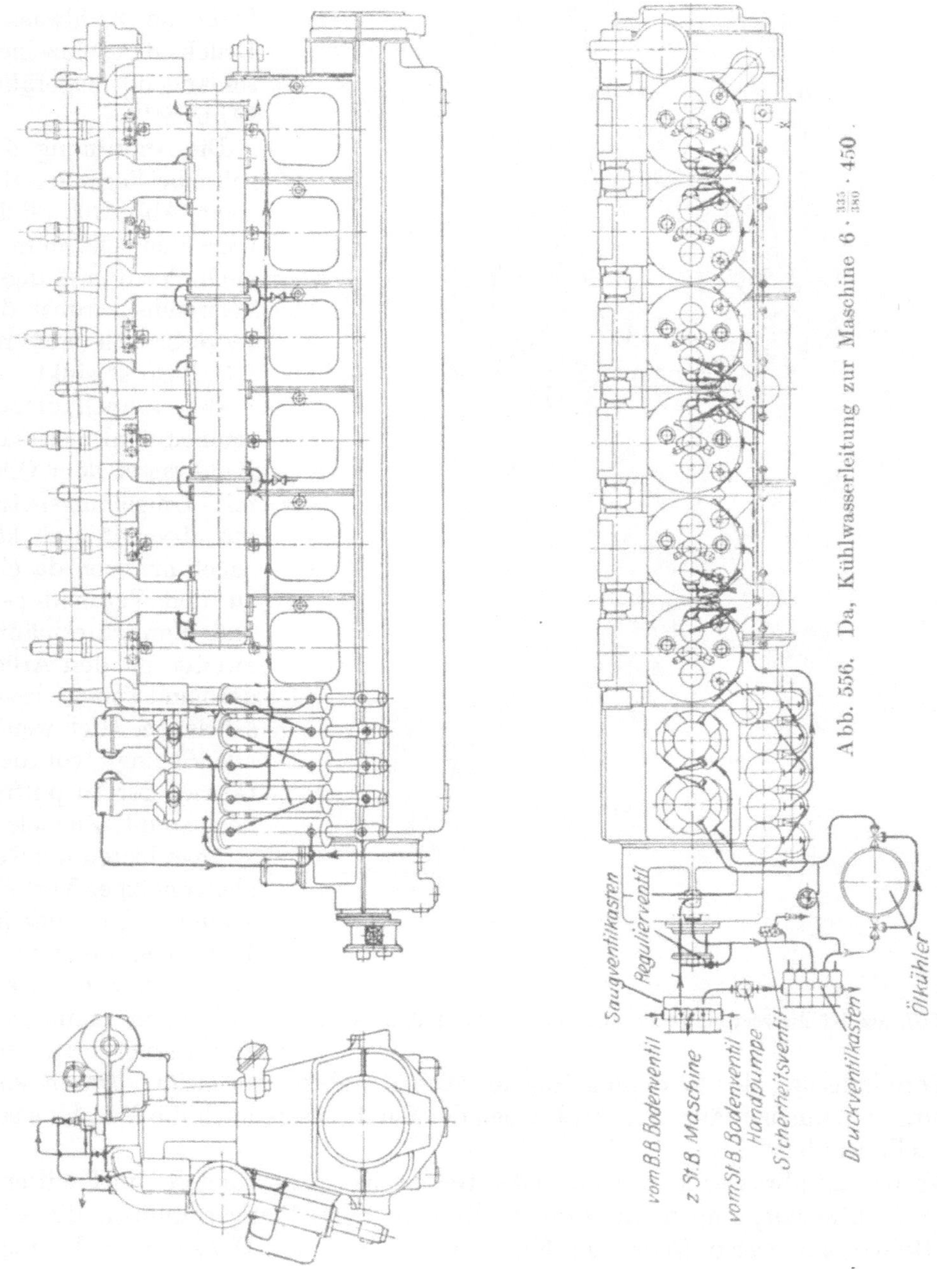

Abb. 556. Da, Kühlwasserleitung zur Maschine $6 \cdot \frac{335}{380} \cdot 450$.

Wasser durchfließt, auch wenn der Behälter nur mehr teilweise gefüllt ist. Zur Erzielung genügender Druckhöhe muß man manchmal auf den freien Wasserauslauf oberhalb des Fußbodens verzichten und sich mit Probierventilen in Form von Dreiweghähnen begnügen; da aber die Gefahr bei Ausbleiben des Kühlwassers in einem Strang groß ist, sind wenigstens Thermometer an leicht zugänglichen Stellen anzubringen.

Die Verteilung wird auch anders gewählt, z. B. in Abb. 555 führt die Hauptleitung durch den Zwischenkühler zu den Verdichterzylindern und zum Druckluftkühler. Von da geht ein Zweig zur Kolbenkühlung, ein zweiter zu den Kreuzkopfführungen, Zylindermänteln, Deckeln, Auspuffventilgehäusen und Auspuffrohren, im Nebenschluß mit dem Ventilgehäuse auch noch zu den Auspuffventilen. In diesem Falle sind auch die Hauptlager gekühlt worden. Bei Verwendung von Teer als Brennstoff wird das Kühlwasser zu dessen Erwärmung in den verschiedenen Behältern herangezogen, indem das aus den Zylinderdeckeln abfließende Kühlwasser unter Druck den einzelnen Heizschlangen zugeführt wird (Abb. 542).

Die Anordnung der Kühlrohre bei liegenden Maschinen zeigt Abb. 233. Bei kleinen liegenden Maschinen wird auch Verdampfungskühlung verwendet, wobei der Wasserverbrauch auf rd. 2 bis 2,5 l/PS_e · st sinkt.

Bei schnellaufenden Maschinen wird meist das ganze Kühlwasser dem Ölkühler — mit Umgehungsleitung, um ihn abschalten zu können — zugeführt, von da ein Strang zu den Verdichter-Kühlern und Verdichtermänteln, ein zweiter zu den Arbeitszylindern und weiter wie vorher beschrieben. Hier werden dann alle Stränge vor den Kühlräumen der Auspuffrohre wieder vereint. Zu viele Parallelstränge bieten die Gefahr ungleichmäßiger Verteilung, besonders bei geschlossenen Leitungen ohne freien Ausguß (Abb. 556) Hier werden Störungen manchmal durch Schwimmervorrichtungen, die bei Verminderung der Strömung Glockenzeichen geben, angezeigt. Durch solche Anordnungen kann bei längerem Ausbleiben des Kühlwassers auch die Maschine selbsttätig abgestellt werden.

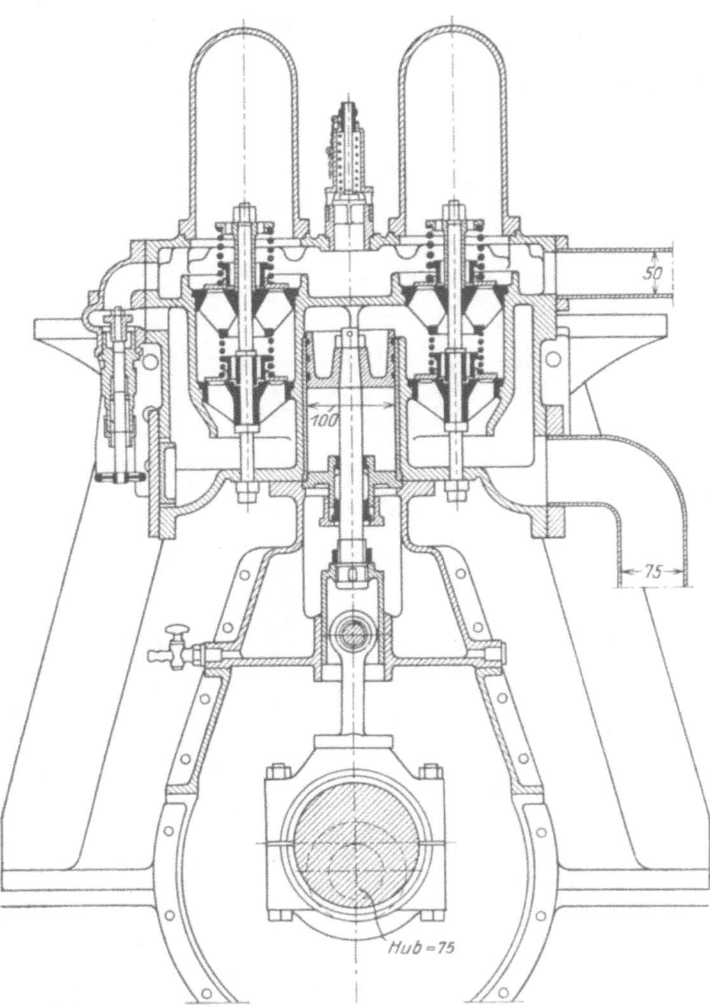

Abb. 557. Bz, Kühlwasserpumpe zur Maschine $6 \cdot \frac{350}{375} \cdot 450$, zu Abb. 27.

Wo das Kühlwasser kein genügendes Gefälle hat, insbesondere auf Schiffen, werden eigene Kühlwasserpumpen angeordnet, Kolben- oder Plungerpumpen, die gewöhnlich unmittelbar am freien Ende der Kurbelwelle oder mit Hebeln vom Kreuzkopf aus (Abb. 70) angetrieben werden. Da sie demnach hohe Umlaufzahlen haben, sind sie sehr sorgfältig zu bauen und mit Windkesseln zu versehen. Die mittleren Wassergeschwindigkeiten in den Rohren werden etwa mit 2 m/sk, in den Ventilen mit 4 m/sk bemessen. Eine solche schnellgehende Kolbenpumpe zeigt Abb. 557. Pumpenkörper und Windkessel bestehen aus Gußeisen, Ventile, Kolben und Zylinderbüchsen aus Bronze, die Kolbenringe aus Exzelsiormetall. Die federbelasteten Plattenventile aus Deltametall sind übereinander angeordnet und leicht auszubauen. An Armaturen sind ein Umlaufregelventil, ein Sicherheits- und ein Schnüffelventil angebracht.

Um die Drehzahl der Pumpen zu vermindern, werden sie manchmal von einer eigenen Welle angetrieben.

Wenn die Pumpen im Kurbelkasten liegen, ist dafür zu sorgen, daß aus den Stopfbüchsen austretendes Wasser nicht in das Schmieröl gelangt. Die mit Talg getränkte Baumwollpackung ist dann gewöhnlich durch einen I-förmigen Ring geteilt, so daß bis dahin gelangendes Leckwasser seitlich abgeführt werden kann. Statt einfacher Ventile werden auch Gruppenventile verwendet, die Federn sind aus nicht rostendem Material herzustellen.

Die zu liefernde Kühlwassermenge kann rd. mit 15 l/PS_e-st bemessen werden, wird aber womöglich gesteigert. Bei Rückkühlung des Wassers kommt man mit $^1/_6$ bis $^1/_8$ des angegebenen Wertes aus. Die Temperatur soll nicht über 40—45° C steigen, weil sonst Kesselsteinablagerung zu fürchten ist, der Pumpendruck beträgt 2—3 at für die Kühlung der ruhenden Teile. Die Leitungen werden bei Schiffen meist aus Kupfer mit Bronzeflanschen oder auch Eisenflanschen auf aufgeschweißten Bronzeringen hergestellt. Flußeiserne Rohre werden verbleit oder verzinkt. Als Packung wird Gummi mit Einlage oder auch an zugänglichen Stellen Pappe verwendet.

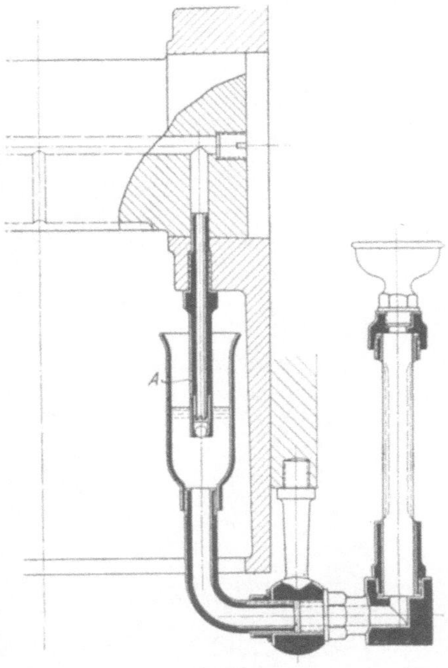

Abb. 558. Fr, Kolbenzapfenschmierung.

Für die Kolbenkühlung werden Posaunen- oder Gelenkrohre verwendet (s. S. 127). Da hier die Massenwirkungen des im Kühlraum der Kolben vorhandenen Wassers in Betracht kommt, sind größere Pumpendrücke erforderlich, um das Abreißen und Schlagen der Wassersäule zu vermeiden, etwa 4—5 at und noch mehr. Die hierfür verwendeten Pumpen sollen nach Abstellen noch weiterlaufen, damit das Wasser im Kolbenkühlraum nicht zu heiß wird und Ablagerungen zurückläßt. Gleiches ist für die Ölkühlung noch wichtiger, da sich sonst Krusten bilden.

Die Zinkschutzplatten sind etwa 20 mm stark und aus gewalztem Blech hergestellt. Zwischen Zink und Wand muß gute Leitung erhalten bleiben und für leichte Auswechselbarkeit muß Sorge getragen werden. Solche Platten werden jederseits bei den Zylindern, Zylinderdeckeln, an den Zylindern und Aufnehmern oder Luftkühlern der Verdichter, im Ölkühler, an den Auspuffrohren und am Schalldämpfer angebracht.

Die Schmierung der Dieselmotoren wird verschiedenartig angeordnet. Bei langsamlaufenden Maschinen ist sie gewöhnlich Auslaufschmierung, teilweise oder ganz zentralisiert, nur für die Arbeits- und Verdichterkolben und ihre Bolzen wird Druckschmierung erforderlich. Bei schnellaufenden Maschinen hingegen wird überall Druckschmierung verwendet, während die am Kurbelkasten liegenden Arbeits- und die Niederdruckkolben der Verdichter gar keine besondere Schmierung erhalten. Für die Lager der Hauptwelle wird bei Landmaschinen häufig Ringschmierung verwendet (Abb. 17, 31, 49, 51, 111, 112), ebenso für die Nockenwellenlager (Abb. 377), wo aber auch häufig feste Schmierringe mit Abstreifern Verwendung finden. Die übrigen Lager werden gesondert geschmiert, wozu Schmiergefäße und Tropföler dienen. Für den Kolbenbolzen kommt dann eine zwangläufige Schmierung in Betracht, etwa nach Abb. 558, bei der ein mit Rückschlagventil versehenes, am Kolben angeschraubtes Röhrchen in ein Ölgefäß eintaucht und bei jedem Hub eine gewisse Ölmenge aufnimmt. Die umlaufenden Kurbeln erhalten Zentrifugalschmierringe mit Tropfenzuleitung.

Nur für Arbeits- und Luftpumpenkolben kommt hier Druckschmierung in Betracht, und zwar Schmierpressen oder Druckschmiergefäße; die Schmierstutzen an den Zylindern erhalten oft tangentiellen Ölaustritt in den Zylinder (Abb. 33).

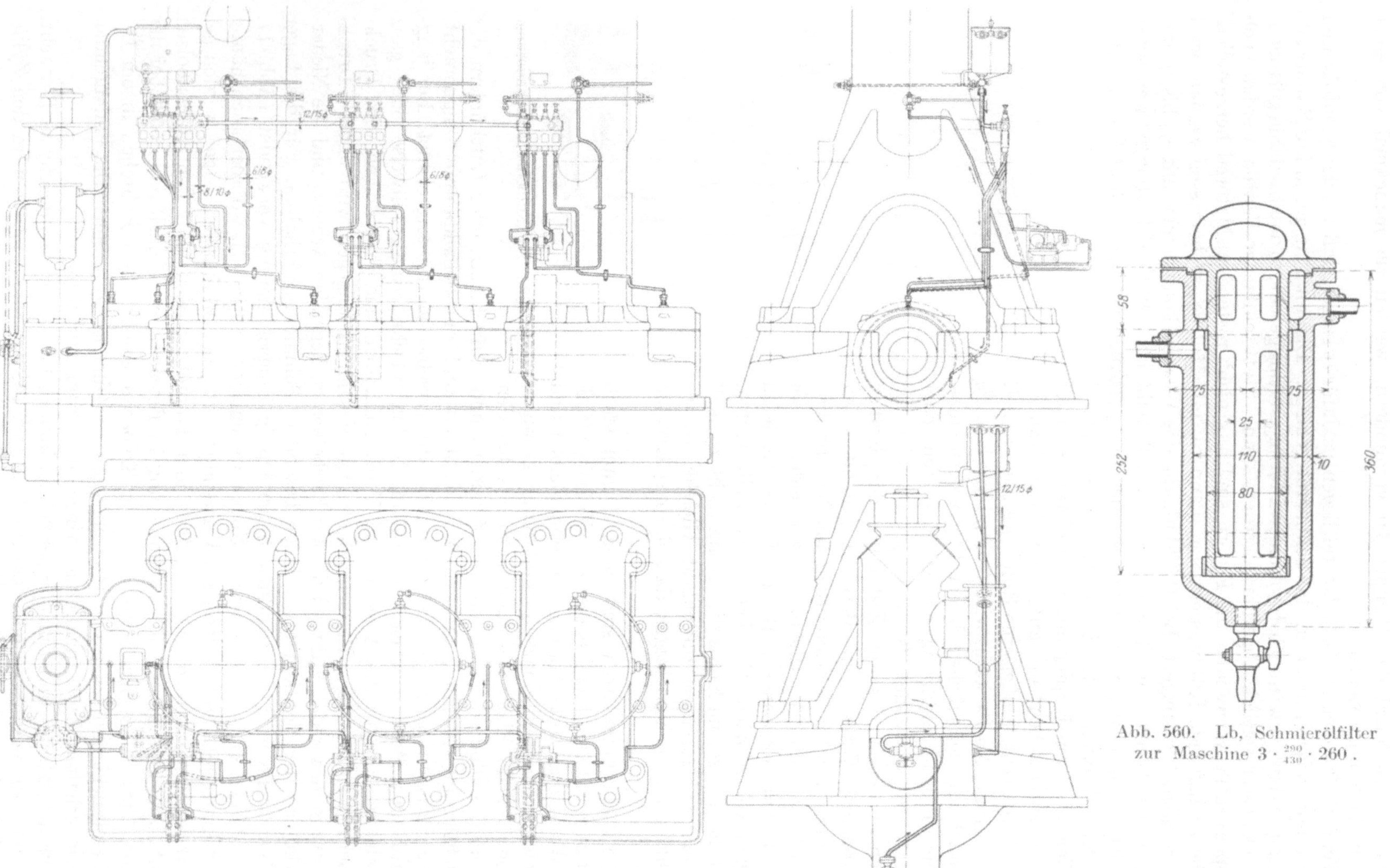

Abb. 559. Lb, Zentralschmierung zur Maschine $3 \cdot \frac{290}{430} \cdot 260$.

Abb. 560. Lb, Schmierölfilter zur Maschine $3 \cdot \frac{290}{430} \cdot 260$.

Ein Beispiel einer Ölumlaufschmierung ohne Druck für eine Landmaschine ist in Abb. 559 gegeben. Aus der Kurbelwanne saugt mit möglichst kurzer Leitung mit Rückschlagventil die Umlauf-Schmierölpumpe, hier eine kleine Zahnradpumpe, die von der Hauptwelle mit Kupplung angetrieben wird, das abfließende Öl, drückt es in den Öl-

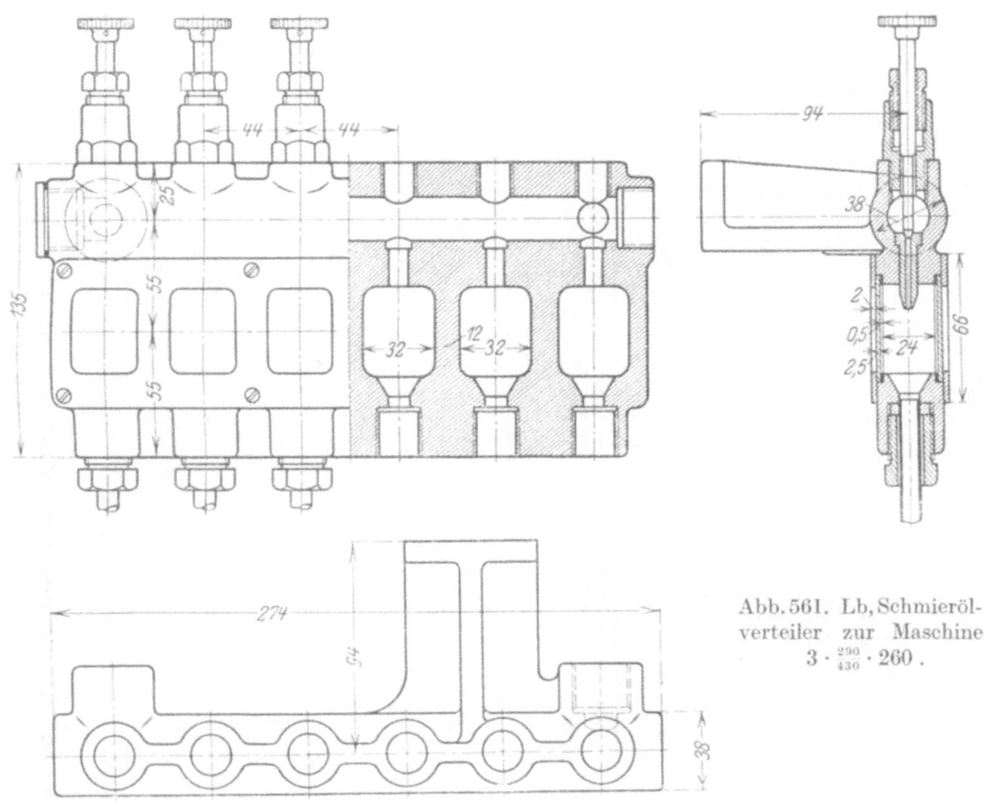

Abb. 561. Lb, Schmierölverteiler zur Maschine $3 \cdot \frac{290}{430} \cdot 260$.

filter (Abb. 560) und von da in einen hochstehenden Behälter mit Ablauf. Von hier gelangt das Schmieröl in einen Verteiler (Abb. 561), der einstellbare Regelventile trägt, und zwar für einen Zylinder für 6, für die übrigen je für 4 Schmierstellen, und zwar beim ersten Zylinder: zum geteilten Lager (2 Leitungen), zum Kurbelschmierring, zur Druckölpumpe für Zylinder und Kolbenbolzen und zu einem Mittellager; bei den anderen Zylindern fallen die zwei erstgenannten Schmierstellen weg. Die Druckölpumpen werden mittels Stangen und Hebel von den Schubstangen der einzelnen Zylinder aus mit einer kleinen schwingenden Welle angetrieben, die oft auch zum Indikatorantrieb dient. Einzelheiten der Zylinder- und Kolbenbolzenschmierung zeigt Abb. 562.

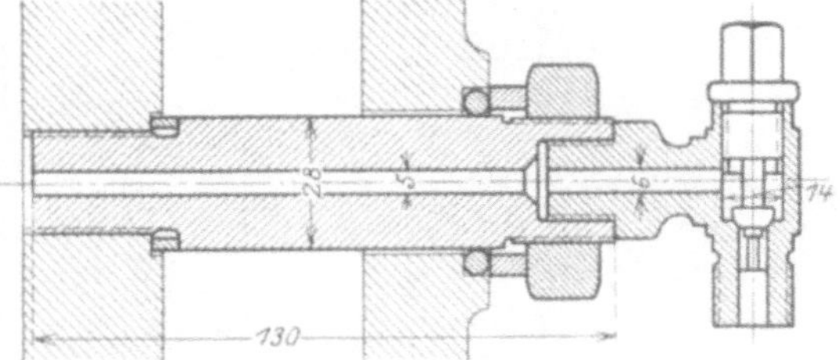

Abb. 562. Lb, Schmierstutzen zum Zylinder.

Die Verdichterzylinder sind hier durch Doppelhähne gesondert geschmiert. Die Ansatzstücke für die Zylinder werden innen mit Kupfer-, außen mit Gummiringen abgedichtet und erhalten Rückschlagventile, um das Eindringen hochgespannter Gase und die dadurch entstehende Temperaturerhöhung in den Ölleitungen zu verhindern, da sonst leicht Koks- und Krustenbildung dieselben verlegt. Die übrigen Schmierstellen werden mit einzelnen Schmiergefäßen oder Zentralschmierung versehen. Die Verteilung der Schmierstellen kann natürlich auch anders erfolgen, z. B. sind bei Abb. 422 an der Ölpumpe 5 Schmierstellen

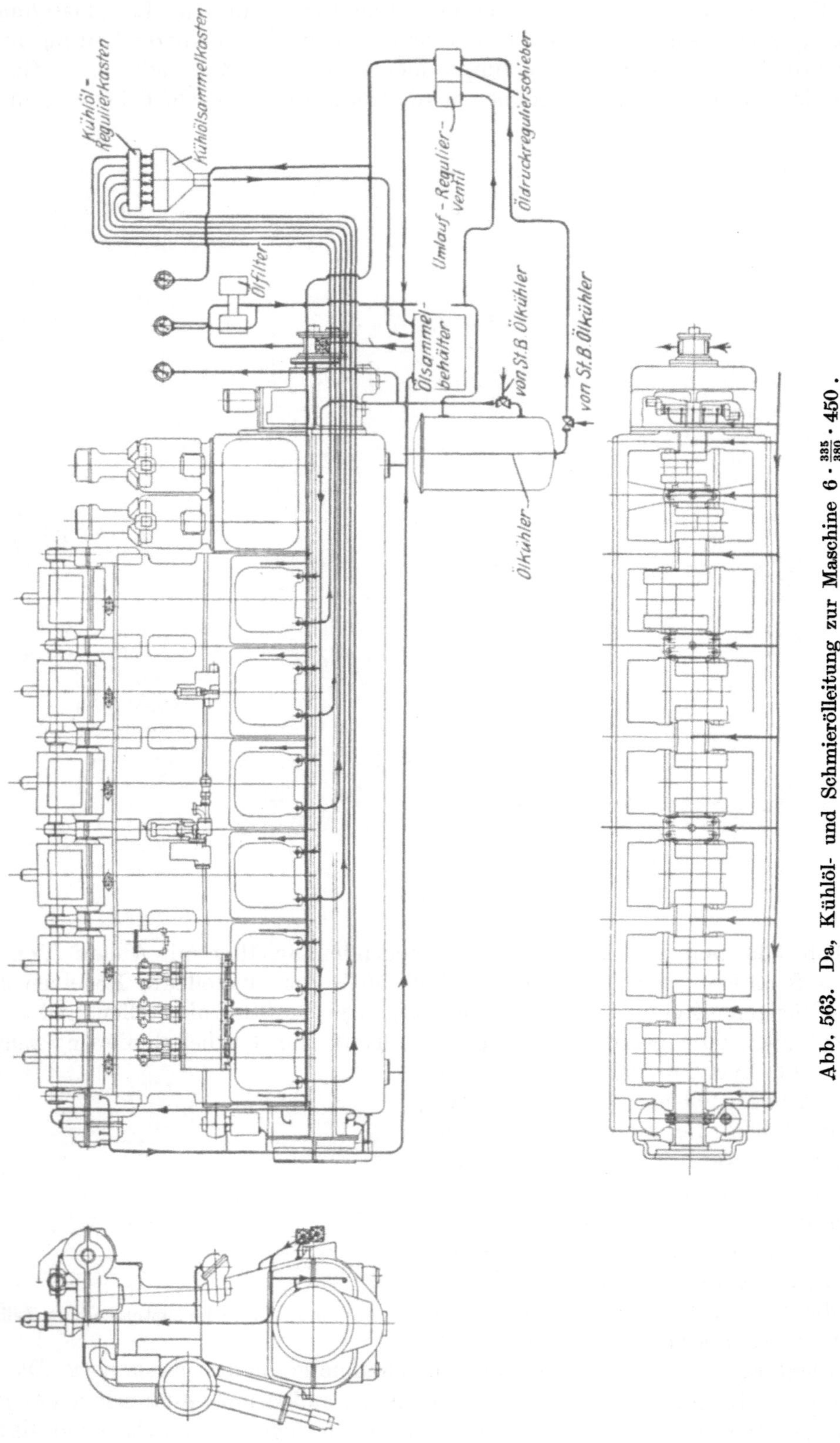

Abb. 563. Da, Kühlöl- und Schmierölleitung zur Maschine $6 \cdot \frac{335}{380} \cdot 450$.

für Zylinder, Kolbenbolzen, Kurbelzapfen des Arbeitszylinders und der Luftpumpe und den Niederdruckkolben der Luftpumpe, angebracht, nur der Verdichterhochdruckkolben erhält hier ein besonderes Schmiergefäß.

Bei Anwendung von Druckschmierung (Abb. 563), wie sie bei Schnelläufern erforderlich, aber auch bei großen, langsamer laufenden Maschinen, insbesondere im Schiffsbetrieb, gebräuchlich ist, führt eine möglichst kurze und gerade Saugleitung mit Rückschlagventil und Saugsieb von dem tiefer als die Kurbelwanne liegenden Schmierölbehälter zur Ölpumpe, die gewöhnlich als Zahnradpumpe ausgeführt ist (Abb. 564). Von da wird das Schmieröl in die Ölfilter gefördert oder auch durch eine Rücklaufleitung teilweise wieder in den Saugbehälter zurückfließen gelassen, wohin auch ein Sicherheitsventil ausgießt. Umlauf- und Sicherheitsventil können miteinander vereinigt werden. Die Ölfilter werden doppelt ausgeführt und so reichlich bemessen, daß während der Reinigung eines Filters das zweite ausreicht. Von den Filtern gelangt das Schmieröl in den Ölkühler, der zu Reinigungszwecken durch eine Umgehungsleitung abgeschaltet

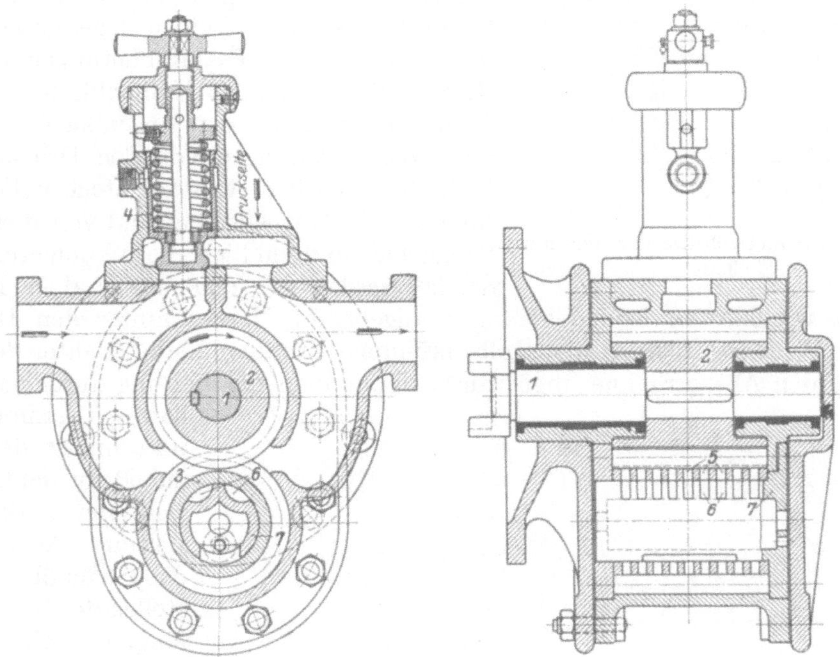

Abb. 564. Neidig, Zahnradpumpe für Schmieröl.

werden kann und teilt sich dann, entsprechend abgekühlt, in zwei Stränge, von denen einer zu den Hauptlagern, der zweite zur Kühlung der Arbeitskolben führt, wenn diese mit Öl erfolgen soll.

Der zu den Hauptlagern führende Strang teilt sich, indem er zu jedem Lager eine eigene Abzweigung gehen läßt. Durch eine Bohrung in der Mitte der Hauptlager gelangt das Drucköl, so weit es nicht das Lager selbst durchfließt, in das Innere der gebohrten Welle und von da durch weitere Bohrungen in einer benachbarten Kurbel in die Kurbelzapfenbohrung und in das Kurbelzapfenlager. Die Bohrungen, die von den Lagerstellen der Hauptlager und Kurbelzapfen in das Innere der Welle und des Zapfens führen, sollen durch Röhrchen verlängert werden, damit etwa durch die Fliehkraft an die Oberfläche der Bohrungen gelangte Unreinheiten von den Gleitstellen abgehalten werden. Dabei wird am besten die Anordnung so getroffen, daß dem Öl aus jedem Hauptlager ein bestimmter Weg vorgeschrieben ist, daß also keine Verbindung der einzelnen Stränge stattfindet. Die Bohrungen der Welle und Kurbelzapfen müssen dicht verschlossen sein (s. S. 152), etwa durch Blechdeckel mit Spannschrauben. Vom Kurbelzapfenlager gelangt das Drucköl endlich durch ein in der Schubstangenbohrung oder außen gut befestigtes Röhrchen in den Kreuzkopf- oder Kolbenbolzen. Die Kolbenführung bedarf bei schnellgehenden Kastenmaschinen keiner besonderen Schmierung, trotzdem wird für zeitweise gesteigerte Schmierung manchmal durch besondere Ölführung vorgesorgt (s. S. 30); bei Kreuzkopfmaschinen wird die Führung gesondert mit Öl versorgt. Die Leitung zu den Hauptlagern zweigt auch zur Schmierung der unteren Steuerwellenantriebsräder ab, sowie zu den Lagern der Verdichter und Brennstoffpumpen, gegebenenfalls auch der Pumpenwelle, und endlich zu einem Verteiler, von dem aus die Steuerwelle, die Hebelachsen und die oberen Steuerwellenantriebsräder versorgt werden. Dies geschieht manchmal auch durch einzelne Schmiergefäße und Ölwannen in den Steuerwellenkästen. Die Luftpumpenkolben für Mittel- und Hochdruck werden gewöhnlich durch besondere Schmierpressen mit frischem Öl geschmiert. Hierzu kommen noch die Ölabflußleitungen vom Filter, dem Ölkühler, von den Kolbenkühlungen, die frei in einen Trichter oder Abflußkasten abfließen, dann die Ableitungen von den Druckregel- und Sicherheitsventilen, von der Steuerwellenverschalung in die Kurbelwanne und von dieser in das Sauggefäß und endlich die Manometerleitungen. Solche werden vor und hinter dem Filter und hinter dem Ölkühler in beiden Strängen angebracht, ferner hinter den Druckregelventilen für Wellenschmierung und Kolbenkühlung. Vor dem Abflußtrichter der Kolbenkühlung werden Absperrhähne angeordnet, damit man die Leitung durchblasen kann, sowie Thermometer vor und hinter den Kolben zur Beaufsichtigung der richtigen Wirkung jeder Leitung. Auch hier muß das Kühlöl nach Abstellen der Maschine noch längere Zeit hindurchströmen, damit sich das im Kolbenkühlraum befindliche Öl nicht zu stark erwärmt und Ablagerungen ausscheidet. Dies ist auch für das Schmieröl erwünscht, deshalb werden Reservepumpen, die besonders angetrieben sind, angebracht.

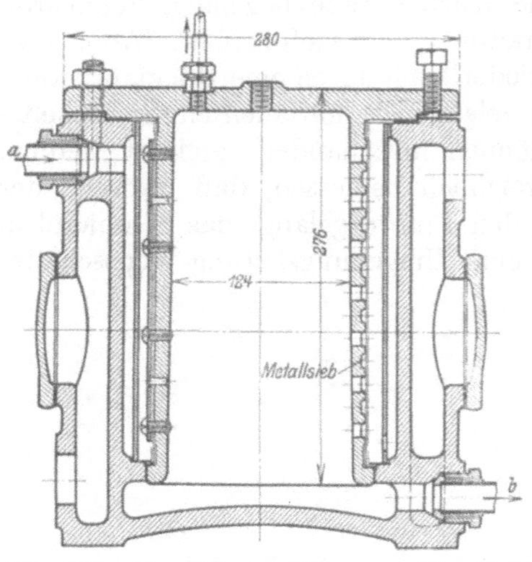

Abb. 565. Dz, Schmierölfilter zur Maschine $\frac{250}{340} \cdot 350$.

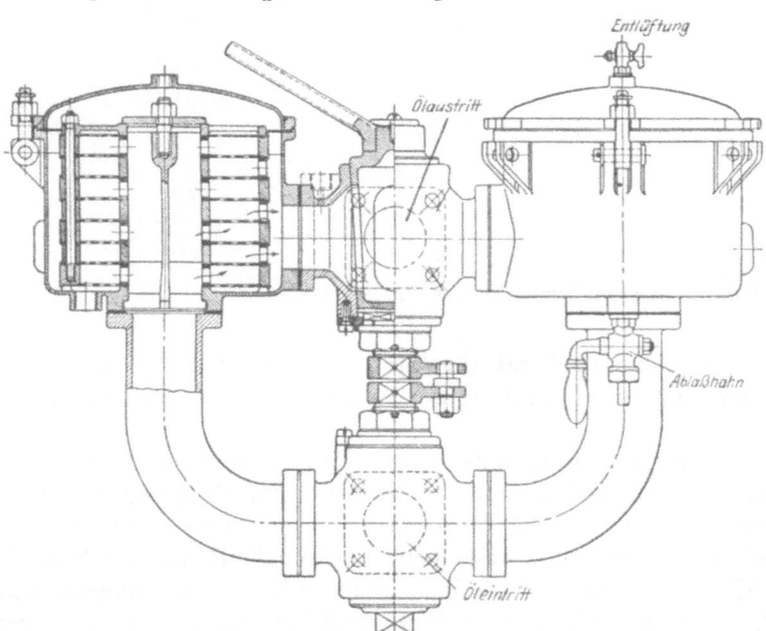

Abb. 566. Da, Schmierölfilter zur Maschine $6 \cdot \frac{335}{380} \cdot 450$.

Der Öldruck für das Lageröl wird auf $^1/_2$ bis $2^1/_2$ at eingestellt, nicht größer als erforderlich, da sonst zuviel Öl abspritzt; der für die Kolbenkühlung erforderliche Druck ist hingegen 3—5 at wegen der dort zu überwindenden Massenkräfte.

Bei Umsteuerung der Maschine muß die Schmierpumpe ebenfalls umgesteuert werden, wenn es eine Umlaufpumpe ist.

Die Ölfilter bestehen gewöhnlich aus ein- oder mehrfachen engmaschigen Stahldrahtsieben, die sich im Strömungssinn gegen durchbrochene Platten zu stützen, um nicht durchgedrückt und zerrissen zu werden. Abb. 560, 565, 566 zeigen derartige Ausführungen. Die Filter werden gewöhnlich doppelt und so reichlich ausgeführt, daß eines während der Reinigung des zweiten ausreicht. Die Querschnitte sind 50 bis 100 mal so groß, als die Rohrquerschnitte wegen der erwarteten teilweisen Verlegung. Zur Feststellung richtigen Arbeitens dienen Differenzmanometer, zur Ausschaltung sind vor und hinter jedem Filter Absperrvorrichtungen eingeschaltet. Auf raschen und leicht ausführbaren Ausbau, Dichtheit der einzusetzenden Filterteile gegen das Gehäuse ist größter Wert zu legen. Ebenso ist für Schlammablaß und Reinigung des Gehäuses Vorsorge zu treffen. Zur Reinigung der Filtersiebe wird Gasöl verwendet.

Die Ölkühler sind Bündelkühler mit engen und dünnwandigen verzinnten Kupfer- oder Messingrohren, die in ebenfalls verzinnten Platten eingewalzt sind (Abb. 567), derart, daß sie sich frei dehnen und nach einer Seite herausgezogen werden können. Das Kühlwasser läuft aus den gußeisernen oder Bronzedeckeln durch die Rohre, das Schmieröl außen im Gefäß aus Stahlblech, in dem es durch Querplatten geführt wird. Im Wasserraum sind Zinkschutzplatten untergebracht. Der Wärmeübergangsbeiwert vom Öl zu den Rohrwänden ist klein[1]), die Oberflächen müssen also reichlich groß gewählt werden, ebenso die Querschnitte für den Öldurchtritt, da sonst leicht Verlegungen vorkommen. Auch hier ist für die Reinigung gut vorzusorgen, Entwässerungs- und Ölablaufstutzen und Entlüftungsanschluß sind anzubringen. Die Reinigung geschieht durch Ausblasen mit Dampf und Auskochen mit Sodalösung.

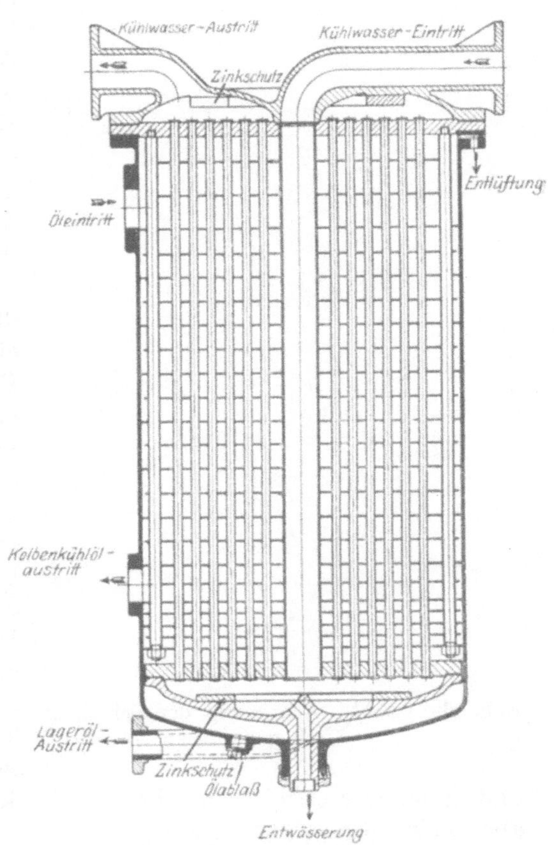

Abb. 567. Da, Ölkühler zur Maschine $6 \cdot \frac{335}{380} \cdot 450$.

Da das Kolbenkühlöl nicht so tief heruntergekühlt zu werden braucht, wie das Lageröl, so wird ersteres hier schon nach Durchströmen eines Teils des Kühlers entnommen. Manchmal erfolgt dies durch eine eigene Pumpe mit Windkessel, dann braucht der Druck für die Lagerschmierung nicht durch ein Druckminderventil heruntergedrosselt zu werden. Die Ölkühler können meist durch eine Umlaufleitung ausgeschaltet werden. Für das Anlassen dient dort, wo keine ständige Schmierung vorhanden ist, eine eigene, nur zeitweise angesetzte Hilfschmierung mit Preßpumpen. Solche dienen auch zum Füllen der etwa entleerten Schmierölleitungen sie dienen auch zur Prüfung derselben auf Dichtheit und Reinheit. Die Sammelbehälter sind so ausgeführt, daß ein Sieb die gröbsten Unreinheiten zurückhält und etwa in das Öl gelangtes Wasser und Schlamm abgelassen werden können.

Der Schmierölverbrauch kann bei günstigen Umständen überschlägig mit 1 g Zylinderöl und 5 g Lageröl bei kleinen, und 0,6 g Zylinderöl und 3,5 g Lageröl für 1 $PS_e \cdot st$ bei großen Maschinen angenommen werden, geht aber bei sorgfältiger Durchführung und Wiederverwendung des gereinigten Öls bis auf 1 $g/PS_e \cdot st$ herab.

Für besondere Anordnungen wird die Schmierleitung entsprechend abgeändert.

Abb. 568 gibt ein Schema der Filteranordnung der M. A. N. Das aus der Maschine abfließende Schmutzöl fließt zunächst in die Behälter A und B, in denen sich grobe Ver-

[1]) Vgl. Heinrich & Stückle, Wärmeübergang von Öl an Wasser, Forschungsarbeiten des V. d. I. Heft 271.

unreinigungen absetzen. Von da aus wird das Öl in einen Hochbehälter oder Windkessel gepumpt, von wo aus es durch ein aus mehreren mit Filtermasse ausgefüllten Kammern bestehendes Filter gedrückt wird. Die einzelnen Kammern können zur Reinigung leicht herausgenommen werden. Hierzu wird die dem Öleintritt zunächstliegende und daher am stärksten verschmutzende Filterkammer entfernt und gereingt; die übrigen Kammern rücken um eine Stelle vor und die gereinigte Kammer mit neuer Filtermasse kommt an das Ende der Reihe. Auf diese Weise wird die Filtermasse gleichmäßig ausgenützt und die reinigende Wirkung des Filters bleibt die gleiche. Die für die große Menge unreinen Öls meist erforderliche Filterfläche darf nur aus kleinen Flächen zusammengesetzt werden, um bei dem durch Unvorsichtigkeit leicht höher anwachsenden Druck einem Zerreißen der Filtermasse vorzubeugen. Das Schmieröl für die Arbeitszylinder darf nicht zu zähflüssig sein, weil es sich schlecht verteilen läßt und leicht Krusten bildet, da es dann meist auch schwer entzündlich ist. Zu leicht flüssiges Öl hingegen genügt für die verhältnismäßig hohen Auflagedrücke nicht, und wird auch leicht durchgeblasen und in den Zylinderraum gesaugt.

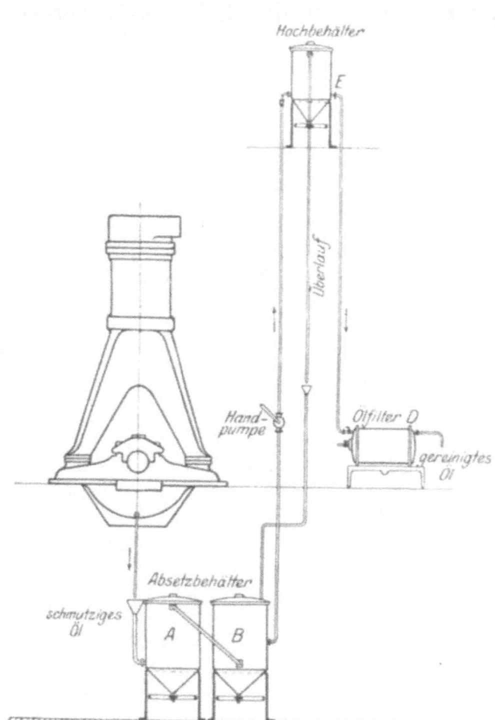

Abb. 568. MAN, Anordnung der Schmierölreinigung.

Für die Luftpumpenzylinder entspricht wegen der unvermeidlichen Luftfeuchtigkeit am besten ein Gemisch von Mineralöl mit tierischem oder Pflanzenöl. Das Lageröl muß besonders bei Umlaufschmierung sorgfältig vor Wasserzutritt geschützt werden, da die sonst entstehenden Emulsionen Verstopfungen der Querschnitte und Ablagerungen an den Kühlrohren verursachen, dort verhärten, sich ablösen und dann auch die Rohre verlegen, abgesehen von der verminderten Schmierfähigkeit. Gutes Schmieröl soll etwa bei 10° C ein spezifisches Gewicht von 0,9—0,92 und bei 50° C eine Viskosität von 5—9° Engler zeigen. Der Flammpunkt kann etwa bei 200° C liegen. Das Öl soll ferner bei 6° C noch flüssig bleiben, nicht über 0,015 vH Säuren enthalten und ganz wasserfrei sein. Das Kolbenkühlöl braucht nur etwa 4,5—6° Engler, darf aber keine Rückstände bilden.

Für Schmieröl- und Kühlwasserleitung werden bei Schiffsmaschinen Reservepumpen angeordnet, bei mehreren Maschinen Verbindungsleitungen zur gegenseitigen Aushilfe.

XV. Schwungrad, Fundierung, Anordnungen, Brennstoffverbrauch, Wärmeverteilung.

Die Ausmittlung des Schwungrades für einen durch die Betriebsverhältnisse gegebenen Ungleichförmigkeitsgrad des Ganges ist bereits S. 150 und 158 besprochen. Bei Einzylindermaschinen wird das Schwungrad verhältnismäßig sehr schwer; man begnügt sich daher womöglich mit großen Ungleichförmigkeiten von $^1/_{30}$, bei Zweizylindermaschinen $^1/_{35}$. Bei besonderen Ansprüchen, wie etwa bei Antrieb elektrischer Beleuchtungsmaschinen, genügen diese Werte natürlich nicht mehr. Man macht dann die Umfangsgeschwindigkeit des Radkranzes so groß als möglich, für Gußeisen 30—35 m/sk, gegebenenfalls führt man die Räder aus Stahlguß oder als volle Scheiben aus, wobei dann die Umfangsgeschwindigkeit bis 50 m/sk erhöht wird. Bezüglich der Festigkeitsberechnung sei auf die vorhandene Literatur verwiesen[1]). Auch auf die Befestigung der Schwungräder auf den Wellen ist große Sorgfalt zu verwenden, besonders bei Maschinen mit großer Ungleichförmigkeit des Ganges, da dann die Beschleunigungskräfte sehr große Drücke auf die Verbindungskeile ausüben. Oft werden zwei tangential gelegte kräftige Keile verwendet, manchmal werden die Schwungräder auch in der Art der Scheibenkupplungen an angeschmiedete Flanschen angeschraubt (Abb. 70). Der Einfluß der Radmassen auf die Drehschwingungen geht aus den allgemeinen Betrachtungen über diese hervor (vgl. S. 160). Zu beachten sind dann noch die durch die Regelung bei Belastungsänderungen entstehenden Schwingungen, die ebenfalls keine Resonanz mit den aufgezwungenen ergeben sollen.

Bei Schiffsmaschinen, wo die Gleichförmigkeit des Ganges keine so große Rolle spielt, kann man bei Sechszylindermaschinen auf Schwungräder verzichten; häufig werden aber dennoch solche angebracht (z. B. Abb. 60, 62, 70, 83).

Zum Andrehen der Maschinen verwendet man bei ganz kleinen Maschinen die bekannten Bauarten von Andrehkurbeln, bei größeren Klinkenvorrichtungen mit gezahnten Schwungrädern oder besonderen Scheiben (z. B. Abb. 51, 378) und endlich bei großen Maschinen die bekannten Formen der Andrehmaschine (z. B. Abb. 60).

Infolge der unausgeglichenen Massen und der Ungleichförmigkeit des Ganges wird das Fundament der Maschine Schwingungen ausgesetzt[2]); es sind hier verhältnismäßig schwere und sorgfältig angelegte Fundamente erforderlich. Die von den Fundamentschrauben bei stehenden Landmaschinen zu fassende Tiefe wird gewöhnlich für Maschinen zwischen 25 und 130 PS_e Zylinderleistung zwischen 2 und 3,6 m, je nach Größe, gewählt, der Rauminhalt des Fundamentmauerwerks für die Maschine allein beträgt dabei für Einzylindermaschinen 6 bis 40 m^3, bei Mehrzylindermaschinen ein Vielfaches davon, für Vierzylindermaschinen etwa 15 bis 90 m^3, für Sechszylindermaschinen bis 120 m^3.

Bei liegenden Maschinen kann die zu fassende Tiefe, soweit es die Zugänglichkeit der unteren Enden der Fundamentschrauben gestattet, niedriger bemessen werden. Wenn Keile oder Muttern die Ankerplatten fassen, ist diese Zugänglichkeit unentbehrlich; nur wo eingemauerte Platten und Hammerköpfe verwendet werden, kann man darauf verzichten. Die Stärke der Fundamentschrauben bestimmt man nur nach den gebräuchlichen Ausführungen[3]). Ihre Zahl hängt von der Bauart der Grundplatte ab. Bei stehenden Einzylindermaschinen werden für die Grundplatte 4, für die Außenlager 2 Fundamentschrauben angeordnet, bei Mehrzylindermaschinen mit n Zylindern $2(n-1)$ Schrauben für die Grundplatte, falls diese nicht geteilt ist. Hängen jedoch die Teile der Grundplatte mit Flanschen zusammen, so werden meist 2 Schrauben in der Teilfuge angebracht.

Bei liegenden Maschinen kommt es besonders auf die starre Befestigung der Hauptlager an. Knapp an diesen werden gewöhnlich je 4 Fundamentschrauben angeordnet, außerdem am hinteren Ende der Grundplatte je 2, bei größeren Maschinen auch noch dazwischen und am vorderen Ende je 1 Stück. Dabei stehen die Grundplatten der besseren Zugänglichkeit wegen gewöhnlich auf einem Mauersockel.

Bei Schiffsmaschinen, insbesondere bei Schnelläufern, ist das Fundament und die Verbindung mit demselben besonders sorgfältig zu bauen. Zwischen Fundamentträger und Grundplatte kommen starke Blechbeilagen, die einzeln bearbeitet werden können, so daß überall genaues Aufsitzen vorhanden ist. Die Fundamentschrauben sind meist alle oder teilweise Paßschrauben, oder aber es sind genügend viele Festhaltestifte eingeführt.

---

[1]) Tolle, M.: Die Regelung der Kraftmaschinen. Berlin: Julius Springer. — Bauer, J. H.: Die Festigkeitsberechnung des Schwungrades. Dinglers polytechn. Journ. 1908, S. 353. — Föppl, O.: Maschinenbau 1923, Gestaltung S. 40 — Stodola, A.: Dampfturbinen. Berlin: Julius Springer. — Reinhardt: Forschungsarbeiten des V. d. I. Heft 226.

[2]) Vgl. Foeppl: Schnellaufende Dieselmaschinen. S. 71. Berlin: Julius Springer.

[3]) Vgl. Bach: Maschinenelemente 10. Aufl. S. 162.

Die Anordnung der Maschinen geht aus den Abbildungen hervor. Es kommen in Betracht: Stehende, einfachwirkende Einzylindermaschinen und Mehrzylindermaschinen mit seitlich oder auch in der Mitte liegendem Abtrieb, dann auch Anordnung der Zylinder in V-Form (Abb. 569) und in einzelnen Fällen auch doppeltwirkende Maschinen. Eine besondere Antriebsart bildet nur die Maschine Abb. 78 von Benz.

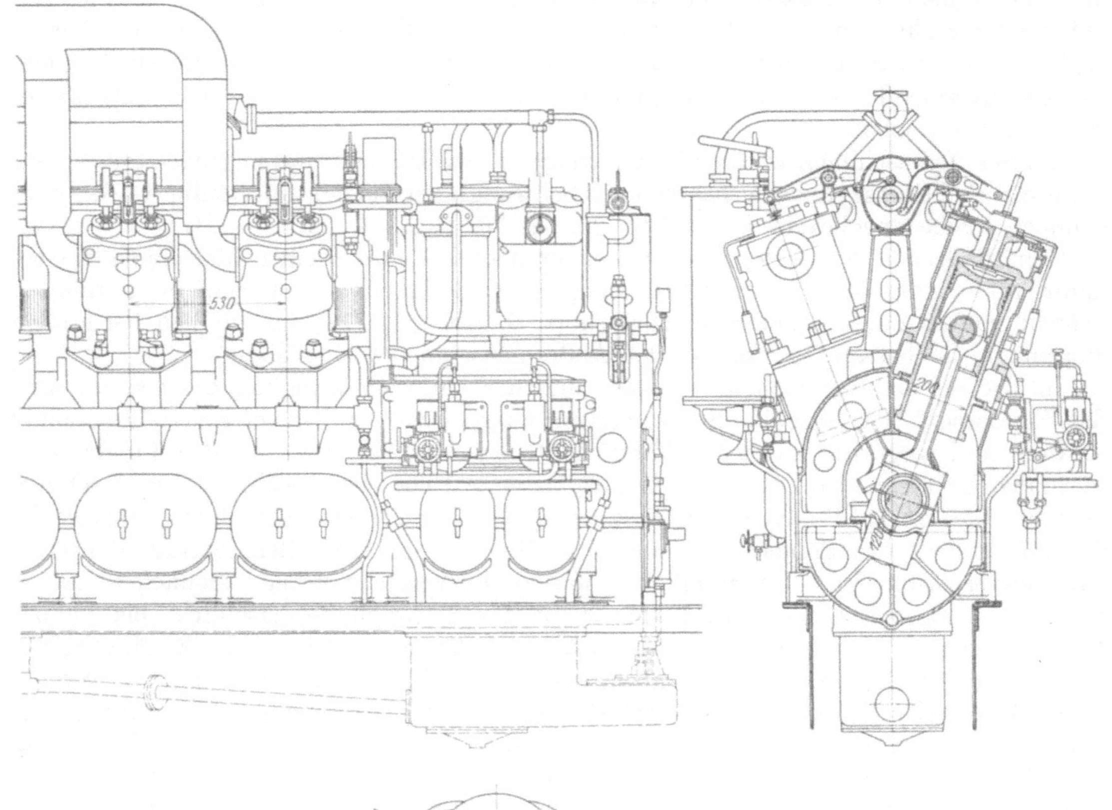

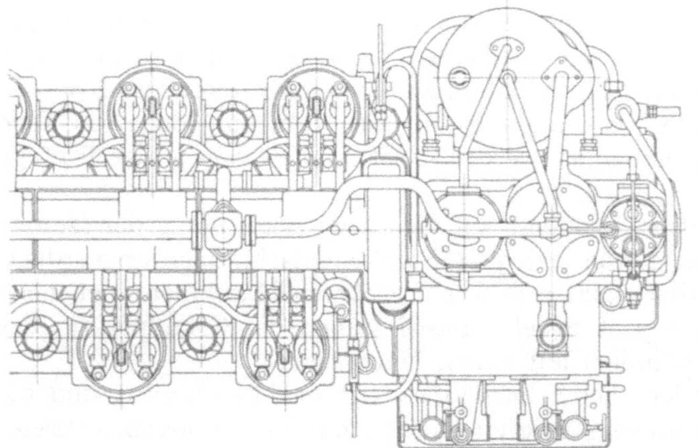

Abb. 569. At, Zusammenstellung, $12 \cdot \frac{200}{240} \cdot 550$, V-Form.

Auch liegende Maschinen werden als Ein- oder Mehrzylindermaschinen ausgeführt, meist nur je zwei Zylinder in einem gemeinsamen Rahmen (Abb. 344). Vierzylindermaschinen erhalten dann zentralen Abtrieb (Abb. 464) oder werden mit Flanschen gekuppelt (Abb. 570). Hierzu kommen noch in selteneren Fällen einfachwirkende Tandemmaschinen, doppeltwirkende Einzylinder- und Tandemmaschinen (Abb. 38, 39, 237, 571)[1].

Über die Wahl des Hubverhältnisses vgl. Stremme: Z. d. V. d. I. 1917, S. 227.

Die zu überwindenden baulichen Schwierigkeiten bei stehenden, doppeltwirkenden Maschinen bestehen nicht nur in der Unterbringung der Ventile neben der Kolbenstangenstopfbüchse und der Ausbildung der Stopfbüchse selbst, sondern auch noch darin, daß die Kolbenstange die Verteilung des Brennstoffes im Zylinderraum hindert und daß sie auch der unmittelbaren Einwirkung der Flamme entzogen werden muß.

[1]) Über die Anwendung von Verbundmaschinen vgl. Sperry: Engg. 1922/1, S. 149.

Diese Schwierigkeiten wurden bei der neuerdings von der Fabrik Werkspoor in Amsterdam erprobten Maschine dadurch überwunden; daß auf die volle Ausnutzung der unteren Zylinderseite verzichtet wurde, indem dort ein größerer, seitlich angeordneter Verdichtungs- und Verbrennungsraum angewendet wird. Dadurch wird der Verdichtungs- und auch der Verbrennungsdruck niedriger, die Flamme gelangt wegen des im Totpunkt engen Spielraumes zwischen Kolben und unterem Deckel nicht bis zur innen

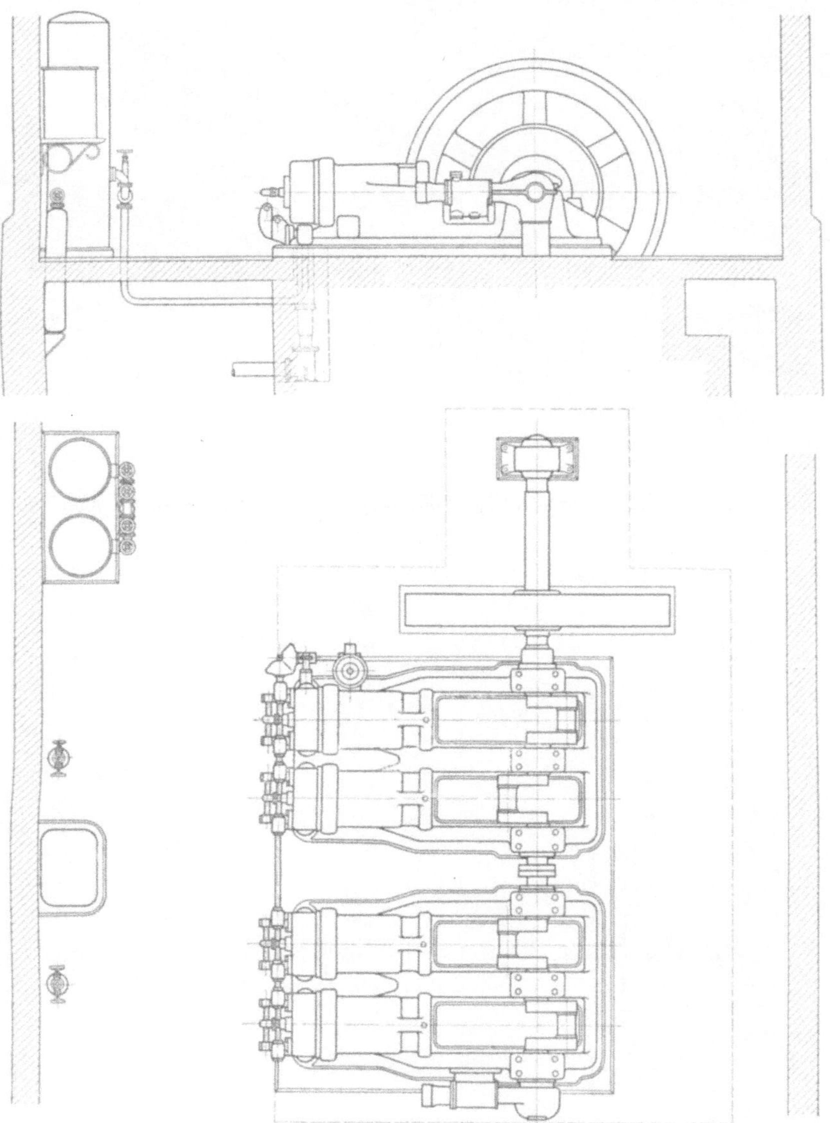

Abb. 570. Kt, Aufstellungsplan zur Maschine $4 \cdot \frac{450}{800} \cdot 170$, liegend, Abb. 113.

gekühlten Kolbenstange; man kann die leicht zugänglichen Ein- und Auslaßventile seitlich verlegen und einfach antreiben (Abb. 572) und das Brennstoffventil gegen die Mitte des Verbrennungsraumes münden lassen. Das Brennstoffventil wird dabei unter 45° in einem Deckel untergebracht, der zur Kontrolle des Verdichtungsraumes abgenommen werden kann. Vorrichtungen zum Anlassen und Umsteuern werden nur auf der oberen Seite angebracht, gewöhnlich genügt dann die Leistung für den Rückwärtsgang. Die Verdichtung auf der Unterseite ist so gering, daß erst nach Anwärmen Zündung erfolgt. Das rasche Anwärmen wird dadurch bewirkt, daß nach Einschalten des Brennstoffes im oberen Zylinder das Einsaugeventil für die untere Zylinderseite

Abb. 571. MAN, Maschine $4 \cdot \frac{470}{700} \cdot 160$, liegend, doppeltwirkend, zu Abb. 39.

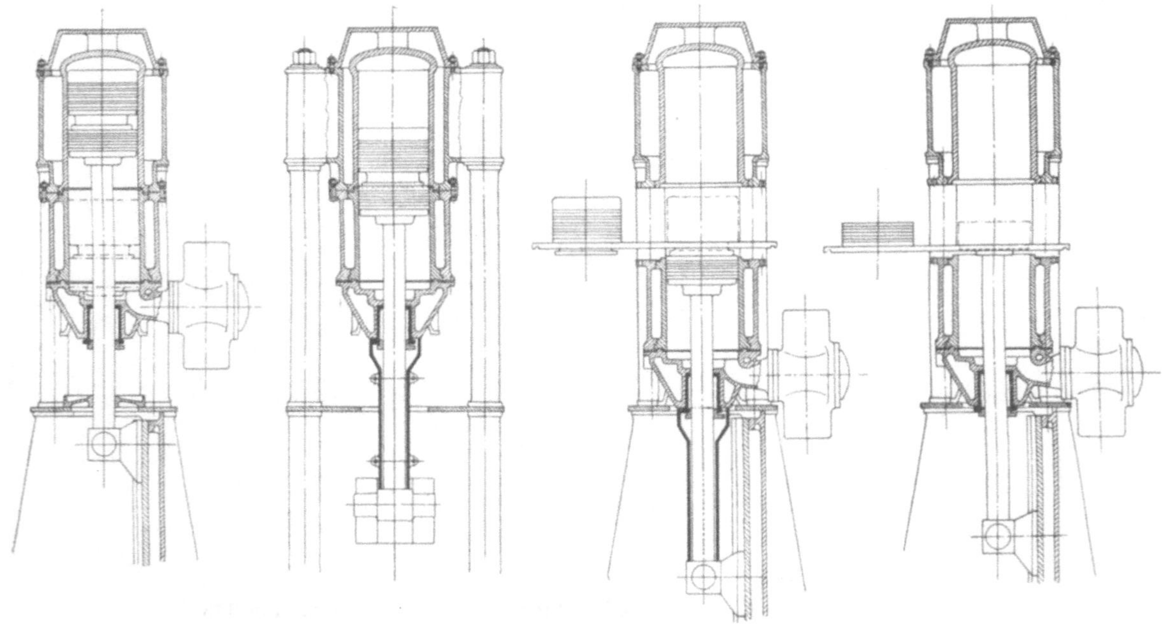

Abb. 572. Wsp, Schema der doppeltwirkenden Maschine $\frac{800}{1400}$.

noch geschlossen bleibt, hingegen das Auspuffventil geöffnet wird, so daß Abgase aus dem Auspuffrohr angesaugt und wieder ausgeschoben werden, bis etwa eine Temperatur von 200—240° C im Raum erreicht ist. Eine ungekühlte Büchse im unteren Verbrennungsraum wird dadurch in wenigen Minuten so angewärmt, daß die Zündung auch bei dem geringen Verdichtungsenddruck von 18—20 at schon sicher erfolgt. Bei kürzeren Betriebsunterbrechungen ist kein Anwärmen notwendig. Durch die unten geringeren Gasdrücke (rd. 28 at) werden auch die nach aufwärts gerichteten, auf die Zapfen und Hauptlager fallenden Höchstkräfte vermindert (Abb. 573).

Der Ausbau des zweiteiligen Kolbens ist aus Abb. 572 ersichtlich, ein zwischen den Teilen frei gelassener Ringraum läßt durch ein Ventil jederzeit Undichtheiten der Kolben-

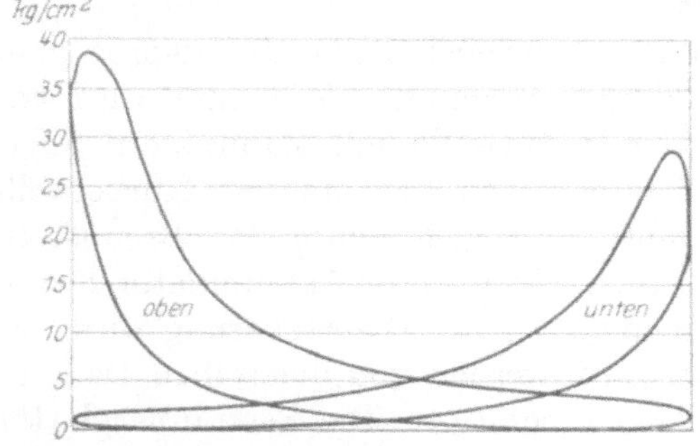

Abb. 573. Wsp, Diagramm der doppeltwirkenden Maschine $\frac{800}{1400}$.

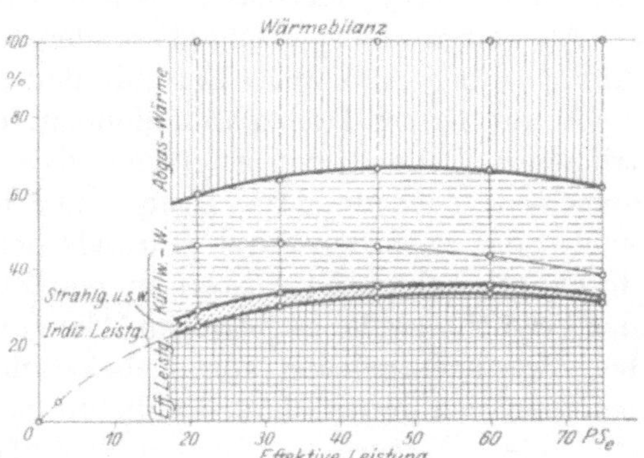

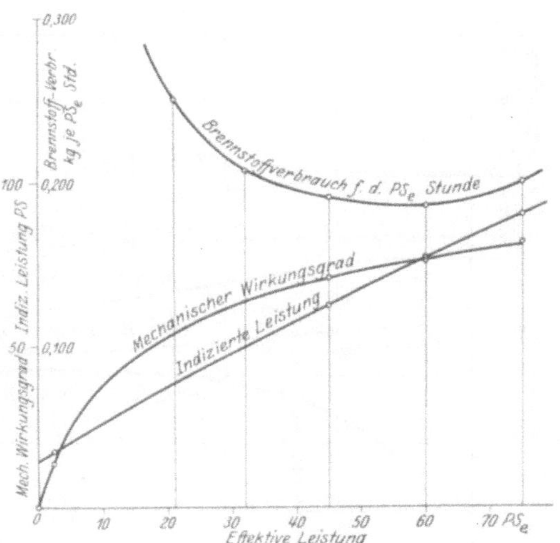

Abb. 575. Verdichterlose 60 PS_e-Viertakt-Dieselmaschine Dz $\frac{370}{600}$ 215.

Gasöl: H_u = 10095 Cal/1 kg. Barometer: 755 mm QS.
Teeröl: H_u = 9033 Cal/1 kg. t_a = 16° C.

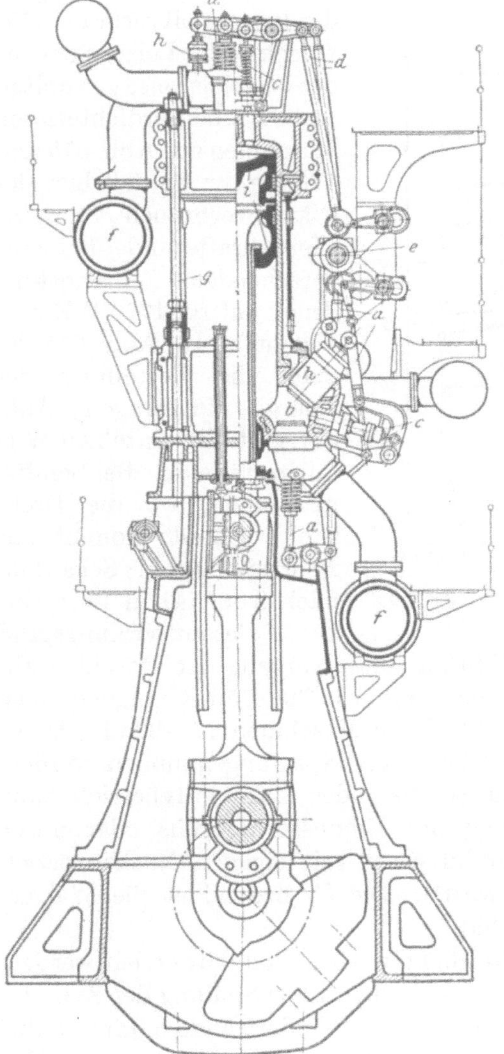

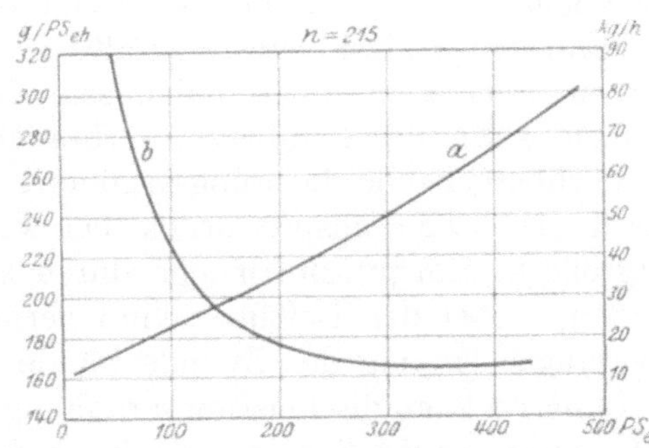

Abb. 576. MAN, Brennstoffverbrauch der verdichterlosen Maschine 6 · $\frac{345}{500}$ · 215.

a) Brennstoffverbrauch in 1 Std.
b) Brennstoffverbrauch für 1 PS_e-Std.

Abb. 574. BuW, Querschnitt, 6 · $\frac{840}{1500}$ · 125, doppeltwirkend.

ringe feststellen. Die Kolbenringe laufen anstandslos über die Fuge in der Zylinderbüchse.

Bei langsamem Gang zündet nur die Oberseite, so daß der Verdichter nicht viel größer ausfällt, als bei einfachwirkenden Schiffsmaschinen.

Der geringe Wirkungsgrad der Unterseite wird durch besseren mechanischen Wirkungsgrad (80—83 vH) teilweise wettgemacht. Im Wesen ähnlich ist auch die doppeltwirkende Vierzylindermaschine Abb 574 gebaut[1]).

Als weiteres Beispiel einer besonderen Anordnung gelten neben der bereits besprochenen Abb. 78 noch Abb. 465. Der mit dem Arbeitszylinder vereinigte Verdichter wird von einer mit halber Drehzahl laufenden und von der Hauptwelle mit Zahnrädern angetriebenen Welle derart getrieben, daß der Verdichterkolben 31° (an der Kurbelwelle gemessen) nacheilt. Das Druckventil des Verdichters ist gleichzeitig das Brennstoffventil, das auch den durch Unrundscheibe und Tauchkolben unter Akkumulator-Federdruck gebrachten Brennstoff in den Zylinder gelangen läßt. Die Steuerung wird von der Verdichterwelle angetrieben, Ein- und Auslaßventil werden von demselben Daumen bei Zwischenschaltung von Hebeln und Stoßstangen betätigt. Die Zerstäuberplatten befinden sich hinter dem Brennstoffventil in einem mit dem Zylinder in Verbindung stehenden Düsenraum. Der Brennstoffverbrauch beträgt etwa 210 g/PS_e-st.

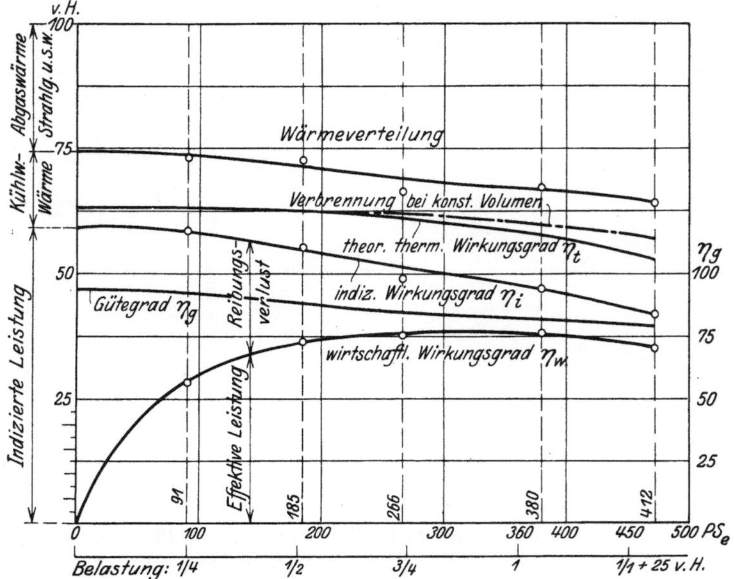

Abb. 577. Verdichterloser Vierzylinder-Dieselmotor Dz $\frac{360}{580}$ · 250.

Im allgemeinen geht der Brennstoffverbrauch für verschiedene Leistungen aus der beispielsweise gewählten Abb. 397, bei verdichterlosen Maschinen aus Abb. 575 und 576 hervor, so daß hier der Wärmeverbrauch für eine Pferdekraftstunde bei entsprechendem Brennstoffdruck auf rd. 1700 WE herabgeht[2]). In Abb. 575 ist auch die Verteilung der Energie eingetragen, Abb. 577 gibt die einzelnen Wirkungsgrade an. Bei Schiffsmaschinen, wo die Drehzahl wechselt, kommt zur Beurteilung ein Schaubild nach Abb. 741 in Betracht. Der Gesamtwirkungsgrad für Vollast hängt natürlich sehr von der Ausführung und Wartung der Maschine ab; er kann bei Vollast günstigenfalls je nach Größe mit rd. 70—75 vH angenommen werden, aber auch noch höher sein, bei verdichterlosen Maschinen 77—82 vH. Überschlägig kann der Kühlwasserverbrauch mit 10 bis 14 kg/PS_e-st angenommen werden.

Vorübergehende Leistungserhöhung etwa im Schiffs- oder Lokomotivbetrieb kann durch erhöhten Einspritzdruck bei Veränderung des Brennstoffnockens oder durch vergrößerte Einspritzluftmenge durch ein Zusatzluftventil mit eigenen Nocken erzielt werden, wobei der Luftüberschuß vermindert wird[3]). Die Grenze bildet die Wärmeübergangsbelastung der Zylinderwände (vgl. S. 39).

Dauernd kann die Leistungserhöhung durch Verdichten der Arbeitsluft erzielt werden, wobei auch der Verdichtungsenddruck erhöht und die Ladeluft zur Spülung der Zylinder verwendet werden kann. Die Wärmebeanspruchung der Zylinderwände nimmt dabei weniger zu als die Leistung, so daß diese etwa um 30 vH erhöht werden kann. Der Verdichter kann endlich durch das vom Dieselmotor abgehende Verbrennungsgas mittels

[1]) Z. V. d. I. 1925, S. 516.

[2]) Vgl. Heidelberg: Z. V. d. I. 1924, S. 1047.

[3]) Vgl. Riehm: Leistungserhöhung der Viertaktdieselmaschinen. Z. V. d. I. 1923, S. 763 und Bielefeld: Öl- und Gasmotor 1921, S. 131.

einer Gasturbine betrieben werden, wodurch ein weiterer Gewinn von 6—8 vH erzielt werden kann[1]).

Besondere Verwendung findet der Dieselmotor als Antriebsmaschine für Lokomotiven[2]) und Lastautos. In diesen Fällen sind besondere Bauarten erforderlich (Abb. 76, 85, 578).

Der in Abb. 578 dargestellte Motor leistet bei einer Höchstdrehzahl von 1300 in der Minute 150 PS_e maximal, bei 110—120 PS_e beträgt der Brennstoffverbrauch 180 bis 185 g/PS_e-st, bei Halblast 10—15 vH mehr, wobei nur Teeröle nicht verwendet werden können. Das Gewicht des in Gußeisen hergestellten Motors mit Verdichter und wassergekühltem Auspuffrohr beträgt 1200 kg, also für Normalleistung etwa 10 kg/PS_e. Die 6 Zylinder sind in einem Block gegossen, das Gehäuse so hochgezogen, daß die

Abb. 578. Maybach, Fahrzeugmotor.

Zylinderlaufflächen tief in dasselbe hineinragen. Für die Hauptlager und Kurbellager werden Walzenlager verwendet. Ein Schwingungsdämpfer verhindert kritische Drehschwingungen. Die seitlich am Zylinderkopf angebrachten, leicht ausnehmbaren Einblaseventile sind durch selbstspannende Graugußringe abgedichtet, die auch bei der hohen Drehzahl jedes Hängenbleiben vermeiden lassen; die Düsen sind durch eine Regelwelle gemeinsam mit den Saugventilen der Brennstoffpumpe verstellbar, der Nadelhub bleibt gleich. Fahrzeugmotoren erhalten einen einfachen Einblasedruckregler, bei Bootsmotoren ist er unnötig, da zu jeder Belastung eine gegebene Drehzahl gehört, also die Düsenregelung in Verbindung mit der Brennstoffregelung ausreicht[3]).

[1]) Vgl. Motorship, März 1925, S. 203.

[2]) Z. V. d. I. 1925, H. 19; vgl. auch Railway Gazette, 8. Aug. 1924; ferner Lomonossoff: Die Dieselelektrische Lokomotive, V. d. I.-Verlag 1924 und Bauer: Diesellokomotiven, Kreidel, 1925.

[3]) Über den Antrieb von Schiffsschrauben durch Ölmotoren durch Übersetzungsgetriebe vgl. G. Bauer: Jahrbuch der Schiffbautechnischen Gesellschaft 1924 (Berlin: Julius Springer), Über die Verwendung des Dieselmotors in der Binnenschiffahrt. v. Schuh, P.: Schiffbau 25. Jg. Kluge, H.: Schiffbau 1925, S. 414. Dreves, R.: Schiffbau 1925, S. 408.

B. Zweitaktmaschinen.

Einleitung.

Die Genialität von Ottos Erfindung des Viertaktes besteht im wesentlichen darin, daß auf den im ersten Augenblick näherliegenden Gedanken der Arbeitsleistung bei jedem Hub verzichtet wurde, um die Entfernung der Abgase und das Ansaugen neuer Verbrennungsluft oder eines Gasgemisches mit dem gleichen Kolben bewirken zu können, der auch zur Verdichtung und Druckübertragung auf das Gestänge während der Verbrennung und Entspannung dient. Es ist natürlich, daß man stets versucht hat, diesen Verzicht in irgendeiner Weise zu umgehen, um die Zylinder besser und gleichmäßiger auszunützen; man muß dann aber das Austreiben der Abgase und die Füllung mit frischer Ladung zwischen Expansion und Verdichtung einschieben und dafür einen Teil des Kolbenhubes verwenden, wodurch der angestrebte Vorteil wieder vermindert wird. Soll diese Einbuße nicht zu groß ausfallen, so wird die Zeit für Auspuff und Ladung sehr kurz.

Bei Gasmaschinen, wo mit brennbarem Gemisch geladen wird, kommt der ungünstige Umstand hinzu, daß sich die neue Ladung vom Abgas nicht vollkommen trennen läßt, so daß leicht entweder zu viel Abgas im Zylinder verbleibt und das aufzunehmende Gemisch vermindert, oder daß frisches Gemisch unbenutzt in den Auspuff gelangt. Im ersten Fall ergibt sich eine weitere Leistungseinbuße, im zweiten schlechtere Wirtschaftlichkeit. Beim Dieselmotor, wo die Zylinder nur mit reiner Luft gefüllt werden, besteht bei zu reichlicher Spülung höchstens die wirtschaftlich nebensächliche Gefahr eines Spülluftverlustes, daher hat auch der Zweitakt beim Dieselmotor viel größere Bedeutung gewonnen als bei der Gasmaschine, die also nicht zum Vergleich herangezogen werden darf. Dazu kommt, daß man bei großen Zylinderabmessungen des Dieselmotors Schwierigkeiten darin gefunden hat, den Brennstoff in dem großen Verbrennungsraum genügend zu verteilen, so daß hier von einer gewissen Leistung an ein Zwang vorliegt, entweder die Zahl der Zylinder allzusehr zu erhöhen oder zum Zweitakt zu greifen. Denn selbst eine Erhöhung des Einblasedruckes würde bald nicht genügen, die eingespritzten Öltropfen weit genug mitzureißen, wenn einmal das kritische Druckverhältnis und damit die Schallgeschwindigkeit erreicht ist. Auch werden bald die Auspuffventile so groß, daß ihre verhältnismäßig häufige Überholung sehr umständlich wird.

Will man einen Vergleich zwischen Zweitakt und Viertakt durchführen, so muß man folgende Gesichtspunkte berücksichtigen:

Betriebssicherheit; Ruhe und Gleichmäßigkeit des Ganges auch bei Regelung oder Änderung der Leistung; Einfachheit der Ausführung und Bedienung; Brennstoff- und Ölverbrauch; Raumbedarf und Gewicht auch bei kleineren Leistungen; Herstellungskosten; Erhaltungskosten; Möglichkeit der Verwendung verschiedener Brennstoffe.

Aus dem bereits Erwähnten geht hervor, daß bei gleichem Zylinderhubraum die Leistung der Zweitaktmaschinen nicht doppelt so groß ausfallen kann, als die der Viertaktmaschinen, weil sowohl die Arbeit der Spülpumpe als auch der für Auspuff und Spülung erforderliche Hubteil Verluste mit sich bringen, die bei geometrisch ähnlichem Bau mit dem Durchmesser und der Drehzahl der Maschine wachsen. Der Spüldruck hängt nämlich von der in den Spülquerschnitten herrschenden Geschwindigkeit und von der

Größe der Auspuffschlitze ab, die ihrerseits die für die Spülung verfügbare Zeit festlegt (vgl. S. 491). Also gerade bei großen Ausführungen, wo man den Zweitakt kaum umgehen kann, erhöhen sich die Schwierigkeiten der Spülung, während sich die Vorteile des Systems vermindern. Immerhin kann man bei günstigen Umständen mit 75 bis sogar 90 vH Mehrarbeit der Zweitaktmaschine rechnen, als beim Viertakt, besonders bei verhältnismäßig langsam laufenden Schiffsmaschinen, bei denen dann noch der günstigere Wirkungsgrad der Schiffschraube zur Geltung kommt.

Die höhere Leistung für gleiche Zylinderabmessungen beim Zweitakt hat dann auch ein geringeres Gewicht und kleineren Raumbedarf zur Folge, wobei jedoch zu berücksichtigen ist, daß die Spülpumpen und die wegen sicherer und vollkommener Spülung meist vorteilhaftere geringere Drehzahl beim Zweitakt wieder Einbußen zur Folge haben, so daß die Gewichts- und Raumersparnis vermindert wird. Immerhin kann beim Vergleich einer 6-Zylinder-Viertaktschiffsmaschine mit einer 4-Zylinder-Zweitaktmaschine, deren Spülpumpe unmittelbar mit Kurbel von der Hauptwelle angetrieben wird, mit einer Verminderung der größten Maschinenabmessungen um rd. 14 vH, bei gesonderten Spülpumpen um rd. 21 vH gerechnet werden, gleiche Drehzahl vorausgesetzt. In entsprechendem Maße wird auch der ganze Maschinenraum kürzer. Die zu schmierenden Oberflächen vermindern sich um rd. 40 vH, die reinen Maschinengewichte um rd. 40 vH, die Gewichte der ganzen Maschinenanlage bei gleicher Drehzahl etwa um 35 bis 38 vH. Als Vorteil der Zweitaktmaschine ist noch anzusehen, daß sich die zeitweilige Leistungserhöhung leicht durchführen läßt, indem man höheren Spüldruck gibt; das ist insofern von wirtschaftlicher Bedeutung, als es dadurch möglich ist, für den normalen Betrieb eine günstige hohe Beanspruchung der Maschine zu wählen, ohne daß man ein Versagen bei Überlast fürchten müßte (vgl. S. 527).

Ein Vorteil des Zweitaktes vor dem Viertakt ist ferner das viel gleichmäßigere Drehmoment bei gleicher Zylinderzahl (vgl. Abb. 209, 210 und 657), was kleinere Schwungräder erforderlich macht und auch insbesondere bei Schiffsmaschinen sehr zur Geltung kommt, da die Schiffschwingungen dadurch kleiner werden und die Abmessungen der Schraubenwelle und ihrer Lager vermindert werden können. Allerdings muß selbst noch bei Achtzylindermaschinen auf die Symmetrie der Massen bezüglich der Maschinenmitte verzichtet werden.

Was den Betrieb anbelangt, kann bei Zweitaktmaschinen der Fortfall des empfindlichen, von den heißen Abgasen umspülten Auspuffventils als Vorzug angesehen werden, da es durch die Auspuffschlitze ersetzt wird, deren Abschlußkanten der Flamme bei der Verbrennung nicht ausgesetzt sind und daher unter der Erwärmung nicht merklich leiden (vgl. Abb. 622). Auch sind hier die Auspufftemperaturen wegen der vorhergegangenen Mischung mit Spülluft nur etwa 200—250° gegen 450—580° C beim Viertakt. Durch das Abspülen des Öls von den zwischen den Öffnungen verbleibenden Führungsrippen werden jedoch die Kolbenringe mehr abgenutzt. Durch den Wegfall der Auspuffventile werden die Zylinderdeckel viel einfacher, weniger ungleich erhitzt und an sich geeigneter, die höheren Wandtemperaturen zu ertragen. Noch mehr ist dies der Fall, wenn die Spülung nicht vom Deckel her durch Spülventile, sondern durch Spülschlitze in der Zylinderwand erfolgt, dann sind nur mehr Brennstoffventil und Anlaßventil im Deckel untergebracht. Auch dies kann noch bei Anordnungen nach Junkers vermieden werden.

Die Massendrücke sind bei Zweitaktmaschinen, abgesehen von den bei gleicher Leistung und Zylinderzahl kleineren Abmessungen der bewegten Teile, auch noch günstiger verteilt als beim Viertakt; die nach oben gerichteten Massenkräfte, die bei schnell laufenden Viertaktmaschinen die höchsten Kurbelzapfendrücke ergeben, werden durch die Verdichtung bei jedem Hub aufgehoben (vgl. Abb. 651), wodurch die Kolben- und Schubstangen nur stets auf Druck beansprucht werden und deshalb auch die Verbindungschrauben der Lager und ihre Deckel viel schwächer gebaut sein dürfen als bei Viertaktmaschinen. Auch ist deshalb bei Zweitaktmaschinen weniger Nachpassen wegen

Stoßens der Zapfen erforderlich. Dem steht gegenüber, daß die Schmierung der Gestängezapfen wegen des nicht vorhandenen Druckwechsels, der übrigens auch bei Viertaktmaschinen beim Kurbelzapfen mehr ein Abwälzen des Zapfens über den Lagerumfang ist (Abb. 171, 172), etwas schwieriger ist und höheren Öldruck erfordert, der nötigenfalls durch eigene Pumpen erzeugt wird; aber auch beim Zweitakt pendeln die Zapfen in den Lagerschalen (Abb. 651), so daß auch hier das Öl stets zu allen Auflagepunkten gelangen kann. Dabei sind, wie erwähnt, die Abmessungen der Zapfen bei gleicher Leistung, Drehzahl und gleichem Hubverhältnis bedeutend geringer. Man hat auch bei Zweitaktmaschinen mit raschem Gang einen Schmierölverbrauch von 3—4 g/PS_e-st erreicht. Bei doppeltwirkenden Maschinen fällt die genannte Schwierigkeit ohnehin fort.

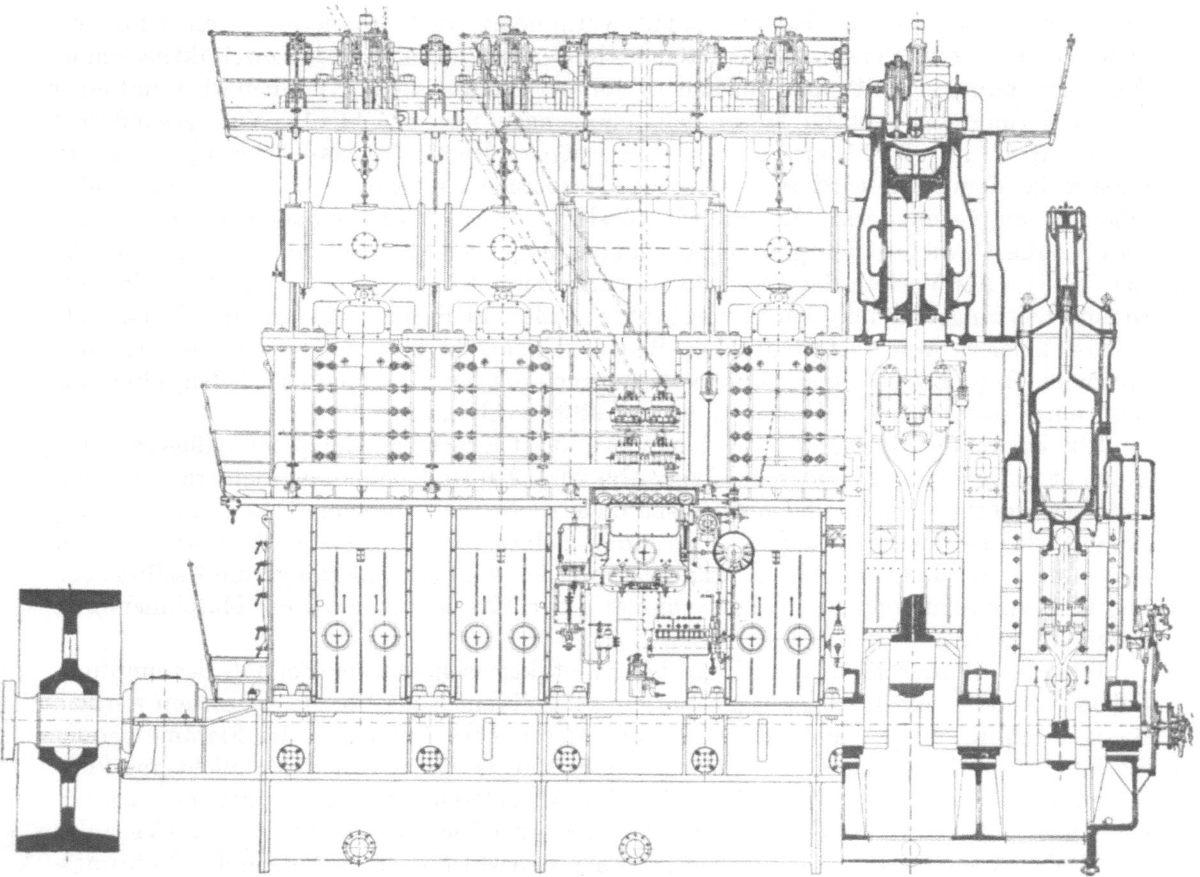

Abb. 579. Kr, Zusammenstellung, $4 \cdot \frac{650}{1300} \cdot 90$.

Das Abstreifen des Öls durch den Kolben ist bei Zweitaktmaschinen noch wichtiger, da das in die Bohrung gelangende Öl unmittelbar in den Auspuff gelangt und verlorengeht. Da aber im Zylinder nie Unterdruck herrscht, wird es wenigstens nicht in dem Maße angesaugt wie bei Viertaktmaschinen. Dort kann allerdings bei Anwendung von Kolbenstangen mit Stopfbüchsen gegen den Kurbelraum der Querschnitt für das angesaugte Öl vermindert und die Wirkung des Unterdruckes vermieden werden, wodurch gleichzeitig auch das im Zylinder verdorbene Öl vom Kurbelraum abgehalten wird (z. B. Abb. 28, 58, 59), bei Zweitaktmaschinen erfordert diese Abtrennung eine große Maschinenhöhe (vgl. Abb. 579, 580). Ähnlich verhält es sich mit der Abhaltung von Kolbenkühlwasser vom Schmieröl, die bei Viertaktmaschinen mit Kolbenstangen und Kreuzkopf leichter erreicht werden kann als bei Zweitaktmaschinen. Bei diesen muß man aber dennoch schon bei kleineren Abmessungen und Drehzahlen als beim

Viertakt Wasserkühlung für die Kolben verwenden, da die Ölkühlung wegen ihrer Nachteile durch geringeren Wärmeübergang und Verkoken an dem heißen Kolbenboden dann nicht mehr ausreicht.

Die Steuerung des Auspuffs durch den Kolben bewirkt eine wesentliche Vereinfachung, die durch die Schlitzspülung noch erhöht wird, selbst wenn der Spülbeginn

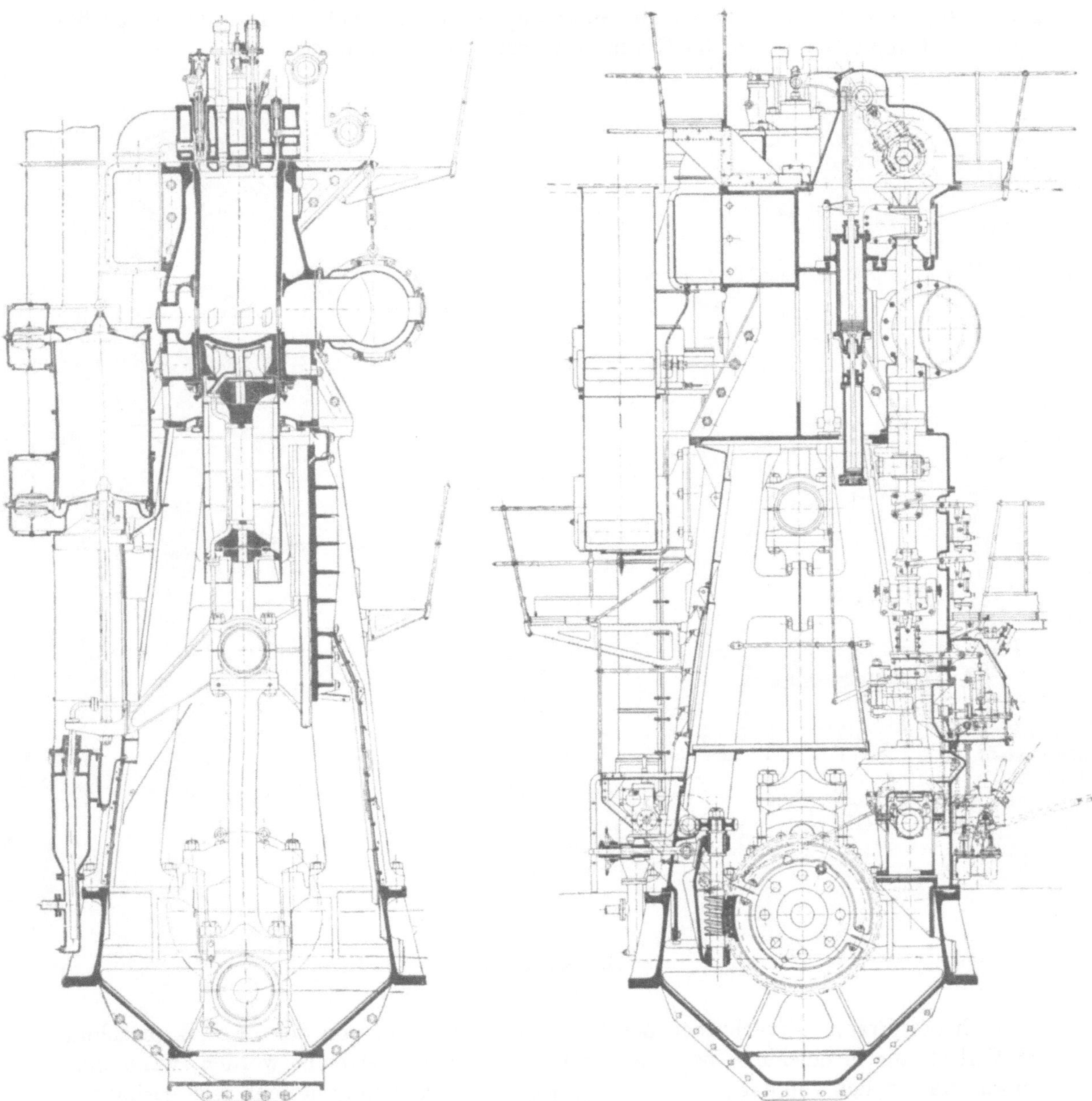

Zu Abb. 579. Querschnitt durch Zylinder und Steuerungsantrieb.

durch Zusatz-Ventile oder -Schieber geregelt wird, da diese Organe nur kleinen Drücken und niedrigen Temperaturen unterworfen sind. Dies kommt ganz besonders bei Umsteuermaschinen und bei kleinen Leistungen zur Geltung, wo die Steuerung einen beträchtlichen Teil der Kosten und der Wartung in Anspruch nimmt. Bei Umsteuerung sind beim Zweitakt auch nur vier Zylinder notwendig, um in jeder Kurbelstellung anlassen zu können, während man beim Viertakt hierzu sechs Zylinder benötigt. Neben der geringen Zahl von Einzelteilen für jeden Zylinder wird also auch noch deren Anzahl beträchtlich vermindert. Dies ist auch insofern von Bedeutung, als man bei Zweitakt mit gleichen Zylinderabmessungen und Drehzahlen und einer gebräuchlichen Höchstzahl von acht Zylindern in einer Maschine Leistungen im Verhältnis von nahe 1 : 1,8, bei doppeltwirkenden Maschinen 1 : 3,5 unterbringen kann.

Wie bereits angedeutet, erfordert die Anbringung der beim Zweitakt nötigen Spülpumpen eine verwickeltere Bauart, trotzdem diese an sich recht einfach gestaltet werden können (vgl. Abschn. XI.). Durch die Spülpumpen werden auch die Leistungsvergrößerung, der Raumgewinn und die Gewichtsersparnis beeinträchtigt.

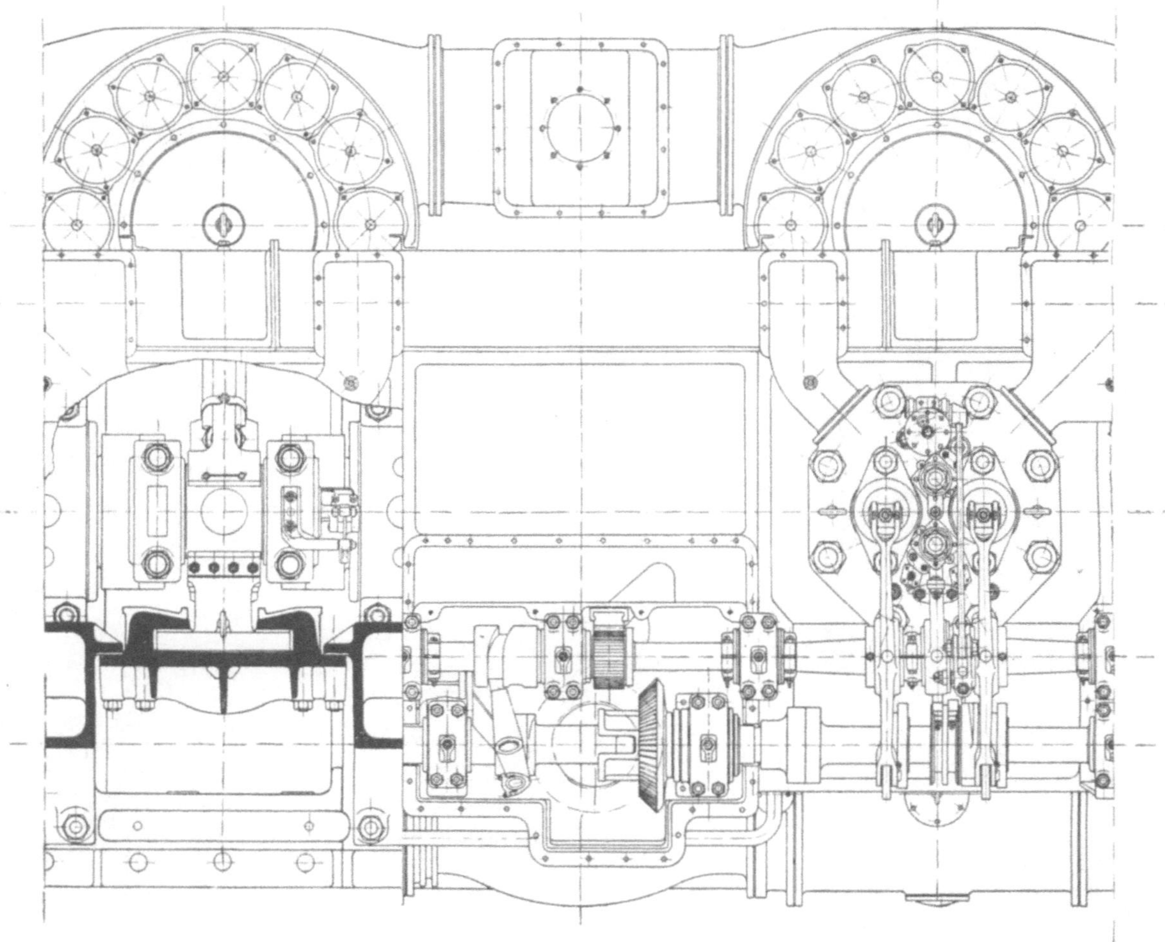

Grundriß zu Abb. 579.

Auch der Brennstoffverbrauch der Viertaktmaschine ist von der Zweitaktmaschine bei Vollast nur in einzelnen besonders glücklichen Fällen erreicht worden, wenn man ihn auf die wirklich von der ganzen Anlage abgegebene Leistung bezieht. Bei geringeren Beanspruchungen ist er hingegen sogar merklich günstiger[1]), was insbesondere bei stark wechselnder Belastung, z. B. auch bei Schiffen, die zeitweise mit geringer Geschwindigkeit zu fahren haben, von Bedeutung ist.

Die durch das Kühlwasser abzuleitende Wärmemenge ist bei langsam laufenden Viertaktmaschinen ohne Kolbenkühlung mit etwa 580—650 WE/PS_e, bei schnell laufenden mit Kolbenkühlung etwa mit 800—850 WE/PS_e anzunehmen, bei Zweitaktmaschinen sind die entsprechenden Zahlen etwa 400—450 bei langsamlaufenden und 500 bis

[1]) Vgl. Flasche: Z. V. d. I. 1922, S. 58.

550 WE/PS_e bei schnell gehenden Maschinen. Die Verminderung ist dadurch erklärlich, daß beim Zweitakt auch die Spülluft die Zylinderwände wirksam kühlt. Da sie die aufgenommene Wärme dem Verbrennungsvorgang teilweise wieder zuführt, während

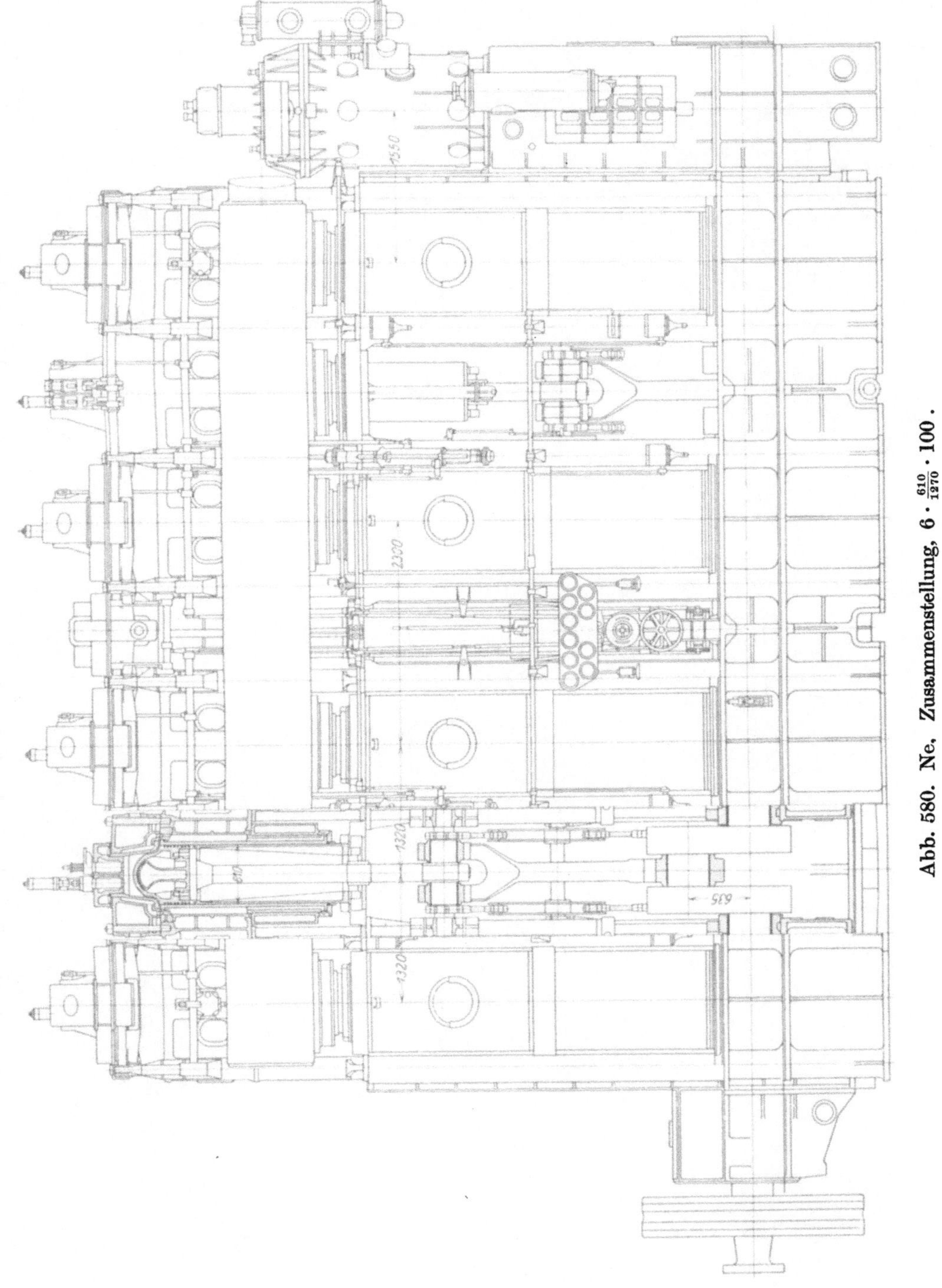

Abb. 580. Ne. Zusammenstellung, $6 \cdot \frac{610}{1270} \cdot 100$.

allerdings der am meisten erwärmte Teil derselben mit dem Auspuff abgeht, so ist dies als Vorteil anzusehen, solange dadurch nicht die Ladung merklich vermindert oder der erforderliche Spüldruck erhöht wird. Die Kühlung der Wände wird auch noch dadurch beeinflußt, daß bei gleicher Leistung kleinere Zylinderabmessungen, also auch geringere Wandstärken der Zylinder, Deckel und Kolbenböden notwendig sind, beim Deckel

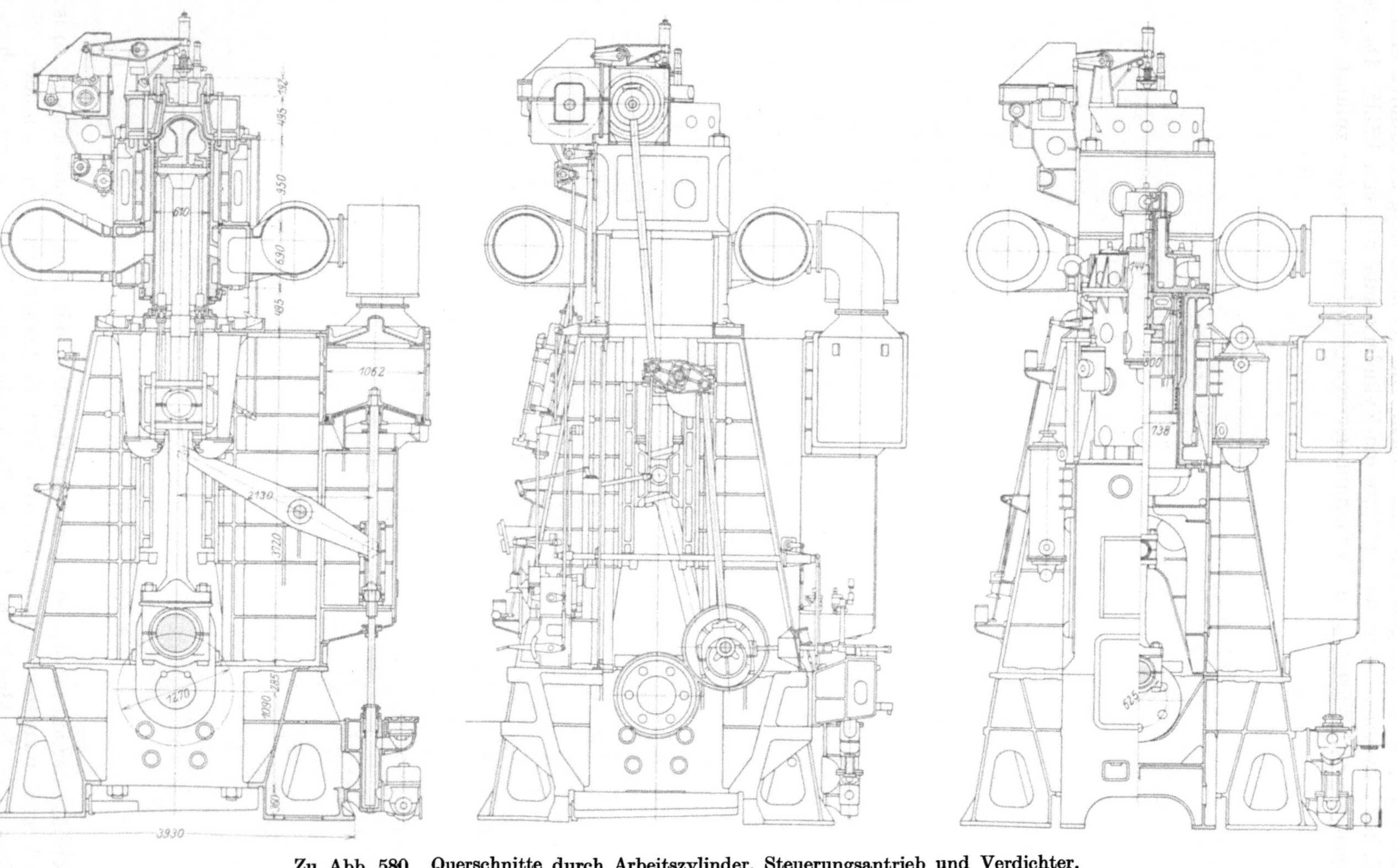

Zu Abb. 580. Querschnitte durch Arbeitszylinder, Steuerungsantrieb und Verdichter.

kommt auch noch die bessere Ausnutzung der inneren Oberfläche durch den Wegfall der Ventile bei Schlitzspülung in Betracht.

Die mittleren Wandtemperaturen sind entsprechend den mittleren Gastemperaturen bei Höchstlast, d. i. rd. 700° C beim Zweitakt, 540° C beim Viertakt, naturgemäß bei gleicher Belastung beim Zweitakt größer, der Unterschied ist jedoch nicht allzu groß (vgl. Ölmotor 1919, Heft 2, S. 31). Der Verlauf der Temperaturen in der Büchse geht vergleichsweise aus den Abb. 40 und 621 hervor, wobei die verschiedenen Belastungen der Maschinen zu berücksichtigen sind. Die höheren Wandtemperaturen machen sich bei den Deckeln mit Spülventilen natürlich fühlbar, bei den einfachen und einwandfrei zu kühlenden Deckeln der Maschinen mit Schlitzspülung und besonders bei der Junkers-Anordnung ist die Gefahr von Wärmerissen geringer. Die beim Zweitakt um rd. 100° höhere Verdichtungsendtemperatur hat den Vorteil, daß auch bei verminderter Leistung schwer entzündliche Brennstoffe noch leichter verwendbar sind als beim Viertakt. Der Auspuff und die Ladung mit Frischluft, die beim Zweitakt in einem kleinen Bruchteil einer Arbeitsperiode vor sich gehen müssen (vgl. S. 491), ohne daß der Spüldruck zu groß wird, der etwa höchstens 0,2 at bei Landmaschinen, 0,3 at bei Schiffsmaschinen erreichen soll, sind daher hier besonders bei großen Abmessungen und Drehzahlen nicht leicht der Viertaktmaschine gleichwertig zu gestalten; hier sind besondere Versuche für jede Bauart und große Erfahrungen erforderlich. Immerhin ist zu beachten, daß beim Viertakt der im Zylinder verbleibende Gasrest die Luftladung stets vermindert, während beim Zweitakt bei ausreichender Spülluftmenge und guter, alle Ecken bestreichender Führung derselben eine bessere Ausnützung des Zylinderraumes denkbar ist. Dementgegen wirkt die bedeutende Verminderung des wirksamen Kolbenhubes durch die Auspuffschlitze, die nur dadurch gemildert werden kann, daß die Spülung schon knapp nach dem Totpunkt beendigt wird und dann trotz der noch offenen Schlitze etwa durch Druckschwingungen in der Spül- und Auspuffleitung sogleich eine Verdichtung der Ladeluft beginnt (vgl. S. 454). Der mechanische Wirkungsgrad kann beim Zweitakt fast ebensogut erreicht werden wie beim Viertakt; er beträgt bei Drucklufteinspritzung und unmittelbar getriebenen Spülpumpen im Mittel 73 vH gegen 73—76 vH beim Viertakt.

Gesonderte Laufbüchsen sind beim Zweitakt mehr an der freien radialen Ausdehnung gehindert, besonders an den Stellen, wo sie die Ansätze für die Schlitze tragen und gegen den Kühlwasserraum abzudichten haben. Daher sind schon bei Abmessungen von 400 bis 450 mm Durchmesser Kreuzkopfführungen gebräuchlich, während dies bei Viertaktmaschinen erst bei 600—650 mm Durchmesser der Fall ist. Die Vermeidung gefährlicher Undichtheit der Büchse gegen den Kühlwasserraum ist nicht leicht. Auch ist die Schonung der Kolbenringe durch Verlängern des Kolbens gegen den Verbrennungsraum zu wegen der Verwendung als Steuerorgan nicht möglich, wie beim Viertakt.

Die Spülpumpen erfordern nicht nur einen verwickelteren Aufbau, Raum, Gewicht und Bedienung, sondern zeitweise auch noch Reparaturen ihrer Teile, und sie verursachen trotz Anbringung von Schalldämpfern bei der Luftansaugung Geräusch. Auch die von der Steuerung hervorgerufenen Geräusche sind trotz des Wegfalls der Auspuff- oder auch der Spülventile bei gleicher Drehzahl kaum geringer als beim Viertakt.

Endlich kommt noch als wesentlich in Betracht, daß bei Handelsschiffen mit mäßiger Umdrehungszahl die kritische Geschwindigkeit bei Viertaktmaschinen leicht in die Nähe der Betriebsdrehzahl kommen kann, besonders wenn die Schraubenwelle kurz ausfällt. Dies ist ganz besonders wichtig, wenn man auch mit verminderter Geschwindigkeit längere Zeit fahren will. Die kritischen Drehzahlen liegen bei Zweitaktmaschinen viel niedriger, auch wenn man die Schwungmomente der bewegten Maschinenteile und eines Schwungrades nur etwa 0,45 von jenen der Viertaktmaschinen gleicher Zylinderzahl ausführt, was an sich etwa ausreicht. Eine vierzylindrige Zweitaktmaschine entspricht in dieser Hinsicht etwa einer achtzylindrigen Viertaktmaschine. Bei gleicher Zylinderzahl können übrigens die Wellenstärken bei Zweitaktmaschinen wesentlich kleiner ausgeführt werden, was eine beträchtliche Gewichts- und Kostenersparnis zur Folge hat[1]).

Zusammenfassend kann man wohl annehmen, daß bei dem jetzigen Stand der Viertakt nur bei den größten Zylinderleistungen ausgeschlossen erscheint, der Zweitakt also die ganz großen und langsamer laufenden Maschinen beherrscht. Ein weiteres Feld besitzt er bei kleineren Maschinen, wo die Einfachheit eine Hauptrolle spielt und wo auch die Kosten der verwickelteren Viertaktsteuerung Einfluß nehmen. Besonders ist das der Fall, wo der Arbeitskolben selbst als Spülkolben verwendet werden kann. Bei mäßig großen Schnelläufern hingegen ist bisher der Viertakt herrschend geblieben, während er bei den Zwischenstufen noch im Gebrauch überwiegt. Es ist aber durchaus nicht ausgeschlossen, daß der Zweitakt auch dieses Gebiet nach und nach in Anspruch nimmt, wenn nur die Spülungsfrage endgültig in stets befriedigender Weise gelöst wird.

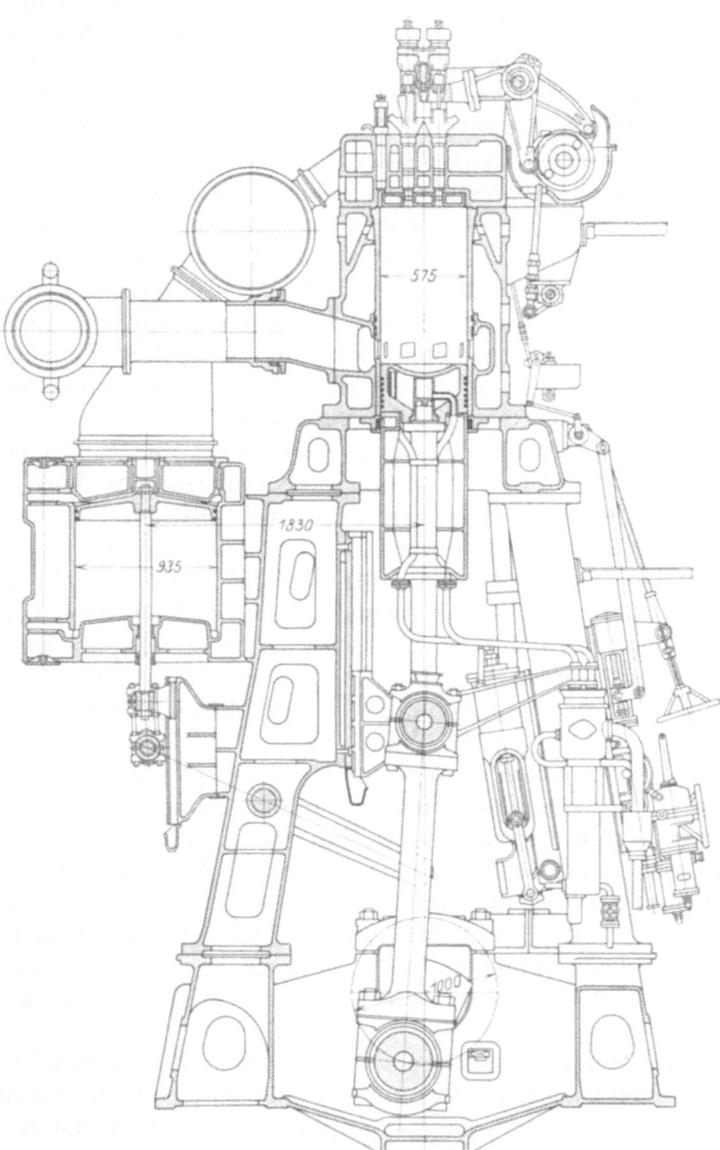

Abb. 581. Kr, Zusammenstellung, $6 \cdot \frac{575}{1000} \cdot 105$. Querschnitt durch den Arbeitszylinder.

I. Die Zylinderbüchse.

Im allgemeinen gelten sinngemäß die Betrachtungen bei der Viertaktmaschine auch bei der Zweitaktmaschine. Die Zylinderbüchse hat hier jedoch neben den beim Viertakt zu leistenden Verrichtungen noch die Öffnungen für den als Steuerschieber dienenden Kolben zu bilden, und zwar entweder nur für den Auspuff oder auch für den Einlaß der Spülluft. Im ersten Falle und bei Doppelkolbenmaschinen oder besonderen Bauarten nehmen die Auspuffschlitze gewöhnlich den ganzen Zylinderumfang ein (z. B. Abb. 581, 582), im zweiten sind die Auspuffschlitze gewöhnlich auf einer, die Spülschlitze auf der andern Seite des Zylinderumfangs angeordnet, zwischen ihnen befindet sich ein entsprechend breiter, voller Teil der Zylinderwand (z. B. Abb. 583, 584). In neuester Zeit ist auch noch ein Spülverfahren ausgebildet worden, bei dem die Auspuff- und Spülschlitze hintereinander auf derselben Seite des Zylinders liegen (Abb. 585,

[1]) Vgl. Revue technique Sulzer 1921, H. 3.

586)[1]), und endlich kommen Doppelkolbenmaschinen und ähnliche Bauarten in Frage. Die Anbringung der nur durch Rippen versteiften Schlitze macht die Büchse noch weniger zur Aufnahme von Längskräften geeignet als beim Viertakt. Die genannten Rippen, die auch zur Führung der Kolbenringe dienen, werden oft hohl gegossen oder der Länge nach durchbohrt, um sie entsprechend zu kühlen und um eine Verbindung der auf beiden Seiten derselben befindlichen Kühlwasserräume herzustellen (z. B. Abb. 583, 584), dann müssen für gesonderte Büchsen die Außenflächen des zylindrischen Anpasses an dem Kühlmantel genügend weit ausladen und dementsprechend auch der obere Verbindungsflansch lang genug sein, um das Einbringen der Büchse zu ermöglichen.

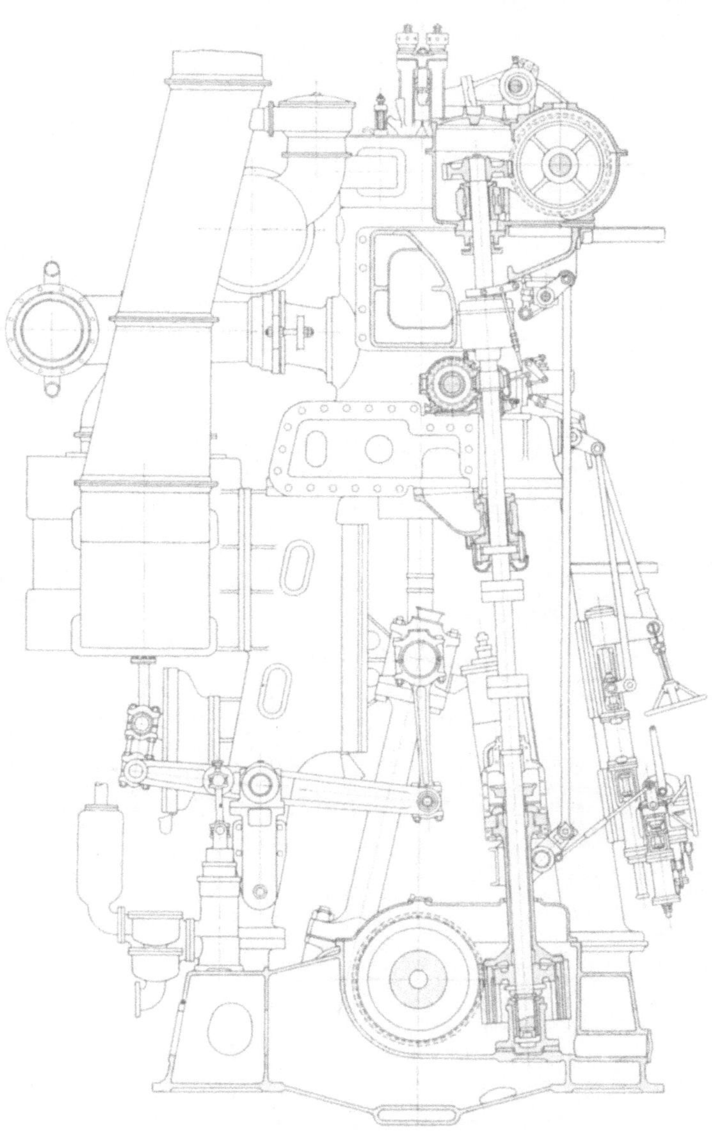

Zu Abb. 581. Querschnitt durch den Steuerungsantrieb.

Auch bei Zweitaktmaschinen werden bei größeren Maschinen gewöhnlich Büchse, Kühlmantel und Deckel getrennt, wodurch die Zugänglichkeit und Auswechselbarkeit dieser Teile einzeln ermöglicht wird, ebenso auch die verschiedene Wahl entsprechenden Baustoffes. Dabei wird die Büchse von Längskräften entlastet, sie kann sich entsprechend ihrer höheren Temperatur wenigstens in der Richtung der Achse frei ausdehnen. Solche Ausführungen zeigen z. B. Abb. 581, 582 für Spülventile, Abb. 583, 584 für Spülschlitze. Bei Abb. 587, 588 ist der Deckel mit einem tiefen Zahn eingesetzt, was den Vorteil hat, daß der Verbrennungsraum noch keine verstärkten Seitenwände erhält und daher gut gekühlt wird. In Abb. 589 ist ein neueres Patent der Firma Sulzer, das den gleichen Zweck verfolgt, dargestellt. Manchmal werden aber auch Büchse mit Kühlmantel (Abb. 590, 591, 592) oder ein Teil derselben, der die Kanäle enthält (Abb. 587), oder Büchse und Deckel (Abb. 593) oder auch alle drei Teile (Abb. 594, 595) aus einem Stück hergestellt, dies meist nur für kleinere Ausführungen. Bei eingesetzten Büchsen ergibt sich beim Anschluß der Steuerschlitze an die zugehörigen Kanäle im Mantel ein Tragring als Notwendigkeit. Wegen der erforderlichen Dichtheit dieser Kanäle gegen den Kühlwasserraum auch bei Veränderung der Wandtemperaturen im Betriebe ist bei Entwurf

[1]) Vgl. Laudahn: Schiffbau 1926, S. 147.

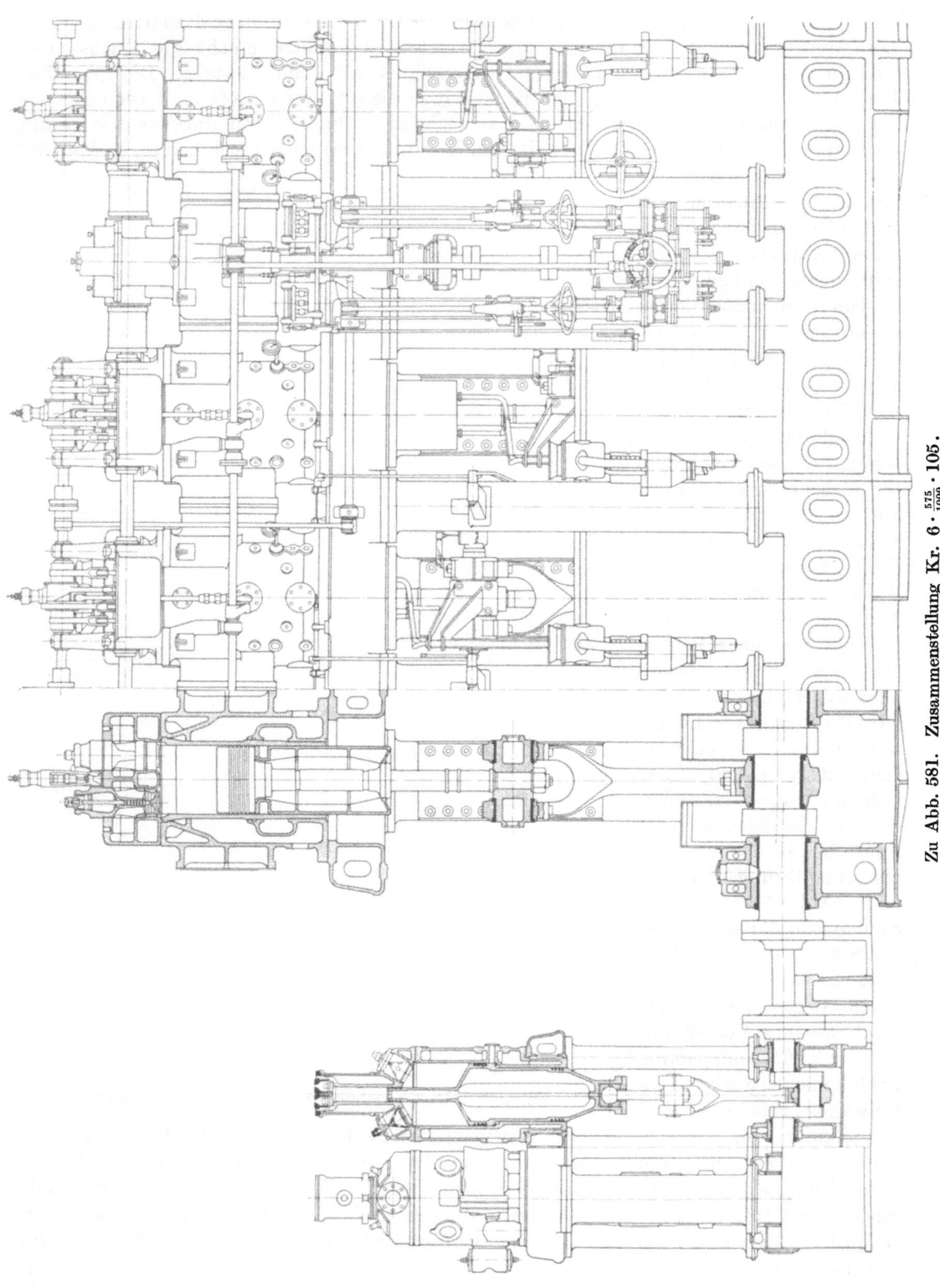

Zu Abb. 581. Zusammenstellung Kr. 6 · $\frac{575}{1000}$ · 105.

und Ausführung noch größere Vorsicht nötig als bei Viertaktmaschinen. Die Dichtung wird durch genaues Einpassen, durch eingestemmte Kupfer- oder Weicheisenringe (Abb. 581), oder auch durch solche an den heißen und Gummiringe an den kühleren

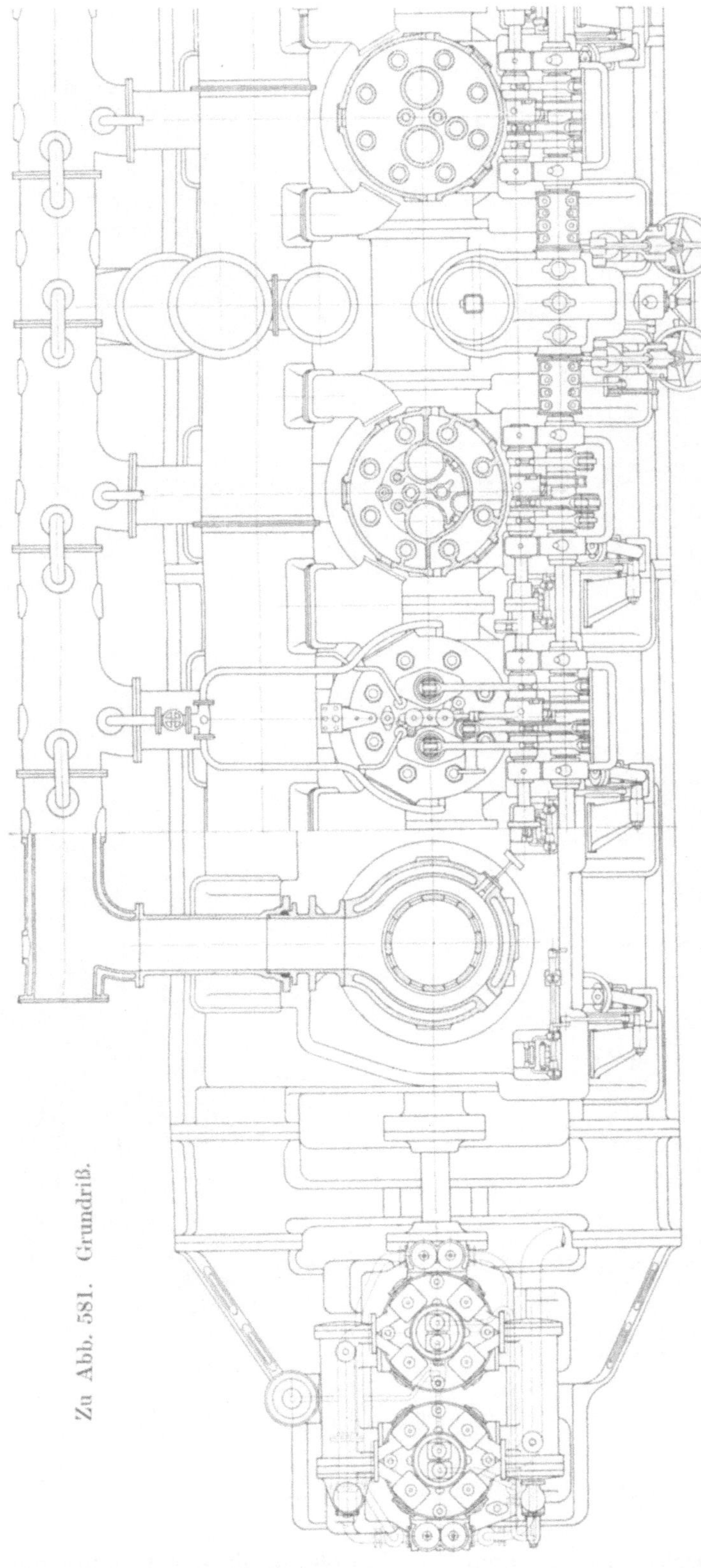
Zu Abb. 581. Grundriß.

Stellen hergestellt. Zwischen den Ringen wird manchmal eine Rille angebracht und der Zwischenraum durch ein Rohr nach außen verbunden, um Undichtheiten erkenntlich zu machen (Abb. 579). Bei Verwendung von Schlitzspülung ist auch zu beachten, daß die Wandtemperatur des Zylinders an der Seite des Auspuffs höher ist als auf der anderen Seite. Der die Kanäle tragende Teil des Kühlmantels wird auch der Herstellung wegen manchmal von den übrigen Teilen abgetrennt (Abb. 580), wobei seine Abdichtung an den Verbindungstellen erforderlich wird.

Wie bereits erwähnt, werden die die Schlitze der Büchse durchquerenden Verbindungsrippen manchmal gebohrt (Abb. 596, 597) oder hohl gegossen (Abb. 583, 584, 593, 598). Hier und da wird außer der zylindrischen Dichtungsfläche für die Schlitze noch ein Tragring für die Büchse angeordnet, meist aber endigt der Kühlmantel schon nahe an den Schlitzen. Die Abdichtung desselben nach außen wird entweder durch einfaches Einsetzen der Büchse erzielt, was natürlich sehr genaue Herstellung und Erfahrung erfordert (Abb. 583), oder durch Gummiringe in entsprechenden Nuten (Abb. 596) oder endlich durch eine Stopfbüchse (Abb. 597, 598). Bei Abb. 593 ist die Büchse mit dem Zylinderdeckel zusammengegossen, wodurch es möglich wird, den um die Büchse laufenden Auspuffkanal ebenfalls anzugießen und in den Kühlmantel einzubringen; das von außen durch diesen eingeschobene und mit Flansch befestigte Auspuffrohr schließt mit einer Dichtung im Innern des Kühlwasserraums an den Auspuffkanal an, der Mantelraum wird gegen die Außenluft durch eine Stopfbüchse abge-

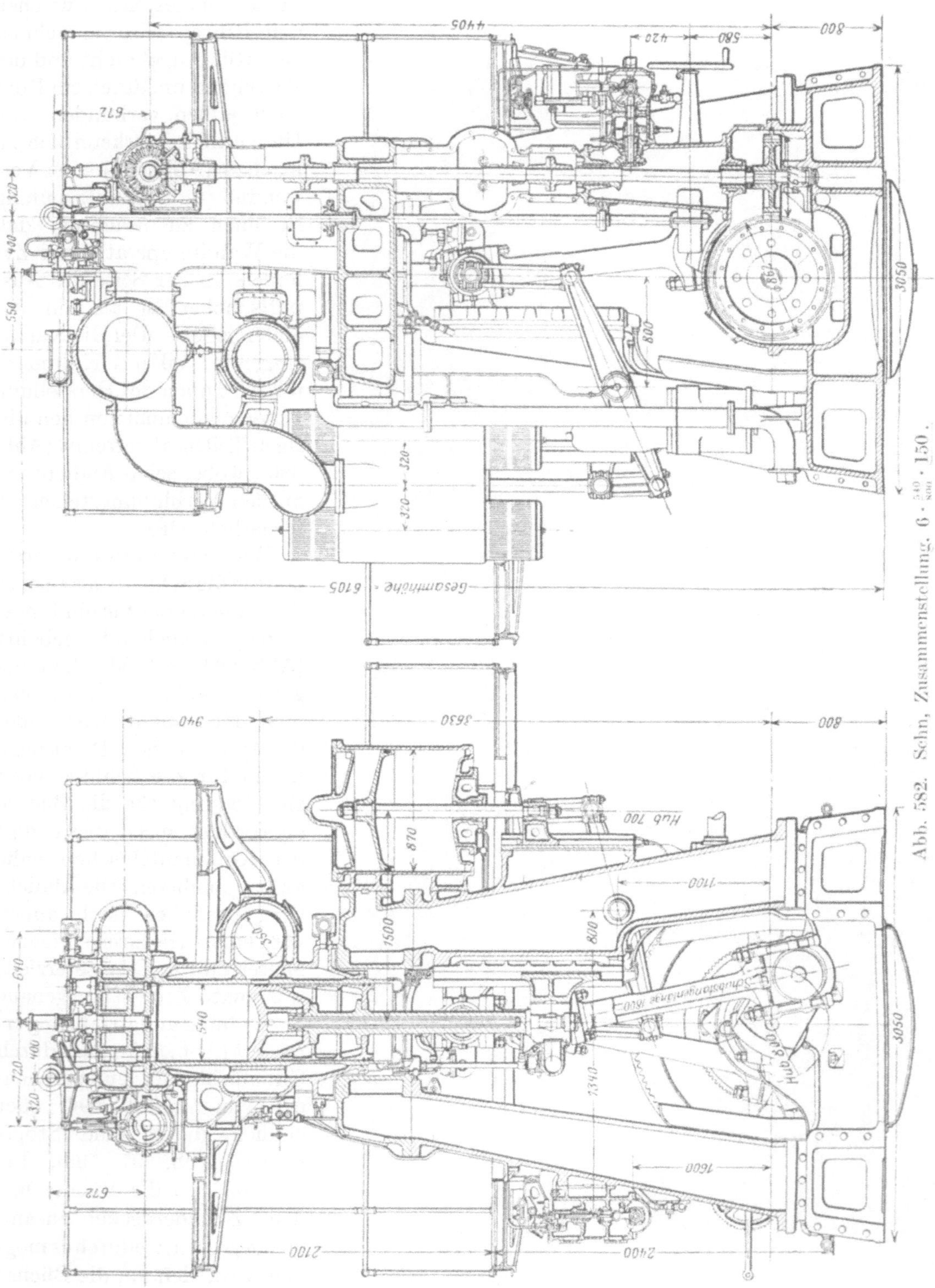

Abb. 582. Sehn, Zusammenstellung. $6 \cdot \frac{540}{800} \cdot 150$.

schlossen. Der Kühlraum des Deckels ist von dem des Mantels durch eine kegelförmige Wand abgetrennt, die so angeordnet ist, daß sie den heißesten Teil des Zylinders nicht mehr trifft. Zur Abstreifung von Öl und Abdichtung des Auspuffkanals nach unten ist ein Einsatz mit zwei nach innen spannenden Kolbenringen angebracht, zwischen denen ein Hohlraum angeordnet ist, von dem aus ein Verbindungsrohr zum Ansauge-

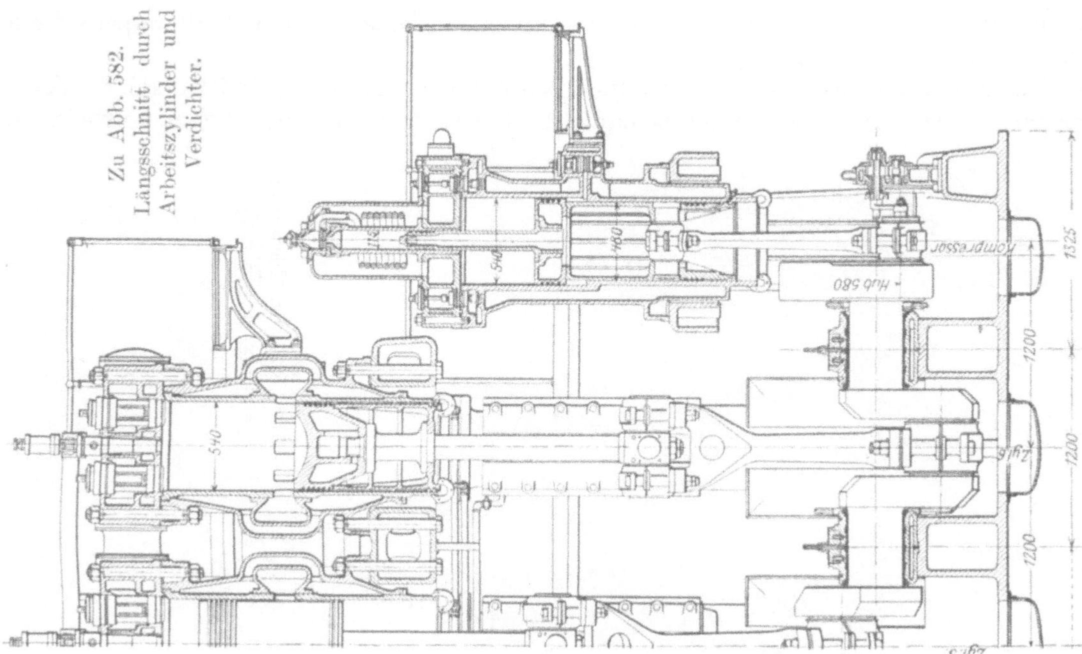

Zu Abb. 582. Längsschnitt durch Arbeitszylinder und Verdichter.

raum der Spülpumpe führt, damit etwa durchströmende Abgase nicht in den Maschinenraum gelangen. Die Anordnung solcher Kolbenringe oder Stopfbüchsen erfordert einen verhältnismäßig langen Kolben (Abb. 579, 581, 583, 584, 598). In den Abb. 595, 597, 599 dienen einfache, im Kolben angebrachte Ringe und Quernuten zur Abdichtung des Auspuff- und Spülkanals, die ja nur geringen Überdruck abzuhalten haben. Ähnlich wie Abb. 593 ist auch die Anordnung Abb. 600 mit besonders angeschraubtem Deckel. Hier ist der untere Teil des Kühlmantels bis zur Mitte des Auspuffrohres mit dem Gestell zusammengegossen, der obere Teil als Haube aufgesetzt, wodurch es ermöglicht wird, die Flansche des Auspuffrohres außerhalb des Kühlmantels zu bringen und durch einen übergeschobenen Flanschenring den Austritt von Kühlwasser zu verhindern. Die Längsausdehnung der Büchse soll in jedem Falle ermöglicht bleiben. Die Büchse ist hier oben glockenförmig gestaltet, ihr Boden so stark bemessen, daß er den vollen Arbeitsdruck aufnehmen und auf das Gestell übertragen kann.

Auch die Abb. 601 stellt einen Zylinder dar, dessen Oberteil zu einer starken Hohlflansche erweitert ist, um das Einbringen des Auspuffwulstes von oben her zu ermöglichen. Der Kühlmantel ist hier ein einfacher, verrippter Zylinder, der zwar den Arbeitszylinder trägt, aber durch Schrauben zwischen dem Zylinderoberflansch und einem Querträger am Gestell von den Kolbendrücken entlastet ist. Das Auspuffrohr wird durch lange Flanschenschrauben angeschlossen, so daß deren Muttern von außen zugänglich sind, nachdem man die zur Abdichtung des Kühlraumes dienende Kappe abgenommen hat. Eine eigenartige Bauart zeigt Abb. 598, bei der der Flansch der Büchse zwar angegossen, dann aber abgestochen wird, so daß sich die nur mehr mit einem schwachen Bund versehene Büchse am Ende frei dehnen kann und auch besser gekühlt wird. Das Kühlwasser gelangt von unten her durch einen hohlen Ring und die Bohrungen zwischen den Spülschlitzen in den eigentlichen Kühlraum, der von einem gesonderten Ring umschlossen wird. Die Dichtheit zwischen Kühlmantel und Auspuffraum kann auf diese Weise gesichert werden.

Manchmal wird an jeden Arbeitszylinder unmittelbar ein Spülpumpenzylinder angeschlossen wie in Abb. 592, 594, 602. Auch hier sind Büchse, Kühlmantel und Deckel aus einem Stück hergestellt. Bei diesen verwickelten Gußstücken muß zur vollkommenen Reinigungsmöglichkeit der Kühlmantel innen überall zugänglich gemacht werden, was durch entsprechend große und günstig gelegene Öffnungen mit Deckeln erreicht werden kann. Man hat auch versucht, Zylinder, Deckel, Kühlmantel und Spülpumpenzylinder aus einem Stück herzustellen.

Der durch die Anordnung der Spülpumpen unter den Arbeitszylindern erzielte Vorteil besteht in der geringeren Maschinenlänge und der kleineren Anzahl von Kurbeln und

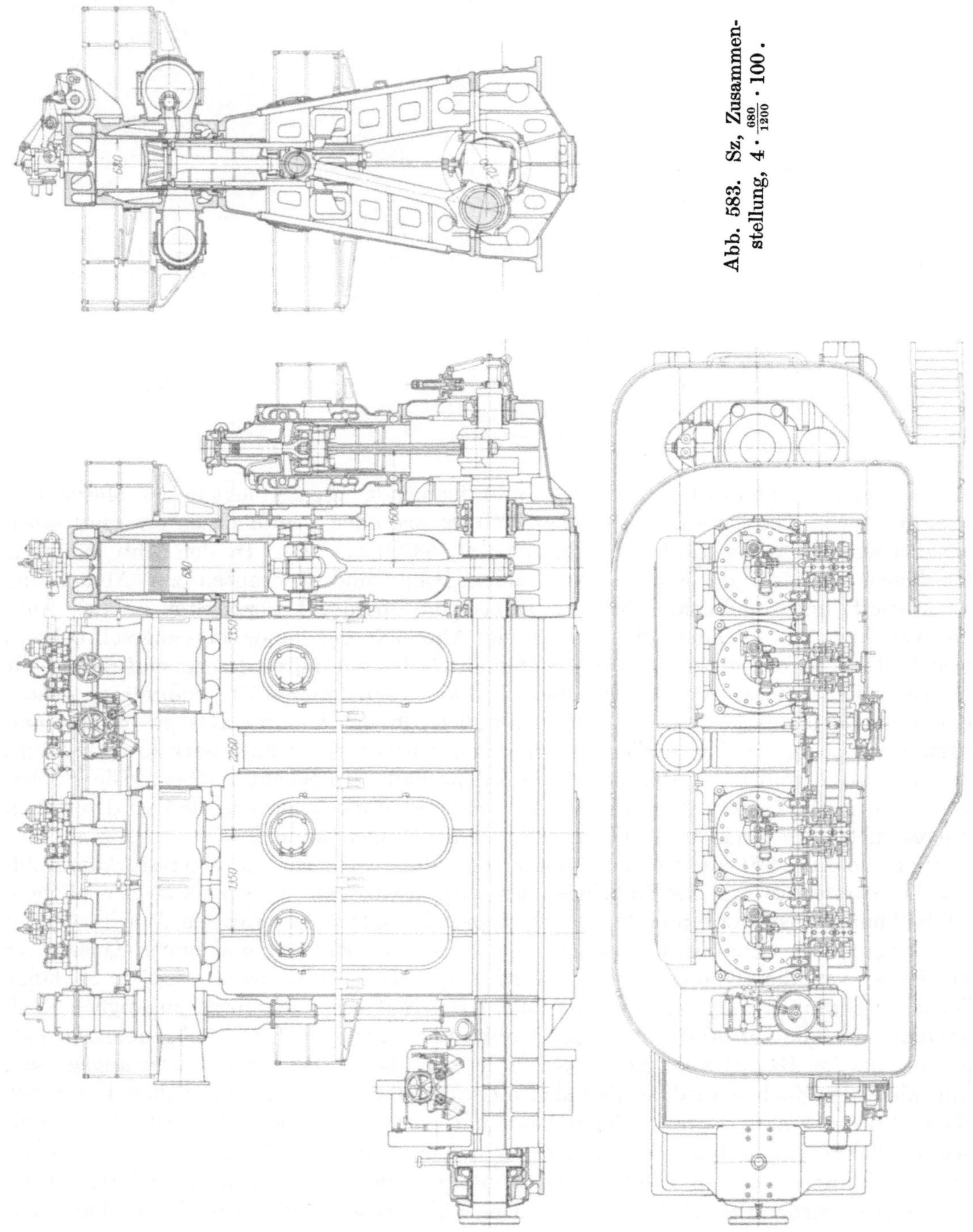

Abb. 583. Sz, Zusammenstellung, $4 \cdot \frac{680}{1200} \cdot 100$.

Gestängen. Dieser Vorteil kann aber auch durch Vereinigung der Spülpumpen mit den Verdichtern erzielt werden. Wenn man die unter den Arbeitszylindern angeordneten Spülzylinder zum Anlassen der Maschine verwendet, vermeidet man die sonst hierbei entstehende Abkühlung des Verbrennungsraumes und vereinfacht den Zylinderdeckel durch Wegfall der Anlaßventile. Hingegen entstehen bei dieser Anordnung etwas größere Stangenkräfte, die Durchmesser der einfach wirkenden Spülpumpenkolben werden groß, weil nur die Ringfläche wirksam ist, der Liefergrad der Spülpumpen wird wegen der mehrfachen Teilung ungünstiger, die Montierung und Zugänglichkeit der Kolben schwieriger. Auch wird bei Undichtheit der Arbeitskolben die Spülluft durch Abgase verunreinigt, was allerdings durch die Trennung des Arbeitszylinders vom Spül-

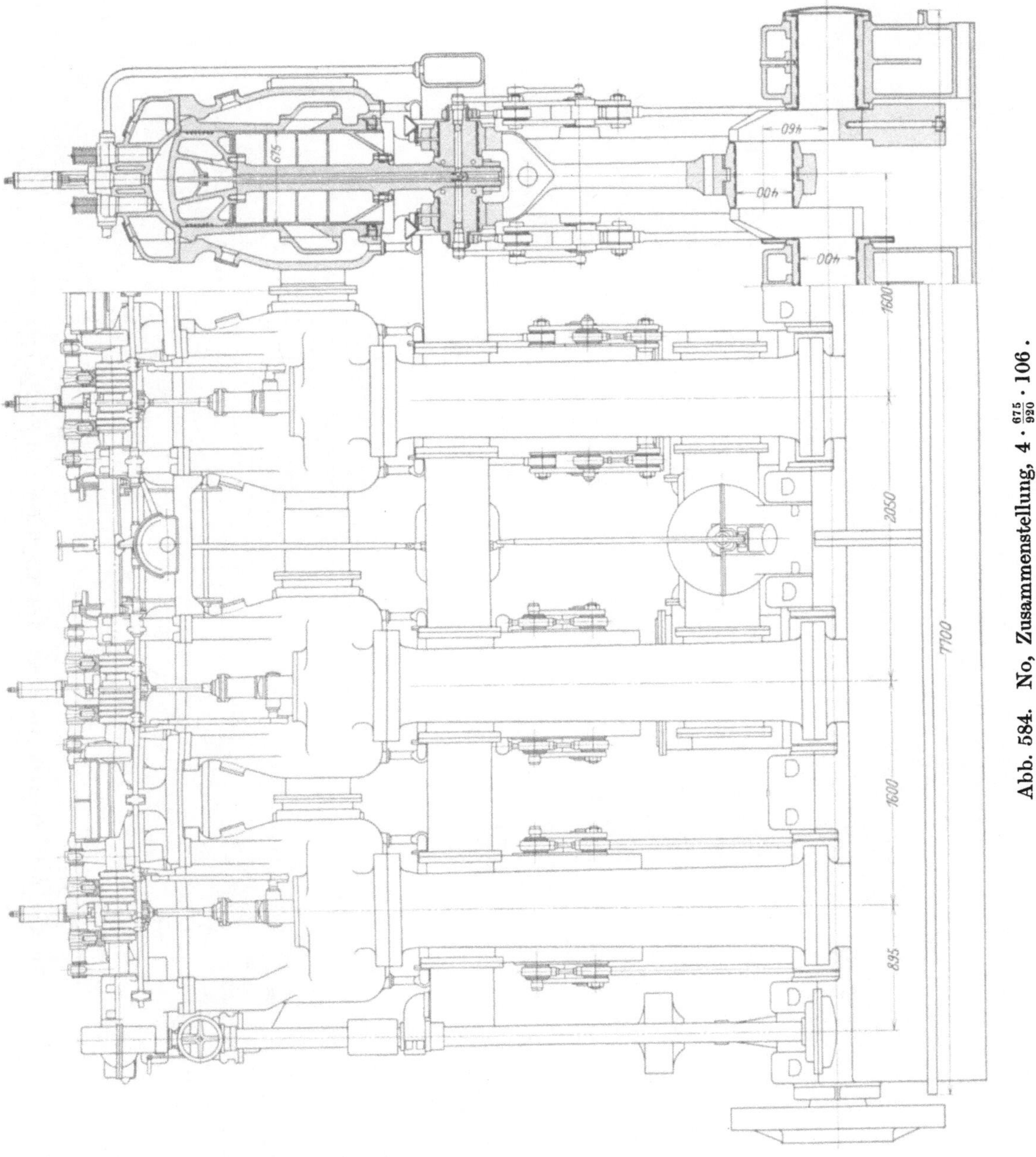

Abb. 584. No, Zusammenstellung, $4 \cdot \frac{675}{920} \cdot 106$.

zylinder vermieden werden kann (Abb. 603). Hierbei wird allerdings die Höhe der Maschine vergrößert, hingegen erkennt man Undichtheiten der Arbeitskolben leicht. Doppeltwirkende Luftpumpen können bei diesen Bauarten nicht leicht untergebracht werden. Ist der Kolbenzapfen im Luftpumpenzylinder angeordnet, so ist er wegen des größeren Durchmessers leichter zugänglich und kann auch reichlicher bemessen werden, seine Temperatur ist geringer, und der Arbeitskolben ist von seitlichen Drücken entlastet, da diese ganz von dem verhältnismäßig kühlen Spülkolben aufgenommen werden.

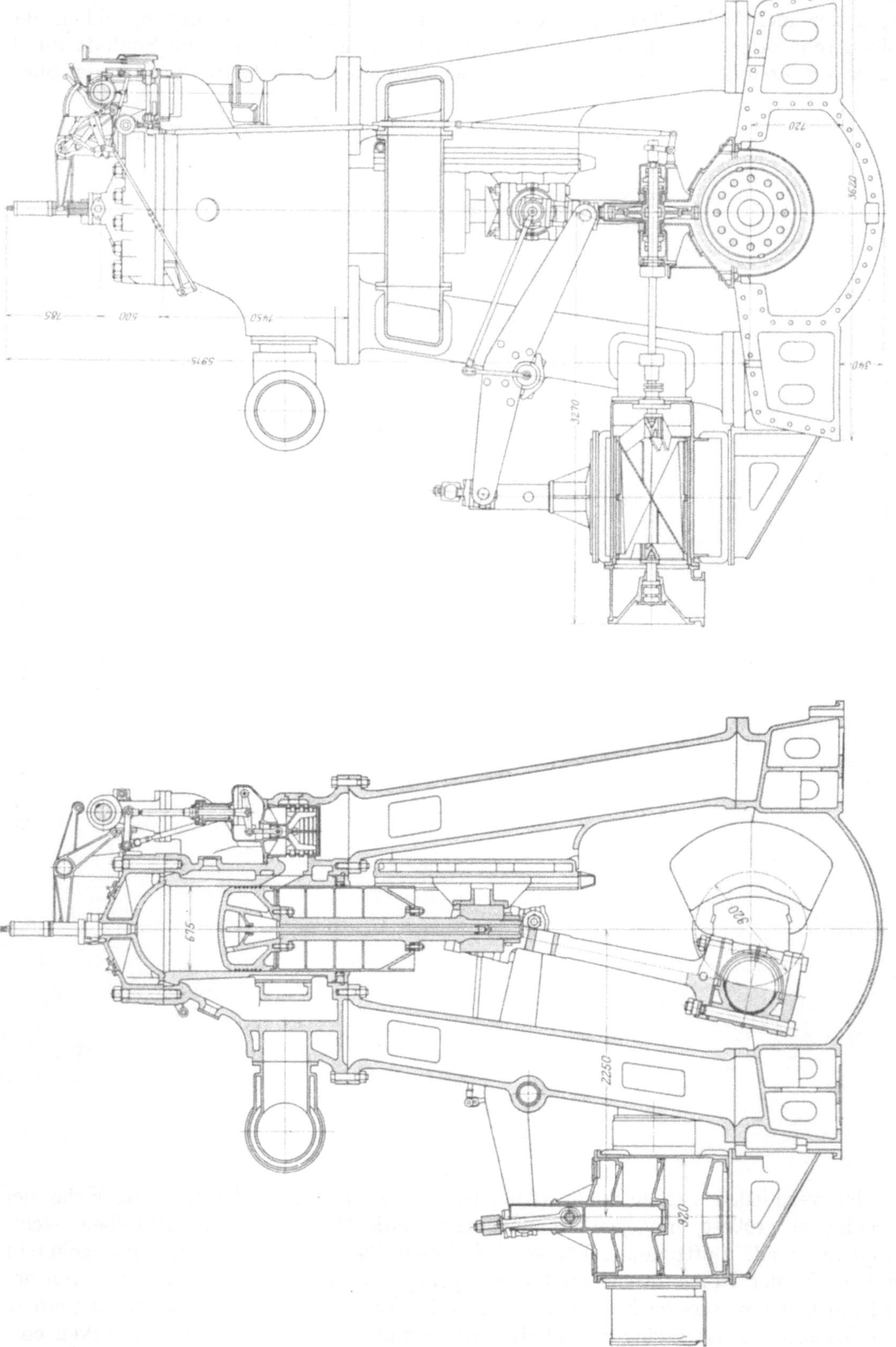

Zu Abb. 584. Querschnitte durch Arbeitszylinder und Spülpumpenantrieb.

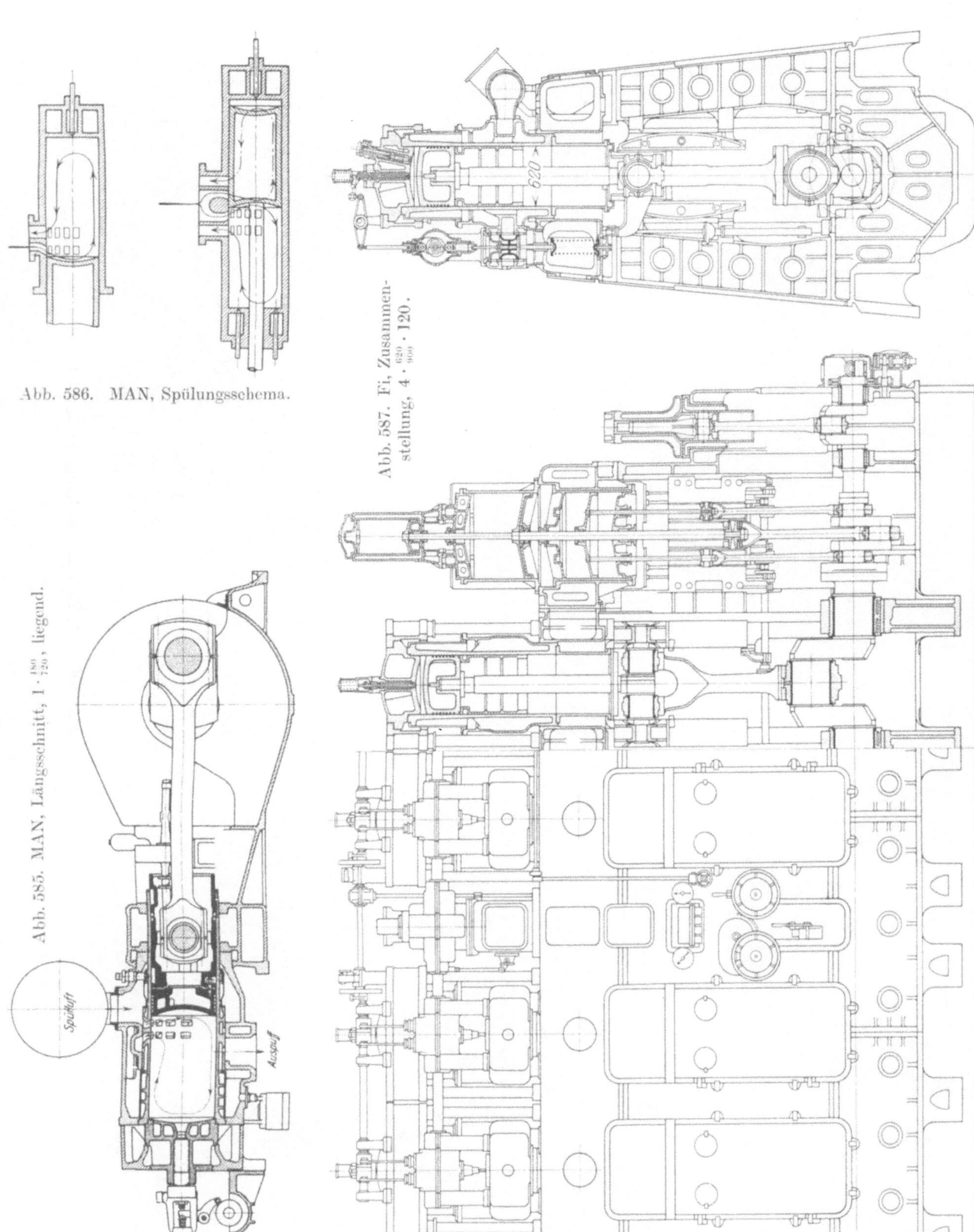

Abb. 586. MAN, Spülungsschema.

Abb. 587. Fi, Zusammenstellung, $4 \cdot \frac{620}{900} \cdot 120$.

Abb. 585. MAN, Längsschnitt, $1 \cdot \frac{180}{720}$, liegend.

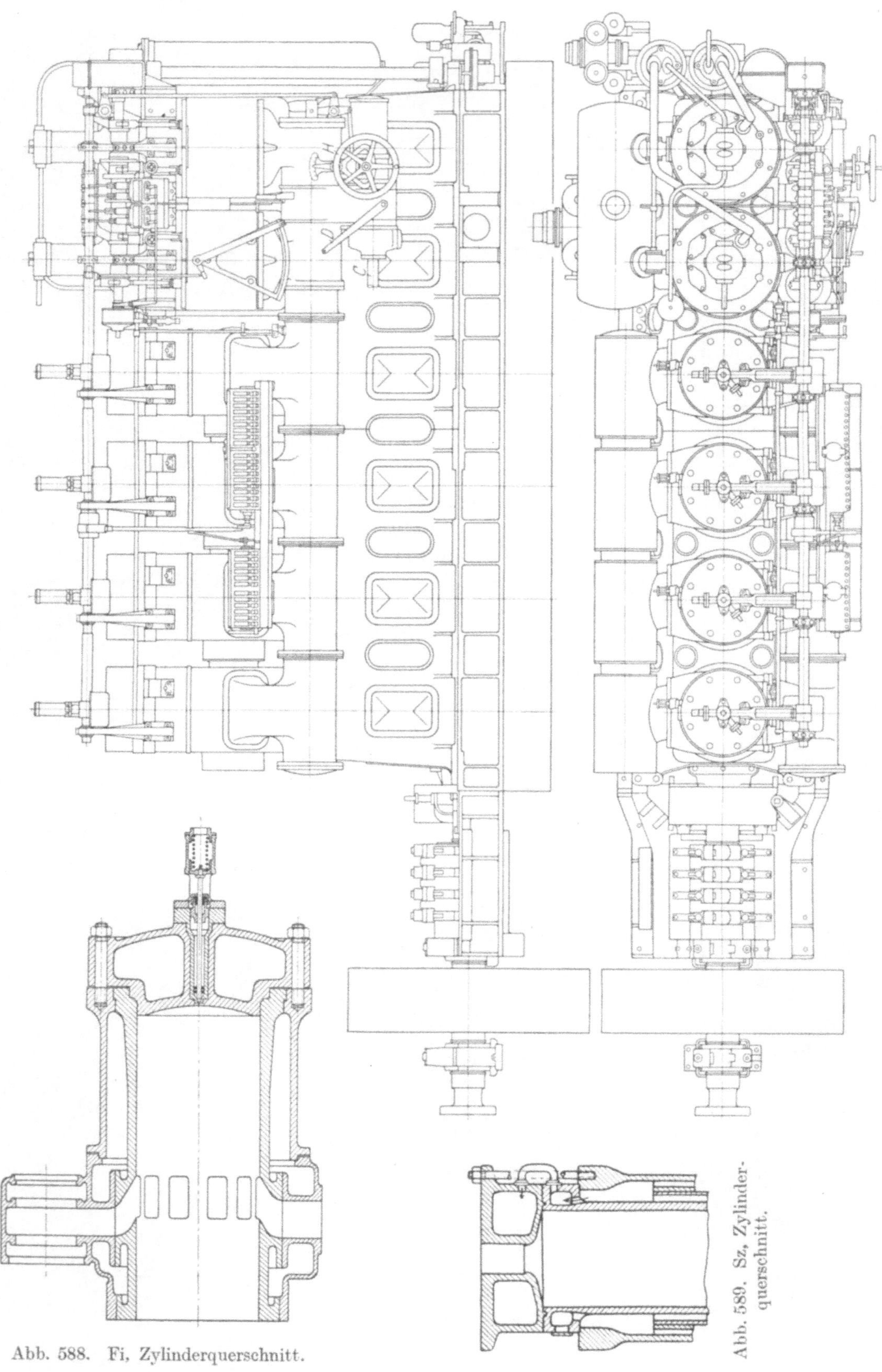

Abb. 590. At, Zusammenstellung, $4 \cdot \frac{360}{520} \cdot 200$.

Abb. 588. Fi, Zylinderquerschnitt.

Abb. 589. Sz, Zylinderquerschnitt.

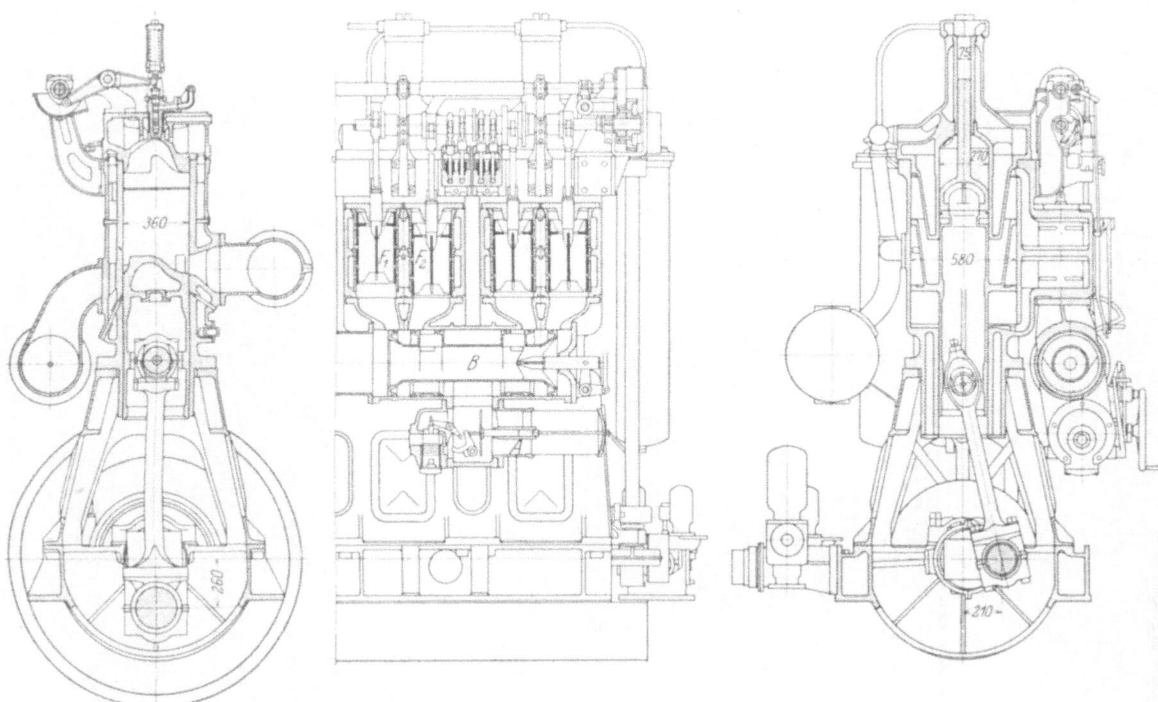

Zu Abb. 590. Querschnitte durch Arbeitszylinder, Spül- und Einblasepumpe.

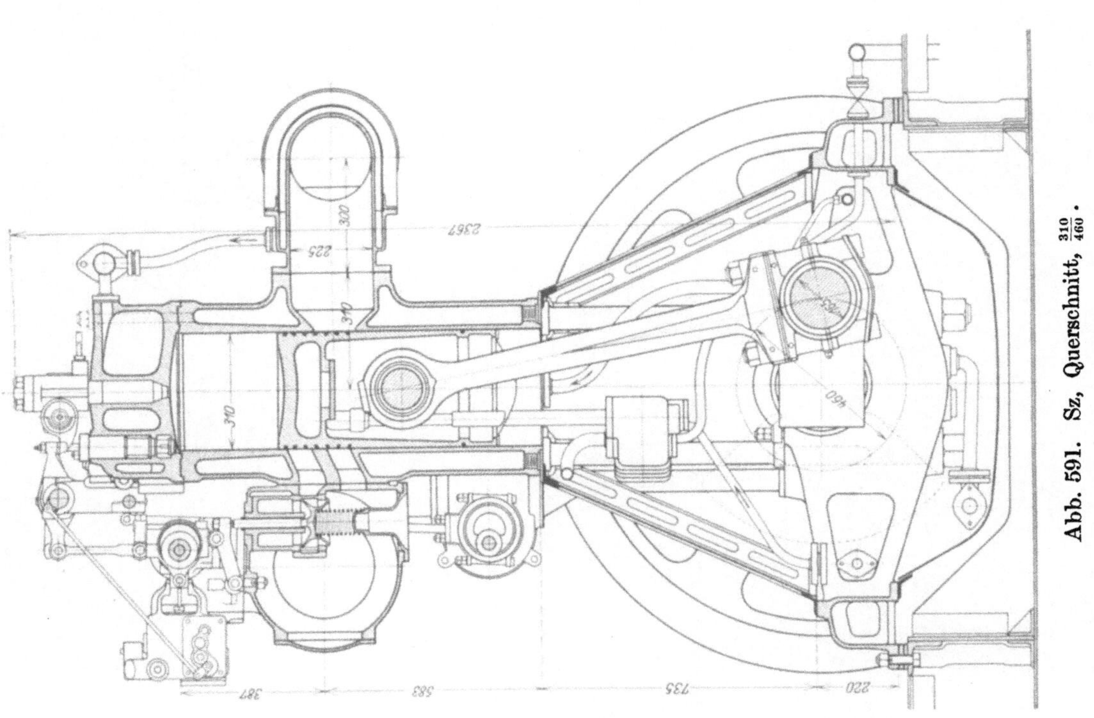

Abb. 591. Sz, Querschnitt, $\frac{310}{460}$.

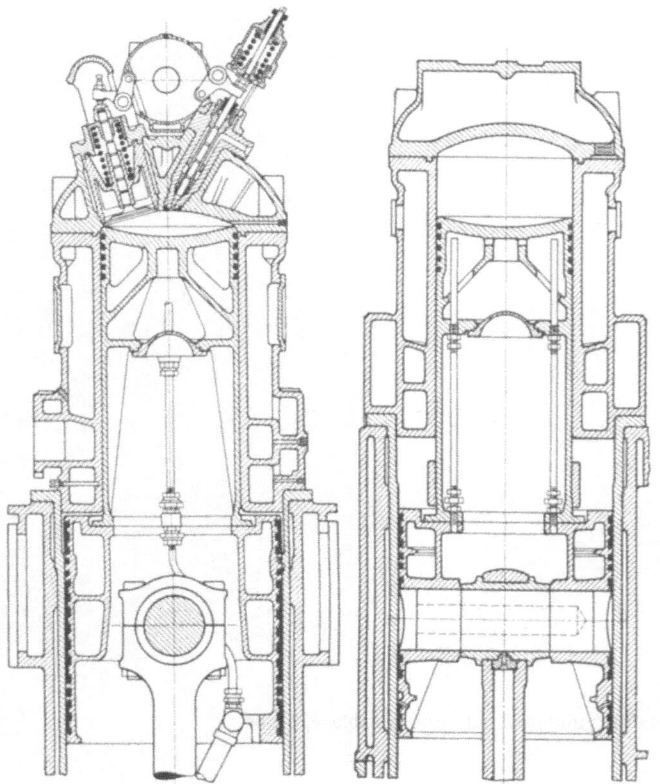

Abb. 592. MAN, Zylinderschnitte, $6 \cdot \frac{360}{600} \cdot 260$.

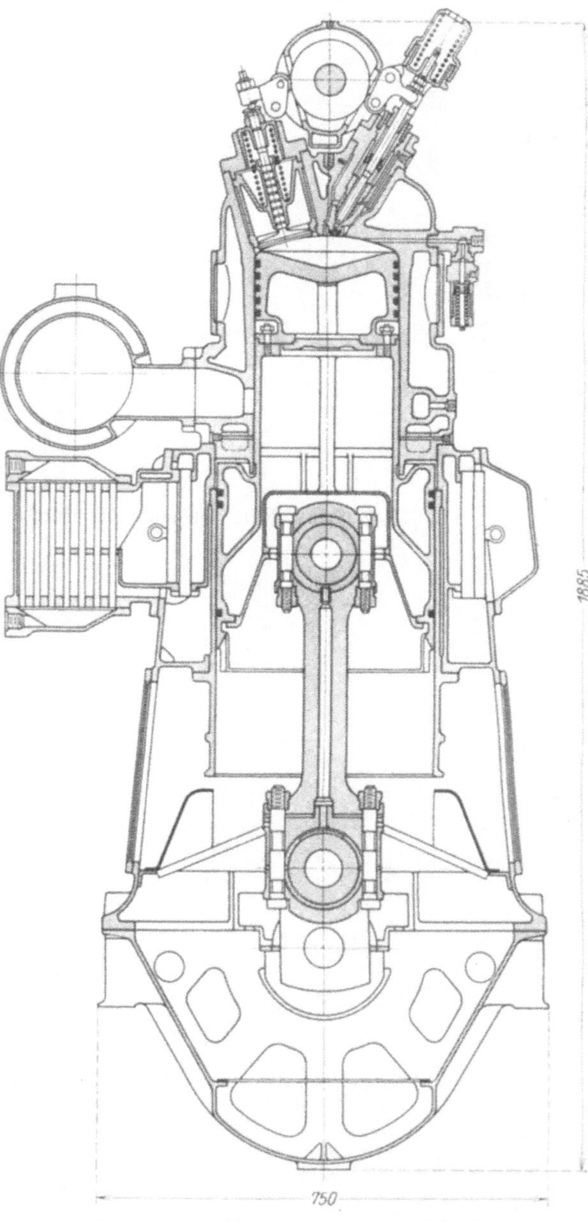

Abb. 594. MAN, Querschnitt, $6 \cdot \frac{240}{260} \cdot 500$.

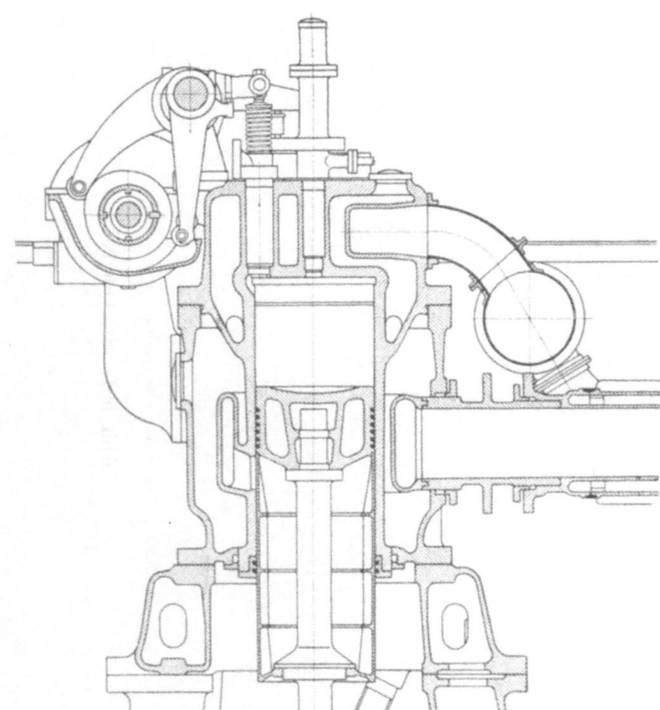

Abb. 593. Kr. Zylinderquerschnitt.

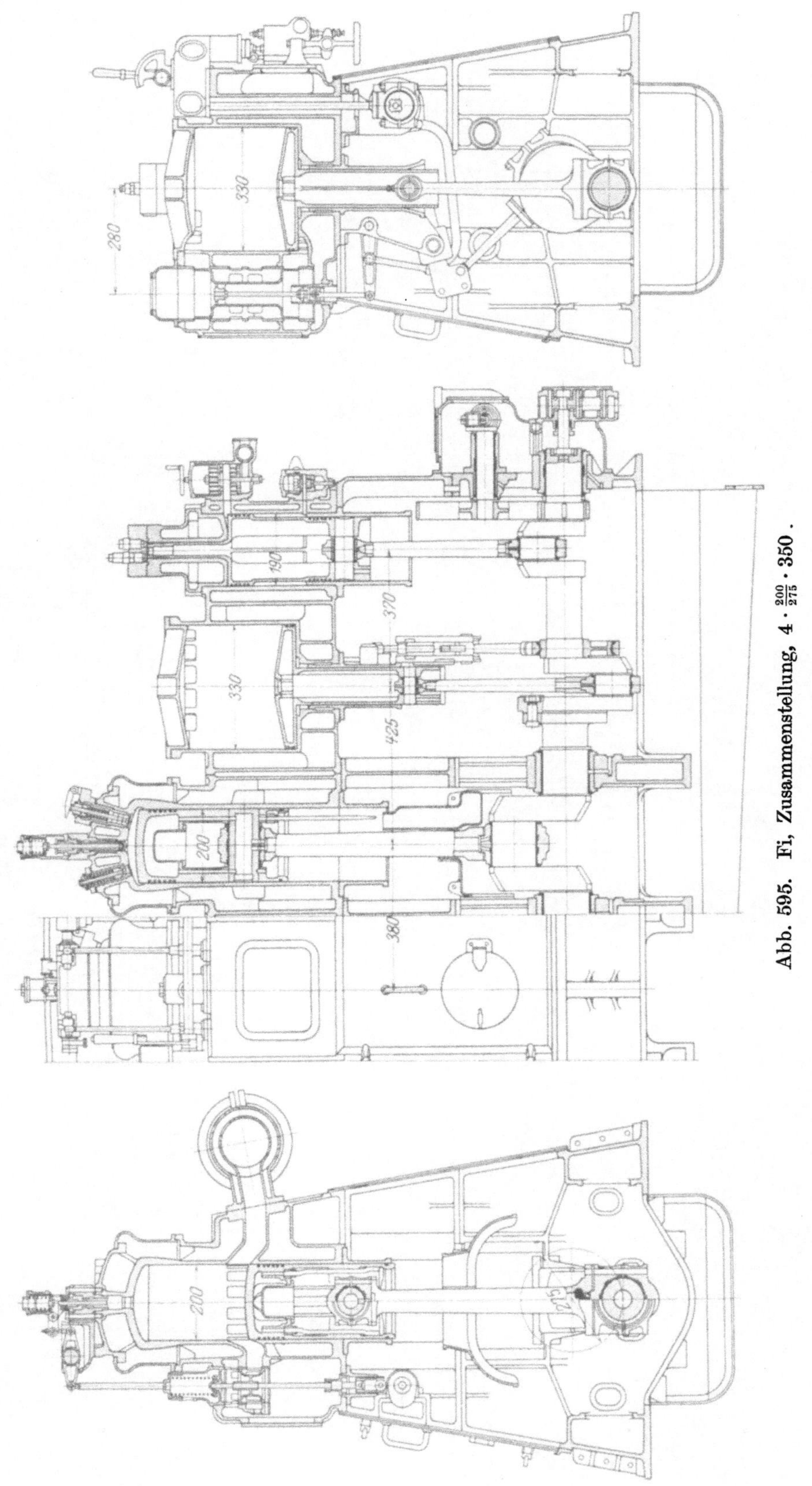

Abb. 595. Fi, Zusammenstellung, $4 \cdot \frac{200}{275} \cdot 350$.

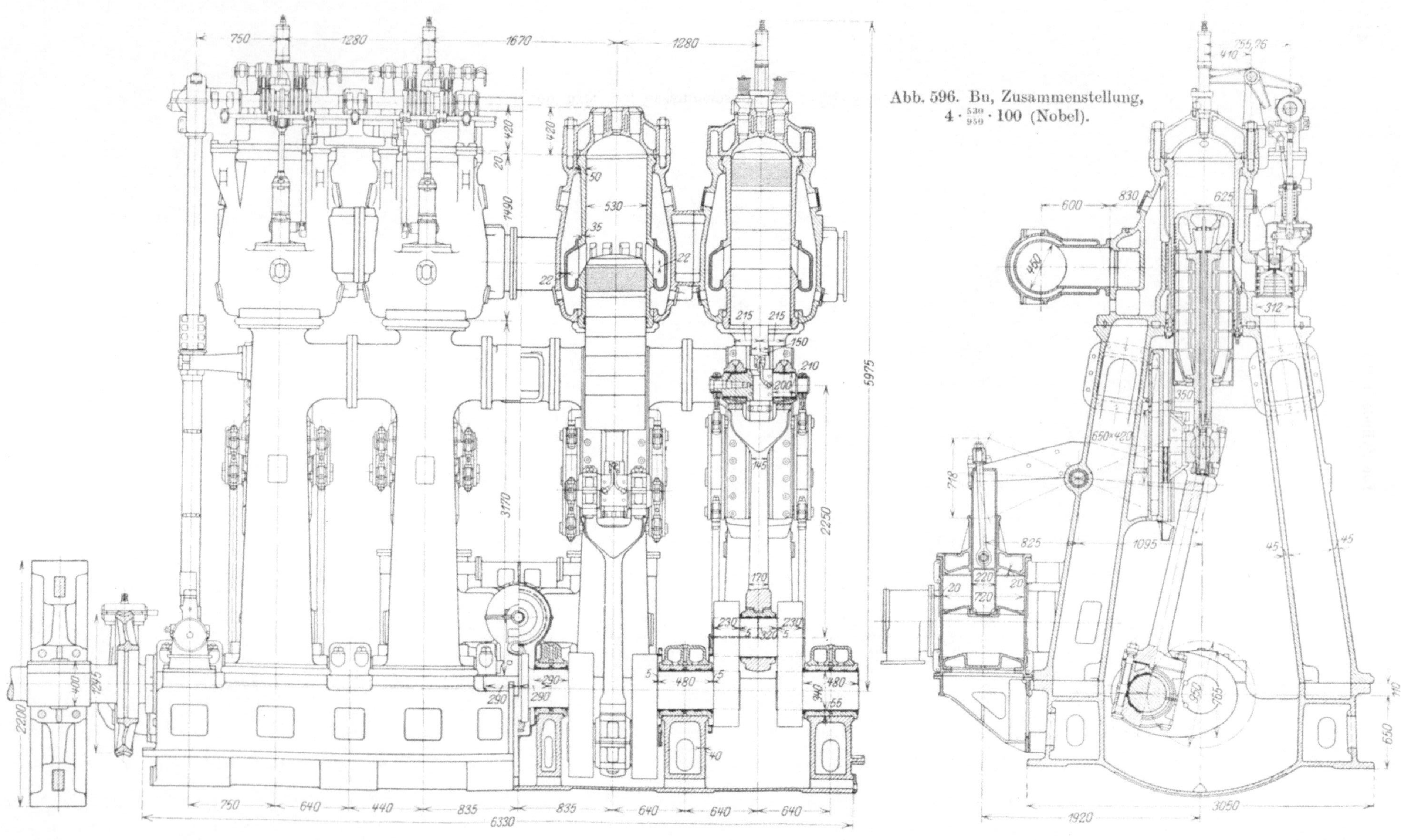

Abb. 596. Bu, Zusammenstellung, $4 \cdot \frac{530}{950} \cdot 100$ (Nobel).

Bei größeren Maschinen können die Spülkolben auch mit Weißmetall ausgegossen werden. Bei dieser Anordnung sind jedoch im Betriebe Schwierigkeiten eingetreten, die vielfach dazu geführt haben, die Bauart zu verlassen.

Wo gesonderte Büchsen eingesetzt werden, ergibt sich ihre freie Längsdehnung von selbst; wo dies nicht der Fall ist, kann man ihr einigermaßen durch Ausbuchtung

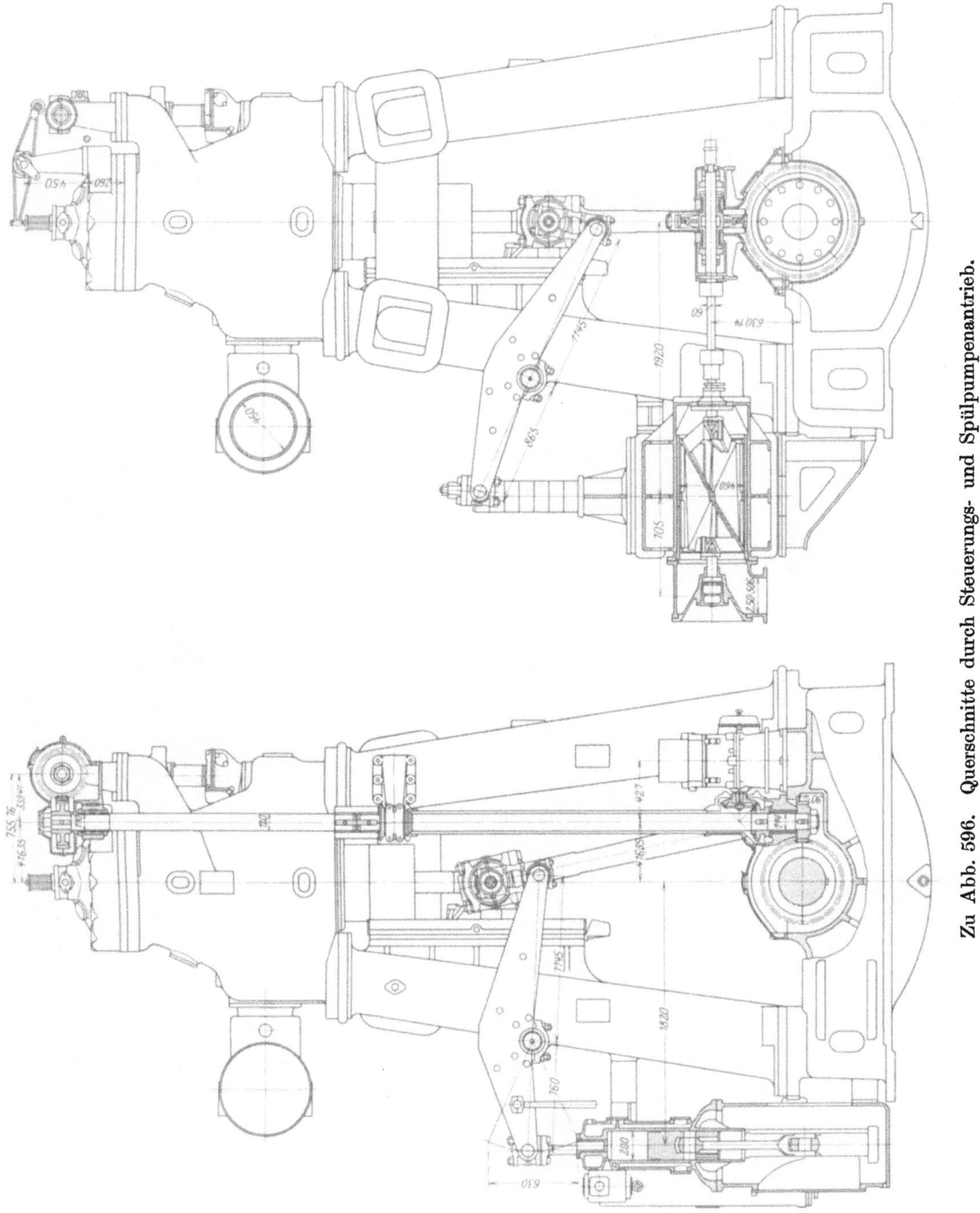

Zu Abb. 596. Querschnitte durch Steuerungs- und Spülpumpenantrieb.

des Kühlmantels Rechnung tragen derart, daß er ein wenig der Länge nach federt (Abb. 604), oder durch Teilung des Kühlmantels etwa nach Abb. 587. Hier werden die axialen Kräfte unmittelbar durch die kräftige Laufbüchse übertragen, deren größere Wandstärken freilich die Wärmeübertragung verschlechtern. Man sichert die

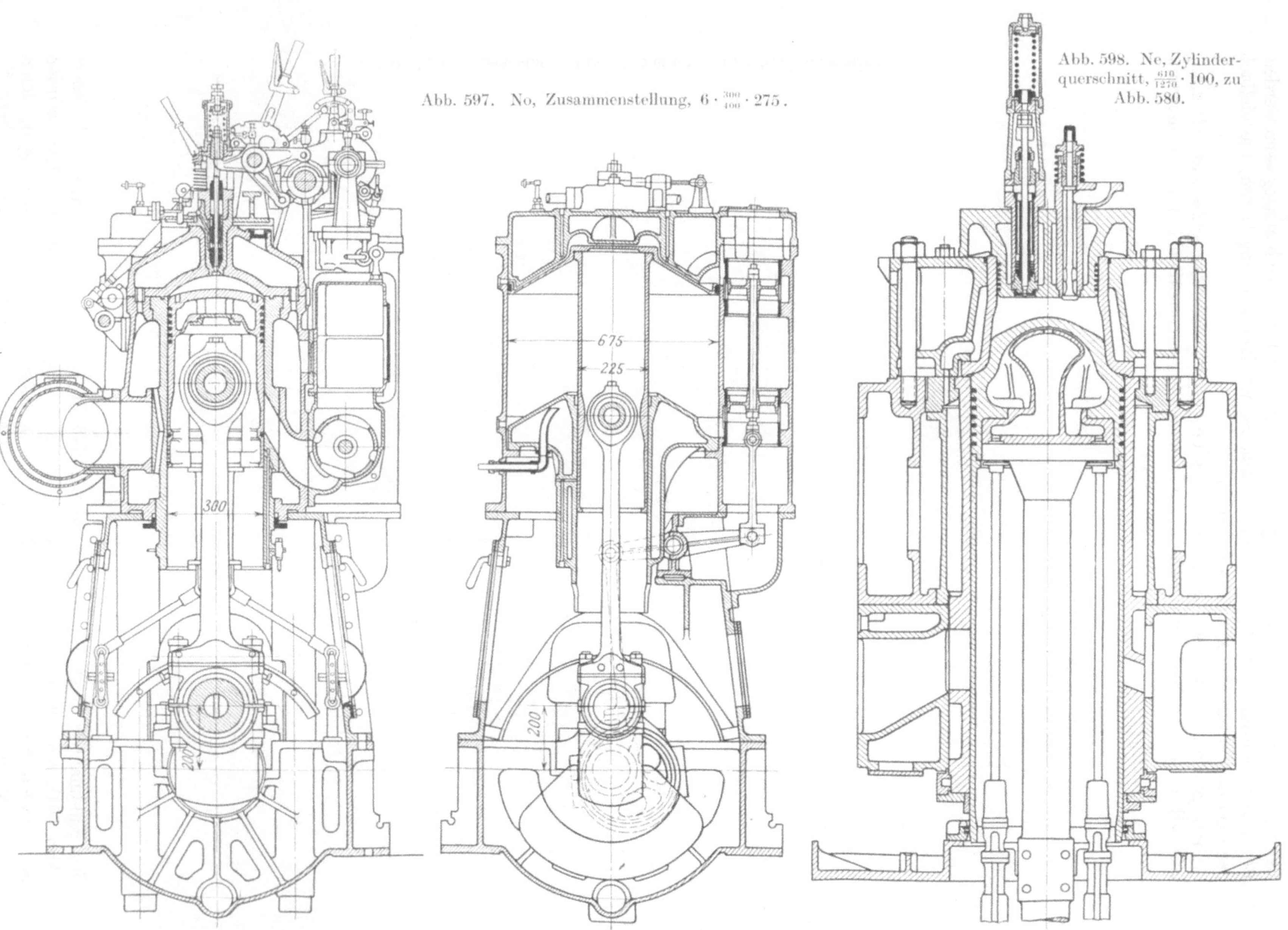

Abb. 597. No, Zusammenstellung, $6 \cdot \frac{300}{400} \cdot 275$.

Abb. 598. Ne, Zylinderquerschnitt, $\frac{610}{1270} \cdot 100$, zu Abb. 580.

freie Dehnung der Büchse auch, indem man den Kühlmantel quer zur Achse durch einen Schlitz teilt und diesen durch einen übergezogenen Gummiring und eine zweiteilige Schelle nach außen dichtet. Dann muß der Zylinder allein die axialen Kolbenkräfte aufnehmen (Abb. 590), dasselbe ist teilweise der Fall, wenn der Kühlmantel bis oben hin von der Laufbüchse ganz getrennt und nicht durch Rippen verbunden ist (Abb. 605).

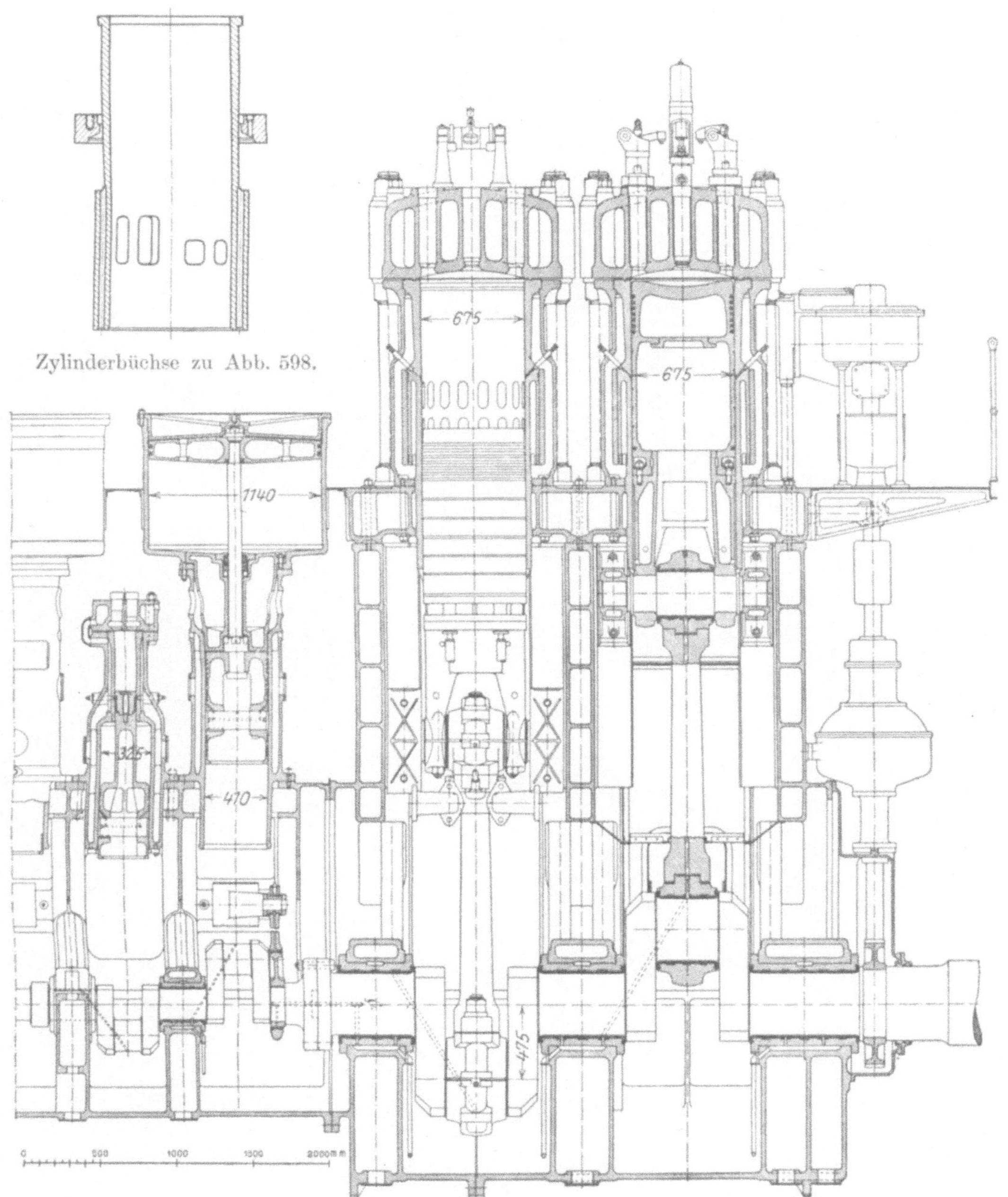

Abb. 599. Sz, Zusammenstellung, $4 \cdot \frac{675}{950} \cdot 150$.

Die Anordnung der Schlitzrippen ist derart zu treffen, daß der Auspuff möglichst wenig Widerstand und auf seinem ganzen Weg gleichmäßig große Querschnitte findet. Bei Ventilspülung wird er gewöhnlich zu beiden Seiten außerhalb der Zylinderwand geführt (Abb. 581, 602). Abb. 604 und 606 zeigen Ausführungen mit besonderer Büchse, die vom inneren Zylinder des ganz doppelwandig gegossenen Kühlmantels umschlossen ist.

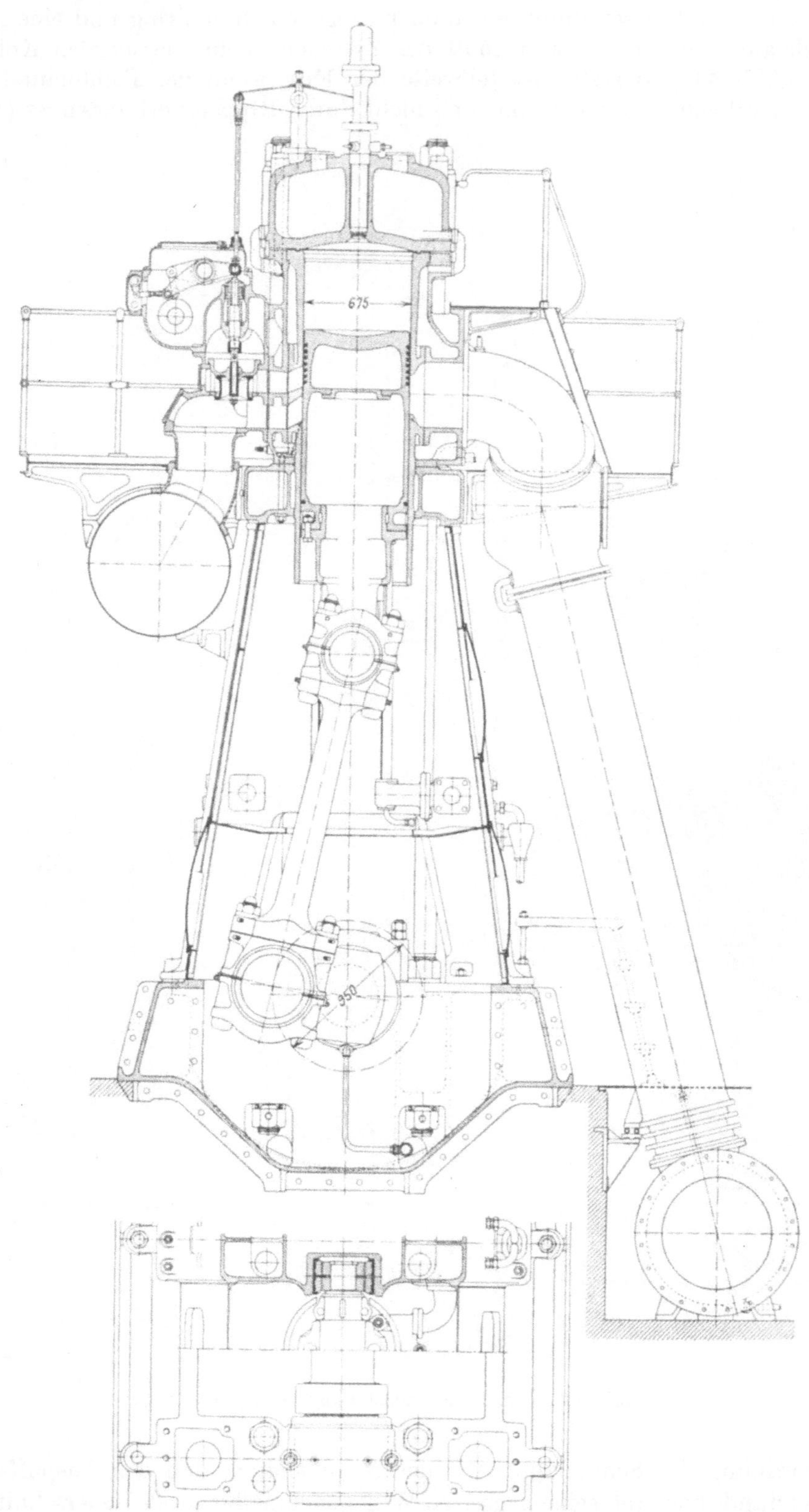

Zu Abb. 599. Querschnitt und Grundriß des Gestells.

Besondere Ausführungen, wie Zylinder, die zur Vermeidung der Kühlung des Verbrennungsraumes beim Anlassen unten geschlossen und deren Unterseiten als Anlaßzylinder verwendet werden (Abb. 607), erfordern entsprechend längere Büchsen. Zylinder mit angesetzten Spülpumpen erhalten für diese besondere Büchsen. Endlich verwendet man für doppelt wirkende Maschinen meist zwei voneinander getrennte und sich unabhängig dehnende Büchsen, die bei den hier in Betracht kommenden großen Ausführungen

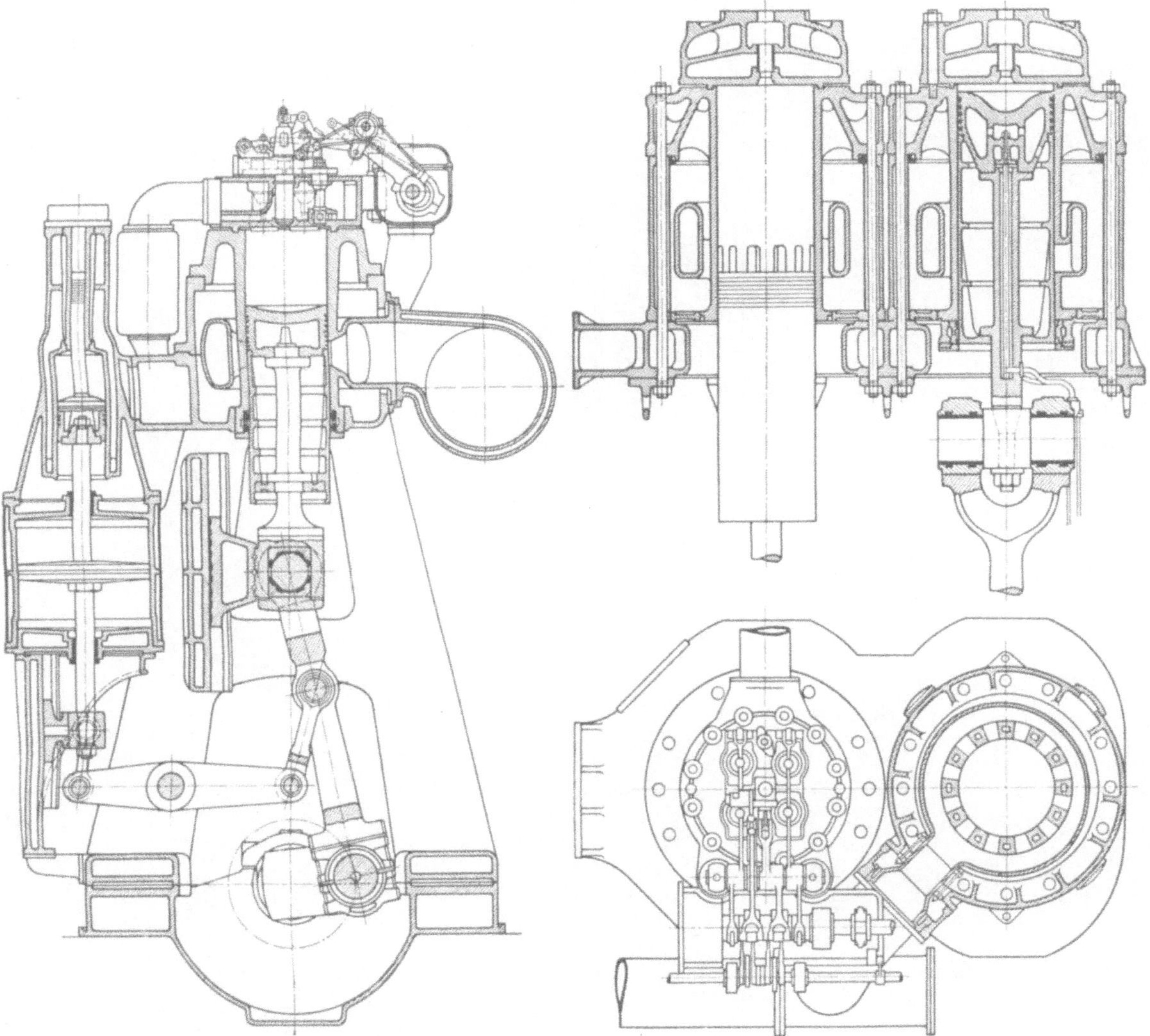

Abb. 600. To, Querschnitt.

Abb. 601. Reiherstiegwerft, Zylinder, $6 \cdot \frac{600}{1100} \cdot 100$.

die sorgfältigste Kühlung erfordern. Sie wird etwa durch schraubenförmig verlaufende Außenrippen mit umschließenden Mänteln erzielt[1]) oder auch beispielsweise in der in Abb. 608 dargestellten Art.

Bei Abb. 609 werden die Büchsen durch übergeschobene Deckel an dem die Spül- und Auspuffrohre tragenden Querrahmen in der Mitte festgehalten. Bei der Still-Maschine endlich, wo die den Zylinderwänden entzogene Wärme zur Verdampfung des Kühlwassers verwendet wird, wird der Wärmeübergang durch dünne und außen mit Längsrippen versehene, oben geschlossene Büchsen bewirkt, die zur Verstärkung

[1]) Versuchsausführung der MAN. Z. V. d. I. 1923, S. 725 u. f., und „Dieselmaschinen“, S. 24. Berlin: V. D. I.-Verlag.

mit Stahlringen umschlossen sind (Abb. 610). Hier wird die Büchse mit den daranhängenden Schlitzrippen gegen den anschließenden Teil des Kühlmantels mit Gummiringen an einem Flansch abgedichtet.

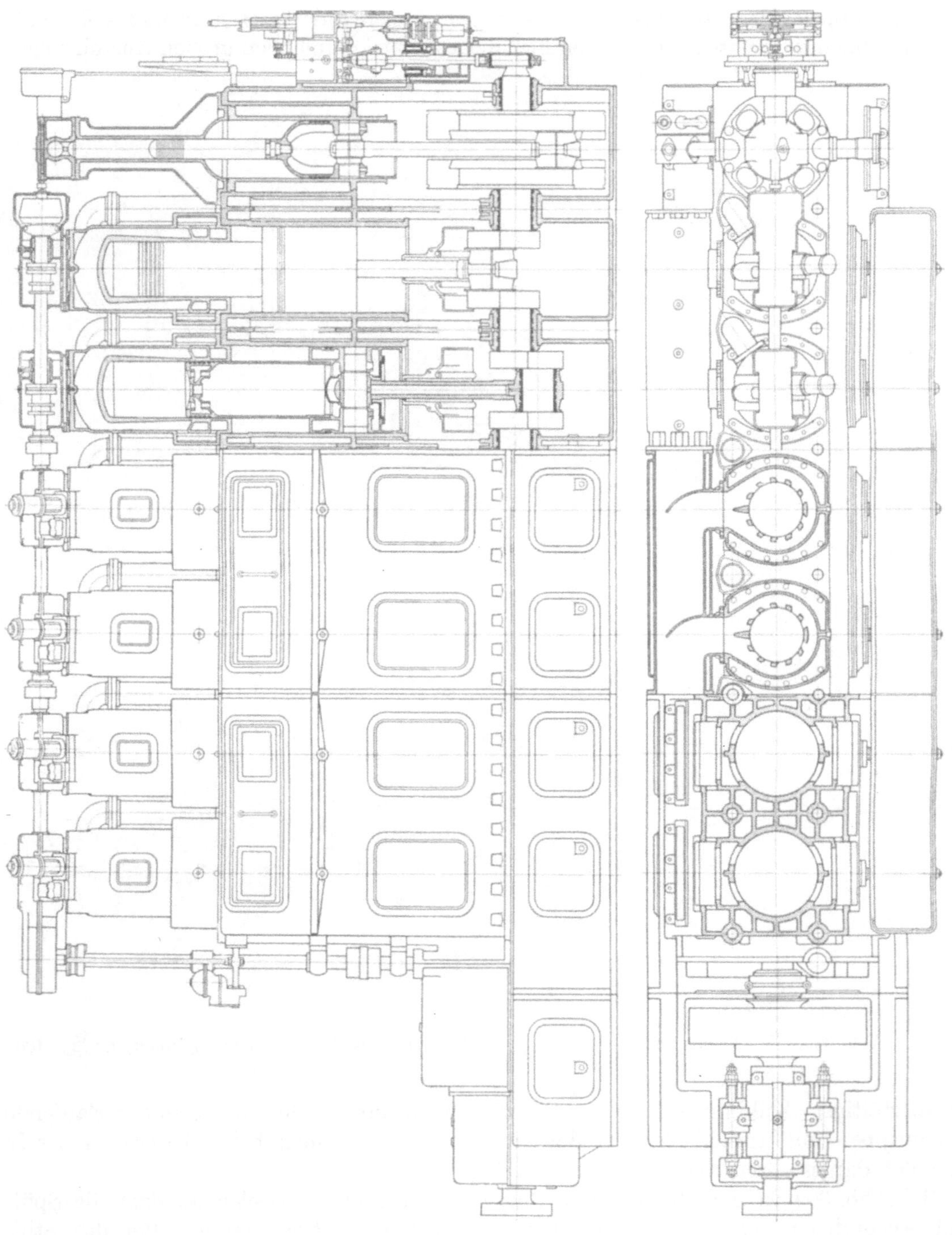

Eine eigenartige Ausführung, die den Übergang zu den gegenläufigen Kolben nach Junkers bildet, zeigt die Bauart Toussaint Abb. 611. Hier sind je zwei Zylinder mit einem gemeinsamen Kühlmantel zusammengegossen, je einer erhält die Schlitze für den Eintritt der Spülluft, der zweite jene für den Auspuff der Abgase. Die Kühlmäntel sind hoch hinaufgezogen, um zwei zylindrische Deckel zu umschließen. Die Zylinder sind unterhalb derselben durch einen breiten Kanal miteinander in Verbindung, die beiden zusammengehörigen Kolben laufen übereinstimmend und arbeiten auf eine gemeinsame Kurbel. Diese Maschine wird zwar nicht mehr gebaut, bietet aber ein Glied der Entwicklung des Gedankens der Junkers-Spülung, bei der auf einer Seite des Doppelzylinders mit gegenläufigen Kolben (Abb. 612) die Spülluft ein-, auf der anderen Seite die Abgase abströmen. Hier wurden Büchsen verwendet, die mit den beiden Kühlmantelteilen zusammengegossen sind. Die Abdichtung derselben gegeneinander wird durch einen übergeschobenen Zylinder mit Gummiringen bewirkt, so daß sich der stärker erwärmte Teil der Büchse frei dehnen kann. In Abb. 613 sind ebenfalls Büchsen und Kühlmantelteile zu einem Stück vereinigt, der Querschlitz im Kühlmantel ist durch einen Gummiring mit übergeschobener Schelle abgedichtet. In beiden Fällen ist der Anschluß der Pfeifen für Einspritz- und Anlaßventile derart gebaut und durch Stopfbüchsen abgedichtet, daß er die Beweglichkeit der Büchse wenig stört. In Abb. 614 wird eine gesonderte Büchse verwendet, die nur den oberen Teil des Kühlmantels und die Auspuffkanäle trägt, während der Mittelteil des Kühlmantels von einem eigenen, im oberen Stück mit Stopfbüchse abgedichteten Stahlgußzylinder gebildet wird, der auf dem Gestell mit Flansch aufsitzt und durch Rippen die sehr dünne Büchse verstärkt. Die Abdichtung der Spülkanäle erfolgt hier mit Gummiring an der Verbindungstelle und am Ende der Zylinderbüchse mit Stopfbüchsenring.

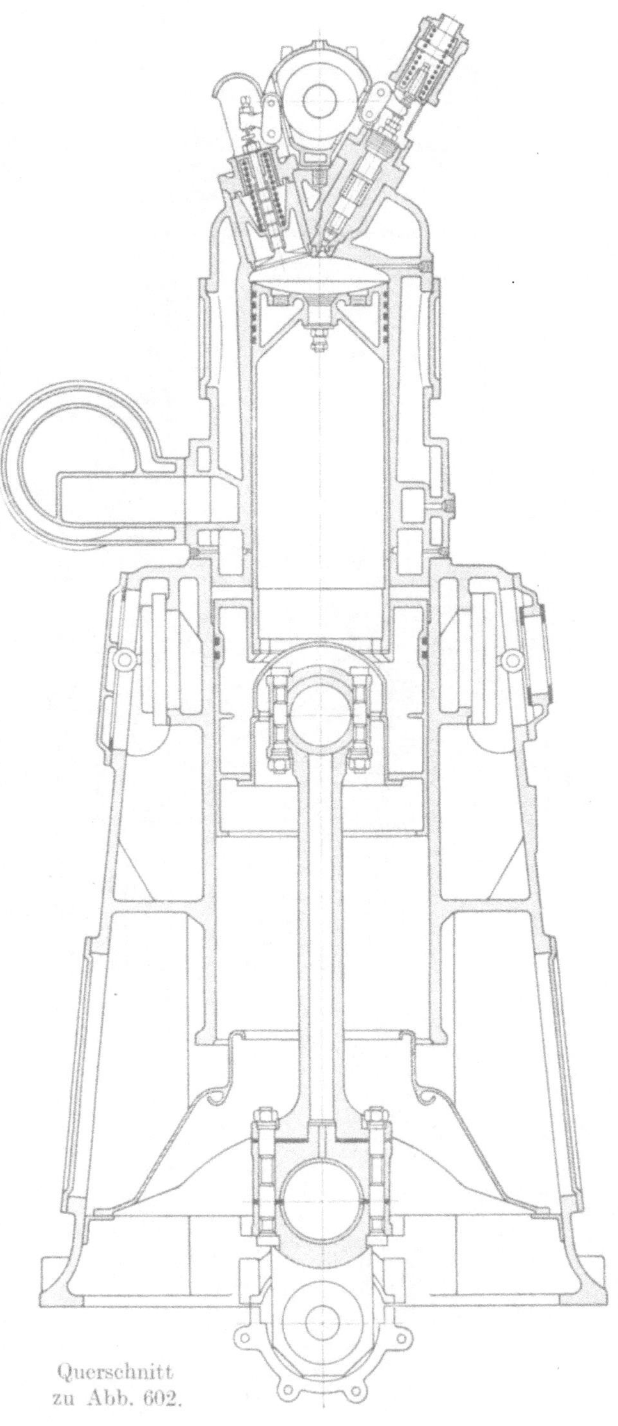

Querschnitt zu Abb. 602.

Die neue Junkers-Bauart ist in Abb. 615 dargestellt. Die Zylinderbüchse ist hier gesondert eingesetzt und oben für das Querhaupt des Kolbens geschlitzt; der Gestellkasten bildet einen Aufnehmer für die Spülluft, die von da unmittelbar in den Zylinder gelangt, und gleichzeitig den Kühlmantel. Da verdichterlose Druckeinspritzung verwendet wird, für deren Unterstützung ein Luftwirbel vorteilhaft ist, werden die Rippen der Spülschlitze derart schräggestellt (Abb. 615c), daß die zwischen ihnen durchströmende Spülluft eine tangentielle Geschwindigkeitskomponente und dadurch einen Drall erhält, der sich bei der Bewegung gegen die Zylinderachse zu

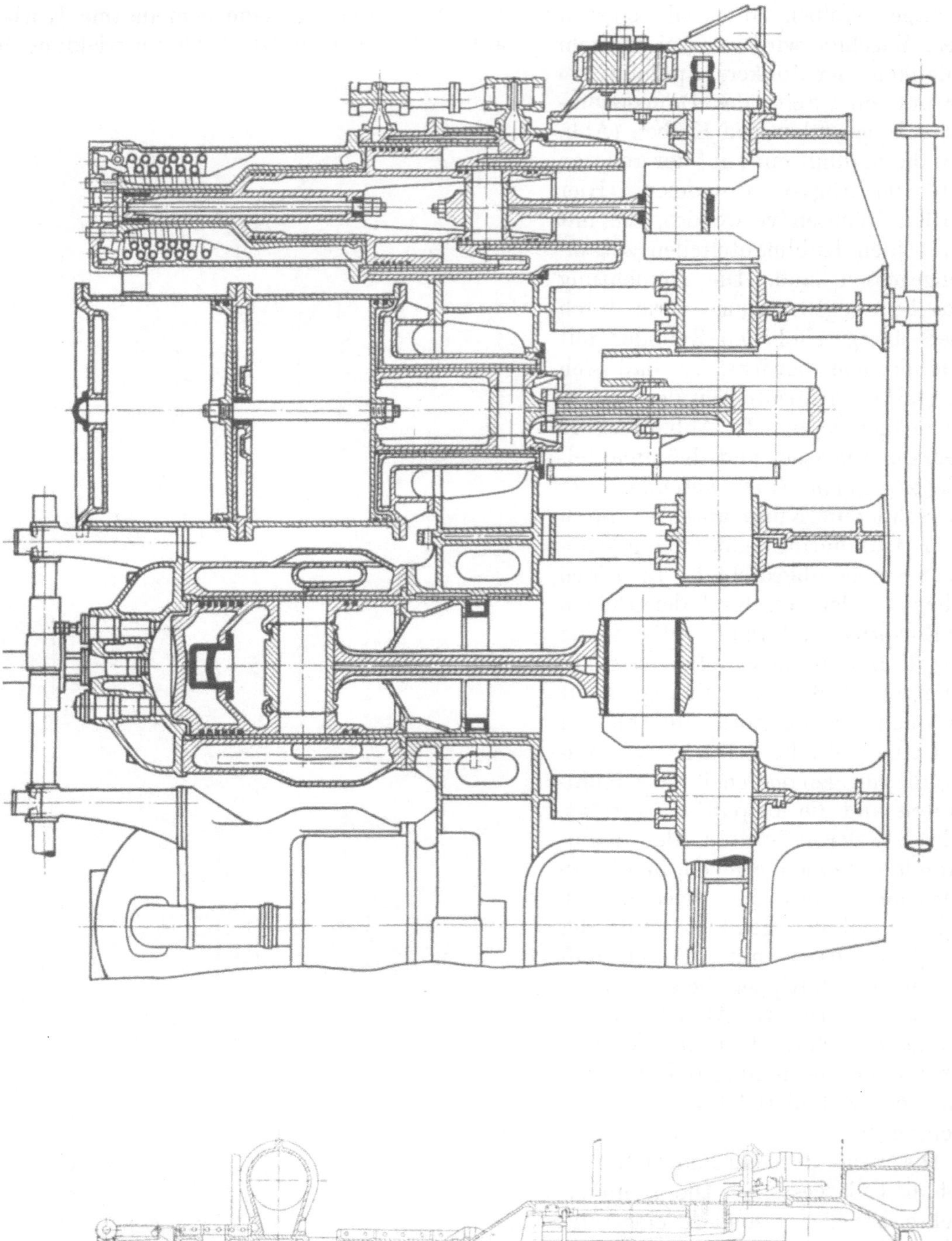

Abb. 604. Kr, Längsschnitt, $6 \cdot \frac{390}{410} \cdot 400$.

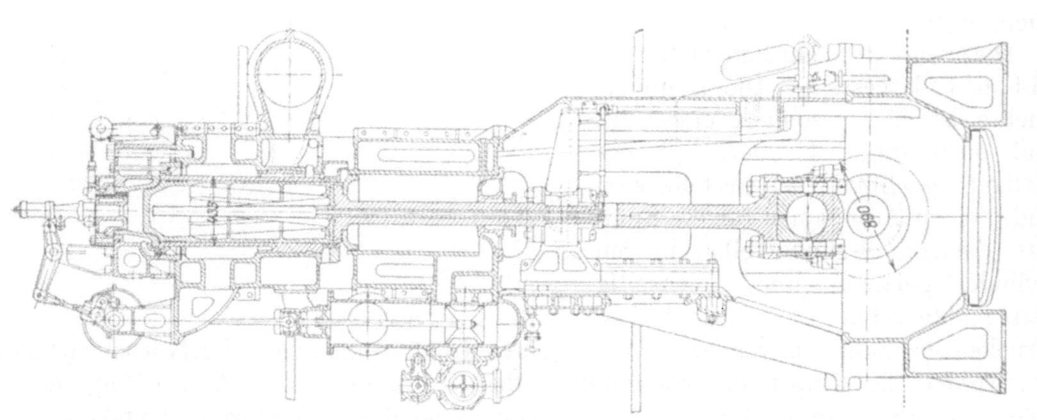

Abb. 603. Ne, Querschnitt, $6 \cdot \frac{433}{890} \cdot 112$.

verstärkt und bis zum Ende der Verdichtung anhält. Zur Erhöhung der Kühlwirkung am Verdichtungsraum sind die Zylinderbüchsen dort gerippt, wodurch größere Oberfläche und Kühlwassergeschwindigkeit entstehen (Abb. 615 d).

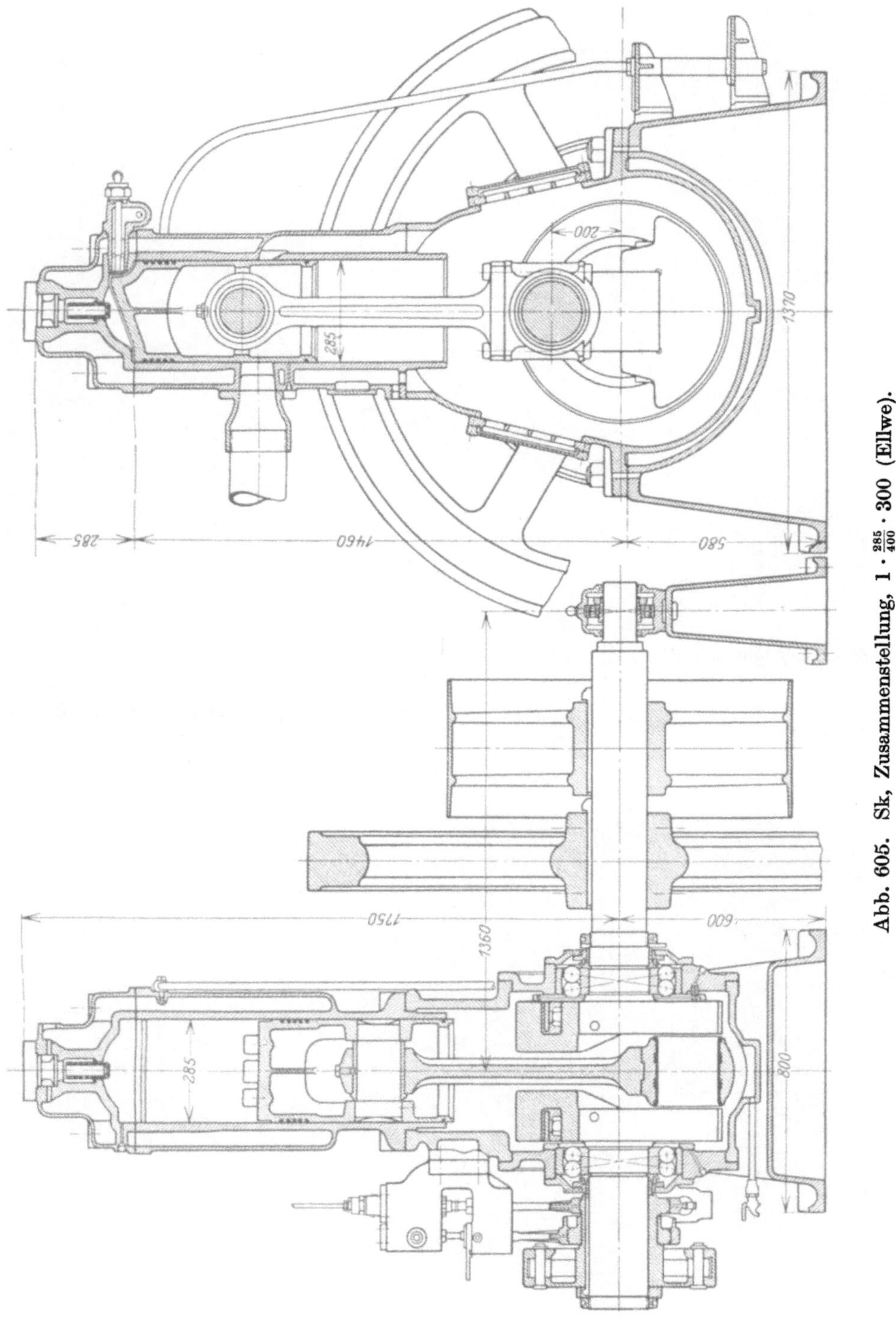

Abb. 605. Sk, Zusammenstellung, $1 \cdot \frac{285}{400} \cdot 300$ (Ellwe).

Bei großen Maschinen (Abb. 616) wird die Büchse ganz abgetrennt und die Kühlmäntel mit Kupfer- und Gummiringen gegen den Auspuff und die Spülluft abgedichtet (vgl. auch Abb. 630). Auch hier wird der mittlere Teil der Büchse durch Stahlringe verstärkt.

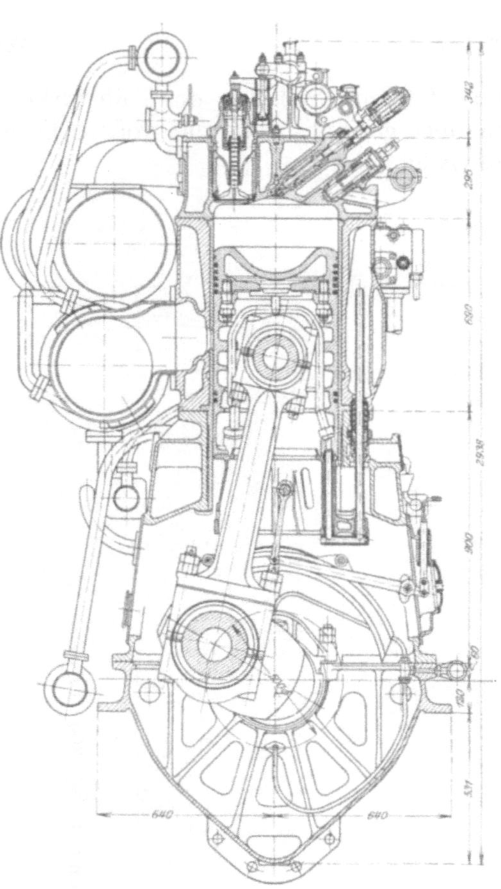

Abb. 606. Kr, Querschnitt, $6 \cdot \frac{390}{450} \cdot 400$.

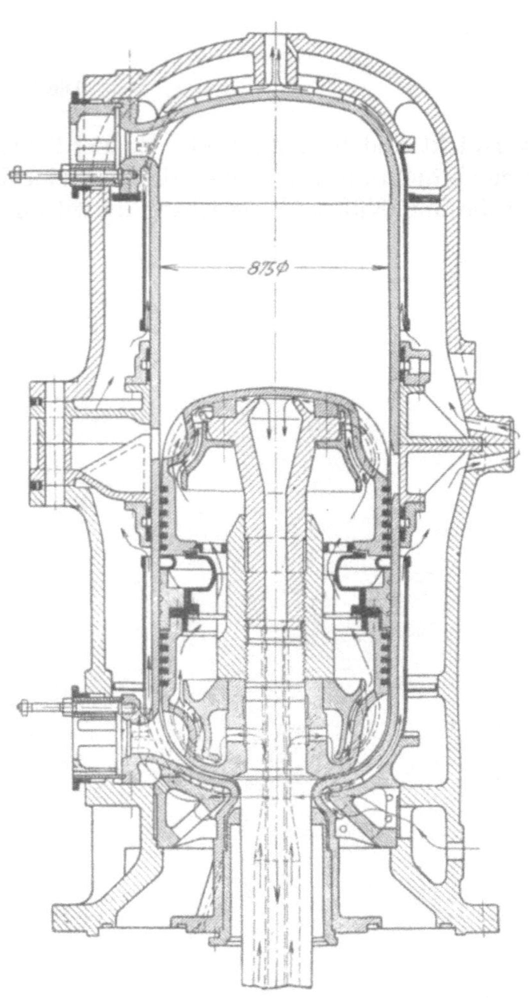

Abb. 608. Kr, Zylinderquerschnitt, $6 \cdot \frac{875}{1050} \cdot 140$, zu Abb. 632.

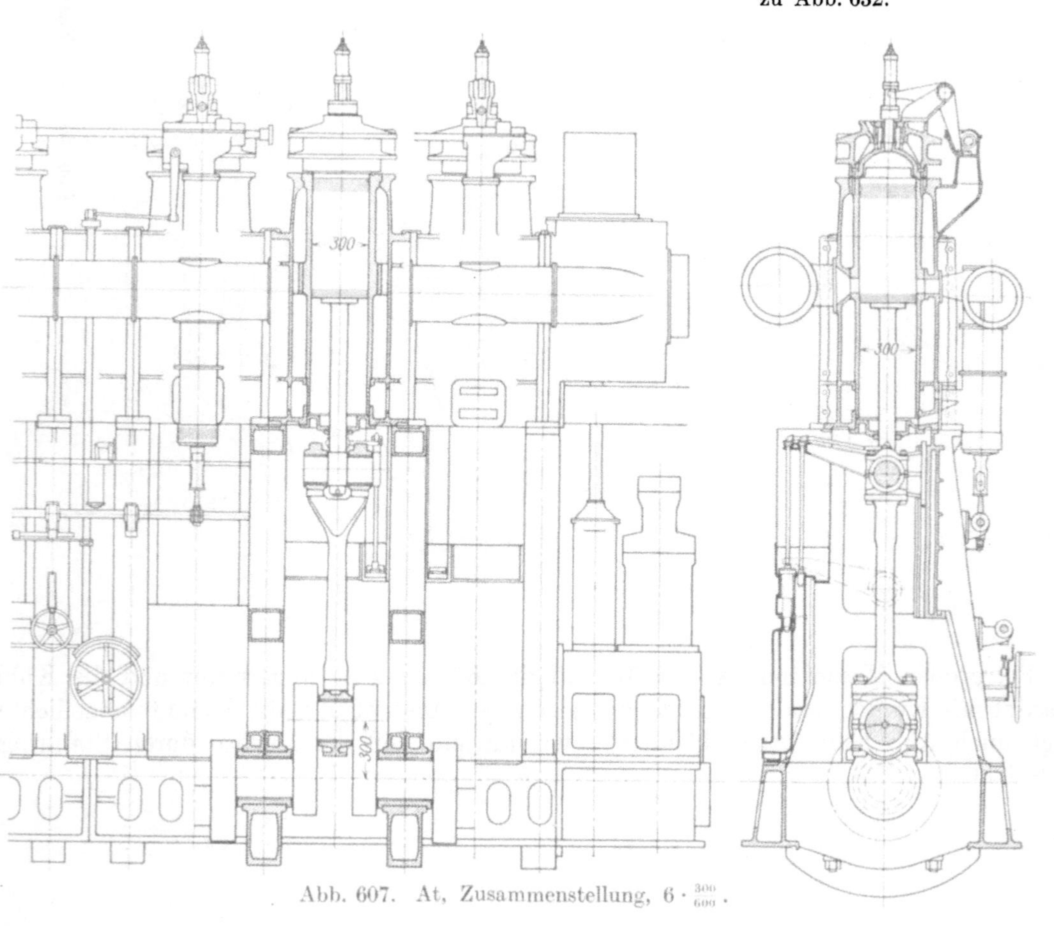

Abb. 607. At, Zusammenstellung, $6 \cdot \frac{300}{600}$.

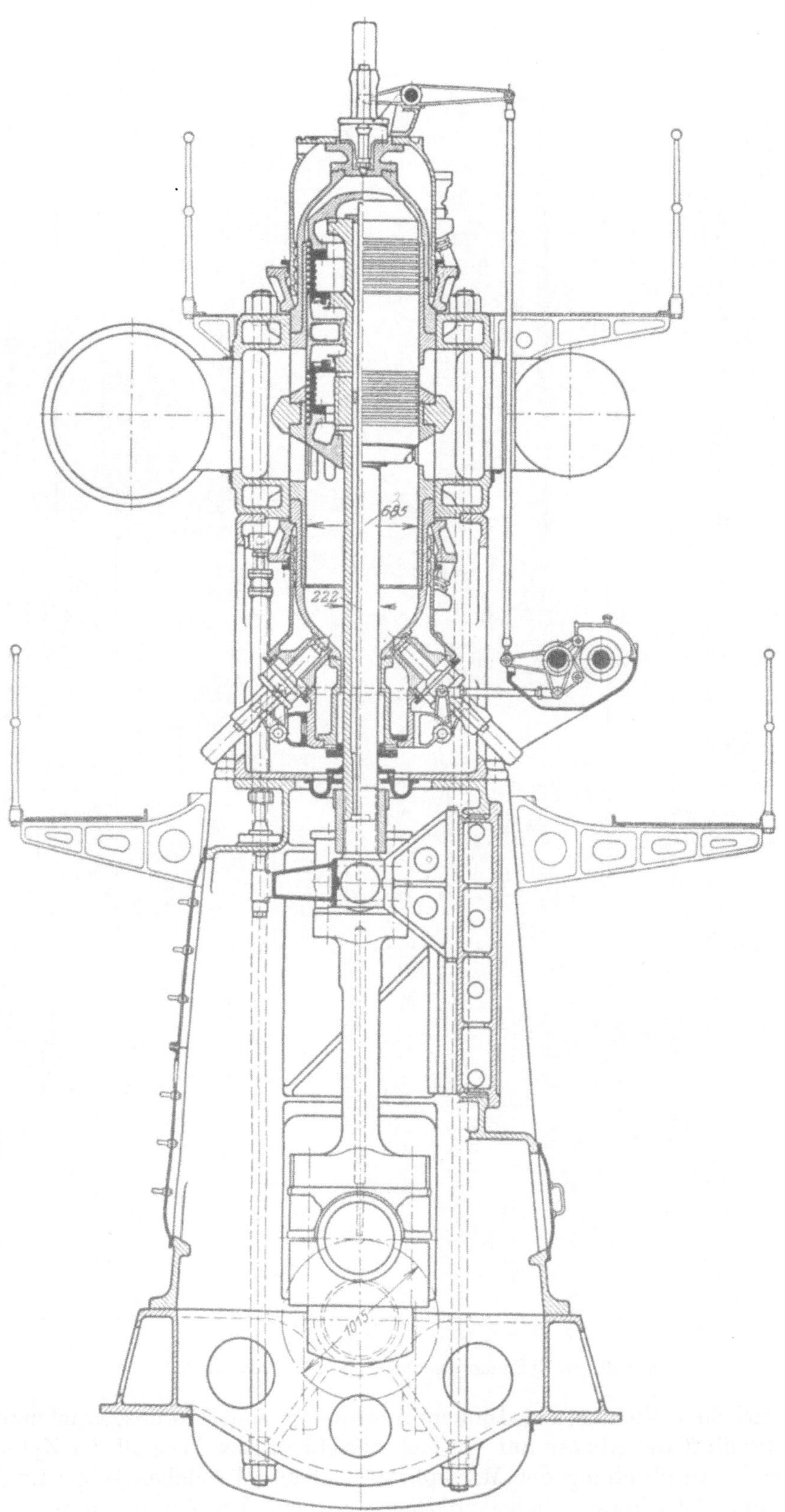

Abb. 609. Wo, Querschnitt, $4 \cdot \frac{635}{1015} \cdot 90$, doppeltwirkend.

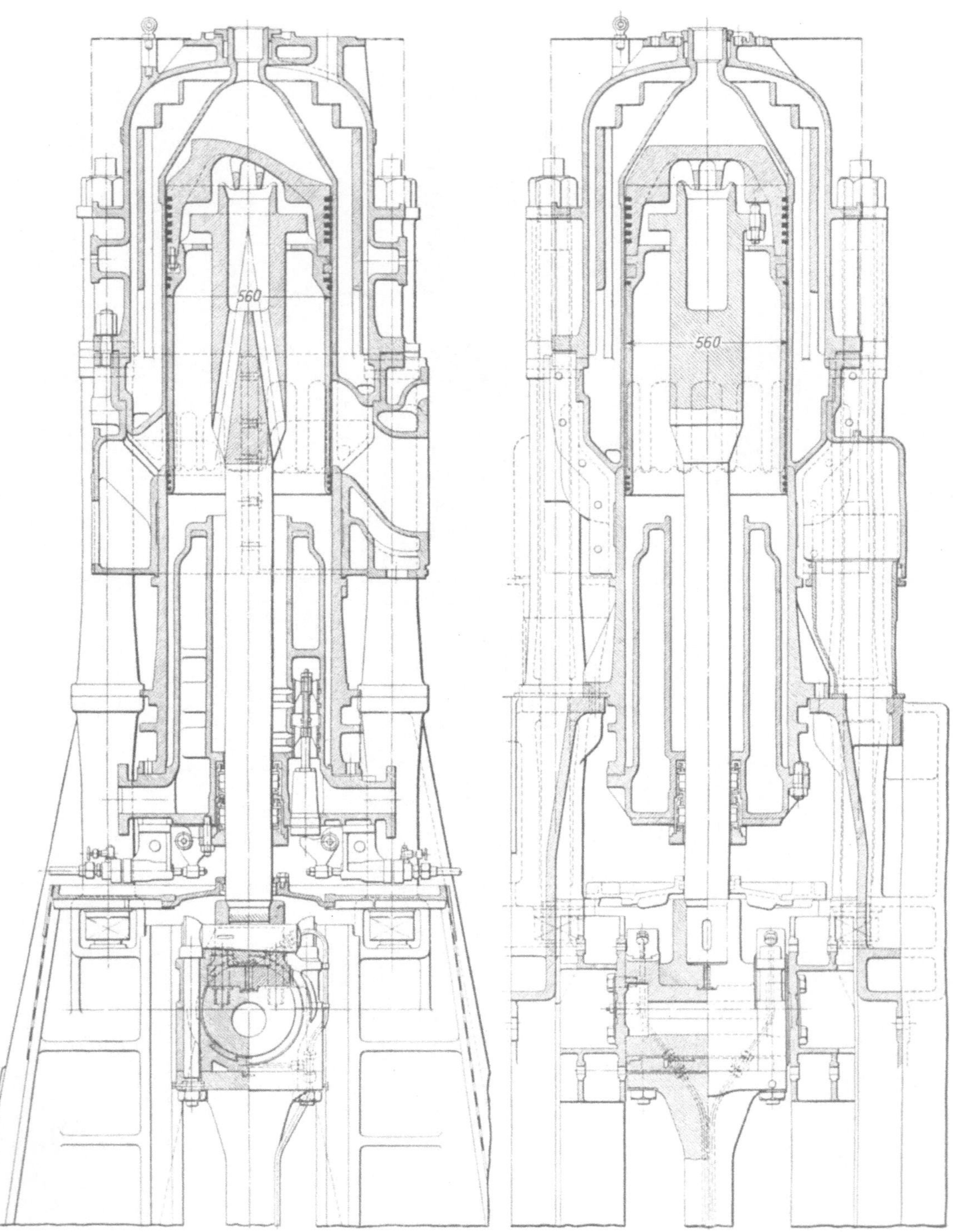

Abb. 610. St, Zylinderquerschnitt, $4 \cdot \frac{560}{915} \cdot 120$, zu Abb. 633.

Die wesentlichen Vorzüge der Junkers-Anordnung sind die ausgezeichnete Spülung, bei der die Spülluft die Abgase nur vor sich herschiebt, der Wegfall der Zylinderdeckel, die annähernde Ausgleichung der Massenkräfte, kleine Wandoberflächen im Verhältnis zum Hubraum. Allerdings stehen dem Nachteile baulicher Art gegenüber.

Eine Ausführung der Büchse für eine liegende Zweitaktmaschine zeigt Abb. 617. Zylindermantel und Büchse sind aus einem Stück gegossen, der Mantel ist jedoch ver-

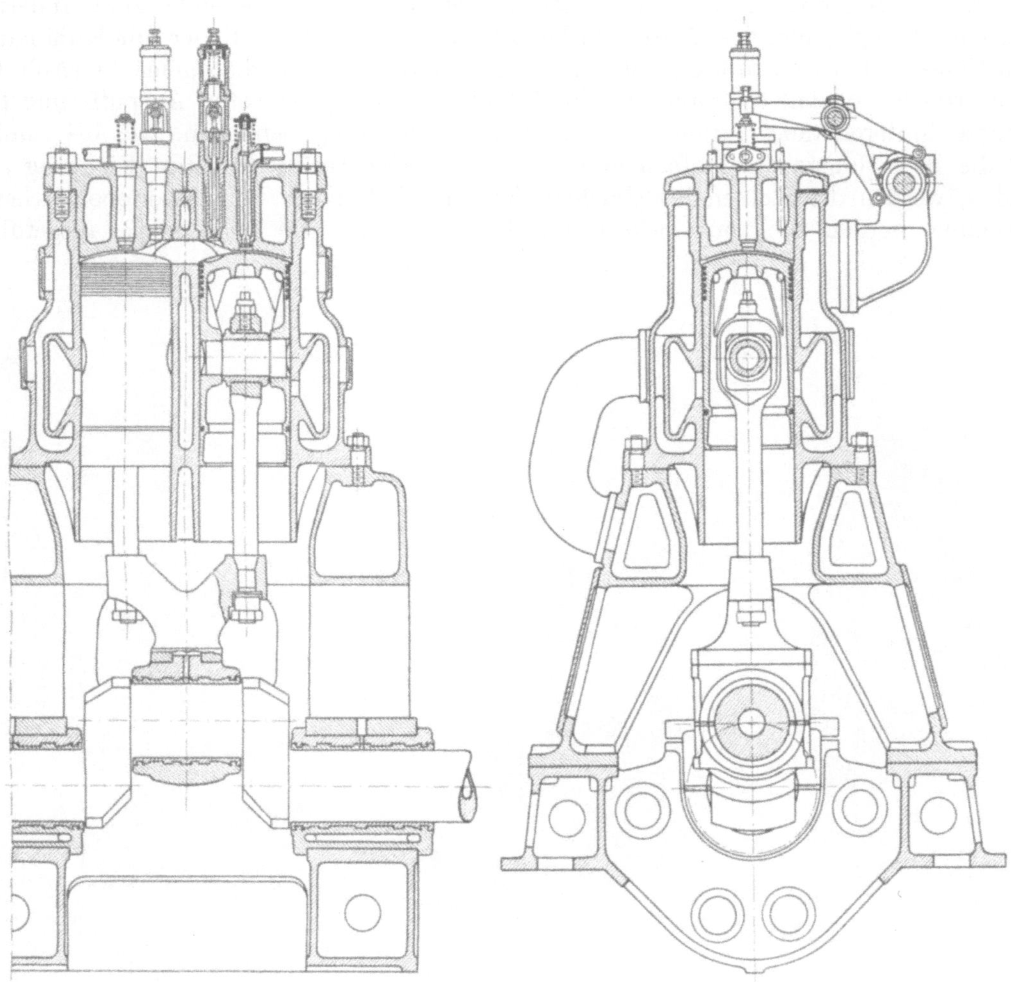

Abb. 611. We, Zusammenstellung, Toussaint.

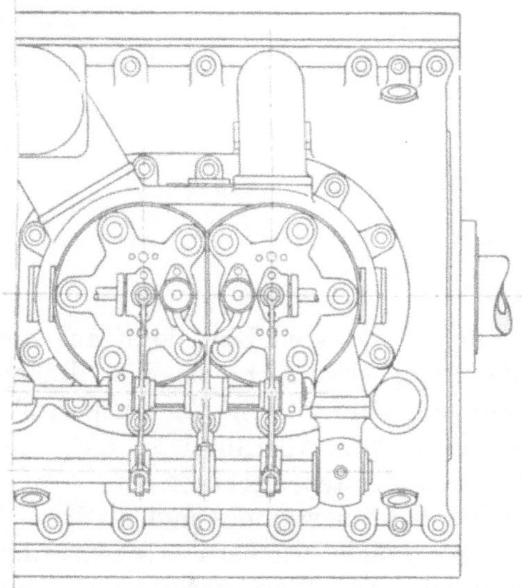

kürzt und durch eine Ausbauchung etwas federnd ausgeführt. Eine neue Versuchsausführung zeigt Abb. 585 mit eingesetzter Büchse und schraubenförmigen, ummantelten Kühlrippen und hintereinanderliegenden Auspuff- und Spülschlitzen. Auch die ausgeführten liegenden Junkers-Maschinen (Abb. 618, 619) zeigen besonders eingesetzte Büchsen, der Kühlmantel reicht über die Spülluft- und Auspuffschlitze hinweg, die Luft- und Abgaskanäle sind daher zur Verbindung der Wasserräume mit Längslöchern versehen. Jeder der Zylinder der Tandem-Maschine hat eine besondere Büchse mit teilweise angegossenem Kühlmantel, die Büchsen sind durch Flanschen miteinander verbunden und in der Nähe des Verbrennungsraumes verstärkt. Der gesonderte Teil des Kühlmantels besteht aus zwei Teilen, die über die Büchse geschoben und mit Stopfbüchsen abgedichtet sind.

Um die Spülung in axialer Richtung von einem Zylinderende zum andern zu erzielen, ohne gegenläufige Kolben zu benötigen, hat man die Zylinder mit Kühlmänteln und Spül- und Auspuffrohren mit den Kolben zeitgleich beweglich gemacht (Abb. 620). Man erreicht so, daß die nahe an den Zylinderenden angeordneten Auspuff- und Spülschlitze hintereinander öffnen und in umgekehrter Folge schließen, wie bei Junkers. Da die Bewegungen der Kolben und Zylinder gleichzeitig in derselben Richtung stattfinden, werden die Kolben bei gleichem Kolbenhub kürzer. Bei der doppeltwirkenden Maschine werden die sonst wie gewöhnlich nur ohne Deckelanschluß ausgeführten

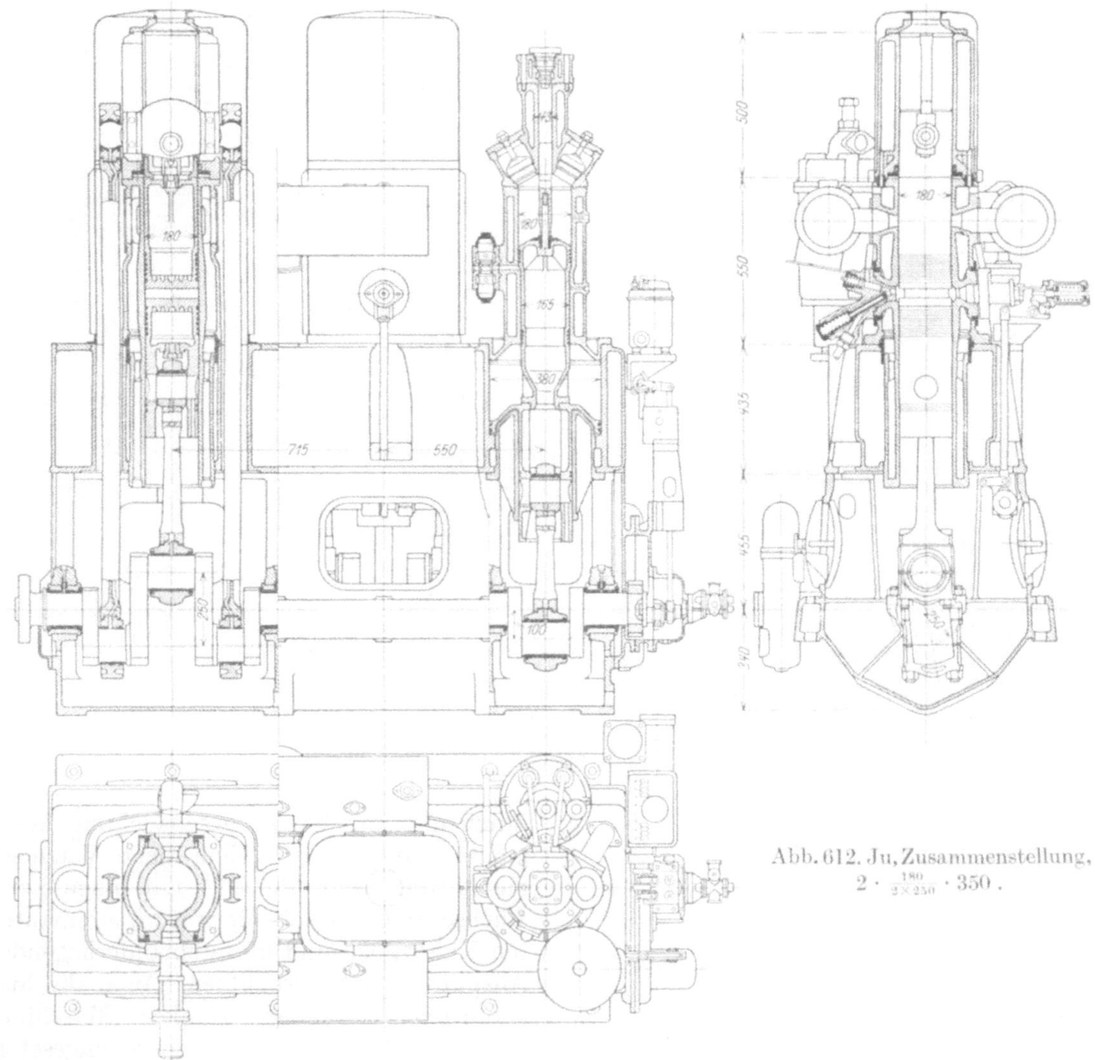

Abb. 612. Ju, Zusammenstellung, $2 \cdot \frac{180}{2 \times 250} \cdot 350$.

Zylinder durch zwei Stangen miteinander verbunden und vom Kreuzkopf aus mittels Stangen und Hebeln bewegt. Geschieht die Bewegung gesondert von einer drehenden Welle aus, so kann man die Öffnung der Spülschlitze später als jene der Auspuffschlitze erhalten, während der Abschluß beider gleichzeitig erfolgt. Allerdings ist die günstige Steuerung durch die Beweglichkeit der schweren Zylinder teuer erkauft.

Die Kühlung der Büchsen in der Nähe des Verdichtungsraumes und an ihrer Verbindungstelle mit dem Mantel ist grundsätzlich so ausgebildet wie bei Viertaktmaschinen, nur ist hier eher noch größere Vorsicht erforderlich. Die Wandstärken der Büchsen sind dort etwa $^1/_{10}$ bis $^1/_{12}$ des Zylinderdurchmessers zu wählen, an den Verbindungstellen bei den Auspuff- oder Spülschlitzen natürlich je nach der Bauart viel höher.

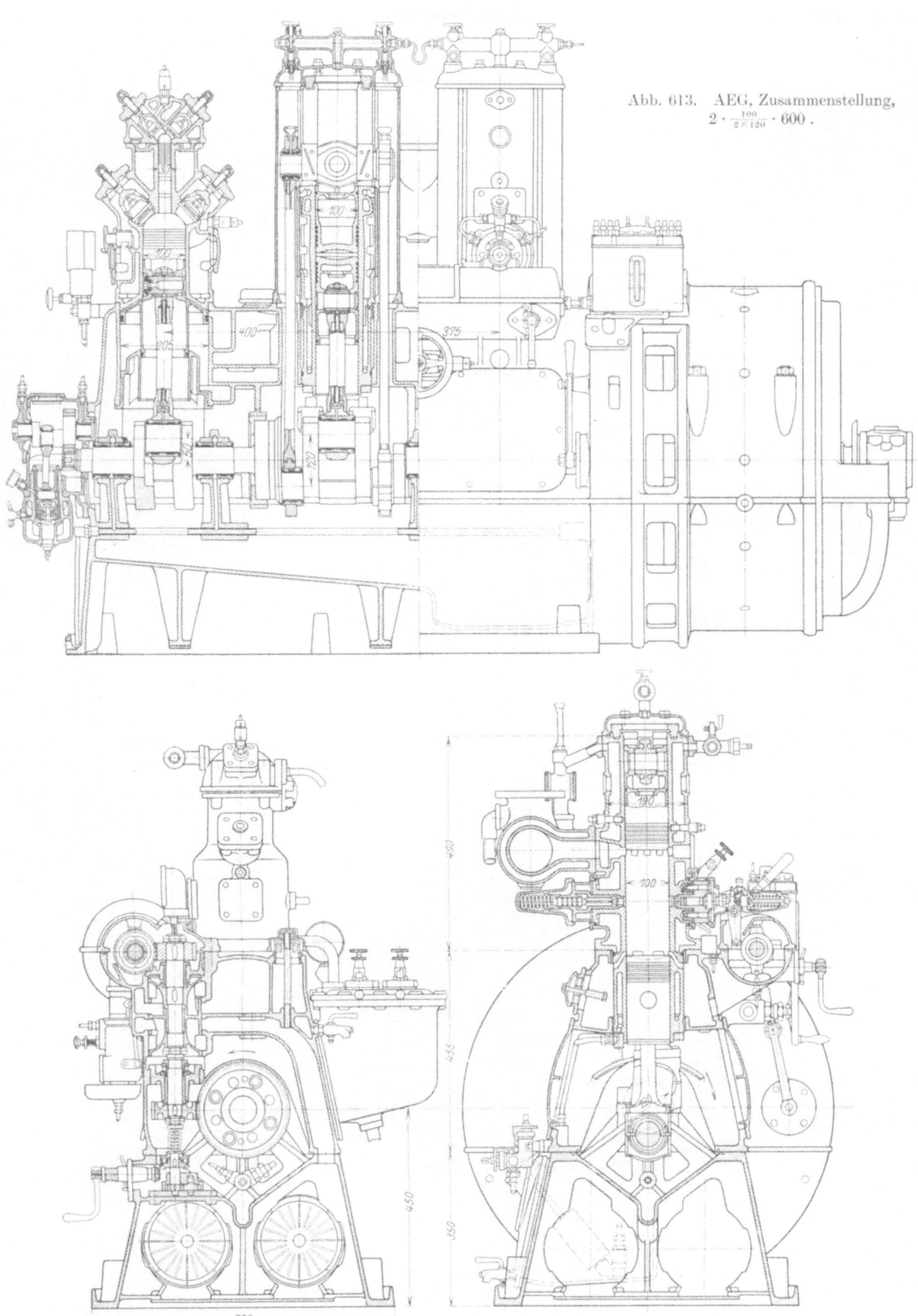

Abb. 613. AEG, Zusammenstellung, $2 \cdot \frac{100}{2 \times 120} \cdot 600$.

Querschnitte durch Steuerungsantrieb und Arbeitszylinder zu Abb. 613.

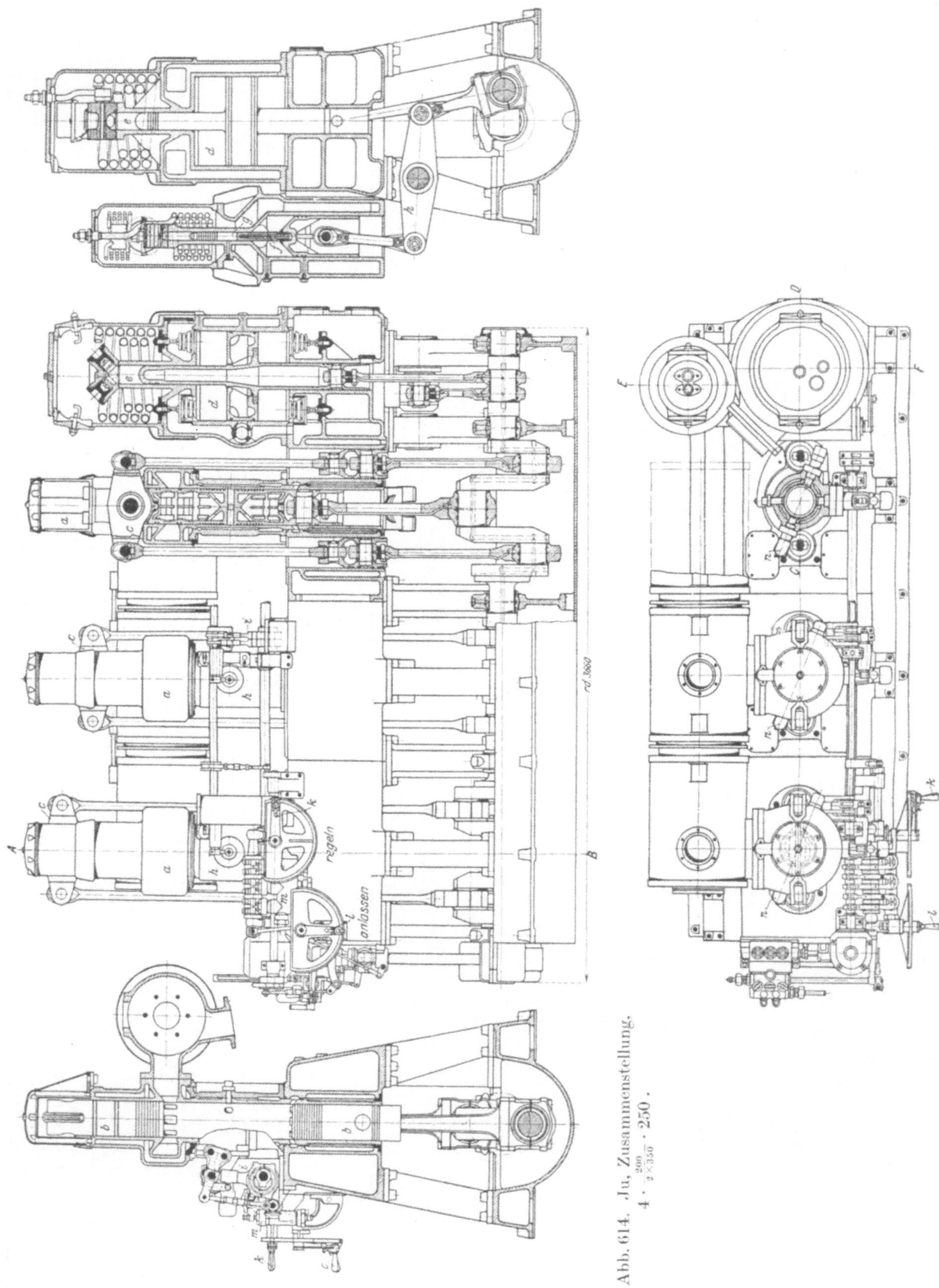

Abb. 614. Ju, Zusammenstellung, $4 \cdot \frac{200}{2 \times 350} \cdot 250$.

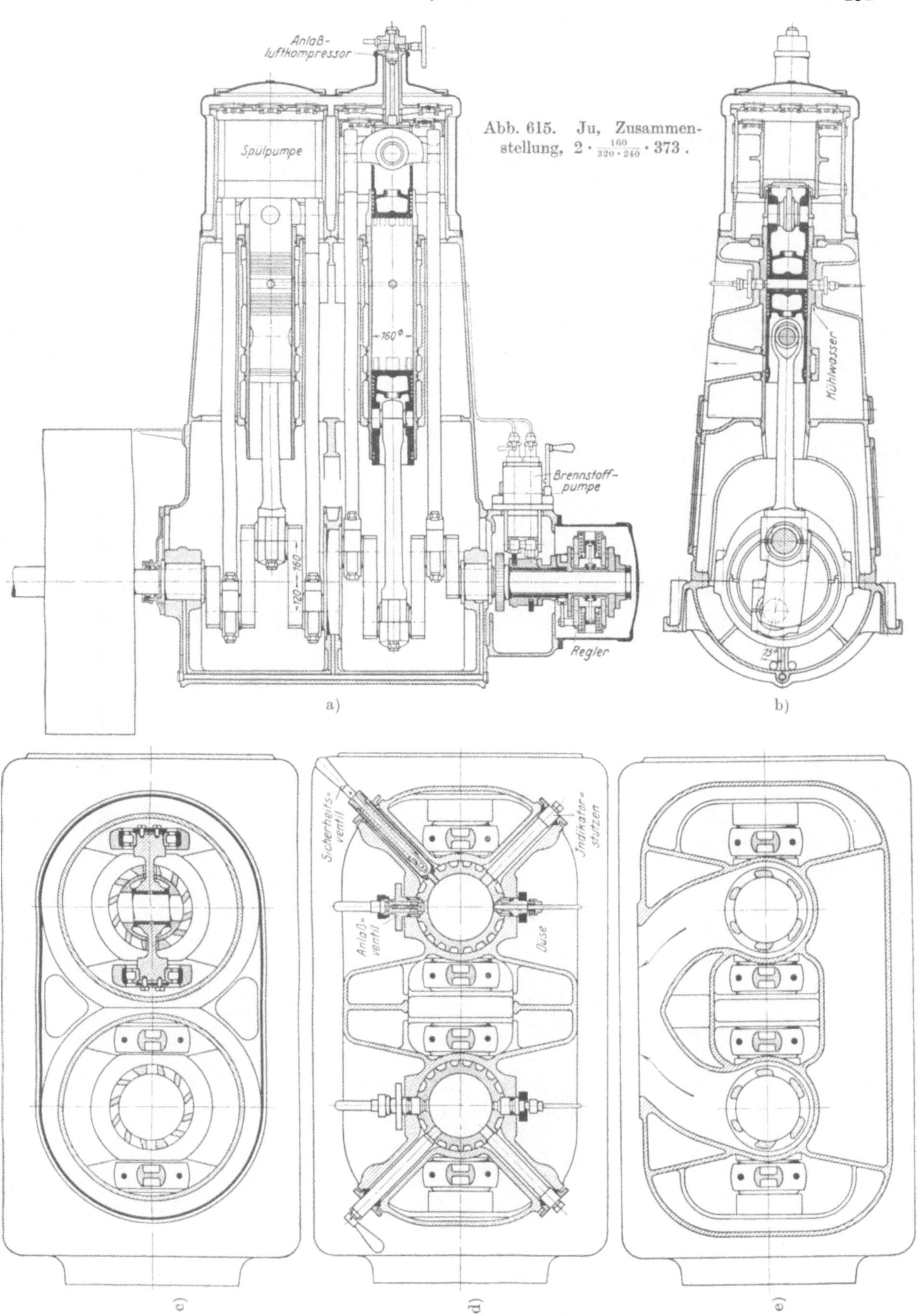

Abb. 615. Ju, Zusammenstellung, $2 \cdot \frac{160}{320 \cdot 240} \cdot 373$.

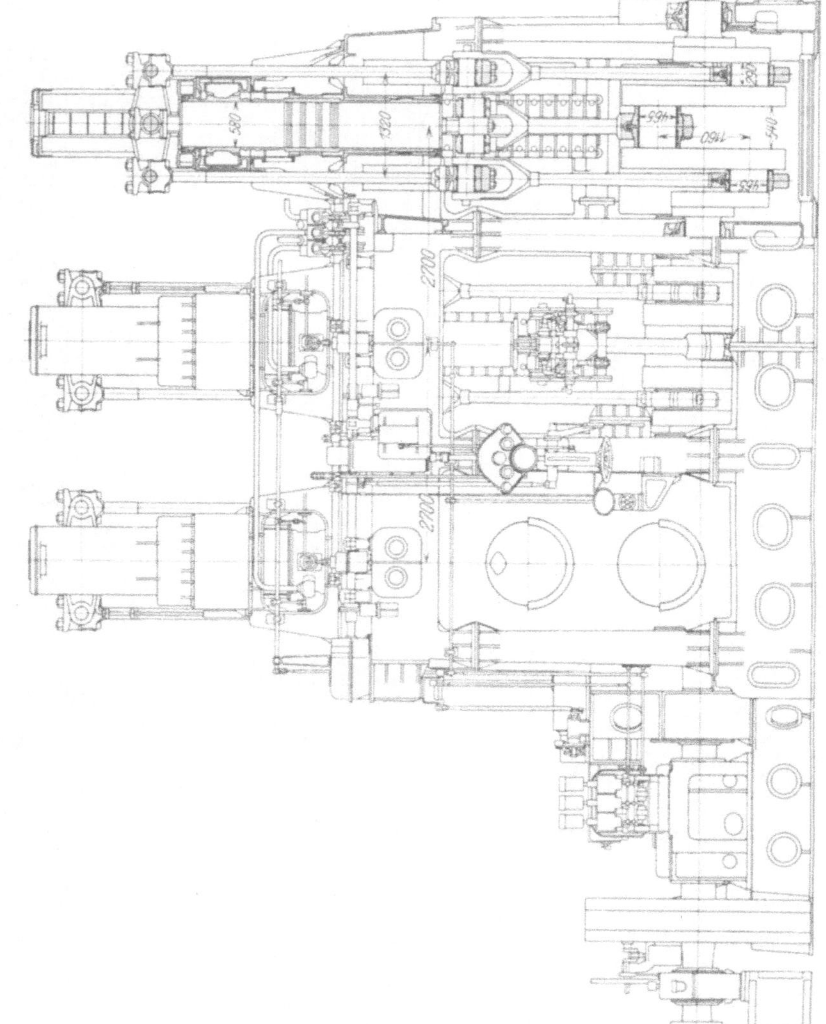

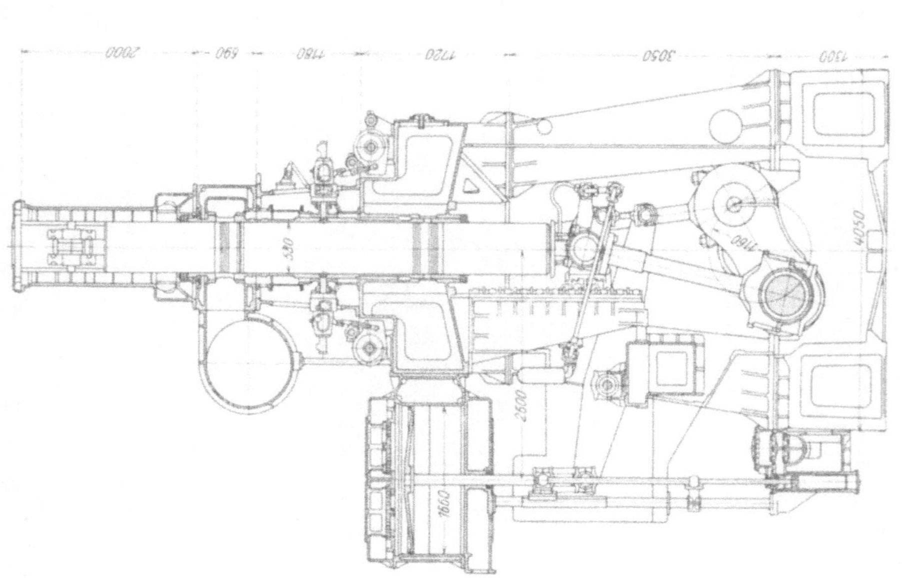

Abb. 616. Do, Zusammenstellung, $3 \cdot \frac{580}{2 \times 1160} \cdot 90$.

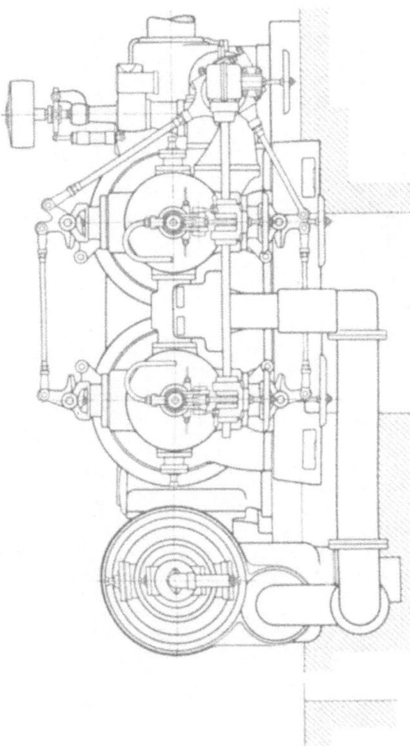

Die Rippen müssen so stark sein, daß sie die Reibungskräfte des Kolbens auch bei etwaigem Festklemmen nahe am inneren Totpunkt aushalten und auch besonders bei einseitiger Erwärmung das Verziehen der Büchse verhindern. Ihre Breite am inneren Zylinderumfang hat die ganze Kolbenreibung aufzunehmen, und zwar insofern unter ungünstigen Umständen, als gerade dort beim Auspuff die Ölschicht an der Oberfläche weggefegt wird. Für die Öffnungen bleiben etwa 6 bis 7 Zwölftel des Umfangs übrig. Die Rippen werden oft wegen günstigerer und gleichmäßigerer Abnutzung der Kolbenringe schräg angeordnet, wodurch Riefen in den Ringen vermieden werden.

Die Länge der Auspuffschlitze und der Spülschlitze und ihr Querschnitt hängen von der Kolbengeschwindigkeit ab, ihre Bemessung wird bei der Steuerung besprochen.

Die Zylinder haben gegen die Auspuffschlitze hin merklich geringere Temperatur und Ausdehnung, können also etwas kegelförmig gebohrt werden, um im Betriebe die Zylinderform zu bekommen. Die Länge des Zylinderrohres wird durch den wirksamen Kolbenhub, die Schlitz-

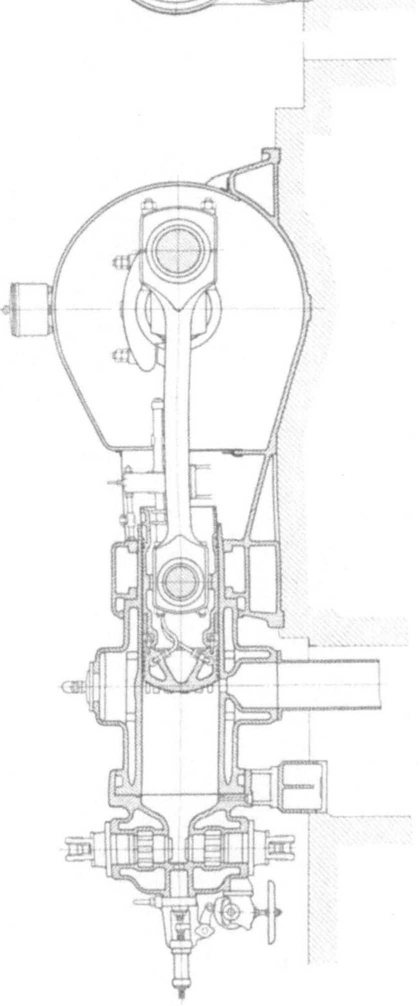

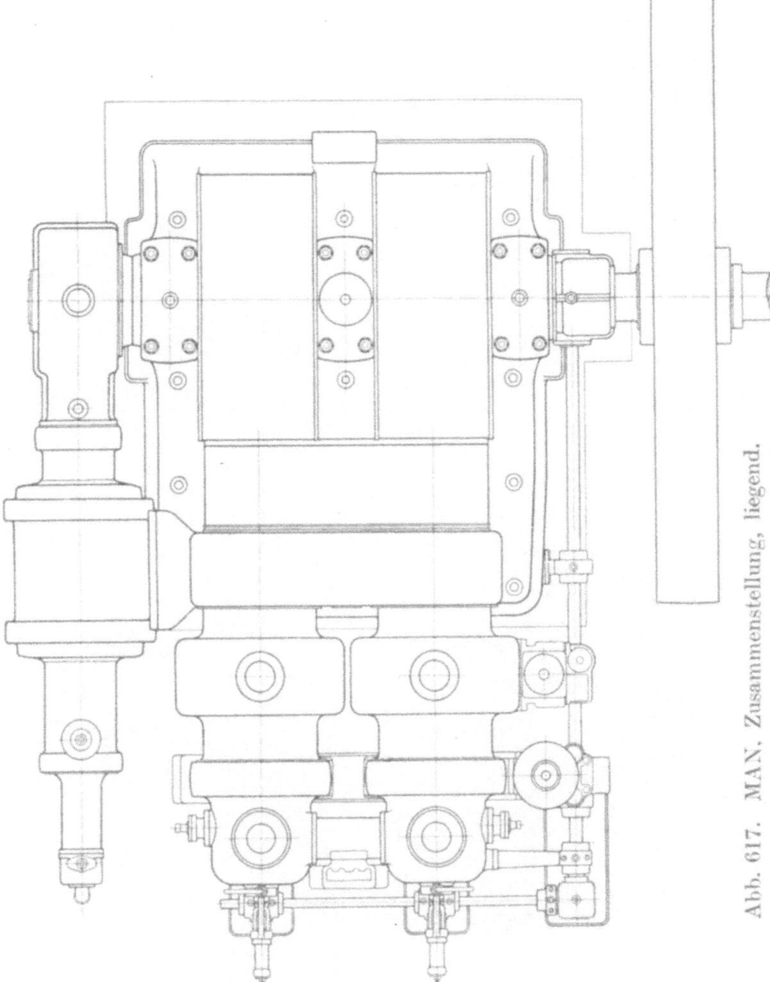

Abb. 617. MAN. Zusammenstellung, liegend.

länge und die Kolbenlänge bestimmt. Tauchkolben treten am inneren Totpunkt um etwa $^1/_5$ ihrer Länge aus der Büchse. Auch bei außenliegenden, gesonderten Kreuzköpfen müssen die Kolben so lang sein, daß sie bei äußerster Stellung noch die Schlitze genügend decken. Hierfür werden oft besondere zylindrische Büchsen verwendet (Abb. 581, 583, 584, 593 u. a.). Abb. 621 gibt das Temperaturfeld[1]) der Büchse

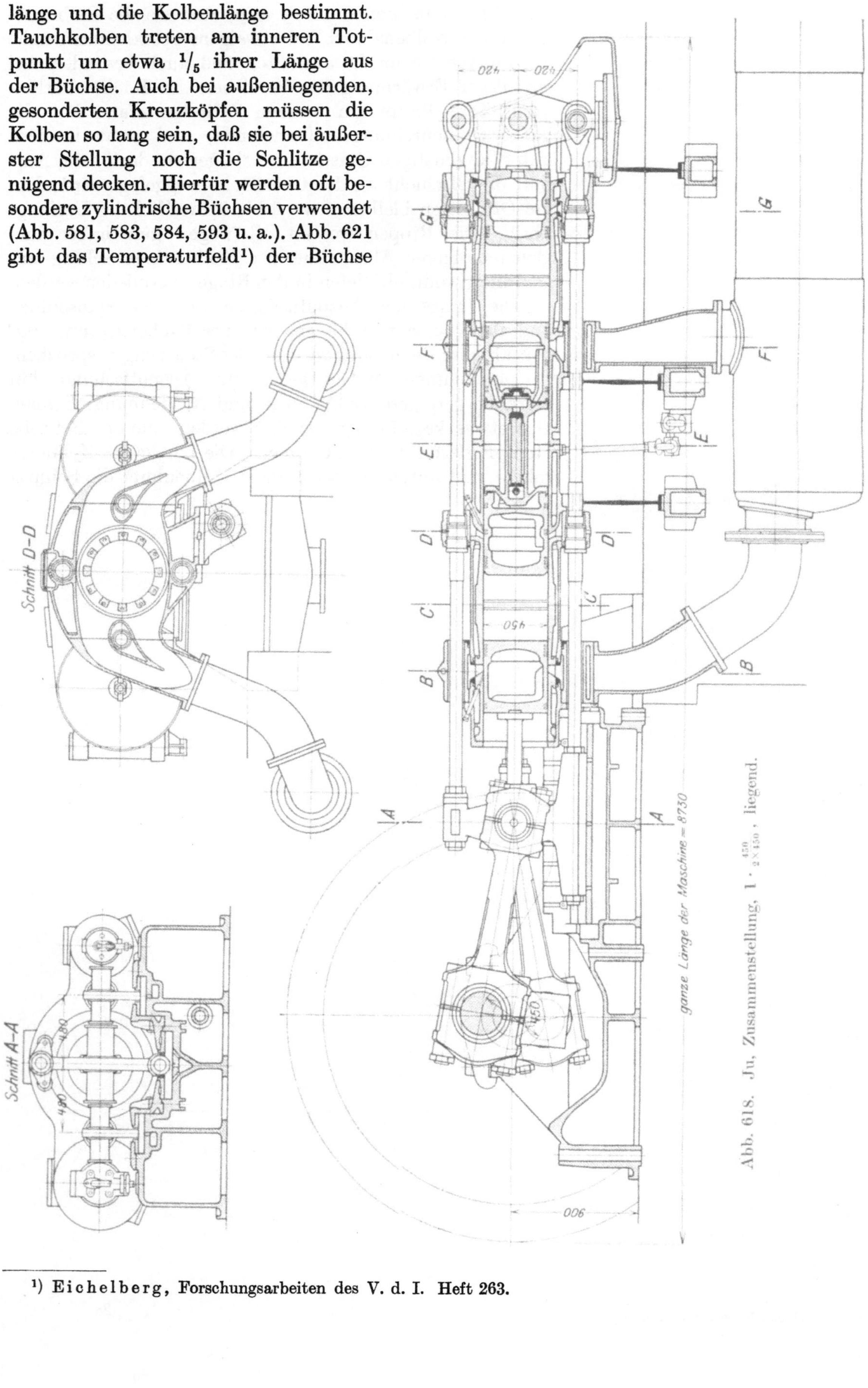

Abb. 618. Ju, Zusammenstellung, $1 \cdot \frac{450}{2 \times 450}$, liegend.

[1]) Eichelberg, Forschungsarbeiten des V. d. I. Heft 263.

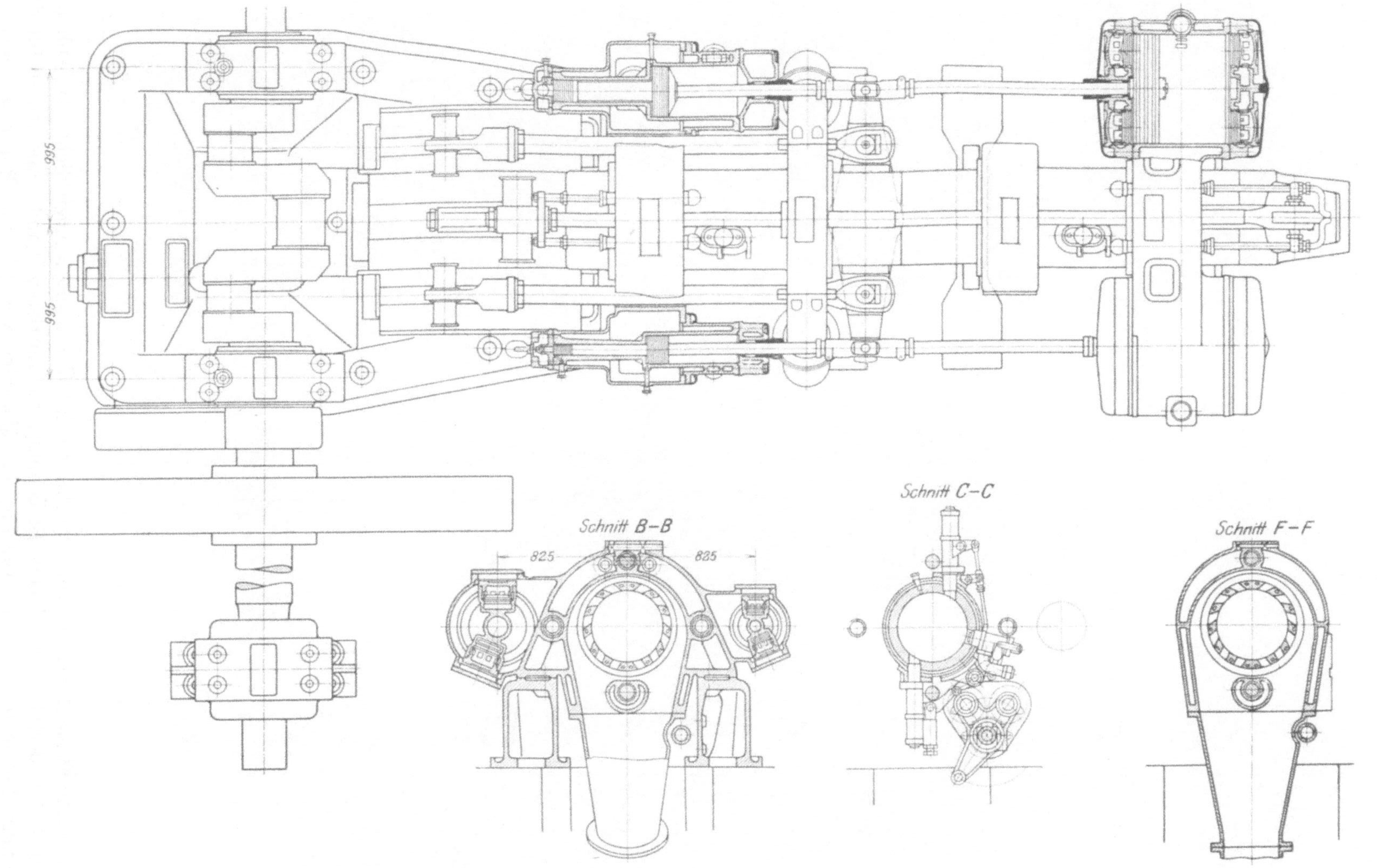

Zu Abb. 618. Ju, Zusammenstellung, $1 \cdot \frac{450}{2 \times 450}$, liegend.

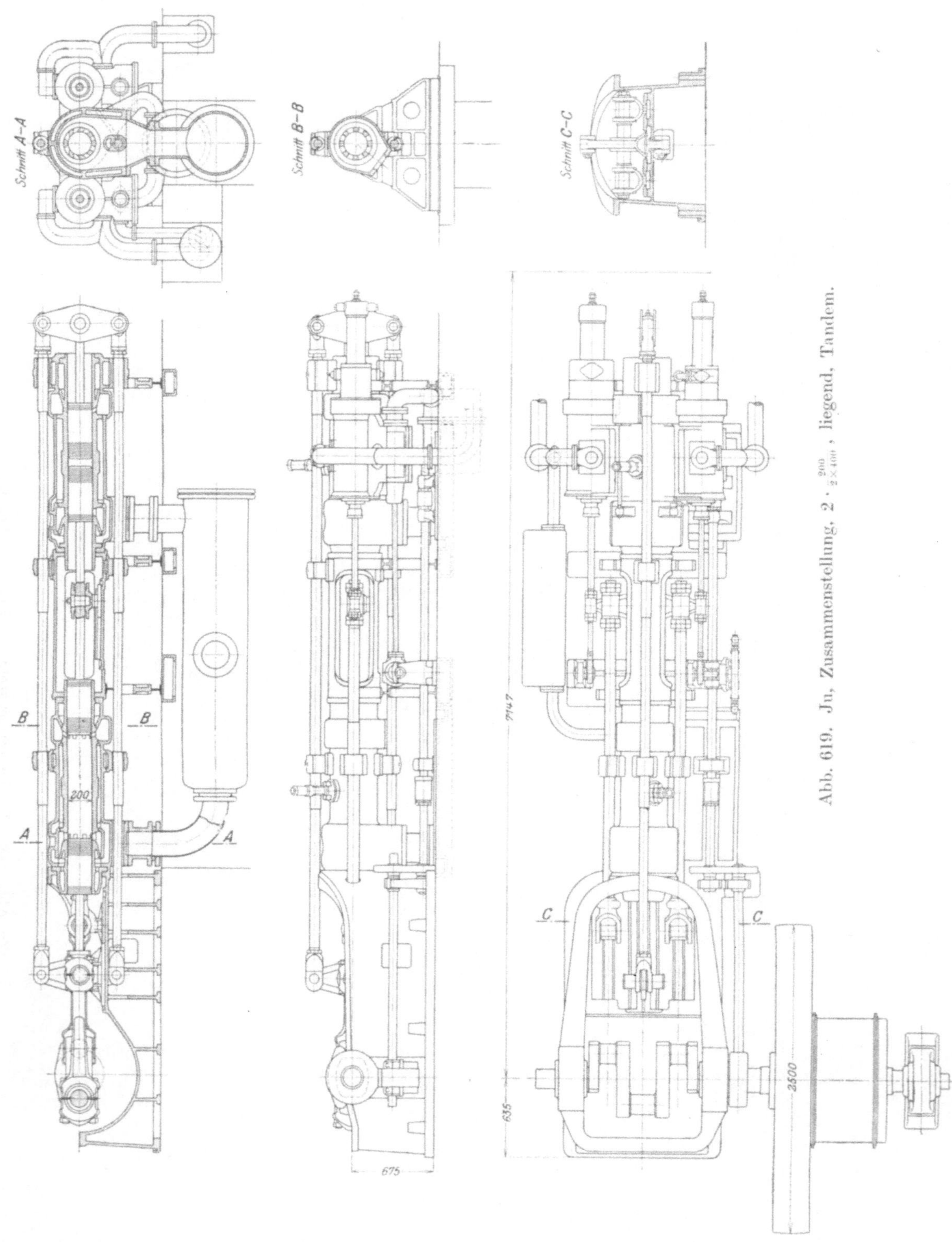

Abb. 619. Ju, Zusammenstellung, $2 \cdot \frac{200}{2 \times 400}$, liegend, Tandem.

einer Zweitaktmaschine, das zur Berechnung der Wärmespannungen dient. In Abb. 622 ist die beim Viertakt beschriebene Berechnung der mittleren Wandtemperaturen für den Zweitakt durchgeführt, und zwar für eine Maschine von 600 mm Bohrung, 1060 mm Hub und 100 Umdr/Min.

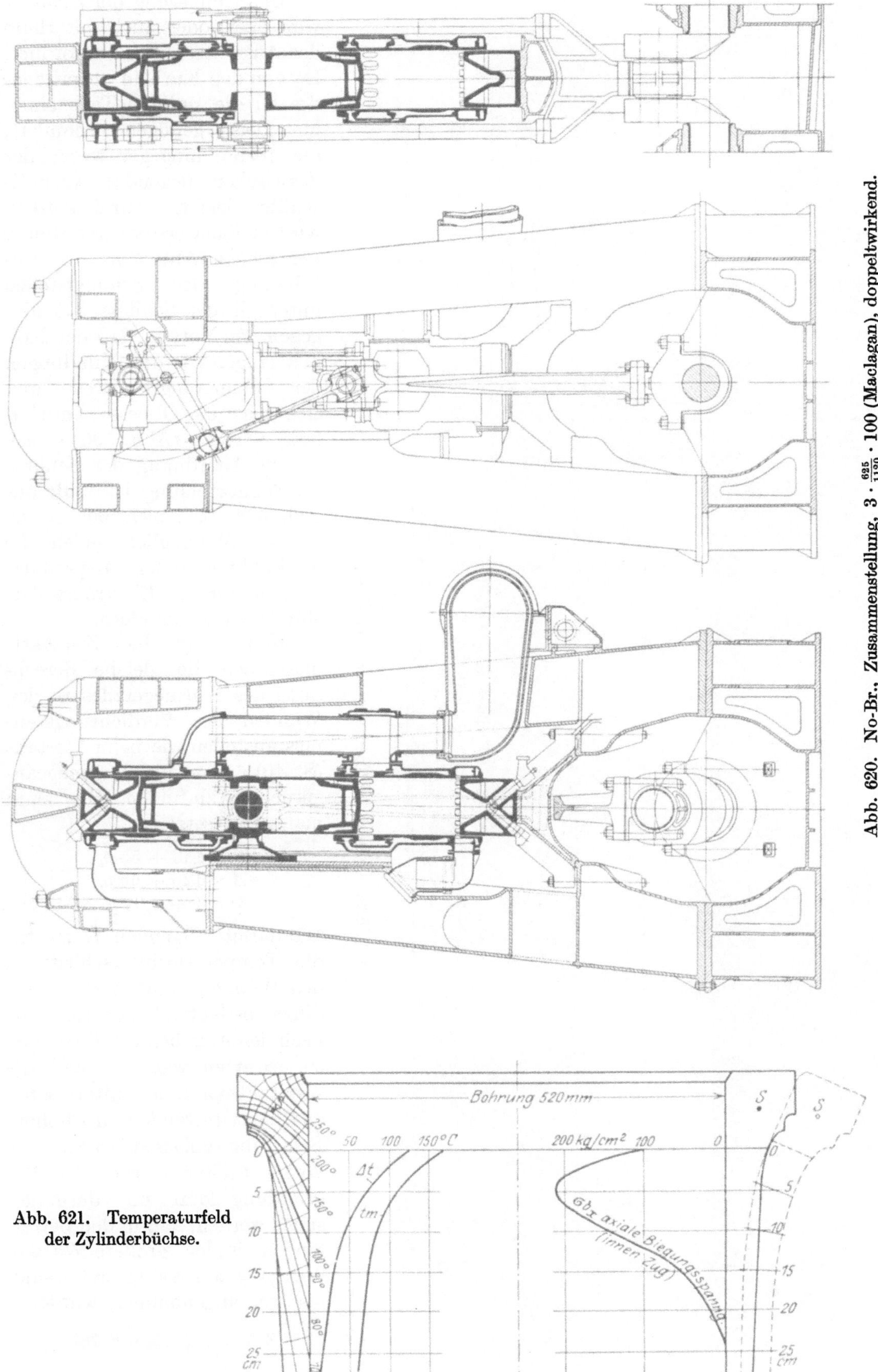

Abb. 620. No-Br., Zusammenstellung, $3 \cdot \frac{625}{1120} \cdot 100$ (Maclagan), doppeltwirkend.

Abb. 621. Temperaturfeld der Zylinderbüchse.

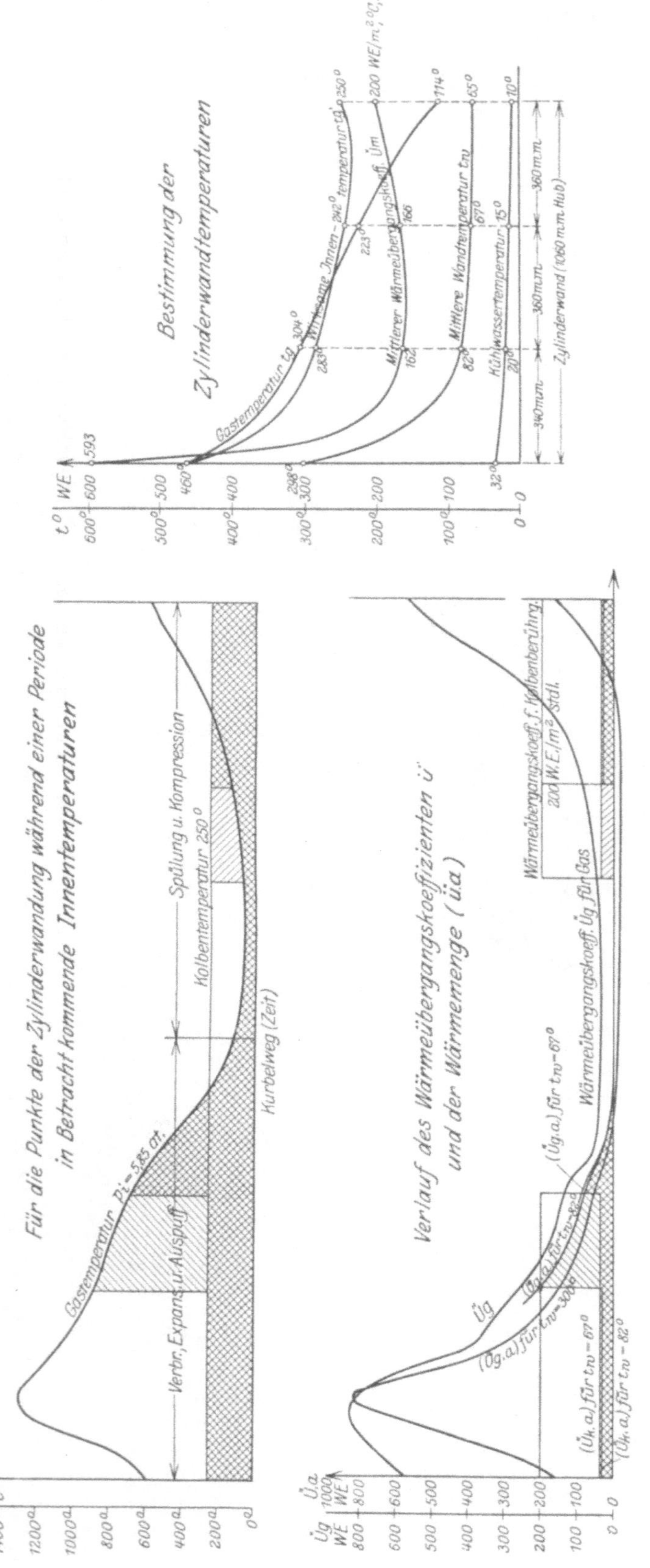

Abb. 622. Verlauf der Temperaturen und Übergangsbeiwerte, $\frac{600}{1060} \cdot 100$.

Die Schmierung der Zylinder wird ober- oder auch unterhalb der Auspuffschlitze angeordnet. Da von den Kurbeln abspritzendes Öl die unteren Teile ohnehin meist genügend schmiert, die oberen hingegen wegen der dazwischen liegenden Auspuffschlitze leichter ölfrei werden, wird vielfach erstere Anordnung vorgezogen (Abb. 599). Die Anbringung der Schmierstellen unterhalb der Schlitze hat hingegen den Vorteil, daß der Kolben länger vor den Mündungen der Schmierung verweilt und sich daher das Öl besser am Umfang verteilt (Abb. 590 u. a.).

Die Anordnung der Schlitze für Schlitzspülung ist z. B. aus Abb. 584, 596, 597, 605 zu ersehen. Womöglich sollen die Spülschlitze außen abgerundet werden, um die Einströmwiderstände zu vermindern.

Man kann bei Zweitaktmaschinen die gleiche Berechnung des Wärmegefälles in den Wänden des Verdichtungsraumes anstellen wie beim Viertakt (S. 40), um die Wärmebeanspruchung zu finden. Hier kann man etwa setzen:

$$T \sim 430 + 55 p_i,$$
$$\Delta \sim 125 + 55 p_i,$$
$$p \sim 1 + 0{,}97 p_i.$$

Die daraus folgenden Werte für die Temperaturunterschiede in den Wänden ergeben sich allerdings bedeutend geringer, als nach den Angaben von Riehm[1]) zu erwarten wäre, so daß die Zweitaktmaschine unter sonst gleichen Umständen eine höhere Belastung zulassen würde, als dort gefunden wurde. Die Begründung kann nur darin gesucht werden, daß in den betreffenden Fällen größere Wärmeübergangswerte aufgetreten sind, als hier angenommen wurde.

[1]) Z. V. d. Ing. 1923, S. 764.

II. Das Gestell und der Kühlmantel.

Bei Zweitaktmaschinen kommen die gleichen Bauarten für Gestell und Kühlmantel in Betracht wie beim Viertakt, ein grundsätzlicher Unterschied besteht nur in der Anordnung des Auspuff- und gegebenenfalls des Spülluftkanals im Mantel.

Beispiele des mit dem Kühlmantel vereinigten A-Ständers bieten Abb. 623, 624, ohne und mit besonderer Kreuzkopfführung, erstere allerdings durch neuere Bauarten

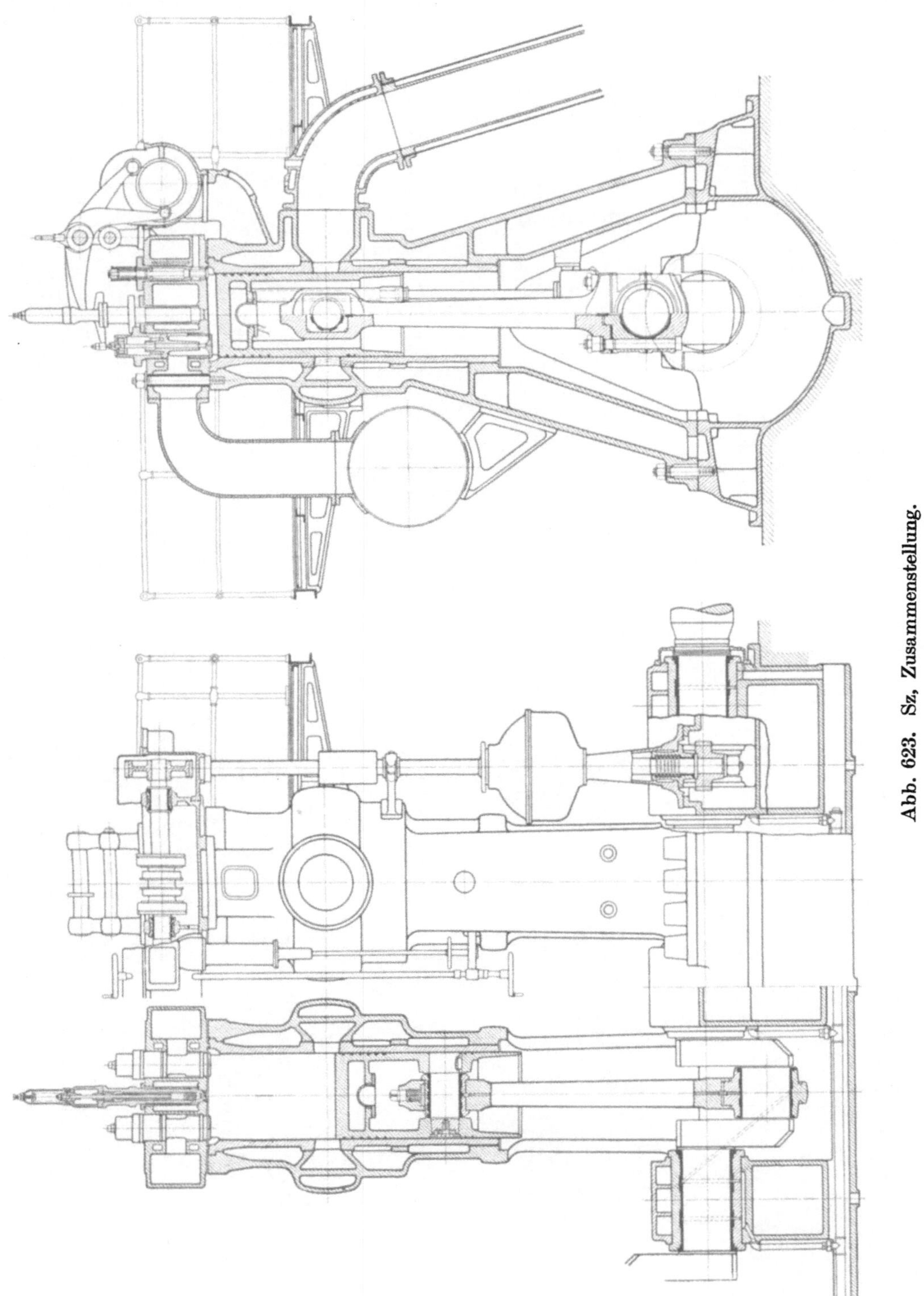

Abb. 623. Sz, Zusammenstellung.

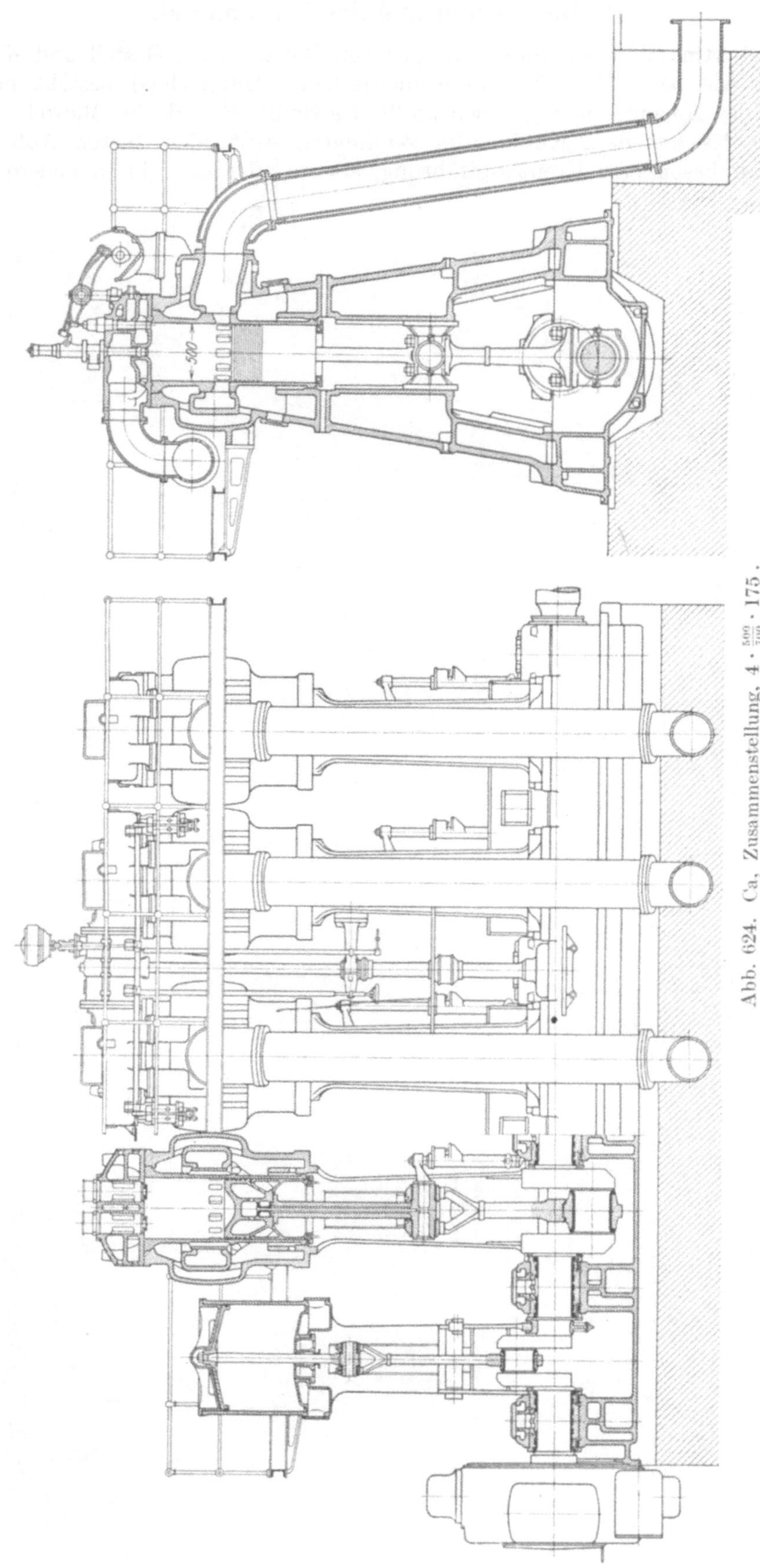

Abb. 624. Ca, Zusammenstellung, $4 \cdot \frac{500}{700} \cdot 175$.

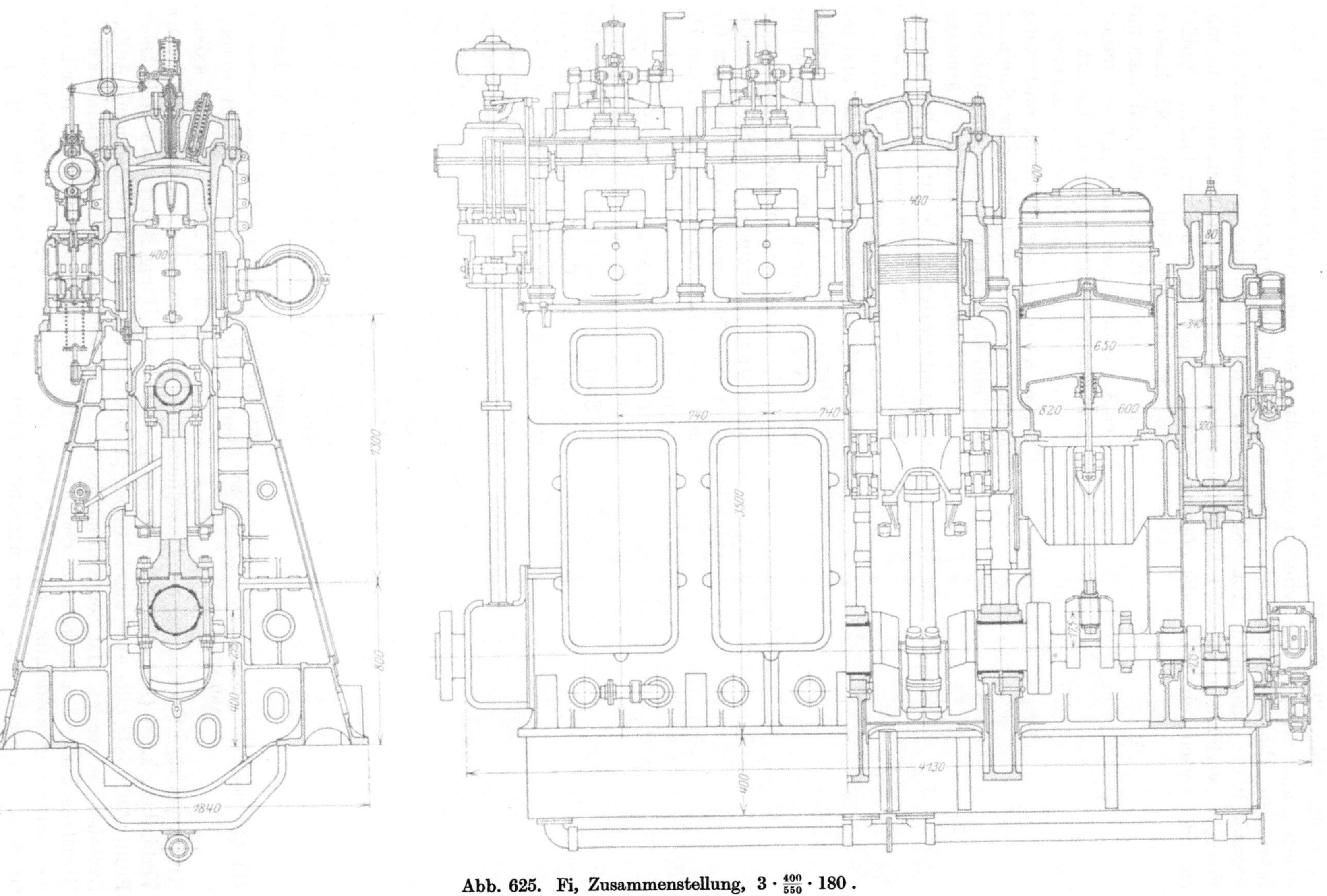

Abb. 625. Fi, Zusammenstellung, $3 \cdot \frac{400}{550} \cdot 180$.

überholt. Abb. 579, 603, 607 zeigen A-Ständer zwischen den Zylindermitten mit darüberliegenden verbundenen Zylindern und mit dazwischenliegenden einseitigen Kreuzkopfführungen, Abb. 581, 582 Säulen in und zwischen den Zylindermitten, durch eine oben liegende Platte verbunden, Abb. 584 ebensolche Säulen, unmittelbar untereinander mit Flanschen verbunden, Abb. 580, 587 Säulen zwischen den Zylindermitten, wobei die miteinander verschraubten Zylinder oder besondere Rahmen den Obergurt bilden. Endlich sind in den Abb. 590, 595, 599 Kastengestelle dargestellt, die manchmal auch mit den Kühlmänteln zusammengegossen werden. Abb. 595 und 625 zeigen die Bauart mit hochliegender Verbindungstelle an der Grundplatte. Auch hier werden häufig Entlastungschrauben zwischen Deckeln oder Kühlmänteln und Grundplatte verwendet (Abb. 587, 599, 607, 626); da sie durch die Wärmeausdehnung der Gestellteile auf Zug beansprucht werden, darf ihre Einbauspannung im kalten Zustand nicht allzugroß sein. In Abb. 598 sind die Zylinderteile untereinander und mit den Gestellsäulen durch Schrauben verbunden. Wegen leichteren Wellenausbaues sind auch einerseits abnehmbare Stützsäulen zur Anwendung gekommen. In Abb. 591 bilden die schmiedeeisernen Säulen allein das Gestell, das durch in Rahmen gehaltene Ölschirme nach außen abgeschlossen wird.

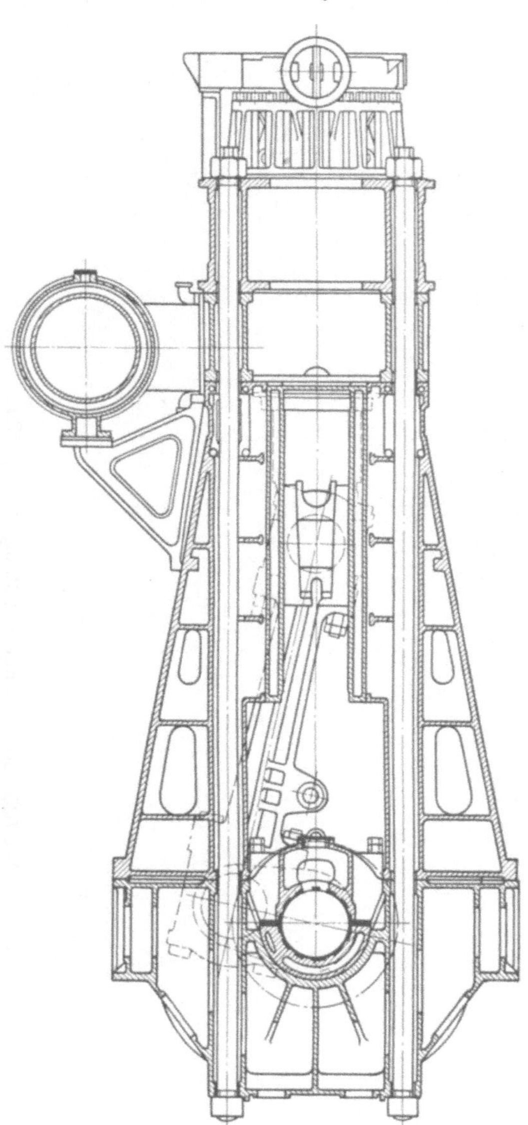

Abb. 626. Be, Gestellquerschnitt, $6 \cdot \frac{660}{1260} \cdot 115$, zu Abb. 636.

Bei kleineren Maschinen wird der ganze Kurbelkasten oder ein Teil desselben auch als Spülpumpenraum verwendet (z. B. Abb. 605, 664). Die Verbindungstellen mit den Deckeln sind trotz anderer Bauart derselben doch im ganzen denen der Viertaktmaschine entsprechend. Wo bei eingesetzten Büchsen an den Stellen der Auspuff- und Spülschlitze Verstärkungen zur entsprechenden Ausbildung der Stege angebracht werden, müssen dementsprechend große Öffnungen im Kühlmantel und eine passende Ausbildung der Büchsenflansche verwendet werden (Abb. 584, 599, 624; vgl. auch Abb. 598). Wenn die Auspuffkanäle oder auch die Spülkanäle am Mantel angegossen sind, muß dieser an den betreffenden Stellen erweitert werden, so daß ein für die Aufnahme der axialen Kräfte günstiger Übergang zu den Deckelflanschen erforderlich wird, entweder durch einen Verbindungskegel (Abb. 579, 583, 584, 627), oder durch Hohlguß mit etwa dreieckigem Profil (Abb. 581), oder auch durch Rippen (Abb. 628). Bei Abb. 582 werden hohle Außenflanschen verwendet. Ist der Kühlmantel durch Verbindungschrauben zwischen seinem Oberflansch oder den Deckeln mit der Grundplatte verbunden, so kann er in seiner Länge mehrteilig und ausdehnbar sein (z. B. Abb. 587; vgl. Abb. 599), oder braucht nur das Gewicht von Deckel und daranhängender Büchse zu tragen (z. B. Abb. 580, 598).

Auch die Verbindung der Kühlwasserräume von Mantel und Deckel und deren Abdichtung sind im wesentlichen wie beim Viertakt durchgebildet, die Abb. 589, 590,

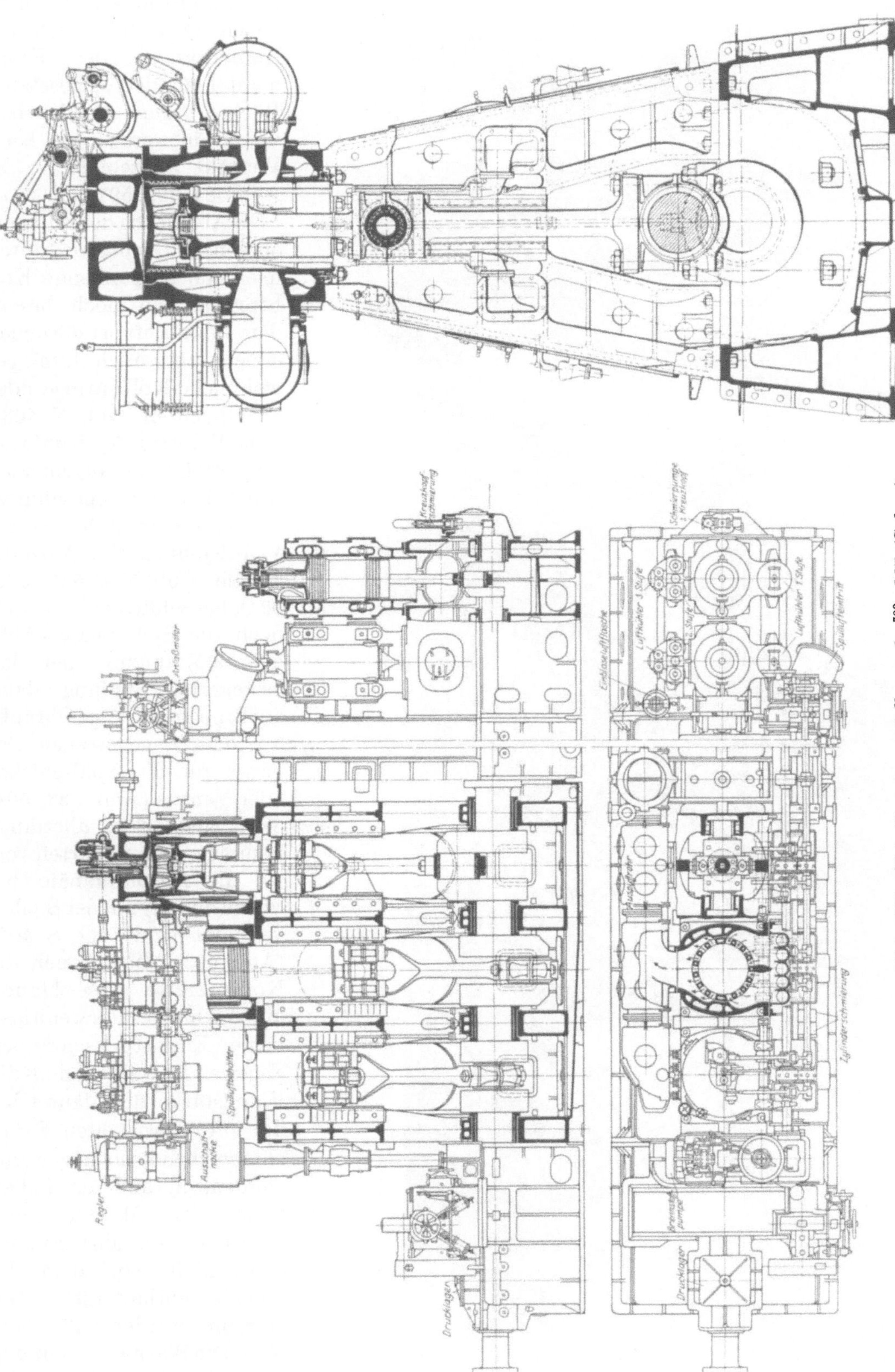

Abb. 627. Fai, Zusammenstellung, $6 \cdot \frac{700}{990} \cdot 127$ (Sulzer).

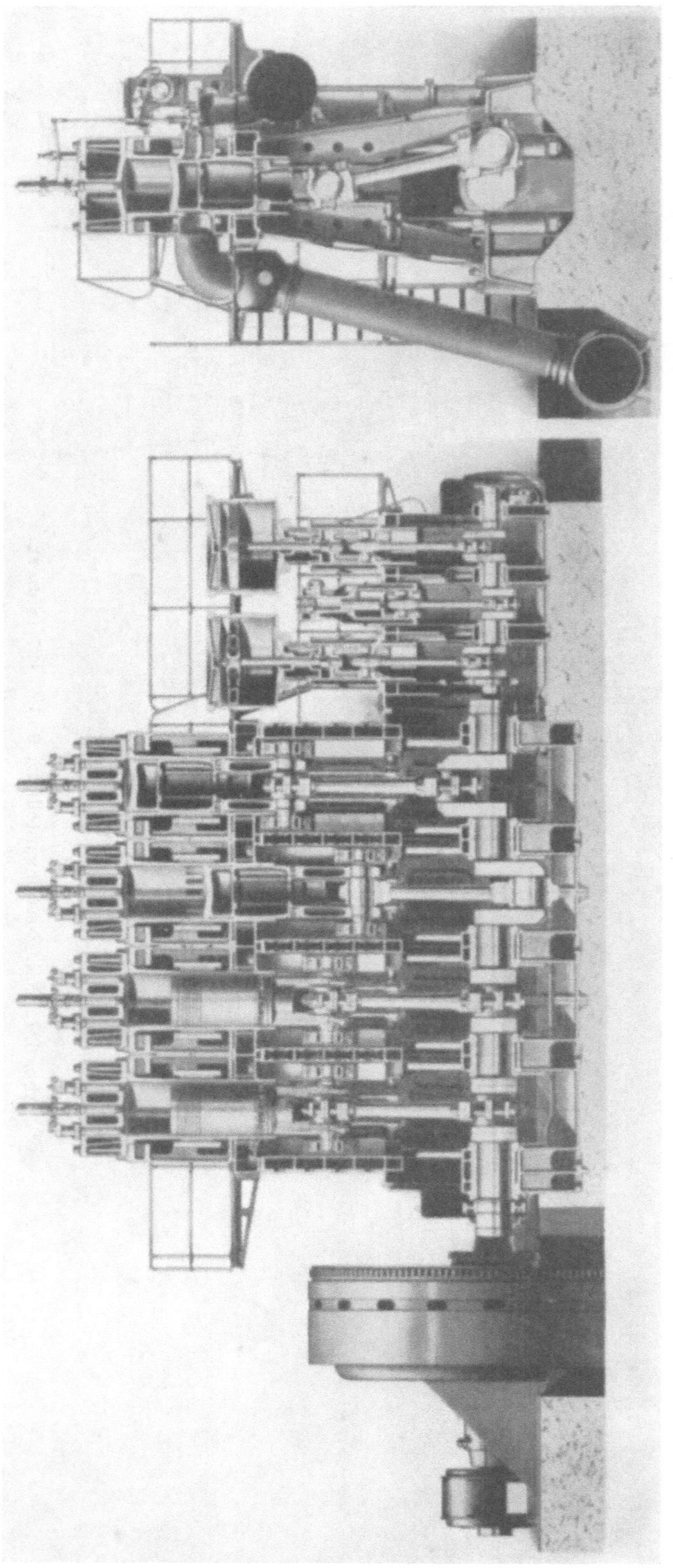

Abb. 628. Sz, Zusammenstellung.

597, 598, 605, 607 zeigen die besprochenen verschiedenen Formen. Auch die Abdichtungen der Kühlmäntel an der eingesetzten Büchse gegen den Kurbelraum hin werden wie beim Viertakt ausgebildet (z. B. Abb. 584, 596, 597, 598, 627).

Die Abhaltung des Schmieröls von der Büchse wird durch nach innen spannende Kolbenringe und noch besondere Abstreifvorrichtungen erzielt, aber auch durch gewöhnliche Kolbenringe oder Stopfbüchsen (vgl. S. 403).

Die Führung des Kühlwassers erfolgt im allgemeinen wie bei Viertaktmaschinen. Die Kühlmäntel haben bei Ventilspülung die Auspuffkanäle (Abb. 579, 581, 582, 624), bei Schlitzspülung auch noch die Spülkanäle (Abb. 590, 605) aufzunehmen, bei gesteuerter Spülung dann auch noch die angeschraubten oder angegossenen Gehäuse für die Spülschieber oder Ventile (Abb. 583, 584, 587, 599, 627), allerdings kommen auch Bauarten vor, wo die Auspuffkanäle bei Ventilspülung mit der Büchse vereinigt sind (vgl. S. 403) (Abb. 593). Wenn auch die Kolbenkräfte vom Mantel aufzunehmen sind, wenn also keine Entlastungschrauben angewendet werden, muß die Wandstärke der Mäntel bei der oft verwickelten Form entsprechend hoch gewählt werden, in anderen Fällen kann der Mantel ganz schwach ausgeführt und gegebenenfalls von dem die Kanäle enthaltenden Teil getrennt werden (Abb. 580, 598). Die Wärmeausdehnung der heißen Auspuffkanäle ist möglichst zu berücksichtigen

(z. B. Abb. 587, 593, 599, 624), besonders auch bei Kühlmänteln, die mit den Zylinderbüchsen zusammengegossen sind, wo auch die Längsdehnung der letzteren beachtet werden muß (z. B. Abb. 590, 606). Dies geschieht durch Teilung des Kühlmantels und Dichtung des Ringspalts mit Gummiring und Schelle oder durch Federung der betreffenden Teile. Die Kühlmäntel schließen im allgemeinen unmittelbar an die Auspuffleitungen an (Abb. 579, 581, 583, 584 u. a.) und sind manchmal auch mit diesen aus einem Stück hergestellt (Abb. 582).

Die Spülluftleitungen für Schlitzspülung gehen oft durch die als Aufnehmer ausgebildeten, untereinander mit Rohren verbundenen Säulenständer (Abb. 584, 596, 629)

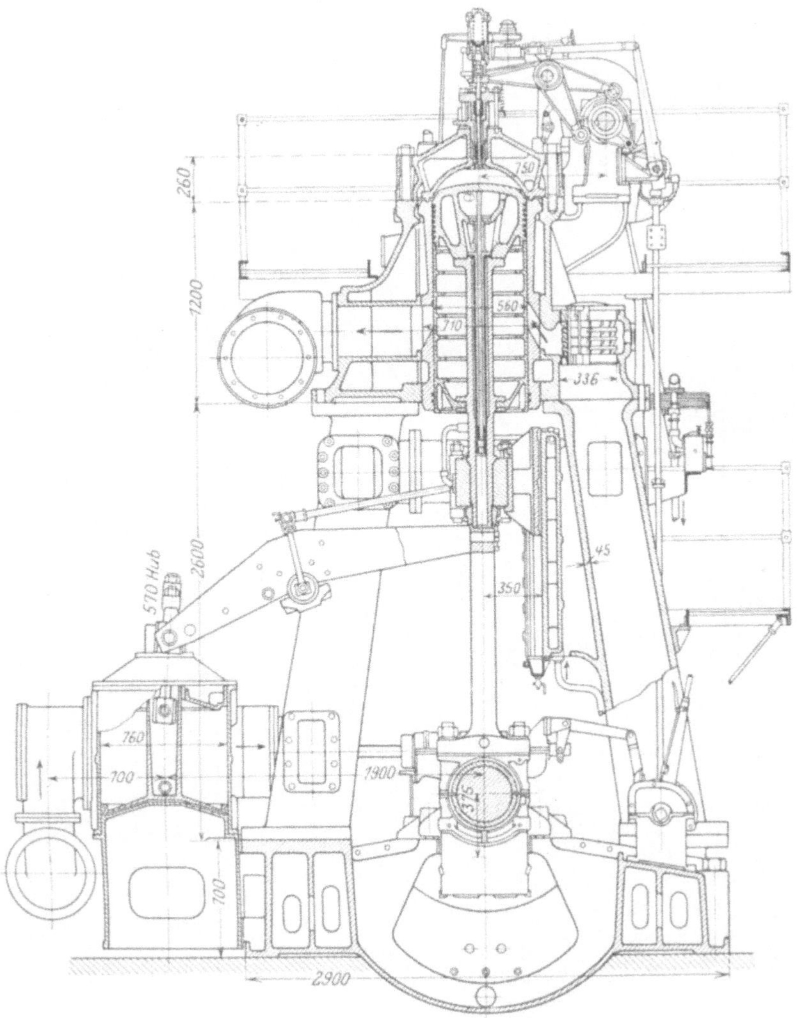

Abb. 629. Mi, Querschnitt, $4 \cdot \frac{560}{750} \cdot 125$ (Nobel).

oder die hohlen, darüberliegenden Verbindungsplatten (Abb. 587) und von da unmittelbar zu den Steuerschlitzen oder zu den Hilfschiebern oder Ventilen, sonst werden auch besondere Rohre für die Verteilung der Spülluft verwendet (Abb. 580, 583, 590, 599, 606). Wird der Kurbelkasten oder ein Teil desselben als Pumpenraum benutzt, so ergibt sich die Verbindung von selbst (Abb. 605), ebenso wenn an den Kühlmänteln oder Gestellen entsprechende, miteinander verbundene Räume angeordnet werden (Abb. 595, 625).

Die Kühlmäntel tragen in ähnlicher Weise wie bei Viertaktmaschinen auch die Anpässe für die Steuerung, besonders bei Maschinen mit Ventilspülung; die Gestelle haben endlich die Lagerung für etwa angewendete Hebel für den Antrieb der Spülpumpen aufzunehmen (z. B. Abb. 580, 581, 582, 584, 629).

Die Kreuzkopfführungen in den Zylindermitten werden gewöhnlich so wie bei Viertaktmaschinen ausgeführt (z. B. Abb. 579, 581, 584, 629), manchmal auch als beiderseitige Führung (Abb. 624); eine besondere Bauart zeigen die Abb. 580, 583, 587, 599, 628 mit seitlich an den Hohlrippen des Kastens angeordneten Gleitbahnen, wodurch Kolben und Gestänge sehr leicht zugänglich gemacht werden.

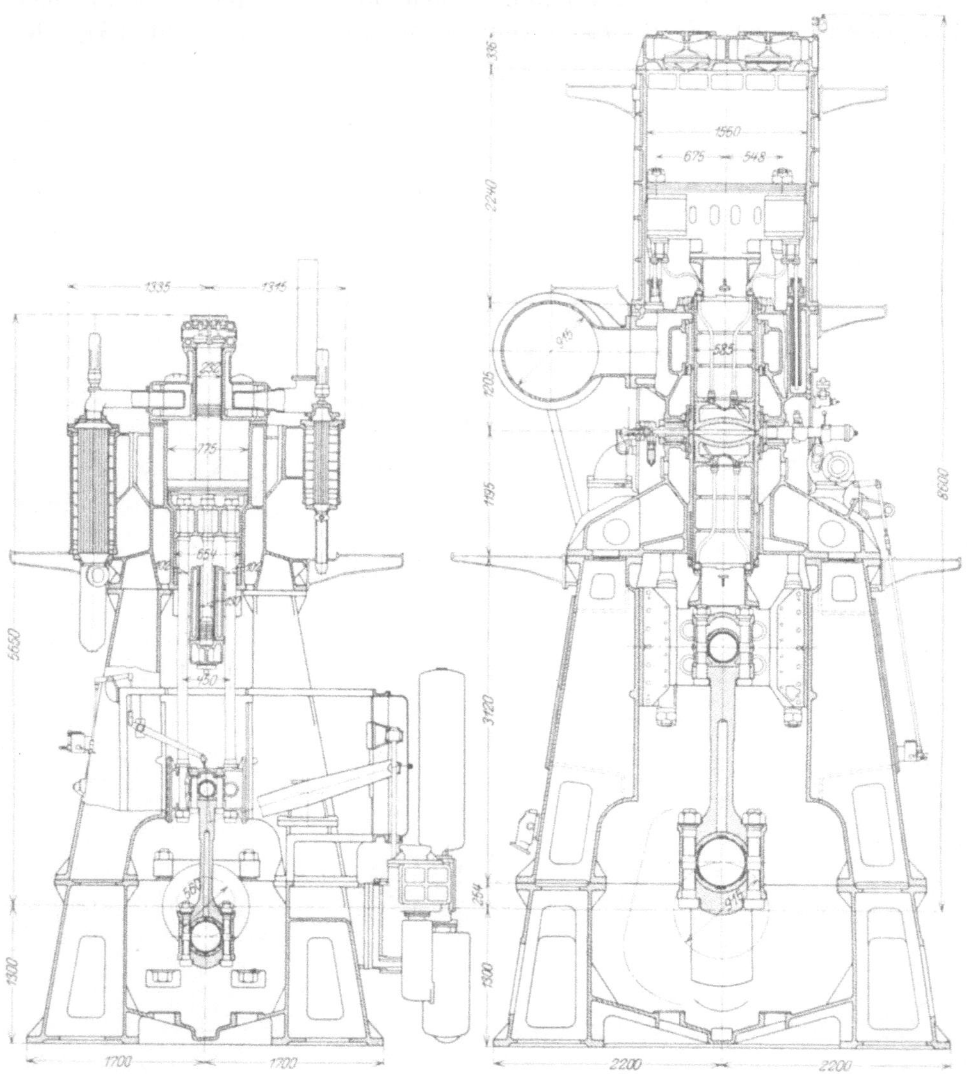

Abb. 630. Ca-L, Zusammenstellung, $6 \cdot \frac{585}{2\times 915} \cdot 90$ (Fullagar).

Bei besonderen Bauarten bedürfen auch die Gestelle und Kühlmäntel besonderer Formen. Bei Anordnung der Spülpumpen unmittelbar unter den Arbeitszylindern können sie im Gestell versenkt werden, indem man eine Büchse für die Pumpenzylinder von innen oder außen einsetzt (Abb. 592, 594), bei besonderer Kreuzkopfführung und von den Arbeitszylindern getrennten Spülpumpen werden diese auf die Gestelle aufgesetzt (Abb. 603). Die Abb. 614 einer Junkersmaschine zeigt in den Zylindermitten und zwischen diesen kurze, gußeiserne Ständersäulen, die starke Hohlgußquerbalken zur Aufnahme der Zylinder tragen und mit diesen die Kühlmäntel für die Spülseite bilden. Die Zylinderbüchsen bilden mit dem Oberteil der Kühlmäntel ein Stück, ein zylindrisches Rohr aus Stahlguß, das auch zur Verstärkung des dünnwandigen Zylinders dient, verbindet die beiden Teile der Kühlmäntel, deren Abdichtung durch Gummiringe und Stopfbüchsen erfolgt.

In Abb. 612 ist eine etwas andere Anordnung dargestellt. Hier bilden Büchse und Mantel ein Stück, der Mantel ist quer geteilt und die Ventilflanschen sind vom Mantel getrennt, um der Büchse freie Ausdehnung zu gewähren, die Gestellkasten sind mit der Grundplatte zusammengegossen, die Querbalken über denselben bilden Aufnehmer für die Spülluft.

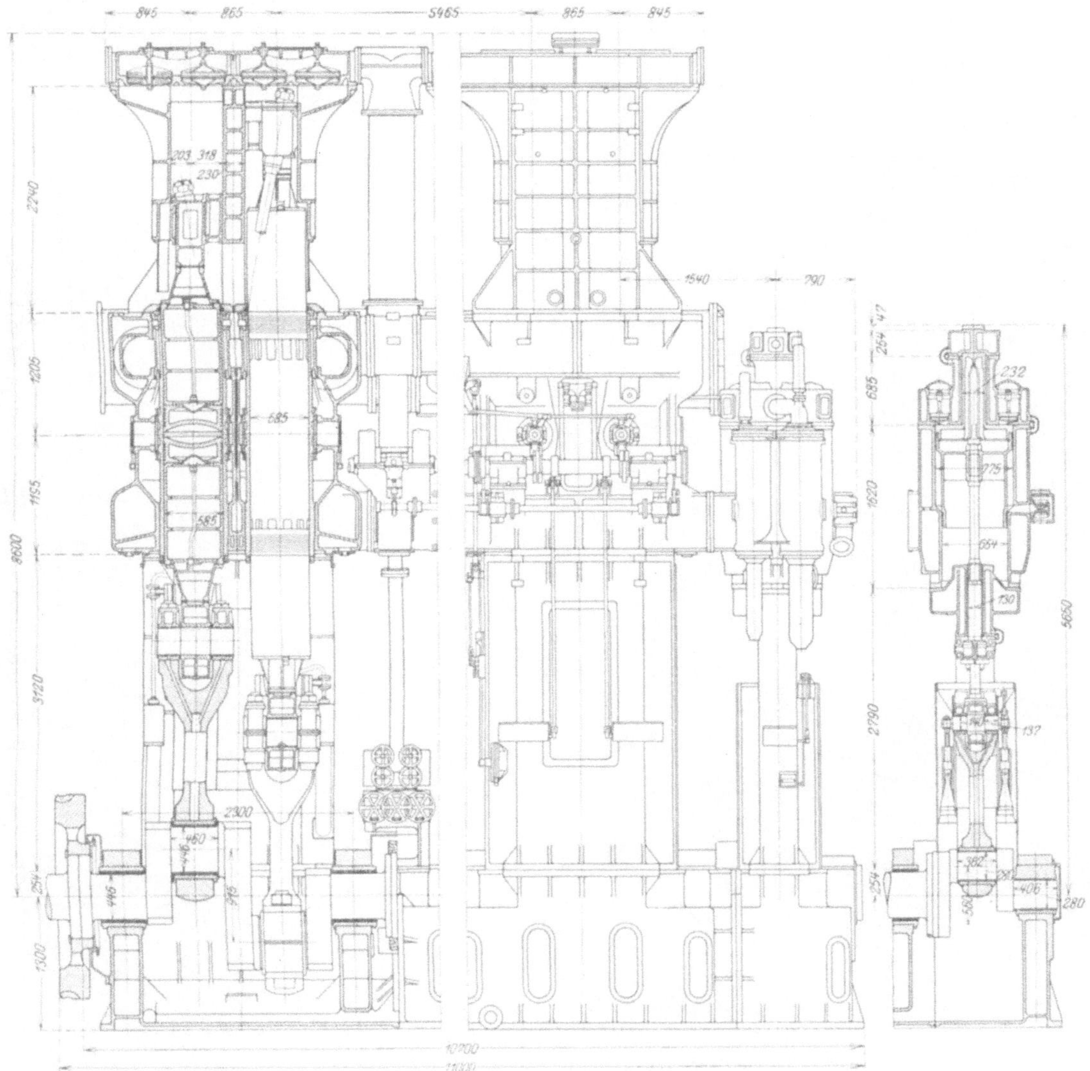

Zu Abb. 630. Ca-L, Zusammenstellung, $6 \cdot \frac{585}{2 \times 915} \cdot 90$ (Fullagar).

Einen ähnlichen Aufbau zeigt auch die Abb. 613, nur liegt hier die Teilung zwischen Gestell und Grundplatte tief.

Bei der neuesten Ausführung, Abb. 615, werden Kastengestelle verwendet, die als Aufnehmer für die Spülluft dienen und gleichzeitig die Kühlmäntel für die gesondert eingesetzten Büchsen und einen Auspuffbehälter bilden. Der Weg der Spülluft zwischen Behälter und Zylinder ist so kurz als möglich, und damit werden die Strömungswiderstände gering.

Eine große Ausführung zeigt Abb. 616 mit je vier Säulenständern für jeden Zylinder, die untereinander oben durch starke Hohlgußträger verbunden sind. Diese bilden wieder den Kühlmantel für die Spülseite der von oben eingesetzten Büchsen und tragen mittels

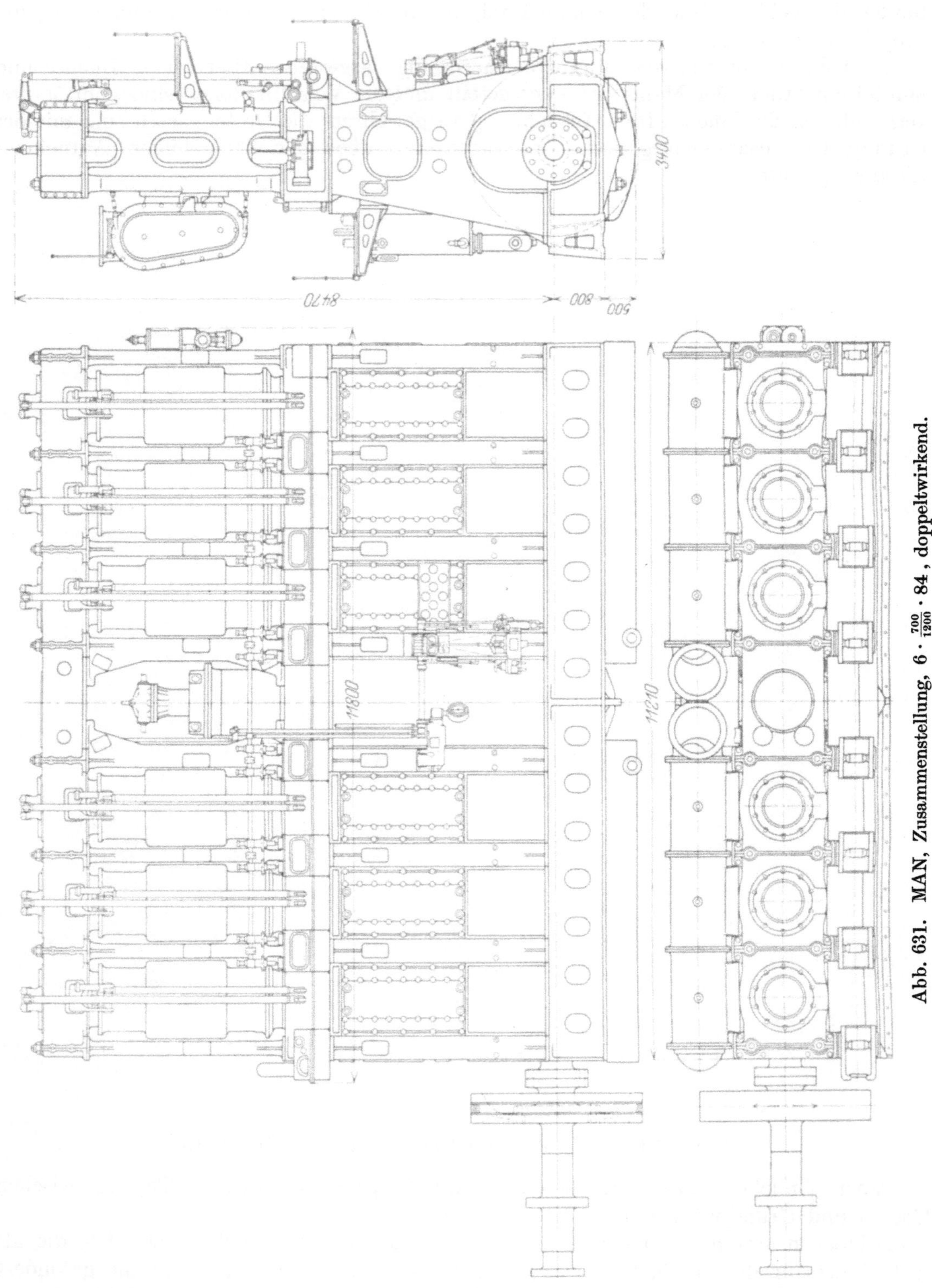

Abb. 631. MAN, Zusammenstellung, $6 \cdot \frac{700}{1200} \cdot 84$, doppeltwirkend.

eines Säulenrahmens den oberen Auspuffteil des Kühlmantels und die oberen Führungen. Die beiden Teile werden wie in Abb. 614 durch einen die Büchse verstärkenden Mittelteil miteinander verbunden, derart, daß sich die Büchse frei dehnen kann.

Bei Abb. 630 sind je zwei nahe aneinander gerückte Zylinderbüchsen in einem doppelten Kühlmantel eingeschlossen, dessen Teile miteinander verschraubt sind. Die an den Säulenständern angeordneten Kreuzkopfführungen, sowie die oberhalb der Kühlmäntel befestigten Führungen für die Spülpumpenkolben müssen auch die durch die schrägen Verbindungstangen entstehenden Querdrücke aufnehmen.

Noch verwickelter wird der Aufbau des Gestells und Kühlmantels bei doppeltwirkenden Maschinen (z. B. Abb. 609). Hier trägt ein gegen die Zylinder durch eine Wand mit Stopfbüchse abgeschlossenes Kastengestell einen Rahmen, an dem der mittlere Teil des Kühlmantels mit den Spül- und Auspuffschlitzen angeschlossen ist. Dieser Teil trägt die beiden Zylinderbüchsen, die von stählernen Hauben umschlossen und durch um diese gelegte Ringe angeflanscht sind. Die Kühlmäntel werden außen als gußeiserne Kappen übergeschoben und mit Stopfbüchsen abgedichtet.

Bei der neuen Versuchsmaschine der MAN tragen die Ständer einen Hohlgußlängsbalken, auf dem die unteren Zylinderbüchsen und die Kühlmäntel aufruhen. Sie tragen auch zwischen den Zylindern schmale Rahmen, auf denen oben neuerdings mehrteilige Längsbalken angebracht sind, an denen die oberen Zylinderbüchsen hängen. Grundplatte, Ständer, Längsbalken und Zwischenrahmen werden durch starke Zugschrauben zusammengehalten (Abb. 631).

Die letzte Ausführung der Versuchsmaschine von Krupp (Abb. 608, 632) hatte ein Gestell aus schmiedeeisernen Säulen mit Diagonalverstrebung und stark verrippten Tragbalken für die Zylinder. Diese bestehen aus zwei mit Flanschen verbundenen gußeisernen, haubenförmigen Kühlmänteln, die zwischen sich die beiden Nickelstahldeckelhauben mit den zwei gußeisernen Laufbüchsen und die gesonderten Spül- und Auspuffkanäle einschließen. Bei der nach der Art der Junkers-Spülung, aber mit einfachem, doppeltwirkendem Kolben und als Steuerschieber gleitendem Zylinder arbeitenden Maschine nach Abb. 620 ragen die Ständersäulen bis zum oberen Zylinder empor, sind dort durch schwere Längsbalken verbunden, die die festen oberen Deckel an Querträgern halten. Die unteren Deckel stützen sich mit A-förmigen Unterlagen gegen die Ständer. Kreuzkopfführungen sind unmittelbar an die Ständersäulen angebracht, die Zylinder führen sich an den festen Deckeln und den Kolben.

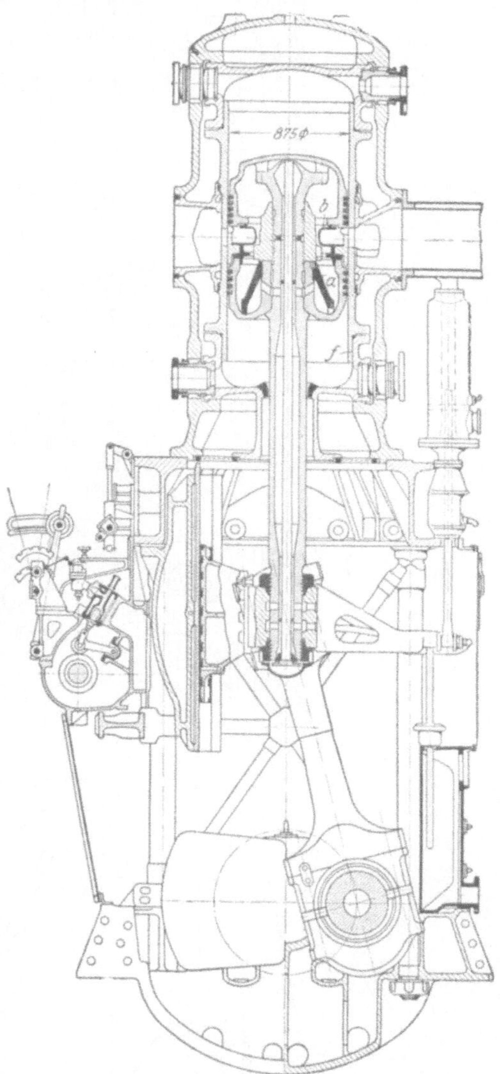

Abb. 632. Kr, Querschnitt, $6 \cdot \frac{875}{1050} \cdot 140$, zu Abb. 608.

Hierher gehört auch die einfachwirkende Maschine Abb. 607, deren untere Zylinderseite nur zum Anlassen dient und im Betriebe durch Öffnen der nach außen führenden Abschlüsse ausgeschaltet wird. Eine besondere Ausbildung erfordert die Stillmaschine, Abb. 633, bei der die Verbindung der Ständersäulen mit den Teilen des Dieselzylinders durch Schrauben und Säulen hergestellt wird, während der Dampfzylinder unmittelbar auf den Säulen ruht.

Die Einzelausbildung und die Beanspruchungen der Gestelle und Kühlmäntel sind etwa die gleichen wie bei Viertaktmaschinen, natürlich sind die geänderten Kraftverhältnisse jeweils zu berücksichtigen, so bei Schnelläufern der Wegfall der größten nach

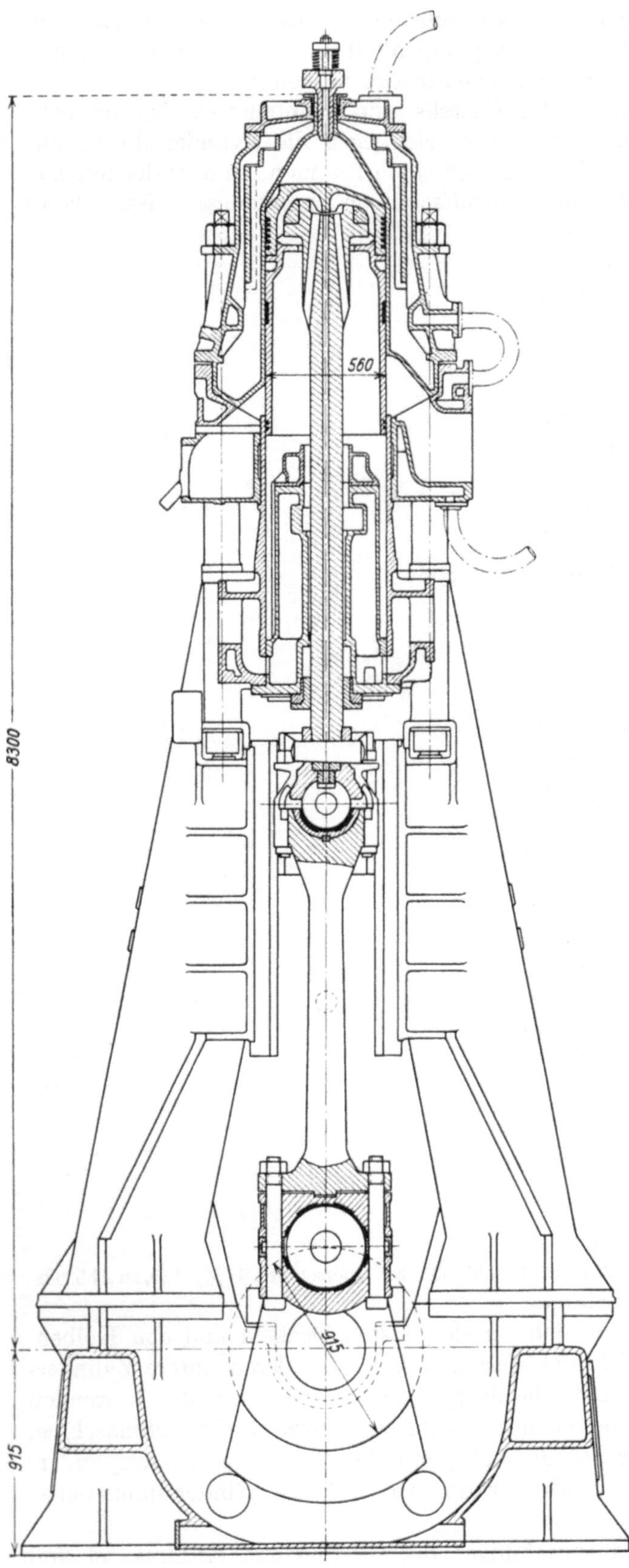

Abb. 633. St, Querschnitt, $4 \cdot \frac{560}{915} \cdot 120$, zu Abb. 610.

aufwärts gerichteten Beschleunigungskraft, bei Junkersmaschinen die Entlastung der Ständer und Kühlmäntel von Längskräften usw.

Für ortsfeste Maschinen kommt als Baustoff für die Gestelle nur Gußeisen in Betracht, bei Schiffsmaschinen auch Stahlguß und bei Schnelläufern auch Bronzeguß. Auch nur die Kühlmäntel allein werden aus Stahlguß gefertigt (Abb. 588).

Für die Rohranschlüsse zum Kühlwasser, Schlammablaß, für die Schmierung der Zylinder, Führungen, Kolbenzapfen, für die Indikatorhähne usw. sind entsprechende Anpässe anzubringen, ebenso für die Lager der Steuerung, für Galerien usw.

Wo die Spülluftbehälter im Gestell untergebracht sind, werden gewöhnlich Sicherheitsventile oder Brechplatten für den Fall von Spülluftexplosionen angebracht, wo die Gestelle als Spülpumpenraum dienen, sind Ansaugeventile anzuordnen.

Abb. 626 und 634 geben Einzelzeichnungen der Gestelle.

III. Die Grundplatte.

Der Bau der Grundplatte ist im ganzen übereinstimmend mit dem beim Viertakt. Auch hier sind bei Landmaschinen die Längs- und Querträger meist als Hohlgußbalken ausgebildet, die durch die Ölwannen nach unten abgeschlossen werden (z. B. Abb. 581, 584, 587, 629). Bei leichten Schiffsmaschinen und Schnelläufern werden oft Doppel-T- oder -U-Profile verwendet, deren Stege entsprechend verrippt sind (Abb. 579, 583, 597, 634, 635). Abb. 580, 616, 626, 627, 630 zeigen Grundplatten für größere Schiffsmaschinen.

Die Abteilungen der Ölwannen sind auch hier miteinander verbunden, die Ölzuführung zu den Lagern ist dieselbe wie beim Viertakt. Die manchmal der Länge nach schräg (Abb. 613) und manchmal mit Schlammsäcken und Ölsieben (Abb. 579, 583) ausgestatteten Ölmulden werden auch durch Deckel oder Bleche ersetzt (Abb. 580, 587, 591, 595), bei größeren Maschinen werden die Grundplatten der Länge nach geteilt und die Teile durch Flanschen und Schrauben miteinander verbunden. Wenn Spül- und Einblasepumpen von der verlängerten Hauptwelle angetrieben werden, sind ihre Grundplatten mit denen der Arbeitszylinder vereinigt oder angeschraubt (Abb. 579, 599, 612, 613, 627, 635).

Bei Schiffsmaschinen wird oft auch das Drucklager mit den Grundplatten unmittelbar vereinigt (Abb. 590, 616, 627).

In einzelnen Fällen trägt die Grundplatte auf einem angegossenen Kasten unmittelbar die Zylinderkühlmäntel (Abb. 605, 612), manchmal läßt man sie durch die angesaugte Spülluft kühlen (Abb. 613), auch die hochgezogene Grundplatte mit Zwischenkasten kommt vor (Abb. 595, 625).

Ein merklicher Unterschied gegen den Viertakt besteht nur darin, daß die nach aufwärts gerichteten Beschleunigungsdrücke der hin und hergehenden Massen viel kleiner

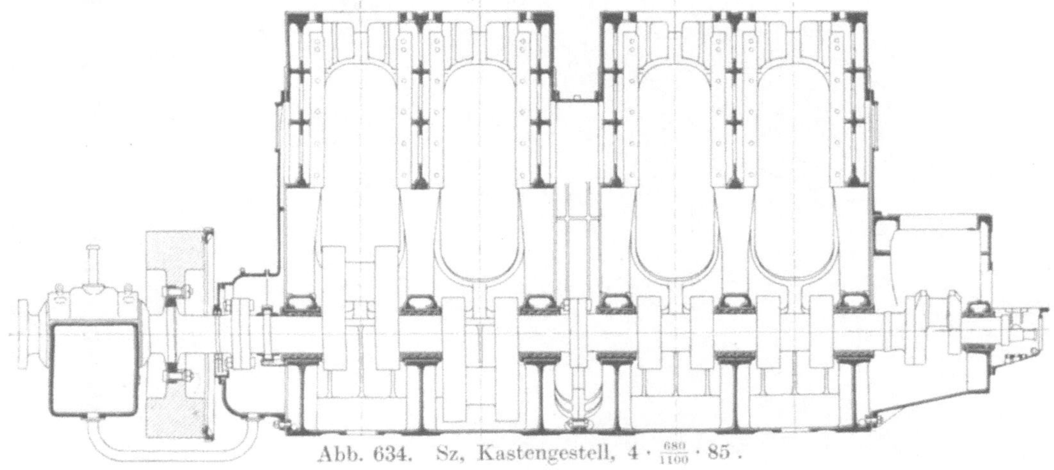

Abb. 634. Sz, Kastengestell, $4 \cdot \frac{680}{1100} \cdot 85$.

sind, weshalb die Lagerdeckel und ihre Befestigungschrauben bedeutend leichter ausfallen. Die oberen Lagerschalen werden oft ganz weggelassen und die Deckel nur mit Weißmetall ausgegossen (Abb. 626, 635). Die Schalen werden auch kugelförmig gestaltet (Abb. 616). Bei kleinen Maschinen werden auch Kugellager verwendet (Abb. 605). Wie bereits erwähnt, werden häufig Entlastungschrauben angewendet (Abb. 580, 587, 599, 628). Ein Beispiel eines Lagers mit zylindrischer Unterschale und ebener Beilage bietet Abb. 101.

Der Antrieb der stehenden Steuerwelle erfolgt ähnlich wie beim Viertakt; wo keine Spülventile vorhanden sind, kann er bedeutend schwächer gehalten werden.

Auch bei den besonderen Bauarten, wie Junkersmaschinen oder doppeltwirkenden Zweitaktmaschinen sind keine wesentlichen Änderungen im Aufbau der Grundplatten erforderlich. Um die Maschinenlänge möglichst zu verringern, ist in Abb. 615 das mittlere Lager stark erweitert, so daß die anschließenden Kurbelzapfen in der Lagerscheibe Platz finden. Die große Gleitgeschwindigkeit scheint keine Störungen zu verursachen, da das Lager fast ganz entlastet ist. Die Beanspruchungen und Hauptabmessungen der Grundplatten stimmen mit denen bei Viertaktmaschinen überein, ebenso die Berechnung der Verbindungschrauben mit dem Gestell und der einzelnen Teile der Grundplatte und der Fundamentschrauben.

Dies gilt auch für liegende Maschinen (Abb. 585, 617, 618, 619), nur bei den Junkersmaschinen ist für die Führung der drei Kreuzköpfe eine entsprechend größere Breite erforderlich. Bei Abb. 618 sind auch das Verbindungstück zwischen den Zylindern und die hintere Führung mit ihren Pendelstützen ersichtlich.

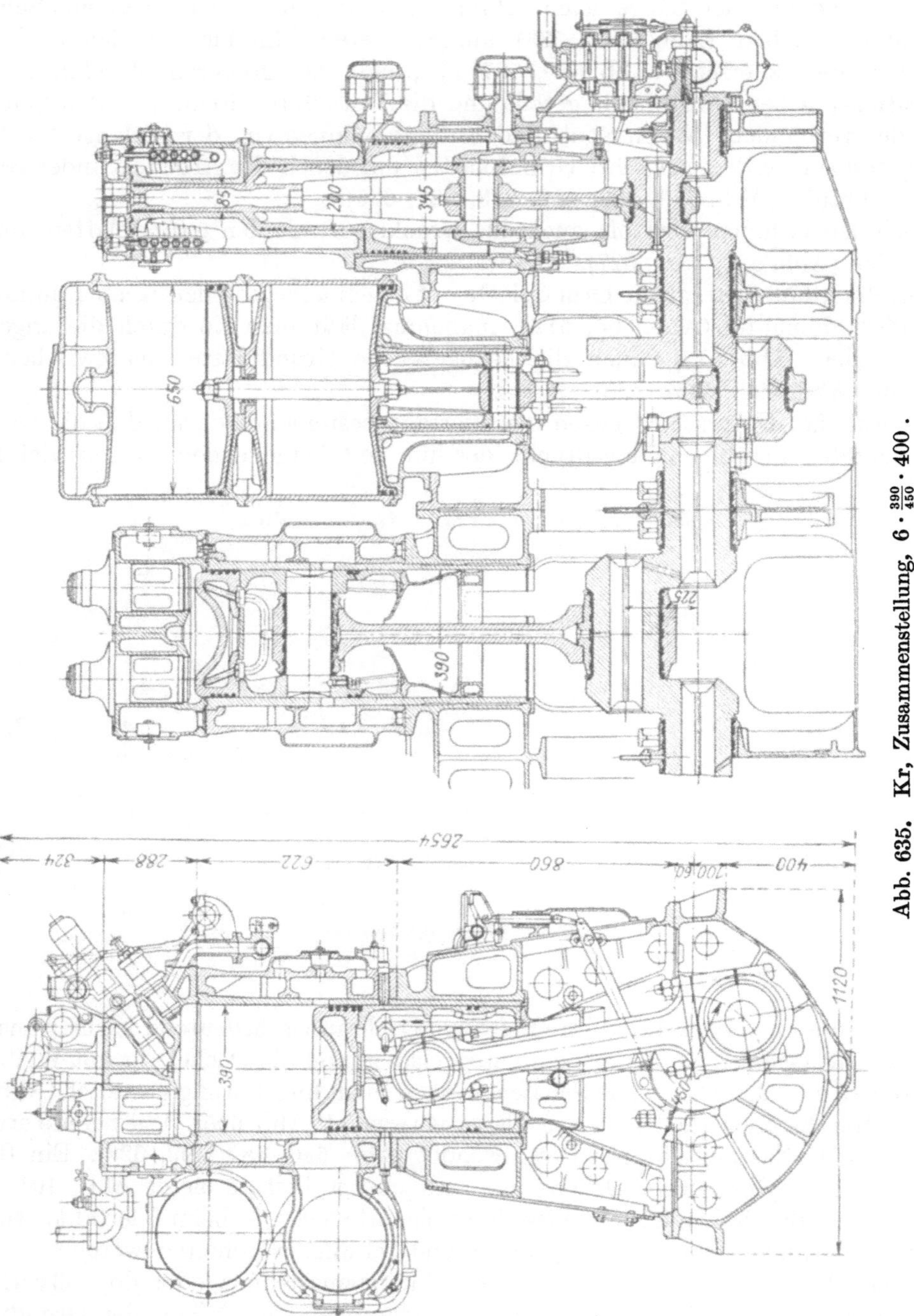

Abb. 635. Kr, Zusammenstellung, $6 \cdot \frac{390}{450} \cdot 400$.

IV. Der Verbrennungsraum und die Spülung.

Im großen und ganzen gelten für den Verbrennungsraum dieselben Regeln wie bei der Viertaktmaschine, er hat hier aber neben der Aufgabe, eine richtige Verteilung der zerstäubten Brennstoffteile in der verdichteten Luft zu ermöglichen, noch die zu erfüllen, daß die Spülluft ohne Aufwendung zu großen Druckes und ohne bedeutenden Verlust dennoch die verbrannten Gase möglichst vollständig austreiben kann. Da die hierzu verfügbare Zeit sehr gering ist und von der Lösung dieser Frage die Leistung der Maschine wesentlich abhängt, spielt die Formgebung des um den Kolbenhubraum während der Spülung vergrößerten Verbrennungsraumes eine wichtige Rolle.

Da der Auspuff bei Zweitaktmaschinen stets durch die Kolben gesteuert wird, ist es naheliegend, die Spülluft an der den Auspuffschlitzen entgegengesetzten Seite des Zylinders einzuführen. Dies kann durch gesteuerte Spülventile im Deckel geschehen (Abb. 579, 581, 582, 624, 636), bei denen dann auch die Zeit des Beginns und Endes der Spülung nach Bedarf geregelt werden kann, oder auch durch gegenläufige Kolben nach Junkers (Abb. 612, 613, 614, 615, 616, 618), oder endlich durch längsverschiebliche Zylinder (Abb. 620). In diesen Fällen kann eine verhältnismäßig ruhige und geregelte Strömung der Spülluft erzielt werden, die die Abgase vor sich her in die Auspuffkanäle treibt, so daß keine bedeutende Mischung von frischer Luft und verbrannten Gasen stattfindet und auch kein Zurückbleiben von größeren Mengen der letzteren möglich ist. Man kommt hier natürlich auch mit dem geringsten Überschuß an Spülluft aus. Der Spülvorgang wird um so günstiger, je größer die Spülöffnungen gegen den Zylinder und je kleiner demnach die erforderlichen Spüldrücke und damit die Eintrittsgeschwindigkeiten der Luft sind, weil dann starke Wirbel vermieden werden.

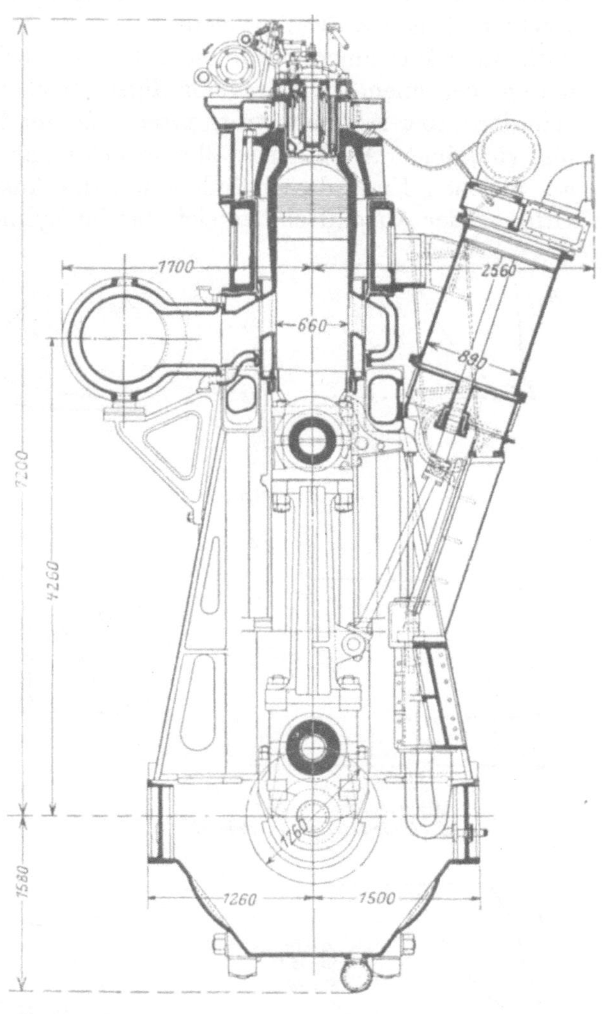

Abb. 636. Be, Querschnitt, $6 \cdot \frac{660}{1260} \cdot 115$, zu Abb. 626.

Die im Deckel möglichst achsensymmetrisch anzuordnenden zwei oder drei Spülventile haben aber den Nachteil, daß sie die Deckel durchbrechen, ihre Kühlung und die Unterbringung der Brennstoff-, Anlaß- und Sicherheitsventile erschweren und eine besondere Steuerung erfordern. Da die mittlere Gastemperatur im Zylinder beim Zweitakt bei etwa gleicher mittlerer Spannung zwar größer ist als beim Viertakt (Abb. 637)[1]),

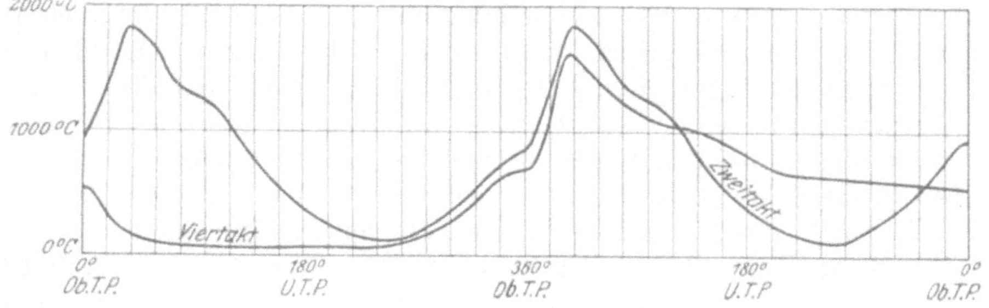

Abb. 637. Sz, Temperaturverlauf im Zylinder, Zwei- und Viertakt.

hingegen durch die Spülung eine wirksame Kühlung des Deckels auftritt und die Auspuffgase hier nicht mit großer Geschwindigkeit am Deckel vorbeiströmen und ihn ein-

[1]) Vgl. Chiesa: Ölmotor, VIII. S. 25.

seitig erwärmen wie beim Viertakt, endlich die Abmessungen bei gleicher Leistung und Drehzahl geringer sind, und daher gewöhnlich auch die mittleren Spannungen kleiner genommen werden, so vermindert sich die Gefahr zu großer Erhitzung des Deckelbodens ein wenig, bleibt aber doch im wesentlichen bestehen. Bei doppeltwirkenden Maschinen würde auch die Unterbringung von Spülventilen großen Schwierigkeiten begegnen. Die gegenläufigen Kolben und die beweglichen Zylinderbüchsen erfordern aber ihrerseits trotz ihrer bedeutenden Vorzüge doch einen stark verwickelten und vielteiligen Aufbau, so daß man sich mehr und mehr der Anordnung von Spülschlitzen am gleichen Ende des Zylinders wie die Auspuffschlitze zugewendet hat. Wenn nach Öffnung der Auspuffschlitze sich das im Zylinder befindliche Gas bis auf den Spüldruck entspannt hat (vgl. S. 491), werden die Spülschlitze geöffnet, sie sind also entsprechend kürzer als die Auspuffschlitze auszuführen, wenn die Steuerung ebenfalls durch den Kolben eingeleitet werden soll (z. B. Abb. 580), und zwar um so mehr, je größer die Kolbengeschwindigkeit ist, weil die Entspannung von der Zeit zwischen der Öffnung der Auspuff- und Spülschlitze abhängt.

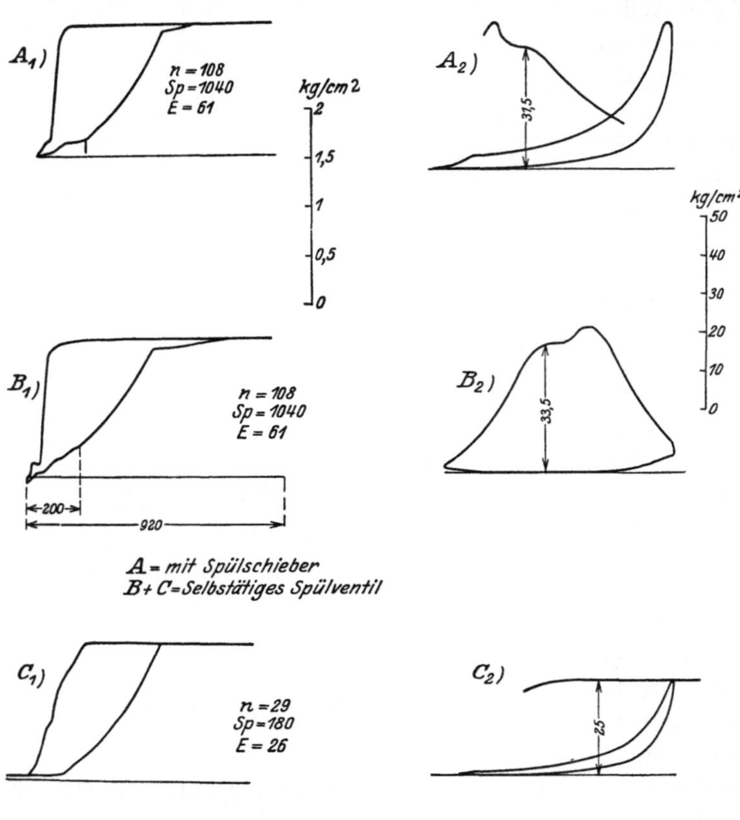

Abb. 638. No, Druckdiagramm.

In diesem Falle bleiben die Auspuffschlitze um die gleiche Zeit länger offen als die Spülschlitze, die Verdichtung durch den Kolben beginnt erst nach Abschluß des Auspuffs und auch bei höherem Spüldruck mit einem nur vom Widerstand in den Auslaßöffnungen abhängigen Überdruck über den im Auspuffrohr. Der letzte Teil der Öffnungszeit der Auspuffschlitze ist also unwirksam und vermindert nur die Lademenge (vgl. auch Abb. 695). Man könnte diesem Mangel begegnen, indem man den Auspuff durch ein Steuerorgan etwa gleichzeitig mit den Spülschlitzen abschließt, hätte aber damit die Unannehmlichkeiten des Auspuffventils beim Viertakt mit in den Kauf zu nehmen. Da überdies die Spülzeit ohnehin klein ausfällt und auch die Spülquerschnitte möglichst groß sein sollen, zieht man es vor, die Spülschlitze so lang auszuführen wie die Auspuffschlitze oder sogar noch länger (Abb. 583, 599), jedoch den Beginn der Spülzeit gesondert zu steuern, und zwar entweder zwangläufig durch Ventile (Abb. 599) oder Schieber (Abb. 583, 584) oder auch durch selbsttätige Ventile (Abb. 627, 629), die sich öffnen, wenn der Gasdruck im Zylinder unter den Spüldruck sinkt. Hierdurch wird die ganze Zeit bis zum Abschluß des Auspuffes zur Spülung verwendet, und die Ladung hat den vollen Spüldruck. Wie bereits erwähnt (S. 399), kann sogar durch Ausnützung von Druckschwankungen im Auspuff der Ladedruck beim Abschluß der Schlitze merklich höher ausfallen (Abb. 638, 639). Auch kann die den Auspuff überschreitende Öffnungszeit der

Spülschlitze zur Leistungsteigerung bei höherem Spüldruck verwendet werden (Sulzer).

Die äußere Steuerung der Spülluft kann die ganze Menge derselben betreffen (Abb. 584, 587, 595, 596, 629), oder sie kann mit der Steuerung durch die Kolbenkante verbunden werden derart, daß nur ein Zusatzquerschnitt durch ein äußeres Organ geöffnet und geschlossen wird (Abb. 583, 599, 627, 628), dieses fällt dann natürlich viel kleiner aus, und zwar bei zwangläufiger Steuerung nicht nur wegen der geringeren durchfließenden Luftmenge, sondern auch, weil nur der Öffnungszeitpunkt eingehalten werden muß, während zur Zeit des Abschlusses der Schlitze durch den Kolben das Ventil noch offen bleiben kann. Bei den hier beschriebenen Schlitzspülanordnungen liegen die Spülschlitze auf einem Teil des Zylinderumfanges den Auspuffschlitzen radial gegenüber; bei jenen, wo die Schlitze gleich lang sind, ist dies notwendig, nicht jedoch, wo die ersteren beträchtlich kürzer sind. Bei gegenüberliegenden Schlitzen ist es erforderlich, dem Spülluftstrom nach Eintritt in den Zylinder durch die Richtung der Führungskanten in den Spülschlitzen (z. B. Abb. 584, 586, 596, 629) und durch besondere Formgebung der Kolben (Abb. 590, 605, 607) eine axiale Geschwindigkeit zu erteilen, damit er den ganzen Zylinderraum durchläuft und die Abgase aus allen Teilen austreibt. Hierzu werden meist die Schlitze auch nicht alle radial, sondern derart verlegt, daß die Endschlitze mehr tangential liegen (Abb. 647). Die besonderen Ablenkungswände der Kolben führen aber leicht zu ungünstigen Formen des Verbrennungsraumes mit toter Luft, wenn nicht eine entsprechende Ausgestaltung der Deckel gewählt wird (Abb. 590). Auch ist zu beachten, daß zu scharf vorspringende Ecken im Kolbenboden leicht verbrennen. Deshalb werden auch einfach kegelförmig abgeschrägte oder mit zylindrischen Ausdrehungen versehene Kolben verwendet (z. B. Abb. 584, 596, 598, 604, 607). Die Ablenkung der Spülluft gegen den Deckel zu kann auch bei konkaven Kolben durch die gegenüberliegende Zylinderwand bewirkt werden, wodurch eine sehr gute Spülung erzielt werden kann. Hierzu ist es günstig, einen verhältnismäßig langen Kolbenhub zu wählen, etwa 1,8- bis 2 mal dem Durchmesser (Abb. 726). Jedenfalls sind sorgfältige Versuche erforderlich, um die richtige und vollständige Spülung des Zylinderraumes zu erzielen, wovon vor allem der Erfolg einer Bauart abhängt. Die verschiedenen Richtungen der eintretenden Spülluft in den zwei getrennten Kanälen bei der Sulzerschen Zusatzspülung dürften die Sicherheit bieten, daß sowohl die dem Deckel als auch die dem Kolben nahe liegenden Räume von der frischen Luft durchströmt werden, es scheint dies jedoch nach den günstigen Verbrauchzahlen auch bei Steuerung der ganzen Spülluftmenge erreichbar zu sein, und zwar sowohl bei einem Weg der Spülluft, der zuerst nahe axial bis zum Deckel und von dort in entgegengesetzter Richtung zu den Auspuffschlitzen führt, als auch dadurch, daß die Spülschlitze auf derselben Seite des Zylinderumfangs angeordnet sind wie die Auspuffschlitze, und die Spülluft zuerst entlang des Kolbenbodens, dann auf der den Schlitzen entgegengesetzten Zylinderseite axial gegen den Deckel und endlich in entgegengesetzter Richtung zu den Auspufföffnungen strömt[1]) (Abb. 585, 586).

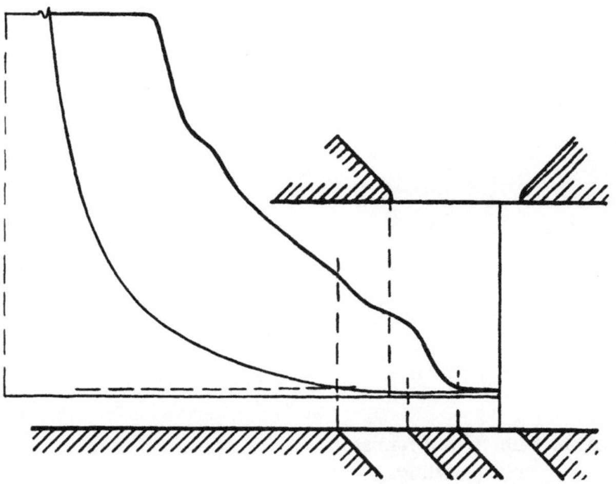
Abb. 639. Sz, Druckdiagramm für Auspuff und Spülung.

Mit Hilfe der Ansätze in den Deckeln, die die tote Luft im Verdichtungsraum verdrängen sollen, wenn die Kolben besondere Formen zur Ablenkung der Spülluft in

[1]) Vgl. Nägel: Z. V. d. I. 1923, S. 733 oder Dieselmaschinen, V. D. I.-Verlag.

axialer Richtung erhalten, können auch wie mit einem Verdränger vor der Einspritzung Wirbel erzeugt werden, die für die Brennstoffverteilung vorteilhaft sind (z. B. Abb. 590, 598, 604, 605, 607).

Bei der neuen verdichterlosen Junkersmaschine (Abb. 615c) werden sie durch schräg angeordnete Rippen in den Spülschlitzen hervorgebracht, wodurch der Spülluft eine tangentiale Geschwindigkeitskomponente erteilt wird, die sich gegen die Achse zu vergrößert.

Neben der Ventilspülung ist die von Junkers eingeführte Schlitzspülung längs der Zylinderachse insofern von besonderem Vorteil, weil hier der ganze Zylinderumfang für die Auspuff- und auch die Spülschlitze frei wird, wodurch der Hubverlust vermindert wird. Die Luftgeschwindigkeiten werden nicht nur in den Steuerschlitzen, sondern auch im Zylinder selbst geringer als bei anderen Anordnungen, weil hier der ganze Zylinderquerschnitt zur Verfügung steht. Hierdurch wird der erforderliche Spüldruck geringer und das Schmieröl wird nicht so sehr von den Zylinderwänden und den Schlitzstegen abgeblasen, was auch mit der ruhigeren und wirbelfreieren Strömung zusammenhängt. Die unwirksame Zeit zwischen Schluß der Spülschlitze und der Auspuffschlitze könnte natürlich durch eine äußere Spülluftzusatzsteuerung vermieden werden, wird jedoch bei gleichbleibender Drehungsrichtung einfacher durch entsprechende Wahl der Kurbelwinkel erzielt (vgl. S. 500). Die ganz achsensymmetrische Wärmeausdehnung der Zylinder und die von selbst entstehende günstige Form des Verbrennungsraumes und endlich der Entfall eines von Brennstoff- und Anlaßventil durchbrochenen Deckels bilden weitere Vorzüge. Auch der Umstand, daß die einströmende Spülluft an der kühlsten Stelle in den Zylinder gelangt, und mit den von den Auspuffgasen bestrichenen Wänden nicht sogleich in Berührung kommt, dürfte bei sonst gleichen Verhältnissen die Lademenge erhöhen, und der erforderliche Spülluftüberschuß geringer sein als bei anderen Schlitzspülungen. Hingegen bilden das Erfordernis von zwei Kolben und neben dem geraden noch eines Umführungsgestänges, sowie die verwickelte und kostspielige Hauptwelle die nachteiligen Umstände, die bisher die Bauart trotz vieler Erfolge nicht die erwartete allgemeinere Verwendung gewinnen ließen. Der Verbrennungsraum wird an sich der Form nach günstig, die Einspritzung erfordert jedoch besondere Maßnahmen, weil sie von dem Zylinderumfang aus erfolgen muß. In Abb. 640 erhält die Düse zwei Schlitze oder Lochreihen, die zwei in bestimmtem Abstand voneinander liegende strahlenförmige Schleier von Öltropfen hervorbringen. Die zwischen ihnen befindliche Verbrennungsluft dehnt sich bei Vergrößerung der Entfernung der beiden Kolben aus und versorgt dadurch die nur wenig aus ihrer Ebene abgelenkten Tropfen mit stets frischem Sauerstoff, während die Verbrennungsgase mehr gegen die Kolben zu gedrängt werden. Bei großen Ausführungen werden zwei einander gegenüberliegende Einspritzventile in verschiedenen Querschnitten des Zylinders angewendet (Abb. 616), die gleichartige Wirkung haben wie zwei Lochreihen einer Düse.

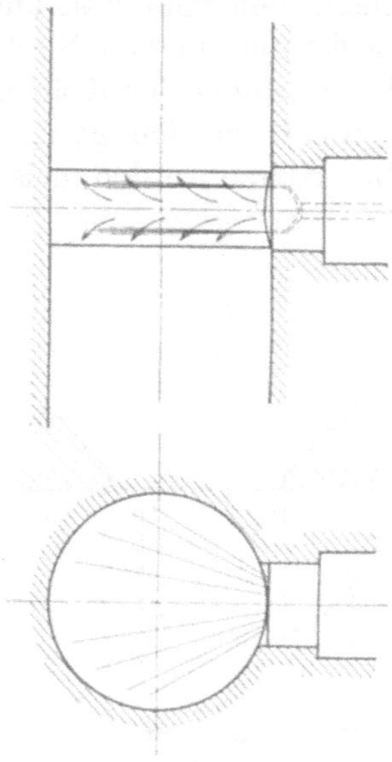

Abb. 640. Ju, Brennstoffeinspritzung.

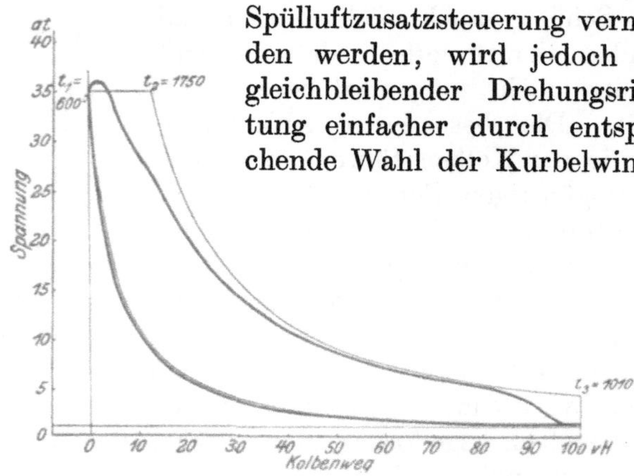

Abb. 641. Kr, Druckdiagramm.

Abb. 620 zeigt die kegelförmige Ausbildung des Verbrennungsraumes bei Anwendung des Gleitzylinders, dieser Raum wird vermutlich nicht sehr gut ausgewaschen.

Als besondere Form ist noch die Anordnung von Toussaint anzuführen, die einige Eigenschaften der Junkers-Bauart besitzt (Abb. 611). Die durch die Richtungsumkehr der Spülluft entstehenden Wirbel und der mehr zerklüftete Verbrennungsraum erfordern wohl größeren Spülluftverbrauch.

Der Auspuff- und Spülvorgang kann bei Vernachlässigung nebensächlicher Einflüsse einigermaßen verfolgt werden[1]). Er gliedert sich in drei Teile. Zuerst werden die Auspuffschlitze geöffnet, wobei die Entspannung der verbrannten Gase, die am Ende der Expansionszeit bei Überbelastung noch über 5 at Überdruck besitzen (Abb. 641), unter Voraussetzung gleichbleibenden Druckes im Auspuffraum und stetiger Strömung berechnet werden kann (vgl. Abschnitt Steuerung). Die Entspannung geht in zwei Abschnitten vor sich, die durch die Erreichung des kritischen Druckverhältnisses, also des Gasdruckes im Zylinder von rd. 1,9 at voneinander getrennt sind, und schreitet bis zur Öffnung der Spülschlitze oder Ventile fort, die erst erfolgen soll, wenn der Spüldruck fast erreicht oder unterschritten ist. Ersterer Fall ist jedenfalls für die höchste Belastung vorzuziehen, da ein geringes Austreten von Verbrennungsgasen in den Spülluftraum kaum schadet; trotz der dadurch und durch die Rückströmung der mit Spülluft gemischten Verbrennungsgase in den Zylinder kann doch die Spülluftmenge größer werden, da die Spülzeit wächst. Auch würde sonst bei mäßigen Belastungen die Spülzeit unnötigerweise verkürzt werden. Eine Regelung der Steuerung der Spülzusatzventile mit der Belastung ist natürlich möglich, aber in den meisten Fällen kaum erforderlich, auch kommt es ja gerade bei der Höchstbelastung am meisten darauf an, die Lademenge möglichst zu steigern. Zu große Rückströmung von Abgasen in den Spülluftaufnehmer ist wegen Erwärmung der Spülschlitze und Ventile und wegen deren möglicher Verschmutzung schädlich.

Der zweite Abschnitt des Vorgangs besteht in der eigentlichen Spülung, die bei Annahme des angestrebten, nahe gleichbleibenden Drucks im Spülluftaufnehmer und auch im Zylinder ebenfalls beurteilt werden kann.

Der dritte Abschnitt ist endlich der gegebenenfalls nach Schluß der Spülöffnungen noch erfolgende Ausschub durch den Kolben bei reiner Schlitzspülung oder die Nachladezeit, wenn die Spülöffnungen länger freigehalten werden als die Auspuffschlitze.

Ist demnach die Spülluftmenge durch die Größe und den Liefergrad der Spülpumpe gegeben, so kann man aus dem Verlauf der Öffnungsquerschnitte den sich bildenden Spüldruck angenähert berechnen. Die Spülluftmenge wird bei Schlitzspülung mit Zusatzsteuerung etwa 1,5- bis 1,8 mal dem Zylinderhubraum gewählt, bei der Spülanordnung der MAN., mit hintereinander auf derselben Zylinderseite liegenden Auspuff- und Spülschlitzen hat sich ergeben, daß man mit 1,2- bis 1,6 mal dem Zylindervolumen auskommt. Bei Leistungserhöhung muß natürlich die Spülluftmenge verhältnismäßig erhöht, also die Spülpumpe entsprechend größer ausgeführt werden.

Der Überschuß an Spülluft wirkt von einer bestimmten Menge an nicht mehr allein durch Entfernung weiterer Abgasreste, sondern auch dadurch, daß die durchgeblasene Luft Wärme aufnimmt, die im Zylinder bleibende Ladung abkühlt und daher auch ihre Sauerstoffmenge erhöht. Dies ist besonders bei gekühlter Spülluft der Fall.

Bei doppeltwirkenden Maschinen sind bei der Bemessung der Spülschlitze und der Auspuffschlitze die endlichen Stangenlängen zu berücksichtigen, weil ja die gleichen Längen entsprechenden Zeiten sehr verschieden sind. Ebenso ist bei Junkers-Maschinen

---

[1]) Vgl. Foeppl: Berechnung der Kanallängen von Zweitaktmotoren. Z. V. d. I. 1913, S. 1939. — Kregłewski: Anlaß- und Spülvorgänge bei Zweitaktmotoren, Danzig 1923, und Ölmotor 1913/14, S. 553. — Neumann; Die dynamische Wirkung der Abgassäule. Z. V. d. I. 1919, S. 89. — Regenbogen: Der Dieselmotorenbau der Germaniawerft. Jahrb. Schiffbaut. Ges. 1913, S. 204. — Bonin: Z. ang. Math. Mech. 1924, S. 491. — Ringwald: Der Auspuff- und Spülvorgang bei Zweitaktmaschinen. Z. V. d. I. 1923, S. 1057.

auf die Ungleichheit der Steuerwirkung beider Kolben zu achten (vgl. Abschnitt Steuerung). Wenn man bei doppeltwirkenden Maschinen gewöhnlicher Bauart (z. B. Abb. 609) die obere Seite wie bei einer einfachwirkenden Maschine bemißt, so muß man die Schlitze der unteren Seite beträchtlich länger ausführen, wodurch die Leistung herabgemindert wird, was auch durch die Kolbenstange teilweise begründet ist. Sind die Auspuffschlitze gemeinsam (Abb. 642), so werden sie daher nicht in die Hubmitte verlegt.

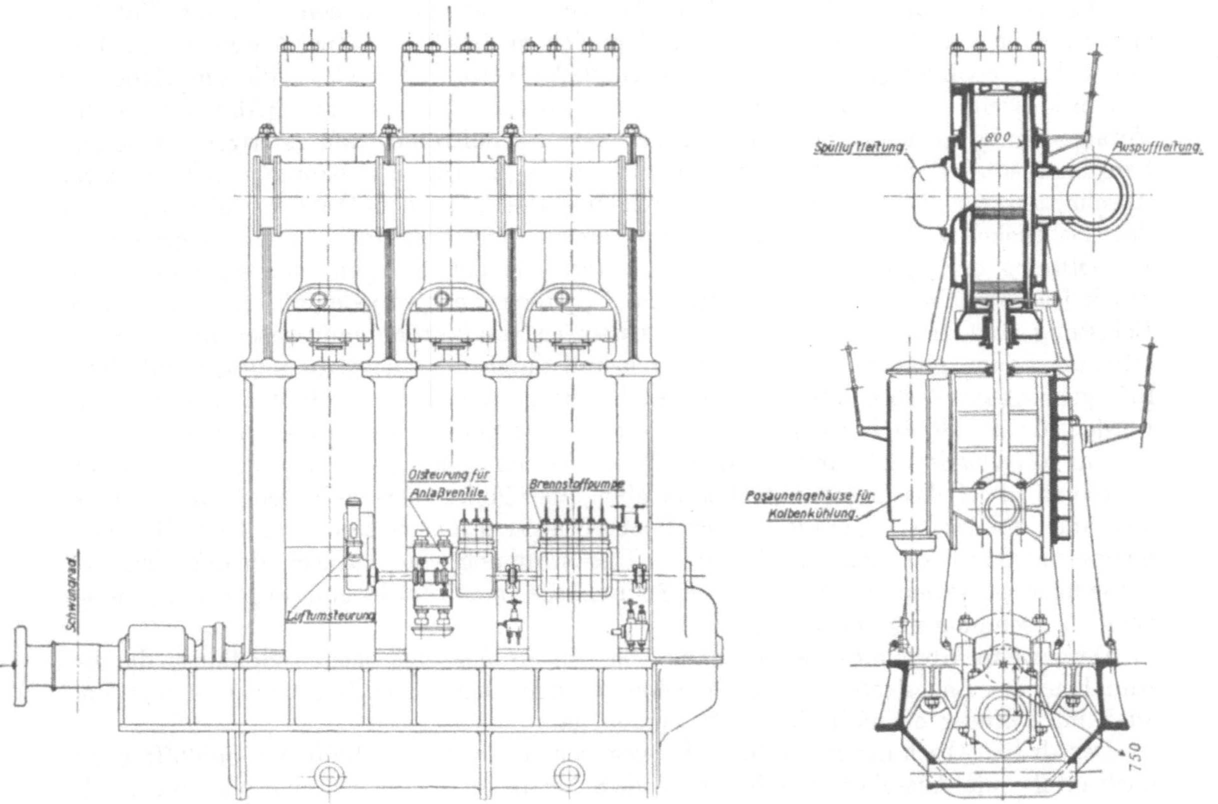

Abb. 642. Kr, Zusammenstellung, $3 \cdot \frac{800}{1500} \cdot 80$, doppeltwirkend.

V. Die Kolben.

Bei einfachwirkenden Maschinen werden Tauchkolben mit oder ohne Kreuzkopfführung verwendet. Ihre Länge ist hier aus dem Grunde nicht willkürlich, weil bei der Lage im äußeren Kolbentotpunkt noch die Auspuffschlitze gedeckt und gegen die Außenluft abgedichtet werden müssen. Bei Schlitzspülung gilt dasselbe auch von den Spülschlitzen, die überdies auch noch gegen den Auspuff hin dicht sein müssen, solange sie vom Kolben überdeckt werden. Dieser muß also am Umfang gut passen. Die äußere Kante des Kolbenbodens dient gleichzeitig als Steuerkante für Auspuff und Schlitzspülung. Da der Durchmesser des Kolbenkörpers dort merklich kleiner als die Zylinderbohrung sein muß, kann der vollkommene Abschluß der Schlitze erst durch den ersten Kolbenring erfolgen, so daß vorher eine Drosselung eintritt. Damit diese nicht merklich wird, darf der erste Kolbenring nicht allzu weit von der Abschlußkante des Kolbens liegen, wie dies zum Schutze der Kolbenringe bei Viertaktmaschinen oft der Fall ist, freilich bei entsprechender Vergrößerung der Zylinderlänge.

Bis zu Leistungen von etwa 100 PS_e für einen Zylinder oder einen Zylinderdurchmesser von rd. 400 mm werden Kolbenbolzen (Abb. 590, 595, 597, 605), darüber hinaus meist gesonderte Kreuzkopfführungen verwendet. In diesem Falle werden die Kolben mit den Kreuzköpfen entweder durch Kolbenstangen (Abb. 579, 580, 581, 582, 583) oder unmittelbar verbunden (Abb. 599, 625, 628, 630, 636). Im erstgenannten Fall wird gewöhnlich der Kolbenkörper zweiteilig ausgeführt, indem der Oberteil mit der Kolbenstange verschraubt und ein zylindrisches Abdeckungsrohr für den Abschluß der Schlitze gesondert in verschiedener Weise befestigt wird, entweder an dem Kolben (Abb. 587, 644) oder an der Stange (Abb. 579, 581, 584, 629). Die Verbindung wird aber auch so hergestellt, daß die Kolbenstange mit dem Unterteil und dieser erst mit Flansche an den eigentümlich verrippten Kolbenkopf angeschraubt wird. Dieser kann sich seiner ganzen Länge nach frei ausdehnen (Abb. 583, 627, 643).

Die Form des Kolbenbodens richtet sich nach dem Wunsch, sowohl einen möglichst günstigen Verbrennungsraum zu erhalten, als auch die Spülung zu unterstützen. Während das erste Ziel konkave Böden erfordert (z. B. Abb. 579, 581, 583, 599, 628, 635), werden aus dem zweiten Grund auch konvexe oder andere Formen mit Ablenkung der Spülluft verwendet (z. B. Abb. 580, 584, 587, 595, 625, 636). Dazu kommt manchmal auch die Wirkung als Verdrängerkolben (Abb. 598, 604, 607), wodurch während der Einspritzung eine kräftige Luftwirbelung entsteht. Als Grenze für die Anwendung von besonderer Öl- oder Wasserkühlung für die Kolbenböden kann etwa ein Zylinderdurchmesser von 300 mm gelten, etwa wie bei Viertaktmaschinen (vgl. S. 115). Für den S. 436 entwickelten Fall gestalten sich die Verhältnisse in folgender Weise: Die Wärmebelastung von Deckel und Kolben beträgt 96 000 WE/m^2-st, für den Zylinderumfang im Mittel 46 300 WE/m^2-st. Damit ergibt sich für 1 PS$_e$ und 1 Stunde im Zylinder eine Wärmeabgabe von rd. 550 WE. Ungekühlte Kolben werden wohl bis etwa 100 PS$_e$ Zylinderleistung ausgeführt, allerdings bei größeren Abmessungen mit Kolbenoberteilen aus besonders widerstandsfähigem Stahlguß (Abb. 587) oder auch Schmiedestahl (vgl. Abb. 579, 581) aus dem Vollen gedreht. In diesem Fall ist das Spiel etwas zu vergrößern, damit dieser Teil sicher mit der Büchse nicht zur Berührung kommt. Auch gekühlte Kolbenoberteile werden aus Stahlguß hergestellt (z. B. Abb. 582), die Abschlußzylinder jedoch stets aus feinkörnigem Gußeisen; zur Erhaltung ihrer zylindrischen Form bei geringstem Gewicht werden sie oft innen mit Rippen versehen (Abb. 581, 583, 584, 587 usw.), bei gesonderten Kreuzköpfen sind sie unten meist abgeschlossen; zur Ölverteilung auf dem ganzen Umfang erhalten sie häufig Quernuten. Bei Zweitaktmaschinen, wo das Öl von den Rippen insbesondere der Auspuffschlitze durch die vorbeistreichenden Gase leicht ganz weggewaschen wird, ist eine Zylinderschmierung auch bei Preßschmierung und raschem Gang der Maschine meist erforderlich. Um bei ungekühlten Kolben die Verunreinigung des Lagerschmieröls durch Koksteilchen, die sich am Kolbenboden etwa bilden, zu vermeiden, werden manchmal Zwischenböden in den Kolben angebracht, deren Temperatur nicht so hoch steigt wie die der Kolbenböden selbst. Allerdings vermindert sich dadurch die Luftkühlung derselben.

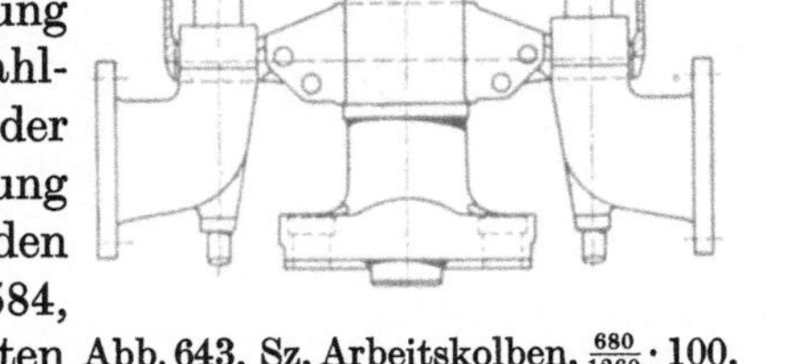

Abb. 643. Sz, Arbeitskolben, $\frac{680}{1260} \cdot 100$.

Die Abdichtung der Auspuff- und Spülschlitze nach außen hin geschieht durch eigene Kolbenringe, für deren Hub die Zylinderbüchse entsprechend lang ausgeführt werden muß (Abb. 591, 595, 599, 612, 635), oder durch nach innen federnde Ringe, die in einem von außen angesetzten festen Ring (Abb. 579, 581, 584) oder auch unmittelbar in der Büchse untergebracht werden (Abb. 596, 629), oder endlich durch Stopfbüchsen (Abb. 583, 598).

Die Ausführungen der Kolben bezüglich des Spiels in der Bohrung sowie der Kolbenringe ist grundsätzlich ebenso wie bei Viertaktmaschinen. Um das von den Kurbeln abspritzende Öl vom Kolben und der Büchse abzuhalten, dienen, wie bereits erwähnt, Querdeckel, die nur Raum für die Pleuelstangen offen lassen oder manchmal auch Abschlußdeckel der Kastengestelle, die auch etwaiges Leckwasser aus den Kühlmänteln oder verbrauchtes Zylinderschmieröl usw. vom Kurbelraum abhalten (Abb. 579, 580). Hier wird dieser allerdings vor Undichtheiten der Wasserzuführungsrohre für die Kolbenkühlung nicht geschützt.

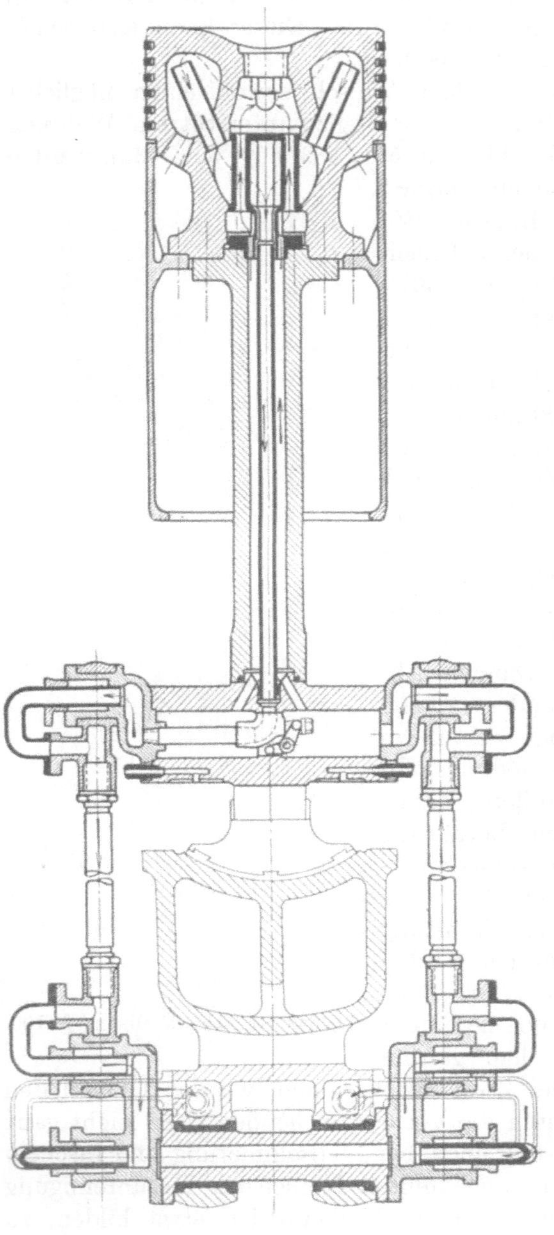

Abb. 644. Nordberg, Kolbenkühlung, $4 \cdot \frac{712}{1117} \cdot 120$.

Die Kühlung der Kolben wird im wesentlichen ähnlich wie bei Viertaktmaschinen ausgeführt, bei Ölkühlung meist mit Gelenkrohren (Abb. 597, 616), aber auch mit Posaunenrohren (Abb. 146), die bei Wasserkühlung die Regel bilden, aber auch hier kommen Gelenkrohre vor (Abb. 584, 596, 629, 644), ebenso auch einfache Tauchrohre (Abb. 595). Dabei erfolgt die Zu- und Ableitung der Kühlflüssigkeit entweder durch die hohle Kolbenstange (Abb. 584, 596, 629, 645) oder durch an ihr befestigte Rohre (Abb. 581) oder durch Posaunenrohre, die im Kolbeninnern selbst liegen (Abb. 146) oder mit dem Kolbeninnern unmittelbar (Abb. 583, 598) oder durch Zwischenrohre verbunden sind (Abb. 579) oder in die Zylinderkühlräume hineinragen (Abb. 606, 630). In den letztgenannten Fällen ist es möglich, die Stopfbüchsen derart nach außen zu verlegen, daß etwaiges Leckwasser nicht in die Kurbelräume gelangen kann. Bei Abb. 579 und 581 stehen die Gehäuse für die Posaunenrohre nur unter geringem Wasserdruck (Außenborddruck), es sind also Schöpfposaunen. Dabei wechselt allerdings die Kühlwassermenge mit dem Tiefgang des Schiffes. Das Rohrmaterial ist am besten Kupfer, wegen zu großer Steifheit von Stahlrohren. Die Zuführung des Kolbenkühlwassers zu den Bohrungen der Kolbenstangen kann durch seitlich liegende Posaunenrohre (Abb. 587, 607, 624, 642), aber auch durch Gelenkrohre (z. B. Abb. 584, 644) erfolgen. Die unmittelbar am Kolben befestigten Posaunenrohre erfordern besondere Sorgfalt bezüglich der Abdichtung oder Abhaltung des Kühlwassers vom Kurbelraum, wie bereits in den Abb. 147 und 153 und auch in Abb. 646 angegeben. Im übrigen gelten die gleichen Bauregeln wie bei Viertaktmaschinen.

Das in den Kolbenkühlraum gebrachte Kühlmittel muß derart geführt werden, daß es am Kolbenboden, insbesondere an dessen heißester Stelle, d. i. gewöhnlich die Mitte, eine möglichst große Geschwindigkeit erhält. Dies wird in verschiedener Weise erreicht. In Abb. 647 ist ein Kolbenkörper im Detail dargestellt, bei dem die Wasserzuführung durch die Kolbenstange stattfindet (Abb. 596). In der Bohrung derselben liegt das Wasserzuführungsrohr, das das Kühlwasser unmittelbar gegen die Mitte des

Kolbenbodens führt. Von hier aus gelangt es in radialer Richtung durch drei Öffnungen in einen äußeren Raum und von da in den Ringraum zwischen Kolbenstange und Zulaufrohr und in den Abflußraum. Auch in Abb. 579 und 581 ist die Wasserführung im Kolben deutlich ersichtlich, im letzteren Falle wird durch ein Einsatzstück die Geschwindigkeit des Kühlwassers am Kolbenboden stark erhöht (vgl. auch Abb. 595, 598, 625, 635, 644).

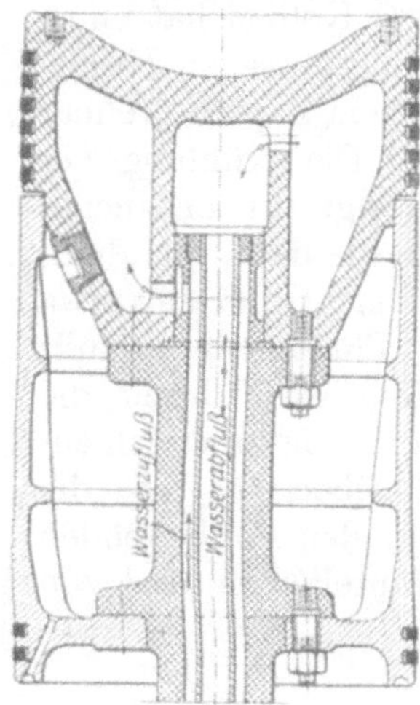

Abb. 645. Schn, Kolbenkühlung, $6 \cdot \frac{540}{800} \cdot 150$, zu Abb. 582.

Bei Ölkühlung tritt leicht eine Verkrustung des Kühlraumes ein, man muß daher für Reinigung sorgen, insbesondere für die Möglichkeit, die Räume mit Preßluft durchzublasen. Um das Absetzen von solchen Ölkrusten zu vermindern, muß nach dem Abstellen noch durch Reservepumpen nachgekühlt werden. Auch bei Wasserkühlung muß für Besichtigung des Kühlraumes von innen gesorgt werden, da dort leicht Anfressungen stattfinden. Deshalb ist auf den leichten Ausbau und die Auswechselbarkeit aller Einbauten für die Wasserführung zu achten. Da insbesondere Undichtheiten der Kühlwasserzuführungsrohre Schaden anrichten können, wenn das Leckwasser in das Schmieröl gelangt, sind alle Mittel zur Vermeidung dieser Undichtheiten anzuwenden, wie auch bei Viertaktmaschinen.

Für die Verbindung mehrteiliger Kolben gelten die gleichen Bemerkungen wie für Viertaktmaschinen, ebenso für die Wahl des Kolbenspiels und für die Kolbenringe.

Die Stärke der Kolbenböden ist auch hier recht verschieden, bei ungekühlten Kolben etwa $^1/_{10}$ des Durchmessers, bei gekühlten Kolben $^1/_{12}$ bis $^1/_{18}$ des Durchmessers, die Wandstärken des zylindrischen Teils beim Ansatz an den Boden zwischen $^1/_{10}$ und $^1/_{20}$ des Zylinderdurchmessers.

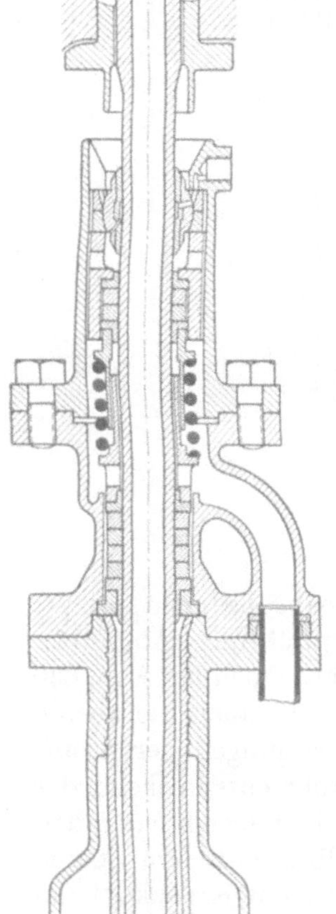

Abb. 646. Ne, Posaunenrohrdichtung zu Abb. 580.

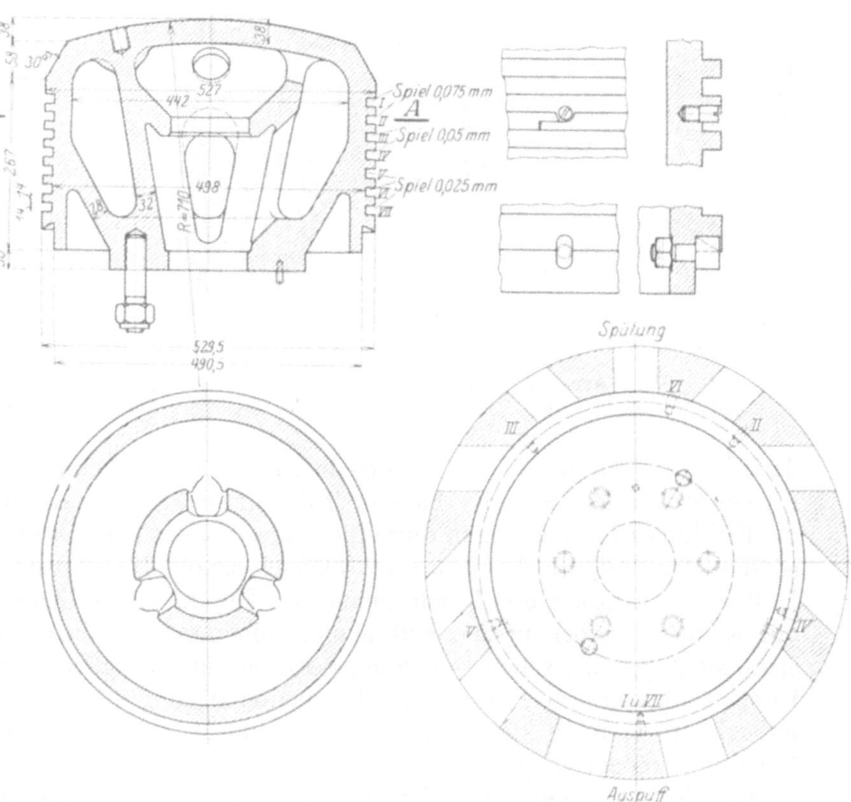

Abb. 647. Bu, Arbeitskolben, 530 ⌀. zu Abb. 596 (Nobel).

Bemessung und Befestigung der Kolbenbolzen erfolgt wie beim Viertakt, zu beachten ist jedoch, daß hier wegen Wegfalls eines Hubwechsels (Abb. 651) die Schmierung höheren Druck erfordert. Dies gilt nicht für die Führungsdrücke, die auch hier Druckwechsel zeigen, wenn auch nicht in so großer Zahl wie beim Viertakt.

Die Kolben der stehenden Junkers-Maschinen unterscheiden sich nicht wesentlich von der beschriebenen Ausführung (Abb. 612, 613, 614). Der untere Kolben hat einen gewöhnlichen Kolbenbolzen, der obere einen angeschraubten oder angegossenen Kreuzkopf, der die Traverse mit Kugelgelenken für die Pleuelstangen an einem Zapfen drehbar aufnimmt. Die Kühlung der Kolben erfolgt in origineller Art dadurch, daß ihr dicht abgeschlossener Hohlraum etwa halb mit Flüssigkeit gefüllt wird. Diese wird durch die Massenkräfte herumgeschleudert und überträgt so die Wärme von den Kolbenböden auf die Mantelfläche und von da auf die Zylinderwände. Oft werden die Böden zur leichteren Wärmeabgabe innen gerippt.

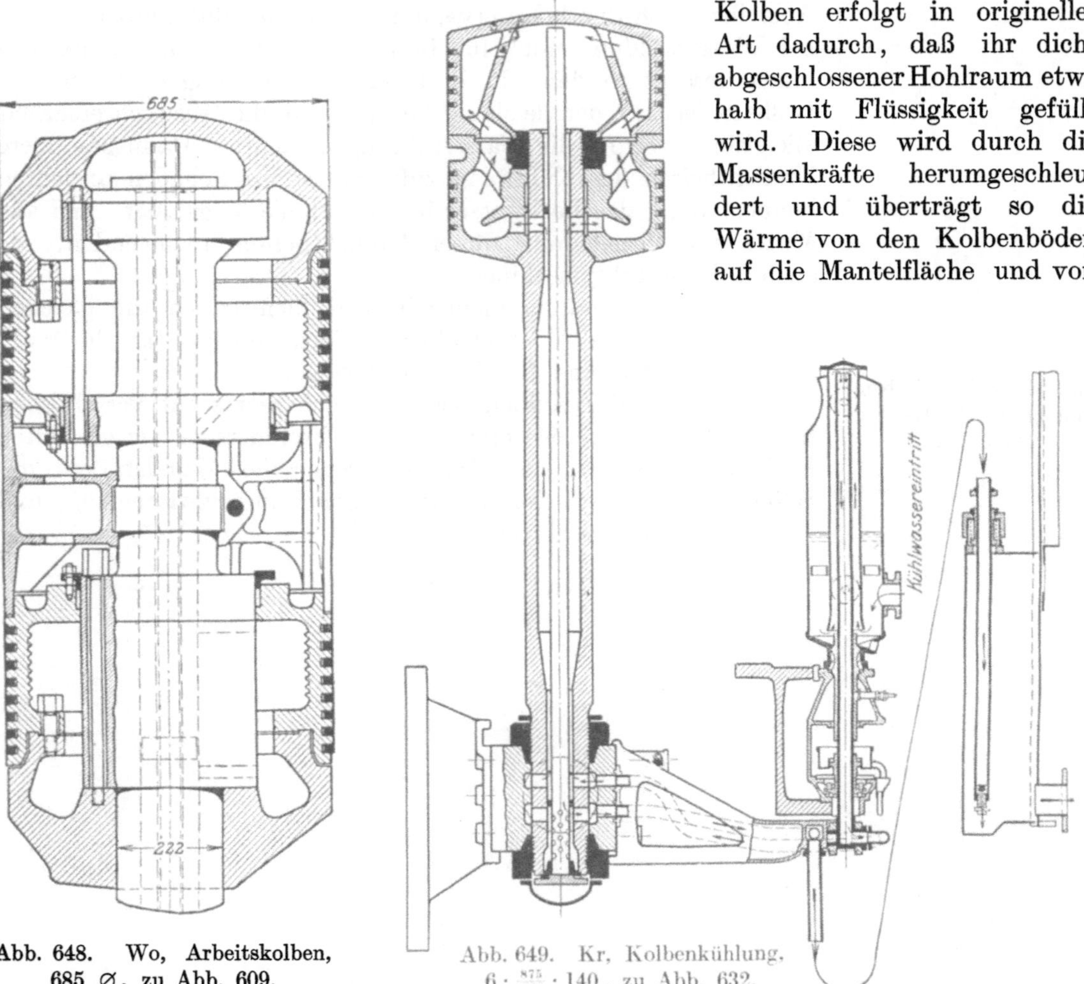

Abb. 648. Wo, Arbeitskolben, 685 Ø, zu Abb. 609.

Abb. 649. Kr, Kolbenkühlung, $6 \cdot \frac{875}{1050} \cdot 140$, zu Abb. 632.

Bei großen Maschinen erhält auch der untere Kolben Kreuzkopfführung (Abb. 616), die Kühlung wird hier durch durchfließendes Wasser oder Öl bewirkt. Auch bei Abb. 630 ist dies der Fall, die Kühlwasserzuführung sowohl für die unteren als auch die oberen Kolben ist deutlich ersichtlich gemacht. Um kleine seitliche Bewegungen der Stopfbüchse für das oben in den Kühlmantel hineinragende Posaunenrohr entsprechend der etwa nicht genau axialen Bewegung desselben zu ermöglichen, ist sie in einem federnden Doppelrohr befestigt. Hier sind die rechteckigen Spülpumpenkolben mit dem oberen Kreuzkopf vereinigt, der auch die Verbindungstangen mit dem unteren Kreuzkopf des Nachbarzylinders trägt.

Bei doppeltwirkenden Zylindern werden zwei aus Sonder- oder Stahlguß hergestellte Kolbenteile verwendet (Abb. 648), die auf Flanschen der Kolbenstange mit

Schrauben befestigt werden. Zwischen ihnen befindet sich ein gesondertes, nötigenfalls zweiteiliges Gleitstück. Die Kühlung kann hier nur durch die hohle Kolbenstange erfolgen. Eine andere Verbindung des Kolbens mit der Stange zeigt etwa Abb. 608, in der auch die Führung des Kühlwassers im Kolben zu ersehen ist (vgl. Abb. 632). Die Wasserzuführung erfolgt etwa nach Abb. 649.

Der zugleich als Dampfkolben arbeitende Kolben der Stillmaschine ist aus Abb. 610 ersichtlich. Der Boden ist spiralig gerippt, um den als Kühlmittel wirkenden Dampf mit größerer Geschwindigkeit und langem

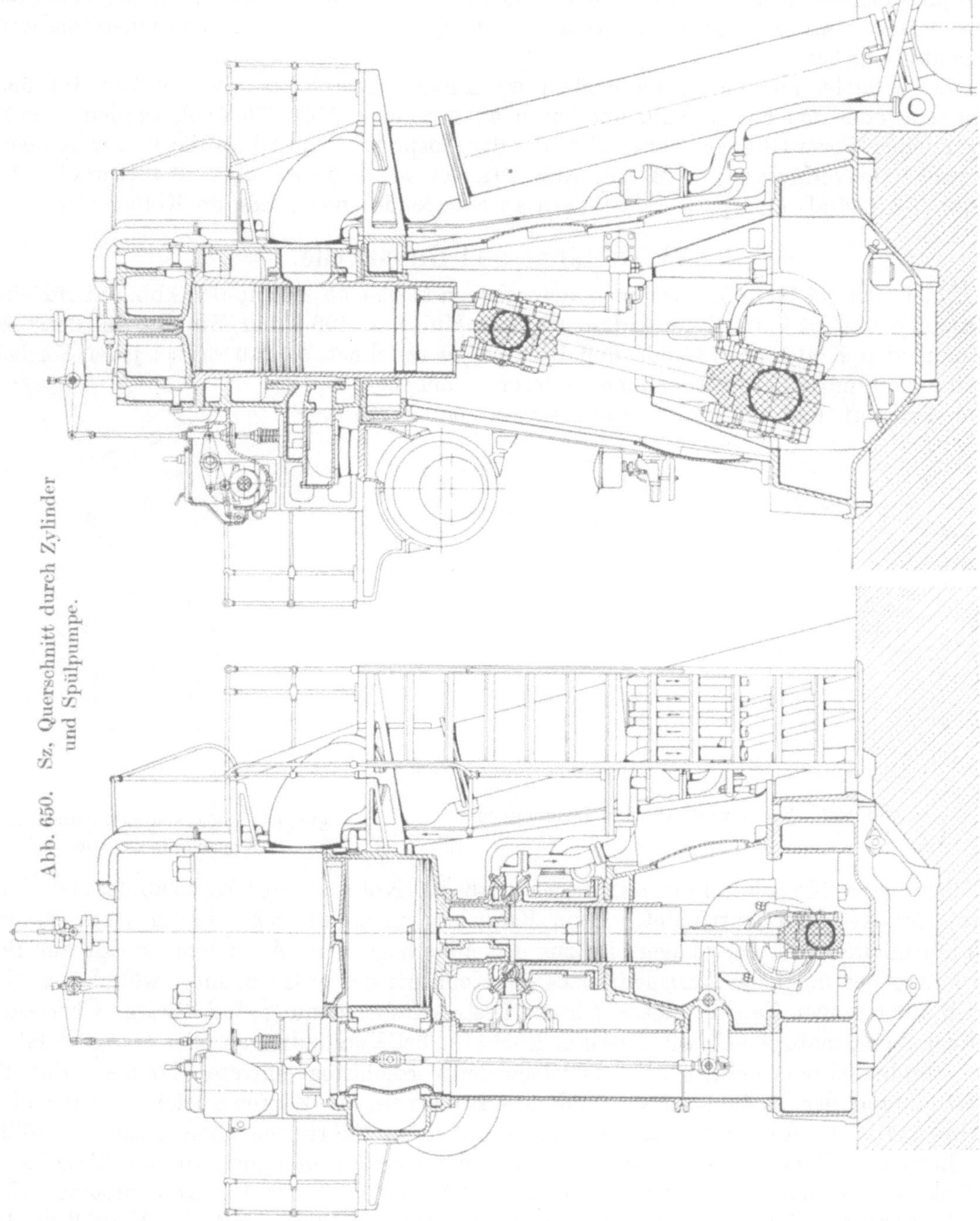

Abb. 650. Sz, Querschnitt durch Zylinder und Spülpumpe.

Weg über die ganze Fläche zu führen und freie Dehnung zu ermöglichen. Der Dampf wird während der Einströmzeit durch Bohrungen in der verstärkten Kolbenstange zugeführt, während diese Verstärkung als Kolbenschieber in einer entsprechenden Aussparung läuft.

Bei liegenden Maschinen (Abb. 585, 617) sind keine besonderen Bemerkungen zu machen, die Kühlung bei liegenden Junkers-Maschinen ist aus Abb. 618 ersichtlich.

Wo die Spülpumpenkolben mit den Arbeitskolben vereinigt sind, werden sie entweder aus einem Stück gegossen (Abb. 594) oder miteinander verschraubt (Abb. 592). Wo die Unterseite des Spülpumpenkolbens arbeitet, wird er mit der Kolbenstange und dem Arbeitskolben durch Flanschen verbunden (Abb. 603). Die Kolbenzapfen werden im Spül- oder Arbeitskolben untergebracht, im ersteren Fall ist man mit ihren Abmessungen freier, und die Wärmestrahlung ist ihnen nicht so schädlich, auch werden die heißen Zylinderbüchsen von der durch die Kolbenquerdrücke entstehenden Reibung entlastet, indem sie etwa 0,5 mm Spiel erhalten. Hingegen werden die Maschinen dadurch bedeutend höher.

Wo es nicht möglich ist, die Kolben unten ganz abzuschließen, wie in Abb. 581, 583, 584 u. a. oder den Kurbelraum überhaupt abzutrennen (Abb. 579, 580), werden stets in irgendeiner Form Ölfänger verwendet, die das Abspritzen von Öl an die heißen Kolbeninnenwände verhindern, z. B. bei Abb. 597, 650 als Schirme über den Kurbeln, bei Abb. 604, 635 als knapp an die Stangen anschließende Querwände im Kolben usw.

VI. Gestänge und Hauptwelle.

Nach den bei Viertaktmaschinen angegebenen Methoden sind in der Abb. 651 für eine Maschine von 675 mm Zylinderdtr., 920 mm Hub und 106 Umdr/Min die in Betracht kommenden Kräfte nach Größe und Richtung verzeichnet, so daß sie bei jeder Kurbelstellung unmittelbar entnommen werden können. Man erkennt die Lage der Druckwechsel bei der

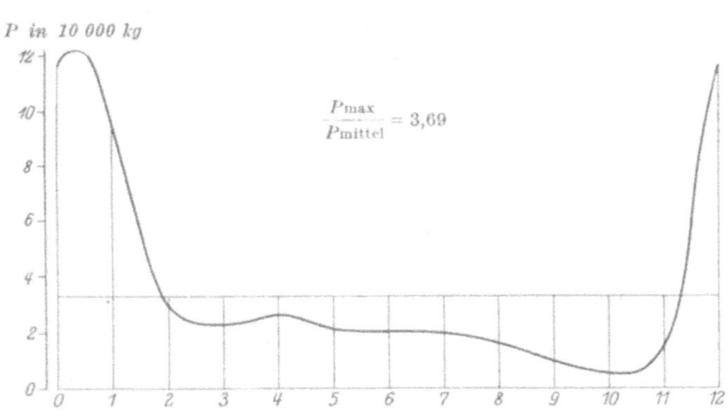

Abb. 652. Kurbelzapfendrücke, Langsamläufer.

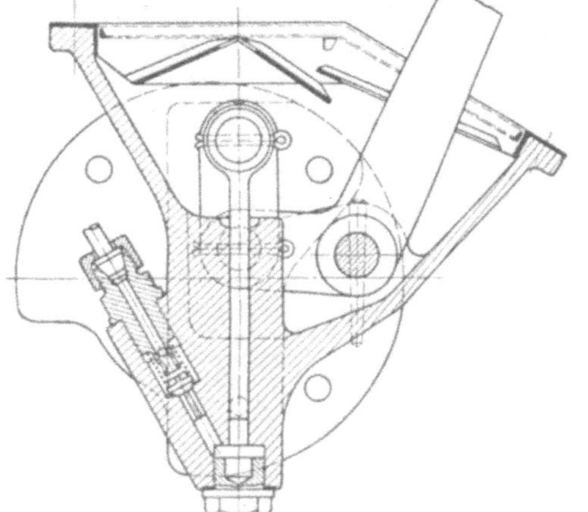

Abb. 653. Kr, Schmierölpumpe für den Kreuzkopf, zu Abb. 581.

Kolben- oder Kreuzkopfführung, ferner daß im Kolben- oder Kreuzkopfzapfen hier kein Druckwechsel stattfindet. Beim Kurbelzapfen ergibt sich allerdings ein rasches Hinübergleiten von einer Lagerseite zur gegenüberliegenden. Auch hier genügt zur Berechnung des mittleren Auflagedruckes die Kenntnis des größten, im gewöhnlichen Betrieb auftretenden Zapfendruckes, für die Festigkeitsberechnung sind etwaige Überbeanspruchungen maßgebend, wie sie beim Anlassen, bei Vorzündungen oder Hängenbleiben der Zündnadel oder endlich bei Ausbleiben der Verdichtung eintreten können. Für die Bestimmung der Reibungsarbeit sind die Mittelwerte der Zapfendrücke zu verwenden (Abb. 652). Die Auflagedrücke der Kolben auf ihren Führungen können für die größte im Betrieb vorkommende Querkraft mit rd. 1,2 kg/cm² angenommen werden, diese Kraft selbst ist im oben angegebenen Fall etwa 2,8 kg für 1 cm² der Kolbenfläche. Die Auflagedrücke bei Kolbenzapfen betragen etwa 100 bis 130 kg/cm², das Verhältnis der Länge zum Durchmesser ist 1,4 bis 1,8, bei genügendem Raum wie bei Unterbringung im Spülpumpenkolben kommen auch viel kleinere Auflagedrücke vor. Die Biegungsbeanspruchungen werden wie bei Viertaktmaschinen gewählt, ebenso das Material der Zapfen.

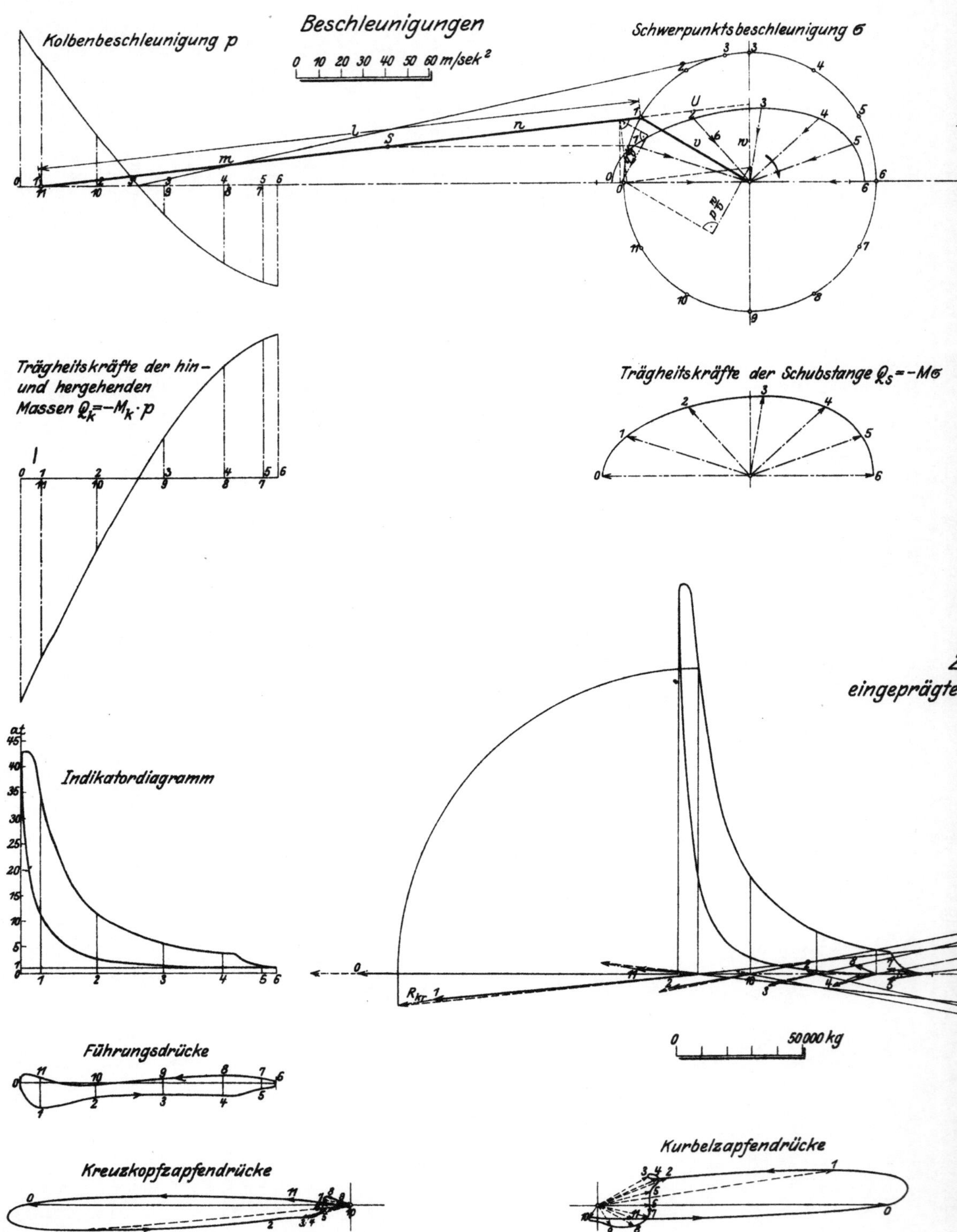
Beschleunigungen
0 10 20 30 40 50 60 m/sek²
Kolbenbeschleunigung p
Schwerpunktsbeschleunigung σ
Trägheitskräfte der hin- und hergehenden Massen $Q_k = -M_k \cdot p$
Trägheitskräfte der Schubstange $Q_s = -M\sigma$
Indikatordiagramm
at
eingeprägte
0 50000 kg
Führungsdrücke
Kreuzkopfzapfendrücke
Kurbelzapfendrücke

Gestängedrücke eines Zweitaktmotors

Zylinderdurchm. = 675 mm; Hub = 920 mm; Drehz. = 106 Umdr./min

Auf den Kreuzkopfz. red. hin- u. herg. Massen $M_k = 250\ \frac{kg\,sek^2}{m}$

Masse der Schubstange $M = 188\ \frac{kg\,sek^2}{m}$

Schubstange: $l = 2{,}180$ m; $m = 1{,}205$ m; $n = 0{,}975$ m; $k = 0{,}992$ m

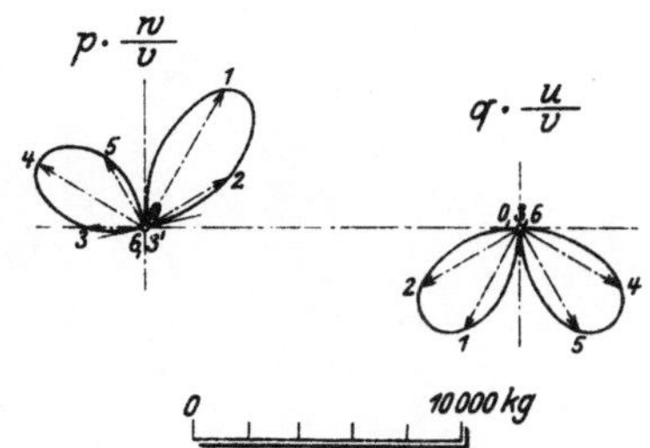

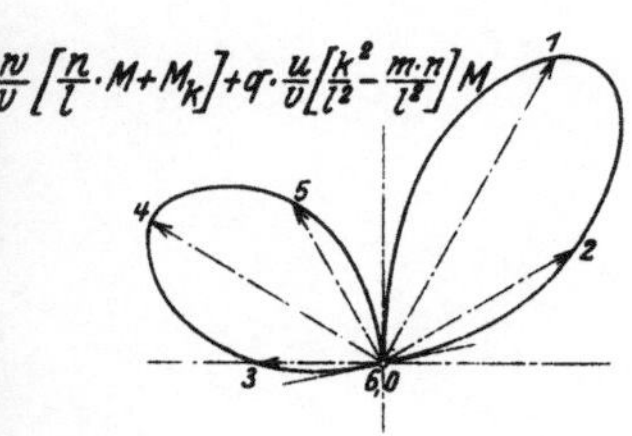

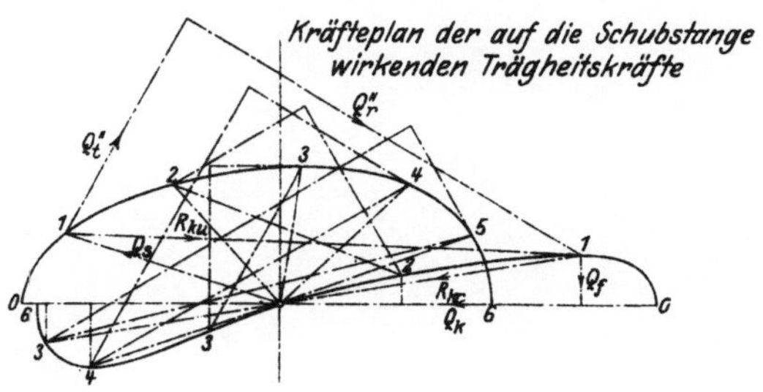

...tzung der
... den Trägheitskräften

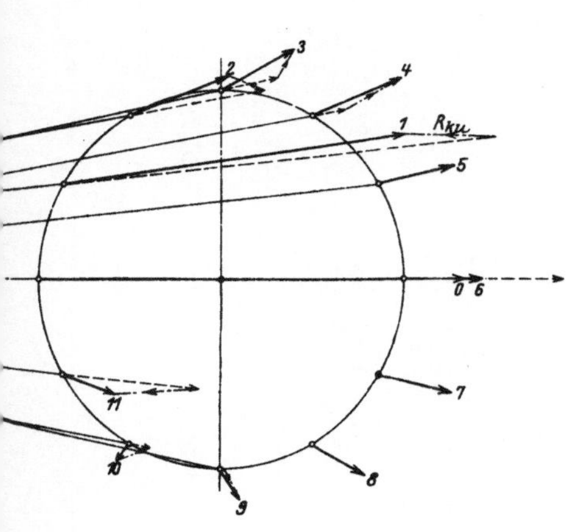

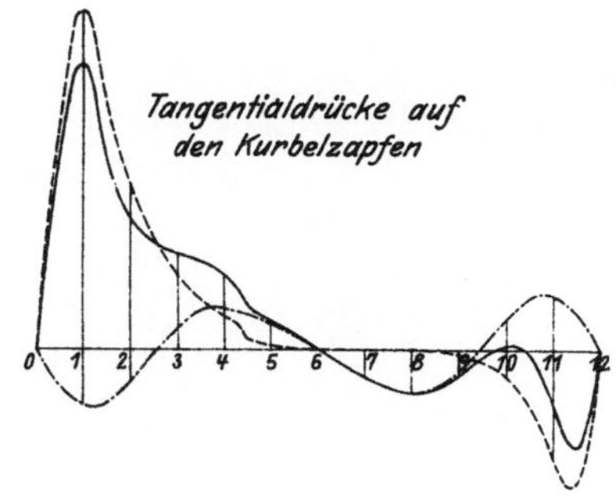

Radialdrücke auf den Kurbelzapfen

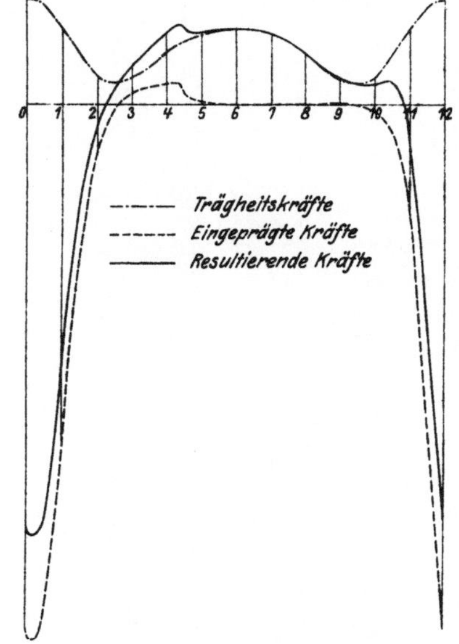

Verlag von Julius Springer, Berlin.

Bei besonderen Kreuzköpfen wird der Auflagedruck der Geradführung bis 4,5 kg/cm² zugelassen, besonders dort, wo Öl- oder Wasserkühlung verwendet wird. Bei Ölkühlung wird das Kühlmittel unmittelbar auch zur Schmierung der Führung verwendet (z. B. Abb. 627). Beispiele von Wasserkühlung bieten etwa Abb. 581, 584. Abb. 579 zeigt eine verrippte, ungekühlte Führung. Die Schubstangenlänge ist gewöhnlich 4,5-, aber auch 4,25- bis 5,5 mal dem Kurbelarm, der größere Wert kommt nur bei Tauchkolben vor. Die Stangenköpfe für Kolbenbolzen werden meist ungeteilt (Abb. 597, 605, 615), für Kreuzköpfe gewöhnlich geteilt als einfache (Abb. 599, 625) oder Gabeln (Abb. 580, 583, 584, 587, 630) ausgeführt. Aber auch bei Kolbenbolzen kommen geteilte Köpfe vor (Abb. 590, 595);

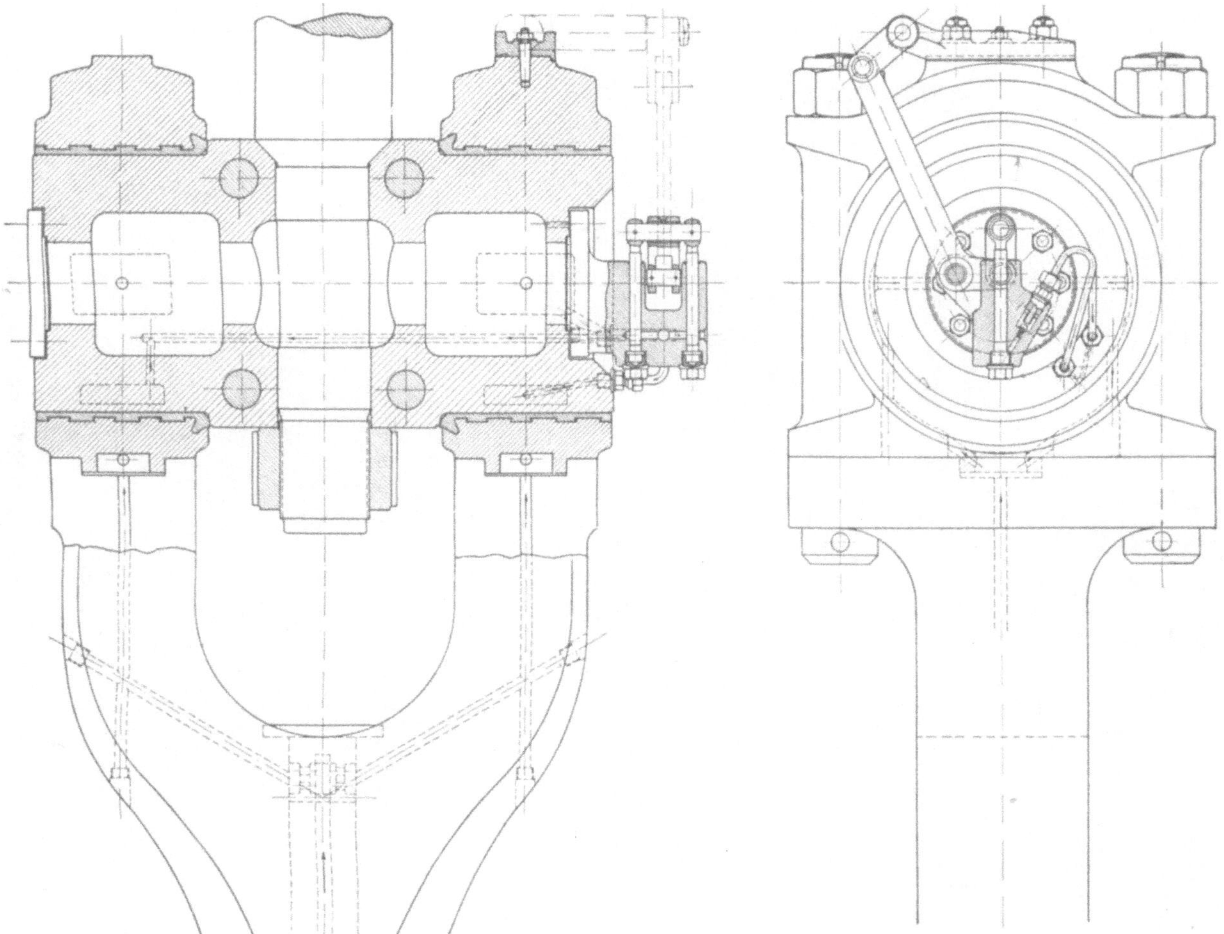

Abb. 654. Kr, Schmierölpumpe für den Kreuzkopf, zu Abb. 579.

hier gelten die gleichen Bedenken wie beim Viertakt, obwohl hier im gewöhnlichen Betrieb bei einfachwirkenden Maschinen kein Zug in den Schrauben vorkommt. Die Einzelheiten der Kreuzköpfe und ihrer Schalen sind die gleichen wie bei Viertaktmaschinen, nur ist stets darauf zu achten, daß hier im gewöhnlichen Betrieb kein Druckwechsel stattfindet (Abb. 651), eine besondere Bauart zeigt Abb. 610, wo der Zapfen gleichzeitig den nicht drehbaren Teil des Kreuzkopfes bildet, an dem die Führungschuhe unmittelbar angeschraubt sind. Die Zuführung des Schmieröls für die Zapfen erfolgt durch Bohrungen in den Zugstangen (z. B. Abb. 604, 613, 630, 635), oder Rohre an denselben (Abb. 610, 614) oder durch besondere Posaunenrohre (Abb. 583, 627) oder auch durch Gelenkrohre, besonders in Verbindung mit der Ölkühlung für die Kolben (Abb. 584) und Abstreifern. Manchmal werden zur Erzielung höheren Öldrucks für die Kreuzkopflager auch besondere

Schmierpumpen verwendet, die aus einer Tropfölleitung (Abb. 653) oder aus der Druckleitung der gebohrten Zugstange (Abb. 654) gespeist werden, wobei die kleinen Pumpenplunger in äußerst einfacher Weise durch die Verdrehung der Stange bewegt werden. Auch die Kurbelköpfe werden wie bei Viertaktmaschinen durchgebildet, es gilt also alles dort Gesagte auch hier. Nur die Verbindungschrauben werden bei Zweitaktmaschinen der Rechnung nach viel schwächer, weil im gewöhnlichen Betriebe keine

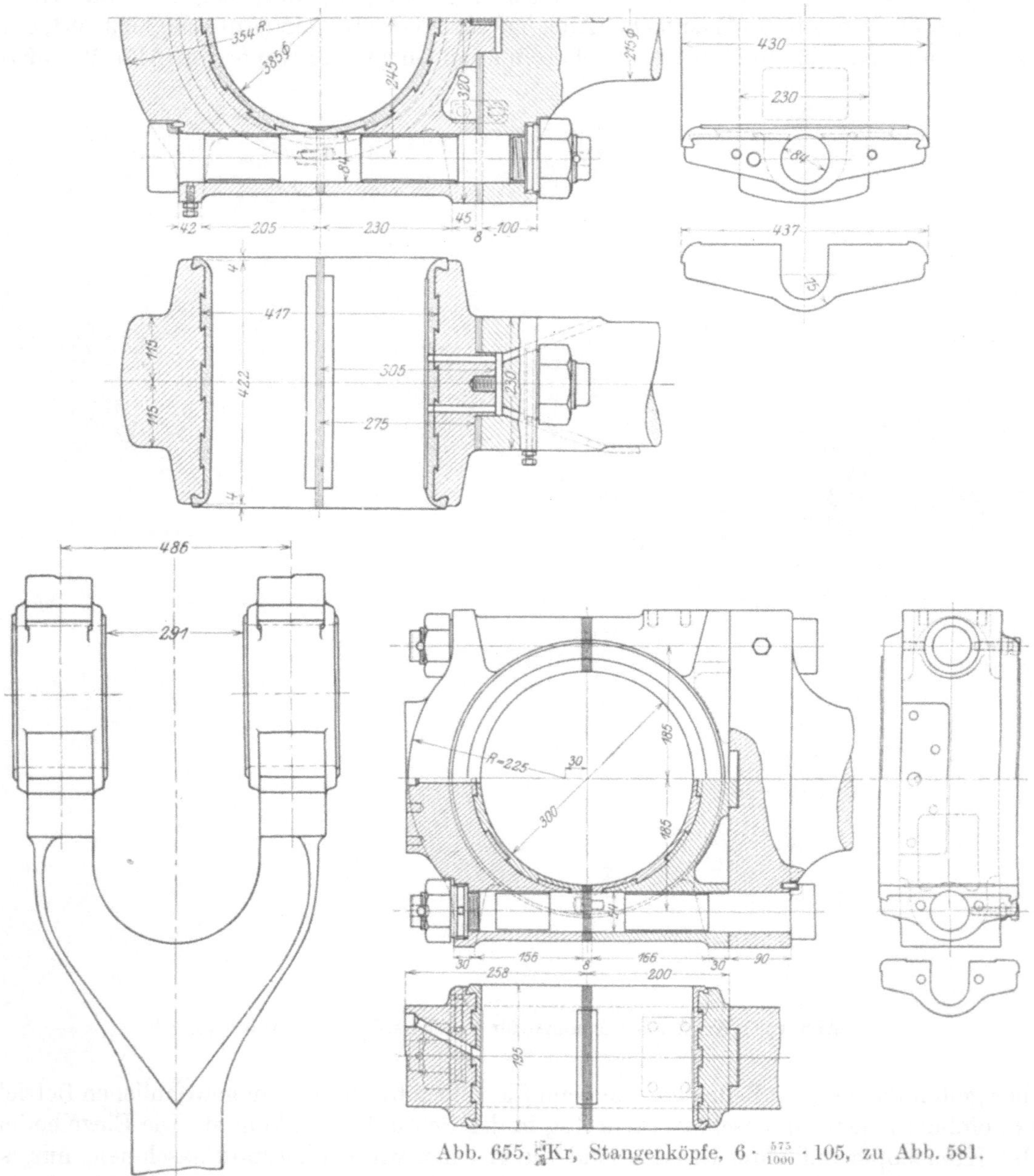

Abb. 655. [illegible]Kr, Stangenköpfe, $6 \cdot \frac{575}{1000} \cdot 105$, zu Abb. 581.

oder nur geringe Zugkräfte auftreten (Abb. 651). Trotzdem werden diese Schrauben verhältnismäßig stark ausgeführt, um bei etwaigem Ausbleiben der Verdichtung durch Hängenbleiben der Spülventile oder bei Schlitzspülung durch starke Undichtheiten noch zu genügen. Die Merkzahl: Gasdruck dividiert durch Kernfläche der Schrauben kann mit 1000 bis 2000 kg/cm^2 genommen werden, der Bolzendurchmesser verhält sich zum Zapfendurchmesser etwa wie 1 : 4,5 bis 1 : 6, wenn zwei Schrauben vorhanden sind. Die Ausführung der Schrauben wird ebenso wie beim Viertakt gemacht. Als Beispiel diene Abb. 655.

Der Verlauf der Kurbelzapfendrücke und der Drehmomente für die einzelnen Lagerstellen ist in der Abb. 651 dargestellt und ihre Größtwerte sind auch in der Tafel S. 468 verzeichnet. Man erkennt daraus die Stelle und Größe der höchsten Drehbeanspruchung der Welle. Für die überschlägige Berechnung der Biegungsbeanspruchung kann man die Entfernung zweier benachbarter Lagermitten mit dem 2- bis $2^1/_2$fachen der Zylinderbohrung annehmen. Die größten Kurbelzapfendrücke entstehen bei Langsamläufern etwa bei 10° Kurbelwinkel. Für mittlere Abmessungen ist das Verhältnis des Kurbelzapfendurchmessers zum Zylinderdurchmesser etwa 0,55 bis 0,7, was einer Beanspruchung von rd. 550 bis 950 kg/cm² entspricht. Der größte Flächendruck wird 50 bis 70 kg/cm², die mittlere Reibungsarbeit 1,4 bis 2,2 kg m/cm²-sk, wegen des unvollkommenen Druckwechsels etwas kleiner als bei Viertaktmaschinen. Bei der Wahl der Beanspruchungsgrenzen sind ebenfalls Stöße und Drucksteigerungen in ungewöhnlichen Fällen zu beachten.

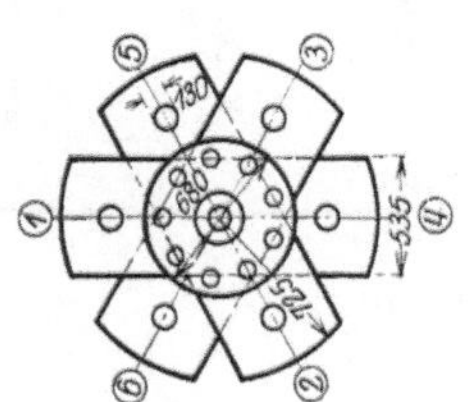

Die Berechnung der Kurbelwellen erfolgt nach S. 145. In der Tafel S. 468 sind wiederum für die gebräuchlichsten Kurbelanordnungen und Zündfolgen bei langsamlaufenden Maschinen die Querschnitte der Wellen angegeben, wo die größten Drehmomente auftreten, sowie deren verhältnismäßige Größe, ebenso auch die Überarbeitsflächen für die Berechnung des Schwungrades.

Auch hier sind außerordentliche Beanspruchungen beim Anlassen oder durch Vorzündung und Hängenbleiben der Brennstoffnadel usw. zu berücksichtigen.

Die für die Berechnung der Lagerdeckel und ihrer Schrauben, sowie der Kurbelkopfschrauben erforderlichen, nach aufwärts gerichteten Lagerkräfte sind aus Abb. 651 zu entnehmen. Während des richtigen Ganges der Maschine sind sie recht klein, nur durch Störungen bei Wegfall der Verdichtung oder Verreiben der Kolben usw. können sie stark anwachsen. Die Deckelschrauben erhalten daher Bolzenstärken von rd. $^1/_5$ bis $^1/_6$ des Wellendurchmessers, wenn 2 Schrauben, $^1/_7$ bis $^1/_{7,5}$ des Wellendurchmessers, wenn 4 Schrauben vorhanden sind (z. B. Abb. 101). Die Wellenlager können Auflagedrücke von 20 bis 35 kg/cm² erhalten und ertragen eine mittlere Reibungsarbeit von 1,3 bis 2,1 kg m/cm²-sk, wobei die Kurbelfliehkräfte und das Wellengewicht mit zu berücksichtigen sind. Die Kurbelarme erhalten etwa Stärken von 0,5 bis 0,6 des Wellendurchmessers, bei zusammengebauten Wellen bis 0,68 des Wellendurchmessers.

Für den Bau der Wellen gelten die gleichen Bemerkungen wie bei Viertaktmaschinen, die Längsverschiebung ist auch hier an einem Lager zu hindern, während die übrigen Spiel haben. Beispiele bieten Abb. 656, sowie die Zusammenstellungszeichnungen. Für den Massenausgleich und die Gegengewichte an den Kurbeln gilt das Gleiche wie bei Viertaktmaschinen.

In Abb. 657 sind die Wuchtdiagramme für den in Abb. 651 behandelten Fall gezeichnet, auch hier ist der Verlauf der reduzierten Massen 𝔐 (S. 135) angegeben.

Bei der reinen Junkers-Anordnung sind die Hauptlager von Gasdrücken vollständig entlastet, es verbleiben nur Restkräfte durch die verschiedenen Längen und Gewichte der Schubstangen und Drehbeanspruchungen. Zur Ausgleichung dient in der Ausführung Abb. 613 die Verschiedenheit des Hubes der beiden

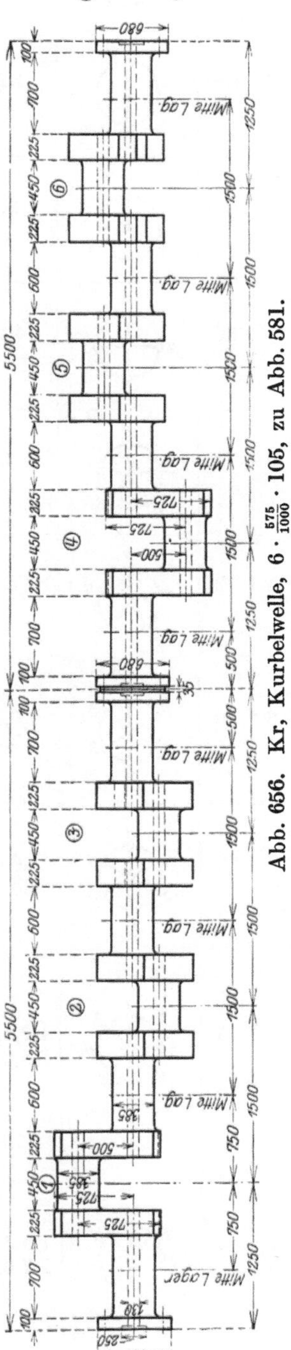

Abb. 656. Kr, Kurbelwelle, $6 \cdot \frac{575}{1000} \cdot 105$, zu Abb. 581.

1	2	3	4	5	6	7	8	9
Kurbelzahl	Kurbelwinkel Grad	Kurbelschema ↷ Drehrichtung	Reihenfolge der Zündungen in den einzelnen Zylindern	Drehmomentenschema für die aufeinanderfolgenden Hauptlager von der ersten Kurbel gegen das Schwungrad hin	Größt. M_d (Lager) / mittl. result. M_d	$M_{d\,max}$ hinter der letzten Kurbel / mittl. result. M_d	Größt. Lagerdruck / Kolbenfläche kg/cm²	Größte unausgeglichene Arbeitsfläche / Arbeitsfläche des gesamten Drehmomentes
1	0		1	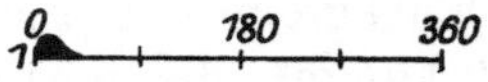 0 180 360	7,35 (1)	7,35	17,1 (0,1)	0,94
2	180		1,2	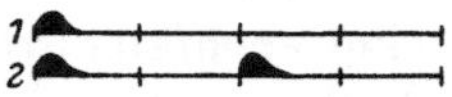	3,68 (1)	3,35	20,05 (1)	0,192
3	120		1,2,3	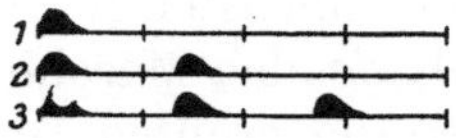	2,71 (2)	2,49	20,5 (1,2)	0,125
4	90	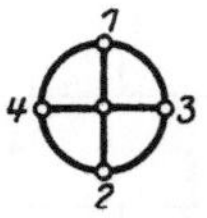	1,4,2,3	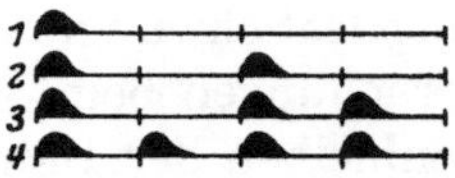	2,38 (3)	2,21	20,3 (2)	0,0878
5	72	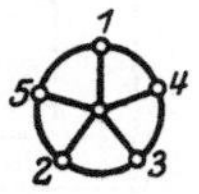	1,5,2,3,4	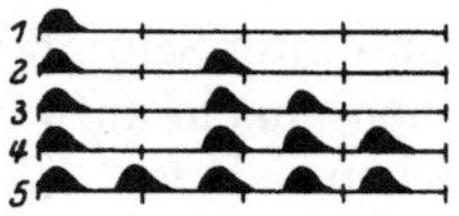	1,97 (4)	1,74	20,0 (1,4)	0,0453
5	72	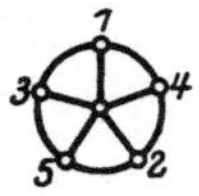	1,3,5,2,4	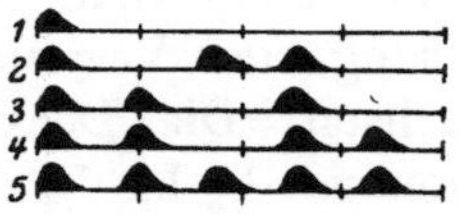	1,96 (4)	1,74	20,0 (1,2,3,4)	0,0453
6	60	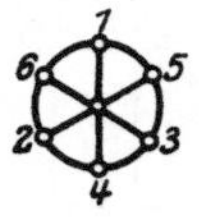	1,6,2, 4,3,5	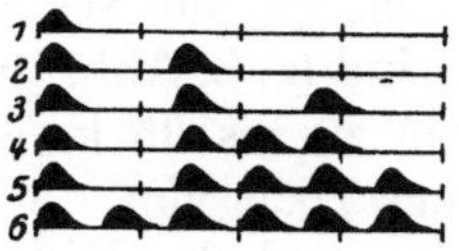	1,66 (4)	1,365	20,4 (3)	0,0207
6	60	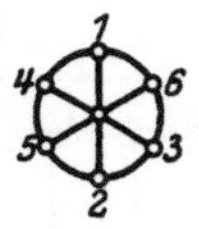	1,4,5, 2,3,6	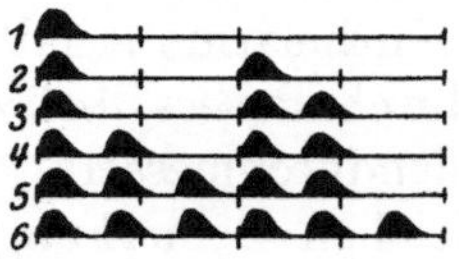	1,55 (5)	1,365	20,4 (2,4)	0,0207
8	45	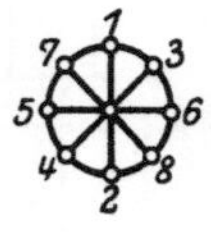	1,7,5,4, 2,8,6,3	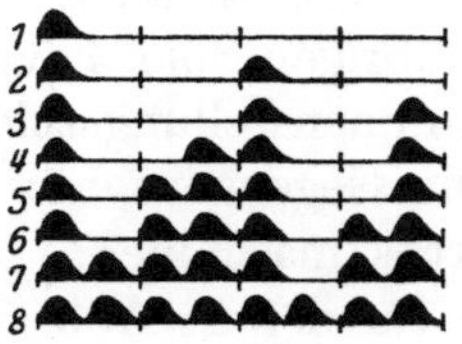	1,395 (7)	1,105	24,4 (4)	0,00453
8	45	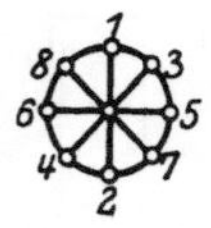	1,8,6,4, 2,7,5,3	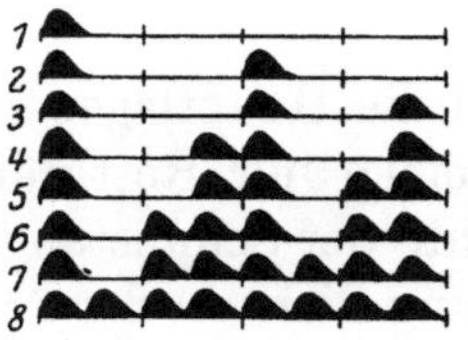	1,392 (7)	1,105	20,05 (1,3,5,7)	0,00453

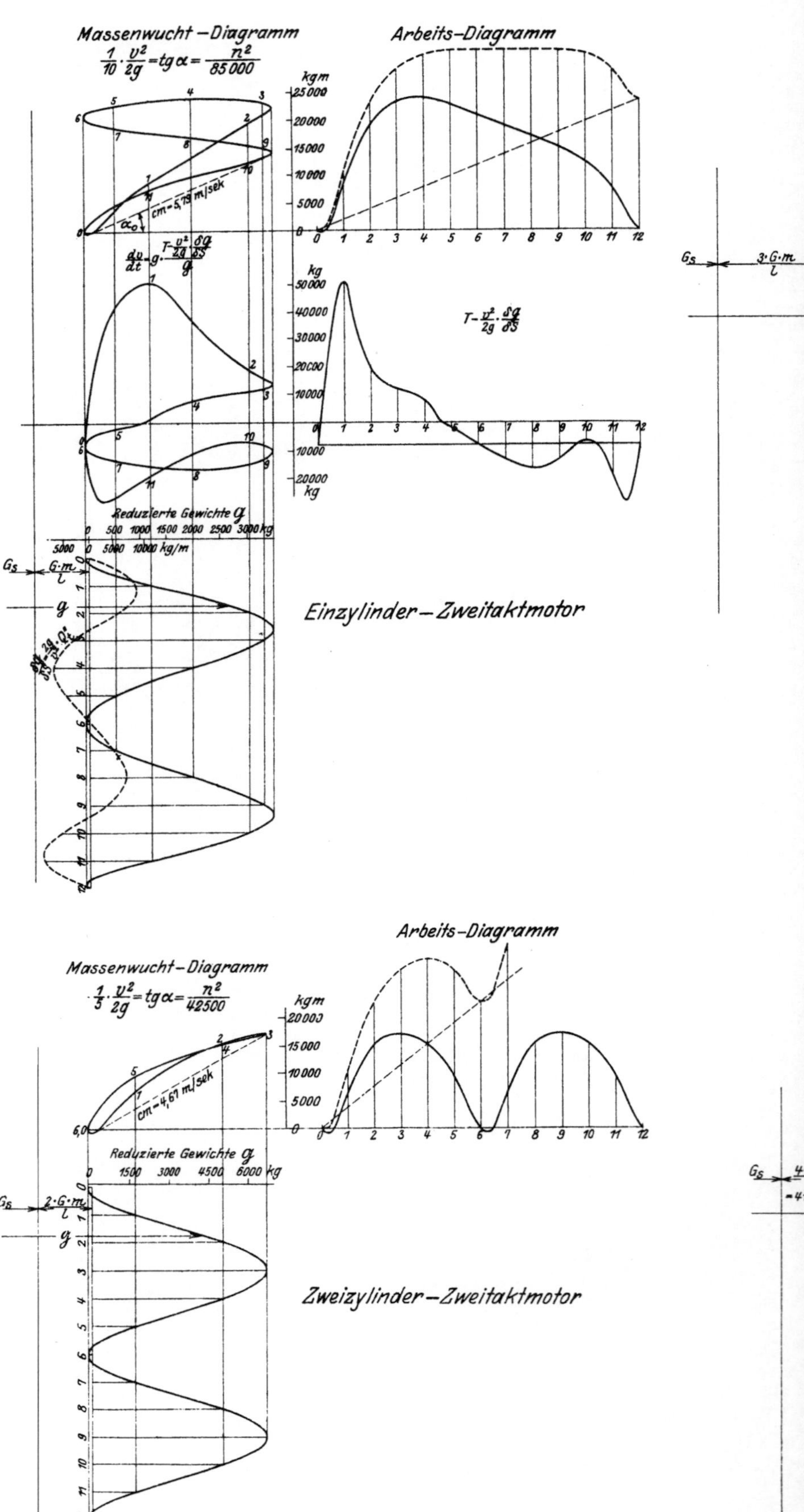

Abb. 657. Massenwucht

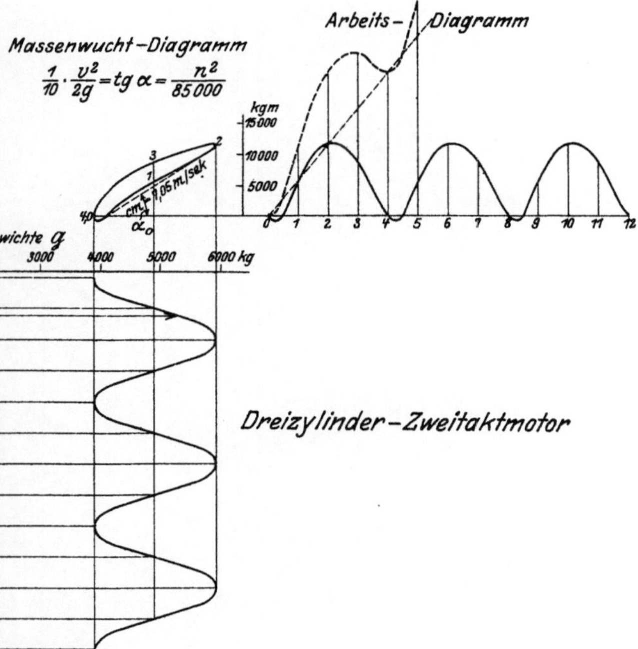

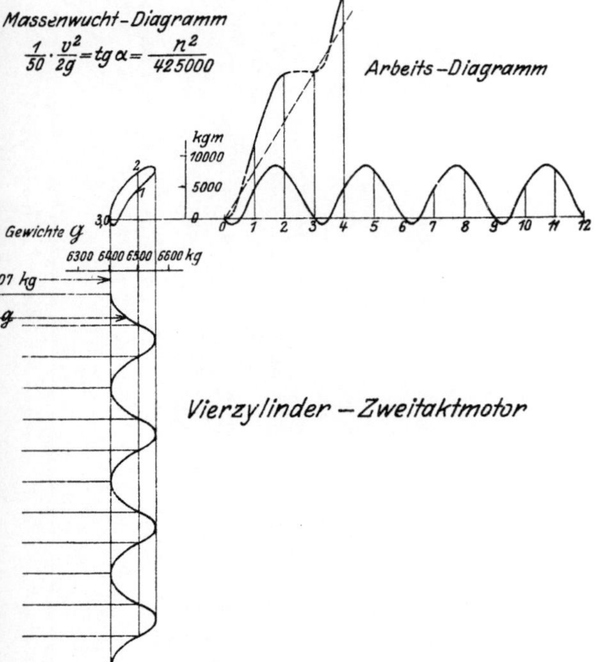

·106.

Verlag von Julius Springer, Berlin.

Gegenkolben. Die Kolbenkräfte werden ausschließlich von geschmiedeten Teilen, Kreuzköpfen und Pleuelstangen, aufgenommen und durch das Mittelstück der Wellenkröpfung geleitet, nur die obere Traverse wird bei großen Maschinen aus Stahlguß hergestellt. Die Kreuzkopfführungen für die äußeren Kolben können auch unmittelbar neben die des unteren Kolbens verlegt werden, dann werden die Schubstangen gleich lang (Abb. 616); die Traverse wird dann durch Zugstangen mit den Kreuzköpfen verbunden. Die Traverse wird durch die Kolbenkraft auf Biegung mit rd. 450 kg/cm² beansprucht, die Zugstangen erhalten rd. $^1/_5$ der Zylinderbohrung als Durchmesser, so daß sie etwa mit 370 kg/cm² angestrengt werden. Druckbeanspruchung kann nur durch Verreiben des Kolbens eintreten, die Kurbelwinkel für die einzelnen Zylinder kann man für die geringsten Drehschwankungen wählen, da die Kurbeln für jeden Zylinder für sich ausgeglichen sind. Bei der neuen Junkers-Maschine wird dadurch an Länge gespart, daß das mittlere Lager gleichzeitig einen Kurbelarm bildet (Abb. 615a).

Bei der Fullagar-Anordnung (Abb. 630) liegen die Kräfte für zwei benachbarte Zylinder nicht mehr symmetrisch, so daß hier Kräftepaare auf die benachbarten Lager wirken. Für mehrere Zylinder sind die so entstehenden Lagerdrücke zu addieren, um überschlägig die Größe des gesamten Druckes zu finden.

Besonders zu erwähnen ist die Bauart mit gleitendem Zylinder (Abb. 620), bei der eine eigentümlich gebaute, gegabelte Schubstange zur Anwendung kommt, deren Berechnung natürlich sorgfältig durchgeführt werden muß, insbesondere auch auf Biegung durch die Massenkräfte. Die Gabel wird bei entsprechend geringer Beanspruchung von 140 kg/cm² aus Stahlguß hergestellt. In den Stangen wird bei einer Druckbeanspruchung von 180 kg/cm² durch Kolbenkräfte eine Biegungsbeanspruchung von 285 kg/cm² durch Massenkräfte zugelassen. Diese Beanspruchungen dürften wohl erhöht werden.

Beachtenswert ist endlich die bereits erwähnte Kreuzkopfbauart der Still-Maschine (Abb. 610), die den Zweck hat, die Auflagefläche für den Kolbendruck nach unten möglichst zu vergrößern. Das Kreuzkopfende der Pleuelstange ist nicht gegabelt, sondern voll aufliegend, nur die beiden Deckel, die zur Aufnahme des geringeren Dampfdruckes nach oben dienen, umfassen den mit der Kolbenstange und dem hohlen Zapfen verbundenen Kreuzkopfsattel.

Übrigens gehen die verschiedenen Bauarten der Kreuzköpfe aus den Abb. 579, 581, 584, 596, 599 und 628 hervor. Sie sind entweder Schmiedestücke mit seitlichen Kreuzkopfzapfen für die Gabelstangen, wobei die Kolbenstangen durch Durchschrauben oder Flanschen verbunden sind, oder ein Stück mit ihnen bilden, und die Führungsplatten einerseits oder beiderseits befestigt sind (Abb. 580, 583, 584, 587, 627, 654), oder sie sind unmittelbar mit den Kolben verbundene gußeiserne Gabelrahmen, die den Kreuzkopfzapfen tragen, wobei innen die Schubstange, außen die Führungsplatten angeordnet sind (Abb. 599, 625, 628, 636), oder auch einfache Lager mit Gabelstangen (Abb. 630). Im letzten Falle kommen auch seitliche Drucke in die Längsrichtung der Maschine, die Kreuzköpfe werden dementsprechend ausgebildet.

Die Schmierung der Gestänge- und Wellenlager ist meist Druckschmierung, aber auch Ringschmierung oder Tropfschmierung, die Baustoffe für die Gestängeteile sind die gleichen wie bei Viertaktmaschinen. Der Schmieröldruck für die Hauptlager beträgt etwa 0,7 bis 0,9 at, für die Kolbenzapfen entsprechend mehr.

Die Gestänge und Wellen für liegende Maschinen weisen keine Besonderheiten auf (Abb. 585, 617), bei liegenden Junkers-Maschinen ist die Anordnung aus Abb. 618, 619 zu entnehmen.

VII. Zylinderdeckel.

Die Form der Innenbegrenzung der Zylinderdeckel wird bei Zweitaktmaschinen oft durch die Spülung beeinflußt. Bei Ventilspülung sind neben dem Einspritzventil, Anlaßventil und Sicherheitsventil, das manchmal mit einem Entspannungsventil verbunden ist, noch ein oder mehrere Spülventile unterzubringen, bei Schlitzspülung entfallen sie, wodurch die Deckel ungemein einfach werden und durch Anordnung der genannten verbleibenden Steuerteile in einem gemeinsamen Einsatz auch ganz achsensymmetrisch ausgeführt werden können. Die Kühlung der Deckel ist an sich leichter als bei Viertaktmaschinen, weil der Auspuff nicht im Deckel erfolgt, und daher der

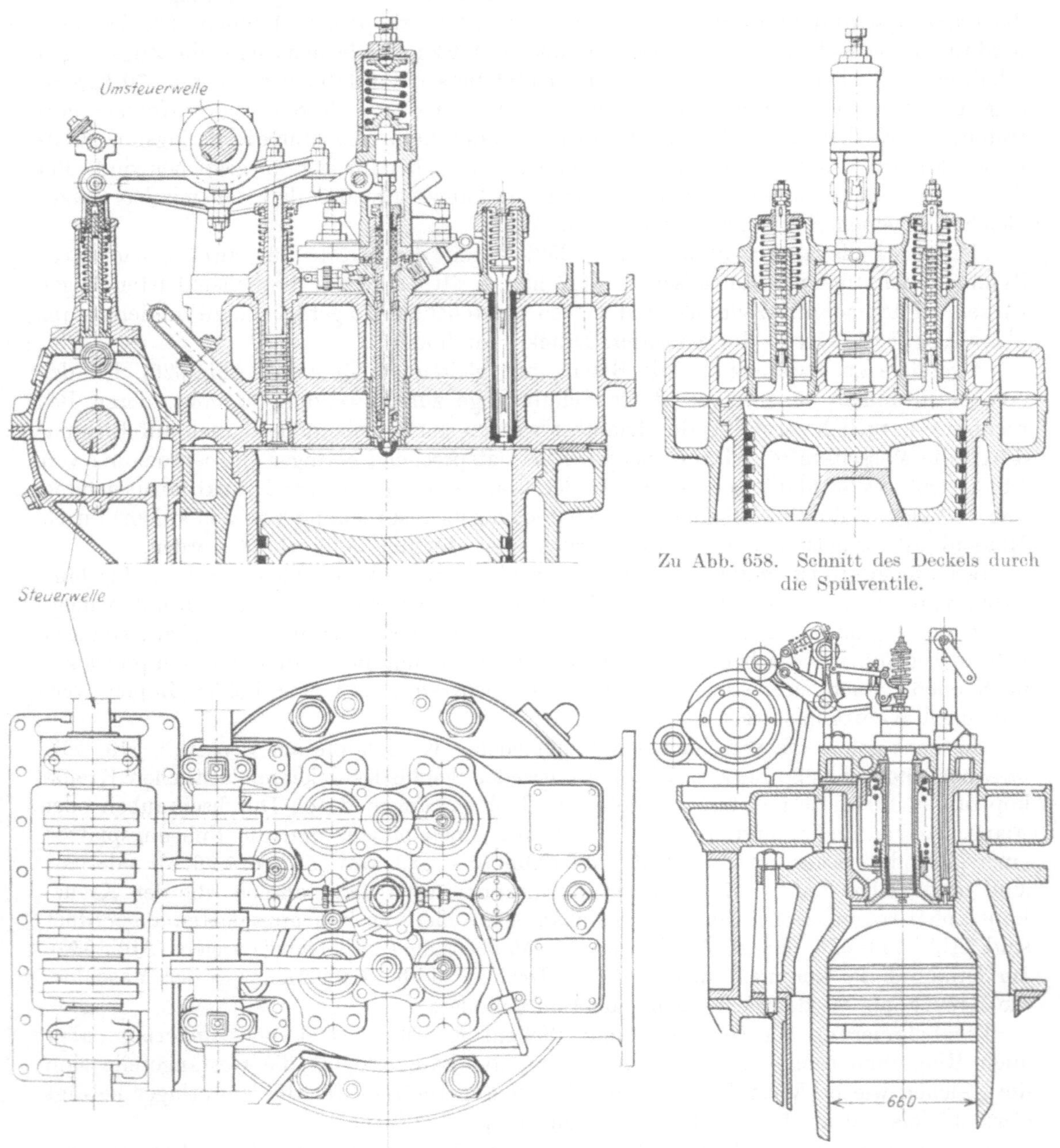

Zu Abb. 658. Schnitt des Deckels durch die Spülventile.

Abb. 658. Schn, Zylinderdeckel und Steuerung, $6 \cdot \frac{540}{800} \cdot 150$, zu Abb. 582.

Abb. 659. Be, Zylinderkopf, $6 \cdot \frac{660}{1260} \cdot 115$, zu Abb. 636.

durch die große Gasgeschwindigkeit erhöhte einseitige Wärmeübergang entfällt, bei Schlitzspülung fallen auch noch die Ventilpfeifen für Spülventile fort, so daß der ganze Deckelboden für die Kühlung frei bleibt. Außer den Steuerungsteilen ist dann nur noch ein Indikatoranschluß anzubringen und für etwaige Anpässe zur Befestigung von Lagern für die äußere Steuerung zu sorgen.

Die Zylinderdeckel für Ventilspülung sind meist einteilig, die Ventile werden möglichst symmetrisch angeordnet (z. B. Abb. 579, 581, 582, 624), und zwar hat man bis vier Ventile verwendet (Abb. 658). Die Schwierigkeiten der Herstellung der Deckel, des Antriebs der Ventile und die Gefahr des Reißens der Innenwände haben aber dazu geführt, die Anzahl der Ventile womöglich auf zwei (Abb. 579, 581) oder eines (Abb. 659)

Abb. 660. Sz, Zylinder und Deckel.

Abb. 661. Kt, Grundriß.

zu vermindern, wenn überhaupt noch Ventilspülung angewendet wird[1]). Die Luftzufuhr zu den Spülventilen geschieht gewöhnlich durch einen über den ganzen Deckelquerschnitt oberhalb des Wasserraumes liegenden Aufnehmer (Abb. 579, 581, 658), derart, daß unmittelbar vor den Ventilen eine größere Spülluftmenge vorhanden ist und während der Spülung dort kein nennenswerter Druckabfall stattfindet. Die Höhe

[1]) Vgl. Alt: Jahrbuch der Schiffbautechnischen Gesellschaft 1920, S. 331.

dieses Raumes ist im Mittel etwa $^1/_3$ bis $^1/_4$ des Zylinderdurchmessers, die ganze Deckelhöhe (ohne Wasserkammer) rd. 0,6 bis 0,7 des Zylinderdurchmessers. Auch ringförmig um den Deckel liegende Aufnehmer wurden verwendet (Abb. 659, 660) oder auch innerhalb des Kühlwasserraumes liegende Spülkanäle (Abb. 661). Das Brennstoff- und das Anlaßventil werden derart gelegt, daß sie von benachbarten Nocken unmittelbar angetrieben werden können. Die Ventilpfeifen für die Brennstoffventile gehen entweder nur durch den Wasserraum (Abb. 624) oder durch den Luftraum, und werden dann im Wasserraum durch dicht eingeschraubte Stahlrohre verlängert (Abb. 658).

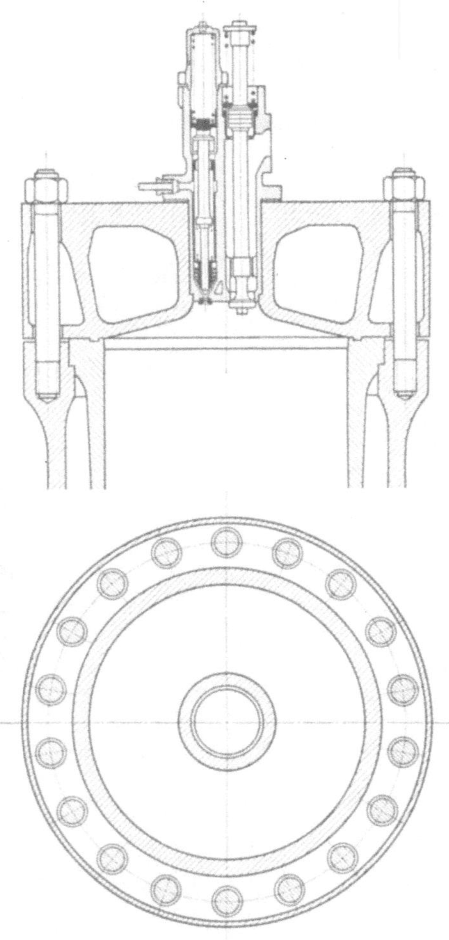
Abb. 662. Sz, Zylinderdeckel.

Neben dem im Deckel angebrachten Wasserkühlraum wird zur Vermeidung der Rißbildungen auch noch eine gesonderte Wasserkammer aus Stahl (Abb. 579, 581; vgl. auch Abb. 226, 227, 356) eingebaut. Eine besondere Ausführung mit schräg gestelltem Brennstoff- und Anlaßventil zeigt Abb. 606, während Abb. 659 ein einziges, zentral angeordnetes Spülventil zeigt, dessen Führung als Rohr ausgebildet ist und das Brennstoffventil aufnimmt, während Anlaß- und Sicherheitsventil noch seitlich im Ventileinsatz Platz finden.

Die Verbindung des Deckels mit dem Kühlmantel erfolgt durch Stiftschrauben ähnlich wie bei Viertaktmaschinen, auch hier sind zumeist nur 8 Schrauben unterzubringen. Die Deckel tragen in diesen Fällen auch meist Lager für die Steuerungsantriebe. Die Querschnitte der Spülkanäle werden derart bemessen, daß möglichst kleine Widerstände und Druckverluste entstehen, also daß sie auch allmählich in die engste Stelle bei den Ventilen übergehen.

Ganz wesentlich einfacher und sicherer werden die Zylinderdeckel für Schlitzspülung, wie etwa Abb. 662 erkennen läßt. Der Deckel bildet hier einen einfachen Hohlkörper, dessen Begrenzungen ganz den Ansprüchen an günstige Gestaltung des Verbrennungs- und Kühlraumes angepaßt werden können. Hier sind Brennstoff- und Anlaßventil auch noch in einem gemeinsamen Einsatz vereinigt, wodurch der Deckel selbst ganz achsensymmetrisch ausgebildet werden kann. Häufig werden aber auch das Anlaß- und das Druckminderungsventil in besonderen kleinen Einsätzen angeordnet (Abb. 599, 663). Die den Deckel mit dem Kühlmantel verbindenden Stiftschrauben, die die ganze Kolbenkraft aufzunehmen haben, werden gewöhnlich (Abb. 663) außerhalb des Kühlraums angebracht, manchmal auch so, daß keine wasserdichten Pfeifen hierfür erforderlich sind (Abb. 662). Auch ein gesonderter Flanschenring wurde verwendet (Abb. 587, 650). Die Anzahl der Schrauben wird ziemlich groß gewählt, zwischen 10 und 18, meist wird Feingewinde verwendet und manchmal werden die Bolzen auch auf Kerndurchmesser abgedreht. Die Schrauben werden auch hier und da durch Ausbildung von Hohlflanschen kürzer (vgl. Abb. 658 für Ventilspülung).

Bei Schlitzspülung ergibt sich leichter auch die Möglichkeit, die Deckel durch Stahlsäulen unmittelbar oder durch besondere Tragflanschen mit den Grundplatten zu verbinden und so die Zylindermäntel von axialen Kräften ganz zu entlasten (Abb. 587, 599). Sie hängen dann einfach an den Deckeln, wofür besondere Stiftschrauben die Verbindung herstellen.

Die Zuführung des Kühlwassers zum Deckelraum erfolgt in etwa gleicher Weise wie beim Viertakt aus dem Kühlraum des Zylinders. Es werden wie dort entweder seitliche Bogenrohre (Abb. 599) oder Bohrungen in den Verbindungsflanschen mit Röhrchen und Gummiringabdichtung (Abb. 590, 597), oder auch ganze Ringöffnungen zwischen beiden Wasserräumen mit beiderseitiger Gummiabdichtung (Abb. 605, 663) verwendet.

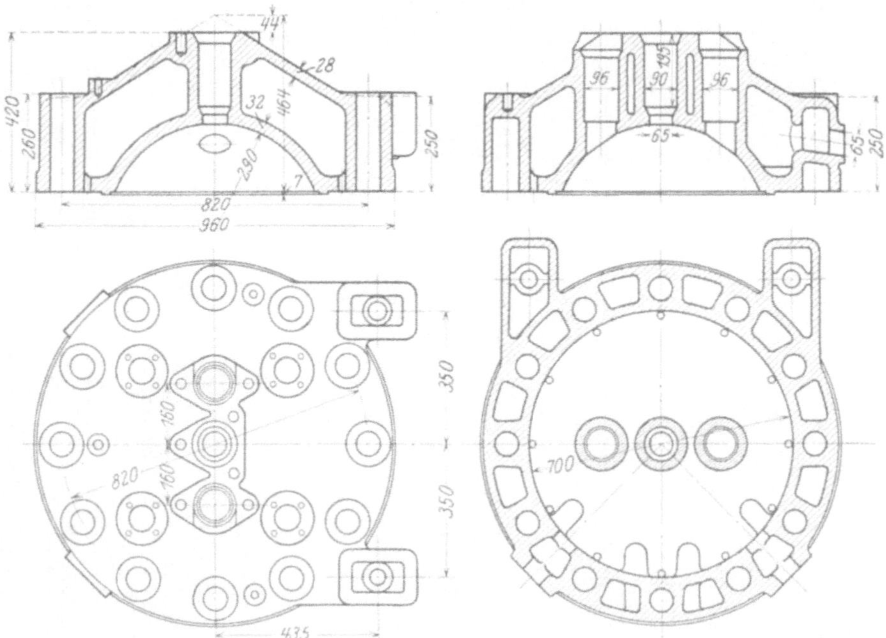

Abb. 663. Bu, Zylinderdeckel, $\frac{530}{950} \cdot 100$, zu Abb. 596.

In letzterem Fall soll eine Verbindung des zwischen Kühlwasser und Zylinder liegenden Zwischenraumes mit der Außenluft hergestellt werden, damit Undichtheiten bemerkt werden können und jedenfalls kein Wasser in den Zylinder gelangen kann (Abb. 663).

Die Zugänglichkeit und die Leichtigkeit der Reinigung nach dem Guß und nach längerer Betriebszeit sind hier besonders bei Schlitzspülung besser als bei Viertaktmaschinen; um die Zerstörung der Innenwände zu verhindern, sind auch hier die Schaudeckel aus dem gleichen Material herzustellen wie die Zylinderdeckel selbst, zu verzinnen und mit Zinkschutz zu versehen, etwa nach Abb. 663. Auch oben ganz offen gegossene und mit einfachen Deckeln versehene Bauarten werden verwendet (Abb. 664). Die Verrippung des Kühlwasserraumes muß derart geschehen, daß das Kühlwasser am Deckelboden überall fließen kann und keine toten Räume entstehen (Abb. 583, 629, 650), gegebenenfalls sind die Rippen ganz weggelassen (Abb. 662, 663), wobei Form und Wandstärken entsprechend zu wählen sind. Der Kühlwasseraustritt befindet sich an der Oberseite (Abb. 650) oder seitlich (Abb. 663).

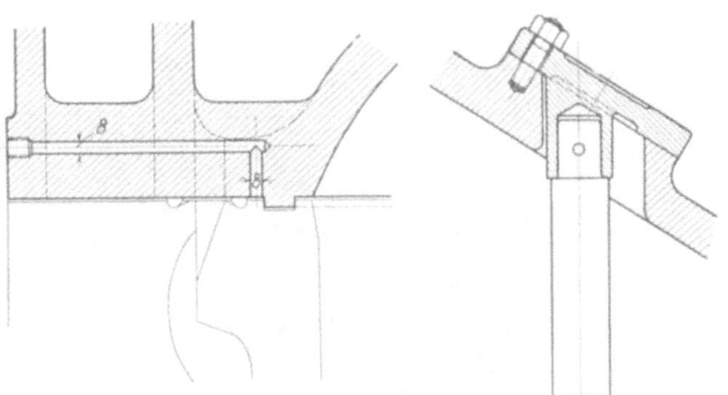

Zu Abb. 663. Deckelabdichtung und Zinkschutz.

Bei Schlitzspülung, wo der Deckel nur kleine Steuerorgane aufzunehmen hat, ist es leicht, ihn mehrteilig auszuführen, derart, daß die hauptsächlich der Wärmeabführung dienenden Teile einfache Drehkörper und leicht auswechselbar werden können. Die

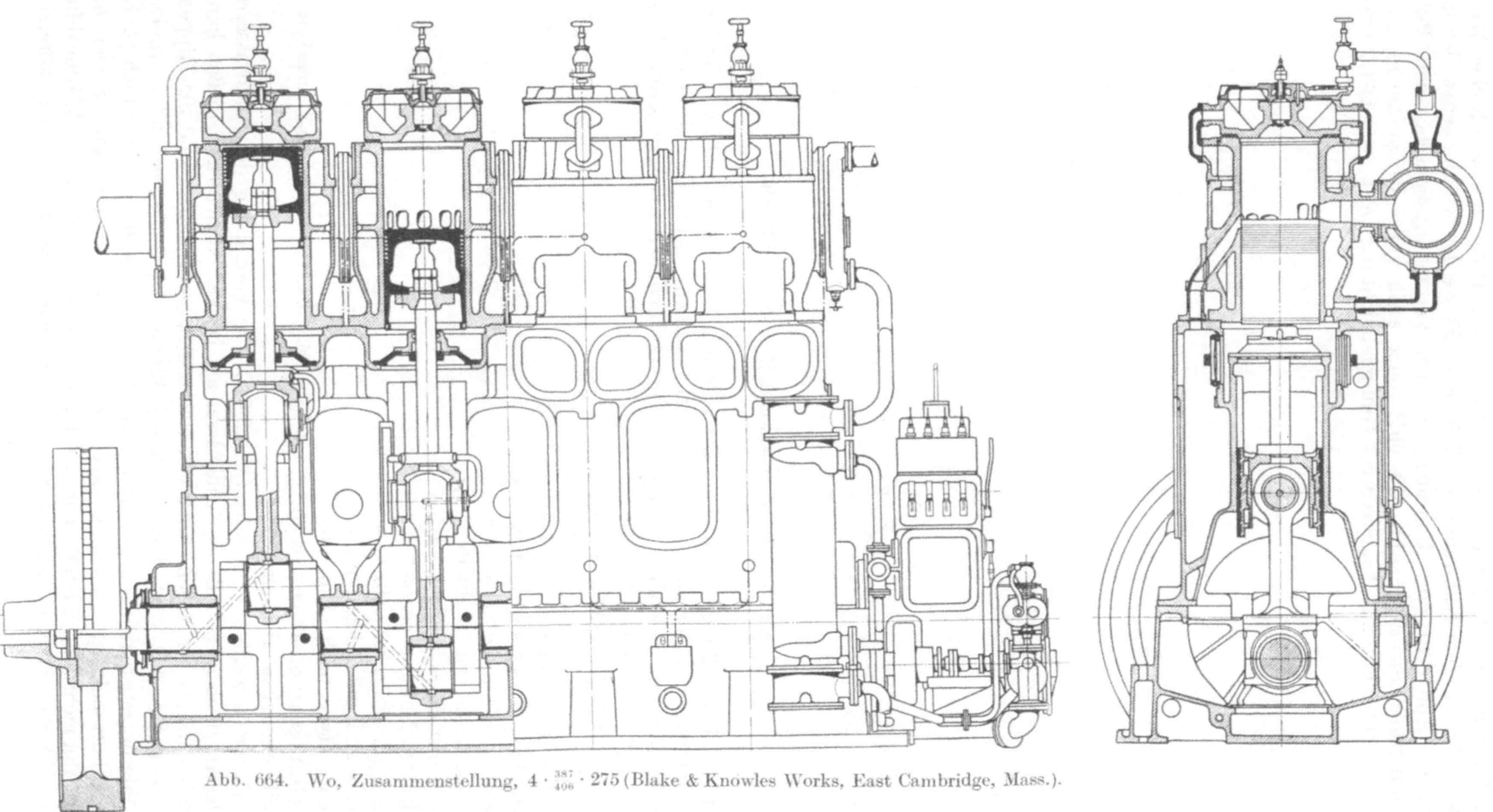

Abb. 664. Wo, Zusammenstellung, $4 \cdot \frac{387}{406} \cdot 275$ (Blake & Knowles Works, East Cambridge, Mass.).

Abb. 650 bildet einen Übergang zu diesen Bauarten, die in den Abb. 598 und 607 dargestellt sind. In der ersteren ist der Drehkörper schlank kegelförmig und trägt den Einsatz für die Steuerventile, dessen Abdichtung durch 6 Kolbenringe unterstützt wird. Der kegelförmige Deckelteil sitzt unmittelbar auf der Zylinderbüchse auf und wird mit dem S. 472 genannten Flanschenring durch ein übergeschobenes und durch einen eingestemmten Kupferring abgedichtetes Gußstück und eine Reihe von Stiftschrauben verbunden. Der Ventileinsatz ist mit diesem zylindrischen Gußstück ebenfalls durch Flanschenschrauben verbunden, so daß dieses den ganzen Gasdruck aufnimmt und durch einen neuen Kranz von Schrauben an den äußeren Zylindermantel weitergibt. Die Verbindung der Kühlräume geht aus Abb. 598 hervor.

Der Deckel Abb. 607 besteht aus einem etwa halbkugelförmigen Drehkörper, der mit Flanschen auf der Zylinderbüchse sitzt und unmittelbar das in einem zylindrischen, noch gekühlten Aufsatz untergebrachte Brennstoffventil trägt. Da das Anlassen hier auf der Unterseite des Kolbens erfolgt, um den Verbrennungsraum durch die Anlaßluft nicht zu kühlen, ist hier kein Anlaßventil im Deckel erforderlich. Dieser Deckel wird wiederum durch ein übergeschobenes und mit Kolbenringen abgedichtetes Mantelstück, das die äußere Wand des Kühlwasserraumes bildet, mit Hilfe von Stiftschrauben angepreßt. Das Kühlwasser wird durch Bohrungen in der Verstärkung der Zylinderbüchse und im Flansch des inneren Deckels, die durch Gummiringe einzeln abgedichtet sind, zugeführt, Sicherheitsventil und Indikatoranschluß sind seitlich am Flansch des inneren Deckels, der Kühlwasserabfluß oben am äußeren Deckel angeordnet.

Auch bei der doppeltwirkenden Versuchsmaschine der M.A.N.[1]) ist der obere, gußeiserne Deckel durch einen übergeschobenen, starken Hohlring festgehalten worden, der Deckel trägt den besonders gekühlten Einsatz für das Brennstoff-, Anlaß- und Sicherheitsventil und den Indikatoranschluß. Der untere Deckel ist ebenfalls hohl gegossen und trägt neben der mit Metallringen versehenen Stopfbüchse vier Brennstoffventile und eine schmiedeeiserne Wasserkammer zum Schutz gegen übermäßige Wärmebeanspruchung. Der Deckel ist nach oben hin ausnehmbar.

Bei der Versuchsmaschine (Abb. 608) sind die inneren Deckel als Hauben mit den Zylinderbüchsen vereinigt, ebenso bei der Still-Maschine (Abb. 610) und bei Abb. 609[2]). Im letzgenannten Fall tragen sie oben einen, unten zwei Einsätze unter 45° für die Brennstoffventile und einen Anschlußflansch für die Stopfbüchse. Die aus weichem Stahl hergestellten Hauben werden durch kräftige übergeschobene Ringe mit dem Rahmen verbunden, der die Spül- und Auspuffkanäle enthält. Diese Ringe umschließen auch die äußeren Mäntel der Kühlwasserräume, die durch Stopfbüchsenringe abgedichtet sind.

Einer besonderen Ausbildung bedürfen auch die Deckel der Maschine mit Gleitzylindern (Abb. 620). Sie werden, da sie die einzigen festen Wände des Zylinderraumes bilden, von Traversen gehalten, die am Gestell befestigt sind. Sie sind mit Kolbenringen versehen, die die Dichtung des Gleitzylinders übernehmen und bilden so gewissermaßen feststehende Kolben, deren kegelförmige Innenwand den Verbrennungsraum bildet. Der obere und untere Deckel sind ganz gleiche und auswechselbare, einfache Hohlgußkörper aus Sonderguß, ohne jede Materialanhäufung, ohne Stopfbüchsen und Verbindungsflanschen, die Verbindungschrauben mit den Traversen sind kaum beansprucht. Das Brennstoff- und das Anlaßventil sind so angeordnet, daß sie in die gleiche Öffnung der Wand axial münden, derart, daß der Brennstoff zentral eingespritzt wird und die Anlaßluft in einer Ringfläche um die Brennstoffdüse herum ausströmt.

Endlich kommt es auch vor, daß Zylinder und Deckel aus einem Stück bestehen (z. B. Abb. 593, 594, 595, auch Abb. 659).

Eine besondere Deckelform verlangt auch die Anordnung von Toussaint (Abb. 611).

Bei liegenden Maschinen werden die Deckel im wesentlichen wie bei stehenden ausgeführt (Abb. 617). Die beiden Spülventile liegen übereinander, das Brennstoffventil

[1]) Nägel: Z. V. d I. 1923, S. 726.

[2]) Vgl. Nägel: Z. V. d. I. 1925, S. 630.

horizontal in der Zylindermitte, das Anlaßventil seitlich. Die Spülluft wird zwischen den Zylindern der Zwillingsmaschine zugeführt und gelangt durch einen im Kühlraum liegenden und sich in zwei Zweige teilenden Kanal zu den Spülventilgehäusen. Abb. 585 gibt ein Beispiel eines zweiteiligen Deckels für Schlitzspülung.

Die Beanspruchung der Deckel ist analog der bei Viertaktmaschinen, nur sind die Wärmebeanspruchungen hier leichter zu überblicken. Das Temperaturfeld eines schwach kegelförmigen Deckels ist annähernd in Abb. 665[1]) wiedergegeben, man könnte die Festigkeitsbeanspruchungen hiernach einigermaßen ermitteln. Die Wandstärken der inneren Deckelböden werden etwa $^1/_{10}$ des Zylinderdurchmessers bei kleinen, $^1/_{16}$ bis $^1/_{18}$ des Zylinderdurchmessers bei großen Maschinen ausgeführt, die äußeren Wände etwa $^1/_{15}$ bis $^1/_{20}$ des Zylinderdurchmessers. Als Baustoff wird feinkörniges Spezialgußeisen, Stahlguß oder auch Schmiedestahl verwendet, der Guß ist zeitweilig auf Risse zu untersuchen, Ablagerungen von Kesselstein und Schlamm zu beseitigen, die Wasserräume mit verdünnter Salzsäure durchzuspülen.

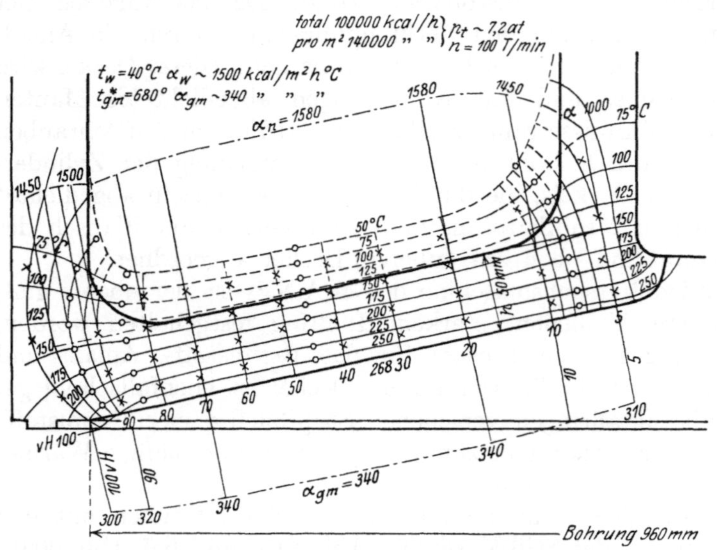

Abb. 665. Temperaturfeld des Zylinderdeckels.

Die Abdichtung des Verbrennungsraumes wird wie bei Viertaktmaschinen am besten durch Kupferringe bewirkt, für das Kühlwasser genügen Gummiringe.

Die den hohen Gasdrücken ausgesetzten Teile werden auf 100 at geprüft, die Kühlwasserräume auf 15 bis 20 at. Zur Verminderung von Gußspannungen werden die Deckel gut ausgeglüht.

VIII. Steuerungsventile.

Die Spülventile werden im Deckel untergebracht und etwa so eingebaut wie die Einlaßventile von Viertaktmaschinen. Sie erhalten fast immer einen besonderen Ventilkorb, der gewöhnlich als zylindrisches Rohr mit symmetrisch angeordneten seitlichen Öffnungen ausgebildet ist, um eine nach allen Richtungen gleichmäßige Wärmedeformation zu erzielen (z. B. Abb. 606, 624, 635, 658). Aber auch Rippen werden verwendet (Abb. 581, 666, 667), ebenso auch einseitige Luftzuführung (Abb. 668). Im Falle nur ein Spülventil zur Anwendung kommt, nimmt der Einsatz auch manchmal das Anlaß- und Sicherheitsventil auf (Abb. 659). Auch sonst kommen einfache Spülventile vor, meist werden aber zwei Ventile angeordnet, jedoch auch drei (Abb. 635, 669) oder vier (Abb. 658, 689). Mit Rücksicht auf die Einfachheit des Deckelgusses und die sichere Kühlung wird die Ventilzahl möglichst vermindert, der Durchgangsquerschnitt darf aber nicht zu klein werden, da sonst unnötige Spülarbeit geleistet werden müßte.

Die aus S-M- oder Tiegelstahl hergestellten Spülventile werden in ihren Spindeln geführt und gewöhnlich auf kegelförmigen Sitzen abgedichtet. Die Sitzringe werden oft vom Ventileinsatz getrennt (Abb. 606, 666, 668), damit man hierfür besonders widerstandsfähiges Material verwenden und dieses leichter auswechseln kann, und auch um eine genau zentrische Wärmeausdehnung zu erzielen. Die Abdichtung gegen den Ver-

[1]) Eichelberg: Forschungsarbeiten des V. d. I. Heft 263.

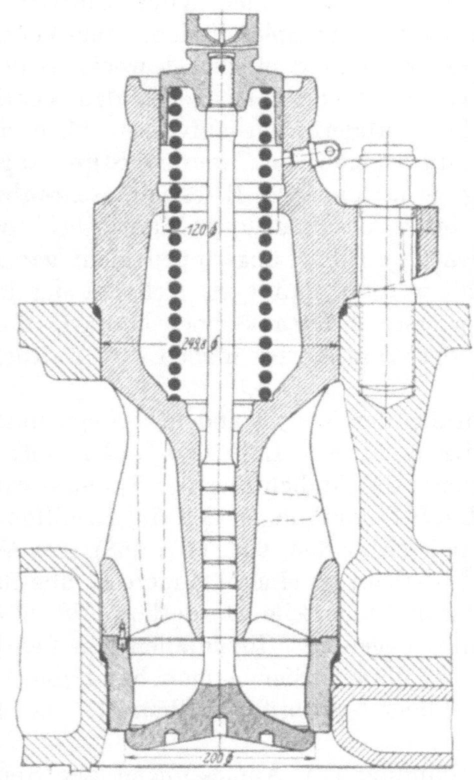

Abb. 666. Kr, Spülventil, $\frac{575}{1000} \cdot 105$, zu Abb. 581.

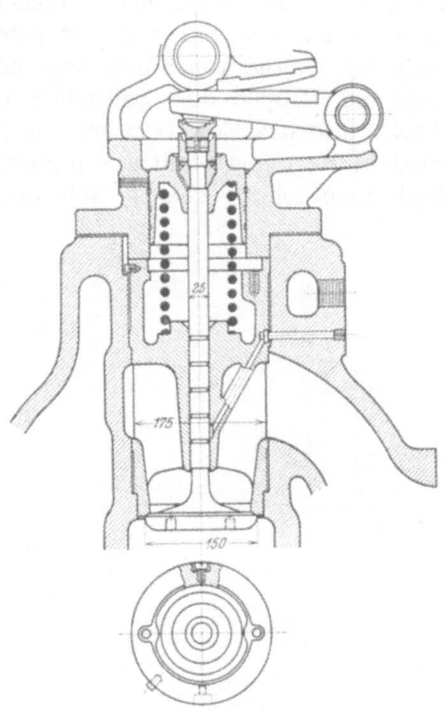

Abb. 667. MAN, Spülventil.

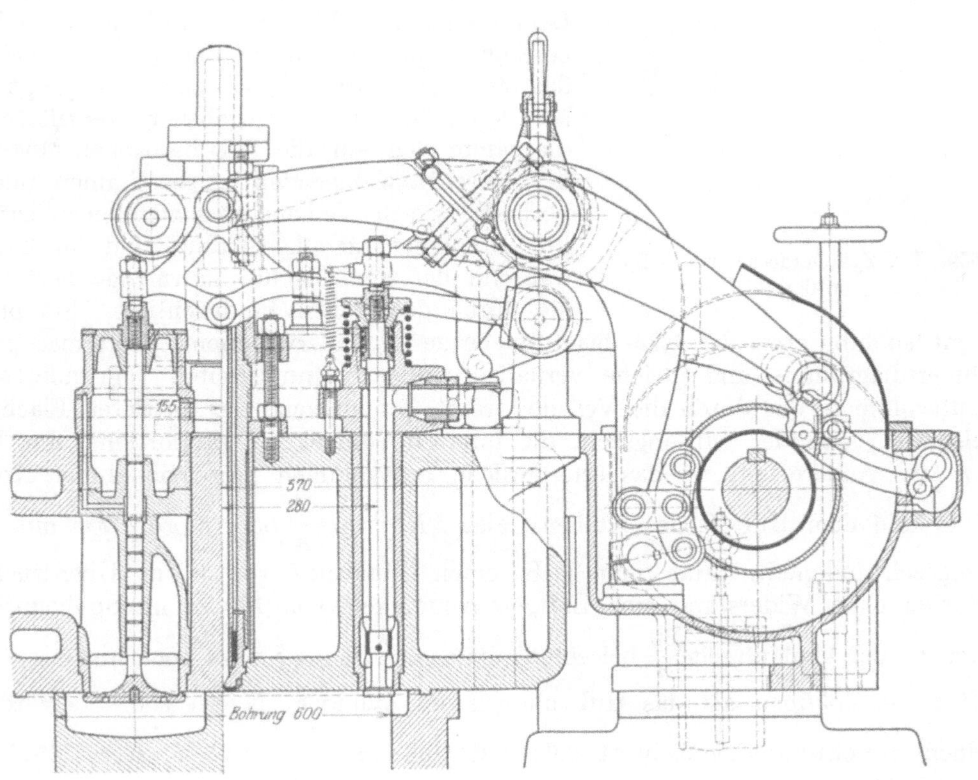

Abb. 668. Sz, Zylinderdeckel und Steuerung, 600 ∅.

brennungsraum wird durch entsprechend geformte Kupfer- oder Kupferasbestringe erzielt, wobei die Sitze seitlich für ihre Ausdehnung etwas Spiel finden. Die Ventilkörbe sollen möglichst leicht ausnehmbar sein, der Strömung möglichst wenig Widerstand bieten und daher derart geformt sein, daß die Querschnitte gegen den Ventilspalt hin stetig abnehmen und nirgends plötzliche Änderungen aufweisen. Um die Lage der Rippen oder seitlichen Öffnungen richtig einzuhalten, werden Stifte angebracht, die das Einsetzen nur in einer Stellung gestatten. Die Befestigungschrauben erhalten Kernquerschnitte von zusammen rd. $^1/_6$ bis $^1/_8$ des Ventilquerschnitts bei einer Zugbeanspruchung von rd. 400 kg/cm². Sie sollen gegen die Längsrippen nicht gar zu stark gewählt werden, damit sie sich bei der Erwärmung der ersteren etwas dehnen können. Zum Ausnehmen der Ventilkörbe dienen oft Abdruckschrauben.

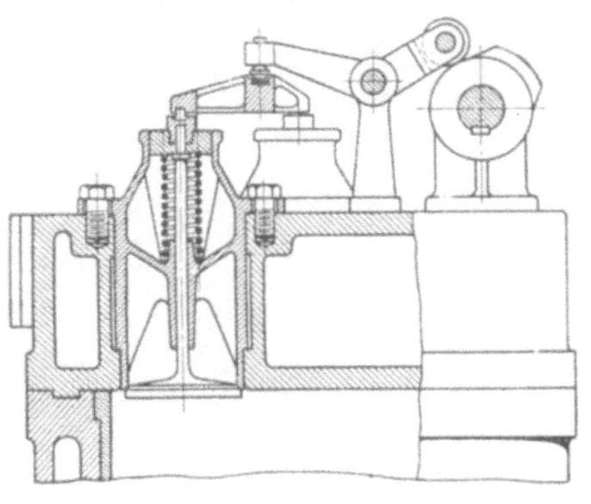

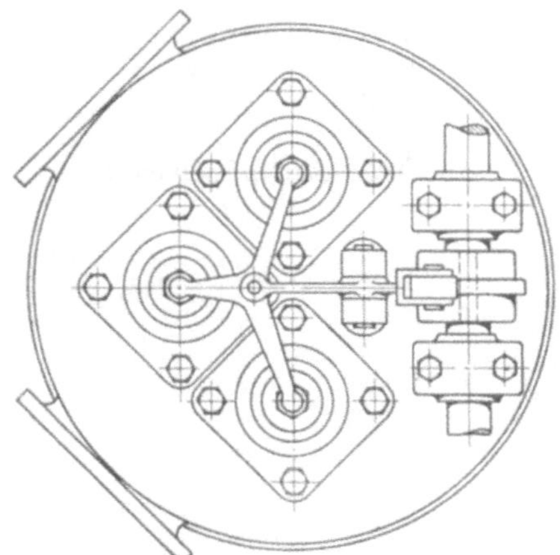

Abb. 669. Kr, Zylinderdeckel mit 3 Spülventilen.

Die Führung der Ventilspindeln erfolgt innen nahe am Sitz mit etwas Luft und außen mittels des Federtellers, die Abdichtung der Spülluft wird meist nur durch Eindrehungen der eingeschliffenen Spindeln erzielt (Abb. 658, 666, 667, 668), bei Antrieb mit Wälzhebeln ist eine besondere Haube mit den Lagern für die Steuerteile erforderlich (Abb. 667).

Zum Schutz gegen das Hineinfallen von Ventilteilen bei Spindelbruch dienen manchmal die bei Viertaktmaschinen erwähnten Hilfsmittel (z. B. Abb. 658).

Die Bestimmung der Abmessungen der Spülventile kann nach den gleichen Regeln geschehen wie für die Einlaßventile von Viertaktmaschinen, wenn eine Ventilgeschwindigkeit von 15 m/sk für Langsamläufer bei kleinen, 35 m/sk für Schnelläufer bei hohen Spüldrücken (rd. 0,5 at Überdruck) für das stets ganz offene Ventil zugrunde gelegt wird. Man kann übrigens bei gegebenem Ventilöffnungsdiagramm den auf die Zeit bezogenen Mittelwert des Durchgangsquerschnittes bestimmen und bei vorläufig gleich bleibend angenommenen Drücken im Aufnehmer für die Spülluft und im Zylinder während der Spülzeit die Luftmenge bestimmen, die durch das Ventil hindurchtritt. Sie beträgt bei Ventilspülung etwa das 1,25- bis 1,3fache des Zylindervolumens. Legt man gleiche Erhebungsdiagramme und gleiche verhältnismäßige Öffnungszeiten zugrunde, so ist das Luftvolumen, das durch die Ventile strömt, proportional der mittleren Fläche des Ventilspalts f und der Öffnungszeit, die ihrerseits umgekehrt proportional der Drehzahl n ist. Andererseits ist das erforderliche Luftvolumen proportional der Kolbenfläche F und dem Hub H des Kolbens, also FH prop. $\frac{f}{n}$ oder f prop. Fw mit w als Kolbengeschwindigkeit. Hat man z. B. einen Spüldruck von 0,1 at Überdruck, so ergibt sich ohne Widerstand eine Luftgeschwindigkeit von 180 m im Spülventil, die in etwa 0,3 der Umlaufszeit $\frac{60}{n}$ bei einer mittleren Öffnung f etwa noch um mindestens 25 vH mehr Volumen als das Hubvolumen des Zylinders liefern soll. Es wird also bei einem Geschwindigkeitsbeiwert 0,6: $0{,}6f \cdot 0{,}3 \cdot 180 \cdot \frac{60}{n} = 1{,}25 \cdot F \cdot H = 1{,}25 F \cdot \frac{30w}{n}$ oder der aus der Beziehung $fx = Fw$ entnommene Wert $x \backsim 50$ m/sk.

Für die volle Ventilöffnung gerechnet, ergibt dies etwa $x' = 25$ m/sk. Bei 0,45 at Spülüberdruck und 50 vH Luftüberschuß ergibt sich eine widerstandslose Geschwindigkeit von 246 m, daher $0{,}6 f \cdot 0{,}3 \cdot 246 \cdot 2 = 1{,}5 \cdot Fw$ oder $x \backsim 59$ m/sk.

Kleinere Spüldrücke verlangen kleinere Werte x und damit größere Ventile oder auch längere Spülzeit. Selbstverständlich kann man auch hier die genauere Berechnung der Spülvorgänge anwenden, wie sie S. 491 gegeben wird. Um die Widerstände möglichst zu verkleinern, ist die Steuerung so einzurichten, daß Öffnung und Schluß des Ventils möglichst rasch erfolgen und der für eine Sitzfläche von 45° Neigung entsprechende Hub von rd. $^1/_3$ des Durchmessers erreicht wird. Der Auflagedruck der Ventile wird etwa mit 200 kg/cm² bemessen. Die Ventilspindeln erhalten Stärken von etwa $^1/_5$ bis $^1/_7$ des Ventildurchmessers und Quernuten zur Aufnahme des Schmiermittels, meist eines Gemisches von Schmieröl und Petroleum, das jedoch nicht im Übermaß zuzuführen ist. Im übrigen werden Spindeln, Ventilkörbe, Federteller und Druckstücke in gleicher Weise ausgeführt wie bei den Einlaßsteuerventilen der Viertaktmaschinen.

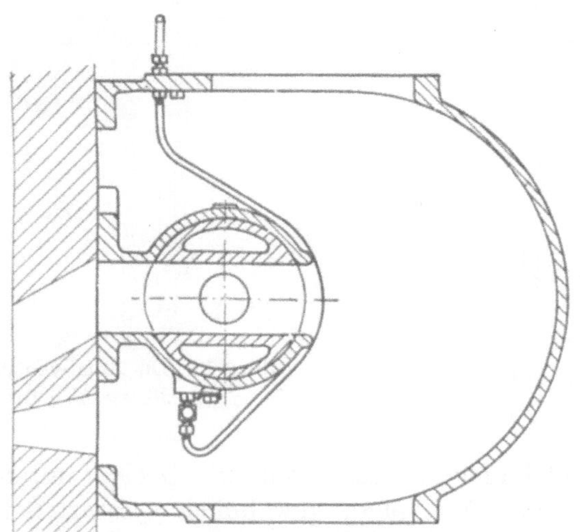

Abb. 670. Sz, Spüldrehschieber.

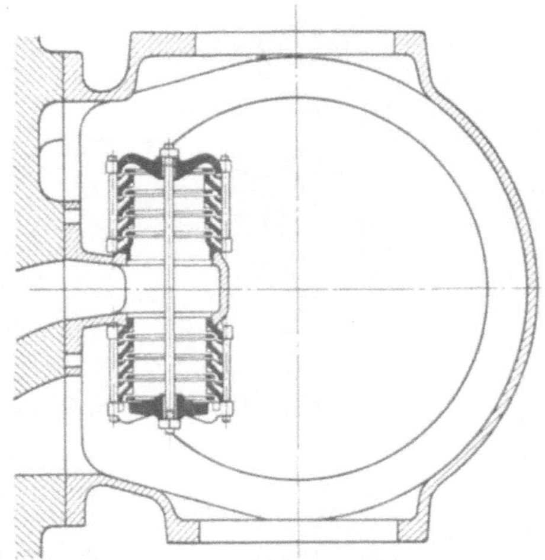

Abb. 671. Sz, Selbsttätiges Spülventil, zu Abb. 627.

Bei Schlitzspülung wurden manchmal noch Zusatzspülventile in den Deckeln zum Nachspülen nach Abschluß der Auspuffschlitze verwendet. Zusatzspülventile vor besonderen Zusatzschlitzen oder auch zum Abschluß der ganzen Spülluft werden in den Abb. 583, 584, 587, 597, 599 als gesteuerte Schieber oder Ventile und in den Abb. 627, 629 als selbsttätige Ventile dargestellt. Einzelheiten eines Drehschiebers zeigt Abb. 670, eines selbsttätigen Ventils Abb. 671.

Die Anlaßventile werden im wesentlichen ebenso gebaut wie bei Viertaktmaschinen. Wo Ventilspülung angewendet wird, ist die Lage des Anlaßventils so zu wählen, daß der Antrieb leicht durchführbar wird und die Wasserführung im Deckel günstig ausfällt, etwa nach Abb. 579, 581, 624, 658, 668. Bei Abb. 659 ist das Anlaßventil im Ventileinsatz untergebracht, was sich bei Schlitzspülung in besonders knapper Art durchführen läßt (Abb. 662), da hier nur Anlaß- und Brennstoffventil unterzubringen sind, zu denen noch Anschlüsse für das Sicherheitsventil und die Indiziervorrichtung kommen. Hier wird das innere Anlaßventil während der Anlaßzeit fortwährend offen gehalten, die eigentliche Steuerung wird durch ein äußeres, gesondertes Ventil bewirkt, in dessen Achse sich auch das Entspannungsventil befindet, das die verdichtete Luft in den Spülkasten abführt. (Vgl. S. 196, Viertakt.) Die Kühlung des Einsatzes erfolgt derart, daß das Wasser von oben einseitig eintritt, unten zwischen Brennstoff- und Anlaßventil auf die zweite Seite gelangt und oben wieder abgeleitet wird. Bei Abb. 672 sind die gesteuerten Anlaßventile paarweise in Gehäusen aus Schmiedestahl untergebracht. Die stählernen Ventile sind mit geschliffenen Entlastungskolben versehen, die in Metallbüchsen laufen. Die Spindeln sind lose in den Antriebskreuzköpfen angebracht, so daß kein Seitendruck auf die Dichtungsflächen kommt. Die eigentlichen Anlaßventile an den Zylindern sind nur Rückschlagventile aus Stahl, die mit Wasser gekühlt sind (Abb. 673), derart, daß besonders die Abschlußplatte nicht zu heiß wird. Sonst wird bei Schlitzspülung das

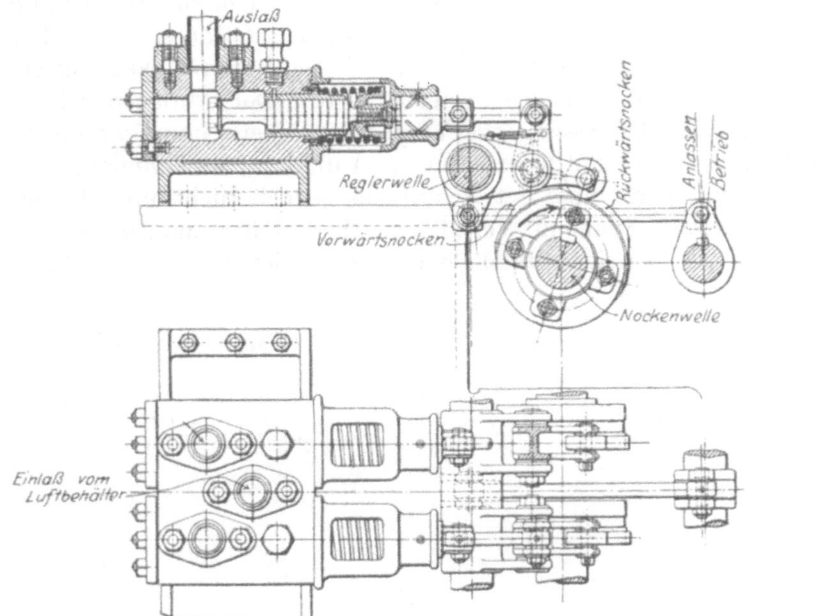

Abb. 672. Do, Anlaßvorrichtung, zu Abb. 616.

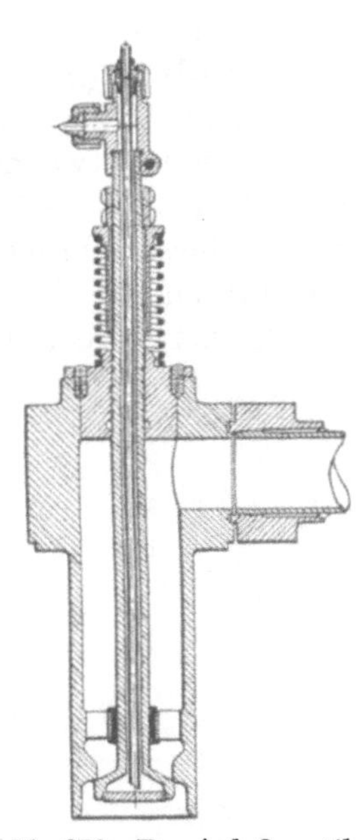

Abb. 673. Do, Anlaßventil, $3 \cdot \frac{580}{2 \times 1160} \cdot 90$, zu Abb. 616.

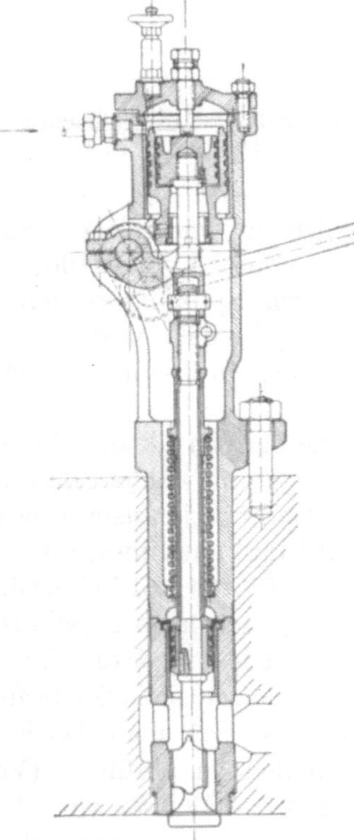

Abb. 674. Kr, Anlaßventil, $4 \cdot \frac{650}{1300} \cdot 90$, zu Abb. 579.

Anlaßventil auch einfach in einer Pfeife des Deckels untergebracht (Abb. 584, 596, 598), gewöhnlich symmetrisch zu einem Entspannungsventil. Wenn besondere Ventileinsätze angewendet werden, müssen sie sowohl gegen den Zylinder, als auch nach außen dichten (Abb. 674), wenn die Anlaßluft nicht unmittelbar dem Einsatz selbst zugeführt wird (z. B. Abb. 668, 675), was vorzuziehen ist. Der Einsatz bildet gleichzeitig die durch Kolbenringe abgedichtete Führung und Entlastung für die Ventilspindel, die außerdem an Rippen nahe am Ventilsitz geführt wird. In Abb. 579 und 674 ist eine der Abb. 266 ähnliche Drucklufteinschaltung für das Anlaßventil dargestellt. Wird oben die Druckluft abgelassen, so schließt das Anlaßventil durch die Belastungsfeder selbsttätig, erst bei rd. 20 at Druck erfolgt die Öffnung. Der äußere Kolben drückt den Ventilhebel mit seiner Rolle an den Steuerdaumen.

Die Bestimmung der Größe des Anlaßventils geschieht wie beim Viertakt, ebenso wird auch hier bei Mehrzylindermaschinen in Gruppen angelassen oder wenigstens die Umstellung auf Brennstoffzufuhr gruppenweise durchgeführt. Die Brennstoffpumpen bleiben während des Anlassens meist ausgeschaltet. Gewöhnlich wird auch die Luftzufuhr zu den Anlaßventilen während des Betriebes abgesperrt und nur bei Anlaßstellung der Handhebel möglich. Auch die Druckstücke für den mechanischen Antrieb der Anlaßventile und die Spindelschmierung sind ebenso wie beim Viertakt.

Die Auslaßsteuerung beim Anlassen wird wie im Betrieb durch die Auspuffschlitze bewirkt, die Verdichtung wird häufig durch Entspannungsventile ausgeschaltet, die manchmal mit den Sicherheitsventilen vereinigt werden (Abb. 676).

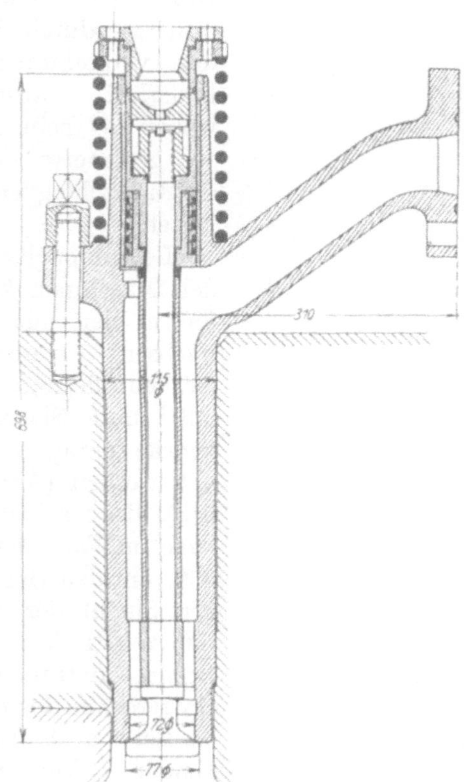

Abb. 675. Kr, Anlaßventil, $6 \cdot \frac{575}{1000} \cdot 115$, zu Abb. 581.

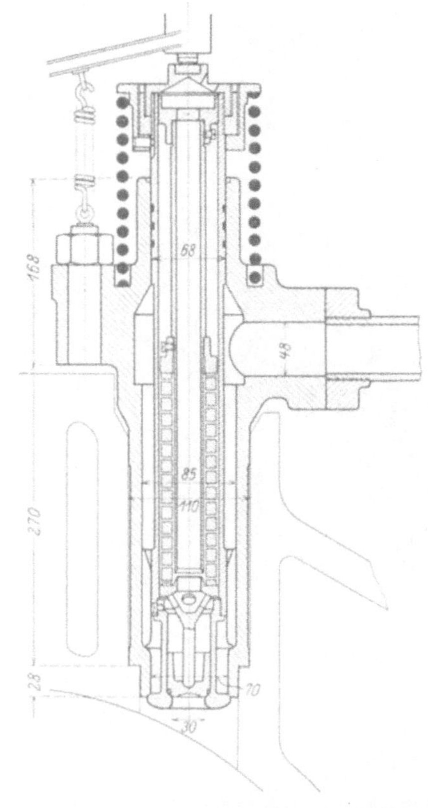

Abb. 676. No, Entspannungs- und Sicherheitsventil, $4 \cdot \frac{675}{920} \cdot 106$, zu Abb. 584.

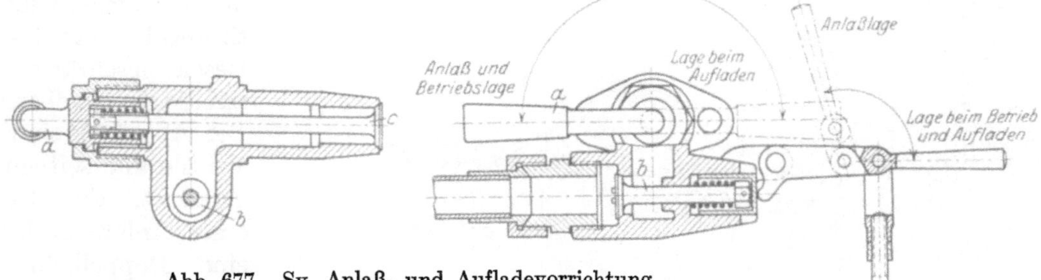

Abb 677. Sv, Anlaß- und Aufladevorrichtung.

Um die Abkühlung der Zylinderwände beim Anlassen und Umsteuern zu vermeiden, werden auch die Spülpumpen als Anlaßzylinder verwendet und dann besonders gesteuert (vgl. S. 520 und Abb. 590), oder es werden auch die Kolbenunterseiten zu diesem Zweck herangezogen (Abb. 607).

Zum Anspringen der Maschine in jeder Stellung sind nur vier Zylinder erforderlich.

Die Sicherheitsventile werden im wesentlichen wie bei Viertaktmaschinen gebaut und, wie bereits erwähnt, manchmal mit den Entspannungsventilen vereinigt (Abb. 676). Während des Kolbenaufwärtsganges beim Anlassen wird die Zylinderluft in die Spülluftkammer geschoben und vergrößert dort den Druck, während die Spülpumpen zu arbeiten beginnen. Dadurch wird das Anlassen beschleunigt.

Bei Junkers-Maschinen werden die Anlaßventile und Sicherheitsventile seitlich horizontal oder schräge in die Zylinder eingesetzt (Abb. 612, 613, 614, 616, 630), bei stehenden Maschinen von geringerer Leistung kommt es auch vor, daß sie horizontal im Deckel sitzen (Abb. 605, 677). Hier wird das Anlaßventil *c* zum Aufladen des Anlaßluftgefäßes durch einen Handhebel *a* etwas geöffnet, wodurch ein Teil der verdichteten Zylinderluft abströmt, wobei das beim Anlassen gesteuerte Ventil *b* als Rückschlagventil arbeitet.

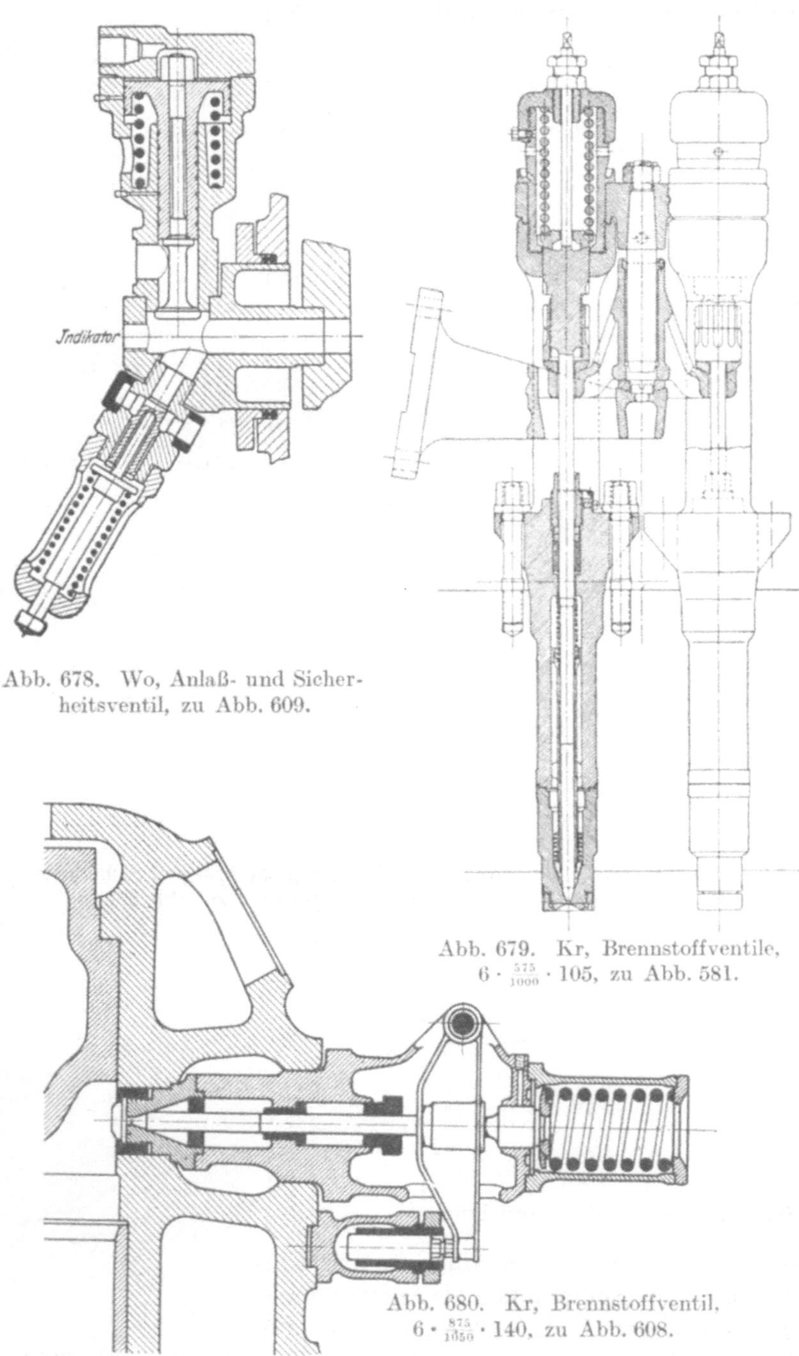

Abb. 678. Wo, Anlaß- und Sicherheitsventil, zu Abb. 609.

Abb. 679. Kr, Brennstoffventile, $6 \cdot \frac{575}{1000} \cdot 105$, zu Abb. 581.

Abb. 680. Kr, Brennstoffventil, $6 \cdot \frac{875}{1050} \cdot 140$, zu Abb. 608.

Bei doppeltwirkenden Maschinen können die in den mit Stopfbüchsen versehenen Deckeln liegenden Anlaß- und Sicherheitsventile schräg angeordnet werden (Abb. 609, 678), dies geschieht aber auch im Falle der Abb. 620, um den ringförmigen Strahl der Anlaßluft zentrisch um den Brennstoffstrahl herum eintreten zu lassen.

Bei der doppeltwirkenden Versuchsmaschine der M.A.N. sind am unteren Deckel nur vier Brennstoffventile und ein Sicherheitsventil angebracht; das Anlassen beschränkt sich auf die Kolbenoberseite. Bei Abb. 608 sind die Ventile alle seitlich angeordnet. Ein Beispiel eines Anlaßventiles für eine Doppelkolbenmaschine ist Abb. 673 mit wassergekühltem Ventil und Gehäuse aus Schmiedestahl.

Auch die Brennstoffventile unterscheiden sich im allgemeinen nicht grundsätzlich von jenen der Viertaktmaschinen. Ihre Anordnung ist hier bei Schlitzspülung merklich einfacher, da im Deckel genügend Raum vorhanden ist. Über die mögliche Vereinigung mit dem Anlaß- und Sicherheitsventil in einem Einsatz wurde bereits gesprochen (Abb. 662), ebenso über die Verwendung mehrerer Brennstoffventile (z. B. Abb. 679, vgl. Abb. 294) und den schrägen Einbau in den Deckeln (Abb. 606), oder auch seitlich in den

Büchsen (Abb. 608, 680). Die Anordnung des Brennstoffventils in der Achse des Spülventils ist in Abb. 659 gegeben.

Bei Doppelkolbenmaschinen werden die Brennstoffventile ebenfalls seitlich an den Zylinderbüchsen angeordnet und derart ausgebildet, daß sie statt eines kegelförmigen Strahles einen oder zwei ebene Schleier von Öltröpfchen bilden (vgl. S. 456). Die Abb. 681

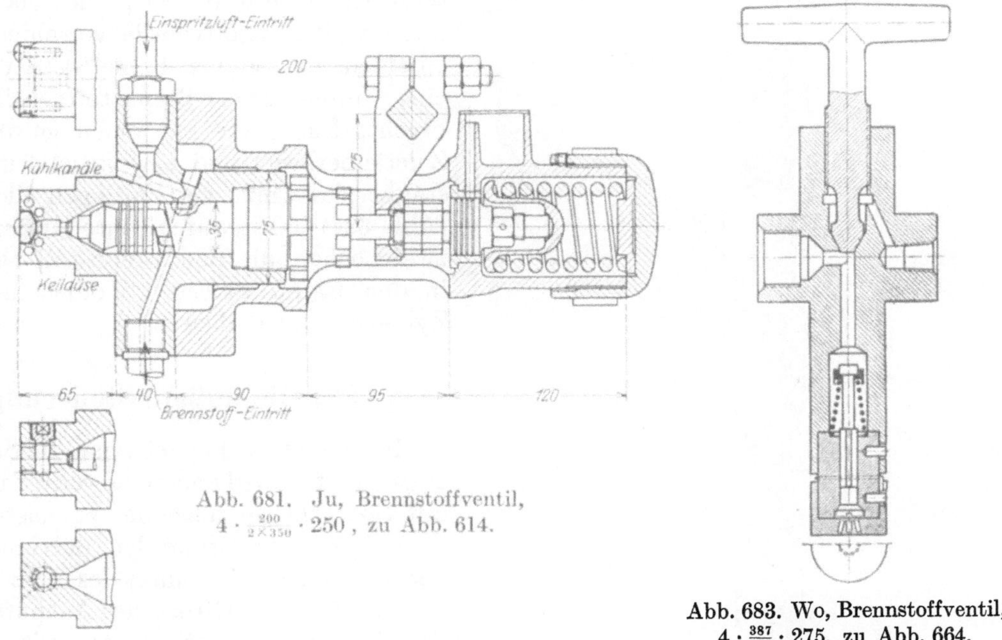

Abb. 681. Ju, Brennstoffventil, $4 \cdot \frac{200}{2 \times 350} \cdot 250$, zu Abb. 614.

Abb. 683. Wo, Brennstoffventil, $4 \cdot \frac{387}{406} \cdot 275$, zu Abb. 664.

zeigt die Einzelausbildung der Düse in zwei verschiedenen Formen. Bei der neuen Junkers-Maschine ist besonders auch für rasche Reinigung der kleinen Kanäle vorgesorgt, indem die in dem Kegel der Nadel angebrachten Rillen für die Ölzuführung nach

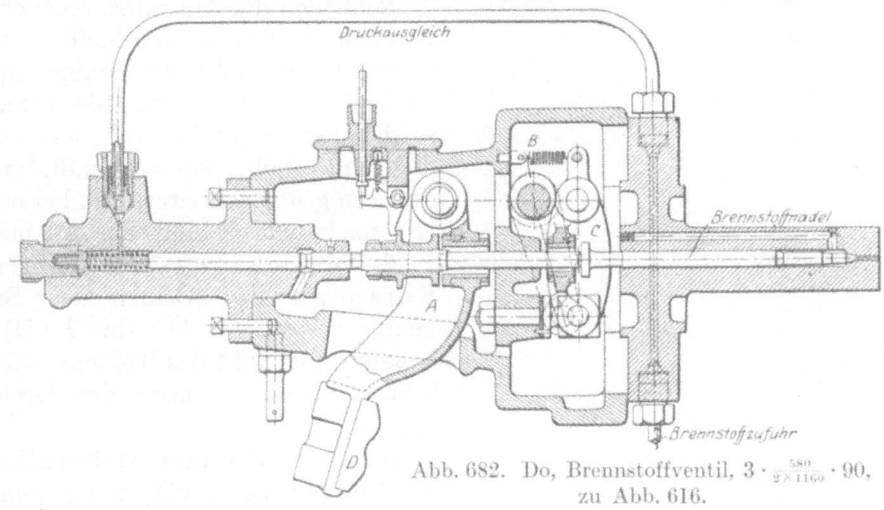

Abb. 682. Do, Brennstoffventil, $3 \cdot \frac{580}{2 \times 1160} \cdot 90$, zu Abb. 616.

Herausnehmen der Nadel frei liegen[1]). Bei der Doxford-Maschine (Abb. 616, 682) werden die Brennstoffventile in zwei getrennte Querebenen verlegt, so daß jedes einen eigenen Schleier bildet und diese sich gegenseitig nicht stören.

Für verdichterlose Maschinen werden die bereits in Abb. 335 dargestellten Brennstoffventile und andere noch einfachere (Abb. 683) verwendet. In Abb. 682 arbeitet die innere Ventilspindel in einem gußeisernen Gehäuse, dessen innerem Ende der Brennstoff

[1]) S. Mader: Z. V. d. I. 1925, S. 1369.

zugeführt wird. Der Öldruck wirkt aber auch auf einen außerhalb angebrachten, etwas stärkeren Kolben, so daß dadurch das Ventil ohne Zuhilfenahme starker Federn geschlossen wird. Das Ventil wird hier durch einen Hebel betätigt, ein zweites gegenüberliegendes in gleicher Weise (vgl. Abb. 616).

Bei stehenden, doppeltwirkenden Zylindern ist es erforderlich, die oberen und unteren Brennstoffventile verschieden auszubilden. So sind z. B. bei Abb. 609 oben ein, unten zwei Brennstoffventile angebracht. Das obere hat einen gewöhnlichen Zerstäuberkegel und eine kegelförmige Zerstäuberplatte mit vier Öffnungen, die unteren (Abb. 684) haben durchlochte Muffen und je zwei Löcher, die den Brennstoff tangential in den Raum zwischen Kolbenstange und Zylinderwand einblasen.

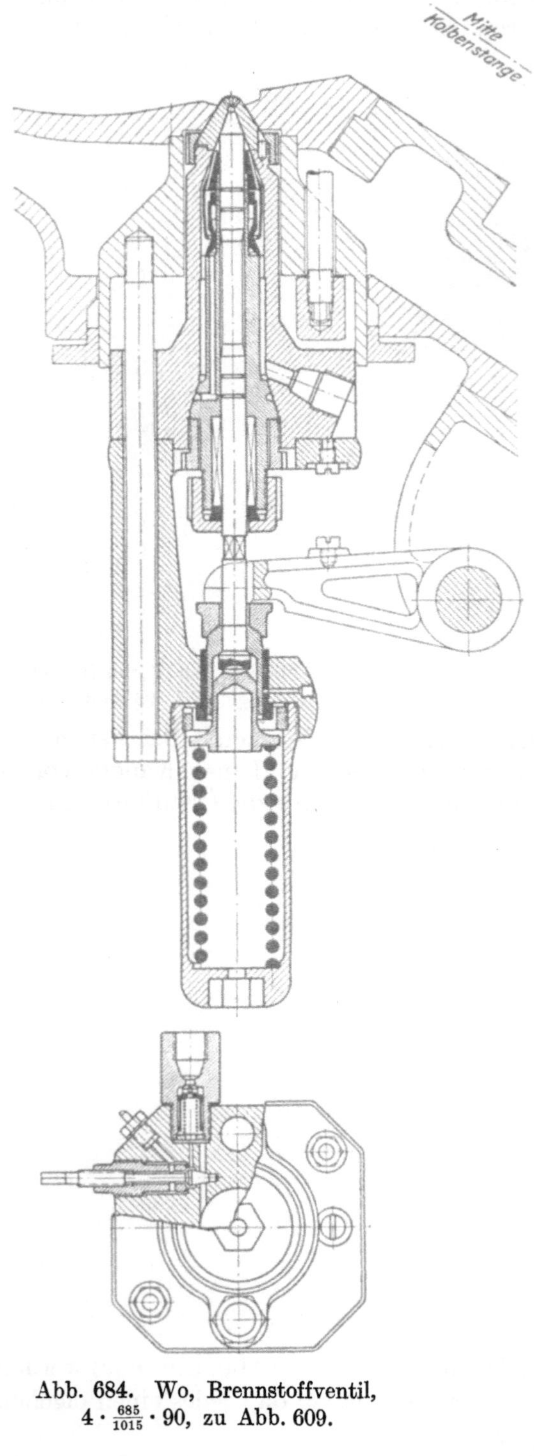

Abb. 684. Wo, Brennstoffventil, $4 \cdot \frac{685}{1015} \cdot 90$, zu Abb. 609.

IX. Die äußere Steuerung.

Im laufenden Betriebe hat die Steuerung einer einfachwirkenden Zweitaktmaschine mit Spülventilen folgendes zu leisten:

1. Spülung: Öffnen der Spülventile etwas vor dem inneren Totpunkt des Kolbens, etwa 20° bis 40° nach Öffnen der Auspuffschlitze, nachdem die Auspuffgase so weit aus dem Zylinder entwichen sind, daß der Druck in demselben nicht mehr merklich größer ist als der Spülluftdruck im Aufnehmer;

Schließen der Auspuffschlitze etwa 15 bis 23 vH nach dem inneren Kolbentotpunkt, je nach der Drehzahl der Maschine (vgl. S. 493);

Schließen der Spülventile etwas später, so daß der Druck im Zylinder, durch Verdichtung erhöht, den im Spülluftaufnehmer nur wenig überschreitet, also bei etwa 10 bis 15° nach dem Schluß der Auspuffschlitze.

2. Verdichtung, Verbrennung und Entspannung: Öffnen des Brennstoffventils etwa 0 bis 11° (bis 1 vH) vor dem äußeren Totpunkt des Kolbens, wie bei Viertaktmaschinen je nach der Drehzahl des Motors;

Schließen des Brennstoffventils etwa 35 bis 50° (10 bis 20 vH) nach dem äußeren Totpunkt des Kolbens, ebenfalls wie bei Viertaktmaschinen;

Öffnen der Auspuffschlitze durch den Kolben, etwa 15 bis 23 vH vor seinem inneren Totpunkt, jeweils symmetrisch ebensoweit von diesem wie das Schließen der Auspuffschlitze.

Werden statt der Spülventile einfache Spülschlitze ohne Hilfspülung angewendet, so ist der Winkel zwischen innerem Kolbentotpunkt und Öffnen derselben gleich groß dem zwischen Totpunkt und Schließen. Da, wie erwähnt, die Spülschlitze erst nach den Auspuffschlitzen öffnen dürfen, müssen sie also auch dementsprechend früher schließen, nach Beendigung der Spülung verbleibt also noch eine Verbindung des Zylinderinnern mit

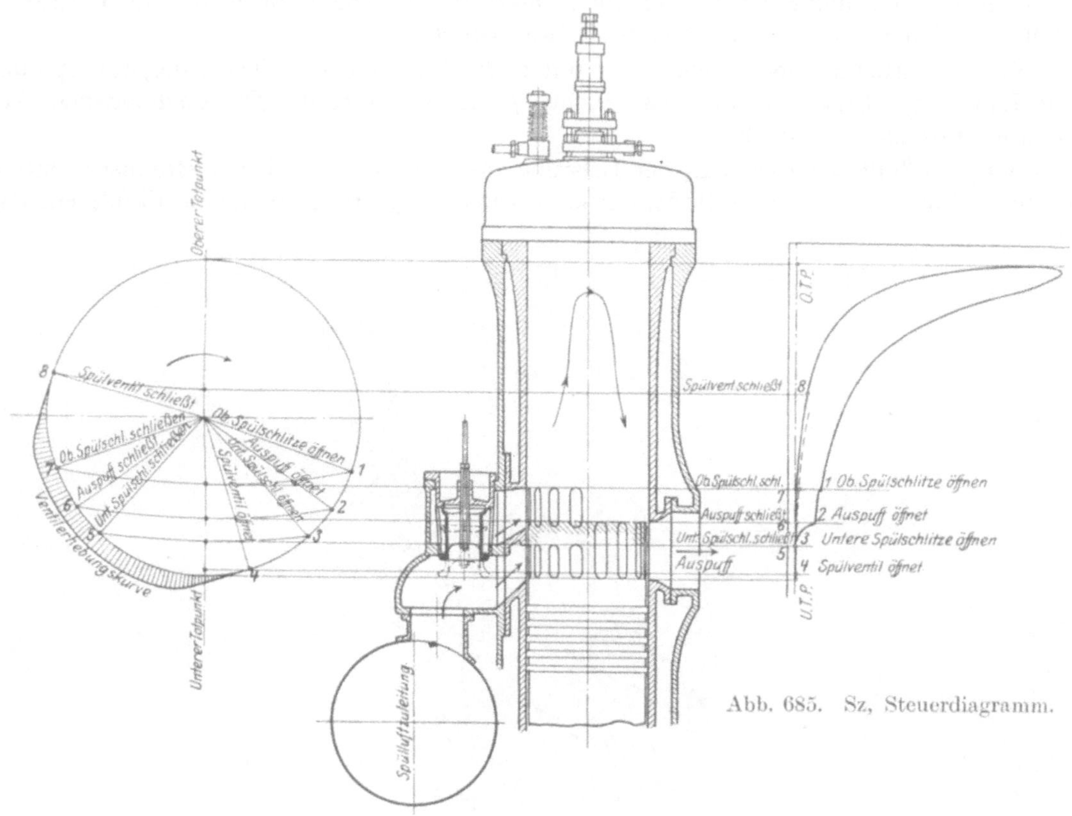

Abb. 685. Sz, Steuerdiagramm.

dem Auspuff, die Verdichtung kann demnach nur bei einem durch die Drosselung der Auspuffschlitze entstandenen Überdruck über den äußeren Druck im Auspuffrohr beginnen.

Will man stets oder nur zeitweilig zur Erzielung größerer Zylinderleistung mehr Verbrennungsluft in die Maschine bringen, so kann dies dadurch erreicht werden, daß man den Spülluftzufluß durch selbsttätige Ventile oder von außen her derart steuert, daß die Spülung zwar nach der Öffnung der Auspuffschlitze beginnt, aber gleichzeitig oder auch nach dem Abschluß derselben endet. Diese Hilfsteuerung kann die ganze Spülluft oder nur jenen Teil betreffen, der nach Ende des Auspuffs noch in den Zylinder gelangt; in diesem Falle sind besondere Hilfspülschlitze als Verlängerung der Hauptschlitze erforderlich. Die Hilfsteuerteile für Schlitzspülung kommen mit den heißen Auspuffgasen nur kurze Zeit in Berührung, diese haben aber dort keine große Geschwindigkeit, so daß diese Teile durch die Spülluft selbst ausreichend

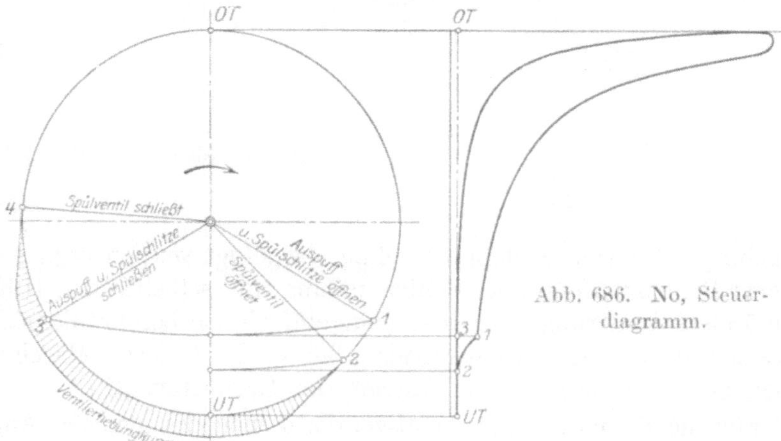

Abb. 686. No, Steuerdiagramm.

gekühlt werden, während Spülventile stets von heißen Gasen bestrichen sind. Die Steuerdaten für Hilfspülung mit Nachladen sind etwa aus Abb. 685 zu entnehmen, ohne Nachladen aus Abb. 686 und 687.

Auch bei gegenläufigen Kolben kann man Hilfspülung anbringen, zur Leistungserhöhung dienen jedoch auch andere Mittel (vgl. S. 527).

Für jede Arbeitsperiode stehen hier nur zwei Halbhübe zur Verfügung, für Spülung und Laden mit Frischluft nur etwa $^1/_4$ bis $^1/_3$ der Umlaufzeit. Die zeichnerische Darstellung wird daher einfach.

Auch hier fällt die Regelung der Leistung meist ausschließlich der Brennstoffpumpe zu, die Spülung bleibt unbeeinflußt, nur kann wie beim Viertakt auch eine Einblasedruck-

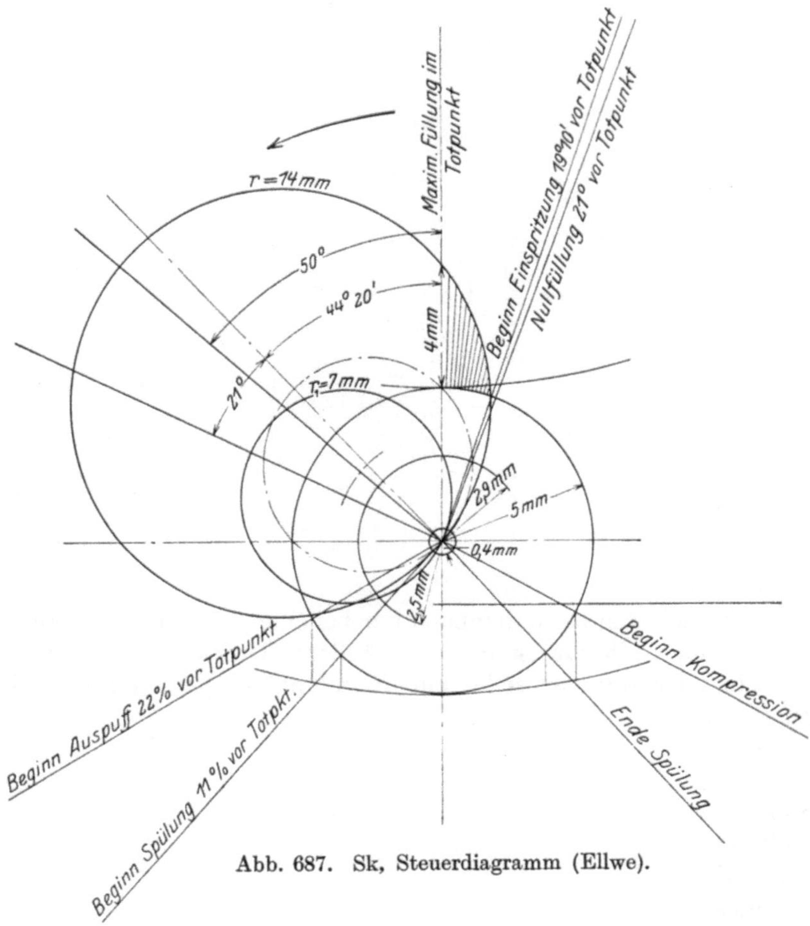

Abb. 687. Sk, Steuerdiagramm (Ellwe).

regelung oder eine Nadelhubregelung beigefügt werden (vgl. S. 498 und 525). Bei einfacher Schlitzspülung oder Schlitzspülung mit selbsttätigen Hilfsventilen wird demnach die äußere Steuerung ganz besonders einfach, sie beschränkt sich auf die Bewegung des Brennstoff- und des Anlaßventils. Bei verdichterlosen Maschinen entfällt dann meist auch noch der mechanische Antrieb des Einspritzventils.

Für die Steuerung des Anlaßventils dienen die gleichen Angaben wie bei Viertaktmaschinen.

Auch hier werden die Steuerbewegungen gewöhnlich durch umlaufende Daumen und Rollen unter Vermittlung von Hebeln und Druckstangen bewirkt (z. B. Abb. 581, 582, 583, 584 u. a.), manchmal werden auch Exzenter mit Wälzhebeln verwendet (Abb. 617, 667, 688). Die Umschaltung von Brennstoff- und Anlaßventil ist ebenfalls gewöhnlich die gleiche wie beim Viertakt.

Die Wahl der Steuerangaben ist im ganzen nach den gleichen Gesichtspunkten zu treffen wie beim Viertakt, nur steht hier für die Spülung und Ladung eine sehr kurze Zeit zur Verfügung, und außerdem ist man mit der Wahl der Öffnungsquerschnitte der Spül- und Auspuffschlitze durch den verfügbaren Zylinderumfang gebunden, bei Spülventilen durch die Fläche des Deckelbodens (vgl. S. 491). Bei Anwendung von Spülventilen ist der Aufbau der Steuerung dem von Viertaktmaschinen sehr ähnlich (z. B. Abb. 581, 658).

Die meist erhöhte Anzahl der Spülventile erfordert eine etwas geänderte Austeilung im Zylinderdeckel und auch eine entsprechende Änderung im Antrieb der Ventile, die gleichzeitig zu bewegen sind. In den Abb. 658, 668, 689 werden vier Ventile angeordnet, zum Antrieb dienen zwei Nocken und Hebel, die je zwei Ventile betätigen. Um von den Federspannungen ganz unabhängig zu sein, wird bei Abb. 668 und 689 die Bewegung je zweier Ventile durch ein Querhaupt bewirkt, das auf den Ventilspindeln sitzt und durch ein aus dem eigentlichen Ventilhebel und einer Führungstange bestehendes Parallelogramm geführt wird. Die Parallelführung kann auch durch Geradführung in einem Bolzen oder durch Hebelübertragung ersetzt sein (Abb. 690; vgl. Abb. 58), oder auch bei sorgfältiger Einstellung der Ventilfedern ganz weggelassen werden; Abb. 669 stellt einen solchen Antrieb für drei Spindeln dar. Auch ein besonderer Hebel für jedes Ventil wurde verwendet, wobei wegen der verschiedenen Hebellängen jedoch auch die Nocken verschieden hoch ausfallen (Abb. 661). Sind nur zwei Ventile vorhanden, so werden sie entweder gesondert angetrieben (Abb. 581) oder mit einer gemeinsamen Drehwelle bewegt (Abb. 688).

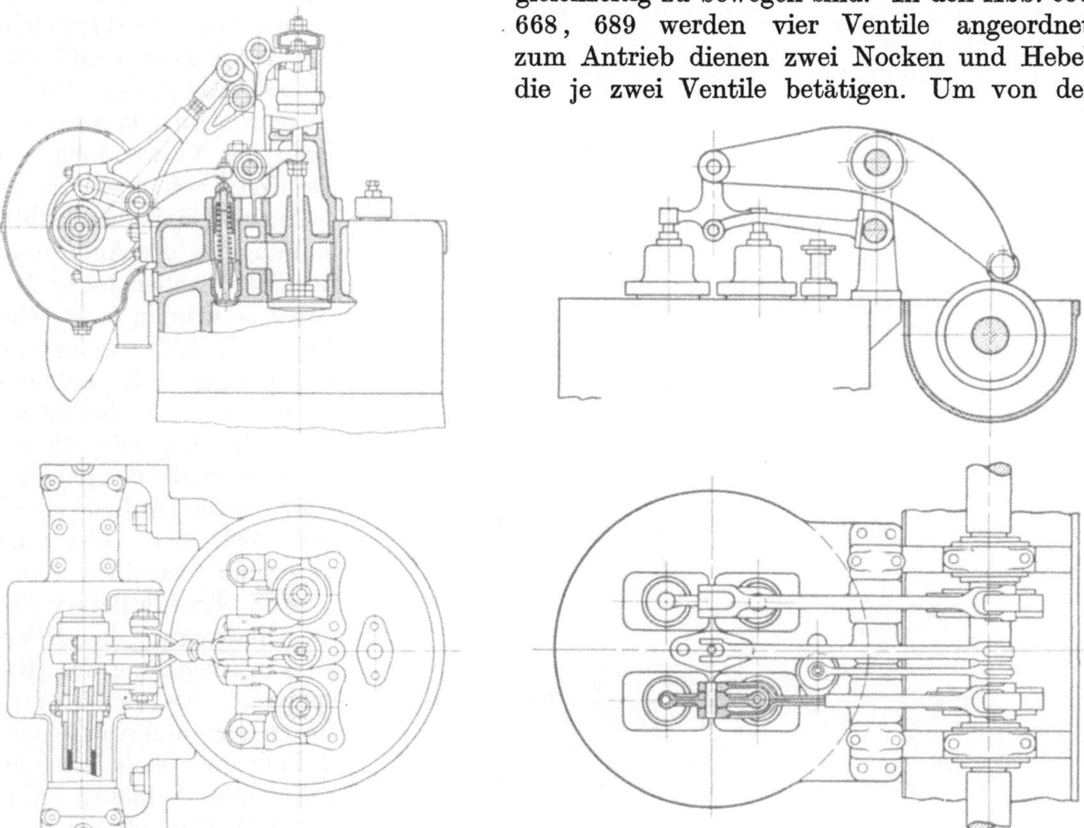

Abb. 688. Fi, Spülventilantrieb. Abb. 689. Sz, Spülventilantrieb.

Die in Abb. 688 dargestellte Steuerung ist insofern noch bemerkenswert, als hier das gleiche Exzenter für den Antrieb der Spülventile und des Brennstoffventils verwendet wird. Dies ist dadurch begründet, daß man die Steuerungsverhältnisse in der

Tat so wählen kann, daß die Exzenterschubrichtung für die beiden Bewegungen dieselbe Voreilung erhält. Sind zwei Brennstoffventile vorhanden, so gilt für deren Antrieb etwa das gleiche wie für Spülventile (z. B. Abb. 581, vgl. S. 243).

Bei diesen Beispielen liegt die horizontale Steuerwelle wie bei gewöhnlichen Viertaktmaschinen seitwärts neben dem Zylinderkopf, indem sie durch eine stehende Übertragungswelle mit Schraubenrädern angetrieben wird. In einzelnen Fällen hat man die liegende Steuerwelle auch über die Zylindermitten verlegt (Abb. 594), oder auch zwei Steuerwellen angeordnet, deren stehende Übertragungswelle Kegelradantrieb erhielt. In diesen Fällen kommt die Steuerwelle so nahe an die Ventilspindeln, daß die kurzen Ventilhebel unmittelbar in den Hauben gelagert werden können, was auch bei Verwendung von Druckstangen der Fall ist.

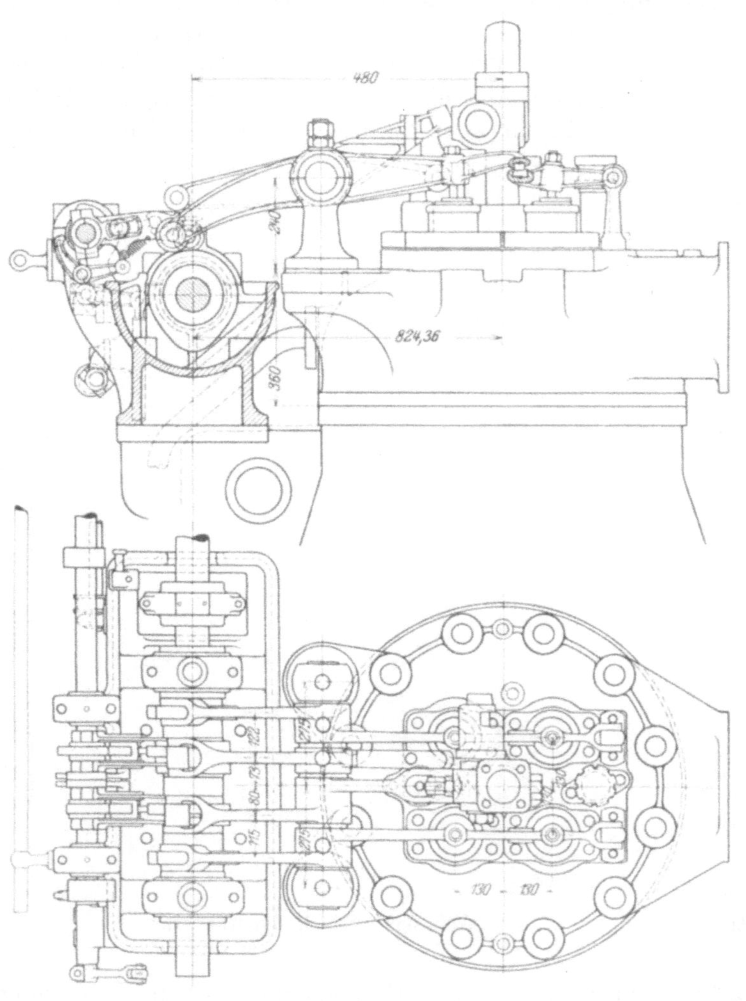

Abb. 690. Ca, Steuerungsanordnung, $\frac{510}{920}$.

Auch bei einfacher Schlitzspülung ist die Anordnung der Steuerwellen meist beibehalten worden (z. B. Abb. 580, 590, 607); wenn eine Hilfspülung mit äußerem Daumenantrieb hinzutritt, wird die liegende Steuerwelle oberhalb der Schieber oder Ventile (Abb. 584, 587, 596, 599, 625), oder auch unterhalb derselben (Abb. 595) angebracht, derart, daß die Übertragung der Bewegungen sowohl zu der Hilfspülung, als auch zum Brennstoff- und Anlaßventil einfach und leicht ausfällt. Rotierende Schieber (Abb. 583, 597, 670, 691) werden mit Schrauben- oder Kegelrädern von der stehenden oder liegenden Steuerwelle aus betrieben, bei selbsttätigen Ventilen entfällt der Antrieb (Abb. 627, 629). Die Hilfsteuerung hat derart zu wirken, daß, wenn die Entspannung durch Öffnen der Auspuffschlitze bis zum Spüldruck erfolgt ist, das Steuerorgan rasch öffnet, und zwar womöglich so weit, als es dem gleichzeitig offenen Querschnitt der Auspuffschlitze entspricht, damit keine Drosselung entsteht. Bei Steuerung der ganzen Spülluftmenge (Abb. 584) braucht man demgemäß ziemlich große Abschlußquerschnitte und muß außerdem die Widerstände in denselben neben jenen an den Spülschlitzen in den Kauf nehmen. Steuert man hingegen nur jenen Teil der Spülluft besonders, der nach Abschluß der Auspuffschlitze noch in den Zylinder eintreten soll (Abb. 583, 599, 628 u. a.), so ergibt sich der erforderliche Spülquerschnitt von selbst beim Öffnen der Spülschlitze durch den Kolben und man vergrößert ihn noch durch die Hilfsteuerung.

Bei selbsttätigen Hilfsteuerventilen (Abb. 627, 629) werden diese geöffnet, wenn im

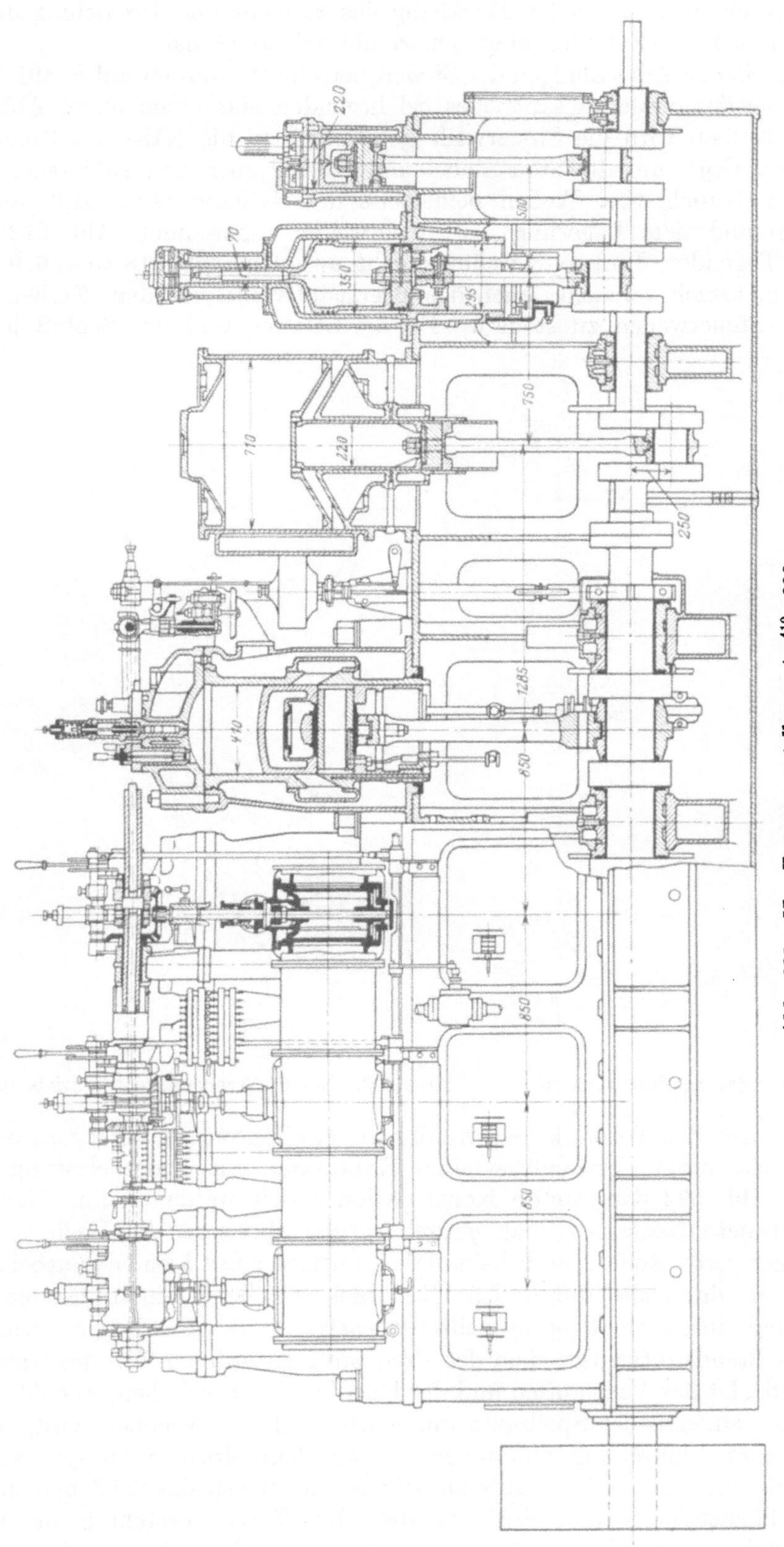

Abb. 691. No, Zusammenstellung, $4 \cdot \frac{410}{500} \cdot 600$.

Zylinder ein Druck eingetreten ist, der kleiner als der Spüldruck im Aufnehmer ist, sie beginnen abzuschließen, wenn bei Rückgang des Kolbens und Drosselung der Auspuffschlitze der Druck im Zylinder über den Spüldruck anwächst.

Die erforderlichen Abmessungen der Steuerquerschnitte werden auf S. 491 besprochen.

Ein Beispiel des Steuerungsantriebes bei liegenden Maschinen bietet Abb. 617. Für gegenläufige Kolben wird die Steuerwelle gewöhnlich in die Nähe der Brennstoff- und Anlaßventile verlegt, um die Steuerhebel unmittelbar antreiben zu können (Abb. 613, 630), manchmal auch zwei Wellen beiderseits der Zylinder (Abb. 616), auch werden Druckstangen und tiefe Lagerung der Steuerwellen angewendet (Abb. 612). Die Anordnung bei liegenden Junkers-Maschinen geht aus den Abb. 618 und 619 hervor.

Man hat mehrfach versucht, auch das Brennstoffventil mit dem Kolben unter Vermeidung von Steuerwellen zu steuern. Da die Öffnung und der Schluß jedoch nicht

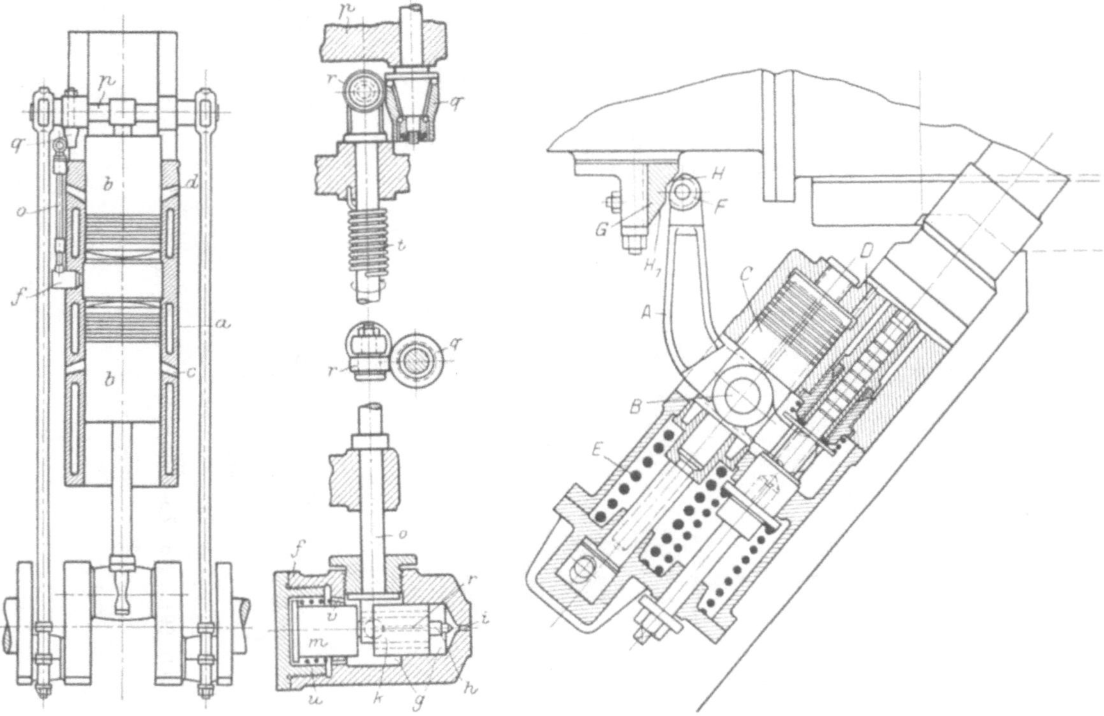

Abb. 692. AEG, Brennstoffventilantrieb. Abb. 693. No-Br, Brennstoffventilantrieb, zu Abb. 620.

symmetrisch gegen den Totpunkt liegen können, ist ein gewisses Verzögern des letzteren erforderlich, das durch Verwendung eines Kataraktes mit Federbelastung oder auch durch die in Abb. 692 dargestellte Konstruktion erzielt werden kann. Der am Querhaupt angeordnete Nockenanschlag q dreht gegen Hubende die Welle o durch die exzentrisch gelagerte Rolle r und hebt dabei mittels eines kleinen Kurbelzapfens das Kolbenventil m, das sonst durch den Überdruck der bei k einströmenden Druckluft geschlossen und durch die Feder u teilweise entlastet ist. Die Feder t wirkt auf das Schließen des Brennstoffventils, dem der Brennstoff im unteren Teil des Gehäuses bei g zugeführt wird. Ist das Ventil offen und der Überdruck ausgeglichen, so hebt die Feder u dasselbe soweit an, daß der Spielraum am Kurbelzapfen verschoben wird, bis also das Ventil mit seiner Eindrehung von innen her am Kurbelzapfen anliegt; während die Öffnung mit der an m liegenden Kante bewirkt wurde, erfolgt das Schließen entsprechend der nun anschließenden Kante, also verspätet. Der Vorzug besteht in der Einfachheit und der Vermeidung von Massen beim Antrieb. Etwas Ähnliches wurde versuchsweise auch bei der Maschine mit Gleitzylindern (Abb. 620) ausgeführt. Der Brennstoffventilhebel A (Abb. 693) ist um einen Zapfen B drehbar, der an einem Kolben C angebracht ist; dieser bewegt sich in einem Zylinder, dessen Innenraum durch die Öffnung D mit dem Arbeitszylinder in Verbindung steht. Wird dort der Verdichtungsdruck von 32 at überschritten, so wird der den Kolben niederhaltende Federdruck überwunden. Das Hebelende trägt eine Rolle F, die knapp vor dem Totpunkt an den am Gleitzylinder befestigten Daumen G bei H stößt, wodurch das Brennstoffventil ein wenig geöffnet und etwas Brennstoff eingespritzt wird. Die dadurch entstehende Druckerhöhung treibt den Kolben C mit dem Zapfen B nach außen und öffnet das Brennstoffventil vollständig. Nach etwa 40° hinter dem Totpunkt wird das Nadelventil trotz des hohen Innendruckes infolge des Abrollens von F über H geschlossen, und zwar bei Vor- oder Rückwärtsgang der Maschine, so daß hier keine Umsteuerung erforderlich ist. Die Steuerung der Auspuffschlitze geschieht durch die Kolben, jene der Spülschlitze durch die Deckel.

Bei den großen, doppeltwirkenden Maschinen (Abb. 609, 631, 632) ist die Anlage der äußeren Steuerung aus den Abbildungen zu ersehen, in Abb. 694 ist die Öldrucksteuerung für die in Abb. 608 dargestellten Zylinder ersichtlich, bei der Still-Maschine entfällt sie für die Diesel-Seite vollständig, da sie von der Brennstoffpumpe selbst bewirkt wird.

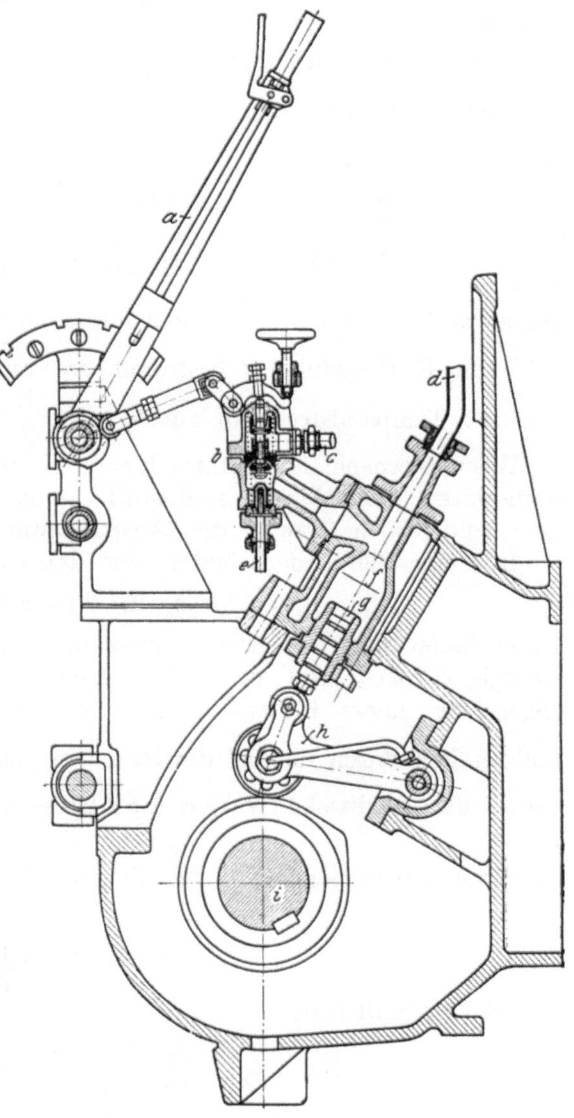

Abb. 694. Kr, Öldrucksteuerung, zu Abb. 632.

Die Einzelheiten und die Bestimmung der Bewegungsverhältnisse für Daumen und Rollen entsprechen den beim Viertakt gemachten Angaben. Auch hier wird die Feststellung der Durchgangsquerschnitte als Abhängige der Zeit erforderlich, um die Druckänderungen im Zylinder während des Auspuffs und der Spülung zu finden.

In gleicher Weise wie beim Viertakt (vgl. S. 189) ist auch hier der Auspuffvorgang[1]) bis zum Beginn der Spülung zu behandeln. Da jedoch die Volumsänderung unterhalb der kritischen Grenze bis zu Beginn der Spülung nur klein ist, so kann man, ohne einen großen Fehler zu begehen, für diesen Vorgang das Volumen als gleichbleibend annehmen. Die schon früher angegebene Differentialgleichung (S. 190)

$$\frac{dG}{d\alpha} = -42{,}1\,\varphi_a \sqrt{\frac{\varkappa}{\varkappa-1}}\left(\frac{p_a}{C}\right)^{\frac{1}{\varkappa}} \frac{\sqrt{C}}{n} f_a \sqrt{\left(\frac{G}{V}\right)^{\varkappa-1} - \left(\frac{p_a}{C}\right)^{\frac{\varkappa-1}{\varkappa}}}$$

läßt sich dann auf eine integrierbare Form bringen.

1) Vgl. Kregłewski: Anlaß- und Spülvorgange bei Zweitaktmaschinen, Danzig 1913 und Ölmotor 2. Jg., S. 553. — Foeppl: Z. V. d. I. 1913, S. 1939. — Ringwald: Z. V. d. I. 1923, S. 1057.

Es wird nämlich angenähert mit $\varkappa = 4{,}1$:

$$-\frac{nV\left(\frac{p_a}{C}\right)^{\frac{2\varkappa-3}{\varkappa}}}{42{,}1\,\varphi_a\sqrt{C}\sqrt{\varkappa(\varkappa-1)}}\int\limits_{z_0}^{z}\frac{z^{\frac{3}{2}}\,dz}{\sqrt{z-1}}=\int\limits_0^{\alpha} f_a\,d\alpha \qquad \text{worin} \qquad z=\frac{\left(\frac{G}{V}\right)^{\varkappa-1}}{\left(\frac{p_a}{C}\right)^{\frac{\varkappa-1}{\varkappa}}}$$

bedeutet.

Ersetzt man den Verlauf von f_a für das kleine in Betracht kommende Stück durch eine Gerade, macht man also $f_a = 2(a + b\alpha)$, so wird $\int\limits_0^{\alpha} f_a\,d\alpha = 2a\alpha + b\alpha^2$ und schließlich

$$\alpha = -\frac{a}{b} + \sqrt{\left(\frac{a}{b}\right)^2 - \frac{nV\left(\frac{p_a}{C}\right)^{\frac{2\varkappa-3}{\varkappa}}}{b\cdot 1{,}684\,\varphi_a\sqrt{C}\,\varkappa(\varkappa-1)}\left[\sqrt{z(z-1)}(2z+3)+3\log\left(\sqrt{z}+\sqrt{z-1}\right)\right]_{z_0}^{z}}\,.$$

Ist so der Verlauf der im Zylinder jeweils befindlichen Gasgewichte G in seiner Abhängigkeit vom Kurbelwinkel α bestimmt, so kann der Druckverlauf wieder aus $p = C\left(\frac{G}{V}\right)^{\varkappa}$ und der Temperaturverlauf aus $T = \frac{p}{R}\cdot\frac{V}{G}$ bestimmt werden.

Wenn hiernach der Spüldruck im Innern des Zylinders etwa erreicht ist, öffnen die Spülschlitze oder das Hilfspülventil. Dann tritt Spülluft in den Zylinder ein, während gleichzeitig noch Gase in den Auspuffraum abströmen.

In einem Zeitelement ändert sich dabei die innere Energie im Zylinderraum um:

$$c_v d(G\cdot T) = c_v(G\,dT + T\,dG)\,.$$

Diese Änderung wird hervorgerufen durch die mit den Auspuffgasen abgehende innere Energie $c_v T\,dG_a$ und die Ausschubarbeit $ART\,dG_a$ einerseits, die durch Spülluft zugeführte innere Energie $c_v T_s\,dG_s$ und die Einschiebearbeit $ART_s\,dG_s$ andererseits und endlich durch die bei der Raumvergrößerung geleistete Arbeit $AGRT\frac{dV}{V}$. Dabei wurde die spezifische Wärme für Abgase und Luft gleich groß angenommen. Hierin ist die Ausströmmenge:

$$dG_a = \varphi_a f_a\sqrt{2G\frac{\varkappa}{\varkappa-1}\cdot\frac{1}{RT}\left[1-\left(\frac{p_a}{p}\right)^{\frac{\varkappa-1}{\varkappa}}\right]}\cdot dt\,,$$

$$\cong \varphi_a f_a\sqrt{\frac{2G}{R}\cdot\frac{p}{T}(p-p_a)}\cdot dt = f_a\,\Phi(p,T)\,dt$$

und die Spülluftmenge:

$$dG_s = \varphi_s f_s p_s\left(\frac{p}{p_s}\right)^{\frac{1}{\varkappa}}\sqrt{2G\frac{\varkappa}{\varkappa-1}\cdot\frac{1}{RT_s}\left[1-\left(\frac{p}{p_s}\right)^{\frac{\varkappa-1}{\varkappa}}\right]}\cdot dt$$

$$\sim \varphi_s f_s\sqrt{\frac{2G}{v_s}(p_s-p)}\cdot dt = f_s\,\Psi(p)\cdot dt$$

mit T_s, p_s und v_s als unveränderlich angenommene Zustandsgrößen im Spülluftbehälter, p_a als Druck im Auspuffrohr. Bei Annahme adiabatischer Vorgänge ergibt sich hiernach:

$$c_v[G\,dT + T(dG_s - dG_a)] = (c_v + AR)\,T_s\,dG_s - (c_v + AR)\,T\,dG_a - AGRT\frac{dV}{V}$$

$$= c_p(T_s\,dG_s - T\,dG_a) - (c_p - c_v)\,GT\frac{dV}{V}$$

oder: $dT = (\varkappa T_s - T)\frac{dG_s}{G} - (\varkappa-1)T\frac{dG_a}{G} - (\varkappa-1)\,T\frac{dV}{V}$, woraus mit: $pV = GRT$ auch folgt:

$$dp = \varkappa\cdot p\left(\frac{T_s}{T}\cdot\frac{dG_s}{G} - \frac{dG_a}{G} - \frac{dV}{V}\right).$$

Führt man endlich die Werte für dG_s und dG_a ein und setzt $G = \frac{pV}{RT}$, ersetzt man ferner dt durch die Änderung des Kurbelwinkels $d\alpha$, so ergibt sich mit $dV = V'd\alpha$:

$$\frac{dT}{d\alpha} = \frac{30R}{\pi n} \cdot \frac{T}{pV} [f_s \Psi(p)(\varkappa T_s - T) - (\varkappa - 1) f_a \Phi(p, T)] - (\varkappa - 1) T \frac{V'}{V}$$

und:

$$\frac{dp}{d\alpha} = \frac{30 \cdot \varkappa R}{\pi n V} [f_s T_s \Psi(p) - f_a T \Phi(p, T)] - \varkappa p \frac{V'}{V}.$$

Dabei wurde stillschweigend die kinetische Energie des Gases im Zylinder vernachlässigt. Da in der Tat Wärmezufuhr von den Wänden her erfolgt, ist damit ausgesprochen, daß diese gerade zur Herstellung der Geschwindigkeiten im Zylinder ausreicht.

Die punktweise Berechnung erfordert anfangs sehr kleine Winkelelemente. Dann bleibt aber p nahe gleich, $\frac{dp}{d\alpha}$ wird also klein. Berechnet man für ein gegebenes α mit den gefundenen Anfangswerten p und T die Größe von $\frac{dT}{d\alpha}$ und daraus für den neuen Punkt den Wert T, so ergibt sich hierfür auch p für $\frac{dp}{d\alpha} \backsim 0$. Durch Vergleich mit dem Wert von p für den vorhergehenden Punkt läßt sich eine ziemlich genaue Berechnung durchführen. Auf diese Weise ist die Abb. 695[1]) entstanden, die mit den bekannten Weichfederdiagrammen, z. B. Abb. 638, zu vergleichen wäre.

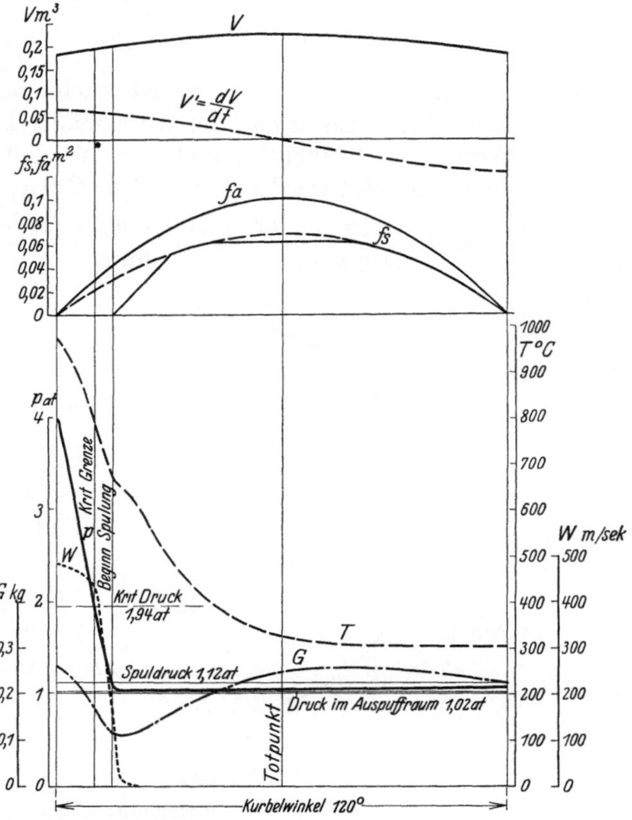

Abb. 695. Auspuff- und Spülvorgang beim Zweitaktmotor, $\frac{530}{950} \cdot 94$.

Die Abb. 638 enthält auch das entsprechende Diagramm für ein selbsttätiges Ventil (Abb. 629), aus dem hervorgeht, daß hier der Druckanstieg während der Spülung etwa so erfolgt, als wenn die Verdichtung schon im Totpunkt einsetzen würde.

Die obige Berechnung ist insofern sehr ungenau, als die Beschleunigungen der Gassäulen vernachlässigt wurden und der Druck im Auspuffrohr (vgl. S. 15) und auch im Spülluftbehälter keineswegs gleich bleibt und auch, weil bei der Raschheit des Vorgangs kein Ausgleich im ganzen Zylinderraum stattfinden kann[2]).

Der wirksame Umfang der Auspuffschlitze zum ganzen Zylinderumfang kann bei Ventilspülung oder Junkersanordnung, wenn also der ganze Umfang zur Verfügung steht, etwa mit 0,5 bis 0,6 desselben angenommen werden. Die bezügliche Länge der Auspuff- und Spülschlitze hängt mit der Umdrehungszahl zusammen und kann etwa in folgender Weise beurteilt werden. Während des Vorauspuffs muß eine bestimmte Gasmenge aus dem Zylinder entweichen. Vorher befindet sich darin das Gewicht $G_e = V_h(x + s)\gamma_e$, nachher $G_i = V_h(x_1 + s)\gamma_i$ (Abb. 696). Bei adiabatischer Änderung im Zylinder ist:

$$\frac{\gamma_i}{\gamma_e} = \left(\frac{p_i}{p_e}\right)^{\frac{1}{\varkappa}}, \quad \text{daher:} \quad G_e - G_i = V_h\left[x + s - (x_1 + s)\left(\frac{p_i}{p_e}\right)^{\frac{1}{\varkappa}}\right]\gamma_e.$$

[1]) In der Abbildung ist das Gasgewicht bei Beginn des Auspuffs etwas zu groß angenommen worden, was auf den weiteren Verlauf des Vorgangs nur geringen Einfluß hat, das Endgewicht stimmt daher mit dem anfänglichen nicht ganz überein.

[2]) Vgl. Kregłewski: Ölmotor II. Jg. S. 553.

Nach Abb. 695 kann man einen Mittelwert für w_a und γ_a annehmen, der vom Zustand bei Beginn des Vorauspuffs abhängt. Der Mittelwert von f_a kann etwa mit $f_a = \psi D \pi H \frac{x_1 - x}{2}$ angenommen werden, worin $\psi D \pi$ den wirksamen Umfang bei rechteckigen Schlitzen und H den Hub des Kolbens bedeuten. Ist τ die Zeitdauer des Vorauspuffs, so wird:

$$G_e - G_i = \varphi f_a w_a \gamma_a \tau = \varphi \psi D \pi H \frac{x_1 - x}{2} w_a \gamma_a \frac{30}{\pi n} \beta,$$

woraus folgt, wenn $V_h = \frac{D^2 \pi}{4} H$ und $\left(\frac{p_i}{p_e}\right)^{\frac{1}{\varkappa}} = k$ gesetzt wird:

$$\beta = \frac{D \pi \gamma_e n [x + s - (x_1 + s) k]}{60 \varphi \psi (x_1 - x) w_a \gamma_a} = \frac{D \pi n}{60 \varphi \psi w_a} \cdot \frac{\gamma_e}{\gamma_a} \cdot \frac{(x_1 + s)(1 - k) - (x_1 - x)}{x_1 - x}.$$

Hierin kann man in dem gebräuchlichen Bereich etwa setzen: $x_1 - x \sim \frac{\beta}{2} \sin \alpha_1$ und kann diesen im Zähler verhältnismäßig kleinen Wert gleichbleibend annehmen, so daß angenähert gesetzt werden kann: $\beta^2 = C D n$, worin

$$C = \frac{\gamma_e}{\gamma_a} \cdot \frac{\pi}{30 \varphi \psi w_a} \cdot \frac{(x_1 + s)(1 - k) - (x_1 - x)}{\sin \alpha_1},$$

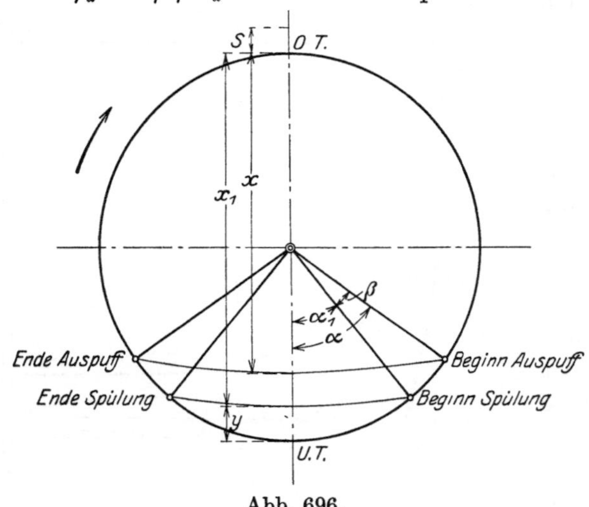

Abb. 696.

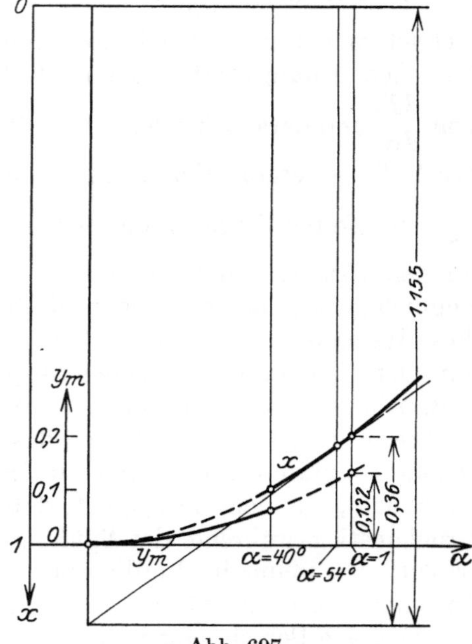

Abb. 697.

Bezeichnungen und Hilfsausmittlung zum Spülvorgang.

weil auch $x_1 + s$ und bei gegebener Höchstleistung auch k als angenähert bekannt angenommen werden können.

Man erkennt auch die wesentliche Abhängigkeit von β von D und n in ihrer Form. Die Größenordnung von C ist etwa: 0,00075, z. B. wird damit bei $D = 0{,}6\,m$, $n = 130$ Umdr./min. $\beta \sim 0{,}242$ entsprechend 14°.

Während der Spülzeit $\tau_1 = \frac{60}{\pi n} \cdot \alpha_1$ soll nun die je nach der Güte des Spülvorgangs wechselnde Spülluftmenge:

$$G_{sp} = V_h (1 + \zeta) \gamma_0 = \varphi y_m \sqrt{2 g \gamma_s (p_s - p_i)} \cdot \psi_1 D \pi H \tau_1$$

sein, worin γ_0 das spezifische Gewicht der Außenluft bedeutet. Man kann natürlich ζ auch anders ausdrücken, hier wird damit angegeben, wieviel Luftüberschuß von Außendruck gegen das Kolbenhubvolumen erforderlich ist.

Man sieht aus Abb. 697, daß der zeitliche Mittelwert y_m von y sich etwa durch $y_m = a \alpha_1^2$ ausdrücken läßt, demnach wird:

$$\frac{D^2 \pi}{4} H (1 + \zeta) \gamma_0 = \varphi a \alpha_1^3 \frac{60}{n} \cdot \psi_1 D H \sqrt{2 g \gamma_s (p_s - p_i)}$$

oder auch: $$\frac{D(1+\zeta)\gamma_0 \pi n}{240\,\varphi\, a\, \psi_1\, \alpha_1^3} = \sqrt{2g\gamma_s(p_s - p_i)}$$

und: $$p_s = p_i + \frac{(1+\zeta)^2\gamma_0^2 n^2 D^2}{115000 \cdot \varphi^2 a^2 \psi_1^2 \gamma_s \alpha_1^6},$$

worin angenähert γ_s als gleichbleibend angenommen wird, was ja auch durch entsprechende Veränderung der Luftkühlung erreichbar wäre.

Es handelt sich nun darum, angenähert festzustellen, bei welchem Spülwinkel α_1 die größte Gesamtleistung erzielt wird. Wenn nun mit 1 kg Verbrennungsluft C_m kgm erzielt werden können, wenn die Verbrennung entsprechend günstig verläuft, so erhält man bei einem Hub eine effektive Maschinenleistung ohne Abzug der Spülpumpenarbeit von $L_{\text{masch}} = C_m \frac{D^2\pi}{4} H(x+s)\gamma_i$, wobei vorausgesetzt wird, daß der Zylinderraum ganz mit Frischluft vom spezifischen Gewicht γ_i erfüllt ist und daß nach Abschluß der Spülschlitze die weitere Ausströmung in den Auspuff eben durch die Volumsverminderung aufgehoben wird. Ist dies nicht der Fall, so kann dies in C_m ausgedrückt werden. Roh angenähert kann dann nach Abb. 697: $x = p - q\alpha$ gesetzt werden, und da $\alpha = \alpha_1 + \beta$ ist, so ergibt sich: $L_{\text{masch}} = C_m \frac{D^2\pi}{4} H\,(p + s - q\alpha_1 - q\sqrt{CDn})\gamma_i$. Die von der Spülpumpe verbrauchte Arbeit kann man etwa bei kleinen Spüldrücken setzen: $L_{\text{spül}} = L_{\text{leer}} + \frac{\varphi_1}{\eta_s} v_h (p_s - p_\sigma)$ wenn v_h das einem Arbeitshub eines Zylinders entsprechende Spülpumpenvolumen und p_σ den Ansaugedruck bedeuten. Es soll aber $\varphi_1 v_h \sim V_h(1+\zeta)$ sein, also wird: $L_{\text{spül}} = L_{\text{leer}} + \frac{D^2\pi}{4} H \frac{1+\zeta}{\eta_s}(p_s - p_\sigma)$, worin der oben gefundene Wert von p_s einzusetzen ist.

Da nun $L_{\text{masch}} - L_{\text{spül}}$ einen Höchstwert erreichen soll, so ergibt sich als Bedingung hierfür:

$$\alpha_1^7 = \frac{6(1+\zeta)^3\gamma_0^2 n^2 D^2}{C_m q \cdot 115000\,\varphi^2 a^2 \psi_1^2 \gamma_s \gamma_i \eta_s}.$$

Sind z.B.: $\zeta = 0{,}5$, $n = 130$, $D = 0{,}6$ m, $\varphi = 0{,}8$, $\psi_1 = 0{,}3$, $\gamma_s = 1{,}35$, $\gamma_i = 1{,}1$, $\eta_s = 0{,}9$ und nach Abb. 697: $q = 0{,}36$, $a = 0{,}13$, und nimmt man endlich an, daß bei einem theoretischen Luftverbrauch von 14,3 kg für 1 kg Brennstoff, einem Luftüberschuß von 1,75 und einem Brennstoffverbrauch von 200 g/PS_e-st der Wert von C_m in folgender Weise berechnet wird: 0,2 kg Brennstoff entsprechend 5 kg Luftverbrauch ergeben $75 \cdot 3600 = 270\,000$ kgm, daher für 1 kg Luft $C_m = 54\,000$ kgm, so wird: $\alpha_1^7 \sim 0{,}067$ oder $\alpha_1 \sim 0{,}68$ oder $\alpha_1 = 39^1/_2{}^\circ$. Naturgemäß ist diese Bestimmung an sich sehr ungenau, bedarf also jedesmal der versuchsweisen Nachprüfung. Jedoch erkennt man den Einfluß der einzelnen Größen, insbesondere von n und D. Würde man γ_s mit p_s veränderlich machen, so bekommt man etwas größere Werte von α_1.

Setzt man den angenähert gefundenen günstigsten Wert von α_1 in die Gleichung der Gesamtarbeit ein, so ergibt sich, da:

$$\frac{(1+\zeta)^2\gamma_0^2 \cdot n^2 \cdot D^2}{115000 \cdot \varphi^2 \cdot a^2 \cdot \psi_1^2 \cdot \gamma_s \cdot \alpha_1^6} = \frac{C_m \cdot q \cdot \eta_s \cdot \gamma_i \cdot \alpha_1}{6(1+\zeta)}.$$

$$L = V_h\left[(p + s - q(\alpha_1 + \beta))\,C_m\gamma_i - \frac{1+\zeta}{\eta_s}\left(p_i - p_\sigma + \frac{C_m \cdot q \cdot \eta_s \cdot \gamma_i \cdot \alpha_1}{6(1+\zeta)}\right)\right] - L_{\text{leer}}$$

$$= V_h\left\{p_i\left[\frac{C_m}{RT_i}\left(p + s - \frac{7}{6}q\alpha_1 - q\beta\right) - \frac{1+\zeta}{\eta_s}\right] + p_\sigma\frac{1+\zeta}{\eta_s}\right\} - L_{\text{leer}}.$$

Ist z. B. $p_i = 10\,300$, $T_i = 310^\circ$, $p = 1{,}15$, $q = 0{,}36$, $\alpha_1 = 0{,}68$, $\beta = 0{,}242$, $\zeta = 0{,}5$, $\eta_s = 0{,}9$, $p_\sigma = 9000$, so wird mit $C_m = 54\,000$: $L \sim 49\,640\,V_h - L_{\text{leer}}$, der mittlere effektive Druck ist also nahe 4,9 at.

Man erkennt, daß man, um hohe Leistung zu erzielen, γ_i und p_i hoch halten muß. Nun ist die Gasmenge G_a, die während der Spülzeit aus dem Zylinder ausströmt, gegeben durch Anfangs- und Endzustand, und die zugeführte Menge also bei gleichem Druck p_i und anfangs γ_i', zuletzt γ_i:

$$V_h(1+\zeta)\gamma_0 + V_h(x_1+s)\gamma_i' = V_h(x_1+s)\gamma_i + G_a$$

oder: $G_a = V_h[(1+\zeta)\gamma_0 - (x_1+s)(\gamma_i - \gamma_i')]$, worin man die Werte γ_i und γ_i' etwa näherungsweise aus Abb. 695 entnehmen kann. Diese Menge ist auch mit den zeitlichen Mittelwerten des Austrittsquerschnitts f_a' und des spezifischen Gewichts im Zylinder γ_{im}:

$$G_a = \varphi f_a' \tau_1 \sqrt{2g\gamma_{im}(p_i - p_a)} = \varphi f_a' \frac{60\,\alpha_1}{\pi n}\sqrt{2g\gamma_{im}(\gamma_i R T_i - p_a)}.$$

Wächst demnach γ_{im} und damit γ_i, so wird f_a kleiner. Während also f_s möglichst groß zu wählen ist, ergibt sich dann f_a' bei gewählter Spülluftmenge von selbst für gegebenes p_s, unter Umständen kann man erreichen, daß es f_a (für den Vorauspuff) nicht überschreitet (vgl. Abb. 586). Soll γ_i einen gegebenen Wert erreichen, so muß die Gleichung:

$$p_s = \gamma_i\left(RT_i + \frac{C_m\cdot q\cdot\alpha_1\cdot\eta_s}{1+\zeta}\right)$$

erfüllt werden, allerdings wird für wachsendes γ_i auch α_1 etwas kleiner.

Wie bereits erwähnt, sind diese Berechnungen noch sehr ungenau, sie lassen sich verfeinern und auch auf den Fall der Hilfspülung ausdehnen, indem man das Integral $\int f_s dt$ vorläufig in ein bestimmtes Verhältnis zu $2a\alpha^3$ setzt, das von β abhängt und nachträglich verbessert wird. Genauere Rechnungen werden verwickelt. Bei schnellaufenden Maschinen wird der Geschwindigkeitsbeiwert wegen der erforderlichen großen Beschleunigungen klein zu wählen sein. Ebenso ist ζ groß, hingegen C_m viel kleiner anzunehmen (größerer Brennstoffverbrauch, größerer Luftüberschuß).

Hier möge noch eine Rechnung angeführt werden, die einen gewissen Einblick in die Abhängigkeiten der einzelnen Größen bei Voraussetzung günstigster Leistung der Maschine gewährt. Es soll hierzu als Näherung angenommen werden, daß sich Gasrest und Luft im Zylinder jeweils sogleich derart mischen, daß ein homogener Inhalt entsteht. Dies ist nun tatsächlich keineswegs der Fall, im Gegenteil wird bei Beginn der Spülung hauptsächlich Gasrückstand in den Auspuff gelangen, hierdurch wird also das verbleibende Gemisch luftreicher[1]). Bezeichnet L das Gewicht der Luft, G das Gewicht des Gemisches im Zylinder und macht man die weitere Näherungsannahme, daß das spez. Gewicht von Luft und Gemisch bei den geringen Druckunterschieden als gleichbleibend angesehen werden darf, so kann man finden:

$$\frac{dL}{dt} = \gamma\left(f_s w_s - f_a w_a \frac{L}{G}\right),$$

und:

$$\frac{dG}{dt} = \gamma\left(f_s w_s - f_a w_a\right),$$

worin

$$w_s = \varphi\sqrt{2g\frac{p_s - p}{\gamma}} \quad \text{und} \quad w_a = \varphi\sqrt{2g\frac{p - p_a}{\gamma}}.$$

Hieraus folgt dann:

$$\frac{d(G-L)}{dt} = -\gamma\frac{G-L}{G} f_a w_a$$

und

$$\log\left(1 - \frac{L}{G}\right) = -\int_0^t \gamma\frac{f_a w_a}{G}\,dt.$$

---

[1]) Ein Ausgleich ergibt sich dadurch, daß anfangs die Temperatur höher als ihr Mittelwert ist.

Da hierin f_a, w_a, G als Abhängige von t nach Abb. 695 bekannt sind, kann man daher in jedem Fall den Wert von L am Ende der Spülzeit finden. Um aber den größten Wert darzustellen, nehmen wir für diese Größen die zeitlichen Mittelwerte gleichbleibend an, dann ergibt sich:

$$L = G\left(1 - e^{-\gamma \frac{f_a' w_a}{G} t}\right)$$

und

$$f_a = f_s \frac{w_s}{w_a} = f_s \sqrt{\frac{p_s - p}{p - p_a}}.$$

Mit $G = \gamma V = \frac{pV}{RT}$ wird dann auch bei mittleren Werten von V, T und p:

$$L = \frac{pV}{RT}\left(1 - e^{-\frac{\varphi f_a' R T t}{pV}\sqrt{2g\gamma(p - p_a)}}\right)$$

oder auch:

$$= \frac{pV}{RT}\left(1 - e^{-\frac{\varphi f_s' t}{V}\sqrt{2gRT\left(\frac{p_s}{p} - 1\right)}}\right).$$

Setzt man der Kürze wegen:

$$\frac{\varphi f_s' t}{V}\sqrt{2gRT} = k,$$

so kann man schreiben:

$$L = \frac{pV}{RT}\left(1 - e^{-k\sqrt{\frac{p_s}{p} - 1}}\right).$$

Dieser Wert wird ein Höchstwert für $\frac{dL}{dp} = 0$, wenn:

$$e^{k\sqrt{\frac{p_s}{p} - 1}} = 1 + \frac{k}{2} \cdot \frac{p_s}{p} \cdot \frac{1}{\sqrt{\frac{p_s}{p} - 1}}.$$

Für den früher behandelten Fall sind etwa:

$f_s' = 0{,}05\,\text{m}^2$, $V = 0{,}21\,\text{m}^3$, $T = 350°$, $t = 0{,}187\,\text{sk}$, $\varphi = 0{,}85$, $p_s = 11\,200\,\text{kg/m}^2$,

womit sich durch näherungsweise Berechnung der günstigste Wert von $p = 10\,680\,\text{kg/m}^2$ ergibt. Diese Näherungsrechnung ist in Abb. 698 für mehrere Werte von k dargestellt, wodurch auch der Verlauf von p ersichtlich wird. Mit dem Wert von p ergibt sich dann auch das günstigste Verhältnis $\frac{f_a'}{f_s'}$ in dem angegebenen Sonderfall mit rd. 1,04. Naturgemäß ist diese Berechnung sehr ungenau und bedarf der Prüfung durch den Versuch. Immerhin läßt sie den Einfluß der die Konstante k bildenden Größen einigermaßen erkennen.

Man darf natürlich nicht glauben, daß die größte Luftmenge im Zylinder allein die Höchstdauerleistung bestimmt. Dies ist nur solange der Fall, als die Endtemperatur der Verbrennung ein gewisses Maß, etwa 1800° C, nicht überschreitet, d. h. als nicht allzuviel Brennstoff verbrennt[1]). Jedenfalls wird aber bei

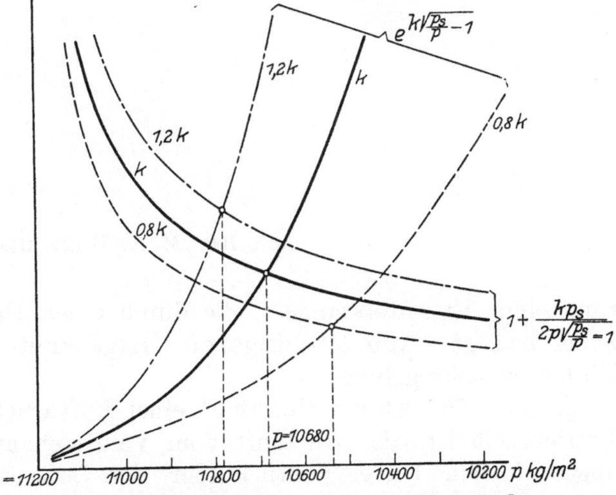

Abb. 698. Ermittlung günstiger Werte beim Spülvorgang.

[1]) Vgl. Nägel: Z. d. V. I. 1923, S. 735.

größerer relativer Luftmenge die Verbrennung verbessert, die Möglichkeit, daß Brennstoffteilchen keinen Sauerstoff finden, vermindert.

Die bauliche Ausgestaltung der Antriebsdaumen, Hebel und Stangen ist etwa die gleiche wie beim Viertakt, nur ist zu beachten, daß die Antriebsteuerwelle hier dieselbe Drehzahl hat wie die Maschine, die Rollenbeschleunigungen werden demnach leicht zu groß und sind daher sorgfältig zu berechnen. Auch die Umschaltung von Brennstoff auf Anlassen wird gewöhnlich in gleicher Weise durchgeführt wie beim Viertakt, eine Abänderung zeigt z. B. Abb. 658. Auch die Lagerung der Steuer- und Hebelwellen erfolgt wie beim Viertakt (z. B. Abb. 579, 581, 583, 584), ebenso der Antrieb der Steuerwellen. Besondere Formen der Lagerung zeigen z. B. Abb. 587, 595, 599, 607, 628, 635, 658, 659, des Antriebs Abb. 580.

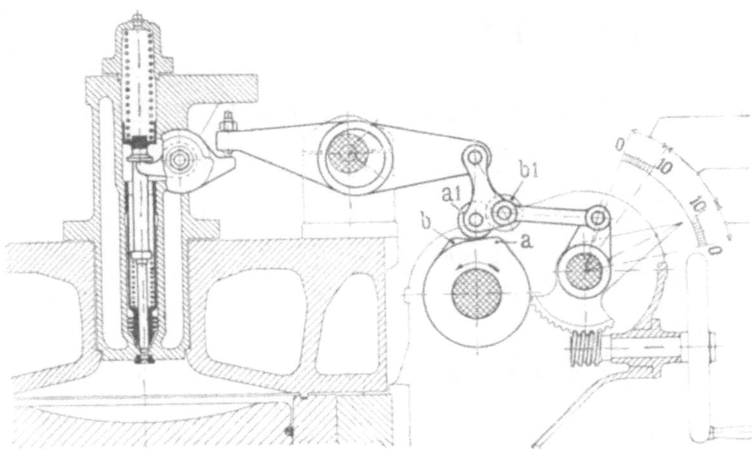

Abb. 699. Sz, Anordnung der Umsteuerung.

Beispiele für die Veränderung der Einblasezeit geben Abb. 614, 659, 699. Die letzte Bauart ist bereits S. 273 beschrieben worden. Bei Abb. 659 wird die Änderung der Brennstoffsteuerung durch eine Kulisse erzielt, bei Abb. 614 durch Änderung der Füh-

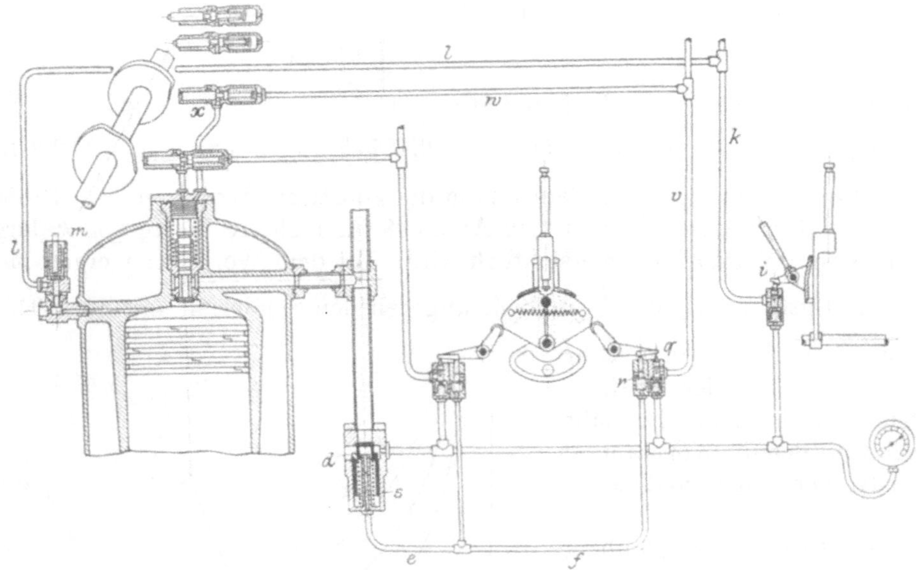

Abb. 700. MAN, Druckluftanlaßvorrichtung.

rung einer Exzenterstange i, die durch einen Daumenansatz die Rolle am Brennstoffhebel bewegt. Abb. 524 zeigt die erstgenannte Anordnung in Verbindung mit einer Einblasedruckregelung.

In Abb. 700 ist die Übersicht einer Luftdruck-Anlaßvorrichtung dargestellt. In der Betriebszeit ist die Druckluft vom Ventilgehäuse durch ein Ventil s im Anfahrblock abgeschlossen. Dieses Ventil hindert den Luftzutritt zu den Rückschlagventilen i und q nicht, drosselt durch eine kleine Bohrung d jedoch den Zutritt zum Rückschlagventil r.

Es sind demnach alle drei Ventile geschlossen und die hinter denselben befindlichen Leitungen v und k drucklos. Von v zweigt zu jedem Zylinder ein Rohr w ab, das unmittelbar zu den als Kolben ausgebildeten Steuerschiebern x führt; eine Feder hält die Druckstifte von den Steuernocken ab, bis ihre Spannung durch den Luftdruck überwunden wird. Erst dann kommen die betreffenden Nocken zur Wirkung, was also sofort durch Aufdrücken von q erreicht wird. Vorher soll aber der Druck aus den Zylindern entfernt werden, was durch Öffnen von i bewirkt wird. Kommt nämlich Druckluft in die Zweigleitung l, so wird durch einen kleinen Kolben die Federkraft über dem Sicherheitsventil m aufgehoben, und das im Zylinder etwa befindliche unter Druck stehende Gas strömt ab. Sodann muß die Leitung l wieder entleert werden. Endlich ist nur mehr das Absperrventil s im Anfahrblock zu öffnen, was durch Ablassen des

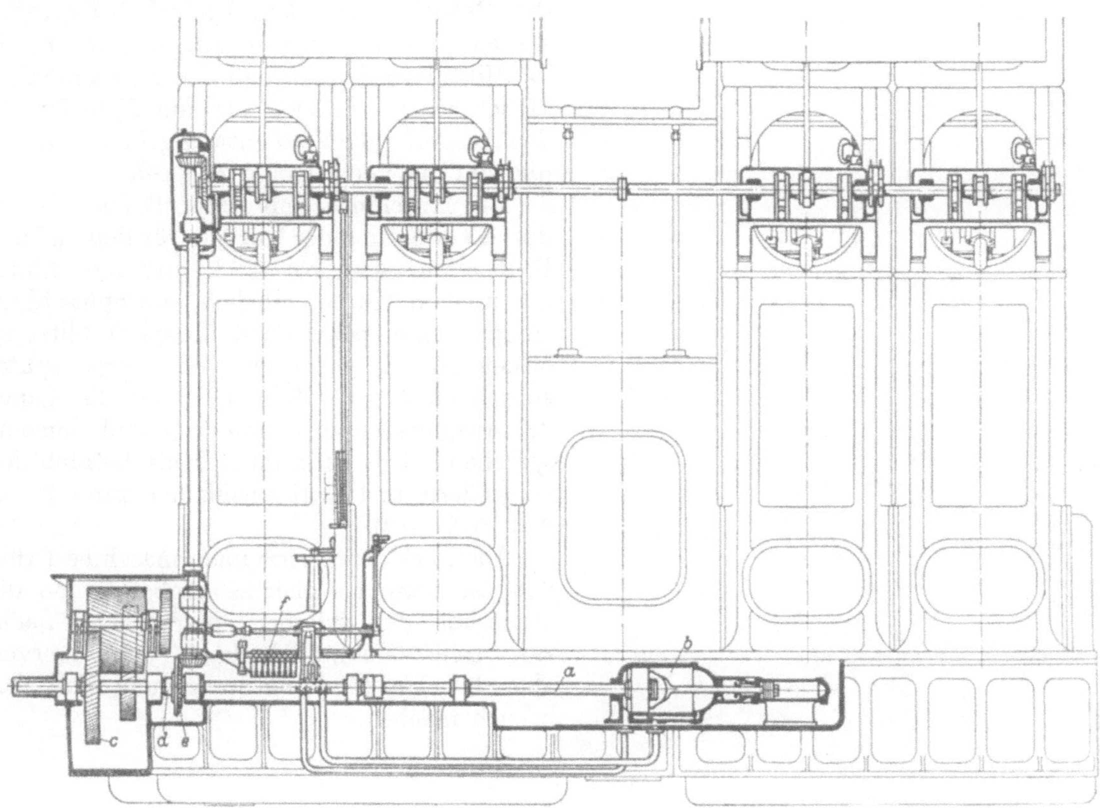

Abb. 701. Wo, Umsteuerung, zu Abb. 609.

Druckes in e, f erreicht wird, bzw. durch Öffnen des Rückschlagventils r, das ins Freie führt. Wenn nun nur bei einem Zylinder der Steuernocken derart steht, daß der Druckstift von der dahinter befindlichen Luft herausgedrückt wird, öffnet sich das betreffende Anlaßventil, und die Maschine geht an. Die Einleitung dieser Vorgänge gestaltet sich nun sehr einfach. Zuerst wird mit dem schiefliegenden Hebel das Ventil i geöffnet, wobei der Haupthebel von seiner Feststellung gelöst wird. Sodann wird durch Andrücken eines Knopfes am Ende dieses Hebels die Luftleitung l entleert und gleichzeitig der Hebel mit dem Quadranten verbunden, der die Nocken für die Betätigung von r und q trägt. Bewegt man ihn z. B. nach rechts, so wird zuerst r und damit s geöffnet, dann auch q, und die Maschine setzt sich in Gang. Zugleich mit der Bewegung des Quadranten wird aber auch der im Schlitz des Hebels hängende Zapfen gesenkt und damit die Brennstoffpumpe und das Brennstoffventil in Tätigkeit gesetzt, so daß nach Bedarf Druckluft und Brennstoff gleichzeitig im Zylinder arbeiten. Damit kann man hohen mittleren Druck und sehr rasches Anfahren

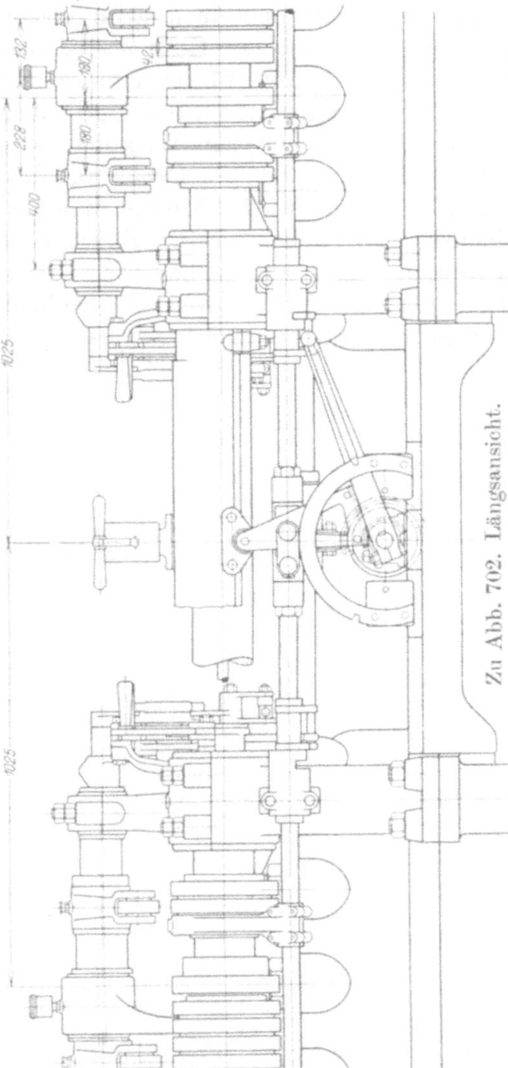

Zu Abb. 702. Längsansicht.

erzielen. Wenn mehrere Ventile q angewendet werden, kann man die Anlaßventile der Zylinder hintereinander abschalten, so daß ein Teil noch mit Anlaßluft, der andere nur mehr mit Brennstoff läuft; erst durch Weiterdrehen des Quadranten werden dann alle Zylinder auf Brennstoff umgeschaltet. Löst man die Verbindung zwischen Hebel und Quadranten, so kehrt letzterer durch Federn in seine Mittellage zurück und schließt r und q endgültig. Die Brennstoffzufuhr kann auch während des Betriebes mit dem Haupthebel geregelt werden. Zum Abstellen bringt man ihn in die Mittellage, indem man den zu i gehörigen Hebel herunterdrückt, um die Zylinder für den Auslauf ohne Verdichtung gehen zu lassen und um die Verriegelung zu lösen.

Bei Maschinen mit Doppelkolben ist es durch Versetzung der Kurbeln für den äußeren Kolben um etwa bis 165° statt 180° hinter der inneren Kurbel möglich, die Spülschlitze entsprechend später als die Auspuffschlitze zu öffnen und sie gleichzeitig oder sogar später zu schließen, so daß man damit die Länge der Auspuffschlitze vermindern und dementsprechend den wirksamen Hub beträchtlich vergrößern und Luft nachladen kann (z. B. Abb. 612, 613).

Auch bei der Gleitzylindermaschine (Abb. 620) ist etwa das gleiche möglich, wenn die Steuerung der Zylinder entsprechend nacheilt; selbstverständlich kann man hiervon aber bei Umsteuerung in keinem Fall Gebrauch machen.

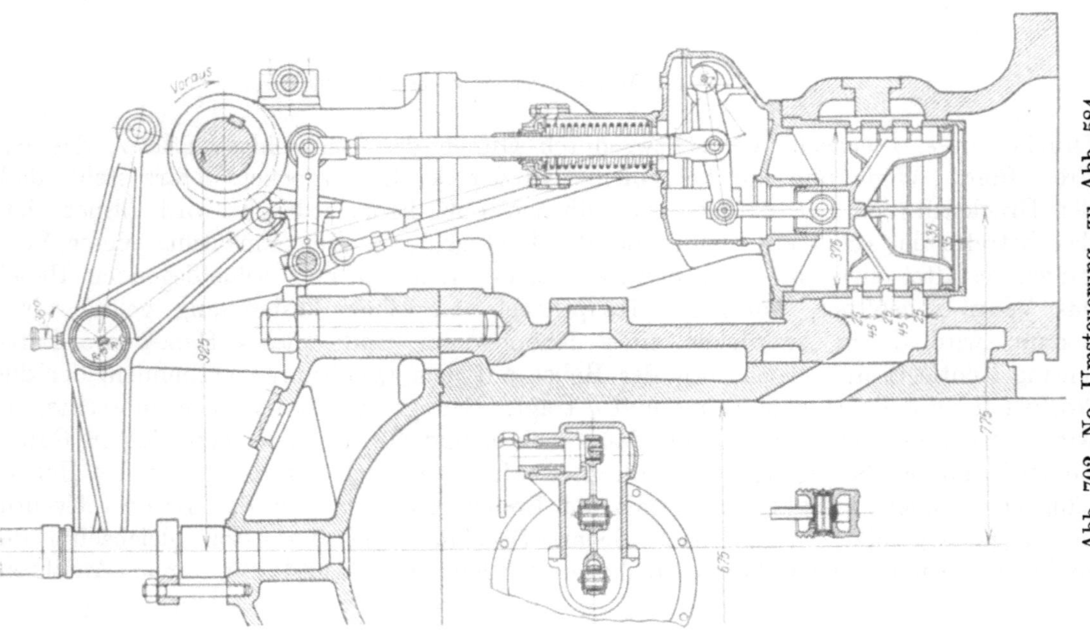

Abb. 702. No, Umsteuerung, zu Abb. 584.

Die Umsteuerung bei Zweitaktmaschinen wird noch einfacher als beim Viertakt, wenn Schlitzspülung verwendet wird. Dann beschränkt sie sich auf die Umschaltung von Brennstoff auf Anlassen und die Umsteuerung der beiden zugehörigen Ventile. Sind Spülventile oder Hilfspülung vorhanden, so müssen diese ebenfalls umgesteuert werden. Nur wenn man z. B. das Brennstoffventil durch den Kolben steuert (Abb. 692, 693), ist eine Umsteuerung dafür nicht erforderlich.

Die bereits S. 275 u. f. besprochenen Arten der Umsteuerung können mit entsprechender Vereinfachung auch beim Zweitakt zur Anwendung kommen, hier läßt sich auch eine Umsteuerung durch Verdrehen der Steuernocken durchführen (Abb. 581, 701). In den Abb. 702, 703 sind als Beispiele Umsteuerungen mit Vor- und Rückwärts-

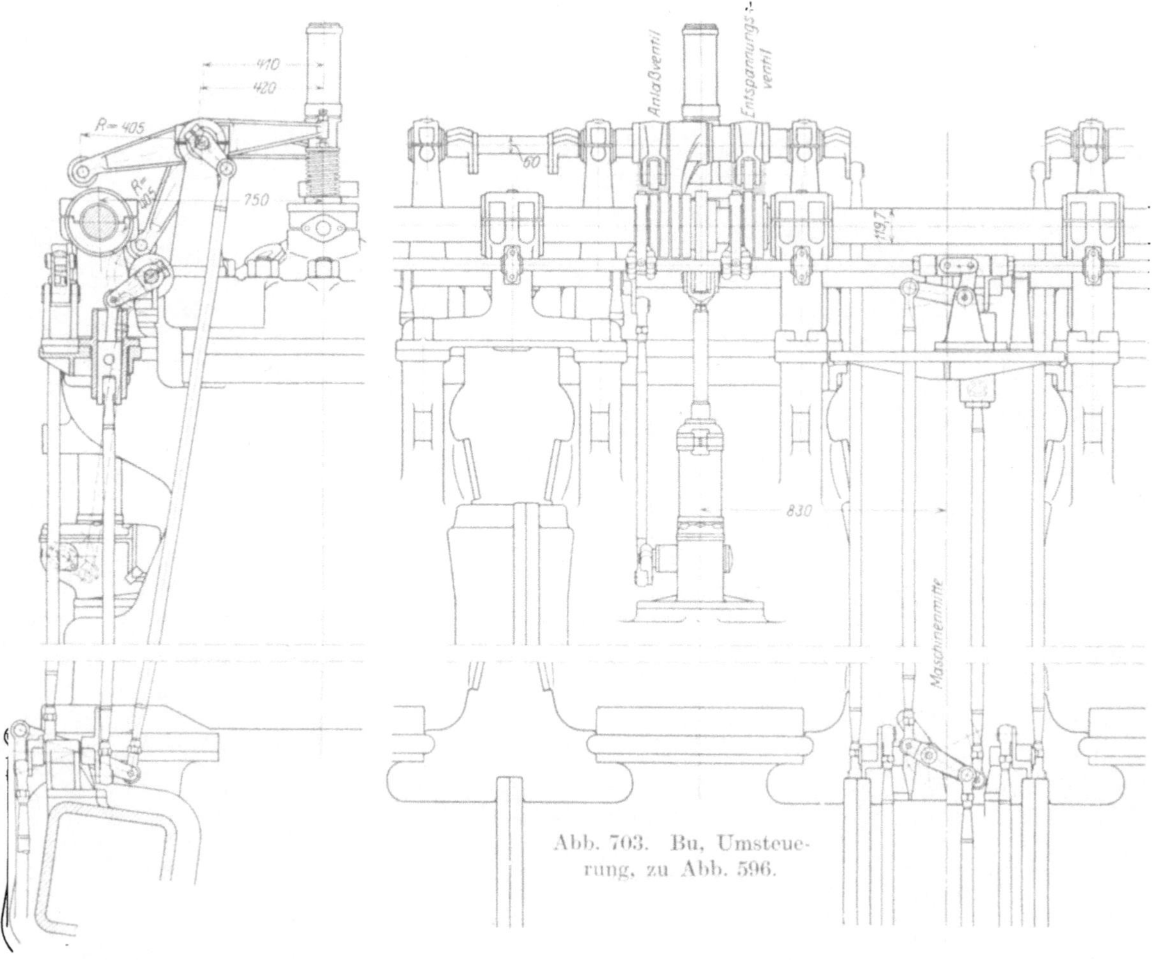

Abb. 703. Bu, Umsteuerung, zu Abb. 596.

nocken, Abheben der Ventilhebel und Verschieben der Nockengruppen, hier durch eine seitlich angeordnete Stange mit Armen, die in Nuten der Nockennabe eingreifen, dargestellt, wobei auch die Umsteuerung des Hilfsventils zu ersehen ist (Abb. 702). Dieses wird bei Vorwärtsgang durch die Feder angehoben, wenn es öffnen soll, bei Rückwärtsgang durch den Daumen abwärts gedrückt. Durch die Umsteuerwelle wird die Schieberüberdeckung entsprechend verändert. Die Anordnung der Hebelzustellung geht aus den Abb. 704, 705 hervor.

Bei Abb. 705 ist für jede Maschinenhälfte ein Handhebel vorgesehen, der die Rollenhebel von den Daumen abhebt oder sie aufsetzt und gleichzeitig die Brennstoffpumpen ab- und anstellt. Vorn befindet sich der Umsteuerhebel zur Verstellung der Nocken und des Spülschiebers. Die Verblockung ist derart, daß die Umsteuerung nur möglich ist, wenn beide Anlaßhebel in Ruhestellung stehen, wenn also alle Ventile ausgeschaltet

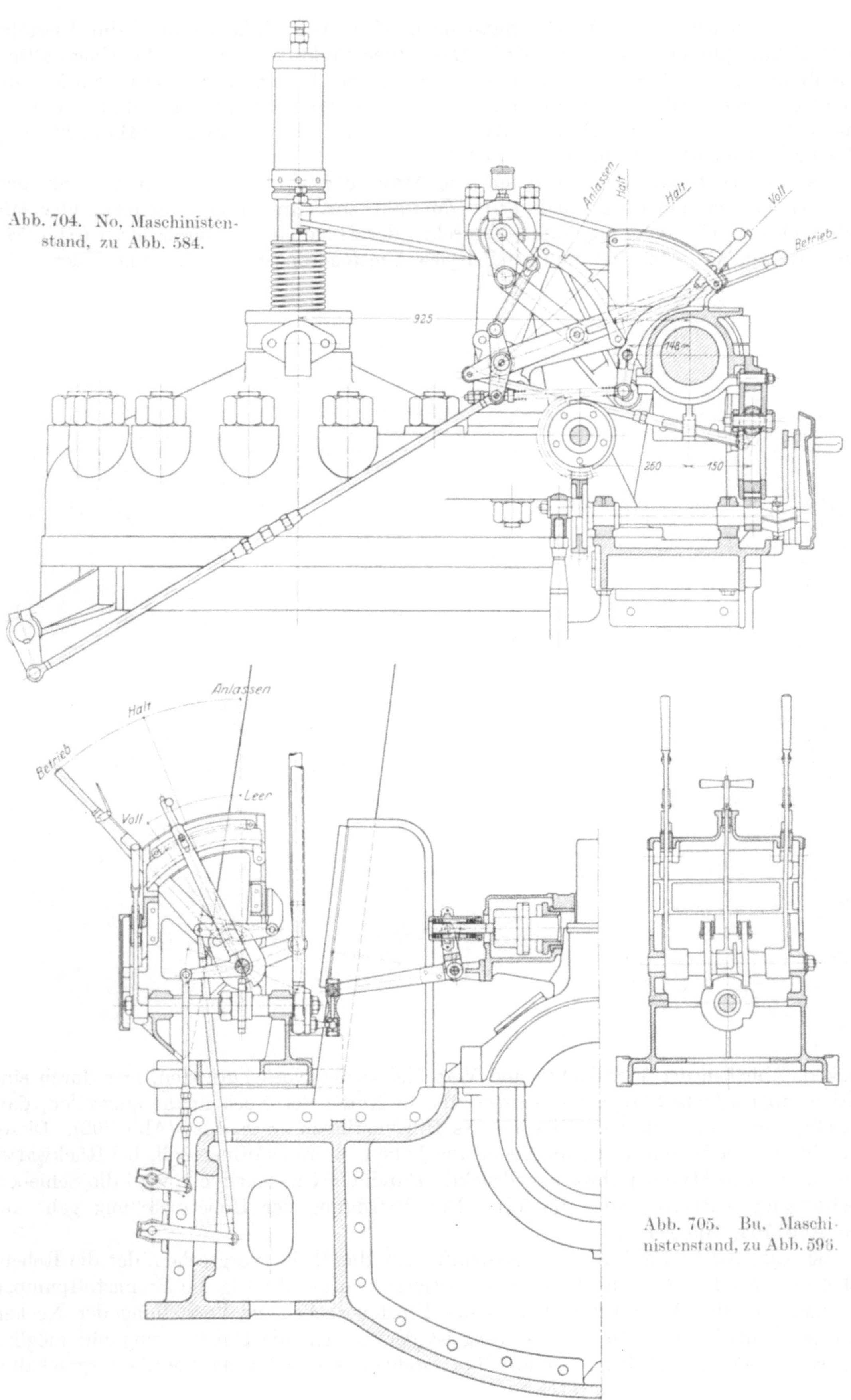

Abb. 704. No, Maschinistenstand, zu Abb. 584.

Abb. 705. Bu, Maschinistenstand, zu Abb. 596.

sind. Ebenso können diese Hebel nur bewegt werden, wenn die Umsteuerung ausgelegt ist. Ein Brennstoffhebel regelt die Brennstoffzufuhr an den Pumpen, was auch ein Sicherheitsregler besorgt. In gleicher Weise, nur unmittelbar in der Nähe der Steuerwelle, ist die Anordnung Abb. 704 durchgeführt.

Aus der Abb. 579 geht die Anordnung der Umsteuerung einer Maschine mit Ventilspülung hervor, die sich an die bereits beim Viertakt besprochenen anschließt. Die Brownsche Umsteuermaschine verdreht die Hebelwelle und verschiebt durch eine auf dieser sitzende Unrundscheibe die Nockenwelle. Eine Abänderung zeigt Abb. 658, bei der statt der Hebelwellen mit Exzentern Umsteuerwellen mit Daumen verwendet

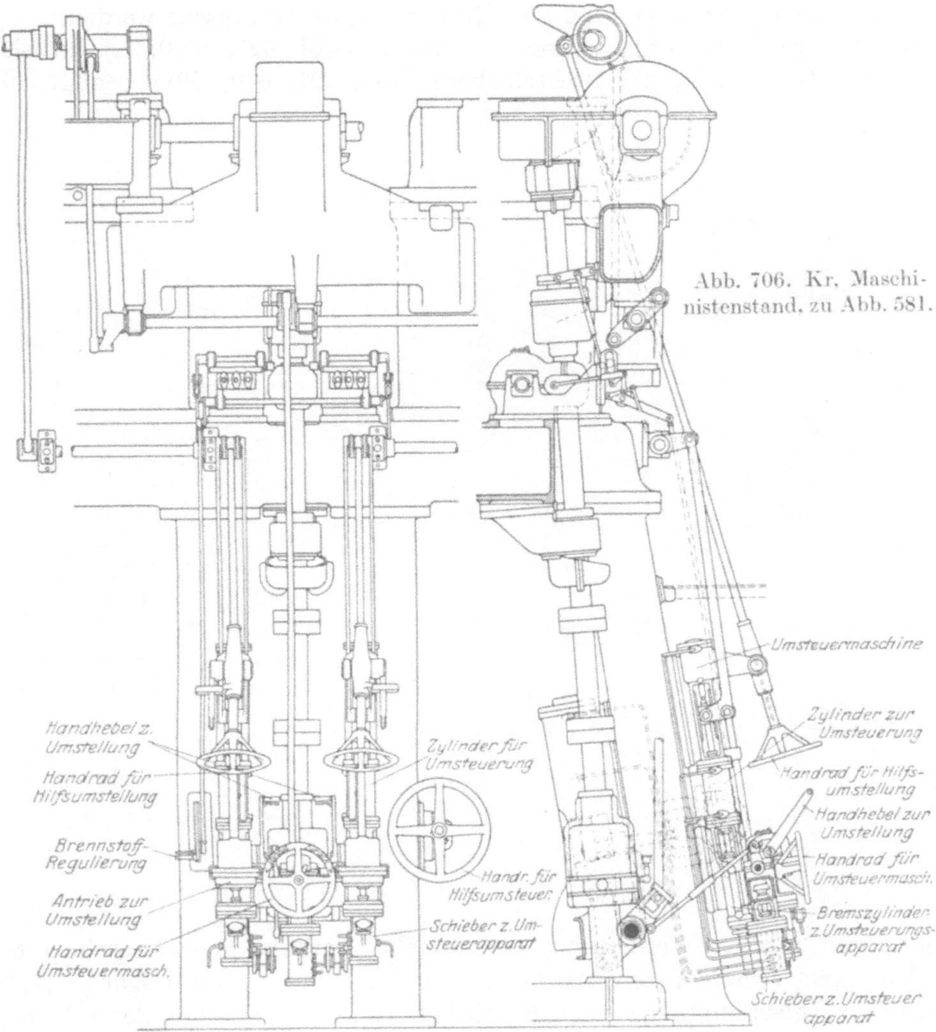

Abb. 706. Kr. Maschinistenstand, zu Abb. 581.

werden, an die sich die Ventilhebel unter dem Druck von Spiralfedern anlegen. Beim Umsteuern werden die Antriebsrollen von den Daumen durch diese Federn abgehoben, damit die Steuerwelle verschoben werden kann.

Bei Abb. 581 wird, wie erwähnt, zur Umsteuerung nur die horizontale Steuerwelle entsprechend verdreht, was durch die nahe vertikale Zwischenwelle geschieht. Das untere Schraubenrad, das genügend lang ausgeführt ist, wird durch eine mit Preßluft betriebene Umsteuermaschine gehoben und gesenkt. Das Umstellen von Anlassen auf Zündung wird ebenfalls pneumatisch durch Verdrehung der Umsteuerwelle in gewöhnlicher Weise bewirkt. Bei der Ruhestellung arbeiten nur die Spülventile, die auch beim Anlassen im Betrieb bleiben. Die Anordnung des Maschinistenstandes geht aus Abb. 706

hervor, aus der man ersieht, daß die pneumatischen Antriebe auch durch Handantrieb ersetzt werden können (vgl. auch Abb. 701).

Bei den Abb. 580, 583 wird die Umsteuerung nach Abb. 699 durch Verschieben eines Lenkers mit den Rollen zwischen Daumen und Steuerhebel bewirkt. Dabei bleibt die Steuerwelle mit den Vor- und Rückwärtsdaumen unberührt. Gleichzeitig mit der Verschiebung der Daumenschwinge werden die Ventilhebel durch Exzenter an ihren Lagern abgehoben. In Anlaßstellung wird das Anlaßluftventil durch einen besonderen Hebel und einen Daumen auf der Anlaßwelle gelüftet (Abb. 707; vgl. Abb. 299).

Ist eine Hilfspülung vorhanden, so wird sie in ähnlicher, z. B. in Abb. 702 ersichtlicher Art umgesteuert. Hier ist keine Nockenverschiebung erforderlich, wenn die Schiebermittelstellung verändert und die Öffnungskanten vertauscht werden.

Wo selbsttätige Hilfsventile verwendet werden (Abb. 627, 629), ist für sie keine Umsteuervorrichtung nötig, bei Drehschiebern (Abb. 597, 670, 691) genügt die Umsteuerung durch relative Verdrehung der Schieber mittels einer Kupplung bei entsprechendem Spiel zwischen den Anschlägen für Vor- und Rückwärtsgang. Außerdem verhindert eine Rutschkupplung einen Bruch bei etwaigem Verreiben der Schieber.

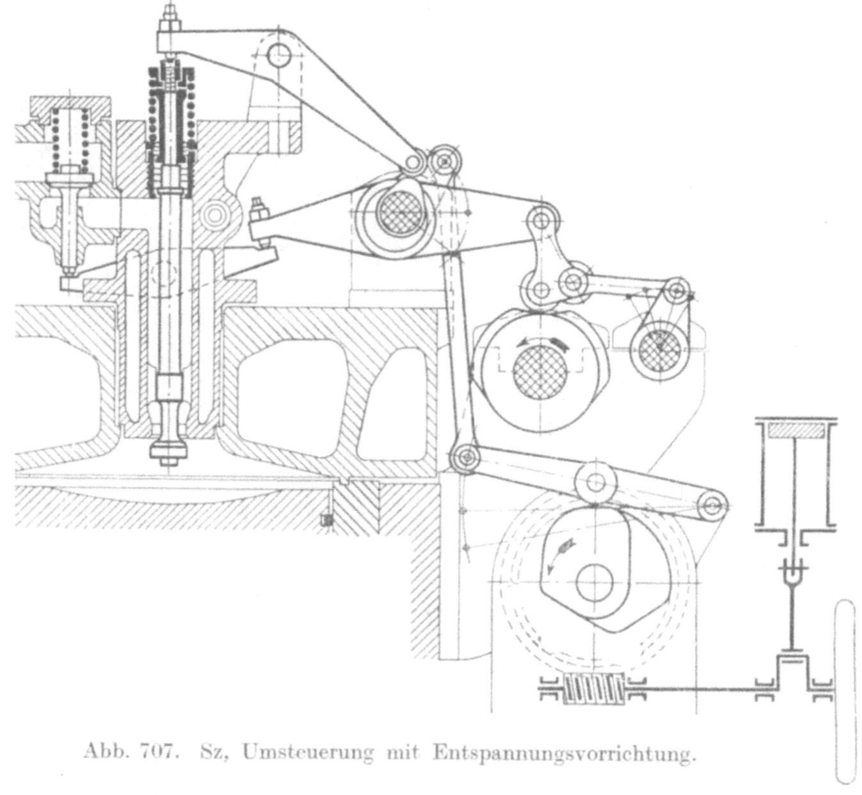

Abb. 707. Sz, Umsteuerung mit Entspannungsvorrichtung.

Bei Maschinen mit Anordnung der Spülpumpen in den Zylinderachsen werden gewöhnlich diese Spülpumpen unmittelbar zum Anlassen verwendet, so daß keine kalte Anlaßluft in die Zylinder gelangt (Abb. 592, 594, 603). Dadurch wird auch der Zylinderdeckel weiter vereinfacht. Dies ist auch bei der Anordnung Abb. 607 der Fall, wo die Zylinderunterseite sonst nur als Spülluftaufnehmer dient.

Bei der Still-Maschine wird mit der Dampfmaschinenseite angelassen, und da die Brennstoffventile nur durch Öldruck gesteuert werden, so bedürfen sie an sich keiner Umsteuerung, die hier an der Brennstoffpumpe angebracht wird (S. 506).

Bei Doppelkolbenmaschinen mit Drucklufteinspritzung müssen wieder die Brennstoff- und Anlaßventile umgeschaltet und umgesteuert werden. Ein Beispiel zeigt Abb. 708 (zu Abb. 630). In der Ruhestellung steht die Steuerwelle auf „Vorwärts“, die Brenn-

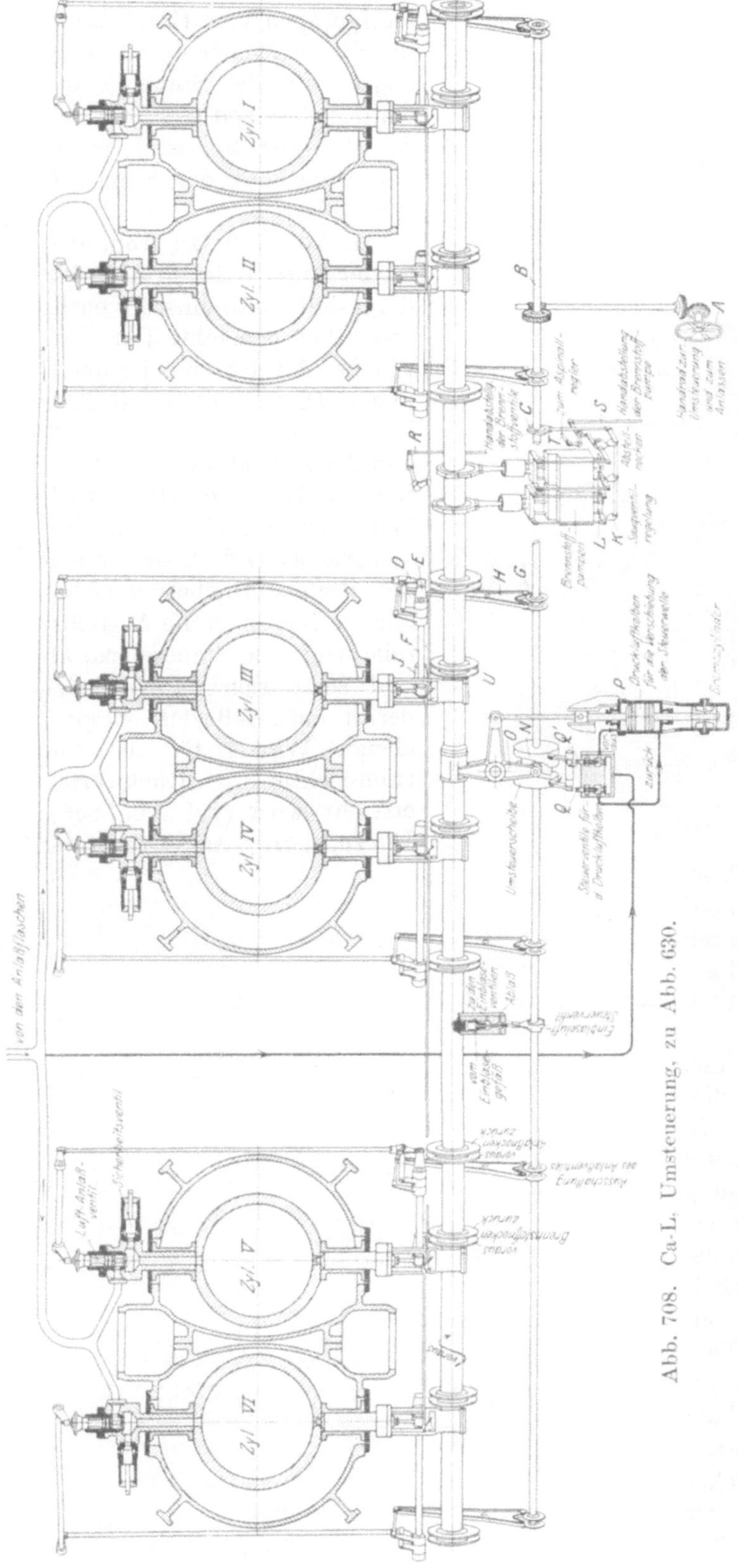

Abb. 708. Ca-L. Umsteuerung, zu Abb. 630.

stoffpumpen sind durch das Exzenter C ausgeschaltet, ebenso die Brennstoffventile und die Anlaßventile durch die Nocken G und den Hebel H, der durch die Welle F die exzentrisch darauf gelagerten Brennstoffhebel außer Eingriff mit ihren Daumen und die Druckstange D außer Berührung mit dem Zwischenhebel E bringt. Zum Anlassen vorwärts setzt die vom Handrad A um 40° gedrehte Welle B alle Auslösestangen D in Eingriff. und die Maschine beginnt sich zu drehen, gleichzeitig wird das Haupt-Einspritzluftventil geöffnet. Dreht man die Umsteuerwelle weiter, so werden je zwei Stangen D gleichzeitig aus- und die zugehörigen Brennstoffventilhebel und Brennstoffpumpen eingeschaltet. Durch weiteres Drehen kommen jeweils weitere 2 Zylinder zur Arbeit. Zum Umsteuern auf „Rückwärts" gelangt man zuerst durch die ursprüngliche Ruhestellung, wobei auch das Hauptdruckluftventil geschlossen und die Luft aus den Einspritzluftrohren abgelassen wird. Durch Weiterdrehen des Handrades A in entgegengesetzter Richtung wird die Unrundscheibe N so weit gedreht, daß durch den Hebel O die Nockenwelle verschoben wird. Hierzu dient ein Hilfszylinder P, indem vor der Berührung von O mit dem Anlauf von N durch einen außen angebrachten Daumen das Luftventil Q geöffnet, während Q_1 geschlossen wird. Die oberhalb des Hilfskolbens befindliche Luft entweicht durch die Bohrungen in der Ventilspindel Q_1, während Druckluft unter den Hilfskolben gelangt und diesen anhebt. Das Anlassen geschieht wie früher. Dreht man auf Stillstand zurück, so wird Q geschlossen, Q_1 geöffnet und die Nockenwelle auf „Vorwärts" gestellt. Die Regelung der Geschwindigkeit wird durch die

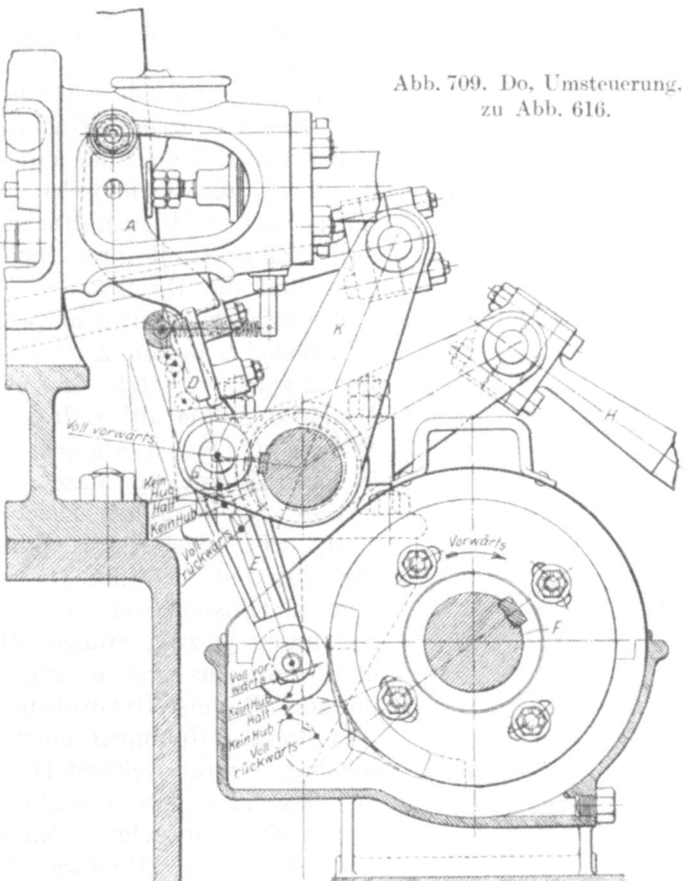

Abb. 709. Do, Umsteuerung, zu Abb. 616.

Saugventilöffnung der Brennstoffpumpen von Hand durch die Stange *S* oder durch einen Regler mit der Stange *T* bewirkt, gleichzeitig wird auch der Hub der Brennstoffventile von Hand mit der Stange *R* vermindert.

In Abb. 709 (zu Abb. 616) ist der Antrieb des in Abb. 682 dargestellten Brennstoffventils ersichtlich gemacht. Der Ventilhebel *A* trägt eine Daumenplatte *D*, auf die der Rollenhebel *E* drückt, der seinerseits von der Antriebsnocke auf der Steuerwelle *F* betätigt wird. Wird der am Ende des Umsteuerhebels *G* drehbare Zapfen des Brennstoffhebels verschoben, so hebt sich die Antriebsrolle von der Steuernocke ab und setzt sich dann wieder derart auf, daß der entsprechende Winkel für die Abtriebsrichtung „Rückwärts" erreicht wird (vgl. Abb. 668). Die zugehörige Anlaßsteuerung ist in Abb. 672 dargestellt. Die Vor- und Rückwärtsnocken werden axial verschoben, die Hebelrollen durch die Umsteuerwelle außer Eingriff gebracht. Der Anlaßdruck beträgt rd. 40 at.

Bei doppeltwirkenden Maschinen ist die Anordnung grundsätzlich dieselbe wie bei einfachwirkenden, z. B. Abb. 609, wo die Umsteuerung, wie bereits erwähnt, durch Verdrehung der Steuerwelle erfolgt, ähnlich wie bei Abb. 581. Mittels eines Ölhilfszylinders wird unter Zwischenschaltung eines Kugellagers eine horizontale Welle axial verschoben. Diese Welle wird einerseits von der Hauptwelle durch ein entsprechend lang eingreifendes Schraubenrad angetrieben und treibt andererseits in gleicher Weise die Steuerwellen, die bei der Längsverschiebung relativ um 34° verdreht werden (Abb. 701).

Bei der Still-Maschine wird die Umsteuerung durch die Ölsteuerung

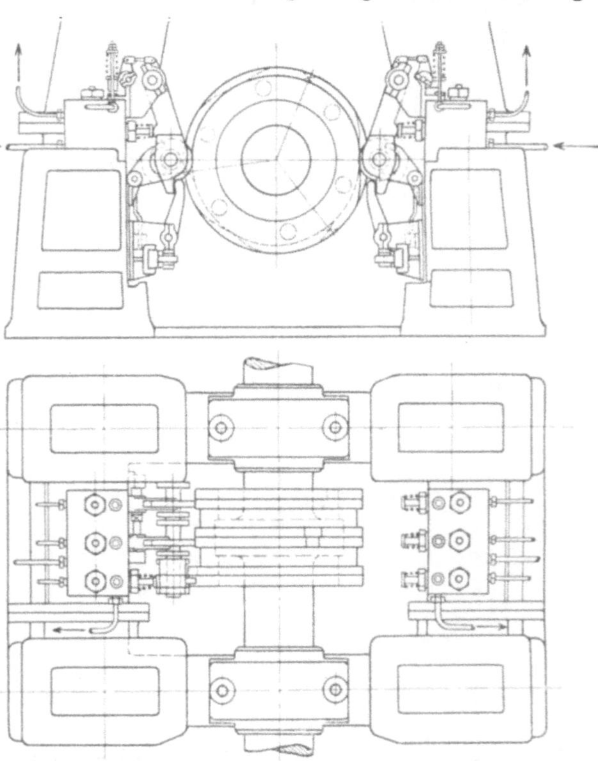

Abb. 710. St, Umsteuerung, zu Abb. 633.

des Dampfteils geleistet, nur muß die Brennstoffpumpe umgesteuert werden, was durch Voraus- und Rückwärtsnocken geschieht (Abb. 710), die durch Verschieben der Rollen ein- und ausgeschaltet werden. Dies wird durch Öldruck gleichzeitig mit der Dampfumsteuerung bewirkt, ehe die Pumpen zur Wirkung gelangen, solange also die Rollen von den Daumen abgehoben sind.

Wie bereits erwähnt, kann man bei Zweitaktmaschinen auch alle sonst im Dampfmaschinenbau gebräuchlichen Umsteuerungen ohne zu große Zahl der Einzelteile anwenden.

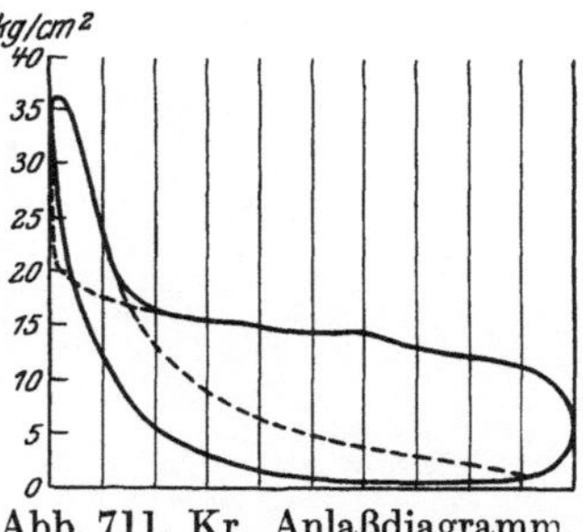

Abb. 711. Kr, Anlaßdiagramm.

Das Ingangsetzen der Zweitaktmaschinen mit angehängter Spülpumpe im kalten Zustand ist oft mit Schwierigkeiten verbunden, da man nicht so rasch als erwünscht die zur Zündung erforderliche Temperatur im Verdichtungsraum erreicht. Hilfsmittel sind Erhöhung des Verdichtungsdruckes, Erwärmung der Spülluft, Anwärmen der Zylinder, die aber mit Unannehmlichkeiten und Nachteilen verbunden sind. Beim Anlaßverfahren von Nobel arbeiten die Zylinder als Spülpumpen mit, indem die aus den geöffneten Entspannungsventilen ausströmende Luft in den Spülluftbehälter gelangt. Man erreicht so viel schneller den erforderlichen Spüldruck, trotz der noch niedrigen Drehzahl schon nach einigen Hüben, und so nach Schließen des Entspannungsventils und Umschalten auf Betrieb sogleich genügende Verdichtung[1]).

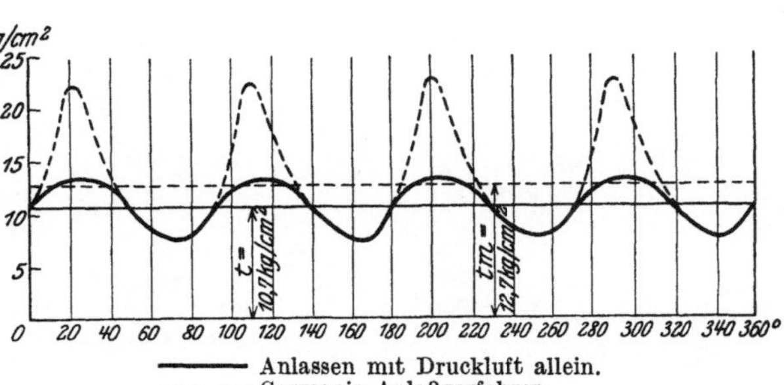

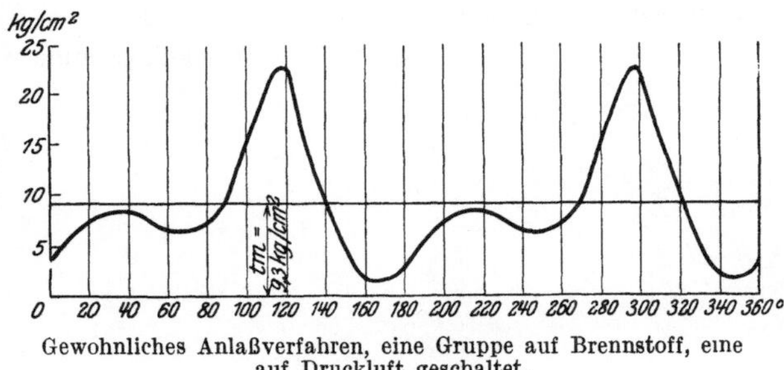

Gewohnliches Anlaßverfahren, eine Gruppe auf Brennstoff, eine auf Druckluft geschaltet.

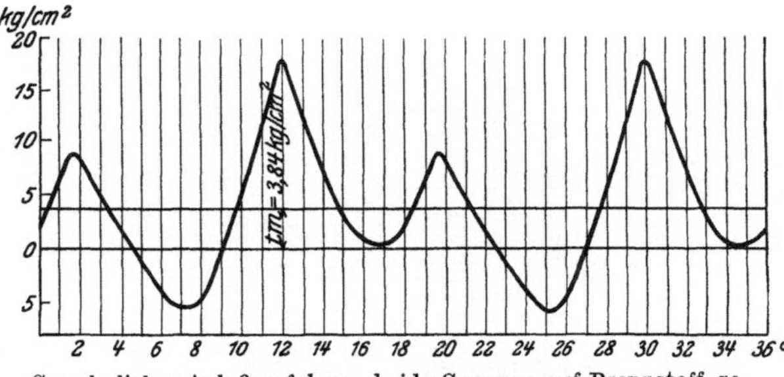

Gewohnliches Anlaßverfahren, beide Gruppen auf Brennstoff geschaltet aber nur eine zundend.

Abb. 712. Kr, Drehmomente bei verschiedenen Anlaßverfahren.

Beim Anlaßverfahren der Germaniawerft wird neben der Anlaßluft auch Brennstoff in die Zylinder gefördert, wodurch nach den ersten Zündungen das Drehmoment beim Anfahren stark erhöht wird (Abb. 711). Die Abb. 712 zeigen vergleichsweise die Anlaßdiagramme mit dem neuen Verfahren gegenüber zwei Fällen des gebräuchlichen gruppenweisen Umschaltens, woraus zu ersehen ist, um wieviel größer das Drehmoment im ersten Fall wird. Der Druckluftverbrauch wird dabei außerordentlich niedrig, da die Zündungen sehr rasch einsetzen.

Die Veränderungen des Arbeitsdiagrammes während des Umsteuerns sind etwa in den Abb. 713 für Schlitzspülung dargestellt. Die einzelnen Abschnitte sind hier: Ausschalten des Brennstoffventils und der Brennstoffpumpe während des Vorwärtsganges, dadurch nach Auspuff des im Zylinder verbliebenen Gemisches Durchtritt von Spülluft, Verdichtung derselben (Abb. 713a). Dann Umsteuerung ohne Wirkung auf das Diagramm, Einsetzen der Anlaßventile noch bei Vorwärtsgang (Abb. 713b), Stillstand und Umkehr der Drehrichtung (Abb. 713c), endlich Ausschalten der Anlaßventile und Einschalten der Brennstoffventile in Gruppen[2]).

[1]) Flasche: Z. V. d. I. 1922. S. 57.

[2]) Die Ordinaten sind wie in Abb. 403 verzerrt eingetragen.

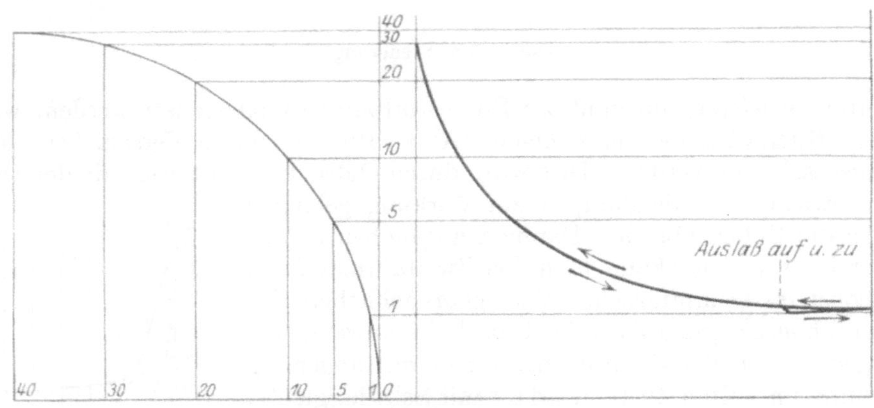

a) Vorwärtsgang. Brennstoffventil ausgeschaltet.

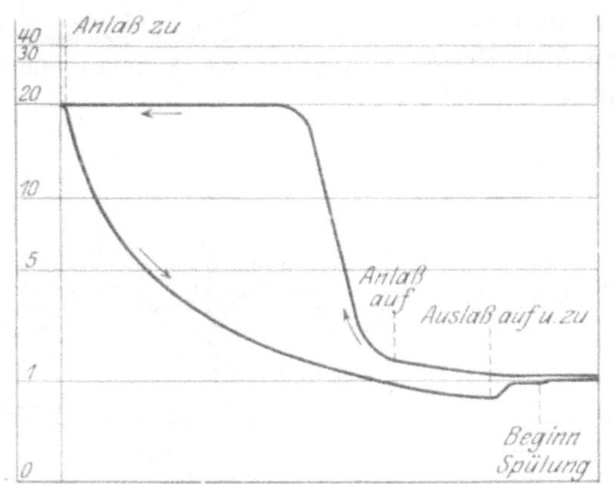

b) Vorwärtsgang. Anlaßsteuerung „Zurück" eingeschaltet.

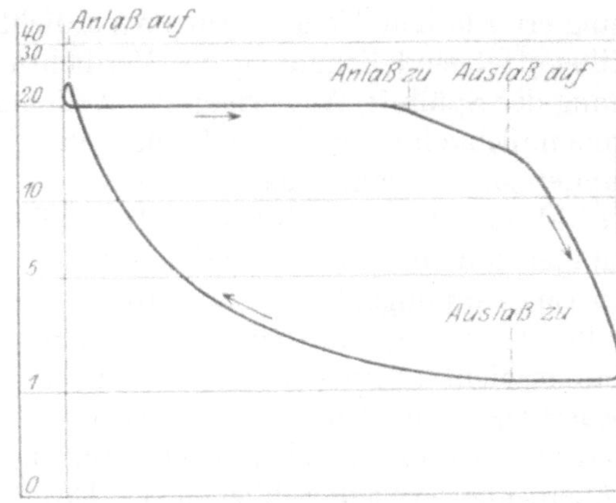

c) Rückwärtsgang. Anlaßsteuerung „Zurück" eingeschaltet.

Abb. 713. Druckdiagramme während der Umsteuerung.

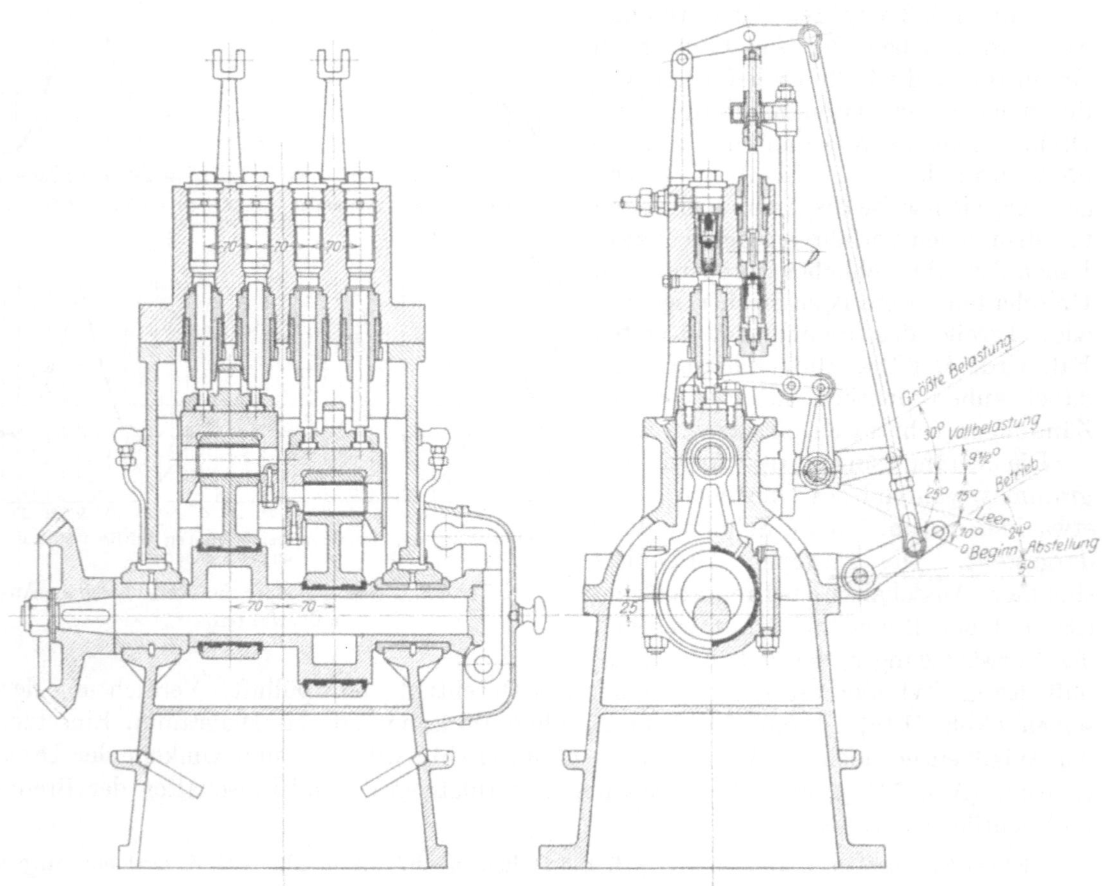

Abb. 714. Bu, Brennstoffpumpe, $4 \cdot \frac{530}{950} \cdot 100$, zu Abb. 596.

Dabei ist zu beachten, daß der Druck der Anlaßluft im Zylinder beim Beginn der Spülung nicht zu groß werden darf, da sonst jedesmal Druckluft in den Spülraum gelangt und bei dem langsamen Gang während des Umsteuerns dort besonders bei wiederholtem Manövrieren zu große Pressung erzeugt wird. Bei selbsttätigen Hilfsventilen für die ganze Spülluft entfällt diese Beschränkung. Bei Spülventilen werden hingegen auch die Ventilspindeln und deren Antrieb durch den Innendruck belastet. Zu erwähnen wäre noch, daß man, wie die Brennstoffzufuhr, auch die Spülung für verschiedene Belastungen dadurch regeln kann, daß bei größerer Belastung die Spülventile später öffnen und schließen, damit einerseits nicht zuviel Zylindergemisch in den Spülluftaufnehmer gelangt, andererseits die Spülung ausreicht und eine genügende Menge Arbeitsluft im Zylinder verbleibt, ehe die Verdichtung beginnt[1]).

X. Brennstoffpumpe und Regelung.

Die Ausführung, Anordnung und Regelung der Brennstoffpumpen entspricht jener bei Viertaktmaschinen. Es genügt daher mit Ausnahme besonderer Fälle, einige Ausführungsbeispiele anzuführen.

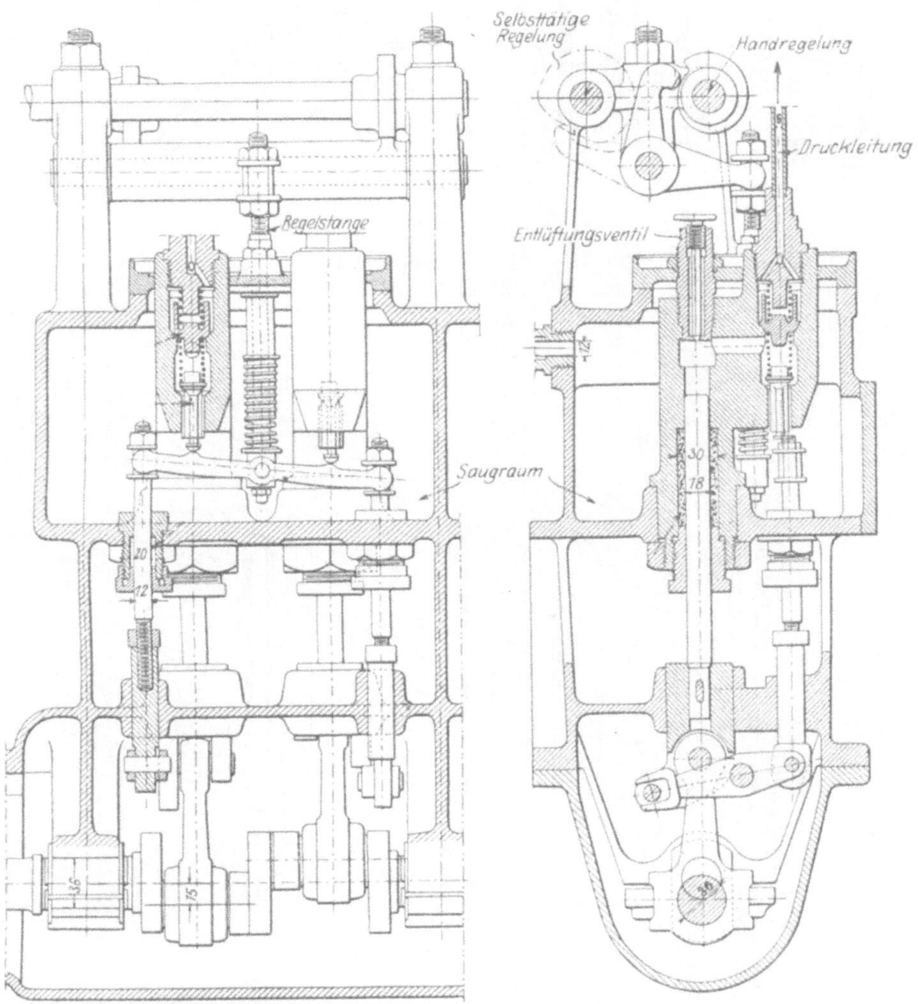

Abb. 715. Schn, Brennstoffpumpe, $6 \cdot \frac{540}{800} \cdot 150$; zu Abb. 582.

In Abb. 714 ist eine Brennstoffpumpe dargestellt, deren Anordnung und Antrieb aus Abb. 596 hervorgeht. Die Regelung und Abstellung ist die übliche durch Steuerung der Saugventile, die Ausschaltung geschieht durch Offenhalten derselben.

[1]) D. R. P. 248780 der Motorenfabrik Deutz.

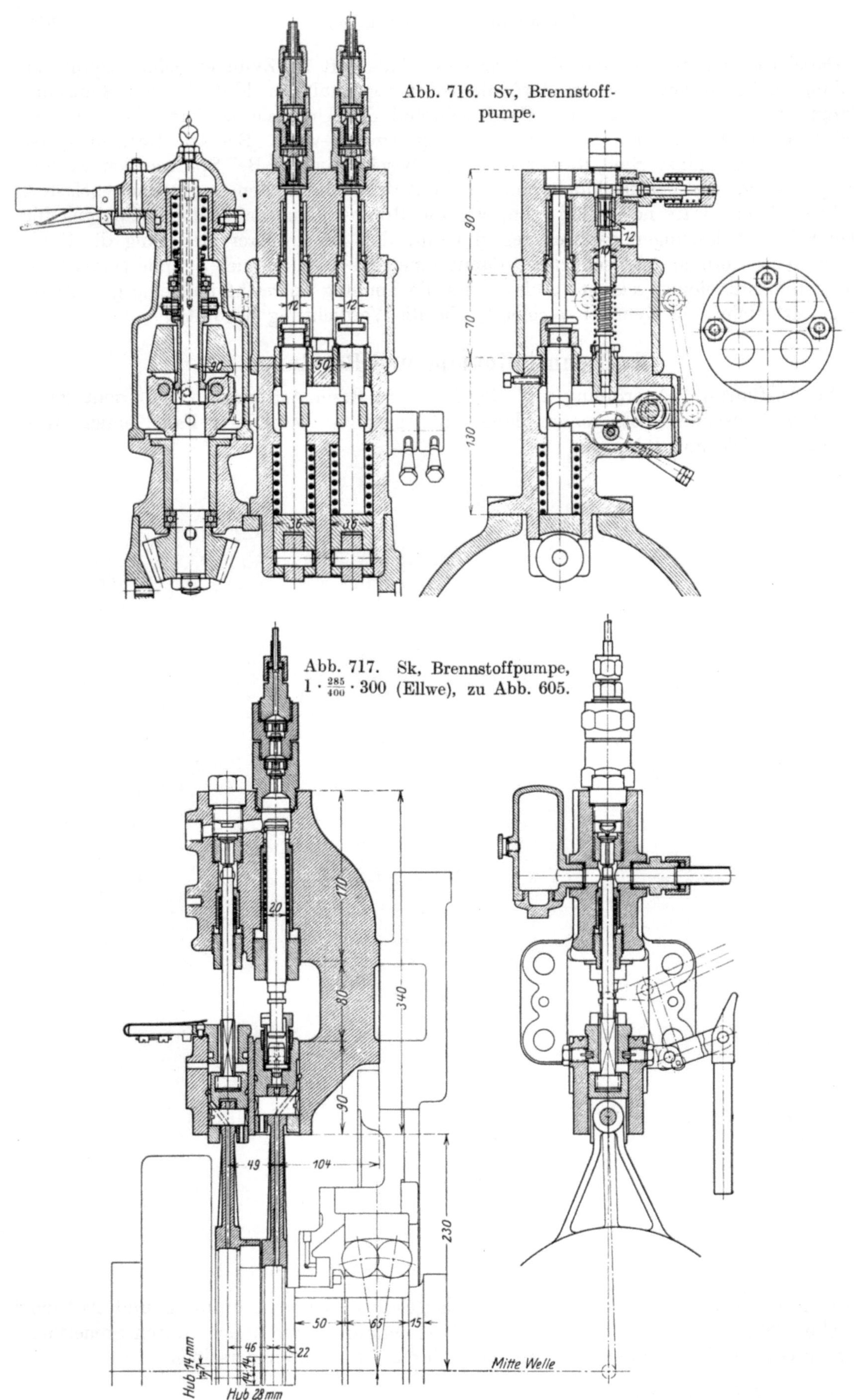

Abb. 716. Sv, Brennstoffpumpe.

Abb. 717. Sk, Brennstoffpumpe, $1 \cdot \frac{285}{400} \cdot 300$ (Ellwe), zu Abb. 605.

Eine etwas andere Ausführung zeigt Abb. 715. Die Pumpen sind hier unmittelbar in den Brennstoff-Saugraum eingebaut, in den die Regelstangen, durch Stopfbüchsen gedichtet, von unten her hineinragen. Die Abstellung erfolgt selbsttätig oder mit der Hand durch Nocken, die an zwei Wellen oberhalb der Pumpen gelagert sind. Auch Abb. 716 ist in normaler Weise ausgeführt.

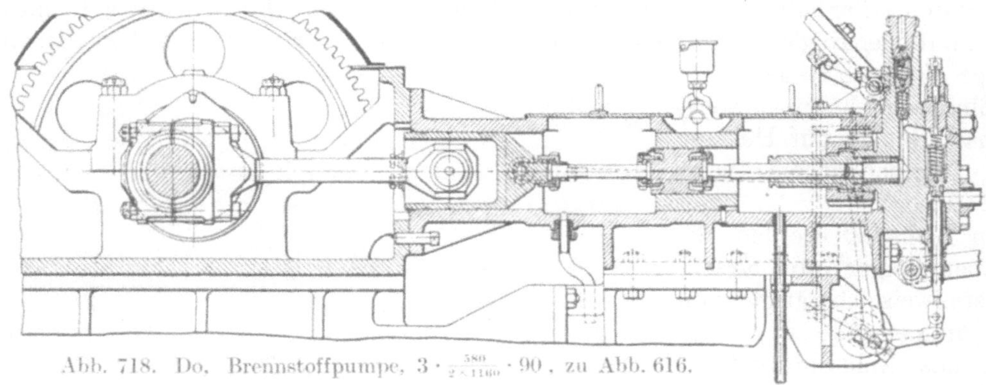

Abb. 718. Do, Brennstoffpumpe, $3 \cdot \frac{580}{2 \times 1160} \cdot 90$, zu Abb. 616.

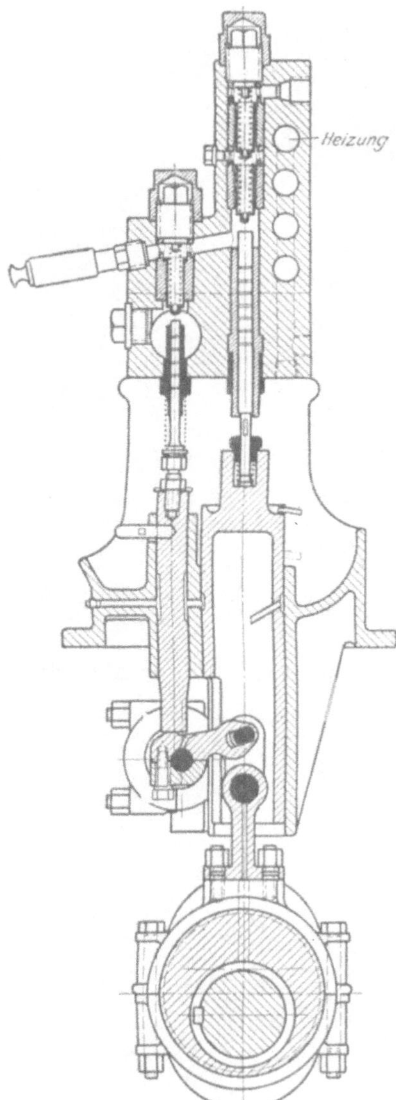

Abb. 719. Wo, Brennstoffpumpe, $4 \cdot \frac{685}{1015} \cdot 90$, zu Abb. 609.

Eine Regelung mittels Achsenregler ist in Abb. 717 dargestellt, gebaut für verdichterlose Einspritzung mit Vorkammer. Ein von einem Exzenter angetriebener Kreuzkopf stößt gegen den eigentlichen Pumpenkolben, der durch den Öldruck nach außen gedrückt wird. Das Saugventil wird während des Druckhubes entsprechend der veränderlichen Belastung früher oder später geöffnet, wodurch der weiter geförderte Brennstoff in die Saugkammer zurückfließt. Das Anschlagen des Stößels gegen den Kolben hat den Vorteil gegen die zwangläufige Kolbenbewegung, daß der Kolben nur während einer sehr verkürzten Hubzeit arbeitet, was bei verdichterloser Einspritzung besser entspricht. Die Dichtungen der Kolben bestehen hier aus vollen Weißmetallringen mit Messingzwischenlagen, die in einer gemeinsamen Hülse untergebracht sind und durch eine Stopfbüchse angezogen werden können. Die Dichtung der Regelspindel kann auch aus Chromlederringen mit Messingbeilagen bestehen.

Ein weiteres Beispiel zeigt Abb. 718 für eine Doppelkolbenmaschine ohne Verdichter mit Druckeinspritzung. Die Anordnung der Brennstoffpumpen geht aus Abb. 616 hervor, sie werden von der Hauptwelle unmittelbar durch Zahnräder mit gleicher Drehzahl angetrieben. Jeder Zylinder hat eine besondere Brennstoffpumpe, obwohl auch ein gemeinsamer Druckbehälter für alle Zylinder gespeist werden kann. Jede Pumpe kann gesondert außer Betrieb gesetzt werden, ohne die andern zu stören. Die Pumpen sind für 700 at gebaut, obwohl nur rd. 400 at im Betrieb benötigt werden. Da keine Stopfbüchsen angewendet werden, müssen sich die einzelnen Pumpenkolben quer frei bewegen können, damit auf die eingeschliffenen Teile kein Querdruck kommt. Der Kolben besteht aus gehärtetem und geschliffenem Stahl, die Büchse aus Gußeisen. Ein genau eingepaßter Zwischenkreuzkopf sichert die Zentrierung. Die Pumpenkörper bestehen aus Nickelstahl und besitzen je ein Saug- und zwei Druckventile aus gehärtetem und geschliffenem Spezialstahl. Die Regelung ist die gewöhnliche durch Offenhalten der Saugventile während eines Teils der Druckperiode mit einem von Hand oder Regler zu verstellenden Gestänge. Eine elektrisch angetriebene Brennstoffpumpe dient als Reserve.

Eine sehr knappe, sonst normale Bauart mit Heizung des Pumpenkörpers zeigt Abb. 719.

In Abb. 720 werden die Pumpenplunger durch Exzenter stoßweise betätigt, von der Pumpenwelle aus wird auch das Anlaßluftventil *a* mit Daumenscheibe gesteuert und eine Brennstoffzubringerpumpe *b* und eine Schmierölpumpe *c* angetrieben.

Endlich zeigt Abb. 721 das Schema der vereinigten Ölpumpen- und Anlaßsteuerung der neuen Junkers-Maschine. Der verstellbare Steuernocken für die verdichterlose Brennstoffeinspritzung wirkt bei der Anlaßstellung des Hebels *H* auch als Anlaßnocken, durch einfaches Umlegen desselben wird die Pumpe abgestellt, indem die Antriebsrolle vom Daumen abgehoben und die Brennstoffzufuhr zum Pumpenraum abgesperrt wird. Zur Entlüftung der Brennstoffleitungen beim Anlassen wird der Bedienungshebel mit der

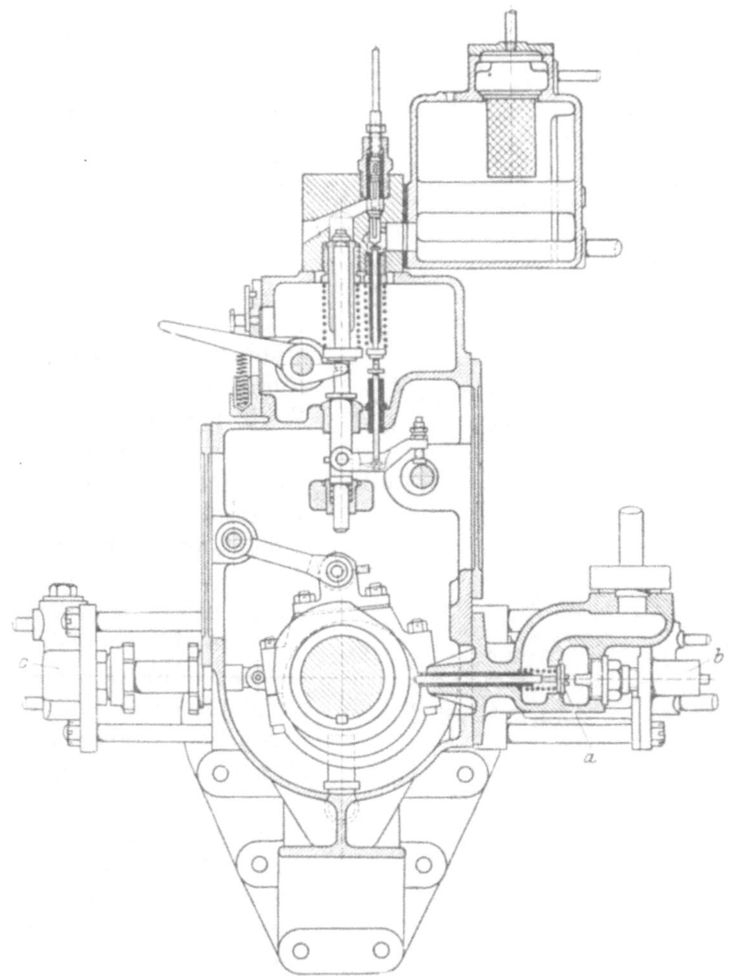

Abb. 720. Wo, Brennstoffpumpe, $4 \cdot \frac{387}{406} \cdot 275$, zu Abb. 664.

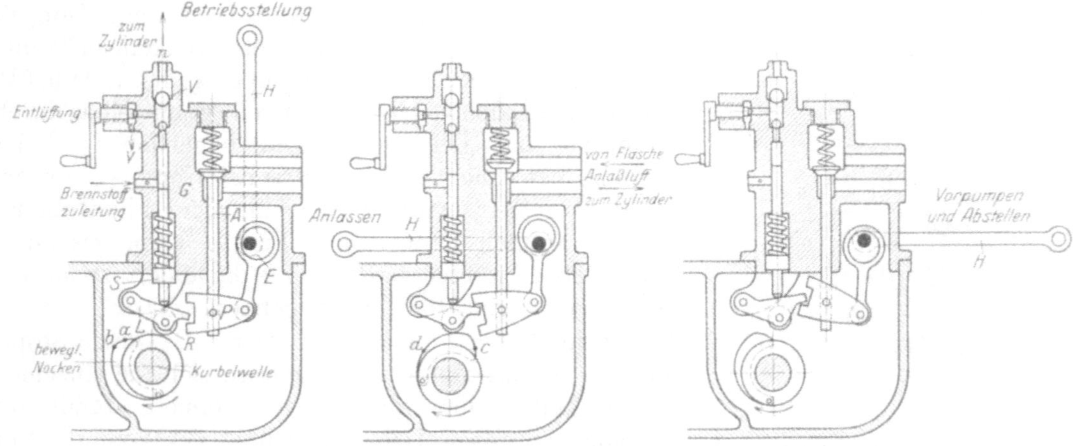

Abb. 721. Ju, Brennstoffpumpe, Schema zu Abb. 615.

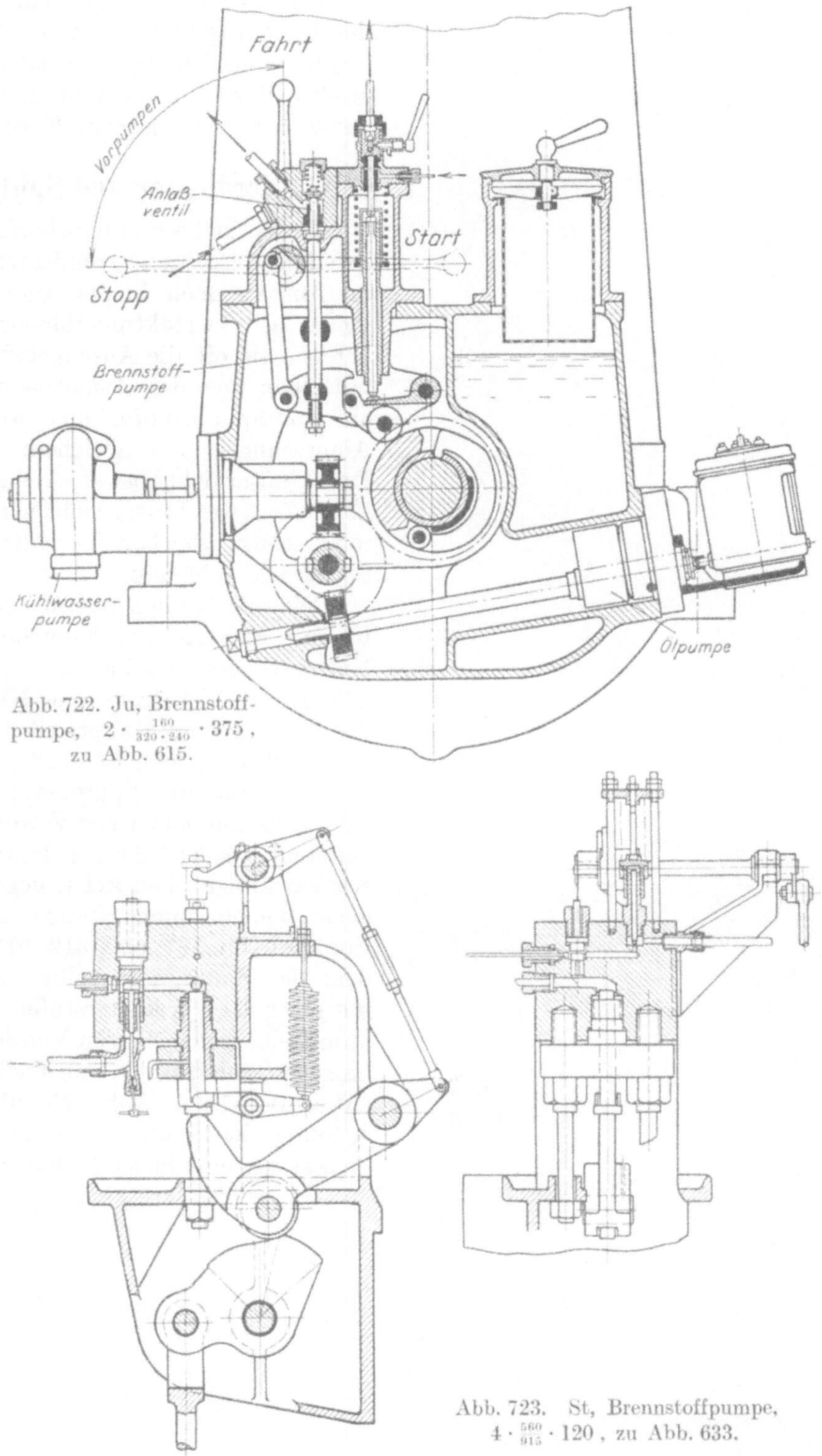

Abb. 722. Ju, Brennstoffpumpe, $2 \cdot \frac{160}{320 \cdot 240} \cdot 375$, zu Abb. 615.

Abb. 723. St, Brennstoffpumpe, $4 \cdot \frac{560}{915} \cdot 120$, zu Abb. 633.

Hand hin und her bewegt, bis aus den Entlüftungsventilen nur luftfreies Öl austritt; dann erst werden diese Ventile geschlossen und die Anlaßstellung eingenommen. Die bauliche Ausführung ist aus Abb. 722 zu ersehen.

In Abb. 723 wird ein Umlaufventil gesteuert, der Pumpenantrieb durch einen Schwingdaumen bewirkt, dessen Rollenhebel auch zum Antrieb des Umlaufventils dient. Das

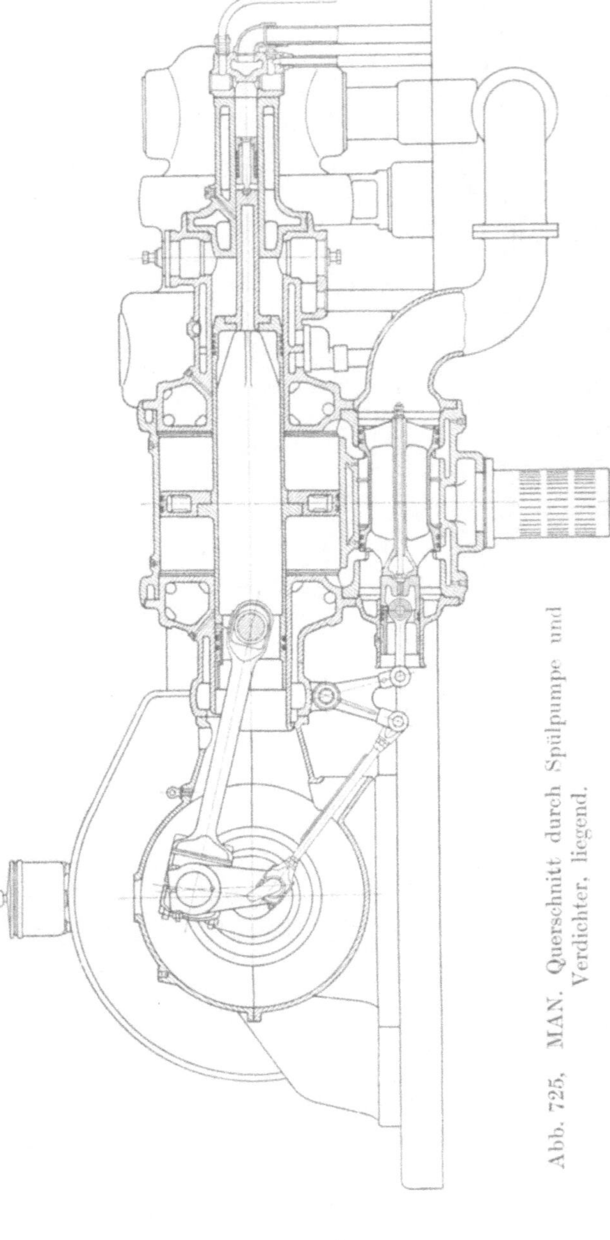

Abb. 725. MAN. Querschnitt durch Spülpumpe und Verdichter, liegend.

Öffnen desselben erfolgt sehr rasch, wodurch die Regelung sehr genau ohne Nachtropfen von Brennstoff stattfindet. Der größte Öldruck beträgt rd. 420 at, jedoch nur während der kurzen Einspritzzeit.

XI. Verdichter und Spülpumpe.

Die Verdichter unterscheiden sich bei Zweitaktmaschinen grundsätzlich weder im Aufbau noch in der Anordnung von jenen bei Viertaktmaschinen, nur entnehmen sie oft die Ansaugeluft nicht unmittelbar aus der Atmosphäre, sondern aus dem Spülluftaufnehmer, wodurch ihre Abmessungen bei gleichem gelieferten Druckluftgewicht etwas kleiner werden können; dieses Luftgewicht wird hingegen unter sonst gleichen Verhältnissen vom Spüldruck abhängig.

Beispiele für den Antrieb der Verdichter mit Hebeln vom Kreuzkopf des Arbeitsgestänges aus bieten die Abb. 584, 596, für den Antrieb mit Kurbeln von den verlängerten Hauptwellen aus z. B. Abb. 579, 580, 599, 627, 635, wobei die Antriebe für die Spülpumpen teilweise oder ganz mit jenen der Verdichterstufen vereinigt werden können derart, daß die Kolben in derselben Achse liegen und von einer gemeinsamen Stange angetrieben werden (Abb. 587, 590, 612, 613), oder indem der Spülpumpenkolben allein oder mit einer der Verdichterstufen gemeinsam unmittelbar, die übrigen Verdichterstufen hingegen durch Hebel angetrieben werden (Abb. 614, 724). Abb. 725 gibt eine Anordnung der Spülpumpen und der Verdichter für eine liegende Maschine.

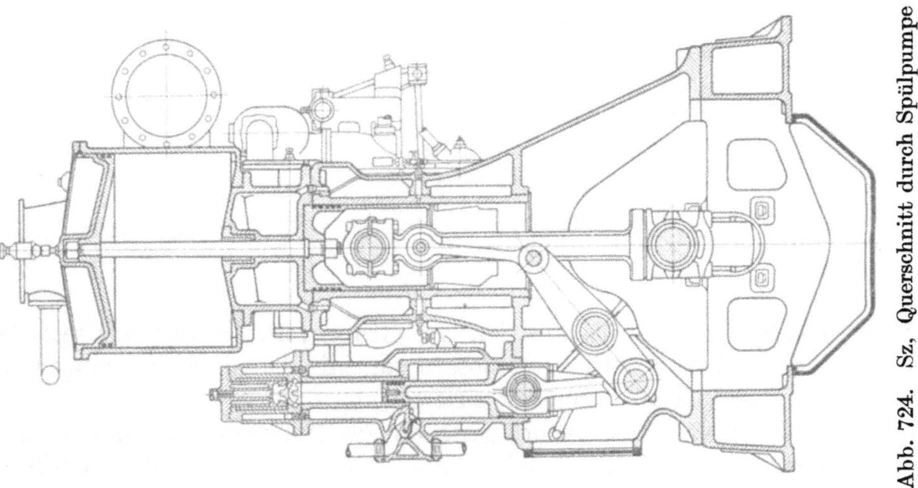

Abb. 724. Sz, Querschnitt durch Spülpumpe und Verdichter.

Die Grundplatten für die mit Kurbeln getriebenen Verdichter sind dabei entweder aus einem Stück mit jenen der Arbeitszylinder hergestellt (Abb. 587, 590, 595, 612) oder angeschraubt und dann auf dem Fundament aufgesetzt oder auch fliegend (Abb. 580, 581, 583, 599, 627), bei Ständern oder Säulengestellen an den Arbeitszylindern sind diese für die Verdichter meist gleichartig durchgeführt (Abb. 581, 582, 630), dasselbe gilt auch vom Antriebsgestänge mit oder ohne Kreuzkopf, bei Kastengestellen ist gewöhnlich der für den Verdichter bestimmte Teil an den Kasten für die Arbeitszylinder angegossen (Abb. 590, 612, 613) oder angeschraubt (Abb. 580, 599, 627), aber auch freistehend, gegebenenfalls ist das Verdichtergestell mit dem Kasten oder Ständer für

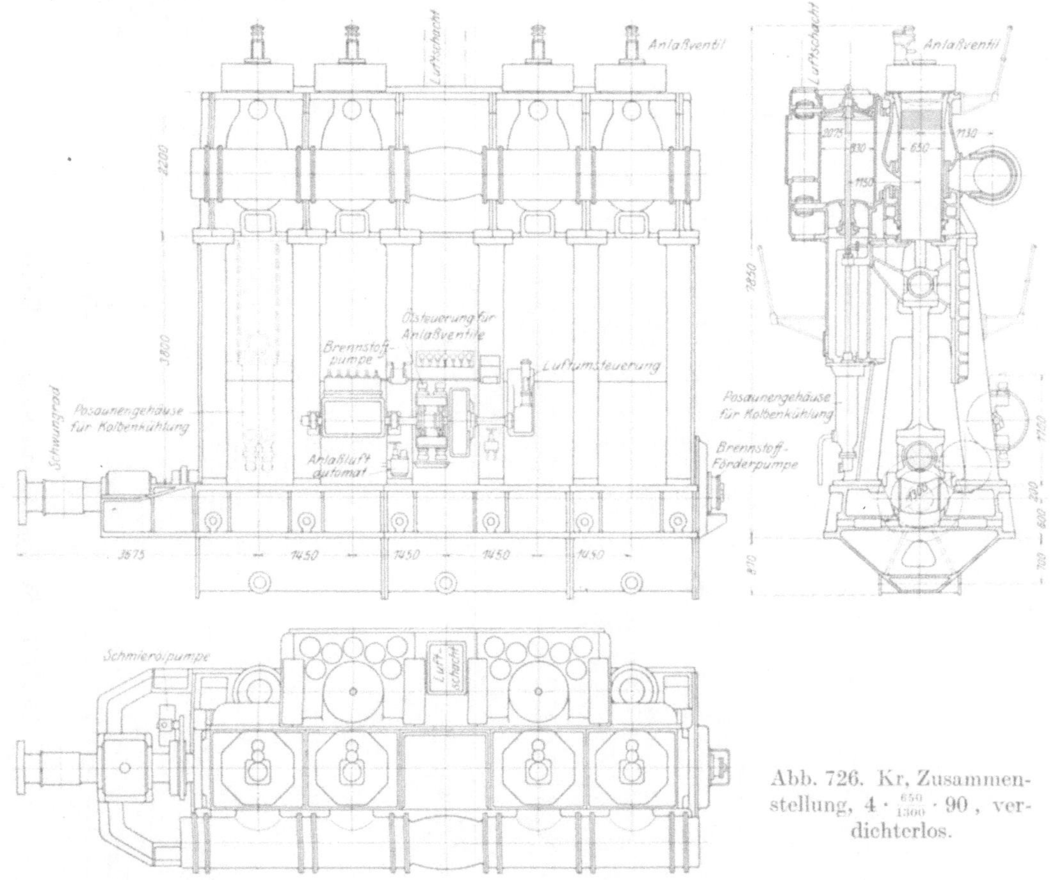

Abb. 726. Kr, Zusammenstellung, $4 \cdot \frac{650}{1300} \cdot 90$, verdichterlos.

die Spülpumpe vereinigt (Abb. 587, 590, 595, 599). Für stehende Doppelkolbenmaschinen geben die Abb. 612, 613, 614, 616, 630, für liegende die Abb. 618, 619 Beispiele.

Auch die Spülpumpen werden manchmal seitlich von den Zylindern angebracht und mit doppelarmigen Hebeln (Abb. 581, 582, 584, 596, 616, 629) oder bei schräger Lage von der Pleuelstange aus mit Kreuzkopf (Abb. 636) oder auch unmittelbar von einem am Kreuzkopf angebrachten Arm (Abb. 579, 726), hier zusammen mit den Posaunenrohren angetrieben, in vielen Fällen aber auch gesondert von eigenen Kurbelkröpfen der Hauptwelle oder von Stirnkurbeln aus betätigt, wobei die oben erwähnten Vereinigungen mit den Verdichterstufen eintreten können (Abb. 587, 590, 599), endlich werden die Spülpumpenkolben mit den Arbeitskolben vereinigt (Abb. 592, 594, 615, 630) oder doch mit ihnen gemeinsam durch dieselbe Kolbenstange bewegt (Abb. 603).

Vielfach werden die Spülpumpen auch als Anlaß- und Manövriermaschinen verwendet (vgl. S. 481).

In Abb. 607 wird die Unterseite der Zylinder hierzu herangezogen, während des normalen Ganges dient sie mit als Spülpumpe, der erforderliche Rest an Spülluft wird

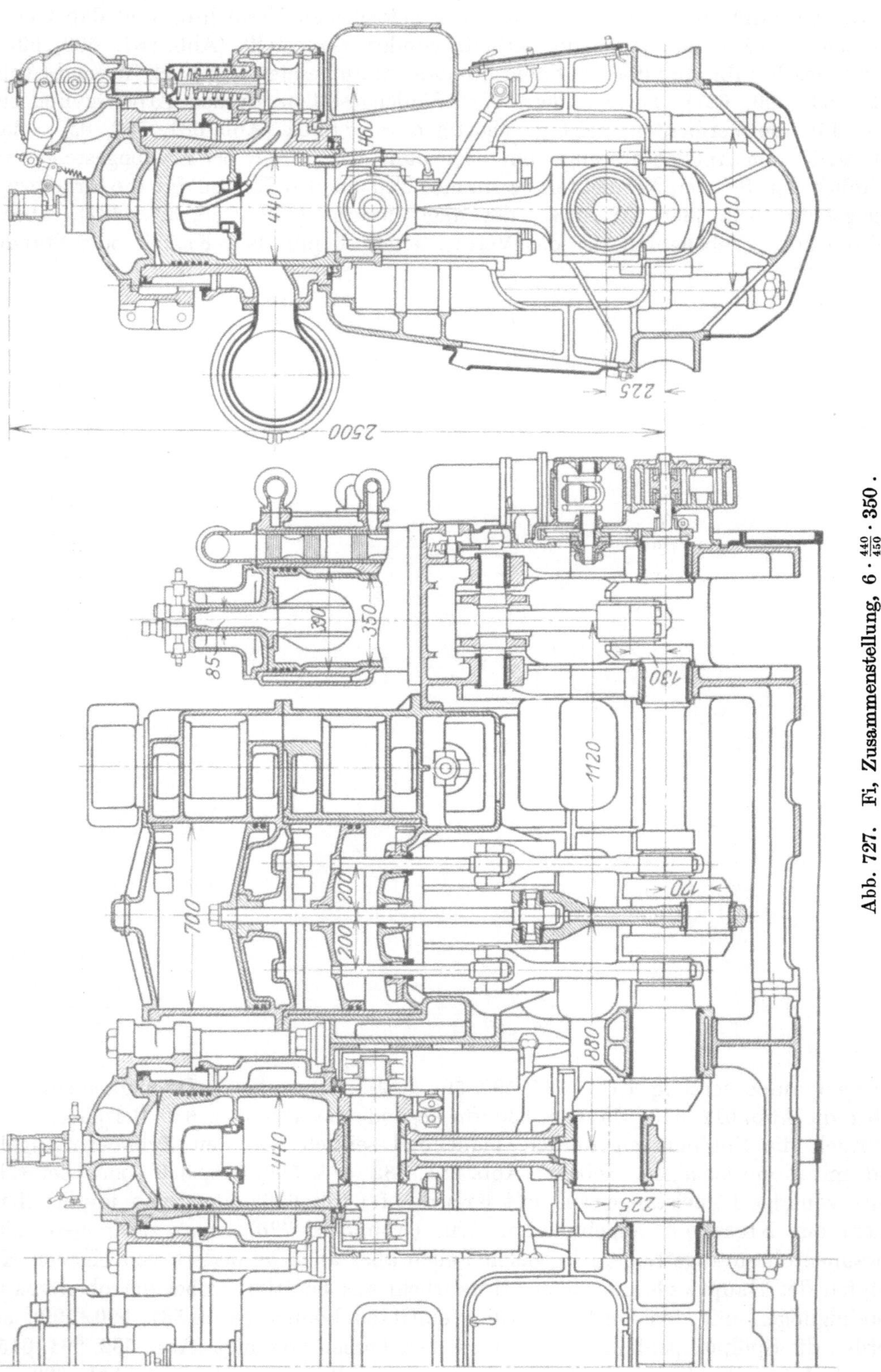

Abb. 727. Fi, Zusammenstellung, $6 \cdot \frac{440}{450} \cdot 350$.

von einer eigenen Spülpumpe geliefert, die von der Kurbelwelle unmittelbar angetrieben wird.

Für den gesonderten Antrieb des Verdichters oder der Spülpumpen gelten die gleichen Überlegungen wie beim Viertakt. Die von der Hauptwelle getriebenen Pumpen nehmen hier einen noch größeren Raum ein, weshalb die seitlich angebrachten Pumpen oft bevorzugt werden, obwohl sie wegen der Hebelübertragung doch merklich mehr Reibungsarbeit verbrauchen. Auch kann man hier durch Abtrennung des Verdichters und der Spülpumpe 18 bis 25 vH der indizierten Leistung der Arbeitsmaschine ersparen, die allerdings unter ungünstigeren Umständen gesondert herzustellen sind. Auch für die gesonderten Spülpumpen ist die Regelung der Luftmenge bei wechselnder Drehzahl der Hauptmaschine erforderlich, wenn man nicht unnütze Arbeit bei kleineren Geschwindigkeiten leisten will. Für die gesonderten Spülpumpen kann man nur für große Einheiten bei Verwendung von Kreiselverdichtern eintreten, die dann am besten elektrisch angetrieben werden (vgl. S. 524)[1]).

Die Abmessungen der Verdichter und das Volumenverhältnis ihrer Zylinder sind naturgemäß ebenso zu wählen wie beim Viertakt, wenn nicht aus dem Spülluftaufnehmer angesaugt wird. Gleiches gilt von dem allgemeinen Aufbau.

Beispiele für Verdichter, die von besonderen Kurbeln angetrieben werden, bieten in verschiedenen Formen Abb. 579, 580, 583, 595, 604, 627, 630, 635, 727. Hierbei sind dreistufige Luftpumpen vorherrschend, bei denen der Niederdruckteil in der Mitte liegt und der Mitteldruck durch die Ringfläche eines Stufenkolbens gebildet wird, während der Hochdruckteil oben angesetzt und mit besonderem Deckel versehen ist. In den Abb. 595, 625 wird der Mitteldruckraum nur durch Einsetzen einer besonderen Büchse hergestellt, die entweder unmittelbar im Gestell (Abb. 625) eingesetzt oder an den Verdichterkörper angeschraubt wird (Abb. 595). Im letztgenannten Falle ist derselbe mit der Spülpumpe zusammengegossen. Die Ventilkästen werden seitlich angeschraubt oder angegossen.

Abb. 580 zeigt eine Ausführung mit Kreuzkopf, bei der Mittel- und Niederdruckteil aus einem Stück gegossen und auf dem Gestell befestigt sind, der Hochdruckteil trägt die Ventilkästen des Niederdrucks, ist oben angesetzt und mit eigenem Deckel mit den Hochdruckventilen versehen. Alle Zylinder haben besondere Büchsen. Die Kolbenstange ist unmittelbar durch einen Ringflansch mit dem Niederdruckkolben verbunden, der seinerseits den unten angeflanschten Mitteldruckkolben und oben den mit einer zentralen Schraube befestigten Hochdruckkolben trägt. Um den Zutritt vom Gestänge abspritzenden Öls zu den Verdichterräumen zu hindern, ist im Gestell eine nahe an die Kolbenstange reichende Querwand angebracht.

Ähnlich ist auch die Ausführung in Abb. 583 und 627, nur sind hier die Niederdruckventile am Verdichterkörper angebracht (vgl. Abb. 581, 582, 595, 625). In Abb. 604 und 635 sind dreistufige Verdichter mit untenliegenden doppeltwirkenden Niederdruckzylindern dargestellt, Mittel- und Hochdruckzylinder bilden ein Stück.

Bei Schiffsmaschinen baut man häufig die Verdichter seitlich an, indem man sie durch doppelarmige Hebel antreibt. So sind bei den Abb. 584, 596, 629, 729, 730 von einem Kreuzkopf aus der Niederdruck- und Hochdruckzylinder, von einem zweiten der Mitteldruckzylinder des Verdichters angetrieben, in einer Art, die aus den Zeichnungen deutlich hervorgeht. Ein an der Grundplatte der Maschine befestigtes Führungsgestell trägt die Verdichter, die durch ein von zwei Zugstangen gefaßtes Querhaupt von unten her angetrieben werden.

Eine vierstufige Luftpumpe ist in Abb. 630 dargestellt. Der von einer an der Hauptwelle angeflanschten Kurbel angetriebene Kreuzkopf ist durch zwei Kolbenstangen mit dem vereinigten Nieder- und Mitteldruckkolben verbunden, der seinerseits noch oben durch Flanschen mit dem zweiten Mitteldruck- und nach unten durch eine Kolbenstange mit dem Hochdruckkolben verbunden ist. Niederdruck- und erster Mitteldruckzylinder sind aus einem Stück mit ihrem Kühlmantel hergestellt und auf dem Gestell befestigt, der zweite Mitteldruckzylinder, mit den Niederdruckventilkasten vereinigt und mit eigenem Deckel versehen, oben aufgesetzt und der Hochdruckzylinder endlich unten aufgehängt.

[1]) Siehe B. B. C.-Mitteilungen, Mai 1925; ferner Eng., Januar 1925, S. 72.

Häufig wird der Antrieb des Verdichters teilweise oder ganz mit dem der Spülpumpe vereinigt. Dies ist beispielsweise in Abb. 599, 628 der Fall, wo die zwei Niederdruckzylinder des Verdichters als Kreuzkopfführungen für die darüberliegenden doppeltwirkenden Spülpumpen dienen, während Mittel- und Hochdruckzylinder des Verdichters dazwischen von einer eigenen Kurbelkröpfung getrieben werden. Mitteldruckzylinder und Kühlmantel bestehen aus einem Gußstück, die Büchse des Hochdruckzylinders ist besonders eingesetzt, die Hochdruckventile in einem angeschraubten Deckel untergebracht.

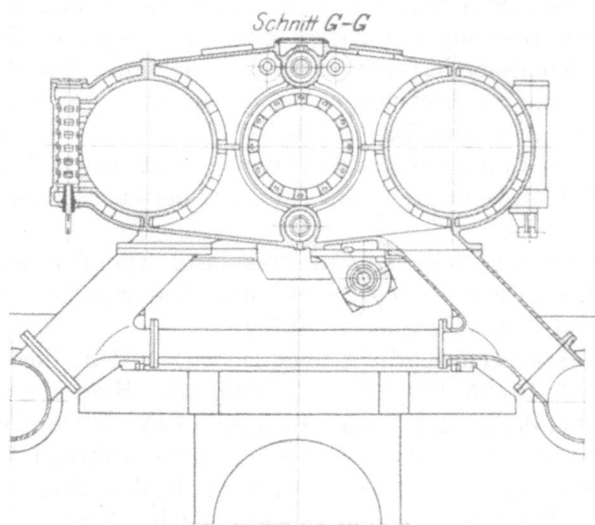

Abb. 728. Ju, Querschnitt der Spulpumpe zu Abb. 618.

Bei Abb. 590 liegen Niederdruck- und Hochdruckteil des Verdichters über der Spülpumpe, indem der aus einem Stück bestehende Verdichter den Deckel für die Spülpumpe bildet. Die Hochdruckventile liegen wieder in einem gesonderten Deckel.

Auch zwei übereinander angeordnete und gemeinsam mit dem Niederdruck des Verdichters angetriebene Spülpumpen kommen zur Ausführung (Abb. 587).

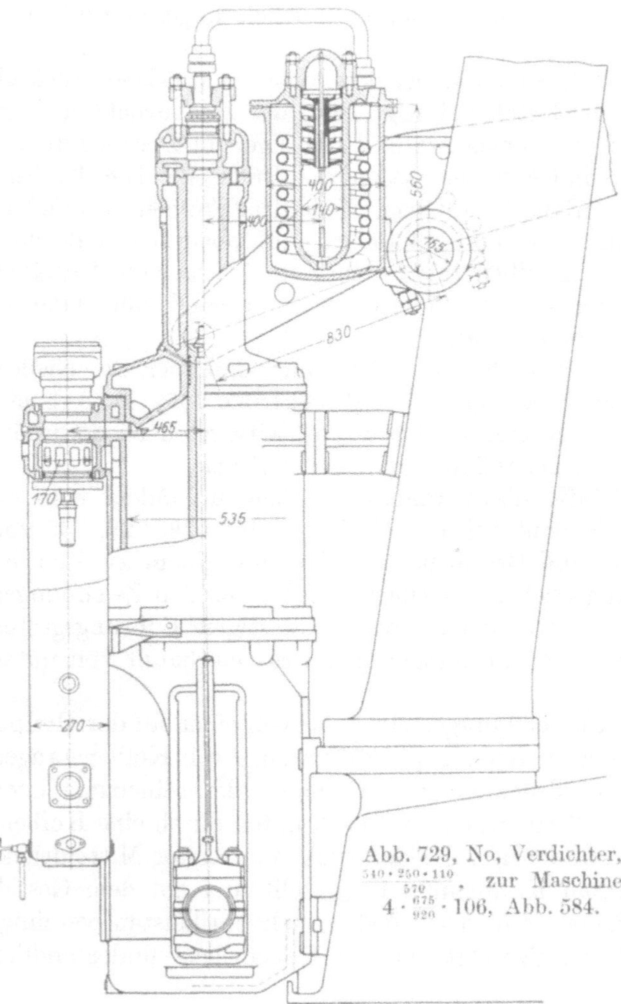

Abb. 729, No, Verdichter, $\frac{540 \cdot 250 \cdot 110}{570}$, zur Maschine $4 \cdot \frac{675}{920} \cdot 106$, Abb. 584.

Bei älteren Bauarten wurde die Anordnung auch so getroffen, daß die höheren Verdichterstufen von der Pleuelstange der Spülpumpe und des Niederdruckteils des Verdichters mit Schwinghebel betrieben wurden (Abb. 724). Dies hat den Vorteil, daß die großen Massendrücke des Spülpumpenkolbens in den Stufen der Einblaseluftpumpe teilweise aufgehoben werden. Hier wirkt der Druck im Niederdruckzylinder dem nach aufwärts gerichteten Massendruck am äußeren Hubende des Kolbens, die Drücke im Mittel- und Hochdruckzylinder jenem am inneren Hubende, der nach abwärts gerichtet ist, entgegen. In Abb. 614 ist die Spülpumpe mit dem Mitteldruckteil des Verdichters gemeinsam angetrieben.

Bei den stehenden Doppelkolbenmaschinen (Abb. 612, 613) sind die Spülpumpen mit zwei- oder dreistufigen Verdichtern vereinigt. Der Spülpumpenzylinder ist unmittelbar im Gestell untergebracht, unten mit einem Deckel und oben durch die Verdichterzylinder abgeschlossen, die in früher beschriebener Art gebaut sind. Die liegenden Junkers-Maschinen (Abb. 618) haben zwei doppeltwirkende Spülpumpen, die durch ein Querhaupt angetrieben werden. Auf einer Seite liegen ferner der doppeltwirkende Niederdruck- und der zweite Mitteldruckzylinder, auf der anderen Seite der doppeltwirkende erste Mitteldruckzylinder und der Hochdruckzylinder des Verdichters. Abb. 728 zeigt einen Querschnitt durch die Spülzylinder.

In Abb. 725 ist eine Vereinigung der Spülpumpe mit dem Verdichter für eine liegende Maschine dargestellt. Die Plungerführung ist im inneren Deckel der Spülpumpe unter-

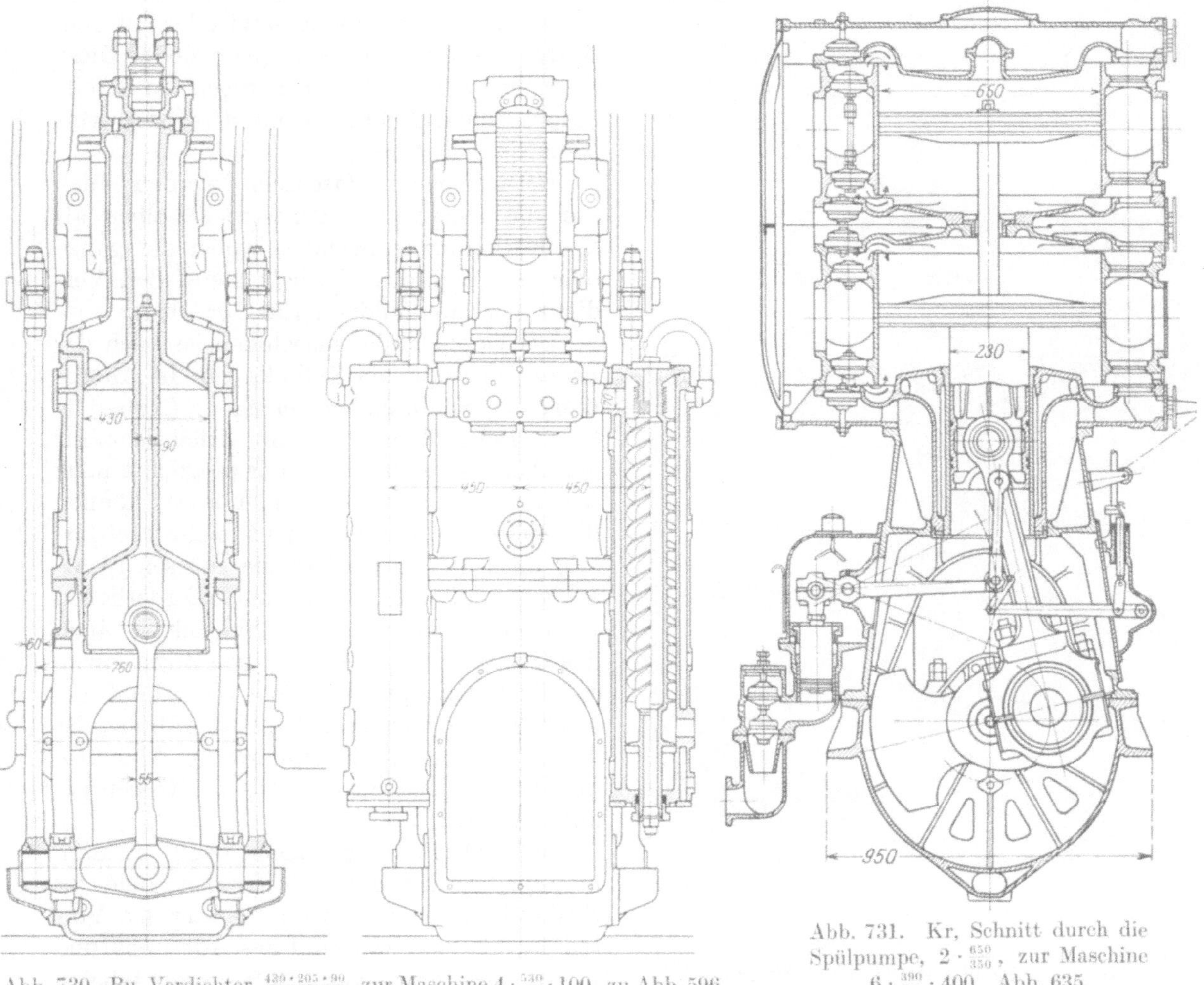

Abb. 730. Bu, Verdichter, $\frac{430 \cdot 205 \cdot 90}{625}$, zur Maschine $4 \cdot \frac{530}{950} \cdot 100$, zu Abb. 596.

Abb. 731. Kr, Schnitt durch die Spülpumpe, $2 \cdot \frac{650}{350}$, zur Maschine $6 \cdot \frac{390}{450} \cdot 400$, Abb. 635.

gebracht, während der äußere Deckel den mit seinem Mantel zusammengegossenen Niederdruckzylinder trägt, an den der Hochdruckzylinder angeschraubt ist.

Außer den bereits früher besprochenen selbsttätigen Ventilen der Verdichter kommt auch Schiebersteuerung vor (Abb. 727).

Über die Bauart und Lage der Ventile, die Abmessungen und Wandstärken, ferner über die Ausgestaltung der Gestelle, Kolben, Deckel, Gestänge der Verdichter ist dem bei Viertaktmaschinen Erörterten kaum etwas hinzuzufügen. Auch die Luftkühlung wird in grundsätzlich ganz gleicher Art durchgeführt, Beispiele bieten die Abb. 729, 730.

Über den Antrieb der Spülpumpen wurde bereits im allgemeinen gesprochen. Die Abb. 587, 604, 635, 731 zeigen zwei übereinander angeordnete doppeltwirkende Spülpumpen, die von einer gemeinsamen Kolbenstange betrieben werden, Abb. 727 ebenfalls zwei übereinander angeordnete, jedoch von zwei unter 90° gegeneinander verdrehten Kurbeln angetriebene Spülpumpen. Um die Masse des Spülkolbens recht gering zu halten, wird er manchmal aus einer Aluminiumlegierung hergestellt und die Kolbenstange durchbohrt.

Wie bereits erwähnt, wurden vielfach die Spülpumpenkolben auch mit den Arbeitskolben verbunden, und zwar entweder, indem die Spülpumpenzylinder unmittelbar unter die Arbeitszylinder verlegt und die Kolben als Stufenkolben ausgebildet wurden (Abb. 592, 594, 602), deren Ringfläche den Spülpumpenraum bestreicht, oder durch Anordnung gesonderter Spülzylinder mit eigenen Scheibenkolben (Abb. 603). Im ersteren Falle wurden die Büchsen der Pumpenzylinder entweder von unten (Abb. 594) oder von oben her (Abb. 592) eingesetzt oder mit dem Gestell zusammengegossen (Abb. 602). Diese Anordnungen wurden aber wegen der bereits besprochenen Nachteile meist wieder verlassen (vgl. S. 405).

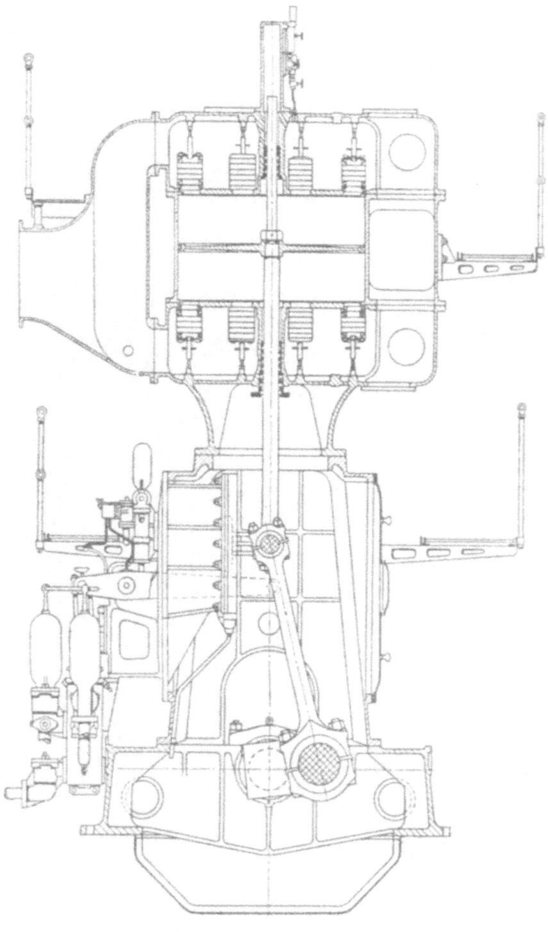

Bei kleineren Maschinen werden auch nur die Unterseiten der Arbeitskolben als Spülluftkolben verwendet, wobei der ganze oder ein Teil des Kurbelkastens den Verdichtungsraum bildet (Abb. 605, 664).

Bei Doppelkolbenmaschinen ist auch der Raum oberhalb der Zylinder für die Anordnung der Spülpumpen verfügbar (Abb. 615, 630). Bei Abb. 630, wo mit Rücksicht auf den Antrieb je zwei Zylinder möglichst nahe aneinander gerückt werden müssen, können die Spülpumpenkolben nicht mehr kreisförmig ausgebildet, sondern sie müssen rechteckig gebaut werden, um den erforderlichen Querschnitt zu ergeben. Sie bilden auch das Querhaupt für die schrägen Zugstangen, die die Verbindung mit dem Kreuzkopf des Nachbarzylinders herstellen. Ganz ähnlich ist die Anordnung der Spülpumpe bei Abb. 615, nur finden hier kreiszylindrische Kolben genügend Raum.

Abb. 732. Schnitt durch die Spülpumpe, $\frac{1300}{700}$.

In vielen Ausführungen von Schiffsmotoren werden die Spülpumpen auch als Manövriermaschinen benutzt, was den Vorteil bietet, daß während des Anlassens und Umsteuerns keine kalte Luft in die Arbeitszylinder gelangt. Als Beispiel diene Abb. 590. Im laufenden Betriebe saugen die Spülpumpen von unten her bei A Luft an und drücken sie durch ein wagerecht liegendes Rohr in die einzelnen Zylinder. Beim Manövrieren hingegen werden die Spülpumpen durch den Hebel D gegen die Außenluft abgeschlossen und durch das Rohr C mit dem Druckluftbehälter von 10 bis 12 at verbunden; die Kolbenschieber F_1, F_2 steuern dadurch verschiedene Drehrichtungen, daß der Umsteuerschieber B verschoben wird, wodurch einmal F_1 mit dem Spülrohr, F_2 mit der Druckluft, das andere Mal F_1 mit der Druckluft und F_2 mit dem Spülraum verbunden werden. Bei dem geringen Spüldruck kann die Öffnungsdauer für Ein- und Auslaß gleich groß sein. Da zwei doppeltwirkende Spülpumpen vorhanden sind, läuft die Maschine in jeder Stellung an. Die Umsteuerung der Arbeitszylinder betrifft die Brennstoffpumpen und die Brennstoffventile und wird durch Verschiebung der Antriebsnocken bewirkt.

Bei der Brennstoffpumpe ist dafür gesorgt, daß während der Umsteuerung so lange kein Brennstoff geliefert werden kann, bis die Drehungsrichtung der Lage der Umsteuerhebel entspricht. Bei der Umsteuerung wird das Handrad *H* auf „Stillstand“ gedreht, worauf nach Abschluß der Brennstoffpumpe die Brennstoffventile noch einmal öffnen, so daß das in denselben befindliche Brennöl noch in den Zylinder gelangt und dort verbrennt, ehe der Umsteuermechanismus in die neue Lage gebracht wird, wodurch Gegenzündungen vermieden werden. Sodann wirken die Manövrierzylinder noch als Pumpe, bis die Maschine zum Stillstand kommt. Dann wird das Umsteuerrad *H* auf „Rückwärts“ gedreht, der Hebel *D* derart verstellt, daß die Verbindung der Manövrierzylinder mit der Außenluft abgeschlossen und mit dem Druckluftbehälter geöffnet wird. Sie beginnen dann als Motoren zu arbeiten und drehen die Maschine im entsprechenden Sinne an. Gleichzeitig beginnen die Brennstoffpumpen wieder zu arbeiten, der Rückwärtsgang setzt ein, worauf der Hebel *D* wieder in die ursprüngliche Lage zurückgebracht wird. Die Druckluft braucht nur etwa während zwei Hüben zugeführt zu werden, weil dann schon das von den Zündungen herrührende Drehmoment ausreicht. Das Umsteuern erfolgt also ungemein rasch.

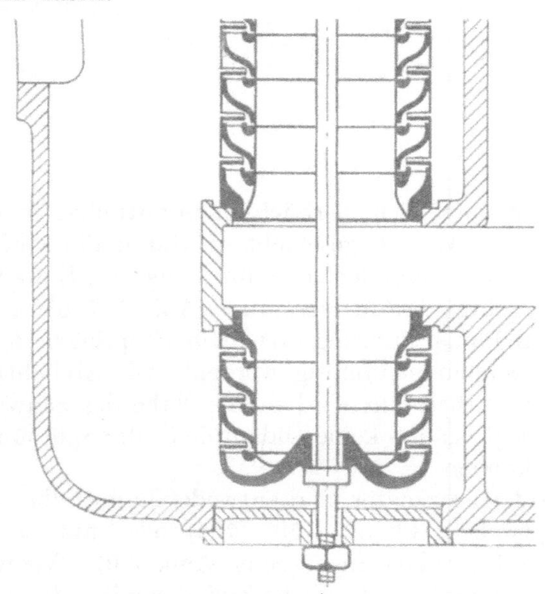

Abb. 733. Sz, Spülpumpenventile, zu Abb. 732.

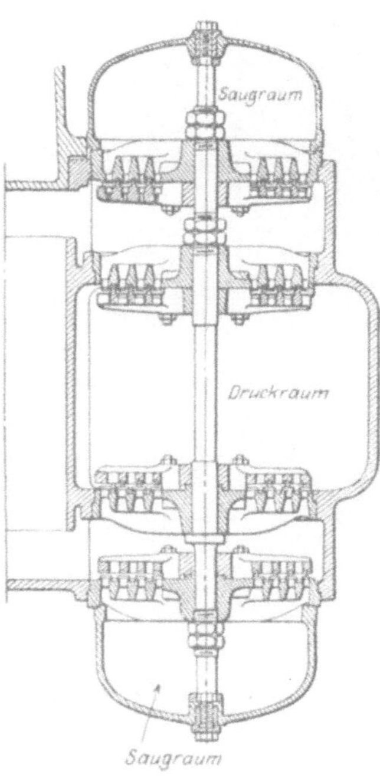

Abb. 734. Schn, Spülpumpenventile, zu Abb. 582.

Im Falle der Abb. 607 werden die Unterseiten der Arbeitszylinder im laufenden Betriebe als Spülpumpen verwendet; da ihr Rauminhalt aber nicht ausreicht, wird der Rest der Spülluft von einer besonderen, am Ende der Kurbelwelle angeordneten Pumpe geliefert.

Die Steuerung der Spülpumpen erfolgt entweder durch selbsttätige Ventile (Plattenventile oder Gutermuthklappen, Abb. 579, 616, 732, 733, 734) oder durch Kolben- oder Drehschieber (Abb. 584, 590, 595, 597, 603, 613, 650) oder auch für das Ansaugen durch Schieber, für das Drücken durch Ventile (Abb. 614). Schiebersteuerungen erfordern bei Antrieb der Spülpumpen durch Kurbeln eine Umsteuerung. In Abb. 584 werden die beiden Spülpumpen durch einen einzigen, zwischen ihren Zylindern liegenden Schieber gesteuert, der mit $^1/_3$ der Maschinendrehzahl umläuft und beim Umsteuern entsprechend verdreht wird (Knaggen-Umsteuerung). Sein Antrieb erfolgt von der Kurbelwelle aus durch ein Schraubenräderpaar und eine kurze Zwischenwelle, die in der einen oder anderen Richtung durch entsprechend angeordnete Klauen mitgenommen wird (Abb. 596).

Einzelheiten eines Drehschiebers und des Antriebes zeigt auch Abb. 735. Man erkennt, daß die zum Zylinder führenden Kanäle in den Totpunkten stets gegen den

Saugraum zu geöffnet, gegen den Druckraum zu geschlossen werden, letzterer wird gleichzeitig auch noch vom Druckkanal des Schiebers abgesperrt, so daß während der Ansaugezeit doppelte Abdichtung vorhanden ist. Die Verbindung der Zylinderräume mit den Schieberdruckräumen erfolgt auch genau in den Totpunkten, diese Räume werden aber mit dem Druckkanal erst nach weiteren Drehwinkeln von 52 und 62° verbunden, etwa einer Ausschublänge des Kolbens von 70 vH entsprechend.

Die Kolbenschieber für Spülpumpen haben einen Durchmesser von 0,4 bis 0,5 des Pumpendurchmessers, sie werden mit Kolbenringen ausgeführt oder auch nur eingeschliffen und erhalten innere oder äußere Einströmung (Abb. 595, 650, 725). Sie

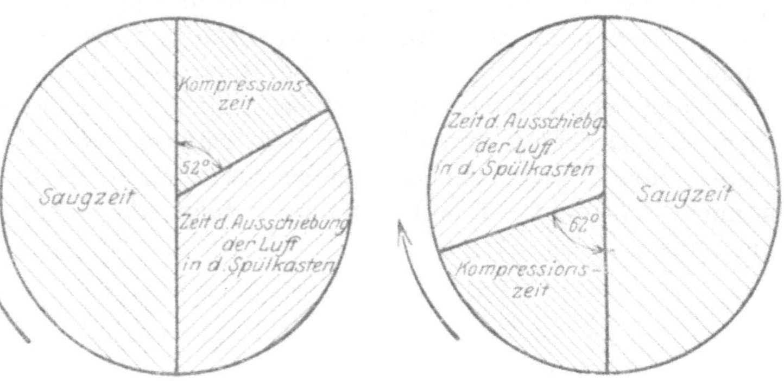

Zu Abb. 735. Steuerschema.

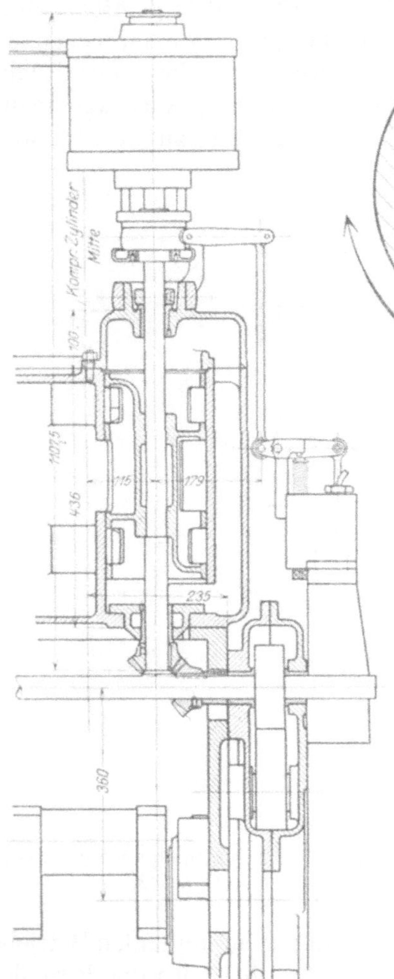

Abb. 735. Ju, Schiebersteuerung zur Spülpumpe, zu Abb. 612.

laufen meist ohne Schieberbüchsen unmittelbar in den Zylindern, ihr Antrieb geschieht oft durch Plungerführung (Abb. 595, 725) oder auch durch eine im Einsaugerohr untergebrachte Antriebsstange (Abb. 597, 650), wobei sowohl Plungerführung als auch Stopfbüchsen für eine Schieberspindel unnötig werden. Die Abdichtung gegen den Kurbelraum wird in die Nabe des Schwinghebels verlegt, so daß keine Öldämpfe in die Spülpumpe gelangen können.

Die Antriebsexzenter sind entweder unmittelbar auf der Hauptwelle (Abb. 595, 597, 725) oder auf besonderen Zwischenwellen angebracht (Abb. 590). Wenn je zwei nebeneinander befindliche Zylinder mit unter 180° stehenden Kurbeln angetrieben werden, reicht für beide ein gemeinsamer Steuerschieber aus.

Der Antrieb von rotierenden Spülpumpenschiebern ist bereits bei den Abb. 584, 613 beschrieben worden.

Die von der Spülpumpe zu liefernde Luftmenge, die ja womöglich den ganzen Hub- und Verdichtungsraum der Arbeitszylinder nach Abschluß der Auspuffschlitze bei einem kleinen Überdruck über die Atmosphäre erfüllen soll, muß also größer sein, als es diesem Raum entsprechen würde, der Überschuß geht durch den Auspuff verloren. Wenn die Spülung sehr vollkommen ist, wird dieser Überschuß klein, wie etwa bei Doppelkolbenmaschinen oder bei Verwendung von Spülventilen, wo die Spülluft die verbrannten Gase nur vor sich herzuschieben hat. Man kann dann etwa mit einem angesaugten Spülluftvolumen von 1,2 bis 1,3 des wirksamen Zylinder- und Verdichtungsraumes rechnen, bei Spülventilen etwas mehr, weil dort der Ventilwiderstand größer ist als bei den Schlitzen von Junkers-Maschinen. Noch größer wird das anzusaugende Luftvolumen bei der gewöhnlichen Schlitzspülung, weil hier eine stärkere Mischung der Spülluft mit den Abgasen eintritt, das anzusaugende Volumen ist je nach der Güte

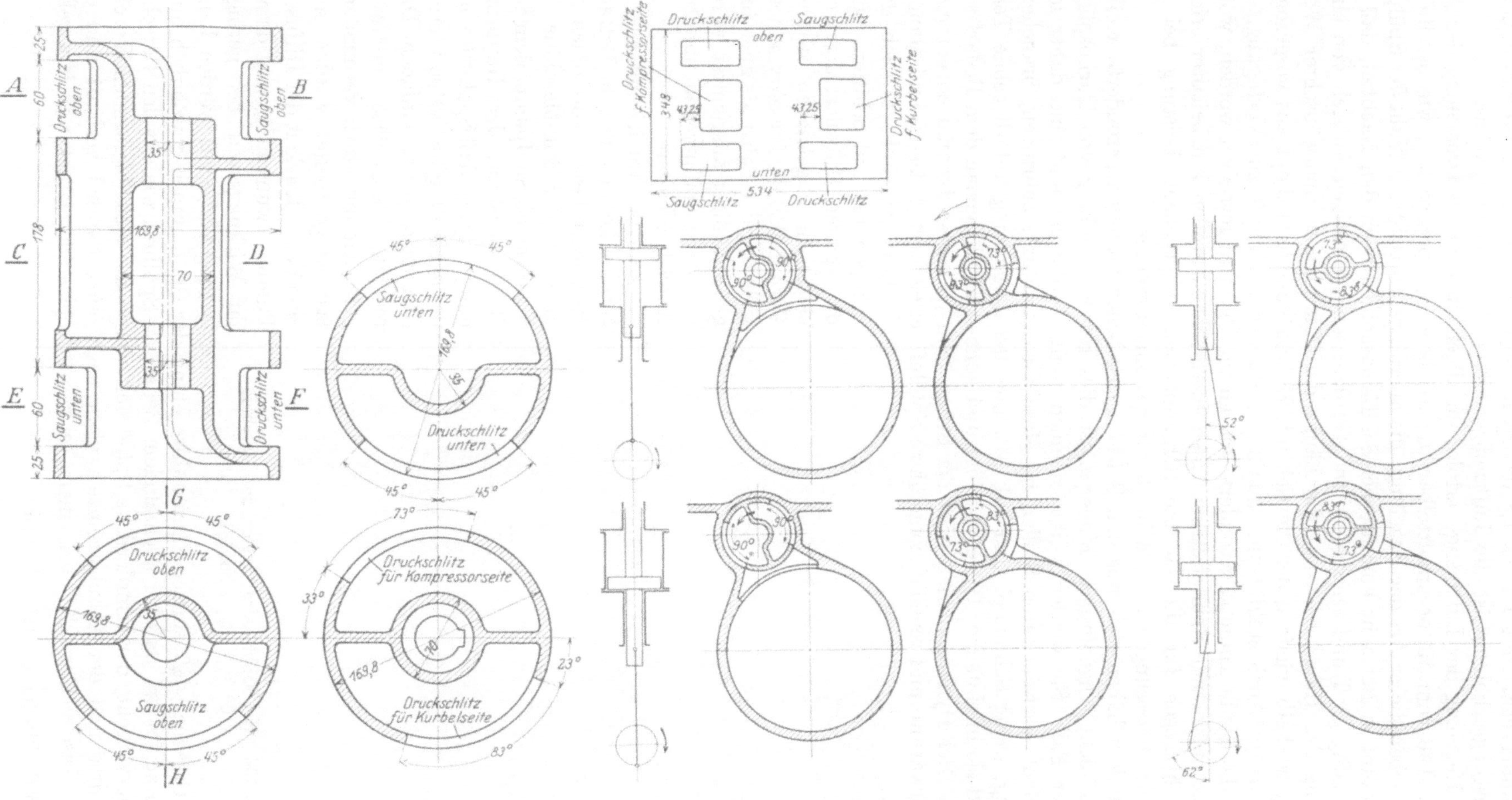

Zu Abb. 735. Wirkungsweise der Spülpumpensteuerung.

der Spülung etwa mit 1,4 bis 1,8 des Zylinder- und Verdichtungsraumes anzunehmen. Bei Leistungserhöhung ist die Luftmenge entsprechend zu vergrößern.

Die Regelung der Luftmenge erfolgt im allgemeinen durch Drosselung der Ansaugeleitung. Die vom Motor unmittelbar angetriebene Spülpumpe hat, wie bereits erörtert wurde, neben dieser Art der Regelung, die allerdings bei richtiger Wahl der Spülpumpengröße kaum in Betracht kommt, bei Schiffsmaschinen noch den Nachteil, daß sie verhältnismäßig groß und schwer ist und bei dem sonst günstigen Antrieb von einer Verlängerung der Hauptwelle aus die Länge der Maschine in unerwünschter Weise vergrößert, weshalb vielfach der Antrieb mit Hebeln vom Kreuzkopf aus vorgezogen wird (vgl. S. 515). Auch steht beim Anfahren noch keine Spülluft zur Verfügung. Deshalb könnte die Spülluftpumpe gesondert von einem Motor angetrieben werden, wobei aber noch der pulsierende Spülluftstrom einen entsprechend großen Luftbehälter erforderlich macht, hingegen für die an die Schraubenwelle abgegebene Leistung bei gleichen Maschinenabmessungen etwa 4 bis 6 vH gewonnen werden.

Trotzdem haben sich aus den S. 517 angegebenen Gründen gesonderte Kolbenspülpumpen nicht eingebürgert, hingegen ist dies bei Verwendung von Turbospülpumpen wohl der Fall. Sie werden leicht, nehmen wenig Raum ein und sind daher leicht an sonst nicht verwendbaren Stellen im Maschinenraum unterzubringen, brauchen wenig Wartung, wenig Schmieröl und haben wenige der Abnützung unterliegende Teile, endlich sind sie in einfacher Weise regelbar und können jeweils genau dem Bedarf angepaßt werden. Bei Dynamoantrieb wird der Strom dem Hilfsdieseldynamo entnommen. Die etwas erwärmte und reichlich zugeführte Spülluft erleichtert Anlassen und Manövrieren.

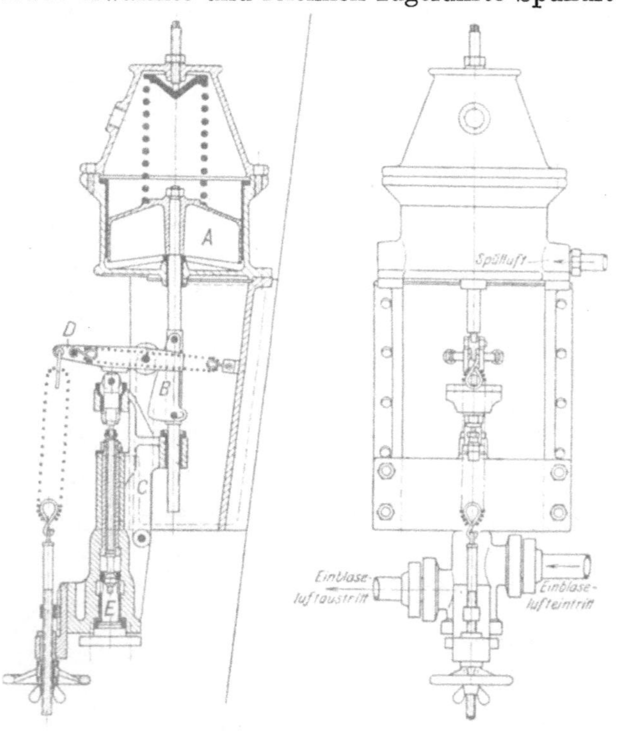

Abb. 736. Kr, Einblasedruckregler, zur Maschine $6 \cdot \frac{575}{1000} \cdot 105$, Abb. 581.

Der elektrische Antrieb der Spülpumpen hat auf Schiffen, bei denen die übrigen Hilfsmaschinen ebenfalls elektrisch angetrieben werden, den Vorteil, daß die Dieseldynamos sowohl während der Fahrt als auch im Hafen gleichmäßiger ausgenützt werden, als wenn die Spülpumpen unmittelbaren Antrieb erhalten.

Auch der Antrieb mit einer Dampfturbine kommt dort in Betracht, wo Hilfsdampfkessel vorhanden sind, so auch bei der Still-Maschine.

Wenn die Spülpumpe dem normalen Betriebszustand der Hauptmaschine entspricht, so daß Spüldruck und Fördermenge die günstigsten Werte haben, so genügt meist einfache Drehzahlregelung des Gebläses, nur wenn längere Zeit mit stark verminderter Belastung gearbeitet werden muß, ist eine Verstellbarkeit der Diffusoren der Pumpe erwünscht[1]), weil damit auch ihr Wirkungsgrad bei geringer Belastung verbessert werden kann.

Die Ursache, daß einfache Drehzahlregelung der Spülpumpen gewöhnlich ausreicht, ist darin zu finden, daß bei wechselndem Bedarf an Spülluft, wie aus den Berechnungen S. 491 hervorgeht, der erforderliche Spüldruck wegen der gleichbleibenden Durchgangsquerschnitte und der Durchströmzeit etwa nach einer Parabel verläuft und etwa in gleicher Weise sich wirklich bei einem Zentrifugalgebläse der Druck mit dem gelieferten

[1]) B. B. C.-Mitteilungen, 1922, Februar.

Luftvolumen ändert, wobei der Wirkungsgrad nahe gleich bleibt. Meist genügt eine Veränderung der Drehzahl um 25 vH, bei kurzen Manövern ist eine Drehzahlregelung nicht erforderlich.

Bei Handelsschiffen entspricht bei mäßigen Größen die fliegende Anordnung eines einstufigen Gebläses, die wegen einfacher Luftführung den günstigsten Wirkungsgrad ergibt. Wo ein Mindestmaß von Raumbedarf und Gewicht angestrebt werden muß, werden zweistufige Gebläse verwendet. Die aus Spezialstahl hergestellten Läufer der Pumpen sitzen unmittelbar auf der Motorwelle, deren zwei Lager mit Weißmetall ausgegossen sind und Druckschmierung erhalten.

Die Einblasedruckregelung kann im allgemeinen wie beim Viertakt erfolgen, man kann hier aber auch in einfacher Weise den mit der Drehzahl veränderlichen Spüldruck unmittelbar zur Regelung des Einblasedrucks verwenden, wie dies in Abb. 736 dargestellt erscheint. Nimmt die Drehzahl ab und sinkt dementsprechend der Spüldruck, so stellt sich der Kolben *A* tiefer ein, senkt daher auch die einstellbare Daumenscheibe *B*, wodurch der an den Laschen *C* befestigte Stützpunkt des Belastungshebels *D* unter Einwirkung einer Feder nach rechts wandert und das Hebelarmverhältnis von *D* derart verändert, daß auf das Drosselventil *E* ein geringerer Druck kommt und sich dieses daher mehr schließt. Der Einblasedruck kann so nach Wunsch selbsttätig geregelt und mit dem Handrad *F* auch beliebig verstellt werden.

XII. Rohrleitungen.

Bezüglich der Druckluft- und Brennstoffleitungen sowie der Schmierung und Kühlung entsprechen Anlage und Ausführung ganz jenen beim Viertakt. Beispiele der Druckluftführung sind etwa aus den Abb. 590, 612 zu entnehmen. Ein Unterschied besteht nur, wenn die Verdichter aus einem Zwischenaufnehmer ansaugen, der mit der Spülluftdruckleitung in Verbindung steht (z. B. Abb. 590).

Anordnungen der Kühlwasserpumpen sind beispielsweise in Abb. 580, 616 ersichtlich, wo sie gemeinsam mit den Spülpumpen angetrieben werden, oder auch in Abb. 625, 727.

Die Ansaugeleitungen der Verbrennungsluft entfallen hier und werden durch die Spülleitungen ersetzt. Beim Auspuff ist zu beachten, daß hier bei jeder Umdrehung in jedem Zylinder ein Auspuffstoß erfolgt, der schon bei vier Zylindern in die Zeit der Spülung fällt und zeitweise den Gegendruck im gemeinsamen Auspuffrohr erhöht. Dieses wird gewöhnlich unmittelbar an den Zylindern vorbei längs der Maschine geführt und gekühlt (Abb. 580, 583, 584, 596), manchmal aber auch für jeden Zylinder gesondert (Abb. 624) oder für je zwei Zylinder gemeinsam (Abb. 599, 628) nach abwärts in den Fundamentraum geführt. Hier und da scheut man auch die Schwierigkeit der unmittelbaren Verbindung der Zylindermäntel durch die Auspuffrohre nicht (Abb. 582). Wie bereits erwähnt, werden die Auspuffrohre auch durch die Kühlmäntel hindurch mit den Arbeitszylindern verbunden (Abb. 593), manchmal werden Ablenker zur Vermeidung von Wirbelungen in der Nähe der Verbindungstellen mit dem Auspuffhauptrohr verwendet (Abb. 602, 627). Auf die Formänderungen durch Temperaturunterschiede ist stets zu achten, weshalb die Rohre untereinander und auch mit den Zylindern vielfach durch Stopfbüchsen verbunden werden.

Bei liegenden Maschinen werden die Abgase unmittelbar nach abwärts in den Fundamentraum geführt (Abb. 617, 618, 619).

Zu den bei Viertaktmaschinen erforderlichen Rohrleitungen kommt noch die Spülluftleitung hinzu. Die Ansaugeleitung bei standfesten Maschinen ist gewöhnlich nur ganz kurz und mit Schlitzen versehen; um das dabei aber doch noch unvermeidliche Geräusch zu mildern, werden auch längere Rohrleitungen oder Spülsaugekanäle verwendet, die die Luft außerhalb des Maschinenraumes ansaugen lassen. Bei Schiffsmaschinen ist dies notwendig (z. B. Abb. 579). Manchmal wird auch die Grundplatte als Saugraum ausgebildet (Abb. 613, 650) oder das Gestell dazu herangezogen (Abb. 664).

Die Einblaseluft wird manchmal auch unmittelbar aus dem Maschinenraum angesaugt, damit nicht von dem in der Spülpumpe verwendeten Schmieröl verunreinigte Luft in den Verdichter gelangt (z. B. Abb. 625). Man kann dann im Falle erhöhter Maschinenleistung zeitweise auch aus dem Spülluftaufnehmer absaugen, wodurch der Einblasedruck erhöht wird.

Die Spüldruckleitung wird sehr verschiedenartig angelegt. Zumeist besteht sie aus einer besonderen, längs der Zylinder verlegten, gußeisernen Rohrleitung (Abb. 580, 581, 583, 590, 599, 627, 628), die aber auch durch einen an die Zylinder angebauten Kasten (Abb. 579, 642) ersetzt wird. In vielen Fällen werden die Spüldruckleitungen auch unmittelbar an den Zylindern oder Deckeln (Abb. 582, 595) oder deren Teilen (Abb. 630) oder an den Kastengestellen (Abb. 613, 625, 727) oder auch an besonderen Zylindertragplatten (Abb. 587, 616) als größere Aufnehmer angegossen, endlich werden auch die miteinander entsprechend verbundenen Gestellsäulen zur Leitung der Spülluft verwendet (Abb. 584, 596, 629). Bei jenen Bauarten, wo bei jedem Arbeitszylinder eine Spülpumpe angebracht ist, kann jede besondere Spüldruckleitung entfallen, gewöhnlich wird ein Teil des Gestells als Behälter ausgebildet.

In die Spüldruckleitung mündet gewöhnlich auch der Ablaß der Entspannungsventile an den Zylindern (z. B. Abb. 584), meist werden Sicherheitsventile oder Bruchplatten angeordnet (Abb. 613, 616).

Bei liegenden Maschinen zeigt Abb. 617 die Anordnung der Spülleitung, bei der liegenden Junkers-Maschine Abb. 618 werden zwei Rohre längs der Maschine zur Verbindung von Spülpumpe und Zylinder benützt, die zur Druckausgleichung untereinander ebenfalls verbunden sind.

XIII. Schwungrad, Fundierung, Brennstoffverbrauch.

Über die Bemessung der Schwungräder ist S. 467 berichtet, im übrigen gilt dasselbe wie das für Viertaktmaschinen Gesagte (S. 158). Naturgemäß kann man bei Zweitaktschiffsmaschinen manchmal schon bei 4 Zylindern auf ein besonderes Schwungrad ver-

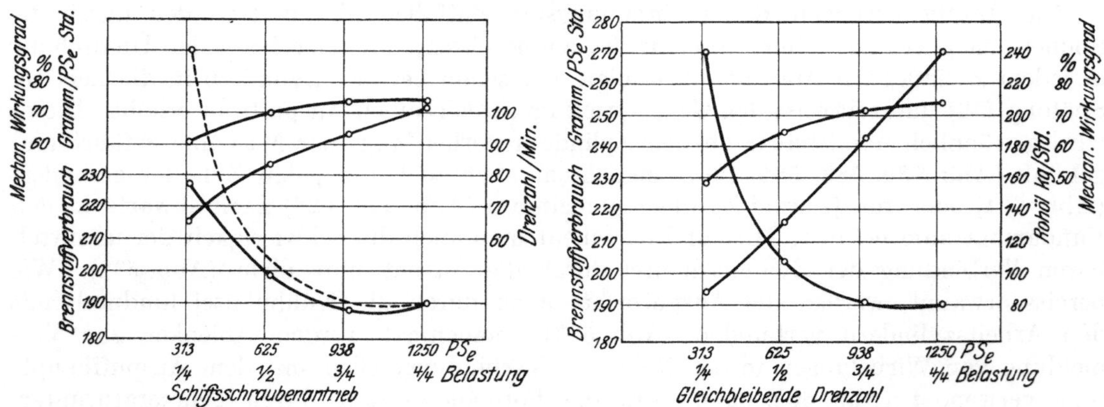

Abb. 737. Sz, Brennstoffverbrauch und Wirkungsgrade zur Maschine $4 \cdot \frac{600}{1060} \cdot 100$.

zichten, meist ist es jedoch erforderlich (z. B. Abb. 579, 580, 582, 596, 630). Auch die Andrehvorrichtungen sind dieselben wie beim Viertakt (z. B. Abb. 579, 596, 616, 627).

Die Raumausmaße der Fundamente für feststehende Maschinen sind etwa bei Zylinderleistungen von 10 bis 80 PS_e für Einzylindermaschinen 1 bis 8 m^3, bei Zweizylindermaschinen von 40 bis 270 PS_e etwa 2 bis 25 m^3, bei Vierzylindermaschinen von 400 bis 2400 PS_e rd. 12 bis 500 m^3, die von den Ankern zu fassende Fundamenttiefe beträgt 1 bis 5 m.

Der Brennstoffverbrauch für 1 PS_e-st für verschiedene Leistungen geht etwa aus Abb. 737 hervor, und zwar sowohl bei gleichbleibender Drehzahl, als auch im Schiffsbetrieb. In einem andern Fall (Abb. 738) sind auch Gesamtverbrauch für Teer- und Gasöl, sowie Auspufftemperaturen und mechanische Wirkungsgrade eingetragen. Die Abb. 739 zeigen ebenfalls Wirkungsgrade, Brennstoffverbrauch und Auspufftemperatur

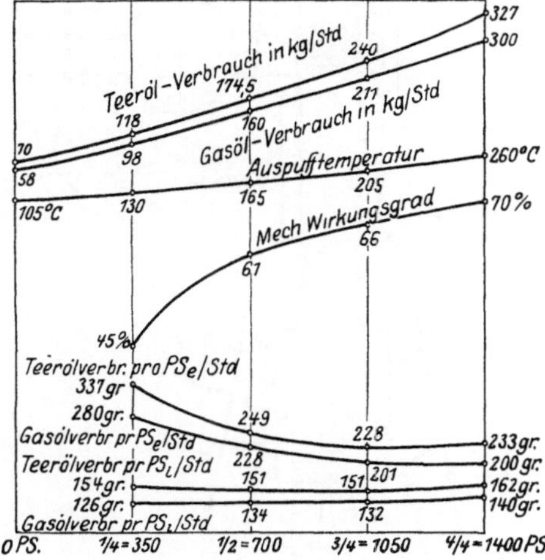

Abb. 738. Sz, Brennstoffverbrauch.

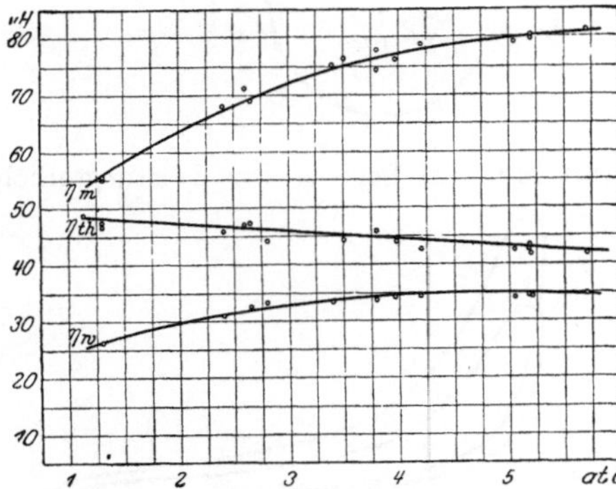
Zu Abb. 739. No, Wirkungsgrade, abhängig vom mittleren wirksamen Kolbendruck.

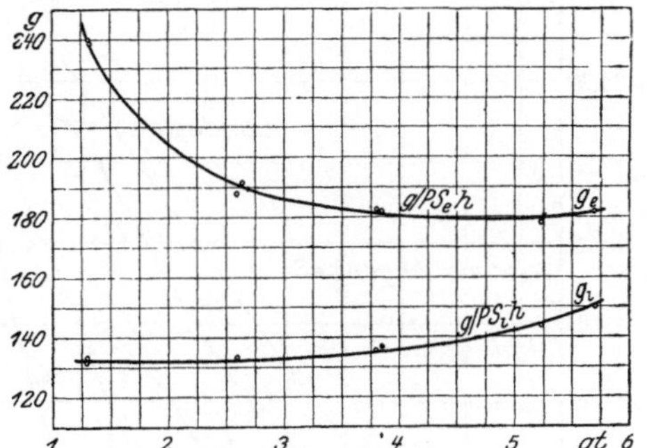

Abb. 739. No, Brennstoffverbrauch, abhängig vom mittleren wirksamen Kolbendruck.

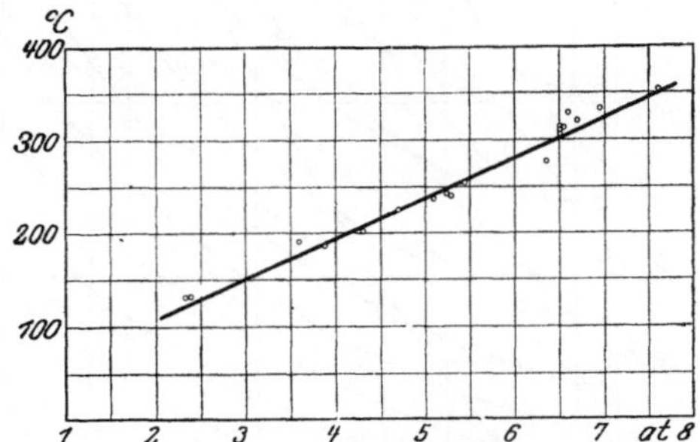
Zu Abb. 739. No, Auspufftemperatur, abhangig vom mittleren indizierten Kolbendruck.

bei verschiedenen Belastungen, Abb. 740 auch für die gleiche Maschine die Spüldrücke bei Veränderung der Umlaufzahl. Abb. 741 gibt einen Überblick über die Verbrauchszahlen bei veränderter Belastung und Umdrehungszahl für eine schnelllaufende Maschine.

Eine Leistungserhöhung kann, wie bei Gasmaschinen bereits angewendet, durch Abkühlung der Spülluft zwischen Ladepumpe und Zylinder erreicht werden, erfordert aber große Kühlflächen. Das Verfahren von Junkers besteht darin, daß die Auspuffleitung etwas gedrosselt wird, während man den Spüldruck erhöht, so daß der Druck im Arbeitszylinder während der Spülzeit nicht unter den gewünschten Ladedruck sinkt. Die Spülpumpe muß natürlich entsprechend groß gebaut werden und regelbar sein. Abb. 742 gibt das Schema der Anordnung, Abb. 743 ein Vergleichsdiagramm mit und ohne Leistungserhöhung.

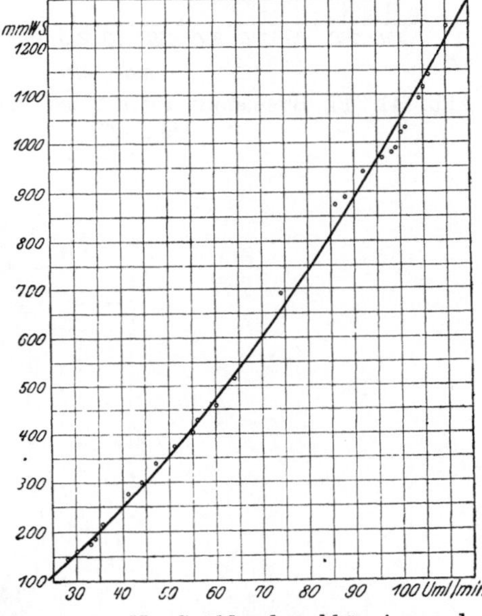

Abb. 740. No, Spüldrücke, abhängig von der Drehzahl.

Beim Spülverfahren von Sulzer tritt infolge des Nachladens nach Schluß der Auspuffschlitze von selbst eine gewisse Leistungserhöhung ein, ebenso bei allen Ventil-

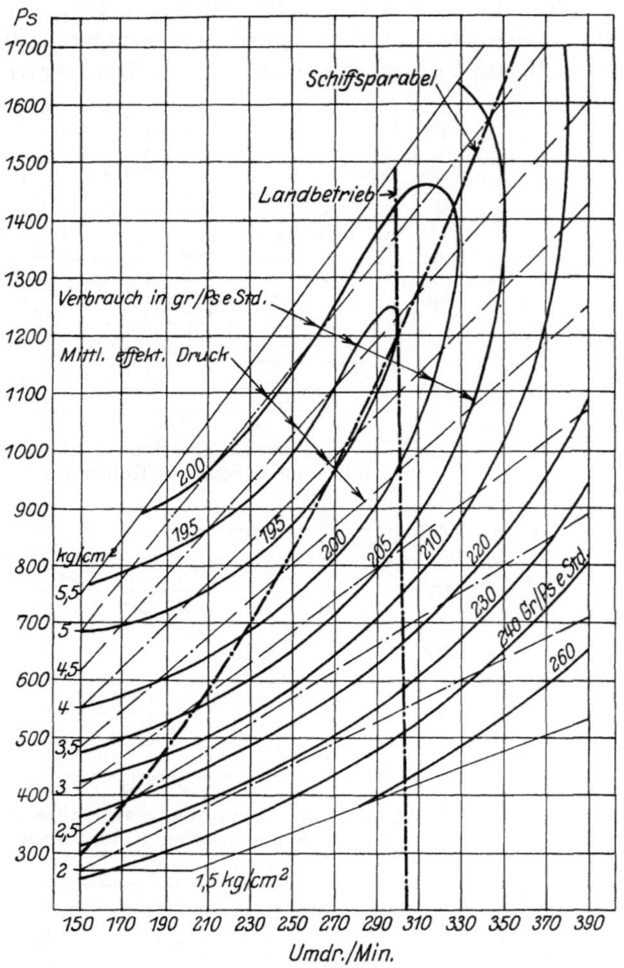

Abb. 741. Fi, Brennstoffverbrauch bei Schiffsmaschinen, zu Abb. 727.

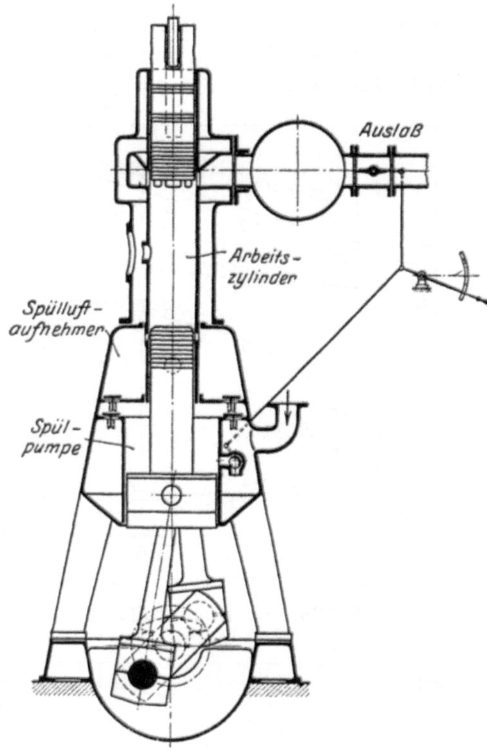

Abb. 742. Ju, Schema der Leistungserhöhung.

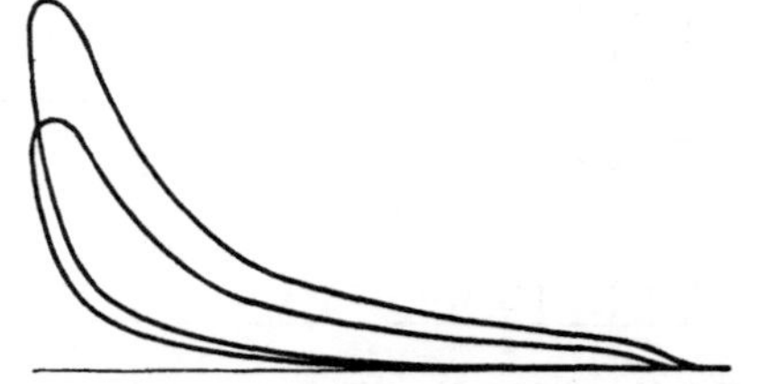

Abb. 743. Ju, Diagramme bei Leistungserhöhung.

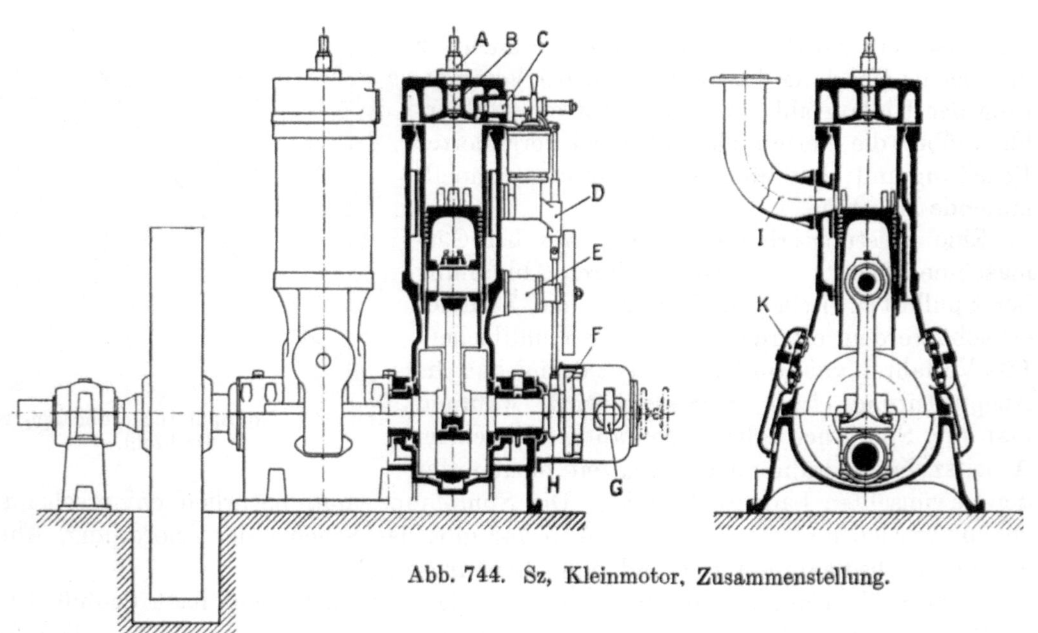

Abb. 744. Sz, Kleinmotor, Zusammenstellung.

spülverfahren, hier braucht man also nur den Spüldruck zu erhöhen, um auch höhere Leistung zu erzielen, allerdings bei Mehraufwand von Spülluft. Wo kein Nachladen eintritt, kann eine gewisse Leistungserhöhung dadurch eintreten, daß am Ende der Spülzeit infolge des gleichzeitigen Vorauspuffs eines andern Zylinders in der Auspuffleitung vorübergehend ein höherer Druck auftritt (vgl. Abb. 638)[1].

Die Zweitaktmaschine eignet sich für die besonderen Verwendungen als Bootsmotor und Lokomotiv- oder Lastwagenmotor wegen ihrer Einfachheit ganz besonders, nur kann man begreiflicherweise die hohen Drehzahlen des Viertakts wohl kaum ohne Einbuße erreichen, weil die Auspuff- und Spülzeit zu kurz würde. Abb. 744 stellt einen Motor dar, der in gleicher Ausführung, insbesondere als Bootsmotor oder als Schiffshilfsmaschine verwendet wird.

Der Maschinistenstand einer Schiffs-Hauptmaschine ist z. B. aus Abb. 579, 580, 581, 587, 616 ersichtlich.

---

[1] Ausführliche Beschreibung aller Methoden zur Leistungserhöhung s. Seiliger: Die Hochleistungs-Dieselmotoren. Berlin: Julius Springer. 1926.

Sachverzeichnis.